Kleines Lexikon der Informatik

und
Wirtschaftsinformatik

Herausgegeben
von
Universitätsprofessor
Dr. Dr. h. c. Miklós Géza Zilahi-Szabó

R. Oldenbourg Verlag München Wien

Redaktion, textliche und graphische Gestaltung
Dr. Stefan Groos
Dipl.oec.troph. Peter Muthmann

Die Deutsche Bibliothek - CIP-Einheitsaufnahme

Kleines Lexikon der Informatik und Wirtschaftsinformatik /
hrsg. von Miklós Géza Zilahi-Szabó. - München ; Wien :
Oldenbourg, 1995
ISBN 3-486-22907-9
NE: Zilahi-Szabó, Miklós G. [Hrsg.]

Gesamtherstellung: R. Oldenbourg Graphische Betriebe GmbH, München

ISBN 3-486-22907-9

INHALTSVERZEICHNIS

VORWORT

Dieses Lexikon soll ein Hilfsmittel für Studenten in ihrem Studium und für an der Informatik Interessierte in ihrer Arbeit sein. Diesem Anspruch entsprechend zeichnet das Lexikon Erscheinungen und Entwicklungen auf dem Gebiet der Informatik, insbesondere der Wirtschaftsinformatik, auf. Es sucht mit Absicht einen Mittelweg zwischen einem Nachschlagewerk über Begriffe und Fakten und einem Handbuch, das Übersichtsdarstellungen liefert. Die Auswahl der Stichworte orientiert sich am aktuellen Standardwissen und an den bedeutsamen Entwicklungen dieser Disziplin. Die Beiträge werden von namhaften Wissenschaftlern und Fachexperten verfaßt. Zur Beschränkung des Umfangs mußte naturgemäß auf eine Reihe von Begriffen verzichtet werden, wobei die große Auswahl der Stichworte (über 180) und der Begriffe bzw. Kurzstichworte (über 500) eine breite Streuung gewährleisten.

Herausgeber und Autoren haben versucht, unter Beachtung der Breite des Benutzerkreises die Stichworte inhaltlich übersichtlich und knapp zu halten - versehen mit vertiefenden Literaturquellen. Die Absicht, an den Anfang der Stichworte jeweils eine Definition zu stellen und die Stichworte nach einer allgemeinen Gliederung inhaltlich abzuhandeln, ließ sich nicht durchgehend verwirklichen.

Zu danken hat der Herausgeber den Verfassern der Stichwortaufsätze, den Mitarbeitern Dr. Stefan Groos und Dipl.oec.troph. Peter Muthmann für die redaktionelle Gestaltung und dem Oldenbourg Verlag, ohne deren Mitwirkung und Unterstützung dieses Lexikon nicht hätte erscheinen können.

Miklós Géza Zilahi-Szabó

VERZEICHNIS DER AUTOREN

Prof. Dr. Heimo H. **Adelsberger,**
Gesamthochschule Essen

Prof. Dr. Dieter **Ahlert,**
Universität Münster

Dr. Werner **Aufsattler,**
Universität Mannheim

Prof. Dr. Heide **Balzert,**
Fachhochschule Dortmund

Dipl.-Inf. V. **Barent,**
Universität Hohenheim

Prof. Dr. Jörg **Becker,**
Universität Münster

Dipl.-Wi.-Inf. Ivonne **Behle,**
Universität Saarbrücken

Prof. Dr. Albrecht **Beutelspacher,**
Universität Gießen

Prof. Dr. Jörg **Biethahn,**
Universität Göttingen

Prof. Dr. Rainer **Bischoff,**
Fachhochschule Furtwangen

Prof. Dr. Arndt **Bode,**
Technische Universität München

Prof. Dr. Freimut **Bodendorf,**
Universität Erlangen-Nürnberg

Dr.-Ing. Gunter **Bolch,**
Universität Erlangen-Nürnberg

Prof. Dr. Hinrich E. G. **Bonin,**
Fachhochschule Lüneburg

Prof. Dr. Walter. **Brenner,**
Technische Universität, Freiberg

Prof. Dr.-Ing. Dr.h.c. Hans-Jörg
Bullinger,
Fraunhofer-Institut Stuttgart

Prof. Dr. Hans **Czap,**
Universität Trier

Prof. Dr. Dr. Ulrich **Derigs,**
Universität Köln

Prof. Dr. Werner **Dirlewanger,**
Universität Kassel

Prof. Dr. Klaus R. **Dittrich,**
Universität Zürich

Prof. Dr. Leonhard **von Dobschütz,**
Universität Istanbul

Prof. Dr.-Ing. Frank-Dieter **Dorloff,**
Gesamthochschule Essen

Dr. Heiner **Dunckel,**
Technische Universität Berlin

Prof. Dr. Günter **Ebert,**
Fachhochschule Nürtingen

Prof. Dr. Dieter **Ehrenberg,**
Universität Leipzig

Prof. Dr.-Ing. K. **Ehrlenspiel,**
Technische Universität München

Prof. Dr. Helmut **Eirund,**
Fachhochschule Harz Wernigerode

Prof. Dr. Josè **Encarnacao,** et al,
Fraunhofer-Institut Darmstadt

Prof. Dr. Albert **Endres,**
Technische Universität München

Prof. Dr. Hartmut **Ernst,**
Fachhochschule Rosenheim

Verzeichnis der Autoren

Prof. Dr. Werner **Esswein,**
Technische Universität Dresden

Prof. Dr. Günter **Fandel,**
Fernuniversität Hagen

D. **Fischer,**
Universität Göttingen

Prof. Dr. Joachim **Fischer,**
Gesamthochschule Paderborn

Prof. Dr. Roland **Gabriel,**
Universität Bochum

Prof. Dr. Klaus **Garbe,**
Fachhochschule Detmold

Prof. Dr.-Ing. Jürgen **Gausemeier,**
Gesamthochschule Paderborn

Prof. Dr. Kurt **Geihs,**
Universität Frankfurt

Prof. Dr. Hans **Gipper,**
Fachhochschule Aachen

Prof. Dr.-Ing. Winfried **Görke,**
Universität Karlsruhe

Prof. Dr. Günther **Görz,**
Universität Erlangen-Nürnberg

Prof. Dr.-Ing. Dr.h.c. Hans **Grabowski,**
Universität Karlsruhe

Prof. Dr. Martin **Graef,**
Württembergische
Gebäudebrandversicherung Stuttgart

Prof. Dr. Manfred **Grauer,**
Gesamthochschule Siegen

Dipl.-Ing. Gerhard **Greiner,**
Joanneum Research
Forschungsgesellschaft mbH Graz

Prof. Dr. Joachim **Griese,**
Universität Bern

Dr. Hans-Dieter **Groffmann,**
Universität Tübingen

Dipl.-Inf. Thomas **Grotehen,**
Universität Zürich

Prof. Dr. Hans-Otto **Günther,**
Technische Universität Berlin

Prof. Dr. Rul **Gunzenhäuser,**
Universität Stuttgart

Prof. Dr. Hans-Dietrich **Haasis,**
Universität Bremen

Prof. Dr. Klaus **Haefner,**
Universität Bremen

Prof. Dr. Udo **Hahn,**
Universität Freiburg

Prof. Dr. Winfried **Hassemer,**
Der Hessische Datenschutzbeauftragte
Wiesbaden

Dipl.-Betriebsw. BA Jürgen **Hausin,**
Berufsakademie Lörrach

Prof. Dr. Wolfgang **Hesse,**
Universität Marburg

Prof. Dr. Andreas **Heuer,**
Universität Rostock

Dr. Lorenz M. **Hilty,**
Universität Hamburg

Prof. Dr.-Ing. Hans-Jürgen **Hoffmann,**
Technische Hochschule Darmstadt

Prof. Dr. Fridolin **Hofmann,**
Universität Erlangen-Nürnberg

Prof. Dr. Christian **Horn,**
Fachhochschule Furtwangen

Prof. Dr. Josef **Hoschek,**
Technische Hochschule Darmstadt

Prof. Dr. Uwe **Hübner**,
Technische Universität Chemnitz-Zwickau

Prof. Dr. Wilhelm **Hummeltenberg**,
Universität Hamburg

Prof. Dr. Dipl.-Inf. J. Anton **Illik**,
Fachhochschule Furtwangen

lic.rer.pol. Beat **Jaccottet**,
Universität Bern

Prof. Dr. Kai **Jacobs**,
Technische Hochschule Aachen

Prof. Dr. Bernd **Jahnke**,
Universität Tübingen

Prof. Dr. Wolfgang **Janko**,
Wirtschaftsuniversität Wien

Prof. Dr. Gerhard R. **Joubert**,
Technische Universität Clausthal-Zellerfeld

Prof. Dr. Werner **Junginger**,
Universität der Bundeswehr Hamburg

Prof. Dr. Herbert **Kargl**,
Universität, Mainz

Dipl.-Wirtsch.-Ing. Rainer A. **Kellerhals**,
Universität Kaiserslautern

Prof. Dr. Michael **Kerres**,
Fachhochschule Furtwangen

Dr.-Ing. Alfons **Kiewert**,
Technische Universität München

Prof. Dr. Herbert **Klaeren**,
Universität Tübingen

Dr. Wolfgang **Klas**,
Technische Hochschule Darmstadt

Prof. Dr. Gerhard **Knolmayer**,
Universität Bern

Prof. Dr.-Ing. Gerhard **Knorz**,
Fachhochschule Darmstadt

Dr. **Koch**,
Scientific Consulting Köln

Prof. Dr. Lothar **Koch**,
Fachhochschule Dresden

Prof. Dr. Rainer **Koch**,
Gesamthochschule Paderborn

Prof. Dr. Wolfgang **Köhler**,
Universität Gießen

Prof. Dr. Gerhard **Kongehl**,
Universität Ulm

Prof. Dr. Hermann **Krallmann**,
Technische Universität Berlin

Prof. Dr. Helmut **Krcmar**,
Universität Hohenheim

Prof. Dr. R. **Krieger**,
Universität Karlsruhe

Prof. Dr. Rudolf **Kruse**,
Technische Universität Braunschweig

Prof. Dr. Ingbert **Kupka**,
Technische Universität, Clausthal-Zellerfeld

Prof. Dr.-Ing. Hermann Werner **Kurth**,
Fachhochschule Gießen-Friedberg

Prof. Dr. Horst **Langendörfer**,
Technische Universität Braunschweig

Prof. Dr. Georg **Lausen**,
Universität Freiburg

Prof. Dr. Hermann **Locarek-Junge**,
Gesamthochschule Essen

Prof. Dr. Rita **Loogen**,
Universität Marburg

Verzeichnis der Autoren

Dr. Michael **Löwe**,
Fraunhofer-Einrichtung, Dortmund

Prof. Dr. Jochen **Ludewig**,
Universität Stuttgart

Dipl.-Ing. E. **Ludwig**,
Universität Hannover

Prof. Dr. Markus **Lusti**,
Universität Basel

Prof. Dr. Bernd **Mahr**,
Technische Universität Berlin

Dr.- Ing. Kai **Mertins**,
Technische Universität Berlin

Prof. Dr. Hans-Werner **Meuer**,
Universität Mannheim

Dr. Frank **Morelli**,
Universität Stuttgart

Prof. Dr. Wilhelm **Mülder**,
Fachhochschule Mönchengladbach

Prof. Dr. Johann-Adolf **Müller**,
Fachhochschule Dresden

Prof. Dr. Günter **Müller**,
Universität Freiburg

Prof. Dr. Heiner **Müller-Merbach**,
Universität Kaiserslautern

Prof. Dr.-Ing. Christian **Müller-Schloer**,
Universität Hannover

Prof. Dr. Peter **Naeve**,
Universität Bielefeld

Prof. Dr.-Ing. M. **Nagl**,
Technische Hochschule Aachen

Prof. Dr. Erich J. **Neuhold**,
Technische Hochschule Darmstadt

Prof. Dr. Gerhard **Niemeyer**,
Universität Regensburg

Dr. A. **Oberweis**,
Universität Karlsruhe

Dr. Andreas **Oestreicher**,
Universität Mannheim

Dr. Rainer **Olbrich**,
Universität Münster

Prof. Dr. Erich **Ortner**,
Universität Konstanz

Prof. Dr. Uwe **Pape**,
Technische Universität, Berlin

Prof. Dr. **Peschanel**,
Technische Universität Ilmenau

Prof. Dr.-Ing. Ilka **Philippow**,
Technische Universität Ilmenau

Prof. Dr. Dieter B. **Preßmar**,
Universität Hamburg

Prof. Dr. Frank **Puppe**,
Universität Würzburg

Dr. Thomas **Rauber**,
Universität Saarbrücken

Prof. Dr. Wolf **Rauch**,
Universität Graz

Prof. Dr. Otto **Rauh**,
Fachhochschule Heilbronn Künzelsau

Dr. Claus **Rautenstrauch**,
Universität Münster

Dipl.-Ing. Gerd-Joachim **Reefmann**,
Universität Hannover

Prof. Dr. Heinz **Rehkugler**,
Universität Freiburg

Prof. Dr. Michael **Reiß,**
Universität Stuttgart

Prof. Dr. Lutz **Richter,**
Universität Zürich

Dr. Eike Hagen **Riedemann,**
Universität Dortmund

Prof. Dr. Johannes **Röhrich,**
Universität Jena

Prof. Dr.-Ing. Karlheinz **Roschmann,**
Fachhochschule Konstanz

Dr. Michael **Salmony**
IBM - Europäisches Zentrum für Netzwerkforschung
Heidelberg

Prof. Dr. August-Wilhelm **Scheer,**
Universität Saarbrücken

Prof. Dr. Heinz **Schelle,**
Universität der Bundeswehr München

Prof. Dr. Jürgen **Scherff,**
Fachhochschule Furtwangen

Prof. Dr. Bernd **Schiemenz,**
Universität Marburg

Prof. Dr. Henner **Schierenbeck,**
Universität Basel

Prof. Dr. Alexander **Schill,**
Technische Universität Dresden

Prof. Dr. Reinhard **Schramm,**
Technische Universität Ilmenau

Prof. Dr. Herbert **Schreiter,**
Technische Universität Chemnitz-Zwickau

Dr. **Schulte-Hillen,**
Scientific Consulting Köln

Prof. Dr.-Ing. Manfred **Schulte-Zurhausen,**
Fachhochschule Aachen

Prof. Dr. Peter **Schulthess,**
Universität Ulm

Dipl.-Kfm. Hermann **Schuster,**
Universität Stuttgart

em. Prof. Dr. Gunter **Schwarze,**
Humboldt-Universität Berlin

Prof. Dr. Jochen **Schwarze,**
Technische Universität Hannover

Prof. Dr. Manfred **Seifert,**
Fachhochschule Karlsruhe

Dr. Werner **Sinzig,**
SAP AG, Walldorf

Prof. Dr. Peter **Sokolowsky,**
European Business School, Oestrich-Winkel

Prof. Dr. Otto **Spaniol,**
Technische Hochschule Aachen

Prof. Dr. Jürgen **Spielmann,**
Fachhochschule Würzburg-Schweinfurt

Prof. Dr.h.c.mult Dr.- Ing. Günter **Spur,**
Technische Universität Berlin

Prof. Dr. Peter **Stahlknecht,**
Universität Osnabrück

Prof. Dr. Franz **Steffens,**
Universität Mannheim

Dr.-Ing. Wolfgang **Stein,**
DeTeMobil GmbH Münster

Prof. Dr. Werner **Steinmüller,**
Universität Bremen

Prof. Dr. H. **Stever,**
Gesamthochschule Paderborn

Verzeichnis der Autoren

Prof. Dr. Eberhard **Stickel**,
Universität Frankfurt/Oder

Dr. Ralf **Strauß**,
Universität Freiburg

Prof. Dr. Franz **Stuchlik**,
Universität Magdeburg

Prof. Dr. Wolffried **Stucky**,
Universität Karlsruhe

Prof. Dr. Uwe **Suhl**,
Freie Universität, Berlin

Prof. Dr. Djamshid **Tavangarian**,
Fern-Universität Hagen

Prof. Dr. Roland **Traunmüller**,
Universität Linz

Prof. Dr. Jürgen **Treffert**,
Berufsakademie Lörrach

Prof. Dr. J. Klaus G. **Troitsch**,
Universität Koblenz-Landau

Prof. Dr. Wolfgang **Ülzmann**,
Fachhochschule Wedel

Prof. Dr. Wolfgang **Uhr**,
Technische Universität Dresden

Prof. Dr. Theo **Ungerer**,
Universität Karlsruhe

Prof. Dr. Richard **Vahrenkamp**,
Gesamthochschule Kassel

Prof. Dr. Rudolf **Vetschera**,
Universität Konstanz

PD Dr. Max **Vetter**,
Eidgen. Technische Hochschule Zürich

Dipl.-Ing. Dozent Stefan **Vollmer**,
Dr. Hartmann & Partner AG
Lörrach/Winterthur

Prof. Dr. Reinhard **Voßbein**,
Gesamthochschule Essen

Prof. Dr. Gottfried **Vossen**,
Universität Münster

Prof. Dr. Herbert **Weber**,
Fraunhofer-Einrichtung, Dortmund

Prof. Dr.-Ing. E.h. Hans-Peter **Wiendahl**,
Universität Hannover

Dipl.-Kfm. Rüdiger **Wilbert**,
Universität Trier

Prof. Dr.-Ing. Horst **Wildemann**,
Technische Universität München

Prof. Dr. Klaus Werner **Wirtz**,
Fachhochschule Mönchengladbach

Prof. Dr. Frank-Jürgen **Witt**,
Transfer-Institut Management
Controlling Kenzingen

Prof. Dr. M.-R. **Wolff**,
Gesamthochschule Wuppertal

Dipl.-Stat. Bernhard **Wunder**,
Universität Koblenz-Landau

Prof. Dr. Hans Christoph **Zeidler**,
Universität der Bundeswehr Hamburg

Prof. Dr. Dr.h.c. Miklós Géza **Zilahi-Szabó**
Justus-Liebig-Universität Giessen

Prof. Dr. Dr.h.c. Hans-Jürgen
Zimmermann,
Technische Hochschule Aachen

Prof. Dr. Heinz **Züllighoven**,
Universität Hamburg

Dr. Volker **Zurwehn**,
Fraunhofer Einrichtung Dortmund

VERZEICHNIS DER BEITRÄGE

Verzeichnis der Beiträge

Abfragesprachen, relationale

Relationale Abfragesprachen ermöglichen das Finden von ↑Daten in einer ↑relationalen Datenbank und die Bereitstellung der gesuchten Daten in einer Ergebnisrelation. Dabei gibt es zwei unterschiedliche Vorgehensweisen:

- bei der *prozeduralen Formulierung* einer Datenbankanfrage wird eine Folge von ↑Operationen angegeben, die aus den gegebenen Relationen die Ergebnisrelation erzeugt;
- bei der *deklarativen Formulierung* wird die Ergebnisrelation durch Bedingungen definiert, ohne die genaue Vorgehensweise zur Erzeugung der Ergebnisrelation angeben zu müssen.

Als Beispielrelationen werden eine Angestellte- und Projektrelation betrachtet.

an-gestellte	ANG-NR	NAME	WOHN-ORT
	3115	Meyer	Karlsruhe
	3207	Müller	Mannheim
	2814	Klein	Mannheim
	3190	Maus	Karlsruhe
	2314	Groß	Karlsruhe
	1324	Schmitt	Heidelberg
	1435	Mann	Bruchsal
	2412	Müller	Karlsruhe
	2244	Schulz	Bruchsal
	1237	Krämer	Ludwigsh.
	3425	Schmitz	Pforzheim
	2454	Schuster	Worms

pro-jekte	P-NR	ANG-NR	PROZ-ARBZEIT
	761235	3207	100
	761235	3115	50
	761235	3190	50
	761235	1435	40
	761235	3425	50
	770008	2244	20
	770008	1237	40
	770008	2814	70
	770008	2454	40
	770114	2814	30

pro-jekte	P-NR	ANG-NR	PROZ-ARBZEIT
	770114	1435	60
	770114	1237	60
	770114	2454	60
	770114	3425	50
	770114	2412	100
	770231	3190	50
	770231	2314	100
	770231	2244	80
	770231	3115	50
	770231	1324	100

Dazu soll folgende Datenbankanfrage formuliert werden: Finde die Namen aller Angestellten aus Karlsruhe, die an Projekt 770231 mitarbeiten, und gib für diese Angestellten an, wie hoch der für das Projekt aufgewendete jeweilige prozentuale Anteil an der Gesamtarbeitszeit ist. Die Ergebnisrelation zu dieser Anfrage ist aus der Tabelle ersichtlich.

NAME	PROZ-ARBZEIT
Meyer	50
Maus	50
Groß	100

Es werden nachfolgend vier wichtige Typen relationaler Abfragesprachen kurz beschrieben:

- Die ↑*Relationenalgebra* ist eine prozedurale Abfragesprache für ↑relationale Datenbanken. Es werden die folgenden Grundoperationen bereitgestellt:

Mengenoperationen (Schnittmenge $\cap$, Vereinigung $\cup$, kartesisches Produkt $\times$).

Projektion π[L]rel zur Entfernung der Spalten aus einer Tabelle rel, die nicht in L, einer Menge von Attributnamen aus rel, enthalten sind. Es ist möglich, daß nach Anwendung einer Projektion gleiche Zeilen vorkommen; als Folge werden die überflüssigen Zeilen gestrichen.

Selektion σ[Sel.-Bed.]rel zur Auswahl von Zeilen einer Tabelle rel, die eine gegebene Selektionsbedingung erfüllen.

Join (Verbund) zur Verknüpfung zweier Relationen zu einer Relation (möglicherweise) höheren Grades. Die Verknüpfung kann nach mehreren Kriterien erfolgen, entsprechend wird (u.a.) zwischen Natural Join (natürlicher Verbund) und Theta-Join (Theta-Verbund) unterschieden. Beim Natural Join rel1 * rel2 werden zwei Relationen rel1 und rel2 bzgl. gemeinsamer (Join-) ↑Attribute miteinander verknüpft. Dazu wird jedes ↑Tupel aus der einen Relation mit jedem Tupel aus der anderen Relation, das bzgl. der Join-Attribute gleiche Werte hat, zu einem neuen Ergebnis-Tupel zusammengesetzt. Beim Theta-Join rel1 *[Join-Bed.] rel2 werden Relationen rel1 und rel2 nicht unbedingt bzgl. gleicher Attribute miteinander verbunden, es können auch unterschiedliche Attribute mit einer sog. Join-Bedingung miteinander verglichen werden. Falls die Join-Bedingung für zwei Tupel erfüllt ist, dann werden die beiden Tupel zu einem neuen Tupel der Ergebnisrelation zusammengesetzt.

Die Anwendung einer dieser ↑Operationen auf eine gegebene Relation erzeugt wiederum eine neue Relation. Es können komplexe Ausdrücke gebildet werden, die von rechts nach links bzw. von innen nach außen interpretiert werden. Bei Bedarf kann mit Hilfe der Klammersetzung auch eine andere Abarbeitungsreihenfolge vorgegeben werden.

Die Beispielanfrage lautet in der Relationenalgebra (auch andere äquivalente Formulierungen sind möglich!):

π[NAME, PROZ-ARBZEIT]
(σ[WOHNORT="Karlsruhe" ∧
P-NR=770231] (angestellte * projekt)).

Bei der Abarbeitung dieser Anfrage wird zunächst die Angestelltenrelation mit der Projektrelation gejoint. Dann werden die Angestellten aus Karlsruhe, die am Projekt 770231 mitarbeiten, selektiert und die Ergebnisrelation wird schließlich auf die Attribute NAME und PROZ-ARBZEIT projiziert.

Beim (Tupel-) Relationenkalkül wird eine Ergebnisrelation definiert, indem eine logische Bedingung angegeben wird, die die Ergebnisrelation erfüllen muß. Es kann gezeigt werden, daß Relationenkalkül und Relationenalgebra die gleiche Ausdrucksmächtigkeit besitzen. Eine Anfrage im Relationenkalkül hat die Form {t | P(t)} und bedeutet: "Suche alle Tupel t, für die der logische Ausdruck P(t) wahr ist". Die Beispielanfrage lautet im (Tupel-) Relationenkalkül:

{t|∃ u ∈angestellte (∃ v∈ projekte
(u.ANG-NR = v.ANG-NR ∧
u.WOHNORT="Karlsruhe" ∧ t.NAME =
u.NAME ∧ t.PROZ-ARBZEIT=v.PROZ-ARBZEIT))}.

• ↑Structured Query Language (SQL) ist eine in kommerziellen Systemen weit verbreitete Datenbanksprache, deren Entwicklung das Ziel verfolgte, möglichst einfach für Endbenutzer einsetzbar zu sein. Die Grundstruktur einer Anfrage in ↑SQL ist wie folgt:

```
SELECT Attribut(e)
FROM Relation(en)
WHERE Bedingung;
```

Dies ist der umgangssprachlichen Formulierung "Suche Attributwerte in Relation(en), für die Bedingung gilt" nachempfunden. Die Beispielanfrage lautet in SQL:

```
SELECT NAME, REL-ARBZEIT
FROM angestellte, projekte
WHERE angestellte.PRO-NR=
projekte.PRO-NR AND angestell-
te.WOHNORT = "Karlsruhe";
```

• Bei graphikorientierten Sprachen werden Anfragen - nicht wie bei ↑Programmiersprachen üblich - in einer linearen Notation formuliert, sondern dadurch, daß auf einem graphischen Bildschirm an entsprechenden Stellen Eintragungen gemacht werden. In Query by Example (QBE) benennen Benutzer zunächst die Relation oder Relationen, mit welchen gearbeitet werden soll. Das System stellt auf dem Bildschirm eine leere Tabelle mit allen Attributbezeichnungen zur Verfügung, etwa nach dem Beispiel der folgenden Tabelle.

angestellte	ANG-NR	NAME	WOHNORT	ABT-NR

Die Anfrage wird nun dadurch spezifiziert, daß ein Beispieltupel für eine mögliche Antwort in diese Tabelle (bzw. Tabellen) eingesetzt wird. Ein Beispieltupel besteht aus Konstanten und Variablen, wobei die Variablen als Beispielwerte aus der entsprechenden Spalte entsprechenden Domain angegeben werden. Zur optischen Unterscheidung der Konstanten von den Variablen werden die Variablen unterstrichen. Einträge in die Bei-

spieltabelle können mit "P." gekennzeichnet werden. Dadurch wird ausgedrückt, daß die entsprechenden ↑Daten auf dem Bildschirm ausgegeben werden. Stammen die auszugebenden Werte aus mehreren Relationen, so muß eine geeignete Ergebnistabelle generiert werden.
Die Anfrage kann in QBE nach dem Beispiel formuliert werden.

angestellte l	ANG-NR	NAME	WOHNORT	ABT-NR
	300	MEYER	KA	
ang-pro l	P-Nr	ANG-NR	PROZ-ARBZEIT	
	770008	300	10	
ergebnis	NAME	WOHNORT	PROZ-ARBZEIT	
	P.MEYER	KA	P.10	

Literatur: Atzeni, P., DeAntonellis, V.: Relational Database Theory, Redwood City, 1993. *Codd, E. F.*: The Relational Model for Database Management. Version 2, Reading/Massachusetts, 1990. *Maier, D.*: The Theory of Relational Databases, Rockville, 1983. *Paradaens, J. et al.*: The Structure of the Relational Database Model, Berlin, 1989. *Zloof, M. M.*: Query-By-Example: The invocation and definition of tables and forms, in: *Kerr, D.S.* (Ed.): Proc. of the Int. Conference on Very Large Data Bases, Framingham/ Massachusetts, 1975.
Prof.Dr.W.Stucky,Dr.A.Oberweis,Karlsr.

Ablauf- und Terminplanung
Ablauforganisation, mit der Arbeitsinhalte des Vorhabens (Was ist zu tun?), Arbeitszeiten (Wann ist etwas zu tun?) und Arbeitszuordnungen (Mit wem ist etwas zu tun?) geplant werden.

Abstraktion
Vernachlässigung von Details und Konzentration auf wesentliche Aspekte; modellhafte Darstellung der Realität, wobei durch Vernachlässigung der Details die Komplexität vermindert wird.

ACM
Association for Computing Machinery

Administrationsintegration
Zwischenbetriebliche Verkettung von Administrationssystemen in der Wertschöpfungskette.

Administrationssysteme
Systeme zur rationellen Verarbeitung von Massendaten der Verwaltung.

Aggregation
Gerichtete Beziehungsmenge zwischen ↑Klassen; ↑Assoziation mit spezieller Semantik; ↑Objekte, die einzelne Komponenten repräsentieren, werden mit dem Objekt assoziiert, das das gesamte Aggregat darstellt.

Aiken, Howard H.
Entwicklung der Rechenmaschine Harward Mark I 1944 mit dekadischen Zählrädern (15 m lang, 2,5 m hoch, 80 km Leitungsdraht, 700.000 Einzelteile). Die Multiplikation zweier 10stelliger Zahlen dauerte 6 Sekunden.

Akustikkoppler
Gerät zur Datenübertragung über das öffentliche Telefonnetz.

Akzeptanz
Verhaltensweise des Nutzers (Benutzers, Anwenders) gegenüber dem System. Sie wird nach Einstellungs- und Verhaltensakzeptanz der Technikverwendung bzw. nach ↑Hardware- und Softwareergonomie unterschieden.

Algol
Algorithmic Language; imperative ↑Programmiersprache für den technisch-wissenschaftlichen Anwendungsbereich.

Analogrechner
Anlage, die zur Darstellung von ↑Daten physikalische Größen verwendet.

Analysemethoden, objektorientierte
Begriffserklärung
Eine Analysemethode ist eine zielgerichtete Vorgehensweise, um die Anforderungen an ein Softwaresystem zu ermitteln und zu spezifizieren. Seit 1990 wurden mehrere Methoden der objektorientierten Analyse publiziert. Sie bauen auf den Konzepten der ↑objektorientierten Programmiersprachen (↑Objekt, ↑Klasse, ↑Attribut, ↑Operation, ↑Vererbung, Botschaft), der ↑Datenmodellierung (↑Assoziation, Aggregation) und des Zustandsautomaten (↑Objektlebenszyklus) auf.
Zielsetzung
Ein großer Vorteil der ↑*objektorientierten Systemanalyse* liegt darin, daß die meisten Konzepte durchgängig in den nachfolgenden Phasen des Entwurfs und der Implementierung verwendet werden. Dadurch werden Strukturbrüche zwischen

den Phasen vermieden. Die objektorientierte Analyse unterstützt besonders die realitätsnahe ↑Modellierung von Fachkonzepten, die Änderbarkeit und Erweiterbarkeit eines realisierten ↑Systems und die Wiederverwendbarkeit existierender ↑Software.

Inhalt

- Ein Objekt ist ein individuelles, eindeutig identifizierbares Exemplar von Dingen, Personen oder Begriffen der realen oder der Vorstellungswelt.

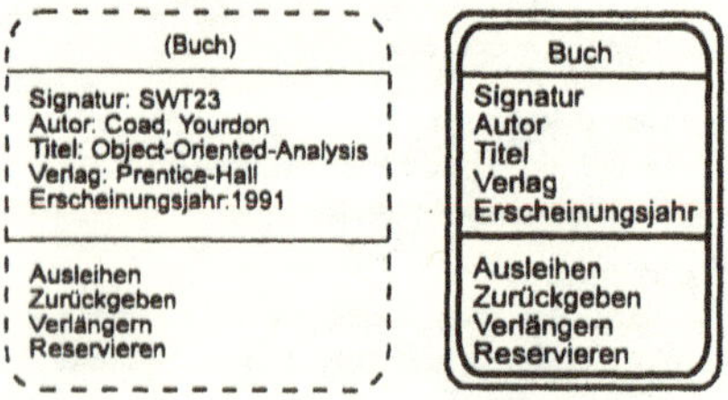

Jedes Buch besitzt bestimmte Eigenschaften (Attributwerte), z.B. Titel = Object Oriented Analysis. Auf das Buchobjekt sind die Funktionen "Ausleihen", "Zurückgeben", "Verlängern" und "Reservieren" anwendbar. In der objektorientierten Terminologie werden sie als Operationen oder Methoden bezeichnet. Die Attributwerte des Objekts können nur mittels seiner Operationen gelesen und geändert werden. Das bedeutet, daß die interne Repräsentation der Objekteigenschaften nach außen verborgen ist. Objekte realisieren das Konzept der Datenkapselung. Das eindeutige Identifizieren der Objekte erfolgt mittels des ↑Attributs Objekt-ID, das jedoch nicht in das Diagramm eingetragen wird.

- Alle Objekte mit den gleichen Eigenschaften und gleichen Operationen gehören zu derselben Klasse. Außerdem muß festgelegt werden, wie ein neues Objekt dieser Klasse erzeugt wird. Die gerastete Linie gibt wiederum an, daß diese Klasse Objekte besitzt.
- ↑*Attribute* beschreiben die Eigenschaften einer ↑Klasse. Alle ↑Objekte einer Klasse besitzen dieselben Attribute, sie unterscheiden sich jedoch in der Regel durch ihre Attributwerte.
- ↑*Operationen* beschreiben das Verhalten der Objekte. Eine Operation ist eine ausführbare Tätigkeit im Sinne einer Funktion bzw. eines Algorithmus und kommuniziert mit der Umgebung über Ein-/Ausgabeparameter.

Die ↑*Vererbung* ist eine gerichtete Beziehung zwischen ↑Klassen, wobei eine Unterklasse alle ↑Attribute und ↑Operationen ihrer Oberklasse übernimmt. Es entsteht eine Klassenhierarchie bzw. eine Vererbungsstruktur. Die Klasse "Leser" erbt alle Attribute der Klasse "Person". Somit kann jedes Objekt der Klasse "Leser" Attributwerte für "Name", "Adresse", "Ausweis-Nr", "Jahresgebühr" und "Anzahl Bücher" besitzen. Analog dazu erbt die Klasse "Bibliothekar" die Attribute der Klasse "Person". Operationen können genau wie Attribute vererbt werden. Die Klasse "Person" wird als Oberklasse der Klassen "Leser" und "Bibliothekar" bezeichnet. Entsprechend heißen "Leser" und "Bibliothekar" Unterklassen von "Person". Es fehlt der Klasse "Person" die gerastete Linie. Das bedeutet, daß für diese Klasse keine Objekte erzeugt werden können. Derartige Klassen heißen abstrakte Klassen. Das Verwenden der abstrakten Klasse bedeutet, daß es - bei der beschriebenen Modellbildung - keine Person gibt, die weder Leser noch Bibliothekar ist. Es wird zwischen den Konzepten der Einfachvererbung und der Mehrfachvererbung unterschieden. Liegt eine Einfachvererbung vor, dann besitzt jede Klasse max. eine direkte Oberklasse. Es entsteht eine Baumstruktur. Bei der Mehrfachvererbung kann jede Klasse mehrere direkte Oberklassen besitzen. Es entsteht eine Netzstruktur.

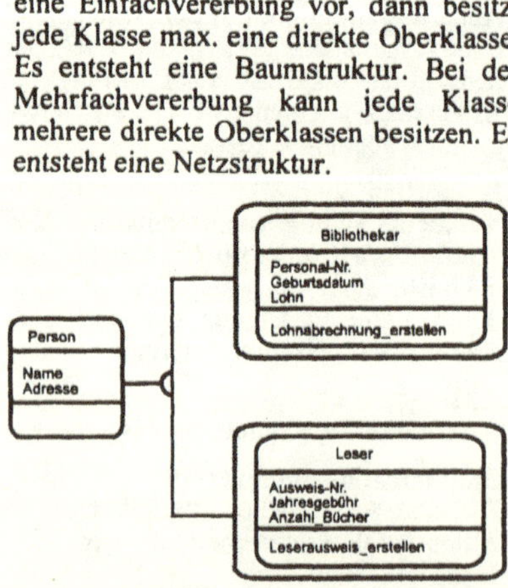

Eine ↑*Assoziation* ist eine Beziehungsmenge zwischen Klassen. Sie ist inhärent bidirektional und modelliert die Menge

Analysemethoden, objektorientierte

der Beziehungen zwischen einzelnen ↑Objekten der beteiligten Klassen. Die Assoziation "leiht aus" modelliert eine Beziehung zwischen einem "Leser" und einem "Buch". Die Kardinalität bezeichnet die Wertigkeit einer Beziehung zwischen Klassen. Sie sagt aus, wieviele Objekte an der Beziehung beteiligt sind. Bspw. kann ein Leser kein Buch ausleihen oder auch mehrere Bücher ausleihen. Dies wird durch die Kardinalität "0,m" angegeben. Jedes Buch kann maximal von einem Leser ausgeliehen werden. Dementsprechend wird die Kardinalität mit "0 oder 1" spezifiziert. Kardinalitäten können numerisch oder graphisch angegeben werden. Es existieren zahlreiche Notationen, die sich meistens an Entity-Relationship-Notationen orientieren.

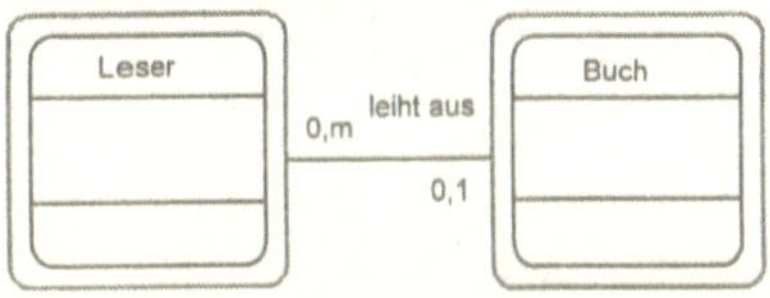

Eine ↑*Aggregation* ist eine gerichtete Beziehungsmenge zwischen Klassen, d.h. eine Assoziation mit spezieller Semantik. Objekte, die einzelne Komponenten repräsentieren, werden mit dem Objekt assoziiert, das das gesamte Aggregat darstellt. Bspw. gehören zu einer Zeitschrift (Aggregat) eine oder mehrere Ausgaben (Komponenten). Die Kardinalität wird mit "1 oder m" angeben. Jede Ausgabe gehört zu genau einer Zeitschrift. Die Kardinalität ist "1". Der Titel und der Herausgeber sind Eigenschaften der Zeitschrift; die Nummer, das Erscheinungsdatum und der Inhalt Eigenschaften einer einzelnen Ausgabe sind.

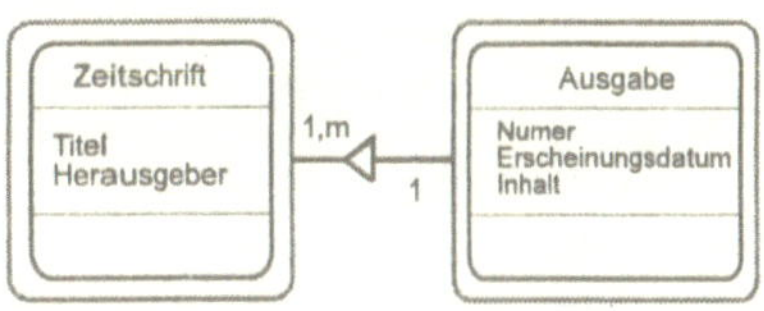

Eine ↑*Botschaft* ist die Aufforderung eines Senders an den Empfänger, eine Dienstleistung zu erbringen. Sender und Empfänger sind i.a. Objekte, können aber auch Klassen sein. In der Bibliotheksverwaltung können ausgeliehene Bücher reserviert werden. In diesem Fall wird der Leser aufgefordert, das Buch zurückzugeben. Bei Abarbeitung der Operation "Reservieren" schickt das Buchobjekt dem zugehörigen Leserobjekt die Botschaft "Name&Adresse_lesen".

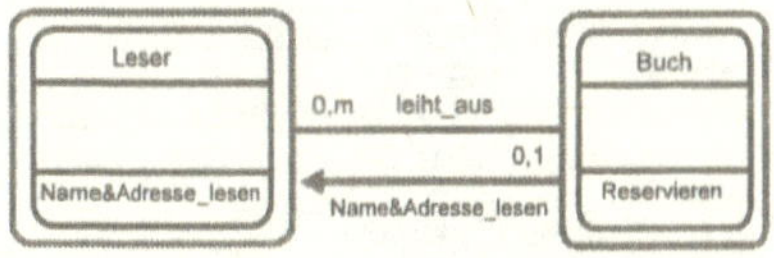

Der ↑*Objektlebenszyklus* modelliert für ein Objekt die möglichen Abarbeitungsreihenfolgen der Operationen. Alle Objekte einer Klasse verhalten sich gleich. Dementsprechend ist es ausreichend, pro Klasse einen Objektlebenszyklus zu erstellen. Jedes Objekt ist in einem individuellen Zustand und wechselt unabhängig von anderen Objekten von einem Zustand zum nächsten. Ein Buch ist entweder "präsent", "ausgeliehen", "reserviert" oder "vorbestellt". In Abhängigkeit vom aktuellen Zustand des Buches sind nur bestimmte Operationen ausführbar. So kann ein Buch nur dann reserviert werden, wenn es ausgeliehen ist.

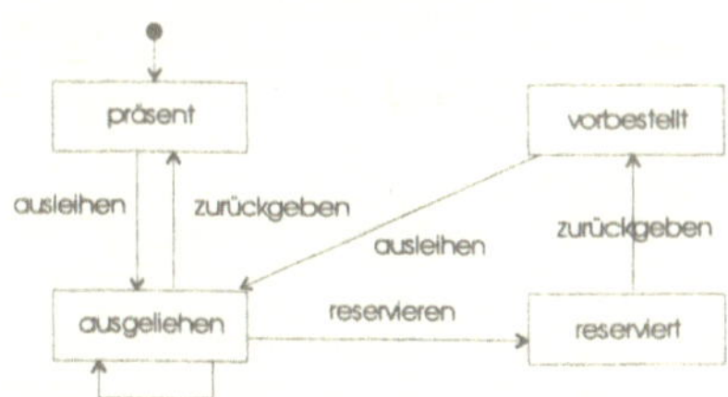

Hinweis: Für das obige Beispiel wurde die Notation von (Coads, Yourdon, 1991) gewählt. Für das Objektsymbol verwenden die Autoren eine eigene Erweiterung dieser Notation.

Methoden

Viele Methoden werden durch ↑CASE-Werkzeuge unterstützt. Die einzelnen Methoden besitzen unterschiedliche Schwerpunkte. Im konkreten Anwendungsfall kann eine Methodensynthese - wie in (Balzert, 1994; Stein, 1994) beschrieben - zweckmäßig sein.

Makro-komponenten	Methodenkomponenten	Wirfs-Brock	Booch	Coad	Rumbaugh	Shlaer	Embley	Rubin	Nerson	Jacobson	Martin	Henderson	Sully	Dillon
Basis-kompo-nenten	Konkrete Objekte		X		X						X			
	Attribute		X	X	X	X			X	X	X	X		X
	Operationen	X	X	X	X	X		X	X		X	X	X	X
	Klassen	X	X	X	X	X	X	X	X	X	X	X	X	X
Struktur-kompo-nenten	Vererbung	X	X	X	X			X	X	X	X	X	X	X
	Assoziation		X	X	X		X		X	X	X	X	X	X
	Aggregation	X	X	X	X		X		X	X	X	X	X	X
	Botschaftsaustausch	X	X	X			X	X	X	X	X	X	X	
	Subsysteme	X	X	X	X		X		X	X	X	X		X
Dynamik-kompo-nenten	Botschaften	X	X	X	X		X	X	X					X
	Objektlebenszyklen		X		X		X			X	X		X	X
	Dynamisches Systemverhalten		X		X			X	X					
Echtzeit-kompo-nenten	Zeitanforderungen		X						X					X
	Schnelle Reaktionen				X		X							
	Prioritäten						X							

Legende: X = Konzept wird unterstützt

Literatur: Balzert, H.: Methoden der objektorientierten Systemanalyse, Mannheim, 1994. *Balzert, H., Stein, W.*: Worin unterscheiden sich die objektorientierten Analysemethoden?, in: OBJEKTspektrum, Bd. 1, Heft 2, Mai/Juni 1994. *Booch, G.*: Object Oriented Analysis & Design with Applications, 2nd. ed., Redwood City, CA, 1994. *Coad, P., Yourdon, E.*: Object-Oriented Analysis, 2nd. ed., NJ, 1991. *Dillon, T., Tan, P. L.*: Object-Oriented Conceptual Modeling, Sydney, 1993. *Stein, W.*: Objektorientierte Analysemethoden - Vergleich, Bewertung, Auswahl, Mannheim, 1994. *Sully, P.*: Modelling the World with Objects, London, 1993.

Prof. Dr. H. Balzert, Dr.-Ing. W. Stein, Dortmund

Anfrage, natürlichsprachige
Versuch, den dem Benutzer vertrauten sprachlichen Kommunikationsmodus für die Suchformulierung zu verwenden; werden vor allem im Bereich der Künstlichen Intelligenz entwickelt; Grundgedanke ist, daß sich der Benutzer in der Mensch-Computer-Interaktion analog zur zwischenmenschlichen ↑Kommunikation verhält.

Angewandte Informatik
↑Informatik, Angewandte

Animationen
Sequenz von abgeänderten Zeichnungen/Grafiken/Fotos und/oder Texten; werden innerhalb kurzer Zeit überblendet; auf diese Weise wird für das menschliche Auge ein Bewegungseffekt simuliert; Bildfrequenz ist sehr von den Anforderungen abhängig, liegt aber meist in dem Bereich von 16 - 25 Bilder/Sek.

Animationsprogramm
Programm zur Erzeugung von Zeichnungen z.B. auf Videofilmen, die in Graphikformat gespeichert werden.

ANSI
American National Standards Institute

ANSI/SPARC
Modell; beinhaltet eine Empfehlung, welche Bausteine ein ↑DBS bzgl. ihrer nach außen sichtbaren Funktionen haben soll und wie die Bausteine über verschiedene ↑Schnittstellen zusammenspielen.

Anwendung, verteilte
Menge von Softwarekomponenten, die räumlich verteilt auf verschiedenen Knoten eines ↑Rechnernetzes ablaufen und koordiniert kooperieren.

Anwendungssoftware
Technisch-wissenschaftliche, kommerzielle und prozeßsteuernde, auf einzelne Funktionen bezogene Programme.

Anwendungssoftware für das Rechnungswesen
Teilgebiete
Die *A.* für das Rechnungswesen wird üblicherweise in zwei Bereiche unterteilt, die ihrerseits wieder in mehrere Unterbereiche zerfallen. Der eine Teil befaßt sich

mit der ↑Information Unternehmensexterner, wie z.B. Gesellschafter, Gläubiger, Finanzbehörden (externes Rechnungswesen); der andere mit der Information des ↑Managements eines Unternehmens (internes Rechnungswesen).
Das externe Rechnungswesen wird weiter in die Erstellung des Hauptbuches (Bilanz, Gewinn- und Verlustrechnung) und in die Erstellung verschiedener Nebenbücher unterteilt. Ein Nebenbuch erklärt jeweils ein Konto des Hauptbuches. Beispiele für Nebenbuchhaltungen sind die Debitoren- und die Kreditorenbuchhaltung, die Anlagen- und die Materialbuchhaltung. Ein weiteres Teilgebiet des externen Rechnungswesens ist die Konsolidierung. Hier werden die Abschlüsse der einzelnen Gesellschaften zum Konzernabschluß zusammengeführt. Datenmäßige Grundlage für das externe Rechnungswesen sind Vorgänge in der Leistungssphäre des Unternehmens (Materialkäufe, Produktverkäufe, ...), die bewertet werden, Vorgänge in der Finanzsphäre (Ein- und Auszahlungen).
Auch das interne Rechnungswesen wird in Teilgebiete untergliedert. Diese orientieren sich im allgemeinen an der Kostenüberwälzung:

- Das Gemeinkostencontrolling befaßt sich mit der Planung und Kontrolle der Betriebsbereitschaft. Diesbezügliche Ordnungsbegriffe sind die Kostenstelle, der innerbetriebliche Auftrag (das Projekt) und der Prozeß. Wesentliche Funktionen sind die Gemeinkostenumlage und die innerbetriebliche Leistungsverrechnung.
- Das Produkt- und Produktionscontrolling beschreibt die Leistungserstellung. Fertigungsauftrag, Produkt und Kostenträger sind die entsprechenden Ordnungsbegriffe. Im Vordergrund stehen die Vor- und Nachkalkulationen einer Erzeugniseinheit.
- Mit Hilfe des ↑Vertriebscontrolling wird gesteuert, daß die Leistungen bestmöglich vermarktet werden. Kundenaufträge, Kundenprojekte und beliebig definierbare Marktsegmente sind die entsprechenden Beschreibungsobjekte. Die Steuerung erfolgt, indem für die genannten Beschreibungsobjekte mehrstufig Ergebnisse bzw. Deckungsbeiträge ermittelt werden.

Neben dieser am Abrechnungsgang orientierten Gliederung in Teilmodule steht häufig noch das Bereichscontrolling. Hierbei wird das gesamte Unternehmen in selbständig agierende Einheiten (Profit Centers) unterteilt, in deren Verantwortung alle Funktionen der Betriebsbereitschaft und der Leistungserstellung liegen. Profit Centers werden häufig nach produktorientierten oder regionalen Gesichtspunkten gebildet. Diese Einteilung ist unabhängig von der rechtlichen Gliederung und gleichberechtigt zu dieser. Um für alle diese Ordnungsbegriffe wertmäßige ↑Informationen zur Verfügung zu haben, müssen die zwischen dem Unternehmen und seiner Umwelt auftretenden Geschäftsvorfälle diesen zugeordnet (kontiert) werden, ebenfalls die innerbetrieblichen Lieferungen und Leistungen. Bei diesen muß zusätzlich fiktiv bewertet werden, da originär nur Zeiten und Mengen erfaßt werden. Für diesen Zweck wurden verschiedene Modelle entwickelt (Voll-/ Teilkosten-, Ist-/Standardkosten-, relative Einzelkosten- und Deckungsbeitragsrechnung).
Alle Teilgebiete sowohl des internen als auch des externen Rechnungswesens beinhalten Funktionen zur Beschreibung von Ist-Vorgängen, zur Planung und zum Berichtswesen. Die Planungsaktivitäten sind im internen Rechnungswesen in der Regel umfangreicher, da sie nicht nur der Vorausschau dienen, sondern auch die Voraussetzung für die Verrechnungen zwischen den Ordnungsbegriffen und für die Bestandsbewertung bilden. Die genannten Teilbereiche dienen der softwaretechnischen Modularisierung. Häufig werden auch die Abteilungen entsprechend gegliedert. Inhaltlich bestehen zahlreiche Verbindungen, so bspw. zwischen der Herstellkostenkalkulation und der Bestandsbewertung, bzw. zwischen der Ergebnisrechnung und der Erzeugniskalkulation.

Architektur der Anwendung

Die Systeme des Rechnungswesens sind Teil einer Anwendungsarchitektur, die aus mehreren Ebenen besteht. Auf der untersten Ebene sind die technischen Abwicklungssysteme angesiedelt (z.B. ↑CAD, ↑Betriebsdatenerfassung, Lagerverwaltung, Kassenhaltung). Die Systeme der Materialwirtschaft (Einkauf, Produktion, Vertrieb), des Personalwesens und der Finanzwirtschaft bilden die nächste Ebene. Auf diesen basieren die Systeme des Rechnungswesens mit den o.g. Teilkomponenten. Die oberste Ebene bilden unternehmensweite ↑Führungsinformationssysteme.

Konzeptionell arbeiten alle diese Systeme nach einem Modell von Ereignis und Bestand:

- Ein Ereignis kann in allen vier Ebenen jeweils mit anderen Beschreibungsmerkmalen enthalten sein, oder es fließt in periodenbezogene Verdichtungen ein.
- Ein Ergebnis hat eine positive und eine negative Bestandswirkung.
- Ein Ergebnis kann mit anderen Ereignissen gekoppelt sein.

Die Rückmeldung einer Tätigkeit für einen Fertigungsauftrag beispielsweise wird im Betriebsdatenerfassungssystem aufgezeichnet; sie bewirkt die Freigabe der Kapazität; sie hat gegebenenfalls Auswirkungen auf die Entlohnungsgrundlage des Mitarbeiters; sie führt zu einer wertmäßigen Entlastung der leistenden Kostenstelle und einer Belastung des Fertigungsauftrags; sie veranlaßt bei einem besonders wichtigen Fertigungsauftrag einen Eintrag im ↑Führungsinformationssystem.

Auch die Systematik der Planungsfunktionen orientiert sich an einem Modell mit mehreren Ebenen. In der Materialwirtschaft werden die logistischen Abläufe geplant (Absatzplan, Planproduktionsprogramm, Beschaffungsplan). Aus diesen leiten sich die Pläne des Rechnungswesens ab. Entsprechend den Abbildungsgrößen wird dort zwischen der Kosten- und Erlösplanung (Planung der Kostenstellen, Erzeugniskalkulation, Kostenträger- und Ergebnisplanung), der Aufwands- und Ertragsplanung (Plan-GuV, Planbilanz) und der Einzahlungs- und Auszahlungsplanung (Finanzplan) unterschieden. Die Ebene der ↑Führungsinformationssysteme enthält die Unternehmensplanung.

Die einzelnen Pläne können isoliert oder durch Referenz zueinander erstellt werden. Innerhalb der einzelnen Pläne können Verdichtungen (Bottom up-Planung) und Verteilungen (Top down-Planung) vorgenommen werden. Die Planung kann sich jeweils auf kürzere und längere Zeiträume beziehen.

Die Gesamtheit der Einzelereignisse oder deren Periodenverdichtungen - insb. die Plandaten stehen i.d.R. nur als Periodenbeträge zur Verfügung - sowie die korrespondierenden Bestände werden als Grundrechnung bezeichnet. Auf dieser basieren Auswertungsrechnungen. Da insb. im innerbetrieblichen Rechnungswesen die Fragestellungen im Zeitpunkt der Gestaltung der Grunddatensammlung nicht bekannt sind, muß diese zweck- und methodenneutral aufgebaut sein.

Softwaretechnische Aspekte

Im folgenden werden einige ausgewählte Aspekte der softwaretechnischen Lösung beschrieben:

- Es erweist sich als sehr vorteilhaft, wenn die einzelnen Ebenen der Anwendungsarchitektur stets in einem zueinander konsistenten Zustand sind. Die Bezugnahme auf einzelne Ereignisse ermöglicht eine Fortschreibung im Real Time Mode, d.h. ein in der Realität auftretendes Ereignis wird einmal erfaßt und zeitgleich mit seinen Auswirkungen in den jeweiligen Ebenen fortgeschrieben.
- Die Software sollte datenbankorientiert sein, da hierbei die größte Chance besteht, für neu auftretende Fragestellungen entsprechende Unterstützung durch die Daten des Rechnungswesens zu erhalten. Insb. ↑relationale Datenbanksysteme verfügen wegen der universellen Auswertbarkeit ihrer Tabellen und wegen ihrer Datenunabhängigkeit über mächtige Abfragesprachen.
- Die ↑Software zur Unterstützung der Funktionen des Rechnungswesens wird in fast allen Unternehmen nicht erstellt, sondern als ↑Standardsoftware vom Markt bezogen. Diese Standardsoftware muß durch ↑Parametrisierung, d.h. ohne in die Programme eingreifen zu müssen, den individuellen betrieblichen Gegebenheiten anpaßbar sein (↑Customizing). Diese können bspw. aus den gesetzgeberischen Vorschriften des Landes, aus den Gepflogenheiten der Branche oder des Unternehmens (hierzu gehören auch die unterschiedlichen Systeme der Kostenrechnung) oder aus den Abläufen am einzelnen Arbeitsplatz resultieren.

- Voraussetzung hierfür ist, daß das gesamte Anwendungssystem modular aufgebaut ist mit offen verfügbaren ↑Schnittstellen. Dieses Architekturmerkmal ermöglicht den gleichzeitigen Einsatz von ↑Anwendungssoftware verschiedener Hersteller. Außerdem gestattet es eine Verteilung auf mehrere Rechner bei gleichzeitiger betriebswirtschaftlicher Integration. Diesbezügliche Verteilungsszenarien sind bspw. dezentrale Logistik bei zentralem Rechnungswesen oder dezentrales ↑Vertriebscontrolling bei zentraler Ergebnisrechnung.
- Die Standardsoftware muß hardwareunabhängig sein. Hier hilft eine softwaretechnische Trennung von hardwareabhängigen und -unabhängigen Teilen.
- Aus der hardwaretechnischen Spezialisierung resultiert eine softwaretechnische Trennung dahingehend, daß bestimmte Funktionen auf Maschinen gelegt werden können, von diesen besonders effizient unterstützt werden. Im Sinne eines ↑Client/ Server-Systems hat sich hier eine Aufteilung der Software in Datenbank-, Verarbeitungs- und Präsentationsfunktionen als zweckmäßig erwiesen.

Literatur: Scheer, A.-W.: Wirtschaftsinformatik - Referenzmodelle für individuelle Geschäftsprozesse. 4. Aufl., Berlin, 1994. *Sinzig, W.*: Datenbankorientiertes Rechnungswesen - Grundzüge einer EDV-gestützten Realisierung der Einzelkosten- und Deckungsbeitragsrechnung. 3. Aufl., Berlin, 1990. *Wedekind, H.*: Kaufmännische Datenbanken, Mannheim, Leipzig, 1993.

Dr. W. Sinzig, Walldorf

Anwendungssysteme

A. stellen Softwaresysteme dar, mit deren Hilfe die computergestützte ↑Informationsverarbeitung in den verschiedenen Anwendungsbereichen zur Durchührung kommt. Die *A.* bzw. die Anwendungsprogramme dienen somit der Eingabe und der Transformation der ↑Informationen, der Aufbereitung und der Ausgabe der Ergebnisse. Weiterhin lassen sich mit Hilfe von *A.*-↑Informationen ablegen (speichern), wiederfinden und übertragen. Die Basis der *A.* bilden Programme, die entsprechend ihrer Zielsetzung mit Hilfe unterschiedlicher Sprachen entwikkelt wurden.

Neben der *A.* (Application Programs; User Programs), wird die ↑Software auch in die Systemsoftware bzw. Systemprogramme eingeteilt (System Programs). Die Kernkomponente der Systemsoftware stellt das ↑Betriebssystem (Operating System) dar, das die Abwicklung der *A.* steuert und kontrolliert, wobei die effiziente, effektive Nutzung der DV-Ressourcen zu gewährleisten ist (Hansen, 1992; Mertens, Bodendorf u. a., 1991; Scheer, 1990; Stahlknecht, 1993; Zilahi-Szabò, 1993).

A. stellen somit die Softwaresysteme dar, die die Ausführung unterschiedlicher Aufgaben der ↑Informationsverarbeitung bzw. die Herleitung von Problemlösungen direkt unterstützen. Der Einsatz von *A.* stellt deshalb den eigentlichen Zweck der Informationsverarbeitung dar bzw. soll unmittelbar zu einem Nutzen führen. Da *A.* die Leistungspotentiale der automatisierten ↑Datenverarbeitung, wie z.B. hohe Verarbeitungsgeschwindigkeit, große Speicherkapazitäten mit direktem Zugriff und genaues und unermüdliches Verarbeiten nutzen, führt der Einsatz dieser Programme zu großen Vorteilen, auf die heute in der Wirtschaft und Verwaltung, sowie in Wissenschaft und Forschung nicht mehr verzichten werden kann. Neben dem Einsatz in operativen Anwendungsbereichen gewinnen die *A.* auch eine städig wachsende, größere strategische Bedeutung.

Bevor *A.* genutzt werden kann, müssen sie konzipiert und in einer ↑Programmiersprache formuliert werden. Mit dem Aufbau und der Entwicklung von *A.* beschäftigt sich das ↑Software Engineering, das darüber hinaus Wartung und Pflege, sowie die Weiterentwicklung der Programmsysteme betrachtet. Das Software Engineering behandelt somit den gesamten Lebenszyklus eines *A.* Es stützt sich dabei auf Prinzipien, ↑Methoden, Werkzeuge (↑Tools) und Programmiersprachen, die sich durch ein ↑CASE-System (Computer Aided Software Engineering) organisieren und einsetzen lassen.

Der Einsatz von *A.* orientiert sich an einem Bedarf. Nach einer eingehenden Problemanalyse und Anforderungsdefinition (bzw. nach einer Ist-Analyse und Sollkonzeption) stellt sich die grundle-

Anwendungssysteme

gende Frage, ob das *A.* eigenentwickelt oder fremdbezogen werden soll. Durch eine individuelle Programmierung ist einerseits eine sehr gute Anpassung an die jeweilige Aufgaben- bzw. Problemstellung möglich, andererseits setzt die Eigenentwicklung jedoch auch das Vorhandensein der notwendigen Ressourcen, wie z.B. Maschinen, Sprachen und Programmierer voraus. Der Fremdbezug von Software läßt sich sowohl durch Kauf von ↑Standardsoftware als auch durch eine Auftragsprogrammierung realisieren, die von einem Software- bzw. Systemhaus (so z.B. auf der Basis eines ↑Outsourcing-Konzeptes) durchgeführt werden kann. Beim Aufbau von größeren *A.* in der Praxis, der in Form von Projekten organisiert wird, finden sich bei einer Systementwicklung i.d.R. sowohl Eigenentwicklung (↑Individualsoftware) als auch Fremdbezug von Teilsystemen in Form des Kaufs von ↑Standardsoftware und individueller Auftragsfertigung.

Der Aufbau von *A.* ist häufig mit hohen Kosten verbunden, die im Rahmen von Beschaffung bzw. Entwicklung und insb. auch von Pflege und Wartung der Software entstehen. Der Einsatz der Systeme soll Nutzen erbringen, der sich teilweise erst langfristig einstellt oder in Form von Wettbewerbsvorteilen auftreten kann. Die Entscheidung für die Anschaffung bzw. Entwicklung eines *A.* stellt ein Investitions- und Finanzierungsproblem dar, das eine gründliche Wirtschaftlichkeitsanalyse voraussetzt, eine systematische Gegenüberstellung von Kosten und Nutzen.

A. lassen sich nach verschiedenen Kriterien einteilen, so z.B.:

- nach den notwendigen DV-Systemen, d.h. ↑Hardware- und ↑Betriebssystemen, Hardware-Plattformen wie Groß-, bzw. Abteilungsrechner-, ↑Workstations- und ↑Personal Computerplattformen und ↑Betriebssystemplattformen, so z.B. die Großrechnersysteme VM, MVS oder BS 2000, ↑UNIX, ↑OS/2 bzw. ↑MS-DOS);
- nach Einsatz- bzw. Anwendungsbereichen, wie technische bzw. ingenieurwissenschaftliche, mathematische und naturwissenschaftliche, kaufmännische, verwaltungstechnische bzw. betriebswirtschaftliche Anwendungen (weiterhin sind Anwendungen in der Rechtswissenschaft, den Sozialwissenschaften und der Medizin gegeben);
- nach betrieblichen Funktionsbereichen, wie z.B. Beschaffung, Logistik, Lagerhaltung, Produktion, Verkauf, Marketing, ↑Controlling, Rechnungswesen, Personalwesen. Diese Einteilung wird in der Praxis häufig genutzt. Verbreitete Systeme sind Materialwirtschafts-, Produktionsplanungs- und Steuerungssysteme (↑PPS-Systeme), Kostenrechnungs-, Vertriebssteuerungs- und ↑Personalinformationssysteme;
- nach Wirtschaftsbranchen und öffentlichen Verwaltungsbereichen, wie z. B. Industrieunternehmen, Handelsunternehmen, Banken, Versicherungen, Handwerksbetriebe, Beratungsunternehmen, öffentliche Verwaltungen (auch diese Einteilung in die sog. ↑Branchensoftware wird in der Praxis häufig genutzt);
- nach Funktion der ↑Informationsverarbeitung, die durch das *A.* hauptsächlich unterstützt wird, so z.B. ↑Anwendungssoftware zur Eingabe der Daten (Erfassungssysteme), zur Aufbereitung und Ausgabe der Ergebnisse (Präsentationssoftware, graphische Systeme), zur Informationstransformation (z.B. algorithmische Programme zur mathematischen bzw. statistischen Berechnung), zur Informationsspeicherung (hauptsächlich in Form von Datenbanksoftware) und zur Übertragung von Informationen (Kommunikationssoftware);
- nach ↑Standardsoftware (Packaged Software) und ↑Individualsoftware (Custom Software);
- nach propietären Softwaresystemen (herstellerspezifischen Systemen) und offenen Systemen, die nach herstellerunabhängigen Standards aufgebaut sind;
- nach Gestaltung der möglichen ↑Benutzeroberflächen (bei ↑Dialogsystemen), wie z.B. Menüsysteme oder graphische Systemoberflächen;
- nach der eingesetzten ↑Programmiersprache, wie z.B. Assembler, prozedurale Programmiersprache, 4GL-System, objektorientierte, funktionale oder logische Sprache, oder nach den unterschiedlichen Werkzeugen und Entwicklungsumgebungen (↑CASE-Tools);
- nach ↑Betriebsarten des DV-Systems (in Abhängigkeit vom ↑Betriebssystem),

so z.B. *A.* auf der Basis von Einprogramm- oder Mehrprogrammbetrieb, von Einbenutzer- oder Mehrbenutzerbetrieb (Multiuser System) oder auf der Basis von ↑Stapelverarbeitungs- oder interaktiven Verarbeitungs- (↑Dialogsystemen);

- nach Nutzungsmöglichkeiten in Unternehmen in Form von Administrations- Transaktions-, Dispositions-, Planungs- und ↑Kontrollsystemen, so z.B. als Entscheidungs- und ↑Managementunterstützungssysteme;
- nach geschlossenen (auf einem Rechner ablaufenden) und verteilten *A.*, die auf der Basis von ↑Rechnernetzen verteiltes und kooperatives Arbeiten unterstützen, so in Form von ↑Groupware und ↑Computer Supported Cooperative Work (CSCW);
- nach der verwendeten Technologie in *A.*, die sich auf sequentielle Programme oder auf parallele Programme stützen, oder die auf konventionellen oder auf objektorientierten bzw. wissensbasierten Softwaresystemen (z.B. ↑Expertensysteme) basieren.

Ziel bei der Beschaffung von *A.* ist heute immer mehr der Einsatz von standardisierten, offenen und integrierten Softwaresystemen mit klaren, standardisierten ↑Schnittstellen und einheitlichen Kommunikations- und Benutzerunterstützungen. So haben große DV- und Softwarehersteller bzw. -anbieter einheitliche Rahmenwerke für die unternehmensweite Anwendungsintegration geschaffen, die weltweit bekannt sind. Ziel einer solchen Anwendungsarchitektur (Application Architecture) ist es, *A.* in integrierter Form und nach einheitlichen Richtlinien zu entwickeln, so daß sie auf der Basis von Standardprotokollen miteinander kommunizieren können, eine einheitliche ↑Benutzeroberfläche aufweisen (↑Common User Access, CUA) und auf unterschiedlichen Plattformen (Hard- und Systemsoftware) ablaufen können. Erfolgreiche *A.* sind modular aufgebaut, so daß sie auch flexibel beschafft und bedarfsorientiert genutzt werden können.

Literatur: Hansen, H.R.: Wirtschaftsinformatik I, 6. Aufl., Stuttgart, 1992. *Kurbel, K., Strunz, H.* (Hrsg.): Handbuch Wirtschaftsinformatik, Stuttgart, 1990. *Mertens, P.* (Hrsg.): Lexikon der Wirtschaftsinformatik, 2. Aufl., Berlin, 1990. *Mertens, P. et al.*: Grundzüge der Wirtschaftsinformatik, Berlin, 1991. *Scheer, A.-W.*: EDV-orientierte Betriebswirtschaftslehre, 4. Aufl., Berlin, 1990. *Stahlknecht, P.*: Einführung in die Wirtschaftsinformatik, 6. Aufl., Berlin, 1993. *Zilahi-Szabò, M.G.*: Wirtschaftsinformatik, München, 1993.

Prof. Dr. R. Gabriel, Bochum

Anwendungssysteme in Dienstleistungsbetrieben

Traditionell wurden unter Dienstleistern hauptsächlich

- Banken, Versicherungen, Handel,
- Beratungsunternehmen, Hotels und Gaststättengewerbe etc.

verstanden. Diese Einteilungsform ist in der Betriebswirtschaftsliteratur auch heute noch vorherrschend. Für Zwecke der ↑Wirtschaftsinformatik, sowohl für die betrieblichen Anwendungsaufgaben, wie für die Forschung, sollte die traditionelle Gliederung der Fülle neuer ↑Dienstleistungen und Unternehmensformen angepaßt und erweitert werden um:

- klein- und mittelständische Unternehmen, deren Produktion ganz oder teilweise aus Dienstleistungen besteht;
- öffentliche Dienstleister, die sich z.T. auf dem Weg in die Privatisierung befinden, wie die gelbe Post, Telekommunikationsunternehmen, Bahn u.a. Unternehmen, Krankenhäuser, Entsorgungsbetriebe und dabei den Übergang in ein betriebswirtschaftliches Management zu leisten haben;
- der Öffentliche Dienst, also alle Behörden der verschiedenen Verwaltungsebenen mit ihren nachgeordneten Ämtern und Anstalten, die seit den 80er Jahren den Weg vom Verwaltungsvollzug in Richtung auf ein Dienstleistungsverständnis zu nehmen beginnen und bei denen inzwischen betriebswirtschaftlich orientiertes Management Einzug zu halten beginnt.

Die Wirtschaftsinformatik der letztgenannten drei Gruppen

- klein- und mittelständische Unternehmen mit Dienstleistungscharakter,
- Öffentliche Dienstleister und
- Öffentlicher Dienst

unterscheidet sich wesentlich von den in den klassischen Bereichen von Banken,

Anwendungssyst. in Dienstleistungsbetr.

Versicherung und Handel herrschenden Verhältnissen und verdient daher selbständige Betrachtung. Der gesamte genannte Dienstleistungsbereich, außer dem traditionellen Bereich Banken, Versicherungen und Handel, ist bzgl. wirtschaftsinformatischer Fragen in Literatur und Forschung im Vergleich zum zahlenmäßigen Anteil an der Gesamtwirtschaft noch stark unterrepräsentiert. Es gibt zwar eine Fülle von Anwendungssoftwarelösungen auf diesem Markt, aber die wissenschaftliche Aufarbeitung und anwendungsbezogene Unterstützung durch die Wirtschaftsinformatik steht - anders als im Bereich von Produktion und Industrie und klassischer Dienstleistung - noch weitgehend aus.

Klein- und mittelständische Unternehmen als Dienstleister

Historisch wurden in diese Gruppe vor allem Hotels, Gaststätten, Steuerberatungs- und andere Beratungsunternehmen, Reisebüros etc. gezählt. Dieser Bereich hat in den letzten 20 Jahren zwei wesentliche Entwicklungen erfahren, die das gesamte Bild veränderten:

- Seit den 80er Jahren hat sich die Zahl der kleinen Dienstleistungsanbieter und das Spektrum der Dienstleistungsprodukte vervielfacht. Dabei sind viele Anbieter hinzugekommen, die traditionell dem Handwerk zuzurechnen sind, die aber immer stärkere Dienstleistungskomponenten anbieten, die inzwischen öfters schon überwiegen.
- Erst mit dem Auftreten des PC hält die Datenverarbeitung ihren Einzug auch in den Bereich der angesprochenen Unternehmen mit weniger als 100 Mitarbeitern. Dieses Segment war bis Anfang der 80er Jahre für die Datenverarbeitung so gut wie bedeutungslos und ist es für die traditionelle "große EDV" bis heute.

Vor allem solche Unternehmen, die Dienstleistung und Handel, Dienstleistung und Handwerk bzw. kleinindustrielle Fertigung oder gar alle drei Bereiche verknüpfen, sind ein weitgehend neues Phänomen. Typisch sind z.B. kleine Anlagenbauer mit überwiegendem Kundendienstgeschäft oder Baurenovierer, die alte Türen und Fenster nach Katalog erneuern und dabei nur noch eine minimale fertigende Komponente zeigen. Hier fällt es immer schwerer, diese Unternehmen einer der klassischen Kategorien zuzuordnen. Für die *betriebliche Informationsverabeitung* bedeutet dies oft, daß nebeneinander Aufgaben des/der

- Handels mit Einkauf und Vertrieb,
- Fertigung, Lagerhaltung, Lieferung,
- des Kundendienstes

zu bearbeiten sind - und dies oft in Betrieben mit weniger als 10 Mitarbeitern. Der Einzug und die Nutzung der ↑Informationsverarbeitung in Unternehmen unter 100 Mitarbeitern unterliegen völlig anderen Bedingungen und Regeln als in den größeren Unternehmen, die traditionell mit Datenverarbeitung ausgestattet sind. Aus Kostengründen ist davon auszugehen, daß Betriebe unter 70 Mitarbeitern im Regelfall nicht in der Lage sind, einen hauptberuflichen EDV-Mitarbeiter zu bezahlen. Dies bedeutet, daß die in größeren Betrieben für Stabilität der DV-Leistungen sorgende Organisationseinheit ↑Rechenzentrum nicht zur Verfügung steht. Damit sind alle traditionellen Organisationsformen der ↑Datenverarbeitung nicht in die Kategorie der betrachteten kleinen Unternehmen übertragbar. Alles, wofür in der großen EDV in den Bereichen Produktion und Handel ausgereifte Lösungen vorhanden sind, muß völlig neu bedacht, bearbeitet und organisiert werden.

Sondersituation

Die Situation dieser Gruppe wird entsprechend durch zwei Komponenten charakterisiert:

- durch die allgemeine Problematik der Klein- und Mittelbetriebe im Umgang mit ↑Informationsverarbeitung;
- durch die Vielfalt der miteinander logisch vernetzten betrieblichen Funktionen, wenn Komponenten aus Produktion, Handel und anderen Dienstleistungen zusammentreffen.

Bei dezentralisierten Konzerntöchtern, die immer häufiger in die ausgesprochene Größenordnung eindringen, ist die angesprochene Problematik der Informationsverarbeitung meist nicht vorhanden, da zentrale Ressourcen des Unternehmens Hilfestellung geben.

Die klassischen Engpässe

Die Gruppe der dienstleistenden Klein- und Mittelbetriebe zeigt weitgehend dieselben Risikofelder: defizitäre kaufmännische, technische und betriebsorganisatorische Vorbildung der Betriebsleitung, die sich äußert durch

- mangelnde Fähigkeit, betriebswirtschaftlich anspruchsvolle Software zu nutzen;
- mangelnde Vorbildung für Hardware- und Softwareentscheidungen;
- mangelnde Einsicht in die Ausbildungserfordernisse für Mitarbeiter;
- mangelnde Fähigkeit zur organisatorischen Umgestaltung bei DV-Einsatz;
- eine hohe Beratungsbedürftigkeit, die auf zwei Engpässe führt, auf die mangelnde Erfahrung des Umgangs mit Beratern und auf die oft gezeigte Hilflosigkeit im Umgang mit Anbietern von Hard- und Software (die noch dadurch verstärkt wird, daß viele Betriebsberater von den Anbietern Provisionen erhalten);
- den Mangel an der persönlichen Fähigkeit des Unternehmensleiters/der Leitungsgruppe, die Einführung von EDV als strategische Aufgabe zu behandeln und die dazu notwendigen Planungsmittel anzuwenden (Die notwendige intensive Schulung mit Vermittlung einer Arbeitsmethodik wird derzeit nur von wenigen Anbietern, z.B. Helfrecht oder Schmidt Kolleg, geboten und nur von einem sehr kleinen Anteil der Betriebe genutzt.);
- dv-kundige Betriebsberater. Da jedoch die Honorarsätze bei Einsätzen für Klein- und Mittelbetriebe (auch bei Förderung) beschränkt und die Einsatzdauer limitiert ist, versuchen höher qualifizierte Berater für zahlungskräftigere Kunden in größeren Unternehmen zu arbeiten. Im Mittel zeigen daher zum Einsatz kommende Berater ein schwaches DV-Profil;
- die Softwareanbieter, die in den meisten Fällen örtliche oder regionale Betriebe sind, oft sehr kleine Betriebe, die entweder ↑Standardsoftware eines überregionalen Herstellers oder eigene Lösungen anbieten;
- die Qualität dieser Softwareanbieter (sie ist sehr unterschiedlich, oft an der professionellen Untergrenze.), ebenso viele angebotene Produkte;
- Standardsoftware, die für viele Einsatzbereiche bei typischen Dienstleistern reichlich vorhanden ist, z.B. für Anwaltskanzleien, Makler, Friedhofsgärtner, Hotels etc.

Es ist aber außerordentlich schwer in diesem Angebot auszuwählen, da selten Vergleiche konkurrierender Produkte durchgeführt werden, die Neutralität und die Kriterien der Vergleiche öfters zweifelhaft sind, wissenschaftlich basierte Vergleiche in der Regel so kompliziert sind, daß sie für die Betriebsinhaber zu komplex und in der entscheidungsbezogenen Durchführung zu teuer sind.
Standardsoftware für kombinierte Dienstleister/Fertiger/Händler ist kaum erhältlich - ausgenommen für den kaufmännischen Bereich. Dies bedeutet, daß für solche Betriebe mehrere Standardsoftware betriebsbezogen integriert werden müssen, bzw. daß ↑Individualsoftware erstellt werden muß (die dann ggf. vom Anbieter zu ↑Standardsoftware weiter entwickelt wird). Entsprechend ist bei dieser Gruppe der "Kombinierten" der DV-Einsatz besonders teuer und - zumindest bzgl. integrierter Lösungen - noch kaum in Angriff genommen.

Die Folgen der Engpässe
Häufig sind folgende negativen Ergebnisse aufgetreten:

- innerhalb von 5-10 Jahren mehrere Versuche mit jeweils neuen Lösungen, die allesamt gescheitert sind bzw. die nach hohen Kosten schließlich doch noch zum Ziel geführt haben;
- Verlust guter Mitarbeiter, die wegen Akzeptanzproblemen mit der eingeführten DV-Lösung das Unternehmen verließen oder dies beabsichtigen;
- Arbeit mit einem Anwendungssystem, das kaum oder nur bruchstückhaft genutzt wird;
- Betrieb mehrerer Systeme mit Medienbrüchen, da die Integration nicht gelöst ist.

Diese negativen Ergebnisse werden meist von den Betroffenen verschwiegen, oft auch gar nicht in vollem Umfang erkannt.

Erfolgreiche DV-Einführungen
Wirklich erfolgreiche DV-Einführungen bei dienstleistenden Klein- und Mittelbetrieben sind bisher vergleichsweise selten. Am ehesten gelingt dies wohl, wenn alle günstigen Faktoren zusammentreffen: eine strategisch qualifizierte Betriebsleitung, ein fachlich einwandfreier Berater und ein solider DV-Anbieter.

Beratungsbedarf
Das angesprochene Unternehmenssegment hat extremen Beratungsbedarf, der bisher kaum befriedigt wird. Mit mittleren und großen Unternehmen erfahrene Berater mit DV-Kenntnissen sollten im Regelfall nicht eingesetzt werden, da die Kenntnisse meist nicht übertragbar sind. Ein wichtiger Weg zur Schaffung geeigneter Beratungskapazität wird die Bereitstellung rechnergestützter Beratungshilfen sein, die leicht und billig einsetzbar sind und als Nebenprodukt auch Betriebsvergleiche liefern. Vermutlich nur auf diesem Weg ist

- die große Zahl der kleinen Dienstleister/Klein- und Mittelbetriebe überhaupt mit zu bedienen und
- zum niedrigen Kostenrahmen ein qualifiziertes Ergebnis zu erbringen.

Das Erstellen der Strukturen für solche Beratungssysteme und die Realisierung der Beratungssysteme ist eine dringend anstehende Aufgabe für Forschung und Entwicklung.

Geeignete Softwarestrukturen
Der Großteil der bestehenden Anwendungsprogramme ist mit den ↑Programmiersprachen etc. entwickelt worden, die die Entwickler jeweils bevorzugten, oft (fast) ohne Werkzeug. Viele dieser Produkte laufen noch auf der MS DOS-Basis, integrieren keine Textverarbeitung, etc. Anders als im Bereich größerer Unternehmen ist bei den Softwareanbietern oft das Bewußtsein für den Einsatz von Werkzeugen und ↑Datenbanken für erhöhte Produktqualität und Produktivität noch wenig ausgeprägt.
Zur Zeit haben progressive Softwareanbieter für den Bereich der Klein- und Mittelbetriebe damit begonnen, qualifizierte ↑Middleware-Plattformen und/oder objektorientierte Werkzeugkästen einzuführen. Diese Entwicklung steht jedoch noch am Anfang, erste Berichte sind - auch wirtschaftlich - ermutigend.

Neue Beratungsqualität
Es ist anzustreben, daß sich in den nächsten Jahren eine neue Beratungsqualität mit den genannten Eigenschaften entwickelt. Hier trifft die Hochschulen in den Bereichen Betriebswirtschaft und ↑Wirtschaftsinformatik eine besondere Aufgabe. Es gilt, vom bisher fast ausschließlichen Schwerpunkt der mittleren und großen Unternehmen und ihrer Strukturen abzurücken und den riesigen Bedarf an qualifizierten Beiträgen im Bereich der Dienstleister/Klein- und Mittelbetriebe besser zu befriedigen.

Prof. Dr. Peschanel, Ilmenau

Arbeitsplatzrechensysteme
Systeme - auch ↑Workstations genannt - die zunehmend eine hohe Rechenleistung und einen großen Datendurchsatz mit hochauflösender Graphik kombinieren und dem Benutzer vor Ort für eine Vielzahl von Datenverarbeitungsanwendungen zur Verfügung stellen. Darüber hinaus besitzen sie meistens einen Zugang zu Kommunikationsnetzwerken, mit deren Hilfe sie auch auf weltweit verfügbare Informationsquellen zugreifen können. Damit sind Workstations auch Einrichtungen zur Kommunikation und zum Datenaustausch mit anderen Benutzern. Diese Systeme verfügen vermehrt auch über audiovisuelle Ein- und Ausgabemöglichkeiten für eine Bearbeitung von Multimedia-Daten, für einen Austausch von Stand- und Bewegtbildern ebenso, wie für die Übertragung akustischer Informationen.

Architektur betrieblicher Metainformationssysteme
↑Metainformationssysteme, Architektur betrieblicher

Architektur Offener Systeme
↑Offener Systeme, Architektur

Architektur von Datenbanksystemen
↑Datenbanksystemen, Architektur von

Archivierung
Auslagerung von Dokumenten auf externe Datenspeicher (elektronische Ablage).

ARPA-Net
Advanced Research Projects Agency Network; Fernnetz mit folgenden Merkmalen: Netzbetreiber und Netznutzer sind i.a. verschieden; es können verschiedene Arten von Informationen, darunter Dokumenten, Daten, Programmen als Poststücke übertragen werden; der Zugang zu verschiedenen Informationsbanken und zu entfernten Ressourcen (Remote Job Entry) ist möglich.

Arrays
Feste Anzahl von Datenelementen, die hintereinander abgespeichert werden und auf die mittels Indizes zugegriffen wird.

Artificial Reality
Synonym zu Virtual Reality, Virtual Environment; eine neue Epoche in der Mensch-Maschine-Kommunikation, die mit dem Einsatz innovativer Endgeräte den Benutzer in vier- und mehrdimensionale rechnerinterne Modelle einbezieht; bezogen auf die menschliche Sensorik Einsatz multimedialer Präsentationsformen, sowie Einbeziehung neuer, multidimensionaler Interaktionstechniken.

ASCII
American Standard Code of Information Interchange

Assembler
Maschinenorientierte Programmiersprache; lehnt sich eng an die interne Logik und Speicherungstechnik des Computers an und zeichnet sich durch präzise Formulierung des Lösungsweges aus, wozu ein Befehlsvorrat von über 140 Einzelinstruktionen zur Verfügung steht.

Assoziation
Beziehungsmenge zwischen Klassen; ist inhärent bidirektional und modelliert die Menge der Beziehungen zwischen einzelnen Objekten der beteiligten Klassen.

AT-Technologie
Advanced Technology

Aufgabenanalyse im Büro
↑Büro, Aufgabenanalyse im

Aus- und Weiterbildungssysteme, computergestützte
Problemstellung
Seit geraumer Zeit ist eine immer rasantere, für viele geradezu beängstigende Vermehrung von verfügbarem Fachwissen zu beobachten. Parallel dazu steigen in vielen Bereichen die beruflichen Qualifikationsanforderungen kontinuierlich. Ein immer breiter und an vielen Stellen auch tiefer angelegtes ↑Wissen muß einem immer größeren Personenkreis vermittelt werden. An den Bildungseinrichtungen, insb. an den Hochschulen, wird deshalb oft von einer Massenausbildung gesprochen, bei der auf individuelle Bedürfnisse kaum Rücksicht genommen werden kann. Im Beruf ist eine betriebliche Weiterbildung "auf Vorrat" häufig nicht mehr sehr effizient und insb. unökonomisch. Das geforderte lebenslange Lernen ist flexibler zu gestalten. Es muß immer häufiger ad hoc Zusatz- oder Spezialwissen für die Bewältigung anstehender Probleme parallel zur täglichen Arbeit erworben werden.
Nachdem Computer an Schulen und Hochschulen, sowie im privaten und insb. im betrieblichen Bereich immer weiter verbreitet sind, liegt es nahe, dieses Werkzeug auch für Lehr- und Lernzwecke zu nutzen. Dies ist ohnehin unumgänglich, wenn es z.B. um das praxisbezogene Erlernen des Umgangs mit ↑Anwendungssoftware geht. Darüber hinaus kann der Computer als flexibles Instrument für nahezu beliebige Ausbildungszwecke eingesetzt werden. Eine seiner attraktivsten Eigenschaften ist dabei die Fähigkeit, mit dem Lernenden zu interagieren, d.h. Fehler zu erkennen, zu analysieren, zu beraten, zu verbessern, zu bewerten und zu vergleichen. Neben dem unmittelbaren Feedback hat der Lernende den Vorteil, Zeitpunkt, Zeitdauer und Tempo des Unterrichts selbst bestimmen zu können. Bei Verwendung von mobilen Rechnern wie Laptops oder Notebooks kommt zur zeitlichen auch die örtliche Unabhängigkeit hinzu.
In vielen Fällen wird die Aus- und Weiterbildungssoftware konventionelle Unterrichtsformen nicht völlig ersetzen, sondern Frontalunterricht, Seminare oder Workshops ergänzen und durch Übungs- und Trainingsmöglichkeiten anreichern.
Begriffswelt
In der betrieblichen Praxis hat sich für das Gebiet des computergestützten Lernens der Begriff ↑Computer Based Training (CBT) eingebürgert. Bei allgemeinen oder wissenschaftlichen Betrachtungen wird im englischen Sprachgebrauch häufig die Bezeichnung ↑Computer Aided Instruction (CAI) verwendet. Durch Kombination der Bausteine "Aided" bzw. "Based" und "Instruction" bzw. "Learning" bzw. "Training" entstehen weitere Abkürzungen (wie CAI, CAL, CAT, CBI, CBL, CBT), ohne daß jedoch wesentliche inhaltliche Differenzierungen vorgenommen werden.

Aus- und Weiterbildungssysteme

Unter dem Begriff ↑Computer Managed Instruction (CMI) werden Hilfsmittel für den Lehrenden zusammengefaßt. Hierzu gehören z.B. Systeme zur Lehrstoffverwaltung, Kursorganisation, Prüfungsstellung und -auswertung. Spezielle Werkzeuge zur Entwicklung von Software für die Aus- und Weiterbildung sind Autorensysteme und Autorensprachen.

Methodische Ansätze

Wird die Rolle des Lernenden im Dialog mit einem Lehrsystem betrachtet, so können drei Interaktionsstile unterschieden werden: systemgesteuerter, lernergesteuerter und gemischt-initiativer Dialog.

In der ersten Variante sind die Dialogschritte im wesentlichen vom System vorgezeichnet. Der Lernende nimmt in einer passiven Rolle Informationen auf und reagiert überwiegend auf Anfragen und Vorgaben des Systems. Im spiegelbildlichen Fall agiert der Lernende und kann sich relativ frei nach seinen Vorstellungen im System bewegen bzw. dieses manipulieren. Der Computer reagiert auf gezielte Eingaben oder Befehle. Bei dem gemischt-initiativen Lerndialog übernehmen Lernender und System jeweils aktive wie auch reaktive Rollen.

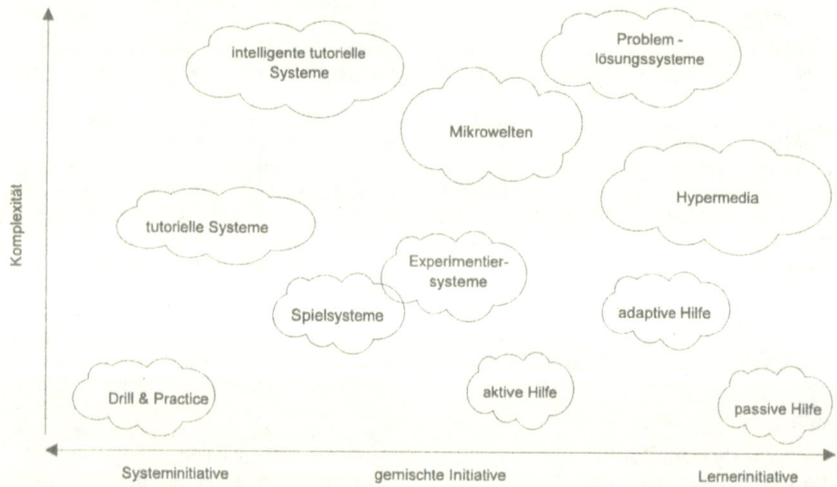

Lernergesteuerte Lehrsoftware

Die einfachste Art der Wissensvermittlung besteht darin, daß sich der Lernende die benötigten Informationen selbst gezielt abruft. Konventionelle Hilfesysteme werden z.B. durch eine Anfrage aktiviert und selektieren aus einem online-Manual oder aus einer ↑Datenbank Informationsbausteine. Flexiblere und individuellere Erklärungen werden von dynamischen Hilfesystemen erhalten, die einerseits den aktuellen Kontext und den bisherigen Dialogablauf berücksichtigen und andererseits aktiv benutzerangepaßte Informationen in den Dialog einbringen.

Wenn sich der Lernende selbständig in einem Informationsnetzwerk bewegen kann, wird von der Kategorie der ↑Hypermediasysteme gesprochen. Die ↑Objekte in diesem Netzwerk können Textabschnitte sein, die z.B. als eine Art von Karteikarten oder Lexikoneinträgen zu begreifen sind. Daneben finden sich in modernen Systemen mehr und mehr multimediale Informationsdarstellungen, wie z.B. anspruchsvolle Graphiken, ↑Animationen, hochaufgelöste und farbige Bilder, Video- und Audiosequenzen. Ein derartiges System ist als eine Art rechnergestütztes Lexikon mit sehr vielen Querverweisen vorstellbar. Um sich bei der Reise in einem Hypermedianetzwerk zurechtzufinden, bieten derartige Systeme in der Regel Navigations- und Orientierungshilfen an.

Systemgesteuerte Lehrsoftware

Einfache Formen des streng systemgeführten Dialogs sind sog. Drill and Practice-Programme. Das System wählt dabei aus einem Katalog von Aufgaben bzw. Fragen nach einer bestimmten Methodik ein Element aus. Nach seiner Antwort erhält der Lernende unmittelbar ein Feedback. Meist besteht dieses aus der kurzen Bestätigung einer richtigen oder der Verbesserung einer falschen Antwort. Die richtige bzw. fehlerhafte Reaktion beeinflußt dabei den weiteren Prozeß der Fragen- bzw. Aufgabenselektion. Derartige Übungssysteme verfolgen in extremer Form das Ziel, durch gesteuerte Wiederholungen ↑Wissen einzupauken, bis es "sitzt". Bei Testsystemen hat der Lernende ein komplexeres Problem, oder eine zusammenhängende Aufgabenserie zu bewältigen und das System beurteilt anschließend die erbrachte Leistung.

Die wichtigste Form des systemgesteuerten Lernens sind die tutoriellen Systeme. Der Lernende wird dabei auf einem bestimmten Weg durch den Lehrstoff geführt. Um ein individuelles Lerntempo zu ermöglichen, wird der Stoff in einzelne, möglichst kleine Lerneinheiten untergliedert. Diese sind zu einer logischen Abfolge miteinander verbunden, wobei der Schritt zur nächsten Einheit oft von den Antworten in den vorangegangenen Lernsequenzen abhängt. Ein wesentliches Merkmal eines tutoriellen Systems ist, wie oft und in welcher Form eine Lernerfolgskontrolle stattfindet. Es werden Fragen mit Auswahl- oder Zuordnungsantworten, sowie Fragen mit freien Antworten und Zwischentests unterschieden, die mehrere Lösungsschritte beinhalten. Ein Großteil der gegenwärtig verfügbaren Lehrsoftware beruht auf diesem Konzept. In neuerer Zeit wird versucht, mit Hilfe wissensbasierter Techniken intelligente tutorielle Systeme (ITS) zu entwickeln. Diese sollen sich generativ und adaptiv verhalten. Mit generativ ist gemeint, daß das System nicht vorgefertigte Lerneinheiten in einer vorstrukturierten Reihenfolge abspult, sondern Lehrelement und Dialogschritte flexibel erzeugt bzw. zusammenstellt. Eine adaptive Dialogführung nimmt auf die individuellen Bedürfnisse des Lernenden Rücksicht und paßt die Systemausgaben an Vorkenntnisse, aktuelle Verhaltensweise, Lernziele usw. des einzelnen Benutzers an. Entsprechende ↑Informationen und Einschätzungen werden in einem Benutzermodell gehalten.

Gemischt-initiative Lehrsoftware

Die ↑Simulation eines Ausschnitts aus der Realität auf dem Rechner erlaubt in vielen Fällen ein besonders starkes interaktives Lernen. Der Lernende ist oft in ein Szenario integriert und wird zu einem handelnden Bestandteil des Systems. Z.B. hat er in einer Modellfabrik den Part des Qualitätskontrolleurs zu übernehmen und Entscheidungen über Häufigkeit, Art und Umfang der Kontrollen zu treffen. Das System simuliert die Fertigung und gibt ein Feedback in Form von Prüfkosten, Ausschußraten und Fertigungsverzögerungen. Die Möglichkeit, entdeckend zu lernen und erworbenes Wissen auszuprobieren, hebt derartige modellorientierte Experimentiersysteme von eher tutoriell orientierten Ansätzen ab. Verhalten sich solche Modelle "intelligent", so wird häufig auch von Mikrowelten gesprochen. Diese können insb. flexibel auf Warum-Fragen reagieren, durch Beobachtung des Lernenden Fehler und Verständnisschwierigkeiten aufdecken und relativ freie Entdekkungsaufgaben stellen. Eine besonders plastische Darstellung von Mikrowelten wird durch Virtual Reality-Systeme möglich. Sog. Cyberspace-Anwendungen erlauben es dem Lernenden, sich in vom Computer erzeugten Scheinwelten so zu bewegen, als ob er sich selbst direkt dorthin begibt. Der Lernende setzt hierzu eine Spezialbrille mit integrierten Displays auf und zieht sensorische Handschuhe oder einen sensorischen Anzug an. Der Computer erzeugt über diese Displays dreidimensionale Bilder und reagiert auf Kopf-, Augen-, Hand- und Fingerbewegungen. Spielsysteme präsentieren ebenfalls anschauliche Lernumgebungen, die auf Modellen basieren. Sie setzen jedoch spezielle Anreize, um sich mit dem Stoff zu beschäftigen. Diese Anreize bestehen zum einen in einem besonderen Unterhaltungswert, z.B. in Form attraktiver, multimedialer Bildschirmdarstellungen. Darüber hinaus wird versucht, Phantasie und Neugierde zu wecken, sowie Wettkampfsituationen zu konstruieren. Spielsysteme basieren sehr häufig auf Simulationsprogrammen und lassen sich deshalb nicht exakt gegen Experimentier- oder Mikrowelten abgrenzen. Spielsysteme in der computergestützten Aus- und Weiterbildung benutzen das Spiel mit seinen motivierenden Anreizen nur als Verpackung eines didaktischen Konzepts. So wird in Unternehmensplanspielen auf unterhaltsamer Weise ein Betrieb oder ein herausfordernder Konkurrenzkampf gegen andere Mitspieler geführt, dabei jedoch gezielt betriebswirtschaftliches Fakten/Handlungswissen vermittelt. Modellbasierte Systeme werden auch dazu verwendet, Umgebungen bereitzustellen, die zur selbständigen Problemlösung benötigt werden. So kann von Problemlösungssystemen oder Problemlösungstrainern eine komplexe Aufgabe vorgegeben werden. Um die Aufgabe zu bearbeiten, ist diese in einzelne Bestandteile zu zerlegen und jedes Detail zu untersuchen. Typische Beispiele sind das Finden und Beheben von Gerätefehlern bei der Reparaturausbildung oder das Erlernen medizinischer Diagnosetechniken. Das Problemlösungssystem hat den Lernenden rechtzeitig auf Fehlverhalten aufmerksam zu machen und Hinweise zu geben, wenn er bei der Aufgabe nicht weiterkommt. Für derartige Systeme, die dem Benutzer bei seiner Arbeit "über die Schulter schauen", wird diese Bezeichnung Kritiksysteme verwandt. Sie können bspw. als wissensbasierte Modellkomponenten oder als ↑Expertensysteme realisiert sein.

Literatur: Bodendorf, F.: Computer in der fachlichen und universitären Ausbildung. Handbuch der Informatik, Bd. 15.1, München, 1990. *Bodendorf, F., Hofmann, J.* (Hrsg.): Computer in der betrieblichen Weiterbildung. Handbuch der Informatik, Bd. 15.2, München, 1993.

Prof. Dr. F. Bodendorf, Nürnberg

Ausbildung in der Wirtschaftsinformatik an Hochschulen

Die *Wirtschaftsinformatik* ist als eine ↑Angewandte Informatik und als ein interdisziplinäres Fachgebiet zwischen den Wirtschaftswissenschaften und der Informatik angesiedelt. Ihre Ausbildung und Forschung sind in wirtschafts- und sozialwissenschaftlichen Fachbereichen an Hochschulen eingerichtet. Da in der Praxis eine andauernde große Nachfrage nach Absolventen gegeben ist, wurde in den letzten Jahren die *W.* an den Universitäten und Fachhochschulen ausgebaut (Heinrich, Kurbel, 1988; Bischoff, 990). Obwohl die *W.*, auch als Betriebsinformatik bezeichnet, ein noch relativ junges Fachgebiet darstellt, bietet mittlerweile jede wirtschaftswissenschaftliche Fakultät dieses Fach an. Die ersten Ansätze lassen sich bereits Ende der 50er Jahre lokalisieren, als an deutschen Universitäten vereinzelt Datenverarbeitungsaspekte in Lehrveranstaltungen über Organisationslehre oder Unternehmensforschung (↑Operations Research) aufgenommen wurden. Lehrstühle mit *W.*-Ausrichtung wurden im deutschsprachigen Raum erstmals 1968 an der Hochschule in Linz (Österreich) und 1970 an der Universität in Erlangen-Nürnberg eingerichtet. Die Fachhochschulen haben schon Mitte der 60er Jahre organisatorische Einheiten in *W.* gebildet und 1970 den ersten Studiengang eingerichtet.

Bereits Mitte der 70er Jahre wurde von der wissenschaftlichen Kommission Betriebsinformatik im Verband der Hochschullehrer für Betriebswirtschaft eine Befragung zur Ausbildung an deutschsprachigen Hochschulen durchgeführt, die bis heute mehrmals wiederholt wurde. Die frühe Untersuchung hat ergeben, daß damals grob vier Ausbildungsalternativen angeboten wurden, die sich durch die Anzahl der Semesterwochenstunden und durch den Stellenwert des Fachs innerhalb der Studienordnung unterschieden (als freiwillige Vorlesungen, als Wahlfach, als Vertiefungsfach, als spezielle Betriebswirtschaftslehre). Heute hat sich die *W.* zu einem selbständigen Fach entwickelt, das von einem Lehrstuhl zumindest als Wahlfach angeboten wird. An mehreren Hochschulen wurde die *W.* zu einem selbständigen Studiengang ausgebaut, wobei auch der akademische Grad eines *Diplom-Wirtschaftsinformati-*

Ausbildung in der Wirtschaftsinformatik

kers erworben werden kann. Auch das Ausbildungspotential an Fachhochschulen ist beträchtlich erweitert worden. Viele Fachhochschulen bieten ebenfalls spezielle Studiengänge der *W.* an und verleihen entsprechend den akademischen Grad *Diplom-Wirtschaftsinformatiker (FH)*, aber auch in Informatik-Studiengängen den Grad *Diplom-Informatiker (FH), Studiengang Wirtschaftsinformatik*.

In der Lehre sind deutliche Unterschiede zwischen Grund- und Hauptstudium zu erkennen. Im *Grundstudium* dominieren häufig noch die technischen und instrumentellen Inhalte, d.h. das Kennenlernen des Aufbaus und der Funktionsweise der Hard- und Softwarekomponenten (Hansen, 1992; Stahlknecht, 1993) und/oder das Erlernen einer Programmiersprache, wie z.B. ↑PASCAL, MODULA 2, ↑C oder ↑COBOL, sowie mittlerweile auch logischer und objektorientierter Sprachen (z.B. ↑SMALLTALK, ↑C++, OBJECT-PASCAL). Ziel des Grundstudiums ist es, den ↑Personal Computer mit seinen Betriebssystemen und den wichtigsten Standardsoftwaresystemen kennenzulernen, so die Textverarbeitungs-, Tabellenverarbeitungs- und graphische ↑Systeme. Im *Hauptstudium* wird verstärkt auf anwendungsorientierte Veranstaltungen, z.B. über betriebliche ↑Informationssysteme, ↑Systemanalyse und ↑Software Engineering, Datenorganisation und ↑Datenbanksysteme, ↑Wissensbasierte und ↑Expertensysteme, ↑Entscheidungsunterstützungs- und ↑Managementinformationssysteme (MIS), ↑Executive Information Systems (EIS), Bürokommunikationssysteme, sowie Informationsmanagement Wert gelegt.

Die *W.* befaßt sich mit dem Aufbau bzw. der Entwicklung und dem Einsatz bzw. der Nutzung der ↑Informations- und Kommunikationssysteme in Wirtschaft und Verwaltung. Entsprechend den späteren Tätigkeitsfeldern der Wirtschaftsinformatiker/innen läßt sich die Hochschulausbildung grob in folgende *Ausbildungsbereiche* ordnen:

- ↑Anwendungssysteme in Wirtschaft und Verwaltung;
- Entwicklung betrieblicher Anwendungssysteme;
- computergestützte Arbeitsplätze und ↑Kommunikation;
- ↑Informationsmanagement;
- Informatikmarkt und Menschen;
- Basistechnologie.

Mit *Studienplanempfehlungen* für die Ausbildung in *W.* beschäftigen sich vor allem die wissenschaftlichen Kommissionen Wirtschaftsinformatik im Verband der Hochschullehrer für Betriebswirtschaft e.V., die Schmalenbach-Gesellschaft - Deutsche Gesellschaft für Betriebswirtschaft e.V. und die Gesellschaft für Informatik e.V. Sie erarbeiteten eine gemeinsame Rahmenempfehlung für die Hochschulausbildung *W.*, wobei sie verschiedene *Formen der Ausbildung* unterscheiden:

- *W.*-Ausbildung als Teil eines wirtschafts- und sozialwissenschaftlichen Studiums (insb. der Betriebswirtschaftslehre);
- als Nebenfach für andere Studiengänge (↑Informatik, Mathematik, Ingenieurwissenschaften);
- als eigenständiger Diplomstudiengang.

Mit dem *W.* sollen grundlegende Prinzipien, ↑Methoden, Modelle und Werkzeuge vermittelt werden, die Absolventen befähigen, ↑Informations- und Kommunikationstechniken im betrieblichen und überbetrieblichen Rahmen effizient, effektiv und benutzerfreundlich einzusetzen. Das Studium soll berufs- und arbeitsmarktorientiert sein. Die Studieninhalte sollen im Rahmen eines wirtschaftswissenschaftlichen Studiums nach der gemeinsamen Empfehlung in drei Teile gegliedert werden:

- Das *Grundlagenstudium* beschreibt die Breitenausbildung, die alle Studenten/innen durchlaufen sollten (6 SWS), mit folgenden Inhalten ↑Computer als Werkzeug zur Problemlösung, Informationsverarbeitung und ↑Kommunikation im Betrieb.
- Im *Schwerpunktstudium* sind die Kerninhalte aufgeführt, die die Studierenden bei einer Schwerpunktsetzung erlernen sollten (12-14 SWS): Entwicklung betrieblicher Anwendungs- und Kommunikationssysteme, Softwaretechnologie, Datenorganisation, Informationsmanage-

Ausbildung von Ingenieurstudenten

ment, Anwendungen in ausgewählten Wirtschaftszweigen.

- Das *Vertiefungs- und Spezialisierungsstudium* vermittelt Inhalte, die nach Präferenz der Studierenden und/oder Lehrenden das Schwerpunktstudium punktuell ergänzen können (12 SWS): Technologie der Entscheidungsunterstützungssysteme (↑Expertensysteme, OR-Methoden, Methodenbanken, online-Datenbanken), Informatikmarkt, Computersysteme (Architekturen), Kommunikation (↑Rechnernetze), Anwendungen in ausgewählten Wirtschaftszweigen (Handel, Banken, Verkehr u.a.).

Für Diplom-Studiengänge *W.* an Universitäten wurde 1992 eine *Rahmenempfehlung* verabschiedet (Informatik Spektrum, 1992), die auf neun Semester (Regelstudienzeit) mit ca. 160 SWS angelegt ist. Die Empfehlung geht von der Leitlinie aus, daß Lehrveranstaltungen aus Betriebswirtschaftslehre, Informatik und *W.* als Säulen des Studiengangs etwa gleiches Gewicht haben sollten.

Dem Wirtschaftsinformatiker werden sich in den nächsten Jahren weiterhin ausgezeichnete Berufsaussichten eröffnen. Die Praxis verlangt von allen Absolventen mindestens grundlegende *W.*-Kenntnisse, die auch von allen Hochschulen angeboten werden. Weiterhin bestehen Möglichkeiten der Schwerpunktbildung in *W.* bzw. der Vertiefung oder Spezialisierung.

Literatur: Bischoff, R.: Wirtschaftsinformatik an Fachhochschulen, Studium, Angewandte Forschung und Transfer, Berlin1990. *Heinrich, L.J., Kurbel, K.*: Studium und Forschungsführer Wirtschaftsinformatik, Berlin, 1988.

Prof. Dr. R. Gabriel, Bochum

Ausbildung von Ingenieurstudenten in der Informatik

Die Ausbildung von Ingenieurstudenten im Fach ↑Informatik bildet heute einen festen Bestandteil des Studienprogramms aller Bildungseinrichtungen in der Bundesrepublik Deutschland, an denen Absolventen technischer Fachrichtungen die Berufsbezeichnung Diplom-Ingenieur erwerben können. Dazu gehören in erster Linie universitäre Einrichtungen, wie Universitäten, Technische Universitäten und Hochschulen sowie Gesamthochschulen (Dipl.-Ing.) und die Fachhochschulen (Dipl.-Ing. (FH)). In einigen Bundesländern existiert ein solcher Bildungsweg auch an Berufsakademien (Dipl.-Ing. (BA)). Umfang und Inhalt der *I.* differieren dabei nicht nur zwischen diesen drei Plattformen, sondern können durchaus zwischen verschiedenen Einrichtungen einer dieser Plattformen unterschiedlich sein. Unterschiede sind vor allem auch zwischen den einzelnen technischen Studiengängen und sogar Studienrichtungen vorhanden. Verbindliche Regelungen darüber werden in den jeweiligen Studienordnungen getroffen, die auf der Grundlage der Diplomprüfungsordnungen der betreffenden Studiengänge an jeder Bildungseinrichtung erlassen sind. Die *I.* für Ingenieure kann in drei Niveaus unterteilt werden:

- Das erste Niveau umfaßt die sog. *Grundlagenausbildung*, die zu jedem Ingenieurstudium gehört und in die Phase des Grundstudiums eingeordnet ist. Die darin vermittelten Kenntnisse sind so dimensioniert, daß sie einen Bildungsstand garantieren, der sich der allgemeinen Zielsetzung des Vordiploms unterordnet und z.B. bei universitären Einrichtungen einen problemlosen Wechsel der Hochschule ermöglicht.
- Das zweite Niveau (*Vertiefungsausbildung*) ist dadurch gekennzeichnet, daß über die Grundlagenausbildung hinausgehende Informatiklehrveranstaltungen belegt werden. Zu diesem Zweck bieten die Studienpläne einiger Studienrichtungen Informatikdisziplinen als Wahlpflichtfächer an. Vorwiegend handelt es sich dabei um Disziplinen der Praktischen und ↑Angewandten Informatik. An einigen Hochschulen kann dieses Niveau auch durch den Erwerb eines speziellen Zertifikats erreicht werden. Ein Beispiel dafür ist das CIM-Zertifikat, das von einigen Einrichtungen, die über ein CIM-Technologie-Transferzentrum verfügen, ausgestellt wird.
- Das dritte und höchste Niveau betrifft die *I.* in *speziellen ingenieurwissenschaftlichen Studienrichtungen*, die durch ihre Nähe zur ↑Informatik den Erwerb diesbezüglichen Spezialwissens zur Notwendigkeit werden lassen. Dazu gehören insb. Mikroelektronik, Nachrichten- und Automatisierungstechnik.

Grundlagenausbildung, Zielsetzung
Die Grundlagenausbildung verfolgt das Ziel, die ↑Informatik als Wissenschaftsdisziplin mit ausgeprägten struktur- und ingenieurwissenschaftlichen Zügen einzuführen, ihre Bedeutung als Wachstumsfaktor und unverzichtbares Instrument zur Beherrschung der informationellen Prozesse in Wissenschaft, Technik und Produktion bewußt zu machen und theoretische Konzepte, Mittel und Methoden in einem solchen Umfang darzubieten, der die erforderlichen Voraussetzungen für die Anwendung im Beruf schafft. Da die Informatik als Wissenschaft von der systematischen Darstellung und Verarbeitung von Informationen mit Hilfe des Computers definiert ist, geht es vor allem darum, daß die Studenten befähigt werden, Vorzüge und Möglichkeiten seines Einsatzes, aber auch die dafür notwendigen Erfordernisse zu erkennen und mit ihm umzugehen. Umgang mit dem Computer ist dabei unter zwei Aspekten zu sehen. Einerseits muß erreicht werden, daß die in den Bildungsstufen vor dem Studium erworbenen und z.T. erheblichen Unterschiede in bezug auf das Computerverständnis (Computer Literacy) auf einen Mindeststand gebracht wird. Kenntnisse über den Computer und dessen Verwendungsmöglichkeiten sind selbst unter Abiturienten recht unterschiedlich ausgeprägt, insb. was Gründlichkeit, aktives und passives ↑Wissen und Nutzungsniveau betrifft. Andererseits müssen die Studenten in die Lage versetzt werden, informationsverarbeitende Prozesse allgemeinen aber zunehmend berufsspezifischen Inhalts zu analysieren, organisatorisch und algorithmisch aufzubereiten und programmtechnisch zu implementieren. In einem Mindestumfang sind dazu Kenntnisse über Gesetzmäßigkeiten, Wirkprinzipien, Strukturen und Funktionen informationeller Prozesse und ↑Systeme notwendig. Ein noch nicht selbstverständliches Bildungsziel, aber eines mit zunehmender Bedeutung ist es, die gesellschaftlichen Gefahren, die mit einem verantwortungslosen Computereinsatz verbunden sind, bewußt zu machen (soziale Folgen, ↑Datenschutz, militärischer Mißbrauch etc.). Ein eindringlicher Mahner in dieser Richtung ist der amerikanische Computerwissenschaftler (Weizenbaum, 1993).

Problemstellung
Die Verwirklichung der genannten Ziele verdichtet sich auf die Behandlung folgender Probleme:

- Gegenstand, Rolle und Verantwortung der Informatik;
- Aufbau und Arbeitsweise des Computers, Einheit von Hard- und Software, der Computer im Computernetz;
- interaktive Arbeit am Computer und Nutzung problemorientierter Softwaresysteme;
- systematisches Erstellen von ↑Programmen von der Problemstellung bis zu fertigen ↑Programmen in einer höheren ↑Programmiersprache;
- Grundprinzipien der Softwaretechnik, die bei der Entwicklung großer Anwenderprogramme benötigt werden;
- Methodik des Datenbankentwurfs und Nutzung von ↑Datenbanksystemen;
- diverse Programmierparadigmen.

Die Stoffvermittlung in Form von Vorlesungen, ggf. auch in seminaristischer Form, geht einher mit dem Erwerb praktischer Fähigkeiten durch die Studenten. Grundlage dafür sind i.d.R. vorlesungsbegleitende Übungen, Praktika und das Selbststudium. Diese Fähigkeiten sind:

- die Arbeit am Computer (meist ↑PC, seltener ↑Workstation) in wenigstens einer konkreten Betriebssystemumgebung;
- die Entwicklung einfacher und modular strukturierter Programme unter Verwendung einer höheren Programmiersprache und vorhandener Programmbibliotheken;
- das Erfassen, Testen und Korrigieren von Programmen mit Bezugnahme auf die angebotenen Nutzerschnittstellen;
- die Nutzung vorhandener Anwenderprogramme und Softwaresysteme;
- der Entwurf relationaler Datenbankschemata für ein konkretes ↑Datenbanksystem.

Insgesamt ist die Ausbildung darauf gerichtet, daß sich die Studenten einen korrekten und systematischen Arbeitsstil für einzelne Phasen des Softwarelebenszyklus aneignen und eine disziplinierte, verantwortungsbewußte und effiziente Arbeitsweise entwickeln.

Ausbildung von Ingenieurstudenten

Inhalte
Wegen der eingangs erwähnten Unterschiedlichkeit in der *I.* an den einzelnen Hochschulen und in den verschiedenen Studiengängen gibt es auch in der Grundlagenausbildung keine einheitlichen Lehrprogramme zur Behandlung der aufgelisteten Probleme. In der Regel werden die Inhalte der Lehrprogramme zwischen den die ↑Informatik vertretenden Bereichen und den jeweiligen ingenieurwissenschaftlichen Bereichen abgestimmt. Nicht selten gehören ingenieurwissenschaftlichen Bereichen Informatiker an, woraus sich eine gewisse Autarkie dieser Bereiche hinsichtlich der Grundlagenausbildung ableitet. Aus diesem Grunde sollen im folgenden stellvertretend zwei Lehrprogramme lediglich als Beispiele für die Studiengänge Maschinenbau und Elektrotechnik dargelegt werden.
Lehrprogramm: Grundlagen der ↑Informatik für den Studiengang Maschinenbau. Die Lehrveranstaltung umfaßt insgesamt 7 Semesterwochenstunden und ist auf 2 Semester verteilt:
- 1. Semester: 2 Stunden Vorlesung, 1 Stunde Übung wöchentlich.
- 2. Semester: 2 Stunden Vorlesung, 2 Stunden Übung, wöchentlich.

Hinzukommen im Rahmen des Selbststudiums lehrveranstaltungsbegleitende praktische Übungen am Computer. Die thematische Stundenaufteilung geht aus der folgenden Übersicht hervor.

Thema	Vorlesung	Übung
1. Gegenstand und Nutzen der Informatik, Computer, Betriebssysteme	2	1
2. Überblick über die Programmiersprache PASCAL: einfache und strukturierte Datentypen, einfache und strukturierte Anweisungen	4	3
3. Unterprogrammtechnik: Prozedur- und Funktionsabstraktionen, Rekursivität	2	2
4. Top down-Entwurf von Algorithmen: Phasen des Programmentwurfs, strukturiertes Entwerfen, Entwurfshilfsmittel, iterative und rekursive Entwurfsverfahren	5	1
5. Dateiarbeit: Dateiorganisationsformen, Operationen auf Dateien, Dateiarbeit in Turbo-PASCAL	2	3
6. Dynamische Datenstrukturen: Pointerkonzept, dynamische Variablen, Listen- und Baumstrukturen	3	2
7. Modulare Programme: Modulbegriff, Modultypen und deren Anwendungen, modulares Programmieren in Turbo-PASCAL	3	2
8. Objektorientierte Programmierung: Prinzipien, OO Programmieren mit Turbo-PASCAL	2	3
9. Einführung in die Datenbanktechnologie: Datenmodelle/-schemata, Datenbankentwurf, Sprachkonzepte zur Nutzung von Datenbanken, Schnittstellen zwischen Programmiersprachen und Datenbanken, Entwicklungsrichtungen und Trends	6	4

Lehrprogramm: Grundlagen der ↑Informatik für den Studiengang Elektrotechnik. Die Lehrveranstaltung umfaßt insgesamt 8 SWS und ist auf 2 Semester gleich verteilt mit 2 Stunden Vorlesung, 1 Stunde Übung, 1 Stunde Praktikum wöchentlich. Das Praktikum ist also in die Lehrveranstaltung integriert. Die thematische Stundenaufteilung ist die folgende.
Basismaschine, Methoden und Tools
Unter der *Basismaschine* wird die Einheit von ↑Hardware und ↑Systemsoftware (vor allem das ↑Betriebssystem) verstanden. Es wird in die ↑von Neumann-Architektur, die digitale Arbeitsweise der Computer und in die *Schichtenarchitektur* (Computer als System virtueller Maschinen) eingeführt. Als wichtige Schicht wird das Betriebssystem mit so wesentlichen Bestandteilen wie ↑Compiler, Linker, Loader hervorgehoben. Der Vergleich der beiden Lehrprogramme läßt neben formalen Gesichtspunkten hin-

Thema	Vorlesung	Übung
1. Einführung in die Informatik – Gegenstand, Geschichte, Anwendung – Grundlegende Begriffe – Aufbau und Arbeitsweise eines Computers – Funktionen des Betriebssystems – Werkzeuge des Programmentwurfs	6	4
2. Methodik des Programmentwurfs – Darstellungsmittel für Algorithmen und Datenstrukturen – Methoden des systematischen Programmentwurfs – Phasen der Programmentwicklung – Spezifikation, Entwurf, Implementierung, Testung	6	4
3. Programmentwicklung – Struktur von Programmen in C/C++ – Datentypen, statische Datenstrukturen, interne und externe Datenstrukturen – Elementare und strukturierte Anweisungen – Unterprogrammtechnik – Dynamische Datenstrukturen – Klassen – Rekursion – Objektorientierter Entwurf und Programmierung – +-Bibliotheken – Numerische und nichtnumerische Anwendungen	36	20
4. Grundlagen der graphischen Datenverarbeitung	4	4
5. Entwicklung großer Programme – Entwurfskonzepte – Darstellungsmittel und Werkzeuge – Programmierumgebungen	4	-
6. Überblick über andere Programmierungssprachen – Programmierparadigma: imperativ, funktional, logisch; objektorientiert, parallel – Beispielssprachen	4	-

sichtlich der Gliederung (Komplexbildung, Themensequenz) vor allem Unterschiede in der Stoffauswahl und der generellen Auffassung zur Vermittlung einer Programmiermethodik erkennen. Beide Standpunkte und noch andere finden sich in concreto wieder. Das Lehrprogramm für den Maschinenbau baut auf ↑*PASCAL* als Basissprache auf. Fehlende Konzepte, wie Dateiarbeit, modulares und objektorientiertes Programmieren werden im Rahmen der Turbo PASCAL-Erweiterungen ergänzt. Der Schwerpunkt bei der Nutzung kommerzieller Software liegt auf den ↑Datenbanksystemen. Hier kommen das 3-Ebenen-Konzept ebenso zur Sprache, wie die drei klassischen Datenmodelle und das Entity Relationmodell. Besonderer Wert wird der Behandlung ↑relationaler Datenbanken beigemessen, die auch dem Datenbankentwurf zugrunde gelegt werden. Dieser Komplex umfaßt ferner die Sprachschnittstellen ↑SQL und ↑4GL und moderne Entwicklungskonzepte auf dem Gebiet der ↑Datenbanksysteme wie ↑verteilte Systeme und Nichtstandard-Datenbanksysteme. Die Stoffauswahl ist begründet, wenn in Betracht gezogen wird, welche wesentliche Rolle in der Vergangenheit klassische ↑Programmiersprachen (allen voran ↑FORTRAN) bei der Entwicklung von Anwendersoftware für den Maschinenbau gespielt haben, und daß in der Praxis Neuerungen von Nichtinformatikern nur sehr allmählich angenommen werden. ↑Datenbanken haben eine herausragende Bedeutung in nahezu allen Bereichen der technischen Produktionsvorbereitung, in der Produktionsprozeßsteuerung und der computerintegrierten Fertigung.

Ausbildung von Ingenieurstudenten

Grundsätzlich kann anstelle von PASCAL auch eine andere imperative Programmiersprache gelehrt werden (ähnlich gut geeignet ist z.B. MODULA-2). Im Falle des Lehrprogramms für die Elektrotechnik ist es C mit der Erweiterung ↑C++. Neben dem größeren Sprachumfang, den diese Kombination bietet, erlaubt sie insb. maschinennahe Programmierung (ist dann auch für die Entwicklung von Systemprogrammen geeignet) und die ↑objektorientierte Programmierung. Die große Anzahl mittlerweile verfügbarer C- und C++-Programmbibliotheken unterstützt den Anwender über ein breites Einsatzspektrum, zu dem wichtige Teilgebiete mit Relevanz für die Elektro- und speziell die Informationstechnik gehören. Auf eines dieser Teilgebiete, die graphische ↑Datenverarbeitung, wird besonders eingegangen. Nach der Vermittlung von Grundkonzepten werden nacheinander die graphische Programmierung in einer C-Umgebung und die Nutzung kommerzieller Graphiksysteme behandelt. In der Verwendung von PASCAL oder C spiegelt sich ein genereller Unterschied hinsichtlich der Programmiermethodik wider. Mit PASCAL wird der traditionelle Weg beschritten, eine aus pädagogischer Sicht besonders geeignete Lehrsprache einzuführen, die einen leichten Übergang zu anderen praxisrelevanten Sprachen erlaubt. Mit C/C++ dagegen wird eine Sprache gelehrt, die sich gegenüber einer „reinen Sprachlehre“ recht widerspenstig verhält, angesichts ihrer zunehmenden Verbreitung in der Industrie und der naturwissenschaftlich-technischen Forschung aber pragmatische Vorteile hat. Weitgehende Übereinstimmung herrscht bei der Behandlung softwaretechnologischer Aspekte. So werden die Phasen des Softwarelebenszyklus, insb. Spezifikation, Entwurf, Implementation und Testung gleichermaßen berücksichtigt, wie die Methode des ↑Prototyping. Werkzeuge zur strukturierten Programmentwicklung, wie ↑Struktogramm, Programmablaufplan und ↑Pseudocode werden vorgestellt und in ihrer Verwendbarkeit diskutiert.

Software

Die Grundlagenausbildung für Ingenieure basiert vorwiegend auf der Nutzung von PC. Während die Lehrinhalte weitgehend hardwareunabhängig dargeboten werden, kommen PC im Praktikum und beim Selbststudium zum Einsatz. Bevorzugtes ↑Betriebssystem ist *MS-DOS*. Andere Betriebssysteme, insb. *UNIX*, finden Erwähnung. Die eingesetzten Programmiersysteme richten sich nach der verwendeten Programmiersprache. Bei PASCAL wird gewöhnlich auf die Version Turbo PASCAL 6.0 zurückgegriffen. Geeignete C++ -Umgebungen werden z.B. durch Borland C++ ab V.2.00, Zortech C++ Compiler und das GNU-C++System bereitgestellt. Im Komplex Datenbanken werden die Query Language SQL und als Systeme dBase und Oracle bevorzugt. Mit der Verwendung von Informix wird gelegentlich die Schwelle zur UNIX-Umgebung überschritten. Als Applikationssystem werden Produkte zur Textverarbeitung (Word, WordPerfekt), ↑Tabellenkalkulation (Excel), sowie Zeichen- und Graphikprogramme (Corel Draw, Draw Perfect, PC Draft) angesprochen und mehr oder weniger vertieft.

Vertiefungsausbildung

Die Vertiefungsausbildung ist dem Wesen nach eine Nebenfachausbildung Informatik im Rahmen des ingenieurwissenschaftlichen Studienganges. Wahlpflichtfächer können aus dem eingeschränkten Fächerspektrum des Hauptstudiums des Studienganges Informatik ausgesucht werden. Dazu werden Empfehlungen im jeweiligen Studienführer und durch die Studienberatung gegeben. Besonders geeignet sind Fächer, die echt zur Vertiefung des in der Grundlagenausbildung erworbenen ↑Wissens beitragen, wie ↑Betriebssysteme, Softwaretechnik, ↑Datenbanksysteme, ↑Computergraphik, ↑Künstliche Intelligenz, Rechnerkommunikation, oder solche der Spezialisierungsrichtung Ingenieurinformatik, die auf Wissenserweiterung im Hinblick auf spezielle Anwendungsgebiete abzielen. Dazu gehören z.B. Gebiete wie Modellierung und Simulation, Geometrische Modellierung, multimediale Techniken, Bilderkennung und -verarbeitung, Robotik. Die realen Möglichkeiten sind vom Profil der jeweiligen Hochschule abhängig.

Spezialausbildung

Bei der Ausbildung von Diplomingenieuren für das Gebiet, das sich mit der Entwicklung informationstechnischer Systeme befaßt, kommt es zu einer engen Verflechtung zwischen Fächern der Informatik und denen der Elektrotechnik. Der Grund dafür ist in der engen Verzahnung dieser Disziplinen (selbst) und in den Überschneidungen bei den Gegenständen zu suchen (Fak, 1991). Die beiden Fakultätentage für Elektrotechnik und Informatik treffen dabei eine Zuordnung von Gebieten, die im Überschneidungsbereich Informationstechnik liegen, zur Informatik bzw. Elektrotechnik. Solche in Studienplänen der Elektrotechnik anzutreffende Informatikdisziplinen sind u.a. Automatentheorie, Betriebssysteme, Informationssysteme, funktioneller Entwurf von Rechnersystemen, Rechnerarchitekturen, Rechnersysteme, Rechnernetze.

Literatur: Fak: Gemeinsame Stellungnahme der Fakultätentage Elektrotechnik und Informatik zur Abstimmung ihrer Fachgebiete im Bereich Informationstechnik, 1991. *Weiz:* Joseph Weizenbaum: Wer erfindet die Computermythen, Freiburg, 1993.

Prof. Dr. H. Schreiter, Chemnitz-Zwickau

Auskunftssysteme

Bereitstellung von in ↑Datenbanken gespeicherte Daten mittels wahlfreiem Zugriff zwecks Informieren von Nutzern. Ihre Anfragen sind in einer Abfragesprache formuliert oder in letzter Zeit auch als natürlichsprachliche Dialoge gestaltet. Beispiele: Auskunftssysteme über Abfahrts-/Ankunftszeiten öffentlicher Verkehrsmittel; elektronische, multimediale Produktkataloge in Waren- oder Versandhäusern; Literaturrecherchesysteme.

Auswahlprozeß von Hardware, Software und Dienstleistungen

Unternehmens- und Informatikstrategie

Technologieorientierte Entscheidungsparameter spielen zunehmend eine wesentliche Rolle in den Unternehmen. Märkte werden schwieriger und Produktlebenszyklen kürzer. Die notwendige, richtige Nutzung der fast explosiv fortschreitenden Informations- und ↑Kommunikationstechnik stellt an das Management veränderte Anforderungen. Konkrete Unternehmensstrategien (Hanker, 1990) - wie Kooperation oder Diversifikation - haben die Ziele Arbeitsteilung, Flexibilität und Synergiegewinnung, bzw. die Ziele Gewinnung von Produktsynergien (Forschung und Entwicklung) und Marktsynergien (Vertrieb) als Motor. Die daraus ableitbaren Stoßrichtungen der ↑Informatik wären u.a. Standardisierung, Einrichtung eines Informationsverbunds und ggf. eine zentrale Informatikverwaltung und die Verbesserung der Managementkontrolle (↑Decision Support Systems) oder die Notwendigkeit der Unterstützung der Koordination der dezentralen Einheiten (Kommunikationsinfrastruktur).

Eigenproduktion, Fremderstellung, Standardanwendungssoftware

Unter der Zielrichtung dieser genannten strategischen Ziele und informatischen Implikationen sollten ↑Auswahlentscheidungen von Hard- und Software, sowie von Dienstleistungen erfolgen und erst an zweiter Stelle unter produktvergleichenden, produktinternen oder mehr operationalen Gesichtspunkten:

- Bei Existenz eines Informationsverbundes im Sinne einer engen Kooperation dürfte die reine Eigenerstellung von Software oder der Kauf exotischer Hardware nicht der richtige Weg sein: Fremderstellung oder Standardanwendungssoftware verlangen spezielle Anpassungsmechanismen, die vorhanden sein bzw. vorgesehen werden müssen.
- Die Erreichung einer hohen Flexibilität kann durch eine entsprechende Modularisierung gesichert werden. ↑Standardsoftware könnte ggf. flexibler - weil funktional breiter - realisiert sein bzw. leichter dem Bedarf entsprechend parametrisiert werden.

Auslagerungen oder Selbstversorgung

Outsourcing könnte den Ballast von Routinearbeiten reduzieren und die Möglichkeit eröffnen, sich auf informatikstrategische ↑Informationsverarbeitung beschränken zu können, andererseits können Abhängigkeiten entstehen, die unberechenbare Risiken schaffen. Die Verlagerung von Risiken auf externe Partner muß nicht Beseitigung der Risiken heißen. ↑Outsourcing kann leicht zu einer Kostenreduzierungsstrategie werden. Ein DTP-Oursourcing (Auswahl, Installation, Netzentwurf, Support, Wartung, Entwurf neuer Lösungen) für ↑PC und ↑Workstations kann, bei Belassen der Verantwor-

Auswahlprozeß von Hardware, Software

tung der Kernbereiche im Unternehmen, ungefährlich sein.

Entscheidungsfaktoren zur ↑Auswahl von Hard-, Software und Dienstleistungen

Die zentralen Entscheidungsfaktoren zur Auswahl (Bischoff, 1990) lassen sich in

- *systembezogene Entscheidungsfaktoren* von Hardware, Systemsoftware und Standardanwendungssoftware mit reinen (statischen) Systemeigenschaften, lastbezogenen Systemeigenschaften, Kosten und Support;
- *unternehmensinterne Entscheidungsfaktoren* mit organisatorischen, finanziellen und personellen Faktoren;
- *unternehmensexterne Entscheidungsfaktoren* mit gesamtwirtschaftlichen Gegebenheiten, gängigen Technik-/Technologieentwicklungen, Konkurrenten (dortiges Know how, dortige Infrastruktur), Kundenwünschen (Image den Kunden gegenüber), Abnehmern (Verflechtung), Herstellern/Lieferanten (Leistungsstand) etc. einteilen. Bezogen auf die Vergabe von umfangreichen Dienstleistungen von Aufgaben aus dem Informatikbereich können obige Faktoren in direkter und analoger Weise genutzt werden.

Am Beispiel des Outsourcing soll dies verdeutlicht werden:

- Softwareanforderungen des Anwenders an den Outsourcinganbieter (insb. ↑Qualitätssicherung und ↑Sicherheitsmanagement);
- Hardwareanforderungen des Anwenders an den Outsourcinganbieter (insb. Verfügbarkeits- und Kapazitätsmanagement);
- Netzanforderung des Anwenders an den Outsourcinganbieter (insb. Netzmanagement und Netzsicherheit);
- Anforderungen an die Qualitätskontrolle (insb. ihre Durchführung beim Outsourcinganbieter);
- Anforderung an die laufende Tageskommunikation;
- Kosten/Nutzen-Übersicht (Outsourcingrechnung);
- Anforderung an die Überprüfbarkeit der Outsourcingleistung (insb. bezogen auf die Sensibilität und die Sicherheitsstufen der Daten.

Der Auswahlprozeß

Der Auswahlprozeß ist ein verkürzter Systementwicklungsprozeß, denn auch im Outsourcingfall sind systemtechnische Größen zu fixieren. Mit der *Einholung von Angeboten* (Bischoff, 1990) soll beurteilt werden, welche Alternative die beste Lösung darstellt. Die Voraussetzungen hierfür sind eine durchgeführte Systemanalyse und die Entwicklung einer groben Anwendungskonzeption (*Sollkonzeption*), aus der die Mindestanforderungen und die Optimalanforderungen entwickelt werden. Die Aktivitäten zur Ausschreibungserstellung beinhalten die Schaffung von Marktinformationen, die Erstellung des *Anforderungsprofils* in Form eines ↑Pflichtenheftes, die Auswahl der Anbieter, Gespräche mit den Anbietern. Es folgen die Prüfung und die *Beurteilung* der eingegangenen Angebote.

Nach Anwendung der KO-Kriterien erfolgt eine operationalisierte *Aufstellung der Zielhierarchie* bis hin zu einer bewertbaren Kriterienebene. Anschließend erfolgt die differenzierte *Kosten/Nutzen-Bewertung* und ihre Integration zu einer oder wenigen Maßzahlen pro Alternative. Die für diese Vorgehensweise notwendige und vorauszusetzende Angebotsfeinprüfung erfolgt am besten anhand eines aufgabenspezifischen Fragenkatalogs, der dem Pflichtenheft beigelegt werden sollte.

Hilfsmittel und Methoden

Die Steuerung des Auswahlprozesses kann anhand eines eigens dafür vorgesehenen Vorgehensmodells geschehen. Ebenso (oder ergänzend) sind Aktivitätenlisten, objektbezogene Checklisten (Kriterienkataloge, Fragenkataloge etc.) und Formulare vorzusehen (Bischoff; 1990; Frank, 1980; Futh, 1984; Grupp, 1991; Hansen, 1983). Die letztendliche Entscheidung wird im Kontext der entsprechenden Unternehmensstrategie und der abgeleiteten Stoßrichtungen der ↑Informatik anhand einer Wirtschaftlichkeitsbetrachtung erfolgen. Die weitgehende Nutzung sinnvoller und validierter Maßzahlen/Vergleichszahlen kann dabei den Entscheidungsprozeß objektivieren.

Zur Beurteilung von Hardware bieten sich *Mixe* an. Als Mix wird die Zusammenstellung einer fiktiven Standardoperation aus einzelnen Operationen (Befehlsmix) bezeichnet, deren Ausführungszeiten bekannt sind, oder aber ge-

Auswahlprozeß von Hardware, Software

messen werden können. Die Mixe sind meist nur ↑CPU-bezogen einsetzbar. Beim Benchmark-Test wird ein typisches Bearbeitungsprofil auf einer Anlage des gewünschten Typs zum Ablauf gebracht. Hier sind analytische Verfahren einsetzbar, die auf der Warteschlangentheorie beruhen. Ebenso kann die ↑Simulation über spezielle Simulationssprachen zur Modellierung von Rechnersystem, Arbeitslast und Systemverhalten zum Einsatz kommen.

Mit Softwaremonitoren (Meß- und Analyseprogramm und Hardwaremonitoren (messende und auswertende kleine Mikrocomputersysteme) kommen ↑Tools zum Einsatz, die primär zur Engpaßbeseitigung und Teilauswahl genutzt werden können. Die Beurteilung der formalen Qualität von Software kann schließlich über Kennzahlen/Metriken - statisch, dynamisch - unterstützt werden. Zu den hier auch zu erwähnenden Verfahren gehören die eindimensionalen Bewertungsverfahren, wie die statischen und dynamischen Investitionsrechnungen.

Das praktisch wichtigste und verbreitetste Bewertungsverfahren ist die ↑*Nutzwertanalyse* (Bischoff, 1990). Bei der *N-WA* wird eine Zielhierarchie Top down bis auf die sog. Kriterienebene heruntergebrochen. Die unterschiedliche Gewichtung der Ziele, Subziele und Kriterien führt zu einer Gesamtpunktzahl (Nutzwertpunktzahl) für jede Alternative und ermöglicht somit den Vergleich und die letztendliche Auswahl. Die Bewertung unterschiedlicher Kriterien im Alternativenvergleich ist in unterschiedlichen Skalen möglich. Zur Wertsynthese ist ihre Zusammenführung in eine einheitliche Skala, meist in eine Punkteskala (Verhältnisskala) empfehlenswert. Die Gewichte können direkt geschätzt werden oder - etwas genauer - über paarweisen Vergleich (Bischoff, 1990). Ein differenziertes Verfahren wäre eine getrennte *Kosten/Nutzen-Betrachtung der Investition(en)* über ihre Laufzeit, wobei es sich empfehlen würde, mehrere Nutzenkategorien in Abhängigkeit ihrer Realisierungschance einzuführen. Einen interessanten Ansatz könnte schließlich das ↑*Target Costing* (*Zielkostenmanagement*) darstellen, um zum einen Standardsoftware oder Fremderstellung und Eigenerstellung zu differenzieren, aber ebenso als Verfahren, um alternative Fremdprodukte bzw. Fremdherstellungen bzw. Fremdleistungen zu differenzieren.

Rechtliche Problembereiche

Im Rahmen dieser Darstellung kann nur beschränkt auf diese Problematik eingegangen werden. Auf jeden Fall sind

- die Vertragsarten und Vertragsbedingungen (Miete, Kauf, Leasing; Werkvertragsrecht, Dienstleistungsrecht, Personalgestellungsrecht (Bischoff);
- Gütezeichen Software, z.B. vergeben von der Gütegemeinschaft Software e.V. (GGS; Bischoff, 1990);
- die Norm ↑ISO 9000 zur Softwarequalitätssicherung, insb. ISO 9000 Teil 3 im Softwarebereich;
- die EG-Richtlinie (EG-ABI, Nr. L, 122), die den rechtlichen Schutz von Computerprogrammen erweitert, aber auch die Rechte des Käufers klarer faßt;

zu beachten.

Literatur: Bischoff, R.: Die Auswahl von Informatikprodukten,. in: *Kurbel, K., Strunz, H. (Hrsg.),* Handbuch Wirtschaftsinformatik, Stuttgart, 1990. *Frank, J.*: Standardsoftware, 2. Aufl., Köln, 1980. *Futh, H. et al. (Hrsg.)*: Der Computer im Klein- und Mittelbetrieb, München, 1984. *Grupp, B.*: EDV-Pflichtenheft zur Hardware- und Softwareauswahl, Köln, 1991. *Hanker, J.*: Die strategische Bedeutung der Informatik für Organisationen, Stuttgart, 1990. *Hansen, H.R. et al.*: Standardsoftware. Beschaffungspolitik, Berlin, 1983.

Prof. Dr. R. Bischoff, Furtwangen

B-ISDN, Breitband-I SDN
Übermittlung aller Fernmeldedienste in einem einzigen Universalnetz.

Balkendiagramm
B. (Gantt-Diagramme) zeigen die einzelnen Vorgänge in ihrer Position auf dem Zeitstrahl; Darstellung der zeitlichen Relationen der Vorgänge zueinander.

Bank-Controlling
Vor dem Hintergrund des verschärften Wettbewerbsdrucks, wachsender Komplexität und Dynamik der Bankenmärkte, sowie der zunehmenden Internationalisierung des Bankgeschäfts nehmen die Anforderungen an das Bankmanagement und an das verwendete Steuerungsinstrumentarium ständig zu. Als weitgehend unverzichtbar für die Zukunftssicherung gilt daher im Bankgewerbe zunehmend ein modernes ↑Controlling, das ein integriertes Konzept für die ertragsorientierte Banksteuerung ist.
Über den Begriff des *Controlling* gibt es keine einheitliche Auffassung (Horváth, 1990; Richter, 1987; Weber, 1991). Fest steht jedoch, daß *Controlling* nicht einfach mit Kontrolle gleichgesetzt werden darf, da der zugrundeliegende Terminus "to control" weit mehr umfaßt und soviel bedeutet wie "Steuerung, Lenkung und Überwachung". Die somit im Vordergrund des Controlling stehende Steuerungsfunktion weist dabei konkret für Banken eine inhaltliche und eine formale Komponente auf. Materiell zeichnet sich ein geschlossenes Konzept des *B.* dadurch aus, daß sowohl die Gesamtbank als auch die einzelnen Geschäftseinheiten bis hin zum einzelnen Geschäft mit Hilfe eines integrierten Konzepts bewußt ertragsorientiert gelenkt werden. Dabei geht es im Kern um die Formulierung und Durchsetzung einer Geschäftspolitik, die ihre Philosophie aus den folgenden drei Grundprinzipien herleitet (Schierenbeck, 1994):

- Es gilt das Primat der Rentabilität! Alle geschäftspolitischen Entscheidungen sind stets der Frage zu unterwerfen, ob bzw. inwiefern sie zur Erzielung einer angemessenen (Mindest-) Rentabilität beitragen. Das Controlling fungiert damit als eine Art institutionalisiertes "Ertragsgewissen" der Bank.
- Geschäftswachstum wird grundsätzlich nicht als Selbstzweck angestrebt, sondern wird ausschließlich als Mittel zur Rentabilitätsmehrung und Rentabilitätssicherung gesehen. Dabei erfolgt stets eine Abstimmung zwischen wachstumsbedingtem Rentabilitätsbedarf und den voraussichtlichen wachstumsbedingten Rentabilitätswirkungen (ertragsorientierte Wachstumspolitik).
- Die Übernahme von Risiken wird dem Rentabilitätsdenken insofern konsequent untergeordnet, als sie sich stets aus den dabei zu erwartenden Ertragsmöglichkeiten zu rechtfertigen hat und strikt mit der generellen Risikotragfähigkeit der Bank gekoppelt sein muß. Das Controlling impliziert also eine deutlich defensive Grundhaltung, die das Eingehen von Risiken betrifft (ertragsorientierte Risikopolitik).

Ergänzend zu der materiellen Komponente weist das *B.* stets auch eine formale Komponente auf. Bezogen hierauf kommt dem Controlling zum einen die Aufgabe zu, die Rationalität bankbetrieblicher Entscheidungsprozesse durch systematische Planaktivitäten und Erfolgskontrollen sicherzustellen. Zum anderen hat das Controlling eine ausgeprägte Koordinations- und Informationsfunktion zu erfüllen. Das Controlling kann also institutionell als eine Art *Informationszentrum* verstanden werden, das steuerungsrelevante Informationen erfaßt, aufbereitet und weiterleitet, um die Aktivitäten der einzelnen Geschäftseinheiten im Hinblick auf die Gesamtbankziele zu koordinieren und abzustimmen.
Das Wesen des *B.* kann zusammenfassend durch zwei interdependente Aspekte beschrieben werden: Im materiellen Sinne steht das *B.* für eine integrierte Managementkonzeption, die die betonte Ertragsorientierung zum tragenden Fundament erhebt. Aus formaler Sicht vollzieht sich das *B.* als komplexer kybernetischer Prozeß von revolvierend ablaufenden Planungs- und Kontrollaktivitäten, die in allen Phasen durch systematisches ↑*Informationsmanagement* abgestützt werden. Im Mittelpunkt steht dabei die Formulierung und Abstimmung der (ertragsorientierten) Unternehmensziele auf Gesamtbankebene und die Koordina-

tion aller Einzelaktivitäten und Geschäftsbereiche bzgl. dieser Ziele.
Controllingkonzeptionen in Banken lassen sich grundsätzlich auf eine einheitliche Grundphilosophie zurückführen. Das schließt nicht aus, daß sie in der praktischen Umsetzung differenziert nach institutsindividuellen Rahmenbedingungen zu gestalten sind. Controlling bedeutet nicht ein neues System, das den Unternehmenserfolg automatisch garantiert und entbindet die Entscheidungsträger nicht von den Führungsaufgaben. Vielmehr beinhaltet es die Förderung des Verantwortungs- und Ergebnisbewußtseins der Entscheidungsträger und damit letztlich die Sicherstellung einer konsequent zielgerichteten und - sowohl materiell als auch organisatorisch verankerten - systematischen Entscheidungsfindung auf allen Unternehmensebenen.
Vor dem Hintergrund der so umrissenen Grundphilosophie des *B.* stellt sich dem Management von Banken ein Komplex von Aufgaben, der mit der Durchsetzung des Controllingdenkens in allen Bereichen einer Bank beginnt und bis hin zur Feinsteuerung kleinster Geschäftseinheiten reicht. Die einzelnen Teilaufgaben des *B.* lassen sich dabei von verschiedenen Seiten systematisieren, wobei sich die drei Ebenen des gesamten Aufgabenkomplexes anschaulich in Form eines Würfels darstellen lassen. Die kompakte Darstellung als Aufgabenwürfel weist schon darauf hin, daß es sich bei den einzelnen Dimensionen um ein festes Bündel von Aufgaben handelt, und die Teilaufgaben nicht isoliert betrachtet werden dürfen. Vielmehr existieren komplexe Interdependenzen, die ein integratives Denken und Handeln notwendig machen. So werden bei jedem controllingspezifischen Problem grundsätzlich sämtliche drei Dimensionen angesprochen:
Aufbau und Sicherstellung einer den Grundgedanken ertragsorientierter Banksteuerung adäquaten Infrastruktur. Eine solche Infrastruktur richtet sich auf die Manifestierung des Controllinggedankens auf allen Führungsebenen einer Bank und auf die Gestaltung der Struktur des Managementsystems, d.h. auf die Schaffung der organisatorischen, der planungs- und kontrollrelevanten, sowie der informationsbedingten Voraussetzungen einer ertragsorientierten Unternehmenssteuerung. Das Kerngerüst einer controllingadäquaten Infrastruktur setzt sich stets aus folgenden vier elementaren Bausteinen zusammen:

- aus der ertragsorientierten Geschäftsphilosophie, die als Kernelement eines integrierten Controllingsystems steht - gleichbedeutend für eine Managementkonzeption, die die betonte Ertragsorientierung zum tragenden Fundament erhebt und dies auch in einer ganz spezifischen Art des Denkens und Handelns auf allen Führungsebenen einer Bank zum Ausdruck bringt. Ertragsorientierung heißt in diesem Sinne, daß das Bankergebnis konsequent im Mittelpunkt geschäftspolitischer Überlegungen steht.

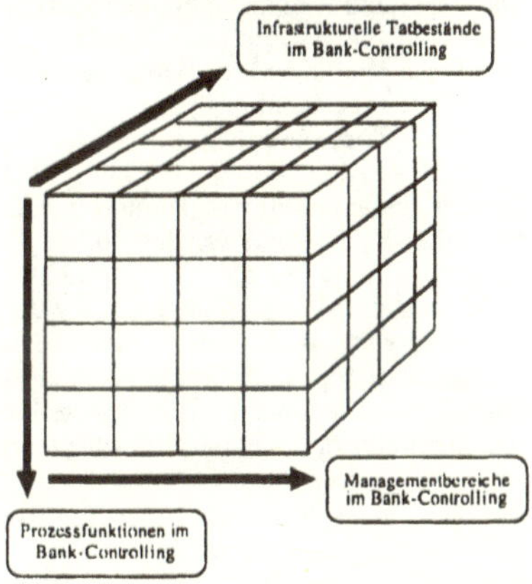

- aus Controllingsystemen, die ihrem Kern nach komplexe Steuerungssysteme sind, bei denen die Planungs- und Kontrollaktivitäten nicht isoliert und unverbunden vollzogen werden, sondern sich konzeptionell in ein komplexes, hierarchisch vermaschtes kybernetisches Regelkreismodell einfügen. Um in diesem Sinne einen *Controllingzyklus* zu institutionalisieren, ist es unerläßlich, strategische und operative Ziele vor dem Hintergrund einer ertragsorientierten Geschäftsphilosophie zu formulieren und in strategische wie auch operative Plangrößen umzusetzen. Die daraus resultierenden Sollgrößen dürfen nicht nur der Gesamtbank als Orientierung dienen, sondern auch den einzelnen Profit-Centern und Kundengeschäften, so daß diese Planaktivitäten zu einem Gesamtplan koordiniert werden können, in dem sich dann die ertragsorientierte Zielkonzeption der Bank widerspiegelt. Dieser Gesamtplan ist dann die Grundlage und Voraussetzung dafür, Kontrollmaßnahmen zu ergreifen, Probleme, die letztlich Soll-/Istabweichungen darstellen, überhaupt zu erkennen und kurskorrigierende Vorschläge zu unterbreiten.

- aus dem dritten Baustein einer controllingadäquaten Infrastruktur, die die Organisationsstruktur einer Bank bildet, da neben der Durchsetzung einer bestimmten geistigen Grundhaltung auch der konkrete organisatorische Rahmen vorhanden sein muß, in dem die ertragsorientierte Geschäftsphilosophie am Markt umgesetzt werden kann. Hierbei sind vor allem Entscheidungen darüber zu treffen, nach welchen Organisationsprinzipien die einzelnen Unternehmensbereiche zunächst abgegrenzt und später in ihrem Zusammenwirken wieder koordiniert werden und in welchem Maße Entscheidungsbefugnisse an untere Führungsebenen delegiert werden sollen. Eine controllingadäquate Verwirklichung bildet in diesem Zusammenhang die sog. Matrix-Organisation, indem Marktbereiche objektbezogen als kundenorientierte Profit-Center und die zentralen Abteilungen als funktionsorientierte Fachressorts fungieren (Schierenbeck, 1994).
- Als ein weiterer zentraler Baustein für integrierte Controllingsysteme in Banken gilt die Existenz eines ↑steuerungsadäquaten *Führungsinformationssystems*. Die formale Komponente des Controlling bezieht sich auf die Koordination sämtlicher Unternehmensaktivitäten durch systematisches Informationsmanagement. Da jede Entscheidung nur so gut sein kann, wie ihre informatorische Grundlage, ist die Qualität von Bank-Managemententscheidungen auch davon abhängig, inwieweit es gelingt, diese Entscheidungsgrundlagen zu optimieren. ↑Informationen werden so zu einer strategischen Managementressource. Ein ↑Informationssystem soll dabei vor allem der Erfassung, Speicherung und Distribution von relevanten Informationen dienen, d.h. dafür Sorge tragen, daß die benötigten und richtigen Informationen am richtigen Ort zur rechten Zeit zur Verfügung stehen.
- Institutionalisierung eines schrittweisen Vorgehens bei der Wahrnehmung controllingspezifischer Prozeßfunktionen, um so durch die konsequente Einhaltung eines Stufenschemas über Situationsanalyse, Planungs- und Kontrollphase die Geschlossenheit des Controllingzyklus zu garantieren. In all seinen Phasen wird dieser Prozeß durch systematisches Informationsmanagement abgestützt. Da die spezifischen Informationsfunktionen im *B.*, die im einzelnen die Phasen Informationsbeschaffung, -verarbeitung (im Sinne einer Umformung, Verdichtung und Spezifizierung von ↑Informationen), -speicherung sowie -übermittlung umfassen, stets auf das Engste mit den entsprechenden Planungs- und Kontrollfunktionen verbunden sind, werden sie gleichsam implizit in den als komplexen Informationsprozeß gedeuteten Planungs- und Kontrollzyklus integriert. Dessen controllingspezifischen Prozeßphasen beinhalten vornehmlich die Ziel- und Problemanalyse, die Erarbeitung von Entscheidungsvorlagen, sowie Kontrollen und Abweichungsanalysen.

- Die dritte und letzte Dimension des Aufgabenwürfels im *B.* bilden die einzelnen Bankmanagementbereiche ↑Portfolio-, Bilanzstruktur- und Budgetmanagement und deren Moderation nach den Grundsätzen ertragsorientierter Banksteuerung. Gemäß seiner prinzipiellen Stabsfunktion kann das *B.* die einzelnen Managemententscheidungen selbst nicht dirigieren, sondern auf sie nur durch Sachinformationen Einfluß nehmen. Die inhaltlichen Schwerpunkte der Controllingaktivitäten liegen hierbei in der Moderation der Markt- und Wettbewerbspolitik, in der Entwicklung von Vorschlägen zur risikopolitischen Optimierung der Bilanzstruktur und der Planung struktureller Rentabilitätsvorgaben, sowie in der Feinsteuerung der Bankrentabilität durch Budgetierung und Budgetkontrollen.

Literatur: *Horváth, P.*: Controlling, München, 1990. *Richter, H.J.*: Theoretische Grundlagen des Controlling, Strukturkriterien für die Entwicklung von Controlling Konzeptionen, Frankfurt a. M., 1987. *Schierenbeck, H.*: Ertragsorientiertes Bankmanagement, Bern, 1994.

Weber, J.: Einführung in das Controlling, Stuttgart, 1991.

Prof. Dr. H. Schierenbeck, Basel

BASIC

Beginners All Purpose Symbolic Instruction Code; imperative ↑Programmiersprache; Programmstrukturen ähneln den Programmablaufplänen.

Basistechniken der Systemanalyse

↑Systemanalyse, Basistechniken der

BDE (Betriebsdatenerfassung)

Zielsetzung

Mit der *B.* soll der betriebliche Informationsfluß verbessert werden. Dies bedeutet Rationalisierung und Leistungssteigerung zur Sicherung der Wettbewerbsfähigkeit der Betriebe. Insb. unter dem Aspekt zunehmend geforderter Flexibilität der Betriebe sind Möglichkeiten der Beschleunigung des Informationsflusses von eminenter Bedeutung.

Begriffserklärung

B. ist zwar auch das Zusammenfassen, Bewerten und Zurverfügungstellen von Ergebnissen, in erster Linie geht es bei *B.* aber um die Organisation zum Erfassen von Daten, die im Betrieb anfallen. Der Schwerpunkt liegt somit auf dem Erfassen, und zwar vor Ort. Entsprechend lautet die auf (Roschmann, 1979) aufbauende, aktualisiert wiedergegebene Definition wie folgt: *B.* umfaßt die Maßnahmen, die erforderlich sind, um Betriebsdaten insb. eines Produktionsbetriebes in maschinell verarbeitbarer Form am Ort ihrer Verarbeitung bereitzustellen. *B.* ist daher Oberbegriff für eine ganze Reihe von Erfassungsverfahren, wie Maschinen-, mobile, Prozeß-, Qualitäts-, Zeit-, Auftrags-, Lohndatenerfassung etc.

Als *Betriebsdaten* sind die im Laufe eines betrieblichen Prozesses, z.B. während des Produktionsprozesses, anfallenden bzw. verwendeten Daten - bei letzteren insb. Nummern zur Identifizierung - zu nennen. Hierbei handelt es sich um technische und organisatorische Daten über das Verhalten bzw. über den Zustand des Betriebes, wie Angaben über produzierte Mengen, benötigte Zeiten, Zustände von Fertigungsanlagen, Lagerbewegungen, Qualitätsmerkmale.

Ein *B.-System* ist ein Hilfsmittel zur Erfassung und Ausgabe betrieblicher Daten mit Hilfe von automatisch arbeitenden Datengebern (Sensoren) und/oder personell bedienten Datenstationen, sog. *B. -Terminals* im Betriebsgeschehen. Die Erfassungen sind vom *B.-System* vornehmlich dezentral zu unterstützen. Die Datenausgabe erfolgt zunächst zentral mit Orientierung zur auswertenden DV -Anlage, aber auch dezentral, wobei im Betrieb etwas damit angestoßen werden kann (organisatorische und technische Steuerungsinformationen).

Aufgabenstellungen

Die Aufgabenstellung an die *B.* wechselt von Betrieb zu Betrieb. Die Personalzeiterfassung steht in den Betrieben der unterschiedlichsten Branchen einschl. im Dienstleistungsbereich an. Materialdatenerfassungen gibt es in der Industrie, im Handel, bei Speditionen etc. Manchmal treten Aufgaben einzeln auf, in anderen Fällen kombiniert. Bei Produktionsbetrieben haben sich folgende Aufgabenbereiche herauskristallisiert:

- *Produktionsplanung und -steuerung*;
- *Materialwirtschaft* einschl. organisatorischer Lagersteuerung, Transportsteuerung (Materialflußsteuerung, Logistik) mit Vorgaben und Erfassung/Überwachung von Mengenbewegungen;
- *Zeitwirtschaft* mit Termin-/Kapazitätsplanung einschl. kurzfristiger Fertigungssteuerung, Leitstand, Werkstattsteuerung, Arbeitsverteilung, Arbeitsvorgaben und Auftragsrückmeldungen, Auftragsfortschrittserfassung, Zeiterfassung für Auftrags- und Terminüberwachung der Aufträge, sowie Überwachung der Kapazitätsbelegung;
- *Technische Anlagensteuerungen* in leittechnischen Konzepten und in organisatorischen Auftragsablauf eingebettet, wie NC-Maschinen im DNC-Betrieb, integrierte Werkzeugvoreinstellung, Transportsteuerungen u.a.m.;
- *Qualitätssicherung mit Mengenerfassungen* nach gut/schlecht und Erfassung der Daten unterschiedlicher Qualitätsmerkmale gemäß Prüfplanung, ggf. qualitative Einzelobjektverfolgung und Dokumentation einerseits und statistische Qualitätssteuerung andererseits;
- *Betriebliches Rechnungswesen* insb. Kostenrechnung mit ↑Datenerfassung;
- *Personalwesen* mit Datenerfassungen für flexible Arbeits-, Gleitzeit, Lohn-

abrechnungen (Leistungsumfang bei Akkord, Prämienlöhnen);

- *Schwachstellenanalysen* z.B. Maschinennutzungsüberwachung zur zeitlichen und ggf. technischen Nutzungserhöhung mit entsprechenden Datenerfassungen (Zeitgrößen, Störgründe, Maschinenprozeßdaten/Prozeßüberwachung);
- *Instandhaltung* mit PPS-ähnlichen Aufgaben, häufig aber schlechteren Plandaten (Beispiel: Reparaturen) - umfassende Datenerfassungsaufgaben, ggf. kombiniert mit Schwachstellenanalysen ↑Diagnosesysteme;
- *Sonstige* wie Wäge-, Tank-, Kantinendatenerfassung, Zutrittskontrolle.

Problemstellung/Inhalte
Betriebsdaten fallen in den Betrieben räumlich verteilt mit den unterschiedlichsten zeitlichen Bedingungen an. Es gibt stoßweisen Datenanfall und ganz vereinzelten, sowie beide kombiniert. Es sind nicht alle Daten neu, vielmehr müssen eigentlich immer in Ergänzung zu den jeweils neu anfallenden Betriebsdaten auch diese charakterisierenden Daten mit erfaßt werden, damit die sachlichen Inhalte feststehen. Die Abbildung zeigt diese Aufgliederung - ergänzt um Beispiele von Identträgern, die die *B.* unterstützen, indem diese im Erfassungsvorgang automatisch gelesen werden. In der Abbildung sind die Identträger - entsprechend der Kurz- oder Langlebigkeit der Identdaten (Nummern) - aufgefächert. Stark verbreitete Beispiele sind Identträger mit Strichcodes (Barcodes: Virnich, Posten, 1992).

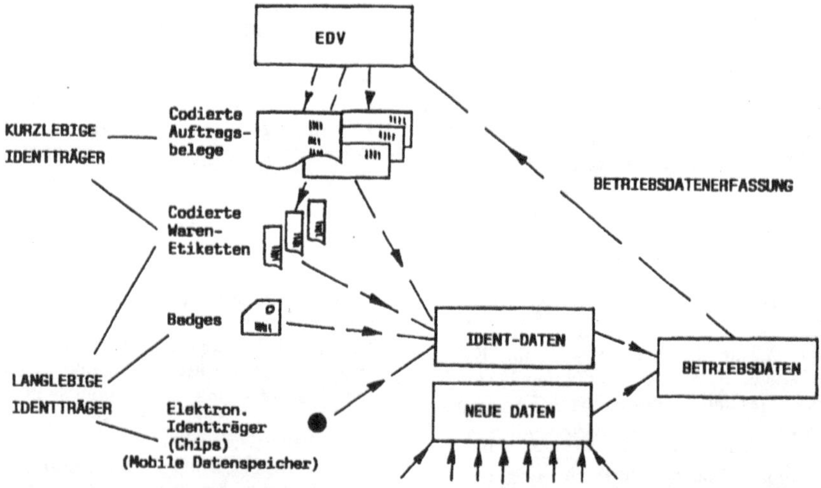

Lösungstechniken/Verfahren
Es stehen heute ausgereifte Techniken und vielfältige Erfahrungen für neue *B.-Projekte* zur Verfügung. Wissenschaftliche Grundlagenarbeiten mit ihren Ergebnissen, vielfältige anbieterseitige Entwicklungen, Empfehlungen überbetrieblicher Arbeitskreise, Praxiserfahrungen realisierter *B.-Projekte* haben ein wertvolles *B.-Wissen* geliefert, z.B. in (Baron et al., 1987) bis (Roschmann, Junghanns, 1993) aufbereitet. *B.-Lösungen* umfassen ↑Hardware mit gängigen Rechnern, Übertragungswegen und Terminals. Letztere erfordern dabei die stärksten Anpassungen an die betrieblichen Erfordernisse. Zu den *B.-Lösungen* werden ferner ↑Software mit systemspezifischen Anteilen benötigt einschl. immer leistungsfähigeren Softwaretools und typischer ↑Anwendungssoftware, die verbreitet mit ↑Tools erstellt, modular strukturiert, vorgefertigt zur Verfügung steht. Dank zusätzlich dokumentierter weiterer ↑Schnittstellen kann dann immer noch projektspezifisch ergänzt werden. Der dritte *B.-Lösungsteil* umfaßt die betriebliche Organisationskonzeption. Da diese

nicht wie Hard- und Software gekauft werden können, stellt sie für viele Betriebe die zeitintensivste Hürde zur *B.-Nutzung* dar. Auch spielen in diesem Zusammenhang die bei den Mitarbeitern zu erreichende Akzeptanz und der häufig schwierige Nachweis der Wirtschaftlichkeit eine große Rolle (Baron et al., 1987). Das *B.-Angebot* wird jährlich aktuell aufbereitet (Roschmann et al., 1993).

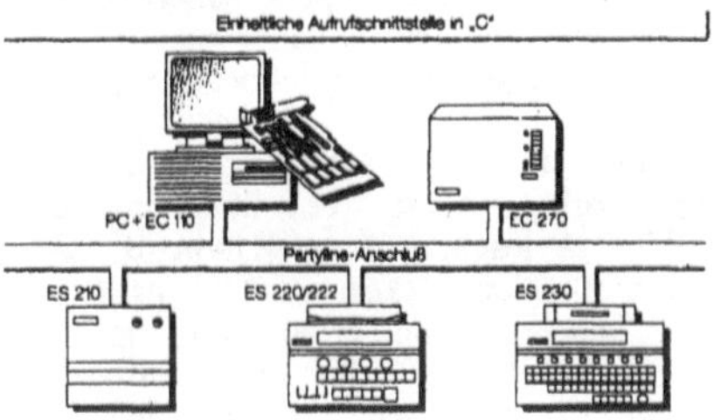

Methoden

B.-Lösungen haben ihre Berechtigung von klein bis ganz groß (z.B. nach der Zahl der *B.-Terminals* gerechnet), von einfach bis komplex schon von den Aufgaben her, von eigenständig bis integriert *(CIM/B.-Konzept)*.

B. hat im Rahmen von CIM der rechnergestützten Produktion eine wesentliche Dienstleistungsaufgabe. Bei CIM sind die verschiedensten DV-Anwendungen integriert zu realisieren. Dies liefert z.B. eine sonst nicht mögliche Schnelligkeit der Aufgabenbewältigung. *B.* muß dabei ein ständig aktuelles Abbild sämtlicher betrieblicher Teilbereiche datenmäßig liefern und alle Datenerfassungen und -aufgaben erledigen, die andere CIM-Komponenten nicht erbringen. Werden in der Abbildung die CIM-Komponenten ↑PPS als organisatorische, ↑CAD/↑CAM sowie ↑CAQ u.a. als technische Integrationsblöcke betrachtet, streben diese alle vertikale Datendurchgängigkeiten an; die *B.* ergänzt sie auf der betrieblichen Ebene horizontal (Roschmann, 1991), so wie dies eine geeignete Datenbanklösung auf der EDV-Seite tut.

Literatur: Baron et al.: Mensch - Computer - Information. Akzeptanz und Wirtschaftlichkeit EDV-gestützter Betriebsdatenerfassungssysteme, Eschborn/Ts., 1987. *Mülder, W., Störmer, W.*: Personalzeit- und Betriebsdatenerfassung,

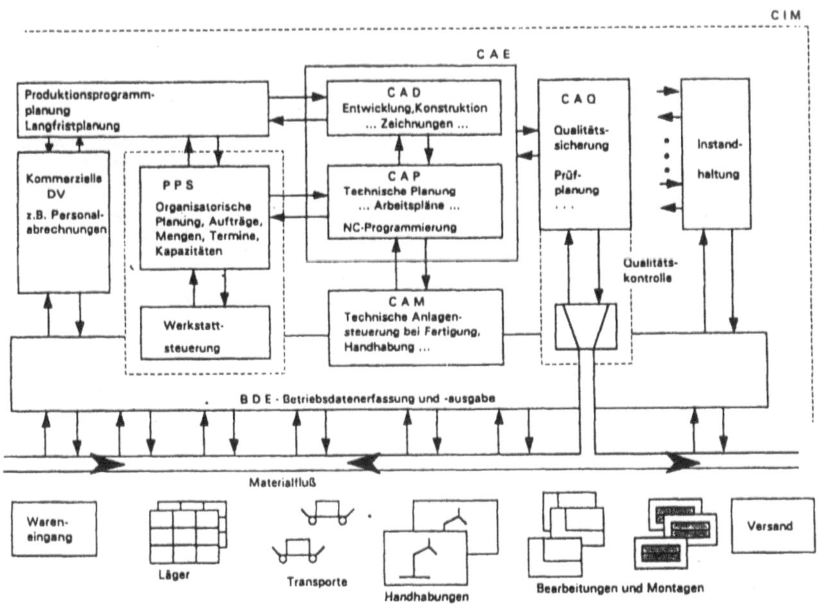

Neuwied, 1993. *Roschmann, K., Junghanns, J.*: Zeit- und Betriebsdatenerfassung. Die Bibliothek der Technik, Bd. 81, Landsberg/L., 1993. *Roschmann, K.*: Betriebsdatenerfassung. in: *Geitner, U.W.* (Hrsg.), CIM-Handbuch, 2. Aufl., Braunschweig, Wiesbaden, 1991. *Roschmann, K.*: CIM-Kette Produktionsplanung und -steuerung - PPS, in: *Schüler, U.* (Hrsg.), CIM-Lehrbuch - Grundlagen der rechnerintegrierten Produktion, Braunschweig,1994. *Virnich, M., Posten, K.*: Handbuch der codierten Datenträger - Identifikationssysteme für Prokuktion, Logistik, Handel und Dienstleistung, Köln, 1992.

Prof. Dr. K. Roschmann, Konstanz

Benutzerfreundlichkeit
Subjektiver Qualitätsmaßstab über den Aufwand, den der Benutzer leisten muß, um ein DV-↑System anzuwenden.

Benutzungsoberfläche
Systemkomponenten, über die der Benutzer mit den eigentlichen, problemorientierten Teilen des Systems kommunizieren; heute besitzen die meisten Softwareprodukte ↑graphische Benutzungsoberflächen, die darüber hinaus das Zeigen und Zeichnen mit einer Maus und die Darstellung detailreicher Zeichnungen und Bilder unterstützen; zukünftige, multimediale Nutzungsoberflächen umfassen auch akustische und haptische Ein- und Ausgabe, sowie Bewegtbilder bis hin zu künstlichen, virtuellen Welten.

Benutzungsoberflächen, graphische
Begriffserklärung
Unter der *Benutzungsoberfläche* eines Programmsystems werden diejenigen Systemkomponenten verstanden, über die der Benutzer mit den eigentlichen, problemorientierten Teilen des Systems kommuniziert. Die früher üblichen alphanumerischen Benutzungsoberflächen ermöglichten lediglich die Eingabe von Zeichen über eine Tastatur und die Ausgabe von Zeichen auf einen alphanumerischen Drucker oder Bildschirm. Heute besitzen die meisten Softwareprodukte *B.*, die darüber hinaus das Zeigen und Zeichnen mit einer Maus und die Darstellung detailreicher Zeichnungen und Bilder unterstützen. Künftige, multimediale Benutzungsoberflächen umfassen auch akustische und haptische Ein-/Ausgabe, sowie Bewegtbilder bis hin zu künstlichen, virtuellen Welten.
Eine *B.* stellt sich heute dem Benutzer als Menge von Fenstern, ↑Menüs, Bedienungsfeldern und bildhaften Symbolen dar, die er vornehmlich durch Zeigen und Verschieben mit der Maus, dem Trackball, teilweise sogar mit dem Finger, manipuliert, während die Tastatur praktisch nur noch der Eingabe von Textdaten und weniger häufig benötigter Befehle dient. Gegenstände und Vorgänge des Alltags werden metaphorisch nachgeahmt - so wird ein ↑Objekt in den Papierkorb gelegt, statt es mittels eines Befehls zu löschen; dadurch wird die Benutzung komplexer Programmsysteme einfacher und weniger fehleranfällig.
Die Entwicklung *B.* hat insgesamt zu einem tiefgreifenden Paradigmenwechsel in der Benutzung von Programmsystemen geführt. Aufgrund des beschränkten Eingaberepertoirs mußte sich der Benutzer eines alphanumerisch orientierten Systems zumeist merken, mit welchem Programm er gerade kommunizierte und in welchem Modus sich dieses befand. Charakteristisch hierfür sind alphanumerische Textsysteme mit Einfüge-, Überschreib- und Kommandomodus. Die reicheren Darstellungsmöglichkeiten *B.* machen solche Modi überflüssig oder zumindest unmißverständlich sichtbar; in gut entworfenen modernen Fenstersystemen kann sogar mit mehreren Programmen gleichzeitig gearbeitet werden (externe im Gegensatz zu interner Kontrolle); es ist der Benutzer, der das System steuert und nicht umgekehrt.

Architektur
Der Ablauf eines interaktiven Programms ist am besten als Rückkopplungsschleife zu verstehen. Zur Verdeutlichung wird als Beispiel ein Programm zum Entwurf elektronischer Schaltungen herangezogen. Der Benutzer gibt Daten (Punkte des Schaltplans) und Befehle ("verbinde") ein und beeinflußt so den Systemzustand, der anschließend in geeigneter Form (Schaltplan mit neuen Verbindungen) dargestellt wird. Das Beispiel demonstriert die Aufgaben, die dabei gelöst werden müssen:

- Identifikation dessen, was eingege-

Benutzungsoberflächen, graphische

ben wurde, mit internen Daten bzw. Befehlen: So wird ein ungenau gezeigter Bildschirmpunkt mit dem nächstliegenden Verbindungspunkt des internen Schaltplanmodells identifiziert.

- Prüfung der Eingabe auf Zulässigkeit: Im Beispiel ist etwa die Verbindung eines Punktes mit sich selbst sinnlos.
- Verarbeitung der Eingabe und Transformation des Systemzustands: Hier werden z.B. die elektronischen Eigenschaften der geänderten Schaltung geprüft und ein neues, kreuzungsfreies Layout der Leitbahnen berechnet.
- Abbildung des internen Systemzustands auf das Ausgabemedium: Das Schaltplanmodell wird mit den für das Verständnis erforderlichen Details (z.B. bildhafte Darstellung von Elementarschaltkreisen) graphisch dargestellt.

Nur die Aufgabe 3 fällt dem eigentlichen Anwendungsprogramm zu. Die Aufgaben 1, 2 und 4 werden durch die graphische Benutzungsoberfläche erledigt. Entsprechend dem Seeheim-Referenzmodell (Pfaff, 1985) zerfällt sie daher in folgende Komponenten:

- Das ↑*Anwendungssystem* verwaltet die problemorientierten ↑Datenstrukturen, ebenso führt es die eigentlichen Berechnungen durch.
- Die *Anwendungsschnittstelle* bildet das Bindeglied zwischen Anwendung und Benutzungsoberfläche.
- Die *Darstellungskomponente* abstrahiert von konkreten durch das graphische Grundsystem bestimmten Gegebenheiten, wie Schrift, Auflösung, absolute Maus-koordination usw.; sie setzt primitive Ereignisse (Mausbewegungen in höhere, wie das Betreten oder Verlassen eines Fensterbereichs) um und kann z.B. auch dafür verantwortlich sein, Fensterinhalte, die inkonsistent geworden sind, durch Neuzeichnen aufzufrischen.
- Mit Hilfe der *Dialogkontrolle* kann das Anwendungsprogramm bestimmen, welche Dialogfunktionen dem Benutzer zur Verfügung stehen, wie Reihenfolge-, Vollständigkeits- und Konsistenzkriterien spezifiziert und festlegt, auf welchen anwendungsorientierten Ereignisse die Benutzeraktionen abgebildet werden.
- Die *Dialogkomponente* hat drei Aufgaben. Zunächst entscheidet sie anhand der Dialogkontrollinformation, ob ein von der Darstellungskomponente erkanntes Ereignis überhaupt an die Anwendung weitergereicht wird oder nicht. Zweitens führt sie in Rückkopplung mit der Darstellungskomponente "direkte Manipulationen", wie die Auswahl aus einem auf-rollenden Menü oder das Verstellen eines Rollbalkens, durch und gibt lediglich das Resultat an die Anwendung weiter. Dies ist in der Abbildung durch die gestrichelte Schleife symbolisiert. Schließlich steuert die Dialogkomponente bei interner Kontrolle den Dialog - gemäß dem augenblicklichen Zustand des Anwendungsprogramms.
- Das *graphische Grundsystem* führt die eigentlichen Zeichenoperationen durch, es entdeckt Ereignisse, wie einen Tastenanschlag oder einen Mausklick und leitet sie an die Darstellungskomponente weiter.

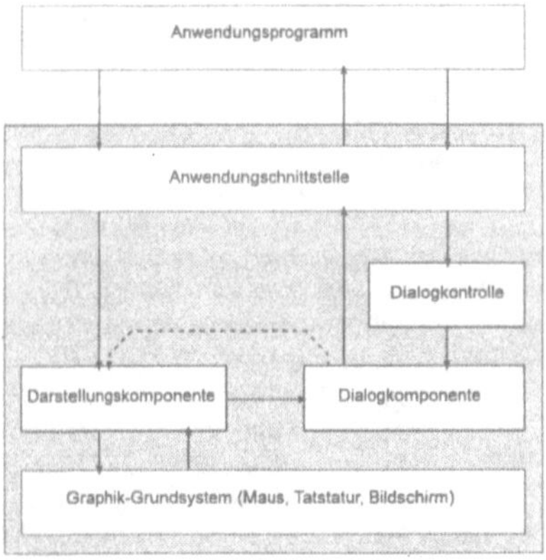

Wichtigstes Ziel dieser Zerlegung ist eine starke Entkopplung zwischen Anwendung und Benutzungsoberfläche. Die gleiche Oberflächensoftware (↑User Interface Management System) kann so in einer Vielzahl von Anwendungsprogrammen genutzt werden; sie senkt nicht nur den Programmieraufwand, sondern führt zu einer wünschenswerten Vereinheitlichung (einheitliches Touch and Feel). Wirklich erreicht wird eine solche Vereinheitlichung jedoch erst, wenn die graphisch-interaktive Repräsentation semantisch gleichartiger Objekte und Vorgänge durch zusätzliche Richtlinien (Style Guide) erzwungen wird.

Interaktionsobjekte
Aus Sicht des Benutzers besteht eine *B.* aus Interaktionsobjekten, die er mittels Mausklick und Tastatur manipuliert. Dabei werden einfache Interaktionsobjekte zu komplexeren (sog. Widgets) zusammengesetzt:

- *Dokumentfenster* dienen der Eingabe größerer Datenmengen; sie können hierzu - gleich einem Formular in Einzelbereiche untergliedert sein. Fenster sind gewöhnlich mit weiteren Interaktionsobjekten, z.B. "Knöpfen" zum Schließen, "Griffen zum Verkleinern und Vergrößern" oder "Schiebern" zum Verschieben des Fensterinhalts ausgestattet.
- ↑*Dialogfenster* sind gewöhnlich nur zeitweise sichtbar; sie dienen der Eingabe von Kommandos, der Einstellung von Parametern und der Übermittlung von ↑Nachrichten, Warnungen oder Fehlern, die der Benutzer durch Knopfdruck quittieren muß.
- ↑*Menüs* dienen der Auswahl von Kommandos oder ↑Daten. Sie sind meist hierarchisch organisiert und mit den Interaktionsobjekten, auf die sie wirken sollen, verknüpft.
- *Knöpfe, Schieber, Rollisten* und dgl. sind meist Fenstern zugeordnet und besitzen von diesen abhängige Funktionen.
- *Bildsymbole* (Icons) repräsentieren aus Platzgründen verkleinerte oder zeitweilig beiseite gelegte Daten, die zu Fenstern expandiert (geöffnet) oder zwischen Fenstern bewegt (kopiert) werden.

Wichtigstes Eingabegerät ist die *Maus*, die als variabel geformter Zeiger (↑*Cursor*) auf dem Bildschirm erscheint. Die Form des Zeigers soll den Benutzer über die Wirkung informieren, die ein Druck auf einen der Mausknöpfe an der gezeigten Stelle hätte. Da der Benutzer den Mauszeiger fast ständig im Blickfeld hat und verfolgt, können ihm so auch weitere Mitteilungen gemacht werden - z.B. weist ein Uhrsymbol darauf hin, daß die vorangegangene Aktion noch nicht abgeschlossen ist.

Produkte
Im Bereich kleiner und mittlerer Rechner (↑Betriebssysteme MS-DOS, UNIX) haben sich eine Reihe von verschiedenen Standardprodukten für *B.* etabliert. MS-Windows und Windows NT können fast als eigenständige "graphische Betriebssysteme" angesehen werden, während sich in der UNIX-Welt aus X-Windows der herstellerübergreifende Standard ↑OSF Motif entwickelt hat, der vielen herstellerspezifischen ↑Benutzungsoberflächen zugrunde liegt.

Literatur: Pfaff, G.E. (Hrsg.): User Interface Management Systems, 1985.

Prof. Dr. J. Röhrich, Jena

Beratung, wissensbasierte Systeme in
↑wissensbasierte Systeme in der Beratung

Berufsfelder der Wirtschaftsinformatik
Die *Wirtschaftsinformatik* ist die Wissenschaft von dem Entwurf und von der Anwendung computergestützter ↑Informationssysteme. Sie betrachtet alle Fragen der Gestaltung von ↑Anwendungssystemen in Wirtschaft und Verwaltung. Die Ausbildung im Fachgebiet Wirtschaftsinformatik ist mehrfach gegliedert. Die Empfehlung der ↑GI unterscheidet:

- Informatik-Studium mit Schwerpunktfach Wirtschaftsinformatik,
- vollzügiger Studiengang Wirtschaftsinformatik,
- Betriebswirtschaftliches Studium mit Schwerpunkt Wirtschaftsinformatik,
- Betriebswirtschaftliches Studium mit Schwerpunkt Wirtschaftsinformatik.

Gemäß dieser unterschiedlichen Schwerpunktbildung ist auch das Tätigkeitsfeld mehr oder weniger stark im Spannungsfeld zwischen Informatik und Wirtschaftswissenschaft ausgerichtet.

Tätigkeitmerkmale sind die folgenden:

- Der *wissenschaftlich tätige Wirtschaftsinformatiker* hat die Möglichkeit, den Schwerpunkt der zu bearbeitenden Probleme an persönlichen Interessenschwerpunkten auszurichten. Er ist anwendungsorientierter Forscher und Dozent bzw. Ausbilder. Die Aufgabenbewältigung steht weniger unter dem Druck von Wirtschaftlichkeitserfordernissen.
- Der *Wirtschaftsinformatiker in Wirtschaft und Verwaltung* hat häufig eine Vermittlerfunktion. Er hat die Aufgabe, zwischen den Anforderungen der Mitarbeiter und Nutzer der Fachabteilung auf der einen Seite und Systementwicklern und Betreibern auf der anderen Seite einen Interessenausgleich zu erreichen. Organisatorisch ist er meist einer dieser Gruppen zugeordnet, seltener betreut er solche Aufga-

Berufsfelder der Wirtschaftsinformatik

ben aus einer über- oder nebengeordneten Stabsstelle.

Die Arbeit an der Weiterentwicklung und Implementierung von ↑Anwendungssystemen erfolgt in Teams zusammen mit Spezialisten der DV-Abteilung und der Fachabteilung. Der Wirtschaftinformatiker muß die Aufgabenbereiche des ↑Managements kennen und beherrschen, daneben aber auch die technischen Bereiche überschauen, damit er die Fachsprache der DV -Spezialisten versteht. Die Arbeit vollzieht sich meist in Projekten, die einen zeitlich, inhaltlich und budgetmäßig festen Rahmen haben. Die Projektarbeit erfordert einen großen Fundus von Methoden- und Anwendungswissen und auch die Bereitschaft, neue Methoden und Techniken aufzugreifen und einzuführen.

Der wachsende Markt, das Spektrum der ↑Anwendungssysteme, sowie deren Leistungsumfang erfordern große Verantwortung bei der Auswahl von Anwendungssystemen. Die Neu- und Eigenentwicklung von Anwendungssystemen tritt mehr und mehr in den Hintergrund und ist eher noch bei firmenspezifischen Problemen erforderlich. Die weitgehende Durchdringung der Betriebe mit ↑Informationssystemen erfordert bei zunehmender Integration der ↑Systeme aber auch bei den nicht selten vorkommenden Zusammenführungen verschiedener Betriebe Kenntnisse von Migrationsstrategien. Angestrebte Vereinfachungen können zu geeigneten Auslagerungen von Teilfunktionen führen. Diese müssen in technischer und/oder in finanzieller Hinsicht Vorteile bringen. Die Tätigkeiten erfordern, daß der Wirtschaftsinformatiker durch Weiterbildung über die Fachliteratur, aber auch Seminare und Tagungen Kenntnisse über die neuesten Entwicklungen bekommt.

Die Berufe in der ↑Datenverarbeitung sind einem ständigen Wandel unterworfen. Einen guten Überblick liefern die Blätter zur Berufskunde, die bei den Arbeitsämtern erhältlich sind. Die *Berufsfelder im einzelnen* sind die folgenden:

- *Tätigkeiten im DV-Bereich des Betriebs* (*Führungsposition*): Der Berufsanfänger wird in einer problemorientierten Anwendergruppe eingesetzt. Die Aufgabenschwerpunkte sind Gestaltung und Verbesserung von Büro-, Kommunikations- und Anwendungssystemen in den betrieblichen Funktionsbereichen. Nach erfolgreicher Bearbeitung einer oder mehrerer Projekte erfolgt eine Tätigkeit als Gruppen-, Projekt- und später als Organisationsleiter. Das Aufgabenspektrum wandelt sich in den letzten Jahren mehr und mehr zu strategischen Bereichen (↑Informationsmanagement). Darum wird die DV-Leitung zu einer Managementfunktion für die ↑Informationsverarbeitung und Kommunikation.
- *Tätigkeiten im DV-Bereich des Betriebs* (*Benutzer*): Das Aufgabenfeld hat einen starken unternehmensinternen Bezug. Die Betätigungsfelder sind Erstellung, Wartung von Anwendersoftware, Implementierung, Installation, Anpassung von Softwaresytemen, Konfigurationgestaltung und Organisationsgestaltung.
- *Tätigkeiten in öffentlichen Betrieben* (Verwaltung, Behörde, Ministerium, Hochschule): Die Aufgaben sind ähnlich und ebenfalls durch eine große Aufgabenbreite gekennzeichnet. Typisch ist jedoch, daß die Aufgabenbereiche relativ starr und unflexibel definiert sind und dem Stand der Technik oft nur mit großer Verzögerung angepaßt werden.
- *Tätigkeiten in der Fachabteilung:* Der Wirtschaftinformatiker ist *Mitglied der Fachabteilung*. Er vertritt die Interessen der Anwenderabteilung bei der Softwareentwicklung und Beschaffung. Er sorgt für einen sachgemäßen Einsatz, paßt die ↑Software an die Erfordernisse an und schult die Anwender. Er benötigt dazu Kenntnisse über die Sachprobleme der eigenen Abteilung, ihrer Ablauf- und Aufbauorganisation aber auch über die ↑Schnittstellen zu anderen betrieblichen Aufgabengebieten.

Für die Aufgabenerfüllung in den Fachbereichen werden die notwendigen DV-Kenntnisse vorausgesetzt, damit er die Mitarbeiter der Fachabteilung sachkundig bei der Gestaltung des DV-Einsatzes unterstützen kann. Der Schwerpunkt liegt jedoch auf den fachbezogenen Tätigkeiten. Als Sachbearbeiter wickelt er die DV-Anwendungen kompetent und sachkundig ab. Als Mittler ist er in der Lage, die Wünsche der Fachabteilung in bezug auf die informationstechnologische Infrastruktur entsprechend zu formulieren.

Tätigkeiten bei einem Hard- und Softwareproduzenten: Als Wirtschaftinformatiker stehen hier eine Vielzahl von Betätigungsfeldern zur Verfügung, die

Berufsfelder der Wirtschaftsinformatik

- Entwicklung von Anwendungssoftwaresystemen,
- Hilfe bei der Softwareentwicklung
- Produktschulung.

Im Bereich der *Produktentwicklung* unterstützt er die verschiedenen Phasen des Software-Lebenszyklus, beginnend bei der Istanalyse, über den Entwurf, die Realisierung, den Test bis zur Markteinführung. Er kennt Vor- und Nachteile verschiedener Software-Entwicklungswerkzeuge und unterstützt deren Einsatz. Er untersucht am Markt die Anforderungen an sein Produkt und entwickelt ein kundenorientiertes Marketingkonzept. Es schließen sich nach mehrjähriger Tätigkeit in diesem Bereich weitere anspruchsvolle Aufgaben an, als Produktmanager, in der Ausarbeitung von DV-Gesamtplänen, in Managementaufgaben im Bereich der Softwareerstellung, in der Abnahme und Freigabe von Software.
Der *Produktmanager* befindet sich an der Schnittstelle zwischen Produktentwicklung und Vertrieb. In dieser Position fallen folgende Tätigkeiten an: Beratung und Erprobung neuer Produkte, Marktbeobachtung und Kundenbefragungen über des eigene Produkt, Konkurrenzprodukte und benachbarte Anwendungsgebiete, Auswahl und Beratung von Softwareprodukten, konzeptionelle Weiterentwicklung des Produktspektrums.
Die Vielfalt der Produkte und deren Komplexität erfordern ein genaue Marktkenntnis und eine gute Produktkenntnis. Die Kundenunterstützung ist sehr wichtig, Softwarefehler müssen registriert und nach geeigneten Verfahren abgewickelt werden. Häufig muß auch eine Anwenderschulung durchgeführt werden. Diese erfordert die Erstellung geeigneter Unterrichtsmaterialien und Handbüchern. Es muß dafür gesorgt werden, daß geeignete Schulungsleiter herangebildet werden.

Viele Firmen, die nicht die erforderliche Größe haben oder denen das geeignete Fachpersonal fehlt, greifen auf kompetente *Unternehmensberater* zurück. Diese können Mitarbeiter in großen Unternehmensberatungsgesellschaften sein, aber auch als Freiberufler ihren Sachverstand anbieten. Er unterstützt und berät bei der Erstellung und Einführung von ↑Anwendungssoftware, der Entwicklung von Rahmenkonzepten, der organisatorischen und DV-technischen Einführung von Anwendungssystemen.
Als Mitglied großer Beratungsgesellschaften hat er oft die Aufgabe, für die ordnungsgemäße, sichere und funktionsfähige Abwicklung von DV-Aufgaben zu sorgen.

Hier arbeitet er im Team mit Wirtschaftsprüfern. Diese Tätigkeit kann sowohl innerbetrieblich als Funktion der internen Revision als auch im Rahmen der externen Prüfung von einer Wirtschaftsprüfungsgesellschaft durchgeführt werden. Dieser Tätigkeitsbereich umfaßt die Aufgaben Erarbeiten interner Anforderungen und Grundsätzen ordnungsgemäßer DV-Abwicklung, Beratung der Abteilungen, Prüfen von Anwendersoftware einschließlich vor- und nachgelagerter Arbeitsabläufe.
Tätigkeiten in der Lehre und Forschung: Der große Bedarf an Ausbildungseinrichtungen für DV-Anwender bedingt ein breites Angebot an Aus- und Weiterbildung. Diese Ausbildungen werden von Schulen und Hochschulen, privaten und öffentlichen Institutionen, von Anwendern und Herstellern getragen. Die Tätigkeit als *Lehrender* verlangt eine über das normale Maß hinausgehende Beschäftigung mit den neuesten Techniken und Entwicklungen des DV-Marktes. *Forschung* auf dem Gebiet der Wirtschaftsinformatik wird sowohl in der Industrie, in öffentlichen (Groß-) Forschungseinrichtungen und an den Hochschulen betrieben. Die genannten Institutionen pflegen häufig eine intensive Zusammenarbeit. Ein beruflicher Wechsel zwischen den einzelnen Institutionen ist möglich.
Für praxisorientierte Wirtschaftsinformatiker bzw. Diplomkaufleute mit entsprechender Vertiefung besteht bei wissenschaftlicher Qualifikation und mehrjähriger Berufspraxis die Möglichkeit, Professor/ Professorin einer Fachhochschule zu werden.
Literatur: GI-Arbeitskreis 7.1.2 (Informatik an Fachhochschulen): Neue Empfehlungen der Gesellschaft für Informatik für das Informatikstudium an Fachhochschulen. Informatik Spektrum, Bd. 7, H. 3, 1984. GI-Arbeitskreis 7.1.2 (Wirtschaftsinformatik in wirtschaftswissenschaftlichen Studiengängen an Fachhochschulen) im Fachausschuß 7.1: Empfehlungen zur Integration der Wirschaftsinformatik- Informatik Spektrum, Bd. 13, H. 3, 1984. Diplom-

Informatiker, Blätter zur Berufskunde, Best.Nr. 3-I A 02. Diplom-Kaufmann, Blätter zur Berufskunde, Best.Nr. 3- IX A 04). Diplom-Informatiker (FH), (Blätter zur Berufskunde, Best.Nr. 2- I A 31). Diplom-Wirtschaftsinformatiker(in) (Fachhochschule), Diplom-Informatiker (in) der Fachrichtung Wirtschaftsinformatik, Diplom-Betriebswirt(in) (Fachhochschule) mit Schwerpunkt Wirtschaftsinformatik, Blätter zur Berufskunde, Best.Nr. 3-I A 44). Wirtschaftsinformatiker/Wirtschaftsinformatikerin(BA), Blätter zur Berufskunde, Best.Nr. 2- IX A 46. Bundesanstalt für Arbeit (Hrsg.): Berufe in der Datenverarbeitung. Blätter zur Berufskunde Bd. O-2200, Nürnberg, 1990.

Prof. Dr. H. Gipper, Aachen

betriebliche Anwendungen, Optimierungssystem für
↑Optimierungssystem für betriebliche Anwendungen

betriebliche Umweltinformationssysteme
↑Umweltinformationssysteme, betriebliche

betriebliche Umweltinformationssysteme und Umwelt-PPs
↑Umweltinformationssysteme und Umwelt-PPS, betriebliche

Betriebsart
Mode of Operation; Art und Weise der Aufgabenabwicklung.

Betriebsdaten
Die im Laufe eines betrieblichen Prozesses anfallenden bzw. verwendeten Daten; es handelt sich um technische und organisatorische Daten über das Verhalten bzw. über den Zustand des Betriebes, so bspw. Angaben über produzierte Mengen, benötigte Zeiten, Zustände von Fertigungsanlagen, Lagerbewegungen, Qualitätsmerkmale.

Betriebsmodelle
Grundlagen
B. beschreiben Aufbau und Funktionsweise derjenigen Systeme eines Unternehmens, die allgemein der Leistungserstellung und insb. der Produktion dienen. Als Konstrukte der betriebswirtschaftlichen Theorie modellieren sie somit Organisation und Technologie von Produktionssystemen i.w.S. *B.* sind das Ergebnis eines Abstraktionsprozesses. Dieser ist generalisierend, da von allen Gegebenheiten der Produktion bis auf das ökonomisch allgemeingültige abgesehen wird, isolierend, insoweit das quantitative und zeitliche Moment des Produktionsgeschehens aus dem umfassenden technischen und gesellschaftlichen Zusammenhang herausgelöst und verselbständigt wird und idealisierend, weil der Produktionsprozeß, der sich in Wirklichkeit im Zeitkontinuum analog vollzieht, im Modell durch ein Mengen- und Zeitgerüst künstlich diskretisiert und somit nur angenähert dargestellt wird.

Die ↑Objekte, die den *B.* zugrunde liegen, lassen sich durch Mengen- und Zeitgrößen oder als monetäre Größen darstellen. Insofern bilden *B.* entweder Produktionsmodelle oder Preis- und Kostenmodelle. Die Modellobjekte beziehen sich letztlich auf Güter in ihren Rollen als Produktionsobjekte und Produktionsmittel, die in der Produktionstechnik grundsätzlich in Form von Einsatz (Input) oder Ausbringung (Output) verwendet werden.

Die technologischen Gesetzmäßigkeiten, nach denen Input und Output erfolgen, werden bei *B.* durch Aktivitätenfunktionen modelliert. Eine Aktivitätenfunktion ist eine vektorwertige Abbildung $r: X \rightarrow \mathbb{R}^n_+$, die jedem Argument $x \in X \subseteq \mathbb{R}^n_+$ dasjenige Bild $r(x)$ zuordnet, das mit ersterem technologisch zur Aktivität kombinierbar ist. Insofern läßt sich der Graph einer Aktivitätenfunktion als Aktivitätenmenge verstehen, die dem Produzenten zufolge seiner Technologie zur Wahl steht. Die Aktivitätenfunktion läßt zwei Interpretationen zu. Unter der Inputsicht wird das Argument $x \in X$ als Output und sein Bild unter der Funktion r als Input gedeutet. Die Aktivitätenfunktion heißt in diesem Fall Inputfunktion. Die Umkehrung dieser Sicht führt zur Interpretation der Aktivitätenfunktion im Sinne einer Outputfunktion. Die Aktivitätenfunktion kann sogar komponentenweise abwechselnd nach Input- oder Outputsicht interpretiert werden, wenn die Modellierung der Technologie dies erfordert. Die einander entsprechenden Komponenten des Arguments und seines Bildes unter einer Aktivitätenfunktion beziehen sich jeweils auf dasselbe Modellobjekt, so daß die Differenz aus beiden stets sinnvoll definiert und als Ergebnis der Aktivität zu deuten ist. Unter der Inputsicht ist die Differenz x-$r(x)$ für $x \in X$ komponentenweise als Überschuß der Ausbringung eines Modellobjektes über seinen Wiedereinsatz oder als Unterschuß (Fehlbetrag) zu deuten. Im Fall der Outputsicht sind die Ergebniskomponenten bei Umkehrung des Vorzeichens entsprechend zu interpretieren. Die Ergebnisfunktion ergibt sich dann als $t := id_X - r$ zu r und erzeugt als Bildmenge $t[X]$ des Definitionsbereichs X die Technologiemenge des Produzenten im Sinne der Aktivitätsanalyse. Während eine Aktivität $(x,r(x))$ für $x \in X$ das Innenverhalten des Produktionssystems beschreibt, wird durch ihr Ergebnis $t(x)$ das Außenverhalten dargestellt. Falls positive oder negative Ergebniskomponenten Güterquantitäten darstellen, bedeuten sie bei der Inputsicht Produktquantitäten, die das Produktionssystem an sein Umsystem abgibt bzw. Faktorquantitäten, die es von dort empfängt; in der Outputsicht ist die Interpretation der Ergebniskomponenten bei Umkehrung des Vorzeichens entsprechend. Die Produktionsaufgabe, die ein Produzent mit Hilfe seiner Technologie zu erfüllen hat, setzt sich aus einem Sach- und einem Formalziel zusammen. Das Sachziel besteht darin, im Ergebnis einer Aktivität eine vorgegebene untere Schranke einzuhalten. Bei der Inputsicht enthält die Schranke positive Vorgaben für Produktquantitäten, die mindestens ausgebracht und an das Umsystem abgeführt werden müssen, und negative Vorgaben für Faktorquantitäten, die betragsmäßig höchstens aus dem Umsystem dem Produktionssystem zugeführt und dort verbraucht werden dürfen. Unter der Outputsicht sind die Vorgabenkomponenten bei Umkehrung des Vorzeichens entsprechend zu deuten. Wenn für eine Planungsvorgabe mehrere Aktivitäten existieren, die im Ergebnis das Sachziel erfüllen, muß der Produzent bzgl. der alternativen Aktivitäten eine Auswahlvorschrift, d.h. das Formalziel festlegen. In diesem Sinne ergibt sich die Planungsaufgabe durch die Planungsungleichung $y \leq t(x)$, worin y die Planungsvorgabe bedeutet und der auf ihrer Lösungsmenge definierten Auswahlvorschrift (Steffens, 1987). Für zwei Vektoren v,v' gelte $v \leq v'$ genau dann, wenn die $\leq$-Beziehung komponentenweise erfüllt ist.

Das Produktionssystem ist das Original, von dem der Produzent ein ↑Betriebsmodell bildet. Dabei kann es selbst wieder aus Produktionssystemen bestehen. Der Aufbau eines Produktionssystems und somit auch seines Modells läßt sich auf kleinste Bausteine zurückführen. Diese entstehen durch technologische Verfahren, die mit Hilfe von Produktionsmitteln an Produktionsobjekten vollzogen werden. Die Anwendung eines solchen Verfahrens läßt sich durch eine Aktivitätenfunktion beschreiben, die als Modell eines atomaren Produktionssystems verstanden werden kann. Jede Aktivität, die die Funktion erfüllt, modelliert eine mögliche Realisierung des Verfahrens. Die Verfahren, über die ein Produzent insgesamt verfügt, bilden i.a. einen Zusammenhang, weil Produktionsobjekte von einem Verfahren ausgebracht und in einem anderen wieder eingesetzt werden.

Außerdem können zu einem Produktionsobjekt alternative Verfahren existieren, durch die das ↑Objekt entweder ausgebracht oder eingesetzt wird. Eine Menge solcher Verfahren bildet zusammen mit den durch sie bearbeiteten Produktionsobjekten und beanspruchten Produktionsmitteln ein Produktionssystem. Soll hiervon ein Betriebsmodell aufgestellt werden, so müssen zuvor unter der Inputsicht alle Wahlprobleme zwischen alternativen Ausbringungsverfahren, sowie unter der Outputsicht alle Wahlprobleme zwischen alternativen Einsatzverfahren gelöst werden. Ist dies erfolgt, so gelten die verbleibenden Aktivitätenfunktionen, die Modelle von Verfahren sind, im ↑Betriebsmodell simultan und nicht mehr alternativ. Diese können nun zur Aktivitätenfunktion des umfassenden Produktionssystems aggregiert werden. Dabei wird für zwei beliebige verfahrensbezogene Aktivitätenfunktionen vorausgesetzt, daß ihnen dieselbe Menge von Modellobjekten zugrunde liegt und sich die einander entsprechenden Komponenten ihrer Definitions- bzw. Wertebereiche stets auf dasselbe Modellobjekt beziehen.

Lineare Modelle
B. gehen auf *Input/Output-Modelle* zurück, die von Leontief für die Analyse gesamtwirtschaftlicher Zusammenhänge eingeführt worden sind (Leontief, 1966). Die volkswirtschaftliche Input/Output-Analyse umfaßt im wesentlichen zwei Hauptgebiete: die statische und die dynamische Theorie (Schumann, 1968). Dem statischen, offenen Input/Output-System kommt dabei eine besondere Bedeutung zu. Die Aktivitätenfunktion dieses Systems wird als lineare Inputfunktion auf dem gesamten $\boldsymbol{R}^n_+$ definiert; sie läßt sich stets durch eine (n'n)-Matrix R, die komponentenweise nicht negativ und auf beliebige Outputvektoren $x \in \boldsymbol{R}^n_+$ anzuwenden ist, darstellen. Jede Spalte dieser Matrix entspricht genau einem volkswirtschaftlichen Sektor, der genau ein Gut ausbringen kann, so daß sich die Inputfunktion des Sektors als Anwendung seines Spaltenvektors auf die entsprechende Komponente des Outputvektors ergibt. Da der Definitionsbereich dieser Inputfunktion nicht weiter eingeschränkt wird, lassen sich auch keine technologisch bedingten Restriktionen, wie z.B. die der Kuppelproduktion darstellen. Darüber hinaus wird das Modell durch die sogenannte Workability-Annahme eingeschränkt. Sie besagt, daß zu der Technologiematrix $(E\text{-}R)$ stets eine Inverse existiert, die komponentenweise nicht negativ ist. Dadurch wird letztlich die eindeutige Lösbarkeit der Planungsaufgabe garantiert und die Lösung durch Anwendung von $(E\text{-}R)^{-1}$ auf eine Planungsvorgabe y gewonnen. Für diese Workability-Bedingung sind mehrere äquivalente Umformulierungen nachgewiesen worden. Eine Besonderheit des Leontief Input/Output-Modells besteht darin, daß zu ihm, dem primalen Modell, ein duales existiert, das als Preismodell zu deuten ist (Nikaido, 1968).

Die von Leontief begründete *Input/Output-Theorie* wurde bereits in den 50er Jahren auf betriebswirtschaftliche Probleme der Produktionsplanung und Kostenüberwachung angewandt. Dabei sind vor allem die *B.* von Pichler und Wenke bekannt geworden. Das Pichler-Modell, das breite Beachtung fand, hat ein Industriekraftwerk zum Gegenstand (Pichler, 1959). Die Untersuchungen von Wenke beziehen sich auf die Verbundwirtschaft in der Großchemie (Wenke, 1959). Diese *B.* waren in den beiden folgenden Jahrzehnten Vorbilder für die Entwicklung und Anwendung weiterer *B.* vor allem in der eisen- und stahlerzeugenden Industrie (Franke, 1972). Die Betriebswirtschaftslehre hat sich in der Folgezeit zur Aufgabe gemacht, die linearen *B.* zu verallgemeinern und auf eine breitere theoretische Grundlage zu stellen. In diesem Zusammenhang wurden auch nichtlineare (Kloock, 1969) und dynamische (Küpper, 1979) Input/Output-Systeme aufgestellt und untersucht. Alle diese Modelle basieren letztlich auf der Struktur der Leontief Input/Output-Modelle, bei denen davon ausgegangen wird, daß die Ausbringungen der Sektoren voneinander unabhängig sind. Diese Annahme ist jedoch für zahlreiche betriebswirtschaftliche Anwendungen von Input/ Output-Modellen zu restriktiv.

Isotone B. (Steffens, 1987) zeichnen sich im wesentlichen durch zwei Forderungen aus: Erstens wird vom Definitionsbereich $X \subseteq \boldsymbol{R}^n_+$ der Aktivitätenfunktion r verlangt, daß er infimumvollständig ist, d.h. das Infimum jeder nichtleeren Teilmenge von X selbst Element von X ist. Zweitens wird von der Aktivitätenfunktion verlangt, daß sie isoton ist, d.h. $x \leq x' \Rightarrow r(x) \leq r(x')$. Diese Annahmen wirken empirisch wenig restriktiv und gestatten daher, nahezu alle relevanten Produktionsstrukturen zu modellieren. Insb. erlauben sie jede Kopplung von Komponenten des Argumentvektors, soweit sie die Infimumvollständigkeit des Definitionsbereichs nicht verletzt und somit auch die Behandlung der Kuppelproduktion. Die bisher bekannt gewordenen *B.* lassen sich als isotone Spezialfälle auffassen.

Ein zentraler Satz der Theorie isotoner *B.* besagt, daß bereits aus der Isotonie der Aktivitätenfunktion und der Infimumvollständigkeit ihres Definitionsbereichs zu jeder lösbaren Planungsungleichung $y \leq t(x)$ die Existenz einer eindeutig minimalen Lösung $x^* \in X$ folgt. Wegen der Isotonie von r ist auch die Aktivität $(x^*, r(x^*))$ eindeutig minimal unter allen Aktivitäten, die im Ergebnis die Planungsvorgabe y erfüllen. Es bietet sich daher an, die Minimierung der Aktivität zum formalen Auswahlkriterium zu erheben. Da aber letztlich nur das Außenverhalten $t(x)$ eines Produzenten und nicht sein Innenverhalten $(x,r(x))$ vom Markt honoriert wird, sind die Eigenschaften der eindeutig minimalen Aktivität $(x^*,r(x^*))$ zu untersuchen. Es läßt sich zeigen, daß diese Aktivität immer zu einem maximalen Ergebnis führt, wenn im Produktionssystem mindestens ein Modellobjekt existiert, dessen entsprechende Ergebniskomponente sich stets echt verkleinert, wenn der Argumentvektor in mindestens einer Komponenten echt vergrößert und in den anderen nicht verkleinert wird. Dieser Sachverhalt ist im Anwendungsfall in der Regel gegeben, so daß obige Auswahlvorschrift dann auch ökonomisch sinnvoll ist.

Zur Lösung einer Planungsaufgabe muß der Produzent die eindeutig minimale Aktivität berechnen, die seine Planungsvorgabe im Ergebnis erfüllt. Dazu ist ein Iterationsverfahren bekannt, das Gegenstand eines weiteren zentralen Satzes der Theorie isotoner *B.* ist. Dieses Verfahren ermittelt die eindeutig minimale Lösung $x^*\in X$ der Planungsungleichung $y\leq t(x)$ als Grenzwert der Folge $(x^{\nu})_{\nu\in\mathbf{N}}$ mit $x^1:=\min X$ und $x^{\nu+1}:=\inf\{x\in X \mid x\geq(y+r(x^{\nu}))\vee x^{\nu}\}$ für $\nu\in\mathbf{N}$. Es basiert auf den beiden Zusatzvoraussetzungen, daß jede isotone Folge aus X in X konvergiert und r linksstetig ist. Hierbei handelt es sich um technische Annahmen, die die praktische Anwendbarkeit nicht einschränken. Das angegebene Verfahren erweist sich in der Anwendung als sehr effizient und hat den Vorzug, vor allem auf *B.* mit zyklischen Produktionsstrukturen anwendbar zu sein. Wird die Planungsvorgabe in mindestens einer Komponente vergrößert, so verkleinert sich die eindeutig minimale Lösung der entsprechenden Planungsungleichung in keiner Komponente. Als Anfangsglied der Iterationsfolge läßt sich jeder Vektor $x\in[\min X,x^*]\cap X$ wählen. Somit ist es möglich, eine laufende Iteration in einem beliebigen Schritt zu unterbrechen und für eine vergrößerte Planungsvorgabe fortzusetzen.

Ein Modellierungsvorteil isotoner *B.* besteht darin, daß der Definitionsbereich einer Aktivitätenfunktion vom $\mathbf{R}^n_+$ auf solche Teilmengen X eingeschränkt werden kann, die mit der darauf definierten Aktivitätenfunktion genau die Technologie des Produzenten beschreiben und dabei die empirisch wenig restriktive Forderung der Infimumvollständigkeit erfüllen. Jeder infimumvollständige Definitionsbereich X einer Aktivitätenfunktion läßt sich durch eine Kopplungsfunktion $k:\bar{X}\to X$ mit $k(\bar{x})=\inf\{x\in X \mid x\geq\bar{x}\}$ für $\bar{x}\in\bar{X}:=\{x'\in\mathbf{R}^n_+ \mid \exists\, x\in X: \min X\leq x'\leq x\}$ definieren. Somit läßt sich die Iterationsfolge des Verfahrens auch $x^{\nu+1}:=k((y+r(x^{\nu}))\vee x^{\nu})$ für $\nu\in\mathbf{N}$ schreiben.

Die Semantik eines *B.* entsteht primär durch Interpretation seiner Modellobjekte. Diese beziehen sich immer auf Güter, die entweder Gegenstand der Produktionsprozesse sind und daher Produktionsobjekte genannt werden, oder die instrumentelle Grundlage bilden, auf der sich die Prozesse vollziehen und daher Produktionsmittel heißen. Die Verwendung der Güter erfolgt formal stets als Input und Output und kann dabei entweder mengen- oder wertmäßig oder zeitlich dargestellt werden. Die dazu eingeführten Größenpaare aus Input und Output, die den Modellobjekten umkehrbar eindeutig entsprechen, beschreiben die Produktionsprozesse im o.g. Sinne künstlich diskretisiert und bilden das Mengen- bzw. Wertegerüst und das Zeitgerüst der *B.* (Steffens, 1987).

Die Aktivität ist ein ↑Tupel aus einem Urbild- und ihrem Bildvektor unter der Aktivitätenfunktion, das als zweispaltige Matrix aufgefaßt werden kann. Jede Zeile dieser Matrix entspricht also genau einem Modellobjekt und die Differenz zwischen der ersten und zweiten Spalte ist gleich dem Ergebnis der Aktivität, das in der Planungsungleichung durch die Vorgabe nach unten begrenzt ist. Dabei ist zunächst noch offen, welche Komponente einer Zeile den Input und welche den Output darstellen soll. Die Differenz zwischen Output und Input soll aber i.a. nach oben oder nach unten begrenzt werden können. Wird eine Beschränkung nach unten gewünscht, so ist die Inputsicht notwendig, derzufolge die Urbildkomponente als Output und die entsprechende Bildkomponente als Input interpretiert werden. Bei der Inputsicht ist die Differenz zwischen Output- und Inputkomponente schon gleich der entsprechenden

Ergebniskomponente, die durch die Vorgabe stets nach unten beschränkt ist. Soll die Differenz zwischen Output und Input dagegen nach oben begrenzt werden, so ist die Outputsicht einzunehmen, bei der die Urbildkomponente als Input und die entsprechende Bildkomponente als Output gedeutet werden. Die Obergrenze, die von der Differenz zwischen Output und Input beachtet werden muß, ist dann bei Umkehrung ihres Vorzeichens als Unterschranke für das entsprechende Komponentenergebnis in die Planungsungleichung einzusetzen. Die zu wählende Sichtweise hängt also nur davon ab, ob die Differenz zwischen Output und Input in der betrachteten Komponente nach unten oder nach oben beschränkt werden soll. Natürlich kann es erwünscht sein, die Differenz zwischen Output und Input in einer Komponente sowohl nach oben als auch nach unten zu begrenzen. In diesem Fall muß das entsprechende Modellobjekt in zwei Objekte aufgespalten werden, die sich lediglich durch die Sichtweise, unter der sie in das Modell eingeführt werden, unterscheiden und in allen ihren übrigen Merkmale übereinstimmen. Dies muß dann allerdings schon bei der Aufstellung der Aktivitätenfunktion berücksichtigt werden, indem für jede Aktivität, die die Funktion erfüllt, garantiert wird, daß die zu den beiden Modellobjekten gegebenen Input- und Outputgrößen jeweils zueinander konsistent sind. Durch solche Maßnahmen ist es also grundsätzlich möglich, für jedes Modellobjekt die Output/Input-Differenz gleichzeitig nach oben und nach unten zu beschränken, ohne die Gestalt der Planungsungleichung y£t(x) zu ändern.

In einigen Fällen ist es notwendig, Output oder Input eines Modellobjektes und nicht nur deren Differenz durch Ober- oder Untergrenzen zu beschränken. Auch hierfür muß ein weiteres Modellobjekt und somit eine neue Zeile in das zweispaltige Aktivitätenschema eingeführt werden. Soll der Input beschränkt werden, so ist dieser in Abhängigkeit von der Sichtweise als Argument- oder Bildkomponente in die neue Aktivitätenzeile einzutragen und die jeweils andere Komponente gleich Null zu setzen. Wird eine Beschränkung des Outputs gewünscht, so wird analog dazu verfahren. Die Input- und Outputsicht erlauben auch hierbei die Beschränkung des Outputs oder Inputs nach unten bzw. nach oben, wobei die Untergrenzen unverändert und die Obergrenzen nach Umkehrung ihres Vorzeichens in die entsprechende Komponente der Planungsungleichung einzutragen sind. Selbstverständlich können die Ober- und Untergrenzen für Input und Output einer Modellkomponente auf die beschriebene Weise auch gleichzeitig in das Aktivitätenschema eingeführt werden, wie dies schon für die simultane Beschränkung der Differenz zwischen Output und Input nach oben und unten dargestellt wurde. Soll diese Möglichkeiten ganz oder teilweise für ein ursprünglich gegebenes Modellobjekt genutzt werden, so sind hierfür im Aktivitätenschema maximal sechs Zeilen erforderlich, d.h. Modellobjekte, die sich alle auf dasselbe materielle ↑Objekt beziehen und deren Output- und Inputgrößen daher zueinander konsistent gehalten werden müssen.

Literatur: Franke, R.: Betriebsmodelle, Düsseldorf, 1972. *Kloock, J.*: Betriebswirtschaftliche Input-Output-Modelle, Wiesbaden 1969. *Küpper, H.-U.*: Dynamische Produktionsfunktion der Unternehmung auf der Basis des Input-Output-Ansatzes, in: ZfB, Jg. 49, 1979. *Leontief, W.*: Input-Output-Economics, New York, 1966. *Nikaido, H.*: Convex Structures and Economic Theory, New York, 1968. *Pichler, O.*: Anwendung der Matrizenrechnung bei der Betriebskostenüberwachung, in: *Adam, A. et al.* (Hrsg.), Anwendung der Matrizenrechnung auf wirtschaftliche und statistische Probleme, 3. Aufl., Würzburg, 1966. *Schumann, J.*: Input-Output-Analyse, Berlin, 1968. *Steffens, F.*: Einplanung von Auftragsnetzen in PPS-Systemen, in: *Domschke, W. et al.* (Hrsg.), Methods of Operations Research 57, Königstein, 1987a. *Steffens, F.*: Technische Optimierung und Nettobedarfsbildung in isotonen Input-Output-Systemen, in: *Opitz, O.*, *Rauhut, B.* (Hrsg.), Ökonomie und Mathematik, Berlin, 1987b. *Wenke, K.*: Matrizenmodelle in der Großindustrie, in: *Adam, A. et al.* (Hrsg.), Anwendung der Matrizenrechnung auf wirtschaftliche und statistische Probleme, Würzburg, 1966.

Prof. Dr. F. Steffens, Mannheim

Betriebssystem

B. bilden die Grundlage, auf der Anwendungs- und Dienstprogramme aufbauen. Gelegentlich werden auch die Dienstprogramme, wie Texteditoren, ↑Compiler, Kommandointerpreter, Sortierprogramme u.ä. dem *B.* zugeordnet. In zunehmendem Maße werden sie jedoch als außerhalb des *B.* liegend betrachtet und der Begriff *B.* auf die gemeinsame Basis von Anwendungs- und Dienstprogrammen eingeschränkt. In dieser Auffassung, die i.w. zugrunde gelegt wird, umfaßt es Programme bzw. Programmteile, die unabhängig von speziellen Anwendungen sind, aber bei vielen Anwendungen benötigt werden.

Ziele, die die Konzeption von *B.* leiten, lassen sich unabhängig von der Verwendung für Monoprozessoren, Multiprozessoren oder ↑verteilte Systeme in die beiden Klassen Betriebsmittelverwaltung und Programmierfreundlichkeit unterteilen (Sieger, 1988):

- Die *Betriebsmittelverwaltung* ist zuständig für das kontrollierte, kooperative Zusammenwirken der verschiedenen Komponenten einer Rechenanlage. Ein Beispiel für Verwaltungsaufgaben stellt die Koordinierung und Nutzung der Parallelarbeit von ↑Prozessor und Datenübertragungen zwischen Arbeitsspeicher und peripheren Geräten dar oder die Aufteilung von Plattenspeicherplatz auf verschiedene Anwendungen.
- Unter *Programmierfreundlichkeit* sind Maßnahmen zu sehen, die von Hardwareeinzelheiten abstrahieren und für die Programmierung leichter zu handhabende Konzepte anbieten. Als Beispiel sei das Konzept ↑Datei mit seinen Lese- und Schreiboperationen erwähnt. Es abstrahiert von Einzelheiten peripherer Geräte und ermöglicht verschiedenste Speicher, sowie Ein- und Ausgabegräte programmtechnisch einheitlich zu handhaben.

Die Norm ↑DIN 44300 faßt diese Aspekte zusammen und definiert den Begriff *B.* als: "Die Programme eines digitalen Rechensystems, die zusammen mit den Eigenschaften der Rechenanlage die Grundlage der möglichen ↑Betriebsarten des digitalen Rechensystems bilden und insb. die Abwicklung von Programmen steuern und überwachen."

Für gewöhnlich werden drei *Betriebsmodi (Betriebsarten)* unterschieden, die auf breite Anwendungsklassen ausgerichtet sind, nämlich Stapel-, Dialog- und ↑Echtzeitbetrieb:

- Bei *Stapelbetrieb (Batch Processing)* werden die Programme mit allen ihren Eingabedaten und einer vollständigen Ablaufbeschreibung dem Rechensystem übergeben. Vorrangiges Betriebsziel ist die möglichst gute Gesamtnutzung des Rechensystems.
- Bei *Dialogbetrieb (Interactive Processing)* kann der Anwender auch während der Programmausführung in das Ablaufgeschehen eingreifen und (abhängig vom Verlauf der bisherigen Ausführung) weitere Eingabedaten bereitstellen. Diese Betriebsart ist insb. erforderlich, wenn die Lösung einer Aufgabe nur schwer im Vorhinein planbar ist, wie bei den meisten Aufgaben der Textverarbeitung oder interaktiven Entwurfsverfahren. Im Gegensatz zum ↑Stapelbetrieb steht das möglichst behinderungsfreie Arbeiten der Anwender im Vordergrund.
- Bei *Echtzeitbetrieb (Real Time Processing)* müssen Reaktionen von Programmen, d.h. Zeitpunkte der Ein-/Ausgaben, in engen Grenzen an die reale Zeit geknüpft werden können. Häufig ist dazu eine starke Einflußnahme auf die Reihenfolge bei der Abwicklung von Programmen erforderlich, damit benötigte Rechenergebnisse rechtzeitig zur Verfügung stehen. Haupteinsatzgebiet dieser Betriebsart ist die ↑Steuerung und ↑Regelung technischer Prozesse

Realisieren lassen sich diese Betriebsarten, obwohl sie widersprüchliche Ziele verfolgen, auf der Basis von wenigen Grundkonzepten und daran geknüpften Bearbeitungsstrategien. Traditionelle Beschreibungen gehen vom ablaufenden Programm aus, das sie als Prozeß bezeichnen. Prozesse werden zudem als die ↑Instanzen betrachtet, denen vom *B.* Betriebsmittel zur Verfügung zu stellen sind. Diese Sichtweise ist geleitet von der Vorstellung eines Monoprozessors, auf dem genau ein Programm abläuft. Mit dem Aufkommen von Multiprozessoren und ↑verteilten Systemen erweist es sich als unzweckmäßig, Prozesse als nicht weiter gegliederte Verwaltungseinheiten anzusehen. Eine solche Sicht behindert unnötig stark die einheitliche Behandlung der ↑parallelen, ↑verteilten Verarbeitung innerhalb einer Anwendung und des Zusammenwirkens von Prozessen in einem gemeinsamen Speicher. Die neuere Entwicklung trennt deshalb die Fähigkeit zur Befehlsabwicklung von der Fähigkeit zur ↑Datenspeicherung und betrachtet die Begriffe *Faden* (Thread, Thread of Control), *Adreßraum* (Address Space) und *Datei* (File), sowie die Mechanismen zur *Zugriffskontrolle* (Access Control) und zur *Interaktion* von Fäden (Inter Process Communication) als grundlegend.

Fäden wird die Fähigkeit zugeschrieben, Befehle (*Instructions*) eines Programms in einer vorgebbaren Reihenfolge sequentiell auszuführen. Sie werden vom *B.* durch zeitliches Multiplexen der Verarbeitungseinheiten der Rechenanlage implementiert. Ein Faden befindet sich zu jedem Zeitpunkt in einem der drei Zustände bereit (*Ready*), aktiv (*Running*) oder blockiert (*Waiting*).

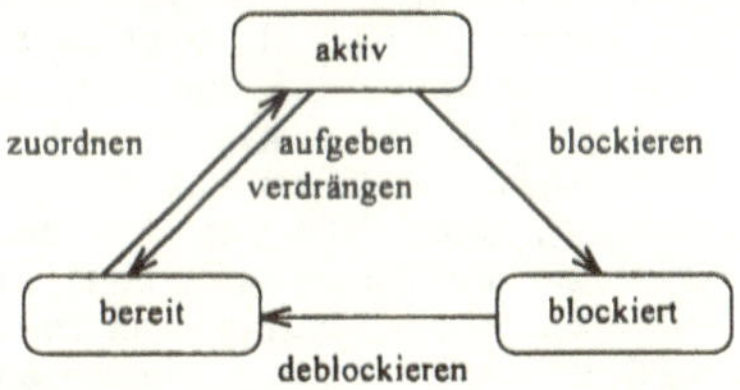

Einem aktiven Faden ist eine *Verarbeitungseinheit* zugeordnet, die seine Befehle ausführt. Fäden, für die zum Betrachtungszeitpunkt keine Befehle abgewickelt werden, weil alle Verarbeitungseinheiten zugeordnet sind, gelten als bereit. Fäden, die aus logischen Gründen keine Befehle ausführen sollen, z.B. weil für eine sinnvolle Weiterarbeit erst das Ende eines Eingabevorgangs abgewartet muß, werden als blockiert geführt. Übergänge von aktiv nach blokkiert werden dadurch hervorgerufen, daß ein aktiver Faden dem *B.* mitteilt, daß seine Weiterführung bis zum Zutreffen einer vorgebbaren Bedingung aufgeschoben werden soll. Mit der Erfüllung dieser Bedingung wird er in den Zustand bereit versetzt. Übergänge von aktiv nach bereit können erfolgen, indem ein Faden explizit (durch einen *B.*-Aufruf) die Zuordnung der Verarbeitungseinheit aufgibt, oder indem das *B.* sie zwangsweise aufhebt und den Faden von der Verarbeitungseinheit verdrängt. Den Belangen der verschiedenen Betriebsarten wird durch die Wahl der Verdrängungszeitpunkte und die Strategie zur Auswahl zuzuordnender Fäden Rechnung getragen. Für *Stapelbetrieb* kommen vorwiegend nicht-verdrängende Zuordnungsstrategien zum Einsatz. Beim *Dialogbetrieb* ist es meist erwünscht, daß keine Fäden bei der Zuordnung stark benachteiligt werden. Fäden werden deshalb nach einer sog. Zeitscheibe von wenigen msec bis sec verdrängt und reihum zugeordnet (Round Robin). Ein für interaktive Nutzer angenehmeres Verhalten wird erzielt, wenn statt dessen zur Zuordnung jeweils ein Faden ausgewählt wird, der die geringste Rechenzeit verbraucht hat. In Systemen für *Echtzeitbetrieb* werden i.a. die Fäden vom Anwender mit einer Priorität (Dringlichkeit) versehen und das *B.* sorgt dafür, daß bereite Prozesse keine höhere Priorität haben als zugeordnete. Manche Systeme lassen dynamische Prioritäten zu, die sich an Eigenschaften der Fäden orientieren, z.B. am Zeitpunkt, bis zu dem die Werte für eine Ausgabe spätestens ermittelt sein müssen.

In einem groben Zeitraster betrachtet entsteht der Eindruck, daß die Fäden gleichzeitig Befehle ausführen. Da dies jedoch bei Betrachtung in einem feineren Zeitraster nicht notwendigerweise so ist, sondern im Gegenteil der exakte Zusammenhang zwischen der Befehlsausführung verschiedener Fäden an der Benutzerschnittstelle nicht angegeben werden kann, wird die oben dargestellte Art der Abarbeitung gleichzeitig existierender Fäden als nebenläufig bezeichnet.

Adreßräume legen den *Adressierungsrahmen* fest, der die Zulässigkeit und Interpretation von Adressen in auszuführenden Befehle bestimmt (Wettstein, 1993). Das Konzept Adreßraum, wie es von Betriebsystemen eingeführt wird, basiert auf den hardwarebezogenen Begriffen Programm- und Speicheradreßraum. Der *Programmadreßraum* besteht aus den Adressen, die der ↑Prozessor bei Ausführung von Befehlen als Befehls- oder Datenadressen bilden kann und die für zulässig befunden werden. Der *Spei-*

cheradreßraum, besteht aus den Adressen der Speicherorte (im Zentral- und evtl. in Hintergrundspeichern) des Rechensystems. Eine partiell definierte Zuordnungsfunktion, die i.a. durch eine oder mehrere Tabellen dargestellt wird, legt zu jeder Programmadresse fest, ob ihr ein Speicherort zugeordnet ist und gegebenfalls welcher. Wird von der speziellen Darstellung einer Zuordnungsfunktion abgesehen, so ergibt sich das Konzept des Adreßraums. In Realisierungen werden im Prozessor gebildete Adressen einer tabellengesteuerten Speicherverwaltungseinheit (Memory Management Unit) zugeführt. Dort wird sie in einen Index und eine Distanz (Offset) aufgespalten und auf Zulässigkeit überprüft. Ggf. wird mit dem Index aus einer Tabelle eine sog. Basisadresse entnommen, aus der durch Addition der Distanz die zugehörige Speicheradresse entsteht. Die für einen Adreßraum aktuelle Abbildungsinformation (Memory Map) wird vom *B.* zur Verfügung gestellt. Es kann dadurch die Programmadressen abschnittweise auf Speicheradressen abbilden und durch Modifikation der Tabelle Programme und Daten im Speicher verlagern, ohne daß dies Rückwirkungen auf die Befehlsausführung hat. Die gängigsten Abbildungsverfahren sind Segmentierung (Segmentation) und Seitenadressierung (Paging). Bei *Segmentierung* können die Länge der Abschnitte und die Basisadressen frei gewählt werden, bei *Seitenadressierung* ist die Länge fest und die Basisadressen müssen ein Vielfaches der Länge sein. Segmentierung erlaubt, den Adreßraum strukturell an die Anwendung anzupassen. Das Tilgen von Adreßräumen im Speicher kann ungenutzte, unzusammenhängende Speicherabschnitte hinterlassen, die beim Neueinrichten eines Adreßraums geschickt zu nutzen sind. Es ist Aufgabe des *B.*, durch geeignete Maßnahmen eine starke Zersplitterung des ungenutzten Speichers zu verhindern und eine gute Speichernutzung zu gewährleisten. Bei Seitenadressierung entsteht das Problem der Zersplitterung nicht, weil die Speicherabschnitte gleich groß sind und der Speicher durch die Beschränkung der Basisadressen in Kacheln (Frames) gerastert erscheint. Wird als Kachellänge eine Zweierpotenz gewählt und Index und Distanz zu einer Zahl, der virtuellen Adresse (*Virtual Address*) zusammengefaßt, so entsteht für die Programmierung der Eindruck eines fortlaufend adressierten Abschnitts, der im Speicher jedoch gestreut realisiert wird.

Segmentierung und Seitenadressierung lassen sich benutzen, um für die Programmierung einen größeren Speicher vorzutäuschen, als er tatsächlich vorhanden ist. Dazu wird die Speicherverwaltungseinheit mit der Fähigkeit versehen, Programmadressen in Abhängigkeit von dem in ihnen enthaltenen Tabellenindex gültig oder ungültig zu erklären und im Falle einer ungültigen Programmadresse, den Faden, der sie erzeugt hat, zu unterbrechen und das *B.* zu aktivieren. Unter Nutzung dieses Mechanismus kann das *B.* einen Index als ungültig markieren, den Inhalt des Speicherabschnitts, der bisher über den entsprechenden Tabelleneintrag angesprochen wurde, auf einen externen Speicher auslagern und den Speicherabschnitt anderweitig verwenden. Ansprechen einer für ungültig befunden Programmadresse führt dazu, daß die Tätigkeit des Fadens zugunsten des *B.* unterbrochen wird. Es kann dann die zuvor ausgelagerten Daten wieder in einen geeigneten Speicherabschnitt einlagern, den Tabelleneintrag entsprechend erneuern, den Eintrag für gültig erklären und den Faden an der unterbrochenen Stelle fortsetzen. Falls keine ungenutzten Kacheln verfügbar sind, wird vorher nach einer im *B.* verankerten Seitenaustauschstrategie (*Replacement Strategy*) eine besetzte Kachel bestimmt und ihr Inhalt ausgelagert. Am verbreitetsten ist diese Vorgehensweise im Zusammenhang mit Seitenadressierung als *Seitenbeschaffung auf Verlangen* (Demand Paging). Häufige Seitenbeschaffung verursacht beträchtliche zeitliche Verzögerung beim Ablauf eines Fadens. Es ist deshalb erforderlich bei der Programmierung darauf zu achten, daß Programme nur selten in kurzen Zeitintervallen eine Menge von Seiten ansprechen, die größer ist als die zur Realisierung des Adreßraums verfügbare Zahl von Kacheln. Andernfalls kommt es zu einem als *Seitenflattern* (*Thrashing*) bezeichneten häufigen Ein-/Auslagern von Kachelinhalten

mit einem erheblichen Absinken der Verarbeitungsgeschwindigkeit.
In einem Rechensystem können mehrere Adreßräume definiert sein. Für die Ausführung eines Befehls ist immer genau einer als der zuständige eingestellt. Bei *Monoprozessoren* ist zu jedem Zeitpunkt genau ein Adreßraum eingestellt, bei *Multiprozessoren* kann die Einstellung prozessorspezifisch sein. Zwei Adreßräume die durch getrennt definierbare Zuordnungsfunktionen definiert werden, heißen Disjunkt. Disjunkte Adreßräume können sich überlappen, indem sie (teilweise) gleiche Speicheradressen zuordnen. Jeder Faden gehört einem Adreßraum an, der Gültigkeit und Interpretation seiner Programmadressen festlegt. Einem Adreßraum können mehrere Fäden angehören. Existierende *B.* beschränken sich fast durchweg auf spezielle Kombinationen. *B.* für kommerzielle und technisch-wissenschaftliche Anwendungen siedeln in jedem Adreßraum genau einen Faden an und nennen diese Kombination Prozeß. Bekanntester Vertreter dieser Gattung ist *Unix* (Hieronymus, 1993).
B., die für Anwendungen in der Automatisierung oder in der *Echtzeitdatenverarbeitung* konzipiert sind, richten zuweilen nur einen Adreßraum ein, dem alle Fäden angehören. *B. für Multiprozessoren* lassen in einem Adreßraum mehrere Fäden zu, um die Möglichkeiten der ↑Parallelverarbeitung effizient nutzbar zu machen. Die Kombination aus Adreßraum und zugehörigen Fäden wird häufig als Team oder als Task bezeichnet.
Dateien dienen vor allem der *Langzeitspeicherung* von Daten und der Vereinheitlichung des Umgangs mit peripheren Geräten. Langzeitspeicherung erfordert insb., daß die Dauer der Speicherung nicht an die Lebensdauer des Adreßraums (Prozesses, Teams) gebunden ist, aus dem heraus sie entstanden, und daß Fäden später erzeugter Adreßräume (Prozesse, Teams) sie weiter bearbeiten können. In neuerer Zeit wird diese Eigenschaft als *Persistenz* bezeichnet. Aus wirtschaftlichen und technischen Gründen werden als Speichermedien für Dateien vorwiegend Plattenspeicher, Disketten und Magnetbänder verwendet. Dateien werden von *B.* als Ganzes verwaltet. Im einfachsten und verbreitetsten Fall wird der Inhalt vom *B.* als Folge von Zeichen gesehen (sequentielle Datei). Insb. bei kommerziellen Anwendungen wird jeweils eine bestimmte Menge von ↑Informationen zu einem Satz (Record) zusammengefaßt und die Datei wird als Folge von Sätzen betrachtet, wobei Sätze als Einheit gelesen bzw. gespeichert werden. Der Zugriff auf eine Einheit einer Datei kann wahlfrei erfolgen oder sequentiell. Bei wahlfreiem Zugriff werden Sätze durch eine laufende Nummer oder durch einen Satzschlüssel identifiziert. Um wahlfreien Zugriff zu beschleunigen, werden besondere Indexstrukturen aufgebaut. Die wichtigsten ↑Methoden sind index-sequentieller Zugriff *(Indexed Sequential Access Method, ISAM)* und der baum-sequentielle Zugriff *(Tree Structured Index, Virtual Sequential Access Method, VSAM)*. Um die unterschiedlichen Dateiformen und Datenträger bei der Programmierung einheitlich behandeln zu können, werden an der Benutzerschnittstelle des *B.* allgemein gehaltene ↑Operationen zum Lesen und Speichern von Zeichen- oder Satzfolgen einer Datei zur Verfügung gestellt. Bei ihrer Ausführung stellen sie sich anhand eines Dateideskriptors auf die speziellen Eigenschaften der betroffenen Datei und des Datenträgers ein. Da sich auch Ein-/Ausgabegeräte als sequentiell lesbare bzw. beschreibbare Dateien auffassen lassen, können sie über die gleichen Operationen der Benutzerschnittstelle betrieben werden, wenn ihnen ein geeigneter Deskriptor zuordnet wird, der u.a. einen Verweis auf den zuständigen *Gerätetreiber (Device Driver)* enthält. Bei den Treibern handelt sich um sehr gerätespezifische Bestandteile des *B.*, auf die die allgemeinen Ein-/Ausgaberoutinen aufbauen. Jeder Anschluß eines neuen Gerätetyps zieht die Ergänzung des *B.* um einen entsprechenden Gerätetreiber nach sich. Infolge dieser Abstraktionen erscheinen Ein-/Ausgabegeräte für die Programmierung wie Dateien.

Der Hauptgewinn dieser Vorgehensweise liegt darin, daß in einem Programm z.B. nicht verankert sein muß, ob seine Ergebnisausgaben in eine Datei oder zu einem Drucker gesendet werden sollen. Diese Entscheidung kann während des Programmlaufs durch Angabe des entsprechenden Deskriptors erfolgen.

Die Zuordnung von physischem Speicher entsprechend den Bedürfnissen einer Datei wird von der Geräteverwaltung vorgenommen. Da Dateien unabhängig von Adreßräumen und Fäden existieren, müssen letztere die Fähigkeit besitzen, Dateien zu bezeichnen, um für Lese- und Schreiboperationen den Bezug zum Deskriptor der gewünschten Datei herstellen zu können. Erreicht wird das über die *Kataloge der Dateiverwaltung*. Katalogeinträge bestehen i.w. aus einem frei wählbaren Bezeichner und einem Verweis auf den zugeordneten Dateideskriptor oder verweisen auf einen anderen Katalogeintrag. Aus Gründen der Effizienz und der Handhabbarkeit setzten sich hierarchisch strukturierte Kataloge durch. Die wichtigsten an den Katalog gerichteten Operationen sind, neben dem Erzeugen und Tilgen von Einträgen, das Öffnen und Schließen von Dateien. Beim Öffnen wird zu einem Bezeichner der zugehörige Dateideskriptor zurückgeliefert, so daß die Datei nachfolgend mit Lese- und Schreiboperationen angesprochen werden kann. Außerdem werden häufig im Arbeitsspeicher ↑Puffer bereitgestellt, die z.B. auszugebende Daten aufnehmen, um sie dann parallel zur Fortführung des Programms zum Gerät zu transferieren. Beim Schließen einer Datei werden der Zugang zum Dateideskriptor entzogen, die Puffer geräumt und ihr Speicherplatz freigegeben.
Werden mit einem Rechensystem unterschiedliche Anwendungen abgewickelt, sei es gleichzeitig oder sequentiell, ist eine Kontrolle des Zugriffs auf Adreßräume, Dateien (einschl. Ein-/Ausgabegeräten) und *B.*-Teile erforderlich. Die Betriebsmittelverwaltung kann nur dann vom *B.* zuverlässig vorgenommen werden, wenn ihre Maßnahmen nicht von Anwendungsprogrammen unterlaufen werden können. Insb. heißt dies, daß Prozessorvergabe, Einrichtung von Adreßräumen und Datentransport von und zu peripheren Geräten nicht von Anwendungen am *B.* vorbei möglich sein dürfen. Allgemein ausgedrückt, dürfen Anwendungen nur eingeschränkten Zugriff haben. Ähnliche Forderungen ergeben sich zwischen mehreren Anwendungen hinsichtlich des Zugangs zu Adreßräumen und Dateien.
Der Schutz des *B.* wird dadurch erreicht, daß die von ihm zu verwaltenden Betriebsmittel nur mit privilegierten Befehlen direkt ansprechbar sind, deren Ausführung durch Maßnahmen in der Hardware dem *B.* vorbehalten ist. Schutz von Adreßräumen läßt sich bei Verwendung von Segmentierung oder Seitenadressierung in einfacher Weise realisieren, wenn Veränderungen an den Tabellen, die Adreßräume beschreiben nur mit privilegierten Befehlen möglich sind. Meist wird noch in jedem Tabelleneintrag hinterlegt, ob die über ihn abgebildeten Programmadressen zu lesendem, schreibendem oder (als Befehl) ausführbarem Zugriff berechtigen. Die Überwachung der Berechtigung erfolgt durch die Hardware. Bei überlappenden Adreßräumen können so die Zugriffsmöglichkeiten zu gemeinsamen Speicherorten eingeschränkt werden. Zur *Kontrolle des Zugangs zu Dateien* sind zwei Ansätze im Gebrauch:

- Bei der Methode der *Zugriffslisten (Access Lists)* werden Dateideskriptoren oder Katalogeinträge mit Zusatzinformationen versehen, die benutzerspezifisch die zulässigen Bearbeitungsarten festlegen. Wegen der Einfachheit der Implementierung ist dies die gängige Methode. Voraussetzung ist, daß zu jedem Team oder Prozeß der Benutzer, für den sie arbeiten, bekannt ist.
- Bei der Methode der *Zugriffsausweise (Capabilities)* werden den Adreßräumen oder Fäden Datenstrukturen übergeben, die zu bestimmten Bearbeitungsarten berechtigen und die beim Dateizugriff als Parameter mitzugeben sind. Durch Vervielfältigung und Weitergabe von Zugriffsausweisen wird in kontrollierter Weise gemeinsamer Zugriff möglich. Zugriffsausweise erfüllen jedoch ihren Zweck nur, wenn sie nicht fälschbar sind, was die Realisierung des Konzepts vor schwierige Fragen stellt.

Ebensowichtig wie die Begrenzbarkeit der Zugriffsmöglichkeiten von Fäden ist das Gegenteil, nämlich die *Fähigkeit zur Interaktion*. Diese lassen sich auf die drei Grundformen Koordination, Kooperation, sowie Kommunikation zurückführen (Wettstein, 1993).

- *Koordination* bezieht sich auf den zeitlichen Aspekt von Programmabläufen. Unter diesem Begriff sind alle Mechanismen zusammengefaßt, die einem Faden bei Erreichen einer bestimmten Stelle seines Ablaufs erlauben, auf die Fortführung oder Verzögerung anderer Fäden Einfluß zu nehmen.
- ↑*Kommunikation* liegt vor, wenn ein Faden veranlaßt, daß Daten aus einem ihm zugänglichen Speicherbereich, in einen Speicherbereich hineinverknüpft werden, zu dem ein anderer Faden Zugang hat.
- Von *Kooperation* wird gesprochen, wenn mehrere Fäden im gleichen oder in überlappenden Adreßräumen arbeiten und diese Tatsache zur gegenseitigen Beeinflußung nutzen.

Die bekanntesten Koordinierungsmechanismen sind die von Dijkstra eingeführten P- und V-Operationen (Siegert, 1988). Die *P-Operation* erniedrigt einen sog. Semaphor um 1, falls er einen Wert größer als 0 hat, andernfalls wird der Faden blockiert, bis der Semaphor wieder einen Wert größer als 1 hat. Mit der *V-Operation* wird der Semaphor um 1 erhöht, was bei Fäden, die an diesem Semaphor blockiert sind, zur Deblockierung und erneuten Ausführung ihrer P-Operation führt. Koordinierungsmaßnahmen bergen immer die Gefahr in sich, daß sich Fäden gegenseitig blockieren und es zu einer *Systemverklemmung (Deadlock)* kommt. Für eine Reihe typischer Koordinierungsaufgaben, die sich häufig stellen, wurden deshalb gesonderte Varianten entwickelt, die einfache und übersichtliche Darstellung der notwendigen Koordinierungsmaßnahmen erlauben (Hofmann, 1991).

Im Rahmen einer Kommunikation sind Daten aus einem Speicherbereich in einen anderen zu transportieren. Die Transporteinheiten werden als Nachrichten bezeichnet. Der Transport obliegt einem Kommunikationsobjekt (Pipe, Queue, Port, Link, ↑Mailbox), das Operationen zum Senden und Empfangen bereitstellt. Bei der Konkretisierung dieser Vorstellungen findet sich eine große Variationsbreite. Wesentlichste *Klassifikationsmerkmale* sind:

- *Art der Koordination*, z.B. ob der sendende Faden bis zur Ankunft der ↑Nachricht blockiert wird oder nicht;
- *Art Adressierung*, z.B. ob als Empfänger Adreßräume, Fäden oder Geräte dienen, oder ob Dienste wie "Drucken" als Adressat dienen können;
- *Art der Verbindung*, z.B. ob Nachrichten an nur einen gleichzeitig an viele Empfänger gesendet werden können;
- *Art der Pufferung und Flußkontrolle*, z.B. ob bei zu dichter Sendefolge Nachrichten verloren gehen oder der Sender vorübergehend blockiert wird.

Häufig treten Interaktionen in einer Art auf, die Prozeduraufrufen gleicht. Dabei wird - auch über Adreßraumgrenzen hinweg - mit einer ersten Nachricht ein Auftrag erteilt und mit einer Rücknachricht der Abschluß mitgeteilt, sowie ggf. das Ergebnis übermittelt. Wegen der Ähnlichkeit mit üblichen Prozeduraufrufen innerhalb eines Adreßraums wird diese Interaktionsform *Fernaufruf (Remote Procedure Call)* genannt. Fernaufrufe können auch so realisiert werden, daß sie Adreßräume auf unterschiedlichen Rechnern verbinden und sind deshalb im Zusammenhang mit ↑verteilten Systemen von besonderem Interesse.

Als sehr effiziente Form der Interaktion bietet sich für Fäden, die dem gleichen oder sich überlappenden Adreßräumen angehören, die Kooperation über gemeinsame Speicherbereiche an. Es ist dies zweifellos die effizienteste und (von Einschränkungen durch die Struktur der Hardware abgesehen) flexibelste Interaktionsmöglichkeit. Es ist allerdings auch die fehleranfälligste. Da nämlich Veränderungen, die mehrere Speichereinheiten betreffen, nacheinander durchgeführt werden müssen, könnte ein nebenläufiger Faden teilweise alte und teilweise erneuerte Daten vorfinden, also insgesamt gesehen inkonsistente Daten. Zur Vermeidung dieses Phänomens müssen Fäden Koordinierungsmaßnahmen ergreifen, um in Phasen, in denen sie gemeinsame Speicherbereiche bearbeiten (Critical Sections), gegenseitigen Ausschluß (Mutual Exclusion) zu erzwingen. Zu den schon angesprochenen Problemen fehlerhafter Koordinierung kommt in diesem speziellen Fall, daß je nach dem zeitlichen Verhalten verschiedener kooperierender Fäden fehlende Koordinierung sich nicht bemerkbar macht oder zu einem Fehlverhalten führt, wobei die Fehlerquelle nur schwer lokalisierbar ist.

Literatur: Hieronymus, A.: UNIX - Systemarchitektur und Programmierung, Braunschweig, 1993. *Hofmann, F.*: Betriebssysteme: Grundkonzepte und Modellvorstellungen, Leitfäden der angewandten Informatik, Stuttgart, 1991. *Siegert, H.-J.*: Betriebssysteme, München, 1988. *Wettstein, H.*: Systemarchitektur, München, 1993.

Prof.Dr. F. Hofmann, Erlangen-Nürnberg

Bildanalyse

Analytische Transformation der bildhaften Darstellung in eine symbolische Repräsentation; Erkennen, Vermessen und Zählen von Objekten, allgemein um das Gewinnen von Maßen und Merkmalen; Ergebnis kann etwa eine Regelgröße zur ↑Steuerung eines Prozesses sein, ebenso eine einfache Gut/Schlecht-Aussage.

Bildbearbeitung (Image Processing)

Überführung von Bildern durch verschiedene Operationen wieder in Bilder.

Bilddatenverarbeitung

Ziel der *B.* ist die automatische, schnelle, genaue und zuverlässige Interpretation des Informationsgehalts von digitalisierten Bildern mit Hilfe von Computern. Insb. bei der optischen Kontrolle in der industriellen Produktion und ↑Qualitätssicherung, sowie in der medizinischen Forschung und Praxis hat die *B.* heute ihren festen Platz.

Obwohl jeder sehende Mensch eine intuitive Vorstellung davon hat, was ein Bild ist, läßt sich der Begriff computergestützte *B. (Machine Vision)* nicht einfach umreißen, da es sich um ein in hohem Grade interdisziplinäres Fachgebiet handelt. Folgende Teildisziplinen sind zu unterscheiden:

- Bei der *B. (Image Processing)* oder ikonischen *B.* werden Bilder durch verschiedene Operationen wieder in Bilder überführt. Dies geschieht oftmals als Vorverarbeitung für eine weitergehende Analyse. Charakterisiert wird dieser Schritt durch verhältnismäßig einfache Operationen, die auf großen Datenmengen sehr schnell durchgeführt werden.
- Aufgabe der *Bildanalyse (Image Analysis)* ist die analytische Transformation der bildhaften Darstellung in eine symbolische Repräsentation. Dies ist meist mit einer erheblichen Datenreduktion verbunden. Oft handelt es sich hierbei um das Erkennen, Vermessen und Zählen von Objekten, allgemein um das Gewinnen von Maßen und Merkmalen. Das Ergebnis kann etwa eine Regelgröße zur Steuerung eines Prozesses sein, aber auch eine einfache gut/schlecht-Aussage.
- Bei der *Mustererkennung (Pattern Analysis* oder *Pattern Recognition)* kommt es darauf an, aus einer reduzierten, symbolischen Repräsentation des Bildinhalts bestimmte Objekte anhand charakteristischer Merkmale als solche zu erkennen.
- Bei der *Szenenanalyse (Scene Analysis)* und dem ↑Bildverstehen (*Image Understanding*) steht im Zentrum des Interesses der Zusammenhang zwischen erkannten Objekten und der daraus ableitbaren Bedeutung für den Benutzer. Ein Beispiel dafür ist die automatische Navigation autonomer Fahrzeuge. Hier, in diesem Bereich werden typischerweise Methoden der Künstlichen Intelligenz eingesetzt.

Zur *B.* mit technischen Systemen gehört eine Vorrichtung zur Bildaufnahme, meist eine Kamera mit Optik und Beleuchtung. Als nächstes muß das Bild in eine maschinell verarbeitbare Form gebracht, also mit Hilfe eines Analog/ Digital-Umsetzers (*Analog Digital Converter, ADC*) digitalisert werden. Unter einem Bild wird in diesem Zusammenhang eine kontinuierliche Verteilung von Intensitäten f(x,y) in einer Fläche verstanden, wobei Wertebereich und Definitionsbereich gemäß $f_{min} < f < f_{max}$, $x_{min} < x < x_{max}$ und $y_{min} < y < y_{max}$ beschränkt werden. Die Digitalisierung betrifft einerseits den Definitionsbereich, d.h. die Menge der erlaubten Punkte (x,y); dieser Vorgang ist die Rasterung (Scanning). Hier wird festgelegt, in wieviele Bildpunkte (Pixel) ein Bild zerlegt wird, häufig sind dies 512x512 Bildpunkte. Darüber hinaus muß auch der Wertebereich $[f_{min}, f_{max}]$ der Funktion f(x,y) in endlich viele Intervalle aufgeteilt werden (Quantelung, Quantisierung oder Sampling). Hieraus ergibt sich die Anzahl der Grau-

Bilddatenverarbeitung

stufen des Bildes. Meist wird mit 8 Bit, entsprechend 256 Graustufen digitalisiert. An die Digitalisierung und Speicherung schließt sich die Verarbeitung an, also die Untersuchung des Bildinhaltes auf seine für die zu bearbeitende Aufgabe wesentlichen Merkmale. Dies geschieht mit Hilfe eines oder mehrerer Prozessoren, die auf den Bildspeicher zugreifen und/oder mit einer speziellen Hardware, die dazu dient, bestimmte Operationen, wie bspw. die Addition oder Subtraktion zweier Bilder, in Echtzeit, d.h. mit Videogeschwindigkeit (nach europäischer Norm 50 Bilder pro Sekunde) durchzuführen. Den Abschluß bildet eine Interpretation und Darstellung der Ergebnisse. Meist wird mittels eines Digital/Analog-Umsetzers (*Digital Analog Converter, DAC*) die digitale ↑Information wieder in ein analoges Videosignal überführt, das auf einem Monitor dargestellt oder auf ein Videoband übertragen werden kann. In Abhängigkeit von der Anwendung kommen weitere ↑Schnittstellen in Betracht, etwa zur ↑Kommunikation mit einem Leitrechner oder zur Maschinensteuerung.

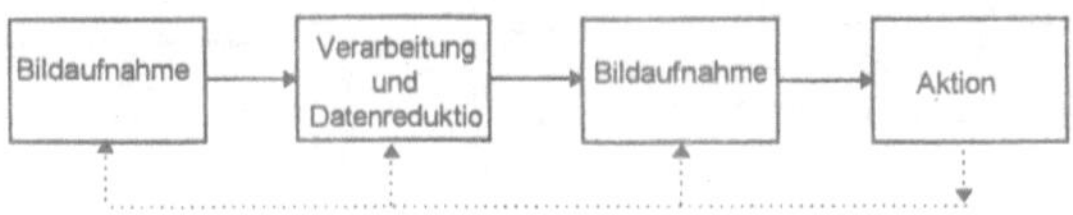

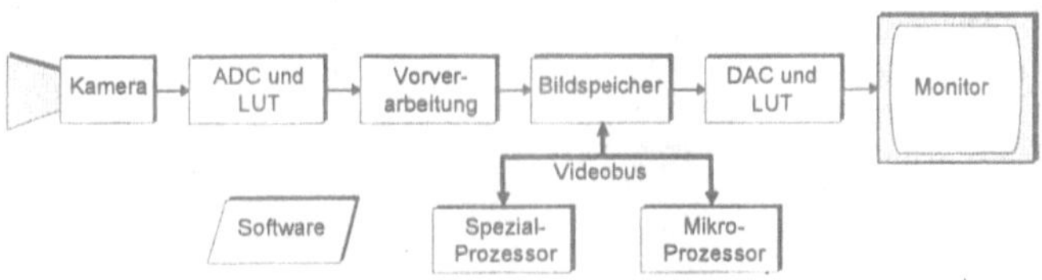

Bei vielen Anwendungen müssen auch Farbbilder verarbeitet werden. Die Bildfunktion wird dann zu einer Vektorfunktion mit den drei Komponenten $f_R(x,y)$, $f_G(x,y)$ und $f_B(x,y)$ für die Grundfarben Rot, Grün und Blau. In manchen Anwendungen sind auch noch mehr als drei Kanäle auszuwerten, so etwa Infrarot- und Ultraviolett-Kanäle bei Satelliten-Bildern. Ferner muß es sich bei den betrachteten Intensitäten nicht unbedingt um Licht handeln, etwa bei Ultraschall-Bildgebern oder Computertomografen. Eine weitere Verallgemeinerung ist die Bildfolge. Hierbei wird der Definitionsbereich der Bildfunktion um eine Dimension erweitert, meist um eine weitere Raumkoordinate z oder die Zeit t. Dementsprechend wird von räumlichen Bildfolgen f(x,y,z) und zeitlichen Bildfolgen f(x,y,t) oder einer Kombination aus beiden, f(x,y,z,t) gesprochen.

Bei der Rasterung wird die Funktion f(x,y) an endlich vielen, meist äquidistanten und rechteckig angeordneten Stützstellen (x_k,y_i) abgetastet. Dies ergibt eine ↑Matrix von Grauwerten (allgemeiner Intensitäten) $f(x_k,y_i)$, für die abkürzend f_{ik} geschrieben wird. Dabei numeriert i die Zeilen und k die Spalten.

Die einfachsten Algorithmen zur *B.* ergeben sich, wenn die Bildpunkte einzeln, ohne Berücksichtigung von Nachbarschaftsbeziehungen betrachtet werden. Häufig verwendet werden dazu Transformationstabellen (*Look Up-Tables*), die nichts anders sind als schnelle Speicher. Damit können Eingangsgrauwerte f_i mit einer beliebigen Funktion t in Ergebnisgrauwerte $g_i=t(f_i)$ transformiert werden. Die Übertragungsfunktion wird einfach durch Beschreiben der Tabelle realisiert. Auf diese Weise lassen sich Operationen, wie Kontrast- und Helligkeitsmanipulation, Binarisierung und - sofern ein System mit Farbausgang verwendet wird - Pseudo-Farbdarstellungen programmieren, auch mathematische Funktionen, wie Logarithmieren oder Quadrieren.

Detailliert angegeben ist die Umgebung eines Bildpunktes f_{ik}. Der Index i zählt die Zeilen, d.h. die Y-Werte, der Index k die Spalten (X-Werte). Koordinatenursprung ist die linke obere Bildecke.

f_{00}	f_{01}				
f_{10}	f_{11}				
		$f_{i-1,k-1}$	$f_{i-1,k}$	$f_{i-1,k+1}$	
		$f_{i,k-1}$	$f_{i,k}$	$f_{i,k+1}$	
		$f_{i+1,k-1}$	$f_{i+1,k}$	$f_{i+1,k+1}$	

Oft ist auch die *Bildverknüpfung* von zwei oder noch mehr Bildern erforderlich. Ein Beispiel dafür ist die Addition von Bildern um das Rauschen zu minimieren und damit die im Bild enthaltene ↑Information besser sichtbar zu machen. Interessant ist auch die Subtraktion von Bildern, mit der Unterschiede zwischen Bildern detektiert werden können. Derartige Funktionen sind einfach, aber an sehr großen Datenmengen durchzuführen. Deshalb empfiehlt sich die Verwendung einer dem Problem angepaßten Hardware, bspw. einer ALU (Arithmetic and Logic Unit). Aber auch hier kann LUT verwendet werden, diese müssen dann jedoch zwei Eingänge und einen Ausgang besitzen.

Hier sind Look Up-Tabellen als Komponenten von Bildverarbeitungssystemen dargestellt. Eine eindimensionale LUT erhält die Grauwerte eines Bildes als Eingabe, das Ergebnis sind die gemäß den tabellierten Werten modifizierten Grauwerte.

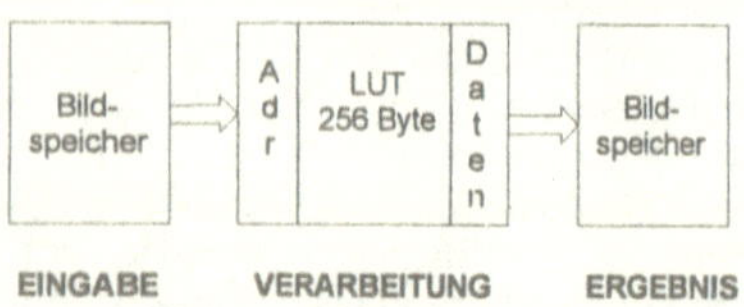

Hier sind einige Übertragungsfunktionen angegeben, nämlich Kontrastverstärkung oder Clipping (durchgezogene Linie), Binarisierung, (gestrichelte Linie) und Logarithmieren (gepunktete Linie).

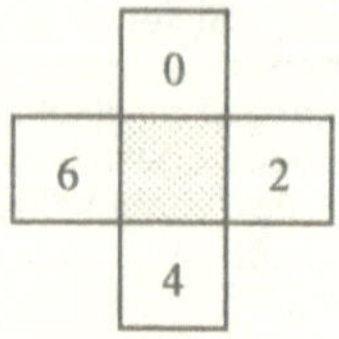

Viererumgebung: die vier nächsten Nachbarn des grau markierten Punktes

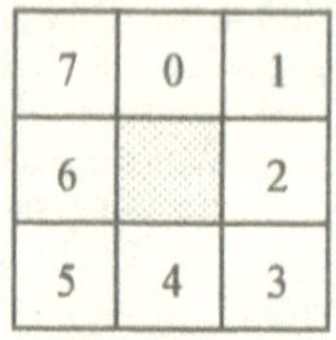

Achterumgebung: die acht unmittelbaren Nachbarn des grau markierten Punktes

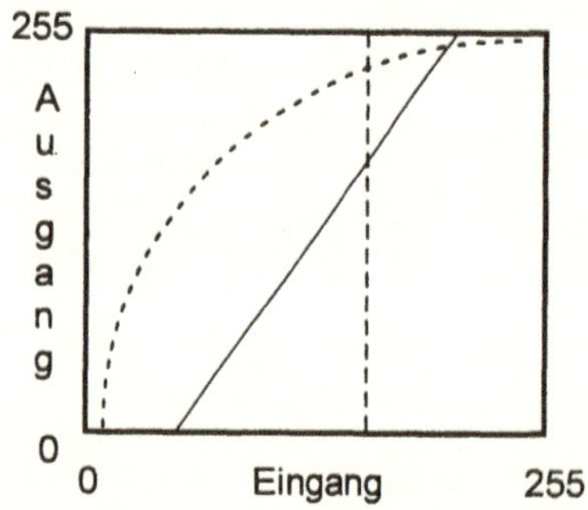

Sehr nützlich sind statistische Funktionen, wie *Grauwert-Profile und -Histogramme*. Bei einem Histogramm wird die relative Auftrittshäufigkeit $h(f_i)$ berechnet, die angibt, wie häufig in einem zuvor spezifizierten Bildbereich (z.B. einem Rechteck) die einzelnen Grauwerte auftreten. Damit lassen sich etliche in der Praxis verwertbare Aussagen über das gespeicherte Bild machen. Erwartet wird bspw. in einem Qualitätstest eine gleichmäßig graue Fläche, so sollte das Histogramm nur aus einer relativ schmalen Linie bestehen; Abweichungen davon signalisieren einen Fehler des geprüften Objekts. Besteht ein Objekt aus mehreren Bereichen, die sich durch ihren Grauwert voneinander unterscheiden, so weist das Histogramm mehrere Maxima und Minima auf. Der jeweilige prozentuale Anteil der einzelnen Bereiche läßt sich anhand des Grauwerthistogramms analysieren. Diese Methode kann bspw. bei der Oberflächenanalyse in der Materialprüfung eingesetzt werden. Grauwertprofile geben den Grauwertverlauf einer Linie an, meist einer Geraden. Durch Vergleich mit

Schwellwerten lassen sich somit auf einfache Weise Kanten erkennen. Dieses Verfahren kann zur Segmentation des Bildes verwendet werden, also zur Zuordnung von Bildbereichen zu verschiedenen Objekten bzw. zum Hintergrund. Geeignete Schwellwerte lassen sich aus einer Histogrammanalyse bestimmen. Es ist dies die einfachste Methode, Objekte zu vermessen. Wichtig ist dabei eine Eichung der Skalenfaktoren in horizontaler und vertikaler Richtung, wobei genaue Messungen auch die Berücksichtigung von Objektivverzeichnungen erfordern. Ein weiterer Algorithmus von grundlegender Bedeutung ist die Umrandung von Objekten. Es wird dabei von einem gefundenen Kantenpunkt, der auf dem Rand des gesuchten Objekts liegt, durch fortgesetzten Schwellwertvergleich zu den sich anschließenden Randpunkten fortgeschritten, bis schließlich das gesamte Objekt erfaßt wurde. Der Rand wird zweckmäßigerweise als Kettencode gespeichert, der nach dem Anfangspunkt nur die Richtung zum jeweils nächsten Randpunkt enthält. Dabei entsprechen der gröberen, aber schneller zu verarbeitenden Viererumgebung die möglichen Richtungen (0,2,4,6) und der genaueren Achterumgebung die Richtungen (0,1,2, 3,4,5,6,7). Für die Codierung einer Richtung werden also nur drei ↑Bit benötigt. Daraus lassen sich weitere Parameter, wie Schwerpunktskoordinaten (x_s, y_s), Fläche F, Umfang U, Hauptachsen, Drehwinkel und weitere Komponenten bestimmen, welche die Form des Objekts beschreiben. Dafür kommen Momente, Projektionen, Fourier-Deskriptoren und topologische Attribute in Frage. Im einfachsten Fall kann dies der von Größe und Lage unabhängige Formfaktor $f=4\pi F/U^2$ sein. Solche Meßgrößen können zu einem Merkmalsvektor zusammengefaßt werden, der das entsprechende Objekt charakterisiert. Aufgabe der Mustererkennung ist dann die Zuordnung des Objekts zu Musterklassen, die zuvor durch einen Lernprozeß festgelegt wurden. Ein typisches Anwendungsbeispiel ist die *Schrifterkennung*.

Eine der wichtigsten Klassen von ikonischen (d.h. als Ergebnis wieder ein Bild liefernden) Bildverarbeitungsalgorithmen sind *Filterfunktionen*. Diese sind dadurch gekennzeichnet, daß bei der Bewertung eines Bildpunktes auch dessen Umgebung mit eingeht. Bei linearen Filtern muß der Grauwert g eines resultierenden Bildpunktes durch eine lineare Funktion von Grauwerten des Ausgangsbildes dargestellt werden, wobei die Filterung eindimensional (über eine Zeile) oder zweidimensional, z.B. über einen rechteckigen Bereich erfolgen kann

$g_{ik} = \sum_{n=-p}^{+p} c_n f_{i,k-n}$	Filterung einer Zeile
$g_{ik} = \sum_{m=-p}^{+p} \sum_{n=-q}^{+q} h_{mn} f_{i-m,k-n}$	Filterung eines Bereichs

Für $c_{-1}= c_0 =c_{+1} =1/3$ ergibt sich ein Glättungsfilter $g_{ik}=(f_{i,k-1}+f_{i,k-1}+f_{i,k-1})/3$ über drei benachbarte Punkte, mit dem verrauschte Signale ausgeglichen werden können. Wird $c_{-1}=1$, $c_0 =0$, $c_{+1} =-1$ gesetzt, so entsteht ein eindimensionaler Gradientenfilter $g_{ik}=f_{i,k-1}-f_{i,k-1}$, der bspw. dazu verwendet werden kann, Objektkanten zu finden.

Da hier Beleuchtungsschwankungen einen geringeren Einfluß haben als bei der Schwellwertmethode, lassen sich genauere Vermessungsergebnisse erzielen. Im zweidimensionalen Fall bilden die Koeffizienten h_{mn} eine als Filterkern oder Maske bezeichnete Matrix; bspw. für p=q=1 eine 3x3-Matrix und für p=q=2 eine 5x5-Matrix. Die Koeffizienten können so gewählt werden, daß sich die Charakteristik eines Hochpasses, eines Tiefpasses, oder eines Bandpasses ergibt. Üblicherweise werden ganzzahlige Komponenten verwendet und dann das Summationsergebnis normiert. Mathematisch handelt es sich bei der linearen Filterung um eine Faltung des Filterkerns mit dem Bild. Der adäquate Beschreibungsformalismus ist die diskrete Fourier-Transformation, die generell in der ↑Bildverarbeitung eine große Rolle spielt, bspw. als Kosinus-Transformation in der Datenkompression. Im einfachsten Fall eines 3x3-Filterkerns mit Tiefpaßcharakteristik werden alle 9 Koeffizienten hmn=1 und die Normierungskonstante auf 9 gesetzt;

Bilddatenverarbeitung

also die Grauwerte von jeweils neun benachbarten Punkten addiert, das Ergebnis durch 9 dividiert und der so berechnete Wert dem zentralen Punkt des Bereichs zugewiesen. Soll ein größerer Bildausschnitt mit einer Filterfunktion bearbeitet werden, so wird die entsprechende Filtermatrix über diesen Ausschnitt verschoben und Punkt für Punkt das Ergebnis berechnet. Dabei wurde das Ausgangsbild künstlich verrauscht und auf die beschriebene Weise geglättet. Das Ergebnis zeigt, daß zwar die Punktstörungen weitgehend verschwinden, daß aber alle Kanten, die ebenfalls hochfrequente Anteile enthalten, stark verschmiert werden. Häufig verwendet werden Masken nach dem Beispiel in der Abbildung.

Maske	Beschreibung
$\begin{pmatrix} 1 & 2 & 1 \\ 2 & 4 & 2 \\ 1 & 2 & 1 \end{pmatrix}$	Gauß-Tiefpaß zur Rauschunterdrückung. Normierungskonstante = 16
$\begin{pmatrix} -1 & 1 & 1 \\ -1 & -2 & 1 \\ -1 & 1 & 1 \end{pmatrix}$	Ost-Gradient zur Kantenhervorhebung (Hochpaß)
$\begin{pmatrix} 1 & -2 & 1 \\ -2 & 4 & -2 \\ 1 & -2 & 1 \end{pmatrix}$	Gauß-Filter, kombiniert mit Laplace-Filter (LoG); Bandpaß-Charakteristik zur Kantenhervorhebung

a) Originalbild

b) Nach Bearbeitung mit dem Sobel-Operator

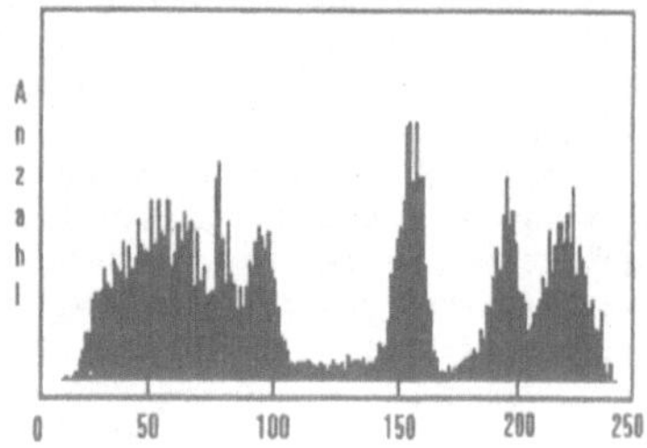

c) Histogramm

d) künstlich verrauschtes Bild

Bilddatenverarbeitung

e) Bild d) nach Glättungsfilter

f) Bild d) nach Median-Filter

Neben den linearen spielen auch nichtlineare Filter eine große Rolle. Erwähnenswert ist der Sobel-Operator, der eine stark kantenverstärkende und gleichzeitig rauschunterdrückende Wirkung ha. Es werden heute Filter für die verschiedensten Anwendungszwecke zur Verfügung gestellt, etwa zur Bildschärfung, zur Segmentation von Texturen, zum Verdünnen von Kantenbildern etc.
Eine häufig verwendete Klasse von nichtlinearen Filtern bilden die Rangordnungsverfahren, deren wichtigstes der Median-Filter ist. Hierbei wird zunächst ein Filterbereich festgelegt, oftmals wieder eine Achterumgebung und sortiert alle darin enthaltenen Grauwerte der Größe nach. Das Ergebnis ist der mittlere Punkt der geordneten Folge. Ein 3x3-Bildausschnitt habe bspw. die folgenden, in derAbbildung sichtbaren Grauwerte.

15	30	20
15	10	30
20	25	20

Die geordnete Reihe lautet dann:10 15 15 20 20 20 25 30 30. Ergebnis ist also der mittlere, unterstrichene Wert 20. Damit ist eine effiziente, weitgehend kantenerhaltende Rauschunterdrückung möglich. In der Abbildung wird dies durch Filterung des künstlich verrauschten Bildes demonstriert. Sämtliche Störungen sind eliminiert, eine Verschmierung, wie bei der Tiefpaßfilterung wird jedoch vermieden. Wird anstelle des mittleren Grauwerts der dunkelste Grauwert (im obigen Beispiel also 10) gewählt, so werden dunkle Bildbereiche vergrößert (Dilatation), beim hellsten Grauwert (hier also 30), werden dunkle Bereiche verkleinert (Erosion). Davon abgeleitet sind die morphologischen ↑Operationen Öffnen (Opening), d.h. Erosion mit nachfolgender Dilatation und Schließen (Closing), d.h. Dilatation mit nachfolgender Erosion. Diese Funktionen werden oft als Vorverarbeitungsschritte für eine nachfolgende ↑Mustererkennung verwendet.

Literatur: Abmayr, W.: Einführung in die digitale Bildverarbeitung, Stuttgart, 1994. *Ahlers, R.-J., Warnecke, H.-J.*: Industrielle Bildverarbeitung, München, 1991. *Breuckmann, B.*: Bildverarbeitung und optische Meßtechnik, München, 1993. *Ernst, H.*: Einführung in die digitale Bildverarbeitung, München,1991. *Jähne, B.*: Digitale Bildverarbeitung, Berlin, 1989. *Klette, R., Zamperoni, P.*: Handbuch der Operatoren für die Bildbearbeitung, Wiesbaden, 1992. *Pavlidis, T.*: Algorithmen zur Grafik und Bildverarbeitung, Berlin, 1990. *Voss, K., Süße, H.*: Praktische Bildverarbeitung, München, 1991. *Zamperoni, P.*: Methoden der digitalen Bildsignalverarbeitung, Braunschweig, 1991.

Prof. Dr. H. Ernst, Rosenheim

Bildschirmtext (Btx), Videotex (VTX), Datex-J (DxJ), Public Access Network (PAN)

Definition

Bildschirmtext (Btx), ist ein ↑Informations- und Kommunikationssystem, bei dem zentral gespeicherte und über Netzwerke im Rechnerverbund bereitgestellte Informationen über Telefon und ↑ISDN abgerufen und auf einem Bildschirm mit Hilfe geeigneter Zusatzgeräte (↑Modem, Fernsehgerät mit Decoder, dediziertes Btx-Terminal oder Personal- bzw. Homecomputer mit Softwaredecoder) dargestellt werden. Die Auswahl der ↑Informationen erfolgt durch den Benutzer im interaktiven Dialog mit Hilfe einer Tastatur meist durch Menüauswahl. Zusätzlich wird auch der elektronische Dialog (E-mail) mit anderen Teilnehmern über Mitteilungen und Transaktions- bzw. Bestellseiten ermöglicht.

Entwicklung

Ausgehend von der Idee des englischen Postingenieurs Sam Fedida, wurden in den 70er Jahren die ersten Versuche gestartet, eines auf der Technik von TV-Geräten basierenden interaktiven Videotexdienstes (Viewdata). Zum Unterschied von Broadcast-Videotex (in Deutschland als Videotext oder Fernsehtext, in Österreich als Teletext bekannt), bei dem die am Fernsehbildschirm dargestellten Text- und einfachen Mosaikgraphiken in den Austastlücken des Fernsehkanals von den Fernsehanstalten mit dem Programm ausgestrahlt werden, erfolgt die Übertragung der Informationen beim Interactive Telephone Videotex über das Telefonnetz. Mittels eines Modems ist es möglich, digitale Signale analog über das Telefonsystem zu übertragen und so Daten aus einem zentralen Computer auf dem (Fernseh-) Bildschirm des Teilnehmers anzuzeigen. Da das Telefon als Zweiwegkommunikationseinrichtung die Übertragung von Daten und Signalen in beide Richtungen ermöglicht, ist eine interaktive Nutzung (Abfrage und Antwort) möglich.

Die klassische Bildschirmtextkonfiguration (PRESTEL) in der Startzeit bestand aus einem Telefonanschluß, einem Modem und einem bildschirmtexttauglichen Fernsehgerät, das, ausgestattet mit einem Decoder, die über Modem und Telefon übertragenen Daten am Bildschirm anzeigen konnte. Die Bedienung erfolgte über die Fernbedienung des Fernsehgerätes. In weiterer Folge wurden externe Decoder mit alpha-numerischen Tastaturen für den Anschluß an Fernsehgeräte und Monitore entwickelt. In Österreich fand der erste Bildschirmtextcomputer MUPID breiten Einsatz, der neben besseren graphischen Möglichkeiten auch das Ausführen von Teleprogrammen, die über Btx geladen werden konnten, ermöglichten. Bereits ab 1983 entstand auf diese Weise ein großes Angebot an Berechnungs-, computerunterstützten Lern- und Kommunikationsprogrammen, das die Bedeutung der PC-Technik bei Telekommunikationsanwendungen früh erkennen ließ. Die Deutsche Bundespost bietet seit 1986 Multitels, das sind Komforttelefone mit Btx-Funktion, an. In den letzten Jahren haben sich durch die rasante Verbreitung von Personal- und Heimcomputern zunehmend Softwaredecoder für die Bildschirmtextnutzung durchgesetzt. Auch das Btx-Zentralenkonzept wurde erweitert. Der Rechnerverbund ermöglichte die Anschaltung externer Rechner an das Btx-Netzwerk. Damit wurden wesentlich leistungsfähigere Transaktionen (Bestell-, Buchungs- und Reservierungssysteme, Tele-/Homebanking) möglich.

Aktuelle Entwicklungen

Trotz erfolgreicher Teilnehmerentwicklung, haftet am Bildschirmtextdienst im deutschsprachigen Europa das Attribut eines Flops. Hauptgrund dafür waren die in einer Diebold-Studie veröffentlichten Zahlen, die den Bildschirmtext als Massenmarkt apostrophierten und für das Jahr 1990 fast 3 Mio. Teilnehmer, hauptsächlich private Nutzer, prognostizierten. Eine Anzahl, die nach heutigem Wissensstand auf falschen Annahmen beruhend, in dieser Zeitspanne wohl nie erreichbar gewesen wäre.

Aufgrund des Imageproblemes und der rasanten technischen Weiterentwicklung im Telekommunikationsbereich entschloß sich die Telekom, zu einem Redesign des Bildschirmtextkonzeptes mit dem neuem Namen *Datex-J (Datennetz für Jedermann)*, schlagkräftigem Marketing, Neustrukturierung des Btx-Netzes, kostendeckenden Benutzungsgebühren und einem Qualitäts-Containerkonzept.

Mit Übergängen, den sog. Volks-PAD's, können Datex-J-Anwender Dienste in Anspruch nehmen, die bisher ausschließlich über Datex-P erreichbar waren. Über eine Gatewayseite kann, durch Eingabe der gewünschten Datex-P-Rufnummer, von Datex-J auf Hosts im Datex-P weitergeschaltet werden, vorausgesetzt, der angewählte Host übernimmt die anfallenden Gebühren.
Mit einer ähnlichen Entwicklung startet auch die österreichischen Post- und Telegraphendirektion neue Bildschirmtextaktivitäten. Mit der Bezeichnung *PAN (Public Access Network)* wurde ein neuer Mehrwertdienst geschaffen, der den klassischen Bildschirmtext als eigenständigen CEPT-Sektor integriert und darüber hinaus die Verbindungen mit Hosts über Datex-P ermöglicht. Die Öffnung des Systems geht so weit, daß eine vollkommen tranparente Weiterschaltung zu Hosts bei aktiver Gebührenübernahme auf Minutenbasis möglich ist. Erste Anwendungen sind neben kommerziellen Applikationen auch die Integration von CompuServe und Universitätsinformationsssystemen, die auf den Internet Retrievalsystemen Hyper-G, ↑Gopher und ↑WorldWideWeb (WWW) basieren.

Mehrwertdienste (VAN-Services)
Im Bereich der ↑Telekommunikation wird zwischen Dienstleistungen, die den reinen Datentransport regeln (Basic Services, Trägerdienste) und Mehrwertdiensten, die über den reinen transparenten Datentransport hinausgehen und noch weitere Leistungsmerkmale und Serviceangebote bieten, unterschieden. Der Begriff Mehrwertdienst ist eine Übersetzung des amerikanisch-englischen Fachbegriffes *Value Added Network Services* und bezeichnet in Zusammenhang mit Bildschirmtext und Datex-J die Möglichkeit, Daten in dem von der CEPT normierten Standard darzustellen und Protokolle für den Datenabruf und Rechnerverbund bereitzustellen. Darüber hinaus bietet der Dienst auch die Möglichkeit der eindeutigen Identifizierung des Benutzers durch Eingabe einer Anschlußkennung (persönliches Kennwort).
Unmittelbar daran gekoppelt ist wohl eine der wichtigsten Mehrwertfunktionen, die Möglichkeit der Abrechnung und Kostenerfassung, sowie Inkasso für Dritte von kostenpflichtigen Diensten. Prinzipiell gliedern sich Kosten für die Nutzung von Bildschirmtext bzw. Datex-J in Zugangskosten (z.B. Telefongebühren) und Systemdienstleistungsentgelten, aber auch Vergütungen, die durch die Nutzung von Angeboten dem jeweiligen Anbieter gutgeschrieben werden. In diesem Fall übernimmt die nationale Post bzw. Telekom das Inkasso der Beträge und leitet diese in Form von Gutschriften an die Anbieter weiter. Bei den Vergebührungsmodellen wird zwischen dem an den Abruf einer Bildschirmseite gebundenen Seitenentgelt (transaktionsbezogene Kosten), sowie dem Zeittakt, einem bei Benutzung in bestimmten Zeiteinheiten gebundenes Entgelt, unterschieden.
In Kombination mit der Möglichkeit der Nutzung von geschlossenen Benutzergruppen *(Closed User Group)* kann auch die Aufnahme eines Teilnehmers mit der Bezahlung einer Benutzungs-, Mitglieds- oder Abo-Gebühr gekoppelt sein. Mitteilungs-, Dialog- und Übergabeseiten ermöglichen die Durchführung von Bestellungen, die wahlweise auch mit transaktionsbezogenen Gebühren belegt sein können (Deutschland: 0,00 bis 9,99 DM, Österreich: 0,00 bis 999 S).

Angebote und Inhalte
Die *Informationsangebote* in Datex-J, PAN- und Btx-Systemen werden von sog. Informationsanbietern für die Nutzer bereitgestellt. Die Anbieter mieten Speicher- bzw. Seitenkapazität im Zentralrechner, oder schließen über den Rechnerverbund externe Rechner (Hosts) an das Netzwerk an. In beiden Fällen werden durch den Abruf von Seiten/Dateien Informationen, Werbung, Dienstleistungen, Waren oder Services, z.T. gegen Entgelt, angeboten. Die Angebotsvielfalt reicht von tagesaktuellen ↑Informationen (Tageszeitungen, Wetter, Fahr- und Flugpläne, Börse, etc.) über lexikalische Information und Datenbanken, Telesoftware, Rat, Tips und Verbraucherinformation bis hin zu Transaktionen (Telebanking mit Kontostandsabfragen und Überweisungen, Reservierungen und Bestellungen mit Inkasso, etc.). Vor allem im Rechnerverbund sind Online- und Real-Time-Transaktionen mit CEPT- und ASCII bzw. VT100-Endgeräten möglich, die den Bildschirmtext-, Datex-J bzw. PAN-

Dienst zu einem leistungsstarken, flächendeckenden ↑online-Dienst mit Mehrwerteigenschaften machen.

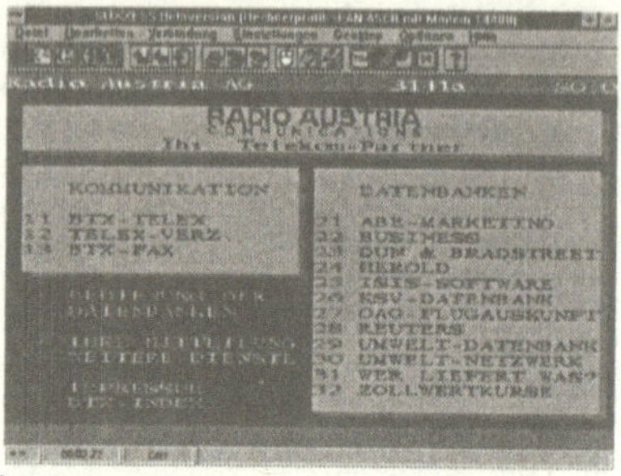

Neben Informations- und Transaktionsdiensten stellen *Kommunikationsservices* eine weitere wichtige Säule dar. Der Mitteilungsdienst ermöglicht das Versenden von elektronischen Mitteilungen an andere Teilnehmer (Nutzer), während die Dialog- bzw. Antwortseiten zur Durchführung von Dialogen mit Anbietern bestimmt sind. Durch die Möglichkeit, Layout und Aufbau von Dialogseiten vorzubelegen, eignen sich diese besonders für Bestellvorgänge. Auch werden Name und Anschrift der Nutzer automatisch in die vom Anbieter definierten Felder eingetragen. Zusätzlich ermöglichen *Dienstübergänge (↑Gateways)* zu anderen Kommunikationsdiensten eine weitere Bereicherung der Servicepalette. *Btx-Telex* ermöglicht sowohl Versenden als auch Empfangen von Telexmitteilungen. Ein Dienst, der angesichts der ständig fallenden Bedeutung von Telex, die kostengünstigste Variante zur Aufrechterhaltung einer Telexverbindung für die gelegentliche Erreichbarkeit über diesen Dienst darstellt.

Btx-FAX bietet das Versenden einer Mitteilung an FAX-Empfänger. Der umgekehrte Weg, das Empfangen einer FAX-Mitteilung im Btx ist technisch nicht vorgesehen. *Btx-Cityruf/ Euromessage/Pager* gestattet den Btx-Teilnehmern das Absetzen von Nur-Ton-, Numerik- bzw. Alphanumerik-Mitteilungen an Funkruf-Empfänger.

In Deutschland wird der *Austausch von Mitteilungen* zwischen Btx und Telebox-400 angeboten. Dadurch wird ein weiterer internationaler Empfängerkreis für X.400-Mitteilungsdienste erschlossen. In Österreich wird mit PANmail der internationale Mitteilungsaustausch mit 20 Mio. Internet-Teilnehmern angeboten; X.400-Teilnehmer sind über Internet-↑Gateways erreichbar. Um eine ländergreifende Nutzung von Btx-Services zu ermöglichen, können die jeweils anderen europäischen Btx-Systeme über Gateways (sog. Auslandsübergänge) genutzt werden. Zum Auffinden von Informationen werden Verzeichnisse, Qualitätscontainer, Indices und Schlagwort- und alphanumerische Suchhilfen von Systembetreibern, aber auch z.T. von Anbietern bereitgestellt.

Bildschirmtext-ähnliche ↑Systeme

Ungeachtet der Btx-Entwicklung in Europa hat sich in Amerika eine Reihe von *online-Services* entwickelt, die auf ↑PC basierend durchaus als Bildschirmtext-ähnliche Systeme bezeichnet werden können. Abgesehen von Prodigy, der als Darstellungsstandard eine VTX-ähnliche Syntax verwendet, benutzen alle anderen Dienste speziell auf den Service zugeschnittene Terminalprogramme. Neben *GEnie* (General Electric Network for Information Exchange) zählt *CompuServe* zum ältesten und teilnehmerstärksten online-Dienst, in dem nicht nur alle bedeutenden Hard- und Software-Hersteller in Foren kostenpflichtige Informationen anbieten, sondern auch zunehmend allgemein interessante Informationen (Buchungs- und Bestellsysteme, Hotel-Guide, Geld- und Wirtschaftsinformationen, etc.) angeboten werden.

Ausgehend vom rein akademischen Zusammenschluß von Netzwerken entstand in den letzten Jahren ein *Netzwerkverbund*, der unter der Bezeichnung *Internet* weltweit bereits mehr als 20 Mio. Teilnehmer vernetzt. Durch die zunehmende Kommerzialisierung des Internets und die Forcierung interaktiver Abrufsysteme (z.B. die Retrieval Systeme Gopher, WorldWideWeb, WAIS und Hyper-G) gewinnen diese Systeme im Bereich der interaktiven ↑Informationssysteme zusehend an Bedeutung. Der Trend der weiteren Vernetzung und die Schaffung von Gateways zwischen den unterschiedlichen Systemen läßt für die nächste Zukunft eine steigende Bedeutung nationaler Zugangsrechner bzw. Netzwerke mit Value-Added-Network-Services mit internationalen Übergängen erwarten.

Literatur: Milczewsky, K., Pielhauer; W.; Datex-J, Das Praktiker-Handbuch für Bildschirmtext und Datex-J, Ulm, 1993. *Franz, W., Eberhardt, R.:* Mehrwertdienste und deren Umfeld, NTZ Bd. 44, 1991. *Steinbach, Chr.:* Mehrwertdienste; wirtschaftliche, ordnungspolitische und gesellschaftliche Rahmenbedingungen, 1993. *Bouwman, H. et al.:* Relaunching Videotex; Kluwer Academic Publishers, 1992. Btx-Magazin. PAN-Magazin.

Dipl.-Ing. G. Greiner, Graz

Bildungsinformatik

Ergebnisse, Erkenntnisse und Arbeitsweisen der ↑Informatik durchdringen in immer stärkerem Maße alle Wissenschaften und damit insb. auch die traditionellen Bildungswissenschaften. Die Studien- und Forschungsrichtung Bildungsinformatik trägt der Querschnittsdimension der Informatik in Lehre und Forschung Rechnung, indem es die Anwendung und Weiterentwicklung von Methoden der Informatik - bezogen auf die Bildungswissenschaften - zum Inhalt hat. *B.* hat den Teilbereich der Bildung zu erforschen, der mit den drei Stufen Lernen-Lehren-Verwalten als (rekursives) System aufgebaut werden kann. Als Forschungsfelder mit ausgewiesenen Ergebnissen ergeben sich damit bisher Repräsentation des Wissens, Lernmodelle, Planungsalgorithmen, sowie subjektive Reduktion von Komplexität.

Wissenschaftshistorisch basiert die *B.* auf der weltweiten ↑Kybernetik-Bewegung der Nachkriegszeit. Ende der 60er Jahre wurde die *B.* an der Universität Linz erstmals als Studienrichtung eingerichtet. Parallel zu der Entwicklung einer kybernetischen Pädagogik in Deutschland entwickelte sie sich dort im Rahmen einzelner bildungskybernetischer Projekte zu einem selbständigen Forschungsparadigma. Dieses basierte i.w. auf den theoretischen Grundlagen der "mathematischen Pädagogik", die Lánsky in den 60er Jahren bei der Suche nach geeigneten mathematischen Strukturen zur genaueren Formulierung von Grundbegriffen der Pädagogik formulierte (Lánsky 1993).

Eine Intensivierung der Forschungs- und Entwicklungsarbeiten wurde in den Jahren 1971-91 durch das Institut für *B.* (zunächst FEoLL GmbH, später Universität Paderborn) realisiert. Aus dieser Phase stammen zahlreiche Publikationen zur Informatik als Lehrgegenstand (Didaktik der Informatik), zur Unterstützung von Lehr - und Lernprozessen (↑CUU) durch die Entwicklung formaler Lehr- und Lernmodelle (Automatentheorie), zur quantitativen Analyse von Prozessen der subjektiven ↑Informationsverarbeitung (Informationstheorie), zur Verwaltung von Bildungsinstitutionen, sowie zur Humanisierung des ↑Mensch-Maschine-Dialogs (Softwareergonomie).

In der Bundesrepublik Deutschland wurde 1993 an der Universität in Landau das Institut für *B.* gegründet. Es sieht seine Hauptaufgabe in der Entwicklung von Informatikmethoden für das Bildungswesen und für die Unterstützung von Bildungsprozessen. Die an der Landauer Universität stark vertretenen Studiengängen zur Vorbereitung auf den Lehrberuf ist dadurch gekennzeichnet, daß das Erkennen von Strukturen, die der rechnergestützten ↑Simulation bzw. Modellbildung zugänglich sind, von den vorherrschenden Denkgewohnheiten weit entfernt sind. Hier setzt das Institut für *B.* an, indem es die Möglichkeiten zur Umsetzung von Sachverhalten des Lehrens und Lernens in vorhandene, rechnergestützte Modelle der Informatik in seinem Lehrangebot thematisiert. In bezug auf den Forschungsschwerpunkt ist das Zusammenwirken von wissensbasierten Systemen und menschlichen Experten zur Entwicklung computergestützer Problemlösungsverfahren in ausgewählten Einzelwissenschaften von Bedeutung. Ziel ist die optimale Gestaltung der ↑Schnittstelle zwischen auf regelbasiertem ↑Wissen gegründeter technischer und der menschlichen Intelligenz mit ihren assoziativen Fähigkeiten, die insb. durch spontane Intuition und Überschreitung des bewußten Wahrnehmungsraumes gekennzeichnet ist. Dabei wird nicht außer acht gelassen, daß eine unstrukturierte Weltsicht zumindest als Randbedingung Entscheidungsprozesse beeinflußt und deshalb in deren Analyse aufgenommen werden muß.

Dieser Forschungsansatz unterscheidet sich deutlich von dem frühen Ansatz der kybernetischen oder mathematischen Pädagogik: Dieser ging davon aus, daß es möglich und ausreichend ist, die formalwissenschaftliche Methode der ↑Informatik auf Bereiche der Bildungswissenschaften zu übertragen. Die Nichtakzeptanz der Entwicklungsergebnisse, etwa im Bereich CUU und Programmierte Instruktion, sowie die Ausgliederung und Verselbständigung einzelner Teilbereiche - wie z.B. Softwareergonomie und Didaktik der Informatik - läßt es geboten erscheinen, eine Modifikation des Forschungsparadigmas vorzunehmen, um den personalen Charakter in seiner zentralen Rolle des Bildungsgeschehens herauszustellen.

Methodisch ist dieses Konzept von der Erkenntnis geleitet, daß die Weiterentwicklung von Informatikmethoden in bzw. für die Bildungswissenschaften nicht nur auf das Methoden- und Modellpotential der Informatik zurückgreifen kann, sondern auch auf das der Bildungswissenschaften. Der Forschungsgegenstand selber liefert somit wichtige Impulse für die Weiterentwicklung der Methodik. Er ist also nicht nur Gegenstand, sondern auch Mittel. Erste Konkrete Ergebnisse wurden 1988 erarbeitet (Stever 1988).

Literatur: Lànsky, M. (Hrsg.): Ausgewählte Werke 1953-1993. Bildungsinformatik 1 Kybernetische Pädagogik Bd. 8, Praha, 1993. *Stever, H.*: Hochschuldidaktik, Informationstechnik und Qualifizierungsoffensive, in: Zentralblatt für Didaktik der Mathematik 20, 1988.

Prof. Dr.H.Stever, Dipl.-Stat. B.Wunder, Paderborn

Bildverstehen (Image Understanding)

Neben der ↑Sprachverarbeitung umfangreichstes Teilgebiet der Künstlichen Intelligenz (KI). Neben der Bilddarstellung (Image Processing), der Bildanalyse (Image Analysis), der Muster- bzw. Objekterkennung (Pattern Recognition) müssen in dieser Teildisziplin die Beziehungen der (erkannten) Objekte untersucht werden, damit die inhaltliche Bedeutung zutage tritt.

Binärzeichen

Jedes der Zeichen aus einem Zeichenvorrat von zwei Zeichen (0 und 1; 0 und L).

Biometrie und Datenverarbeitung

Die Biometrie sieht ihre spezifische Aufgabe in der Entwicklung und Anwendung quantitativer Theorien und mathematisch-statistischer Verfahren für die Biowissenschaften. Ihre besondere Bedeutung liegt daher darin, dem Fachwissenschaftler angemessene Methoden zur Verfügung zu stellen, die zum Verständnis biologischer Sachverhalte beitragen. Wenn auch die Anwendung statistischer Verfahren auf die belebte Natur im Vordergund stehen und aus diesem Grunde häufig *Biostatistik* als Synonym für *Biometrie* verwendet wird, so gehören jedoch auch allgemeine mathematische Methoden, bspw. die Aufstellung und Lösung von Differenzen- und Differentialgleichungssystemen oder die Computersimulation komplexer biologischer Vorgänge zum Anwendungsbereich der Biometrie. Gerade im Hinblick auf die ↑Systemanalyse ist in der letzten Zeit eine starke Ausweitung zu verzeichnen. Dies betrifft besonders das Gebiet der Ökologie, wo nicht nur einfache populationsbiologische Modelle, sondern auch umfangreiche Modellsysteme zur Vegetationsdynamik, Landschaftsentwicklung und Landnutzungssystemen aufgestellt und analysiert werden. Hier bestehen Überschneidungen und Verbindungen der Biometrie mit den Fachgebieten der Umweltinformatik. Der Bereich der Biostatistik läßt sich, ebenso wie die ↑Statistik insgesamt, in zwei große Bereiche unterteilen:

- deskriptive/beschreibende und
- analytische/schließende Statistik.

Die *beschreibende Statistik* hat das Ziel, die anhand einer repräsentativen Stichprobe aus der interessierenden Grundgesamtheit gewonnenen Daten so darzustellen, daß das Wesentliche hervortritt (Was "wesentlich" ist, hängt von der Problemstellung ab, unterliegt aber auch häufig der subjektiven Entscheidung des Fachwissenschaftlers.). Um Übersichtlichkeit zu erreichen, muß das oft sehr umfangreiche Datenmaterial geeignet zusammengefaßt werden. Die beschreibende Statistik bedient sich zu diesem Zweck

hauptsächlich dreier Formen: Tabellen, graphische Darstellungen und charakteristische Maßzahlen (statistische Kennwerte, Parameter).
Die *analytische Statistik* schließt dann anhand des vorliegenden Datenmaterials auf allgemeine Gesetzmäßigkeiten (Schluß auf die Grundgesamtheit). Dabei sind zunächst nur Daten über konkrete Einzelerscheinungen gegeben, aus der "zufälligen Unregelmäßigkeit" der Einzelerscheinungen auf "statistische Regelmäßigkeiten" (Gesetzmäßigkeiten) der Massenerscheinungen zu folgern, wird versucht. Die analytische Statistik basiert auf der Wahrscheinlichkeitstheorie.
Neben diesen beiden wichtigen Aufgaben der Biometrie, vorgelegtes Datenmaterial zu ordnen und Schlüsse daraus zu ermöglichen, ist es eine ebenso wichtige Aufgabe der Biometrie, den Fachwissenschaftler vom statistischen Standpunkt aus bei einer möglichst sinnvollen Datenerhebung anzuleiten. Diese statistische Beratung vor Ausführung eines Versuches oder einer Erhebung hat das Bestreben, die Ermittlung der Daten so anzulegen, daß die spätere Beschreibung und Auswertung der Untersuchung möglichst effektiv wird und einen optimalen Beitrag zur Beantwortung der interessierenden Fragestellung liefert. Dieser Bereich der Biometrie wird als *Versuchsplanung* bezeichnet.
Wird der Ablauf einer Untersuchung in drei Abschnitte unterteilt: der Aufgabenstellung, der Datengewinnung und der ↑Datenverarbeitung einschl. der Interpretation der Ergebnisse, so liefert die Biometrie insb. Beiträge zur Lösung von Fragestellungen während des ersten und dritten Schrittes.
Aufgabenstellung (1. Abschnitt): Untersuchungen über die belebte Natur zeichnen sich durch eine große Variabilität der Objekte aus. Dazu kommt, daß viele bekannte und unbekannte Faktoren das Versuchsergebnis beeinflussen und nicht vom Versuchsansteller kontrolliert werden können. Bei der Versuchsplanung ist daher darauf zu achten, diese Faktoren möglichst konstant zu halten (ceterisparibus-Prinzip), um unverfälschte, von systematischen Fehlern freie und unverzerrte Schätzwerte zu erhalten, also die Treffgenauigkeit des Experimentes zu erhöhen. Dazu muß auch das grundlegende Prinzip der Randomisierung eingehalten werden, das darin besteht, die verschiedenen Versuchseinheiten zufällig den jeweiligen Behandlungen zuzuordnen. In vielen Experimenten treten bekannte Störfaktoren auf, die zwar Einfluß auf die Meßergebnisse haben, aber im Versuch nicht weiter interessieren. Durch Zusammenfassung der Versuchseinheiten in weitgehend homogenen Gruppen und in einer entsprechenden Verrechnung kann der Versuchsfehler verringert und damit die Präzision des Versuches erhöht werden. Ein weiteres Prinzip der Versuchsplanung ist die möglichst gleichzeitige Prüfung von zwei oder mehr Einflußfaktoren. Ein solcher mehrfaktorieller Versuch reduziert nicht nur den experimentellen Aufwand bei gleicher Präzision, sondern ermöglicht die Schätzung von Wechselwirkungseffekten (Interaktionen) mit Hilfe der Varianzanalyse. Im Bereich der Therapieforschung, in klinischen oder auch epidemiologischen Studien, treten zusätzliche Probleme bei der Versuchsplanung und -durchführung dadurch auf, daß ein Experiment im üblichen Sinne aus ethischen Gründen nicht stattfinden kann. Zu diesem Bereich gibt es zahlreiche Publikationen und viele biometrische Arbeitsgruppen an den Universitäten sowie in der Pharmaindustrie.
Datengewinnung (2. Abschnitt): Die Erhebung der Daten erfolgt gemäß des Versuchs- und Stichprobenplans. Hier ist die Biometrie nicht mehr gefordert, sondern es wird eine exakte Versuchsdurchführung und Protokollierung erwartet, um bspw. später bei der Auswertung störende Einflüsse und mögliche Ursache von Ausreißern zu erkennen und in der Verrechnung und Interpretation zu berücksichtigen.
Datenverarbeitung incl. Interpretation (3. Abschnitt): Nach Abschluß oder auch schon während des Versuches beginnt die Darstellung der Ergebnisse mit Hilfe graphischer Darstellungen, charakteristischer Maßzahlen und Tabellen. Da diese Beschreibung keinerlei Beweiskraft hat, sondern der Anschaulichkeit und dem direkten Verständnis dient, müssen mit Methoden der *schließenden ↑Statistik* objektiv vergleichbare Entscheidungen über die aufgestellten Hypothesen getroffen

werden (Signifikanztests). Nach Überprüfung der Verträglichkeit der Beobachtungen mit dem zugrunde gelegten statistischen Modell werden die entsprechenden Parameter der Grundgesamtheit geschätzt und unter Annahme bestimmter Irrtumswahrscheinlichkeiten (Fehler 1. und 2. Art) Testverfahren durchgeführt, die zur Annahme der Null- oder Alternativhypothese bzgl. der Parameter führen (Schätz- und Testtheorie). Somit wird von der Stichprobe auf die Grundgesamtheit geschlossen und die Wirkung des untersuchten Faktors überprüft.

Ein wichtiges Werkzeug der Biometrie ist die *Varianzanalyse*. Sie beruht auf der Zerlegung der Gesamtvariation der Meßdaten in einzelne Komponenten, wobei jede Komponente auf eine bestimmte Variabilitätsursache zurückgeführt werden kann. Bei Vorliegen mehrerer Einflußgrößen können auch Wechselwirkungen auftreten, die sich ebenfalls varianzanalytisch erfassen lassen. Nach entsprechender Überprüfung, ob signifikante Gruppenunterschiede oder Interaktionen vorliegen, gestatten multiple Mittelwertvergleiche eine genauere Analyse der vorliegenden Resultate. Die *Regressionsanalyse* verwendet die Methode der Streuungszerlegung auf bivariable Verteilungen, wobei eine einseitige Abhängigkeit zwischen den beiden Variablen angenommen wird. Unter Annahme einer linearen Regressionsfunktion zwischen der abhängigen und unabhängigen Variablen können Hypothesen über den Anstieg der Regressionsgeraden und die Abweichung von der Linearität auf Signifikanz überprüft werden. Das Verfahren kann auf Polynomregression (orthogonale Polynome) und multiple lineare Regression erweitert werden. Die multiple lineare Regression wird häufig dazu verwandt, Aussagen über die Bedeutung der einzelnen unabhängigen Variablen im Hinblick auf den Prognosewert zu treffen (Selektion von Regressoren). Eine wesentliche Methode zur Beschreibung von Zusammenhängen zwischen zwei und mehr Variablen ist die *Korrelationsanalyse*. Hier werden vermutete Zusammenhänge rechnerisch beschrieben und auf ihre Signifikanz getestet. Von Interesse ist dabei die Stärke des Zusammenhangs der Variablen, die durch entsprechende Koeffizienten (Korrelations-/Kontingenzkoeffizienten, Assoziationsmaße) charakterisiert werden.

Wurden an einem Objekt mehrere Merkmale erfaßt, so stehen entsprechende multivariate Methoden für die Auswertung zur Verfügung. Dazu gehören auch z.B. die *Hauptkomponenten-, Cluster- und Diskriminanzanalyse*. Diese Verfahren ermöglichen es, komplexe Datenstrukturen übersichtlich darzustellen, evtl. Gruppierungen aufzudecken bzw. Objekte zu klassifizieren.

Die breite Anwendung der statistischen Verfahren ist durch die Entwicklung der elektronischen ↑Datenverarbeitung induziert worden. Es stehen nicht nur die notwendigen Rechner, sondern auch entsprechende Programmpakete zur Verfügung, die eine adäquate graphische und statistische Aufbereitung von großen Datenmengen mit geringem Zeitaufwand gestatten. Dies legt es nahe, mit diesen Werkzeugen nach weiteren Eigentümlichkeiten und Auffälligkeiten in den Daten zu suchen (Data Snooping). Daraus resultieren zwei unterschiedliche Vorgehensweisen der statistischen Auswertung, die als konfirmatorische und explorative Datenanalyse bezeichnet werden. In der *konfirmatorischen Datenanalyse* wird ein strenges Vorgehen nach der Regel Hypothese - Datenerfassung - Test gefordert. Es werden nur Hypothesen geprüft, die bereits bei der Versuchsplanung aufgestellt wurden. Bei der *explorativen Datenanalyse* erfolgt eine über die ursprüngliche Fragestellung hinausgehende Analyse zur Entdeckung möglicher, noch unbekannter Strukturen in den Daten. Werden Signifikanztests im Rahmen der explorativen Datenanalyse durchgeführt, so haben die Ergebnisse keine Beweiskraft, sondern resultieren in neuen Hypothesen, die nach dem Konzept der konfirmatorischen Datenanalyse überprüft werden müssen.

Durch die statistischen Programmpakete wird auch dem Anwender die *computergestützte Datenanalyse* ermöglicht. Das Erlernen einer ↑Programmiersprache ist nicht mehr nötig, fensterorientierte ↑Benutzeroberflächen gestatten eine interaktive explorative Datenanalyse und eine schnelle Präsentation der Ergebnisse. Leistungsfähige Auswertungsprogramme bieten vielfältige Möglichkeiten in der Datenverwaltung, -speicherung und -modifikation; in den statistischen Methoden; in der graphischen Darstellung, sowie in der Ausgabe und Speicherung der Ergebnisse. Komfortable Programme besitzen Schnittstellen zu anderen Programmpaketen und zeichnen sich durch benutzerfreundliche Bedienung aus. Die Vielfalt an Analysemethoden und die Schnelligkeit, mit der diese Auswertungen erfolgen, führt allerdings häufig zu einer unkritischen Anwendung der Programme. Ohne ein gewisses Maß an Vorwissen über die angewandte Methodik und ihre Voraussetzungen ist eine sinnvolle Interpretation der Ergebnisse fraglich.

Literatur: Köhler, W. et al.: Biostatistik, 1992. *Sokal, R., Rohlf, J.:* Biometry, San Franzisko, 1981.

Prof. Dr. W. Köhler, Gießen

Bit
Binärzeichen-Kurzform: Binary Digit.

Black Box-Test
Verfahren zur Prüfung übersetz- und ausführbaren ↑Codes; vorbereitete Daten werden eingegeben und Resultate mit den vorausberechneten Soll-Resultaten verglichen; Abweichungen angezeigt.

Bool'sche Grundfunktionen
AND (Konjunktion): Die Ergebnisgröße y ist dann und nur dann "wahr" (L), wenn alle Eingangsvariablen X_1, X_2,......, X_n gleichzeitig "wahr" (L) sind. OR (Disjunktion): Die Ergebnisgröße y ist dann "wahr" (L), wenn eine oder mehrere der Eingangsvariablen X_1, X_2,......, X_n "wahr" (L) sind. NOT (Negation): Die Negation ist die Umkehrung des Wahrheitswertes.

Bottom up-Verfahren
Vorgehensweise im Entwicklungsprozeß von DV-Projekten, in der die Entwicklungsaufgabe von unten nach oben verdichtet wird.

Brainware
Gesamtheit der geistigen Arbeiten für Entwicklung, Planung, Kontrolle und Einsatz von Computerprogrammen.

Branchensoftware
Anwendungsprogramme für bestimmte Wirtschaftszweige.

Breitbandkommunikation
Im Gegensatz zur Basisbandübertragung werden bei der Breitbandübertragung mehrere Übertragungskanäle auf demselben Medium verwendet. Das Frequenzband wird nach dem FDM-Verfahren *(Frequency Division Multiplexing)* in mehrere Teilbänder aufgeteilt. In den Teilbändern erfolgt die Übertragung der Datensignale bitseriell, meistens mit Hilfe des FSK-Verfahrens (*Frequency Shift Keying*, digitale Frequenzmodulation). Zur physischen Realisierung solcher Kanäle können verschiedene Medien verwendet werden. Die leistungsfähigsten, sichersten und weitreichendsten Übertragungssysteme verwenden Lichtwellenleiter (Glasfaserkabel). Sie bieten hohe Störsicherheit, da Lichtwellen nicht von elektromagnetischen Feldern beeinflußt werden. Die erreichbare Datenübertragungsrate überschreitet deutlich die der anderen Medien. Nachteilig sind die hohen Kabelkosten, ebenso die kostenaufwendige Verbindungstechnik im Vergleich mit metallischen Leitern (Walke, Böhmer, 1994).

FDDI (Fiber Distributed Data Interface)
Das von der ↑ANSI standardisierte FDDI definiert ein ↑LAN mit einer Geschwindigkeit von 100 MBits/s auf der Glasfaser als Übertragungsmedium (↑ISO, 1989). Dabei wird ein Token Ring-Protokoll benutzt, das an den ↑IEEE Standard 802.5 angelehnt ist. Ein FDDI-Ring kann eine maximale Ausdehnung von 100 km besitzen und bis zu 500 Stationen verbinden.

Während die erste Version von ↑FDDI nur paket-orientierte Dienste bereitstellt, wird FDDI-II auch verbindungsorientierte Dienste erlauben, wobei die Bandbreite des Rings in bis zu 16 Kanäle zu je 6,144 MBits aufgeteilt werden kann. Die verbindungsorientierten Dienste werden dabei über eine feste Framestruktur realisiert, indem der Bus Master des Rings in Abständen von 125 μs einen neuen Frame erzeugt. Diese Framestruktur unterstützt folgende vier Arten von Übertragungsdiensten:

- isochrone Übertragung;

- synchrone Übertragung;
- asynchrone Übertragung - beschränkt auf wenige Stationen im Ring;
- asynchrone Übertragung, die für alle Stationen möglich ist.

Die Anzahl der verfügbaren Produkte für FDDI hat in den letzten Jahren so stark zugenommen, daß für nahezu alle Hardwareplattformen FDDI-Adapter erhältlich sind. Damit wird FDDI zu einer Technologie, die im lokalen Bereich als Industriestandard für Hochgeschwindigkeitsnetze eingestuft werden kann.

DQDB (Distributed Queue Dual Bus)
Demgegenüber handelt es sich bei DQDB um ein ↑MAN, das z.Z. von der ↑IEEE 802.6 standardisiert wird. DQDB hat seine Ursprung in QPSX, weshalb die in (Newman, 1988) beschriebenen Konzepte auch für DQDB gelten. Es wird einen Bereich von mindestens 50 km im Durchmesser abdecken und Dienste mit garantierter Bandbreite, sowie eingeschränkter Verzögerung bereitstellen. Technologisch gesehen werden zwei unidirektionale Busse zum ↑Datentransfer in entgegengesetzten Richtungen benutzt, wobei eine feste Framestruktur mit Slots von statischer Größe in einem Intervall von 125 µs benutzt werden. Um isochrone ↑Kommunikation zu realisieren, können feste Teile des Frames reserviert werden, deren Größe aus der benötigten Bandbreite abgeleitet werden kann. Auf Basis der DQDB-Technologie wurde erstmals 1991 eine Lösung zur Kopplung unternehmensinterner lokaler Netze über große Entfernungen vorgestellt. Diese Lösung besteht aus speziellen ↑Bridges, die in jedem anzubindenden Unternehmen zu installieren sind und ↑Schnittstellen für eine Vielzahl verschiedener lokaler Netze bieten. Diese lokalen Netze werden über eine Verbindung der Telekom (G 702.3) zu einer entsprechenden ↑Bridge in einem anderen Unternehmen verlängert und dadurch unternehmensübergreifend verbunden.

ISDN-B
Die Digitalisierung des Telefonnetzes und die darauf aufbauende Einführung des ↑ISDN schaffen neue Voraussetzungen für den ↑Datentransfer über öffentliche Netze. Der verstärkte Einsatz der Glasfasertechnik ermöglicht den Aufbau eines neuen breitbandigen Netzes und die Weiterentwicklung des ISDN zum ↑*Breitband-ISDN (ISDN-B)*, das die Übermittlung aller Fernmeldedienste in einem einzigen Universalnetz erlaubt. Bei der ↑Standardisierung des Breitband-ISDN durch die ↑CCITT werden zur Unterstützung von Audio, Video und Datenübertragung in einem Netzwerk zwei Transfermodi diskutiert:

- *STM (Synchronous Transfer Mode)*: es werden Kanäle mit festen Bandbreiten bereitgestellt. Diskutiert werden Bandbreiten von 64 KBits/s, 2MBits/s und 140 MBits/s,
- *ATM (Asynchronous Transfer Mode)*: hier wird keine feste Kanalstruktur definiert, sondern es werden virtuelle Kanäle mit der jeweils benötigten Kapazität bereitgestellt. Realisiert werden könnte dies durch das Multiplexen des Informationsflusses auf Basis von Blöcken (Zellen) mit fest definierter Größe. Die Realisierung eines ISDN-B Netzes stößt in der Praxis auf eine Reihe von Problemen, die von der internationalen Standardisierung der ISDN-B-Parameter bis zur technologisch schwierigen Fertigung einer Vermittlungseinrichtung reichen. In der zweiten Hälfte der 80er Jahre fand in der Bundesrepublik die Entwicklung von Breitbandvermittlungen statt, deren grundlegende Leistungsmerkmale dem Anfang 1986 geltenden FTZ-Rahmenkonzept für das künftige ISDN-B entsprachen. Es handelte sich um Leitungsvermittlungseinrichtungen und um eine Teilnehmerschnittstelle SB mit einer Kanalstruktur H4 + 4 x H1 + 2B + D mit

- H4 = 139,168 MBits/s,
- H1 = 1,920 MBits/s,
- B = 64 kBits/s und
- D = 16 kBits/s.

Die Steuerung der Vermittlung erfolgt über den D-Kanal. Als Zeitpunkt der Einführung von ISDN-B ist das Jahr 1995 im Gespräch, wobei erste Versuche bereits Mitte 1993 begonnen wurden. Als Vorläufer sind das BERKOM-Testnetz bzw. das VBN zu bezeichnen.

BERKOM-Testnetz und VBN
Das *BERKOM-Testnetz* ist ein auf das Stadtgebiet von Berlin begrenztes Forschungsnetz, das bereits die o.g. Kanalstruktur aufweist. Obwohl international

der Trend in Richtung asynchroner Zeitmultiplex-Vermittlungsprinzipien (ATM) geht, werden im BERKOM-Testnetz asynchrone und synchrone Vermittlungsrechner eingesetzt, weil es für die Anwendung und für die Diensteinrichtung grundsätzlich keine Rolle spielt, ob sie ein leitungs- oder ein paketvermitteltes Netz benutzen. Die dem BERKOM-Testnetz zugrunde liegenden Technologien werden ausführlich in (Kanzow, 1991) beschrieben.
Neben dem BERKOM-Testnetz ist in den alten Bundesländern Deutschlands mit dem *Vermittelnden Breitbandnetz (VBN)* oder Vorläufer-Breitbandnetz ein weiteres öffentliches Hochgeschwindigkeitsnetz verfügbar. Die für das VBN notwendigen Glasfaserstrecken sind hier zwar nicht flächendeckend verlegt, aber in der Regel in allen Städten mit mehr als 100.000 Einwohnern installiert. Das VBN ist ursprünglich als Infrastruktur für Videokonferenzen vorgesehen worden. Die Telekom installiert dazu bei jedem VBN-Anwender eine sog. TAE, die eine Kanalstruktur bereitstellt, die ähnlich dem ↑BERKOM-Testnetz ist:

- ein Videokanal mit ca. 135 MBits/s,
- ein Datenkanal mit ca. 2 MBits/s,
- zwei Kanäle 64 KBits/s und
- ein Kanal 16 KBits/s.

Bei der Nutzung für Videokonferenzen sind in die TAE zwei Bauteile integriert, die im wesentlichen die Analog/Digital- bzw. Digital/Analog-Wandlung vornehmen und somit den Anschluß analoger Videokonferenztechnik erlauben. (Technische Details zum VBN und der eingesetzten Vermittlungstechnik finden sich in (Bocek, 1987). Das VBN ist selbstwahlfähig, damit zur Durchführung von Videokonferenzen ist keine vorherige Reservierung von Leitungen erforderlich. Aus technischer Sicht muß zur Datenübertragung in die VBN-TAE ein spezielles Bauteil eingesetzt werden, das den Videokanal in zehn parallele Kanäle mit 13,5 MBits/s überführt und damit für den Anschluß an einen Rechner zugänglich macht.

Literatur: Bocek et al.: Breitbandvermittlungen für das Breitbandvorläufernetz der Deutschen Bundespost, Nachrichtentechn. Berichte, Heft 4, Backnang, 1987. *ISO*: Information Processing Systems - Fibre Distributed Data Interface (FDDI); ISO 9314, 1989. *Kanzow, J.*: BERKOM - Breitbandkommunikation im Glasfasernetz; in: *Ricke, H., Kanzow, J. (Eds.)*, BERKOM, Heidelberg, 1991. *Newman, R. et al.*: QPSX, IEEE Comm., 26, 1988. *Ricke, H., Kanzow, J.* (Eds.): BERKOM - Breitbandkommunikation im Glasfasernetz, Heidelberg, 1991. *Walke, B., Böhmer, S.*: Technik der Vernetzung LAN, ISDN und deren Weiterentwicklung, in: *Walke, B. et al.* (Hrsg.), Betriebliche und Überbetriebliche Vernetzung von Arbeitsplätzen, Braunschweig, 1994.

Prof. Dr. U. Pape, Berlin

Bridges
Anpassungsschaltungen, die der Kopplung gleichartiger lokaler Netze dienen.

BSP (Business Systems Planning)
Methode der Geschäftsprozeßmodellierung, die ausschließlich auf die Konzeption von ↑Anwendungssystemen ausgerichtet ist. In einer Matrix werden Geschäftsprozesse und Datenklassen nach den Kriterien Datenverwendung bzw. Datenherkunft in Beziehung gesetzt. Hierbei werden weder Hinweise zur Bildung der Datenklassen und Geschäftsprozesse gegeben, noch Aussagen darüber getroffen, ob auf der organisatorischen oder auf der Typebene modelliert wird. Die Anwendungssysteme werden danach so gebildet, daß möglichst wenig Prozesse auf Datenklassen in anderen Anwendungssystemen zugreifen; die Art der Festlegung orientiert sich somit nicht an den Zielen des Unternehmens.

Btx
Bildschirmtext; öffentlicher Fernmeldedienst, bei dem die Teilnehmer elektronisch gespeicherte, textorientierte ↑Informationen abrufen, Mitteilungen anderen Teilnehmern zukommen lassen, Rechenleistungen in Anspruch nehmen etc.

Btx/Datex-J
↑Informations- und Kommunikationssystem, bei dem zentral gespeicherte und über Netzwerke im Rechnerverbund bereitgestellte Informationen über Telefon und ↑ISDN abgerufen und auf einem Bildschirm mit Hilfe geeigneter Zusatzgeräte (↑Modem, Fernsehgerät mit De-

coder, dediziertes Btx-Terminal oder Personal- bzw. Homecomputer mit Softwaredecoder) dargestellt werden.

Buch- und Verlagswesen

Die Einsatzgebiete der ↑Datenverarbeitung im *B.* sind Speicherung umfangreicher Grunddatenbestände (Buchkataloge) bspw. zur Bereitstellung für die Buchhandlungen zwecks Bestellung, Erstellung von Kopien etc.; Bereitstellung maschinenlesbarer Datenträger (↑CD-ROM); Übernahme von Texten zum Drucken u.a.

Büro, Aufgabenanalyse im

Die ↑Wirtschaftsinformatik befaßt sich mit der Analyse, Bewertung und Gestaltung rechnergestützter ↑*Informations- und Kommunikationssysteme (↑IK-Systeme)* in der Verwaltung und der Wirtschaft. Sie folgt dabei zunehmend dem Verständnis, daß Technikgestaltung ohne Berücksichtigung des Menschen und des organisatorischen Kontextes unzureichend bleibt. Gegenstand der Wirtschaftsinformatik ist damit nicht nur die Technik, sondern auch der Mensch und die Organisation.

Vor dem Hintergrund dieser Gegenstandsbestimmung nimmt die Analyse, Bewertung und Gestaltung der Aufgabe eine zentrale Stellung ein, da durch Aufgaben festgelegt wird, „ ... an welchen Gegenständen unter welchen Bedingungen welche Veränderungen mit welchen Mitteln und auf welchen Wegen von wem vorgenommen werden sollen" (Hacker, 1986). Aufgaben werden über die jeweiligen Ziele abgegrenzt. Teile von Arbeitstätigkeiten, die dem gleichen Ziel zugeordnet und von diesem Ziel abgeleitet werden können, gehören zu einer Aufgabe (Oesterreich, Volpert, 1987).

Aufgaben im Büro sind dadurch gekennzeichnet, daß bei ihnen die Gewinnung, Sammlung, Verarbeitung, Speicherung und Übertragung von Informationen im Vordergrund stehen, die im wesentlichen der Planung, Steuerung und Verwaltung anderer Arbeitsprozesse und -tätigkeiten dienen. Die Analyse und Bewertung von Arbeitsaufgaben, z.B. durch Merkmale wie Entscheidungsspielraum, Informationsbedarf, Kooperationsbeziehungen, ist auch für den Einsatz von IK-Systemen von Bedeutung, da dieser von der Art der jeweiligen Aufgabe abhängt, die technisch unterstützt werden soll. So macht es z.B. wenig Sinn, eine Aufgabe mit modernen Bürokommunikationssystemen zu unterstützen, wenn diese keine oder nur geringe Kooperationsbeziehungen aufweist.

Verfahren und Methoden

Mittlerweile liegt eine Vielzahl von Verfahren und Methoden aus unterschiedlichen Wissenschaftsdisziplinen vor, die beanspruchen, die Analyse von Aufgaben im Büro zu unterstützen (Balzert et al., 1988; Dunckel, 1994; Landau, Rohmert, 1987). Diese Verfahren beziehen sich auf unterschiedliche Ebenen, die wie folgt grob unterschieden werden können (Ziegler, 1988).

- *Arbeitsmittelebene*: Kennzeichnend für diese Ebene sind ingenieurwissenschaftlich orientierte Ansätze, die sich an den technischen Arbeitsverrichtungen oder -funktionen orientieren. Im Rahmen der Softwareentwicklung geht es hier vorrangig um softwareergonomische Fragestellungen, wie die Gestaltung der Art, Struktur und Darstellung der konkreten Arbeitsobjekte (Daten) und der darauf bezogenen Operationen oder um die Beschreibung von Interaktionsmethoden. In der Regel wird das Verhalten des Benutzers bei der Bearbeitung von Routineaufgaben (z.B. beim Editieren eines Textes) anhand elementarer Operatoren, wie z.B. Anschlag einer Taste, Positionieren des ↑Cursors beschrieben (GOMS-Modell, Task Action-Grammatiken; Balzert et al., 1988). Weitergehend sind Ansätze, die software-ergonomische Analysen mit Aufgaben- und Organisationsanalysen verbinden (Balzert et al., 1988; Dunckel, 1994).
- *Aufgabenebene*: Bei dieser Ebene geht es um *A.*, die überwiegend durch arbeitspsychologische und arbeitswissenschaftliche Verfahren abgedeckt werden. Mit Hilfe arbeitspsychologisch orientierter *A.* werden die Anforderungen analysiert, die sich der oder dem Arbeitenden konkret stellen und die diese(r) handelnd bewältigen muß. Wesentlich geht es hier um Fragen der Funktionsverteilung zwischen Mensch und technischem System.
- *Organisationsebene*: Bei dieser Ebe-

Büro, Aufgabenanalyse im

ne stehen organisations- und wirtschaftswissenschaftlich orientierte Analysen im Vordergrund, d.h. es geht um die Analyse und Gestaltung von ↑Organisationsstrukturen, sowie der Arbeitsabläufe und -inhalte organisatorischer Einheiten. Im Vordergrund stehen hier Fragen der Zuordnung von Aufgaben auf organisatorische Einheiten, Arbeitsplätze, also Fragen der Arbeitsstrukturierung, der Mensch-Mensch-Aufgabenverteilung.
Im folgenden wird vorrangig auf arbeitspsychologische Verfahren und Problemstellungen eingegangen.

Problemstellung

Mit dem vermehrten Einsatz und der Vernetzung von IK-Systemen in Büro und Verwaltung sind Organisatoren, System- und Softwaregestalter und andere betriebliche Praktiker vor die schwierige Aufgabe gestellt, nicht nur die technischen Systeme zu gestalten, sondern auch die organisatorischen Anforderungen und die Bedürfnisse der Anwender zu berücksichtigen.
Aufgaben sind ein wesentlicher Bezugspunkt für die Analyse, Bewertung und Gestaltung von IK-Systemen, da Aufgaben als Schnittpunkt zwischen technischen und organisatorischen Anforderungen und menschlichen Fähigkeiten angesehen werden können (Volpert, 1987). Der Einsatz von IK-Systemen setzt eine Analyse, Bewertung und ggf. Gestaltung der Aufgaben voraus, damit die ↑Systeme aufgabenangemessen gestaltet werden können. Damit wird der Forderung - z.B. der DIN 66234, Teil 8 - nachgekommen, daß die IK-Systeme aufgabenangemessen sein sollen, d.h. die Aufgabenerledigung des Benutzers unterstützen sollen. Unter arbeitspsychologischer Perspektive greift diese Forderung dann zu kurz, wenn nicht gleichzeitig Forderungen nach humanen Arbeitsaufgaben gestellt werden. In diesem Sinne bedeutet Aufgabenangemessenheit die Angemessenheit eines IK-Systems für humane Arbeitsaufgaben.
Trotz dieser inzwischen allgemeinen Forderung nach einer menschengerechten Arbeitsgestaltung (↑DIN-Normen, ↑VDI-Richtlinien, EG-Richtlinie zur Bildschirmarbeit), wird allerdings menschlichen Fähigkeiten und Eigenschaften bislang ein unzureichender Stellenwert beigemessen. Sinkende Arbeitszufriedenheit und -motivation, mangelnde Akzeptanz der organisatorischen und technischen Lösungen, sowie eine erhöhte Störungsanfälligkeit der Arbeitsabläufe sind die Folgen.

Zielsetzung

Die Ziele und Einsatzbereiche von *A.* sind weit gesteckt: Ermittlung von Schwachstellen im Bereich der Arbeitsgestaltung und Arbeitsorganisation; Bestimmung von Qualifikationserfordernissen und -inhalten zum Aufbau von Trainings-, Schulungs- und Ausbildungseinheiten; Ermittlung von Eignungsanforderungen für Personalauswahl und -plazierung; Vergleiche zwischen verschiedenen Arbeitstätigkeiten (z.B. für Zwecke der Berufsforschung); Technikfolgenabschätzung. Vorrangig geht es darum, die durch eine Aufgabe bedingten fachlichen bzw. organisatorischen, psychosozialen und technischen Anforderungen zu beschreiben, zu dokumentieren und abzustimmen. Im Prozeß der ↑Systementwicklung ist eine so gefaßte *A.* Teil der ↑Systemanalyse.

KABA-Leitfaden

Das Vorgehen arbeitspsychologisch orientierter Verfahren soll im folgenden kurz anhand des im Rahmen des Forschungsprogramms Arbeit und Technik des BMFT entwickelten *„Leitfadens zur Kontrastiven A. und -gestaltung bei Büro- und Verwaltungstätigkeiten (KABA-Leitfaden)"* (Dunckel et al., 1993; 1992) verdeutlicht werden.
Mit Hilfe des KABA-Leitfadens soll der allgemeinen Forderung Rechnung getragen werden, bei der Gestaltung von Arbeitsaufgaben und IK-Systemen menschliche Fähigkeiten und Eigenschaften angemessen zu berücksichtigen. Der KABA-Leitfaden soll deshalb betriebliche Praktiker, aber auch wissenschaftlich tätige Personen in die Lage versetzen, bei der Beurteilung und Gestaltung von Arbeitsaufgaben und Arbeitsorganisation, wie auch IK-Systemen im Büro- und Verwaltungsbereich arbeitspsychologische Anforderungen an eine menschengerechte Arbeitsgestaltung - sog. Humankriterien - zu berücksichtigen. Allgemein formuliert sind die Anwendungsfelder des KABA-Leitfadens vorrangig in

Büro, Aufgabenanalyse im

der Analyse und Gestaltung der Arbeitsorganisation, in der Technikfolgenabschätzung und in Fragen des Gesundheitsschutzes i.w.S. zu sehen. Vorrangiges Ziel und Anwendungsfeld ist, die Unterstützung der Phase der Anforderungsanalyse im Rahmen der Softwareentwicklung.

Der wesentliche Gesichtspunkt der kontrastiven *A.* besteht in der Fragestellung, welche Teile einer Arbeitstätigkeit von IK-Systemen übernommen werden sollen und welche nicht. Die Klärung dieser Fragestellung setzt voraus, daß eine Vorstellung von den menschlichen Stärken besteht, die gefördert und geschützt, die also nicht durch maschinelle Prozeduren beschnitten werden sollen (Dunckel et al., 1993). Diese menschlichen Stärken und Besonderheiten, die es im Rahmen einer humanen Arbeitsgestaltung zu schützen und zu unterstützen gilt, sind

- die Zielgerichtetheit,
- die praktische, tätige Auseinandersetzung des Menschen mit der realen Welt und
- die soziale Eingebundenheit des Handelns.

Humane Arbeitsgestaltung bedeutet, bei der Gestaltung von Arbeitsaufgaben und Arbeitsabläufen, sowie bei der Auslegung technischer Systeme

- Spielräume für die Verfolgung selbstgesetzter Ziele zu schaffen (z.B. durch Schaffung oder Erhalt von Entscheidungs- und Zeitspielräumen);
- Möglichkeiten des direkten Kontaktes zu den gegenständlichen und sozialen Bedingungen der Umwelt zu gewährleisten (z.B. durch ausreichende körperliche Aktivität, Bearbeitung unterschiedlicher ↑Informationen und Gegenstände);
- den unmittelbaren Kontakt zwischen Menschen zu erhalten (z.B. durch den Ausbau der Kooperation).

Der KABA-Leitfaden leitet anhand der - in den vorstehenden Klammern beispielhaft aufgezählten - Humankriterien dazu an, durch die Analyse von Arbeitsaufgaben und -organisation, sowie die Entwicklung von Arbeitsgestaltungsmaßnahmen menschliche Stärken zu schützen und zu fördern. Wie Untersuchungen zeigen, macht die Berücksichtigung menschlicher Stärken die Arbeit nicht nur humaner, sondern sie ist auch von betriebswirtschaftlichem Nutzen (Ulich, 1992). Der Leitfaden

- dient einer umfassenden Analyse und Bewertung von Arbeitsaufgaben in Büro und Verwaltung;
- ermöglicht eine vorausschauende Arbeitsgestaltung;
- ist branchenübergreifend;
- ist praxisnah konzipiert;
- enthält Gestaltungshinweise für den Zuschnitt von Arbeitsaufgaben.

Der Leitfaden umfaßt insgesamt drei Bestandteile. In den Grundlagen werden theoretische Überlegungen zu den menschlichen Stärken und Humankriterien, Ergebnisse der Untersuchungen, Bezüge des KABA-Leitfadens zu anderen Verfahren, sowie generelle Einsatzmöglichkeiten dargestellt. Die wesentliche Funktion des Manuals ist, durch eine Reihe von Erläuterungen, Definitionen, Fragen und Regeln, sowie vielen betriebsnahen Beispielen den Untersucher bei der Analyse mit dem KABA-Leitfaden anzuleiten. Die Untersuchungsergebnisse werden in den Arbeitsblättern festgehalten.

Den Kern des Manuals bilden 14 Teilverfahren. Mit diesen können die zu untersuchende organisatorische Einheit, die Arbeitsplätze, die Arbeitsaufgaben, ebenso die eingesetzten IK-Systeme genauer gekennzeichnet (Teilverfahren A bis D), die Arbeitsaufgaben und die IK-Systemen anhand von acht Humankriterien bewertet (Teilverfahren E bis M) sowie Gestaltungshinweise bestimmt werden (Teilverfahren N). Ergänzt werden diese Ausführungen durch allgemeine Hinweise zur Dokumentation und Auswertung und zum Untersuchungsablauf, schließlich durch die Darstellung einer Beispielsanalyse. Je nach Untersuchungsanliegen können auch nur ausgewählte Teilverfahren verwendet werden, womit ein ökonomischer Einsatz des Verfahrens gewährleistet werden kann.

Das methodische Vorgehen beinhaltet sowohl Expertengespräche als auch die Analyse von Arbeitsaufgaben am Arbeitsplatz während der Arbeitsausführung, oder der Arbeitenden anhand von Beobachtungsinterviews.

Mit Hilfe des KABA-Leitfadens werden Systemgestalter angeleitet, Arbeitsaufgaben abzugrenzen, zu beschreiben und zu kennzeichnen, bei welchem Teil der Arbeitsaufgabe IK-Systeme eingesetzt werden (sollen). Darüber hinaus ist es möglich, jede Arbeitsaufgabe nach Humankriterien zu beurteilen und festzustellen, welche Auswirkungen eingesetzte oder geplante IK-Systeme bzgl. dieser Humankriterien haben.

Der KABA-Leitfaden ist nicht nur praktisch einsetzbar, sondern er entspricht auch wissenschaftlichen Gütekriterien. Mit dem KABA-Leitfaden lassen sich Arbeitsaufgaben mit einer arbeitspsychologischen Perspektive objektiv, reliabel und valide analysieren. Darüber hinaus können mit dem Leitfaden Gestaltungshinweise erarbeitet werden. Wie sich in Untersuchungen an mehr als 200 Arbeitsplätzen unterschiedlicher Betriebe und Branchen gezeigt hat, konnte durch die Anwendung des KABA-Leitfadens eine Reihe von Arbeitsgestaltungsmaßnahmen angeregt werden.

Literatur: Balzert, et al. (Hrsg.): Einführung in die Software-Ergonomie, Berlin, 1988. *Dunckel, H.*: Grundzüge einer psychologisch orientierten Systemanalyse (POS) im Büro, Berlin, 1990. *Dunckel, H. et al.*: Kontrastive Aufgabenanalyse im Büro. Der KABA-Leitfaden, Zürich, 1993. *Hacker, W.*: Arbeitspsychologie, Berlin; 1986. *Kleinbeck U., Rutenfranz J.* (Hrsg.): Arbeitspsychologie (Enzyklopädie der Psychologie, Themenbereich D, Serie III, Band 1) Göttingen: Hogrefe, 1987. *Ulich, E.*: Arbeitspsychologie, Zürich und Stuttgart, 1992.

Dr. H. Dunckel, Berlin

Büro, Datenbanksysteme im

↑Datenbanksysteme im Büro

Büroautomation

Office Automation

Büroinformationssystem

Sämtliche Techniken zur Steuerung und Überwachung des Informations- und Datenflusses zwischen allen anderen in einem Unternehmen vorzufindenden ↑Informationssystemen; dazu zählen Voice und ↑Electronic Mail, normierter Dokumentenaustausch (↑Electronic Data Interchange), Zugriffsverfahren auf externe und interne ↑Datenbanken, ↑LAN-Verwaltung etc.

Bürokommunikation

Mit der rasanten Entwicklung der ↑Informationstechnik in den letzten zehn Jahren hat die *B.* einen stetigen Wandel erfahren. Im Zuge dieser Neuorientierung wurden zentralrechnerorientierte Anwendungen durch dezentrale ergänzt, wenn nicht gar vollkommen ersetzt. Leistungsfähige multifunktionale ↑PC bzw. ↑Workstations unter innovativen ↑Benutzungsoberflächen bringen heute individuell angepaßte *B.*-Applikationen an den Arbeitsplatz. Mit dem technischen und organisatorischen Wandel hat sich auch das Verständnis des Terminus *B.* geändert. Traditionelle *B.*-Systeme bieten Funktionalitäten wie ↑Electronic Mail, Terminplanung, Text- und Graphikverarbeitung an. Heute werden unter dem Begriff *B.* sämtliche Arten der Büroautomation zusammengefaßt.

Dezentrale Hard- und Softwarekonfigurationen bilden potentiell die Plattform für anpassungsfähige Organisationsstrukturen, welche als zentrale Ziele die Produktivitätssteigerung der Büroarbeit, eine kundenorientierte Verwaltung und die Verringerung der Durchlaufzeiten verfolgen (Krallmann, 1994). *B.* ist darüber hinaus nicht isoliert, sondern im Verbund mit ↑Produktionsplanungs- und Steuerungssystemen ↑CAx-Technologien und automatisierten Lager- und Transportsystemen zu sehen (Klotz, 1993).

Aus diesen Gründen ist eine aufgaben- bzw. prozeßorientierte Betrachtung organisatorischer Zusammenhänge bei der Konzeption von *B.*-Applikationen zwingend notwendig. Hierbei bietet sich eine rechnerunterstützte Organisationsanalyse an, in deren Rahmen Büroaufgaben je nach Bedarf simuliert und restrukturiert werden können (Krallmann, 1994). Eine detaillierte Beschreibung computerunterstützter Büroanalyse- und -gestaltungsmethoden findet sich in (Nippa, Schönecker, 1990).

Aufgabe der *B.* in flexiblen Strukturen ist somit nicht nur der Datenaustausch, sondern auch die Schaffung der Voraussetzungen für die Kooperation bzw. für die Koordination der Mitarbeiter in der Verfolgung ihrer Ziele. Weitere Aufgaben sind die Vorgangsunterstützung und die Bearbeitung bzw. Verwaltung (Ablage, Retrieval) von Dokumenten.

Bevor auf innovative *B.*-Anwendungen eingegangen wird, sollen kurz die physischen Voraussetzungen für die ↑Kommunikation verteilter Büroanwendungen genannt werden.
Organisationsintern werden Anwendungen üblicherweise über ein ↑Local Area Network (LAN) vernetzt. Organisationsübergreifend stehen in der Bundesrepublik Deutschland für den Datenaustausch Teledienste wie z.B. ↑Telefax, Datex-P und Datex-L zur Verfügung. Bis 1995 soll in der Bundesrepublik durch die flächendeckende Einführung von ↑B-ISDN bzw. der Glasfasertechnik die integrierte Übertragung von Daten, Text sowie audio-visuellen Informationen ermöglicht werden. Protokollstandards wie z.B. das nahezu weltweit anerkannte UN/↑EDIFACT vereinfachen die Regelung des Datenaustauschs.
Als Werkzeug für die physische Konfiguration der *B.*-Anwendungen in verschiedenen Netztopologien werden ↑*Client/Server-Architekturen* eingesetzt. Je nach Bedarf kann auf Unternehmensebene ein zentraler ↑Server eine unternehmensweite ↑Datenbank verwalten. Auf einer weiteren Ebene sind lokale Server wie z.B. Abteilungsserver anzusiedeln, welche Abteilungsdatenbanken, -ablagen und -anwendungen, Druckservices und Post-Funktionen bereithalten. Multifunktionale Arbeitsplatzrechner schließlich können zusätzlich zu der Präsentation von Serverdaten und -anwendungen auch eigene lokale Applikationen starten. Vorteilhaft erweist sich in physischen Client/Server-Architekturen die erhöhte Flexibilität, nachteilig der verstärkte Administrationsaufwand.
Der entscheidende Vorteil von Client/Server-Architekturen liegt indes nicht in der physischen Hardwarekonfiguration. Aus der Sicht der ↑Software werden Client/Server-Architekturen als spezialisierte Softwarebausteine entworfen, welche jeweils spezielle Aufgaben bearbeiten. Diese Softwarebausteine werden jedesmal dann zu ↑Clients, wenn sie von anderen Softwarekomponenten (↑Server) bestimmte Dienstleistungen anfordern. Für den Anwender ist diese Sicht intuitiv näherliegend; sie ist damit einfacher zu rezipieren.

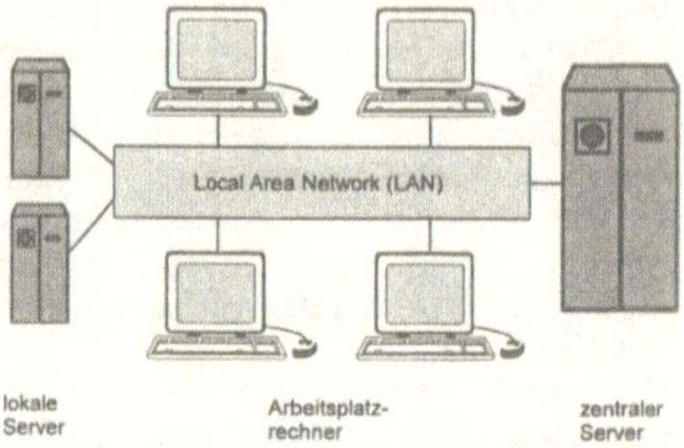

Aus den aktuellen organisatorischen Anforderungen ergeben sich heute neue Erwartungen der Benutzer an die *B.*, welche sich in Konzepten des Workflow Managements, der ↑Groupware und des Document Managements widerspiegeln. Diese Konzepte sollen im folgenden in knapper Form vorgestellt werden.
Document Management Systeme (DMS) geben dem Benutzer einen organisatorischen Rahmen vor, in welchen er bestimmte Operationen, wie Archivieren, Versenden, Wiedervorlegen, Abzeichnen und Drucken auf Dokumenten ausführen kann. Der organisatorische Rahmen bzw. die Operationen ergeben sich dabei nicht aus vordefinierten Ablaufschemata, sondern aus den Kompetenzen und Zuständigkeiten des Mitarbeiters. In dieser Flexibilität liegen die Vorteile von Document Management Systemen: Der Weg des zu bearbeitenden Dokuments wird nicht von einem ablauforganisatorischen Regelwerk durch das ↑System bestimmt, sondern legt die Entscheidungsbefugnis über die weiteren Bearbeitungsschritte in die Kompetenz des Mitarbeiters. DMS eignen sich deshalb besonders für eher unstrukturierte Büroaufgaben wie z.B. im F- und E-Bereich, die erhöhte Ansprüche an Flexibilität und Kompetenz der Mitarbeiter stellen. DMS werden häufig in *Workflow Management Systemen* (*WMS*, häufig auch synonym zur Vorgangssteuerungssysteme verwendet) integriert. Sie verfolgen das Ziel, Organisation und ↑Informationsverarbeitung zu verbinden. In ihnen wird sowohl die Aufbauorganisation mit Befugnissen und Dienstwegen als auch die Ablauforganisation der Vorgänge i.d.R. über mehrere Arbeitsplätze hinweg modelliert. WMS erlauben Termin- und Fristenüberwachungen und

greifen aktiv in die Vorgangsbearbeitung ein. Zeitbedarfs- und Kostenvorgaben können bei einigen Systemen angeordnet werden. Desweiteren beinhalten viele Systeme auch die Möglichkeit der ↑Simulation von Vorgängen. Eine wichtige Anforderung an WMS ist die Integrierbarkeit sämtlicher arbeitsplatzbezogener Software wie Dokumenten- und Graphikverarbeitung, Tabellenkalkulation, Kommunikationssoftware, Archivierungssysteme u.a.m. (Heilmann, 1994). Die Mehrzahl der auf dem Markt angebotenen WMS bietet die Möglichkeit, Vorgänge schnell zu rekonfigurieren. Dennoch engen sie in der Praxis bei einmal initiierten Vorgängen durch starre ablauforganisatorische Vorgaben den Entscheidungsspielraum und damit auch die Flexibilität/Spontanität der Mitarbeiter stark ein. Das wiederum kann sich als Bremse für die erwünschte Motivation der Mitarbeiter in flexiblen Strukturen auswirken. WMS eignen sich deshalb weniger für schwach strukturierte Büroprozesse, eher für routinemäßige Aufgabenbearbeitungen, bei welchen ablauforganisatorische Vorgaben und Terminüberwachungen eine wirkungsvolle Hilfe für den Mitarbeiter darstellen.
Eine weitere wichtige *B.*-Anwendung sind *Groupware Systeme (GWS)*. GWS werden - wie DMS auch - häufig als Teilsystem vom WMS gesehen. Ihre zentrale Aufgabe ist die Unterstützung der Teamarbeit und Kooperation von sich selbst organisierenden Gruppen. Darüber hinaus soll ↑Groupware den Zugriff auf gemeinsam genutzte Ressourcen ermöglichen. Synonym zur ↑Groupware wird häufig auch der Terminus *Computer Supported Cooperative Work (CSCW)* verwendet.
Einige GWS bieten sowohl ↑synchrone und ↑asynchrone ↑Kommunikation an, welche eine zeitgleiche bzw. zeitversetzte Kooperation - ggf. auch über größere Entfernungen hinweg - ermöglichen. Asynchrone Groupware-Funktionen basieren i.d.R. auf ↑Electronic Mail- Systemen, bieten aber darüber hinaus noch Basisfunktionalitäten wie Verteilerlisten, Nachrichtenfilter und File Transfer. Synchrone Kommunikation wird z.B. bei rechnerunterstützem Video Conferencing benötigt.
Mischformen von synchroner und asynchroner Kommunikation finden sich bei der verteilten ↑Dokumentenverarbeitung (Joint Editing, Joint Viewing).

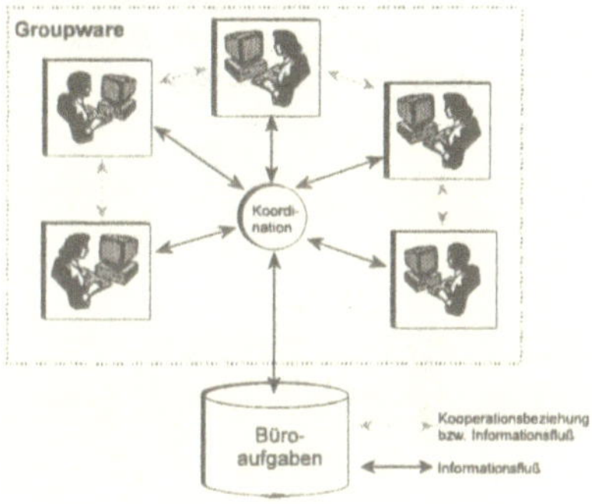

Ausblickend läßt sich sagen, daß sich der Trend in der Betonung organisatorischer Faktoren in den *B.*-Anwendungen mit zunehmender Integration der Unternehmensbereiche noch fortsetzen wird. Technische Innovationen im Bereich der Kommunikationsmedien werden Informationen multimedial an den Arbeitsplatz bringen und damit die Qualität der ↑Informationsverarbeitung vorantreiben.

Literatur: Heilmann, H.: Workflow Management: Integration von Organisation und Informationsverarbeitung, in: HMD, Bd. 176, 1994. *Nippa, M., Schönecker, H.G.*: Computerunterstützte Methoden für das Informationsmanagement, München, 1990. *Klotz, M.*: Integrierte Anwendungssoftware und Unternehmensorganisation, Berlin, 1993. *Krallmann, H.*: Systemanalyse im Unternehmen, München, 1994.

Prof. Dr. H. Krallmann, Berlin

Bürokommunikationssystem
Sämtliche Arten der Büroautomation zusammengefaßt.

Business Graphics
Einsatz der graphischen ↑Datenverarbeitung zur übersichtlichen Präsentation ökonomischer Daten.

Buttons
Tasten; berührungsempfindliche Flächen auf dem Bildschirm, die der Benutzer mit Hilfe der Maus aktiviert; enthalten zwei

visuelle Komponenten, die graphische Darstellung der Taste und das ↑Piktogramm für die Aktion. Mit Push-Buttons wird eine mit der Taste verbundene Funktion aktiviert; mit Radio-Buttons kann eine sich gegenseitig ausschließende Auswahl und mit Check Boxes die Mehrfachauswahl getätigt werden.

Byte
Kunstwort; eine aus 8 ↑Bits gebildete, direkt adressierbare Speicherstelle. In einem Byte kann jeweils eines von 256 möglichen alphanumerischen Zeichen in binär verschlüsselter Form dargestellt werden.

C
Programmiersprache; das ↑Betriebssystem UNIX basiert auf C.

C++
objektorientierte Weiterentwicklung der Programmiersprache ↑C

Cache-Speicher
Pufferspeicher für ↑Daten.

CAD
Computer Aided Design

CAD-Anwendungen
CAD (*Computer Aided Design*) beschreibt das rechnerunterstützte Konstruieren. Gegenüber dem konventionellen Konstruieren mit Hilfe eines Zeichenbretts und den dazugehörenden Hilfsmitteln können bei der Verwendung eines CAD-Systems die einfachen Änderungsmöglichkeiten, die ein CAD-System bietet, genutzt werden. Zudem besteht durch die Speicherung der fertigen Zeichnungen die Möglichkeit, komplette Zeichnungen oder deren Bestandteile weiter zu verwenden.

Der Fortschritt der *C.* von den ersten 2D-CAD-Systemen hin zu den heutigen 2D-/3D-CAD-Systemen ist mit vielfältigen

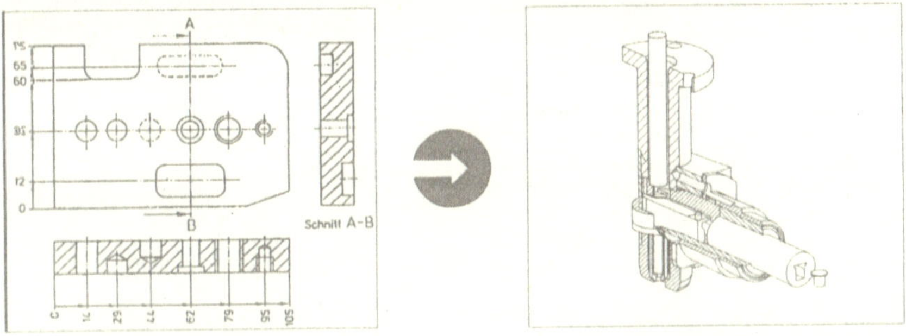

2D-CAD 3D-CAD

Verbesserungen im Bereich der ↑Benutzerfreundlichkeit verbunden. Um einfache geometrische Figuren am Bildschirm zu erzeugen, mußten anfangs direkte und umständliche Tastatur-Befehle durch Spezialisten - ähnlich einem Programmierer - eingegeben werden. Dieses hat sich im Laufe der Zeit durch individuell gestaltbare ↑Benutzeroberflächen von der Befehlsdarstellung am Bildschirm über Abrollmenüs bis hin zur Befehlssymboldarstellung sehr vereinfacht (Vaina et al., 1994; Hammel, Straub, 1988).
Das neueste Ziel der CAD-Systeme ist die Abwicklung der CAD/CAM-Bearbeitung anhand eines Produktdatenmodells. Jeder Bereich, der an der Entwicklung, Berechnung, Konstruktion, Versuchsdurchführung und Fertigungsplanung eines Produktes beteiligt ist, greift immer auf ein zentral in der ↑Datenbank abgelegtes Muttermodell zurück. So arbeitet jeder Bereich immer mit der aktuellsten Version und kann so auf Änderungen schnell und flexibel reagieren. Zusätzlich zur Zeitersparnis kommt der geringere Datenanfall (die Produktmodelle müssen nicht innerhalb jedes Bereiches zwischengespeichert werden und sind so nicht doppelt und dreifach vorhanden) und damit verbunden natürlich niedrigere Kosten für die Speichereinheiten.

Lösungen, CAD-Modellarten
Eine Zeichnung, die auf einem Ausgabegerät erscheint, wird rechnerintern aufbereitet und gespeichert. Die Art, wie diese Zeichnungen gespeichert und dargestellt werden, heißt *Geometriemodell.* Geometriemodelle können nach der Art der geometrischen Elemente, die zur Objektbildung genutzt werden, nach der Dimensionalität, sowie nach der mathematischen Beschreibung unterschieden wer-

den. Die verschiedenen Geometriemodelle dienen als Kriterium für eine Einteilung in die einzelnen CAD-Modelle (Kurth 1993).

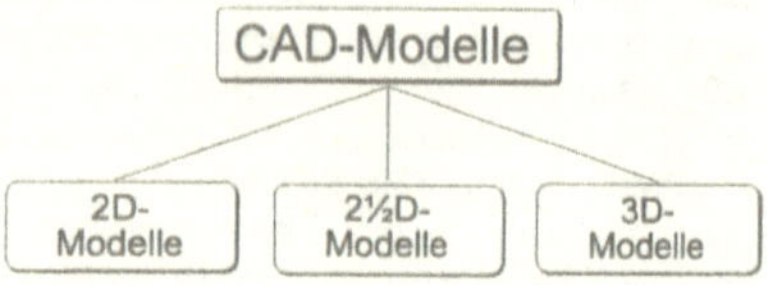

- *2D-Modell*

Ein CAD-Modell, bei dem zur Beschreibung der gesamten Objektgeometrie zwei Dimensionen zur Verfügung stehen, wird zweidimensionales CAD-Modell, kurz 2D-Modell, genannt. Jeder signifikante Punkt der Geometriebeschreibung wird durch zwei Koordinaten identifiziert. Der Einsatz von 2D-Systemen ist vorteilhaft bei der Erstellung von Schaltplänen und ↑Flußdiagrammen. Weiterhin besteht eine Einsatzmöglichkeit bei der Konstruktion von einfach zu beschreibenden Geometrieobjekten, bspw. von Rotationskörpern oder Blechteilen. Für solche Objekte reicht zur vollständigen Beschreibung der Bauteilgeometrie die Verwendung von zwei Dimensionen. Die Arbeit mit einem 2D-CAD-System kommt der Arbeit am Zeichenbrett sehr nahe. Zahlreiche Manipulations- und Änderungsmöglichkeiten erleichtern die Arbeit jedoch erheblich. Die Verwendungsmöglichkeit eines 2D-CAD-Systems beschränkt sich auf die Zeichnungserstellung. Für nachgeschaltete Funktionen, wie z.B. eine CNC-Programmierung, ist ein solches ↑System nur dann geeignet, wenn die zweidimensionale Geometriebeschreibung zur vollständigen Beschreibung des Bauteils ausreichend ist.

- *2½D-Modell*

Das 2½D-Modell ähnelt in der mathematischen Beschreibung der Geometrie dem 2D-Modell; es kommt jedoch ein der Fläche zugeordneter Transformationsvektor hinzu. Dieser Transformationsvektor liegt in einem Winkel zu einer durch 2D vollständig beschriebenen Fläche. So entsteht die Beschreibung räumlicher Objekte, deren Charakteristik in der 2D-Ebene liegt, und deren sekundäre Flächen aus einer Basisfläche abgeleitet werden können. Sekundäre Flächen sind die Endfläche einer Projektion und die sich aus der Transformation ergebenden Seitenflächen. Es lassen sich mit Hilfe von 2½D-Modellen nur relativ einfache Einzelteile, z.B. Quader, zeichnen. In 2½D-Modellen kann die räumliche Erstreckung zur Darstellung von einfachen Körpern dienen; diese ↑Systeme sind jedoch nicht für eine konstruktive Gestaltung zu gebrauchen. Unterscheiden lassen sich drei Modelle anhand der Art der Transformation: *Translationsmodell*: Die Translation beschreibt eine geradlinige, fortschreitende Bewegung. *Rotationsmodell*: Die Rotation beschreibt eine kreisförmige Bewegung um eine feste Achse. *Trajektionsmodell*: Die Trajektion beschreibt die Bewegung entlang einer Linie, die eine Kurve beschreibt (z.B. Schlauch).

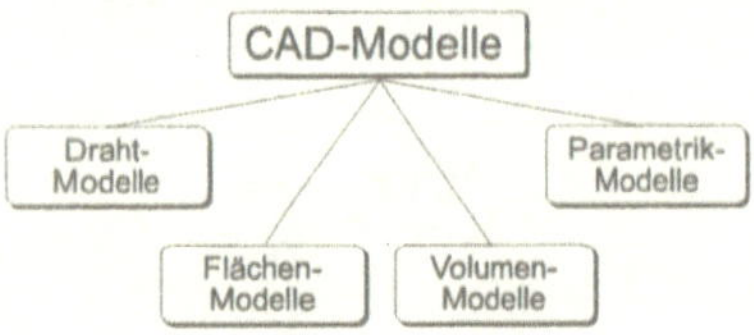

- *3D-Modell*

Die Verwendung von dreidimensionalen Koordinaten machen ein 3D-CAD-System aus. Die drei Ebenen x, y und z erfordern einen dreidimensionalen Informationszwang, woraus die Vollständigkeit von 3D-Konstruktionen erfolgt. Durch 3D entsteht ein höherer Informationsgehalt. Durch diesen besteht die Möglichkeit, Ansichten und Schnitte abzuleiten. Die Weitergabe der Geometrieinformation an nachgeschaltete ↑Systeme ist zur Bearbeitung möglich. Die Geometrie ist vollständig veränderbar. Es können Aussagen über das Volumen und die damit zusammenhängenden Eigenschaften gemacht werden. Da durch die vollständige Geometrieinformation eine konsistente Vorinformation zur Verfügung steht, sind automatisch ableitbare Darstellungen eines Körpers möglich. Es bestehen strenge Relationen zwischen den verschiedenen Ansichten. Die 3D-CAD-Modelle können in Kanten-, Flächen- und Volumenmodelle eingeteilt

CAD-Anwendungen

werden. Ein parametrisches Modell beschreibt zusätzlich Hilfsfunktionen für die Konstruktion. *Kantenmodell* (Linien- oder Drahtgittermodell): Die 3D-Ansicht entsteht dabei ausschließlich über Linienstränge. In Kantenmodellen haben alle Linien eine räumliche Ausdehnung. Es werden aber keine Aussagen über das Volumen getroffen. *Flächenmodell*: In einem Flächenmodell werden Körper durch ihre, sich im Raum erstreckenden, Flächen beschrieben. Wie beim Kantenmodell werden keine Feststellungen zum Volumen gemacht. Besonders zu beachten ist dabei die mathematische Beschreibung von Freiformflächen. Die Vorteile von Flächenmodellen liegen in der Beschreibung von geraden oder gekrümmten Flächen im Raum. Dreidimensionale Flächenmodelle können zur Konstruktionsgrundlage für eine weitergehende Konstruktion dienen. *Volumenmodell*: Dieses liefert eine komplette Bauteilbeschreibung durch die vollständige Beschreibung des Körpervolumens. Eine genaue Definition des Körpers wird durch die Angabe sämtlicher ↑Informationen, wie z.B. das Material, erreicht. Es werden mehrere Arten von Volumenmodellen unterschieden. Die wichtigsten sind das CSG-Modell (körperorientiertes Volumenmodell) und zum anderen das B-Rep-Modell (flächenorientiertes Volumenmodell). Desweiteren gibt es hybride Modelle, die die Vorteile von beiden Modellen kombinieren. *Parametrikmodell*: In parametrischen Modellen ist es möglich, geometrische Zwangsbedingungen in einem rechnerinternen Geometriemodell abzubilden und darüber hinaus jedes ↑Attribut eines geometrischen Elements zu jedem Zeitpunkt der Konstruktion ändern zu können. Den ↑Objekten können bestimmte Eigenschaften oder Verhaltensregeln zugeordnet werden (z.B. eine Linie soll stets parallel zu einer anderen liegen). Diese Eigenschaften können untergeordneten Elementen vererbt werden. Die auf diese Weise neu entstandenen Objekte reagieren nur auf die ihnen zugewiesenen Eigenschaften.

Anwendungen

Die *C.* in der Konstruktion soll sich nicht auf die Zeichnungserstellung beschränken, sondern den gesamten Konstrukti-

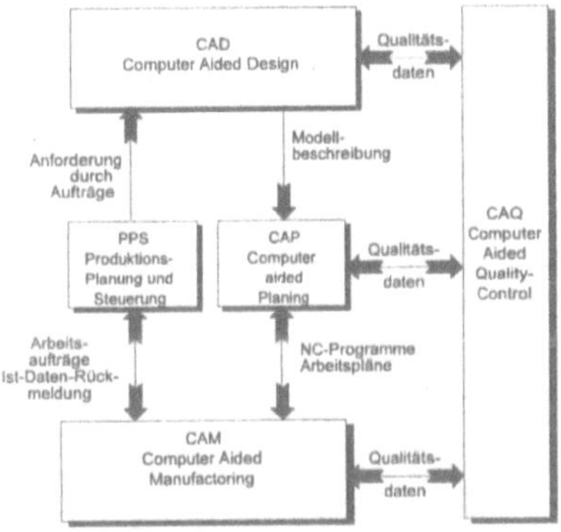

onsprozeß abdecken. Die Schaffung eines rechnerintegrierten Fabrikbetriebs erfordert die Verknüpfung aller Schritte, vom Auftragseingang bis zur Auslieferung. Für die Teilstrecke von der Konstruktion bis zur Fertigung sollen die einmal mit einem ↑CAD-System erstellten Daten für alle übrigen Systeme, wie ↑PPS, ↑CAP, ↑CAM, zugänglich sein. Besonders wichtig ist die direkte Übernahme der CAD-Daten für die ↑NC-Programmierung. Die Aufbereitung dieser Daten zur Weiterverarbeitung, die Funktionen beinhalten, wie z.B. das Selektieren der Fertigteilkontur und das Ordnen, sowie Umwandeln dieser Daten ins Beschreibungsformat des NC-Programmiersystems, darf nicht aufwendiger sein als eine Neueingabe der Geometrie für die NC-Programmierung. Die Umsetzung dieses Konzeptes setzt voraus, daß alle eingesetzten ↑Computer vernetzt sind und eine gemeinsame ↑Datenbank existiert. Der Konstrukteur kann mit dieser Datenbasis und entsprechenden Berechnungs- und Simulationsprogrammen Baugruppen und Maschinenelemente berechnen und Vorgänge simulieren, sowie NC-Programme für die Fertigung kreieren. Entscheidend für die Qualität der Arbeitsweise wird es sein, ob die Programme in das CAD-System einzubinden sind und damit die Beeinflussung des konstruktiven Entwurfs durch den Berechnungsschritt unmittelbar erfolgt. Es können folgende Anwendungsgebiete unterschieden werden:

- konventionelle Auslegung von Maschinenelementen;

- Berechnungen mit Hilfe der Finite-Elemente-Methode;
- Fertigungssimulationen von NC-/Roboterprogrammen;
- Kinematische und dynamische Untersuchungen;
- Makro-/Variantenprogrammierung;
- Montageuntersuchungen/Bewegungsstudien.

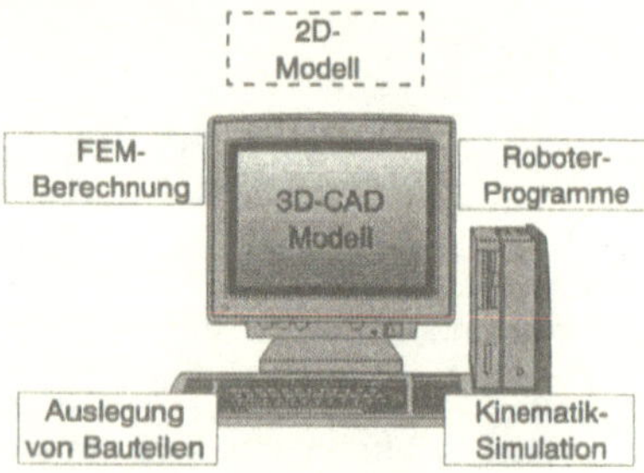

Als besonders wichtig ist anzusehen, daß der Übergang von 2D- zum 3D-CAD auf dem Bildschirm aufgrund der fallenden Kosten und des Softwareangebotes realisierbar wird. Damit ist die Voraussetzung für die Verknüpfung aller Teilbereiche gegeben. Für FEM-Berechnungen ist das 3D-CAD-Modell Voraussetzung (Hammel, Straub, 1988; Ockert, 1993; Kurth, 1994).

Schnittstellenproblematik
Mit der Notwendigkeit der ↑Datenbank ergibt sich allerdings auch ein Problem, nämlich das der ↑Schnittstellen. In den Datenbanken müssen Zeichnungen, Stücklisten, NC-Programme, Makros, Werksnormen, Normteile und Zukaufsteile verwaltet werden. Die Übernahme der Geometriemodelle aus dem CAD-Bereich in den CAM-Bereich zur Nutzung an Werkzeugmaschinen, Schweißrobotern, Montageautomaten ist an das Vorhandensein spezieller Schnittstellen gebunden. Probleme beim Produktdatenaustausch sind keine Einzelprobleme, sondern industrieller Alltag. Trotz erheblicher Anstrengungen einzelner Industrieverbände kann beim Datenaustausch zwischen unterschiedlichen CAD/CAM-Systemen mittels neutraler Schnittstellenformate (IGES, VDAIS, VDAFS etc.) in der Praxis noch nicht von der perfekten Lösung gesprochen werden. Das liegt sowohl in der Philosophie der verschiedenen Systeme als auch in fehlerbehafteten Schnittstellenprozessoren begründet (Kurth, 1993).

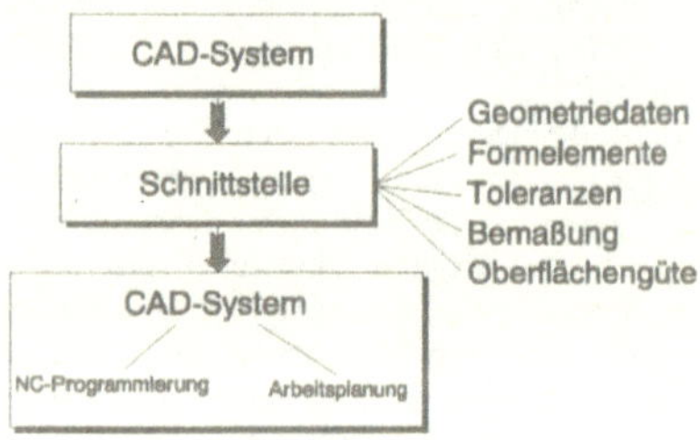

Zukunft der CAD-Systeme
Die Zukunft der CAD-Systeme ist eng mit der Frage „Wohin geht 3D-CAD?" verbunden. Grundsätzlich soll die Hauptaufgabe eines CAD-Systems natürlich die Konstruktion von Produkten sein, aber wie bereits beschrieben, werden die Produktmodelldaten des CAD-Systems für weitere Anwendungen wie NC-Program-

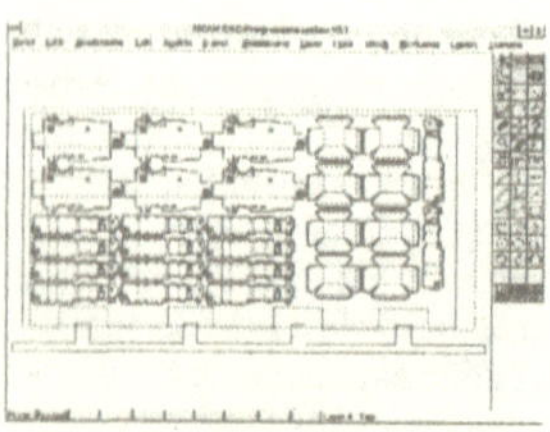
NC-Blechteilverschachtelung für ein Los/Auftrag

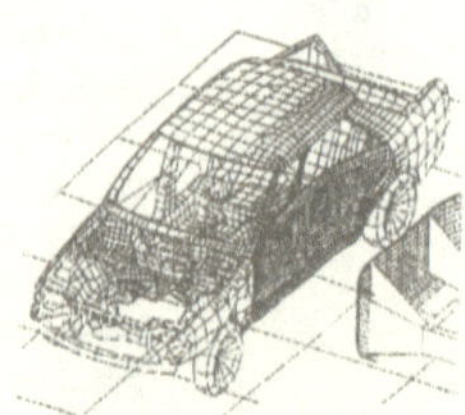
Seitenaufprallsimulation, deformierte Struktur (FEM)

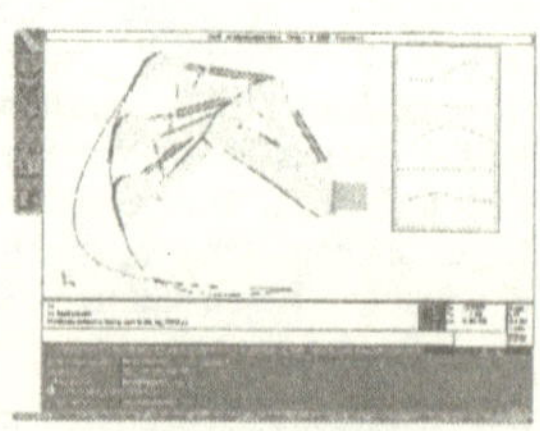
Bewegungsablaufsimulation Schaufelspitze (Bagger)

mierung, ↑Simulation und FEM verwandt. Das Ziel muß sein, integrierte CAD-Pakete zu entwickeln, die neben einer grundsätzlichen Hauptarbeitsplattform *3D-CAD* auch die anderen Anwendungen beinhalten oder zumindesten die Schnittstellenproblematik umgehen. Dabei werden momentan verschiedene Wege zur Lösung beschritten. Hauptbestandteil eines CAD-Systems ist und bleibt sein Kernel. Drei unterschiedliche Ansätze die neue Zielsetzung zu verwirklichen, stellen folgende Systeme dar (Sendler, 1994):

- *ACIS*: Ein reiner Modellierkern, der ausschließlich als OEM-Produkt vertrieben wird. Er soll im Bereich der Volumenmodellierung die Rolle eines Geometriestandards übernehmen. Möglichst viele CAD/CAM-Systeme sollen diesen Kern übernehmen, ähnlich den Windows -Anwendungen bei ↑PC. Das Spektrum der möglichen Anwendungen umfaßt dabei die gesamte Bandbreite von CAD, CAM, FEM über CAQ, Kinematik bis hin zur Simulation. Wenn dieser Gedanke übernommen wird, dann gibt es *ein Interface für alle*. Schnittstellen würden größtenteils entfallen und Datenübernahmen wären so einfach wie noch nie.
- *Pro/ENGINEER*: Ein völlig neues CAD/CAM-System, das als Antwort auf die Mängel herkömmlicher ↑Software entstand. Um einen eigenen Kern ist ein vollfunktionstüchtiges System für den Endanwender, dem Konstrukteur, implementiert. Hauptvorteil innerhalb dieses Systems ist außerdem die vollständige 3D-Parametrik. Änderungen in den angegliederten Teilapplikationen führen automatisch zu einer Modifikation in allen anderen Bereichen.
- *IDEAS Master Series*: Hier hat ein bewährtes System die aufgetretenen Probleme erkannt und mit einer neuen Version konsequent den Generationsschritt vollzogen. Um eine höhere Funktionalität zu erreichen, wurden auf einen neuen Kern integrierte Module aufgesetzt und so ein nahezu fehlerfreier, durchgängiger Datenaustausch ermöglicht. Ein weiterer Vorteil ist die Handhabung der vollständigen Assoziativität, die im Betrieb optimal an die Vorgehensweise des Benutzers angepaßt werden kann. Außerdem lassen sich alle Module auch autonom betreiben.

Zur Lösung ihrer Probleme sind die Fertigungsunternehmen zunehmend bestrebt, die Produktentwicklung und -erprobung,

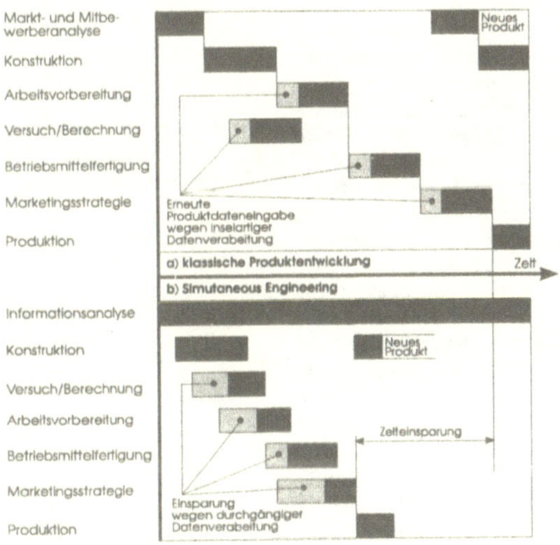

sowie die Betriebsmittel-, Fertigungs- und Montageplanung möglichst zeitlich parallel zur Entwicklung der Marketing- und Vertriebsmaßnahmen durchzuführen. Dieser neue Begriff heißt *Simultaneous Engineering*. Für ein effizientes Simultaneous Engineering ist die Zusammenarbeit aller an der Produktentstehung beteiligten Bereiche des Unternehmens während der Entwicklungsphase erforderlich. Das Ziel ist: Modifikationen am Produkt nach der Konstruktionsfreigabe zu vermeiden. Deshalb wird die Produktionsplanung des Produktes während des Konstruktionsprozesses intensiven Überprüfungen unterworfen. Die weitgehende Überlappung von Produktentwicklung, Produktionsplanung und Marketingmaßnahmen verkürzt den Zeitaufwand erheblich. Ohne die Technologieunterstützung durch die C-Techniken funktioniert Simultaneous Engineering aber nicht effizient. Für die systematische Ordnung aller, das Produkt betreffenden ↑Informationen sind die zur Zeit eingesetzten CAD-/CAM-Systeme allerdings nicht ausgelegt. Für diesen mehr organisatorischen Teil werden in Zukunft *Engineering Data Managementsysteme* eingesetzt. Sie bieten die Möglichkeit, Informationen in Form von Unterlagen, die auch in unterschiedlichsten Softwaresystemen abgelegt sind, mit Hilfe von Metadaten zu organisieren. Eine redundanzfreie Datenhaltung ist allerdings oft nicht möglich. Die derzeit angebotenen ↑Systeme verfügen über die Grundvoraussetzungen für ein integriertes Produktmodell, nur der Aufwand zur Realisierung solch einer Lösung ist stark systemabhängig. Sie bieten den einfachen Zugriff, meist auch mit Zugriffskontrolle, Freigabemechanismen und Statusverfolgung. Die strategische und wirtschaftliche Bedeutung des *Engineering Data Management* wird vielfach noch völlig unterschätzt. Die jeweiligen Teilsysteme werden meistens noch als isolierte Lösung betrachtet, anstatt sie miteinander zu verknüpfen. Trotz des noch begrenzten Entwicklungsstandes können Engineering Data Managementsysteme heute die notwendigen Informationen an dem richtigen Ort zum richtigen Zeitpunkt und in der benötigten Qualität zur Verfügung stellen (Kurth, 1994). Sie sind eine wichtige Ergänzung der *C.* auf dem Weg zum komplexen Produktmodell.

Literatur: *Sendler, U.*: 3D-CAD - Die Produktivität der neuen Systemgeneration, Berlin, 1994. *Vajna, S. et al.*: CAD/CAM für Ingenieure, Braunschweig, Wiesbaden, 1994. *Hammel, J.W., Straub, A.*: CAD - Bausteine einer integrierten Lösung, Heidelberg, 1988. *Ockert, D.*: Rechnerunterstützes Konstruieren, München, 1993. *Kurth, H.W.*: Entwicklungsmanagement: Methoden und Werkzeuge, Tagungsband zu den 1. Entwicklungsmanagementtagen in Gießen, 1993, Herborn, 1993. *Kurth, H.W.*: Entwicklungsmanagement: Simultanous Engineering, Tagungsband zu den 2. Entwicklungsmanagementtagen in Gießen, 1999, Herborn, 1994.

Prof. Dr. H. W. Kurth, Gießen

CAD-Systeme

Grundlagen eines *C. (Computer Aided Design)* sind leistungsfähige Rechner, auf denen die CAD-Software möglichst benutzerfreundlich, d.h. bequem zu bedienen ist und selbsterklärend arbeitet. *C.* haben ihren Ursprung im Bereich des Maschinenbaus als Werkzeuge der computerunterstützten Konstruktion und Fertigung, wo sie seit 1965 - zunächst nur in der Auto- und Flugzeugindustrie - mit großem Erfolg eingesetzt werden.

C. der 1. Generation waren reine Zeichnungssysteme, deren Ziel es war, den zweidimensionalen Konstruktionsprozeß durch Zeichnungen zu rationalisieren. Diese Systeme werden daher auch *2D-Systeme* genannt. Aus den 2D-Systemen entwickelten sich *2½D-Systeme*, bei de-

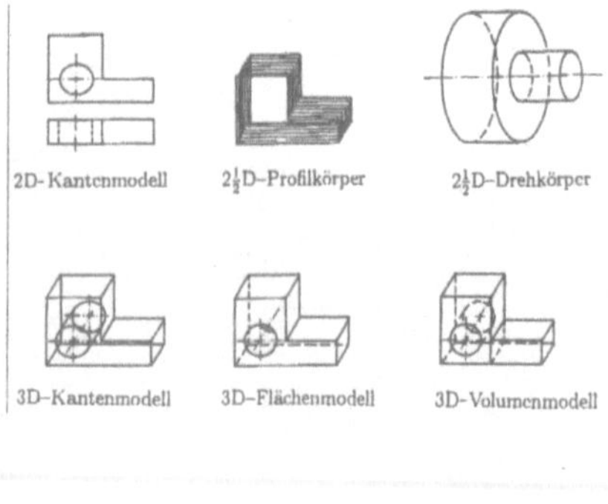

nen ebene Figuren noch in eine dazu senkrechte Richtung bewegt werden konnten. Heutige *C.* der 2. Generation arbeiten im dreidimensionalen Raum *(3D-Systeme)*, d.h. sie haben Eigenschaften und Fähigkeiten, um automatisch dreidimensionale Bauteile zu generieren, zu modellieren und zu verändern.

Inzwischen entstehen CAD-Systeme der 3. Generation, die teilautomatisch und parametrisch arbeiten: war bei den bisherigen *C.* eine Konstruktionsänderung notwendig, mußte meist der ganze Konstruktionsprozeß wiederholt werden. In einer parametrischen Umgebung werden die einzelnen Konstruktionselemente mit Meßgrößen (Parametern) belegt. Soll einer dieser Parameter verändert werden, wiederholt das *C.* automatisch den ganzen Konstruktionsprozeß mit dieser veränderten Größe.

Getragen von der raschen technologischen Entwicklung der ↑Computer (zunächst immer schnellere Großrechner, jetzt ↑Workstations und ↑PC) erbrachten diese Methoden riesige Einsparungen gegenüber den manuellen Methoden und fanden schnell weite Verbreitung; manche heute selbstverständliche Technik wäre ohne die rasante Entwicklung immer schnellerer Computer nie entstanden. Vor allem die inzwischen recht billigen Hardware-Graphikmodule und die Entwicklung von symbolischen Programmierstrukturen für die Steigerung des Bedienungskomforts haben zum Siegeszug der CAD-Techniken beigetragen. Heute kommen CAD-Techniken in allen Bereichen des täglichen Lebens vor. Dominant ist der Bereich des Maschinenbaus: verschiedene CAD-Techniken *(CAx-Techniken)* werden im Rahmen der rechnerintegrierten Produktion eingesetzt.

Unternehmensplanung	Entwicklung u. Konstruktion
CIM - Computer Integrated Manufacturing CAI - Computer Assisted Industry	CIM - Computer Integrated Manufacturing CAD - Computer Aided Design CAE- Computer Aided Engineering
Produktionsplanung und -steuerung	Arbeitsplanung
CIM - Computer Integrated Manufacturing PPS - Produktionsplanung und -steuerung CAP - Computer Aided Planing	CIM - Computer Integrated Manufacturing CAP - Computer Aided Planing CAA - Computer Aided Assembling
Betriebsmittelplanung	Produktionsausführung
CIM - CAI- Computer Aided Inspection CAD - Computer Aided Design CAR- Computer Aided Robotics	CIM - Computer Integrated Manufacturing CAM - Computer Aided Manufacturing CAR- Computer Aided Robotics CAA - Computer Aided Assembling CAI- Computer Aided Inspection
Qualitätssicherung	Marketing und Vertrieb
CIM - Computer Integrated Manufacturing CAQ - Computer Aided Quality Assurance CAI- Computer Aided Inspection CAM - Computer Integrated Manufacturing CAT - Computer Aided Testing	CIM - Computer Integrated Manufacturing CAI- Computer Assisted Industry

Der jährlich im nomina Verlag erscheinende ISIS Report gibt einen Überblick über die CAD-Produkte in den verschiedenen Anwendungsfeldern: es wird unterschieden zwischen kommerziellen, Branchen-, technischen und Systemprogrammen:

- *Kommerzielle Programme* beinhalten das Finanz- und Rechnungswesen, das Personalwesen, Marketing und Vertrieb, Materialwirtschaft, Lagerwirtschaft, Bestellwesen, Fertigungsorganisation, Zeitwirtschaft, Instandhaltung und Reparatur, Planungssysteme, ↑Bürokommunikation,

Desktop-Publishing, Präsentationsgraphik Textverwaltung, Lernprogramme, Autorensysteme.

• *Branchenprogramme* richten sich an die Energiewirtschaft, die Versorgungswirtschaft, die Industrie (mit chemischer, Metall-, Möbel-, Textil-, graphischer, Papier-, Lebensmittel-, Getränkeindustrie), Bauwesen, Architektur, Handwerk, Gartenbau, Groß- und Einzelhandel, Verlage, Bankwesen, Versicherungen, Transport und Verkehr, Dienstleistungen, Gesundheitswesen, Kommunalwesen, Bildungswesen, Verbände und Vereine.

• *Technische Programme* beinhalten Graphiksoftware, Plottersoftware, technische Dokumentation, technische Berechnungen, Statik, Dynamik, Finite- Element-Programme, Molecular Modelling, Entwurf und Konstruktion, CAD/CAM-Systeme, Anlagenbau, Prozeßtechnik, Steuer- und Regelungstechnik, Elektrotechnik, Bautechnik, Simulation.

• *Systemprogramme* beinhalten Entwicklungen im Bereich der ↑Betriebssysteme, der Netzwerke, ↑Bildschirmtext, System Administration, Dateiverwaltung und ↑Datenbanken, ↑Programmiersprachen, ↑Künstliche Intelligenz, Codierwerkzeuge für Softwareentwicklung, integrierte Entwicklungssysteme.

Die heutigen *C.* arbeiten meistens auf ↑PC oder ↑Workstations auf der Grundlage von ↑MS-DOS oder ↑UNIX. Für alle Systeme ist charakteristisch, daß sie modular aufgebaut sind, d.h. neben dem Grundsystem können bausteinartig Lösungen zu speziellen Anwendungsproblemen erworben werden. Damit soll jedem Kunden der maßgeschneiderte Einsatz seines CAD-Systems ermöglicht werden. Wichtige Kriterien für die Anschaffung eines *C.* sind:

• die benutzte ↑Programmiersprache (↑FORTRAN, ↑C, ↑C++), Implementation auf PC oder Workstations, Betriebssystem (MS-DOS, UNIX, Windows, VMS),

• Eingabemedien, Bildschirmgestaltung (Icons), 2D-/3D-System, Flächen- oder Volumenmodelle, elementare Prozeduren für Konstruktion und Gestaltung,

• Art der Spezialfähigkeiten für den jeweiligen Anwendungsbereich, Makro-Dateien, Schnittstellendefinition für eigene Anwendungsprogrammierung und Module für den Datenaustausch zu anderen Systemen oder Rechner,

• Hotline für Beratung,

• Kapazität des benötigten Arbeitsspeichers, Schnelligkeit des Rechners, Schnelligkeit des ↑Datentransfers.

Bei der Entscheidung über die Anschaffung eines *C.* sollte genau analysiert werden, welche besondere Fähigkeiten zu welchem Preis erworben werden können. Die Preisunterschiede beruhen sowohl auf der Software-Qualität als auch auf dem Leistungsumfang bei Speziallösungen. Der potentielle Softwarekäufer sollte sich erst einmal von neutralen Fachleuten beraten lassen, was für seine spezielle Situation die richtige Entscheidung ist. Oft werden diese Beratungskosten gescheut, obwohl dann evtl. für das *C.* "zu viel" bezahlt wird, da der ganze Leistungsumfang des gekauften Systems nicht gebraucht wird. Typisch ist, daß z.B. ein 3D-System gekauft wird, obgleich eine Analyse des gewünschten Einsatzes zeigen würde, daß nur 3% der Aufgaben 3D-Probleme sind, sonst wird nur im 2D-Bereich gearbeitet.

Marktführer - bezogen auf die Anzahl der verkauften ↑Programme (über eine Million weltweit) - ist das System Auto-CAD, dessen Stärke modularer Aufbau und günstiger Preis sind. Systeme der unteren Klasse sind weiter z.B. ANVIL, CAD-KEY, EMS. Im Maschinenbau eingesetzte Großsysteme (Komplettlösungen) sind z.B. CADDS von Computervision, CATIA von IBM, I-DEAS von SDRC, I/EMS von Intergraph, Pro-ENGINEER, UNIGRAPHICS. Alle diese Großsysteme besitzen inzwischen auch parametrisch arbeitende Module. Die Systempreise liegen zwischen ca. 10.000 und 150.000 DM pro Arbeitsplatz.

Großunternehmen benutzen immer mehrere verschiedene Systeme, da kein System auf allen, oft grundverschiedenen Anwendungsgebieten erstklassig ist. Das Monopol eines Herstellers würde zu spezieller Preisgestaltung, zu großer Abhängigkeit und zur zögernden Bereitschaft für weitere Entwicklungen führen. In den Großunternehmen der Automobilindustrie sind zur Zeit in Einsatz (↑VDI-Bericht 1134, 1994): CATIA, 42%; ICEM, 13%; SYRKO, 12%; CADDS, 7%; HLS,

5%; Medusa, 3%; Euclid, I/EMS, Tebis, Pro/E, Strim jeweils unter 1%.
Daneben ist noch ist noch eine Vielzahl von Speziallösungen im Einsatz. Jedes CAD-Produkt durchläuft einen Alterungsprozeß. Nach sieben bis zehn Jahren ist ein System wegen zu hohen Wartungsaufwandes i.a. nicht mehr konkurrenzfähig gegenüber neuen innovativen Produkten.
Wegen der Produktvielfalt ist der Datenaustausch ein großes Problem beim Einsatz von *C.* Die deutsche Automobilindustrie hat relativ früh die VDA-FS Schnittstelle entwickelt. In Frankreich wurde parallel SET eingeführt, in USA das System IGES. Heute liegt als umfassende Schnittstellendefinition STEP vor, das versucht, alle Bereiche des CAx-Einsatzes zu erfassen.
Literatur: Pöpsel, J., Klausen, U., Klein, R, Plate, J.: Computergraphik - Algorithmen und Implementierung, 1994. *Dreehsen, H. G.*: 2D/3D-CAD-Programme richtig auswählen, 1994. *Hoschek, J.* (Ed.): Freeform Tools in CAD Systems. A Comparison, 1991. *Hoschek, J.* (Hrsg.): Was *C.* wirklich können., 1993. *Hoschek, J., Dankwort, W.* (Eds.): Parametric and Variational Design, 1994. *ISIS Engineering Report:* Software und Konzepte für C-Techniken, München. *ISIS UNIX Report:* Software für UNIX-Systeme, München. *Anderl, R.*: CAD-Schnittstellen. Methoden und Werkzeuge zur CA-Integration, 1993.
Prof. Dr. J. Hoschek, Darmstadt

CAE
Computer Aided Engineering; (Schwarze, J. - WI - S.297) computerunterstütztes Entwickeln; allgemein umfaßt *C.* die Lösung komplexer Berechnungs-, Optimierungs- und Simulationsaufgaben im Rahmen der Neukonstruktion oder der auftragsbezogenen Projektierung.

CAI
Computer Aided Instruction; computerunterstütztes Instruieren, Anleiten oder Lehren; Computereinsatz im Rahmen der berufsbegleitenden Weiterbildung.

CAM
Computer Aided Manufacturing

CAP
Computer Aided Production Planning

CAQ
Computer Aided Quality Control

CAQE
Computer Aided Quality Ensurance

CARE
Begriffsdefinitionen
C. (Computer Aided Re(verse) Engineering) ist ein Akronym für zwei Vorgehenskonzepte im Software Re-Engineering: *Computer Aided Re-Engineering* (die Überarbeitung existierender Software; Arnold, 1993; McClure, 1993; Sneed, 1992) und *Computer Aided Reverse Engineering* (die Wiedergewinnung von Entwurfsinformationen aus dem Code existierender Software; Hall, 1992; Rock-Evans, 1990; Wagner, 1992). *Re-Engineering* und *Reverse Engineering* stehen dem Vorgehenskonzept *Forward Engineering* (Neuentwicklung von Software) gegenüber.
Der Begriff *CASE (Computer Aided Software Re-Engineering)* umfaßt in seiner weitesten Definition sowohl *Forward Engineering* als auch *Re-Engineering* und *Reverse Engineering* - in eingeschränktem Sinn bezeichnet es nur das werkzeuggestützte *Forward Engineering.* Die gegenwärtige Situation ist dadurch gekennzeichnet, daß CASE im umfassenden Sinn an Bedeutung gewinnt, während CASE als pures *Forward Engineering* in den Hintergrund tritt. Die drei Vorgehenskonzepte stehen in einem engen Zusammenhang: Das *Re-Engineering* erfordert zu seiner erfolgreichen Durchführung in aller Regel zunächst das *Reverse Engineering* und ein sich daran anschließendes *Forward Engineering,* wie es in der folgenden Skizze dargestellt ist.

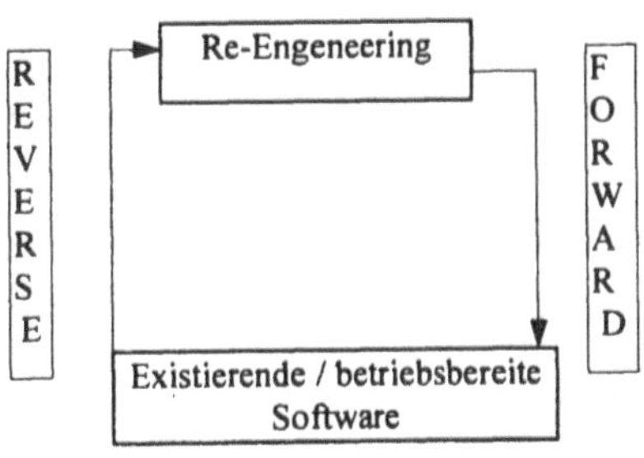

Diese Sicht auf den ↑CASE-Begriff trägt der Tatsache Rechnung, daß auch die Neuentwicklung von Software in aller Regel nicht nur Aktivitäten des *Forward Engineering*, sondern des *Reverse Engineering* und des *Re-Engineering* einschließt.

Motivation für C.

Die bei Anwendern installierte ↑Software stellt einen erheblichen Investitionswert dar. Der Erhalt der Investition und die Vermeidung von Neuinvestitionen, wo immer wirtschaftlich möglich, begründet die praktische Bedeutung von *C.* Daraus folgt, daß dem Erhalt der Funktionstüchtigkeit eingesetzter Software häufig Priorität gegenüber der Neuentwicklung von Software zugewiesen wird. Für den Erhalt der Funktionstüchtigkeit von Software ist deren fortlaufende Pflege und Wartung nötig. Es gilt aber auch, daß ↑Software durch ständige Änderung und Anpassung "altert", indem die anfänglich definierten Strukturen und inneren Abhängigkeiten verändert und kompromitiert werden. Dies erzwingt nach hinreichend vielen Änderungen das systematische *Re-Engineering*. Der Erhalt von funktionstüchtiger Software erfordert zudem deren fortwährende Anpassung an neue Benutzer- und Betreiberanforderungen und ihre damit einhergehende Weiterentwicklung. Dazu wird die Entwicklung und Einbettung neuer Komponenten zur Erweiterung der Funktionalität, als auch die Ersetzung unzureichender Komponenten nötig. Sowohl die evolutionäre Anpassung und Erweiterung, als auch die partielle Erneuerung stellen jeweils eine Re-Engineering-Aufgabe dar. Software, oberhalb einer bestimmten Komplexitätsschwelle, kann zudem nicht in einem Entwicklungszyklus anforderungsgerecht neuentwickelt werden. Ihre Vervollkommnung bedarf in der Regel mehrerer Entwicklungs- und Erprobungszyklen. Erfüllt *C.* die mit diesen prinzipiellen Begründungen definierten Anforderungen, wird mit der Existenz von *C.* die Voraussetzung dafür geschaffen, ↑Software als langfristige Infrastruktur aufzubauen und zu erhalten.

Die Aufgaben von C.

Wie im *Forward Engineering* wird auch im *Reverse Engineering* die Gesamtaufgabe durch ihre Zerlegung in Teilaufgaben durchführbar und beherrschbar gemacht. Die Zerlegung orientiert sich an Abstraktionsniveaus für die Beschreibung von Software. Die folgende Graphik gibt dazu einen Überblick.

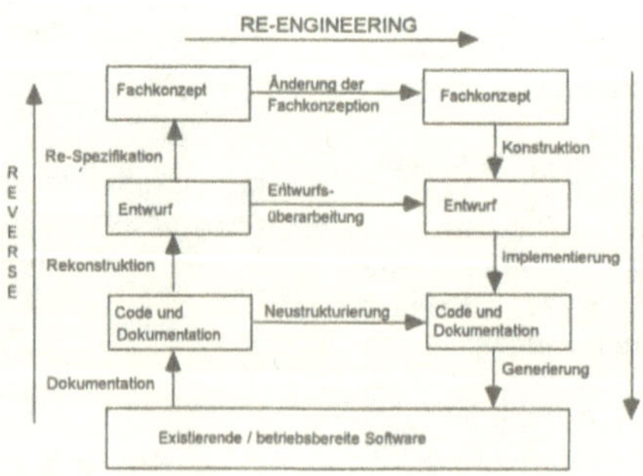

Mit diesen Verfeinerungen des oben eingeführten *C.*-Modells wird nunmehr auch eine weitergehende Abgrenzung zwischen den beteiligten Vorgehenskonzepten möglich: Das *Reverse-Engineering* stellt nach der Analyse (von Teilen) existierender Software die ↑Informationen zur Verfügung, die zur Durchführung der jeweiligen Re-Engineering-Aufgabe nötig sind. Das *Re-Engineering* führt zu den Spezifikationen der intendierten Modifikationen und Verbesserungen, die im anschließenden *Forward Engineering* in die Gesamtkonzeption der ↑Software übernommen werden.

Mit der Zerlegung der Gesamtaufgabe in die zu den Abstraktionsniveaus korrespondierenden *Teilaufgaben* ist beabsichtigt, die über Software verfügbaren oder notwendigen Informationen wie folgt zu klassifizieren:

- *Fachkonzept*: Funktions-, Informations-, Prozeß- und Benutzermodelle;
- *Entwurf*: Komponenten, ↑Schnittstellen, Plattformen, Architekturen;
- ↑*Code*: Kontrollfluß, Datenfluß, Seiteneffekte, Datenabhängigkeiten, etc.

Die Bearbeitung der *Re-Engineering-Aufgabe* erfordert in der Regel den mehrmaligen Durchlauf durch den dargestellten Zyklus über alle oder zumindest einige der o.g. Abstraktionsniveaus. Soll das Fachkonzept unverändert erhalten bleiben, wird sich die Re-Engineering-Aufgabe in der Regel nur auf das Entwurfs- und *Code-Re-Engineering* erstrecken. Soll der Entwurf ebenfalls unverändert erhalten bleiben, wird sich die Re-Engineering-Aufgabe auf das *Code-Re-Engineering* beschränken. Existiert für die im Einsatz befindliche Software nur eine Objektcodeversion, muß die Re-Engineering-Aufgabe auch das *Re-Engineering* des ↑Objektcodes einschließen. Eine entsprechende weitergehende Differenzierung der Re-Engineering-Aufgaben erfolgt später.

Betont werden muß an dieser Stelle jedoch, daß die Durchführung einer Re-Engineering-Aufgabe nur gelingen kann, wenn Informationen auf allen Abstraktionsebenen verfügbar oder durch *Reverse Engineering* verfügbar gemacht worden sind. Die Durchführung des *Reverse Engineering* und des *Forward Engineering* umfaßt eine Reihe von im klassischen *Software Re-Engineering* nicht betrachteten Aufgaben:

- (Wieder-) Verstehen von Software und Softwarebeschreibungen;
- Identifikation von Elementen und Abhängigkeiten zwischen Elementen;
- Analyse der Programme;
- Reformatierung von Software-Beschreibungen;
- Restrukturierung der Software durch Re-Definition der Elemente und
- der Abhängigkeiten zwischen den Elementen;
- Einbettung neuer Elemente in existierende Software;
- Ersetzung von Elementen durch funktionsgleiche Elemente mit verbesserter innerer Struktur und mit vereinfachten inneren Abhängigkeiten;
- Ersetzung von Elementen durch nicht funktionsgleiche Elemente mit veränderten inneren Strukturen und Abhängigkeiten, die keine Veränderungen der Systemumgebung an den Elementekonturen erzwingen bzw. Veränderungen der Systemumgebung an den Elementekonturen erzwingen;
- ersatzlose Eliminierung von Elementen.

Die in *C.* genutzten Mittel zur Neugestaltung von Software können bzw. müssen auf unterschiedlichen Granularitätsniveaus eingesetzt werden. Diese Niveaus korrespondieren zu einer gewünschten Detailliertheit der Re-Engineering-Aufgabe wie folgt:

- *Maschinenniveau*: Die Aufgabe umfaßt die vollständige Analyse und Synthese der Software in ihrer Existenz als ausführbares Maschinenprogramm.
- *Programmniveau*: Die Aufgabe umfaßt die vollständige Analyse und Synthese der Software in ihrer Existenz als übersetzbares ↑Quellprogramm.
- *Komponentenniveau*: Die Aufgabe umfaßt die vollständige Analyse und Synthese der Software in ihrer Existenz als ausführbares Maschinenprogramm bzw. als übersetzbares Quellprogramm nur für die Konturen der identifizierten Komponenten.
- *Systemniveau*: Die Aufgabe umfaßt die vollständige Analyse und Synthese der Software in ihrer Existenz als ausführliches Maschinenprogramm bzw. als übersetzbares Quellprogramm nur für die Konturen der in der Software integrierten Systeme.

Die Festlegung der Granularität für die Durchführung der Re-Engineering-Aufgabe ist einerseits durch den Re-Engineering-Bedarf und andererseits durch die Eingrenzung des damit verbundenen Aufwandes bestimmt. Um die Aufgabe erfolgreich und mit vertretbarem Aufwand abschließen zu können, müssen Entscheidungen darüber getroffen werden, welche Teile der Software nur an ihren Konturen und welche Teile in ihrer Gesamtheit betrachtet werden müssen.

Mit C. verfolgte Ziele

Aus den oben gegebenen prinzipiellen Begründungen für *C.* lassen sich die folgenden praktischen Aufgabenstellungen ableiten:

- Das (Wieder-)Verstehen des Fachkonzepts bzw. die Aktualisierung des Verständnisses des Fachkonzepts von Software. Ergebnisse: Nachdokumentation und Nachspezifikation.
- Die Vereinfachung der Benutzung von ↑Software durch die Neugestaltung der Benutzerschnittstelle. Ergebnisse: verbesserte Benutzerschnittstelle und Benutzerführung.
- Die Vereinfachung der Wartung der Software durch deren Reformatierung, die Elimination toten ↑Codes, Restrukturierung oder partielle Erneuerung. Ergebnisse: verbesserte Dokumentation und Systemstruktur.
- Die Weiterentwicklung von ↑Software durch Verbesserung und Erweiterung der Funktionalität, Verbesserung/Erneuerung der ↑Benutzeroberfläche, Erneuerung der Datenhaltung/Datenverwaltung. Ergebnisse: Systemerweiterung und -erneuerung.
- Die ↑Portierung von Software und deren Anpassung an neue ↑Schnittstellen und Plattformen. Ergebnisse: veränderte HW Plattform (z.B. ↑Parallelrechner), veränderte SW Plattform (z.B. ↑Client/↑Server) oder erneuerte Basisarchitekturen (z.B. ↑*Downsizing*/↑*Rightsizing*).
- Die Öffnung monolithischer ↑Systeme durch deren Zerlegung und Anpassung an neue Schnittstellen und Plattformen. Ergebnisse: ↑Offene Systeme sowie standardisierte ↑Schnittstellen und Plattformen.
- Die Gewinnung wiederverwendbarer Bausteine durch deren Extraktion aus existierenden Systemen und deren Anpassung an "universelle" Umgebungsbedingungen. Ergebnis: wiederverwendbare Softwarebausteine.
- Die Verbesserung der Benutzungsbedingungen durch die nachträgliche Bereitstellung von Funktionen zur Daten-, Zugangs-, Programmsicherung. Ergebnis: zuverlässigere Systeme.
- Die Leistungsverbesserung durch die Restrukturierung, Re-Implementierung oder Parallelisierung von Software. Ergebnis: leistungsfähigere Software.

Werkzeuge für das Re-Engineering
Durch die zunehmende wirtschaftliche Bedeutung des *Software-Re(verse)-Engineering* nimmt das Angebot an *C.*-Systemen bzw. an CASE-Systemen mit ausgewiesenen *C.*-Komponenten zur Zeit stark zu. Zu den Werkzeugen, die auf der Codeebene (meist spezifisch für mehrere ↑Programmiersprachen) angeboten werden, gehören:

- Metrikanalysen zur Bestimmung der Codekomplexität;
- Pretty Printer für einheitliche Umformatierung;
- Transformatoren für Sprachvarianten (z.B. von COBOL 74 zu COBOL 85 oder von C zu ↑C++);
- Werkzeuge zur Verringerung unerwünschter Programmkonstrukte, Sprung- oder Alter - Anweisungen;
- Eliminatoren von ungenutzten ↑Code und Datenfeldern;
- Werkzeuge zur Extraktion wiederverwendbarer Programmteile, z.B. in Form von Makros, Prozeduren oder Copy-Files;
- Umsetzer für eine Sprache auf verschiedene ↑Betriebssysteme;
- Testwerkzeuge.

Die Analyse und Umgestaltung des dv-technischen Entwurfs wird weit weniger von Werkzeugen unterstützt. Wesentlich sind hier:

- Repositories für die einheitliche Erfassung und Verwaltung der aus dem Code, der Dokumentation und der Umwelt über Interviews ermittelten Informationen;
- Visualisierungswerkzeuge für solche ↑Repository-Strukturen;
- Prüfwerkzeuge, die in ↑CASE-Systemen die Konsistenz des Entwurfs und seiner Komponenten vor und nach der Überarbeitung sichern;
- Code-Generierungswerkzeuge zur Erzeugung des betriebsfähigen Systems direkt aus dem Entwurf (typische *Forward Engineering-Komponente*).

Für die Umstellung der Fachkonzeption sind bisher noch keine dedizierten *Re-Engineering-Werkzeuge* verfügbar. Hier kommen nur die Teile von ↑CASE-Umgebungen zum Einsatz, die der Bearbeitung der Anforderungsdefinition und der Verwaltung der daraus resultierenden Änderungsanforderungen auf der dv-technischen Seite dienen. Angesichts der

Komplexität dieser Re-Engineering-Aufgabe wird der Bedarf nach Werkzeugunterstützung in Zukunft stark ansteigen.

Literatur: Arnold, R.S. (Ed.): Software Reengineering, Los Alamitos CA, 1993. *Hall, P.A.V.* (Ed.): Software Reuse und Reverse Engineering in Practice, UNICOM Applied Information Technology, London, 1992. *McClure, C.*: Softwareautomatisierung Reengineering, Repository, Wiederverwendbarkeit, München, 1993. *Rock-Evans, R., Hales, K.*: Reverse Engineering: Markets, Methods and Tools, London, 1990. *Sneed, H.*: Softwarewartung und - wiederverwendung, Bd. 2, Softwaresanierung, Köln, 1992. *Wagner, B. et al.*: Reverse Engineering Sanierung, Dokumentation und Strukturierung vorhandener Software, Kontakt & Studium, Bd. 401, Ehningen, 1992.

Prof. Dr. H. Weber, M. Löwe, Berlin

CASE

CASE (Computer Aided Software Engineering) bezeichnet zunächst einmal die Erstellung von Softwareprodukten mit Hilfe von ↑Computern. Genauer betrachtet sind es aber nicht eigentlich die Computer, die die Hilfe leisten, sondern spezielle Programme, die auf Computern ausgeführt werden. In den späten Entwicklungsphasen ist dies ja schon immer gar nicht anders möglich gewesen. ↑Editoren, ↑Compiler und Debugger sind sicherlich Hilfsmittel, die ein Entwickler notwendigerweise zur Erstellung von Softwareprodukten verwenden muß. *C.* bezeichnet daher auch im eigentlichen Sinne nicht diese Hilfsmittel, sondern Programme, die den Entwickler beim Einsatz von softwaretechnologischen Prinzipien, Methoden, Techniken und Vorgehensweisen unterstützen.

Die Entwicklung von *C.* begann Mitte der 70er Jahre. Softwareentwicklung wurde nicht mehr nur als Kodieren von Funktionen betrachtet, sondern als eine Folge von ingenieurmäßig ausführbaren Aktivitäten. Am Ende dieser Aktivitätenfolge stand neben dem Programm zusätzlich eine Reihe von Dokumenten, die die Entwicklung beschrieben; dazu gehörten die Programmspezifikation (d.h. die Beschreibung der funktionalen und nichtfunktionalen Eigenschaften des Programms), der Programmentwurf (d.h. die Beschreibung der softwaretechnischen Realisierung des Programms), das Benutzerhandbuch etc. Die einzelnen Aktivitäten wurden durch Methoden unterstützt. So gab es Methoden zur Anforderungsdefinition, zum Programmentwurf, zum ↑Testen usw. Der Wunsch der Entwickler, bei der Anwendung der Methoden Unterstützung zu erhalten, führte zu der Entwicklung von speziellen Programmen, die heute üblicherweise als *C.-Werkzeuge* bezeichnet werden. Sie lassen sich nach dem Zeitpunkt ihrer Verwendung während der Softwareentwicklung in Upper- und Lower-*C.*-Werkzeuge einteilen. *Upper-C.-Werkzeuge* unterstützen den Entwickler bei der Anwendung von Methoden in den frühen Entwicklungsphasen. Bspw. unterstützt ein SA-Werkzeug den Entwickler bei der Anwendung der Methode Structured Analysis während der Anforderungsdefinition an ein Softwareprodukt. *Lower-C.-Werkzeuge* unterstützen den Entwickler in späten Phasen der Softwareentwicklung, z.B. bei der Durchführung verschiedener Testmethoden (Balzert, 1993).

Die *erste Generation von C.-Werkzeugen* unterstützte den Entwickler jeweils bei der Anwendung einer Methode. Die dabei erzeugten Ergebnisse wurden in einer werkzeugspezifischen Datenhaltungskomponente abgelegt. Kamen im Verlaufe der Softwareentwicklung mehrere Werkzeuge zum Einsatz, so war kein automatischer Datenaustausch zwischen den Werkzeugen möglich. Wurde bspw. die Anforderungsdefinition an ein Softwareprodukt mit Hilfe eines SA-Werkzeuges vorgenommen, so konnten beim Systementwurf die dabei erzeugten Ergebnisse nicht von einem Entwurfswerkzeug weiterverwendet werden. Die Entscheidung, welches Werkzeug zu welchem Zeitpunkt während der Entwicklung zum Einsatz kam, blieb dem Entwickler überlassen.

Die *zweite Generation von C.-Werkzeugen* versuchte, den Entwickler während des gesamten Entwicklungsprozesses zu unterstützen. Dazu wurden verschiedene Werkzeuge in einer *C.*-Umgebung derart zusammengefaßt, daß eine Benutzung der

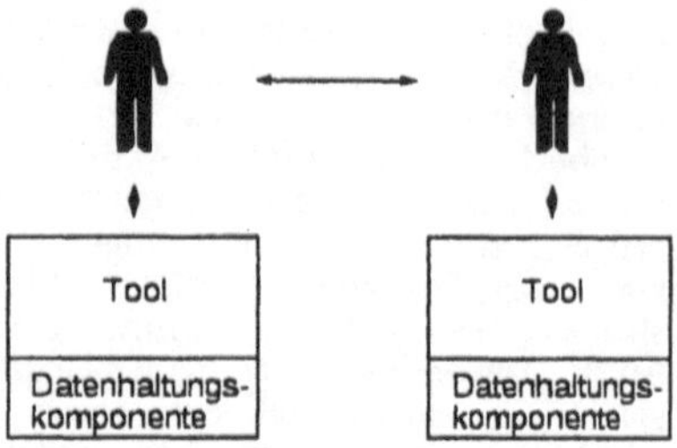

verschiedenen Werkzeuge in einer bestimmten Reihenfolge zu dem gewünschten Ergebnis führte. Die richtige Reihenfolge der Benutzung der Werkzeuge wurde durch sog. Vorgehensmodelle festgelegt. Die von den Werkzeugen erzeugten Daten wurden in einer gemeinsamen Datenhaltungskomponente abgelegt. Damit konnten dann auch Konsistenzbedingungen, also semantische Beziehungen zwischen den erzeugten Daten verschiedener Werkzeuge, sichergestellt werden. Diese *C.*-Umgebungen wurden als geschlossene Systeme von einem Hersteller angeboten. Eine Integration weiterer Werkzeuge war kaum oder nur mit erheblichem Aufwand möglich, da weder die ↑Schnittstellen zum Vorgehensmodell noch die Schnittstellen zur Datenhaltungskomponente öffentlich waren.

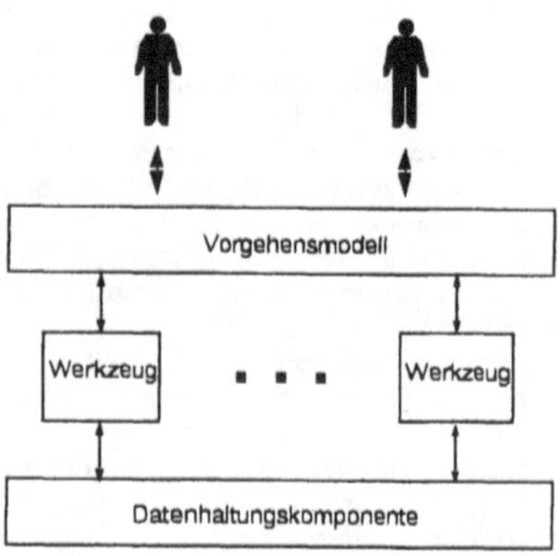

Heutige C.-Umgebungen erlauben dem Entwickler eine viel größere Flexibilität in der Nutzung der Werkzeuge. Mit Hilfe eines Softwarebusses - so benannt in Analogie zu den aus der ↑Hardware bekannten Bussystemen - werden die in einer *C.*-Umgebung vorhandenen Komponenten gekoppelt. Ein Vorgehensmodell erlaubt dem Entwickler die maximal mögliche Flexibilität bei der Nutzung der angebotenen Dienste. Ausgeschlossen werden nur solche Aktionen, die zu Konsistenzverletzungen an den erzeugten Daten führen oder den Entwickler aus der technologischen Sicht nicht in die vorgesehene Realisierungsrichtung voranbringen. Die Werkzeuge haben die Möglichkeit, die erzeugten Daten in verschiedenen Datenhaltungskomponenten abzulegen. Die Integration verschiedener Datenmodelle wird durch den Softwarebus realisiert. Die durch den Softwarebus realisierte Offenheit ermöglicht die Integration weiterer Werkzeuge in die *C.*-Umgebung.

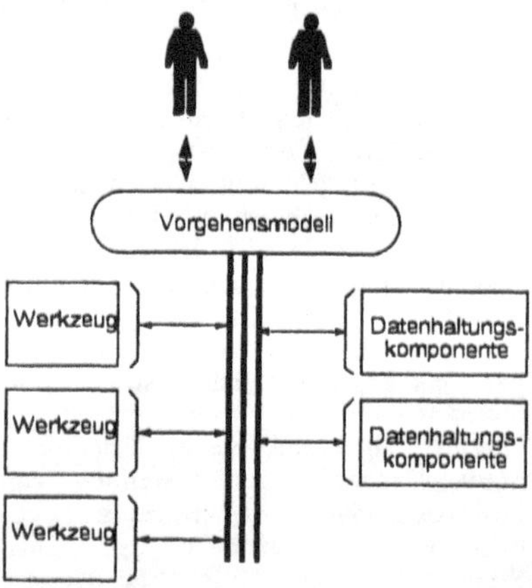

Für den Begriff *C.*-Umgebung werden eine Reihe Synonyme verwendet: Software-Entwicklungsumgebung, Software-Produktionsumgebung, Integrated Project Support Environment (IPSE) oder Software Factory (SF). Aber nicht nur die verwendeten Begriffe sind sehr unterschiedlich, auch die Unterstützung, die *C.*-Umgebungen den Entwicklern bieten, kann sehr verschieden sein. Große Organisationen und internationale Projekte haben sich bemüht, Referenzmodelle für *C.*-Umgebungen zu definieren. Ziel dabei war es, einen Rahmen zu definieren, der es erlaubt, verschiedene *C.*-Umgebungen einheitlich zu beschreiben, um so ihre Leistungen vergleichen und diskutieren zu können. Durch die Referenzmodelle sollten keine Architekturen definiert und auch keine Einteilung in "gute" und "schlechte" *C.*-Umgebungen vorgenommen werden. Das bekannteste Referenzmodell ist das Modell der *European Computer Manufactures Association (ECMA)*.

Das ECMA-Referenzmodell einer *C.*-Umgebung wird häufig aufgrund seiner Darstellung als "Toaster-Modell" bezeichnet. Jede Schicht erbringt Dienstleistungen für eine höhere Schicht. Werkzeuge werden wie Toastscheiben zwischen die Schicht Process Management Services und Object Management Services "eingehängt".

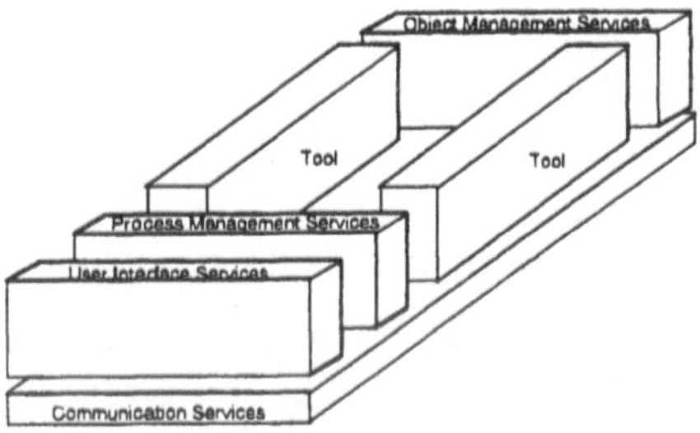

Die *Object Management Services* dienen der Verwaltung der von den Werkzeugen erzeugten ↑Objekte und deren Beziehungen untereinander. Die "Steckplätze" für die Werkzeuge stellen den Rahmen für die Integration von Werkzeugen in das Modell dar. Das Referenzmodell sieht an dieser Stelle keine konkreten Werkzeuge vor. Der vorgegebene Rahmen definiert nur, daß zu integrierende Werkzeuge zur Speicherung ihrer ↑Informationen die Dienste der Object Management Services in Anspruch nehmen und durch Process Management Services auf die Werkzeuge zugegriffen wird. Die *Process Management Services* unterstützen die Entwickler bei der Verwendung der Werkzeuge. In dieser Schicht werden Aufruffolgen von Werkzeugen und Aufgaben von Benutzern der *C.*-Umgebung definiert. Die *User Interfaces Services* ermöglichen eine einheitliche ↑Benutzeroberfläche für alle Dienstleistungen der *C.*-Umgebung. Die *Communication Services* definieren die ↑Kommunikation zwischen Werkzeugen, Diensten, sowie Diensten und Werkzeugen.

Die Einführung von *C.*-Umgebungen in Unternehmen ist häufig durch den Wunsch nach größerer Produktivität und Qualität motiviert. (Balzert, 1993) Dabei bleibt oftmals unberücksichtigt, daß *C.*-Werkzeuge nur ein methodisches Vorgehen bei der Softwareentwicklung unterstützen können. Fehlen definierte Methoden und Konzepte, kehrt sich der Erfolg ins Gegenteil. Die Erwartungen können nur dann erfüllt werden, wenn bei der Auswahl einer *C.*-Umgebung die individuellen Voraussetzungen des Unternehmens berücksichtigt werden. Diese Voraussetzungen werden durch drei Dimensionen charakterisiert:

Die *erste Dimension* beschreibt die *technischen Aspekte*, die bei der Auswahl einer geeigneten *C.*-Umgebung berücksichtigt werden müssen. Dazu gehören die vorhandene Hard- und Software, die Plattformen, für die Software entwickelt wird etc. Die *zweite Dimension* beschreibt die *organisatorischen Aspekte*. Dazu gehören die Aufbau- und die Ablauforganisation des Unternehmens. Die *dritte Dimension* beschreibt die *personellen Aspekte*. Diese Dimension beschreibt den Ausbildungsstand und die Erfahrung der Entwickler. Nur, wenn alle Dimensionen bei der Auswahl einer *C.*-Umgebung die entsprechende Berücksichtigung finden, können die Erwartungen an den Einsatz einer *C.*-Umgebung erfüllt werden. Daher ist die eingehende Analyse des Istzustandes des Unternehmens die wesentliche Voraussetzung für die zu treffende Auswahl. Auf der Basis der erhobenen Informationen sind organisatorische wie methodische Änderungen des Vorgehens möglich, die in der Folge optimal von *C.*-Werkzeugen unterstützt werden können. Eine gut definierte Einführungsstrategie, bspw. durch Pilotanwendungen in geeigneten Projekten, sowie die ausreichende Schulung der beteiligten Entwickler vermeiden einen erhöhten Aufwand und motivieren die Entwickler (Weber, 1992).

Literatur: Balzert, H.: CASE - Auswahl, Einführung, Erfahrungen, 1993. *Balzert, H.* (Hrsg): CASE - Systeme und Werkzeuge, 5. Aufl., 1993. *Weber, K.*: Die Software-Krise und ihre Macher, 1992.

Dr. V. Zurwehn, Dortmund

Case Based Reasoning

Begriff

Case Based Reasoning (CBR) oder *Fallbasiertes Schließen (FbS)* beruhen auf Theorien und Modellen der menschlichen Erkenntnisgewinnung. *C.* stellt einen Ansatz zur Lösung von Problemen unter Nutzung vorhandener Erfahrungen dar und ist ein Teilgebiet der Künstlichen Intelligenz, wobei auch Ergebnisse anderer Fachdisziplinen, so der Kognitionspsychologie, genutzt werden.

C. versucht, bestimmte Vorgehensweisen des menschlichen Problemlösungsverhaltens abzubilden, indem bekannte Fälle nach eventueller Anpassung für die Lösung eines neuen Falles genutzt werden.

Ein gelöster Fall umfaßt dabei die Beschreibung, die Lösung und die Erläuterung des Lösungsweges für ein Problem einer bestimmten ↑Domäne. Diese Fälle werden in einer Fallbasis abgespeichert, um für ein gegebenes Problem die Lösung und/oder den Lösungsweg aus ähnlichen Fällen abzuleiten. *C.* ist daher auch als eine spezielle Form des analogen Schließens aufzufassen (Kolodner, 1991).

Ein Fall Fi aus einer Fallbasis

FB={F1, F2, ... , Fn}

läßt sich darstellen durch

Fi=(Pi, Li, Wi)

mit der Problembeschreibung Pi, der Lösung Li und einer Beschreibung des Lösungsweges Wi .

Wenn

F′=(P′, L′, W′)

ein aktuelles Problem mit der gegebenen Problembeschreibung P′ darstellt, für das die Lösung L′ und/oder der Lösungsweg W′ gesucht sind, dann liefert *C.* einen Lösungsansatz unter der Voraussetzung, daß es einen Fall Fi ∈ FB gibt, der zu F′ ähnlich ist und als Referenz-Fall genutzt werden kann. Der zur Lösung von F′ erforderliche Transfer von Fallwissen, der lösungs- oder vorgangsbasiert erfolgt, beruht auf der plausiblen Annahme, daß für Fälle mit ähnlichen Problemstellungen auch ähnliche Lösungen und/oder ähnliche Lösungswege existieren.

Ähnlichkeit

Die Bestimmung der Ähnlichkeit ist von zentraler Bedeutung für das *C.* Sie ergibt sich aus dem Vergleich von Eigenschaften bzw. Merkmalen der jeweils betrachteten Fälle.

Um den ähnlichsten Fall herauszufinden, können neben einer geeigneten Repräsentation der Fälle in der Fallbasis, z.B. durch Anordnung in Bäumen, explizite Ähnlichkeits- bzw. Distanzmaße verwendet werden. Deren Berechnung ermöglicht, Abweichungen zwischen den Objektmerkmalen zu ermitteln, zu bewerten und damit eine Rangfolge ähnlicher Fälle aufzustellen. Mit *C.* können auf diese Weise neue Lösungen unter Verwendung früherer Lösungswege entwickelt, alte Lösungen neuen Anforderungen angepaßt, sowie frühere Fälle zur Erklärung neuer Problemstellungen genutzt werden.

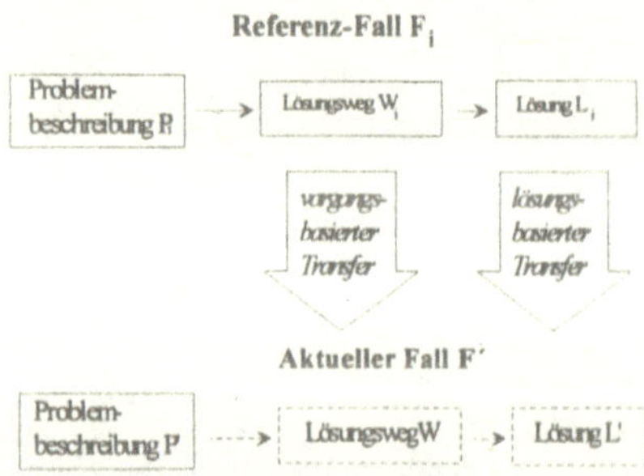

Vorgehensmodell

Die aus der Literatur bekannten Vorgehensmodelle zum *C.* beschreiben mehr oder weniger ausführlich die zu durchlaufenden Phasen von der Recherche und vom Ähnlichkeitsvergleich über die Anpassung alter Fälle bis zur Generierung von möglichen Lösungen (Kolodner, Simpson, 1985; Wolstencroft, 1989; Slade, 1991; Althoff, 1992).

Anwendungsbereiche

C. läßt sich als Lösungsmethode für ein aktuelles Problem anwenden, wenn bereits gelöste Fälle in einer Fallbasis verfügbar sind.

Zahlreiche Entwicklungen von Prototypen und die in der Praxis eingesetzten

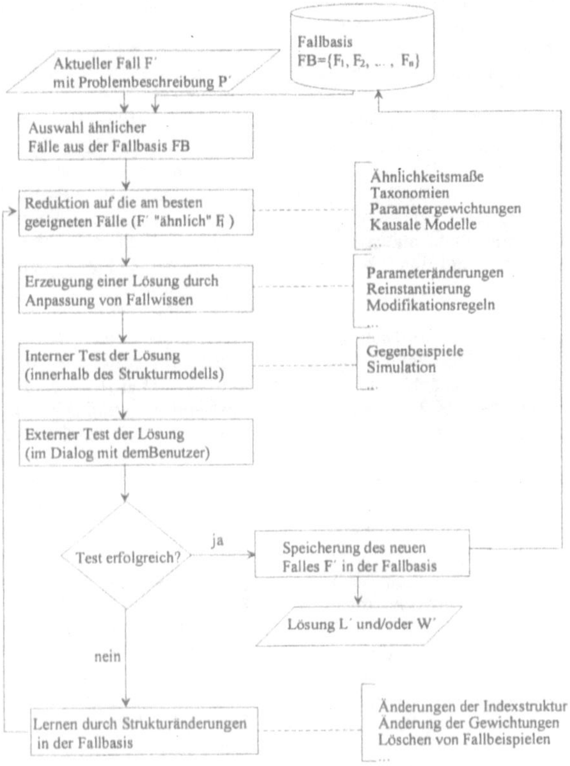

Systeme zeigen, daß *C.* bisher vor allem für Entwurf, Konfiguration, Diagnose, ↑Bildverarbeitung, Arbeitsplanung, Anlagenberatung, Personaleinsatzplanung und Rechtssprechung eingesetzt wird (First European Workshop on Case Based Reasoning, 1993).

Zwei Beispiele sollen den möglichen Einsatz von *C.* verdeutlichen:

- Bei der Erstellung eines Angebots für eine Ausschreibung, z.B. für bestimmte Investitionsgüter, läßt sich der Aufwand wesentlich reduzieren, wenn Ergebnisse aus früheren Angeboten bzw. Projekten genutzt werden können. Diese Wiederverwendung von vorliegenden Arbeitsergebnissen setzt eine Projektdatenbank voraus, die als Fallbasis organisiert ist und aus der sich unter Nutzung des *C.* rechnergestützt ähnliche Projekte übernehmen bzw. für die vorliegende Problemstellung anpassen lassen.
- Eine andere typische Anwendung des *C.* stellt in der Rechtsprechung das Fallbasierte Argumentieren unter Nutzung von Präzedenzfällen dar. Durch *C.* lassen sich auf der Grundlage einer Fallbasis und des analogen Schließens Ähnlichkeiten bzw. Unterschiede von juristischen Rechtsfällen bestimmen, geeignete Gegenbeispiele ermitteln oder bestimmte Hypothesen aufstellen. Die in der juristischen Praxis typische Vorgehensweise kann durch das *C.* adäquat abgebildet und rechnergestützt realisiert werden.

Werkzeuge

Die Entwicklung von Systemen auf der Basis von *C.* stellt hohe Anforderungen an die benötigten Entwicklungsumgebungen. Zahlreiche Shells stellen für eine geeignete Falldarstellung regel- und objektorientierte Repräsentationsmittel für *C.* zur Verfügung, wie z.B. ART-IM, CBR Express, ESTEEM, Induce-It und ReMind.

Fallbasierte Shells unterstützen oft nicht alle Phasen des allgemeinen Vorgehensmodells in ausreichendem Maße. So erfolgt bspw. das Lernen dadurch, daß lediglich neue Fälle in die Fallbasis aufgenommen werden, oder die Ähnlichkeit von Fällen wird nur über Ähnlichkeitsmaße, nicht aber durch die Strukturierung der Fallbasis bestimmt. Zukünftige *C.*-Tools werden regelbasierte, objektorientierte, neuronale und statistische Komponenten enthalten und damit hybride Systeme darstellen.

Zusammenfassung

C. ist ein Forschungs- und Anwendungsgebiet, das für unterschiedliche Fachgebiete von Interesse ist. Wesentliche Vorteile dieses Lösungsansatzes bestehen in der Nutzung gelöster Fälle, der Verarbeitung von nur schwer formalisierbarem Erfahrungswissen, sowie der Möglichkeit des Lernens. Die Güte eines auf dem *C.* beruhenden Lösungsverfahrens hängt sehr stark von der Festlegung der für die zu speichernden Fälle relevanten Merkmale, der Wahl der Ähnlichkeitsmaße, den Verfahren zum Finden des ähnlichsten Falles, den Möglichkeiten der Anpassung eines ausgewählten Falles an die gegebene Problemstellung und nicht zuletzt von den implementierten Lernmethoden ab.

Literatur: Althoff, K.-D. et al.: Fallbasiertes Schließen in Expertensystemen: Welche Rolle spielen Fälle für wissensbasierte Systeme?, in: KI, 6, 1992. *Kolodner, J.L.*: Improving Human Decision Making through Case Based Decision Aiding, in: AI Magazine, 1991. *Slade, S.*: C.: A Research Paradigm, in: AI Magazine, 1991. *Wolstencroft, J.*: Restructing, Reminding, Repair: What's missing from Models of Analogy, in: AI Communications, 1989.

Prof. Dr. D. Ehrenberg, Leipzig

CBT (Computerbasiertes Training)

↑Computer eignen sich als *L.*, die Prozesse menschlichen Lernens ermöglichen oder unterstützen können - falls bestimmte Prinzipien der Gestaltung und des Einsatzes berücksichtigt werden. Im Unterschied zu Lehrmedien, die Lehrer im Unterricht einsetzen, eignen sich diese vor allem für das Selbststudium. Der Begriff *Instruktionstechnologie* (Instructional Technology) umfaßt ebenso konventionelle wie computergestützte *L.* Für die verschiedenen Varianten computergestützter *L.* hat sich der Sammelbegriff *computerbasiertes Training (CBT)* in der Praxis eingebürgert.

Bereits in den 60er Jahren wurden erste Versuche zum Einsatz von Rechnern für *C.* durchgeführt. Weit verbreitet war eine euphorische Einschätzung der Einsatzmöglichkeiten von Computern in Schule u. Unterricht. Schon damals waren (analoge) audiovisuelle Ausgabegeräte (Dia, Ton, Film) Teil von ↑Multimediasystemen. Trotz erheblichen Aufwands mußte jedoch festgestellt werden, daß die technischen, ebenso wie die konzeptuellen Anforderungen des *C.* wesentlich komplexer sind, als zunächst angenommen.

Mit der Entwicklung digitaler Multimediasysteme hat die Diskussion Ende der 80er Jahre erneut Auftrieb erhalten. Doch auch heute zeichnet sich ab, daß manche technisch gelungene Konzeption im praktischen Einsatz weniger Erfolg erzielt als vermutet. Diese Erfahrungen belegen die Notwendigkeit, bereits die Planung und Konzeption computergestützter *L.* sehr viel gezielter auf die konkreten Einsatzbedingungen hin auszurichten. Im Unterschied zu konventionellen Softwareprodukten steht neben üblichen softwaretechnischen Qualitätskriterien, wie Laufzeitverhalten, Zuverlässigkeit und ↑Benutzerfreundlichkeit eine kommunikative Absicht des technischen ↑Mediums im Vordergrund: der Sicherung des Lernerfolgs (Kerres, 1992).

Typen der Anwendungen

Computer als *L.* können in sehr unterschiedlicher Form eingesetzt werden. Die Übersicht zeigt ein breites Spektrum der Anwendungsarten:

- *Tutorielle Lehrprogramme* beinhalten üblicherweise relativ strukturierte Darbietungen eines didaktisch aufbereiteten Lehrstoffs mit Einleitungen, Übungsaufgaben, ↑Tests, Rückmeldungen etc., insb. für Lerner mit geringen Kenntnissen. Für die Erstellung solcher Anwendungen kommen *Autorensysteme* zum Einsatz, die die Produktivität der Softwareentwicklung erhöhen. Intelligente tutorielle Systeme versuchen die Qualität des Dialogs durch Einsatz von KI-Softwaretechniken zu erhöhen.

• *Simulationen* eignen sich unter bestimmten Bedingungen ebenfalls als Lernsysteme. Sie bauen entweder „reale Welten" möglichst echt nach, wie z.B. Flugsimulatoren oder Unternehmensplanspiele, oder bilden „virtuelle Welten" ab, in der sich der Lerner bewegen kann. Gelernt wird durch unmittelbare Rückmeldungen, wie sich das eigene Verhalten oder Entscheidungen auf das System auswirken.

• Ähnlich können bei Übungsumgebungen Objekte auf der Oberfläche manipuliert *(Objektmanipulation)* und die Wirkung dieser Aktionen unmittelbar abgelesen werden, z.B. Problemlöseumgebung für Elektronik, bei der - wie bei einem Baukasten - bestimmte Schaltungen aufgebaut und überprüft werden sollen.

• *Hypermediasysteme* ermöglichen wahlfreien und einfachen Zugriff auf Informationen unterschiedlicher medialer Repräsentationsform mit ↑graphischen Benutzeroberflächen und bieten sich bei ↑Systemen an, bei denen (eher gleichrangige) ↑Informationen einfach und schnell nachzuschlagen sind, z.B. Städte- oder Produktinformationssysteme.

• Bei der *aktiven Nutzung von Anwenderprogrammen im didaktischen Kontext* wird der Computer (am besten: in einer Gruppe) zum Werkzeug der Wissenskonstruktion: so z.B. beim Aufbau eigener Daten-/Wissensbasen, bei der Abfrage und bei Recherchen in externen ↑Datenbanken oder bei anderen telekommunikativen Anwendungen, bei der Entwicklung von Kalkulationsformularen oder eigenen Hypertextsystemen. Im Vordergrund steht nicht das Erlernen der Computeranwendung. Der ↑Computer wird vielmehr Mittel eigenen Systematisierens und Strukturierens.

• Ebenso gilt es in Modellbildungssystemen einen Realitätsausschnitt (z.B. technisches oder ökologisches ↑System, gesellschaftliche oder psychologische Vorgänge etc.) nachzubilden. Eine solche schrittweise *Entwicklung eigener ↑Simulationen* erfordert eine intensive Auseinandersetzung (vornehmlich in einer Gruppe) mit der Funktionsweise des nachzubildenden ↑Systems.

• *Hilfesysteme* beinhalten ↑Informationen zu Anwendungsprogrammen, um den Benutzer bei Schwierigkeiten oder Fragen möglichst kontextsensitiv zu unterstützen, z.B. den (erfahrenen) Programmierer bei der Programmerstellung.

• *Edutainment* ist die Kombination von „Education" und „Entertainment" und meint die Einbettung von Lernsystemen in den Kontext einer spielerischen Handlung - nicht nur für Kinder!

Die genannten Anwendungen beinhalten aus didaktischer Sicht unterschiedliche Arten der Auseinandersetzung eines Lerners mit einem Lerngegenstand. Die Entscheidung für eine der Anwendungsarten und genauere Hinweise für die Konzeption des Lernmediums, ebenso wie die Wahl einer Entwicklungs- und Einsatzplattform ist aus systematischen Analysen abzuleiten. Diese werden in den Modellen des Instruktionsdesigns thematisiert, in einer Disziplin, die Erkenntnisse der Pädagogischen Psychologie, der Didaktik, sowie der Medienforschung integriert und zu handlungsleitenden Konzeptionen für CBT-Entwickler verdichtet. Eine solche Analyse und Konzeptionsentwicklung besteht u.a. in folgenden Merkmalen: Bestimmung von Lehrzielen, Analysen von Lehrstoff bzw. Tätigkeitsanalysen, Analyse der Zielgruppe, Festlegung von Instruktionsmethode und Medienwahl (Gagné et al, 1992).

Auf der Grundlage solcher didaktischer Vorstrukturierungen sollten technische Spezifikationen benannt und die Art der Anwendung bestimmt werden. Wichtig ist dabei die Entscheidung zwischen eher sequentieller oder eher wahlfreier Interaktionsstruktur: Bei ersterer ist der Verlauf einer Wissensvermittlung relativ strikt vorgegeben, während die Struktur bei letzterer mehr Freiräume für die eigene Wissenskonstruktion läßt (Issing, Klimsa, 1995).

Damit sollte der Unterschied zwischen einem bloßen ↑Informationssystem und einem didaktisch aufbereiteten Lernmedium deutlich werden.

Konzeptionen des Einsatzes

Der Einsatz von CBT kann auf dem Hintergrund unterschiedlicher Überlegungen erfolgen. Es lassen sich insb. drei verschiedene Konzeptionen des Einsatzes antreffen, die ein berechtigtes Anliegen ausdrücken, allerdings typische Konflikt- und Fehlerpotentiale mit sich bringen.

CBT

CBT als Ersatz für andere Medien
Der Einsatz von CBT kann das Ziel verfolgen, andere Vermittlungsformen, insb. aufwendige personalintensive Lehrformen, zu ersetzen. Die Hoffnung auf eine Steigerung der Effizienz von Bildungsmaßnahmen steht im Vordergrund. Angenommen wird die Möglichkeit einer direkten Substitution herkömmlicher Medien durch CBT. Diese Konzeption kommt vor allem in dem in den 60er Jahren geprägten Begriff des objektivierten Lehrens zum Ausdruck. Die Funktion des Lehrens kann direkt übertragen werden auf ein ↑Objekt, sei es ein Lehrbuch oder ein anderes technisches Lehrmedium, das nach bestimmten didaktischen Prinzipien gestaltet wird. *Objektiviertes Lehren* meint damit die Anwendung technologischen ↑Wissens (i.S. von Verfahrenswissen) über Lehrprozesse auf die Wissensvermittlung mit technischen Medien.
Die große Anzahl z.T. widersprüchlicher Studien zur Frage des Vergleichs der Effektivität unterschiedlicher *L.* verhindert eine eindeutige Aussage, ob CBT diese Erwartungen erfüllen kann. Jedes neue Lernmedium hat immer wieder die Behauptung aufgeworfen, diese Technik sei bisherigen Medien oder Vermittlungsformen überlegen. Eine Alternative zur - zumeist tendenziösen - Auswahl einzelner Untersuchungen besteht in Metaanalysen, die die Ergebnisse vorliegender Untersuchungen einer erneuten statistischen Metaauswertung zuführen. Dabei stellt sich heraus, daß CBT keine grundsätzlichen Vorteile gegenüber anderen Darbietungs- und Unterrichtsformen aufweist, jedoch auch keine eindeutig schlechteren Lerneffekte als andere Vermittlungsformen erkennen läßt. Insb. in der Weiterbildung zeigen sich nicht unerhebliche Vorteile des CBT durch eine Verkürzung der Lerndauer.

Die Medienforschung unterstützt die grundsätzliche Aussage, daß die Wahl des ↑Mediums (und damit seiner technischen Eigenschaften) weniger Einfluß auf die Qualität des Lernens hat als weithin angenommen wird, sondern es auf Instruktionsmethode, Gestaltung und Einsatzkonzept ankommt (Mandl, Levine, 1989). Für den praktischen Einsatz von CBT wichtiger ist schließlich die Frage der Effizienz, die die Effektivität verschiedener *L.* in Beziehung zu den damit verbundenen Kosten setzt. Selbst bei höchster Effektivität eines *L.* wird ggfs. für ein anderes, weniger effektives Medium entschieden werden, wenn dies mit deutlich weniger Kosten verbunden ist. Dabei sind insb. auch die sozio-psychologischen Kosten der Einführung neuer Verfahren, mögliche Widerstände gegen Neuerungen und anderer Nebeneffekte zu berücksichtigen. Es liegen jedoch weiterhin nur vereinzelte Erkenntnisse zur Effizienz vor.

CBT als zusätzliches ↑Medium
CBT ermöglicht einen anderen Zugang und Zugriff zu Lerninhalten und kann unter bestimmten Bedingungen eine positive Einstellung zum Lerngegenstand und zum Lernen fördern.
Insofern sehen gerade Lehrende CBT als zusätzliches ↑Medium und Erweiterung des Angebotsspektrums, das das Lernen vor allem in bestimmten Kontexten und Phasen unterstützt: z.B. in der Phase der Vor- oder Nachbereitung, als Demonstrationswerkzeug im Unterricht oder für Testzwecke.
Es zeigt sich, daß bestimmte Varianten des CBT durchweg motivierende Wirkung auf das Lernverhalten aufweisen. Sie gehen jedoch nicht vom Computer selbst aus, sondern hängen von der didaktischen Qualität des Lernmediums, sowie der Integration in die gesamte Lehrgangskonzeption ab. Allerdings können technische Investitionen im Schulungsbereich die Innovationszyklen der ↑Informationstechnik erfahrungsgemäß nicht mithalten, wodurch ein reiner Motivationseffekt durch ↑Computer im Bildungsbereich schnell schwindet.
Erfahrungen mit einer Reihe von ↑Instruktionstechnologien belegen, daß Lehrende und Lernende neue Medien nur dann dauerhaft nutzen, wenn sich diese an ihre bisherigen Arbeitsgewohnheiten anpassen und keine grundsätzlich anderen Vorgehensweisen erfordern. Nur, wenn ein Vorteil in der Verrichtung von Routinetätigkeiten erlebt wird, wird der Computer als zusätzliches Lernmedium akzeptiert.

CBT als alternatives Lernkonzept
Der Einsatz von CBT kann das Ziel ver-

folgen, ein bestimmtes Konzept des Lernens einzuführen. Während Lernen oft als passive Aktivität der Wissensvermittlung und -aufnahme erlebt wird, kann mit CBT ein Konzept des Lernens gefördert werden, das die Eigenaktivität des Lerners - auch (nahe) am Arbeitsplatz - betont. Ziel wäre ein Konzept des Lernens als ständige (lebenslange) Aktivität nicht nur von Individuen, sondern auch von sich entwickelnden Arbeitsgruppen und schließlich von „lernenden Organisationen", um sich so der Umweltdynamik besser anpassen zu können. Wiederum bringt nicht die Technik selbst diese Veränderungen mit sich, sondern ein umfassendes Konzept der Organisationsentwicklung einerseits und entsprechend gestaltete und eingesetzte *L.* andererseits. CBT wird in diesem Konzept nicht beitragen, kurzfristig Kosten zu senken, sondern wird als besonders geeigneter Teil einer Lerninfrastruktur gesehen, die selbst- und gruppengesteuerte Lernprozesse unterstützt.

Thematische Einsatzbereiche

Viele CBT-Programme beschränken sich auf Vermittlung und Abruf einfachen Faktenwissens. Dies wird freilich schnell vergessen und ist weder direkt anwendbar, noch transferierbar auf neue Sachverhalte. Deswegen sollte in CBT-Anwendungen - wann immer möglich - versucht werden, Zusammenhänge zu verdeutlichen, Strukturen zu veranschaulichen, Verständnis zu fördern, sowie das eigene unmittelbare Anwenden zu ermöglichen.

Das ↑Programm muß die eigene kognitive Auseinandersetzung des Lernenden mit dem Lerngegenstand intensivieren, um Lernerfolge zu erzielen: Der Lernende muß sich das ↑Wissen selbständig und aktiv konstruieren. Erst in jüngster Zeit sind diese - an sich bekannten Konzepte der Didaktik - auf CBT übertragen und damit komplexere Instruktionsstrategien entwickelt worden. Konsequent angewandt sollten sie zu einer deutlichen Ausweitung denkbarer Anwendungen verhelfen.

Steht das CBT beim deklarativen Wissen (Wissen über Gegenstände, Konzepte, Sachverhalte etc.) immer in Konkurrenz zu konventionellen Medien (insb. dem Buch), die z.T. über Jahrhunderte unsere Kultur prägten, könnte die Vermittlung prozeduralen Wissens (Wissen, wie etwas auszuführen ist) mit CBT an Bedeutung gewinnen: Ein interaktives ↑Multimediasystem kann z.B. eine Maschine vorführen, die der Lerner untersuchen soll, um einen Defekt zu finden und zu beheben.

Einsatzorte

Während der Einsatz von CBT früher vornehmlich im schulischen Kontext diskutiert wurde, liegt der Schwerpunkt heute eindeutig in der betrieblichen Aus- und Weiterbildung. Zwar haben sich bisang vornehmlich Großunternehmen für den Einsatz von CBT interessiert - die Chance von CBT wird jedoch gerade für kleinere und mittlere Betriebe gesehen, um auf diese Weise dezentral und ↑Just in Time auf Wissensbestände und Lehrangebote zurückgreifen - die sie aufgrund ihrer Größe nicht in eigenen Weiterbildungsabteilungen vorhalten können. Damit hängt auch die Diskussion über neue Lernorte der Weiterbildung zusammen. Immer mehr rückt der Arbeitsplatz oder der Betrieb als Ort lebenslangen Lernens in den Fokus. Statt Lernen in eine entfernte Schule zu verbannen, gilt es, das Unternehmen insgesamt in eine sich selbst ständig erneuernde Lernorganisation zu wandeln. Weitergehend als Qualitätszirkel und andere an der Verbesserung der Produktion orientierten Entwicklungsmethoden geht es in der lernenden Organisation um den Aufbau einer Infrastruktur, die individuelle ebenso, wie organisationale Lern- und Entwicklungsprozesse fördert. Hierbei spielen Konzepte des Gruppen- und selbstorganisierten Lernens mit computergestützten *L.* lokal am ↑PC, in ↑Datennetzen oder Telekonferenzen, eine zentrale Rolle. Der Erfolg von CBT hängt nicht zuletzt davon ab, ob das ↑Medium an die Benutzungssituation und -gewohnheiten am Einsatzort angepaßt wurde bzw. die Bedingungen dort optimal nutzt. Dabei wirkt CBT wesentlich vielseitiger als einfache Lernprogramme vermuten lassen.

Literatur: Alessi, S. M., Trollip, S. R.: Computer Based Instruction., 2. Aufl., 1991. *Gagné, R.M. et al.*: Principles of Instructional Design,. 4. Aufl., Orlando,

1992. *Issing, L.J., Klimsa, P.* (Hrsg.): Lernen mit Multimedia. Lehrbuch zur Multimedia-Didaktik, Berlin, 1995. *Kerres, M.:* Software-Engineering für multimediale Teachware, in: *Seidel, C.* (Hrsg.), Computer Based Training, Stuttgart, 1992. *Kozma, R.B.:* Learning with Media. Review of Educational Research, 61, 1991. *Mandl, H., Levin, J. R.* (Hrsg.): Knowledge Acquisition from Text and Pictures, 1989.

Prof. Dr. M. Kerres, Furtwangen

CCITT
Comité Consultatif International Télégraphique et Téléphonique

CD-ROM
Compact Disk Read Only Memory

CDS
Cell Directory Service verwaltet logische Namen, z.B. von ↑Servern oder von netzweiten Ressourcen und bildet diese auf Netzadressen ab, um den entfernten Zugriff (durch ↑Clients) zu ermöglichen.

CEPT
Conférence Européenne des Administrations des Postes et des Télécommunications

Checkliste
Zusammenfassung von Auswahlkriterien als Leitfaden für Hard- und Softwareentscheidungen.

Chefinformationssysteme
Synonym zu ↑MIS, ↑FIS.

Chiffrierung
Transponierung oder Ersetzung von Zeichen, um dadurch die Daten zu entstellen.

Chip
Integrierte Schaltung; Bauteil eines ↑Computers aus Silizium, auf dem integrierte Schaltungen untergebracht sind; 3 mm x 3 mm und 10 mm x 10 mm große Plättchen; enthält bis zu 1 Milliarde Schaltelemente (VLSI, ULSI). **Speicherchips** sind einfach gebaut; ihre Kapazität liegt bis das Jahr 2000 bei 1 Gigabit. **Logikchips** sind sehr komplex, bestehen aus mehreren Mio. Transistoren.

CIA
Abkürzung für die Sicherheitskategorien, wobei C für Confidentiality (Vertraulichkeit), I für Integrity (Integrität) und A für Authenticity (Authentizität) stehen.

CIB
Computer Integrated Banking

CIB (Computer Integrated Business)
Der unternehmensstrategische Aspekt der Investition in Computer- und Communication-Technik *(C-Technik)* ergibt sich durch die vielfältigen Wirkungen ihres Einsatzes im inner- und überbetrieblichen Bereich. C-Technik verändert gegebene Geschäftsstrukturen und damit die traditionellen Regeln des Wettbewerbs. Ihr Einsatz kann dem einzelnen Unternehmen ökonomische Wettbewerbsvorteile schaffen, wenn dadurch neue Möglichkeiten zur quantitativen und qualitativen Optimierung von Leistungsprozessen entstehen oder C-Technik kundennutzensteigernd zum Bestandteil von Produkten und Dienstleistungen wird. Für die Unternehmen resultiert daraus eine spezifische Herausforderung. Sie müssen die Fähigkeit besitzen, die Investition in C-Technik als unternehmensstrategisches und wettbewerbspolitisches Instrumentarium zu beherrschen.
In der Praxis können sich aber nur wenige Unternehmen als "Meister dieses Fachs" ausweisen. Maßgebliche Gründe dafür zeigen sich in der fehlenden konzeptionellen Durchdringung des Planungs- und Einführungsprozesses, ferner haben Technikfokussierung und Automatisierungswut dazu geführt, daß organisatorische und qualifikatorische Implikationen weitgehend unbeachtet blieben. Die eingeführten Lösungen sind nicht mehr wachstums- und anpassungsfähig, oder lassen sich nur mit sehr viel zusätzlichem Aufwand um z.B. weitere Arbeitsplätze oder zusätzliche Funktionalitäten erweitern. Viele Unternehmen sind damit "gebrannte Kinder" und befürchten sich auch mit moderneren C-Techniken neue Probleme einzuhandeln. Zudem sind die Vorstellungen bzgl. der Einsatz- und Nutzenpotentiale der C-Technik sehr diffus und die vermuteten Wirkungen neuer Investitionen können nicht mit den branchen- bzw. unternehmensspezifischen Anforderungen und Notwendigkeiten in Übereinstimmung gebracht werden.

Nicht zuletzt vor diesem Hintergrund wurde es zu einer vordringlichen Aufgabe der Betriebswirtschaftslehre und der ↑Wirtschaftsinformatik, praxeologisch orientierte Ansätze zu entwickeln, deren Umsetzung auch tatsächlich zu den intendierten Wirkungen in den Unternehmen führen. Einerseits war dies notwendig, um zwischenzeitlich erkannte Phänomene zu berücksichtigen und andererseits um neue Lösungsperspektiven zu entwikkeln, sowie Umsetzungskonzepte erarbeiten zu können. In diesem Zusammenhang wurde am Fraunhofer-Institut für Arbeitswirtschaft und Organisation (IAO) in Stuttgart das Konzept des (*CIB - Computer Integrated Business*) entwickelt. Das Akronym *C.* veranschaulicht dabei, daß sowohl die computertechnologische Basis (*C-Technik*) als auch die spezifischen Integrationsformen (*Integration*) zur Unterstützung der Geschäftsaktivitäten (*Business*) einzubinden sind und letztlich die Steigerung der Wettbewerbsfähigkeit des Unternehmens Ausgangs- und Bezugspunkt aller Maßnahmen im Unternehmen ist. *C.* steht heute für den Forschungsansatz des IAO zum Thema Integrationsmanagement und für das Beratungskonzept des IAO, das durch den gezielten Einsatz von Methoden und Werkzeugen den Unternehmen effiziente und effektive Unterstützung beim Management der C-Techniken anbietet. Die Hauptaufgabe des *C.-Beratungskonzepts* ist es, den Unternehmen eine Orientierungsleitlinie zu schaffen, um praktische Hilfestellungen bei der Einsatzplanung und der Gestaltung komplexer C-Systeme anbieten zu können. Dazu müssen zunächst

- klare Vorstellungen vom Nutzen von Investitionen in C-Technik vermittelt werden, um eine Priorisierung der Projektvorhaben zu erreichen;
- einem Generalbebauungsplan gleich die Abhängigkeitsbeziehungen der Projekte transparent gemacht und insb. der Zusammenhang von organisatorischen und technischen Alternativen aufgezeigt werden;
- die Risiken von Investitionsentscheidungen verdeutlicht und eine schrittweise und damit beherrschbare Umsetzung geplant werden.

C. beinhaltet damit die Ableitung und Bewertung von Investitionsentscheidungen in C-Technik unter Anwendung der Kenntnisse und ↑Methoden des strategischen ↑Managements. Moderne C-Techniken sind heute nicht mehr als ausschließliches Mittel zur Realisierung von Rationalisierungs- und Automatisierungspotentialen zu verstehen. Ihr Einsatz hat vielmehr erhöhte markt- und wettbewerbsrelevante Bedeutung für das Unternehmen, werden doch mit heutigen Investitionsentscheidungen künftige Handlungsfreiräume geschaffen bzw. eingegrenzt. Dies erfordert eine Investitionsplanung auf der Basis einer gesamtheitlichen Betrachtung des Unternehmens, seiner Umwelt, Strategien und Ziele. Der Nutzen von Investitionen kann also nicht mehr isoliert ermittelt, vielmehr muß das gesamte Wirkungsnetz des Unternehmens betrachtet werden. Vorrangige *Aufgabe des Managements von C-Technik* ist die Steigerung der Wettbewerbsfähigkeit des Gesamtunternehmens durch ein

- Management des C-Technik-Portfolio (z.B. durch Maximierung der Erlös-, Kosten- und Zeitwirkungen), sowie
- Management des technischen Beziehungsgefüges (z.B. durch die Entwicklung von IuK-Architekturen).

Auf der Integrationsebene zielt *C.* auf die unternehmensweite Zusammenführung der historisch gewachsenen Teil-Welten, incl. der technischen Infrastrukturen in Büro und Fabrik, bis hin zum unternehmensübergreifenden Kooperationsmanagement. Ziel ist es, die durch traditionelle, tayloristische Arbeitsteilung geprägten Aufbau- und Ablaufstrukturen zu revidieren und zugunsten einer durchgängigen Kunden-, Leistungs- und Qualitätsorientierung abzubauen. Dabei sind die technischen, technokratischen, personellen und informationellen Integrationsmechanismen als gleichwertig anzusehen und letztlich erst vor dem Hintergrund ihrer Wirkung auszuwählen. *Integrationsmanagement* führt weg vom lange gehegten technischen Integrationsanspruch hin zu einer partiellen, vielschichtigen Integration mit dem Ziel, die Selbstkoordinationsfähigkeiten des Unternehmens zu steigern. Vorrangige Aufgabe des Integrationsmanagements ist die Effizienzsteigerung des Gesamtunternehmens durch ein

- Management der Integrationsmechanismen (Teamstrukturen, Planung und Kontrolle, ↑Controlling) und
- Prozeßmanagement (↑Geschäftsprozeß-, Projekt-, Produktmanagement).

Im Mittelpunkt von *C.* stehen aber das Geschäftsdenken und die Geschäftsaktivitäten. Damit spielen Unternehmens- und Geschäftsstrategien mit ihren Lenkungsfunktionen eine zentrale Rolle. Investitionen in C-Technik können Maßnahmen darstellen, die bei der Umsetzung dieser Strategien eine herausragende Rolle spielen. So werden Investitionen in ein ↑CAQ-System in erster Linie die Produktqualität erhöhen und damit die Qualitätsstrategie des Unternehmens stützen, während sich z.B. Investitionen zur Verbesserung der internen Logistik primär kostenreduzierend bemerkbar machen werden und damit primär eine Strategie der Kostenführerschaft fördern. Unter strategischen Gesichtspunkten ist es zur Bewertung dieser Investitionen notwendig, die Bedeutung des Nutzenfaktors Produktpreis in Relation zur Produktqualität zu kennen, damit die Investitionsentscheidung den Geschäftserfordernissen entspricht. Die vorrangige Aufgabe einer *Unterstützung der Geschäftsaktivitäten* ist damit

- die aktive Suche nach neuen C-Technik-basierten Nutzenpotentialen und
- eine unternehmens- und geschäftsstrategiekonforme Investitionsplanung.

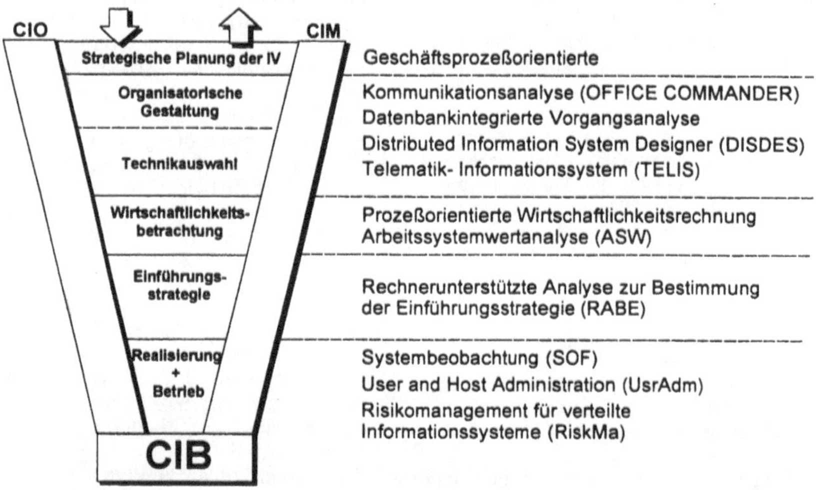

CIB-Werkzeugkasten

C. ist damit ein Konzept zur ganzheitlichen Planung, Gestaltung und Bewertung des Einsatzes von C-Techniken mit dem Ziel, neue Nutzenpotentiale für das Unternehmen zu erschließen. Dies kann durch Methoden und leistungsfähige Rechnerwerkzeuge wirksam unterstützt werden. Ein *C.*-Werkzeugkasten sollte dazu *Planungs-, Gestaltungs- und Bewertungstools* vorsehen, die im konkreten Einsatz wesentlich zur ↑Qualitätssicherung der Ergebnisse und zur effizienten, d.h. kostengünstigen Projektabwicklung beitragen. Ein Auszug eines derartigen Werkzeugkastens ist beispielhaft in der Abbildung dargestellt.

Die im Rahmen der organisatorischen Gestaltung entstehenden Datenvolumina sind bereits bei kleinen Untersuchungsfeldern kaum mehr handhabbar. Dies ist dadurch bedingt, daß der Hauptteil der Analysen auf einer detaillierten Betrachtung von Informationsflüssen beruht. Um die Erhebungsdaten konsistent zu verwalten und flexibel für Gestaltungsvorschläge auszuwerten, ist der Einsatz des ↑*Datenbanksystems* zur Vorgangsanalyse vorgesehen. Es dient

- der Verwaltung von Projektdaten und Befragungs-/Workshopergebnissen, wie Beteiligungsdiagramme, Parallelisierungspotentiale, Mengengerüste, aufbauorganisatorische Strukturen;
- dem Vergleich von organisatorisch/technischen Alternativen;
- der Schaffung von Grundlagen für eine Prozeßkostenrechnung;
- der Erkennung von alternativen Aufbaustrukturen.

Ergänzend dazu wurde das Gestaltungswerkzeug *Office-Comander* (Communication Analysis for the Definition of Requirements) entwickelt, das insb. dazu dient,

- Erhebungsbögen und Interviewleitfaden zu generieren;
- bestehende Kommunikationsbeziehungen zu dokumentieren und zu analysieren;
- Tätigkeitsprofile zu dokumentieren und zu analysieren;
- den technischen Unterstützungsbedarf abzuleiten.

Das Gestaltungswerkzeug Distributed Information System Designer ist ein *Entscheidungsunterstützungssystem* für folgende Aufgaben:

- Repräsentation und Erstellung eines Modells der betrachteten Organisation und seines verteilten Informationssystems;
- Ableitung der benötigten Funktionalität des verteilten Informationssystems aus der Beschreibung der Aktivitäten im Modell;
- Festlegung der Struktur und der zur Unterstützung der festgelegten Funktionalität notwendigen Komponenten des ↑verteilten Informationssystems;
- Bewertung unterschiedlicher Lösungsalternativen mittels statischer Analyse und ↑Simulation der Prozesse.

Neben diesen Werkzeugen in den Bereichen der Planung, Gestaltung und Bewertung stellt der *C.*-Werkzeugkasten für die Aufgaben in den Phasen der Technikauswahl (Pflichtenheftgenerator und Auswahlbewertung), der Wirtschaftlichkeitsbetrachtung, der Entwicklung des Einführungskonzepts und letztlich für das ↑Controlling in der eigentlichen Betriebsphase weitere Werkzeuge bereit, die je nach Erfordernis eingesetzt werden können.

Literatur: Bullinger, H.-J., Niemeier, J.: Was kommt nach Lean Production ? in: *Scheer, A.-W.*, (Hrsg.), Rechnungswesen und EDV: Spannungsfeld zwischen Integration und Dezentralisierung; 13. Saarbrücker Arbeitstagung 1992, Heidelberg, 1993. *Bullinger, H.-J. et al.*: Computer Integrated Business Systems, in: *Salvendy, Gavriel* (Hrsg.): Handbook of Industrial Engineering, New York, 1992. *Bullinger, H.-J., Niemeier, J.*: Proceedings of the first European Conference on Information for Organisational Systems, Athen, 1988. *Bullinger, H.-J., Niemeier, J.*: Handbuch des Informationsmanagements im Unternehmen: Technik, Organisation, Recht, Perspektiven, München, 1991.

Prof.Dr.Dr. h.c. H.-J.Bullinger, Stuttgart

CIM (Computer Integrated Manufacturing)

C. bezeichnet die ↑integrierte Informationsverarbeitung für betriebswirtschaftliche und technische Aufgaben eines Industriebetriebes (Scheer, 1990). Die Logistikprozesse der ↑Produktionsplanung und -steuerung sind durch den linken Ast des *CIM-Y-Modells* (Scheer, 1994) gekennzeichnet. Sie umfassen die beschaffungs-, produktions- und vertriebslogistischen Aufgaben, die zur Abwicklung eines Kundenauftrages erforderlich sind. Die Logistikprozesse werden durch den Auftragsfluß gesteuert.

Der obere Bereich im rechten Ast des CIM-Y-Modells beschreibt den Prozeß der *Leistungs- und Produktentwicklung*. Die für die Leistungserstellung durchzuführenden Aufgaben und Ressourcen sind im unteren Teil des rechten CIM-Y-Modells dargestellt. Die ↑Steuerung dieser ↑Systeme erfordert die Beschreibung der auf ihnen zu fertigenden Produkte. Die Logistik- und Leistungsgestaltungsprozesse werden mit Hilfe von *Informations- und Koordinationssystemen* aufeinander abgestimmt. Die Finanzbuchführung zeichnet die mit der Umwelt des Unternehmens verbundenen Geschäftsprozesse aus der Wertesicht auf. Das in-

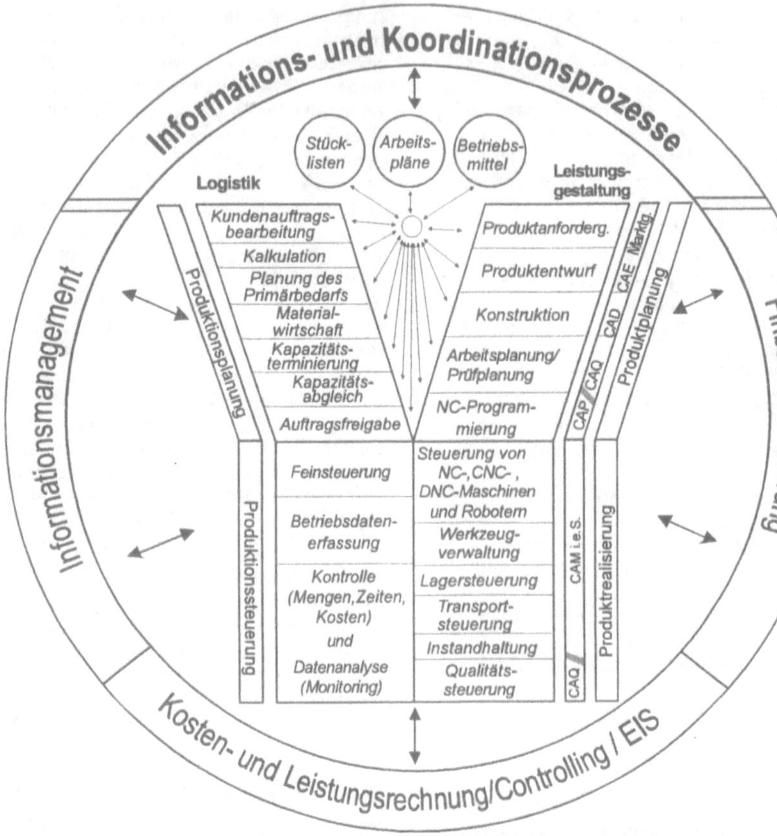

nerbetriebliche Rechnungswesen erfaßt den wertebezogenen Verbrauch von Produktionsfaktoren. Es dient zur Kontrolle und ↑Steuerung der Leistungserstellung. Das ↑Informationsmanagement entwickelt Konzepte zur Bereitstellung der Ressourcen, ↑Anwendungssysteme und deren Betrieb. Zentraler Gedanke von *C.* ist das *"I"*, also die *Integration* der Abläufe und der sie unterstützenden DV-Systeme der Logistik und der Leistungsgestaltung. Mit der Daten-/Funktionsintegration lassen sich zwei grundlegende Integrationsarten unterscheiden (Scheer, 1990).

Datenintegration bezeichnet in diesem Zusammenhang die gemeinsame Nutzung derselben Daten durch unterschiedliche betriebliche Funktionen. Sie legt fest, welche Daten gemeinsam genutzt werden und wie sie redundanzarm und zugriffsfreundlich strukturiert und gespeichert werden können. Dadurch läßt sich die Integrität und Aktualität von Daten verbessern. Einige Datenintegrationsbeziehungen sind in der Abbildung durch Pfeile verdeutlicht. Die Verbindung zwischen der Logistik und der Leistungsgestaltung wird über die Beschreibungsdaten in Form von Arbeitsplänen und Stücklisten hergestellt. Der informationelle Zusammenhang zwischen der Produktplanung und der Produktrealisierung erfolgt über die Produktbeschreibungsdaten. Sie werden mit Hilfe der *NC-Programme* zur ↑Steuerung der Fertigungseinrichtungen genutzt. Weitere Informationszusammenhänge bestehen zwischen der kurzfristigen Fertigungssteuerung und dem

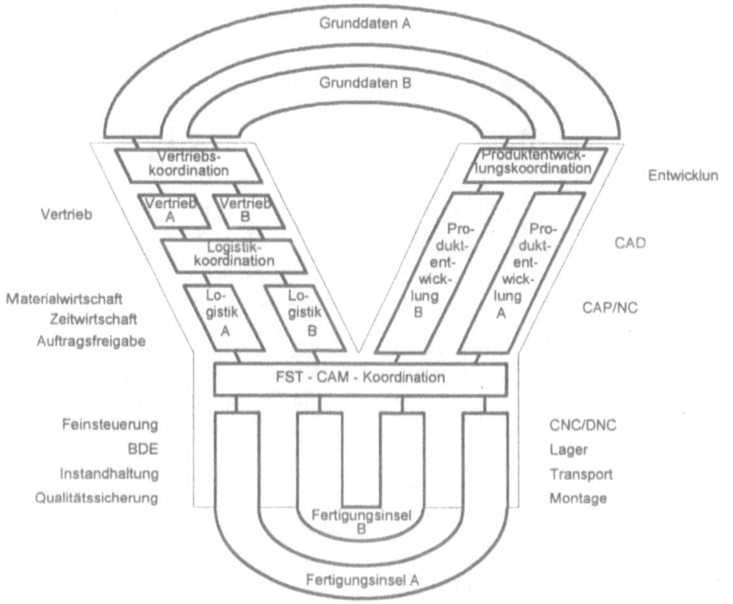

Rückmeldesystem der ↑Betriebsdatenerfassung. Die in den Primärprozessen anfallenden operativen Daten sind Eingangsinformationen für die Informations- und Koordinationsprozesse. Im Falle des Rechnungswesens wird dabei eine wertorientierte Sichtweise zugrunde gelegt. Die Datenintegration beschränkt sich nicht nur auf innerbetriebliche Zusammenhänge. Formen des *zwischenbetrieblichen Informationsaustausches*, wie z.B. ↑EDI oder Just-in-time, werden in zunehmenden Maße in *C.*-Konzeptionen eingebunden. Dabei überwiegt der Austausch relativ einfach strukturierter Logistikprozeß- und wertorientierter Daten.

Die Zusammenfassung von Arbeitsfolgen und deren ↑Steuerung an einem Arbeitsplatz wird als *Funktionsintegration* bezeichnet. Ziel ist es, die nachteiligen Auswirkungen der Arbeitsteilung, wie ablaufbedingte Warte- und Übergangszeiten, durch ein Zusammenfassen der Funktionen zu vermeiden. Dabei ist die Tendenz feststellbar, geschäftsprozeßspezifische Informationsbereitstellung und -verarbeitungsaufgaben, sowie Steuerungs- und Kontrollfunktionen auf die Ebene der operativen Durchführungsaufgaben zu verlagern. Die Funktionsintegration ist auch auf zwischenbetrieblicher Ebene sinnvoll. Die prozeßorientierte Kopplung von Systemen über Unternehmensgrenzen hinweg ermöglicht es, vertriebs- und beschaffungslogistische Funktionen aufeinander abzustimmen und so redundante Funktionen in der Prozeßkette zu eliminieren.

Integrationsfragestellungen sind eng mit Konzepten der *Geschäftsprozeßorientierung* verknüpft. Hier zeichnet sich ein Trend zur Dezentralisierung von *C.*-Komponenten ab. Prozeßnahe *Steuerungsaufgaben* gewinnen an Bedeutung und übernehmen Funktionen der mittelfristigen Bedarfs- und Kapazitätsplanung. Dies zeigt sich nicht nur am Beispiel traditioneller Leitstandssysteme zur Fertigungssteuerung und -koordination. Auch auf Seiten der Softwaresysteme bilden sich dezentrale Systeme zur Produktentwicklung, sowie zur Auftragsabwicklung heraus. ↑Client/Server-Architekturen ermöglichen eine *anwendungsspezifische Konfiguration* einzelner *C.*-Komponenten. So läßt sich der organisatorische und

dv-technische Overhead zentraler Systeme verringern. Damit einher gehen neue organisatorische Konzepte, wie Planungs- und Fertigungsinseln (Kruse, Scheer, 1994). Die nachfolgende Abbildung verdeutlicht diese Entwicklung am Beispiel einer vernetzt-dezentralen *C.*-Konzeption (Scheer, 1994).
Die Dezentralisierung führt dazu, daß sich die ausführungsnahen Bereiche als eigenständige Entscheidungs- und Optimierungsebene etablieren. Diese prozeßorientierte Segmentierung bei gleichzeitiger Vernetzung wird ein charakteristisches Merkmal zukünftiger *C.*-Systeme, sowie der sie unterstützenden Softwaresysteme sein.
Literatur: Scheer, A.-W.: CIM-Computer Integrated Manufacturing. Der computergesteuerte Industriebetrieb, 4. Aufl., Berlin et al., 1990. *Scheer, A.-W.*: Wirtschaftsinformatik. Referenzmodelle für industrielle Geschäftsprozesse, 4. Aufl., Berlin et al., 1994. *Scheer, A.-W.*: EDV-orientierte Betriebswirtschaftslehre. Grundlagen für ein effizientes Informationsmanagement, 4. Aufl., Berlin et al., 1990. *Kruse, Chr., Scheer, A.-W.*: Dezentrale Prozeßkoordination in Planungsinseln, in: Information Management 9, 1994. *Scheer, A.-W.*: Wirtschaftsinformatik. Referenzmodelle für industrielle Geschäftsprozesse, 4. Aufl., Berlin et al., 1994.

Prof. Dr. A.-W. Scheer, Saarbrücken

CIO
Computer Integrated Office

CISC
Complex Instruction Set Computer

Client
Nutzer von Diensten.

Client/Server-Architekturen
Begriffserklärung
Unter dem Begriff *Client/Server-Architektur* wird eine arbeitsteilige Organisation von Hard- und Software in verteilten DV-Umgebungen zusammengefaßt. Dabei kann grundsätzlich zwischen dem Anbieter von Dienstleistungen *(↑Server)* und dem Nutzer von Diensten *(↑Client)* unterschieden werden. Server zeichnen sich durch die Spezialisierung auf eine bestimmte Aufgabe (Dienstleistung) aus, die zum einen durch den Betrieb spezifischer ↑Software erreicht wird, welche den betreffenden Dienst an die Clientsysteme vermittelt und zum andern durch eine entsprechende Ausstattung mit dienstspezifischen Ressourcen (z.B. große Plattenkapazität, hohe ↑CPU-Leistung, Verfügbarkeit spezifischer ↑Informationen etc.). Nicht alle Dienste erfordern spezielle Hardware-Ressourcen. Der Begriff Server steht daher in erster Linie für die Software, die einen Dienst vermittelt. Ein Rechner kann gleichzeitig Server für mehrere Dienste und Client anderer Server sein. Grundsätzlich können beliebige Rechnersysteme Clients sein.
Verteilte DV-Umgebungen sind durch die Dezentralisierung der ↑Hardware alleine nur unzureichend gekennzeichnet. Eine (in den meisten Fällen) zwangsläufige Folge der Dezentralisierung ist die asymmetrische Verteilung der Ressourcen, also die unterschiedliche Ausstattung mit ↑Hauptspeicher, Plattenkapazität, Software etc. und die Heterogenität der Systeme, d.h. der Einsatz verschiedener ↑Betriebssysteme auf Rechnern unterschiedlicher Hersteller.
Zielsetzung
Der Zweck einer arbeitsteiligen Organisation von Hard- und Software ist die Verteilung von bzw. der mittelbare Zugriff auf Ressourcen, über die in einer verteilten DV-Umgebung aus verschiedenen Gründen nur wenige Rechnersysteme unmittelbar verfügen. Gründe für die ungleichmäßige Verteilung der Ressourcen können neben den Hard- und Softwarekosten organisatorische Notwendigkeiten, Datenschutzbelange etc. sein. Der Begriff Ressourcen umfaßt Hardwarekomponenten ebenso, wie beliebige Informationen, die von Systemen in einem ↑Rechnernetzwerk benötigt werden.
Voraussetzungen für die Verteilung von Ressourcen sind das Vorhandensein eines Netzwerks, das als Transportmedium dient und die Verfügbarkeit dienstspezifischer Software, die die Verteilung möglichst transparent bewerkstelligt, in einer Weise, die den Eindruck erweckt, als ob die betreffenden Ressourcen auf jedem System unmittelbar verfügbar wären.
Damit unterschiedliche Systeme miteinander kommunizieren und kooperieren können, sind ferner Konventionen erforderlich, die eine eindeutige Interpretation

der ausgetauschten Informationen seitens der Kommunikationspartner ermöglichen. Diese Konventionen werden in Form von Schnittstellen vereinbart, die Übergabepunkte für Informationen darstellen und das Verhalten der Kommunikationspartner bei der Informationsübergabe eindeutig festlegen.

Zwei Ansätze zur Definition derartiger Konventionen sind nachfolgend kurz skizziert (Tannenbaum, 1991; Stevens, 1990):

- Der eine ist das ↑*OSI-Schichtenmodell*, das eine vertikale Dienstleistungsstruktur für die ↑Kommunikation zwischen verteilten Anwendungen in verbindungsorientierten Netzwerken spezifiziert. *OSI* steht für *Open Systems Interconnection* und bezeichnet eine Norm der ↑*International Standard Organization (ISO)* für die Kommunikation zwischen offenen Systemen. Der Ausdruck offene Systeme umschreibt die Forderung, daß diese Systeme sich an der Kommunikationsschnittstelle normenkonform verhalten und daher mit allen anderen Systemen, die sich ebenfalls an diese Norm halten, kommunizieren können.
- Der andere ist das Konzept der ↑*Remote Procedure Calls (RPC)*. Ihm liegt die Überlegung zugrunde, daß es bei einer transparenten ↑Kommunikation zwischen verteilten Softwarekomponenten unerheblich ist, ob sich der Kommunikationspartner auf demselben oder auf einem entfernten Rechnersystem befindet. Daraus leitet sich die Vorstellung ab, daß das Verhältnis zwischen verteilten Programmen analog zur Beziehung zwischen einem Programm und den Prozeduren, die es nutzt, gestaltet werden sollte. Frühe Bedeutung hat das RPC-Konzept durch leistungsfähige Netzwerkanwendungen wie ↑*NFS (Network File-System)* gewonnen.

Verteilte Anwendung, Systemumgebung
Programme können grob in drei funktionale Komponenten gegliedert werden: das Benutzerinterface, die eigentliche Verarbeitungseinheit und das Datenhandling. Verteilte Anwendungen sind Programme, bei denen diese Komponenten auf unterschiedlichen Rechnersystemen ablaufen und dabei kooperieren können. In den meisten Fällen dürfte der Client mit dem Benutzerinterface gleichzusetzen sein. Je nach Differenzierungsgrad können die Verarbeitungseinheit und das Datenhandling in einem Server zusammengefaßt oder in Form getrennter Server realisiert sein. Grundsätzlich sind auch andere Aufspaltungen denkbar, z.B. kann ein Teil der Verarbeitungseinheit in den ↑Client verlagert werden.

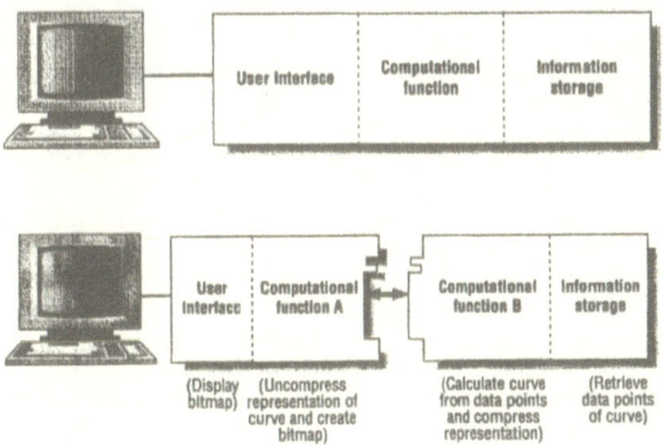

Die Rollenverteilung zwischen ↑Client und Server beinhaltet eine inhärente Asymmetrie. Server besitzen Eigenschaften, die sie für ihre jeweiligen Aufgaben qualifizieren. Clientsysteme weisen diese spezifischen Eigenschaften in der Regel nicht auf, sie sind für die unmittelbare Interaktion mit dem Benutzer eingerichtet. Üblicherweise bestimmt nicht der Server, sondern der Client bzw. der Benutzer, der mit dem Client arbeitet, wann er welchen Dienst in Anspruch nimmt.

Vereinfacht heißt das, daß der Client agiert, während der Server reagiert.
Bei den herkömmlichen Betriebssystemumgebungen (Unix, NOVELL 3.x, WINDOWS, etc.) kann der Entwickler einer verteilten Anwendung für die Interaktion zwischen Client und Server und die Interaktion mit anderen Servern, deren Dienste in Anspruch genommen werden, nur auf elementare Hilfsmittel zur Kommunikation über das Netzwerk zurückgreifen. Der Aufwand für den Aufbau verteilter Anwendungen ist deshalb unter diesen Bedingungen relativ hoch und er muß bei jeder einzelnen Anwendung erneut geleistet werden.
Dies ändert sich durch den Einsatz verteilter Systemumgebungen wie z.B. durch das ↑*Distributed Computing Environment (DCE)*, das Mechanismen zur Strukturierung großer Netzwerke bietet, eine Vielzahl miteinander verzahnter Systemdienste bereitstellt, z.B. Directoryservice, Time-Service, Authentifizierung, Distributed-Filesystem etc. und den Entwickler verteilter Anwendungen durch umfangreiche Systembibliotheken unterstützt.

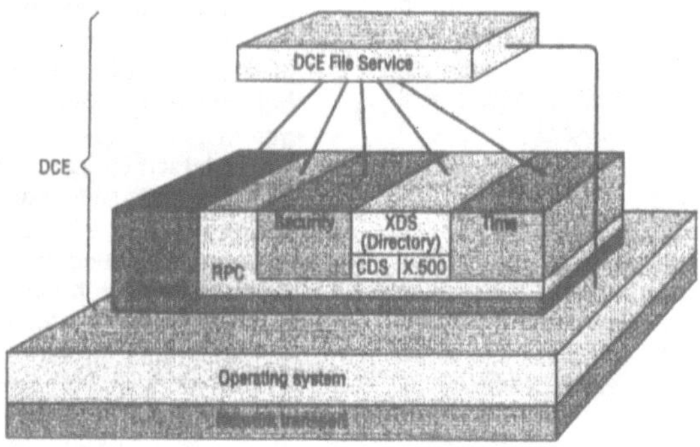

Die zunehmende Ausdehnung der Netzwerke und die damit verbundenen Probleme bei der Verwaltung solcher Gebilde forcieren die Entwicklung verteilter Systemumgebungen und erzeugen einen gewissen Druck zur Vereinheitlichung ihrer ↑Schnittstellen. So haben sich die meisten Unix-Anbieter zur Entwicklung verteilter Systemkomponenten auf der Basis der DCE-RPC bekannt. Netzwerkdienste nach dem ↑Client/Server-Prinzip sind die Bausteine für diese verteilten Systemumgebungen.

Literatur: Birell, A.D., Nelson, B.J.: Implementing Remote Procedure Calls, Vol. 2 No. 1, Feb. 1984. *Rosenberg, W., Kenney, D., Fisher, G.*: Understanding DCE, 1992. *Schill, A.*: DCE Das OSF Distributed Computing Environment, 1993. *Stevens, W.R.*: Unix Network Programming, 1990. *Tannenbaum, A.S.*: Computer Networks, 1991.

Dr. W. Aufsattler, Mannheim

Client/Server-Informationssysteme

Begriffserklärung
Ein *Client/Server-Informationssystem* ist ein modernes ↑Informationssystem, bei dem die einzelnen Applikationen bzw. Applikationsteile kooperativ an der Lösung eines übergreifenden Problems arbeiten. In der Regel steht hierbei eine Applikation auf einem Rechner 1 mit einer anderen Applikation auf einem Rechner 2 über ein Netzwerk in Verbindung (Martin, 1993; Boar, 1993). Innerhalb dieses Netzes können Rechner unterschiedlichster Hersteller und Größenordnung miteinander gekoppelt werden - es handelt sich um eine heterogene Rechnerlandschaft. Für besondere Aufgaben können speziell getunte Computer vorhanden sein, wie z.B. ein Datenbankrechner. Mitunter sind Client/Server-Anwendungen aber auch innerhalb eines einzelnen Rechners realisiert. Die Leistungsfähigkeit eines Client/Server-Systems er-

Client/Server-Informationssysteme

gibt sich als Summe der verteilten Komponenten, die neuerdings auch als Enterprisecomputer bezeichnet wird.
Neben dieser applikationsorientierten Definition eines *C.* können auch auf der Ebene der Systemdienste Client/Server-Prinzipien verwirklicht werden. Ein bekanntes Beispiel hierfür sind im Unix-Umfeld die sog. X-Clients und X-Server.
Durch ein Zusammenschalten von Applikationen auf unterschiedlichen Rechnern ist echte Aufgabenteilung möglich; sie wird im angelsächsischen Bereich auch mit dem Begriff *Snap Together-Systems* umschrieben. Bei diesem *Jobsharing der Computer* kann bspw. ein Rechner für die Ausführung von Datenbankabfragen zuständig sein, während sein Gegenüber den Aufbau einer graphischen Oberfläche zur Darstellung der Ergebnisse übernimmt. Grundsätzlich wird der aktive Rechner, also derjenige, der eine Anforderung (Datenbankabfrage) stellt als ↑*Client* bezeichnet, der passive Rechner, der diese Anforderung bearbeitet, als ↑*Server*.

Gründe für die Einführung eines C.
Die Einführung eines ↑Informationssystems auf Client/Server-Basis geht häufig auch mit einem ↑*Downsizing* der Rechner einher (Guengerich, 1992). Hiermit ist vorrangig die Umstellung auf kleinere und kostengünstigere Hardwareeinheiten, d.h. das Weggehen von traditionellen Hostsystemen gemeint. Meist wird hierdurch eine Verringerung der Informatikkosten erwartet.
Sicherlich sind die Kosten der Rechenleistung im RAM-Bereich z.Z. für traditionelle Großsysteme noch relativ hoch. Auf der anderen Seite weisen größere Rechner mitunter aber ein günstiges *Kosten/Nutzen-Verhältnis* im I/O-Bereich auf und sind in der Administration oftmals einfacher zu handhaben. Eine Rechtfertigung des Client/Server-Computings über die Kosten ist demnach nur bedingt möglich. Die Vorteile sind eindeutig in der Leistungssteigerung in den Büros zu sehen.
Für die Endandwender bedeutet der Umstieg auf Client/Server-Anwendungen i.a. eine Steigerung der *Benutzereffizienz* durch die gleichzeitige Einführung einer graphischen Oberfläche. Icons und ↑Objekte erleichtern den Umgang mit dem ↑Computer und führen zu seiner professionellen Nutzung. Durch den Einsatz von *Multi Tasking-Betriebssystemen*, oder zumindest Betriebssystemaufsätzen, kann im Client/Server-Betrieb ein weitere Steigerung der Anwendereffizienz erreicht werden. Besonders im Bürobereich kann die Abfolge der Arbeitsschritte kaum vorher bestimmt werden. Was liegt also näher, als dieses in der Reihenfolge chaotische Arbeiten zu unterstützen. Ein Multi Tasking-Betriebssystem bietet nun die Vorteile, mehrere Anwendungen zu öffnen und beliebig, je nach momentaner Notwendigkeit zwischen ihnen, zu wechseln. Auf einer einheitlichen graphischen Oberfläche können somit dem Anwender alle benötigten ↑Programme zur Verfügung gestellt werden, die er für seine Arbeit benötigt.
In der Informatikabteilung sinkt beim Client/Server-Computing der Aufwand für die Entwicklung von ↑Software. Einmal programmierte Module können einfach in unterschiedliche Applikationen eingeklinkt und somit mehrfach genutzt werden. Außerdem erleichtern moderne graphische Entwicklungstools auch den Programmierern die Arbeit und führen zu einer effizienteren Softwareentwicklung.
Ein drittes Argument ergibt sich aus der Tatsache, daß in vielen Unternehmen ↑PC eingeführt worden sind und fast jeder Anwender eigene Programme und Auswertungen für seine Daten angefertigt hat. Diese Daten sind jedoch lediglich lokal auf der Festplatte des PC oder Disketten gespeichert und können anderen Interessierten entweder nur schwer oder sogar überhaupt nicht zugänglich gemacht werden. Werden gleiche Daten dennoch an unterschiedlichen Stellen gehalten, so weisen sie nur selten den gleichen Stand auf. Diesem Wildwuchs der Daten kann durch ein gezieltes ↑*Upsizing* Rechnung getragen werden. In einem *C.* werden die Daten in einer gemeinsamen Datenbasis gehalten und den Anwendern bei Bedarf zugänglich gemacht.

Auch die Unternehmensphilosophie kann für die Einführung eines solchen ↑Systems sprechen. Nachdem vielerorts der organisatorische Wandel von starren Hierarchien zu flacheren, flexibleren Struk-

Client/Server-Informationssysteme

turen vollzogen wird, ist es notwendig, auch die ↑Informatik anzupassen. Die Informatikstruktur muß, wenn sie das Unternehmen gut unterstützen will, der Struktur des Unternehmens angepaßt sein. Eine hierarchische, auf ↑Mainframes basierende Lösung kann somit ein modernes Unternehmen nicht oder zumindest nur teilweise unterstützen (Guengerich, 1992; Boar, 1993).
Schließlich kann durch die Aufgabentrennung der Computer die anfallende Rechenlast wesentlich besser über das Netz verteilt werden, wodurch eine größere Performance realisiert wird. Ferner sinkt die Abhängigkeit von einem einzigen Rechner, wodurch die Verfügbarkeit des Gesamtsystems gesteigert werden kann. Die Gesamtrechenleistung eines derartigen ↑Systems kann durch für das Unternehmen passende Erweiterungen beliebig skalierbar erweitert werden.

Arten von C.

Bei den traditionellen Hostsystemen bestanden die Endgeräte (Terminals) in der Regel lediglich aus einer Tastatur und einem Bildschirm. Beim Client/Server hingegen werden als Front Ends intelligente Geräte eingesetzt, d.h. bspw. PC, die neben einem Bildschirm und einer Tastatur auch über Massenspeicher, Arbeitsspeicher und ein ↑Betriebssystem verfügen. Bei der Realisierung eines *C.* gibt es grundsätzlich mehrere Arten, auf die hier kurz eingegangen werden soll. Hierzu ist eine Dreiteilung einer Applikation in Präsentations-, Anwendungs- und Datenzugriffslogik zweckmäßig (Martin, 1993).

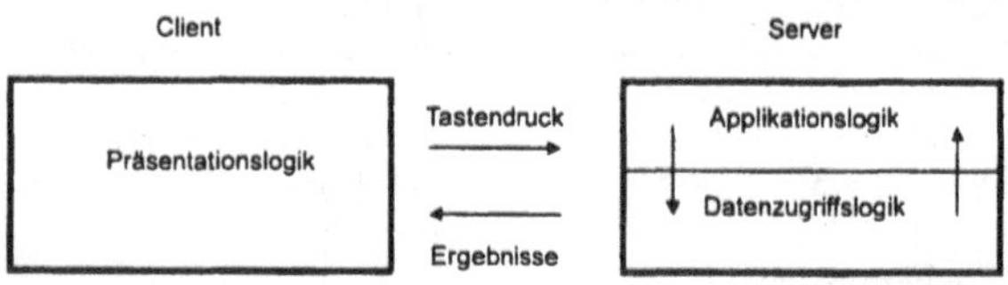

Die Abbildung zeigt das Auslagern der Präsentationslogik auf das Front End, während die beiden anderen Teile der Applikation auf dem Back End verbleiben. Will der Anwender bestimmte Daten auf seinem Bildschirm sehen, so greift die Anwendungslogik als Client-Software auf die Server-Datenbank (Datenzugriffslogik) zu. Die Darstellung der Daten wird vom Front End übernommen, weshalb der ↑Prozessor des Back Ends nicht belastet wird und seine Rechenkapazität für Anfragen anderer Front Ends zur Verfügung stellen kann.

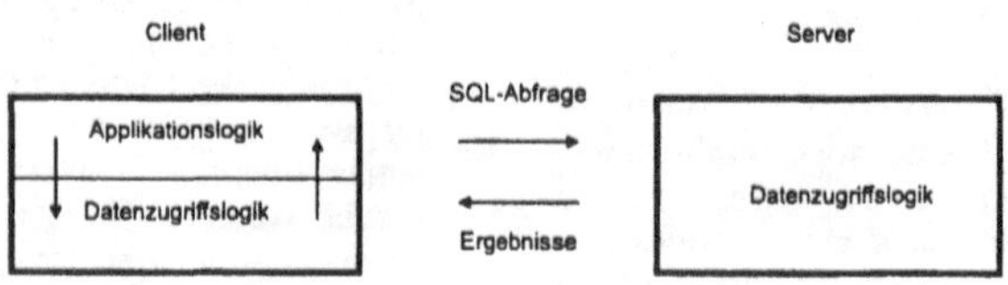

Das Beispiel stellt eine weitere Variation des Client/Server-Betriebes vor. Hier liegt neben der Präsentationslogik auch die Anwendungslogik auf dem Front End. In diesem Fall wird eine Anfrage aus der Anwendungslogik des Front Ends heraus über das Netz zum Back End gesandt, der diese Anfrage übernimmt und als Datenbank-Server ausführt. Die Ergebnisse werden zurück an die Anwendungslogik des Front End übertragen und letztlich am Bildschirm präsentiert.
In allen Fällen werden die Daten auf dem oder den ↑Servern gehalten, um dem oben bereits beschriebenen "Wildwuchs" der Daten entgegenzuwirken.

Beispiele

Beispiele aus der Praxis verdeutlichen diese Client/Server-Konfigurationen:

- Das Produkt *R3 von SAP* ist der ersten Gruppe der obigen Client/Server-Ansätze zuzurechnen. SAP bietet die Möglichkeit, zentrale Datenbank-Server mit einer Vielzahl von Applikations-Clienten zu verbinden, die die einzelnen Module des Paketes übernehmen. Diese fordern ihrerseits Präsentationsdienste von den Front Endrechnern an, die den Aufbau der Oberfläche übernehmen.

- Prominenter Vertreter der zweiten Kategorie ist *Oracle*, das die Möglichkeit bietet, Anwendungen als ↑Clients auf Front Endseite zu betreiben. Auf der Basis moderner Windowsoberflächen greift die Anwendungslogik auf den Datenbank-Server zu. Ebenfalls möglich sind Anfragen aus einem Spreadsheet-Programm heraus, die über Connectivity-Software mit der Server-Software kommunizieren. Oracle selbst bietet hierzu z. B. Oracle-Glue an.
- *Lotus-Notes* ist ein weiteres Produkt, das in die Kategorie der *C.* fällt. Die Zuordnung zu den o.g. Kategorien stellt sich aber weitaus schwieriger dar. Einerseits werden ↑Nachrichten mit Hilfe von Client-Software auf den Front Endrechnern erstellt und über ↑Server verschickt. Andererseits birgt die Notes-Replikation aber auch Elemente eines "gegenseitigen Downloads" in sich.

Einführungsstrategien
Zur Einführung eines *C.* kann sich ein Unternehmen grundsätzlich dreier verschiedener Vorgehensweisen bedienen:

- Verfolgt ein Unternehmen die Strategie der "grünen Wiese", stellt dies die radikalste Alternative dar. Ab einem bestimmten Tag wird einfach das neue ↑System eingeführt, Applikationen nur noch in der neuen Technologie programmiert. Eine Integration mit einem evtl. vorhandenen Altsystem findet nicht statt. Dieses "Bombenwurf-Konzept" eignet sich jedoch nur für Firmen, die bislang über einen relativ geringen DV-Durchdringungsgrad verfügen. Des weiteren müssen alle hard- und softwaretechnischen Voraussetzungen zum geplanten Einführungstermin verfügbar sein. Für die Mitarbeiter sowohl in der ↑Informatik- wie auch in den Fachabteilungen - bedeutet ein derartiges Vorgehen ein hohes Maß an Belastung, zumal für eine gewisse Zeit, in der das neue System noch nicht einwandfrei funktioniert, erhebliche Schwierigkeiten entstehen können.
- Die beiden anderen Einführungsstrategien lassen sich als *Step by Step-Realisierung* bezeichnen, wobei einmal die Software und das andere Mal die Hardware in den Mittelpunkt der Transformation gestellt wird.
- Im softwareorientierten Ansatz werden sukzessive alle vorhandenen Applikationen der neuen Technologie angepaßt, neue Programme werden sofort entsprechend programmiert. Pilotprojekte dienen dem Sammeln von Erfahrungen, die bei späteren Umstellungen genutzt werden können. Allerdings gilt es zu bedenken, daß kleinere Testprojekte u.U. nicht die gleichen Eigenschaften besitzen, wie das spätere reale Programm. Desweiteren sind diese Projekte parallel zu den im Betrieb befindlichen Applikationen zu testen, dies bedeutet für die Anwender ein Bedienen oftmals gänzlich unterschiedlicher Programme. Ein wesentlicher Vorteil dieser Alternative ist jedoch der geringe finanzielle Aufwand während der Umsetzungsphase, da nach und nach Hardware und Software erweitert werden können. Es soll nicht verschwiegen werden, daß die Aufwendungen für einen Parallelbetrieb von Programmen und die notwendigen Schnittstellen letztlich dem Unternehmen keinen Vorteil bringen.

- In der dritten Alternative, dem technisch-orientierten Stufenplan, werden zunächst die vorhandenen Terminals durch intelligente Einheiten ersetzt und dann zu Front Ends ausgebaut. Abschließend werden die Mainframe-Applikationen zu Server-Applikationen umgeschrieben und zwischen den unterschiedlichen ↑Servern "ausbalanciert", um eine möglichst hohe Leistung des Gesamtsystems zu erreichen. Dieses Verfahren sichert einerseits einen kontrollierten Übergang und ermöglicht andererseits eine relativ schnelle Entlastung eines Mainframes, der an seiner Kapazitätsgrenze angekommen ist. Zu bedenken ist allerdings, daß in den einzelnen Phasen Anpassungen der Software vorgenommen werden müssen, die nicht in das neue System eingehen und damit Aufwand bedeuten, aus dem kaum Nutzen gezogen werden kann (Renaud,

Guengerich, 1992; Boar, 1993; Chorafas, 1994).

Problemfelder

Durch die Verteilung eines ↑Systems in einem Netz intelligenter Einheiten treten vor allem im ↑Datenschutz- und ↑Datensicherungsbereich Schwierigkeiten auf, die zu Mainframe-Zeiten wesentlich leichter zu lösen waren. Wird der Front End-Rechner in seiner Rolle als mündige Komponente im Enterprisecomputer ernst genommen, so ist es in ein übergreifendes Backup-Konzept einzubetten. Gerade bei der Sicherung von Programmen und benutzerindividuellen Daten stellt sich die Frage, wo eine Sicherung letztlich erfolgen soll. Der Nachteil einer zentralen ↑Datensicherung liegt in einer erhöhten Belastung des Netzes, da alle ↑Daten an die zentrale Stelle transferiert werden müssen - möglicherweise ist hier eine Renaissance des File-Servers zu erwarten. Die Dezentralisierung von Rechenleistung führt zudem zwangsläufig zu immer komplexeren Netzen, die gewartet und verwaltet werden müssen. Es müssen also erhebliche Investitionen in Netzwerkmanagement-Software, sowie ein gezielter Aufbau von Netzwerkspezialisten erfolgen. Letztlich dürfen die Risiken graphischer ↑Benutzeroberflächen nicht außer Acht gelassen werden. Da eine vollkommene sequentielle Benutzerführung im Sinne der Leistungssteigerung am Arbeitsplatz eigentlich der Vergangenheit angehören sollte, muß ein erhöhter Schulungsaufwand für den sicheren und kreativen Umgang mit modernen Client/Server-Programmen betrieben werden.

Literatur: Boar, B.H.: Implementing Client/Server Computing, 1993. *Chorafas, D.*: Client/Server Computing, 1994. *Guengerich, St.*: Downsizing Information Systems, 1992. *Martin, J.*: Client/Server Computing, 1993. *Renaud, P.E.*: Introduction to Client/Server Systems, 1993.

Prof. Dr. J. Treffert, Dipl.-Betriebswirt J. Hausin, Lörrach

Client/Server-Modell
Modellierte Vorgänge in einer verteilten Anwendung als Zusammenarbeit von Dienstnachfrager (↑Client) und Dienstersbringer (↑Server).

Client/Server-System
Verteilt kooperierendes Programmsystem.

Cluster
Mehrere ↑Workstations, die in einem relativ engen Raum durch ein lokales Netzwerk miteinander verbunden sind und logisch zusammengehören.

CMI
Computer Managed Instruction; Hilfsmittel für den Lehrenden, z.B. ↑Systeme zur Lehrstoffverwaltung, Kursorganisation, Prüfungsstellung und -auswertung.

CMIS
Common Management Information Services; führt schichtenübergreifende Managementfunktionen in einem ↑System im Sinne von ↑OSI aus; Managementhierarchie muß nicht vollständig vorhanden sein. Jede Managementkomponente im Sinne einer Hierarchie bietet im gleichen System Dienste an, so das Lesen oder das Schreiben eines Parameterwertes. Im Rahmen der OSI-Standardfamilie sind diese Dienste in *C.* definiert.

COBOL
Common Business Oriented Language; ↑Programmiersprache für den kommerziell-administrativen Anwendungsbereich und besonders für ein- und ausgabeintensive Anwendungen entwickelt wurde.

COCOMO
Lösungsorientierte Methode zur Aufwandsschätzung in der Softwareentwicklung auf der Basis von Anzahl der Lines of ↑Codes.

Code
Vorschrift für die eindeutige Zuordnung der Zeichen eines Zeichenvorrats zu denjenigen eines anderen Zeichenvorrats.

COM
Computer Output Mikrofilm

COMA
Cache Only Memory Architecture; Spezialfall des NUMA-Modells, wobei die physikalisch verteilten Speichermodule ↑Cache-Speicher darstellen und der Speicher des gesamten Rechners somit nur aus Cache-Speichern besteht.

Compiler
Übersetzungsprogramm für in einer hö-

heren ↑Programmiersprache geschriebenes ↑Programm in die Maschinensprache.

Computational Statistik
Versuch, die Möglichkeiten, die sich durch die zunehmende Verbreitung der Computer ergeben, für die Statistik systematischer zu ergründen.

Computer
Funktionseinheit zur Verarbeitung von ↑Daten.

Computeranimation
Modellierung von Objekten mit Bewegungsbeschreibung dieser Objekte, sowie ↑Visualisierung des sich daraus ergebenden Szenenablaufs.

computergestützte Aus- und Weiterbildungssysteme
↑Aus- und Weiterbildungssysteme, computergestützte

computergestütztes Publizieren
↑Publizieren, computergestütztes

computergestütztes Warenwirtschaftsmanagement
↑Warenwirtschaftsmanagement, computergestütztes

Computergraphik
Begriffsbestimmung
Die *Computergraphik* beschäftigt sich mit der Erzeugung und Manipulation von graphischen Darstellungen durch einen ↑Computer. Die erzeugten Darstellungen sind meistens Abbilder von nicht in der Realität existierenden ↑Objekten, die mit mathematischen Verfahren definiert werden. Ein häufiges Ziel ist dabei, den Darstellungen ein möglichst realistisches Aussehen zu verleihen, so daß sie von real existierenden Objekten nicht zu unterscheiden sind. Dadurch ist ein Durchmischen und Überblenden von real existierenden und synthetisch definierten Objekten möglich, die Grenzen zwischen Realität und Illusion verschwimmen. *C.* wird mittlerweile in sehr vielen Gebieten erfolgreich eingesetzt. Zu nennen sind:

- Der CAD-Bereich, der im Maschinenbau und der Fahrzeugindustrie eine große Rolle spielt.
- Der Bereich der Film- und Werbeindustrie, wo Techniken der *C.* zur Erzeugung von Animationssequenzen verwendet werden. Typische Beispiele sind Filme wie Terminator II (James Cameron) und Jurassic Parc (Steven Spielberg).
- Der Bereich der Architektur, wo mit Hilfe von computergestützten Raumplanungswerkzeugen ein genaues Modell des zu erstellenden Gebäudes erzeugt werden kann, an dem die Licht- und Klimaverhältnisse vor Fertigstellung des Gebäudes genau analysiert und gegebenenfalls verändert werden können.
- Der Bereich der Medizin, wo z.B. bei der Computertomographie ein dreidimensionales Modell eines nicht sichtbaren Bereiches des menschlichen Körpers gewonnen wird.

Die genaue Zielsetzung der verwendeten Verfahren hängt stark vom Einsatzgebiet ab. Grundsätzlich wird zwischen den einfacheren zweidimensionalen (2D) und den komplexeren dreidimensionalen (3D) Verfahren unterschieden.
2D-Verfahren verwenden ein 2D-Modell für die Erzeugung der Darstellungen und sind zur Wiedergabe einfacher Schaubilder (Balken- oder Kuchendiagramme) geeignet, werden aber auch für graphische ↑Benutzeroberflächen bei ↑PC oder ↑Workstations eingesetzt, die mit mehreren evtl. überlappenden Fenstern arbeiten. Die korrekte Darstellung der Fensterüberlappungen wird mit Methoden erreicht, die unter dem Begriff *Polygonclipping* untersucht werden. Unter die 2D-Verfahren sind auch die Verfahren zur Manipulation bereits bestehender Bilder einzuordnen, die im wesentlichen der Verbesserung der Wiedergabequalität auf dem verwendeten Ausgabemedium (Bildschirm, Drucker) dienen. Die Verfahren lassen sich grob in drei Klassen einteilen:

- Verfahren zur Verstärkung bestimmter Details. Hierunter fallen z.B. Kantenverstärkungsverfahren, die u.a. bei Satellitenphotos angewendet werden, um durch eine Hervorhebung der Umrisse der Objekte diese besser sichtbar zu machen.
- Verfahren für die Anpassung an das verwendete Ausgabemedium. Hier sind vor allem Verfahren für die Wiedergabe von Bildern zu nennen, die mehr Farbschattierungen aufweisen als auf dem Ausgabemedium dargestellt werden können.

- Verfahren für die Beseitigung von Rasterungseffekten (Aliasing-Effekte), die durch die diskrete Aufteilung von computererzeugten Bildern in Pixel (für Picture Element) entstehen. Typisches Beispiel sind Treppenstufeneffekte bei der Darstellung von geneigten Linien. Die auch als Antialiasing-Verfahren bezeichneten Methoden werden typischerweise angewendet, nachdem z.B. mit 3D-Techniken eine 2D-Darstellung erzeugt wurde.

3D-Verfahren benutzen ein 3D-Modell für die Erzeugung der Darstellungen und können damit durch Anwendung geeigneter Projektionen (perspektivische Projektion oder Parallelprojektion) den erzeugten Darstellungen ein realistisches Aussehen verleihen. Die Verfahren erzeugen im Computer ein 3D-Modell der darzustellenden Objekte (Szene) und berechnen aus diesem im sog. Rendering-Prozeß ein 2D Abbild. Die z.T. recht komplexen Verfahren werden mittlerweile in einer Vielzahl von Bereichen eingesetzt, wobei sich die Zielsetzung in zwei Hauptpunkte zusammenfassen läßt:

- in der Veranschaulichung von Vorgängen, die mit dem menschlichen Auge nicht wahrgenommen werden können;
- in der Erzeugung von möglichst realistisch aussehenden Abbildern des Modells.

Der erste Punkt steht vor allem bei den Simulations- und Visualisierungsverfahren im Vordergrund, die physikalische oder chemische Phänomene wie Kristallwachstum oder Molekülbildung zu veranschaulichen versuchen. Die beteiligten Atome werden dabei meist als kleine Kugeln dargestellt. Zur Realisierung des Rendering-Prozesses werden recht einfache Verfahren als ausreichend erachtet, die im wesentlichen durch Anwendung von Verfahren zur Bestimmung sichtbarer Oberflächen den vom Beobachterstandpunkt aus sichtbaren Teil des Modells wiedergeben. Bei vielen Anwendungen aus dem Bereich der Architektur oder der Filmindustrie steht dagegen die Erzeugung realistischer Abbilder im Vordergrund. Dazu sind aufwendige Rendering-Verfahren notwendig, die mit Hilfe von geeigneten, aus der Physik abgeleiteten Reflexions- und Beleuchtungsmodellen die Oberflächen der darzustellenden Objekte möglichst wirklichkeitsgetreu wiederzugeben versuchen.

Die erfolgreichsten, heute angewendeten Verfahren sind sog. globale Verfahren, die im Gegensatz zu den lokalen Verfahren bei der Darstellung auch den Lichtaustausch berücksichtigen, der zwischen den einzelnen Objekten durch spiegelnde oder diffuse Reflexion erfolgt. Diffuse Reflexion tritt bei matten Oberflächen auf, das diffus reflektierte Licht wird in alle Richtungen gleichmäßig abgestrahlt. Spiegelnde Reflexion tritt bei glänzenden Oberflächen auf, das reflektierte Licht wird in eine bevorzugte Richtung abgestrahlt, die sich nach dem Gesetz Einfallswinkel gleich Ausfallswinkel errechnet. Die Schwierigkeit der globalen Verfahren liegt darin, daß das von einer Oberfläche in Richtung des Betrachters abgestrahlte Licht nicht nur direkt von der Lichtquelle, sondern auch über Reflexionen von allen anderen Objekten der Szene kommen kann. Dies bedeutet, daß die Wechselwirkung mit all diesen Objekten untersucht werden muß. Die beiden populärsten globalen Verfahren sind das Ray Tracing-Verfahren und das Radiosity Verfahren: Das *Ray Tracing-Verfahren* (Strahlrückverfolgungsverfahren) versucht, den Verlauf der von der Lichtquelle über evtl. mehrfache Reflexionen auf den Bildschirm fallenden Lichtstrahlen zu rekonstruieren, indem es für jedes Pixel des Bildschirms einen Strahl (Projektor) verwendet und dessen Verlauf bis zur Lichtquelle zurückverfolgt. Die Zurückverfolgung besteht aus der Bestimmung des Schnittpunktes zwischen dem Strahl und dem am nächsten zum Betrachter liegenden Objekt und der Berechnung von lokalen Intensitätswerten, die sich aus der direkten Beleuchtung des gefundenen Schnittpunktes ergeben. Wenn das vom Strahl getroffene Objekt spiegelnd oder durchscheinend ist, werden nach den Gesetzen der geometrischen Optik ein reflektierter und ein transmittierter Strahl berechnet und weiter zurückverfolgt. Das Ray Tracing-Verfahren ist besonders gut zur Darstellung von spiegelnden Objekten geeignet. Da die Projektoren bei der meistens verwendeten perspektivischen Projektion von der Position des Betrachters abhängen, muß bei einer Änderung dieser Position das gesamte Verfahren neu durchlaufen werden. Ein ↑Public Domain Ray Tracing-Programm namens Rayshade ist über ftp zugänglich (ftp.fu-berlin.de, Verzeichnis/pub/unix/graphics/rayshade).

Das *Radiosity-Verfahren* basiert auf dem Energieerhaltungssatz, der besagt, daß die von den Lichtquellen abgegebene Energie sich auf bestimmte Art über die Oberflächen der Szene verteilt. Die sich ergebende Intensitätsverteilung hängt dabei nur von der räumlichen Lage und Verteilung der Objekte ab. Das Verfahren besteht aus zwei Schritten: Im ersten Schritt werden die Oberflächen der Objekte in kleine Flächenelemente unterteilt, die als Ebene Polygone behandelt werden. Für jedes Flächenelement wird unter Berücksichtigung aller anderen Flächenelemente ein konstanter Strahlungswert berechnet, der unabhängig von der Position des Betrachters ist. Die im ersten Schritt berechneten Strahlungswerte werden im zweiten Schritt mit Hilfe eines vereinfachten Ray Tracing-Verfahrens dargestellt, das die Strahlen nur bis zum ersten Schnittpunkt zurückverfolgt. Als Intensität eines Pixels wird der Strahlungswert des Flächenelementes verwendet, auf dem der gefundene Schnittpunkt liegt. Das Radiosity-Verfahren ist gut zur Darstellung von diffuser Reflexion geeignet, welche in der Realität häufiger auftritt als spiegelnde Reflexion. Nur der zweite Schritt des Radiosity-Verfahrens ist von der Position des Betrachters abhängig. Bei einer Änderung der Position des Betrachters muß daher auch nur der (weniger rechenzeitaufwendige) zweite Schritt wiederholt werden.

Zur Erhöhung der ↑Portabilität von graphischen Programmen wurden geräteunabhängige Standardpakete definiert. Die Entwicklung solcher Pakete begann 1977 mit CGS (Core Graphics System), setzte sich 1985 mit GKS (Graphical Kernel System) fort und endete vorläufig 1988 mit PHIGS und PHIGS+ (Programmer's Hierarchical Interactive Graphics System). PHIGS erlaubt eine hierarchische Gruppierung von Objekten, auf die geometrische Transformationen (Skalierung, Rotation, Translation) angewendet werden können. PHIGS+ stellt zusätzlich realistische Reflexionsmodelle zur Verfügung.

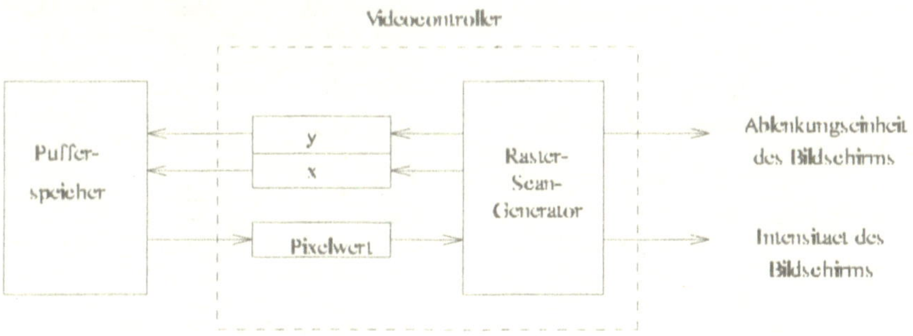

Die Darstellung der mit den Verfahren der *C.* erzeugten Bilder erfolgt häufig auf dem Bildschirm des verwendeten Computers (↑PC oder ↑Workstation). Dieser ist dazu mit einem Darstellungssystem ausgestattet, das aus einem Pufferspeicher zur Ablage des Bildes und einem Videocontroller zur Darstellung des Bildes besteht. Die Größe des als zweidimensionales Feld organisierten Pufferspeichers hängt von der Auflösung des verwendeten Bildschirms ab, die üblicherweise zwischen 640 x 480 (Zeilen x Spalten) und 1280 x 1024 liegt. Der Videocontroller, besteht i.w. aus einem Raster Scan-Generator, der nacheinander Adressen x und y für die darzustellenden Pixel erzeugt, mit denen der wiederzugebende Intensitätswert aus dem Pufferspeicher ausgelesen und auf dem Bildschirm dargestellt wird. Die Anzahl der darstellbaren Farbschattierungen hängt von der Anzahl der ↑Bits ab, die im Pufferspeicher pro Pixel zur Verfügung stehen. Als ausreichend werden 24 Bits angesehen. Dabei stehen für jede der drei Grundfarben (rot, grün, blau) 8 Bits zur Verfügung, mit denen 256 Farbschattierungen dargestellt werden können. Insgesamt können 2^{24}, also etwa 16 Mio. Farbmischungen dargestellt werden.

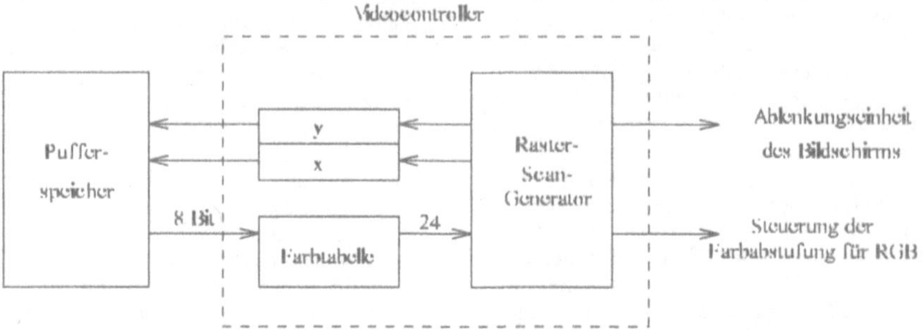

Um aus Kostengründen die Größe des Pufferspeichers zu verringern, wird oft eine Farbtabelle benutzt, die z.B. 256 Farbeinträge der Größe 24 ↑Bit enthält. Die Einträge des Pufferspeichers bestehen dann aus 8-Bit-Adressen, die zur Ansteuerung der Farbtabelle verwendet werden. Die Farbtabelle wird mit 256 Farben besetzt, die aus den 16 Mio. möglichen so ausgewählt werden, daß das darzustellende Bild möglichst genau wiedergegeben wird.

Literatur: Foley, J.D. et al.: Computer Graphics, Principles and Practice, 1990. *Rauber, T.*: Algorithmen in der Computergraphik.

Prof. Dr. T. Rauber, Saarbrücken

Computerlinguistik

Die *C.* ist ein im Überschneidungsbereich von ↑Informatik und Sprachwissenschaft (Linguistik) angesiedeltes Fachgebiet. Sein Gegenstand ist die automatische Verarbeitung natürlicher Sprachen (wie das Deutsche oder Englische) auf der Grundlage von Prinzipien, die aus der formalen Rekonstruktion menschlichen Sprachhandelns bei der *Sprachanalyse (Hören, Lesen)* und der *Sprachgenerierung (Sprechen, Schreiben)* abgeleitet werden (Allen, 1987; Batori et al., 1989; Smith, 1991). In dem Maße, in dem der Aspekt der rechnergestützten, auf kognitive Plausibilität zielenden ↑Simulation menschlichen Sprachverstehens in den Vordergrund des Erklärungsinteresses rückt, bildet die Psycholinguistik einen weiteren einflußreichen methodisch-theoretischen Bezugspunkt für die *C.* Aus diesen Vorbemerkungen folgt, daß konventionelle, ausschließlich auf die Manipulation von Zeichenketten beschränkte Systeme zur Textverarbeitung (Editoren, Formatierer, Trennungs- und Schreibfehlerkorrekturprogramme), die maschinelle Herstellung von sortierten Wortlisten (wie Indizes) oder sprachbezogene Datenbankanwendungen (Speicherung und Manipulation größerer Textkorpora u.ä.) wegen ihrer offensichtlichen linguistischen Methodendefizite nicht der *C.* zugeordnet werden können.

Auf dieser methodischen Ebene können *drei zentrale Aufgabenstellungen* innerhalb der *C.* unterschieden werden (Die folgende Darstellung orientiert sich an einer sprachanalytischen Perspektive; der Sprachgenerierung liegt unter Umkehrung der Richtung der einzelnen Analyseschritte eine analoge dreiteilige Gliederung zugrunde; Winograd, 1983):

- Das *Parsing (syntaktische Analyse)* behandelt die Überführung der linearen sprachlichen Äußerungskette (Sätze der gesprochenen oder geschriebenen Sprache) in eine strukturelle, hierarchisch gegliederte Repräsentationsform, die syntaktische Abhängigkeiten zwischen Wörtern in einer Wortgruppe (Phrase) bzw. zwischen grammatikalisch zusammengehörigen Wortgruppen auf der Grundlage linearer Abfolge- und hierarchischer Dominanzbedingungen erfaßt (Phrasenstrukturanalyse). Hierbei kommen unter Einbeziehung methodischer Grundlagen aus dem Bereich der Theorie formaler Grammatiken, sowie der Automatentheorie für die Analyse natürlicher Sprachen Parsing-Algorithmen zur Anwendung, wie sie grundsätzlich auch für die Syntaxanalyse von formalen Sprachen bzw. ↑Programmiersprachen geläufig sind. Wesentlicher Bestandteil des Parsing natürlicher Sprachen ist die morphologische und die lexikalische Analyse. Bei der *morphologischen Analyse* werden durch Deklination und Konjugation flektierte und durch Derivation abgeleitete Wortformen auf kanonische Einträge (Lexeme) eines Lexikons zurückgeführt (etwa "fährt" auf "fahren") bzw. durch Komposition zusammengesetzte Wortformen in Grundformen segmentiert (Bsp.: "Farb/ Laser/↑Drucker"). Die *lexikalische Analyse* behandelt etwa die Gruppierung von Mehrwortlexemen (wie "Vereinte Nationen") oder idiomatischen Wendungen ("auf der Stelle treten") zu einem komplexen Lexem.

• Die *semantische Interpretation* dient der Bestimmung der Bedeutungsstruktur einer natürlichsprachlichen Äußerung. Dazu wird für jedes Wort der Äußerung seine im Lexikon verzeichnete lexikalische Bedeutung bestimmt und kompositionell, d.h. entsprechend den syntaktischen Abhängigkeiten zwischen Wörtern und Wortgruppen, wie sie aus dem syntaktischen Parsing resultieren, eine semantische Repräsentationsform berechnet. Üblicherweise geschieht dies auf der Grundlage einer modelltheoretischen, d.h. logischen Semantik im Sinne der Prädikatenlogik oder verwandter Kalküle. Die *pragmatische Analyse* einer natürlichsprachlichen Äußerung zielt auf die Rekonstruktion von kontextspezifischen Gebrauchsbedingungen natürlicher Sprache in komplexen Diskursen, wie gesprochenen Dialogen oder schriftlichen Texten. Hierbei können die propositionale, referentielle und situative Kontextanalysen unterschieden werden. Im Rahmen der propositionalen Kontextanalyse wird die Bedeutungsstruktur der zunächst isoliert betrachteten Äußerung in die inhaltliche Beschreibung des Diskurses, in den die Äußerung eingebettet ist, integriert. In diesen durch logische Schlüsse (Inferenzen) gesteuerten, i.e.S. "wissensbasierten" Prozeß gehen allgemeines Hintergrundwissen über den jeweiligen Gegenstandsbereich (↑Domäne) des Diskurses, aber auch die im bisherigen Diskursverlauf behandelten Themen (Fokus u.ä.) ein. Unter einer linguistischen Perspektive sind die einzelnen Sätze, aus denen sich ein Dialog oder Text zusammensetzt, nicht unverbunden aneinander gereiht, sondern weisen durch bestimmte sprachliche Indikatoren eine für Diskurse charakteristische lokal wirksame Bindung (Kohäsion) untereinander bzw. Kopplung an den jeweiligen Raum/ Zeitkontext auf. Typisch hierfür sind unterschiedliche referentielle Formen, wie der anaphorische Bezug einer Nominalphrase oder eines Pronomens auf einen bereits eingeführten Diskursreferenten ("Die CRAY-2 ... . Dieser Superrechner ... . Er ...") oder deiktische Verweisformen, wie "auf der nächsten Messe", deren referentieller Bezug nur durch den Diskurskontext erschlossen werden kann. Hinzu kommen schließlich noch global wirksame Prinzipien der Kohärenz von Diskursen, etwa Konventionen für die umfaßende strukturelle Organisation von Dialogen oder schriftlichen Texten in Form von stereotypen Eröffnungs- und Schließungsformeln, gebräuchlichen rhetorischen und argumentativen Mustern, Regeln für thematische Elaboration oder Themenänderungen usw. Häufig ist die propositionale und referentielle Analyse abhängig von zusätzlichen situativen Rahmenbedingungen, die die Teilnehmer des Diskurses (Fragesteller/Antwortgeber in Dialogen, Leser/Schreiber bei Texten) einbringen. Diese direkt mit den Akteuren in Sprechakten verbundenen Faktoren verlangen die formale Explizierung von impliziten Annahmen, die Sprecher und Hörer über bestimmte Sachverhalte in der Diskursdomäne teilen (dieses gemeinsame ↑Wissen wird daraufhin im Diskurs als gegeben vorausgesetzt), von Annahmen des Sprechers über den Hörer in Gestalt von Partnerbildern (etwa die sprecherseitige Einschätzung des Hörers als Laie oder Experte bezüglich der aktuellen Diskursdomäne), sowie von Absichten, Interessen und Plänen des Sprechers (bspw. im Rahmen eines durch seine asymmetrische Rollenverteilung charakterisierten Verkaufs- oder Beratungsgesprächs).

Diese Vielfalt von pragmatisch bedeutsamen Kontextphänomenen soll im folgenden anhand der Äußerung "Wann fährt der nächste Zug nach Bayreuth?" illustriert werden. Diese Frage enthält keine Angabe zum Abfahrtsort; per Standardannahme (Default) wird als Abfahrtsort im Rahmen der propositionalen Analyse derjenige Ort angenommen, an dem der Fragende sich zum Zeitpunkt der Fragestellung befindet. Ferner enthält die Frage einen zeitlichen Referenzausdruck ("der nächste Zug"), der eine pragmatische und eine semantische Bestimmungsgröße enthält: Die Abfahrtszeit des fraglichen Zugs liegt zeitlich nach der Aktualzeit des Diskurses, zugleich darf zwischen dessen Abfahrtszeit und der Aktualzeit kein anderer Zug nach Bayreuth fahren. Die Rolle der situativen Analyse kann am Beispiel eines kooperativen Diskursverlaufs verdeutlicht werden. Die Antwort "Um 17.38 Uhr, Gleis 9!" greift das Diskursthema (Fokus), ohne es eigens zu wiederholen, in einem fragmentarischen Satz (Ellipse) direkt auf ("Der nächste Zug nach Bayreuth fährt um 17.38 Uhr!" hätte einen eher förmlich-hölzernen Beigeschmack.). Die Überbeantwortung - neben der explizit nachgefragten Zeitangabe wird ergänzend das Abfahrtsgleis angegeben - beruht auf einem gelungenen Planerkennungsprozeß. Der Antwortgeber hat die Frage als Bestandteil eines Reiseplans erkannt. Zu dessen Gelingen bedarf es für den Fragenden aber nicht nur der Kenntnis der Abfahrtszeit, sondern auch der des Bahnsteigs, von dem dieser Zug abfahren wird. Durch die Mitteilung dieser ↑Information erspart der Antwortgeber dem Fragesteller somit eine die Abreise möglicherweise verzögernde (und damit das Gelingen des Reiseplans gefährdende) Suche nach im Bahnhof aushängenden Abfahrtsplänen, in denen auch das Gleis verzeichnet wäre.

Die betrachteten *Aufgabenbereiche der C.* korrespondieren aufs engste mit der klassischen Unterscheidung der drei wesentlichen linguistischen Beschreibungsebenen - Syntax, Semantik und Pragmatik - aus denen sich jeweils Grammatiken für natürliche Sprachen zusammensetzen. Die starke Begriffsausdehnung, die der Terminus Grammatik in der (Computer-) Linguistik im Vergleich zur weitaus restriktiveren, fast ausschließlich syntaktischen Lesart in der ↑Informatik erfährt, deutet die unterschiedlichen Ausgangsbedingungen an, denen Sprachanalysen in beiden Disziplinen unterliegen. Denn im Unterschied zur definitorischen Konstruktion von formalen Sprachen und ↑Programmiersprachen sind die Strukturen natürlicher Sprachen kulturell vorgegeben und müssen folglich empirisch adäquat rekonstruiert werden. Natürliche Sprachen sind zudem durch ein hohes Maß an Mehrdeutigkeit (Ambiguität) auf allen drei unterschiedenen linguistischen Ebenen gekennzeichnet. Zu den Eigenschaften, die natürliche von formalen Sprachen und Programmiersprachen gänzlich unterscheiden, kommen auf der semantischen Ebene noch die Vagheit sprachlicher Ausdrücke (Bsp.: "ein ziemlich schneller Rechner"), sowie unterschiedliche Formen der übertragenen Bedeutungskonstruktion in Form sog. Metonymien ("Der IBM [= der von IBM produzierte Rechner] hat einen RISC-Prozessor") und Metaphern ("Big Blue [= IBM] im Tal der Tränen [= in der Verlustzone]"). Darüber hinaus sorgen vielfältige Redundanzmechanismen für ein hohes Maß an Fehlertoleranz in natürlichsprachlichen Codes, was dazu führt, daß selbst fehlerhaft empfangene oder erzeugte Sprache nichtsdestotrotz in der Alltagskommunikation mit möglichen Genauigkeitseinbußen verstanden werden kann. Daraus leitet sich auf der Seite der automatischen Analyse natürlicher Sprache die Notwendigkeit ab, entsprechend robuste Analyseverfahren bereitzustellen, die nicht nur nach grammatischen Kriterien wohlgeformte, sondern auch von diesen strengen Grammatikalitätsbedingungen abweichende Äußerungen kontinuierlich verarbeiten (statt beim Auftreten eines Fehlers die Analyse abzubrechen). Nicht zuletzt sind die grammati-

schen Systeme natürlicher Sprachen kontinuierlichem Wandel unterworfen. Diese inhärente Dynamik des Sprachsystems zeigt sich besonders augenfällig anhand der Einführung neuer Wörter, des Bedeutungswandels bereits eingeführter Wörter, aber auch an der eher langfristig wirksamen Evolution des syntaktischen und pragmatischen Codes.
Auf der Grundlage der oben skizzierten methodischen Prinzipien werden im Rahmen anwendungsorientierter Fragestellungen der *C.* sog. *natürlichsprachliche Systeme* entwickelt. Sie ermöglichen es, natürliche Sprachen unter ganz bestimmten Zielsetzungen mit Rechnern zu verarbeiten. Hierbei stehen drei große *Anwendungskomplexe* im Mittelpunkt der Betrachtung: der natürlichsprachige Dialog zwischen Mensch und Rechner, die maschinelle Übersetzung, sowie die informationelle Transformation von schriftlichen Texten:

- Die *natürlichsprachige Kommunikation* von menschlichen Benutzern mit Computern, insb. mit ↑Informationssystemen (↑Datenbank-, Tutor-, Entscheidungsunterstützungs-, ↑Bürokommunikations-, ↑Information Retrieval-, Hypertext-, ↑Expertensysteme usw.) ist zentraler Forschungsgegenstand im Bereich von natürlichsprachlichen Frage-Antwort- bzw. ↑Dialogsystemen. Hierbei wird versucht, die bislang gebräuchlichen formalen Anfragesprachen von ↑Informationssystemen durch natürlich(er)e Sprachen zu ersetzen. Diese Entwicklungen zielen darauf ab, den Kreis potentieller Anfrager eines ↑Informationssystems über den der eigens geschulten Systemspezialisten hinaus zu erweitern. Denn der Zugriff auf großvolumige Daten- und Wissensbestände von ↑Informationssystemen wird im Rahmen einer stetig zunehmenden Informatisierung sozialer Prozesse auch und gerade für sog. EDV-Laien immer mehr an Bedeutung gewinnen. Interaktionen zwischen Mensch und Rechner, die etwa darauf zielen, benutzerseitige Informationsdefizite zu beheben (Beispiel: Zug- oder Bankauskunftssysteme), oder Benutzer bei komplexen Problemlösungs- und Beratungsaufgaben zu unterstützen (z.B. Reiseplanung, Ausfüllen von Formularen, ↑Steuerung technischer ↑Systeme), werden zu einem immer alltäglicheren Vorgang. Hierbei führt die Einbeziehung unterschiedlicher Modi - geschriebene bzw. gesprochene Sprache, oder sog. mixed-mode-Interaktionsformen, die auch graphische, gestische u.a. Symbolsysteme berücksichtigen - zu einer zusätzlichen Erweiterung des Spektrums, innerhalb dessen Menschen auf möglichst natürliche Weise mit Rechnern interagieren können.
- Der zweite große Anwendungssektor natürlichsprachlicher Systeme liegt im Bereich der *maschinellen Übersetzung* von einer natürlichen Sprache (der Quellsprache) in eine andere natürliche Sprache (die Zielsprache). Erklärter Anspruch ist dabei die Wahrung der Bedeutungsäquivalenz (Paraphrasebeziehung) zwischen quell- und zielsprachlichem Ausdruck. Das Funktionsspektrum solcher Systeme reicht von maschinellen Werkzeugen (etwa Terminologiedatenbanken) zur Unterstützung menschlicher Übersetzer bei lexikalischen Transferproblemen über semi-automatische interaktive Übersetzungssysteme mit Zyklen aus maschineller Rohübersetzung, menschlicher Intervention bei der Auflösung von mehrdeutigen Analysen (Disambiguierung), oder der Beseitigung lexikalischer oder grammatischer Spezifikationslücken, maschineller Feinübersetzung, menschlichem Post-Editing), bis hin zu vollautomatischen Übersetzungssystemen. Zunehmend in den Vordergrund rückt dabei neben der Übersetzung schriftlich formulierter Texte die Übersetzung gesprochener Sprache parallel zum laufenden Dialog (vergleichbar etwa mit den Anforderungen an Simultandolmetscher).
- Der dritte Typus natürlichsprachlicher Systeme ist dadurch charakterisiert, daß schriftliche Texte (elektronisch gespeicherte Zeitungsartikel, Gesetzestexte, Briefe u.ä.) unter den Prämissen bestimmter informationeller Transformationsvorgaben (etwa Referenz auf relevante Texte, Wissensextraktion aus Texten, Textzusammenfassung) automatisch verarbeitet werden. Zum Bereich des informationslinguistischen ↑*Information Retrieval* zählen etwa ↑Systeme, die

durch die automatische Vergabe von Schlagwörtern (Indexing) oder Gruppierung einzelner Texte in inhaltlich ähnliche Dokumentmengen (Klassifikation) den maschinellen Zugriff auf große Textkollektionen nach inhaltlichen Kriterien ermöglichen, oder relevante Texte an solche Benutzer weiterleiten, deren vorab spezifiziertes Benutzerprofil mit bestimmten inhaltlichen Merkmalen der Texte übereinstimmt (Textfiltrierung oder Routing). Wesentlich anspruchsvollere Sprachverstehensleistungen werden Systemen abverlangt, die die in Texten enthaltenen Fakten, Aussagen, oder Bewertungen automatisch extrahieren (Textwissensakquisition), sie in bestehende Wissensbestände integrieren (Textwissenssynthese) und ↑Wissen aus Texten, nach thematischen Schwerpunkten gruppiert, zusammenfassen (Abstracting) oder Texte aus vorgegebenen Wissensbasen automatisch erzeugen (Textgenerierung) und damit Wissen funktions- und situationsgerecht, d.h. nach pragmatischen Kriterien neu arrangieren.

Im Verlauf der Ausdifferenzierung dieses Wissenschaftsgebiets haben sich im wesentlichen zwei *Entwicklungsrichtungen* herausgeschält (Hahn, 1992):

- Einerseits wird mit *C.* ein Ansatz identifiziert, der sich aus der theoretischen (formalen) Linguistik ableitet und bei Betonung der Syntax und Semantik natürlicher Sprachen Computerimplementationen von Grammatikformalismen als eine Simulations- und Testumgebung für die formale und empirische Adäquatheit dieser Formalismen bzw. spezieller Grammatiken betrachtet.
- Dem steht eine alternative Ausprägung der *C.* gegenüber, die ihre methodische Orientierung primär aus dem Kontext der ↑Informatik und hier besonders der sprachorientierten Künstlichen Intelligenz ableitet. Innerhalb dieses Ansatzes dominiert der Anspruch, Sprachverstehensprozesse möglichst umfassend zu modellieren, d.h. einerseits die dem Sprachverstehen zugrunde liegenden Schlußfolgerungs- und Inferenzprozesse, andererseits die besonderen Bedingungen des Sprachverwendungskontextes, die kommunikativen Ziele und Funktionen des Sprachgebrauchs (mithin der Pragmatik natürlicher Sprachen) zu berücksichtigen. Der Grad der erreichten Verstehenskapazität wird anhand der Funktionalität natürlichsprachlicher ↑Systeme im Rahmen klar definierter Anwendungskontexte demonstriert.

Im Bereich der *C.* gibt es, dem überwiegend experimentellen Stand der Disziplin entsprechend, noch kaum für komplexe Anwendungen vollends taugliche *standardisierte Softwarepakete.* Dagegen sind für einzelne Komponenten der Sprachanalyse (etwa Parser oder Generatoren, Wissensrepräsentationssysteme) stabile Prototypen aus Entwicklungslabors verfügbar. Ein kommerziell tragfähiger Markt für *computerlinguistische Softwareprodukte* existiert jedoch noch nicht. Angepaßt an die aktuellen theoretischen Fixierungen in der *C.* (Regel- und Merkmalssysteme, Logik- und Netzwerkformalismen) sind *Prolog* und *Lisp* die vorherrschenden Implementationssprachen.

Literatur: Allen, J.: Natural Language Understanding, Menlo Park, 1987. *Batori, I.S., Lenders, W., Putschke, W.*: (Eds.): Computational Linguistics, Bd. 4, Berlin, 1989. *Hahn, U.*: Forschungsstrategien und Erkenntnisinteressen in der anwendungsorientierten automatischen Sprachverarbeitung, in: *Kuhlen, R.* (Ed.), Experimentelles und praktisches Information Retrieval, Schriften zur Informationswissenschaft, Bd. 3, Konstanz, 1992. *Smith, G.W.*: Computers and Human Language, New York, 1991. *Winograd, T.*: Language as a Cognitive Process, Vol. I, Syntax, Reading, MA, 1983.

Prof. Dr. U. Hahn, Freiburg

Computermißbrauch

Absichtliche Benutzeraktionen, die die Vertraulichkeit der Daten, deren Integrität oder Verfügbarkeit negativ beeinflussen; wird unterteilt in Spionage, Manipulation und Sabotage.

Computersicherheit

Gebiet, das sich mit Fragen der Sicherheit in informationstechnischen Systemen befaßt. Nach ↑IEEE-Norm 100 - 1984: Der Schutz von Hard- oder ↑Software gegen böswilligen oder zufälligen Zugriff, Gebrauch, Veränderungen, Zerstörung oder Enthüllung. Sicherheit bezieht sich auf die Bereiche Mitarbeiter, ↑Daten,

↑Kommunikation, Medien und den physikalischen Schutz von Rechnerinstallationen.

Computertechnik
Gesamtheit aus ↑Hardware, ↑Software und ↑Dienstleistungen wie Softwareentwicklung, Beratung und Schulung.

Computerviren
↑Programme mit der Eigenschaft zur Selbstreproduktion; Bestandteil eines anderen (Wirts-) Programms; führen ihre Aktionen während des Ablaufs des Wirtsprogramms aus; werden mit der Absicht programmiert, Schaden anzurichten, in dem sie Daten, Programme, Netzwerke verseuchen.

Concurrent Engineering
Vorgehensweise bei der Lösung komplexer ingenieurtechnischer Probleme mit dem Ziel, qualitativ optimale, kostengünstige Lösungen in kürzester Zeit zu erarbeiten. Merkmale der Vorgehensweise sind die möglichst parallel versetzte Bearbeitung aller Aufgaben bei Produktplanung, Konzipierung, Entwurf, Arbeitsplanung, sowie Material- und Betriebsmittelplanung, anstatt einer sequentiellen Ausführung der gleichen Aufgaben.

Consumer Electronic
Bereich der ↑Informationstechnik - bestehend aus Unterhaltungs- und Haushaltselektronik.

Controlling
Konzept der Unternehmensführung durch Planung, Information, Organisation und Kontrolle.

Controlling, Bank-
↑Bank- Controlling

Controlling, DV-
C. versteht sich wie ↑Controlling allgemein als Führungsunterstützung, hier also als Unterstützung der Führung des DV-Bereichs im Unternehmen durch Koordination und Koordinationskontrolle. Dem zeitgemäßen Selbstverständnis entsprechend beschränkt sich ein flächendeckendes *C.* hierzu nicht nur auf Fragen nach der Effizienz (doing things right), sondern konzentriert sich vorrangig auf Fragen nach der Effektivität (doing the right things). Die Objektbereiche dazu sind die strategische Planung von ↑*Informations- und Kommunikationssystemen (IuK-Systeme)*, die Planung und Durchführung von IuK-Projekten, die ↑Wirtschaftlichkeit von IuK-Projekten und von installierten IuK-Systemen, der Anwendungsbetrieb, die Verrechnung von Leistungen und Kosten und Überlegungen zum ↑Outsourcing; diese Bereiche repräsentieren Koordinationsfelder i.S. des Controlling. Damit Koordination und Koordinationskontrolle wirksam durchgeführt werden können, bedarf es zunächst feldspezifischen Controllingzielen; diese wiederum bilden die Leitlinie für die Auswahl und für den Einsatz desjenigen Instrumentariums, das sich zur Planung und Steuerung in dem jeweiligen Objektbereich eignet.
Für das *Koordinationsfeld strategische Planung* von IuK-Systemen lassen sich die *Controllingziele* durch folgende Fragen umreißen: Welches Qualitätsniveau haben die gegenwärtigen IuK-Systeme? Wird das Potential von zeitgemäßer IuK-Technik erkannt und zielorientiert genutzt? Erfolgt die strategische IuK-Planung konform zu den Zielen der strategischen Unternehmensplanung? Wie werden strategische IuK-Konzeptionen entwickelt? Sind Konzept und Inhalt der strategischen IuK-Planung konsistent? Welches Qualitätsniveau haben die geplanten IuK-Systeme? Existiert ein Beurteilungsmaßstab zur vergleichenden Bewertung von IuK-Vorhaben?
Zur Beantwortung dieser Fragen ist es zweckdienlich, die strategische IuK-Planung in eine Planung der IuK-Systeme und in eine strategische Planung der IuK-Infrastruktur zu untergliedern.

Basis für die *strategische Planung von IuK-Systemen* ist, wie auch sonst bei strategischer Unternehmensplanung, die Situationsbeurteilung der einzelnen Geschäftsfelder eines Unternehmens nach Stärken, Schwächen, Chancen und Risiken, die i.w. dazu dient, strategische Defizite herauszuarbeiten. Darauf aufbauend sind diejenigen Schwerpunkte einer IuK-Unterstützung zu erarbeiten, die als strategisch relevant angesehen werden; das geeignete Instrumentarium dazu ist das Konzept der kritischen Erfolgsfaktoren, die Potentialanalyse von IuK-Techniken und die Restrukturierung der Unternehmensorganisation nach dem Konzept von Geschäftsprozessen. Das Ergebnis dieser Planungen ist ein Projektportfolio, das den "General-Bebauungsplan" für strategisch relevante IuK-Vorhaben darstellt. Aus der Entscheidung über diesen Plan resultieren die Vorgaben für die *IuK-Infrastruktur*. Folgende Aussagen sind dazu zu treffen: Hardware-, Software-Systemstruktur, ↑Benutzeroberfläche, Sicherheitskonzept, Spektrum und Konditionen der Dienstleistungen des DV-Bereiches.

Für das *Koordinationsfeld Planung und Durchführung von IuK-Projekten* lassen sich die Controllingziele wie folgt formulieren:

- projektbezogene Ziele (Effektivität des Projektes, Abstimmung des Projektes mit der mittelfristigen Planung des Projektportfolios, Effizienz der Projektarbeit),
- infrastrukturbezogene Ziele (Schaffen der Voraussetzungen für ein effizientes Management von IuK-Projekten, Überwachung und Koordinierung des Managements von IuK-Projekten, Schaffen der Voraussetzungen für eine effiziente Softwareentwicklung).

Ein effizientes *Management von IuK-Projekten* setzt voraus, daß klar definierte Erfolgskriterien für die Projektarbeit mit zugehörigen Meßgrößen vorliegen, daß zwischen den Projektpartnern ein partizipatives Rollenverständnis mit klar definierten Verantwortungsfeldern i.S. von "Bauherr" und "Architekt" herrscht, daß eine dem Projekt entsprechende Organisationsform für das Projektteam gewählt wird (Arbeitskreis, Matrix-Projektorganisation, reine ↑Projektorganisation, Projektlaboratorium), daß die Zusammenarbeit im Projektteam formal geregelt wird (z.B. dokumentiert durch eine Verantwortungsmatrix), daß der Projektleiter sich als Produktmanager oder als "Unternehmer auf Zeit" versteht, daß klar definierte Projektziele vorliegen (Wirtschaftlichkeits-, Systemleistungs-, Vorgehens-, Akzeptanzziele), daß ein entscheidungsreifer Projektvorschlag (Vorprojekt) existiert und daß ein Projekt -Koordinierungsausschuß und ggf. ein Projekt-Lenkungsausschuß für übergeordnete ↑Projektplanung und -steuerung besteht. Eine effiziente *Softwareentwicklung* erfordert für die ↑Projektplanung Leitlinien in Form von projektspezifisch geeigneten Vorgehensmodellen (sequentiell, parallel-sequentiell, evolutionäre Modelle), eine möglichst präzise definierte Fachspezifikation (Funktionsmodell, Prozeßmodell, Funktionsbeschreibung, Informationsmodell), eine leistungsfähige Softwareentwurfsumgebung (↑CASE-System), eine realitätsnahe Termin- und Kostenplanung (z. B. auf Basis der Schätzverfahren Function Point und Object Point), sowie eine Qualitätsplanung (z.B. nach den Vorgaben von ↑ISO 9000 Teil 3). Der *Projektsteuerung* dienen fortschrittsbegleitend Projektaudits unter wertanalytischen Aspekten, ein Berichtswesen zur Projektfortschrittskontrolle (Projektstatusberichte), *Projektmanagementssysteme* zum Erstellen und Verwalten von Projektnetzplänen und vor Abschluß der umfassende Projektreview (realisierte Effektivität des Projektes und tatsächliche Effizienz der Projektarbeit - gemessen z.B. durch Termineinhaltung, Kosteneinhaltung, Einhaltung der Vereinbarungen über die Mitarbeit am Projekt, Einhaltung der Vereinbarungen zur Berichterstattung, Reibungsverluste und deren Ursachen).

Das Interesse des Controlling im *Koordinationsfeld ↑Wirtschaftlichkeit* gilt dem Wirtschaftlichkeitsnachweis von IuK-Projekten und von ↑Anwendungssystemen. Die Controllingziele hierzu lauten: Nachvollziehbarkeit und Plausibilität der Wirtschaftlichkeits- und Nutzenbegründung von IuK-Projekten, Konsistenz der ausgewiesenen Projektwirtschaftlichkeit zu den Wirtschaftlichkeitkriterien, die nach den Investitionsrichtlinien des Unternehmens einzuhalten sind, Transparenz und Eingrenzung der Folgekosten von IuK-Projekten, Wirtschaftlichkeitsverfolgung einzelner IuK-Systeme über deren Nutzungszeit, Definition von Entscheidungskriterien für die Ablösung von IuK-Systemen, Schaffen der Voraussetzungen für die Vergleichbarkeit der Wirtschaftlichkeitsbegründung von IuK-Projekten, Schaffen der Voraussetzungen für eine Wirtschaftlichkeitsfortschreibung von IuK-Systemen. Das geeignete Instrumentarium hierzu sind die bekannten Verfahren zur Investitionsrechnung, durch die der Ausweis der quantitativen Wirtschaftlichkeit erfolgt, sowie die verschieden Verfahren zur Nutzenbegründung (z.B. ↑Nutzwertanalyse, Nutzenwirkungsnetz, Argumentebilanz, Mehrebenenmodell der Wirtschaftlichkeit), die zum Nachweis einer qualitativen Wirtschaftlichkeit dienen. Um die Wirtschaftlichkeit von IuK-Systemen über deren Nutzungszeit zu verfolgen, ist es notwendig, eine lebenszyklusbezogene Kostenfortschreibung durchzuführen. Die wichtigsten Kostenkomponenten dazu sind neben den laufenden Betriebskosten eines IuK-Systems dessen Wartungskosten (Anpassungs-, korrigierende, Verbesserungswartung); die Analyse der Entwicklung dieser Kosten gibt erste Anhaltspunkte für eine allfällige Systemablösung.

Im *Koordinationsfeld Anwendungsbetrieb* liegen die Schwerpunkte von Controllingaktivitäten in den Bereichen Sicherheits-, Wartungs-, Produktionsmanagement und Management der Benutzerbetreuung. Die Controllingziele hierzu sind eine Sicherheitspolitik, die sich an der Risikorelevanz von IuK-Systemen orientiert, ein stringentes Management der Systemwartung, bedarfsgerechte Dimensionierung der Kapazitäten der IuK-Infrastruktur, Optimierung der Ressourcennutzung und Vermeiden von "Wildwuchs" im Bereich der ↑benutzerindividuellen Datenverarbeitung (IDV), d.h. Vermeiden von Inkompatibilitäten individuell beschaffbarer Hard- und Software, Vermeiden von Systemmehrfachentwicklungen und Wahrung der Konsistenz dezentraler Datenhaltung. Aus dem hierzu geeigneten Instrumentarium seien genannt die Bildung eines Risikoportfolios von IuK-Systemen, Evaluierung der Möglichkeiten zur Fremdversicherung von Schäden an IuK-Systemen und deren Infrastruktur, Genehmigungs- und Durchführungsprocedere für die Systemwartung, Monitoring von Hardware- und Softwaresystemen, systematische Ressourcenverwaltung, Einrichtung eines Benutzerservicebereiches und Erstellen von Richtlinien zur Beschaffung und Nutzung benutzerindividueller Hard- und Software.

Die Verrechnung von Leistungen und Kosten des DV-Bereichs eines Unternehmens ist das Tätigkeitsfeld des traditionellen *C.* Während bisher das vorrangige Controllingziel hierzu die verursachungsgerechte Belastung der Benutzer mit anteiligen DV-Kosten war, hat sich im Zuge flächendeckender kostenorientierter Koordinierungsaktivitäten der Zielrahmen erweitert: Schaffen eines unternehmensweiten Kostenbewußtseins über die Inanspruchnahme der Ressource Information, Schaffen von Transparenz über DV-Leistungen und deren Verrechnungsmodalitäten, Leistungssteigerung durch effizienzfördernde Maßnahmen, Förderung des Wettbewerbsverhaltens bei der Inanspruchnahme von DV-Leistungen, Reduzierung von DV-Kosten durch Begrenzung oder Abbau von DV-Leistungen. Das Instrumentarium, das zur Durchsetzung dieser Ziele anzuwenden ist, liefert das *Rechnungswesen*: Kostenverrechnung durch Umlage, Leistungsverrechnung durch Verrechnungspreise und Leistungskalkulation nach der Prozeßkostenrechnung. Welches der Verfahren in welcher Detaillierung angewendet wird, hängt im wesentlichen davon ab, welchen organisatorischen Status der DV-Bereich im Unternehmen hat; üblich ist heute der Status eines *Profit-Centers* mit der Konsequenz zu einer differenzierten Leistungsverrechnung über objektorientierte Kosten- oder Marktpreise.

Das *Koordinationsfeld ↑Outsourcing* ist der Bereich, auf den die Aktivitäten des *C.* sich focussieren, denn durch ↑Outsourcing wird letztlich eine gezielte, aber differenzierte Reduzierung der gesamten DV-Kosten eines Unternehmens dadurch angestrebt, daß fixe Kosten des DV-Bereiches durch Ausgliedern von unverzichtbaren Leistungen in variable und damit bedarfsgesteuert beeinflußbare Kosten umgewandelt werden. Für das ↑Controlling ergeben sich folgende Ziele:

- Abstimmung der Outsourcingplanung mit der strategischen Planung von IuK-Systemen;
- Definition von Entscheidungskriterien für Outsourcingvorhaben, Wirtschaftlichkeit und Plausibilität der Wirtschaftlichkeit von Outsourcingvorhaben;
- Vermeiden von Risiken durch Out-

sourcing, Schaffen eines Vorgehenskonzeptes für Outsourcingaktivitäten.
Das Instrumentarium, das zu Zwecken von Outsourcingplanungen verwendet wird, ist weitgehend identisch mit dem, das zu Zwecken der strategischen Planung von IuK-Systemen eingesetzt wird (Situationsbeurteilung, Defizitanalyse); von besonderer Bedeutung für das Controlling sind hier die folgenden *Situationsindikatoren*: Kosten des lfd. Anwendungsbetriebs, Kosten für Wartung und Sanierung von Software, Kosten für Softwareweiterentwicklung, Kosten für Softwareneuentwicklung, Wartungsintensität der IuK-Systeme, Lebenszykluskosten der IuK-Systeme, Auslastung der personellen und der technischen Kapazität, Zusammensetzung des Anwendungs- und des Projektportfolios, Attraktivität und Nutzung des IuK-Potentials.

Literatur: Haufs, P.: DV-Controlling, Heidelberg, 1989. *Horváth, P.*: Controlling, 5. Aufl., München, 1994. *Kargl, H.*: Controlling im DV-Bereich, 2. Aufl., München, 1994. *Kargl, H.*: Informationen für das DV-Controlling, in: Controlling, Heft 1, 1994. *Zilahi-Szabó, M.G.*: Leistungs- und Kostenrechnung für Rechenzentren, Wiesbaden, 1988.

Prof. Dr. H. Kargl, Mainz

Controlling, Informationssysteme im

C. als effizientes Lenkungskonzept

Die Situation von Unternehmen ist gekennzeichnet durch zunehmende Komplexität, Diskontinuität und Dynamik im Umfeld. Eine gezielte Steuerung des Unternehmens durch frühzeitiges Erkennen von gravierenden Veränderungen kann vor allem durch das Führungskonzept *Controlling* gewährleistet werden. Die generelle Aufgabenstellung des Controlling liegt im rechtzeitigen Erkennen von Chancen und Gefahren bzgl. der Erreichung von Unternehmenszielen, sowie in der Entwicklung und Durchsetzung von geeigneten Steuerungsmaßnamen in beratender Form. Das Controlling versteht sich als effiziente Form der Unternehmenslenkung auf der Grundlage eines neuen Verständnisses von Planung, Kontrolle und Information (Denken in Extremen), sowie ihrer engen Verknüpfung zu lernfähigen Prozessen (lebenslanges Lernen am Arbeitsplatz).

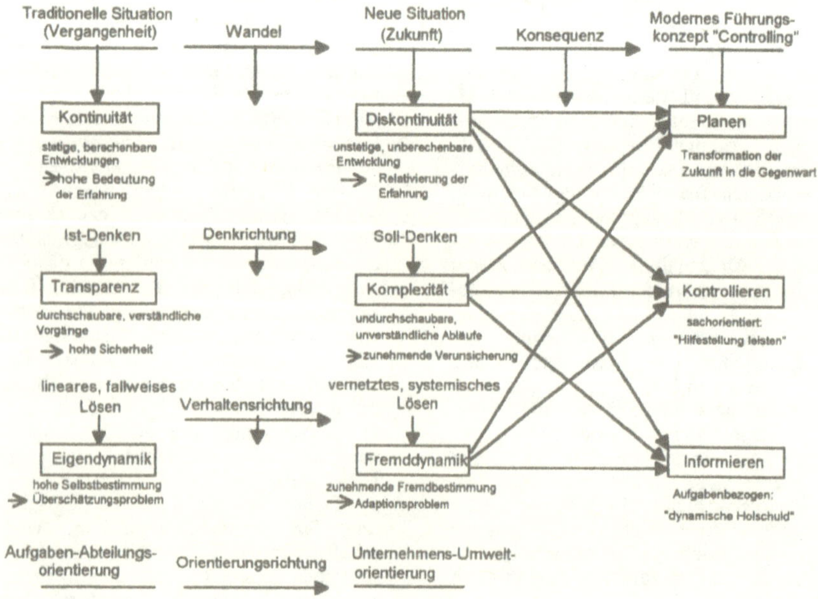

Controlling, Informationssysteme im

Gestaltung des Controlling
Controlling muß, um effektiv eingesetzt werden zu können (Ebert, 1992), operativ und/oder strategisch gestaltet werden, wobei im Bereich des operativen Controlling bereits komplexe, in sich geschlossene Systeme existieren, wohingegen im strategischen Controlling zwar Ansätze von Systemen zu erkennen sind, z.Zt. jedoch nur einzelne Instrumente eingesetzt werden. *Operative Gesamtcontrollingsysteme* dienen der Sicherung des Unternehmenserfolges auf der Basis der Liquidität, Rentabilität und Wirtschaftlichkeit. Dazu sind jeweils entsprechende Planungs-, Kontroll- und Informationssysteme erforderlich. Im Rahmen eines operativen *Planungssystems* werden mehrere Teilpläne, wie Umsatz-, Vertriebs-, Produktions-, Personalplan etc. für die verschiedensten Funktionsbereiche eines Unternehmens erstellt, die in Form der integrierten Unternehmensgesamtplanung aggregiert werden. Die Integration kann mit dem Sukzessiv-, Koordinations- oder Simultanverfahren herbeigeführt werden. Operative *Kontrollsysteme* basieren auf einer betriebsspezifischen Kombination unterschiedlicher Kostenrechnungssysteme. Um optimale Entscheidungs- und Kontrollmöglichkeiten zu erreichen, sind zugleich Voll- und Teilkostenaspekte, wie auch ist- und planorientierte Ansätze zu berücksichtigen. Operative ↑*Informationssysteme* dienen der Erhöhung des Informationsstands der Führungskräfte. Bestandteile eines operativen ↑Informationssystems sind Kennzahlen bzw. Kennzahlensysteme und das Berichtswesen. Eine neuere Entwicklung sind DV-gestützte ↑Managementinformationssysteme (*MIS*) und ↑Executivinformationssysteme (*EIS*).

Strategische Controllingsysteme dienen der Sicherung der Unternehmenspotentiale auf der Basis der Potentialität. Dazu existieren im strategischen Bereich verschiedene, nicht integrierte Instrumente. Es zeichnet sich jedoch der Versuch ab, diese zu einem strategischen Controllingsystem zu verknüpfen. *Strategische Planung* beinhaltet das Erkennen, Verwirklichen und Erhalten von Erfolgspotentialen. Zu den wichtigsten Instrumenten strategischer Planung zählen u.a.

- die Potentialanalyse,
- die GAP-Analyse,
- die Vorteilsmatrix,
- verschiedene Wettbewerbsmatrizen,
- die SOFT-Analyse und
- die strategische Bilanz.

Strategische Kontrolle wurde bisher sowohl in der Theorie, als auch in der Praxis wenig beachtet. Es gibt jedoch Entwicklungstendenzen in Richtung eines strategischen Rechnungswesens, das als Kontrollobjekte Potentiale und Strategien betrachtet. Als Instrumente für die *strategische Information* werden Frühwarn-, Früherkennungs- bzw. Frühaufklärungssystem in der Theorie diskutiert, sowie in der Praxis angewendet.

Informationssysteme
Um eine Anpassung an veränderte Umfeldbedingungen erreichen zu können, bedarf es neuer Informationssysteme und -prozesse, die eine schnelle Ableitung operativer und strategischer Erkenntnisse und Maßnahmen ermöglichen. Grundlegende Zielsetzung eines ökonomischen *Früherkennungssystems* ist es, durch eine systematische Gewinnung von Informationen externer Art strategische Überraschungen zu verhindern. Als "strategisches Radar" (Klaußmann) stellt es somit eine spezielle Art vom Informationssystem dar, das mögliche Gefahren und Chancen so frühzeitig aufzeigen soll, daß aufgrund des zeitlichen Vorlaufs rechtzeitig geeignete Maßnahmen zur Sicherung der Existenz des Unternehmens ergriffen werden können. Frühinformationen haben insofern existentielle Bedeutung und damit eine strategische Dimension. Sie sollen das Unternehmen für externe Veränderungen sensibilisieren, um einen permanenten, evolutionären Prozeß der Anpassung der vorhandenen Strategien zu ermöglichen. Alle Früherkennungssysteme basieren auf der Annahme, daß der Zeitpunkt der erstmaligen Beobachtbarkeit von relevanten Veränderungen vor dem Zeitpunkt der Auswirkung auf das Unternehmen und damit auf das Strategieziel liegt (Coenenberg/Baum). Nach Ansoff handelt es sich hierbei um sog. schwache Signale (Weak Signals). Zu ihrer Identifikation und weiteren Überwachung ist eine systematische Umweltbeobachtung (Envi-

Controlling, Informationssysteme im

ronmental Scanning) erforderlich. Neben den schwachen gibt es auch die sog. starken Signale (Strong Signals). Sie stellen Leitindikatoren dar, deren Relevanz für die Unternehmensstrategie eindeutig ist. Ein umfassendes Früherkennungssystem ist so angelegt, daß es gleichzeitig schwache und starke Signale empfangen kann. Die Grundstruktur eines strategischen Früherkennungssystems umfaßt folgende Teilbereiche:

- Festlegung und Überwachung der Beobachtungsbereiche: dabei handelt es sich um eine operationale Einteilung der für das Gesamtunternehmen, sowie für die strategischen Einheiten relevanten Umwelt;
- Gewinnung von Frühindikatoren als Gefahren und Chancen je Beobachtungsbereich: dabei ist eine Gliederung in demographische, soziologische, politische, ökonomische, technologische, ökologische usw. Faktoren möglich;
- Entdeckung von möglichen Gefahren und neuen Chancen anhand der Veränderungen bei den Frühindikatoren.

Bei der organisatorischen Eingliederung eines Früherkennungssystems in Unternehmen sollte die Erfassung und Analyse der ↑Information dezentral, die Koordination und Auswertung zentral erfolgen, um ein möglichst umfassendes und breit gestreutes Beobachtungsfeld sicherzustellen. Um den Entwicklungen im Umfeld und im Unternehmen selbst Rechnung zu tragen, müssen situations- und verwendungsgerechte *Management- und Executiv- Informationssysteme* bereitgestellt werden, damit Managementeffizienz und die Transparenz erfolgskritischer ↑Daten zu beschleunigt werden. Diese ↑Informationssysteme müssen folgende Voraussetzungen erfüllen:

- sie müssen offene Systeme darstellen;
- es müssen Schnittstellen zu allen gebräuchlichen Datenbanken vorhanden sein;
- Abläufe müssen gegen Manipulation und Fehlbedienung geschützt sein;
- Statistikfunktion und Marktübersichten müssen ständig abrufbar sein;
- einheitliche Benutzeroberfläche;
- Qualität und Benutzerfreundlichkeit;
- weltweite Einsetzbarkeit der Applikationen.

↑MIS und ↑EIS erfüllen die Anforderung des Erlangens eines Wettbewerbsvorteils bei dem neuen Produktionsfaktor Information in unterschiedlichem Maße. Sie unterscheiden sich bzgl. der Informationstiefe und -breite, ihrer Strukturierung, sowie im Hinblick auf den Benutzerkreis und deren Führungsaufgaben. Informationsempfänger eines *MIS* ist vor allem die Führungskraft im Middle-Management großer Unternehmen oder ein Mitarbeiter im Top-Management kleinerer Betriebe. Zu den wichtigsten Informationsbedürfnissen gehören Deckungsbeitrag, Umsatz, Finanzpläne und weitere finanzielle Kennzahlen aus den einzelnen Funktionsbereichen, die vom Berichtswesen geliefert werden. Übergeordnete MIS müssen auf die spezifischen Informationsbedürfnisse unterschiedlicher Branchen, Unternehmensgrößen und Ausprägung der Führungsaufgaben zugeschnitten sein. Die aus allen Unternehmensbereichen gesammelten Informationen müssen strukturiert und verdichtet werden (*Integrationsfunktion*). Es müssen außerdem die gesammelten Daten laufend überarbeitet werden (Aktualitätsziel). In einer Vorstrukturierung werden relevante Erfolgsgrößen (Kennzahlen) festgelegt (*Analysefunktion*). Dabei ist darauf zu achten, daß eine schnelle Anpassung an veränderte Verhältnisse möglich ist (Flexibilitätsziel). Aus den vorhandenen Informationen entsteht ein Gesamtbild, das den Bedürfnissen der Aufgabe gerecht wird (*↑Visualisierung/ ↑Modellierung*).
Informationsempfänger eines *↑EIS* ist vor allem die Führungskraft im Top-Management. Entscheidungen, die auf der Kenntnis und Bewertung überwiegend vorstrukturierter Informationen beruhen, bedürfen eines EIS als geeignetem Werkzeug zur Umsetzung mittel- und langfristiger Unternehmensstrategien. Zusätzlich zu den Funktionen eines ↑MIS muß es folgende Eigenschaften besitzen: Die ↑Datenbanken müssen für flexible Abfragen vorbereitet sein. Es ist ebenso eine höhere Flexibilität bzgl. der Informationsmenge notwendig (Drill down-Technik). Um ↑Simulationen und Prognosen durchführen zu können, sind What if-Analysen auszuführen. Die Voraussetzung für sie ist die Möglichkeit der Informationsmanipulation. Ein EIS muß

zusätzlich auch nicht-finanzielle Kennzahlen des Performance Measurement Systems (PMS) verarbeiten können.

Der entscheidende Unterschied zwischen MIS und EIS liegt somit in der Informationsgewinnung für differierende Ent-

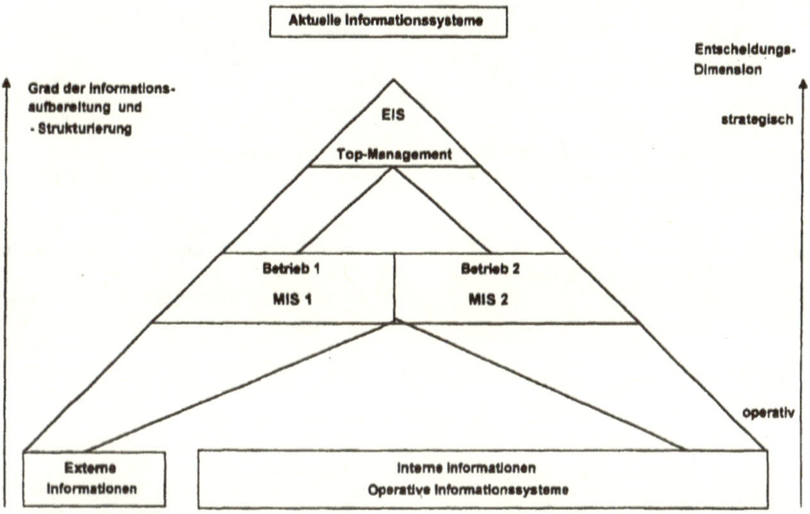

scheidungssituationen auf unterschiedlichen Führungsebenen. Die Gestaltung, die Implementierung und die Weiterentwicklung der ↑Informationssysteme gehören zu den grundlegenden Aufgabenstellungen des Controllers.

Literatur: Ebert, G. (Hrsg.): Controlling-Managementfunktion und Führungskonzeption, Loseblattwerk, 4.Aufl., Landsberg, 1992. *Ebert, G.* (Hrsg.): Management aktuell, Loseblattwerk, Landsberg, 1992. *Ebert, G.*: Intensivkurs Controlling, 5. Aufl., Landsberg, 1993. *Ebert, G.*: Kosten- und Leistungsrechnung, 7. Aufl., Wiesbaden, 1994. *Coenenberg, G.*, *Baum, H.-G.*: Strategisches Controlling, Stuttgart, 1987.

Prof. Dr. G. Ebert, Nürtingen

Controllingzyklus
Institutionalisierung eines schrittweisen Vorgehens bei der Wahrnehmung controllingspezifischer Prozeßfunktionen, um durch die konsequente Einhaltung eines Stufenschemas über Situationsanalyse, Planungs- und Kontrollphase die Geschlossenheit des *C.* zu garantieren.

Copy- und Extraktmanagement
C. beschreibt den Prozeß des Extrahierens von Daten aus operationalen ↑Datenbanken, um sie den Endbenutzern in verdichteter Form zur weiteren Verwendung bereitzustellen.

Corporate Network
C. läßt sich nur unzureichend in einem einzigen Satz formulieren. Vielmehr sind zur genauen Begriffserklärung die Darstellung und Erläuterung rechtlicher Grundlagen, sowie wesentlicher Strategien und Wirtschaftlichkeitsaspekte erforderlich.

Am 28.6.1990 verabschiedete die EG-Kommission die Richtlinie über den Wettbewerb auf dem Markt für Telekommunikationsdienste (90/388/EWG). In dieser Richtlinie wurden die Mitgliedsstaaten aufgefordert, die Herstellung der Übereinstimmung zwischen nationalem und europäischem Telekommunikationsrecht hinsichtlich des Telefondienstmonopols vorzunehmen. Ein wesentlicher Punkt war dabei die Definition des Sprachtelefondienstes, die den Monopolbereich für die kommerzielle Sprachvermittlung enger eingrenzte, als es das Gesetz über Fernmeldeanlagen (FAG) des Bundesministeriums für Post und ↑Telekommunikation vorsah. So zählte laut dem FAG u.a. die Vermittlung von Sprache für „geschlossene Benutzergruppen zusammengefaßter Unternehmen" zum Monopolbereich, während die gemeinschaftsrechtliche Richtlinie indes die kommerzielle Bereitstellung der Sprachvermittlung erlaubt. Im Gegensatz zum internationalen Recht war es somit Konzernen oder in einer anderen Beziehung stehenden Unternehmen nicht gestattet, Mietleitungen der öffentlichen Carrier (in Deutschland die DBP Telekom) zur Vermittlung von Sprache einzusetzen. Die Abbildung illustriert die Definition der Monopolbereiche nach EG-Recht und dem FAG in Deutschland.

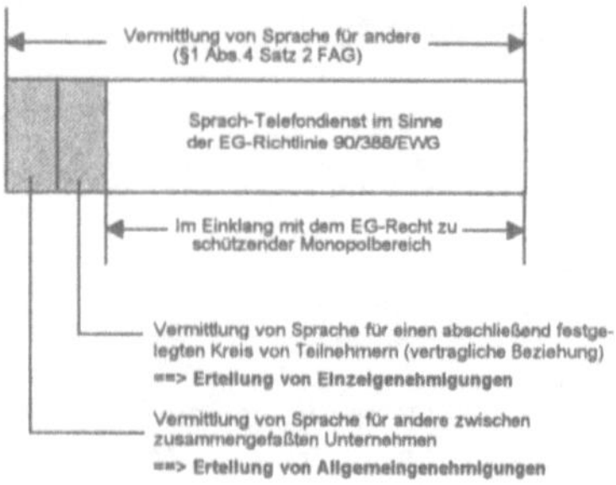

Mitte 1992 wurde die Bundesrepublik Deutschland von der Kommission der Europäischen Gemeinschaft auf die unvollständige Umsetzung der EG-Richtlinie in nationales Recht hingewiesen. Die EG forderte die Bundesrepublik auf, bis zum 15.12.1992 eine ordnungsgemäße Herstellung der Konformität vorzunehmen, ansonsten wurde ein Vertragsverletzungsverfahren vor dem Europäischen Gerichtshof gemäß Artikel 169 EWG-Vertrag angedroht. Der Bundesminister für Post und Telekommunikation entwikkelte daraufhin ein Genehmigungskonzept, das die vollständige Konformität zwischen Gemeinschaftsrecht und nationalem Recht herstellt. Dieses Genehmigungskonzept, das seit dem 1.1.1993 Anwendung findet, gilt solange als Übergangsregelung, bis die gesetzliche Definition des Telefondienstes in Deutschland dem Gemeinschaftsrecht angepaßt worden ist (Genehmigungskonzept Corporate Networks, 1993). Es war also fortan erlaubt, Sprache in „geschlossenen Benutzergruppen zusammengefaßter Unternehmen" auf Mietleitungen der DBP Telekom zu vermitteln. Bevor jedoch „zusammengefaßte Unternehmen" die Sprachvermittlung über diese Mietleitungsnetze abwickeln dürfen, ist die Erteilung einer Allgemeingenehmigung bzw. Einzelgenehmigung vom Bundesminister für Post und Telekommunikation erforderlich. Als zusammengefaßte Unternehmen im Sinne dieser Allgemeingenehmigung gelten:

- Unternehmen, zwischen denen ein Beherrschungsvertrag gemäß § 291 des Aktiengesetzes (AktG) oder eine entsprechende vertragliche Regelung besteht. Unterstellt ein Unternehmen (abhängiges Unternehmen) die Leitung seiner Gesellschaft einem anderen Unternehmen (herrschendes Unternehmen) aufgrund eines Beherrschungsvertrags gemäß § 291 AktG oder einer entsprechenden vertraglichen Regelung, so gilt das abhängige Unternehmen auch mit allen anderen Unternehmen als zusammengefaßt, die von diesem herrschenden Unternehmen abhängig sind; alle diese abhängigen Unternehmen gelten auch gemeinsam mit dem herrschenden Unternehmen als zusammengefaßt.
- Unternehmen, von denen das eine in das andere gemäß § 319 AktG oder in einer entsprechenden vertraglichen Weise eingegliedert ist. Sind einem Unternehmen (Hauptgesellschaft) mehrere andere Unternehmen gemäß § 319 AktG oder in einer entsprechenden vertraglichen Weise eingegliedert, so gelten alle diese anderen Unternehmen sowohl untereinander wie auch gemeinsam mit der Hauptgesellschaft als zusammengefaßt.
- Unternehmen, von denen das eine in Mehrheitsbesitz steht und das andere an ihm mit Mehrheit beteiligt ist. Gehört einem Unternehmen die Mehrheit der Anteile an mehreren anderen Unternehmen (Mehrheitsbeteiligungen), so gelten alle diese anderen Unternehmen sowohl untereinander wie auch gemeinsam mit dem mit Mehrheit beteiligten Unternehmen als zusammengefaßt. Auf die Berechnung der Beteiligung ist § 16 Abs. 2 und 4 AktG anzuwenden. Unternehmen dieser Regelung sind Kapitalgesellschaften, Personengesellschaften oder Einzelkaufleute (Genehmigungskonzept Corporate Networks, 1993).

Einzelgenehmigungen werden für sonstige geschlossene Benutzergruppen auf Antrag erteilt. Solch eine geschlossene Benutzergruppe wird z.B. dadurch gekennzeichnet, daß ihre Teilnehmer „durch gesellschaftsrechtliche oder schuldrechtliche Dauerbeziehungen entweder untereinander oder jeweils mit mindestens ein und demselben Teilnehmer dieses Kreises verbunden sind" (Verfügung 8, 1993).
Das Genehmigungskonzept erlaubt also die Sprachvermittlung für Konzerne und Unternehmensverbünde auf von der DBP Telekom angemieteten Monopolübertragungswegen. Nicht erlaubt und somit weiterhin zum Monopolbereich zählend ist der Aufbau einer Verbindung zwischen öffentlichen Teilnehmern, die über das Unternehmensnetz geschaltet wird. Ferner dürfen die Beziehungen der geschlossenen Benutzergruppe nicht ausschließlich oder überwiegend dem Zweck dienen, Sprachvermittlung für andere zu erbringen.
Für ein Unternehmensnetz ist dieses Genehmigungskonzept, das übrigens Genehmigungskonzept *C.* heißt, von entscheidender Bedeutung, da die optimale Gestaltung von Kommunikationsnetzen im Unternehmensverbund die Integration der Sprachvermittlung voraussetzt. Im Gegensatz zum Voice-Bereich, der also sehr spät liberalisiert wurde, erfolgte eine Deregulierung der Text- und Datenkommunikation schon viel früher. So wurden bereits Mitte der 70er Jahre entsprechende Bestimmungen in die damalige Direktrufverordnung aufgenommen, die einen privaten Verbund von Datendirektverbindungen erlaubte. Diese Mietleitungen durften allerdings nur zusammengeschaltet werden, wenn sie vorwiegend dem Zwecke der ↑Datenverarbeitung und nicht der Übertragung dienten.
Die Integration von Sprach-, Text- und Datenvermittlung führt nun zu einer möglichen Definition eines *C.* Es sei jedoch darauf hingewiesen, daß der Begriff *C.* weder in den fernmeldepolitischen Richtlinien der EG noch in der nationalen Fernmeldepolitik des Bundesministeriums für Post und ↑Telekommunikation eindeutig festgelegt ist: Ein *C.* kann somit als ein *unternehmensweites Kommunikationsnetz* aufgefaßt werden, das auf der Basis von Monopolübertragungswegen die Übermittlung von Sprache, Text, Daten und Bild mit dem Ziel der Kostenreduktion, Nutzenoptimierung und somit Erhaltung der Wettbewerbsfähigkeit erlaubt. Eingebunden in *C.* werden dabei sämtliche unternehmenseigenen Ressourcen wie z.B. Telekommunikationsanlagen (TK), ↑Nebenstellenanlagen (PBX), ↑LAN, Mobilkommunikation, unterschiedlichste Anwendungen, Kommunikationssoftware, sowie die Übertragungswege selbst. Darüber hinaus werden Systeme und Kommunikationsinfrastrukturen von Kunden und Lieferanten in das *C.* integriert.
Vorteile, die ein *C.* gegenüber öffentlichen TK-Netzen bietet, sind vielfältigster Art. In erster Linie versprechen sich die Unternehmen durch den Aufbau dieser Spezialnetze Leistungs- und Qualitätsgewinne gegenüber der ausschließlichen Nutzung öffentlicher Telefonnetze. Es werden maßgeschneiderte Telekommunikationsmöglichkeiten geschaffen, die die Anforderungen an ein öffentliches Netz bei weitem überschreiten. So erfordert z.B. der scharfe Wettbewerb auf den Weltmärkten eine engere Zusammenarbeit zwischen Unternehmen und deren angeschlossenen Geschäftspartnern wie Zulieferern, Händlerorganisationen, Banken und Versicherungen; eine Zusammenarbeit, die auf der Basis von *C.* einen effizienten Informationsaustausch ermöglicht und somit den Markt für die Unternehmen transparenter macht.
Das Gewinnen von Wettbewerbsvorteilen und das Festigen der Marktpositionen ist gerade im internationalen Bereich von strategischer Bedeutung. In Zeiten der EG-Binnenmarktöffnung und Vordringen US-amerikanischer und japanischer TK-Anbieter in deutsche Märkte sind Unternehmensnetze notwendig, die über die Angebotspalette der öffentlichen Netzbetreiber hinausgehen. Ein einheitliches, zentralisiertes Netzmanagement, Einsatz von Datenkompressionsmodulen, any-to-any-Verbindungen, Prioritätensteuerung und Datenverschlüsselung (Encryption) sind Merkmale, die ein *C.* von öffentlichen Infrastrukturen unterscheidet.
Trotz der vielen Vorteile, die ein *C.* bietet, sollten jedoch nicht die Kosten vernachlässigt werden, die beim Aufbau ei-

ner maßgeschneiderten Anpassung an die jeweiligen Bedürfnisse eines Unternehmens entstehen. So verursacht das eigene, unternehmens- bzw. konzerninterne Netz nicht nur Zahlungen von Mieten und Nutzungsgebühren für die von den öffentlichen Carriern bereitgestellten Leitungen, sondern außerdem Personalkosten für die Sicherung des laufenden Betriebs und die Behebung von Leitungsausfällen, Lizenzgebühren für effiziente Netzmanagementsysteme, Abschreibungen auf TK-Anlagen, Multiplexer, ↑Router etc.

Auf den ersten Blick betrachtet, scheint der „Maßanzug" die Kosten eines „Anzugs von der Stange" weit zu übertreffen. Bei genauerem Hinsehen ergeben sich jedoch durch optimales Planen, Installieren und Betreiben von *C.* nicht nur Kosteneinsparungen, die direkt mit dem TK-Netz zusammenhängen, sondern auch Gewinne, die durch die langfristige Erschließung neuer Märkte entstehen. Das folgende, sehr stark vereinfachte Beispiel soll veranschaulichen, welche Wirtschaftlichkeitsaspekte bei der Planung von *C.* berücksichtigt werden müssen.

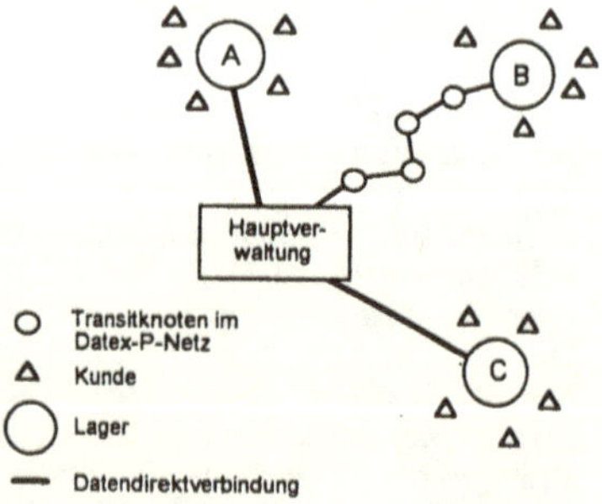

Ein Handelsunternehmen besitzt viele Auslieferungslager, die zur Einsparung von Transportkosten und Sicherung der Lieferzeiten möglichst nahe bei den Kunden errichtet wurden. Die Hauptverwaltung mit der zentralen Einkaufsabteilung befindet sich an einem Standort, der u.a. nach den Gesichtspunkten Grundstückspreis, Abgabenorientierung (Gewerbesteuer, Grundsteuer) und Personalorientierung (kaufmännisch ausgebildete Arbeitskräfte) ausgesucht wurde. Die Folge dieser räumlichen Aufteilung der Niederlassungen ist ein hoher Kommunikationsbedarf zwischen den Abteilungen der Hauptverwaltung auf der einen Seite und den Auslieferungslagern, sowie den Kunden auf der anderen Seite. Während die ↑Sprachkommunikation und der Faxverkehr über das öffentliche Telefonnetz abgewickelt werden, erfolgt der Datenaustausch zwischen den Lagern und der Verwaltung über Datendirektverbindungen und Datex-P-Leitungen. Die Kosten einer solchen Kommunikationsinfrastruktur ergeben sich in erster Linie aus den monatlichen Festpreisen für die Datendirektverbindungen, den Grundgebühren und den volumenabhängigen Entgelten für die Datex-P-Leitungen, sowie den Gebühren für die Telefonate und für den Faxverkehr. Bei einer Nutzung von zwei Datendirektverbindungen (über 80 und 110 km) mit einer Geschwindigkeit von 64 kBits/s und einem monatlichen Datenverkehr im Datex-P-Netz von 200 Verbindungen à 2 Mbit ergeben sich für die digitalen Übertragungswege ungefähr die aus der Tabelle ersichtlichen Kosten. Zusätzlich fallen beträchtliche Gebühren für den Telefon- und Faxverkehr zwischen der Hauptverwaltung und den Lagern, sowie der Hauptverwaltung und den Kunden an.

Diese Konfiguration läßt sich nun durch den Aufbau eines *C.* wesentlich verändern. Die Datendirektverbindungen werden durch digitale Standard-Festverbindungen, sowie an jedem Endpunkt durch eine ISDN-Wählverbindung (So-Schnittstelle) zum kostengünstigen Backup bei Leitungsausfällen ersetzt. Ferner wird der Datex-P-Verkehr ebenfalls über diese Standard-Festverbindungen abgewickelt. Dadurch wird neben der besseren Kapazitätsausschöpfung der Mietleitungen die Datenübertragung durch den Wegfall der zwischengeschalteten Transitknoten erheblich schneller. Somit ist neben einer Kosteneinsparung eine erste Effizienzsteigerung zu erkennen. Die größten Einsparungen ergeben sich jedoch dadurch, daß Telefon- sowie Faxverkehr aus dem öffentlichen Monopolbereich herausgenommen und ebenfalls in das *C.* integriert wird. Durch entsprechende Umwandlungsverfahren wird es möglich, die analogen Sprachsignale in digitale Infor-

Strecke	Telekommunikative Infrastruktur	mtl. Volumen (1 Segment = 512 bit)	monatliche Kosten
HV-A	DDV 64 kbit/s 80 km	unabhängig	ca. DM 6.000
HV-B	Datex-P10H 64 kbit/s 100 km	400 MB = 781.250 Seg.	ca. DM 3.100
HV-C	DDV 64 kbit/s 110 km	unabhängig	ca. DM 6.360
Sprachübertragung	Telefonnetz / Weitzone	ca. 1500 Gespräche à 100 s	ca. DM 1.725
Faxverkehr	Telefonnetz / Weitzone	ca. 500 Übertr. à 50 s	ca. DM 345
Stand: 9/93			insg. DM 17.500

Strecke	Telekommunikative Infrastruktur	mtl. Volumen (1 Segment = 512 bit)	monatliche Kosten
HV-A	Standard-Festverbindung 64 kbit/s digital 80 km	unabhängig	ca. DM 2.650
HV-B	Standard-Festverbindung 64 kbit/s digital 100 km	unabhängig	ca. DM 2.760
HV-C	Standard-Festverbindung 64 kbit/s 110 km	unabhängig	ca. DM 2.820
Automatic Backup	4 S_0-Schnittstellen	volumenabh. nur bei Leitungsausfall	ca. DM 260
Stand: 9/93			insg. DM 8.500

mationen umzusetzen und somit Kanäle der Standard-Festverbindungen der Sprachübermittlung zur Verfügung zu stellen.

Die Kosten, die ein *C.* bei dieser Konstellation verursachen würde, zeigt die zweite Tabelle. Hierbei wurden die 64 Bits/s-Datendirektverbindungen, sowie die Datex-P-Verbindung durch digitale 64 Bits/s-Standard-Festverbindungen ersetzt. Obwohl nun eigentlich durch den hinzugekommenen Sprach- und Faxverkehr wesentlich mehr Kapazität zur Informationsübertragung benötigt wird, ist durch den Einsatz von Datenkompressionsmodulen (Kompressionsrate z.B. 5:1) eine Geschwindigkeit von 64 Bit/s mehr als ausreichend. Unter Umständen könnte diese Übertragungsgeschwindigkeit weiter minimiert werden und zu einer zusätzlichen Kostenreduktion beitragen.

Eine Einsparung um über die Hälfte, wie es in diesem fiktivem Beispiel der Fall ist, wird aber nur möglich, wenn die Konstellation es zuläßt. Kleine Unternehmen, die einen wesentlich geringeren kommunikationsinternen Bedarf an Datenübertragung und Sprachvermittlung haben, müssen detaillierte Wirtschaftlichkeitsanalysen durchführen und die Kosten eines aufzubauenden *C.* mit den Gebühren der öffentlichen Netzbetreiber vergleichen. Stellt sich dabei heraus, daß die Leitungsgebühren des privaten Netzes die Kosten eines öffentlichen Netzes nur unwesentlich unterschreiten, so sollte Kommunikationsinfrastruktur dahingehend analysiert werden, ob sie aus wirtschaftlich und strategisch interessanten Gesichtspunkten überhaupt in ein *C.* überführt werden sollte.
Für große, international agierende Konzerne ist die Entscheidung „Make or

Buy" ein bißchen einfacher, obwohl auch hier eine präzise Analyse sämtlicher interner Sprach- und Datenübermittlungen zwischen räumlich verteilten Standorten notwendig ist. Neben der Reduzierung von Primärkosten für Monopolübertragungswege und der Performancesteigerung sind langfristig strategische und operative Zielsetzungen für die Wettbewerbsfähigkeit eines Unternehmens von entscheidender Bedeutung. Zusätzlich zum kostenoptimierten Netzdesign erlauben *C.* die Verwendung von Standardschnittstellen und somit das Erreichen einer Herstellerunabhängigkeit bez. der einsetzbaren TK-Komponenten (Router, Multiplexer etc.) und sonstiger Technologien. Außerdem besteht für Unternehmen, die ein großes, weitverzweigtes *C.* aufgebaut haben, die Möglichkeit, Netzdienstleistungen an Dritte zu verkaufen und das eigene Netz zur Reduzierung der Kosten als Profitcenter einzusetzen.

Das *C.* in dem hier dargestellten Beispiel ist nicht nur gleichbedeutend mit direkten Kostensenkungen für das Unternehmen, sondern schafft zusätzlich für die Kunden vor Ort eine Möglichkeit, ihrerseits Ausgaben für TK-Dienste zu reduzieren. Dies wird dadurch ermöglicht, daß die Kunden sich über die in den Lagerstandorten installierte Technik zum Ortstarif in das *C.* einwählen und ihnen Kanäle für Telefongespräche und Faxverkehr mit der Hauptverwaltung bereitgestellt werden. Eine Möglichkeit, die zufriedene Kunden schafft und dem Unternehmen langfristig Märkte sichern kann.

Neue Technologien wie ATM, Frame Relay, ↑FDDI etc. schaffen weitere Anwendungen in *C.* So werden auf der Basis von Leitungen mit hoher Bandbreite (z.B. 34 Mbit) Videokonferenzen möglich, die kostspielige Reiseaktivitäten vermeiden helfen. Ferner bilden *C.* eine optimale infrastrukturelle Basis für den Einsatz von Multimediaanwendungen, die teilweise schon heute und erst recht in Zukunft in vielen Unternehmensbereichen eingesetzt werden. Desweiteren realisieren Unternehmensnetze Mehrwertdienste, die bei den öffentlichen Netzanbietern nur gegen zusätzliche Gebühren eingekauft werden können. Solche Dienste, die bereits seit langem von modernen TK-Anlagen bereitgestellt werden, sind u.a. Rufweiterschaltung, Teilnehmer- sowie Gebührenanzeige, Konferenzschaltung, Anrufweiterleitung und Rückruf. Eine weitere wichtige Anwendung, die in *C.* aufgrund der einheitlichen Kommunikationsbasis wesentlich effizienter realisiert werden kann, ist der standardisierte Dokumentenaustausch mittels genormter Protokolle wie ↑EDI oder ↑EDIFACT.

Das Planen, Aufbauen, Warten und Managen von *C.* verlangt vom Betreiber mehr als nur das Anmieten und Zusammenschalten von Leitungen der öffentlichen Netzbetreiber. Es muß außerdem hochqualifiziertes Fachpersonal mit dem entsprechenden Know how zur Verfügung stehen, was jedoch gleichzeitig eine gewisse Abhängigkeit von diesen Spezialisten bedeuten kann. Ferner müssen hochentwickelte Netzmanagementsysteme eingesetzt werden, die eine optimale Netzverfügbarkeit gewährleisten. ↑Verteilte Informationssysteme, für die ein *C.* die beste infrastrukturelle Basis darstellt, erfordern ein effizientes und damit aufwendiges ↑Informationsmanagement. Bedienerfreundliche Oberflächen und online-Hilfen sind weitere Voraussetzungen für ein optimales Netzhandling.

Darüber hinaus sollte in die Entscheidung für oder gegen ein *C.* mit einbezogen werden, daß der Aufbau eines solchen Spezialnetzes nicht an einem Tag oder in einer Woche erfolgt. In der Regel kann die Errichtung eines *C.* von der ersten Skizze bis zum Zeitpunkt der Nutzung sämtlicher Funktionen bis zu drei Jahren dauern. Es ist daher in der Anfangsphase ratsam, eine Koexistenz von Unternehmensnetz und öffentlichen Netzen anzustreben und erst Schritt für Schritt sämtliche TK-Dienste in das eigene Netz zu überführen.

Die Vielzahl der unterschiedlichen Aufgaben und die damit verbundenen Kosten schrecken viele der für die unternehmensinterne ↑Kommunikation Verantwortlichen vor dem Aufbau eines *C.* ab. Die Errichtung solcher Netze ist ein schwer umkehrbarer Prozeß und somit von entscheidender Bedeutung für die zukünftige Gestaltung der Prozesse in einem Unternehmen. Viele für ein *C.* in Frage kommende Unternehmen übergeben deshalb bestimmte Teilbereiche bzw. die gesamte informationstechnische Infrastruktur an Dienstleister. Dieses im Fachjargon als ↑Outsourcing bezeichnete Auslagern birgt Gefahren, die bei der Entscheidungsfindung nicht unterschätzt werden dürfen. So sind Konsequenzen des Outsourcings die starke wirtschaftliche und technologische Abhängigkeit vom Dienstleister, Know how- und Erfahrungsverlust durch Personalabbau und Flexibilitätseinschränkungen der fehlender direkter Kontrolle über das *C.*

Literatur: Genehmigungskonzept Corporate Networks, in: Amtsblatt des Bundesministers für Post und Telekommunikation, Nr. 1, Bonn, 13.1.1993. Verfügung 8/1993, in: Amtsblatt des Bundesministers für Post und Telekommunikation, Nr. 2, Bonn, 13.1.1993.

Prof. Dr. H. Locarek-Junge, Essen

CPU

Central Processing Unit

CSCW

Computer Supported Cooperative Work; Synonym zu verschiedenen Titeln wie Workgroup Computing, Teamwork Computing, Cooperative Technology und ↑Groupware. Mit *C.* hat ein Paradigmenwechsel stattgefunden. Ausgangspunkt der Überlegungen ist nicht mehr eine bloße technische Machbarkeit, sondern eine aufgabenbezogene Wünschbarkeit, deren Ziel die Unterstützung von ↑Kooperation in all ihren Formen ist.

CSCW im Kommunalbereich

Unterstützung kooperativen Arbeitens

Computer Supported Cooperative Work (CSCW) ist unter verschiedenen Titeln, wie Workgroup Computing, Teamwork Computing, Cooperative Technology und ↑Groupware bekannt. *C.* ist zu einem bedeutenden Gebiet der Informatikforschung und -entwicklung geworden, das unter dem Übertitel der ↑Kooperation wichtige Trends und Entwicklungen zusammenfaßt. Oberflächlich gesehen, ist das Neuartige an *C.* die Tatsache, daß aus dem laufenden Potential technischer Neuerungen neue Anwendungen und Produkte entstehen. Dies hieße jedoch übersehen, daß mit *C.* ein Paradigmenwechsel stattgefunden hat. Ausgangspunkt der Überlegungen ist nicht mehr eine bloße technische Machbarkeit, sondern vielmehr eine aufgabenbezogene Wünschbarkeit, deren Ziel die Unterstützung von Kooperation in all ihren Formen ist.

Viele Arbeitsabläufe erfordern die Zusammenarbeit mehrerer Personen, wofür drei *Arten der Kooperation* unterschieden werden können: Koordination, Kollaboration und Gruppenentscheidungen. Alle drei Formen der Kooperation unterscheiden sich in Ziel, Kommunikation und Beziehung zwischen den Personen:

- *Koordination* vereinigt verschiedene Tätigkeiten unter einem höheren Gesichtspunkt. Jede neue Tätigkeit gibt früheren Sinn und baut wiederum auf jene auf. Somit wird die ↑Synchronisation von Aktivitäten wesentlich.
- *Kollaboration* bezweckt, daß einzelne Personen an einer gemeinsamen Aufgabe zusammenarbeiten. Wesentlich ist der Austausch von ↑Information und die gemeinsame Zielvorstellung.
- *Kodezision* (Gruppenentscheidung) verlangt von mehreren Personen zwecks Entscheidungsfindung ein Zusammenwirken. Die einzelnen Personen der Gruppe können im Entscheidungsprozeß gleichrangig sein, aber auch besondere Funktionen (Rollen) einnehmen. Als Basis ist ein gemeinsames Grundverständnis der Sache unumgänglich. Es kommt auch wesentlich auf eine Grundlage gegenseitigen Vertrauens an.

Die Literatur zu *C.* ist sehr umfangreich, weshalb als Auswahl die Tagungsbände (CSCW, 1990; 1992; ECSCW, 1991; 1993) angeführt seien. Eine Produktübersicht bietet das Sonderheft "The Changing Office" (PC-MAGAZINE, June 1994).

Einteilung von C.-Systemen

Eine Einteilung ergibt *nach Funktionalität*:

- Mailingsysteme und Bulletin Board Systeme,
- ↑Workflow Management Systeme,
- Informationsfilterung und -verteilung,
- Mehrbenutzereditoren,
- Desktop Konferenzsysteme und Whiteboard Systems,
- Meeting Rooms und Gruppenentscheidungssysteme,

CSCW im Kommunalbereich

- Computerkonferenzsysteme,
- Desktop Videokonferenzsysteme.

Eine weitere Einteilung von *C.*-Systemen ergibt *nach Zeit und Raum*:

- synchrone Systeme wie Meeting Rooms;
- asynchrone Systeme wie Mailingsysteme;
- gemischte Systeme wie Mehrbenutzereditoren und Konferenzsysteme.

Die Kategorie Raum verliert im elektronischen System ihre ursprüngliche Bedeutung und spiegelt eher ein Maß an Erreichbarkeit wider. Als Möglichkeiten kommen vor:

- physisch naher Raum bei elektronischen Besprechungsräumen;
- virtuell naher Raum bei Mehrbenutzereditoren;
- entfernter Raum bei Konferenzsystemen;
- abgelegener Raum bei Mailingsystemen.

Eine Verfeinerung obiger Einteilung ergibt sich durch die Differenzierung der Ausprägungen verschiedener Raum und verschiedene Zeit nach der Vorhersehbarkeit dieser Unbestimmtheit. Damit finden sich weitere vier Möglichkeiten:

- Zeit und Raum sind vorhersehbar: ↑E-mail, Voice-mail;
- Zeit und Raum sind nicht vorhersehbar: Workflow Management;
- Zeit ist vorhersehbar, aber Raum nicht: Computerkonferenz;
- Zeit ist nicht vorhersehbar, jedoch Raum: Mehrbenutzereditoren.

Daneben können noch weitere Einteilungskriterien, so z.B. der Grad der Gemeinsamkeit von Benutzern, angewendet werden.

Prototypische C.-Systeme

The Coordinator ist der Name eines Systems, das bereits frühzeitig (1988) von Acton Technologies auf der Basis der Sprech-Akt-Theorie zur Koordination von Aktivitäten entwickelt wurde. Entsprechend dieser Theorie ergibt sich aus der Konversation der Akteure eine Steuerung ihrer Aktionen. Object Lens wurde am MIT als Verbesserung des Vorgängersystems *Information Lens* entwickelt. Dabei wird Information in Form von teilstrukturierten Objekten gesammelt. Diese Objekte wiederum können nach verschiedenen Kategorien eingeteilt werden. Solche Kategorien sind z.B. Organisation, Aufgabe, Eilbedürftigkeit. Die resultierende Informationsstruktur kann, wie ein Hypertextsystem durchsucht werden. *Khronika* wurde von Xerox in seinem europäischen Forschungszentrum EuroPARC in Cambridge, UK entwickelt und sammelt alle Informationen mit Bezug zu einer Arbeitsgruppe. Ein Dämon als intelligenter Akteur verteilt die gesammelten Informationen an die einzelnen Mitglieder der Arbeitsgruppe - entsprechend ihren Interessensprofilen. Die Darstellung ist halbformal und erlaubt sowohl menschliches Verstehen als auch automatische Umsetzung. *GROVE* wurde als Mehrbenutzereditor am MCC entwickelt und steht als Acronym für Group Outline Viewing Editor. Es ist für Gruppenaktivitäten, wie Brainstorming, Koeditieren von Berichten usw. gedacht. Paralleles Editieren verbietet ein Sperren von Daten. Um gemeinsames Arbeiten an gleichen Textabschnitten zu ermöglichen, wird vielmehr den Partnern durch besondere Anzeigen das eigene Arbeiten kenntlich gemacht. So simuliert eine stufenweise Farbänderung von hellblau zu schwarz das "Altern" geänderter Texte, wie auch ein Cloudburst-Ikon knapp bevorstehende Änderungen avisiert. Ein andere Prototyp wäre *DistEdit*. Vielfach werden diese Systeme auch dem Desktopconferencing oder der Whiteboard Software zugezählt. *gIBIS* ist ein anwendungsspezifisches Hypertextsystem, das am MCC in Austin entwickelt wurde. Es schreibt die Überlegungen fest, die zu einer Entscheidung führen und strukturiert diese. Ursprünglich war gIBIS nur für Softwareentwurfsentscheidungen konzipiert, vermag aber allgemein eingesetzt zu werden. *SIBYL* wurde am MIT entwickelt und unterstützt Gruppenentscheidungen mit einer Decision Representation Language. Dabei werden Ziele, Alternativen, Behauptungen, Fragen und Standpunkte aufgezeichnet, strukturiert und diskutiert. *TeamWorkStation* integriert zwei individuelle Arbeitsplätze zu einem einzigen. Durch eine Videoüberlagerungstechnik soll die Kluft zwischen individuellem und gemeinsamem Arbeitsbereich überbrückt werden (Seam-

CSCW im Kommunalbereich

less Workspace). Dies beinhaltet die zusätzliche Überlagerung von Videoaufnahmen, so z.B. solche des Partners und dessen Arbeitsfläche auf dem Bildschirm des Bearbeiters. Damit werden auch ausgesprochen schwierige Aktivitäten, wie es das Erlernen japanischer Kalligraphie darstellt, unter Anleitung auf Distanz möglich. *Slate* von BBN und SEPIA, an der GMD, Darmstadt entwickelt, ermöglichen gemeinsame Arbeit in Multimediaumgebungen. Im ersten Fall werden Zeichnungen, im zweiten Fall Publikationen erstellt. *MMConf* will verteilte Gruppenaktivitäten in Echtzeit unterstützen. In einer reproduzierten Architektur arbeiten alle Konferenzteilnehmer mit einer Kopie des Dokuments. Der Konferenzmanager initiiert und leitet das Ganze. Die Teilnehmer fordern den Floor an, um aktiv zu werden.

Kommerzielle C.-Produkte
Manche Prototypen wurden zu eigenen kommerziellen Systemen weiterentwikkelt, andere wiederum gaben Anstöße zu einer Erweiterung bestehender Produkte. Von den fast hundert *C.*-Systemen seien im folgenden einige genannt:

- *Workflow Management Systeme* haben einen großen Marktanteil mit Systemen wie ActionWorkflow Manager, Archive Lite, Connect, IBM IMagePLus/2, Keyfile, LinkWorks, Lotus Notes, Microsoft Electronic Forms Designer, WordPerfect in Forms.
- *Email* umfaßt CC:Mail from Lotus, Microsoft Mail, and BeyondMail, womit auch Conferencing Systems bzw. Bulletin Boards Systems (BBS) aufgebaut werden können.
- Zu *Meeting Rooms und Group Decision Support* zählen ausgeklügelte Systeme wie GroupSystem V von Ventana Corp. und einfache Systeme wie VisionQuest für DOS.
- Beispiele für *Scheduling Systeme* sind CaLANdar von Microsystems und Time and Place/2 von IBM.
- *Desktopconferencing* bzw. Whiteboard Software für kollaboratives Arbeiten umfaßt Person to Person for Windows als komfortables System wie auch Intel Proshare für bloße Zweipersonenkommunikation.
- *Videoconferencing* steckt noch in den Kinderschuhen. Ein komfortables System auf ↑ISDN Basis ist Telemedia Personal Videosystems von AT&T.

Szenarien für den Einsatz von C.
Gegeben sei der Fall: „Szenario I: Gleichzeitige Erstellung einer Stellungnahme an dislozierten Dienststellen", daß ein Bürgermeister in einer bestimmten Sache eine Stellungnahme von seinen Amtsleitern anfordert. Aus den Randbedingungen ergibt sich meist ein typisches Szenario für den Einsatz für Whiteboard Software:

- Mehrere Dienststellen sind betroffen.
- Die Sache ist eilbedürftig.
- Die Stellungnahme erfordert eine umfangreiche Abgleichung.
- Jede Dienststelle muß auf umfangreiches Aktenmaterial zugreifen.
- Die Dienststellen liegen räumlich weit auseinander.

Gerade politisch notwendige Entscheidungen sind dadurch charakterisiert, daß es zu einem Problem verschiedene Positionen mit einer Reihe von Argumenten für und wider gibt. *Szenario II:* Abwägen von Für- und Widerargumenten einer politischen Entscheidung. Dazu kommt, daß die Argumente vielfach in sich zusammenhängen, sei es, daß sie sich stützen oder schwächen. Somit ist es notwendig, Positionen und Argumente zu sammeln, diese zu strukturieren, eine Bewertung vorzunehmen und insgesamt ein überlegtes Vorgehen in eine emotionalisierbare Debatte einzubringen. So wären gIBIS oder GroupSystem V von Ventana brauchbare Systeme. Kurzfristig notwendig gewordene Schulungen können in jeder Behörde notwendig sein. *Szenario III:* Durchführung kurzfristig notwendig gewordener Schulungen am Ort der Kommunalverwaltung. Gerade in kleineren Kommunalverwaltungen können sich Probleme ergeben, die nur durch Teleschulung zu lösen sind. Teleschulung über *C.* wird dann in Frage kommen, wenn folgende zwei Faktoren zusammentreffen: Persönliche Unterweisung zur Schulung ist unabdingbar und an der Dienststelle ist niemand, der die Schulung vornehmen könnte. Erster Fall wird vor allem dann vorliegen, wenn die zu beherrschende Materie derart beschaffen

ist, daß eine Anleitung in Buchform oder mittels einer Videodisk oder mit einem Lehrprogramm nicht genügen würde. Der zweite Faktor kann aus sehr verschiedenen Gründen eintreten. So sind Personen, die als Lehrer für eine Schulung in Frage kommen, entweder ausgebucht oder zu weit entfernt. Auch kann die Dienstelle weit abgelegen sein und so eine Schulung an einem Zentralort nur schwer erreichbar sein. In all diesen Fällen wäre der Einsatz von Videoconferencing angebracht.
Mitglieder permanenter Ausschüsse von Kommunen klagen oft darüber, daß laufend Information verteilt wird, die sich beim Durchlesen als nicht relevant herausstellt. *Szenario IV:* Gezielte Verteilung von Informationsmaterial an kommunale Ausschüsse. Oft hat diese Überfütterung mit Informationsmaterial die wenig erfreuliche Folge, daß die Ausschußmitglieder von der Papierflut überfordert werden. Im ungünstigen Fall wird gerade das relevante Material nicht gelesen. Für die Arbeit in Ausschüssen wäre eine Vorsortierung nach Interessenprofilen angezeigt. ObjectLens oder OVAL brächten wertvolle Hilfe, die Informationsflut für den einzelnen einzudämmen.
Zu vielen regionalen Fragen werden die Bewohner verschiedener Kommunen einer Region divergierende Meinungen haben. *Szenario V:* Rundkonferenz mit simultaner Beteiligung in mehreren Kommunen. Fragestellungen, wie die Ökologie, Verkehrspolitik oder Industriestandorte sind davon betroffen. Hier sind Rundkonferenzen mit Vertretern aus den betroffenen Kommunen ein geeignetes Mittel, um die Probleme zu artikulieren und eine geordnete Diskussion in Gang zu bringen. Für alle obigen Situationen sind Telekonferenzsysteme geeignet. Dabei ist in erster Linie an Videokonferenzsysteme zu denken, die die Meinungen sehr natürlich und spontan einzufangen vermögen. Im Vergleich dazu bringen Computerkonferenzsysteme (wie MMConf) eine stärkere Distanziertheit ins Spiel, die der rationalen Aufarbeitung zugute kommen mag.
Literatur: CSCW90: Proceedings of the Conference on Computer-Supported Cooperative Work, Los Angeles, 1990. *CSCW92*: Proceedings of the Conference on Computer-Supported Cooperative Work, Toronto, 1992. *ECSCW91*: Proceedings of the 2nd European Conference on Computer Supported Cooperative Work, Amsterdam, 1991. *ECSCW93*: Proceedings of the 3rd European Conference on Computer Supported Cooperative Work, Milano, 1993.

Prof. Dr. R. Traunmüller, Linz

Cursor
Anzeigemarke bei Bildschirmgeräten zur Kennzeichnung der augenblicklichen Schreibposition.

Customizing
Parametrisierung, Anpassung von ↑Standardsoftware an die individuellen betrieblichen Gegebenheiten ohne in die Programme eingreifen zu müssen. Diese Gegebenheiten können bspw. aus den gesetzgeberischen Vorschriften des Landes, aus den Gepflogenheiten der Branche oder des Unternehmens resultieren.

D

Data Cartridge
Kassettenband mit 1/4 Zoll Breite; verfügt über einen Schreibschutz; zeichnet die Information nach dem Streaming-Verfahren bitseriell auf.

Data Sharing System
Paralleler Zugriff gleichartiger Applikationen auf zentrale ↑Datenbanken von Datenbankservern.

Data Support System
D. dient dazu, ↑Daten zu verwalten, zielgerichtet zu ↑Informationen aufzubereiten und benutzeradäquat darzustellen.

Datei
Mit einem Namen bezeichnete Sammlung von sachlich zusammengehörigen Datensätzen.

Daten (Data)
Einzelne oder aneinandergereihte Zeichen mit einer Bedeutung; Rohstoffe (Eingabedaten, Inputs) und Erzeugnisse (Ausgabedaten, Ergebnisse, Outputs) von Datenverarbeitungsprozessen.

Daten Retrieval
Funktion zur Datenbereitstellung und -wiedergewinnung - Bindeglied zwischen Anwender und ↑Datenbank;

Datenadministration
Verwalten von ↑Daten und Funktionen mit Hilfe von Data Dictionary-Systemen, Standards und Normen.

Datenanalyse
Gesamtheit aller Aktionen zur Beschreibung, Analyse und Dokumentation von ↑Daten.

Datenarchitektur
Darstellung, Modellierung aller Daten einer Organisation; umfaßt Datenanalyse, Entwurfsmethodik und ↑CASE-Werkzeuge.

Datenauswertung
Ermittlung von aussagekräftigen Kennwerten, z.B. Mittelwerten, Wirkungsgraden, Leistungen, Betriebskosten, Drehmomenten etc.

Datenbank
Data Base; systematische Ordnung zur Speicherung von ↑Daten; zentrale Datenbasis, auf die alle (berechtigten) Anwender zugreifen können.

Datenbank, relationale
Anwendung des Relationenmodells für eine Datenbank; gemäß dem Relationenmodell werden die ↑Informationen über ↑Objekte und Beziehungen zwischen Objekten durch in Tabellen strukturierte Daten repräsentiert. Die Tabellen sind endlich und jede Zeile einer Tabelle repräsentiert Informationen über ein oder mehrere Objekte. Den Spalten der Tabellen sind Bezeichner, sog. Attribute zugeordnet, die die relevanten Eigenschaften der Objekte und Beziehungen benennen.

Datenbankdesign
Übertragen des konzeptuellen Unternehmensdatenmodells ganz oder in Teilen auf eine Datenbank.

Datenbanken in der Multimediawelt
↑Multimediawelt, Datenbanken in der

Datenbanken, Arten von verteilten
Im Client/Server-Konzept stehen verschiedene Möglichkeiten der verteilten Datenhaltung zur Verfügung: Remote Request (jeder ↑SQL-Befehl ist eine Transaktion), Remote Unit of Work (Zusammenfassung mehrerer SQL-Befehle zu einer Transaktion), Distributed Unit of Work (ändernder Zugriff auf Datenbanken innerhalb einer Transaktion) und Distributed Request (Zugriff auf mehrere Datenbanken innerhalb einer Transaktion, die sich auf unterschiedlichen Knoten befinden).

Datenbanken, online-
Begriffe und Definitionen
Eine *Datenbank* - auch ↑*Informationsbank* genannt - ist eine Ansammlung von Informationen, die nach bestimmten Kriterien geordnet ist und aufgrund dieser Kriterien abgesucht werden kann. Grundlage für eine Datenbank ist ein systematisch geordneter Datenbestand, die Datenbasis. Zusammen mit der Datenbankverwaltungs- und Retrieval-Software entsteht auf einem Rechner eine Datenbank. Die Abgrenzung der Begriffe Datenbasis

und Datenbank wird häufig nicht konsequent gehandhabt. Insb. im anglo-amerikanischen Sprachgebrauch wird in der Praxis kaum zwischen Databank und Database unterschieden.
An der Produktion von Datenbanken sind unterschiedliche Organisationen beteiligt. So werden Datenbanken u.a. von großen Industrieunternehmen, von Ministerien und nachgeordneten Behörden, von Hochschulen und Verlagen hergestellt. Datenbankhersteller sind zuständig für das - zentral oder dezentral organisierte - Sammeln und für die Erfassung von Daten in einheitlicher Form.
Datenbankanbieter sind zuständig für Bereitstellung, Vermarktung und Vertrieb - kurz das Angebot - der ↑Daten. Das Einlesen der Datenbasen in große Rechnersysteme, die Verwaltung der Datenbestände mit Hilfe einer sog. Datenbanksoftware, sowie die technische Bereitstellung von Datenbanken (über die Datenfernübertragungsnetze) usw. erfolgt durch sog. Hosts (Gastrechner). Den Nutzern und Interessenten von online-Diensten bietet sich ein nicht leicht überschaubares Angebot vom "Supermarkt" mit mehreren hundert Datenbanken bis hin zum "Fachgeschäft" mit wenigen in der Regel sehr speziell ausgerichteten Produkten. Die gewählte Unterscheidung nach Funktionsbereichen ist jedoch nicht als starr zu verstehen. Beispiele, bei denen alle genannten Bereiche innerhalb einer Einrichtung wahrgenommen werden, belegen dies.
Zur *D.* wird eine Datenbank dadurch, daß sie über die Datenfernübertragungsnetze der nationalen Fernmeldeverwaltungen, über Kabel oder Satellit für jeden zugänglich wird, der über einen entsprechenden Datenanschluß verfügt.
Die Daten können von Interessenten mit Hilfe einer, in der Regel relativ einfachen, Dialogsprache durchsucht, ausgewertet und wiederaufgefunden werden. Eine solche Dialogsprache wird *Retrievalsprache* genannt.
Je nach Art ihres Inhalts und nach den Nutzungsmöglichkeiten lassen sich verschiedene Arten von Datenbanken unterscheiden. Es wird zwischen *Quellendatenbanken*, die Informationen in numerischer und/oder Textform oder im Volltext speichern und zwischen *Referenzdatenbanken*, die bibliographische oder andere Nachweise enthalten:

- *Bibliographische Datenbanken* enthalten Zusammenstellungen von Veröffentlichungen mit Angabe des Titels, des Autors, von Erscheinungsort und -datum, sowie mit Schlagwörtern, die den Inhalt charakterisieren. In der Regel wird zusätzlich eine kurze Inhaltsangabe erfaßt.
- Bei anderen *Nachweisdatenbanken* handelt es sich um unterschiedlich umfangreiche Verzeichnisse und Nachschlagewerke, in denen z.B. mehr oder weniger ausführliche Firmeninformationen, Bezugsquellennachweise, Produktbeschreibungen usw. enthalten sind.
- In *Volltextdatenbanken* sind durchweg ganze Veröffentlichungen abgespeichert, die teilweise zusätzlich durch Kurzbeschreibungen, Schlagwörter usw. erschlossen werden.
- *Numerische Datenbanken* enthalten numerische Information in Form von Tabellen, häufig in Zeitreihen, bei denen Zahlenwerte für bestimmte Zeiträume oder Zeitpunkte aufgeführt werden. Einzelne Daten werden in der Regel durch die Eingabe von Codes, die aus den Arbeitsunterlagen herausgesucht werden müssen, selektiert. Ein typisches Beispiel hierfür sind volkswirtschaftliche ↑Daten, die über längere Zeiträume hinweg erfaßt werden.
- *Textnumerische Datenbanken* umfassen sowohl numerische als auch Textinformation. Typische Beispiele sind Wertpapier- und Devisenkurse, Rohstoffpreise, chemisch-physikalische und weitere Eigenschaften von Stoffen.

Neben den bereits genannten Datenbankarten steht als Sonderfall der Typ des online-Informationsdienstes, der häufig in Echtzeit (Real Time) arbeitet. Der Real Time-Informationsdienst, der sich aus den Tickerdiensten der Börsen entwickelt hat, ist dadurch gekennzeichnet, daß die von ihm gelieferten Daten zumeist nur sehr kurz in die Vergangenheit reichen, dafür aber außerordentlich aktuell sind. Manche Dienste werden permanent durch die Marktteilnehmer selbst aktualisiert.
Angebot und Anbieter
Die ersten online-Datenbanken entstanden in den USA bereits vor mehr als 20 Jahren im Rahmen der nationalen Raumfahrtprogramme. Sie enthielten bibliogra-

phische Hinweise auf überwiegend naturwissenschaftlich-technische Fachliteratur. Das Angebot wuchs zunächst langsam, in den letzten 10 Jahren zügig um Produkte aus weiteren Sachgebieten. Mit einigem Zeitverzug gegenüber der Entwicklung in USA begannen auch Einrichtungen in Europa mit der Herstellung und dem kommerziellen Vertrieb von online-Datenbanken. Das Spektrum an Literaturdatenbanken wurde um Volltextdatenbanken, sowie um Datenbanken mit numerischer bzw. textnumerischer ↑Information ergänzt. Die Vernetzung im Bereich ↑Telekommunikation trug dazu bei, daß ein weltweiter Markt für elektronische Informationsdienste entstand.

Sachgebiet	Anzahl der Datenbanken				
	Bestand Anfang '91	Δ minus	Δ plus	Bestand Anfang '94	Nettozuwachs
Wirtschaftsinformation, Wirtschaftswissenschaften	2.574	418	984	3.140	566
Naturwissenschaft, Technik, Patente	1.109	155	358	1.312	203
Rechtsinformation	653	73	289	869	216
Geisteswissenschaften, Sozialwiss. (ohne Wirtschafts- und Rechtswissenschaft)	240	23	42	259	19
Nachrichten, Zeitungen	218	31	137	324	106
Multidisziplinär	225	14	82	293	68
Sonstiges	22	4	5	23	1
Gesamt	5.041	718	1.897	6.220	1.179

Die Angebotsseite des Datenbankmarktes hat sich in den vergangenen Jahren sehr dynamisch entwickelt. Heute sind weltweit mehr als 6.000 Datenbankprodukte zugänglich. In den vergangenen fünf Jahren hat sich das Datenbankangebot somit nahezu verdoppelt. Die Tabelle zeigt diese Entwicklung, aufgeschlüsselt nach wichtigen Themenbereichen.

Der Zugriff auf das umfangreiche Datenbankangebot kann über eine Reihe von Hostsystemen erfolgen. Die einzelnen Organisationen sind mit unterschiedlichem Engagement auf dem deutschen Markt tätig. Im folgenden sind eine Auswahl (ohne Anspruch auf Vollständigkeit) wichtiger *Informationsanbieter* mit ihren Angebotsschwerpunkten zusammengestellt:

- *Data-Star Dialog Europe* entstand aus der Verbindung von Data-Star und DIALOG Information Services und stellt einen der "Supermarktanbieter" dar mit einem umfangreichen Angebot aus allen Themenbereiche der Wirtschaft, Technik, Naturwissenschaften und Patente.
- *Deutsches Institut für medizinische Dokumentation und Information (DIMDI)* verfügt über ein umfassendes Angebot an Datenbanken im Bereich Biowissenschaften, Medizin und Randgebiete. Das DIMDI-Angebot umfaßt international renommierte, sowie eine Vielzahl deutscher Datenbankprodukte.
- *FIZ Technik* mit ingenieurwissenschaftlichen Datenbanken (deutsche und internationale Sammlungen) in den Bereichen Maschinen- und Anlagenbau, Elektrotechnik/Elektronik, Fahrzeugtechnik, Werkstofftechnik usw., sowie einem wachsenden Angebot an Wirtschaftsdatenbanken (z.B. Einkaufsführer für technisch orientierte Branchen).
- *GBI (Gesellschaft für Betriebswirtschaftliche Information mbH)* ist Pionier im deutschen online-Markt und bietet Informationen zu den Themen: Unternehmen, Management Know how, Märkte, Produkte, Osteuropa, Direkt-Marketing.

• *GENIOS Wirtschaftsdatenbanken*, der Host der Verlagsgruppe Handelsblatt, mit einem breiten Angebot an Wirtschaftsdatenbanken, darunter die online-Versionen der hauseigenen Publikationen Handelsblatt und Wirtschaftswoche, sowie weiteren Informationsprodukten u.a. mit Unternehmensdaten, Brancheninformation, Hinweise auf wirtschaftswissenschaftliche Veröffentlichungen usw. Über ↑Gateways sind eine Reihe weiterer Hosts zugänglich.

• *juris GmbH*, Anbieter des Juristischen Informationsdienstes für die Bundesrepublik Deutschland, ist auf die Herstellung und die Distribution von Informationsprodukten im Bereich Rechtsinformation spezialisiert. Neben Datenbanken mit Hinweisen auf die deutsche Rechtssprechung, auf rechtswissenschaftliche Fachliteratur usw. mit dem Volltext wichtiger Gesetze und Verordnungen, bietet juris die deutschsprachige Version der CELEX-Bestände (Gemeinschaftsrecht EU) an.

• *ORBIT/Questel* bietet ein breites Spektrum von Datenbanken an, u.a. mit folgenden Schwerpunkten: Chemie und angrenzende Gebiete; Patente und Warenzeichen (geographische Schwerpunkte: Frankreich, EPA, international, USA); Wirtschaftsinformation (geographische Schwerpunkte: Frankreich und Europa).

• *STN International* mit Netzknoten in USA, Japan und Deutschland (Fachinformationszentrum Karlsruhe) bietet die CAS-Bestände (Chemical Abstracts Service), sowie eine Vielzahl weiterer (deutscher und internationaler) Datenbanken aus den Bereichen Naturwissenschaften, Technik/Ingenieurwesen, Werkstoffe und Patente an.

• *Verband der Vereine Creditreform* liefert auf unterschiedlichen Zugangswegen umfassende Firmen-, Bonitätsdaten.

Das heute zugängliche Datenbankangebot bietet - trotz mancher Schwachstellen - eine breite Palette von Informationen, die sonst in ihrer Vollständigkeit auf konventionellem Wege nicht zu ermitteln sind. Einen weitgehenden Einblick in dieses Angebot, eine Übersicht über die zugänglichen Anbieter, sowie ausführliche Darstellungen der einzelnen Datenbankprodukte liefern z.B. Datenbankführer.

Nutzung

Die Entwicklung des Datenbankangebots ist eng verbunden mit der Entwicklung der Datenbanknutzung. In der Vergangenheit wurden *D.* vorwiegend für wissenschaftlich-technische Fragestellungen eingesetzt. Hauptkunden in der Wirtschaft waren Forschungs- und Entwicklungs-, sowie Patentabteilungen. Heute ist eine ganze Reihe neuer Produkte z.B. mit Wirtschafts- und Rechtsinformation am Markt verfügbar, so daß auch andere Unternehmensbereiche vom Einsatz externer Datenbanken mehr als früher profitieren können. Die Schwerpunktverlagerungen bei der Datenbanknutzung in der Bundesrepublik zeigen, daß hier ein erheblicher Nachholbedarf bestand: Der Anteil der Wirtschaftsdatenbanken, z.B. mit Informationen über Firmen, Branchen und Märkte, an der Datenbanknutzung hat sich von nur 14 Prozent 1986 auf heute deutlich mehr als 30 Prozent erhöht. Auch die Nachfrage nach Rechtsinformation ist erheblich gestiegen.

Im Zusammenhang mit der Internationalisierung der Geschäftsbeziehungen und mit dem Europäischen Binnenmarkt wird sich diese Tendenz noch verstärken - vorausgesetzt, die entsprechenden Informationsprodukte sind verfügbar.

Obwohl der deutsche Datenbankmarkt insgesamt eine positive Entwicklung verzeichnen konnte -der Umsatz der Datenbankanbieter dürfte heute ein Volumen von ca. 120 Mio. DM erreicht haben - kann nicht die Rede davon sein, daß das Arbeitsinstrument online-Recherche von all jenen, die es sinnvoll nutzen könnten, auch eingesetzt wird. Ein wesentlicher Grund hierfür ist der nach wie vor unzureichende Kenntnisstand der potentiellen Datenbanknutzer. Vielfach besteht keine klare Vorstellung davon, was Datenbanken leisten können und wo heute ihre Grenzen liegen. Bei der konkreten Einführung der Nutzung von *D.* in einem Unternehmen sind erfahrungsgemäß die folgenden Themenkreise unbedingt zu beachten:

• *Analyse des ↑Informationsbedarfs*

Zunächst sollte systematisch geprüft werden, welche ↑Informationen im Unternehmen von wem benötigt werden, wie sie derzeit beschafft werden usw. Dieses

Vorgehen ist nur scheinbar trivial. In vielen Fällen beschäftigen sich viele Mitarbeiter damit, ↑Informationen auf unterschiedlichsten Wegen und aus unterschiedlichsten Quellen "nachzujagen".

- *Klärung organisatorischer Fragen*

Nach der Feststellung des Informationsbedarfs muß u.a. geklärt werden, an welcher Stelle im Unternehmen Datenbanken genutzt werden und wo diese Aufgabe organisatorisch "aufgehängt" werden soll. Denkbar ist eine Vielzahl von Varianten, die z.B. durch die Größe eines Unternehmens, das Tätigkeitsspektrum, den Umfang der FuE-Aktivitäten, die bereits vorhandene Infrastruktur bestimmt werden. Die möglichen Organisationsformen reichen von einem Modell mit einem Mitarbeiter, der einen Teil seiner Arbeitszeit für die Informationsbeschaffung verwendet, bis hin zu mehreren Informationsvermittlungsstellen in verschiedenen Abteilungen eines Unternehmens.
Sind Standort im Unternehmen und Organisationsform festgelegt, so müssen der neue Aufgaben- und Verantwortungsbereich definiert und Budgetfragen geklärt werden (Zuteilung von Gesamt-/Einzelbudgets, Regelung von Zuständigkeiten).

Technische Voraussetzungen

Die für die Nutzung von *D.* notwendigen technischen Voraussetzungen sind heute in vielen Unternehmen bereits vorhanden. Über den ↑PC, der für die Textverarbeitung, die Buchhaltung, den Aufbau eigener Datenbanken usw. eingesetzt wird, können ebenso auch Datenbankrecherchen durchgeführt werden. Die hierzu notwendigen Anpassungen bzw. Erweiterungen der ↑Hard- und Software können mit verhältnismäßig geringem Aufwand und relativ niedrigen Kosten bewerkstelligt werden. Auch die Anbindung an die Datenfernübertragungsnetze, sowie das "Durchschalten" in weitere europäische und internationale Netze bereitet i.a. keine Schwierigkeiten.

- *Qualifikation der Rechercheure*

Ebenfalls geklärt werden muß die Frage, wer das neue Aufgabenfeld übernehmen soll. Es ist nicht unbedingt erforderlich, für diese Zwecke neues Personal einzustellen. Informationsfachleute sind nicht leicht zu bekommen - sie müssen sich zudem ja auch auf den Gebieten auskennen, auf denen ein Unternehmen arbeitet. In der Regel ist es die beste Lösung, qualifiziertes Personal einzusetzen, z.B. wissenschaftliches Nachwuchspersonal, das die Arbeitsgebiete des Unternehmens genau kennt und weiß, was läuft. Diese Mitarbeiter können durch zusätzliche Qualifizierungsmaßnahmen, den Besuch von Seminaren, Schulungen usw. die erforderlichen Kenntnisse in Sachen Informationsbeschaffung in kurzer Zeit erwerben. Von Vorteil ist, wenn ein Mitarbeiter bereits über EDV-Kenntnisse verfügt. Günstig ist es, wenn er darüber hinaus erste Erfahrungen im Umgang mit *D.* besitzt. Er sollte die für sein Arbeitsgebiet wichtigen ↑Datenbanken und sonstige Informationsquellen im Detail und durch Trial and Error-Routine mit diesen Produkten erworben haben. Je mehr ein zukünftiger Informationsvermittler über seine neue Tätigkeit weiß, desto zügiger wird sich die neue ↑Dienstleistung im Unternehmen etablieren können.

Dr. Schulte-Hillen, Dr. Koch, Köln

Datenbanksysteme

Merkmale datenbankorientierter Informationssysteme

Eine ↑*Datenbank* (DB) ist eine Sammlung logisch zusammengehöriger Daten, die einen relevanten Ausschnitt eines Unternehmens und seiner Umgebung beschreiben und für unterschiedliche Aufgaben des betrieblichen Informationssystems benötigt werden. Die Software, die zum Aufbau und zur Verwaltung der Datenbank erforderlich ist, wird *Datenbankmanagementsystem* (DBMS) genannt. DB und DBMS bilden das *Datenbanksystem* (DBS).
Konventionelle ↑Informationssysteme - auf Basis einfacher Dateiverwaltungssysteme - sind gekennzeichnet durch eine enge Verflechtung der Anwendungsprogramme mit den in den Programmen benötigten Dateien. Organisations- und Zugriffsform werden in den Programmen definiert, zugeschnitten auf die Anforderungen der jeweiligen Anwendung. Änderungen des Dateiaufbaus wirken sich in allen Programmen, die auf diese Datei zugreifen, aus. Kommen neue Anwendungen hinzu, so werden Daten oft mehrfach (redundant) gespeichert, um den Änderungsaufwand bei den bestehenden

Programmen zu vermeiden. Redundante Speicherung kann jedoch zur Inkonsistenz des Datenbestandes führen, da die Aktualisierung der Daten erschwert wird. Der datenbankorientierte Ansatz unterscheidet sich von dieser konventionellen Technik durch folgende Merkmale:

- strikte Trennung der Datendefinition von den Datenverarbeitungsprogrammen;
- Beschreibung der Daten auf unterschiedlichen Abstraktionsebenen;
- Verwaltung der Beschreibung der DB in der DB selbst (im Katalog);
- Unterstützung unterschiedlicher Benutzersichten auf die DB durch das MS;
- zentrale Verwaltung und Kontrolle des integrierten Datenbestandes und Koordination konkurrierender Zugriffe auf denselben Datenbestand durch das MS.

Die Struktur der DB wird außerhalb der Anwendungsprogramme - und für alle Benutzer verbindlich - definiert und in der DB abgelegt. Die Benutzer (-programme) arbeiten nicht mit physischen, sondern mit logischen Dateien (Sichten, Views), die vom DBMS unter Verwendung der Informationen aus dem Katalog erzeugt werden. Die Benutzer benötigen somit keine Kenntnisse, wie die Daten verwaltet werden. Die Programm-/Datenunabhängigkeit erlaubt es, Datenstrukturen zu ändern oder neue Anwendungen einzubeziehen, ohne daß dies Auswirkungen auf die bestehenden Programme hat.

Die Daten werden auf drei *Abstraktionsebenen* beschrieben: auf der konzeptuellen, der externen und der physischen Ebene. Die *konzeptuelle Ebene* enthält die Beschreibung aller relevanten Daten im konzeptuellen (oder logischen) Schema. Das *logische Schema* ist unabhängig von Gesichtspunkten der Datenverarbeitung (wie Art des Zugriffs, Reihenfolge der Bearbeitung). Die Angaben zur *physischen Verwaltung* der Daten stehen im internen (oder physischen) Schema. Jeder Benutzer hat seine Sicht auf die Daten. Diese wird in einem externen Schema festgelegt. Die Abbildung zeigt schematisch die Untergliederung in die drei Ebenen. Dieser Aufbau wird auch als Drei-Ebenen-Architektur bezeichnet. Die Schemata werden mit geeigneten Datenbeschreibungssprachen programmiert und in einem Katalog abgelegt und wie die Daten selbst vom DBMS verwaltet. Daten können in der Datenbank redundanzfrei gespeichert werden. Das DBMS sorgt dafür, daß jeder Benutzer die Daten in der Form aufbereitet erhält, wie er sie in seinem Schema definiert hat. Es sorgt auch für einen störungsfreien Ablauf der Zugriffe auf den integrierten Datenbestand, der zentral oder räumlich verteilt gespeichert sein kann.

Funktionen eines DBMS

Zu den Grundfunktionen zählen:

- das Vorhandensein von Benutzerschnittstellen zur Definition und zur Manipulation des Datenbestandes (Einfügen, Finden, Ändern, Löschen von Daten); Diese sollten so gestaltet sein, daß viel ↑Wissen (Semantik) über die Eigenschaften und Beziehungen der ↑Objekte der realen Welt in der Datenbank abgebildet werden kann. Sie sollten auch unterschiedlichem Bedarf der Benutzer angepaßt sein, indem sie z.B. leicht Kommandos für einen leicht erlernbaren Dialogbetrieb, wie auch geeignete Zugriffsmöglichkeiten auf die Datenbank für den Anwendungsprogrammierer anbieten. Die Eigenschaften der Benutzerschnittstellen eines konkreten *D.* werden i.w. geprägt durch das zugrundeliegende Datenmodell; dieses stellt den formalen Rahmen zur Beschreibung der Daten und ihrer Struktur dar.
- das Bereitstellen von Maßnahmen zur Sicherung der Korrektheit der Datenbank bei Änderungen des Datenbestandes durch den Benutzer: Semantische Integritätsbedingungen, die bei der Beschreibung der Datenbank für alle Benutzer verbindlich festgelegt werden, erlauben es dem DBMS, die Eingaben des Benutzers auf Gültigkeit hin zu überprüfen. Die Mächtigkeit dieser Integritätsbedingungen, die gewährleisten sollen, daß die DB im Rahmen des definierten Modells stets ein korrektes Abbild der realen Welt darstellt, ist abhängig vom zugrundeliegenden Datenmodell und der davon abgeleiteten Datendefinitionssprache.
- das Bereitstellen von Techniken, die verhindern, daß sich Benutzer, die parallel auf einen gemeinsamen Datenbestand zugreifen, gegenseitig stören oder die Datenbank aufgrund unkoordinierter Änderungen in einen inkonsistenten Zustand

versetzen: Das DBMS muß über ein leistungsfähiges Transaktionsmanagement verfügen, das die Zugriffe in einer Mehrbenutzerumgebung in geeigneter Weise koordiniert.
Zur Konsistenzsicherung gehören auch Vorkehrungen, die es ermöglichen, die DB nach technischen Fehlern (z.B. nach Abbruch einer Transaktion oder nach Systemabstürzen) wieder in einen konsistenten Zustand zu versetzen (Recovery):

- Sicherungen zum Schutz der Daten vor unerlaubtem Zugriff (Datenschutz);
- Möglichkeiten zur Änderung der Struktur der Datenbank bei sich ändernden Anforderungen;
- Hinzunahme neuer Felder.

Datenmodelle und Datenbanksprachen
Ein *Datenmodell* stellt Formalismen zur Abstraktion der realen Welt und der computergerechten Darstellung der relevanten Zusammenhänge zur Verfügung; es bildet damit die Basis für die Datendefinitions- und die Datenmanipulationssprache. Aus den Eigenschaften der Datenmodelle resultieren Unterschiede der *D.* hinsichtlich Programmieraufwand, Integritätssicherung und Effizienz. Am bekanntesten sind die klassischen Datenmodelle: das hierarchische, das CODASYL-Netzwerk- und das ↑relationale Datenmodell. Letzteres findet z.Z. am meisten Verwendung in den kommerziell verfügbaren *D.* Die sog. semantischen Datenmodelle, deren bekanntester Vertreter das ↑Entity-/Relationship-Modell ist, werden vor allem als Hilfsmittel für den Datenbankentwurf eingesetzt. Da die klassischen Datenmodelle zur Darstellung komplexer (räumlich-geometrischer) Objekte im ↑CAD weniger geeignet sind, werden zunehmend objektorientierte Modelle entwickelt und eingesetzt.

Aus den Eigenschaften der einzelnen Datenmodelle ergeben sich i.w. die Merkmale der *Datenbanksprachen*, wie Mächtigkeit der Befehle, Komfort, Möglichkeiten zur Integritätssicherung. Benötigt werden im *D.* Sprachkonstrukte zur Definition des konzeptuellen Schemas und der Sichten, sowie zur Manipulation des Datenbestandes. Ausgehend von der Idee der strikten Trennung von Datendefinition und Datenmanipulation sind bei manchen *D.* jeweils eigene Sprachen geschaffen worden: ↑Datendefinitionssprache (*Data Description Language, DDL*) und ↑Datenmanipulationssprache (*Data Manipulation Language, DML*). Auch wenn die Anweisungen in einer Sprache integriert sind, wird das Prinzip der Datenunabhängigkeit gewahrt. Die Datenbanksprachen können entweder als Dialogschnittstelle oder als Programmierschnittstelle oder für beide Nutzungsformen ausgelegt sein. Da die Datenbanksprachen meist nur Befehle für den Umgang mit der Datenbank enthalten, müssen diese Befehle in ein Anwendungsprogramm, das in ↑COBOL, PL1 oder irgendeiner anderen Wirtssprache (Host Language) geschrieben wurde, eingebettet. Es gibt jedoch auch Programmiersprachen, die sowohl die üblichen Anweisungen einer höheren Programmiersprache, wie auch Datenbankbefehle enthalten. Bei modernen *D.* sind sog. Sprachen der 4. Generation (Fourth Generation Language - ↑4GL) zu finden, die mächtige Befehle in deskriptiver Form und umfangreiche Programmierhilfen (Programm-, Masken-, Formulargeneratoren) bereitstellen.

Prof. Dr. R. Krieger, Prof. Dr. W. Stucky, Karlsruhe

Datenbanksysteme im Büro
Einführung
Eine *Datenbank* - oft auch als *Datenbanksystem (D.)* bezeichnet - besteht aus den Komponenten *Datenbasis* und *Datenbankmanagement-Software (↑DBMS)*. *D.* bilden die zentralen Schnittstellen für Applikationen des ↑Informationssystems eines Unternehmens. Benutzer oder Programme des Informationssystems beauftragen das DBMS Elemente der Datenbasis bereitzustellen, zu ändern, oder zu speichern; das DBMS kontrolliert und steuert also sämtliche Datenzugriffe und Veränderungen der Datenbasis. Damit lassen sich in dem für das Büroumfeld typischen Zugang mehrerer Benutzer zu demselben *D.* folgende Vorteile gegenüber früheren sog. Dateiverwaltungssystemen erzielen (Schlageter, Stucky, 1993):

- Kontrollierte ↑Redundanz durch logische und physische Zusammenfassung von Datenbasen, wodurch zugleich die Datenkonsistenz gesichert wird;

- Korrektheit und Vollständigkeit der Datenbasis (Datenintegrität);
- Synchronisation bei konkurrierenden Datenzugriffen;
- Logische und physische Datenunabhängigkeit, d.h. Änderungen der Struktur der Datenbasis, der Datenorganisation, der Zugriffsmethode und selbst der physischen Speicherung der Daten erfordern keine Modifikation der Programme;
- Trennung der Nutzung der Datenbasis von der Verwaltung des *D.* Ein DB-Administrator ist für die Strukturierung der Datenbasis (Implementation, Segmentierung, Verteilung etc.), für den ↑Datenschutz (Zugang und Vergabe von Zugriffsrechten auf die Datenbasis, Verschlüsselung etc.) und für die ↑Datensicherheit (Sicherungskopien, Wiederanlaufverfahren etc.) zuständig.

Um diese Vorteile bestmöglich zu nutzen, werden unternehmensweite, zentrale *D.* eingerichtet. Sie werden daher für kritische, operative Datenbestände (z.B. der Platzreservierung, Warenwirtschaft, Auftragsverwaltung, Geschäftsbuchhaltung), sowie aus Rationalisierungs- und Wirtschaftlichkeitsgründen verwendet.

Funktionen

D. im Büro unterstützen die Mitarbeiter der administrativen Unternehmensbereiche. Zu den administrativen Bereichen i.e.S. zählen die Sektoren Finanzen, ↑Controlling, Rechnungswesen und Personal mit ihren breit gefächerten ↑Informationssystemen bzw. Anwendungsprogrammen zur Disposition, Planung und Kontrolle (Mertens, 1991; Mertens, Griese, 1991; Scheer, 1990), die letztlich auf die Dienste eines DBMS zurückgreifen. Das Spektrum reicht dabei von kaum aufbereiteten Datensätzen bis zu hoch aggregierten ↑Führungsinformationssystemen. Neben dieser fachlichen Unterstützung von Sachbearbeitern und Managern finden sich zunehmend ↑Informations- und Kommunikationssysteme im Büro, die

- der gesteuerten, interpersonellen Vorgangsbearbeitung oder
- der Verbesserung des persönlichen Arbeitsumfeldes der Mitarbeiter

dienen. Hierbei dominieren die Anwendungsumgebungen, während die zugrundeliegenden *D.* dem Benutzer weitgehend verborgen bleiben. Bei der kooperativen Vorgangsbearbeitung werden dem Mitarbeiter die für ihn relevanten Daten und Dokumente aus den *D.* in integrierter, medienbruchfreier Form präsentiert. Die Weiterleitung zur nächsten Station des Geschäftsprozesses (z.B. Schadensbearbeitung in Versicherungen, Genehmigung und Abrechnung von Mitarbeiterreisen) steuert ein Bürosystem *(Workflow Management)*, das sich hierzu selbst wiederum eines *D.* zur Verwaltung der aktuellen Vorgänge bedient.

Ebenso wird das persönliche Arbeitsumfeld des Benutzers von Anwendungen unterstützt, die auf für ihn transparenten *D.*-Zugriffen basieren. Einige typische Anwendungen - die von sog. Desktops, wie All in One, Office Vision, Office World, angeboten werden - betreffen:

- Verwaltung und Abgleich von Terminen und Besprechungsräumen;
- Verwaltung von elektronischer Post und Schriftstücken;
- Führen von Aktivitäten- und Erinnerungslisten;
- Zugang zu allgemeinen Unternehmensinformationen (Telefon- und Benutzerverzeichnis, Richtlinien, Organisationsplan etc.).

Daneben wird in der persönlichen Büroumgebung immer ein (relationales) DBMS bereitgestellt, dessen Systemadministrator der Endbenutzer selbst ist.

Arten von ↑Datenbanken im Büro

D. lassen sich danach klassifizieren, ob ihnen ein netzwerkartiges, ein hierarchisches oder ein relationales Datenmodell zugrundeliegt. In der Unternehmensadministration werden aufgrund prohibitiver Migrationskosten noch hierarchische *D.* weiterverwendet. Neuinstallationen basieren fast ausschließlich auf dem relationalen Datenmodell, das umfassende ↑Abfragen und ↑Datenmanipulationen mittels einer standardisierten, plattformübergreifenden Datenbanksprache erlaubt.

Weiterhin wird zwischen formatierten und unformatierten *D.* unterschieden. In formatierten *D.* besitzen die Datensätze eine im Katalog *(Data Dictionary)* fest vorgegebene Struktur und der Wertebereich bzw. Zeichenvorrat jedes Datenfeldes ist bekannt. Der Zugriff auf die Datenfelder erfolgt anhand der Primär-

schlüssel der Datensätze. Die operativen Datenbasen der Administration sind vorrangig in formatierten *D.* organisiert.
Hingegen bestehen die meisten Datenbasen des persönlichen Arbeitsumfeldes aus formatfreien Texten, oder ↑*multimedialen Dokumenten*, die zunächst nur unzureichend über ihren Dateinamen und ihre Dateiattribute zu selektieren sind. Zur gezielten Suche nach bestimmten Inhalten sind spezielle DBMS, sog. ↑Information Retrieval-Systems verfügbar. Ihre Datenbasis besteht zusätzlich zu den gespeicherten Text- bzw. Dokumentendateien aus den zugehörigen Deskriptorendateien (Thesaurus). Die Abfragesprachen operieren auf den Dokumenteninhalten oder den Deskriptorendateien. Derzeit dominieren morphologische Suchverfahren, jedoch werden zunehmend linguistische Suchverfahren implementiert.

Neuere Entwicklungen

An zentralen *D.* sind die Benutzer über ein Netz (↑LAN oder ↑WAN) und Endgeräte (Terminals oder emulierende Rechner) angeschlossen. Da Rechner als Endgeräte über eine eigene Verarbeitungs- und Speicherkapazität verfügen, lag es nahe, die Datenbasis, Funktionen des DBMS oder die Anwendungsprogramme zwecks einer besseren Ressourcenauslastung auf diese Netzknoten zu verlagern. Die entstehende Architektur wird dezentrales *D.* genannt, wobei vernetzte und verteilte *D.* unterschieden werden.
In einem *vernetzten D.* greift der Benutzer (bzw. das lokale Anwendungsprogramm) alternativ auf physisch getrennte Datenbestände zu, indem er seine Anforderungen an das jeweilige DBMS eines Netzknotens richtet.
In einem *verteilten D.* erscheint dem Benutzer ein einziger, logisch zusammengehöriger Datenbestand, obwohl die Daten und ihre Kataloge auf verschiedenen Netzknoten gespeichert sind. Die Datenverteilung auf die Netzknoten wird als *Partitionierung* bezeichnet. Es wird unterschieden zwischen partitionierten Daten, die genau einmal gespeichert sind, voll redundanten Daten, die auf jedem Knoten abgespeichert sind (Voll-Replikation) und partiell redundanten Daten (Teil-Replikation). Ebenso können die Kataloge zentral, nur für lokale Daten oder voll repliziert gehalten werden (Date, 1986).
Da in einem verteilten *D.* prinzipiell von jedem Endgerät knotenübergreifende Transaktionen gestartet werden können, ist ein laufender Abgleich von Daten und Katalogen, sowie eine aufwendige, netzweite Synchronisation konkurrierender Zugriffe erforderlich, um die Konsistenz und Integrität der Daten sicherzustellen. Dem gegenüber stehen die Vorteile verteilter *D.*:

- bessere Kapazitätsauslastung und Skalierbarkeit der Rechner im Netz,
- schneller Zugriff auf häufig benötigte, lokale Daten,
- erhöhte Verfügbarkeit (bei Replikation) und
- tendenziell niedrigere Datenübertragungskosten.

Es ist jedoch festzustellen, daß sehr große, oder kritische, operationale Datenbestände (z.B. Reservierungssystem AMADEUS, Kontoführung von Banken) weiterhin von zentralen oder vernetzten *D.* verwaltet werden. Die benötigten, sehr hohen Transaktionsraten liefern parallel ausgelegte Transaktionsserver, die dem zentralen Rechner vorgeschaltet sind und Hochleistungskanäle zu den Magnetplattensträngen.

Literatur: Date, C.J.: An Introduction to Database Systems, Vol. I, 4th ed., Reading Mass, 1986. *Schlageter, G., Stucky, W.*: Datenbanksysteme - Konzepte und Modelle, 3. Aufl., Stuttgart, 1993. *Mertens, P.*: Integrierte Informationsverarbeitung 1, 8. Aufl., Wiesbaden, 1991. *Mertens, P., Griese, J.*: Integrierte Informationsverarbeitung 2, 6. Aufl., Wiesbaden, 1991. *Scheer, A.-W.*: Wirtschaftsinformatik - Informationssysteme im Industriebetrieb, 3. Aufl., Berlin, 1990. *Vetter, M.*: Informationssysteme in der Unternehmung, Stuttgart, 1990.

Prof. Dr. M.-R. Wolff, Wuppertal

Datenbanksystemen, Architektur von

Einführung

Datenbanksysteme (DBS) sind ein weithin akzeptiertes und eingeführtes Hilfsmittel zur effizienten, rechnergestützten Organisation, Manipulation und Verwaltung großer Informationssammlungen. Sie entstanden aus der Erkenntnis heraus, daß Daten über die reale Welt, welche von Anwendungsprogrammen verarbeitet werden, als von diesen ↑Programmen unabhängiges integriertes Betriebsmittel behandelt werden sollten. Zentral ist daher die Gewährleistung von ↑Datenunabhängigkeit, d.h. einer Unabhängigkeit der Daten von auf diesen operierenden ↑Programmen. *Datenunabhängigkeit* wird erreicht durch die Betrachtung einer Datenbank auf unterschiedlichen Abstraktionsebenen, die auf ein logisches Architekturkonzept für DBS führt. Das 3-Ebenen-Modell nach ↑*ANSI /SPARC* wird als Grundlage einer (zentralisierten) ↑*Datenarchitektur* nachfolgend beschrieben. Für die von einem ↑DBS zu erbringende Funktionalität wird heute eine Funktionsarchitektur zugrundegelegt. Die zum DBS-Einsatz verwendete Rechnerumgebung schließlich führt auf physische Architekturkonzepte.

3-Ebenen-Architektur nach ANSI/SPARC
↑Datenunabhängigkeit impliziert, daß ein DBS anpassungsfähig ist, d.h. neue Anwendungen und neue Benutzersichten sollen keinen Einfluß auf bereits existierende haben; ferner soll sich der Einsatz neuer Geräte, verbesserter Speichertechnologien oder neuartiger Zugriffsstrukturen in den Anwendungen höchstens durch Leistungsverbesserung, nicht aber durch eine Funktionsveränderung bemerkbar machen. Ein allgemein akzeptiertes logisches Architekturkonzept, welches diesen Forderungen Rechnung trägt und dessen zentrales Ziel Datenunabhängigkeit ist, ist das 3-Ebenen-Modell nach ANSI/SPARC (Clemons, 1985; Tsichritzis & Klug, 1978). Dieses Modell beinhaltet eine Empfehlung, welche Bausteine ein DBS bez. ihrer nach außen sichtbaren Funktionen haben soll (also nicht, wie diese zu implementieren sind) und wie diese Bausteine über verschiedene Schnittstellen zusammenspielen. Diese Schnittstellen können dann Gegenstand weitergehender Normung sein (Database Architecture Framework Task Group, 1986). Es werden drei unterschiedliche *Abstraktionsebenen* identifiziert; auf jeder dieser Ebenen können verschiedene Typen von Daten und Schemata identifiziert werden. Speziell wird unterschieden zwischen der physischen Datenorganisation, der logischen Gesamtsicht der Daten und den einzelnen, i.a. differierenden Benutzersichten. Diese Einteilung basiert auf der Organisation von Daten und ordnet jeder Ebene ein eigenes Schema zu. Die interne Ebene liegt dem physikalischen Speicher am nächsten und betrachtet die physisch gespeicherten Daten nicht als Pages oder Blöcke, sondern als interne Records (Datensätze). Diese Sicht der Daten wird im internen Schema festgelegt, in welchem Informationen über die Art und den Aufbau der verwendeten Datenstrukturen und spezieller Zugriffsmechanismen hierauf oder über die Anordnung der Sätze im (logischen) Adreßraum enthalten sind. Auf der internen Ebene wird ferner die Lokalisierung der Daten auf den zur Verfügung stehenden Sekundärspeichermedien geregelt. Auf der konzeptionellen Ebene wird die logische Gesamtsicht aller Daten in der Datenbank und ihrer Beziehungen untereinander im konzeptionellen Schema repräsentiert. Dazu wird das sprachliche Mittel eines Datenmodells benutzt, welches insb. von der internen Sicht abstrahiert wird. Die externe Ebene umfaßt alle individuellen Sichten (Subschemata) der einzelnen Benutzer oder Benutzergruppen (also der Anwendungsprogrammierer und der Dialogbenutzer) auf die Datenbank. Diese Sichten (Views) werden jeweils in einem eigenen externen Schema beschrieben, welches genau den Ausschnitt der konzeptionellen (Gesamt-) Sicht enthält, den der Benutzer sehen möchte, sehen darf.

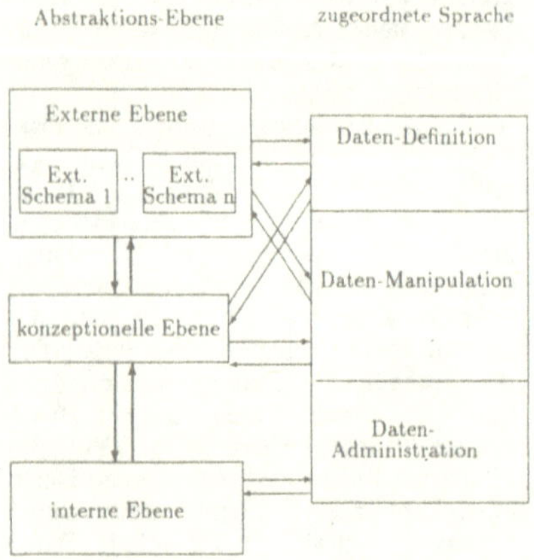

Der ANSI-Vorschlag sieht neben den drei Abstraktionsebenen eine Reihe weiterer Einzelheiten vor (Lockemann, Dittrich, 1987). Zu diesen zählen *Systemaktivitäten*, sowie dadurch motivierte *Schnittstellen*. Speziell wird unterstellt, daß gerade in einer großen Organisation das konzeptionelle Schema in der Verantwortung eines Unternehmensadministrators liegt, der dieses entwirft und dem System deklariert; das interne Schema fällt in die Zuständigkeit eines Datenbankadministrators, die externen in die eines Anwendungsadministrators. Diese Personen oder Personengruppen führen die Einzelaufgaben durch, die mit ihrer Ebene assoziiert werden und kommunizieren über die Schnittstellen bzw. spezielle Systemkomponenten mit den jeweils anderen.

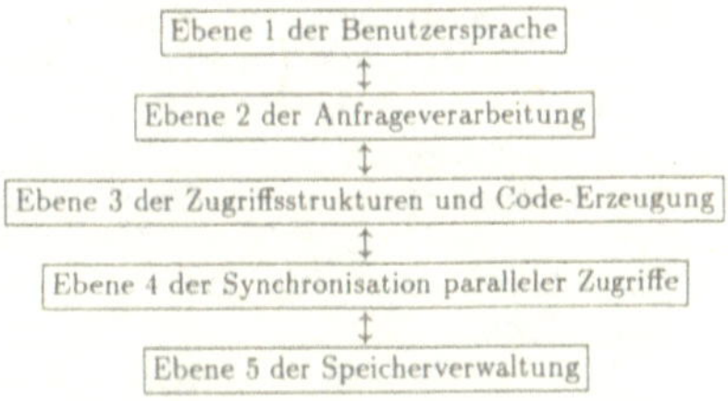

Ebenen einer Funktionsarchitektur

Bei der Implementierung von *D.* wird modular vorgegangen. Es wird das Gesamtsystem aus verschiedenen, hierarchisch angeordneten Schichten bzw. Ebenen zusammengesetzt. Bei diesen Ebenen nimmt der Abstraktionsgrad - wie beim ANSI-Modell - von oben nach unten ab und jede Schicht übernimmt wohldefinierte Aufgaben, benutzt Dienste der nächst tieferen Schicht und erbringt solche für die nächst höhere. Es werden typischerweise die in der Abbildung gezeigten fünf Schichten unterschieden.

Die Ebene der Benutzersprache stellt das Interface des *D.* zur Außenwelt bereit, wobei es sich um eine Dialogsprache oder eine Programmierspracheneinbettung handeln kann. In einer solchen Sprache an das System gerichtete Aufträge werden intern optimiert und auf der Ebene der Zugriffsstrukturen in ausführbaren Code transformiert. Parallel an das *D.* gerichtete Aufträge werden als Transaktionen einer Synchronisation unterworfen, wobei gleichzeitig Fehlertoleranz-Aspekte berücksichtigt werden. Transaktionen werden auf der Ebene des Speichers des betreffenden Rechners ausgeführt (Elmasri, Navathe, 1994; Vossen, 1994; Vossen, Groß-Hardt, 1993).

Physische Architekturkonzepte

D-Realisierungen haben sich den nach durch die verwendete ↑Hardware bzw. das jeweilige ↑Betriebssystem vorgegebenen Rahmenbedingungen zu richten, welche in modernen Umgebungen eine Aufteilung der Funktionsarchitektur auf unterschiedliche Systemkomponenten ermöglichen. Dabei lassen sich unterschiedliche Dimensionen unterscheiden, nach (Özsu, Valduriez, 1991) speziell der (zunehmende) Grad an Verteilung, der (abnehmende) an Autonomie und der (zunehmende) an Heterogenität. Den einfachsten Fall bildet das zentralisierte System, bei welchem die gesamte Funktionalität auf einem Rechner angesiedelt ist. Ein homogen ↑verteiltes System repliziert die vorhandene *D*-Software an unterschiedlichen Orten und hält eine logisch zusammengehörige Datenbank physisch auf diese Orte verteilt. Ein heterogen ↑verteiltes System ermöglicht einen Zugriff auf in unterschiedlichen Datenbanken gehaltene und von unterschiedlichen *D.* verwaltete Daten. Ein homogen verteiltes *D.* muß insb. die Datenverteilung nach außen, also für die Benutzer, transparent machen. Eine derartige Anforderung kollidiert in einem heterogen ↑verteilten System unter Umständen mit der Forderung nach Erhalt lokaler Autonomie. Jede Form von Verteilung stellt spezifische Anforderungen an die Realisierung der funktionalen DBS-Ebenen (Elmasri, Navathe, 1994; Özsu, Valduriez, 1991; Vossen, Groß-Hardt, 1993).

Eine weitere Form physischer Architekturen ergibt sich speziell in vernetzten Rechnersystemen, falls die zentrale Fileverwaltung des Betriebssystems einem Server überlassen wird, der eine Reihe von über ein lokales Netz zugreifenden Clients bedient. Ein *D.* kann sich eine ↑*Client/Server-Architektur* (Khoshafian, 1993) in unterschiedlicher Weise zunutze machen, in Abhängigkeit davon, wie die allgemeine Funktionsarchitektur zwischen dem Server und den Clients aufgeteilt wird. Als Beispiel zeigt nachfolgende Abbildung eine Page Server-Architektur, bei welcher die Kommunikationseinheit zwischen dem Server und den Clients die einzelne Page ist. Beim Page-Server dient der Server im wesentlichen als großer Puffer und sorgt für Locking und Logging; die Clients übernehmen dagegen die logische Objektverwaltung einschl. Anfrage- und Indexverwaltung. Alternative Kommunikationseinheiten sind Files oder logische Datenbankobjekte; bei letzterer Option wird nahezu die gesamte Funktionalität auf dem Server und den Clients repliziert. Liegt die wesentliche Funktionalität auf dem Server und verfügen die Clients lediglich über ein Frontend zum Datenbankzugriff bzw. über ein *API (Application Program Interface)*, wird ersterer als Datenbankserver bezeichnet; dieser ist dann i.a. eine dezidierte Maschine.

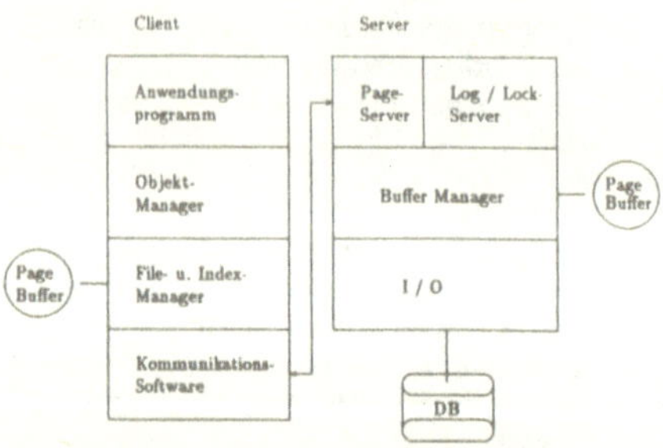

Neuartige und i.w. erst in der Erforschung befindliche Möglichkeiten des Architekturentwurfs ergeben sich durch parallele Hardware, insb. Mehrprozessorsysteme, wobei drei Ansätze untersucht werden: Bei einer *Shared Memory-Architektur* greifen mehrere ↑Prozessoren auf einen gemeinsamen (Haupt- sowie Sekundär-) Speicher zu. Bei einer *Shared Disk-Architektur* werden Hauptspeicherkomponenten lokal einzelnen Prozessoren zugeordnet, Platten können jedoch gemeinsam benutzt werden. Bei einer *Shared Nothing-Architektur* hat jeder Prozessor exklusiven Zugriff auf seine Speichereinheiten (Valduriez, 1993).

Literatur; Clemons, E.: Data Models and the ANSI/SPARC Architecture, in Yao S.B. (Hrsg.), Principles of Database Design Vol. 1: Logical Organizations, Englewood Cliffs, NJ, 1985. Database Architecture Framework Task Group. Reference Model for DBMS Standardization. ACM SIGMOD Record, 15 (1), 1986. *Elmasri, R., Navathe, S.:* Fundamentals of Database Systems, 2. Aufl.., Redwood, CA, 1994. *Khoshafian, S.*: Object Oriented Databases, New York, 1993. *Lockemann, P., Dittrich, K.*: Architektur von Datenbanksystemen, in: Lokkemann, P., Schmidt, J. (Hrsg.), Datenbank-Handbuch, Berlin, 1987. *Özsu, M.T, Valduriez, P.* Principles of Distributed Database Systems, Englewood-Cliffs, NJ., 1987. *Tsichritzis, D., Klug, A:* The ANSI/X3/SPARC DBMS Framework Report of the Study Group on Database Management Systems. Information Systems, 3, 1991. *Valduriez, P.:* Parallel Database Systems: Open Problems and New Issüs. Distributed and Parallel Databases, 1, 1993. *Vossen, G.:* Datenmodelle, Datenbanksprachen und Datenbankmanagement-Systeme, 2. Aufl, Bonn, 1994. *Vossen, G., Gross-Hardt, M.:* Grundlagen der Transaktionsverarbeitung, Bonn, 1993.

Prof. Dr. G. Vossen, Münster

Datenflußdiagramm

Synonym: Datenflußplan; dient der Darstellung und Dokumentation von Datenflüssen in einem Informationssystem unter Verwendung graphischer Symbole nach DIN 66001. Er besteht aus verschiedenen Sinnbildern, die die einzelnen Arbeitsgänge der Aufgabenstellung und die verwendeten Datenträger wiedergeben.

Datenhandschuh

Erfassung der Hand- und Fingerbewegungen des Benutzers; wird auf die Hand der Benutzer kalibriert; dient in Verbindung mit entsprechender ↑Software der Gestenerkennung.

Datenintegration

Gemeinsame Nutzung derselben ↑Daten durch unterschiedliche betriebliche Funktionen.

Datenmanagement

Zentrale Komponente des ↑Informationsmanagements; Ausrichtung der Daten am Informationsbedarf; verlangt das Vorliegen der Daten in der Gestalt, so daß alle für das Unternehmen benötigten Informationen ableitbar sind.

Datenmanagement im ganzheitlichen Informationsmanagement

Begriff

Die Begriffe des Daten- und des Informationsmanagements sind zentrale Konstrukte aus dem Bereich der ↑Wirtschaftsinformatik. Der Terminus *Informationsmanagement* entstand Ende der 70er/ Anfang der 80er Jahre (Griese, 1990). Mit der zunehmenden Bedeutung, die der ↑Information als Ressource oder Produktionsfaktor beizumessen ist (Biethahn, Mucksch, Ruf, 1994), erhält das ↑Management von Informationen eine immer größere Bedeutung für den Erfolg eines Unternehmens am Markt. Das Kennzeichen von ↑Information ist die auf der Zweckorientierung beruhende, bei ihrem Empfänger verursachte Ergänzung, Änderung oder Bestätigung des Kenntnisstandes (Trott zu Solz, 1992). Das Management von Informationen läßt sich einerseits als das bloße Handhaben oder Behandeln von Informationen verstehen. Zum anderen hebt der Begriff Management die Bedeutung der Information für eine effektive und effiziente Unternehmensführung hervor und weist die das Informieren betreffenden Aufgaben als Führungs- oder Leitungsaufgaben aus. Informationsmanagement umfaßt damit die Gesamtheit der die Information betreffenden Führungsaufgaben (Heinrich, 1992). Das grundsätzliche Ziel des *Informationsmanagements* ist es, mit Hilfe von computerbasierten Informationssystemen einen Beitrag zum Verwirklichen der Unternehmensziele zu leisten (Griese, 1990). Dic Ergänzung des Ausdrucks Informationsmanagement um das Wort *ganzheitlich* drückt folgendes aus:

- *Aspekt der strategischen Ausrichtung*: Unternehmensführung und Informationsmanagement sind interdependent zu sehen und bedürfen einer gemeinsamen strategischen Ausrichtung. Die Zielsetzung des Informationsmanagements bestimmt sich in der Regel aus den Unternehmenszielen; die Effizienz und Effektivität der eingesetzten Informationssysteme legt aber wiederum das Handlungspotential des Unternehmens am Markt fest (Trott zu Solz, 1992).
- *Aspekt der Entwicklung*: Grundlage für das Gestalten von Informationssystemen ist das Gesamtsystem Unternehmen einschl. aller Beziehungen des Unternehmens zur Umwelt. Ein nach diesem Grundsatz zu entwerfendes Informationssystem bedarf einer speziellen Entwicklungsmethodik (Biethahn, Mucksch, Ruf, 1991).
- *Aspekt der Aufgabenvielfalt in der Informationsverarbeitung*: Die Informationsverarbeitung in den Unternehmen reicht von einer simplen Massendatenverarbeitung über eine dv-gestützte Schulung der Mitarbeiter hin zu einer Unterstützung der Unternehmensleitung in komplexen Entscheidungssituationen. Diese Vielfalt macht es erforderlich, geeignete Werkzeuge, wie bspw. ↑wissensbasierte Systeme für das Bewältigen der einzelnen Aufgabenstellungen auszuwählen (Fischer, 1994) und sie so in das betriebliche ↑Informationssystem einzubinden, daß keine voneinander isolierten Teilsysteme entstehen.
- *Aspekt der personellen Verantwortung und Zuständigkeit*: Ganzheitliches Informationsmanagement bildet nicht die Aufgabe einer Fachabteilung, sondern muß arbeitsteilig von der Unternehmensleitung, den Fachbereichen und der zentralen DV-Abteilung bewältigt werden.
- *Aspekt der funktionalen Reichweite*: Ganzheitliches Informationsmanagement integriert organisatorische, personelle und technologische Belange (Brockhaus, 1992).

Datenmanagement als Teil des ganzheitlichen Informationsmanagements

Die zum Informationsmanagement gehörenden Tätigkeiten werden i.a. in strategische und in administrativ/operative Tätigkeiten unterschieden:

- Das langfristig orientierte und an den Unternehmenszielen ausgerichtete Leitungshandeln in einer Organisation bzgl. der künftigen Informations- und Kommunikationsfunktionen bildet das *strategische Informationsmanagement* (Biethahn, Mucksch, Ruf, 1994).
- Das Bewältigen der aus den langfristigen Zielen abgeleiteten Aufgaben, die der Umsetzung der Ziele des ↑strategischen Informationsmanagements dienen, wird als administratives oder *ope-*

ratives Informationsmanagement bezeichnet (Biethahn, Mucksch, Ruf, 1994).

Zum ↑strategischen Informationsmanagement zählen bspw. die Auswahl und Festlegung einer Informationsstrategie, sowie die Analyse und Festlegung der Informationsinfrastruktur, während das administrative und operative Informationsmanagement das Entwickeln und Aktualisieren von ↑Informationssystemen, auf der Basis der Vorgaben des ↑strategischen Informationsmanagements, enthält (Biethahn, Mucksch, Ruf, 1994; Heinrich, 1992).
Die Zuordnung des *Datenmanagements* zum strategischen oder administrativ/-operativen Teil des Informationsmanagements wird in der Literatur nicht einheitlich gesehen. Die für die Informationssysteme bereitgestellten Daten bilden die Grundlage für die Versorgung mit Informationen. Das Datenmanagement ist daher die zentrale Komponente des Informationsmanagements. Wegen seiner Bedeutung zählen zu dem Datenmanagement sowohl strategische als auch administrativ/operative Aufgaben.

Ziele des Datenmanagements
Die Ausrichtung der Daten am Informationsbedarf bildet das generelle Ziel des Datenmanagements. Es verlangt das Vorliegen der Daten in der Gestalt, daß aus ihnen alle für das Unternehmen benötigten Informationen ableitbar sind. Dieses Ziel läßt sich in die weiteren nachstehenden Teilziele zerlegen:

- *Richtigkeit*: Die Daten müssen die von ihnen abgebildeten Tatbestände inhaltlich richtig und mit einem hoher Exaktheitsgrad wiedergeben, der wirtschaftlich noch vertretbar ist.
- *Konsistenz*: Die Daten müssen in sich widerspruchsfrei und fehlerfrei sein. Sie sind auf diese Widerspruchsfreiheit idealerweise schon bei der Eingabe automatisch zu überprüfen.
- *Vollständigkeit*: Alle Daten, die für betrieblichen Planungs- und Entscheidungsfunktionen benötigt werden, müssen auch tatsächlich gesammelt vorliegen. Es ist deshalb schon bei der Gestaltung eines Informationssystems eine grundsätzliche Planung darüber erforderlich, welche Daten für die betrieblichen Tätigkeiten notwendig sind. Darüber hinaus ist die Menge der verfügbaren Daten ständig dahingehend zu überprüfen, ob sie für die Aufgabenerfüllung ausreichend oder um weitere Daten zu ergänzen ist.
- *Aktualität*: Die Daten müssen die Vorgänge und Ereignisse, die sie repräsentieren, möglichst ohne Zeitverzug wiedergeben. Eine Form des direkten, automatisierten Erfassens der Daten am Ort ihres Anfalls bildet die ↑Betriebsdatenerfassung.
- *Aufgabenbezogenheit*: Die Daten haben den Anforderungen der Aufgaben zu entsprechen, die vom Unternehmen durchzuführen sind. Es ist insofern stets zu prüfen, ob alle Daten bspw. in den richtigen Dimensionen, für den richtigen Planungszeitraum, in der richtigen Form oder für das richtige Produkt vorliegen. Zum Ziel der Aufgabenbezogenheit gehört auch festzuhalten, welche Daten zum Bewältigen welcher Aufgabenstellung erforderlich sind.
- *Zusammenhangbezogenheit*: Die Verwendung der Daten ist i.a. nicht auf die Bereiche begrenzt, die das Speichern der

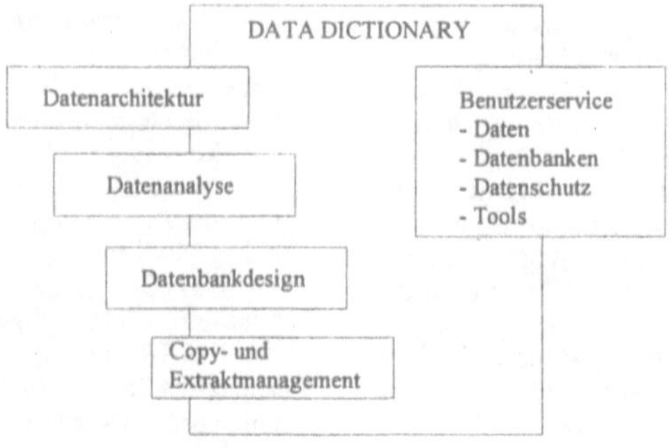

Daten vorgenommen oder veranlaßt haben. So sind die Daten der Kostenrechnung für viele Bereiche eines Unternehmens bedeutend. Zudem ist Bedarf an Informationen und mithin an Daten für viele Aufgabenstellungen nicht starr und damit vorhersehbar, sondern der Bedarf ergibt sich oftmals erst während der Aufgabenbewältigung. Daher ist es erforderlich, die Gesamtheit der Daten als ein (vernetztes) System anzusehen und zu verwalten.

Aufgaben des Datenmanagements

Die einzelnen Aufgaben sind:

- *Gestalten einer Datenarchitektur*: Eine ↑Datenarchitektur umfaßt die globale Darstellung aller Daten des Unternehmens - losgelöst von Aspekten der Implementierung. Sie wird in einem ↑Unternehmensdatenmodell dargestellt. Dazu zählen die Entitäten oder ↑Objekte, deren ↑Attribute, sowie die Beziehungen zwischen den Objekten. Die Abbildung gibt einen möglichen Ausschnitt eines Unternehmensdatenmodells wieder; sie folgt der Notation der ↑Entity Relationship-Diagramme. Die Datenarchitektur abstrahiert von tatsächlichen Ausprägungen der einzelnen Objekte. Das ↑Unternehmensdatenmodell bildet die Grundlage für die Entwicklung von ↑Anwendungssystemen.

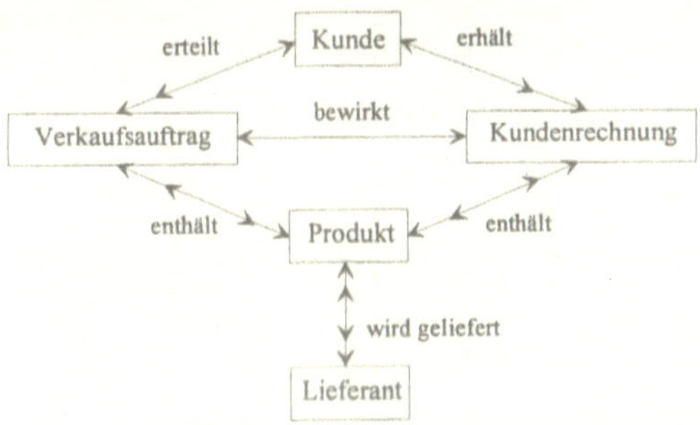

- *Datenanalyse*: Der Prozeß der Datenanalyse umfaßt - aufbauend auf der erstellten ↑Datenarchitektur - das detaillierte und vollständige Analysieren und Beschreiben der Daten, sowie ein Ergänzen des ↑Unternehmensdatenmodells. Im Gegensatz zur Datenarchitektur steht der Prozeß der wertmäßigen Beschreibung der Objekte des Datenmodells im Mittelpunkt (Biethahn, Mucksch, Ruf, 1991).
- *Datenbankdesign*: Im Rahmen des Datenbankdesigns erfolgt ein Übertragen des konzeptuellen Unternehmensdatenmodells ganz oder in Teilen auf eine Datenbank. Dabei stellen sich insb. Fragen der Auswahl eines geeigneten Datenbankmanagementsystems und einer geeigneten Endbenutzersprache. Im Prozeß des Datenbankdesigns erfolgt ein Übergang von einer rein konzeptuellen Betrachtung hin zu einer konkreten Implementierung.
- *Copy- und Extraktmanagement*: Das Copy- und Extraktmanagement beschreibt den Prozeß des Extrahierens von Daten aus operationalen Datenbanken, um sie den Endbenutzern in verdichteter Form zur weiteren Verwendung mit Endbenutzerwerkzeugen bereitzustellen.
- *Benutzerservice*: Der Benutzerservice trägt der zunehmenden Verbreitung der ↑Datenverarbeitung auf Personen Rechnung, die keine originären Anwendungsentwickler sind und bietet den Benutzern Hilfestellung durch Schulungen oder das Entwickeln von Front End-Systemen zum komfortablen Analysieren und Verwalten der Daten durch die Endbenutzer.

Instrumente des Datenmanagements

Alle genannten Aufgaben des Datenmanagements bedürfen einer Unterstützung, die durch ein *Data Dictionary-System (↑DDS)* dargestellt ist. Als Data Dictionary-System wird ein Verzeichnis aller für den Entwicklungsprozeß relevanten Angaben über die Daten, ihre Beziehungen und Verwendungen, sowie der zugehörigen Verwaltungsprogramme bezeichnet. Ziel des Einsatzes von Data

Dictionary-Systemen ist das Reduzieren des Wartungs- und Entwicklungsaufwands von Anwendungssystemen, sowie eine verbesserte Tranparenz und Kontrolle der Systeme. Data Dictionary-Systeme sind oftmals Bestandteil eines sog. Repositories (Entwicklungsdatenbank oder Integrated Resource Dictionary System), das weitere für die Entwicklung von ↑Anwendungssystemen erforderliche Angaben, wie z.B. Spezifikationen oder Bildschirmmasken-Formate, enthält.

Literatur: Biethahn, J., Mucksch, H., Ruf, W.: Ganzheitliches Informationsmanagement, Bd. I, Grundlagen, 3. Aufl., München, 1994. *Biethahn, J., Mucksch, H., Ruf, W.*: Ganzheitliches Informationsmanagement, Bd. II, Daten- und Entwicklungsmanagement, München, 1991. *Brockhaus, R.*: Informationsmanagement als ganzheitliche, informationsorientierte Gestaltung von Unternehmen, Göttingen, 1992. *Fischer, D.*: Gestaltung wissensbasierter Systeme auf der Grundlage von Entscheidungssituationen, Göttingen, 1994. *Griese, J.*: Ziele und Aufgaben des Informationsmanagements, in: Kurbel, K., Strunz, H. (Hrsg.), Handbuch Wirtschaftsinformatik, Stuttgart, 1990. *Heinrich, L.J.*: Informationsmanagement: Planung, Überwachung und Steuerung der Informationsinfrastruktur, 4. Aufl., München, Wien, 1992. *Trott zu Solz, C. v.*: Informationsmanagement im Rahmen eines ganzheitlichen Konzeptes der Unternehmensführung, Göttingen, 1992.

Prof.Dr.J.Biethahn, D.Fischer, Göttingen

Datenmanipulation

Unbeabsichtigte und beabsichtigte Veränderung von Daten. Unbeabsichtigte Datenmanipulation kann durch Bedienungsfehler der Benutzer, sowie durch fehlerhafte Soft- oder Hardware hervorgerufen werden. Beabsichtigte Datenmanipulation kann durch Umgehung von Sicherheitsmechanismen oder Verfälschung der Daten auf einem Übertragungsweg herbeigeführt werden. Dies kann direkt von einem Angreifer oder durch entsprechende Software, wie ↑Viren oder ↑Trojanische Pferde herbeigeführt werden.

Datenmanipulationssprachen

Sprachen zur Ausführung von Anfrage-, Einfüge-, Lösch- und Änderungsoperationen.

Datenmodell

Beschreibung der Entities und ihrer Beziehungen in einem Schema.

Datenmodell, hierarchisches

Organisation der Daten in einer Baumstruktur, die aus hierarchisch angeordneten Datensätzen besteht.

Datenmodellierung

Globales Denken und lokales Handeln fordert die amerikanische Wirtschaftswissenschaftlerin Hazel Henderson mit Blick auf die Probleme, welche die menschliche Zivilisation bedrohen. Sie bringt damit zum Ausdruck, daß der fortschreitenden Zerstörung der natürlichen Lebensgrundlagen Einhalt zu gebieten ist, sofern wir in kleinen, lokal begrenzten Schritten auf ein vorab auf höchster Ebene verabschiedetes Ziel zuschreiten.

Eine Analogie zur ↑Informatik ist nicht zu verkennen. Auch hier zeigt sich, daß eine isolierte Betrachtung der Probleme immer mehr in die Sackgasse (in ein verheerendes Datenchaos) führt. Nur, wenn ein Unternehmen im Sinne eines ganzheitlichen Vorgehens lernt, für Einzelprobleme Lösungen zu entwickeln, die in ein vorab auf Geschäftsleitungsebene verabschiedetes, von den Unternehmungszielen abgeleitetes Gesamtkonzept passen, kommt es zu einer Integration, zu einer technischen wie auch geistig-ideellen, den Menschen mit einschließenden Vernetzung und damit letzten Endes zu einer für alle Beteiligten vorteilhaften Nutzung der Informatik.

Zahlreiche Unternehmen haben mittlerweile erkannt, daß das angesprochene Gesamtkonzept in Form eines globalen unternehmensweiten *Daten- (↑Objekt-) Modells* zur Verfügung zu stellen ist. In Zukunft (d.h. wenn die softwaretechnische, unter dem Modebegriff Objektorientierung bekannt gewordene Koppelung von Funktionen und Daten als selbstverständlich erachtet wird) wird vermutlich nicht mehr sosehr von Daten- als vielmehr von Objektmodellen die Rede sein. Wichtig ist, daß das angesprochene Modell solidarisch und kooperativ mit Beteiligung von Entscheidungsträgern, Schlüsselpersonen, Sachbearbeitern, wie auch Informatikern zustande kommt. Weil die Orientierung bei der Ermittlung des Modells permanent an den für ein Unternehmen relevanten Objekten wie Kunden, Lieferanten, Produkten, Mitarbeitern etc. ausgerichtet ist und diese in Form eines Daten (Objekt-) Modells abstrakt zum Ausdruck gebracht wird, ist von einer *daten- bzw. objektorientierten Vorgehensweise* die Rede.

Ein globales Daten- (Objekt-) Modell ist zwecks Schaffung eines umfassenden Überblicks zentral zu verwalten. Wichtig ist auch, daß im angesprochenen Modell nur typenmäßige, allgemein gültige Aussagen der Art "Ein Mitarbeiter hat einen Namen und arbeitet in einer Abteilung" vorzufinden sind. Was exemplarspezifische Aussagen der Art "Der Mitarbeiter namens X arbeitet in der Abteilung Y" betrifft, so werden diese nach Maßgabe des Verwendungsortes teils zentral, teils dezentral gespeichert. In der Folge resultieren größen- und risikomäßig begrenzte technische Systeme, die gerade auch im Zeitalter der Informatik bessere, vor allem verantwortbarere Lösungen erlauben (Zehnder, 1986). Wichtig ist bei alledem, daß besagte Systeme in ein durch das globale Daten- (Objekt-) Modell festgelegtes Gesamtkonzept einzupassen sind.

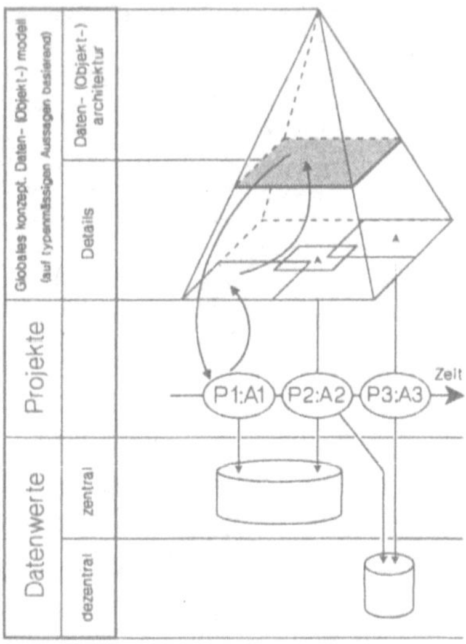

Die Abbildung konkretisiert die vorstehenden Ausführungen und illustriert die daten- bzw. objektorientierte Vorgehensweise im Überblick. Sie ist zweigeteilt und stellt im oberen, durch die Pyramide repräsentierten Teil, typenmäßige, in der unteren Hälfte hingegen exemplarspezifische (wertmäßige) Sachverhalte dar.

Verläuft die daten- bzw. objektorientierte Vorgehensweise ideal, so wird zunächst ein grobes, möglichst unternehmungsweites Daten- (Objekt-) Modell typenmäßig festgelegt (obere, schattiert gekennzeichnete Ebene der Pyramide). Normalerweise ist in diesem Zusammenhang von einer *Daten- (Objekt-) Architektur* die Rede. Die Details des Modells (untere Pyramidenebene) werden sodann im Verlaufe der Zeit projektbezogen erarbeitet, mit dem Grobkonzept abgestimmt und mit letzterem vereinigt.

Das geschilderte Vorgehen führt nach und nach zu einem globalen, damit zu einem anwendungsübergreifenden, im Idealfall zu einem unternehmensweiten konzeptionellen Daten- (Objekt-) Modell, das einen umfassenden Überblick bzgl. der datenspezifischen Aspekte eines Unternehmens zu gewährleisten vermag. Der Begriff konzeptionell besagt, daß das Modell neutral ist und keine Bezugnahme auf Charakteristika hard- und softwaremäßiger Art aufweist. Dies hat zur Folge, daß derartige Modelle auch Nichtinformatikern verständlich zu machen sind, und daß sie selbst bei extremen Soft- und Hardwaremodifikationen keinen Änderungen unterliegen. Letzterem kommt angesichts der Progression, welche die Entwicklung informationstechnologischer Produkte kennzeichnet, eine außerordentliche Bedeutung zu. *Konzeptionelle Daten- (Objekt-) Modelle* sind wie folgt zu charakterisieren (Ortner, 1986): Es

- beinhaltet typenmäßige (allgemein gültige) aber keine exemplarspezifischen (wertmäßige, den Einzelfall betreffende) Aussagen über einen zu modellierenden Realitätsausschnitt;
- ist unabhängig von der technischen Implementierung der Daten auf Speichermedien ;
- ist neutral gegenüber Einzelanwendungen und deren lokaler Sicht auf die Daten;
- basiert auf eindeutigen, mit den Fachabteilungen festgelegten Fachbegriffen. Diese sind für das weitere Vorgehen verbindlich;

- stellt das Informationsangebot des Gesamtunternehmens auf begrifflicher (typenmäßiger, allgemein gültiger) Ebene dar. Damit fungiert es als ↑Schnittstelle zwischen Anwendungen und Anwendern als Informationsnachfrager einerseits, sowie Datenorganisation und Datenverwaltung als Informationsanbieter andererseits;
- bildet die Grundlage für die Ableitung der bei der ↑Datenspeicherung verwendeten physischen Datenstrukturen, ebenso der bei der Datenverarbeitung verwendeten logischen Datenstrukturen (Views);
- ist die gemeinsame sprachliche Basis für die ↑Kommunikation der an der Organisation von Datenverarbeitungsabläufen beteiligten Personen.

Ein *konzeptionelles Daten- (Objekt-) Modell* vermag im Sinne einer Gesamtschau als Dreh- und Angelpunkt in Erscheinung zu treten, auf den sich alles übrige beziehen läßt. Wichtig ist, daß es nur typenmäßige, allgemein gültige Aussagen enthält. Die exemplarspezifischen Aussagen (Datenwerte) werden nach Maßgabe des Verwendungsortes teils zentral, teils dezentral gespeichert (unterer Teil der Abbildung). Es versteht sich, daß dabei die für die Datenspeicherung erforderlichen physischen Datenstrukturen idealerweise allesamt von ein und demselben konzeptionellen Daten- (Objekt-) Modell abzuleiten sind.
Die daten- bzw. objektorientierte Vorgehensweise plädiert also keineswegs für einen Datenzentralismus. Es gilt die

- zentralistische Verwaltung der Datentypen und damit Schaffung eines umfaßenden Überblicks, sowie
- föderalistische Speicherung der Datenwerte und damit Gewährleistung von größen- und risikomäßig begrenzten technischen Systemen, die aber allesamt in ein Gesamtkonzept einzupassen sind.

Den vorstehenden Fakten kommt angesichts der wachsenden Benutzerzahlen und der exponentiell zunehmenden Datenbestände eine überragende Bedeutung zu. Besagte Faktoren erfordern nämlich fast zwangsläufig eine Dezentralisierung der Datenverarbeitung. Dabei übernehmen vernetzte Großrechner in den Zentralen, damit verknüpfte mittelgroße Abteilungsrechner, sowie vor Ort beim Benutzer betriebene ↑Personal Computer ganz spezifische Aufgaben.
Mit der daten- bzw. objektorientierten Vorgehensweise ist zu gewährleisten, daß ein Dreh- und Angelpunkt zustande kommt, auf den sich alles übrige beziehen läßt. Dies bedeutet keineswegs, daß globale konzeptionelle Daten- (Objekt-) Modelle nur im Zusammenhang mit dem Einsatz von ↑Computern gerechtfertigt sind. Wiederholt hat sich gezeigt, daß derartige Modelle - vor allem, wenn sie kooperativ und solidarisch zustande kommen - das Verständnis für die betrieblichen Zusammenhänge außerordentlich zu fördern vermögen. Ein Unternehmen ist daher gut beraten, die Definition eines globalen konzeptionellen Daten- (Objekt-) Modells auch dann voranzutreiben, wenn dessen Etablierung auf einem System gar nicht zur Debatte steht. Angesichts der nachweisbaren positiven Auswirkungen muß heute fast zwangsläufig die Schlußfolgerung kommen, wonach eine auf ein solches Modell verzichtendes Unternehmen gegenüber der Konkurrenz, welche die vorteilhaften und günstigen Auswirkungen derartiger Modelle zu nutzen weiß, früher oder später in Rückstand geraten wird.
Literatur: Ortner, E.: Datenadministration, Proceedings zum europäischen Benutzertreffen der Firma MSP, Berlin, 1986. *Vetter, M.*: Aufbau betrieblicher Informationssysteme mittels objektorientierter, konzeptioneller Datenmodellierung. 7. Aufl., Stuttgart, 1991. *Vetter, M.*: Strategie der Anwendungssoftwareentwicklung, objektorientierten Vorgehensweise, 3. Aufl., Stuttgart, 1993. *Vetter, M.*: Informationssysteme in der Unternehmung, Stuttgart, 1990. *Vetter, M.*: Global denken, lokal handeln in der Informatik, Stuttgart, 1994. *Zehnder, C. A.*: Informationsgesellschaft und Bürger, Badener Tagblatt: Forum für Politik, Kultur und Wirtschaft, 6.12.1986.

PD Dr. M. Vetter, Zürich

Datennutzungsmanagement
Bereitstellung von Auswertungs- und Reportsfunktionen unter Einbeziehung des Datenschutzes mit Datenabfrage- und -manipulationssprachen, Reportgeneratoren, Data Dictionary-Funktionen etc.

Datenorganisation, physische
Interne Datensicht.

Datenschutz
Begriffe und Ziele
Datenschutz bezieht sich auf die persönlichen Daten lebender Menschen. Er will sicherstellen, daß der einzelne durch den Umgang mit personenbezogenen ↑Daten nicht in seinem Persönlichkeitsrecht verletzt wird. Das *Recht auf informationelle Selbstbestimmung* ist ein Menschenrecht und genießt verfassungsrechtlichen Schutz. Deshalb ist ein Eingriff grundsätzlich nur dann zulässig, wenn der Betroffene einwilligt oder, wenn eine gesetzliche Vorschrift den Eingriff ausdrücklich erlaubt.
Gesetzlich geregelte Handlungsformen sind Erhebung, Verarbeitung und Nutzung von Daten, welche dann *personenbezogen* sind, wenn sie Einzelangaben über persönliche oder sachliche Verhältnisse einer bestimmten oder bestimmbaren natürlichen Person enthalten (§§ 1, 3 des Bundesdatenschutzgesetzes, BDSG). Datenschutzrechtlich belanglose Daten gibt es nicht; je nach Kontext können alle personenbezogenen ↑Informationen zu sensiblen Daten werden.
Adressaten der datenschutzrechtlichen Regelungen sind sowohl der Staat als auch Private, soweit diese geschäftsmäßig oder gewerblich Daten verarbeiten. Dabei ist der *D.* nicht nur ein Abwehrrecht der einzelnen Betroffenen gegen die Datenverarbeiter. Er liegt zum einen typischerweise auch im Interesse der verarbeitenden Stellen, welche ihre Daten gegen fremde Ausforschung schützen wollen (↑Datensicherung). Er berechtigt die Betroffenen zum andern nicht nur (negativ) zur Abwehr von Informationseingriffen, sondern auch (positiv) etwa zur Auskunft über die Daten, die zu ihrer Person gespeichert sind und über den Zweck dieser Speicherung; anders könnten die Betroffenen ihre Rechte etwa auf Löschung, Berichtigung oder Sperrung falsch verarbeiteter Daten gar nicht wahrnehmen. *D.* verlangt informierte Bürger. Letztlich umfaßt das Recht auf informationelle Selbstbestimmung aber noch mehr, nämlich auch die Freiheit des einzelnen, sich - in bestimmten Grenzen über gespeicherte Daten etwa der staatlichen Verwaltung - zu informieren (Freedom of Information); dies wird durch Umweltinformationsgesetze derzeit vorbereitet, läßt sich aber auch auf andere Bereiche staatlichen Handelns übertragen und zu einem allgemeinen Informationsrecht der Bürger ausbauen, wie in Schweden, Kanada und den USA.
Begründung
Die Begründung des *D.* ist alt, nur seine Einkleidung ist neu. Er ist, vom einzelnen Bürger her gesehen, zuerst einmal nur eine Ausformung des allgemeinen Persönlichkeitsrechts: des Rechts, frei zu sein von fremder Bevormundung, Kontrolle und Ausforschung, den privaten Bereich nach den eigenen Vorstellungen zu gestalten (auch wenn diese unvernünftig erscheinen mögen), über das Schicksal persönlicher Daten selbstbestimmt zu entscheiden.
Diese Begründung ist einseitig, nämlich auf die einzelnen Personen bezogen. Da die Menschen in Gesellschaft miteinander leben, enden die Rechte an denen anderer und an den Existenz- und Überlebensbedingungen von Gesellschaft und Staat. Die privaten Lebensbereiche sind deshalb zwar grundrechtlich garantiert, zugleich aber auch begrenzt: Fiskus, Gesundheitsbehörden, politische Parteien, Kreditinstitute, Polizei oder Verfassungsschutz haben gesetzlich bestimmte Rechte zu Eingriffen in den Privatbereich und die Bürger haben entsprechende Pflichten, das zu ermöglichen und zuzulassen.

Herkunft
Die Herkunft des Rechts auf informationelle Selbstbestimmung hängt unmittelbar mit der Entwicklung der DV zusammen. Das erste ↑Datenschutzgesetz (Hessen 1970) verdankte sich der Überlegung, daß die wachsende Informationsherrschaft des Staates, die mit den Fortschritten der Kommunikationstechnologie zu erwarten war, im Interesse der Bürger gebrochen und gebremst werden müsse; der klassische Schutz der Privatheit bedeutete angesichts dieser modernen Entwicklungen Schutz der persönlichen Daten. Ein Meilenstein in der Entwicklung des *D.* war das Urteil des Bundesverfassungsgerichts vom 15. 12. 1983 zum Volkszählungsgesetz (Entscheidungen des BVerfG 65,1). Dieses Gesetz war

1982 von Bundestag und Bundesrat einstimmig verabschiedet worden und dann in der Bevölkerung alsbald auf wachsende Ängste vor dem "Großen Bruder" (Orwell, "1984") gestoßen. Das BVerfG hat das Gesetz kassiert und Grundsätze des *D.* festgehalten, die bis heute gelten.

Grundsätze

Wer nicht weiß, welche Stellen welche Informationen über ihn haben und was sie damit machen, ist in seinen Entfaltungschancen beeinträchtigt und in seiner Handlungs- und Mitwirkungsfähigkeit im freiheitlichen demokratischen Gemeinwesen behindert. Also ist das Recht auf informationelle Selbstbestimmung verfassungsrechtlich begründet; es liegt nicht nur im Interesse des einzelnen, sondern auch im Interesse von Staat und Gesellschaft.

Da die automatisierte Datenverarbeitung personenbezogene Informationen unbegrenzt speichern, schnell abrufen und sie zu gefährlichen Persönlichkeitsbildern zusammensetzen kann, wird die informationelle Selbstbestimmung zu einem zentralen Persönlichkeitsrecht. Also darf der Betroffene grundsätzlich über das Schicksal seiner Daten frei bestimmen und muß nur im - gesetzlich genau bestimmten und kontrollierbaren - Ausnahmefall ein überwiegendes Allgemeininteresse an der Verwendung seiner Daten anerkennen.

Wer Daten automatisiert verarbeitet, hat gute Chancen, die Informationen multifunktionell zu verwenden und sich einer Kontrolle durch die Betroffenen zu entziehen. Also sind im Interesse der einzelnen und des demokratischen Gemeinwesens Sicherungen vorzusehen: strenge Zweckbindung für die Verwendung der Daten, damit diese nach der Erhebung nicht frei flottieren; genaue Vorschriften über Zuständigkeiten, Maßnahmen der ↑Datensicherung, Aufbewahrungs- und Löschungspflichten usw.; Einrichtung von *D.-Beauftragten* als einer unabhängigen Kontrollinstanz.

Instrumente

Der Gesetzgeber sichert den *D.* zweifach: durch Gesetze und durch ↑Datenschutzbeauftragte. Mittlerweile gibt es im Bund und in allen deutschen Ländern ↑*Datenschutzgesetze*, die unterschiedlich modern sind und sich ansonsten nur in Einzelheiten unterscheiden. Manche Länderverfassungen haben das Recht auf *D.* eigens als Grundrecht formuliert. Eine europäische Regelung steht ins Haus.

Die Datenschutzgesetze sind wichtige Instrumente für die Garantie der informationellen Selbstbestimmung. Sie schaffen Klarheit, informieren über die Rechte der Betroffenen, liefern die notwendigen Erlaubnisse für einen Eingriff, präzisieren und begrenzen sie zugleich. Wo - wie im Bund und in einigen Ländern - nicht nur der *D.* der öffentlichen Stellen, sondern auch der des privaten Bereichs mitgeregelt ist, werden unterschiedliche Vorgaben festgelegt. Ansonsten sind vor allem die folgenden Materien geregelt:

- Begriffe,
- Zulässigkeit der Datenverarbeitung,
- Rechte der Betroffenen,
- Datensicherung,
- Datenverarbeitung im Auftrag,
- Datenübermittlung,
- Datenschutzbeauftragte,
- Forschung, Medien, Sicherungen,
- Straftaten, Ordnungswidrigkeiten.

Die Datenschutzgesetze des Bundes und der Länder gelten nur, soweit nicht eine bereichsspezifische Regelung zum *D.* konkretere Vorschriften bereithält. Bereichsspezifische Normen sind grundsätzlich günstig: Sie können auf die besonderen Bedürfnisse der jeweiligen Handlungsfelder eingehen. Es gibt sie mittlerweile zahlreich, insb. auf den folgenden Gebieten: Gesundheit; Meldewesen; Polizei; Verfassungsschutz; Schulen; Umweltschutz; Personalverwaltung.

Gesetze bleiben unbekannt, werden übertreten, nicht vollzogen, falsch ausgelegt: Gerade ein modernes Grundrecht wie der *D.*, das im Bewußtsein der Bevölkerung noch nicht fest verankert ist, braucht neben der gesetzlichen auch eine faktisch-organisatorische Unterstützung. Deshalb ist für den Bund und die Länder, aber auch für Behörden und die datenverarbeitende Wirtschaft die *Einrichtung von Beauftragten* für den *D.* vorgesehen. Die staatlichen Datenschutzbeauftragten sind unabhängig, sie dürfen sich vor Ort informieren, kontrollieren, beanstanden, sich zu Wort melden. Sie unterstützen die Bürger in Belangen des *D.*, beraten Gesetzgebung und Exekutive. Sie haben keine exekutiven Befugnisse. Ihre Durchsetzungskraft ist eher informeller Natur, die zum Charakter des Grundrechts auf *D.* paßt.

Literatur: Auernhammer: Bundesdatenschutzgesetz. Textausgabe mit Einführung, Erläuterungen und Materialien, 1991. *Hohmann* (Hrsg.): Freiheitssicherung durch Datenschutz, 1987. *Riegel:* Datenschutz in der Bundesrepublik Deutschland, 1988. *Simitis, Dammann, Geiger, Mallmann, Walz*: Kommentar zum Bundesdatenschutzgesetz, 4. Aufl., 1992.

Prof. Dr. W. Hassemer, Frankfurt

Datenschutz

Schutz vor Mißbrauch von Daten.

Datenschutz in der Datenverarbeitung

Persönlichkeitsrecht und Datenschutz

Der *D.* hat die Aufgabe (so steht es am Anfang des Bundesdatenschutzgesetzes), den einzelnen davor zu schützen, daß er durch den Umgang mit seinen personenbezogenen Daten in seinem Persönlichkeitsrecht beeinträchtigt wird (Bergmann et al.). Mit dieser Feststellung wird schon deutlich, worum es hier vorrangig geht: Um den Schutz des *Persönlichkeitsrechts des Bürgers* beim Umgang mit seinen Daten. Es kommt also in erster Linie nicht auf den Schutz von Daten an, weil unter den Gegebenheiten der modernen ↑Informations- und Kommunikationstechnologie zur Wahrung des Persönlichkeitsrechts des Bürgers viel weitergehende Anforderungen an die ↑Datenverarbeitung und ihre Anwender gestellt werden müssen, als personenbezogenen Daten vor unbefugtem Zugriff zu schützen. Beim heutigen Stand der Technik ist "Datenschutz" ein unzulänglicher, ja irreführender Begriff. Nicht zuletzt auch wegen der Gefahr der Verwechslung mit den Aufgaben der ↑Datensicherheit.

Das durch den *D.* zu schützende Persönlichkeitsrecht des Bürgers ist ein vom Grundgesetz der Bundesrepublik Deutschland (und auch von den Verfassungen anderer demokratischer Staaten) garantiertes Grundrecht. Es ergibt sich in Deutschland aus Artikel 2 in Verbindung mit Artikel 1 des Grundgesetzes: Artikel 1 legt fest, daß die Würde des Menschen unantastbar ist, und daß alle staatlichen Gewalt verpflichtet sei, sie zu schützen und zu achten. Artikel 2 garantiert jedem Bürger "das Recht auf freie Entfaltung seiner Persönlichkeit, soweit er nicht die Rechte anderer verletzt und nicht gegen die verfassungsmäßige Ordnung oder das Sittengesetz verstößt".

Jeder Informationsgewinn über andere Menschen bietet die Möglichkeit, deren Handlungsfreiheit einzuschränken und so Macht und Einfluß (Herrschaftswissen) über sie zu gewinnen. Das Persönlichkeitsrecht des von der Datenverarbeitung betroffenen kann auf sehr unterschiedliche Weise beeinträchtigt werden: Die bei einer gezielten Ausforschung der Privatsphäre zugunsten des Ausforschenden gewonnenen Erkenntnisse können sich nicht nur indirekt zuungunsten des Ausgeforschten auswirken. Die gewonnenen Erkenntnisse ließen sich gezielt wieder gegen den Ausgeforschten einsetzen, um ihn direkt in seinem Verhalten manipulieren zu können. Ein Machtzuwachs durch Informationsgewinn über andere Menschen kann sich natürlich auch ohne automatische ↑Datenverarbeitung ergeben, durch die gewaltige Potenz der ↑Informations- und Kommunikationstechnologien läßt sich der Erwerb von Herrschaftswissens jedoch dramatisch steigern. Die schnelle Verknüpfbarkeit von Daten im Rechner und die schnelle, schier unbegrenzte Möglichkeit der Datenübermittlung über Netz oder per Datenträgeraustausch "erlaubt" eine solche Vorgehensweise sozusagen flächendeckend. Dabei läßt sie sich auch noch nahezu unbemerkt durchführen.

Aber selbst wenn der Bürger über eine bestimmte Datenverarbeitung hinter seinem Rücken nichts Konkretes weiß, kann seine Handlungsfreiheit beeinträchtigt sein: Allein schon die Vermutung einer Speicherung von gewissen Daten zu seiner Person, oder gar die vermutete Beobachtung und Registrierung seines Verhaltens (z.B. am digitalen Telefon) könnte sein Verhalten in unzulässiger Weise beeinflussen.

Unter Beachtung der Rechte anderer und der vom Grundgesetz festgelegten Grundordnung unseres Staates garantiert das Persönlichkeitsrecht allgemeine Handlungsfreiheit und damit uneingeschränkte Entfaltung und Selbstverwirklichung im privaten Bereich. Aus eigener Verantwortung heraus kann eine Person aber nur dann handeln (und ihr Handeln planen), wenn sie mit einiger Sicherheit weiß, welche Gegebenheiten in welchen Bereichen der Gesellschaft und bei welchen anderen Personen bekannt sind. Zum Persönlichkeitsrecht gehört deshalb auch das Recht auf Selbstdarstellung in der Gesellschaft: Der Bürger bestimmt grundsätzlich selbst, wem er sich wie weit offenbart. Er strukturiert damit auch seine Beziehungen zu seinen Mitmenschen. Er schafft sich Bekannte, Freunde und Feinde, definiert geschäftliche, kollegiale und intime Beziehungen. Es ist also durchaus ein qualitativer Unterschied, ob z.B. ein Patient (hoffentlich unter Abschätzung des Risikos!) im Wartezimmer den anderen Patienten alle Einzelheiten seiner Krankheit unterbreitet, oder ob unter Einsatz der Möglichkeiten der modernen Informations- und Kommunikationstechniken hinter seinem Rücken diese Einzelheiten für einen Interessenten erkennbar werden.

Das im Persönlichkeitsrecht enthaltene Recht des einzelnen auf Selbstdarstellung in der Gesellschaft wurde vom Bundesverfassungsgericht schon im Jahre 1983 unter den Gegebenheiten der ↑Informations- und Kommunikationstechnologie neu interpretiert: Das höchste Gericht stellte in seinem berühmten Volkszählungsurteil (BVerfGE 65) eindeutig fest, daß unter den Bedingungen der modernen Datenverarbeitung der Schutz des einzelnen gegen unbegrenzte Erhebung, Speicherung, Verwendung und Weitergabe seiner persönlichen Daten von dem allgemeinen Persönlichkeitsrecht des Artikel 2 in Verbindung mit Artikel. 1 des Grundgesetzes umfaßt wird. Das Grundrecht gewährleistet insoweit die Befugnis des einzelnen, grundsätzlich selbst über die Preisgabe und Verwendung seiner persönlichen Daten zu bestimmen ("Recht auf informationelle Selbstbestimmung"). Die Verwendung von personenbezogenen Daten unterliegt demnach einer engen und konkreten Zweckbindung: Die Daten dürfen nur zu dem Zweck verwendet werden, dem der Betroffene zugestimmt hat. Eine Datenspeicherung "auf Vorrat" ist nicht zulässig. Einschränkungen dieses Rechts auf informationelle Selbstbestimmung sind nur im überwiegenden Allgemeininteresse auf der Basis einer verfassungsgemäßen gesetzlichen Grundlage zulässig (z.B. durch die Verfassungsschutzgesetzgebung, das Sozialgesetzbuch, oder das Bundesseuchengesetz mit seinen Meldepflichten).

D. heute

Es wurde ausgeführt, daß es unter den Gegebenheiten der modernen Informations- und Kommunikationstechnologie zur Wahrung des Persönlichkeitsrechts um weit mehr geht, als um einen Schutz von personenbezogenen Daten vor unbefugtem Zugriff und unerlaubter Kenntnisnahme, Verarbeitung und Nutzung. Nach dem gegenwärtigen Stand der Technik gibt es beim Umgang mit personenbezogenen Daten vielmehr sechs verschiedene *Aspekte der Datenverarbeitung* zu berücksichtigen, die alle etwas mit einer Beeinträchtigung des Persönlichkeitsrechts, und damit auch etwas mit dem sog. *D.* zu tun haben können:

- Aspekt 1: *D. als Schutz von personenbezogenen Daten* vor unbefugtem Zugriff, unerlaubter Kenntnisnahme, Verarbeitung und Nutzung: Die schnelle Verknüpfbarkeit von Daten im Rechner und die schnelle und fast unbegrenzte Möglichkeit der Datenübermittlung im Netz oder per Datenträger hat zur Folge, daß das Persönlichkeitsrecht des Bürgers nicht nur durch den Umgang mit seinen sensiblen Daten (z.B. Krankheitsdaten), sondern auch durch Verwendung seiner "harmlosen" Daten, wie Adresse oder Telefonnummer beeinträchtigt werden kann. Durch einen automatischen Abgleich der in einen Rechner eingelesenen Telefonbuchdaten ist z.B. sehr leicht festzustellen, wieviel Telefonnummern auf eine bestimmte Adresse kommen. Auf diese Weise könnten etwa die (vermutlich reicheren) Einfamilienhausbewohner einer bestimmten Region zu ermitteln getrachtet werden. Im Adresshandel gibt es ein verbreitetes Verfahren, nach dem aus den Vornamen der Fernsprechteilnehmer deren Alter und die familiäre Herkunft ermittelt werden. Die Wahl des Vornamens von Neugeborenen hat nämlich regionale Aspekte und ist vor allem modeabhängig: Die Adolfs und Ortruds sind heute in der Regel älter als 50 und die Karls und Ottos kommen vor allem aus dem ländlichen Raum. Besonders interessant sind in diesem Zusammenhang aber auch solche Telefonkunden, die als Besitzer eines mobilen Telefons ins (automatisch auswertbare) Telefonbuch eingetragen sind: Sie werden als besonders geltungsbedürftig klassifiziert und deshalb u.a. als empfänglich für bestimmte Konsumgüter angesehen.

- Aspekt 2: *D. als Schutz vor unzulänglicher Modellierung* der Wirklichkeit durch Verwendung von ungeeigneter Software: Die eigene Erfahrung besagt, daß nicht jeder Adolf älter als 50 und nicht jeder Fernsprechteilnehmer mit einem Mobiltelefon geltungsbedürftig ist. Offenbar können nicht nur durch die Verwendung von personenbezogenen Daten, sondern auch durch die Verwendung von Rechenprogrammen Gefahren für das Persönlichkeitsrecht der von der Datenverarbeitung Betroffenen entstehen. Nämlich dann, wenn solche Software nur einen begrenzten Bezug zur Wirklichkeit hat und entspechende Grenzen unbeachtet gelassen werden. In der Regel fragt aber niemand nach den Wirklichkeitsmodellen, die einer ↑Software zugrundeliegen. Dabei sind Wirklichkeitsmodelle fast immer (wie Schwarz/Weiß-Fotos) vereinfachte Darstellungen von Gegebenheiten und Zusammenhängen der wirklichen Welt. Hier soweit vereinfacht, daß sie im Computer gespeichert und von ihm verarbeitet werden können. Rechenprogramme formalisieren und abstrahieren deshalb immer auch die "Fülle" des Lebens. Gerade in komplexeren Situationen beruht die verwendete Software daher häufig auf zu stark vereinfachenden Wirklichkeitsmodellen. Zudem können aufgrund von Vorurteilen der Programmierer oder einer zu weiten oder zu engen Sicht des der Programmierung zugrundeliegenden Problems bestimmte Sichtweisen auf Kosten anderer gefördert werden. Vor allem aber können durch unzulängliche Wirklichkeitsmodelle Menschen fälschlicherweise zu Trägern bestimmter Merkmale gemacht werden, mit denen sie überhaupt nichts zu tun haben.

Ein klassisches Beispiel unter vielen: In Hamburg wurde in den 70er Jahren mit einer Software unter dem Auswertungskriterium "wer zahlt seine Stromrechnung bar?" Terroristenfahndung gemacht (Bull, 1984), was eine Menge Leute (auch wohlanständige Bürger, die von der Datenverarbeitung glaubten, nichts befürchten zu müssen) unerwartet und unbegründet in einen argen Rechtfertigungszwang versetzte, durchgeführt.

- Aspekt 3: *D. als Schutz vor Mißachtung* des Kontextproblems beim Umgang mit personenbezogenen Daten: Computer basieren i.w. immer noch auf einer digitalen Verarbeitungslogik, können deshalb nur gewisse Fähigkeiten der linken Hemisphäre des menschlichen Großhirns und auch diese nur begrenzt nachvollziehen. Begrenzt vor allem deshalb, weil dem Computer der kulturelle Hintergrund, der Kontext, fehlt, der ihn mit den Menschen, die mit ihm kommunizieren, verbinden müßte. Deshalb lassen sich in Rechnern keine semantischen Informationen, sondern nur syntaktische in Form von Datenerfassen, -speichern, -verarbeiten und -übermitteln. Erst durch den Kontext, in welchem ein Satz von Daten in Erscheinung tritt, erhalten Daten das einzige, was an ihnen interessiert: ihren Bedeutungsgehalt. Diesen erhalten die Daten letztlich aber erst im menschlichen Gehirn. Wegen des Fehlens des Kontextes ist übrigens auch die sprachliche ↑Kommunikation mit dem Rechner so mühsam. Im Unterschied zur menschlichen Sprache müssen Sprachen für die Mensch-Maschine-Kommunikation formal und abstrakt sein. Die Bedeutung der einzelnen Zeichen muß bis ins kleinste Detail (eben "ein"deutig) festgelegt sein. Durch Speicherung und Verarbeitung von personenbezogene Daten in DV-Systemen können, auch wenn alle Daten "richtig" sind, spezielle Gefahren für die von solcher Datenverarbeitung betroffenen Menschen auftreten: Die Daten können (vor allem, wenn sie von verschiedenen Personen oder zu unterschiedlichen Zeiten erfaßt, verarbeitet, übermittelt und abgerufen werden) in unterschiedlichem oder schlicht falschem Kontext interpretiert werden. Sie erzeugen damit womöglich eine falsche Information. Der Kontext kann in dem Zeitraum, in welchem die Daten gespeichert sind (z.B. durch Änderung von Gesetzen oder durch Bewußtseinsveränderungen in der Gesellschaft) aber auch sich selbst verändern,

Datenschutz in der Datenverarbeitung

wodurch gleiche Daten eine veränderte Information ergeben können. Als Beispiel sei hier auf die in Krankenhäusern häufig geführten Dateien von Blutern hingewiesen, die (ursprünglich relativ harmlos) durch die gesellschaftliche Diskriminierung von HIV-Positiven trotz gleichbleibender Daten einen dramatisch veränderten Informationsgehalt bekommen haben (Kongehl, 1987,1991).

• Aspekt 4: *D. als Schutz vor den Folgen* verletzlicher DV-Systeme: Mit der Komplexität der Datenverarbeitung wächst ihre Unüberschaubarkeit und damit auch die Gefahr des falschen Funktionierens und des Zusammenbrechens solcher Systeme. Auch lassen sich Fehler und Manipulationen von Menschen immer schwerer erkennen, so daß es in steigendem Maße zu Gefahren für Leben und Gesundheit von Menschen kommt, die sich in bestimmten Situationen auf das richtige Funktionieren der Datenverarbeitung verlassen müssen (Laborcomputer, Dokumentationssysteme, Gerätesteuerungen...). Schon durch kleine Fehler oder leicht durchzuführende Manipulationen an ↑Daten und ↑Programmen kann z.B. bei entsprechenden ↑Systemen (z.B. Klinikinformationssystemen) auch das Persönlichkeitsrecht der von der Datenverarbeitung betroffenen verletzt werden, unter Umständen sogar im großen Stil. Roßnagel und Mitarbeiter (Roßnagel, 1990) haben darauf hingewiesen, daß es bei komplexen DV-Systemen typische Schadenspotentiale gibt, durch die sich die Gefahren sowohl für Leib und Leben als auch für die Privatsphäre der von der Datenverarbeitung betroffenen vervielfältigen können: Neben hohen Einzelschäden durch eine zentralisierte DV werden durch vielfältige, voneinander unabhängige Schadenshandlungen z.B. auch sog. Kumulationsschäden möglich. Außerdem kann die Computertechnik einen Schaden automatisch vervielfachen und damit Multiplikationsschäden verursachen. In vernetzten Systemen könnten sich Schäden in viele angeschlossene Systeme ausbreiten und einen Komplexschaden verursachen. Außerdem sind durch standardisierte Software selbst weit verteilte und isolierte Systeme sehr eng gekoppelt und könnten deshalb durch deren Manipulation sogar allesamt gleichzeitig ausfallen, also einen Kopplungsschaden erleiden. In Baden-Württemberg haben z.B. durch einen Fehler im Laborcomputer der Chemischen Landesuntersuchungsanstalt Sigmaringen mehr als 1500 Autofahrer unberechtigterweise ihre Fahrerlaubnis verloren (Südwestpresse Ulm), weil dieser Rechner durch einen über längere Zeit unbemerkt gebliebenen Programmierfehler viel zu hohe Blutalkoholwerte ermittelt hatte. Wegen der grundlosen Einschränkung ihrer Bewegungsfreiheit waren diese Autofahrer natürlich auch in ihrer Handlungsfreiheit und damit auch in ihrem Persönlichkeitsrecht beeinträchtigt; vor allem jene, die als Berufskraftfahrer sogar ihren Arbeitsplatz verloren hatten.

• Aspekt 5: *D. als Garant* der informationellen Gewaltenteilung: Es wurde festgestellt, daß durch die Möglichkeiten der automatischen Datenverarbeitung alle Daten, die über eine Person irgendwo gespeichert sind, an praktisch jedem beliebigem Ort zusammengeführt werden können. Das Repertoire an Verfahren, mit denen die so zugänglichen Daten dann weiter aufbereitet und verarbeitet werden können (und damit sehr tief in die Privatsphäre anderer Menschen eindringen könnten), ist ebenso raffiniert wie umfangreich. Es seien hier neben den Rasterverfahren vor allem die Verfahren zum Erstellen von Persönlichkeitsbildern, Bewegungs-, Kommunikations- und Leistungsprofilen, sowie die Repersonalisierungsmöglichkeiten von anonymisierten(!) Datenbeständen erwähnt. Dieses Repertoire findet breite Anwendung, zumindest jedenfalls so lange solchen Vorgehensweisen keine rechtlichen und technischen Grenzen gesetzt werden. Die *D.*-Gesetzgebung jedenfalls erlaubt den Zugriff nur auf solche personenbezogenen Daten und die Anwendung solcher Verfahren, die zur Aufgabenerfüllung unbedingt benötigt werden ("Datenaskese"). Über gespeicherte Berechtigungstabellen, Paßwortschutz und Verschlüsselungsverfahren wird versucht, die rechtlichen Vorgaben technisch abzusichern. Dennoch wird den Verlockungen gern nachgegeben, die in bezug auf einen Zuwachs an Herrschaftswissen in

der ↑Informations- und Kommunikationstechnologie stecken. Nicht nur beim Vorhandensein von kriminellen Energien, vor allem auch wegen des Fehlens eines angemessenen Problem- und Unrechtsbewußtseins beim Umgang mit personenbezogenen Daten.
Zugriffs- und Verwendungsbegrenzungen von personenbezogenen Daten, die als zu einschränkend empfunden werden, lassen sich durch Gesetzesänderungen erweitern; z.B. im Bereich des Sozialdatenschutzes wurden in letzter Zeit durch die beabsichtigte Kontrolle des Mißbrauchs von Sozialleistungen für Datenflüsse möglich und Verwendungszwecke von Daten rechtlich zulässig. Auf der politischen Ebene besteht darüber hinaus ganz allgemein die Gefahr, daß durch geballten Einsatz von Informations- und Kommunikationstechnik das Informationsgleichgewicht zwischen Regierung und Parlament zugunsten der Regierung verschoben, dadurch die (politische) Handlungsfreiheit der Bürger (nicht nur der Abgeordneten) eingeschränkt und letztlich die auf der Gewaltenteilung basierende Demokratie ausgehöhlt wird.
Es ist eine wichtige Aufgabe des *D.*, die hier angesprochenen Begehrlichkeiten in einem sozial verträglichen Rahmen zu halten. Bereits im Jahre 1983 ist vom Bundesverfassungsgericht im Rahmen des Volkszählungsurteils zur Wahrung der Handlungsfreiheit des Bürgers eine entprechende "informationelle Gewaltenteilung" gefordert worden (BVerfGE 65).

- Aspekt 6: *D. als Garant des Rechts* auf freien Informationszugang: Schon in seinem 14. Tätigkeitsbericht hat der hessische *D.*-Beauftragte darauf hingewiesen, daß durch die ständige Zunahme der automatischen Datenverarbeitung der Bürger bald nicht mehr nachvollziehen kann, welche Informationen zu welchen Entscheidungen geführt haben (Hess. *D.*-Beauftragter, 1985). Zur Wahrung der Handlungsfreiheit des Bürgers hat der *D.* deshalb die Aufgabe, den Zugang des Bürgers zu jenem Mindestmaß an Daten zu garantieren, das ihm die Chance einräumt, die politische und gesellschaftliche Entwicklung nicht passiv über sich ergehen zu lassen, sondern aktiv mitzugestalten.

Häufig wird nun aber gerade der *D.* bemüht, um solche Informationswünsche des Bürgers abweisen zu können. Beispiel: Zum Schutz der Handlungsfreiheit von bestimmten Bürgern wird die Handlungsfreiheit anderer Bürgern eingeschränkt. Es wird einigermaßen verwirrt zur Kenntnis genommen, daß der sog. *D.* zwei komplementäre Aspekte hat: den *Schutz der Privatsphäre* und die *Wahrung des Rechts auf freien Informationszugang*. Mit beiden Aspekten des Persönlichkeitsrechts umzugehen, muß gelernt werden. Eine Gesetzgebung, die den freien Informationszugang im Verhältnis zur Wahrung der Privatsphäre regelt, gibt es in Deutschland (bis auf rudimentäre Ansätze noch) nicht.

D. und Datensicherheit

D. und Datensicherheit sind nicht das gleiche. Letztere wird zur Wahrung der Vertraulichkeit, der Integrität und der Verfügbarkeit von Daten betrieben:

- Unter dem Aspekt der *Vertraulichkeit* ist zu gewährleisten, daß nur berechtigte Personen Zugriff auf bestimmte Daten haben und Unberechtigten ein entsprechender Zugriff verwehrt wird.
- Die *Integrität* zielt auf korrekte, vollständige und aktuelle Daten und Programme. Sie sind deshalb vor unberechtigter Veränderung und Zerstörung zu schützen.
- Die *Verfügbarkeit der Daten* schließlich soll durch Zugänglichkeit und Funktionsfähigkeit des entsprechenden Datenverarbeitungssystems sichergestellt werden.

Die Maßnahmen, mit denen Vertraulichkeit, Integrität und Verfügbarkeit der Daten gewahrt werden sollen, beziehen sich auf den Erhalt und die Sicherung von ↑Hardware, ↑Software und der ↑Daten zur Verhinderung von Fehlern, Fahrlässigkeiten, Mißbrauch und der sog. "Höheren Gewalt".
Während der *D.* sich nur um solche Daten kümmert, die sich auf eine bestimmte (natürliche) Person beziehen lassen, sind für die ↑Datensicherheit alle Arten von Daten interessant, also auch Sachdaten und Daten über juristische Personen, wie Aktiengesellschaften oder Kegelclubs. Da die Datensicherheit im Eigeninteresse angestrebt wird, sind keine Datensicher-

heitsgesetze notwendig. *D.* dagegen muß im Interesse der Gesamtgesellschaft betrieben werden und da dieses nicht unbedingt mit dem Eigeninteresse identisch ist, sind *D.-Gesetze* erforderlich. Während *D.* alle Maßnahmen umfaßt, die sich auf den Schutz des Menschen vor der Datenverarbeitung beziehen, könnte die *Datensicherheit* umgekehrt als ein Zustand beschrieben werden, der sich vor allem aus den Maßnahmen des Schutzes der Datenverarbeitung vor dem Menschen ergibt. Daß auch bei solchen Maßnahmen der Schutz des Persönlichkeitsrechts nicht außer Acht bleiben darf, scheint nach dem Gesagten selbstverständlich zu sein. Eine gewisse Einschränkung des Persönlichkeitsrechts zum Zwecke der Datensicherheit läßt die *D.*-Gesetzgebung jedoch ausdrücklich zu. So hat also nicht nur der *D.* sondern auch die Datensicherheit unvermutet ethische Gesichtspunkte: Es ließe sich z. B. die Forderung aufstellen, daß Datenverarbeitung ganz allgemein so zu organisieren ist, daß aus Gründen der Sicherheit erforderliche Eingriffe in das Persönlichkeitsrecht der in der Datenverarbeitung beschäftigten Menschen stets so gering, wie irgend möglich, zu halten sind.

Überschneidungen, Wechselwirkungen

Zwischen *D.* und Datensicherheit gibt es Überschneidungen und Wechselwirkungen. Das Bundesdatenschutzgesetz (BDSG) und alle Landesdatenschutzgesetze enthalten einen Katalog von zehn gebotenen technischen und organisatorischen Maßnahmen zur Datensicherheit (Anhang zu §9 BDSG). Diese Maßnahmen müssen jedoch nur dann ergriffen werden, wenn personenbezogenen Daten verarbeitet werden. Anhand dieses Maßnahmenkatalogs läßt sich aber auch lückenlos die Datensicherheit in einem Unternehmen oder einer Behörde organisieren, denn er berücksichtigt - unausgesprochen - die Aspekte der Vertraulichkeit, Integrität und Verfügbarkeit. Er läßt sich also auch auf alle Arten von Daten anwenden. Allerdings sollte dieser Katalog - sowohl im Bereich des *D.* als auch der allgemeinen Datensicherheit - immer auf der Basis einer professionellen Risikoanalyse umgesetzt werden. Eine solche Risikoanalyse, als Bestandteil eines *D.* und Datensicherheitskonzepts kann aber nur durchführen, wer über die erforderlichen Kenntnisse und Erfahrungen im Bereich der ↑Informations- und Kommunikationstechnologie verfügt.

Betriebliche, behördliche D.-Beauftragte

Ein *D.*-Experte, der professionell die Vorschriften der *D.*-Gesetzgebung und damit auch den Maßnahmenkatalog zu §9 des Bundesdatenschutzgesetzes (BDSG) umsetzen kann, ist also auch ohne weiteres in der Lage, den gesamten Komplex der ↑Datensicherheit mitzubetreuen. Oder anders gesagt: Nur ein im Bereich der Informations- und Kommunikationstechnik fachkundiger *D.-Beauftragter* kann zugleich auch Datensicherheitsexperte seines Unternehmens / seiner Behörde sein. Eine solche Bündelung der Aktivitäten zur Sicherheit aller Arten von Daten ist nicht nur von der Sache her sinnvoll. Sie bringt neben einem Plus an Sicherheit auch finanzielle Vorteile. Nicht zuletzt durch den "Synergieeffekt" bei der Weiterbildung, die ja in der Regel ständig vonnöten ist. Langfristige Kostenvorteile dürfen sich auch von der Umsetzung derjenigen der technischen und organisatorischen Maßnahmen im Anhang zu §9 des Bundesdatenschutzgesetzes versprochen werden, die sich "Organisationskontrolle" nennt: Nach dieser Vorschrift ist beim Umgang mit personenbezogenen Daten die innerbetriebliche und innerbehördliche Organisation so zu gestalten, daß sie den besonderen Anforderungen des *D.* gerecht wird. Diese Vorschrift kann als eine Attacke auf den weitverbreiteten, (der Sicherheit abträglichen) Wildwuchs bei der automatischen Datenverarbeitung und auf das ebenfalls riskante Zuständigkeitswirrwar in vielen Betrieben und Behörden verstanden werden. Nur ein erfahrener Experte der automatischen Datenverarbeitung dürfte als fachkundiger betrieblicher oder behördlicher *D.*-Beauftragter in der Lage sein, in solch ein Chaos ordnend einzugreifen und durch Umsetzung dieser Organisationskontrolle eine gewisse Transparenz bei der Datenverarbeitung Verfahrenssicherheit zu erreichen - und damit auch einen wichtigen Beitrag zur Kostentransparenz und Kostenersparnis leisten.

Schon im Urteil des Landgerichts Ulm

vom 31.10.1990 wird zum Berufsbild und zur Fachkunde des betrieblichen und behördlichen *D.*-Beauftragten festgestellt, daß er die Vorschriften der *D.*-Gesetze des Bundes und der Länder und alle anderen den *D.* betreffenden Rechtsvorschriften anwenden können, über Kenntnisse der betrieblichen Organisation verfügen und Computerexperte sein muß (DuD Report, 1991; LG Ulm, 1991). Alle Betriebe und viele Behörden in Deutschland, die mindestens fünf Mitarbeiter in der personenbezogenen Datenverarbeitung beschäftigen, haben einen solchen *D.*-Beauftragten zu bestellen. Als erste Hochschule in Deutschland bildet die Fachhochschule Ulm seit 1987 entspechend fachkundige ↑Datenschutzbeauftragte aus (Berufsverband der Datenschutzbeauftragten Deutschlands e.V.; Ehmann, 1993; Fachhochschule Ulm).

Literatur: Bergmann, Möhrle, Herb: Datenschutzrecht, Loseblattsammlung Stuttgart. *Berufsverband der Datenschutzbeauftragten Deutschlands (BvD) e.V.*: Informationsschrift, Ulm. BVerfGE 65. *Hess. Datenschutzbeauftragter*: 14. Tätigkeitsbericht, Wiesbaden, 1985. *Kongehl, G.*: Müßte man den Computer nicht abschalten? - Ethische Probleme der Computernutzung in der Krankenversorgung, DuD 4, 1987. *Roßnagel, A. et al.*: Die Verletzlichkeit der Informationsgesellschaft, 2. Aufl., Opladen, 1990.

Prof. Dr. G. Kongehl, Ulm

Datenschutzgesetz

Instrument für die Garantie der informationellen Selbstbestimmung; schafft Klarheit, informiert über die Rechte der Betroffenen, liefert die notwendigen Erlaubnisse für einen Eingriff, präzisiert und begrenzt sie zugleich.

Datensicherheit

Wahrung der Vertraulichkeit, der Integrität und der Verfügbarkeit von Daten.

Datensicherung

Problemstellung

↑Computer werden billiger, die in ihnen gespeicherten Daten im Gegenzug aber immer teurer. Die Gefahr des Datenverlusts ist stets gegeben. Der Datenverlust und die resultierenden Folgen gehören zu den brennendsten Problemen der Computernutzung. Der Wettkampf um Marktanteile und das Erzielen von Gewinnen werden in hohem Maße durch die Informationstechnologie unterstützt, häufig ist die ↑Datenverarbeitung bereits völlig in die Arbeitsabläufe integriert. Sicherheit in der Verfügbarkeit der ↑Informationen eines Unternehmens und Schutz des Produktionsfaktors ↑Daten sind daher zwingend geboten. *Strategisches ↑Sicherheitsmanagement* ist also eine existentielle Frage.

Das Dateisystem ist die Lagerstätte zentraler Ressourcen eines ↑Computers. Dort sind alle ↑Programme, Konfigurationsdatenbasen und Nutzdaten untergebracht. Betriebswirtschaftlich gesehen lagert im Dateisystem der Wertzuwachs, der aus der Computernutzung entsteht. Daten sind vielerlei Gefahren ausgesetzt. All diese Gefahren lassen sich aber im wesentlichen in die Kategorien Mißgeschick, Willkür, technische Mängel, Vergeßlichkeit und höhere Gewalt einteilen.

System- und Datensicherheit

Sicherheit bedeutet zum einen, den Zugang zum Computer so sicher zu machen, daß Daten vor unberechtigtem Zugriff gesichert sind. Damit ist auch weitestgehend sichergestellt, daß Daten in böswilliger Weise manipuliert oder gelöscht werden. Sicherheit bedeutet aber auch, Daten zusätzlich auf ein weiteres Speichermedium zu kopieren (*Backup*), damit sie im Verlustfall wieder von dort heruntergeholt werden können. Dabei müssen sicherheitsrelevante Überlegungen schon bei der Installation des Systems und in den Applikationen vorgenommen werden, genau genommen bei der Organisation des Dateisystems auf der Platte. Das getrennte Unterbringen von System, Applikation und Nutzdaten auf verschiedenen Platten oder Plattenpartitionen vereinfacht Sicherungsstrategien und beschleunigt die Restauration erheblich. Zur Organisation stehen üblicherweise Mechanismen auf zwei Ebenen zur Verfügung: auf der untersten Ebene werden die physikalischen Platten in Partitionen geteilt. In einer Partition kann ein Dateisystem angelegt werden, oder die Partition wird von einer Applikation roh verwendet. Innerhalb eines Dateisystems wird der Datenbestand mit Hilfe von Verzeichnissen hierarchisch strukturiert. Die-

Was passieren kann (Katastrophenarten)	Ansatzpunkte für die Sicherung vor dem Verlust
Mißgeschick z.B. irrtümliches Löschen, nicht fachgerechte Behandlung der Datenträger, Bedienungsfehler	– Anlegen von Sicherungskopien: auf der Platte (im gleichen Verzeichnis, in separatem Verzeichnis, in separater Partition, auf separater Platte etc.) auf Magnetbändern; auf magnetooptischen Medien; – Löschung rückgängig machen.
Willkür z.B. Einbruch durch Hacker (Diebstahl, Raub, Sabotage, Vandalismus, Plünderung), Viren eingeschleppt durch Software zweifelhafter Herkunft	– privates Installieren von Software verbieten – erst in der Quarantäne-Station installieren, von dort aus die anderen Rechner versorgen – Modemzugang nur mittels mehrstufigem Paßwort (erstes Paßwort wird vom Modem, zweites Paßwort wird vom System geprüft) – von den Dateiattributen zum Schreib- und Leseschutz Gebrauch machen
Qualitätsmangel z.B. Hardware-Defekte, Dejustage der Schreib-/Lese-Einheit, Anomalien in der Magnetschicht, Softwaredefekte (unbemerkte Erzeugung inkonsistenter Datenbestände, Verfälschung der bestehenden Datenbestände)	– Fehlerprotokolle der Hardware studieren/interpretieren – Datenbestände Plausibilitätsprüfungen unterziehen
Vergeßlichkeit/Entropie z.B. lange nicht gebrauchte Daten "lösen sich auf" - ihr Ablageort gerät in Vergessenheit	– Dokumentation der Dateistruktur – systematische Ablage – Einsatz von Organisationstools zur organisierten Ablage – Einsatz von Dateibrowsern zum Wiederfinden
Unfall, höhere Gewalt z.B. Brand, Wasser, Blitzschlag	– Anlegen von Sicherungskopien auf magnetischen oder magnetooptischen Medien – Verwahren der Sicherungsmedien im Datenschrank, im Datensafe, im Banksafe

se Organisation ermöglicht die Definition verschiedener Backuptypen.

Ein zweiter Schritt als Bestandteil einer Datensicherungsstrategie ist die Aufklärung der Anwender. Der Anwender muß über den wirtschaftlichen Wert und die strategische Bedeutung der Datenbestände und Applikationen Bescheid wissen; der Anwender muß auch über die wirtschaftlichen Konsequenzen eines Datenverlustes informiert sein. Ist der Mitarbeiter motiviert, einsichtig und geschult, so wird er mit dem nötigen Verantwortungsbewußtsein und Fingerspitzengefühl am Computer hantieren.

Zugangsschutz und Zugriffsschutz

Organisatorische und bewußtseinsbildende Maßnahmen müssen durch technische Vorkehrungen gestützt werden. Es darf auf einem Computer keine Benutzer ohne *Paßwort* geben. Die Maschinengröße spielt dabei keine Rolle. Auch Einzelbenutzermaschinen und selbst Laptops und PDA müssen paßwortgeschützt sein. Die Paßworte sind sorgfältig zu wählen und regelmäßig zu ändern, so daß sie

durch Fremde nicht zu erraten sind. Eine automatische Paßwortalterung kann hier hilfreich sein: ist ein Paßwort eine vorher definierte Anzahl von Tagen im Einsatz, so fordert das System den Paßworteigentümer auf, das Paßwort zu ändern. Die Bedeutung des Paßwortes kann nicht hoch genug eingeschätzt werden: ist ein Paßwort erstemal bekannt geworden, so ist der Einbrecher nach dem Anmeldevorgang vom System nicht mehr als Eindringling zu identifizieren.
Der nächste Filter, um nichtautorisierte Datennutzung und -manipulation auszuschließen, ist die Vergabe von *Zugriffsrechten*. Die Entscheidung, wer welche Daten wie benutzen darf, muß durch eine entsprechende Möglichkeit der Attributvergabe für Dateien und Verzeichnisse geregelt werden können. Rechte müssen an einzelne Benutzer und an Benutzergruppen vergeben werden können, um Dateien und Verzeichnisse anzulegen, zu lesen, zu schreiben, zu löschen und auszuführen.

Ein Rückgang von Willkür- und Vandalismusaktionen ist auch dort zu beobachten, wo ein Auditing, also eine Protokollierung der System- und Benutzeraktivitäten, verfügbar ist. Besonders interessant sind die *Auditingsysteme*, die sich installationsspezifisch einstellen lassen: welche Systemaktivitäten sollen protokolliert werden, welche nicht? Welche Benutzer sollen dem Auditing unterworfen werden, welche Benutzer sollen vom Auditing ausgenommen werden?

Datensicherung
Ein weiterer Schritt sich gegen Datenverlust zu schützen, ist das *Duplizieren* der kostbaren Originale. Dies trifft gleichermaßen zu für die vom Computeranwender produzierten Daten, als auch für die gekaufte Applikationssoftware. Ein Großteil der Softwarehersteller im PC-Bereich empfiehlt vor der Installation die Originaldisketten zu sichern. Andere verhindern genau das durch einen Kopierschutz. Die Duplikation der Originaldisketten wird zusehends mühseliger: die Applikationen werden immer voluminöser und die zu kopierenden ↑Disketten können in die Dutzende gehen. Ein praktikabler Kompromiß kann so aussehen: Die Applikation wird installiert und nach der Installation sofort auf ein komfortables Sicherungsmedium gesichert (Streamer-Tape, Videokassette, Magnetband). Schwierig wird dieses Verfahren, wenn die Applikation in mehrere Verzeichnisse eines hierarchischen Dateisystems verteilt wird. Der einzig praktikable Ausweg läuft hier wieder über das komplette Sichern des Systembereichs. Das Installationsmedium zu duplizieren erübrigt sich, falls es sich dabei um ein CD-ROM oder ein Tape handelt.
Wie wird gesichert?
Da der Computernutzer mit unterschiedlichen Gefahrenarten konfrontiert ist, bedarf es einer Backupstrategie, die es ihm gestattet, seine Daten zu rekonstruiern. So darf es nicht passieren, daß auf den Sicherungen ebenfalls nur verfälschte Dateien archiviert sind. Es muß in der *D.* mehrere Fixpunkte geben, auf denen wieder aufgesetzt werden kann. Das Mehrgenerationenprinzip ist hier ein probates Mittel. Vor der Sicherung sind die zu sichernden Daten zu validieren. Die Dateisysteme, die gesichert oder aus denen einzelne Dateien und Verzeichnisse herausgesichert werden, sind auf Konsistenz zu prüfen. Die Virenfreiheit muß ebenfalls validiert werden.
Bei der *D.* sollte die Sicherung der Applikationen nicht vergessen werden: die gesicherten Daten nützen wenig, wenn die Applikationen für den Zugriff auf die Daten weg sind. Besonders schmerzlich ist dies, sofern die Applikation sich auch nicht mehr nachkaufen läßt, weil sie nämlich selbst entwickelt war und die dafür verwendeten ↑Tools (↑Compiler, Linker, Bibliotheken) auch nicht mehr greifbar sind.

Manuell, halb-, automatisch Sichern
Im Prinzip bieten sich drei Komfortstufen für die Sicherung an. Am naheliegendsten ist die Benutzung der von der Basissoftware angebotenen Dienste für die Sicherung. Solche elementaren Dienste gibt es auch für Kleinstbetriebssysteme. Diese Dienste haben Werkzeugcharakter, d.h. was diese Dienste sichern sollen, ist bei jedem Sicherungsvorgang erneut manuell anzugeben. Der Vorteil: Daten, Applikations- und ↑Systemsoftware können differenziert betrachtet werden, so daß sich optimale Sicherungs-

strategien entsprechend der Natur der Daten und der Platten- und Dateiorganisation realisieren lassen. Hier einige Backuptypen:

- *Full File Backup*: alle Dateien oder Verzeichnisse eines hierarchischen Dateisystems aus einer Partition werden gesichert. Zurückholen lassen sich auch separate Dateien oder Verzeichnisse.
- *Full Image Backup*: alles in einer Partition wird ↑Byte für ↑Byte gesichert. Dies geht schneller als ein Full File Backup oder ein Inkremental File Backup. Es wird dazu allerdings eine separate Partition gleicher Größe gebraucht, um diesen Backuptyp wieder einzuspielen. Einzelne Dateien oder Verzeichnisse lassen sich i.d.R. nicht zurückholen.
- *Incremental File Backup*: Hier werden nur diejenigen Dateien gesichert, die sich seit der letzten Sicherung geändert haben oder neu entstanden sind. Eine lückenlose Sicherung besteht aus mehreren inkrementellen Backups. Zurückholen lassen sich separate Dateien und Verzeichnisse.
- *Full Disk Backup*: Hier wird eine physikalische Platte komplett gesichert, incl. aller Bootinformationen. I.d.R. läßt sich nur wieder der komplette Platteninhalt vom Sicherungsmedium auf eine Platte passenden Typs zurückholen.
- *Full Data Partition Backup*: Damit läßt sich eine Datenpartition sichern, die kein Dateisystem enthält. Eine solche Sicherung läßt sich nur komplett wieder zurückspielen. Einige Datenbankprogramme halten ihre Datenbasen aus Effizienzgründen in solchen rohen Nicht-Dateisystem Partitionen. Sinnvoll nutzbar sind diese Dienste in aller Regel nur dann, wenn sie in Kommandoprozeduren eingebunden werden. Diese Kommandoprozeduren müssen die Intelligenz besitzen, um den Benutzer wenigstens halbwegs zu führen, das Sicherungsprotokoll zu aktualisieren und bei der Anwendung des Mehrgenerationenprinzips die Bänder nicht durcheinander zu bringen.

Das *halbautomatische Sichern* kann mit gutem Gewissen eigentlich nur den Spezialisten in der Entwicklungsabteilung überlassen werden. Im Büro sollte die Sekretärin komfortableres einsetzen: die automatische Sicherung mit Hilfe einer Sicherungsapplikation. Software solcher Art gibt es mit unterschiedlicher Funktionalität für alle gängigen Betriebssysteme. Was sollte ein solcher *Autosaver* beherrschen? Einige Anforderungsbeispiele:

- Unterstützung bei der Definition einer *Backupstrategie*; Aufbau von Sicherungstabellen (Backup Tables), z.B. ein wöchentlicher Voll-Backup und tägliche Differentialbackups, bei denen jeweils die Veränderungen zum letzten Vollbackup gespeichert werden. Die Tagesbänder werden in einem Rotationsverfahren wöchentlich wiederverwendet, die Vollbackups können wahlweise archiviert oder - mit Ausnahme eines Monatsbackups wiederverwendet werden;
- *automatische Backups* nach vorher definierter Backupstrategie, d.h. das Band wird abends eingelegt; nachts, zu definierter Zeit, wird automatisch der Backup auf das Band gespielt;
- *automatischer Vergleich* von Band- und Originaldaten, damit die Qualität des Backups gewährleistet ist;
- *automatische Nachsicherung* geöffneter ↑Dateien zu anderen Zeitpunkten;
- *Bandverwaltungssystem* mit automatischem Etikettendruck (Tape Labels);
- *Bandauskunftssystem* mit Status vom Band, wie voll ist das Band, welche Archive enthält das Band, wie ist die Bandqualität;
- *Pflege einer Backup-Historie/ Protokoll*, bspw. wann wurde was von welchem Kollegen (oder automatisch) gesichert; auf welche Bänder;
- *Kompression und Verschlüsselung* erhöhen die Aufnahmekapazität und Sicherheit des Backupbandes;
- Fähigkeit mit ↑Workstations umzugehen, die mit unterschiedlichen ↑Betriebssystemen (z.B. Unix, MS-DOS, OS/2, VMS, Macintosh, Windows/NT) bestückt sind (heterogenes Netz). Damit lassen sich auf dem Backup-Server die Dateien vieler im Netz zusammenarbeitender ↑Clients sichern;
- Unterstützung mehrerer *Namensräume*, so stehen in heterogenen Netzwerken Maschinen mit dedizierter Dateinamenssyntax (DOS/Windows, Novell, OS/2, Macintosh, UNIX, ↑NFS, ↑FTAM);
- parallele Mehrfachbackups, sofern mehrere Sicherungslaufwerke verfügbar

sind, so sollten diese gleichzeitig benutzt werden können, um mehrere Sicherungen von unterschiedlichen Netzknoten parallel ausführen zu können;

- Kapazität von mehreren Gigabyte, dann sollten die Daten mehrerer Netzknoten gesichert werden. Hier empfehlen sich 8 mm Bänder von derzeit bis zu 5 Gigabyte Kapazität.

Der dedizierte *Backup-Server* ist als zusätzlicher Server in das Netzwerk integriert und bietet ausschließlich Backupdienste für andere Netwerkteilnehmer. Die Software des dedizierten Backup-Servers muß den oben aufgezählten Kriterien entsprechen. Als Sicherungsmedium nutzt der Backup-Server am besten hochvolumige Bänder oder andere magnetooptische Medien mit mehreren Gigabyte Kapazität, z.B. 8mm Datenkassetten (5 GB). Als schneller Puffer kann dem dedizierten Backup-Server eine große Platte dienen (ca. 1 GB), auf dieser Platte kann auch das Bandarchiv abgelegt werden. Keyboard und Display müssen nicht unbedingt vorhanden sein, idealerweise sollte der Backup-Server von einer beliebigen anderen (autorisierten) Workstation im Netz bedient werden können. Ein Nachteil dedizierter Backup-Server ist, daß alle Backup-Daten über das Netz gezogen werden müssen. Laufen die automatischen Backupprozesse jedoch nachts, so spielt die Netzwerkbelastung und der Faktor Zeit keine Rolle. Ein Vorteil gegenüber einer reinen Softwarelösung kann in der Entlastung des Arbeitsservers und der Unabhängigkeit von der Produktionsinfrastruktur gesehen werden.

Ordnung ist die halbe Sicherung

Das Sicherungsmedium muß mit einem Etikett (*Label*) versehen und beschriftet werden. Aus der Beschriftung muß hervorgehen, was gesichert wurde, wann (Zeitpunkt und Datum) und von wem. Am besten ist es, wenn das Backupprogramm das passende Label mit der Sicherung ausdruckt. Auf dem Rechner sollte ein Sicherungsprotokoll gehalten werden, in dem alle gesicherten Dateien verzeichnet sind.

Wo wird die Sicherung aufgehoben?

Bezüglich des Lagerortes von Sicherungsmedien ist das Mehrorteprinzip einzuhalten: nicht alle Sicherungen dürfen in unmittelbarer Nähe des Rechners gelagert werden. Niemandem ist gedient, wenn Rechner und Sicherung gemeinsam verbrennen. Die Fixpunkte gehören in den Banksafe. Die Kosten für einen solchen Bankservice sind relativ gering - verglichen mit dem wirtschaftlichen Wert der Daten und Applikationen.

Datenversicherung

Durch den Abschluß einer Datenträgerversicherung kann das Risiko i.d.R. kostengünstig begrenzt werden. Diese Versicherungsart, von Spezialversicherern für Elektronik angeboten, umfaßt mit einigen Ausnahmen jede Art von Beschädigung eines Datenträgers. Versicherbar ist nicht etwa nur der Materialwert, sondern eben vor allem die Kosten für die Rekonstruktion der zerstörten Datenbestände, sowie die Kosten für die Wiederbeschaffung bzw. die Wiedereingabe der Programme. Neben der Datenträger-versicherung werden auch Softwareversicherungen angeboten. Während bei der Datenträgerversicherung die Voraussetzung für die Ersatzleistung grundsätzlich ein Sachschaden ist, also die Beschädigung, Zerstörung oder Entwendung des Datenträgers, ist das bei der Softwareversicherung anders. Über die Softwareversicherung können Kosten versichert werden für die Wiedereingabe der Stamm- und Bewegungsdaten, Wiedereingabe individuell erstellter Software, Wiederbeschaffung der ↑Standardsoftware, Wiederbeschaffung der ↑Systemsoftware und Wiederbeschaffung der Datenträger. Ohne Sachschaden am Datenträger erstreckt sich der Versicherungsschutz auch auf Schäden durch höhere Gewalt, Störung oder Ausfall des ↑Computers, der Datenübertragungseinrichtungen und -leitungen, der Stromversorgung oder der Klimaanlage, Stromausfall, Über- oder Unterspannung. Abhängig vom Versicherer werden sogar bis zu einer Höhe von 25% der Versicherungssumme Schäden ersetzt, die entstanden sind durch fehlerhafte Bedienung (z.B. versehentliches Löschen, falscher Programmeinsatz) oder Vorsatz Dritter, z.B. Sabotage, ↑Computerviren, Hacker, Programm- oder ↑Datenmanipulationen.

Fazit

Es gibt genügend organisatorische und

technische Möglichkeiten, sich vor dem Datenverlust und Datenkorrumption und den daraus resultierenden finanziellen Folgen zu schützen, wenn auch die heutigen Möglichkeiten noch weiterentwikkelt und verfeinert werden müssen. Wie oben dargestellt wurde, können die Folgen der falsch verstandenen Bequemlichkeit fatal sein. Es ist deshalb Chefsache Datenschutz- und Backupmaßnahmen durchzusetzen.

Literatur: Illik, J. A.: Datensicherung im Workstation-Bereich, in: HMD, Heft 171, Wiesbaden, 1993. *Kersten, H.*: Einführung in die Computersicherheit, München, 1991. *Kersten, H., Weinand, M.* (Hrsg.): Sicherheitsaspekte bei der Vernetzung von Unix-Systemen, München, 1991. *Van Essen, U.* (Hrsg.): Sicherheit des Betriebssystems VMS, München, 1991. *Wood, P. H., Kochan, S. G.:* Unix System Security, Indianapolis, 1985.

Prof. Dr. J. A. Illik, Furtwangen

Datenspeicherung
Festhalten von Daten (Zeichen, Texten, Bildern) auf einem Speichermedium zum Zwecke der Weiter-/Wiederverwendung.

Datenübertragung
Vorgang des Übertragens von ↑Daten zwischen Datenendeinrichtungen über Datenverbindungen.

Datenverarbeitung
Anwendung von aufgabenbezogenen Verarbeitungsregeln auf bestimmte Eingabedaten zur Erzeugung gewünschter Ausgabedaten.

Datenverarbeitung, individuelle
Sie ist durch die

- selbständigeInformationsverwaltung,
- selbständige Problemlösung,
- Textverarbeitung,
- Kommunikation mit anderen Stellen;
- Verwaltung persönlicher Ressourcen

(Termine, individuelle ↑Daten und Dokumente) durch den Endbenutzer gekennzeichnet.
Dabei ist Voraussetzung, daß der Endbenutzer über Rechnerleistung am Arbeitsplatz verfügt.

Datex
Öffentliches digitales Wählnetz für die Datenübertragung mit Leitungs- bzw. mit Paketvermittlung.

Datex-J
Redesign des Bildschirmtextkonzeptes; größte online-Datendienst Deutschlands.

DBMS
Datenbankmanagementsystem/Software; Programme, die den Dialog mit dem Datenbanksystem steuern und überwachen. Wesentliche Aufgaben sind die Ein-/Ausgabe und die Änderung von Daten.

DBS (Datenbanksystem)
Besteht aus den Komponenten Datenbasis und Datenbankmanagementsoftware; bildet die zentralen ↑Schnittstellen für die Applikationen des ↑Informationssystems eines Unternehmens.

DCE
Distributed Computing Environment; Sicherheitsfunktion der ↑OSF; Sammlung von aufeinander abgestimmten Diensten zur Implementierung und zum Betrieb von verteilten Applikationen auf einer herstellerübergreifenden Plattform.

DDE
Dynamic Data Exchange; stellt sicher, daß Anwendungen unter ↑Windows miteinander Daten austauschen können. Wird bspw. eine DDE-Verbindung zwischen einer Excel-Tabelle und einem Word-Dokument aufgebaut, wobei EXCEL die Server-Anwendung und Word die Client-Anwendung ist, so werden bei jeder Modifikation der Excel-Tabelle automatisch die geänderten Werte in Word angezeigt.

DDMS
Distributed Data Management System; Verbindung beliebig vieler lokaler Datenhaltungssysteme durch ein Datenverwaltungs- und -verteilungssystem.

DDP
Distributed Data Processing

DDS
Data Dictionary System; Verzeichnis aller für den Entwicklungsprozeß relevanten Angaben über Daten, ihre Beziehungen und Verwendungen, sowie der zugehörigen Verwaltungsprogramme.

Design, kostengesteuertes
K. umfaßt alle Maßnahmen, die der Konstrukteur bzw. Entwickler eines Produkts ergreifen kann, um die Herstellkosten

möglichst gering zu halten. I.w.S. können darunter alle Maßnahmen gefaßt werden, die von der Produktidee bis zum Beginn der Produktion die Produktgesamtkosten verringern.

Zielsetzung, Problemdarstellung

Bei zunehmender Reife der Produkte, Dynamisierung der Märkte und dem daraus zunehmenden Konkurrenzdruck wird der Preis der Produkte, d.h. die Kosten für den Käufer, das entscheidende Kaufkriterium. Um den Preis gering halten zu können, müssen die Selbstkosten des Herstellers möglichst niedrig sein. Den größten Anteil an den Selbstkosten haben die Herstellkosten, z.B. im Mittel des deutschen Maschinenbaus 1990 71%. Um sie zu senken, kann der Produkterstellungsprozeß verbessert werden, bspw. durch Einsatz rationellerer Fertigungstechnologien, wie Robotermontage, NC-Fertigung und mannlose Schichten oder durch Verlagerung der Fertigung auf Zulieferer ins Ausland usw. Diese Maßnahmen am Produkterstellungsprozeß werden unter dem Begriff Rationalisierung zusammengefaßt (VDI -Richtlinie 2235). Damit diese Maßnahmen greifen, müssen die herzustellenden Produkte aber so konstruiert werden, daß sie sich in der rationalisierten Fertigung kostengünstig fertigen lassen. So können bisher manuell montierte Produkte nicht ohne konstruktive Änderungen kostengünstig mit Robotern montiert werden, sondern sie müssen so umkonstruiert werden, daß robotergeeignete Verbindungen, wie Schnapper und einheitliche Fügerichtungen vorhanden sind.

Produkte verursachen nicht nur Kosten durch ihren Preis (Investitionskosten), sondern auch durch ihre Nutzung Instandhaltungs- und Entsorgungskosten: die Produktgesamtkosten (Ehrlenspiel, 1985; ↑VDI-Richtlinie 2235). So sind bei einem Pkw die Betriebskosten im Laufe von 10 Jahren höher als der Kaufpreis. Der Kunde muß abwägen, ob er einen höheren Kaufpreis für einen Dieselmotor zahlt, um später geringere Betriebskosten zu haben. Die Produktgesamtkosten sind, wie das Beispiel Pkw zeigt, abhängig von den Einsatzbedingungen beim Nutzer, z.B. seine Fahrweise, die gefahrene Strecke usw. Sie sind aber auch abhängig von den Eigenschaften des Pkw, z.B. Cw-Wert, Getriebeabstufungen usw. Diese Eigenschaften werden weitgehend in der Entwicklung und Konstruktion festgelegt. Die Abbildung zeigt, daß die Konstruktion die größte Kostenverantwortung hat, weil sie 60-80% der veränderbaren Kosten festlegt (Ehrlenspiel, 1985; ↑VDI-Richtlinie 2235). Diese festgelegten Kosten entsprechen den entscheidungsrelevanten Kosten, d.h. den Kosten, die durch Entscheidungen in der jeweiligen Phase noch beeinflußt werden können. Die Konstruktionskosten (verrechnete Kosten) selbst sind dagegen mit ca. 7% der Selbstkosten gering.

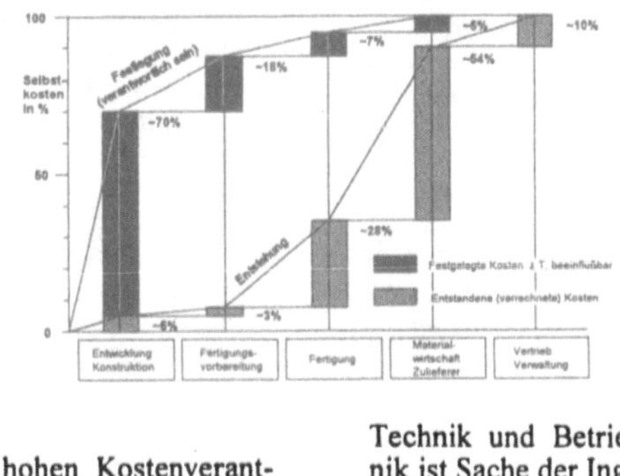

Problemstellung

Im Gegensatz zur hohen Kostenverantwortung steht das geringe Kostenwissen und die mangelhafte Kostenberücksichtigung beim Konstruieren. Dies hat viele Ursachen: die traditionelle Trennung von Technik und Betriebswirtschaft („Technik ist Sache der Ingenieure - Kosten sind Sache der Kaufleute!") Aus dieser Trennung und weil Kosten eine Grundlage der Preisermittlung sind, werden sie oft als „Verschlußsache" eingestuft, von der

Konstrukteure nichts wissen dürfen. Ferner baut die Kostenrechnung auf vollständigen Zeichnungen auf. Erst daraus werden der Arbeitsplan erstellt und die Kosten berechnet. Im Laufe der Entwicklung sind die Unterlagen aber nicht vollständig, es liegen oft nur Skizzen vor. Die Kostenbeurteilung ist daher schwierig und ungenau.
Der übliche Ablauf beim Konstruieren ist der folgende: Nach Festlegen des ↑Pflichtenhefts, das oft kein Kostenziel enthält, wird konstruiert. Nach Fertigstellung der Zeichnungen werden diese in die Fertigungsvorbereitung weitergeleitet. Dort werden Arbeitspläne erstellt, auf deren Grundlage dann, oft erst nach Wochen bis Monaten, die Kalkulation erfolgt.
Für die Beurteilung der Kosten direkt beim Konstruieren stehen dem Konstrukteur keine Hilfsmittel außer seinem Gefühl bzw. seiner Erfahrung zur Verfügung. Er kann die Kosten nicht selbst früh erkennen und damit auch nicht gezielt beeinflussen. Er muß warten, bis später in anderen Abteilungen die Kosten ermittelt werden. Stellen sie sich dann als zu hoch heraus, müßte der Konstrukteur die Zeichnungen ändern und sie wieder in die Fertigungsvorbereitung und Kalkulation geben usw. Das ist aber fast nur in der Serienfertigung möglich, wo die Entwicklungszeiten lang sind. In der Einzel- und Kleinserienfertigung erfolgt oft noch nicht einmal die Rückmeldung der Kosten an den Konstrukteur.

Lösungsansatz
Zur Verbesserung der Kostenberücksichtigung beim Konstruieren werden Vorgehenspläne und Hilfsmittel erabeitet, die Zusammenarbeit der Abteilungen verbessert und spezielle Verfahren angewendet. Seit längerem wird das Vorgehen beim Konstruieren methodisch durch Vorgehenspläne u.ä. (Ehrlenspiel, 1985; Pahl, Beitz, 1993; Ehrlenspiel, 1995) unterstützt. Für die Kostenberücksichtigung ist das Vorgehen wie folgt:

Wesentlich ist schon bei der Erstellung des Pflichtenhefts, daß neben technischen Forderungen unbedingt ein Kostenziel festzulegen ist. Dieses muß weiter, u.U. bis auf Bauteile, aufgeteilt werden. Darauf erfolgt die Suche nach mehreren Lösungen. Sie unterbleibt oft und die erstbeste Lösung wird verwirklicht, weil die Zeit zu knapp ist. Die Suche nach mehreren Lösungen ist aber notwendig, weil nicht sicher sein kann, ob die erste gefundene Lösung auch die kostengünstigste ist. Am besten parallel zur Lösungssuche, spätestens im Anschluß daran, sind die Kosten der gefundenen Lösungen zu ermitteln bzw. abzuschätzen, damit die kostengünstigste ausgewählt werden kann. Wenn das Kostenziel nicht erreicht wurde, sind erneut Lösungen zu suchen oder die Forderungen zu klären und zu verändern.
Um den Konstrukteur bei diesem Vorgehen zu unterstützen, muß eine intensive Zusammenarbeit mit anderen Abteilungen und die Bereitstellung von Hilfsmitteln erfolgen. Eine Art der Zusammenarbeit ist die Fertigungs- bzw. Kostenberatung der Konstruktion durch die Fertigungsvorbereitung (Ehrlenspiel, 1985; ↑VDI-Richtlinie 2235; Ehrlenspiel,1995). Eine weitere Maßnahme ist, Konstruktion und Fertigungsvorbereitung örtlich zusammenzufassen. Ferner haben sich gemeinsame Freigabebesprechungen oder Design-Reviews aller mit dem Produkt befaßten Stellen zur Freigabe des Konzepts, des Entwurfs oder der fertigen Produktdokumentation bewährt. Als noch weitergehende Methoden der Zusammenarbeit zum Kostensenken sind die ↑Wertanalyse (↑DIN 69910) und das ↑Target Costing (Seidenschwarz, 1992) zu nennen.
Es sind eine Reihe von Hilfsmitteln zum kostengünstigen Konstruieren bekannt (Ehrlenspiel, 1985; VDI-Richtlinie 2235; Beitz et al. 1987; VDI-Richtlinie 2225): Kostenstrukturen, Relativkostenkataloge, Regeln, Checklisten, Suchverfahren nach Wiederhol-, Kauf- und Normteilen, Kurzkalkulationen. Alle diese Hilfsmittel müssen betriebsspezifisch erstellt, mindestens aber angepaßt und aktualisiert werden. Dies ist aufwendig und sollte rechnergestützt erfolgen.

An der Entwicklung der Koppelung von CAD-Programmen mit Arbeitsplanungs- und Kalkulationsprogrammen wird gearbeitet (Ehrlenspiel, Steiner, 1992; Schaal, 1992). Damit kann dann der Konstrukteur, wenn er ein Teil konstruiert hat, sofort eine Kalkulation anstoßen und erhält

nach kurzer Zeit die berechneten Kosten. Sind sie höher als das vorgegebene Kostenziel, kann er die Konstruktion direkt überarbeiten um die Kosten zu senken. Diese ideal erscheinende Möglichkeit des *D.* ist noch in der Entwicklung. Die Kopplung der verschiedenen Programme ist schwierig. Erfolgreich durchsetzen wird sie sich, wenn ein durchgängiger Datenfluß von der Konstruktion bis zur Fertigung erreicht wird.
Die ↑*Wertanalyse* ist eine von Miles entwickelte Methode zum Lösen komplexer Probleme. Sie wird seit ca. 1960 auch in Deutschland eingesetzt und ist in ↑DIN 69 910 (Ehrlenspiel, 1995) genormt. Neben einem systematischen Vorgehen wird bei der Wertanalyse auf die Einbeziehung des Managements und auf Teamarbeit großer Wert gelegt. Wertanalyseobjekte können nicht nur Produkte sein, sondern auch Verfahren, Dienstleistungen, Informationsinhalte und -prozesse. Zweck der Wertanalyse ist, den Wert des Objektes zu steigern, d.h. nicht nur die Kosten zu senken, sondern auch den Nutzen, die Funktion, die Leistung usw. zu verbessern. In ca. 60% der Fälle wird Wertanalyse zum Kostensenken von Produkten eingesetzt, die bereits bestehen. Dies wird als Wertverbesserung bezeichnet. Durch den Vergleich der Kosten vorher/nachher ist ein Erfolgsnachweis möglich. Wegen der hohen Änderungskosten (DIN 69910) wird zunehmend die Wertgestaltung zum Schaffen eines neuen Objektes bevorzugt.

↑*Target Costing* ist keine neue Kostenrechnung, sondern eine aus Japan stammende marktgetriebene Methodik modernen Kostenmanagements. In den Target Costing-Prozeß werden alle mit dem Produkt befaßten Abteilungen einbezogen. Ausgehend von der Angabe eines Kostenziels, bewirkt Target Costing, daß das Erreichen dieses Ziels den ganzen Produkterstellungsprozeß bestimmt.
Für jedes Produkt wird ein Kostenziel festgelegt und auf jede seiner Eigenschaften (Funktionen oder Baugruppen) weiter heruntergebrochen (Zielkostenspaltung). Kernpunkt ist die Betrachtung: „Wieviel ist der Kunde bereit für diese Eigenschaft zu zahlen?“ Nicht die Frage: „Wieviel wird ein Produkt kosten?“, sondern: „Wieviel darf das Produkt kosten?“ - ist zu stellen! Aus dem so ermittelten Marktpreis wird auf Selbst- und Herstellkosten heruntergerechnet. So entstehen die Zielkosten bzw. das Kostenziel als die vom Markt erlaubten Kosten. Eine Methode sie zu ermitteln, ist bei Serienprodukten die *Conjoint-Analyse*, die aus Kundenbeurteilungen alternativer Produkte einzelne geforderte Eigenschaften und die zugehörigen zulässigen Kosten herausfiltert. Um sie zu erreichen, werden Kostensenkungspotentiale gesucht und festgelegt. Nach der Festlegung der Kostenziele und Kostensenkungspotentiale beginnt die Entwicklung. In vorgegebenen Abständen trifft sich das Team und berichtet über den Stand. Läuft nicht alles plangemäß, werden Abweichungen analysiert, Abhilfemaßnahmen, Neufestlegungen usw. gemeinsam beschlossen. Die Iterationsschritte während des Prozesses werden „Kostenkneten“ bzw. „Kosten-Forechecking“ genannt. Ein weiterer wichtiger Punkt ist die verstärkte Einbeziehung der Zulieferer schon sehr früh im Produkterstellungsprozeß.

Literatur: Ehrlenspiel, K.: Kostengünstig Konstruieren, Berlin, 1985. *VDI-Richtlinie 2235*: Wirtschaftliche Entscheidungen beim Konstruieren. Methoden und Hilfen, Düsseldorf, 1987. *Pahl, G., Beitz, W.*: Konstruktionslehre, 3. Aufl., Berlin, 1993. *Ehrlenspiel, K.*: Entwicklung und Konstruktion - Kern der integrierten Produkterstellung, München, erscheint 1995. *DIN 69 910*: Wertanalyse, Berlin, 1987. *Seidenschwarz, W.*: Target Costing - Marktorientiertes Zielkostenmanagement, München, 1993. Zugl. Stuttgart: Univ.: Diss., 1992. *Beitz, Ehrlenspiel, Eversheim, Krieg, Spur*: Kosteninformationen zur Kostenfrüherkennung. Handbuch für Entwicklung, Konstruktion und Arbeitsvorbereitung, Berlin, Köln, 1987. *VDI-Richtlinie 2225*, Blatt 1 bis 4: Technisch-wirtschaftliches Konstruieren, Düsseldorf 1994. *Ehrlenspiel, K., Steiner, M.*: Konstruktionsbegleitende Kalkulation. VDI-Berichte, Nr. 993.1, Düsseldorf, 1992.

Dr.-Ing. A. Kiewert, München

Desktop Applications
Virtual Reality-Anwendungen, in denen der Mensch über ein Fenster in eine virtuelle Welt schauen und mit den in der

Welt enthaltenen Objekten interagieren kann. Der für die Präsentation der Welt benötigte Beobachterstandpunkt (Kameraposition) wird durch ein beliebiges Eingabegerät (Maus, Datenhandschuh oder Dataglove, Steuerkugel oder Spaceball) kontrolliert.

Dialogbetrieb
Verkehr mit dem ↑Computer, bei dem für den Benutzer unmittelbare Unterbrechungs- und Eingriffsmöglichkeiten beim Ablauf eines ↑Programms bestehen.

Dialoggestaltung
Interaktionen des Benutzers im Dialog.

Dialogsystem
DV-System (Hard- und Software), die eine interaktive Datenverarbeitung ermöglicht. Charakteristisches Merkmal ist ein fortgesetzter Informationsaustausch zwischen Anwender und DV-System.

Dialogverarbeitung
Stückweise Auftragsabwicklung, bei der Benutzer und ↑Anwendungssystem ständig miteinander kommunizieren.

Digitalrechner
Anlagen, die zur Darstellung von Daten Ziffern verwenden.

DIN
Deutsches Institut für Normung

Diskette
Speichermedium aus einer flexiblen Kunststoffscheibe mit beschichteter magnetisierbarer Oberfläche; Speicher für ↑Mikrocomputer.

Dispositionsintegration
Verketten von Entscheidungen betriebsübergreifend.

Dispositionssysteme
D. sind ↑Anwendungssysteme aus Hard- und Software, die den Menschen als betrieblichen Disponenten unterstützen, oder sogar ersetzen. Als Dispositionen werden Routineentscheidungen verstanden, die auf unteren und mittleren Führungsebenen getroffen werden können. Sie sind klar strukturiert und können deshalb operationalisiert und programmiert werden. Dazu wird häufig auf ↑mathematische Modelle und Verfahren des ↑Operations Research zurückgegriffen, um die trotz des Routinecharakters oft vorhandene Komplexität der Entscheidungssituation berücksichtigen zu können.
Ein erstes Beispiel für den Einsatz von *D.* ist die Bestelldisposition von Fremdgütern und Eigenfertigung (↑Lagerhaltung und Materialdisposition mittels DV). Sie beginnt mit einer Lagerabgangsprognose. Dazu muß bei verbrauchsgesteuerter, stochastischer Disposition auf geeignete Prognoseverfahren zurückgegriffen werden, die die zukünftige Lagerentwicklung aus bekannten Vergangenheitswerten vorhersagen. Bei bedarfsgesteuerten Verfahren wird der Lagerabgang aus dem Produktionsprogramm, bspw. durch Stücklistenauflösung, errechnet. Entsprechend einer vorgegebenen Bestellpolitik, die möglicherweise durch das *D.* selbst modifiziert und neuen Entwicklungen angepaßt wird, werden dann der Bestellzeitpunkt und die Bestellmenge ermittelt. Eingebettete Dispositionsprobleme können dabei das der Losgrößenermittlung und das der Lieferantenvorauswahl sein. In eleganten, mit den Lieferanten vernetzten Systemen werden möglicherweise Angebote automatisch eingeholt und unter deren Berücksichtigung Lieferanten ausgewählt, die Bestellungen über ↑elektronischen Datenaustausch vorgenommen und die Bestellabwicklung automatisch kontrolliert. Angestrebt wird durch ein solches *Bestelldispositionssystem* eine verbesserte Ausnutzung der Lieferantenkonditionen, eine Verbesserung des Verhältnisses von Lagerbestand und Lieferbereitschaft, sowie häufig eine Reduktion der Dispositionskosten.

Ein zweites Beispiel für *D.* sind *Finanz- und Liquiditäts-D.* Durch sie müssen die Einnahmen und die Ausgaben prognostiziert werden. Es müssen die Entscheidungsalternativen (Kapitalbeschaffungs-, Finanzanlagemöglichkeiten) mit ihren Kosten und Erträgen aufgezeigt werden. Darauf aufbauend müssen die geeigneten Finanztransaktionen realisiert werden. In einfacheren Fällen kann die dabei zugrundeliegende Politik parametrisiert und die Disposition vollautomatisiert werden. In der Regel wird jedoch die letzte Entscheidung beim Finanzdisponenten bleiben müssen, insb. bei höheren Risiken. In diesem Falle können durch stochastische

Simulationsstudien wertvolle Entscheidungshilfen geleistet werden. Durch verbesserte Übersicht und schnellere Reaktion soll auf diese Weise ein optimaler zeitlicher Verlauf von Forderungen und Verbindlichkeiten sichergestellt werden. Als weitere Beispiele für *D.* können die Maschinenbelegung, die Arbeitszeit- und Urlaubsdisposition und die Versanddisposition genannt werden. *D.* sind eine frühe Form des Einsatzes von ↑Anwendungssystemen im Rahmen der Unterstützung bzw. Automatisierung des dispositiven Faktors. Dies ist, nach Gutenberg, ein aus dem Elementarfaktor menschliche Arbeitsleistung abgeleiteter Faktor, dessen Funktion in der Kombination der verbleibenden Faktoren (objektbezogene menschliche Arbeitsleistung, Werkstoffe und Betriebsmittel) durch Leitung, Planung und Organisation liegt.

Bei Einführung der elektronischen Datenverarbeitungsanlagen in Unternehmen wurden diese zunächst als schnelle Rechen- und Tabelliermaschinen eingesetzt und mit dem Schreiben von Adressen, einfachen Buchhaltungs- und Abrechnungsaufgaben und dem Erstellen von Tabellen betraut. Die dafür eingesetzten Systeme werden als *Administrationssysteme* bezeichnet. Mit Verbesserung der Informationstechnik, insb. der Speichertechnik, wurden in den 60er Jahren die oben skizzierten *D.* eingeführt. Sie greifen i.d.R. auf Daten von Administrationssystemen zurück. Eine genaue Grenzziehung zwischen beiden ist aber schwierig, weshalb Scheer sie bspw. als mengenorientierte operative Systeme zusammenfaßt. Auf diesen wiederum bauen weitere Systeme auf, die durch die Weiterentwicklung der Informations- und Kommunikationstechnik möglich wurden. Bei Scheer sind dies wertorientierte Abrechnungs-, Berichts-, Kontroll-, Analyse-, sowie langfristige ↑Planungs- und Entscheidungssysteme. Mertens/Griese sprechen nur von Planungs- und Kontrollsystemen (Planungs- und Kontrollsysteme; computergestützte Planungssysteme). Biethahn et al. führen Managementinformations-, Planungs- und Entscheidungs-, sowie Kontrollsysteme an. Weitere in diesem Zusammenhang relevante Konzeptionen sind Berichtssysteme, Entscheidungsunterstützungssystemen (EUS; DSS - ↑Decision Support Systeme), Gruppenunterstützungssysteme (↑Group Decision Support Systems; Groupwareeinsatz in Organisationen), ↑Managementunterstützungssysteme und ↑Executive Information Systeme (EIS). Letztere sollen i.d.R. Tätigkeiten des oberen Managements unterstützen. Häufig werden die genannten Systeme, deren Abgrenzung ebenfalls oft Schwierigkeiten bereitet, unter der Bezeichnung Informationssysteme zusammengefaßt. Auch bei all diesen geht es, ebenso wie bei *D.*, letztlich darum, den dispositiven Faktor der Unternehmen durch Informations- und Kommunikationstechnik in ihrer Tätigkeit zu unterstützen bzw. partiell zu substituieren oder in ihrer Effizienz zu erhöhen.

Literatur: Biethahn, J. et al.: Ganzheitliches Informationsmanagement, Bd. 1, Grundlagen, 2. Aufl., München, 1992. *Mertens, P.*: Integrierte Informationsverarbeitung 1, 9. Aufl., Wiesbaden, 1993. *Mertens, P., Griese, J.*: Integrierte Informationsverarbeitung 2, 7. Aufl., Wiesbaden, 1993. *Scheer, A.-W.*: Wirtschaftsinformatik, 4. Aufl., Berlin, 1994. *Stahlknecht, P.*: Einführung in die Wirtschaftsinformatik, 6. Aufl., Berlin, 1993.

Prof. Dr. B. Schiemenz, Marburg

Distributed Processing
Verteilte Computerbenutzung; Trennung der Funktionen Datenhaltung, Datentransformation und ↑Datentransfer.

DME
Distributed Management Environment Element der OSF-Integrationsschicht; bietet das Rahmenwerk, um ↑verteilte Systeme verschiedener Hersteller und Netzwerke zu verwalten.

Dokument, multimediales
Beliebige Kombination von Texten, numerischen Daten (-reihen), Graphiken, Bildern, Videos, Audios, ↑Animationen, z.B. zu multimedialen Büchern und Zeitschriften, technischen Beschreibungen und Simulatoren interaktiven Aus- und Weiterbildungsunterlagen.

Dokumentenverarbeitung
Ein *Dokument* (Document) stellt eine logische Informationseinheit dar, die von

unterschiedlicher Struktur und Größe sein kann. Das elektronische Dokument spielt in der heutigen Datenverarbeitung eine bedeutende Rolle. Es bildet eine wichtige Grundlage für die in einem Unternehmen, vor allem in einem Büro anfallenden Informationen, wobei es verschiedene ↑Informationsarten enthalten kann, wie z.B. Daten, Texte, Graphiken, Bilder (Stand- und Bewegtbilder) und Sprache. Enthält ein Dokument mehrere Informationsarten, so wird es als *Verbunddokument* (Compound Document) oder Mischdokument bezeichnet. Dokumente werden an computergestützten Arbeitsplätzen genutzt (*D.* -prozessen und -systemen). Ziel der *elektronischen D.* ist es, Aufbau und Ablauf innerhalb eines Bürosystems auf einem Rechner abzubilden und die Büroarbeitsprozesse - sofern es sich um *D.* handelt - mittels rechnergestützter *D.* durchzuführen (Hansen, 1992; Zilahi-Szabò,1993; Mertens, 990).

Bei *elektronischen Dokumenten* handelt es sich allgemein um Schriftstücke in elektronischer Form, die bspw. als Formular (z.B. Rechnung) bzw. Beleg (z.B. Überweisungsauftrag), als Notiz bzw. Bericht, als Brief oder als Urkunde vorliegen können. Ein Dokument läßt sich einerseits neu aufbauen bzw. strukturieren (Entwurf eines Dokuments bzw. strukturelle Festlegung) und mit einem Namen kennzeichnen. Andererseits kann ein in seiner Struktur bereits festgelegtes Dokument mit Informationen gefüllt werden (inhaltliche Festlegung). Neben Texten lassen sich Zahlenwerte und Graphiken eintragen, sowie Bilder und Sprachannotationen aufnehmen. Die Dokumentenstruktur kann unterschiedliche Komplexität aufweisen, kann ein einfaches Textdokument (Aktennotiz), oder eine Graphik, die zusätzlich mit Texten, Zahlen und Symbolen beschrieben wird (z.B. Produktionsablaufplan), einfach bzw. komplex sein. Werden in einem Dokument nicht nur die Informationsinhalte elektronisch repräsentiert, sondern auch Angaben über den Dokumentenfluß und über zu nutzende Methoden bzw. Verarbeitungsfunktionen gemacht, so lassen sich die Dokumente im Sinne ↑objektorientierter Systeme in Form von Objekten behandeln (*intelligenten Dokumenten*), die ihre Verarbeitung und den gesamten Ablauf ihrer Verarbeitung selbst ausführen, steuern und kontrollieren.

Dokumente lassen sich am Rechner erstellen und aufbauen (strukturieren), verändern, transformieren, speichern, übertragen, aufbereiten und ausgeben. Hierzu können unterschiedliche Softwaresysteme genutzt werden, wie z.B. Textverarbeitungssysteme zur Verarbeitung von Textdokumenten, ↑Tabellenkalkulationssysteme für Dokumente in Tabellenform, graphische Systeme für graphische Dokumente, Desktop Publishing-Systeme für Dokumente mit anspruchsvollem ↑Layout und integrierte Softwaresysteme zur gleichzeitigen Verarbeitung unterschiedlicher Informationsformen. Aber auch mit Hilfe von ↑Programmiersprachen (prozedurale und non-prozedurale Sprachen) lassen sich Dokumente individuell gestalten und verarbeiten. Eine wichtige Erfassungsart ist durch das Scannen von Dokumenten gegeben.

Die Möglichkeit zur Bild- (Video-) und ↑Sprachverarbeitung (Tonverarbeitung) bildet die Basis zum Aufbau von Verbunddokumenten, die sich in ↑Multimediasystemen nutzen lassen. Eine spezielle Form bilden die Hypertextsysteme, mit denen sich Hypertextdokumente verarbeiten lassen.

Dokumente lassen sich archivieren und verwalten (Dokumentenarchivierungs- und -verwaltungssysteme). Diese Möglichkeiten sind vor allem dann wichtig, wenn viele unterschiedliche Dokumente existieren. In einem Bürosystem wird vorausgesetzt, daß sich die Dokumente systematisch ordnen und ablegen und nach verschiedenen Kriterien schnell wiederfinden lassen. Mit einem Dokumentenverwaltungssystem können Dokumente auch automatisch wiedervorgelegt werden, so durch Triggerfunktionen.

Neben der *D.* und -verwaltung werden in letzter Zeit die Kommunikationsmöglichkeiten, d.h. die Übertragung von Dokumenten, immer wichtiger. Dies gilt sowohl für die Übertragung im lokalen (auf der Basis von lokalen Netzen), als auch im überbetrieblichen Bereich mittels Weitverkehrsnetzen. So lassen sich bspw. interne und externe Mailboxsysteme auf der Basis allgemeiner Message Handling-

Systeme (MHS) aufbauen, mit denen Dokumente ausgetauscht werden können. Hierbei können auch die Kommunikationsdienste der Postgesellschaften (in Deutschland der Telekom) über ISDN-Netze genutzt werden, wie z.B. Teletex, ↑Telefax oder ↑Btx. Die in digitalisierter Form vorliegenden Dokumente, d.h. die über das Telefaxsystem übertragenen Formulare, lassen sich weiter im Rechner verarbeiten, speichern, verwalten und weiterleiten.
Zur Übertragung von Dokumenten wurden auch Standards für ihren Aufbau entwickelt, so die weitverbreiteten Standards ↑*EDI* (Electronic Data Interchange) und ↑*EDIFACT* (Electronic Data Interchange for Administration, Commerce and Transport).
Eine wichtige Arbeitsgrundlage in Bürosystemen stellt das Formular- und Belegwesen dar, bei dem die Formulare bzw. Belege betriebliche Vorgänge bzw. Arbeitsprozesse begleiten. Computergestützte Bürosysteme bilden diese Abläufe ab, wobei die Formulare bzw. Belege als elektronische Dokumente in einem vernetzten System von Arbeitsplatz zu Arbeitsplatz zur Verarbeitung weitergeleitet werden. Bei dieser Form der automatischen Vorgangsbearbeitung spielen ↑Kooperation und Koordination eine wichtige Rolle. Moderne DV-Konzepte liegen im *Workgoup Computing* und im ↑*Computer Supported Cooperative Work (CSCW)*. Entsprechende SoftwareSysteme werden als ↑*Groupware* bezeichnet.
Das moderne Büro *(↑Office of the Future)* stützt sich auf eine ↑integrierte Informationsverarbeitung in ↑verteilten Systemen, wobei der *D.* und -übertragung eine zentrale Rolle zukommt. Mit Hilfe von Groupwaresystemen lassen sich Büroprozesse effektiver und effizienter gestalten und durchführen.

Zusammenfassend lassen sich folgende Funktionen unterscheiden, die durch ein *D.* angeboten werden:

- Erfassen/Erstellen von Dokumenten (strukturelle und inhaltliche Erstellung);
- Verändern von Dokumenten (strukturelles und inhaltliches Verändern: Neuaufnahme, Löschen, Korrigieren von Dokumentstrukturen und -eintragungen);
- Verarbeiten bzw. Transformieren von Dokumenten (logisches, mathematisches Verarbeiten der Inhalte des Dokuments);
- Aufbereiten und Ausgeben von Dokumenten (über unterschiedliche Ausgabemedien wie z.B. über Bildschirm, Drucker, Ton- und Bildausgabe über ↑Multimediasysteme);
- Ablegen (Speichern) von und Wiederzugreifen auf Dokumente auf der Basis von internen und externen Dokumentenspeichersystemen bzw. Dokumentenbanken oder Hypertextsystemen;
- Verwalten und Archivieren von Dokumenten auf der Basis von Dokumentenverwaltungssystemen, die spezielle Dokumentenverwaltungsdienste anbieten (Archivierungsfunktionen);
- Empfangen und Versenden von Dokumenten auf der Basis von Datenübertragungs-, ↑Mailbox- bzw. ↑Message Handling-Systemen;
- Steuern und Kontrollieren von Dokumenten in ↑verteilten Systemen zur Vorgangsbearbeitung (Workflow-Konzepte).

Ziel der automatisierten *D.* und -übertragung ist somit, das Formular- und Belegwesen eines konventionellen Büros (mit Datenträger Papier) in einem Rechner abzubilden und die Büroprozesse computergestützt zu realisieren. Benutzerfreundliche ↑Dialogsysteme mit graphischer Systemoberflächen fördern die Akzeptanz beim Endbenutzer und führen zu einem effektiven und effizienten Einsatz der computergestützten *D.*

Literatur: Hansen, H. R.: Wirtschaftsinformatik I, 6. Aufl., Stuttgart, 1992. *Mertens, P.* (Hrsg.): Lexikon der Wirtschaftsinformatik, 2. Aufl., Berlin, 1990. *Zilahi-Szabò, M. G.*: Wirtschaftsinformatik, München, 1993.

Prof. Dr. R. Gabriel, Bochum

Dokumentenverarbeitung in Büroprozessen, Integrierte

Begriffe und Grundlagen

D. - in ihrem Kern bezogen auf integrierte Be- und Verarbeitungsprozesse in computergestützten IV-Systemen - ist im gegenwärtigen Zeitraum als die technische Möglichkeit anzusehen, bisher nicht integrierte Prozesse, die auf Dokumentenflüssen beruhen, durch ein Maßnahmenbündel in Organisation, Hardware-, Software- und Netzwerktechnik zu vereinigen. Unter *Dokument* wird im folgen-

Dokumentenverarbeitung in Büroprozessen

den die visuell wahrnehmbare und/oder in codierter Form vorliegende codierte und/oder uncodierte Darstellung eines standardisierten Informationsinhaltes verstanden. Hieraus ergeben sich verschiedene Formen von Dokumenten. Ihrer Funktion nach sind Dokumente Auslöser, Träger und informationelles Rückgrat von Prozessen. Nicht standardisierte Dokumente sind in dem hier darzustellenden Zusammenhang nur dann bedeutungsvoll, wenn der Begriff der ↑Standardisierung sehr eng gesehen wird. Normalerweise zeichnet sich ein Dokument durch einen Aufbau aus, der durch *drei Strukturkomponenten* gekennzeichnet ist. Es handelt sich hierbei um

- den Kennzeichnungs- oder Identifikations-,
- einen Stamminformations-, sowie
- einen Bewegungsinformationsteil.

Der *Kennzeichnungsteil* dient im Regelfall dazu, den Typ, Zweck und allgemeinen Inhalt eines Dokuments zu kennzeichnen, sowie seine Funktion im Rahmen eines Prozesses festzulegen. Der Stamminformationsteil (analog zu dem in der Datenverarbeitung üblichen Begriff der Stammdaten) enthält solche variablen Informationen, die zwar in bezug auf das einzelne Dokument veränderlich sind, ihrem Charakter nach jedoch eine hohe Konstanz aufweisen und sich durch häufige Verwendung auszeichnen. Die *Bewegungsinformationsbestandteile* sind einzelvorgangstypisch und wiederholen sich in der Regel nur dann, wenn sich der spezifische Einzelvorgang in genau der gleichen Art wiederholt. Wenn dieser sich "immer" wiederholte, würde auch der Bewegungsinformationsteil "standardisiert". Die Formen von Dokumenten gehen aus der Abbildung hervor. Hierbei sind die einzelnen Formen in andere Formen umwandelbar.

Dokument-Formen

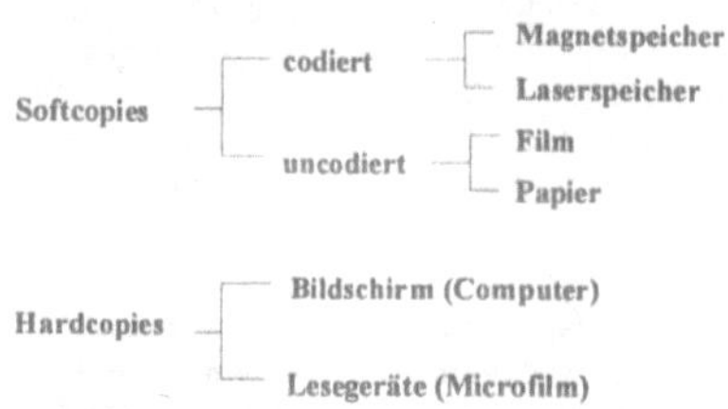

Unter *D.* wird somit ein Vorgang verstanden, bei dem eine in möglicherweise verschiedenen Formen erzeugte Ausgangsinformation als informationelle Abbildung eines realen Prozesses ohne Medienbrüche durch verschiedene Be- und Verarbeitungsvorgänge/-stufen, Handlungsvorgänge, sowie Archivierungsprozesse transformiert wird.

Die organisatorischen Grundlagen bilden reale Vorgangsketten, die in Institutionen organisiert, d.h. vorstrukturiert ablaufen. Sie werden mit dem Instrument der *Vorgangskettenanalyse* transparent gemacht. Eine weitere organisatorische Grundlage bilden die bisher verwendeten Dokumentenbe- und -verarbeitungssysteme, sowie insb. die der *Dokumentenarchivierung*. Grundsätzlich kann ein Dokument nicht von dem auf ihm aufbauenden Büroprozeß losgelöst werden, d.h. die Information ist als Grundlage eines Prozesses anzusehen. *D.* setzen eine bestimmte Hard-, Soft- und Netware voraus. Die Grundkomponenten der *Hardwarelösung* sind:

- Eingabestationen(PC, Workstations),
- Rechner/Server,
- automatische Erfassungsgeräte,
- Scanner,
- Speichersysteme auf der Basis moderner Massenspeicher (ROM), wiederbeschreibbare CD (in Speichertürmen).

Die *Softwarekomponenten* sind:

- Prozeßsoftware als die dem jeweils spezifischen Prozeß zuzuordnende und ihn abbildende Software;
- Dokumentenmanagementsoftware,
- Schnittstellensoftware und
- Spezialsoftware

 Dokumentenverarbeitung in Büroprozessen

Integrierte Dokumentenverarbeitung

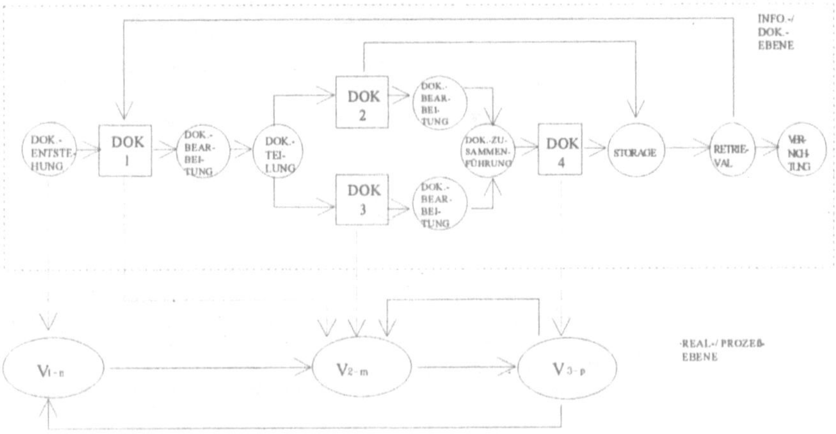

für Erfassen, Scannen, Lesen.
Hierbei gibt es verschiedene Dokumentenmanagementsoftwaresysteme, die zugleich prozeßunterstützend aufgebaut sein können, oder eine Prozeßsoftware, die entsprechende Dokumentenmanagementfunktionen enthält. Meist ist der ursprüngliche Einsatzzweck der Software qualitativ besser ausgeprägt. Bei der *Netware* können folgende Komponenten als Grundlage angesehen werden:

- ↑LAN für innerbetriebliche Prozesse und Übermittlungen;
- ↑WAN für außerbetriebliche Datenübertragungen (wie z.B. Nutzung von ↑EDI-Systemen);
- Kommunikationsrechner (Netzserver, ↑Bridges, ↑Gateways);
- Netzsoftware (-sicherheitssoftware).

Als Summe der Ausführungen kann die Zielsetzung *D.* formuliert werden als

- Vermeidung von Medienbrüchen,
- Vermeidung von Mehrfacheingaben,
- Reduzierung der Papierflut,
- Verhinderung/Verminderung von redundanten Archivinhalten und
- generelle Rationalisierung des Dokumentenwesens.

Funktionen
Bei den Funktionen sollen die Funktionsklassen

- Dokumententstehung,
- Dokumentbe- und -verarbeitung,
- Dokumenthandling und
- Dokumentarchivierung

unterschieden werden. Die Übersicht macht deutlich, daß nicht in jedem Prozeß sämtliche der Teilfunktionen realisiert sein müssen. So ist es z.B. denkbar, daß bei bestimmten Prozessen lediglich "Lesen" stattfindet und dann eine Vernichtung nach Kenntnisnahme erfolgt. Bei anderen Dokumenten wiederum werden die der Speicherung dienenden Kennzeichnungen oder Klassifizierungen dann wegfallen, wenn z.B. ein Teildokument mit einem anderen übergeordneten vereinigt wird. Auch die in dem Bereich der Dokumententstehung aufgeführten Erstellungsprozesse schließen sich zum Teil aus.

Realisierungs- und Umsetzungsfragen
Bei den Realisierungs- und Umsetzungsfragen soll zwischen solchen

- konzeptioneller,
- organisatorischer,
- technischer,
- rechtlicher, sowie
- sicherungstechnischer Art

unterschieden werden.
Auf der *konzeptionellen Ebene* sind drei Basiskonzeptionen zu identifizieren, die miteinander in einer engen Beziehung stehen. So muß, um die IDV gemäß den o.a. Zielsetzungen realisieren zu können, eine Organisationskonzeption vorhanden sein, die sich auf die den Dokumentenprozessen zugrunde liegenden Realpro-

 Dokumentenverarbeitung in Büroprozessen

Dok.-Entstehung	Be- u. Verarbeitung	Handling	Dok-Archivierung u. Vernichtung
Auslöse-Information; Erstellung; Schreiben; automatische Generierung von Informationen; Umwandlung; Scannen; Übermittlung/ DÜ	Hinzufügen/ Löschen; Modifizieren/ Transformieren Lesen	Transportieren Kennzeichnen; Einordnen/ Klassifizieren; Vereinigen/ Trennen	Speichern; Wiederauffinden; Bereitstellen; Vernichten

zesse bezieht. Hier sind ggf. neue Prozeßlösungen anzustreben, da es in den meisten Fällen nicht sinnvoll ist, IDV-Lösungen herkömmlichen Prozeßstrukturen "überzustülpen". Da die Lösung auf entsprechenden technikgestützten Informationsverarbeitungssystemen beruht, ist als zweites eine IV-Konzeption als wesentlich anzusehen, die die Grundlage der informationstechnischen Umsetzung bilden muß. Auf Organisations- und IV-Konzeption aufbauend ist eine Dokumentenmanagementkonzeption zu erstellen. Die *organisatorischen Fragestellungen* beziehen sich hauptsächlich auf drei Gebiete. Als erstes ist die Organisation des Einführungsprozesses zu lösen. Hier kann auf bewährte Phasenschemata bzgl. der Einführung von IV-Systemen oder Teilsystemen zurückgegriffen werden. Die Formung von entsprechenden Teams unter Einbeziehung aller Interessengruppen, die Aufstellung eines Projektplans mit Meilensteinen und Teilprojekten, sowie ein eher "evolutionäres" Verfahren zur Einführung des neuen Systems und zur Umstellung der Altbestände dürften die Hauptpunkte der Organisation des Einführungsprozesses sein.

Wesentliches Problem ist innerhalb des Einführungsprozesses die Umorganisation der bisherigen Realprozesse und der sie unterstützenden *Dokumentenflußprozesse*. Hier gibt es in Theorie und Praxis eine Anzahl von illustrativen Beispielen, die diesen Prozeß verdeutlichen. Allerdings sei darauf hingewiesen, daß die Beispiele häufig - je nach spezifischer Problemsicht - nur einige Aspekte des Gesamtprozesses verdeutlichen (AWV-Schrift). Ein wesentliches Problem ist das des Rückgriffs auf alte Dokumentenbestände. So ist davon auszugehen, daß in sehr vielen Fällen neue Vorgänge unter Rückgriff auf Archivmaterial bearbeitet werden. Zur Lösung dieses Problems bieten sich drei Möglichkeiten an:

- Komplette Überführung der Altbestände an Dokumenten in das neue System mit den Hauptschwierigkeiten des quantitativen Arbeitsanfalls, der Notwendigkeit zur Lösung einer Vielzahl von Systematisierungsproblemen und der durch die Übernahme entstehenden meist beachtlichen Kosten.

- Übernahme derjenigen Dokumente aus Altbeständen in die neue Form, die aufgrund von Prozeßanstößen angefordert werden, oder von denen bekannt ist, daß sie einer häufigeren Nutzung/Anforderung unterliegen. Dies führt zu einer beachtlichen Reduktion der zuvor genannten Probleme, führt aber zu der Schwierigkeit, daß meist nicht genau bekannt ist, wo welche Altvorgänge gesucht werden müssen und gefunden werden können.

Parallelführung der Dokumentenmanagementsysteme alter Art für die Altbestände und neuer Art für Neuvorgänge. Die Vorteile dieser Lösung liegen in der Vermeidung der genannten Nachteile. Die Nachteile dieser Lösung bestehen darin, daß bei einer zeitorientierten Suche dem Suchenden der ungefähre Zeitpunkt der Erzeugung eines Dokuments bekannt sein muß, damit die Suche erfolgreich abläuft. Eine weitere Möglichkeit besteht darin, alle alten Dokumente zu erfassen, zu indexieren und dann lediglich die entsprechenden Erfassungsmerkmale auf das neue System zu übernehmen mit einem Hinweis auf den "Fundort" des alten Dokuments.

Die *Probleme technischer Art* ergeben sich teilweise aus denen der organisatorischen Fragestellungen. So können hier genannt werden:
- die Auswahl des geeigneten Systems;
- die Herstellung von ↑Schnittstellen zu bestehenden Systemen;
- der Übergang (↑*Migration*) von ggf. jetzt schon bestehenden Teilsystemen;
- die Sicherung der Ausbaufähigkeit des Systems der zukunftstechnologischen Orientierung.

Auch die mit der Einführung von IDV-Systemen verbundenen *rechtlichen Fragestellungen* sollen hier nur kurz angesprochen werden. Ein wesentlicher Punkt ist der Verbindlichkeitscharakter von lediglich auf elektronischer Grundlage bestehenden Dokumenten. Hier sei auf die Problematik der Anerkennung von sog. *elektronischen Unterschriften* und der Möglichkeit ihrer Erzeugung hingewiesen. Weiterhin spielt die Veränderbarkeit der Datenträger eine beachtliche Rolle. So ist insb. für rechtlich relevante Aufzeichnungen (Rechnungswesen: Handels- und Steuerrecht) sicherzustellen, daß Veränderungen in aufgezeichneten Prozessen - auch Buchhaltungsprozesse sind im Prinzip Prozesse, die mit IDV-Systemen ablaufen - nicht ohne Protokollierung durchgeführt werden dürfen. Mit dem Problem der Veränderbarkeit hängt das Problem der technischen Alterung der Datenträger zusammen, welches sich faktisch in der Notwendigkeit äußert, aufgezeichnete Daten innerhalb ihrer Aufbewahrungsfrist wieder lesbar machen zu müssen und ggf. Papierrekonstruktionen der betreffenden Vorfälle erstellen zu können. Auch diese Forderungen ergeben sich aus dem Handels- und Steuerrecht als Regelforderungen und können darüber hinaus in anderen Rechtsgebieten, wie dem der Beweispflicht in Zivil- und Strafprozessen, von Bedeutung werden. Außer den gerade genannten Aspekten ergibt sich das Problem der Aufbewahrung und der sich hieran anschließenden Vernichtung der Aufzeichnungen/Datenträger, wobei hier insb. der im folgenden genannte Aspekt der Vertraulichkeit aus firmeninternen oder gesetzlichen Forderungen von Bedeutung sein kann.

Als letzter Punkt sollen schließlich *sicherheitsspezifische Fragestellungen* genannt werden. Hier ist den Forderungen nach Verfügbarkeit, Integrität, Vertraulichkeit und Sicherung Rechnung zu tragen. Unter Verfügbarkeit wird verstanden, daß die betreffende Information zum benötigten Zeitpunkt jederzeit verfügbar ist, was Anforderungen an die sichere Funktionalität der Systeme mit sich bringt. Unter Integrität ist zu verstehen, daß insb. die betreffenden Daten nur von Befugten be- und verändert werden dürfen und daß ggf. vorgenommene Veränderungen nachvollzogen werden können. Dies führt zu bestimmten Bedingungen in bezug auf die Berechtigten und die ihnen zugeteilten Rechte im Rahmen der gesamten, im IDV-Prozeß ablaufenden Funktionen und Teilfunktionen. Auch das Problem der Vertraulichkeit - der Forderung, daß die betreffenden Informationen nur von Berechtigten eingesehen werden dürfen - führt zur Zuordnung von Rechten an alle, die mit denen in den IDV-Systemen abgebildeten Realprozessen zu tun haben.

Die oben geforderte Dokumenten-Managementkonzeption müßte zu beinahe allen hier angeschnittenen Fragen und Problemen Stellung nehmen, damit die Einführung eines IDV-Systems die wesentlichen der genannten Zielsetzungen zu erfüllen in der Lage ist.

Literatur: ACS Systemberatung: Produktbeschreibung Hyparchiv, Programmsystem für Microsoft Windows, Hamburg, 1991. *AWV-Schrift 448, 450, 06473*: Optische Speicherplattensysteme, Teil 1, 3, 4. *Schiffler, M. et al.*: Ein Büroablage und -retrievalsystem für Dokumente und Akten, in: Wirtschaftsinformatik, 32. Jg., Heft 2, 1990. *VDI-Berichte 913*: Erfolgreicher mit Bürokommunikation in Industrie und Dienstleistung, Düsseldorf, 1991.

Prof. Dr. R. Voßbein, Essen

Domänen

Erweiterte Datentypen mit den Informationen Name, Typ, Wertebereich und zulässige Operatoren.

DOS

Disc Operating System; Standardbetriebssystem für den ↑Personal Computer mit den Komponenten BIOS (Basic Input Output System), BDOS (Basic Disk Operation System), Kommandoprozessor und Hilfsprogrammen.

Downsizing

In den letzten Jahren haben viele Unternehmen erhebliche Organisationsänderungen vorgenommen. Insb. werden kleinere, ergebnisverantwortliche Bereiche eingerichtet und Geschäftsprozesse strikt auf die Kunden ausgerichtet; dies bringt eine Abkehr von tiefen Hierarchien in der Aufbauorganisation und die Hinwendung zu vernetzten Organisationsstrukturen mit sich. Zur Deckung des Informationsbedarfs vernetzter Organisationen fehlt zentralen DV-Systemen vielfach die notwendige Flexibilität; dieser Mangel führt z.B. zu langen Projektierungs- und Implementierungsdauern von Softwareentwicklungsprojekten oder unangemessenen Verzögerungen in der Bereitstellung von zur Entscheidungsunterstützung benötigten ad hoc ↑Informationen. In den hohen Kosten, sowie in der ungenügenden ↑Benutzerfreundlichkeit zentraler Großsysteme bestehen weitere Nachteile dieser Systeme; zur Lösung dieser Probleme ziehen viele Unternehmen ein *D.* bzw. ↑*Rightsizing* ihrer ↑Informationssysteme in Betracht.

Unter *D.* wird die Verlagerung von Anwendungen und Daten von einem größeren auf ein kleineres, kostengünstigeres Computersystem verstanden. Dabei soll das Unternehmen Flexibilität gewinnen, um dank einfacherem und schnellerem Informationszugang rascher auf interne und externe Veränderungen reagieren zu können. Gleichzeitig sollen die Kosten für Entwicklung und Betrieb von Applikationen gesenkt und deren Benutzerfreundlichkeit erhöht werden.

Vielfach wird davon ausgegangen, daß die Leistung kleinerer Rechnersysteme auch in Zukunft erheblich rascher als jene von Großrechnern steigen wird; dies erhöht den Anreiz für Entwicklung und Umsetzung von *D.*-Konzepten. PC und Workstations wachsen zunehmend in Leistungskategorien, die bis vor kurzem Minirechnern oder teilweise sogar Großrechnern vorbehalten waren; gegenüber diesen Systemen sind sie aber deutlich preisgünstiger. Von der zuweilen propagierten Vorstellung, größere System nach der ↑Migration stillzulegen, wird in vielen Fällen Abstand genommen, da sich die vollständige Migration auf neue Plattformen wegen den bestehenden Anwendungen als zu aufwendig erweist.

Bei der Umsetzung von *D.*-Strategien finden mehrheitlich ↑*Client/Server-Architekturen* Verwendung. In ihnen wird die gesamte Arbeitslast nicht einem einzigen, zentralen Rechner zugewiesen, sondern auf kleinere, kostengünstigere und miteinander vernetzte Rechner verteilt. Die synonyme Verwendung der Begriffe *D.* und *Client/Server* ist deshalb unkorrekt, weil es sich beim Begriff *D.* um ein Konzept und bei Client/Server nur um eine von mehreren möglichen Umsetzungsformen dieses Konzepts handelt; so kann unter *D.* bspw. auch der Übergang von einem Großrechner auf mehrere kleinere Rechner unter Beibehaltung von "dummen" Terminals subsumiert werden.

Der Begriff ↑*Upsizing* bringt zum Ausdruck, daß es auch Unternehmen gibt, welche von kleinen auf größere Systeme migrieren. Upsizing wird meist im Zusammenhang mit PC/LAN-Systemen verwendet und zeigt die Möglichkeit auf, daß Unternehmen bei steigendem Transaktionsvolumen ihre LAN-Server durch leistungsfähige Datenbank- oder Kommunikationsserver ergänzen. Auch die Konsolidierung mehrerer, oft regional verteilter Rechenzentren zu größeren Einheiten fällt unter diesen Begriff.

Der Begriff ↑*Rightsizing* bringt zum Ausdruck, daß es versucht wird, die Anwendungen auf die "richtige" Plattform zu migrieren; der Begriff bringt eine Zielvorstellung nach wirtschaftlichem Handeln, nicht aber eine systemtechnische Konzeption zum Ausdruck und ist in diesem Sinn inhaltsleer. Rightsizing kann als übergeordneter Begriff für *D.* und ↑*Upsizing* verstanden werden.

In vielen Unternehmen wurden im Verlauf der letzten Jahre Rechner unterschiedlicher Rechnerklassen (↑Mainframes, Minirechner, ↑Workstations, ↑PC) beschafft; diese Handlungen haben zu heterogenen Systemlandschaften geführt. Entsprechend dieser Systemvielfalt gibt es unterschiedliche Ausprägungen von *D.*-Projekten.

Klassische zentrale Rechnerarchitektur

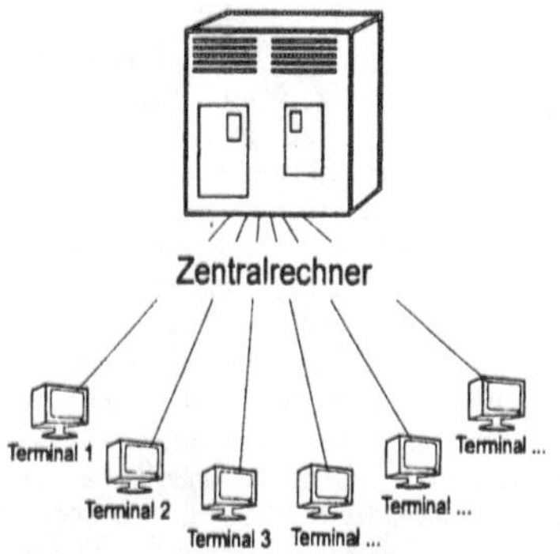

Zentrale Rechnerarchitektur:
Ein Rechner ist zuständig für die Verarbeitung der gesamten Arbeitslast. An den zentralen Rechner angehängt ist eine große Anzahl "dummer" Terminals.

Client/Server-Architektur

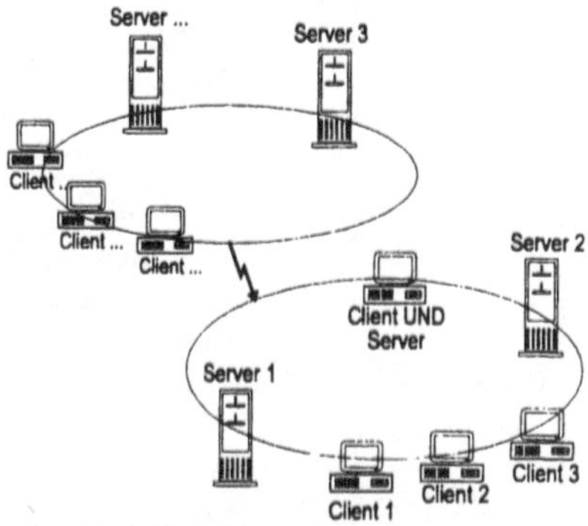

Client/Server-Architektur: Server-Rechner bieten Dienstleistungen an, Client-Rechner fordern diese an. Ein Rechner kann dabei sowohl als Server (Anbieter) für bestimmte Dienstleistungen und als Client (Nachfrager) anderer Dienstleistungen in Erscheinung treten. Die gesamte Arbeitslast wird so auf ein Netz von Anbietern und Nachfragern aufgeteilt.

Neben den traditionellen Ansätzen zur Umsetzung des *D.* (Gestaltungsformen 1-6) hat die C/S-Technologie (Gestaltungsformen 7 und 8) in den letzten Jahren stark an Bedeutung gewonnen und ist zur dominierenden Architektur für die Umsetzung von *D.*-Strategien geworden.
Literatur und Fachpresse diskutieren Vor- und Nachteile von ↑*Client/Server-Architekturen* breit. Bezüglich der Argumente, welche für oder wider sie sprechen, herrscht keine Einigkeit. Dieser Umstand ist u.a. darauf zurückzuführen, daß unterschiedliche Anbieterinteressen im Spiel sind; so versuchen sowohl Anbieter von ↑Mainframes als auch Anbieter von kleineren Rechnern ihre Systeme bspw. durch Merkmale der Systemleistung (z.

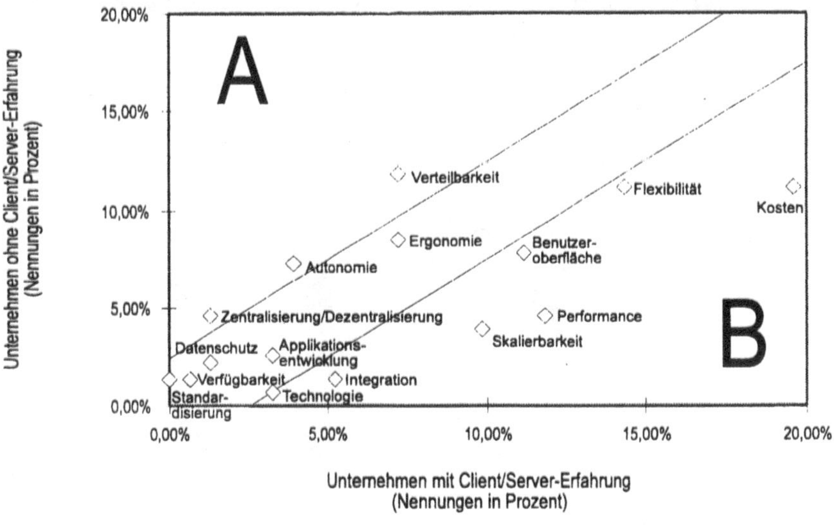

Zentrale Systeme	1. Mainframe-Einsatz
	2. Veränderung in der Art des Mainframe-Einsatzes
	3. Outsourcing der Mainframe-Dienstleistungen
	4. Ersatz des Mainframes durch billigeren, zentralen Rechner
Dezentrale Systeme	5. Einsatz von mittleren bis großen Minicomputern, welche mit dem Mainframe vernetzt sind
	6. Einsatz kleiner, hoch verteilter Minirechner, welche untereinander vernetzt sind
	7. Client/Server-Architektur: PC oder UNIX-Workstations mit Minirechnern vernetzt
	8. Client/Server-Architektur: PC mit PC-kompatibler Server-Technologie

B. Prozessoren-, Hauptspeicher-, Sekundärspeicherkapazitäten) oder durch Kostenvergleiche als überlegen darzustellen. Anhand einer am Institut für Wirtschaftsinformatik der Universität Bern bei den 1500 größten Unternehmen Deutschlands, Österreichs und der Schweiz durchgeführten empirischen Untersuchung wurde erhoben, welche Argumente für die Einführung von Client/Server-Systemen sprechen. Dabei wurde zwischen Unternehmen mit und ohne Client/Server-Erfahrung unterschieden. Die nächste Abbildung zeigt, daß Anwender von ↑Client/Server-Systemen meist die Argumente Kosten, Flexibilität, Performance, ↑Benutzeroberfläche und Skalierbarkeit der Plattformen nennen.

Die Verwirklichung von *D.*-Konzepten führt dazu, daß vermehrt kleinere Systeme eingesetzt werden und der Stellenwert von Großrechnern sinkt. In der oben erwähnten Untersuchung wurde u.a. nach Veränderung des Stellenwerts einzelner Rechnerklassen in den nächsten zwei Jahren gefragt. Dabei zeigte sich, daß in den Ausprägungen "abnehmender" oder "stark abnehmender Stellenwert" ↑Mainframes mit über 60% und Minirechner mit 25% vertreten sind; kleinere Rechnersysteme (↑Workstations und ↑PC), welche in C/S-Systemen stark eingesetzt werden, wurden kaum auf diese Weise zugeordnet. Entsprechend machen PC in den Kategorien mit "zunehmendem" und

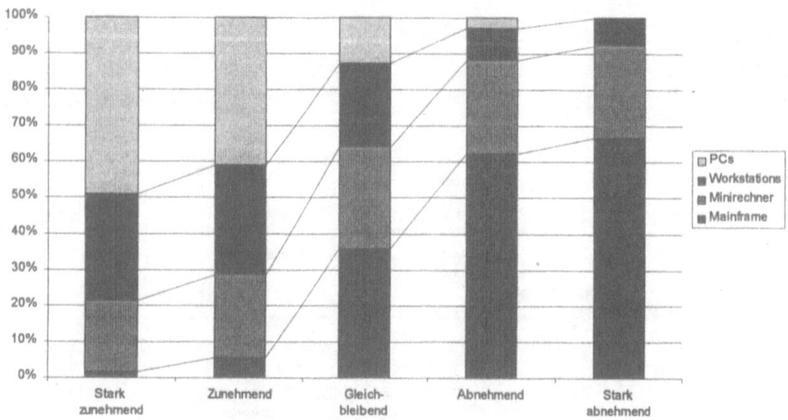

"stark zunehmendem Stellenwert" einen Anteil von 40-50%, Workstations einen Anteil von 25-30% aus. Diese Ergebnisse deuten darauf hin, daß der Trend zum *D.* in den nächsten Jahren anhalten und sich möglicherweise noch verstärken wird.

Literatur: Bracher, S. et al.: Client/Server-Architekturen in Großunternehmen: Ausgewählte Resultate zur empirischen Untersuchung durchgeführt in Deutschland, Österreich, Schweiz 1993, Arbeitsbericht Nr. 41 des Instituts für Wirtschaftsinformatik der Universität Bern, 1994. *Knolmayer, G.*: Downsizing: Eine Zwischenbilanz, Arbeitsbericht Nr. 34 des Instituts für Wirtschaftsinformatik der Universität Bern, 1993. *Hansen, W.R.* (Hrsg.), Client-Server-Architektur, Bonn, 1993. *Heinrich, W.* (Hrsg.), Client-Server-Strategien: Upsizing, Downsizing, Rightsizing, Bergheim: Datacom, 1993. *Trimmer, D.*: Downsizing, Wokingham, 1993.

Prof.Dr.G.Knolmayer, B. Jaccottet, Bern

Drucker

Geräte, mit denen Datenausgaben auf Papier erzeugt werden.

DSMS

Distributed Shared Memory System; Multiprozessoren mit physikalisch auf die einzelnen Prozessorknoten verteilten Speichern und einem gemeinsamen Adreßraum.

DSS *(Decision Support System)*

D. sind interaktive computergestützte Systeme, die Entscheidungsträger in schlecht strukturierten Entscheidungssituationen unterstützen.

Merkmale

Das Konzept der *D.*, der sog. Entscheidungsunterstützungssysteme wurde Anfang der 70er Jahre von Scott-Morton unter der Bezeichnung *Management Decision Systems* eingeführt. *D.* sind interaktive computergestützte ↑Systeme, die Entscheidungsträger in schlecht strukturierten Entscheidungssituationen unterstützen. Sie gewinnen in Anbetracht immer leistungsfähigerer Arbeitsplatzrechner, komfortabler ↑Benutzeroberflächen, bereichsübergreifender ↑Datenbanken und neuer ↑Kommunikationstechniken zunehmend an Bedeutung. *D.* nutzen Daten und Modelle, um durch ihre Verknüpfung Entscheidungsprobleme zu analysieren, Planungen zu unterstützen und Berichte zu erstellen. Sie verbinden den Einsatz von Modellen oder analytischen Techniken mit traditionellen Methoden des Datenzugriffs und der Datenselektion. Im Vergleich zu *Management Science Modellen* des ↑*Operations Research*, die Präferenzen des Entscheidungsträgers mit abbilden und mit der Ermittlung einer optimalen Lösung einen normativen Anspruch erheben, wollen *D.* den Entscheidungsträger lediglich assistieren. Hierzu betonen sie Flexibilität und Anpassungsfähigkeit und konzentrieren sich darauf, dem EDV-Laien leicht eine interaktive Nutzung zu ermöglichen. Ihr Ziel ist also, weniger die Effizienz als die Effektivität von Entscheidungen und das Leistungsverhalten von Entscheidungsträgern zu verbessern.

Aufbau

Die Anforderungen an *D.* haben zu mehr oder weniger einheitlichen Softwarearchitekturen geführt. Die *D.*-Basisarchitektur gemäß Abbildung besteht aus 2 Schichten, von denen die obere die Benutzerschnittstelle, die untere die Funktionalitäten beschreibt:

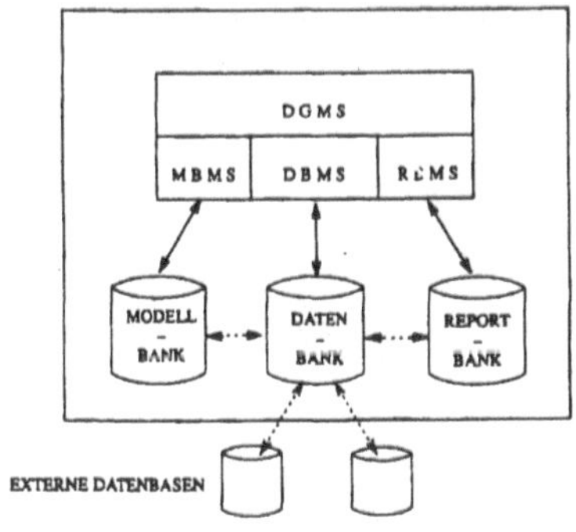

- Das *Dialoggenerierungs-Managementsystem (DGMS)* stellt eine spezielle Kommandosprache zur Benutzerführung, zur Maskengenerierung, für Dateneingabe und Datenankabfragen, sowie für die Ablaufsteuerung bereit.
- Das *Modellbasis-Managementsystem (MBMS)* enthält Funktionen zu Modellaufbau und Modellanalyse. Hierzu ge-

hören neben Verfahren der Modellberechnung Szenariotechniken, Sensitivitätsanalyse und Risikosimulation.

- Das *Datenbasis-Managementsystem (DBMS)* basiert auf einer ↑relationalen Datenbank oder auf zwei- bis mehrdimensionalen Dateien (Tabellen), in denen die Eingabewerte und Ergebnisse der Modellanalysen gespeichert werden. Um stochastische Effekte zu berücksichtigen, werden Zufallszahlen mittels Zufallszahlengeneratoren erzeugt.
- Das *Reportbasis-Managementsystem (RBMS)* enthält entweder eine Sprache oder eine Bausteinbibliothek zum Erstellen von Berichten und Graphiken (Business Graphics, Plots). Die Daten können entweder aus einer Datenbank abgefragt werden, oder als Datei vorliegen, oder die Ergebnisse einer Modellanalyse sein.

Management Support Systeme

Entscheidungen werden auf allen Ebenen einer Organisation gefällt. Ebenso werden *D.* auf allen Ebenen der ↑Informationsverarbeitung eingesetzt. Bei der strategischen Planung unterstützen sie Entscheidungen über die Wahl der Geschäftsfelder, über das Festlegen von Zielsystemen und über die Ressourcenwahl. Die Managementkontrolle hat die Effektivität bei der Beschaffung und Nutzung der Ressourcen sicherzustellen. Die operative Kontrolle ist für die Wirksamkeit der durchgeführten Operationen verantwortlich, während bei der operativen Durchführung Entscheidungen über einzelne Aktionen gefällt werden.

Ebene	Zweck der Informationsverarbeitung
4	Strategische Planung
3	Managementkontrolle
2	Operative Kontrolle
1	Operative Durchführung

Die Erfahrungen im Einsatz von *D.* haben gezeigt, daß die Anforderungen an die Informationsverarbeitung auf den einzelnen Ebenen differieren. Die Gründe hierfür sind Unterschiede in:

- dem Strukturierungsgrad der Aufgaben, den Methoden zu ihrer Beschreibung,
- dem Freiheitsgrad der Handlungsmöglichkeiten und
- den kognitiven Stilen und Informationsbedürfnissen der Entscheidungsträger.

Die Operationen auf der unteren Ebene werden häufig durch Prozeßketten beschrieben, während die Managementkontrolle perioden- oder ereignisorientiert *(Management by Exception)* ist. Der Strukturierungsgrad der Entscheidungsaufgaben korreliert negativ mit den Freiheitsgraden der Handlungsmöglichkeiten; er ist auf den unteren Ebenen am höchsten. Die unterschiedlichen Informationsbedarfe auf den Ebenen 2-4 und die besondere Art der Informationsverarbeitung verdeutlicht das Dreiecksmodell.

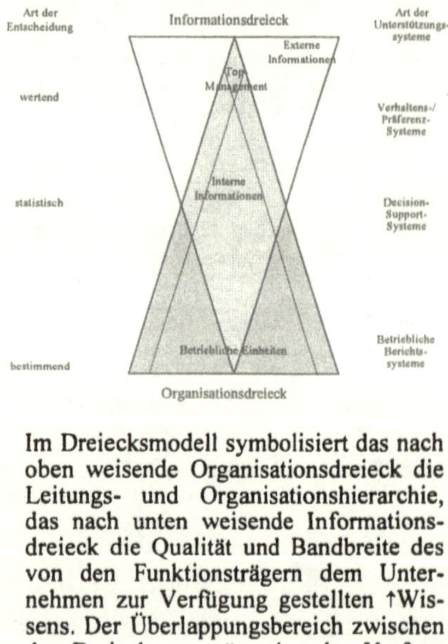

Im Dreiecksmodell symbolisiert das nach oben weisende Organisationsdreieck die Leitungs- und Organisationshierarchie, das nach unten weisende Informationsdreieck die Qualität und Bandbreite des von den Funktionsträgern dem Unternehmen zur Verfügung gestellten ↑Wissens. Der Überlappungsbereich zwischen den Dreiecken repräsentiert den Umfang der Informationsflüsse im Unternehmen, der außerhalb des Organisationsdreiecks liegende Bereich externe Daten. Das Dreiecksmodell unterscheidet ferner drei Kategorien von Entscheidungen:

- Die *Entscheidungen von Top-Managern* stützen sich größtenteils auf externe und entsprechend verdichtete interne Informationen. Sie besitzen weitgehend Urteilscharakter, sind also wertend.
- *Entscheidungen des Mittel-Managements* sind meistens zeitraumbezogen

und führen zu Planvorgaben. Sie basieren auf einer Vielzahl von Merkmalsausprägungen, die zu Kenngrößen aggregiert werden, sind also statistisch begründet.

- *Entscheidungen des Lower Managements* beziehen sich auf konkrete Operationen und greifen steuernd in Prozeßketten ein, sind also bestimmend.

Wegen der spezifischen Informations- und Analysebedürfnisse auf den drei Ebenen und in den Anwendungsbereichen, wie Absatzprognose, Finanzplanung, Fertigungsplanung etc. haben sich für den Aufbau von ↑Management Support Systemen dedizierte Formen des *Data Supports* und des *Decision Supports* herausgebildet.

	DATA SUPPORT		DECISION SUPPORT DSS		
Motivation	Kommunikationssysteme	Executive Informations-Systeme (EIS)	Management-Science-Modelle (MScM)	Simulationsumgebung Statistische Analysesysteme / Methodenbanken Planungssprachen Tabellenkalkulation	konventionell
↕					↕
Dokumentation	Management-Informations-Systeme (MIS)	Structured Query Langage	Entscheidungs-Tabellen-Technik (ETT)	Experten-Systeme (XPS)	wissensbasiert
	starr ←→	flexibel	starr ←→	flexibel	

Data Support Systeme

↑Data Support Systeme dienen dazu, Daten zu verwalten, zielgerichtet zu Informationen aufzubereiten und benutzeradäquat darzustellen. Ihre bereichs- und unternehmensübergreifende Integration erfordert ihre Verbindung durch Kommunikationssysteme. Mitte der 60er Jahre entwickelte sich mit ↑*Managementinformationssystemen (MIS)* die älteste Form des Data Supports. MIS bauen auf einer mehrere Anwendungen integrierenden Datenstruktur, i.d.R. einer ↑Datenbank, auf und erlauben, Anfragen und Reports zu generieren. Sie liefern durch die Prozeßketten der operativen Ebene vorgegebene, strukturierte ↑Informationen. Ihre Berichte sind deshalb relativ starr.

Eine flexiblere Informationsgewinnung erlauben strukturierte Abfragesprachen (↑*Structured Query Language - SQL)*. Mit ihnen kann der Endbenutzer, ohne DV-Spezialisten einschalten zu müssen, in deklarativer Weise ad hoc-Anfragen an eine ↑Datenbank richten. Strukturierte Abfragesprachen erlauben darüber hinaus, einfache Berechnungen, logische Operationen und Berichte zu erstellen.

Executive Informationssysteme (EIS) sind auf die spezifischen Informationsbedürfnisse der Unternehmensführung zugeschnitten. Sie verbinden den flexiblen Informationszugang strukturierter Abfragesprachen mit geeigneten Präsentationsformen für Berichte und Graphiken. Gegenüber ↑MIS zeichnen sie sich durch einen raschen, unkomplizierten und selektiven Zugang (Drill Down) zu Informationen aus.

DSS-Generatoren

D. sollen Entscheidungsträger in einem spezifischen Aufgabenbereich, etwa bei der Investitions- und Finanzplanung, unterstützen. In einem derartigen spezifischen *D.* werden z.B. Bilanzen, daraus abgeleitete Finanzpläne und Methoden zur Beurteilung der Vorteilhaftigkeit von Investitions- und Finanzierungsmaßnahmen modelliert. Ein Anwender wird ein derartiges Modell nicht in einem Schritt, sondern als Folge evolutionärer Prototypen entwickeln. Er benötigt dafür eine effektive Entwicklungsumgebung, die einem Baukasten gleicht, um mit seinen Elementen rasch und leicht spezifische *D.* zu erstellen. Derartige Entwicklungsumgebungen werden auch als *D.*-Generatoren bezeichnet.

Ein Vorläufer von Werkzeugen zur Entwicklung von *D.* ist die Ende der 50er

Jahre in den USA entwickelte *Entscheidungstabellentechnik*.
↑Entscheidungstabellen sind Hilfsmittel zur Darstellung von Entscheidungslogiken. In ihnen werden Entscheidungssituationen durch Entscheidungsregeln beschrieben, die festlegen, unter welchen Bedingungen welche Aktionen durchzuführen sind. Die *Entscheidungstabellentechnik* stellt Verfahren zur Erstellung, Verifikation und Umsetzung von Entscheidungstabellen bereit. Sie kann in gewissem Sinne als Vorläufer der Expertensystemtechnologie angesehen werden.
Den unterschiedlichen Unterstützungsaufgaben entsprechend haben sich differenzierte Formen von *D.* und -Generatoren herausgebildet:

- Simulationssprachen/Simulationsumgebungen,
- statistische Analysesysteme und Methodenbanken,
- Planungssprachen,
- Spreadsheet- oder ↑Tabellenkalkulationssysteme,
- Expertensystem-Shells.

Diese Techniken sind systemorientiert: Spezifische Problemfelder werden durch Elemente (Objekte) und deren Beziehungen beschrieben und die den Objekten zugeordneten Variablen in einem Modell durch Definitions- oder Erklärungsgleichungen miteinander verknüpft. Demgegenüber bilden ↑Expertensysteme das ↑Wissen und Problemlösungsverhalten von Experten ab: Sie speichern Fakten- und Problemlösungswissen in geeigneten Datenstrukturen, um mittels einer Inferenzmaschine aus bestehendem Wissen neues Wissen zu schlußfolgern. Expertensysteme lassen sich effizient mit Sprachen der Künstlichen Intelligenz oder auf der Basis von Shells entwickeln. Künftig ist eine Integration von Expertensystemen und traditionellen *D.* in *Extended D. (XDSS)* zu erwarten.

Literatur: Hummeltenberg, W.: Planungssprachen zur Entwicklung von Management-Support-Systemen, in: *Krallmann, H.* et al. (Hrsg.), Rechnergestützte Werkzeuge für das Management, Berlin, 1992. *Hummeltenberg, W.*: Realisierung von Management-Unterstützungssystemen mit Planungssprachen und Generatoren für Führungsinformationssysteme, in: *Hichert, R. et al.* (Hrsg.), Management-Informationssysteme, 1992. *Rockart, J.F., De Long, D.W.*: Executive Support Systems, Homewood, Ill., 1988. *Scott-Morton, M.S.*: Management Decision Systems, Cambridge, 1971. *Sprague, R.H., Carlson, E.D.*: Building Effective Decision Support Systems, N.J., 1982. *Turban, E.*: Decision Support and Expert Systems, 2nd Ed., New York, 1990.

Prof. Dr. W. Hummeltenberg, Hamburg

DTS
Distributed Time Service; Synchronisation der Systemuhren im ↑DCE (Distributed Computing Environment).

Dualsystem
Zahlensystem auf der Basis 2; benutzt die Ziffern 0, 1 sowie die Stellenwertigkeit.

Duplex, Duplexverfahren
Nach ↑DIN 44300 Gegenbetrieb; gleichzeitiger Sende- und Empfangsbetrieb an der Datenschnittstelle.

DV-Controlling
Unterstützung der Führung des DV-Bereichs im Unternehmen durch Koordination und Koordinationskontrolle.

dv-gestützte Jahresabschlußanalyse
↑Jahresabschlußanalyse, dv-gestützte

DV-Leistung, anwendungsorientierte Messung und Bewertung der
Der Begriff DV-Leistung
Das Wort *Leistung* wird im Bereich der ↑Datenverarbeitung mit unterschiedlichen Bedeutungen gebraucht:

- Es wird darunter die Menge der von einem DV-System ausführbaren Tätigkeiten verstanden, ähnlich der Leistungsbeschreibung eines Dienstleistungsunternehmens. Ein DV-System sei „sehr leistungsfähig", wenn es einer großen Anzahl komplexer Funktionen mächtig ist; oder "nicht sehr leistungsfähig", wenn es über einen nur bescheidenen Funktionsumfang verfügt. Leistung bedeutet die Menge der funktionalen Eigenschaften.
- Eine zweite Bedeutung von Leistung betrifft Merkmale, wie die Zeitdauer, die während die Dienstbereitschaft des DV-System ohne Unterbrechung besteht oder den Prozentsatz der Zeit in der es ohne Funktionseinschränkung zur Verfügung steht. Leistung impliziert somit die Zuverlässigkeitseigenschaften.

• Schließlich wird unter Leistung verstanden, wie schnell ein DV-System Verarbeitungsaufträge ausführen kann (Auftragsdurchlaufzeit) und/oder wieviele Aufträge es in gegebener Zeit bewältigen kann (Auftragsdurchsatz). Wenn diese Bedeutung von Leistung gemeint ist, wird dies durch den Gebrauch der Bezeichnung DV-Leistung präzisiert.

Bewertung, Messung, Vorhersage

Wie beim Wort Leistung gibt es auch beim Wort Bewertung verschiedene Bedeutungen: In vielen Fällen wird unter *Bewertung* (Evaluation) die Ermittlung der Zahlenwerte von DV-Leistungsgrößen für ein konkret betrachtetes DV-System oder für Komponenten solcher Systeme verstanden. Dabei gibt es zwei methodisch unterschiedliche Wege zur Ermittlung: Erstens gibt es die Messung. Dies ist die experimentelle Bestimmung der Werte durch Versuche mit dem real aufgebauten ↑System. Zweitens gibt es die Möglichkeit, die Werte mittels ↑mathematischer Modelle, Simulationsverfahren u.ä. zu suchen. Die Ergebnisse sind dann i.a. nur Näherungswerte. Sie haben - im Gegensatz zu tatsächlich gemessenen Werten - den Charakter einer Vorhersage bzw. Vorausberechnung (Prediction Methods).

Die eigentliche Bedeutung von Bewertung ist die Gegenüberstellung der DV-Leistungswerte eines konkreten DV-Systems oder der Komponente eines solchen Systems gegenüber den von einer konkreten Benutzerschaft benötigten Werten. Das Ergebnis des Vergleichs ist die Aussage, ob die Werte ausreichend sind um das Benutzerbedürfnis zu befriedigen oder nicht, das von den Benutzern letztendlich benötigten Ergebnis "ausreichend" oder "nicht ausreichend" bestimmt wird. Die Skala einer solchen Endaussage kann auch detaillierter gestaltet sein, bspw. gut, noch ausreichend, unbefriedigend, völlig unzureichend. Die Werte von DV-Leistungsgrößen sind somit für ein konkretes DV-System feststehende Zahlen; sie würden sich nur ändern, wenn das System geändert wird, z.B. durch Austausch einer Komponente oder durch Änderung der Konfiguration. Dagegen hängen die Bewertungsergebnisse davon ab, für welche Benutzer die Bewertung vorgenommen wird. So können die Leistungswerte eines konkreten DV-Systems für die Benutzerschaft A sehr gut sein, während sie für den Benutzerschaft B unbefriedigend sind.

Komponenten- und ↑Systemleistung

Werte, wie etwa die mittlere oder die maximale Anzahl ausführbarer Instruktionen einer Zentraleinheit (↑MIPS), die Zugriffszeit oder Übertragungsrate eines Speichers, die maximal mögliche Zahl von Zugriffen eines Datenbankservers usw. sind Leistungsgrößen für Komponenten von DV-Systemen. Auch die klassischen Batch Benchmark-Tests ergeben im Prinzip Komponentenleistungswerte und nicht Systemleistungswerte. Komponentenleistungswerte sind für Konstrukteure, Systembetreuer, System-Tuner usw. wichtig, aber der Anwender benötigt andere Größen. Ihn interessiert, wie sich das DV-System aus seiner Sicht, d.h. gesehen als Black Box, verhält. Die benötigten Beschreibungsgrößen sind die Durchlaufzeit und der Durchsatz. *Durchsatz* ist die mittlere Anzahl von Aufträgen pro Zeiteinheit, die das ↑System bewältigt. Die *Durchlaufzeit* ist die Zeit für die Erledigung eines Auftrags, wobei i.a. die durchschnittliche Zeit gemeint ist. Beide Größen sind für alle vom Anwender verwendeten Auftragsarten einzeln anzugeben. Bei m Auftragsarten ist die Systemleistung durch 2*m Werte beschrieben.

Die heute meist noch verwendete Vorgehensweise ist so, daß versucht wird, dem Anwender die DV-Leistung eines Systems durch Angabe von Komponentenleistungswerten darzustellen. Dies ist unbefriedigend: Er selbst muß versuchen die Systemleistungswerte aus den Komponentenleistungswerten zu ermitteln. Dies gelingt i.a. in nur unbefriedigender Weise.

Bestimmung der Systemleistung

Was der Anwender benötigt, sind *Systemleistungswerte*. Die Bestimmung von Systemleistungswerten kann z.B. mittels Vorhersagemethoden erfolgen. Die Ergebnisse sind jedoch oft nur grobe Näherungswerte. Deshalb muß die Bestimmung durch Messung erfolgen. Dazu muß das DV-System konkret in der betrachteten Hard- und Softwarekonfiguration aufgebaut, für den vollen Rechenbetrieb funktionsfähig gemacht und seiner Benutzerschaft gegenübergestellt werden.

Da Versuchen mit natürlichen Personen enge Grenzen gesetzt sind, wird zur Messung die Benutzerschaft mittels eines Benutzersimulators dargestellt. Solche Messungen sind aufwendiger als der Einsatz von Vorhersagemethoden, sie führen jedoch zum treffsicheren Ergebnis.
Das Prinzip der Leistungsmessung wird z.B. in den Prüffeldern vieler DV-Hersteller, aber auch bei größeren Anwendern herangezogen. Es werden dort typischerweise individuelle Lasten (Last ist das Paar von konkreter Applikation plus konkrete Benutzerschaft.) verwendet. Diese Meßwerte haben nur individuellen Charakter. Es ist deshalb anzustreben, daß typische Lasten für mehrere Anwendungsbereiche definiert werden. Dann wäre es durch Vermessung von Standardkonfigurationen möglich, DV-Systeme von unterschiedlichsten Typen und Betriebssystemen betreffs ihrer Systemleistung einzustufen und zu vergleichen. Eingesetzt werden muß allerdings auch ein genormtes Verfahren, um die Verwendung einheitlicher Größen und eines gleichen Meßvorgehens sicherzustellen.
Systemleistungsmeßverfahren von allgemeiner Bedeutung sind die ↑Tests des Teleprocessing Council (TPC) und die deutsche Norm ↑DIN 66273-Teil 1. Die Haupt-Meßgrößen bei TPC und DIN sind Durchsatzwerte und Durchlaufzeitverteilungen, allerdings mit im Detail unterschiedlichen Definitionen. Das ↑DIN-Verfahren ist gegenüber dem TPC-Verfahren das allgemeinere; es ist z.B. ein beliebiges Zeitverhalten für die Benutzer vorgebbar und das Verfahren ist allgemein genug definiert, um für beliebige Applikationen eingesetzt werden zu können. Das TPC-Verfahren dagegen kennt nur einige wenige Lastarten (A-Test, B-Test, C-Test). Sie enthalten als Applikation unterschiedliche, datenbankgestützte online-Transaktionssysteme. Es werden nicht in allen Tests dieselben DV-Leistungsgrößen verwendet, so daß eine Vergleichbarkeit der Ergebnisse aus verschieden Testarten auf Grenzen stößt.

Das DIN-Verfahren hat gegenwärtig (Stand Juli 1994) den Nachteil, daß keine Normlasten definiert sind, so daß mit individuell erstellten, aber DIN-konformen Lasten gemessen werden muß. Normlasten sind bei DIN jedoch in Vorbereitung. Das TPC-Verfahren ist lizenzpflichtig. Der Anwender muß Mitglied des TPC sein. Das DIN-Verfahren ist - entsprechend einem allgemeinen nationalen Standard - allgemein zugänglich und kostenfrei benutzbar.

- *Bewertung in den TPC-Tests*

Die Messung wird so durchgeführt, daß die Zahl simulierter Benutzer schrittweise gesteigert wird, wobei das Profil der einzelnen Benutzer immer dasselbe ist. Die DV-Leistung gilt solange als ausreichend, wie ein vorgegebener Prozentsatz der Durchlaufzeiten von Transaktionsschritten eine gegebene Schwelle nicht überschreitet. Im A-Test sind dies 90% bei 2 Sekunden. Die erreichte Zahl von ↑Transaktionen pro Zeiteinheit gilt als Leistungsmaß. Es gibt Faustregeln, wie hieraus die Zahl zeitgerecht bedienter Benutzer n_{max} bestimmt werden kann. Im A-Test lautet sie $n_{max} = 10*r_T$, wobei r_T die Rate von Transaktionen pro Sekunde ist. Ein DV-System, das im A-Test z.B. 49 Transaktionen pro Sekunde erreicht, bedient rund 490 Benutzer der im Test verwendeten Art zeitgerecht am Bildschirm.

- *Bewertung im DIN-Verfahren*

Es sind, wie in den TPC-Tests, Zeitschranken für die Durchlaufzeiten aller Auftragsarten zu definieren. Zusätzlich können Ausreißerklassen benannt werden. Beispiel: 10% der Durchlaufzeiten dürfen oberhalb der Zeitschranke liegen, aber eine zu benennende Obergrenze dürfen sie nicht überschreiten. Es können auch bez. der Ausreißerklasse ggf. noch Ausreißer definiert werden usw. Die Menge dieser Angaben bilden die sog. Durchlaufzeitforderungen. Aus diesen und den weiteren Angaben über das Zeitverhalten der simulierten Benutzer wird berechnet, welche Durchsatzwerte für die einzelnen Auftragsarten mindestens verlangt werden und welche mittlere Durchlaufzeiten maximal erlaubt sind: Durchsatz- und Durchlaufzeit-Referenzwerte. Der Vergleich der in der Messung gefundenen Durchsatzwerte mit den Referenzdurchsatzwerten ergibt die Durchsatzbewertungsgröße L1. Der Vergleich der in der Messung gefundenen Durchlaufzeitwerte mit den Referenzdurchsatzwerten ergibt die Durchsatzbewertungsgröße L2.

Der Vergleich der in der Messung gefundenen Durchlaufzeitverteilungen mit den Durchlaufzeitforderungen ergibt die Bewertungsgröße L3 für Pünktlichkeit der Auftragserledigung. Diese stellt eine zusätzliche Bewertungsart dar, die es in den TPC-Tests nicht gibt. L1 ist eine besonders kritische Bewertungsgröße, da sie abprüft, ob nicht nur die erlaubten Durchlaufzeitmittelwerte nicht überschritten sind, sondern auch keine der statuierten Ausreißerklassen überläuft. Die Bewertung eines vermessenen DV-Systems ist trotz der scheinbar hohen Zahl von zu beachtenden Parametern im ↑DIN-Verfahren sehr einfach: Wenn alle L-Werte den Wert 1 haben, so ist die DV-Leistung des vermessenen DV-Systems gerade ausreichend; liegt auch nur ein L-Wert unter 1, dann hat das ↑System Mängel; liegt ein Wert über 1, so ist das ↑System bez. der betreffenden Position leistungsstärker als verlangt. Beispiel: Liegt für eine bestimmte Auftragsart der L2-Wert bei 2, so bedeutet dies, daß das DV-System bzgl. dieser Auftragsart im Mittel halbe Durchlaufzeiten benötigt, wie zulässig wären.

Literatur: Dirlewanger, W.: Messung und Bewertung der DV-Leistung auf Basis der Norm DIN 66273, Heidelberg, 1994.

Prof. Dr. W. Dirlewanger, Kassel

DV-Werkzeuge

D. ermöglichen die Übertragung von Aufgaben, die vorher von verschiedenen Funktionsträgern erfüllt wurden, auf den Rechner. Beispiele: Geometriemodellierer, Berechnungssysteme, Datenbanken und die Simulationstechniken.

EAN
Europäische Artikel Nummer; für den Handel vereinbarte Norm; 13stellige Nummer - bestehend aus zwei Stellen für das Länderkennzeichen, fünf Stellen für die bundeseinheitliche Betriebsnummer, fünf Stellen für die individuelle Artikelnummer des Herstellers als laufende Nummer und einer Stelle als Prüfziffer zur Absicherung des Lesevorgangs.

EBCDIC
Extended Binary Coded Decimal Interchange Code; 8 ↑Bit ↑Code.

Echtzeitbetrieb
Real Time Processing; Beim *E.* müssen Zeitpunkte der Ein-/Ausgaben in engen Grenzen an die reale Zeit geknüpft werden können. Häufig ist dazu eine starke Einflußnahme auf die Reihenfolge bei der Abwicklung von ↑Programmen erforderlich, damit benötigte Rechenergebnisse rechtzeitig zur Verfügung stehen. Haupteinsatzgebiet dieser ↑Betriebsart ist die ↑Steuerung und ↑Regelung technischer Prozesse.

ECMA
European Computer Manufacturer Association; Zusammenschluß europäischer Hersteller von Datenverabeitungsanlagen zur Einführung gemeinsamer Normen, vor allem im Bereich der Datenträger.

EDI
Electronic Data Interchange; Austauschvorgang strukturierter ↑Daten unabhängig von Hard- und ↑Software zwecks Kopplung von ↑Anwendungssystemen verschiedener Unternehmen mit heterogenen Computertechniken; kombiniert die Techniken der ↑Datenverarbeitung und der ↑Telekommunikation. Auf der Funktionsseite stehen Telekommunikation, Sicherungsverfahren, ↑Archivierung, Protokollierung und Anwendung; auf der Umfeldseite stehen Normen und Regeln, so EDI-Spezifikationen und ↑EDIFACT-Normen.

EDIFACT
Electronic Data Interchange for Administration Commerce and Transport; Weltstandard für alle Wirtschaftsbereiche; hard- und softwareneutral; wird von einem Normungsausschuß der UN gepflegt.

Editor
Hilfsmittel zum Schreiben eines ↑Programms in einer maschinenunabhängigen Sprache.

EDM
Engineering Data Management; systematische Ordnung aller das Produkt betreffenden ↑Informationen; bietet die Möglichkeit, Informationen in Form von Unterlagen, die auch in unterschiedlichsten Softwaresystemen abgelegt sind, mit Hilfe von Metadaten zu organisieren.

Edutainment
Kombination von Education und Entertainment; Einbettung von Lernsystemen in den Kontext einer spielerischen Handlung.

EDV
Elektronische Datenverarbeitung

EDV-Bereich, Kooperationskultur im
↑Kooperationskultur im EDV-Bereich

Eiffel
Prozedurale Sprache mit objektorientierten Prinzipien.

EIS
Begriffserklärung
Executive Information Systems (EIS) oder *Führungsinformationssysteme (FIS)* werden seit (Rockart, DeLong, 1988) unter diesem Namen, aber auch schon früher unter der Bezeichnung ↑*Management Information Systems (MIS)* als Ansatz der Computerunterstützung für das Management diskutiert. Weitere Bezeichnungen sind: *E(D)SS (Executive DSS)*, *Chef-Informationssysteme (CIS)* und *Vorstands-Informationssysteme (VIS)*. Herausgebildet haben sich *E.* durch die Fokussierung von *Entscheidungsunterstützungssystemen (EUS)* auf einen einzelnen Entscheidungsträger. *E.* stellen einen Teilbereich von ↑*Management Support Systems (MSS)* bzw. ↑*Managementunterstützungssystemen (MUS)* dar und sollen Führungskräfte bei schlecht strukturierten Problemen unterstützen. Sie müssen daher individuell auf den Informationsbedarf und auf das Entscheidungsver-

halten der einzelnen Person zugeschnitten sein. Bis heute haben sich keine eindeutigen Grenzen zwischen diesen Begriffen herausgebildet. Dennoch kann man zwei Ansätze unterscheiden. Während aus dem operativen bzw. ↑Operations Research Bereich kommende "klassische" EUS versuchen, aufgrund von Datenmaterial Entscheidung bzw. Entscheidungsalternativen zu erzeugen, gehen *E.* von der Überlegung aus, daß Probleme von Führungskräften unstrukturiert sind und daher Informationsaufbereitung und Entscheidungsvorbereitung eine geeignetere Unterstützungmöglichkeit darstellen. In diesem Sinne sprechen (Greschner, Zahn, 1992) von einer Entwicklung von der Datenunterstützung hin zur Strategieunterstützung. *E.* unterscheiden sich von EUS in den Bereichen Anwendungsunterstützung (breiter), verwendete ↑Software (auf den Entscheidungsträger zugeschnitten), Implementierung (höhere Komplexität) und Organisationsbezug (umfassender).

Aufgaben

E. übernehmen eine Reihe von Aufgaben. Ausgangsbasis kann das Berichtswesen und eine strategische Ausrichtung an kritischen Erfolgsfaktoren sein. Aufbauend auf einer Analyse der Unternehmensstruktur und ihrer Umsetzung in ein abstraktes Modell können unterschiedliche Dimensionen unterstützt werden (Unternehmens-, Produkt-, Regional-, Kunden- und Zeitstruktur, Kenngrößen, sowie Kontenrahmen (Behme, Schimmelpfeng, 1993). Neben der Datenanalyse und -präsentation, sowie dem Informationretrieval spielen ↑Simulationen eine große Rolle. Bei *What if-Simulationen* wird untersucht, welche Auswirkung bestimmte Maßnahmen für die Zukunft haben, bei *How to Achieve-Abfragen* wird von einem Ziel ausgegangen und untersucht, auf welchem Wege es erreicht werden kann. Diese Simulationen werden durch intelligente *Drill Down-Mechanismen* ergänzt. Eng damit verknüpft sind Trendanalysemethoden, mit denen anhand ↑mathematischer Modelle vorhandene ↑Daten in die Zukunft fortgeschrieben werden. Mit *Dokumentendatenbanken* (*Briefing Books)*, können vorgefertigte Berichtsformate im System vorgehalten werden, die bei Bedarf sehr schnell zusammen mit aktuellen Daten abgerufen werden. Eine weitere Aufgabe ist das Ausnahmeberichtswesen. Dabei wird ein Entscheidungsträger erst dann über einen Sachverhalt informiert, wenn Toleranzgrenzen bestimmter Werte über- oder unterschritten werden. Neben internen Daten spielt der Zugang zu erfolgskritischen ↑Informationen aus externen Quellen eine wesentliche Rolle.

Aufbau

(Krcmar, 1990) unterscheidet drei Werkzeugebenen zur Erstellung von *E.* Neben speziellen *E.*, die nur sehr begrenzt an neue Aufgaben anpaßbar sind, werden EUS-Werkzeuge eingesetzt, die ↑Programmiersprachen, Graphiksysteme, Datenbankmanagementsysteme (↑DBMS) und Statistiksysteme beinhalten können. Darüber hinaus wird mit Hilfe sog. Generatoren die Erstellung von *E.* erleichtert. Sie stellen problemorientierte Methoden und Werkzeuge unter einer einheitlichen Systemoberfläche zur Verfügung und schließen Hilfsmittel zur Generierung von Masken, Oberflächen, Datenverwaltung und Verbindung der einzelnen Systembausteine ein.

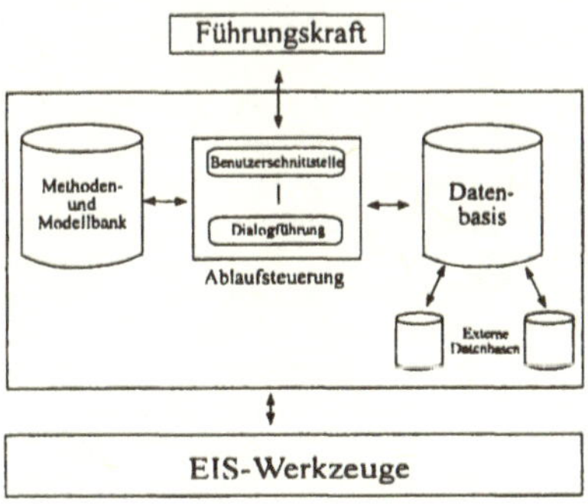

Die Architektur eines *E.* muß in Abhängigkeit von Art und Branche des Unternehmens, zu berücksichtigender Unternehmensbereiche und Managementebenen, sowie dem bereits etablierten Berichtswesen entwickelt werden. Die wichtigsten Komponenten eines *E.* sind Datenbasis, Modell-,Methodenbank, Ablaufsteuerung und Benutzerschnittstelle. Als Datenbasis kommen prinzipiell alle

EIS

im Unternehmen vorhandenen, zumeist ↑relationalen Datenbanken in Frage. Neben numerischen und Textdatenbanken (z.B. als Volltextdatenbank) sollten online- und offline-Verbindungen zu externen Informationsquellen ein wesentlicher Bestandteil sein. Ergänzt werden diese in jüngster Zeit durch objektorientierte und multimediale ↑Datenbanken. Modell- und Methodenbanken stellen Möglichkeiten zur Bearbeitung der Daten zur Verfügung. Während letztere konkrete Verfahren zur Problemlösung enthalten (z.B. ↑Statistik), helfen Modellbanken, ein Modell des Problembereichs zu generieren, mit dem dann operativ gearbeitet werden kann. Die Ablaufsteuerung übernimmt das Zusammenspiel aller Komponenten.

Eine Führungskraft zeichnet sich typischerweise durch einen hohen Bedarf an ↑Informationen aus, versucht aber zugleich, den direkten Kontakt zum ↑Computer möglichst gering zu halten oder zu delegieren. Eine besonders wichtige Rolle bei *E.* spielen daher alle Komponenten, mit denen der Entscheidungsträger direkt in Berührung kommt, insb. die Benutzerschnittstelle, über die die Führungskraft mit dem System interagiert. Bei ihr hat sich die Bezeichnung ↑*Personal Information Management Systeme* (*PIMS*) entwickelt. Darunter werden alle Werkzeuge und Hilfsmittel verstanden, die ein intuitives und unstrukturiertes Vorgehen bei der Bedienung, insb. Informationsstrukturierung bei der Ein- und Ausgabe ermöglichen bzw. fördern. Beispiele dafür sind Retrievalprogramme und ↑Datenbanksysteme mit Möglichkeiten zum Querlesen von Information. Bei integrierten Systemen lassen sich Daten aus unterschiedlichen Quellen assoziativ miteinander verknüpfen und ermöglichen dadurch komplexe Abfragemöglichkeiten. In naher Zukunft werden auch Hypertext und ↑Multimedia-basierte Systeme zum Standard gehören, die Sprachein-/-ausgabe, sowie ad hoc-Abfragen über Mobiltelefon ermöglichen.

Beispiele ausgewählter E.-Generatoren

- CommanderEIS von Comshare GmbH, eines der führenden Produkte auf dem Markt, baut auf einer Dokumentbibliothek auf, mit der Graphiken, Berichte, Bildschirmoberflächen und Funktionalitäten anderer *E.*-Bausteine verwaltet werden. Über eine separate Entwicklungsoberfläche kann der Anwender während der Laufzeit komfortabel Oberflächen erzeugen und mit Aktionen versehen. Jede Sicht auf ausgewählte oder per Trendberechnung erzeugte Informationen läßt sich zu einem Personal-View zusammenstellen und jederzeit wieder aktivieren. CommanderEIS verfolgt ein Serverkonzept mit automatischem Update vom Zentralrechner auf die PC-Server, die ihrerseits die lokalen Benutzer aktualisieren.
- FCS-Pilot von Thorn EMI Computer Software besteht aus einer Programmierumgebung, auf der editierbare Beispielanwendungen aufsetzen. Diese können mit Hilfe komplexer Generatoren manipuliert und an eigene Bedürfnisse angepaßt werden. FCS-Pilot ist stark auf einen Zentralrechner ausgerichtet. Die ↑PC enthalten lediglich einzelne Komponenten. Kleinere Programm- und Datenteile können vom Server angefordert und dann auf dem PC standalone betrieben werden.
- ExecutiveEdge von EXECUCOM besteht aus einer losen Kopplung von zwei Applikationsteilen, mit denen Anwendungen auf dem PC und auf dem Zentralrechner spezifiziert werden. Vorgefertigte Prozeduren können über eine leistungsfähige Script-Sprache bearbeitet werden.
- Weitere Produkte sind Executive Decision/VM von IBM, macControl von Breitschwerdt & Partner. Über dreißig Produkte sind zur Zeit auf dem Markt erhältlich (o.V., 1993). Der Trend geht dabei weg von Beratungsunternehmen, die speziell maßgeschneiderte Lösungen anbieten, hin zu großen Softwarefirmen, die integrierte Standardlösungen anbieten.

Praxiserfahrungen

Hauptanwendungsbereiche sind immer noch das Vorstandsberichtswesen und Controllinganwendungen. (Hichert, Moritz, 1992) und (Kemper, 1991) berichten über eine ganze Reihe von Praxisbeispielen. Dabei wird eines der wesentlichen Probleme für das Design von *E.* deutlich. Während in vielen Bereichen Standards sich entwickeln und dadurch zu einer höheren Verbreitung beitragen, müssen *E.* nicht nur individuell auf ein Unterneh-

men zugeschnitten (Datenbasis, ↑Bürokommunikation), sondern zusätzlich noch an das Informationsverhalten der einzelnen Führungskräfte angepaßt werden. Ein weiteres Hindernis bei der Einführung von *E.* sind die Schwierigkeiten, die bei der Einbindung neuer in bereits bestehende (eher adminstrative und operative) ↑Informationssysteme auftreten, sowie die Konzeption eines *E.*
Gegenwärtig besteht noch ein zum Teil erheblicher Unterschied zwischen Anspruch und Wirklichkeit angebotener *E.* Immer noch existiert eine unzureichende Versorgung mit aufbereiteten Basisdaten, da diese entweder nicht oder nur in unzureichender Qualität vorliegen oder nicht geeignet extrahiert werden können. Während führungsrelevante ↑Informationen in führungsadäquater Form notwendig wären, sind existierende ↑Systeme noch zu starr bei den Anforderungen an das Verhalten des Managers. Bspw. können personenbezogene Informationspfade nicht im System hinterlegt werden, sondern müssen jedesmal neu definiert werden.

Besondere Einführungsstrategien mit einer eigenen *E.*-Gruppe im Unternehmen und evolutionärer Entwicklung unter Miteinbeziehung nicht nur des Managements, sondern auch der Assistenz- und Stabsbereiche sind notwendig, um eine hohe Akzeptanz zu erreichen. Wichtig für den Erfolg ist der *E.*-Anbieter, der neben der Anwendungsentwicklung eine kompetente Beratung während und nach der Installation bieten muß. Die Administration eines *E.* sollte durch ein *E.*-Team erfolgen, das aus technischen Mitarbeitern (HW-Unterstützung), Anwendungsentwicklern und Führungskräften besteht. Oft ist nicht die Geschäftsführung Initiator, sondern die DV- oder Controlling-Abteilung, wodurch diese Projekte niedrigere Priorität erhalten. Da *E.* meist als Ergänzung zu bestehenden Systemen (Papier, EDV) eingeführt werden und Führungskräfte oft andere Informationsquellen als die Geführten haben, führen die daraus resultierenden Inkonsistenzen nicht nur zu schlechteren Entscheidungen, sondern beeinträchtigen auch das Zusammenspiel der beteiligten Personen und Systemkomponenten. Weitere Probleme bestehen in der mangelnden Ausrichtung auf Assistenz- und Stabsbereiche als klassische Informationsbereitsteller, sowie in einer fehlenden Einbeziehung tieferliegender Ebenen der Organisation. Da Delegation nur bei ausreichender Flexibilität der Systeme und ausgebauter Kommunikationsinfrastruktur funktioniert, sind diese Eigenschaften erforderlich, aber selten zu finden. Trotz modernster Werkzeuge und *E.*-Architekturen müssen bestimmte Bereiche unternehmensweit festgelegt und vereinheitlicht werden. Dies erschwert den individuellen Zuschnitt auf einzelne Personen. Zudem entsteht bei großem ↑Informationsbedarf zugleich eine Zunahme des Zeitdrucks, unter dem Entscheidungsprozesse stehen. Für diese veränderten Anforderungen existieren noch keine adäquaten Unterstützungskonzepte. Trotzdem sind die Erfahrungsberichte durchwegs positiv, auch wenn der Nutzen oft nicht oder nur unzureichend quantifizierbar ist.
Die bisherigen Erfahrungen zeigen die Notwendigkeit auf, Konzepte zu entwickeln, die relevantere, aktuellere und bedarfsgerechtere Informationen zu beliebigen Zeiten und Orten verfügbar machen (Bullinger et al., 1993). Die Integration aller computergestützten betriebswirtschaftlichen Systeme führt zu einer ganzheitlichen Unterstützung von Führungskräften (Krcmar, 1990). Gruppenkomponenten können helfen, die zunehmende Komplexität zu reduzieren bzw. transparenter zu machen (Krcmar, Barent, 1993). Über wissensbasierte Ergänzungen und ↑Neuronale Netze wird sich die Qualität der angebotenen Information erhöhen. Durch ↑Email-Integration (unternehmensintern und extern) und Einbindung in unternehmensweite ↑Bürokommunikationssysteme werden völlig neue Unterstützungsformen entstehen.

Literatur: Behme, W., Schimmelpfeng, K.: Führungsinformationssysteme, *Krcmar, H., Barent, V.*: Computer Aided Team Werkzeuge als Bestandteile von Führungsinformationssystemen, sowie *Bullinger, H.-J., Niemeier, J., Koll, P.*: Führungsinformationssysteme (FIS): Einführungskonzepte und Entwicklungspotentiale, in: *Behme, W., Schimmelpfeng, K.* (Hrsg.), Führungsinformationssysteme, Wiesbaden, 1993. *Greschner, J., Zahn,*

E.: Strategischer Erfolgsfaktor Information, in: *Krallmann, H. et al.* (Hrsg.), Rechnergestützte Werkzeuge für das Management, Berlin, 1992. *Hichert, R., Moritz, M.* (Hrsg.): Management-Informationssysteme, 1992. *Kemper, H.-G.*: Entwicklung und Einsatz von ↑Executive Information Systems in deutschen Unternehmen, in: Information Management 4, 1991. *Krcmar, H.*: Entscheidungsunterstützungssysteme, in: *Kurbel, K., Strunz, H.* (Hrsg.), Handbuch Wirtschaftsinformatik, Stuttgart, 1990. *Rockart, J.F., DeLong, D.W.*: Executive Support Systems: The Emergence of Top Management Computer Use, Illinois, 1988. *O. V.*: Marktübersicht: Executive Information Systems, in: Computerwoche 12, 1993.

Prof.Dr.H.Krcmar, V.Barent, Hohenheim

EISA
Extended Industry Standard Architecture

Electronic Banking
Sammelbegriff für ↑Software, die von Firmenkunden und Kunden der Banken genutzt werden; hinzu zählen der Datenträgeraustausch, das Cash Management, die Finanzierung, die Liquiditätsplanung, die Devisengeschäfte, aber auch bspw. die Bilanzanalysen; im privaten Kundenbereich zählen dazu die online-Schalterdienste, die Kundenselbstbedienung die Beratungssysteme (Baufinanzierung, Wertpapiergeschäfte, Sparpläne) etc.

Electronic Mail
Versenden elektronischer Nachrichten.

Electronic Publishing
Elektronisches Publizieren; computergestützte Erstellung bzw. Abfassung, Präsentation, Übermittlung, Speicherung und Wiedererlangung von Dokumenten.

elektronische Netzdienste
↑Netzdienste, elektronische

ELOD-Platte
Erasable Laser Optical Disk; magnetooptische (MO-Speicher) Medium.

ENIAC
Electronic Numerical Integrator and Computer; erster mit Elektronenröhren arbeitender Rechner; entwickelt 1946 mit über 18.000 Elektronenröhren, 1.500 Relais. 150 kW elektrische Leistung, 10 KHertz Taktrate, Multiplikation zweier 10stelliger Zahlen in 2,8 Millisekunden.

Entscheidungstabelle
Organisationsmittel zur eindeutigen tabellarischen Zuordnung von Bedingungen und abhängigen Maßnahmen in Entscheidungssituationen.

Entwicklungsmanagement
Wer mit einem neuen Produkt zuerst am Markt ist, demonstriert damit seinen technologischen Vorsprung und hat viele Freiheiten zur Gestaltung des Marktpreises. Die Frage ist, wie läßt sich diese Erstpräsenz realisieren?

Die Produktentwicklungszeiten der japanischen Unternehmen sind im Vergleich zu europäischen erheblich kürzer. Dies zeigt sich in der Vielfalt der angebotenen Produkte und deren vergleichsweise kurzen Produktionsphase. Weshalb sind diese Firmen erheblich schneller mit neuen Produkten auf dem Markt? Die Ursachen hierzu liegen in diversen Einzelgründen. Ein wesentlicher Unterschied ist das konträre Vorgehen bei der Entwicklung der Produkte. Während in Europa in der Planungsphase autoritäre Entscheidungen gefällt werden (Vorstand legt ↑Pflichtenheft fest), findet in japanischen Firmen eine breite Produktplanung statt (Kurth, 1993).

Die Entwicklung eines Produktes ist ein komplexer Prozeß, geprägt von diversen gegenläufigen Parametern. Die Berücksichtigung der unterschiedlichsten Einflußfaktoren erfordert die Anwendung diverser Methodenbausteine. Diese sind effizient miteinander zu verknüpfen und variabel zu kombinieren. Wesentlich ist jedoch ein professionelles, zeitlich koordiniertes Vorgehen, d.h. ein wirkungsvolles *E.* Richtig eingesetzt zeigt dieses neue Wege für die schnelle und erfolgreiche Produktrealisierung auf. Es faßt hierbei diverse Bausteine zukunftsorientierter Strategien für die Produktkreation, -entwicklung, -produktion und -betreuung zu einem *zielgerichteten Ablaufplan* zusammen.

Zur besseren Übersicht wurden die zahlreichen Bausteine in vier Säulen unterteilt (Kurth, 1994). Die Reihenfolge der einzelnen Bausteine auf den Säulen dieser Darstellung ist jedoch willkürlich. *E.*

Entwicklungsmanagement

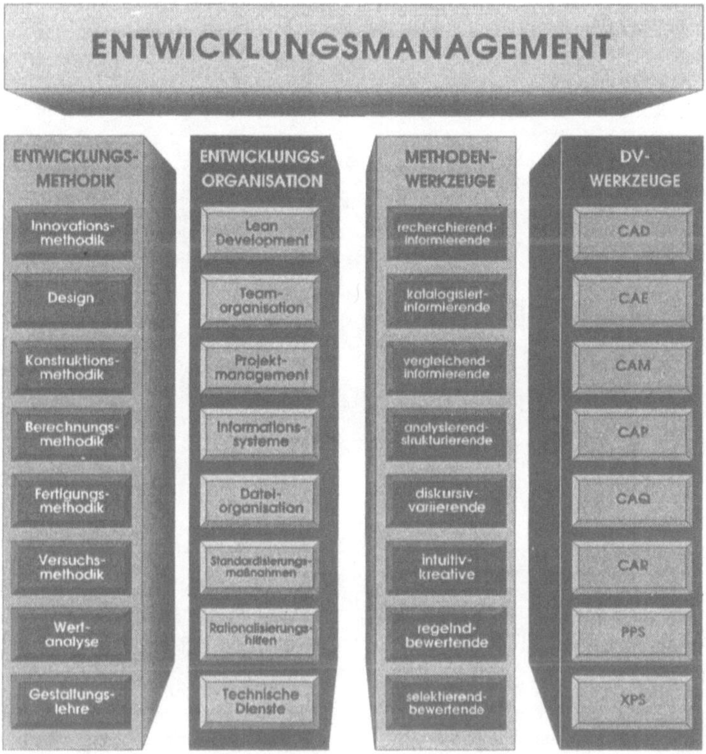

bedeutet, aus diesen vier Säulen, die für die Lösung des vorhandenen Entwicklungsproblems notwendigen Bausteine herauszusuchen und richtig miteinander zu verknüpfen. Bewährte Verfahren und neue Strategien richtig kombiniert, reduzieren die Entwicklungszeiten für die Produkte und die Produktionsmittel erheblich, vermeiden teure Fehlentwicklungen und sichern den Unternehmenserfolg. Gerade die teuren Fehlentwicklungen stellen in Europa ein großes Problem dar. Deutsche und europäische Unternehmen sind meist noch nach alten Strukturen aufgebaut. Die Innovationsprozesse erfolgen hierbei in einem linear aufgebauten Denkschema, d.h. jede Arbeit wird hintereinander von den Abteilungen durchgeführt. Um heute zum Erfolg zu kommen, ist ein vernetztes Denken erforderlich. Alle Unternehmensbereiche müssen dabei parallel zusammenarbeiten, und zwar im gesamten Verlauf der Produktentwicklung (Kurth, 1993, 1994). Ein weiteres Ziel ist die Verbesserung der rung der Marktanalyse. Nur die Produkte sind wirtschaftlich tragbar, die auch wirklich den Bedarf des Kunden und des Marktes treffen.

Die nachfolgende Abbildung zeigt stark vereinfacht die heute üblichen und die zukünftig notwendigen *Produktentwicklungsprozesse* im Vergleich. Die Entscheidung zwischen Flop und Weiterentwicklung findet bisher zu einem Zeitpunkt statt, an dem schon sehr viel Zeit und Geld in die Entwicklung und Konstruktion eines neuen Produktes geflossen sind. Häufig wird nicht nach den Bedürfnissen des Marktes entwickelt, da die Marktbefragung - wenn überhaupt - zu einem Zeitpunkt stattfindet, an dem die Entwicklungsphase schon größtenteils abgeschlossen ist.

Die Marktbefragung muß zukünftig schon in einem früheren Entwicklungs-

Entwicklungsmanagement

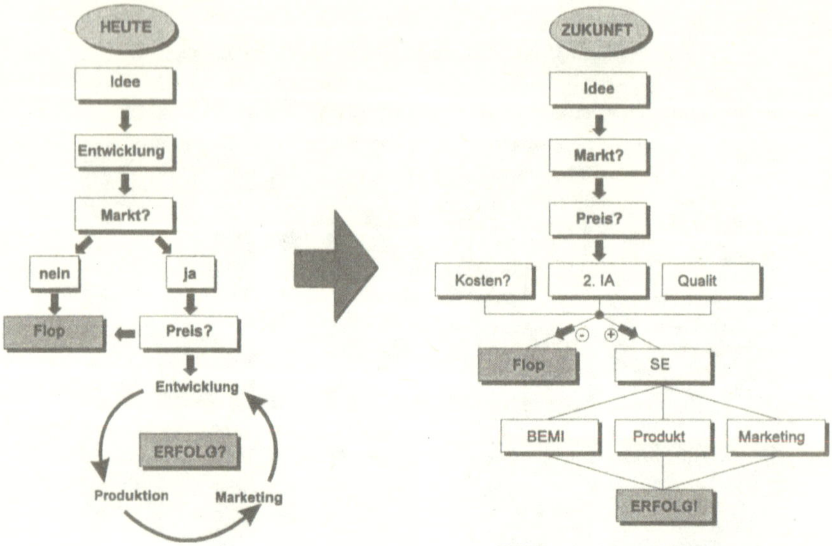

BEMI: Betriebsmittel SE: Simultaneous Engineering

schritt erfolgen. Wichtig für die Produktentwicklung sind außerdem die Faktoren: Preis, Kosten und Qualität als korrelierende Elemente.

Es muß zukünftig entwickelt werden, was der Markt verlangt und bezahlen kann!

Es sind nun bisher viele Faktoren genannt worden, die von außen auf den Entwicklungsprozeß einwirken. Was ist zur Neustrukturierung der Entwicklungsprozesse notwendig? Für die effiziente Entwicklung neuer Produkte müssen die Bausteine des *E.* wirkungsvoll miteinander verknüpft werden. Hierzu nachfolgend eine kurze Erläuterung der vier Säulen und einiger Bausteine:

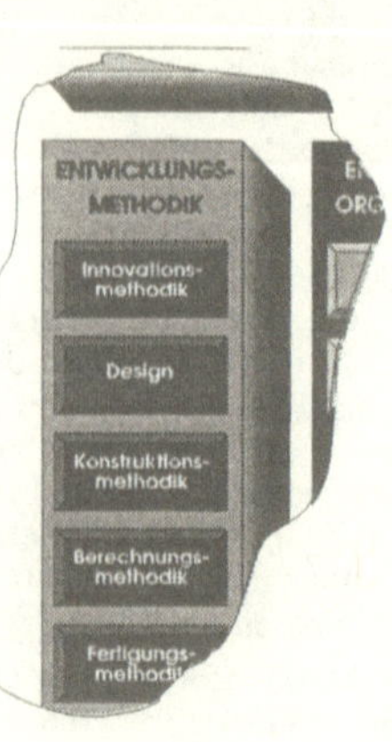

In der ↑*Entwicklungsmethodik* sind alle Bausteine enthalten, die zum systematischen Entwickeln eines Produktes oder Projektes unter Berücksichtigung aller Einflußfaktoren und Lebensphasen erforderlich sind. Das Produkt wird ganzheitlich von der Entwicklungsmethodik begleitet. Die Entwicklungsmethodik ist also die Verfahrenslehre zum systematischen Entwickeln eines Produktes oder Durchführen eines Projektes unter Berücksichtigung aller Einflußfelder und Lebensphasen, von der Vision bis zum Produkttod. Wesentliche Bausteine sind die Innovationsmethodik (Linde, Hill, 1993), das Design (Seeger, 1992), die Konstruktionsmethodik (Pahl, Beitz, 1993) und die Gestaltungslehre (Jung, 1989).

Ein wesentliches Ziel moderner Managementstrukturen ist der Aufbau von flachen Hierarchien (*Entwicklungsorganisation).* Hierzu sind eine wesentlich erweiterte Eigenverantwortung der Mitarbeiter und ein effizienter Informationsaustausch erforderlich. Die Entwicklungsorganisation optimiert die vorhandenen Strukturen und Prozesse. Wesentlich für den Informationsfluß sind die

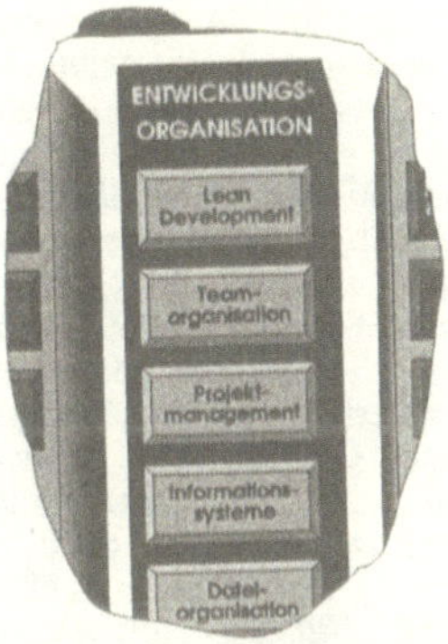

Koordination und die ↑Kommunikation zu den diversen Arbeitsschritten. Alle Unternehmensbereiche müssen parallel zusammenarbeiten und die notwendigen Maßnahmen synchronisieren (*Simultaneous Engineering*; Kurth, 1994). Hierbei ist der gesamten Ablauf der Produktentwicklung, der Produktherstellung und der Produktvertrieb zu integrieren.

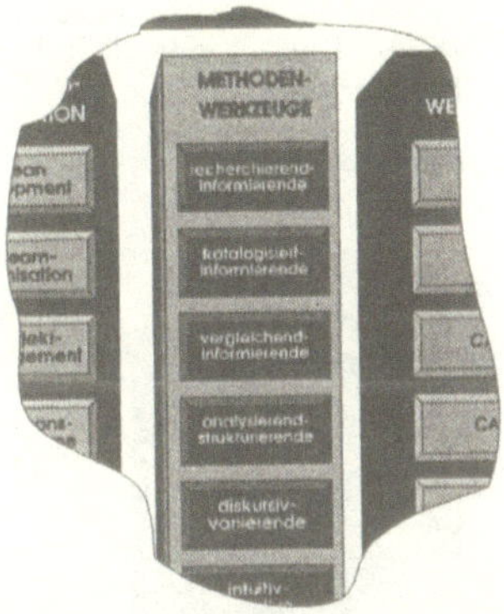

Methodenwerkzeuge sind übergreifende Hilfsmittel, die anforderungsspezifisch eingesetzt werden können. Durch die gezielte Kombination der unterschiedlichen Methodenwerkzeuge besteht die Möglichkeit, die effizientesten Parameter herauszuarbeiten. Die untenstehende Abbildung zeigt eine Auswahl an Beispielen

METHODENWERKZEUGE			
recherchierend-informierende	katalogisiert-informierende	vergleichend-informierende	analysierend-strukturierende
– Literaturrecherche – Patentrecherche – Delphi-Methode – Datenbank-recherche – Produktanalyse – Formanalyse – Fremderzeugnis-analyse	– Lösungskataloge – physikalische Prinzipien – Operationskatalog – Gestaltungs-kataloge	– Bionik – Synektik – Technikanalogien	– Black Box – Ordnungsschemata – Baugruppenstruktur – Produkt/ Prozeß-FMEA – Funktionsstruktur – Just-in-time
diskursiv-variierende	intuitiv-kreative	regelnd-bewertende	selektierend-bewertend
– Morphologie – Gestaltsvariationen – Kombinatorik – Verknüpfen morphologischer Kästen	– Mindmapping – Brainstorming – Brainwriting – Collektiv Methode – Galeriemethode – Methode 635 – Methode 66	– QFD – Prozeßfähigkeits-analyse – Shainin-Methode – Poka-Yoke – Taguchi-Methode – SPC – Demings Leitsätze – Fehlerbaum-analyse – Optimierung – Maschinenfähig-keitsanalyse	– ABC-Analyse – Funktionskosten-bestimmung – Nutzwertanalyse – analytische Frageliste – Lieferanten-beurteilung

derartiger Methodenwerkzeuge entsprechend (Kurth, 1994; Linde, Hill, 1993; Seeger, 1992; Müller, 1993).

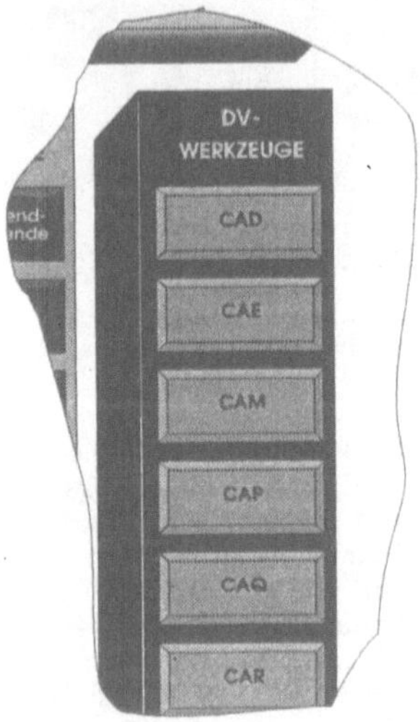

Die *Werkzeuge der ↑Datenverarbeitung* ermöglichen die Übertragung von Aufgaben, die vorher von verschiedenen Funktionsträgern erfüllt wurden, auf den Rechner. Die verfügbaren Werkzeuge sind z.B. Geometriemodellierer, Berechnungssysteme, ↑Datenbanken und Simulationstechniken. Eine wesentliche Hilfe ist hierbei die featureorientierte Gestaltung von Produktmodellen. Kinematische Analysen, Berechnungen nach der Methode der Finiten Elemente, Simulation des Gebrauchsverhaltens und rheologische Untersuchungen können heute teilweise Prototypen ersetzen und aufwendige Versuchsreihen einsparen. Aktueller Trend ist die Schaffung von komplexen Produktmodellen, auf die alle Beteiligten parallel zugreifen können. Diese werden unter dem Schlagwort *Concurrent Engineering* zusammengefaßt. Hierzu ist ein vollständiger und durchgängiger Datenaustausch notwendig, das sog. *Engineering Data Management*.
Wie vorstehend ersichtlich, umfaßt das *E.* heute zahlreiche Methoden und Einzelbausteine. Weiterhin ist festzustellen, daß es viele erfolgreiche Lösungsvarianten gibt. Welche davon die jeweils effizienteste ist, wird durch viele Einflußparameter der spezifischen Aufgabe (Produktart, Unternehmensstruktur, Märkte) beeinflußt. Ziel der wissenschaftlichen Forschung ist es, praktikable Lösungen für die optimale Produktentwicklung zur Erfüllung des aktuellen Marktbedarfs bereitzustellen.

Literatur: Kurth, H.W.: Entwicklungsmanagement: Methoden und Werkzeuge, Tagungsbericht 1. Entwicklungsmanagementtage, Gießen, 1993. *Kurth, H.W.*: Entwicklungsmanagement: Simultaneous Engineering, Tagungsbericht 2. Entwicklungsmanagementtagen in Gießen, 1994. *Linde, Hj., Hill, B.*: Erfolgreich erfinden, widerspruchsorientierte Innovationsstrategie, Darmstadt, 1993. *Seeger, H.*: Design technischer Produkte, Programme und Systeme, Berlin, 1992. *Pahl, G., Beitz, W.*: Konstruktionslehre; Methoden und Anwendungen, 3. Aufl., Berlin, 1993. *Jung, A.*: Funktionale Gestaltbildung, Gestaltbildende Konstruktionslehre für Vorrichtungen, Geräte, Instrumente und Maschinen, Berlin, 1989. *Müller, J.*: Arbeitsmethoden der Technikwissenschaften, Systematik, Heuristik, Kreativität, 3. Aufl., Berlin, 1993.

Prof. Dr. H. W. Kurth, Gießen

Entwicklungsmethodik
Verfahrenslehre zum systematischen Entwickeln eines Produktes oder Durchführen eines Projektes unter Berücksichtigung aller Einflußfelder und Lebensphasen von der Vision bis zum Produkttod. Wesentliche Bausteine sind die Innovationsmethodik, das Design, die Konstruktionsmethodik, die Gestaltungslehre.

Entwicklungstendenzen in Softwareanwendungssystemen
↑Softwareanwendungssystemen, Entwicklungstendenzen in

EPROM
Erasable Programable Read Only Memory; wiederlöschbare, programmierbare ROM.

Ergonomie
Wissenschaft von der Anpassung der Arbeitsbedingungen an den Menschen; schließt neben der Arbeitswissenschaft die Medizin, Psychologie, Wirtschaftswissenschaft, Soziologie u.a. Disziplinen ein und beschäftigt sich mit der sinnvol-

len Arbeitsteilung zwischen dem Menschen und dem ↑Computer; wird in Hard- und Softwareergonomie unterteilt.

ERM
Entity Relationship Modell; Synonym: Entity Relationship Diagramm; dient der graphischen Modellierung von ↑Datenstrukturen. Dabei werden ↑Objekte durch Rechtecke, Beziehungen durch Rauten (Rhomben) und ↑Attribute durch Ellipsen oder Kreise dargestellt.

Ethernet
Netzwerk-Topologie; zentrale busförmige Struktur mit einem zufallsbasierten Zugriffsmechanismus; Vereinbarung über die Festlegung der unteren zwei Schichten des ↑ISO-Modells.

EVA-Prinzip
Beschreibungsschema von Aufgaben für die ↑Datenverarbeitung; definiert, welche Eingabedaten (Inputs) benötigt, Verarbeitungsregeln (Algorithmen) bestimmt, Ausgabedaten (Outputs) erzeugt werden.

Expertensystem
↑Programm, das Spezialwissen und Schlußfolgerungsfähigkeit von Experten auf eng begrenzten Aufgabengebieten rekonstruiert.

Expertensysteme in der Wirtschaft
Aus der Sicht des Anwenders sind ↑*Expertensysteme* Softwareprodukte, die komplexe Probleme - ähnlich wie die Fachexperten des Problembereichs - zu lösen verstehen. Dazu enthalten die Systeme in einer *Wissensbasis* genannten Komponente das notwendige Sach- und Fachwissen, sowie in einer Komponente der ↑*Wissensverarbeitung* ↑Programme, um daraus Schlüsse zu ziehen. Die letztgenannte Komponente ist oft speziell ein System für automatisches logisches Schließen. Die Ergebnisse des Expertensystems dienen als Entscheidungshilfen eines menschlichen Bearbeiters und müssen nachvollziehbar sein. Dem dient die *Erklärungskomponente* des Systems. Die dynamische Anpassung an Veränderungen des Wissensbestandes erfolgt mit Hilfe einer *Wissenserwerbskomponente*.

Eine *Dialogkomponente* faßt die Funktionen der ↑Kommunikation mit dem Benutzer zusammen.

In der Praxis wird der Terminus *Expertensystem* vielfach auch für Softwaresysteme verwendet, welche nur ansatzweise der obigen Zweckbestimmung der komplexen Problemlösung genügen, die aber wesentlich Methoden der Wissensverarbeitung einsetzen. Dabei stehen zwei Vorgehensweisen im Vordergrund: Das automatische logische Schließen kann angewendet werden, wenn das Fachwissen in Form von logischen Aussagen formuliert werden kann und die abzuleitenden Konsequenzen in der Form logischer Implikationen oder sog. WENN-DANN-Regeln dargestellt werden können. Die heuristische Programmierung ist eine Vorgehensweise, bei der Erfahrungen des menschlichen Bearbeiters so systematisch wie möglich, aber auch unter Einbeziehung von automatischen Suchverfahren mit Erfolgsbewertungen, in die Form ausführbarer ↑Programme gebracht werden.

Einen ersten Überblick über prinzipielle Anwendungsmöglichkeiten von Expertensystemen gibt die folgende *Klassifizierung nach Aufgabentypen*:

- *Interpretation*: Auswertung umfangreicher Daten, z.B. von Meßdaten oder Daten aus statistischen Erhebungen;
- *Prognose*: Vorhersage künftiger Ereignisse auf der Grundlage heuristischer Extrapolation;
- *Diagnose*: Ermittlung von Ursachen durch Auswerten von Symptomen bei technischen Systemen, in der Medizin;
- *Design*: Gestaltung von ↑Objekten nach vorgegebenen Bedingungen durch Festlegung freier Modellparameter;
- *Konfiguration*: Gestaltung von ↑Systemen, die aus Komponenten zusammengesetzt sind, unter vorgegebenen Einschränkungen bzw. Optimierungsvorgaben;
- *Selektion*: Auswahl von Objekten anhand komplexer Vorgaben über Merkmalskombinationen derselben;
- *Planung*: Ermittlung zulässiger und optimaler Kombinationen von Handlungsalternativen für maschinelle und organisatorische Abläufe;
- *Überwachung*: prozeßbegleitender Vergleich von Sollvorgaben und Istzuständen unter komplexen Bedingungen, z.B. mit begleitender ↑Simulation;
- *Prozeßkontrolle*: ↑Regelung eines Systems unter Echtzeitbedingungen;

- *Unterricht*: Vermittlung von Fachwissen an menschliche Benutzer;
- *Beratung*: Auswertung eines Wissensbestandes im Hinblick auf eine individuelle Fragestellung.

Die Struktur eines konkreten Expertensystems wird durch dessen Aufgabentyp weitaus stärker bestimmt, als durch das spezielle Anwendungsgebiet. Der Fortschritt in der Expertensystemtechnik entwickelt sich daher eigenständig in jeder Aufgabenklasse. In der Wirtschaftspraxis dringen Expertensysteme in allen Branchen, in allen Funktionsbereichen und auf allen Ebenen der Realisierung vor. In der ersten Stufe der Entwicklung entstehen Demonstrations- und Forschungsprototypen, welche den grundsätzlichen Nachweis der Einsatzfähigkeit für die jeweilige Anwendung liefern. Auf der Stufe des Feldprototyps stehen Systeme, die in ihrer Funktionalität vollständig den praktischen Anforderungen genügen. Ausgereifte Systeme erfüllen Anforderungen der Qualität und der Gesamtwirtschaftlichkeit.

Statistische Erhebungen über Expertensystemanwendungen weisen den Funktionsbereich der *Produktion* als denjenigen mit den meisten Anwendungen aus. Hier überwiegen Diagnosesysteme, vermutlich aufgrund des Entwicklungsvorsprungs von Expertensystemen dieser Aufgabenklasse. Systeme der Planung und der Prozeßkontrolle treten jedoch in wachsendem Maße hinzu. Daneben spielen Expertensysteme zur Analyse und Bewertung aus der Klasse der Systeme zur Interpretation eine wichtige Rolle.

An zweiter Stelle der Anwendungsbereiche steht der Funktionsbereich der *Entwicklung*. Der vorherrschende Aufgabentypus ist das Design. Die Skala der Anwendungen reicht vom Entwurf von Schaltkreisen und elektronischen Bausteinen über den Softwareentwurf bis zum großtechnischen Anlagenentwurf. Von Bedeutung sind auch Systeme zur Selektion, z.B. zur Auswahl geeigneter Werkstoffe nach Verwendungskriterien.

Im *Vertrieb* werden ↑Expertensysteme zur Konfiguration und Diagnose von Geräten und Anlagen eingesetzt, für den Marketingbereich auch Systeme der Analyse, Prognose und Beratung.

In anderen Funktionsbereichen der Wirtschaft, wie Verwaltung, Finanz- und Rechnungswesen, Personalwesen usw. sind Expertensysteme der Planung, des Entwurfs - z.B. von Dokumenten - und zur Beratung im Einsatz. Oft werden konventionelle Programme ähnlicher Funktionalität durch die Expertensysteme ganz oder teilweise ersetzt. Systeme der Interpretation, welche ihr Ergebnis in Form verbaler Gutachten, gegebenenfalls mit Einfügung von Tabellen und Graphiken, erstellen, werden von Mertens (1993) als *Expertisesysteme* bezeichnet. Die Expertensystemtechnik wird hierbei auch auf die Aufgabe der Generierung von natürlichsprachlichen Texten angewendet. Während in der Forschung der Künstlichen Intelligenz die Entwicklung von Expertensystemen vorrangig unter dem Aspekt der Automatisierung intelligenter Leistungen von Fachexperten steht, bestimmt in der Praxis der wirtschaftliche Nutzen die Entwicklung und den Einsatz solcher Systeme. Maßgeblich sind dabei die folgenden Kriterien: Das Expertensystem liefert bessere Problemlösungen als herkömmliche Methoden mit oder ohne ↑Datenverarbeitung. Dies gilt, wenn folgende Anwendungseigenschaften ↑wissensbasierter Systeme ausgenutzt werden können:

- Einbeziehung von Daten größeren Umfangs bis hin zu Massendaten ist möglich.
- Es können weit komplexere Zusammenhänge erfaßt werden als dies konventionell möglich ist.
- Simultan können mehrere oder alle möglichen Lösungsalternativen ermittelt werden.
- Individuell zugeschnittene Lösungen sind konstruierbar.
- Es bestehen systematische Möglichkeiten zur Erhöhung der Sicherheit und teilweise auch der Korrektheit.

Der Expertensystemeinsatz dient der Kostensenkung. Dies kann geschehen durch

- Beschleunigung von Arbeitsabläufen,
- Normierung von Daten, Funktionen,
- Automatisierung,
- personenunabhängige Wissenssicherung und
- Mehrfacheinsatz der Systeme an verschiedenen Orten.

Expertensyst., Problemlösungsmeth.in

Durch den Einsatz von Expertensystemen werden qualitative Verbesserungen für Personen oder für Unternehmen erreicht. Hierzu zählen:

- die Übernahme schematisch ausführbarer Tätigkeiten, die für den Menschen eine wenig erstrebenswerte Aktivität darstellen, aber für konventionelle Verfahren zu komplex sind, sowie
- die Gewinnung eines qualitativ höherwertigen informationstechnischen Standards mit entsprechenden Wettbewerbsvorteilen für das Unternehmen.

Die Fachliteratur für Expertensysteme kennt eine Vielzahl von notwendigen Kriterien, die erfüllt sein müssen, damit eine Aufgabe durch ein Expertensystem erledigt werden kann. Diese beziehen sich auf Art, Umfang und Verfügbarkeit des ↑Wissens, auf die Objektivierbarkeit der Lösungs- bzw. ↑Wissensverarbeitungsmethoden und auf die softwaretechnischen Voraussetzungen. Die anfänglich zu beobachtende Euphorie bei der Einschätzung der Wirksamkeit der Expertensystemtechnik ist inzwischen einer realistischen Betrachtungsweise gewichen. Die Entwicklung der Expertensysteme in der Wirtschaft steht zunehmend in einem engen Zusammenhang mit dem Ziel der Integration der ↑Informationstechnik in den Unternehmen. Dabei gibt es auch fließende Übergänge zu ↑Datenbanken und zu Systemen des Intelligenten Retrievals.

Literatur: Coy, W., Bonsiepen, L.: Erfahrung und Berechnung - Kritik der Expertensystemtechnik, Informatik-Fachberichte 229, 1989. *Harmon, P., King, D.*: Expertensysteme in der Praxis, 1986. *Mertens, P., Borkowski, V., Geis, W.*: Betriebliche Expertensystem-Anwendungen, 3. Aufl., 1993.

Prof. Dr. I. Kupka, Clausthal-Zellerfeld

Expertensystemen, Problemlösungsmethoden in

Expertensysteme sind ↑Programme, mit denen das Spezialwissen und die Schlußfolgerungsfähigkeit von Experten auf eng begrenzten Aufgabengebieten rekonstruiert werden soll. Ihr grundlegendes Organisationsprinzip ist die Trennung zwischen ↑*Problemlösungsmethoden* und ↑Wissen. Daraus leiten sich ihre wichtigsten Eigenschaften ab, nämlich Änderungsfreundlichkeit durch Austausch des Wissens bei unveränderter Problemlösungsmethoden und Erklärungsfähigkeit durch Angabe des zur Herleitung einer Problemlösung benutzten Wissens.

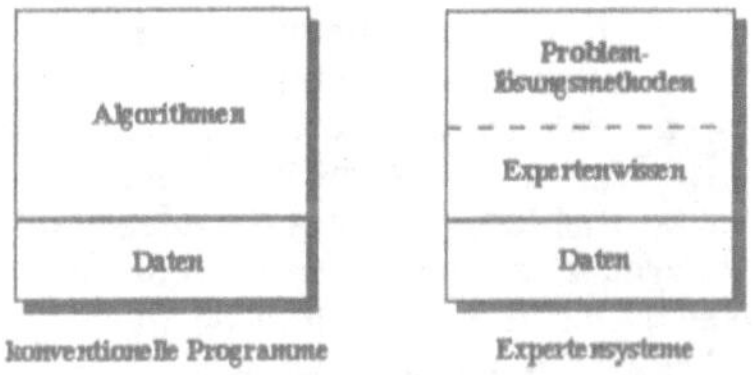

Problemlösungsmethoden sind in erster Näherung hochgradig parametrisierte Algorithmen. Während ein Teil der Parameter wie bei normalen Algorithmen die Eingabedaten unterschiedlicher Probleme eines Problembereiches repräsentiert, z.B. die Merkmale verschiedener defekter Autos in der Autodiagnostik, gibt es andere Parameter, die eine Anpassung einer Problemlösungsmethode an unterschiedliche Problembereiche ermöglichen, z.B. an die Autodiagnostik, an die medizinische Diagnostik, oder an die Bestimmung von Pilzen. Solche Parameter zweiter Ordnung werden *Wissen* genannt, sofern sie auch für Menschen bedeutungsvoll sind. Im Vergleich dazu ist etwa ein Sortieralgorithmus nur auf einer Ebene parametrisiert, da er nur auf Eingabedaten, nicht aber auf bereichsspezifisches Wissen referiert.

Da die Verwendung des Wissens eine gewisse Festlegung seiner Repräsentation impliziert, gehören Angaben zur *Wissensrepräsentation* auch zur Spezifikation einer Problemlösungsmethode. Das bereichsspezifische Wissen wird gewöhnlich mit Problemmerkmalen, Problemlösungen bzw. Lösungselementen, evtl. Hilfsobjekttypen und Beziehungswissen repräsentiert. Sie sind jeweils durch ↑Attribute charakterisiert, über deren konkrete Inhalte auf der Ebene der Problemlösungsmethoden nichts bekannt ist. Eine Problemlösungsmethoden ist um so stärker, je mehr sie die Repräsentation und Funktion des bereichsspezifischen Wissens durch Angabe von Objekttypen mit ihren Attributstrukturen und deren Verwendung festlegt.

Schwache Problemlösungsmethoden sind offen für eine große Vielfalt von Wissensrepräsentationen und/oder -funktionen. Sie sind breit anwendbar, stellen aber daher auch keine große Hilfe beim Wissenserwerb dar. Beispiele für schwache Problemlösungsmethoden sind:

- die Basiswissensrepräsentationen mit ihren zugehörigen Inferenzstrategien wie z.B. Regeln mit Vorwärts- oder Rückwärtsverkettung, Frames (↑Objekte) mit Vererbung, zugeordneten Prozeduren und Nachrichtenübermittlung, Constraints mit lokaler Propagierung, bei denen eine Regelaktion, eine ↑Nachricht oder ein Constraint sehr unterschiedliche Funktionen haben kann. So kann eine Regelaktion eine logische Implikation, eine Situationsänderung, eine Dialogsteuerung, eine interne Ablaufsteuerung bewirken.
- allgemeine Vorgehensweisen wie die Differenzenmethode (Means and Analysis) beim Planen, d.h. nicht sequentiell vom Ausgangs- oder Zielzustand her planen, sondern zunächst die Hauptschwierigkeit erkennen und lösen, sowie von dieser Teillösung ausgehend in der gleichen Weise weiterplanen, oder die Hypothesize and Test-Strategie für die Klassifikation, d.h. mittels einfachem und möglicherweise ungenauem Wissen Verdachtshypothesen generieren und diese dann systematisch überprüfen.

Bei *starken Problemlösungsmethoden* wird die Repräsentation und Funktion des bereichsspezifischen Wissens weitgehend festgelegt. Sie sind daher weniger flexibel, aber leisten - sofern sie anwendbar sind - eine umfassende Unterstützung beim Wissenserwerb. Häufig können starke Methoden als eine Spezialisierung von schwachen Methoden betrachtet werden. Starke Problemlösungsmethoden eignen sich nur für bestimmte Problemklassen. Die wichtigsten Problemklassen in Expertensystemen sind derzeit die *Klassifikation* (Diagnostik), bei der eine oder mehrere Problemlösungen (Diagnosen) aufgrund von Beobachtungen aus einer Menge vorgegebener Alternativen ausgewählt werden und die *Konfigurierung*, bei der die Problemlösung aus Bausteinen zusammengesetzt werden muß, indem die Bausteine (Komponenten) zueinander in Beziehung gesetzt und/oder verfeinert, d.h. spezialisiert, zerlegt bzw. parametriert werden.

Klassifikationsmethoden (Puppe, 1990) lassen sich gut nach dem Kriterium einteilen, wie das ↑Wissen zur Herleitung der Diagnosen aus den Beobachtungen repräsentiert wird. Die wichtigsten Kategorien sind: ↑*Entscheidungstabellen* und *Entscheidungsbäume* mit sicherem Wissen über die Beziehungen zwischen Beobachtungen und Diagnosen, die *heuristische Diagnostik* mit unsicherem Wissen, welche Beobachtungen auf welche Diagnose deuten, die *statistische Diagnostik*, bei der die Unsicherheiten aus großen Fallsammlungen ermittelt werden, die *fallbasierte Diagnostik*, die zu einem neuen Fall möglichst ähnliche Fälle aus der Fallsammlung sucht und deren Lösungen übernimmt, die *neuronale Diagnostik*, bei der die Gewichtsmatrix eines Neuronalen Netzes mit Fällen adaptiert wird, die *überdeckende Diagnostik* mit Wissen, welche Diagnose welche Beobachtungen erklären (d.h. überdecken) kann, sowie die *funktionale Diagnostik*. Die funktionale Diagnostik, die sich insb. für die Fehlersuche in technischen Systemen eignet, baut auf einem Modell des korrekt funktionierenden Systems auf und versucht, aus Diskrepanzen zwischen im Modell vorhersagtem und beobachtetem Verhalten des Systems auf defekte Komponenten zu schließen. Bei der funktionalen Diagnostik gibt es verschiedene Granularitätsebenen, die in einer Komponente (wie z.B. für einen Vergaser im Auto) modelliert werden, so der Zweck innerhalb des Gesamtsystems (z.B. Luft und Benzin im richtigen Verhältnis zu mischen) oder der weit komplexere strukturelle Aufbau aus Grundbausteinen, die im Idealfall in grundlegenden physikalischen Prinzipien beschrieben werden.

Bei der *Konfigurierung* (Biundo et al., 1993; Puppe, 1990) sollen Komponenten so zusammengesetzt oder parametriert werden, daß sie bestimmten Anforderungen genügen. Zwei einfache Konfigurierungsmethoden sind das Skelett-Konstruieren und die Vorschlagen- und Verbessern-Methode. Beim *Skelett-Konstruieren* ist das Wissen in einem Und/Oder-Baum repräsentiert, wobei Und-Knoten Zerlegungen darstellen, bei denen eine Komponente in eine Menge von Teilkomponenten zerlegt wird (z.B. kann ein Automotor aus Zylindern, Vergaser und Turbolader bestehen), während Oder-Knoten Spezialisierungen repräsentieren (z.B. kann ein Automotor in einen Vergaser-, Renn-, oder Dieselmotor spezialisiert werden). Weiterhin wird Beziehungswissen benötigt, das meist mit Regeln oder Constraints repräsentiert ist, bei welchen Benutzeranforderungen und bei vorhandenen Teilkonfigurationen welche Unterknoten eines zu bearbeitenden Knoten ausgewählt werden. Die Konfigurationsaufgabe wird dadurch gelöst, daß die Wurzel des Und/oder-Baums schrittweise aufgrund der Anforderungen des Benutzers verfeinert wird. Die *Vorschlagen- und Verbessern-Methode* eignet sich insb. für die Parametrierung von Objekten, d.h. für die Festlegung der Eigenschaften vorgegebener Objekte, die nicht in Teilobjekte zerlegt werden müssen. Zunächst wird - meistens mit einfachen Regeln - aufgrund der Benutzeranforderungen ein Lösungsvorschlag generiert, der jedoch noch in erheblichem Umfang inkonsistent oder suboptimal sein kann. Solche Schwächen in der Lösung werden mit gewichteten Constraints erkannt. Im dritten Schritt wird dann - meist mit speziellem Korrekturwissen für die verletzten Constraints - eine schrittweise Verbesserung der Ausgangslösung angestrebt, in dem gezielt andere Wertebelegungen für die Eigenschaften hergeleitet werden.

Da eine Problemlösungsmethoden oft für viele Aufgabenstellungen anwendbar ist, lohnt es sich, Implementierungen von Problemlösungsmethoden wiederzuverwenden. Während schwache Problemlösungsmethoden in *allgemeinen Expertensystemwerkzeugen* (z.B. KAPPA, Nexpert Object) zwar breit einsetzbar sind, aber auch nur begrenzt viel Unterstützung bei der Entwicklung konkreter Systeme bieten können, ermöglichen starke Problemlösungsmethoden in *problemspezifischen Expertensystemwerkzeugen* (z.B. TEST, D3) eine weit schnellere Entwicklung und eine Konzentration auf das anwendungsspezifische Wissen, sind aber in ihrem Einsatzspektrum stärker begrenzt. Wenn problemspezifische Expertensystemwerkzeuge sich für eine Aufgabenstellung eignen, vereinfachen sie oft den schwierigen Prozeß des Wissenserwerbs, da sie einerseits eine Strukturierung des Wissens vorgeben, andererseits ein schnelles Feedback ermöglichen (Marcus, 1988).

Literatur: Biundo, S. et al.: Planen und Konfigurieren, in *Görz, G.* (Hrsg.): Einführung in die Künstliche Intelligenz, 1993. *Marcus, D.*: Automating Knowledge Acquisition for Expert Systems, 1988. *Puppe, F.*: Problemlösungsmethoden in Expertensystemen, 1990.

Prof. Dr. F. Puppe, Würzburg

Expertensystemshell

Spezielles Softwaresystem, das in seiner Problemlösungskomponente nur allgemeines Problemlösungswissen, z.B. in Gestalt von Schlußweisen und speziellen Lösungsstrategien besitzt und dafür vorbereitet ist, in seiner ↑Wissensbasis domänenspezifisches Fachwissen aufzunehmen.

FDDI
Fiber Distributed Data Interface; von der ↑ANSI standardisierte *F.*; definiert ein ↑LAN mit einer Geschwindigkeit von 100 MBit/s auf der Glasfaser als Übertragungsmedium. Dabei wird ein ↑Tokenringprotokoll benutzt, das an den ↑IEEE Standard 802.5 angelehnt ist. Ein FDDI-Ring kann eine maximale Ausdehnung von 100 km besitzen und bis zu 500 Stationen verbinden.

FDM
Frequency Division Multiplexing; Breitbandübertragung mit mehreren Übertragungskanälen; Übertragung der Datensignale bitseriell.

Fertigung, Leitsysteme in der
↑Leitsysteme in der Fertigung

Fertigungsablaufdiagnose
Begriffserklärung
Die Herstellung industrieller Güter geschieht in der Regel in einer vorgegebenen Folge von Operationen (Bearbeitungen, Arbeitsvorgängen, Tätigkeiten, Aktivitäten) gemäß einem bestimmten Ablaufplan. Der eigentliche Erzeugungsprozeß ist auf Liefermengen und -termine ausgerichtet und findet in der Fertigung statt. In der Teilefertigung werden Material und Teile bearbeitet, in der Montage erfolgt der Zusammenbau der Teile und Materialien unter Einbeziehung von zugelieferten Teilen. Für den Bereich der Fertigung ist die Folge der zur Bearbeitung und Montage vorgesehenen Maschinen und Arbeitsplätze mit ihren Operationszeiten in Arbeitsplänen dokumentiert. Die Gesamtheit der logistischen Aktivitäten, die sich hieraus zur Befriedigung des Marktes in Abhängigkeit von den zur Verfügung stehenden Ressourcen und den einzuhaltenden Lieferterminen in der Fertigung ergeben, wird *Fertigungsablauf* bezeichnet.
Der Begriff *Diagnose* ist aus dem Bereich der Medizin geläufig. Ihm liegt das griechische Wort diágnosis zugrunde, das soviel wie unterscheidende Beurteilung oder Erkenntnis bedeutet. Allgemein wird unter Diagnose das Feststellen, Prüfen und Klassifizieren von Merkmalen mit dem Ziel der Einordnung zur Gewinnung eines Gesamtbildes verstanden. Die Diagnose schließt insofern das Erkennen eines bestimmten anormalen Zustandes, sowie seine genaue Lokalisierung und die Ermittlung der auslösenden Ursachen ebenso ein, wie eine Einschätzung der Abweichung hinsichtlich ihrer Bedeutung. Dabei wird von einer Menge von beobachteten Zuständen (Symptomen, Indikatoren, Meßwerten) auf eine Menge von Systemzuständen (Krankheitsbildern, Schadensbildern, Fehlermustern) geschlossen. Ist ein anormaler Zustand als solcher erkannt, kann darauf aufbauend die Therapie entwickelt und eingeleitet werden. Sie erfordert umfangreiches ↑Wissen über die grundsätzlich zur Verfügung stehenden Maßnahmen und deren Wirksamkeit bei bestimmten situationsbedingten Randbedingungen. Das Ziel der Therapie ist es, den als normal definierten Zustand wiederherzustellen. Unter *F.* ist demnach im übertragenen Sinne zu verstehen

- das Überwachen von Fertigungsabläufen und der Betriebszustände der einbezogenen Arbeitssysteme hinsichtlich der Einhaltung vereinbarter logistischer Ziele;
- das Erkennen signifikanter Abweichungen durch den Vergleich des Istzustandes mit Referenz- oder Sollwerten;
- das Ermitteln wahrscheinlicher Abweichungsursachen.

Die *F.* stellt eine fallweise und/oder in regelmäßigen Abständen wahrzunehmende wesentliche Aufgabe der ↑Produktionsplanung und -steuerung (PPS) dar. Als Bestandteil der Betriebsanalyse (Wiendahl, 1987) ordnet sie sich in ein ganzheitlich ausgerichtetes Produktionscontrolling (Ullmann, 1994) ein.

Zielsetzung und Aufgaben
Das mit der Diagnose von Fertigungsabläufen vorrangig verfolgte *Ziel* besteht darin, durch eine kontinuierliche und systematische Erfassung und Aufbereitung von Informationen

- dem Fertigungsmanagement eine ständige Übersicht über das Fertigungsgeschehen zu verschaffen;
- möglichst frühzeitig auf sich anbahnende Probleme aufmerksam zu machen;

- signifikante Schwachstellen und deren Ursachen aufzuzeigen;
- Hinweise auf nicht zielkonforme Parameter der Planungssysteme zu liefern;
- die Ableitung von regulierenden Steuerungsmaßnahmen zu unterstützen;
- über eine Erhöhung der Entscheidungssicherheit zu einer Steigerung der logistischen Effizienz beizutragen.

Zur Erfüllung dieser Zielsetzungen sind folgende *Aufgaben* mittels einer vereinbarten Methodik in bestimmten Zeitabständen kontinuierlich wahrzunehmen:

- Abbildung des Fertigungsablauf mittels eines realitätsgetreuen Modells;
- Quantifizierung der logistischen Zielsetzungen und Aktualisierung von Soll- und Referenzwerten;
- eingehende Prüfung der aus der Fertigung anfallenden Rückmeldungen auf Plausibilität, Vollständigkeit und ggf. Ergänzung nicht explizit in den Rückmeldungen enthaltener ↑Informationen;
- Aufbereitung der Fertigungsablaufplandaten und der den Istzustand widerspiegelnden Fertigungsrückmeldungen zu aussagekräftigen statistischen Kennzahlen, sowie deren Fortschreibung für einen längeren Zeitraum;
- Erstellung von empfänger- und problemorientierten Graphiken, wie Ablaufgraphiken, Kennzahlzeitreihen und -Verteilungen, auf unterschiedlichen Verdichtungsstufen;
- Identifikation der Schwachstellen hinsichtlich Art, Ort, Dauer, Bedeutung;
- Darlegung und Bewertung der aufgetretenen Abweichungen zwischen Planung und Realität;
- Durchführung von Detailanalysen in bezug auf Ermittlung von Abweichungsursachen und Verbesserungspotentialen;
- Ermittlung des notwendigen Handlungsbedarfs;
- Ableitung möglicher Maßnahmen und Auswahl derjenigen mit der größten Wirkung;
- Erstellung von Expertisen, die an der jeweiligen Problemstellung, dem Planungshorizont und dem erforderlichen Detaillierungsgrad ausgerichtet sind und sowohl zeitpunkt- als auch zeitraumbezogene Aussagen ebenso Prognosen über zukünftige Entwicklungen beinhalten.

Problemstellung
Für viele Industrieunternehmen sind neben einem hohen Qualitätsniveau und kundenspezifischen Problemlösungen eine gute Liefertermineinhaltung und kurze Lieferzeiten zu wettbewerbsentscheidenden Faktoren geworden. Diesen Forderungen des Marktes stehen die unternehmensinternen Forderungen nach hoher und gleichmäßiger Auslastung insb. der kapitalintensiven Betriebsmittel, sowie einer geringen Kapitalbindung und damit niedrigen Umlaufbeständen entgegen. Daraus resultiert die Erkenntnis, daß die genannten Zielgrößen Liefertermineinhaltung, Lieferzeit, Auslastung und Bestand im Sinne des *Total Quality Managements (TQM)* als logistische Qualitätsmerkmale aufgefaßt und entsprechend beherrscht werden müssen. Zeitgemäße BDE-Lösungen erlauben es, die Fertigungsabläufe detailliert zu erfassen. Angesichts der großen Datenmengen, sich verkürzender Planungszyklen und Entscheidungszeiten fällt es allerdings schwer, die Übersicht über das Geschehen in der Fertigung zu wahren. Dieses ist darauf zurückzuführen, daß die verfügbaren BDE-/PPS-Funktionen zwar weitgehend die zielgerichtete Verfolgung einzelner Aufträge unterstützen, aber nur bedingt Kennzahlen zur Verfügung stellen, die Aussagen über die Erreichung der logistischen Ziele liefern. Hinzu kommt, daß nur selten Vergleichsmöglichkeiten mit einem Idealzustand geboten werden.

Inhalte, Lösungstechniken, Verfahren
Zur effektiven Erfüllung der in diesem Zusammenhang stehenden Aufgaben bietet sich der Einsatz bereichsbezogener ↑Informationssysteme an. Mit solchen als Kontrollsystem oder *Monitorsystem* bezeichneten Instrumenten wird die Sammlung, Aufbereitung und Darstellung der benötigten Informationen unterstützt. Sie bereiten die betrieblichen Rückmeldungen auf, berechnen - periodenbezogen - Kennzahlen zur Charakterisierung der Fertigungsabläufe, Produktions- und Auftragsstrukturen und schreiben diese für einen längeren Zeitraum fort. Die Ergebnisse werden empfängerorientiert in überschaubarer, d.h. vor allem in graphischer Form ausgegeben und visualisiert.

Hierbei werden insb. auf unterschiedlichen Verdichtungsstufen die geplanten und tatsächlichen Produktionsabläufe einander gegenübergestellt (Ullmann, 1994). Mit den von diesen Informationssystemen periodisch zur Verfügung gestellten Kennzahlen und Graphiken steht eine Informationsbasis zur Verfügung, mit der durch die aktive Mitarbeit des Anwenders Abweichungen vom Soll- bzw. Idealablauf festgestellt werden können. Allerdings erfordert die Ermittlung der Ursachen von Fehlentwicklungen, ebenso wie die Ableitung zielorientierter Verbesserungsmaßnahmen umfassendes ↑Wissen über die bestehenden Wirkungszusammenhänge zwischen den logistischen Zielgrößen - logistische Grundgesetzmäßigkeiten (Wiendahl, Ludwig, 90; Wiendahl 1993; Ludwig, 1994). Ferner müssen die sich aus dem aktuellen Auftragsbestand ergebenden Restriktionen, sowie firmenspezifischen Rahmenbedingungen bekannt sein. Ebenso wie ein Arzt die Körperfunktion eines gesundes Körpers kennen und anhand bestimmter Indikatoren auf den Zustand eines Patienten schließen können muß, ist es für die Diagnose von Fertigungsabläufen wichtig, den als normal anzusehenden Betriebszustand mittels geeigneter Referenz- bzw. Sollwerte beschreiben zu können (Ludwig, 1994):

• Die kontinuierliche Überwachung des logistischen Prozeßverhaltens erfordert eine an den betrieblichen Planungszyklen ausgerichtete Bewertung der Istzustände auf der Grundlage einheitlicher Kriterien *(Zeitbezug)*. Da möglichst frühzeitig Fehlentwicklungen aufgezeigt werden sollen, ist der zeitliche Abstand der Zustandsbewertungen so zu wählen, daß die abgeleiteten Erkenntnisse im Rahmen der kurz- und mittelfristigen Produktionssteuerung in entsprechende Maßnahmen umgesetzt werden können.

Die Abbildung des Auftragsdurchlaufs durch die Produktion erfordert ein Modell, welches unter Berücksichtigung der Betriebsstruktur den geplanten, sowie den tatsächlichen Durchlauf der Aufträge durch die Fertigung realitätsgerecht wiedergibt *(Prozeßmodell)*. Ein derartiges Modell stellt das am Institut für Fabrikanlagen der Universität Hannover entwickelt Trichtermodell dar (Wiendahl, 1987). Mit diesem realitätsnahen Modell des Fertigungsablaufs und dem daraus entwickelten sog. Durchlaufdiagramm als graphischem Prozeßabbild ist nicht nur ein Vergleich zwischen geplantem und tatsächlichem Zustand, sondern auch ein Vergleich mit dem Idealzustand möglich. Im Bereich der Produktionslogistik hat sich das Trichtermodell sowohl als Beschreibungsmodell als auch als Erklärungs- und Entscheidungsmodell geeignet herausgestellt. Es zeichnet sich durch eine weitgehende Unabhängigkeit von der Organisationsform aus. Die Komplexität der Produktionsabläufe mit ihren zahlreichen personellen Eingriffsmöglichkeiten und Störungseinflüssen spiegelt sich unmittelbar in der Komplexität der Aufgabe *F.* wider. Insofern hat sich eine Unterteilung des generellen Ablaufs in die drei aufeinander aufbauende Teilschritte Fertigungsablaufüberwachung, Abweichungsdiagnose und Therapieableitung als sinnvoll herausgestellt. Sie setzen eine im Vorfeld angesiedelte Quantifizierung der logistischen Zielgrößen voraus.

• Im Rahmen der *Zielquantifizierung* sind auf den strategischen Unternehmenszielsetzungen basierenden Vorgaben für die Fertigungsplanung und -steuerung hinsichtlich der logistischen Zielsetzungen festzulegen. Sie sind in quantifizierter Form festzuschreiben, d.h. die Zielinhalte, Zielausmaße und Zeitbezüge sind festzulegen. Ferner sind die einzelnen Zielgrößen hinsichtlich ihrer Bedeutung (Priorität) einzustufen und die angestrebten Zielwerte in Analogie zum Vorgehen in der klassischen ↑Qualitätssicherung mit zulässigen Spannweiten zu versehen. Diese beschreiben die tolerierbare Schwankung einer Zielgröße. Dabei ist zu beachten, daß diese Vorgaben arbeitssystemindividuell erfolgen können. Bei der Zielquantifizierung ist von besonderer Bedeutung, daß die Zielvorgaben realisierbar sind und nicht im Widerspruch zueinander stehen (Wiendahl, Ludwig, 1990; Wiendahl, 1993; Ludwig, 1994).

• Die *Produktionsprozeßüberwachung* stellt den ersten Schritt zum Aufdecken von Planungs- und Realisierungsfehlern dar. Sie beinhaltet vorrangig die Ermittlung von Arbeitssystemen, bei denen relevante Abweichungen zwischen dem Ist- und dem Sollzustand vorliegen. Um unzulässige Abweichungen vom planmäßigen Zustand zu erkennen, ist das Verhalten der Arbeitssysteme permanent oder intermittierend zu beobachten und zu bewerten (Filtern von Schwachstellen entsprechend der aus der Qualitätssicherung bekannten Regelkartentechnik). Bedingt durch die Vielzahl der zu beobachtenden Ereignisse und um nicht zufallsbedingten Einzelereignissen einen zu starken Stellenwert einzuräumen, hat sich eine periodenbezogene Überwachung auf der Basis verdichteter Informationen (Kennzahlzeitreihen) bewährt. Bei der Aufbereitung und periodenbezogenen Verdichtung der Produktionsablaufdaten zu arbeitssystemspezifischen, auftrags- und produktionsstrukturbeschreibenden Kennzahlen ist ein großes Datenvolumen zu verarbeiten. Sinnvollerweise wird diese Aufgabe durch ein Monitorsystem wahrgenommen. Von entscheidender Bedeutung bei der Kennzahlermittlung ist, daß die Erfassung und Aufbereitung der Istdaten auf dem gleichen Modell des Produktionsprozesses aufbauen, wie die Planungsmodule.

- Das Erkennen von signifikanten Abweichungen wird erleichtert, wenn Warn- und Kontrollgrenzen angegeben werden können, die den als normal anzusehenden Zustand näher beschreiben. Bei diesen arbeitssystemspezifischen *Referenzwerten* handelt es sich insb. um die als zulässig (bzw. als normal) anzusehenden Kennzahlgrenzwerte (Toleranzen). Sie sind aus den logistischen Zielsetzungen einerseits und den als natürlich anzusehenden Prozeßsteuerungen andererseits zu ermitteln (Ludwig, 1994). Zu den Referenzwerten zählen ebenfalls Kennwerte zur Planungsbewertung. Sie leiten sich aus der idealisierten Betrachtung der Abläufe an einem Arbeitssystem ab.

- Ausgehend vom Arbeitssystem mit der stärksten Fehlentwicklung ist für die abweichenden Zielgrößen zunächst zu prüfen, ob es sich beim Meßergebnis um einen zufälligen Ausreißer handelt, oder ob systematische bzw. spezielle Einflüsse zu einer Prozeßveränderung geführt haben *(Diagnoseprozeß)*. Wird hierbei festgestellt, daß die aufgetretenen Toleranzüberschreitungen auf eine Prozeßveränderung zurückzuführen sind, ist der Grad und Trend der Abweichung zu ermitteln. Ausgehend von der stärksten Fehlentwicklung sind je nach Abweichung Terminabweichungs-, Bestands-, Durchlaufzeit- und/oder Auslastungsanalysen anzustoßen. Bei der Interpretation der Schwachstellensymptome wird es nicht immer möglich sein, eindeutig alle Ursachen zu identifizieren. Da unterschiedliche Ursachen oftmals ähnliche oder teilweise sogar gleiche Symptome aufweisen, sind zunächst Verdachtshypothesen aufzustellen und anschließend zu überprüfen. Die Einzelergebnisse sind anschließend zu bewerten und zu einer Gesamtdiagnose zusammenzufassen.

- Aufbauend auf den Diagnoseergebnissen ist im Rahmen der *Therapieableitung* festzustellen, ob korrigierende Eingriffe erforderlich sind. Gegebenenfalls sind aus der Palette der zur Verfügung stehenden Maßnahmen die wirkungsvollsten auszuwählen und vorzuschlagen. Hierbei ist der Grundsatz der maximalen Wirkung bei geringstem Aufwand zu beachten.

DV-Programme

Die von Monitorsystemen entscheidungsorientiert aufbereiteten ↑Informationen verhelfen den für die Fertigung und für die logistischen Abläufe zuständigen Instanzen zu einem gezielten Überblick über den aktuellen Istzustand. Dadurch eröffnet sich die Möglichkeit, Fehlentwicklungen frühzeitig zu erkennen und zu beheben, bevor sie zu schwerwiegenden Problemen bei der Auftragsabwicklung geführt haben. Entsprechende Systeme befinden sich forschungsseitig in ständiger Weiterentwicklung (Wiendahl, 1992; Wiendahl, 1993; Ullmann, 1994). Mit unterschiedlichem Leistungsumfang sind sie auch teilweise bereits in kommerziellen Versionen verfügbar und in einer ständig wachsenden Anzahl von Industriebetrieben im Einsatz (Wiendahl, 1992, 1993). Hauptanwendungsgebiete kommerzieller Systeme sind z.Z. die Fertigungsablaufüberwachung, sowie das Beschaffungs- und Bestandsmonitoring.
Während der Informationsgehalt des Monitorsystems durch aktive Mitarbeit des

Menschen analysiert und interpretiert werden muß, kann ein Diagnosesystem unter Nutzung eines aus dem allgemeingültigen Prozeßmodell abgeleiteten Regelwerkes und betriebsspezifisch eingegebenem Wissen Abweichungen automatisiert feststellen, interpretieren und somit ganz gezielte Hilfestellung bei der Schwachstellensuche und bei der Entscheidungsfindung bieten. Derartige Systeme befinden sich noch im Stadium der Forschung. Erste Ansätze zeigen allerdings vielversprechende Ergebnisse bei (Wiendahl, Ludwig, 1990; Hildebrand, 1992; Ludwig, 1994).

Literatur: Hildebrand, R.: Periodische kennzahlenbasierte Schwachstellendiagnosen im Fertigungsbereich. CIM Management 1, 1992. *Ludwig, E.*: Modellgestützte Diagnose logistischer Produktionsabläufe. Diss. Hannover, 1994. *Ullmann, W.*: Controlling logistischer Produktionsabläufe am Beispiel des Fertigungsbereichs. Diss. Hannover, 1993. *Wiendahl, H.-P.* (Hrsg.): Anwendung der belastungsorientierten Fertigungssteuerung, München, 1992. *Wiendahl, H.-P.* (Hrsg.): Neue Wege der PPS, Hannover, München, 1993. *Wiendahl, H.-P., Ludwig, E.*: PPS-Controlling, in: *Bäck, H.* (Hrsg.), Schriftenreihe Praxiswissen Logistik, 7. Logistik-Dialog, Köln, 1990. *Wiendahl, H.-P., Ludwig, E.*: Modellgestützte Diagnose von Fertigungsabläufen, in: HMD, H151, Wiesbaden, 1990.

Prof. Dr. H.-P. Wiendahl, Dipl.-Ing. E. Ludwig, Hannover

FIFO

First in First out; Verarbeitungsfolge, nach der die Transaktionen in der Reihenfolge ihres Eintreffens abgearbeitet werden.

File

Clusterung logisch zusammengehörender Datensätze auf einem Datenträger.

Finite Elemente-Methode

Geht von den 3D-CAD-Daten der Entwurfsvarianten aus; Ableiten von Modellen und Optimierungsberechnungen.

Firmware

Mikroprogramme in einer Zwischenstellung zwischen hard- und softwaremäßiger Speicherung.

FIS

Führungsinformationssysteme; informationstechnikgestützte ↑Systeme zur Versorgung der Führungskräfte eines Unternehmens mit relevanten Planungs-, Steuerungs- und Kontrollinformationen; bilden die grundlegende Komponente eines ↑Managementunterstützungssystems als Oberbegriff für jeglichen kombinierten Einsatz von ↑Informations- und Kommunikationstechnologien zur Unterstützung von Führungskräften.

Flußdiagramm

Graphisches Zusammensetzen des ↑Programms nur aus elementaren Bausteinen, die jeweils genau einen Eingang und einen Ausgang haben.

Flynnsche Klassifizierung

Die Flynnsche Klassifizierung ist die bis heute einzige, in größerem Umfang benutzte Klassifzierungsmethode für Rechnerarchitekturen. Flynn charakterisiert Rechner durch eine zweidimensionale Klassifizierung, deren Hauptkriterien die Zahl der Befehlsströme und der Datenströme sind. Die Klassifizierung beruht also auf den folgenden Merkmalen:

- Ein Rechner bearbeitet zu einem gegebenen Zeitpunkt einen oder mehr als einen Befehl.
- Ein Rechner bearbeitet zu einem gegebenen Zeitpunkt einen oder mehr als einen Datenwert.

Damit lassen sich vier Klassen von Rechnerarchitekturen bilden:

SISD	Single Instruction	—	Single Data
SIMD	Single Instruction	—	Multiple Data
MISD	Multiple Instruction	—	Single Data
MIMD	Multiple Instruction	—	Multiple Data

Von diesen vier Klassen ist die Klasse SISD mit den klassischen von-Neumann-Architekturen (Einprozessorarchitekturen) besetzt. Die Klasse MISD ist leer. Die Klasse SIMD umfaßt die Feldrechner und die Vektor-, die Klasse MIMD alle Arten von Multiprozessorsystemen. An der Flynnschen Klassifizierung lassen sich aus heutiger Sicht folgende Schwachpunkte identifizieren:

- Das sehr hohe Abstraktionsniveau der einzelnen Klassen führt dazu, daß sehr unterschiedliche Rechnerarchitekturen in die gleiche Klasse fallen.
- In heutigen Rechnern findet man oft die Kombination mehrerer Parallelarbeitstechniken. So fallen Vektorrechner-Multiprozessoren in die als MIMD/SIMD zu bezeichnende Klasse, da sie aus mehreren Prozessoren bestehen, die intern Vektor-Pipelining anwenden.
- Die Klasse MISD wurde nur der Systematik wegen aufgeführt und ist durch gegenwärtige Rechnertypen nicht belegt.

Prof. Dr. Th. Ungerer, Karlsruhe

Formatierung
Summe aller für einen Text oder Absatz gewählten Gestaltungsfunktionen.

Fortran
Formula Translator; ↑Programmiersprache für den technisch-wissenschaftlichen Anwendungsbereich.

Forward Engineering
Neuentwicklung von ↑Software.

Früherkennungssysteme
Systematische Gewinnung von ↑Informationen externer Art, um strategische Überraschungen zu verhindern.

FTM
File Transfer Access and Management; Erzeugen, Lesen und Schreiben entfernter ↑Dateien, sowie Kopieren von Dateien von einer Maschine auf eine andere: Lesen und Schreiben von Teilen strukturierter Dateien, Unterstützung eines breiten Bereichs von Dateitypen, die auch Bilder und Graphiken enthalten können.

Führungsinformationssystem
Begriffserklärung
Führungsinformationssysteme (FIS), im deutschsprachigen Raum z.T. auch als *Executive Information Systems (EIS)* bezeichnet, sind informationstechnikgestützte Systeme zur Versorgung der Führungskräfte eines Unternehmens mit relevanten Planungs-, Steuerungs- und Kontrollinformationen. Sie bilden die grundlegende Komponente eines *Management-unterstützungssystems (MUS)* - als Oberbegriff für jeglichen kombinierten Einsatz von ↑Informations- und Kommunikationstechnologien zur Unterstützung von Führungskräften. Während Entscheidungsunterstützungssysteme *(↑Decision Support Systems)* eher spätere Phasen der Entscheidungsfindung, speziell der Alternativengenerierung, -bewertung und -auswahl auf der Basis von Computermodellen unterstützen, sind *F.* vorrangig auf die früheren Phasen der Beobachtung, Überwachung, Analyse und Diagnose der Unternehmensentwicklung gerichtet *(Data Support Systems)*. Die Gruppen- bzw. Teamorientierung der Führungsaufgaben steht dagegen bei *↑Computer Supported Cooperative Work-Ansätzen (CSCW)* im Vordergrund.

Obwohl *F.* ihren geschichtlichen Ursprung in den Mitte der 60er Jahre aufgekommenen *↑Management Informationssystemen (MIS)* haben, wird dieser Begriff in der aktuellen wissenschaftlichen Literatur größtenteils vermieden, da mit ihm häufig die in der Mitte der siebziger Jahre gescheiterte Vision einer integrierten Gesamtkonzeption verbunden ist. Heute wird nicht mehr versucht, alles umfassende Informationssysteme zu entwickeln, die jeder Person die gewünschten Informationen bereitstellt, sondern es werden partielle ↑Informationssysteme für konkrete betriebliche Funktionen, ↑Anwendungssysteme oder Personen aufgebaut. So wird etwa auch von Vorstands-, Top ↑Management- oder Chefinformationssystemen gesprochen, um hervorzuheben, daß mit *F.* auch der Informationsbedarf von Führungskräften der obersten Unternehmenshierarchie abgedeckt werden soll oder *F.* werden als Marketing- oder ↑Personalinformationssysteme bezeichnet, um das dominierende Fachgebiet zu hervorzuheben.
Zielsetzung, Aufgabe
Vor dem Hintergrund zunehmender Komplexität und Dynamik der Umwelt und in ihren Entwicklungen und Auswirkungen schwerer voraussagbar gewordenen Umweltfaktoren sollen die Führungskräfte durch *F.* in die Lage versetzt werden, frühzeitigen Handlungsbedarf zu erkennen und Entscheidungsprozesse anzustoßen. Die Beschleunigung der Entscheidungszeiten soll insb. durch die ge-

zielte Selektion, Verdichtung und Verarbeitung von ↑Daten, sowie deren graphische Aufbereitung geschehen. Die Zielorientierung des unternehmerischen Handelns wird vor allem durch ↑Standardisierung und Normierung des Berichtswesens erreicht, indem die relevanten Kennzahlen allgemein verbindlich festgelegt und in einem Kennzahlensystem nach ihrer Bedeutung für das Unternehmensgeschehen hierarchisch geordnet werden. An der Spitze des Kennzahlensystems stehen die kritischen Erfolgsfaktoren des Unternehmens. *F.* führen so auch zu einer Steigerung der Transparenz und Objektivität von Entscheidungen und verbessern die Koordination autonomer Organisationeinheiten geographisch verteilter Unternehmen. Als Teil des formalen Informationsversorgungssystems der Führungskräfte sind sie darüber hinaus Bestandteil der Führungs- und Unternehmenskultur und verlangen zumeist größere organisatorische, personelle, technokratische Veränderungen.

Problemstellung

Voraussetzung für die Bereitstellung eines adäquaten Informationsangebotes ist die Erhebung des ↑Informationsbedarfs, d.h. die Analyse der Art, Menge und Qualität der ↑Informationen, die später von der Führungskraft zur Bewältigung ihrer Aufgaben benötigt werden. Denn nur, wenn die geäußerten Informationsnachfragen auch größtenteils in vertretbarer Zeit vom ↑System beantwortet werden können, wird das System eingesetzt. Da sich der zukünftige Informationsbedarf nur bei recht einfachen, gut strukturierten, wiederkehrenden Aufgaben vorher festlegen läßt und dann auch eine bestimmte Zeit konstant ist, steht bei *F.* heute die Informationsbereitstellung für Routineaufgaben im Vordergrund. Die bisher für die formale Informationsversorgung zuständigen Assistenzkräfte werden von Teilen ihrer recht unattraktiven Routinetätigkeiten zur Informationsbeschaffung entlastet. Die eingesparte Zeit bietet Freiraum für die Verbesserung der Entscheidungsqualität.

Da empirische Untersuchungen realer Entscheidungsprozesse eindrucksvoll belegen, daß die Unvollkommenheit des Informationsstandes eines Entscheidungsträgers nicht allein aus unvollkommener Informationsversorgung resultiert, sondern auch aus unvollkommener Informationsnachfrage, die sich nicht durch mündliche Aufforderung wesentlich vergrößern läßt, kommt der Gestaltung *aktiver ↑Informationssysteme* eine besondere Bedeutung zu. Das *F.* sollte der Führungskraft auch von sich aus ↑Informationen über das Informationsangebot zur Verfügung stellen, denn in der Regel kennt die Führungskraft weder ihren gesamten Informationsbedarf, noch das aktuelle Informationsangebot.

Inhalte

Im Vordergrund der Betrachtung steht die Informationsnachfrage der Führungskraft, die von ihm über die zur Verfügung stehenden Eingabemedien an das *F.* gerichtet wird, direkt oder indirekt unter Zuhilfenahme von Assistenzkräften bzw. Systementwicklern.

Die *Abfragekomponente* hat dafür Sorge zu tragen, daß die vom Benutzer nachgefragten Informationen in der ↑Datenbank - dem im Zeitpunkt der Benutzeranforderung zur Verfügung stehenden Informationsangebot - gesucht werden. Die Recherche selbst geschieht unter Zuhilfenahme bestimmter Datenverwaltungsfunktionen des eingesetzten ↑Datenbanksystems. Das Abfrageergebnis wird anschließend zur Generierung einer adäquaten Informationsdarstellung oder Fehlerbehandlung an die Dialogebene übergeben. Um einerseits Unstimmigkeiten zwischen dem bestehenden Informationsangebot und den Benutzervorstellungen ausräumen und andererseits Nachfrageaktivitäten der Führungskraft gezielt anregen zu können, muß das *F.* ferner eine *Angebotsfunktion* beinhalten. Ihre Aufgabe ist es, entweder auf Verlangen des Benutzers oder aufgrund systemseitig festgestellter Informationslücken dem Benutzer bei Bedarf relevante Teile des vorhandenen Informationsangebotes zu erschließen. Hierzu gehört nicht nur die isolierte Darstellung einzelner Informationen, etwa in alphabetischer Reihenfolge, sondern darüber hinaus sollten die vorhandenen Informationsbeziehungen (z.B. hierarchische Beziehungen), sowie die mit bestimmten Informationen verknüpften Methoden (z.B. Berechnungs-

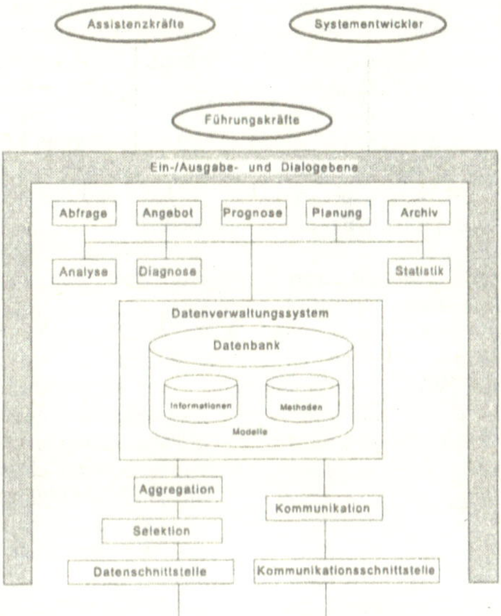

vorschriften, Prognosemethoden) dem Benutzer dargeboten werden können.
Über die aus den Eingabeaktionen des Benutzers ableitbaren Informationsnachfragen hinaus ist es Aufgabe des *F.*, sowohl die nachgefragten als auch die mit ihnen in Beziehung stehenden Informationen zu analysieren. Im Vordergrund steht dabei die *Analyse von Abweichungen* zwischen Soll- und Istinformationen. In Abhängigkeit von den vorab vom Benutzer festgelegten Kontroll- und Warnbereichen läßt sich systemseitig die Bedeutung erkennen, die der Benutzer bestimmten Abweichungshöhen im Zeitpunkt der Bereichsdefinition beigemessen hat. Dies bietet zum einen die Grundlage für die betreffenden Komponenten der Dialogebene, die Abweichungen nachgefragter Informationen entsprechend ihrer Bedeutung auf dem Ausgabemedium angemessen hervorzuheben. Zum anderen könnten seitens des *F.* mehr oder weniger stark hervorgehobene Meldungen den Benutzer auf Abweichungen hinweisen, die zu diesem Zeitpunkt zwar nicht auf dem Ausgabemedium dargestellt werden, aber mit den dargestellten Informationen in Beziehung stehen. Sollten sich etwa starke Soll-/Istabweichungen bei Informationen niedrigerer Hierarchieebenen, die nicht unmittelbar nachgefragt wurden, auf höheren Hierarchieebenen ausgleichen, so kann der Benutzer seitens des *F.* auf diese bedeutenden Abweichungen aufmerksam gemacht werden. Vor allem beim Auftreten unvorhergesehener Abweichungen zwischen Soll- und Istzustand ist es darüber hinaus Aufgabe der Diagnosefunktion, den Benutzer bei der Suche nach den Abweichungsursachen zu unterstützen.
Um betriebliche Früherkennung zu ermöglichen, muß ein *F.* darüber hinaus eine *Prognosefunktion* beinhalten. Da bestimmte Prognosemethoden einzelnen Informationen benutzerseitig zwar fest zugeordnet sein können, dies aber keine unabdingbare Voraussetzung für die Prognose sein sollte, ist es Aufgabe der Prognosefunktion, neben der eigentlichen Durchführung von Prognosen, bei Bedarf auch Informationszusammenhänge zu analysieren, um dem Benutzer Vorschläge für adäquate Prognosemethoden und Parametereinstellungen (z.B. den Prognosehorizont) zu machen. Diese Teilfunktion kann daneben benutzt werden, um den Benutzer - sofern gewünscht - auf mögliche Fehlerquellen einzelner Prognosemethoden bzw. Parameterkonstellationen hinzuweisen, die von ihm bestimmten Informationen zugeordnet wurden.
Die *Kontrolle* des betrieblichen Gesche-

hens als Hauptanwendungsgebiet eines *F.* ist - sofern Abweichungen des Istzustandes vom Sollzustand aufgedeckt werden - Ausgangspunkt für weitere Informationsnachfragen, um Abweichungsursachen zu ergründen. Die Ursachen können in fehlerhaften Einschätzungen der Zukunftslagen und in Fehlern des zugrundegelegten Planungsmodells liegen. Sind die Zukunftslagen richtig vorhergesagt worden, muß das zugrundeliegende Planungsmodell mit Fehlern behaftet sein. In der Regel stellt dies einen Anlaß für die Führungskraft dar, Korrekturen am Planungsmodell in Erwägung zu ziehen. Sofern die betreffenden Informationszusammenhänge vorab im *F.* selbst definiert wurden, muß es dem Benutzer möglich sein, die entsprechenden Modelländerungen sofort im *F.* durchzuführen, um sich die neu entstandene Situation im Anschluß daran in der gleichen Systemumgebung darstellen lassen zu können - eine Voraussetzung für die Vergleichbarkeit verschiedener Situationen. So werden etwa auf der Grundlage sog. "What if?"- und "How to do to achieve?"-Fragestellungen verschiedene Szenarien durchgespielt, bis ein zufriedenstellendes Ergebnis erreicht wird. Der Benutzer hat damit die Möglichkeit, sich Schritt für Schritt eine Vorstellung von den zugrundeliegenden Informationszusammenhängen zu machen.

Neben diesen unmittelbar mit den Informationsnachfrageaktivitäten zusammenhängenden Funktionen muß ein *F.* darüber hinaus eine Funktion vorhalten, die es der Führungskraft ermöglicht, einzelne Arbeitszustände und -abläufe herkömmlich auf Papier oder auf computerlesbaren Speichermedien zu dokumentieren (*Archivieren*); um einzelne Arbeitszustände (z.B. Graphiken) für unternehmensinterne oder -externe Präsentationen zu verwenden, Arbeitszustände und ggf. -abläufe für spätere Vergleiche aufzubewahren, sie als Grundlage für darauf aufbauende Aufgaben von Assistenzkräften (Beispiel: die eingehendere Untersuchung aufgedeckter Soll-/Istabweichung) festzuhalten oder als Entscheidungsunterlage den übrigen am Entscheidungsprozeß zu beteiligenden Führungskräften zukommen zu lassen. Da es einerseits der Führungskraft nicht zuzumuten ist, sich zu jedem Zeitpunkt zu überlegen, ob eine bestimmte Arbeitssituation zu dokumentieren ist und andererseits zum betreffenden Zeitpunkt die zukünftige Relevanz dieser Situation ihm nicht bekannt sein kann, müssen die Arbeitszustände und -abläufe automatisch systemintern dokumentiert werden.

Während zu Präsentationszwecken Kopien einzelner Bildschirminhalte genügen, kommt es bei der Übergabe von Arbeitsunterlagen an Assistenzkräfte vor allem darauf an, daß die Informationen, die zu den betreffenden Bildschirmdarstellungen geführt haben, von den Assistenzkräften weiterbearbeitet werden können. Die einzelnen Darstellungen lassen sich mit Hilfe der entsprechenden Komponenten der Dialogebene jederzeit wiederholen, die ursächlichen Informationsnachfragen und das daraufhin zur Verfügung gestellte Informationsangebot blieben ansonsten jedoch einer weiteren Bearbeitung verschlossen.

Neben der eigentlichen *Dokumentation* der betreffenden Arbeitssituation benötigen die Assistenzkräfte jedoch noch detailliertere *Arbeitsanweisungen*, insb. die konkrete Problemstellung, den geplanten zeitlichen Aufwand, die zur Aufgabenbewältigung einzusetzenden Personen und Arbeitsmittel, sowie die Terminrestriktionen (z.B. den Termin der Berichterstattung), die mit dieser Aufgabe verbunden sind. Die Einsatzfähigkeit des *F.* hängt hierbei entscheidend davon ab, wie schnell und einfach die Dokumentationen um die fehlenden Arbeitsanweisungen zu ergänzen sind.

Sofern sowohl die Dokumentationen von Arbeitszuständen und -abläufen als auch die Arbeitsanweisungen auf computerlesbaren Medien zur Verfügung stehen und der ↑Computer der Führungskraft mit den Computern der betreffenden Assistenzkräfte vernetzt ist, kann die Arbeitsübergabe auch über die sog. *Kommunikationsschnittstelle* auf elektronischem Wege erfolgen. Mit Hilfe der *Kommunikationsfunktion* soll es der Führungskraft möglich sein, die Empfänger zusammenzustellen und die Dringlichkeit der zu übermittelnden Arbeitsaufgaben festzulegen. So ist es auf der Seite des

Führungsinformationssystem

Empfängers möglich, systemseitig die Dringlichkeit der ankommenden unterschiedlichen Meldungen zu erkennen und den Benutzer gegebenenfalls mit entsprechendem Nachdruck darauf hinzuweisen. Sofern die Übernahme von Informationen aus der Informationsbasis nicht manuell erfolgt, bedarf es einer *Selektionsfunktion*, deren Aufgabe es ist, die jeweils gewünschten Informationen hinsichtlich Art, Menge und Qualität aus der Informationsbasis zu selektieren und über die Datenschnittstelle automatisch in das Datenverwaltungssystem zu übernehmen. Um Inkonsistenzen im Informationsangebot des Führungsdatenbanksystems zu vermeiden, sollte der Anstoß der Selektionsfunktion vom *F.* aus geschehen. Nur so kann gewährleistet werden, daß die übernommenen Informationen auch systemseitig korrekt weiterverarbeitet werden.
Die Datenschnittstelle dient jedoch nicht nur der *automatisierten Übernahme von ↑Informationen* aus anderen DV-Systemen. Da die Führungsaufgaben sich nicht auf die Informationsnachfrage beschränken, muß es darüber hinaus auf einfache Art und Weise möglich sein, Informationen aus dem *F.* in andere DV-Systeme zur spezifischen Weiterbearbeitung zu übernehmen, bspw. in ein zusätzlich vorhandenes ↑computergestütztes Planungssystem zur Gesamtunternehmensplanung. Falls erforderlich, sind die selektierten bzw. manuell eingegebenen Informationen zu weiteren Informationen zu aggregieren. Die Basisinformationen können als zusätzliche Informationen erhalten bleiben oder im Verdichtungsprozeß untergehen.

Vor allem, um den Systementwickler bei der ständigen Anpassung des *F.* an die sich im Zeitablauf ändernden Rahmenbedingungen zu unterstützen, sollte das *F.* ferner eine sog. *Statistikfunktion* beinhalten. Ihre Aufgabe besteht darin, die Interaktionen des Benutzers zu protokollieren und im Hinblick auf Anhaltspunkte für Schwachstellen in der Benutzerschnittstelle oder im Datenverwaltungssystem zu analysieren. Daneben sollte die Funktion auch Assistenzkräften oder Führungskräften im täglichen Umgang mit dem ↑System Hinweise zur Vereinfachung von wiederkehrenden umständlichen Interaktionsfolgen oder Veränderungsmöglichkeiten der Benutzerschnittstelle geben. Falls die Führungskraft z.B. wiederholt mehrere Aktionen ausführt, um ein bestimmtes Ziel zu erreichen, eine bestimmte Informationsnachfrage an das DV-System abzusetzen, das auch mit einer einzelnen Interaktion erreicht werden könnte, kann das *F.* nach einer bestimmten Anzahl von Interaktionsfolgen im laufenden Betrieb einen entsprechenden Hinweis geben.
Lösungstechniken, Verfahren, Methoden
Die starke Orientierung an den individuellen Anforderungen der Führungskräfte in ihrem jeweiligen organisatorischen Umfeld setzt neben geeigneten Fach- und Machtpromotoren die aktive Einbindung der betroffenen Personengruppe *(Partizipation)*, sowie eine mit ↑Prototyping unterstützte *evolutionäre ↑Systementwicklung* voraus. Als Hilfsmittel zur zielorientierten Informationsversorgung und Optimierung unternehmerischer Entscheidungsprozesse sollte sich der Umfang und Ablauf der Informationsversorgung nicht an den technischen Vorgaben existierender oder geplanter IV-Einrichtungen orientieren. Um die technische Ausstattung des *F.* von der konkreten betrieblichen Hard- und ↑Software möglichst unabhängig zu halten, sollte das *F.* vielmehr auf einem extra dafür ausgewiesenen (Führungs-) ↑Computer eingesetzt werden, so daß es auch unabhängig von zentralen Netzen betrieben werden kann. Das bedeutet zugleich, daß nicht nur sämtliche funktionalen Komponenten, sondern auch das ↑Datenbanksystem für jede Führungskraft einzeln vorzuhalten ist. Die individuelle Führungsdatenbank kommt der auch Forderung nach, der Führungskraft die Speicherung und Verwaltung persönlicher ↑Informationen zu ermöglichen.

Durch Einführung einer separaten *Führungsdatenbank* - neben den eher transaktionsorientierten Datenbanken der zentralen DV-Systeme - lassen sich die spezifischen Anforderungen der Führungskräfte hinsichtlich Informationsart, -umfang, -qualität und -aktualität berücksichtigen. In Abhängigkeit von den konkreten betrieblichen Anforderungen wird das

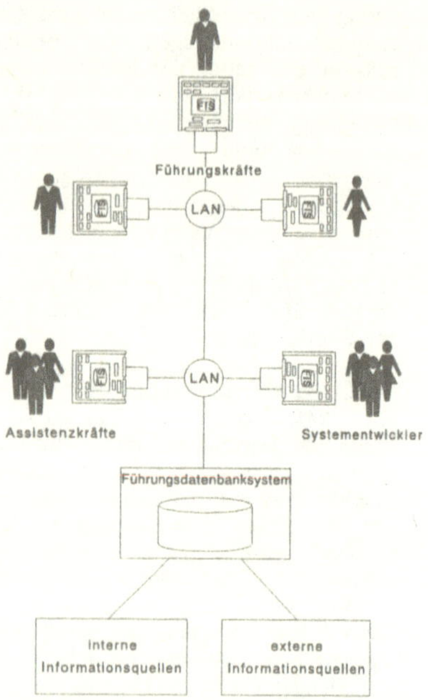

Führungsdatenbanksystem entweder auf einem separaten Arbeitsplatzrechner oder als Teil eines Großrechner-↑Datenbanksystems realisiert. Um die fundierte Weiterbearbeitung bestimmter von der Führungskraft erzeugter Arbeitssituationen zu ermöglichen, sollte vorgesehen werden, neben den Systementwicklern auch die Arbeitsplätze der betreffenden Assistenzkräfte mit entsprechenden Spiegelsystemen auszustatten. So könnte die Führungskraft bestimmte Arbeitssituationen oder ganze Arbeitsabläufe mit den dazugehörigen Informationen Assistenzkräften zur Bearbeitung übergeben, ggf. versehen mit entsprechenden Arbeitsanweisungen.

DV-Programme

Das Spektrum der angebotenen DV-Programme zur Realisierung von *F.* reicht von allgemeinen höheren ↑Programmiersprachen und speziellen Planungssprachen mit einer sehr hohen Flexibilität über Standardwerkzeuge, wie ↑Tabellenkalkulations- und Graphikprogramme, bis zu vorstrukturierten *F.* mit festgelegter Funktionalität, die für bestimmte Branchen teilweise bereits umfangreiche Beispielskennzahlensysteme enthalten, die im Einzelfall nur mit sehr geringem Aufwand angepaßt werden müssen (Bullinger et al., 1993). Die Systeme sind für alle gängigen ↑Betriebssysteme zu bekommen; neben reinen ↑PC- oder Großrechnerlösungen werden zunehmend auch Client/Server-Konzepte angeboten. Das Aufsetzen auf allgemeinen Standards und Normen, so ↑SQL als ↑Schnittstelle zu ↑relationalen Datenbanksystemen, sowie die Anbindung an Kommunikationssysteme erleichtert die technische und organisatorische Integration und ermöglicht heute auch den Aufbau heterogener *F.*

Literatur: Back-Hock, A.: Executive Information Systems, in: WiSt, Jg. 19 , 1990. *Behme, W., Schimmelpfeng, K.* (Hrsg.): Führungsinformationssysteme, Wiesbaden, 1993. *Bullinger, H.-J. et al.*: Führungsinformationssysteme (FIS), Baden-Baden, 1993. *Groffmann, H.-D.*: Kooperatives Führungsinformationssystem, Wiesbaden, 1992. *Groffmann, H.-D.*: Kennzahlendatenmodell (KDM) als Grundlage aktiver Führungsinformationssysteme, in: *Rau, K.-H., Stickel, E.* (Hrsg.): Daten- und Funktionsmodellierung, Wiesbaden, 1992. *Jahnke, B.*: Entscheidungsunterstützung der oberen Führungsebene durch Führungsinformationssysteme, in: *Preßmar, D.B.* (Hrsg.): Informationsmanagement, Bd. 49 der SzU, Wiesbaden, 1993.

Dr. H.-D. Groffmann, Tübingen

Funktionsintegration

Zusammenfassung von Arbeitsfolgen und deren ↑Steuerung an einem Arbeitsplatz mit dem Ziel, nachteilige Auswirkungen der Arbeitsteilung, wie ablaufbedingte Warte- und Übergangszeiten durch ein Zusammenfassen der Funktionen zu vermeiden.

Fuzzy-Logic

Synonym zur Fuzzy Set Theory.

Fuzzy-Systeme

Zur Charakterisierung komplexer ↑Systeme bedienen sich die Ingenieur- und Naturwissenschaften - wie auch in der ↑Informatik - üblicherweise ↑mathematischer Modelle, zu denen z.B. Differentialgleichungssysteme, stochastische Prozesse und logikbasierte Inferenzsysteme gehören. Eine generelle Schwierigkeit der meisten

Modelle besteht darin, daß sie signifikante Idealisierungsannahmen voraussetzen, um problemadäquat angewandt werden zu können. Es bietet sich daher an, schon während der Modellierungsphase einen kalkulierbaren, in vielen Problemstellungen ohnehin vorhandenen oder aber durch eine vorgenommene Informationskompression verursachten Anteil an Impräzision, Vagheit und Unsicherheit zu tolerieren, um durch die damit verbundene beabsichtigte Komplexitätsreduktion ein zwar nicht perfektes, vom approximativen oder interpolativen Verhalten zumindest jedoch zufriedenstellendes System zu erhalten, das die bestehende Modellierungsaufgabe effizient löst. Zu grobe Modellierungen können dabei natürlich mit dem Ignorieren wesentlicher Charakteristika der realen Welt einhergehen. Allerdings wird die Adäquatheit eines Modells nicht durch den Präzisionsgrad und den Umfang der berücksichtigten Information bestimmt, sondern allein anhand spezifizierbarer Gütekriterien wie Korrektheit, Vollständigkeit, Effizienz, Stabilität und ↑Benutzerfreundlichkeit.

Die Idee von *F.* ist es, den Vorteil der mit einem gezielten Einbeziehen von Unschärfe verbundenen Komplexitätsreduktion für solche Anwendungsdomänen nutzbar zu machen, in denen das strenge Postulat von Datenpräzision zu weniger effizienten Übermodellierungen führen kann (z.B. Regelungstechnik) oder einer inadäquaten Idealisierung entspricht (z.B. ↑Expertensysteme). *F.* beruhen auf dem 1965 von L.A. Zadeh eingeführten Begriff der Fuzzy-Menge zur mathematischen Beschreibung vager Konzepte, wie sie im Alltag auf natürliche Weise zur Charakterisierung subjektiver, kontextabhängiger, intervallwertiger Daten mit unscharfen Rändern benutzt werden (z.B. schnell für die beobachtete Geschwindigkeit eines vorbeifahrenden Autos, groß für die Körperhöhe eines Erwachsenen).

Grundlagen

Im Unterschied zu gewöhnlichen Mengen, bei denen Elemente eindeutig zu einer Menge gehören oder nicht zu ihr gehören, werden bei *Fuzzy-Mengen* beliebige graduelle Zugehörigkeiten zwischen 0 und 1 zugelassen. Eine Fuzzy-Menge μ ist daher als eine Funktion von der Grundmenge bzw. dem Universum Ω in das Einheitsintervall charakterisierbar:

$$\mu : \Omega \to [0,1]$$

$\mu(\omega) = 0$ bedeutet, daß ω nicht zu μ gehört, während $\mu(\omega) = 1$ aussagt, daß ω vollständig zu μ gehört. Durch Fuzzy-Mengen können vage Konzepte schnell repräsentiert werden (etwa die Fuzzy-Menge der in cm gemessenen Körperhöhen von Erwachsenen, die als groß zu bezeichnen sind). Die Wahl der Fuzzy-Mengen zur Repräsentation vager Konzepte hängt vom Betrachtungskontext ab. So verbinden Personen verschiedenen Alters durchaus nicht dieselben Altersgruppen mit dem Begriff jung. Eine gewöhnliche Menge M wird durch ihre charakteristische Funktion

$$\chi_M : \Omega \to \{0,1\}, \quad \omega \mapsto \begin{cases} 1 & \text{falls } \omega \in M \\ 0 & \text{sonst} \end{cases}$$

repräsentiert und ist daher als spezielle Fuzzy-Menge interpretierbar.

Um die mengentheoretischen Basisoperationen Durchschnitt, Vereinigung und Komplementbildung für Fuzzy-Mengen zu definieren, müssen die logischen Konnektive, die klassisch nur für die Werte 0 (falsch) und 1 (wahr) definiert sind, auf das Einheitsintervall erweitert werden. Hier wird die Verbindung zwischen der Theorie der Fuzzy-Mengen und mehrwertigen (insb. [0,1]-wertigen) Logikkalkülen deutlich. Das *logische und*, *oder* und die *Negation nicht* werden in [0,1]-wertigen Logiken nicht mehr durch eine einfache Wahrheitstabelle vorgegeben, sondern als Funktionen $\wedge, \vee : [0,1] \times [0,1] \to [0,1]$, bzw. $\neg : [0,1] \to [0,1]$ aufgefaßt, so daß die Fuzzy-Mengen $\mu \cap \nu$, $\mu \cup \nu$ und

$$(\mu \cap \nu)(\omega) = \mu(\omega) \wedge \nu(\omega), \; (\mu \cup \nu)(\omega) = \mu(\omega) \vee \nu(\omega), \text{ bzw. } \bar{\mu}(\omega) = \neg(\mu(\omega)), \; (\forall \omega \in \Omega)$$

gegeben sind. Diese verallgemeinerten logischen Operatoren legen fest, wie mit partieller Wahrheit (Partial Truth) gerechnet werden sollte. Ihre Definition hängt davon ab, welche Eigenschaften erwünscht sind. Zumindest sollten sie normal sein, d.h. auf die Werte 0 und 1 eingeschränkt mit den klassischen ↑Operationen übereinstimmen. Für $\wedge$ bzw. $\vee$ wird i.a. gefordert, daß sie t-Normen bzw. t-Conormen sind. Eine t-Norm ist eine Funktion

$$T : [0,1] \times [0,1] \to [0,1],$$

die folgenden Bedingungen genügt:

- $a \leq b$ und $c \leq d \Rightarrow T(a,c) \leq T(b,d)$ (Monotonie)
- $T(a,b) = T(b,a)$ (Kommutativität)
- $T(a,T(b,c)) = T(T(a,b),c)$ (Assoziativität)
- $T(a,1) = a$

Eine t-Conorm muß wie eine t-Norm ebenfalls die Eigenschaften (i), (ii) und (iii) erfüllen; anstelle von (iv) wird jedoch T(a,0) = a gefordert. Wird $\neg(a) = 1 - a$ als Negation verwendet, induziert jede t-Norm T eine t-Conorm $\tilde{T}$ mittels

$\tilde{T}(a,b) = 1 - T(1-a, 1-b)$,

was dem DeMorganschen Gesetz

$A \vee B \_ \neg(\neg A \wedge B)$

entspricht. Die am häufigsten benutzten Operationen sind

$a \wedge b = \min\{a,b\}$, $a \vee b = \max\{a,b\}$ und $\neg(a) = 1-a$

Sie motivieren auch die Interpretation von Quantoren in mehrwertigen Logiken. Ein Allquantor (Existenzquantor) entspricht dabei dem Bilden eines Infimums (Supremums). Auf diese Weise lassen sich Konzepte, die mit Hilfe eines logischen Ausdrucks beschreibbar sind, problemlos für Fuzzy-Mengen verallgemeinern. Ein Spezialfall hiervon ist Zadehs Extensionsprinzip:

Ist μ eine Fuzzy-Menge auf dem Universum X und $f: X \rightarrow Y$ eine Abbildung, dann ist das Bild υ von μ unter f gegeben durch die Fuzzy-Menge

$\nu(y) = \sup\{\mu(x) | f(x) = y\}, y \in Y.$

was für gewöhnliche Untermengen M von X der Aussage

$y \in f(M) \_ \exists x \in X: f(x) = y$

entspricht.

Mit Hilfe des Extensionsprinzips lassen sich ganze Theorien fuzzifizieren, wie z.B. die statistische Datenanalyse, die Topologie oder die ↑Mustererkennung.

Für das effiziente Operieren mit Fuzzy-Mengen ist die Darstellung als Funktion vielfach nicht geeignet. Wichtig ist daher auch der Repräsentationssatz für Fuzzy-Mengen, der besagt, daß eine Fuzzy-Menge μ durch ihre Niveaumengen

$\mu_\alpha = \{x | \mu(x) \geq \alpha\}$ $(0 \leq \alpha \leq 1)$

eindeutig charakterisiert ist. Auf diese Weise lassen sich Operationen einfach niveauweise ausführen, so daß bspw. die Fuzzy-Arithmetik, bei der die Addition, Multiplikation etc. von Fuzzy-Mengen der reellen Zahlen gerade über das Extensionsprinzip ermöglicht wird, für bestimmte Klassen von Fuzzy-Mengen auf die Intervallarithmetik zurückführbar ist. Werden Operationen auf Fuzzy-Mengen implementiert, bietet diese Vorgehensweise insofern Vorteile, daß auf endlich viele Niveaumengen beschränkt wird und demnach Approximationen der betrachteten Fuzzy-Mengen ausreichen.

Zu einer fundierten Betrachtung von Fuzzy-Mengen und den auf ihnen beruhenden *F.* bedarf es der genauen Festlegung der Semantik der Zugehörigkeitsgrade. In Applikationen geschieht deren Angabe für einzelne Elemente häufig intuitiv - anhand von Erfahrungswerten. In diesem Fall ist aber z.B. nicht klar, was ein Zugehörigkeitsgrad von 0.9 im Vergleich zu einem Zugehörigkeitsgrad von 0.8 zu bedeuten hat, außer daß er etwa im Sinne einer Präferenzrelation größer ist. Zur Einführung eines geeigneten semantischen Hintergrundes bietet es sich an, Fuzzy-Mengen als scharfe Punkte in vagen Umgebungen aufzufassen und sie mit Hilfe von Ähnlichkeitsrelationen (Gleichheitsrelationen, Ununterscheidbarkeitsoperatoren) als induziertes Konzept zu definieren. Anwendungen liegen hier vor allem im Bereich der Fuzzy-Regelung (Fuzzy Control).

Ein weiterer Zugang zu Fuzzy-Mengen ergibt sich dadurch, sie epistemisch als Possibilitätsverteilungen (Möglichkeit im Gegensatz zu Wahrscheinlichkeit) aufzufassen und dann wiederum im Sinne eines induzierten Konzeptes als komprimierte Repräsentanten konkurrierender impräziser Informationen zu verwenden. In dieser Interpretation zeigen sich Bezüge zu One Point Coverages von Zufallsmengen, Contour Functions von Belief-Funktionen und zu den aus der mengenwertigen ↑Statistik bekannten Falling Shadows. Diese Sichtweise von Fuzzy-Mengen hat sich in erster Linie im Bereich der ↑wissensbasierten Systeme bewährt.

Einen dritten Hintergrund für die Theorie der Fuzzy-Mengen liefert eine kategorientheoretische Betrachtung der Mengenlehre und der Logik *(Topos Theorie)*. Ein Topos ist - vereinfacht ausgedrückt - eine Kategorie mit Eigenschaften, die eine kategorische Beschreibung der logischen Verknüpfungen erlauben. Teilmengen entsprechen Unterobjekten im Topos. Unterobjekte in diesem Sinne können als Fuzzy-Mengen angesehen werden, wobei die Zugehörigkeitsgrade in einer durch den Topos bestimmten Heyting-Algebra liegen. Das Einheitsintervall ist eine spezielle Heyting-Algebra. Die Negation ergibt sich dann jedoch im intuitionistischen Sinne

$$\neg(a) = \begin{cases} 1 & \text{falls } a = 0 \\ 0 & \text{sonst.} \end{cases}$$

Um die übliche Negation zu erhalten, werden modifizierte Kategorien wie Weak Topoi betrachtet.

F. werden heutzutage in diversen industriellen Anwendungen erfolgreich eingesetzt. Wichtige Applikationen beziehen sich auf das Gebiet des *Fuzzy Control*, in dem immer häufiger durch die Kopplung mit Neuronalen Netzen hybride Systeme entstehen und auch auf *Fuzzy-Expertensysteme*. Weitere Anwendungsbereiche sind z.B. Fuzzy Clustering, Fuzzy Pattern Classification and Recognition, Fuzzy ↑Image Processing, Fuzzy ↑Computer Vision, Fuzzy Database Systems, Fuzzy Data Analysis, Fuzzy Decision Support Systems.

Fuzzy-Regler

Die Regelungstechnik befaßt sich mit Methoden zur Automatisierung der Handhabung technischer Anlagen von einfachen Elektromotoren bis zu komplexen Systemen wie Ozeandampfern. Eine Regelungsaufgabe besteht darin, die technische Anlage so zu steuern, daß sie ein vorgegebenes Ziel einhält oder erreicht. Soll bspw. der Elektromotor eine konstante Drehzahl einhalten oder der Ozeandampfer seinen Kurs beibehalten, so werden zur Lösung dieser Aufgabe bestimmte Eingangsgrößen gemessen, aufgrund derer die Beeinflußung der technischen Anlage mittels der Stellgrößen zur Erreichung des Ziels bestimmt werden muß.

Die klassische Regelungstechnik stützt den Entwurf eines Reglers auf ein mathematisches Modell des technischen Prozesses, der meist in Form von Differentialgleichungen beschrieben wird. Im Gegensatz dazu basieren *Fuzzy-Regler* (Fuzzy Controller) auf einer Beschreibung des Verhaltens eines menschlichen Experten, der den ↑Prozeß (zumindest theoretisch) beherrscht. Üblicherweise dienen linguistische Regeln der Form "Wenn die Drehzahl etwas zu hoch ist, senke die Stromzufuhr geringfügig" zur Darstellung des Expertenverhaltens. Zur Umsetzung dieser Regeln in ein formales Modell für die automatische ↑Regelung werden die auftretenden vagen Konzepte, wie etwas zu hoch oder geringfügig, durch Fuzzy-Mengen repräsentiert. Auf diese Weise kann für scharf gemessene Eingangsgrößen auf der Grundlage der Fuzzy-Mengen und durch Ausführung geeigneter ↑Operationen, wie Durchschnitt und Vereinigung, ein passender Stellwert bestimmt werden. Meist liefert ein Fuzzy-Regler nur eine unscharfe Beschreibung des Stellwertes in Form einer Fuzzy-Menge, die noch defuzzifiziert werden muß, um einen konkreten Wert zu erhalten.

Mit Hilfe eines Fuzzy-Reglers wird daher ein Kennfeld definiert, das für jede Wertekombination der Eingangsgrößen einen geeigneten Stellwert festlegt. Dabei sind sowohl die Eingabe als auch die Ausgabe scharf. Die Fuzzy-Mengen werden nur intern zur Berechnung verwendet. In diesem Sinne kann Fuzzy-Regelung als wissensbasierte Interpolationstechnik zur Beschreibung von Kennfeldern gesehen werden. Das Konzept der Fuzzy-Regelung wurde von L. A. Zadeh Anfang der 70er Jahre eingeführt. 1975 beschreibt E. H. Mamdani die erste Anwendung im Labormaßstab, bei der ein Fuzzy-Regler zur Steuerung einer Dampfmaschine verwendet wurde. Der industrielle Einsatz von Fuzzy-Techniken im größeren Umfang vom Blutdruckmeßgerät bis zur vollautomatisch fahrenden U-Bahn setzte Ende der 80er und zu Beginn der 90er Jahre ein.

Neuronale Fuzzy-Systeme

Bei der Entwicklung eines *F.* besteht das Problem, sowohl Fuzzy-Mengen als auch Fuzzy-Regeln in geeigneter Form angeben zu müssen. Normalerweise wird ein *F.* nicht auf Anhieb die gewünschte Leistung zeigen und seine Parameter müssen angepaßt werden. Für dieses Tuning existieren keine bekannten formalen Grundlagen, so daß das Vorgehen rein heuristisch ist.

An diesem Punkt setzen *Neuronale F.* an. Sie nutzen die Lernfähigkeit Neuronaler Netze, um ein *F.* an seine Aufgabe anzupassen, oder es auf der Grundlage von Beispielsdaten zu erzeugen. Bei der Kopplung dieser beiden Ansätze wird zwischen kooperativen und hybriden Modellen unterschieden. Erstere nutzen ein Neuronales Netz getrennt von einem *F.*, um dessen Parameter zu bestimmen. Das *F.* kann später ohne ↑Neuronale Netze betrieben werden. Hybride Neuronale Fuzzy-Modelle bilden dagegen eine einheitliche Architektur, die als Neuronales Netz oder als *F.* interpretiert werden kann. Sie werden meist zur online-Adaption eingesetzt, d.h. sie erlernen ihre Aufgabe durch Ausprobieren. Als Lernverfahren wird eine Form des verstärkenden Lernens (Reinforcement Learning) benutzt. Die meisten Kopplungsmodelle sind im Bereich der Neuronalen Fuzzy-Regelung zu finden.

Fuzzy-Expertensysteme

Da in vielen Anwendungsdomänen ↑wissensbasierter Systeme oftmals unscharfe Expertenangaben zu verarbeiten sind, werden Fuzzy-Mengen vermehrt zur Repräsentation vagen ↑Wissens angewandt. So lassen sich bspw. die aus Prolog-Systemen bekannten Konzepte zur Darstellung von Regeln, Fakten und Schlußfolgerungsmechanismen für Fuzzy-Mengen generalisieren (Fuzzy-Prolog). Andere vielversprechende Ansätze, die sich nicht an symbolischen, sondern rein numerischen Methoden der Wissensrepräsentation orientieren, liefern z.B. die probabilistischen kausalen Netze. Sie sind hilfreich, wenn sich die Elemente des betrachteten Universums durch endlich viele Merkmale mit zugeordneten endlichen Wertebereichen charakterisieren lassen und Abhängigkeiten zwischen diesen Merkmalen bestehen, die qualitativ mit Hilfe eines gerichteten azyklischen Graphen modellierbar sind. In diesem Graphen treten die einzelnen Merkmale als Knoten und existierende direkte kausale Beziehungen als Kanten auf. Zur Quantifizierung unsicheren Expertenwissens werden im Falle probabilistischer kausaler Netze bedingte Wahrscheinlichkeitsverteilungen benutzt. Auf analoge Weise kann aber auch die Verwendung von Possibilitätsverteilungen erfolgen (possibilistische kausale Netze). Possibilitätsverteilungen bilden z.B. dann eine Alternative, wenn das vorliegende Wissen nicht nur unsicher, sondern auch inpräzise ist. Für beide Ansätze gibt es Softwaretools, die es erlauben, unter Verwendung auf nur wenige Merkmale beschränkter lokaler Propagationsalgorithmen die konditionierten Marginalverteilungen aller Merkmale effizient zu berechnen, falls für die interessierende Anwendung (z.B. medizinische Diagnose) neben dem vorhandenen Expertenwissen (Erfahrung von Ärzten) auch fallspezifische Angaben (Patientendaten, konkrete Merkmalswerte) zur Verfügung stehen. In der aktuellen Forschung werden Methoden untersucht, mit denen es möglich ist, probabilistische bzw. possibilistische kausale Netze sowohl strukturell (Abhängigkeitsgraphen) als auch quantitativ (Verteilungen) über ↑Datenbanken von Fallbeispielen zu erlernen.

Literatur: Dubois, D. et al. (Hrsg.): Readings in Fuzzy Sets for Intelligent Systems, San Mateo, 1993. *Kruse, R. et al.*: Fuzzy-Systeme, Stuttgart, 1993. *Kruse, R. et al.* (Hrsg.): Fuzzy Systems in Computer Science, Wiesbaden, 1994. *Nauck, D. et al.*: Neuronale Netze und Fuzzy-Systeme, Wiesbaden, 1994. *Terano, T. et al.* (Hrsg.): Fuzzy System Theory and its Application, Boston, 1991. *Zadeh, L., Kacprzyk, J.* (Hrsg.): Fuzzy Logic for the Management of Uncertainty, NY, 1992. *Zimmermann, H. J., Altrock von* (Hrsg.): Fuzzy Logic, München, 1994.

Prof. Dr. R. Kruse, Braunschweig

Fuzzy-Systeme, neuronale

F. nutzen die Lernfähigkeit Neuronaler Netze, um ein Fuzzy-System an seine Aufgabe anzupassen, oder es auf der Grundlage von Beispielsdaten zu erzeugen.

Fuzzy-Technologie

Geschichtliches

Die *Fuzzy Set Theorie* (Theorie unscharfer Mengen) entstand in den 60er Jahren aufgrund eines Paradigmenwechsels in bezug auf das Phänomens der Unsicherheit. War bis dahin der Begriff der Unsicherheit negativ vorbelastet und i.w. Gegenstand einer Theorie, und zwar der Wahrscheinlichkeitstheorie, so wurde die Unsicherheit als Phänomen unserer Umwelt aufgefaßt und es setzte sich die Auffassung durch, daß Unsicherheit nicht nur den Zufall, sondern eine Reihe anderer Ursachen haben kann. Es entstanden mehrere zusätzliche Unsicherheitstheorien, wie die Evidenztheorie, die Möglichkeitstheorie und die Theorie unscharfer Mengen, von denen keine die Wahrscheinlichkeitstheorie ersetzen will: Statt dessen konzentrieren sie sich auf anders geartete Unsicherheitsursachen, wie z.B. die linguistische Unsicherheit, die informationale Unsicherheit, usw. Die erste

Veröffentlichung auf diesem Gebiet stammt von Zadeh (1965). Zur Zeit existieren ca. 15.000 Veröffentlichungen über die Theorie unscharfer Mengen (populär öfter als ↑Fuzzy-Logic bezeichnet). Außer bei rein mathematischen Anwendungen (wie Fuzzy Topologie, Fuzzy Algebra, Fuzzy Arithmetik) findet die Fuzzy Set Theorie (FST) algorithmisch und bei ↑wissensbasierten Systemen Anwendung. Algorithmisch dient sie dazu, klassische, weitgehend auf der zweiwertigen Logik beruhende Algorithmen ins Stetige zu erweitern und sie dadurch anwendungsfreundlicher zu machen. Bekannteste Gebiete sind: Unscharfes Clustern, unscharfes mathematisches Programmieren, unscharfe Petrinetze, etc. Sie wurden alle im Prinzip in den 70er Jahren und Anfang der 80er Jahre entwickelt. Wissensbasierte Anwendungen führten von der Symbolverarbeitung zur inhaltserhaltenden ↑Wissensverarbeitung in ↑Expertensystemen, unscharfen Reglern, usw. Mit Ausnahme von Japan blieb Forschung und Entwicklung auf dem Gebiet der Fuzzy Sets fast 25 Jahre auf den akademischen Bereich beschränkt. Nur in Japan wurde in den 80er Jahren durch Anwendung des in England entwickelten Konzepts der unscharfen Regelung (Fuzzy Control) auf industrielle und auf Konsumgüter der Schritt von der FST zur *F.* vollzogen. Primär ausgelöst durch die Medien folgte darauf der Fuzzy Boom in Deutschland seit 1990 und in den USA seit 1992.

Fuzzy Set Theorie

Kern der FST ist die unscharfe Menge (Fuzzy Set). Sie ist in ihrer Ausgangsform seit 1965 definiert als

$$\tilde{A} = \{x, \quad \mu_{\tilde{A}}(x)\}, \quad x \in X \cdot$$

Hierbei bezeichnet $\mu(x)$ den klassischen Elementebegriff und $\mu_{\tilde{A}}(x)$ den Zugehörigkeitsgrad (bei diskreten Mengen) oder die Zugehörigkeitsfunktion bei stetigen unscharfen Mengen. Die Zugehörigkeitsfunktion ist eine reellwertige Funktion, die oft auch auf den Intervall [0,1] normiert wird. In der Zwischenzeit sind zahlreiche Formen der unscharfen Mengen, z.B. unscharfe Zahlen, linguistische Variable, unscharfe Mengen höheren Grades, probabilistische Mengen entwickelt worden. Alle mengentheoretischen oder logischen Operationen mit unscharfen Mengen oder Aussagen werden über die Zugehörigkeitsfunktion definiert. So wird z.B. die Zugehörigkeitsfunktion der Schnittmenge von unscharfen Mengen, bzw. das logische und als die Anwendung des Minimumoperators oder einer t-Norm auf die Zugehörigkeitsfunktionen der zu schneidenden Mengen bzw. Aussagen definiert. Die Vereinigung unscharfer Mengen bzw. das inklusive oder wird entsprechend durch den Maximum-Operator oder eine t-Co-Norm und das Komplement bzw. die Verneinung (bei normierten Mengen) durch die Differenz von 1 und der entsprechenden Zugehörigkeitsfunktion definiert. Entsprechend erweiterte Definitionen gelten für unscharfe Relationen, unscharfe Graphen etc.

Anwendungsgebiete

Das wohl heute noch größte Anwendungsgebiet ist das der Fuzzy Control. Es ist eine ursprünglich wissensbasierte Anwendung der FST auf das Gebiet der Regelungstechnik. Dies ist auch die Anwendungsform, die heute üblicherweise bei Konsumgütern (Videokameras, Klimaanlagen, Staubsauger etc.) und bei vielen industriellen Anwendungen zu finden ist. Gegenwärtig stark wachsende Gebiete sind die der Fuzzy Datenanalyse, der Fuzzy Optimierung, der Multikriteria-Analyse, der Fuzzy Datenbanken u.a.

Tools

Bis heute existiert noch keine Entwurfsmethodologie für die meisten der Anwendungsgebiete der Fuzzy-Technologie, die eingesetzt werden könnten, um gezielt und schnell z.B. einen passenden Fuzzy Regler oder Fuzzy Klassifikator zu bauen. Die Zahl der Entwicklungsparameter (Zahl und Art der Zugehörigkeitsfunktionen, Art der Operatoren, Fuzzifizierungs- und Defuzzifizierungsverfahren, etc.) ist gewöhnlich recht hoch. Es werden daher in zunehmendem Maße seit Ende der 80er Jahre vorhandene Softwaretools (ähnlich den Shells bei ↑Expertensystemen) oder spezielle ↑Hardware eingesetzt. Software liegt in Form von CASE Tools als Precompiler oder online-Entwicklungswerkzeugen - bis hin zu Fuzzy SPS - vor. Hardware reicht von sehr problembezogenen Fuzzy ASICS

Fuzzy-Technologie

(FASICS) über Fuzzy Mikrocontroller zu Evaluation Boards vor. Fuzzy Hardware dürfte allerdings oft nur wegen ihrer beschränkten Flexibilität und relativ hohen Herstellungskosten dann einsetzbar sein, wenn Verarbeitungsgeschwindigkeit ein sehr kritischer Faktor ist (z.B. bei online-Regelung), oder aber große Mengen der gleichen Hardware einsetzbar sind.

Literatur: Altrock von, C.: Fuzzy Logic, München, 1993. *Zadeh, L.A.*: Fuzzy Sets, in: Information and Control 8, 1965. *Zimmermann, H.-J.*: Description and Optimization of Fuzzy Systems, in: International Journal of General Systems 2, 1976. *Zimmermann, H.-J.*: Fuzzy Technologien, 1993. *Zimmermann, H.-J. et al.*: Fuzzy Logic, München, 1994.

Prof.Dr.Dr.h.c.H.J.Zimmermann, Aachen

GAN
Global Area Network

Gateway
Elektronischer Zugriffsweg auf online-↑Datenbanken; übermittelt ↑Nachrichten von einem Netz in ein anderes, von einem ↑LAN in die öffentlichen Netze.

GDSS
(Group Decision Support Systems)
Begriffserklärung
Betriebliche Entscheidungen werden im zunehmenden Ausmaß durch Gruppen oder Gremien getroffen. Etwa seit Beginn der 80er Jahre wird versucht, Entscheidungsprozesse in Gruppen dv-technisch zu unterstützen. Die dafür entwickelten ↑Systeme werden als ↑*Group Decision Support Systems* bezeichnet. Sie sind gegenüber zwei anderen Gruppen von Systemen abzugrenzen. Unter ↑Systemen des ↑*Computer Supported Cooperative Work (CSCW)* werden Systeme verstanden, die Gruppenarbeit allgemein unterstützen, z.B. Systeme zur gemeinsamen Bearbeitung von Dokumenten oder zur gemeinsamen Terminverwaltung. *G.* unterscheiden sich von CSCW-Systemen durch ihren eindeutigen Entscheidungsbezug: Aufgabe eines *G.* ist es, eine Gruppe beim Treffen von Entscheidungen zu unterstützen. CSCW stellt daher gegenüber *G.* den allgemeineren Begriff dar (Ellis, 1991). Der Begriff *G.* wird ferner üblicherweise nur für Systeme zur Entscheidungsunterstützung in kooperativen Gruppen benutzt, bei denen die Gruppenmitglieder ähnliche Ziele und Interessen verfolgen. Ein Beispiel für eine kooperative Gruppensituation ist die gemeinsame Planung eines neuen Produktes durch unterschiedliche Abteilungen (Produktion, Marketing etc.) eines Unternehmens. Im Gegensatz dazu werden Systeme, die der Unterstützung in Verhandlungssituationen zwischen Parteien mit entgegengesetzten Interessen dienen (Arbeitgeber und Arbeitnehmer in Lohnverhandlungen etc.), als *Negotiation Support Systems (NSS)* bezeichnet.
Zielsetzung und Problemstellung
Herkömmliche Gruppenprozesse weisen zahlreiche Probleme auf, die sowohl die Effizienz und Geschwindigkeit des Entscheidungsprozesses als auch seine Effektivität und damit die Qualität der Ergebnisse negativ beeinflussen. Dazu zählen u.a.:

- Produktivitätsverluste, die dadurch entstehen, daß Wortmeldungen nur einzeln abgegeben werden können;
- ungleiche Beteiligung der Mitglieder am Gruppenprozeß und Dominanz einzelner Mitglieder;
- Aufkommen von Gruppendruck, durch den abweichende Meinungen unterdrückt werden.

Durch den Einsatz von *G.* sollen diese negativen Einflüsse reduziert werden. Weitere Ziele und Probleme der Entwicklung von *G.* ergeben sich aus spezifischen Eigenschaften der unterschiedlichen Formen von zu unterstützenden Gruppenprozessen. Entscheidungssituationen in Gruppen können, abgesehen von der bereits angesprochenen Unterscheidung nach übereinstimmenden oder entgegengesetzten Zielen der Mitglieder, insb. nach den Kriterien der räumlichen und zeitlichen Nähe der Gruppenmitglieder klassifiziert werden. Den so gebildeten Klassen von Entscheidungssituationen können spezifische Formen von *G.* zugeordnet werden.

Die am weitesten verbreitete Form von *G.* sind sog. *Decision Room-Systeme*. Bei diesen Systemen sind sämtliche Gruppenmitglieder gleichzeitig in einem Raum versammelt. Jedes Gruppenmitglied verfügt in der Regel über einen Arbeitsplatzrechner, der an ein Netzwerk angeschlossen ist, daneben stehen noch gemeinsame Einrichtungen, etwa für die Projektion von Bildschirminhalten, zur Verfügung. Ziel dieser Systeme ist vor allem die Überwindung der zuvor genannten Probleme der mangelnden Effizienz und Effektivität herkömmlicher Gruppenprozesse. Zur Überwindung räumlicher Entfernung werden mehrere Decision Rooms zu ↑Teleconferencing-Systemen gekoppelt. Es werden neben der datentechnischen Verbindung auch Videoübertragungen eingerichtet, um Sichtkontakt zwischen den Teilnehmern an verschiedenen Orten zu ermöglichen.

	Zeitliche Nähe	
Räumliche Nähe	Ja	Nein
Ja	Decision Room	Local Decision Network
Nein	Teleconferencing	Remote Decision Making

Die rechte Spalte der Tabelle wird von Systemen gebildet, bei denen die Gruppenmitglieder nicht gleichzeitig am Prozeß teilnehmen, sondern ihre Beiträge ↑asynchron, d.h. zu unterschiedlichen Zeitpunkten leisten. Damit ist auch die gleichzeitige Anwesenheit der Teilnehmer in einem spezifischen Raum nicht mehr erforderlich. Unterschiede aufgrund der räumlichen Nähe ergeben sich einerseits durch die Art des benutzten Netzwerkes (lokales Netzwerk vs. Datenfernnetz) und damit die verfügbare Übertragungskapazität, andererseits auch dadurch, daß an geographisch weit verteilten und damit häufig organisationsübergreifenden Diskussionen und Entscheidungsprozessen eine größere Zahl von Personen teilnimmt als an räumlich begrenzten Gruppenprozessen.

Inhalte und Lösungstechniken

Zur Überwindung der genannten Probleme herkömmlicher Gruppenprozesse können unterschiedliche Methoden benutzt werden. In der Literatur ist es üblich, *G.* nach ihrem Unterstützungspotential zu klassifizieren (Vetschera, 1990). Nach dem Schema von DeSanctis und Gallupe werden drei Stufen der Unterstützung unterschieden:

- Systeme der Stufe 1 dienen dazu, Kommunikationsbarrieren abzubauen und allen Mitgliedern gleichmäßigen Zugang zum Gruppenprozeß und den problemrelevanten Informationen zu geben.
- Systeme der Stufe 2 sollen durch den Einsatz analytischer Techniken Unsicherheiten und Störungen im Entscheidungsprozeß abbauen, indem den Gruppenmitgliedern problemrelevante Informationen und analytische Techniken zur Erzeugung und Bewertung von Lösungen zur Verfügung gestellt werden.
- Systeme der Stufe 3 sollen den Gruppenprozeß gezielt steuern, indem einzelne Gruppenmitglieder zu Beiträgen aufgefordert und Lösungsvorschläge vom System erstellt werden.

Die meisten bisher realisierten Systeme sind *Decision Room-Systeme der Stufe 1*. Der Schwerpunkt dieser Systeme liegt in der Phase der Ideenfindung. Die Systeme bieten die Möglichkeit, in einem Electronic Brainstormingprozeß gleichzeitig und anonym Lösungsvorschläge zu formulieren und bereits gemachte Lösungsvorschläge - ebenfalls anonym - zu kritisieren. Die Eingabe der Lösungsvorschläge erfolgt an den individuellen Rechnern der Gruppenmitglieder, die Vorschläge werden durch Anzeige auf einem Großbildschirm oder an sämtlichen individuellen Bildschirmen allen Mitgliedern zugänglich gemacht. Durch die Möglichkeit zur parallelen Eingabe werden Probleme des ungleichmäßigen Zugangs zum Gruppenprozeß und der mangelnden Effizienz durch lange Wartezeiten vermieden. Die Anonymität der Eingaben und der Kritik trägt dazu bei, das kreative Potential aller Gruppenmitglieder unabhängig von ihrer Position in der Unternehmenshierarchie freizusetzen und damit die Probleme der ungleichen Beteiligung und der Dominanz zu verringern.

Neben der Phase der Ideengenerierung werden auch die Klassifikation und Zusammenfassung von Ideen, sowie die Kompromiß- und Entscheidungsfindung durch Konzessionen und Abstimmungsprozesse von entsprechenden Softwarekomponenten des *G.* unterstützt. Systeme dieser Stufe wurden intensiv empirisch untersucht. Die meisten Untersuchungen ergaben erhebliche positive Auswirkungen der Systeme sowohl auf die Effizienz des Entscheidungsprozesses als auch auf die Qualität der Lösungen und die Zufriedenheit der Gruppenmitglieder (Pinsonneault, 1989). Der Stufe 1 können ferner ↑verteilte Systeme zugerechnet werden, die elektronischen Nachrichtenaustausch über ↑E-Mail und den Zugriff auf gemeinsame Datenbasen unterstützen.

Bei *Systemen der Stufe 2* steht der Aggregationsprozeß individueller Meinungen zu einer Gruppenentscheidung im Vordergrund. Diese Systeme gehen daher

überwiegend davon aus, daß das Entscheidungsproblem weitgehend vorstrukturiert ist und die Gruppe sich nur noch zwischen bereits feststehenden Alternativen zu entscheiden hat (z.B. bei der Wahl eines Bewerbers für eine Stelle). Es wird versucht, durch theoretisch begründete, rationale und faire Aggregationsmechanismen aus individuellen Urteilen eine Gruppenentscheidung abzuleiten. Dazu werden sowohl Algorithmen benutzt, die aus den Bereichen der Spiel- und Entscheidungstheorie stammen, als auch spezifisch für *G.* entwickelte Algorithmen. In der Regel stellen diese Systeme ferner den einzelnen Gruppenmitgliedern Verfahren zur methodischen Unterstützung ihrer individuellen Meinungsbildung zur Verfügung. Im Gegensatz zu Decision Room-Systemen der Stufe 1 gehen die meisten Systeme dieser Stufen weder von räumlicher noch von zeitlicher Nähe der Gruppenmitglieder aus.
Von *Systemen der Stufe 3* wird erwartet, daß sie den Kommunikations- und Entscheidungsprozeß in der Gruppe steuern, indem sie einzelnen Gruppenmitgliedern das Wort erteilen, oder von sich aus Vorschläge machen, wie Kompromisse erzielt werden könnten. Die Systeme sollen dabei über die extern vorgegebene Struktur des Gruppenprozesses, wie sie Systeme der Stufe 2 vorsehen, hinausgehen und durch den Einsatz von Techniken der Künstlichen Intelligenz, etwa durch regelbasierte Systeme, eine intelligente und aktive Beeinflussung des Gruppenprozesses vornehmen.

Systeme
Ein *G.*, insb. in Form eines Decision Room-Systems, stellt nicht nur ein Softwareprodukt dar, sondern umfaßt auch die erforderliche ↑Hardware, sowie die gesamte Ausstattung des Entscheidungsraumes. Für die Nutzung des ↑Systems durch Führungskräfte sind die beiden Faktoren von großer Bedeutung.

Wird der zuvor betrachteten Klassifikation von gefolgt, so gehören die bisher realisierten und praktisch genutzten Systeme überwiegend der Stufe 1 an. Systeme der Stufen 2 und 3 sind Gegenstand der Forschung, wobei realisierte Prototypen der Stufe 2 zuzurechnen sind.
Ein verbreitetes System der Stufe 1 ist GroupSystems, das aus Entwicklungen an der University of Arizona hervorging und inzwischen mehrfach, sowohl in Forschungseinrichtungen als auch in Unternehmen, installiert ist. Als Hardware nutzt GroupSystems vernetzte ↑PC, wobei jedem Gruppenmitglied ein eigener Arbeitsplatz zur Verfügung gestellt wird. Ein weiterer Arbeitsplatz dient dem Moderator, der die Sitzung leitet. Dieser Moderator kontrolliert ferner einen Großbildschirm, auf dem für alle Mitglieder lesbare ↑Informationen angezeigt werden. Die gesamte Hardware ist fest in einem Konferenzraum eingebaut. Der Konferenzraum ist den üblichen Ansprüchen von Führungskräften entsprechend eingerichtet, wobei auf möglichst unauffällige Gestaltung der EDV-Komponenten großer Wert gelegt wird.
Die ↑Software von GroupSystems gliedert den Gruppenentscheidungsprozeß in drei Phasen. In der ersten Phase *(Idea Generation)* können von den Gruppenmitgliedern Lösungsvorschläge entweder in Form eines völlig freien Electronic Brainstorming oder in Diskussionsrunden, die bereits an spezifischen Themen orientiert sind, entwickelt werden. Die zweite Phase *(Idea Synthesis)* dient dazu, die frei entwickelten Ideen zu strukturieren und zu konkreten Lösungsvorschlägen zusammenzufassen. In der dritten Phase *(Prioritizing)* unterstützt GroupSystems Abstimmungen über die Lösungsvorschläge, sowie Bewertungsprozesse, in denen die Gruppenmitglieder die Lösungsvorschläge bez. mehrerer Ziele auf einer Punkteskala bewerten.

Neben fest installierten Decision Room-Systemen existieren aber auch transportable *G.*, die bei Bedarf in unterschiedlichen Sitzungsräumen aufgebaut werden können. In solchen ↑Systemen kommunizieren die Gruppenmitglieder z.B. über Handsender mit einem zentralen Rechner. Einen Überblick über weitere ↑Systeme geben (Teng, 1993).
Systeme der Stufe 2 existieren bisher nur als Forschungsprototypen, z.B. Co-oP, MEDIATOR oder *G.*-X (Vetschera, 1991). Typischerweise wird der Ablauf des Entscheidungsprozesses in drei Phasen gegliedert. In einer ersten Phase erfolgt die Problemdefinition. Hier werden

Informationen über die Gruppenmitglieder, die der Gruppe zur Wahl stehenden Handlungsalternativen und die in die Entscheidung eingehenden Bewertungskriterien spezifiziert. Ferner werden Festlegungen über den Ablauf des Gruppenprozesses getroffen. So kann z.B. gefordert werden, daß sämtliche Gruppenmitglieder ihre Meinung bekanntgeben müssen, bevor eine ↑Aggregation durchgeführt wird. In der zweiten Phase nehmen die Gruppenmitglieder individuelle Bewertungen der Handlungsalternativen vor, die dann in der dritten Phase zu einem Gruppenurteil aggregiert werden. Sowohl für die zweite als auch für die dritte Phase wird eine Vielzahl von Verfahren vorgeschlagen (Vetschera, 1990). In der Regel finden zwischen zweiter und dritter Phase mehrere Iterationen statt, in denen die Gruppenmitglieder ihre individuellen Urteile revidieren und Konzessionen machen, bis ein für alle akzeptabler Kompromiß gefunden ist.

Literatur: Ellis, C., Gibbs, S., Rein, G.: Groupware, Communications of the ACM 34, 1991. *Pinsonneault, A., Kraemer, K. L.*: The Impact of Technological Support on Groups, Decision Support Systems 5, 1989. *Teng, J.C., Ramamurthy, K.*: Group Decision Support Systems: Clarifying the Concept and Establishing a Functional Taxonomy. INFOR 31, 1993. *Valacich, J. S. et al.*: Electronic Meeting Support: the GroupSystems Concept. International Journal of Man-Machine Studies 34, 1991. *Vetschera, R.*: Group Decision and Negotiation Support - A Methodological Survey. OR Spektrum 12, 1990. *Vetschera, R.*: Entscheidungsunterstützende Systeme für Gruppen, Heidelberg, 1991.

Prof. Dr. R. Vetschera, Konstanz

Generatoren

Programme, die neue ↑Programme erzeugen, Listen aus einer ↑Datei generieren, Reihenfolge in einer Datei herstellen, die formularmäßige Gestaltung des Bildschirms und der Druckliste übernehmen.

Geschäftsprozesse und Geschäftsprozeßanalysen

Begriff

Der Begriff *Geschäftsprozeß* findet sich im Bereich der Entwicklung von betrieblichen ↑Informationssystemen vor allem in der Phase der Analyse. Unter einem Geschäftsprozeß wird dabei ein Netz von zusammengehörigen Aufgaben im Unternehmen verstanden, die durch Informationsaustausch miteinander verknüpft sind. Der Gedanke, der dieser Sichtweise zugrunde liegt, ist die betriebliche Wertschöpfungskette, d.h. ein Verständnis vom Unternehmen als Transformator von eingehenden Produktionsfaktoren in Leistungen. Unter dem Begriff *Geschäftsprozeßmodellierung* werden alle Methoden und Modelle in diesem Bereich subsumiert, die sich mit Geschäftsprozessen beschäftigen. Diese Modelle verstehen ein Unternehmen als ein ↑System von verknüpften Geschäftsprozessen, die der Realisierung der Unternehmensziele dienen. Eine Veränderung im Zielsystem des Unternehmens oder der gegebenen Umweltbedingungen zieht somit eine Veränderung einzelner Geschäftsprozesse oder der Beziehungen zwischen den Geschäftsprozessen nach sich. Jeder Methode der Geschäftsprozeßmodellierung liegt ein Modell zugrunde und darüber hinaus sollten Methoden Vorschriften zur Modellierung beinhalten, welche die Identifikation, Abgrenzung und eindeutige Modellierung von Geschäftsprozessen vorgeben. Im Gegensatz zu klassischen Analysemethoden, die eher eine statische und strukturorientierte Sichtweise auf Unternehmen unterstützen, wie z.B. eine Zusammenfassung der Aufgaben nach funktionalen Gesichtspunkten, liegt den Methoden der Geschäftsprozeßmodellierung eine dynamische Sichtweise in bezug auf Umstrukturierungen und ein verhaltensorientiertes Verständnis im Hinblick auf die Durchführung von Aufgaben im Unternehmen zugrunde.

Eng verknüpft mit der reinen Geschäftsprozeßmodellierung ist die *Geschäftsprozeßoptimierung*, deren Elemente sich auch unterschiedlich stark ausgeprägt in den Geschäftsprozeßmodellierungsmethoden wiederfinden, so daß die Optimierung häufig als Teilgebiet der Modellierung verstanden wird. Die Geschäftsprozeßoptimierung beschäftigt sich mit einer Neugestaltung der Geschäftsprozesse. Das Ziel neben einer Beschleunigung oder möglichst weitgehenden Automatisierung bestehender Prozesse besteht im Auffinden von sachlogisch notwendigen Prozessen, die zur Erreichung der Unternehmensziele erforderlich sind. Dabei werden moderne ↑Informations- und Kommunikationstechnologien genutzt und die ermittelten Geschäftsprozesse - soweit möglich - auf das Notwendige beschränkt, was insgesamt zu schlankeren Organisationsstrukturen führt (Hammer, Champy, 1994).

Verwendungszweck

Die Aufgabe der Geschäftsprozeßmodellierung in der Analysephase besteht darin, ein Modell des betrieblichen ↑Informationssystems zu schaffen, das entweder Ist- oder Sollcharakter haben kann. Aus rein methodischer Sicht kann die Abgrenzung von Geschäftsprozessen als Zerlegung des Abbildungsgegenstandes Unternehmen in Teilbereiche verstanden werden, deren Komplexität vom Modellierer leichter zu bewältigen ist, so daß die relevanten Merkmale des Analysebereiches gezielter erkannt werden können. Ebenso lassen sich Plausibilitäts- und Vollständigkeitsprüfungen in einem überschaubaren Bereich besser durchführen. Im Hinblick auf ein Sollmodell korrespondiert die Sichtweise der Geschäftsprozeßmodellierung mit der Unternehmensorganisation. Durch eine prozeßorientierte Organisation wird bei Umstrukturierungen eine höhere Flexibilität erwartet als bei klassischen organisatorischen Konzepten. Unter diesem Gesichtspunkt sollten auch die ↑Anwendungssysteme nach Geschäftsprozessen konzipiert werden, um bei Umstrukturierungen den Anpassungsaufwand zu verringern. Zusätzlich kann die Entscheidung über die Automatisierung einer Aufgabe nicht nur isoliert, sondern auch unter Beachtung des Zusammenwirkens mehrerer Aufgaben in einem Geschäftsprozeß getroffen werden.

Modelle und Methoden

Bei der Modellierung einzelner Geschäftsprozesse sind drei begriffliche Ebenen zu unterscheiden, die in der Literatur nicht konsequent differenziert werden:

- *Typebene* (Geschäftsprozeß - Aufgabentyp),
- *Organisationsebene* (Geschäftsprozeß -Aufgabe),
- *Durchführungsebene* (Geschäftsprozeßvorgang - Vorgang).

Der Begriff Geschäftsprozeß ordnet sich auf der zweiten, *organisatorischen Ebene* ein. Auf dieser Ebene werden ablauf- und aufbauorganisatorische Vereinbarungen getroffen bzw. beschrieben und somit Aufgabenträger in die Beschreibung der Geschäftsprozesse einbezogen. Für die Aufgaben werden sowohl Zielvorgaben als auch konkrete Lösungsverfahren angegeben. Sie entsprechen somit organisatorischen Tätigkeitsbeschreibungen. Die Aufgaben werden auf der *Durchführungsebene* als Vorgänge durchgeführt, d.h. Vorgänge bezeichnen reale Tätigkeiten im Unternehmen. Entsprechend werden Durchführungen von Geschäftsprozessen als Geschäftsprozeßvorgänge bezeichnet. Auf der *Typebene* werden die Geschäftsprozesse vom Aufgabenträger und somit vom Potentialgefüge des Unternehmens abstrahiert. Die Ablauforganisation wird nur insoweit beschrieben, als sie von der Aufbauorganisation getrennt darstellbar ist. Die zugehörigen Aufgabentypen werden nach dem Black Box-Prinzip beschrieben, d.h. sie werden in erster Linie im Hinblick auf die Einordnung in den Geschäftsprozeßtyp untersucht. Es werden ferner keine Aussagen über die Art des Aufgabenträgers und somit über den Automatisierungsgrad gemacht. Auf der Typebene werden sachlogische Zusammenhänge zwischen Aufgabentypen in Form von Reihenfolgebeziehungen deutlich.

Neben der Darstellung einzelner Geschäftsprozesse sollte eine ↑Methode auch in der Lage sein, die Verknüpfungen zwischen Geschäftsprozessen darzustellen. Dazu ist es erforderlich, ein einheitliches Vorgehen zur Identifikation und Abgrenzung einzelner Geschäftsprozesse zu definieren, so daß sich alle analysierten Geschäftsprozesse auf derselben Abstraktionsebene befinden.

Exemplarische Methoden

Eine sehr frühe Methode der ↑Geschäftsprozeßmodellierung, die ausschließlich auf die Konzeption von ↑Anwendungssystemen ausgerichtet ist, liegt durch das *Business Systems Planning* vor (IBM, 1979). In einer ↑Matrix werden Geschäftsprozesse und Datenklassen nach den Kriterien Datenverwendung bzw. Datenherkunft in Beziehung gesetzt. Hierbei werden weder Hinweise zur Bildung der Datenklassen und Geschäftsprozesse gegeben, noch Aussagen darüber getroffen, ob auf der organisatorischen oder auf Typebene modelliert wird. Die Anwendungssysteme werden anschließend so gebildet, daß möglichst wenig Prozesse auf Datenklassen in anderen Anwendungssystemen zugreifen. Diese Art der Festlegung orientiert sich somit nicht an den Zielen des Unternehmens.

Bei (Scheer, 1990) findet die Analyse der Geschäftsprozesse auf der organisatorischen Ebene statt. Den Ausgangspunkt dieser Vorgehensweise bildet die Annahme, daß sich durch eine überwiegend funktional gegliederte Aufbauorganisation in den Unternehmen isolierte ↑Informationssysteme herausgebildet haben. Die Modellierung der Geschäftsprozesse erfolgt durch eine sukzessive Zerlegung der Aufgaben in Teilaufgaben, so daß eine simultane Optimierung der Organisation, der Reihenfolgebeziehungen von Aufgaben und des Automatisierungsgrades möglich wird. Für die einzelnen Aufgaben wird jeweils eine Funktions- und Datenstruktur angegeben. Die Integration der Aufgaben erfolgt mittels einer gemeinsamen Datenbasis. Zur Identifizierung der Geschäftsprozesse werden keine festen Regeln gegeben.

Im ↑*Semantischen Objektmodell* (Ferstl, Sinz, 1993) nach Ferstl/Sinz beginnt dagegen die Modellierung auf Typebene. Ausgehend von den Unternehmenszielen werden Prozesse abgegrenzt. Diese werden als Transaktionen, Austausch von Leistungen oder Informationen zwischen betrieblichen Objekten verstanden. Sowohl für die Objekte, als auch für die Transaktionen existiert ein hierarchisches Zerlegungskonzept. Als wesentliche Darstellungsmittel stehen das *Interaktionsdiagramm*, in dem die Transaktionen als gerichtete Kanten zwischen Objekten eingezeichnet werden und *Vorgangs-/Ereignisnetze*, die sich zur Darstellung der Verhaltensaspekte die Technik der Petrinetze zunutze machen, zur Verfügung. Die Geschäftsprozesse grenzen sich gegenseitig nach den Leistungsflüssen und den diese steuernden Informationsflüsse ab. Nach abgeschlossener Modellierung auf Typebene wird die Entscheidung über eine Automatisierung von Aufgabentypen und Informationsflüssen getroffen. Diese werden im sog. *konzeptuellen Objektschema*, einer objektorientierten Erweiterung des Strukturierten Entity Relationship-Modells, dargestellt. Ein Übergang zur organisatorischen Ebene wird nicht aufgezeigt. Hierfür bietet das *Rollenmodell der Organisation* von Esswein einen Ansatz (Esswein, 1993).

Andere Vorgehensweisen erweitern klassische Analysemethoden, wie z.B. ↑SADT, welche die statischen Merkmale beschreiben. Mit Hilfe dieser Erweiterungen, wie z.B. spezielle Varianten von Petrinetzen, können auch Verhaltensaspekte abgebildet werden.

Tools

Wie vorherige Ausführungen zeigen, handelt es sich bei der Geschäftsprozeßmodellierung um ein schwer abgrenzbares Gebiet. Aus diesem Grunde existieren nur wenige ↑Tools, die speziell zur Geschäftsprozeßmodellierung entwickelt wurden, wie bspw. das SOM-Tool der Universität Bamberg. In der Regel finden bei der Geschäftsprozeßmodellierung klassische Tools Einsatz, die nach den unterstützten Phasen, wie Analyse oder Design, oder den Sichtweisen, wie Funktions-, Daten- bzw. Objektorientierung klassifiziert werden.

Literatur: Esswein, W.: Das Rollenmodell der Organisation, in: Wirtschaftsinformatik, 35. Jg., Nr. 6, 1993. *Ferstl, O. K., Sinz, E. J.*: Grundlagen der Wirtschaftsinformatik, Bd. 1, München, 1993. *IBM*: Business Systems Planning, IBM Deutschland, 1979. *Scheer, A. W.*: EDV-orientierte Betriebswirtschaftslehre, 4. Aufl., Berlin, 1990.

Prof. Dr. W. Esswein, Dresden

Geschäftsprozeßmodellierung
Alle Methoden und Modelle, die sich mit Geschäftsprozessen beschäftigen.

Gesellschaft, Information und
↑Information und Gesellschaft

GI
Gesellschaft für Informatik

GPSS
General Purpose Simulation System; all-

gemeines ↑Simulationssystem für diskret-ereignisorientierte Modelle, wie sie bei Bedienungsproblemen zu finden sind.

Graphen
G. bestehen aus Knoten, die zeichnerisch als Kreise, Rechtecke, Rauten oder dgl. dargestellt werden und aus Kanten, die die Knoten miteinander verbinden.

graphische Benutzeroberfläche
↑Benutzeroberfläche, graphische

Groupware
Unterstützung der Teamarbeit und Kooperation durch von sich selbst organisierenden Gruppen. Darüber hinaus soll Groupware den Zugriff auf gemeinsam genutzte Ressourcen ermöglichen.

GUI
Graphical User Interface; Systemnutzung über graphische Symbole (Ikonen).

halbduplex
Wechselbetrieb der Datenübertragung; schaltet abwechselnd auf Sende- und Empfangsbetrieb.

Handelsinformationssysteme
H. müssen die beiden zentralen Prozesse, die Beschaffung und den Vertrieb, die durch die Nahtstelle Lager gekoppelt werden, in ihren logistischen Abläufen und in ihrer wertmäßigen Abbildung unterstützen, daraus abgeleitet Führungsinformationen für Steuerungsentscheidungen (Marktbearbeitungsstrategien, Fragen der Sortiments- und Preisgestaltung, strategisches Absatz- und Beschaffungsmarketing) bereitstellen. Da - anders als in der Industrie - keine güterwirtschaftlichen Transformationsprozesse anfallen, liegt der Fokus von *H.* bez. der operativen Ebene auf der effizienten Steuerung der sach- und zeitgerechten Bereitstellung von Waren. Die Häufigkeit der ablaufenden Transaktionen erfordert eine von jeglichem Ballast befreite, schlanke Ablauforganisation, evtl. sogar unter Beibehaltung einer hohen Arbeitsteilung, dies insb. vor dem Hintergrund sinkender Spannen und zunehmender Konzentrationstendenzen. Unter einer Spanne (bzw. Marge) wird im Handel der Quotient aus effektivem Verkaufswert abz. des EK-netto-netto und effektivem Verkaufswert verstanden. Der EK-netto-netto ist der Einkaufspreis eines Handelsunternehmens abzüglich aller Rechnungs- und nachträglichen Konditionen. Eng verbunden mit der Ablauforganisation ist ein ↑Informationssystem gefordert, das unter Wahrung der Integration zwischen den warenwirtschaftlichen Teilprozessen und von diesen zu den Auswertungs- und Analysesystemen durch eine straffe Benutzerführung und hohe maschinelle Unterstützung der Vorgänge gekennzeichnet ist. Wegen des hohen Transaktionsvolumens kommt der adäquaten Verdichtung der ↑Daten für die Auswertungs- und Analysesysteme eine besondere Bedeutung zu. Basis für Verdichtungen können u.a. Perioden, Regionen, Kunden oder Kundengruppen, Lieferanten oder Lieferantengruppen, Vertriebslinien, Filialen, Warengruppen oder Warenobergruppen sein.

Beschaffungslogistik
Bevor die operativen Vorgänge der ↑Beschaffungslogistik mit Disposition und Bestellung einsetzen, legt der Zentraleinkauf die Bezugsquellen für die zu führenden Artikel fest und handelt die Konditionen aus. Die große Vielfalt innerhalb des Konditionengefüges, insb. die nachträglichen Vergütungen, die in Abhängigkeit von der Erfüllung gesetzter Bedingungen gewährt werden und deren Weiterverrechnung z.B. auf Filiale stellen hohe Anforderungen an die Funktionalität eines Warenwirtschaftssystems.
Die Disposition leitet den eigentlichen Beschaffungsprozeß ein und ist der operative Vorgang, Artikel beim Lieferanten bzw. aus Sicht der Filiale beim Zentrallager oder beim Lieferanten (Streckengeschäft) zu bestellen. Angestoßen wird die Disposition durch das Erreichen eines bestellauslösenden Bestandes bzw. durch den (festen) Tourenplan, nach dem der Lieferant liefert. Die Bestellmenge wird automatisch aufgrund der Lagerabgangsgeschwindigkeit oder - heute noch sehr häufig anzutreffen - manuell ermittelt. Beim automatischen Filialnachschub versorgt die Zentrale in einer Art Push-System die Filialen ohne deren explizite Bestellung mit Ware. Der Wareneingang erfolgt mit oder ohne dv-mäßig geführter Bestellung. Letztere ist häufig im filialisierenden Einzelhandel der Fall. Die mengenmäßige Prüfung und Erfassung der Lieferscheine beendet den Teilprozeß des Wareneingangs.

Im Anschluß an die Vereinnahmung der Ware im Zentrallager (Großhandel) oder in der Filiale bedarf es der Bestandsfortschreibung, die im Großhandel im Regelfall mengen- und wertmäßig zu Einkaufspreisen erfolgt. In den Filialen hingegen ist eine Fortschreibung zu Einkaufs- und Verkaufspreisen (Filialkontokorrent) üblich (Tietz, 1993). Neben der wertmäßigen Bestandsführung werden mengenmäßige Bestände in mit Scanningsystemen ausgestatteten Märkten geführt, auch wenn hier Teilsortimente (z. B. Obst und Gemüse) nicht artikelgenau geführt werden können.
Bei der Rechnungserfassung führt das hohe Transaktionsvolumen dazu, daß me-

ist nur die Gesamtbeträge der Rechnungen und nicht die einzelnen Rechnungspositionen erfaßt werden. Die Rechnungsprüfung nimmt den Abgleich des bewerteten Lieferscheins mit der Rechnung vor. Aufgrund des Massenvolumens im Handel wird oftmals der Versuch eines maschinellen Abgleichs unternommen. Eine, vom Sachbearbeiter in einem Arbeitsschritt durchzuführende Rechnungserfassung und -prüfung, wie in der Industrie durchaus üblich, unterbleibt im Handel. Bei auftretenden Differenzen zwischen dem bewerteten Lieferschein und der Lieferantenrechnung wird eine Differenzbuchung der wertmäßigen Bestandsführung notwendig. Mit der Rechnungsprüfung ist der beschaffungslogistische Prozeß beendet.

Distributionslogistik
Der Distributionsprozeß im filialisierenden Handel beginnt mit der Listung (im Großhandel gilt eine weitgehend analoge Vorgehensweise, jedoch ist der Ausschluß von Artikeln üblicher als die explizite Zuordnung von Artikeln zu Kunden). Bevor eine Bestellung von einer Filiale überhaupt vorgenommen werden kann, muß der Artikel von der Zentrale gelistet sein. Die Listung beschreibt im wesentlichen den Prozeß des Zurverfügungstellens von Artikeln für Filialen und Kunden zum Zwecke der Disposition. Im Prozeß der Listung werden i.d. R. vom Vertrieb die Artikel festgelegt, die Filialen oder Kunden kaufen (Filialen somit auch verkaufen) dürfen. Der Ordersatz/das Bestellbuch ist die Umsetzung der Listung in ein Dokument, welches den Filialen/Kunden als Bestellunterlage dient. Die Auftragserfassung des Großhändlers bzw. des Zentrallagers wird häufig vor Ort (also beim Kunden oder in der Filiale) von Vertretern der liefernden Einheit vorgenommen, so daß Bestellung des Empfangenden und Auftragserfassung des Liefernden zu einem Schritt verschmelzen. Teilweise kommt hier die *Mobile Datenerfassung* zum Einsatz.
Im Großhandel Planung und Durchführung der Kommissionierung auf Basis der erhaltenen Aufträge vorgenommen, wobei die Artikel im Regelfall nach Kundenaufträgen zusammengestellt werden. Mitunter wird auch eine zweistufige Kommissionierung vollzogen, die in einer ersten Stufe alle Aufträge sammelt und artikelweise kommissioniert und in einer zweiten Stufe die Verteilung auf die Kunden vornimmt. Die Reihenfolge der Kommissionierung richtet sich hierbei nach einem Tourenplan. In einem Tourenplan sind die Belieferungstage der Filiale/des Kunden festgehalten. Der Distributionsprozeß endet mit der physischen Umlagerung der Ware aus dem Lager auf die Verladeeinheiten und der sich anschließenden Rechnungserstellung. Bei der Fakturierung ist eine Sammelfaktura gebräuchlich, in der dem Kunden die Rechnungen eines bestimmten Zeitraums in einer Summe in Rechnung gestellt wird. Im Einzelhandel hingegen ist mit der Erfassung des Verkaufsvorgangs am Point of Sale mit anschließender Fortschreibung des Filialkontokorrents der Distributionsprozeß beendet, ggf. wird der Beschaffungsprozeß getriggert, sofern die Filialen durch ein Filialnachschubsystem mit Ware versorgt werden.

Schwerpunkte von H.
Hohe bis überragende (im preisaggressivem Handel) Bedeutung kommt der Gestaltung von Aktionen zu. Unter Aktionen werden im Handel Marketingmaßnahmen zum Zwecke der Verkaufsförderung verstanden. Die Aktion betrifft im Regelfall den Ein- und Verkauf, auch wenn die Zeiträume voneinander abweichen können und weist vielfältige eigenständige operative Abläufe auf. So ist bei der Bestandsführung zwischen Normal- und Aktionsbestand zu differenzieren, um auf diese Weise eine korrekte Erfolgsabgrenzung der Aktion zu erreichen. Die Disposition weicht für den Aktionsfall von der Vorgehensweise im Normalgeschäft ab. In diesem Zusammenhang ist für den filialisierenden Handel auch die Funktionalität eines Aufteilers zu erwähnen. Unter einem Aufteiler wird die Verteilung der Gesamtbeschaffungsmenge auf die einzelnen Filialen verstanden. Im Zusammenhang mit der Aktion wird der Aufteiler bspw. dazu genutzt, die Wareneingangsmengen im Zentrallager auf die Filialen entsprechend deren Bestellungen aufzuteilen, da die Bestellmengen der Filialen zunächst zum Zwecke der Konditionsoptimierung in der Zen-

trale zusammengefaßt und beim Lieferanten bestellt worden sind. Möglich sind aber auch Aufteiler ohne konkrete Filialbestellungen. Hier greift dann ein Regelwerk zur Bestimmung der Aufteilermengen nach Filialgröße oder früherem Abverkauf ähnlicher Aktionsartikel.
Mit steigender Leistungsfähigkeit der ↑Hardware und zunehmender Technisierung der Märkte (Scanning) finden im Einzelhandel zunehmend auch die Regalplatzoptimierung und die Warenkorbanalyse Eingang. Mittels der Regalplatzoptimierung wird mit Hilfe von Daten über die Positionierung der Artikel im Verkaufsraum und dem dabei erzielten Umsatz die Plazierung der Sortimentsartikel auf der Regalfläche optimiert. Die Warenkorbanalyse versucht, Erkenntnisse über das Käuferverhalten durch die Analyse der Kassenbons zu gewinnen, da sich im Einzelhandel der Kundenkontakt häufig (vor allem in Niedrigpreis-Sortimenten) auf den Kassiervorgang beschränkt (Olbrich, 1992).

Neben der Bedeutung von ↑Informationen zum Zwecke der operativen ↑Steuerung von Handelsunternehmen treten Aspekte des ↑Controlling zunehmend in den Mittelpunkt des Interesses. Der Ansatz der direkten Produktrentabilität (Günther, 1993; Behrends, 1988) soll eine exaktere Steuerung des Sortiments mittels Spannen sicherstellen. Dieser errechnet sich durch Subtraktion der direkten Produktkosten, d.h. aller dem Artikel direkt zurechenbaren Kosten (z.B. Raum- und Einrichtungskosten für belegte Regalfrontfläche pro Verkaufspreis, Stapelplazierungs-, Leerguthandlings-, Pfandabrechnungs- oder Lagerkosten) von der Handelsspanne. Neben diesem Ansatz, der wegen der schwierigen Zurechnung der Kosten zu den Produkten nicht unumstritten ist, kommen in modernen Handelshäusern eine Kunden- und eine Lieferantendeckungsbeitragsrechnung zum Einsatz. Der Großhandel, dem die Kunden oder die Gruppen von Kunden bekannt sind, versucht, durch die Analyse der Rentabilität von Kunden oder Kundengruppen eine stärkere Fokussierung der Marketing- und Verkaufsaktivitäten auf die rentablen Kunden zu erreichen. Die Lieferantendeckungsbeitragsrechnung ist eine Kostenrechnung, die sowohl vom Groß- als auch vom Einzelhandel zunehmend gefordert wird. Beim Großhandel und beim mehrstufigen filialisierenden Einzelhandel sollen die Umsätze der Artikel eines Lieferanten den Kosten der Warenbeschaffung bei diesem Lieferanten gegenübergestellt werden. Während im Großhandel der Verkauf über einen Kundenauftrag mit anschließender Fakturierung abgewickelt wird, wodurch keine Datenerhebungsprobleme entstehen, bedarf es zur Durchführung dieser Rechnung im Einzelhandel einer artikelgenauen Warenausgangserfassung mittels Scanner-Kassen.

Aufgrund der großen Zahl an Lieferanten und Kunden (nur aus Sicht des Großhandels von Bedeutung), dem hohen Mengenvolumen an operativen Transaktionen (Bestellungen, Aufträge) und der Vielzahl an Artikelstammdaten, die in kurzen Zeiträumen veralten, profitieren die Handelsunternehmen sehr von den Möglichkeiten eines ↑*elektronischen Datenaustausches* sowohl zur Lieferanten- als auch zur Kundenseite hin. Da die Anzahl der Kopplungen bei einem Datenaustausch zwischen jeweils zwei Marktpartnern - sofern interne Formate eines Marktpartners in das eines anderen konvertiert werden - stark ansteigt, bietet sich die Nutzung eines einheitlichen Datenaustauschformats für alle Marktpartner an. Auf diese Weise wächst die Anzahl der Kopplungen nur noch linear mit der Anzahl der Marktpartner. Im Handel haben insb. die von der CCG (Centrale für Coorganisation) verabschiedeten SEDAS-Formate (Datensatzformate für den elektronischen Austausch von Geschäftsdaten wie Bestellung, Rechnung, Lieferavis) weite Verbreitung gefunden. Da ein branchenorientierter Standard aber immer eine Selektion von Marktpartnern darstellt, sind Entwicklungen zu einem grenz- und branchenübergreifenden Standard unverkennbar. Diese Bestrebungen der ↑ISO, die unter dem Stichwort ↑EDIFACT diskutiert werden, haben sich aber noch nicht in allen Branchen durchgesetzt (Becker, 1994). Die Bildung von EDIFACT-Subsets verbindet den Vorteil einer branchengerechten EDIFACT-Auslegung mit dem Nachteil einer Indivi-

dualisierung des Standards. Für den Bereich des Handels ist das EDIFACT-Subset EANCOM hervorzuheben, welches zunehmend die SEDAS-Formate ablösen wird. Bislang noch selten praktiziert ist hingegen der elektronische Stammdatenaustausch, der aufgrund der hohen Sortimentsrotation für den Handel jedoch von großem Interesse sein dürfte.
Der elektronische Datenaustausch wird zu einer weiteren Zunahme des Datenvolumens bei einer Abnahme der manuellen (Erfassungs-) Tätigkeiten führen. Bspw. werden im System Rechnungspositionen und nicht wie bislang Rechnungssummen gespeichert, was zu einer stärkeren Unterstützung der Rechnungsprüfung führt und zusätzliche Auswertungen erlaubt.
Die Vielfalt an Artikeln, verbunden mit der Sortimentsrotation, erfordern andere Instrumentarien zur Anlage und Pflege von Artikelstammdaten. Darüber hinaus ist der Artikelstamm in einem Handelsunternehmen zeitgesteuert.

Entwicklungstendenzen
Derzeit ist in der Praxis eine Vielzahl unterschiedlicher, individuell entwickelter Warenwirtschaftssysteme vorhanden, obwohl aufgrund fehlender güterwirtschaftlicher Transformationsprozesse ein gegenüber der Industrie erhöhtes Standardisierungspotential bei den ↑Informationssystemen gegeben ist. Es deutet sich aber für die Zukunft die bereits in der Industrie vorangeschrittene Tendenz zu ↑Standardsoftware auch im Wirtschaftszweig des Handels an. Hinter dieser Entwicklung steht die hohe Bedeutung von integrierten Informationssystemen zur Kontrolle und Steuerung von Handelsunternehmen. Wegen der bis dato nicht vorhandenen horizontalen und vertikalen Integration ist es kaum oder überhaupt nicht möglich, ein ↑Executive Information System aufzubauen. Gerade hier werden sich zukünftig strategische Wettbewerbsvorteile für innovative Unternehmen bieten.

Literatur: Becker, J.: Unternehmensweite Datenmodelle im Handel und die informationstechnische Unterstützung der Distributionskette im Konsumgüterbereich, in: *Ahlert, D.* (Hrsg.): Integrierte Warenwirtschaftssysteme und Handelscontrolling, Stuttgart, 1994. *Behrends, C.*: Direkte Produkt-Rentabilität in: *Trommsdorff, V.* (Hrsg.): Handelsforschung, Heidelberg, 1988. *Günther, T.*: Operative und strategische Entscheidungsunterstützung im Konsumgüterbereich durch "Direkte Produkt Rentabilität". Controlling, 5, 1993, 2. *Tietz, B.*: Der Handelsbetrieb, München, 1993.

Prof. Dr. J. Becker, Münster

Hardware
Gesamtheit aller materiellen Teile eines ↑Computers.

Hardwareergonomie
Teilbereich der ↑Ergonomie; beschäftigt sich mit dem Design der Ein- und Ausgabegeräte.

Hash-Funktion
Algorithmus, mit dessen Hilfe beim Speichern der gestreuten Dateiorganisation aus dem Identifikationsschlüssel eines Datensatzes die Speicheradresse für diesen Datensatz bestimmt wird.

hexadezimal
Zahlensystem mit Basis 16 und den zur Verfügung stehenden Ziffern 0, 1, 2, 3, 4, 5, 6, 7, 8, 9, A, B, C, D, E, F.

Hierarchisierung
Rangordnung in Form von Hierarchiestufen; Elemente gleicher Hierarchiestufe werden in einer Ebene dargestellt.

Hilfesystem
H. beinhalten ↑Informationen zu Anwendungsprogrammen, um den Benutzer bei Schwierigkeiten oder Fragen möglichst kontextsensitiv zu unterstützen.

HIPO
Hierarchy plus Input Process Output; hierarchische Darstellung der Programmfunktionen in den Phasen Eingabe, Verarbeitung und Ausgabe.

Hollerith, Hermann
Benutzung der Lochkarte als Datenspeicher bei der amerikanischen Volkszählung 1890.

Host
Gastrechner, auf dem die ↑Datenbank ist; Synonym für Datenbankanbieter.

Hypermedia
Begriff
Das *H.*-Konzept ging aus der Verschmel-

zung der Konzepte von *Hypertext* und ↑*Multimedia* hervor. Es umfaßt die Elemente:

- die Strukturierung von Information in einem Hypernetz,
- die Medienintegration und
- die Interaktivität.

Ein ↑*Hypernetz* setzt sich aus mehreren Informationsobjekten zusammen, die - ähnlich wie die Einträge in Lexika - durch Verweise miteinander verknüpft sind. Die Informationsobjekte werden auch als *Nodes* oder Knoten, die Verweise auch als *Hyperlinks* oder Kanten bezeichnet. Enthalten die Informationsobjekte eines Hypernetzes ausschließlich Text, so handelt es sich um einen *Hypertext*. In den Informationsobjekten erscheinen die Ausgangspunkte der Verweise, die Verweisanker, in Form von Symbolen oder als typographisch hervorgehobene Textstellen. Der Leser kann durch Mausklick auf einen Verweisanker das verknüpfte Informationsobjekt abrufen. So kann sich der Leser von Informationsobjekt zu Informationsobjekt bewegen, d.h. durch das Hypernetz navigieren. Als Orientierungshilfe zur Navigation werden oft *graphische Browser* eingesetzt, in denen das Hypernetz in Form eines ↑Graphen dargestellt wird.

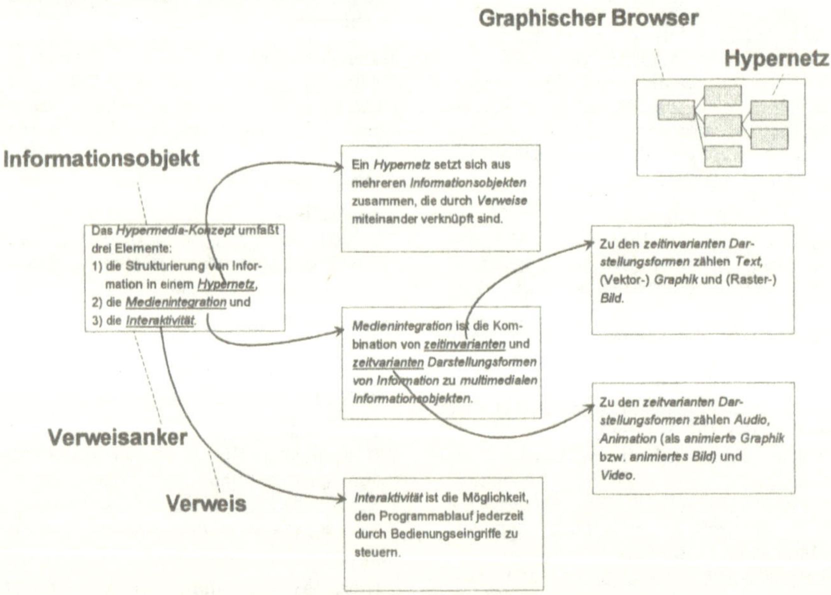

↑*Medienintegration* ist die Kombination von zeitinvarianten und zeitvarianten Darstellungsformen von Information zu ↑multimedialen Informationsobjekten. Zu den *zeitinvarianten Darstellungsformen* gehören Text, (Vektor-) Graphik und (Raster-) Bild; zu den *zeitvarianten Darstellungsformen* Audio, ↑Animation (als animierte Graphik bzw. animiertes Bild) und Video.

↑Interaktivität ist die Möglichkeit, den Programmablauf jederzeit durch Bedienungseingriffe zu steuern.

Bedeutung und Einordnung
Seit Beginn der 80er Jahre verschmelzen die Technologiefelder der EDV, der ↑Telekommunikation und der Unterhaltungselektronik zu einem Technologiefeld, den ↑*Informations- und Kommunikationstechnologien (IKT)*. In Zukunft werden die Funktionen des ↑Computers, des Telefons und des Fernsehgeräts in einem *Telecomputer* vereint sein. Die ↑Software zu diesem Telecomputer von morgen wird auf dem *H.*-Konzept beruhen, welches schon heute viele Anwendungsfelder der IKT beeinflußt.

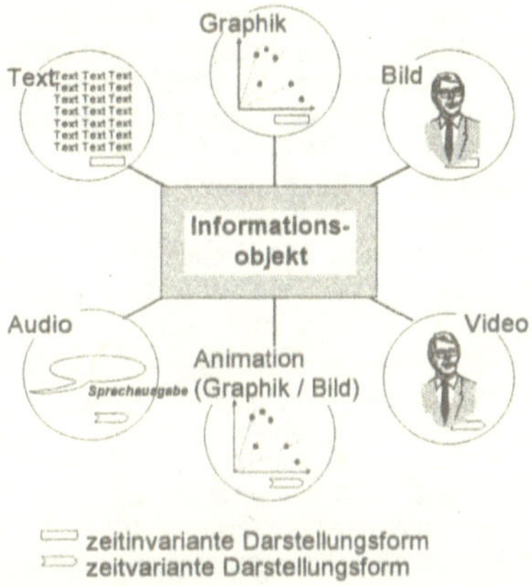

Das *H.-Konzept* spiegelt auch einen Paradigmawechsel im IKT-Einsatz wider: Früher wurde der ↑Computer vor allem als Rechenautomat angesehen, mit dem Datenverarbeitungsprozesse automatisiert werden können. Heute wird der Computer mehr und mehr als Denkwerkzeug und Kommunikationsinstrument begriffen, mit dem die intellektuellen und kommunikativen Fähigkeiten des Menschen erweitert werden können (Winograd, Flores, 1989). Dabei kommt es auf effiziente ↑*Mensch-Maschine-Interaktion* an, auf die Berücksichtigung kognitionspsychologischer und softwareergonomischer Aspekte. Dieses Paradigma findet sich auch in der Metapher vom Mensch-Maschine-Tandem (Müller-Merbach, 1986), welches ein Element des Managementkonzepts der *Organizational Intelligence* ist.

Kognitionspsychologische und softwareergonomische Aspekte

Die Elemente des *H.-Konzepts* - Informationsstrukturierung in Hypernetzen, ↑Medienintegration und ↑Interaktivität - bieten Ansätze, dem Ideal vom Computer als einem Denkwerkzeug und Kommunikationsinstrument des Menschen näherzukommen:

- Die Informationsstrukturierung in Hypernetzen unterstützt das assoziative Denken und das selektive Informationsaufnahmeverhalten des Menschen.
- Durch Medienintegration kann die Fähigkeit des Menschen zu multimedialem Wahrnehmen und Denken unterstützt werden.
- Durch Interaktivität können Informationsobjekte in beinahe physischem Sinne handhabbar werden.

Unterstützung assoziativen Denkens durch *inhaltlich-logische (referentielle) Verweise*: Der Mensch verknüpft ↑Information (auch) durch ↑Assoziation. Dieses Denken wird durch inhaltlich-logische Verweise unterstützt, welche Informationsobjekte mit inhaltlichem Bezug verbinden. Unterstützung selektiven Informationsaufnahmeverhaltens durch *hierarchische (organisatorische) Verweise*: Das Voranschreiten von Überblicks- zu Detailinformation erleichtert das Verständnis und kommt dem selektiven und auf Aggregation bedachten Informationsaufnahmeverhalten des Menschen entgegen. In *H.-Dokumenten* kann die Informationsgesamtheit auf mehreren Abstraktionsebenen dargeboten werden, welche durch hierarchische Verweise verbunden sind. Unterstützung multimedialen Denkens durch ↑*Medienintegration*: Der Mensch kann lesen, betrachten, beobachten, hören. Indem *H.* alle Darstellungsformen von ↑Information integriert, wird nicht nur die Bandbreite der ↑Kommunikation erhöht, sondern vor allem die Möglichkeit geschaffen, die Darstellung dem jeweiligen Inhalt besser anzupassen. Erleichtern der Handhabung von Informationsobjekten durch ↑*Interaktivität*: Im Umgang mit den physischen Objekten seiner Umgebung ist der Mensch eine sofortige Rückkoppelung gewohnt. Aktion und Wirkung hängen unmittelbar zusammen. ↑Interaktivität ist die Übertragung dieses Prinzips auf den Umgang mit Informationsobjekten.

H.-Anwendungen

Das *H.-Konzept* hat gegenwärtig vor allem auf diejenigen Anwendungsfelder der IKT starken Einfluß, bei denen die Nutzung des Computers als Kommunikationsinstrument im Mittelpunkt steht:

- Beim computerunterstützten Lernen *(Computer Aided Learning, CAL)* kann *H.* didaktische Vorteile bieten.
- Bei der computerunterstützten Gruppenarbeit *(↑Computer Supported Cooperative Work, CSCW)* kann *H.* die Kommunikation und die Kooperation zwischen Gruppenmitgliedern verbessern.

• Beim ↑elektronischen Publizieren *(↑Electronic Publishing, EP)* eröffnet *H.* dem Informationsdesign, einem zunehmend wichtigen Merkmal von Medienprodukten, neue Möglichkeiten.

Von den drei eingangs genannten Elementen des *H.*-Konzepts hat die Interaktivität mit der Verbreitung ↑graphischer Benutzungsoberflächen in beinahe alle Anwendungsfelder Einzug gehalten. So sind vor allem die Informationsstrukturierung durch Hypernetze und die Medienintegration charakteristisch für *H.*-Anwendungen.

H. im CAL

Dem computerunterstützten Lernen fiel bei der Anwendung der *H.* eine Pionierrolle zu. Hypernetze stellen dem Lerner die Wahl des Lernweges frei und können einen restrukturierenden, elaborierenden Umgang mit dem Lehrstoff fördern. Die Medienintegration ermöglicht die Darbietung des Lehrstoffs in mehreren Darstellungsformen, was didaktisch vorteilhaft sein kann:

• *Lernwegsteuerung und Restrukturierung des Lehrstoffs* durch den Lerner im Hypernetz: In traditionellen didaktischen Konzepten wird dem Lerner meist ein als optimal angesehener Lernweg vorgegeben, und der Lehrstoff präsentiert sich als unveränderbare, geschlossene Einheit. Bei *H.*-Anwendungen hingegen kann ein Pfad vorgegeben, darüber hinaus jedoch beliebiges Verzweigen ermöglicht werden. So wird dem Lerner die Möglichkeit gegeben, seinen Lernweg selbst zu bestimmen und explorativ und entdeckend zu lernen. Außerdem kann *H.* dem Lerner die Möglichkeit bieten, den in Informationsobjekte gegliederten Lehrstoff durch Definition zusätzlicher Verweise nach eigenem Verständnis zu restrukturieren. Damit wird dem Lerner eine aktivere Rolle im Umgang mit dem Lehrstoff gegeben.

• Didaktisch vorteilhafte *Kombination von Darstellungsformen* durch Medienintegration: In unserer Kultur ist Wissensvermittlung traditionell an das geschriebene Wort gebunden. *H.*-Anwendungen haben das Potential, diese Beschränkung aufzuheben: Sie geben dem Lehrer die Möglichkeit, verschiedene Darstellungsformen des Lehrstoffs zu kombinieren.

Computerunterstützte Gruppenarbeit

In kommerziell verfügbaren Anwendungen zur computerunterstützten Gruppenarbeit wurde das *H.*-Konzept bisher kaum erschlossen: ↑CSCW-Anwendungen wie E-mail, Telekonferenz und Dokumentenverwaltung sind vor allem auf die Überwindung räumlicher und zeitlicher Grenzen der Kommunikation gerichtet. Als *H.*-Anwendungen könnten sie auch komplexe Beziehungsgeflechte handhabbar machen und neue Kommunikationsformen ermöglichen:

• Computergestützte *Handhabung komplexer Beziehungsgeflechte* als Hypernetze: Kreative Gruppenarbeit schließt in der Regel Gruppendiskussionen und gemeinsames Erstellen von Dokumenten ein. Bei beiden Prozessen existieren zwischen den Beiträgen der Beteiligten komplexe Beziehungsgeflechte: Die Beiträge können verknüpft sein als Frage und Antwort, als Problem und Lösungsvorschlag, als Meinungsäußerung und Stellungnahme, als Aussage und Begründung. Solche Beziehungsgeflechte können in Hypernetze abgebildet und so computergestützt handhabbar gemacht werden.

• *Neue Kommunikationsformen* durch Medienintegration: Die Beschränkung des Menschen auf sprachliche, gestische und mimische Kommunikation kann durch Medienintegration zumindest teilweise aufgehoben werden, indem alle Darstellungsformen von ↑Information interaktiv handhabbar werden: Neben die Verständigung durch Sprache, Gestik und Mimik kann die ↑Kommunikation durch computerunterstützt manipulierbare Texte, Zeichnungen, Bilder, Audio- und Videosequenzen treten. Genutzt wird diese Erweiterung der Kommunikationsbandbreite heute bereits beim computerunterstützten Präsentieren.

Elektronisches Publizieren (EP)

Das *H.*-Konzept hat in jüngster Zeit starken Einfluß auf das elektronische Publizieren gewonnen. Beim elektronischen Publizieren werden elektronische Dokumente computergestützt erstellt, per Datenträger oder Datenleitung weitergegeben und computergestützt dargeboten. Hohe Zuwachsraten sind gegenwärtig vor allem bei Publikationen des "Infotainment"-Genres, bei Nachschlagewerken und Nachrichtenarchiven zu verzeichnen. Gegenüber den konventionellen Medien Print, Hörfunk und Fernsehen bieten elektronische Medien Kostenvorteile, eröffnen neue Möglichkeiten des Informationsdesigns und erleichtern den Umgang mit großen Informationsmengen.

• Neue *Möglichkeiten des Informationsdesigns* durch Medienintegration: Die gestalterische Aufbereitung von Information, das Informationsdesign, wird zu einem immer wichtigeren Merkmal von Medienprodukten. Die konventionellen Medien Print, Hörfunk und Fernsehen setzen dem Informationsdesign jedoch Grenzen, indem sie nur bestimmte Darstellungsformen von ↑Information zulassen und allen Nachfragern ein "Einheitsdesign" bieten. Die Medienintegration eröffnet der Gestaltung hier zahlreiche neue Möglichkeiten.

• Leichterer *Umgang mit großen Informationsmengen* durch Hypernetze: Der Informationsnachfrager sieht sich heute einem Überangebot an ↑Information gegenüber. Das erschwert den Zugang zu der gewünschten ↑Information, da die konventionellen Medien nicht interaktiv sind und die ihnen inhärente sequentielle Struktur keinen flexiblen Zugriff auf ausgewählte Informationsobjekte bietet. Hypernetze in Kombination mit den Techniken des Information Retrieval können helfen, diese Probleme zu überwinden.

Grenzen

Das *H.*-Konzept wurde in der zweiten Hälfte der 80er Jahre mit großer Euphorie propagiert. Diese Euphorie ist zwischenzeitlich einer nüchterneren Einschätzung gewichen, in der neben den potentiellen Vorteilen auch die potentiellen Nachteile des *H.*-Konzepts gesehen werden. Zwei dieser potentielle Nachteile seien hier genannt:

• Orientierungsverlust im Hypernetz: Das "freie" Navigieren in einem Hypernetz birgt die Gefahr des Orientierungsverlusts, ein Phänomen, welches mit der Metapher "Lost in Hyperspace" anschaulich beschrieben wird. Diesem Problem wird durch Orientierungs- und Navigationshilfen begegnet. Ein Beispiel dafür sind graphische Browser, welche die aktuelle Position im ↑Hypernetz an einem ↑Graphen veranschaulichen.

• Reizüberflutung und Interferenzen durch Multimedia: Wird Information in mehreren Darstellungsformen dargeboten, so können Reizüberflutung und wechselseitige Störungen bei der Verarbeitung der verschiedenen Darstellungen (sog. *Interferenzen*) die Folge sein. Daher müssen beim Einsatz von ↑Multimedia kognitionspsychologische Aspekte berücksichtigt werden.

Literatur: Bly, S.A. et al.: Media spaces: bringing people together in a video, audio, and computing environment, in: Communications of the ACM, Vol. 36, Nr. 1, 1993. *Bush, V.*: As we may think, in: Atlantic Monthly, Vol. 176, No. 1, 1945. *Jonassen, D.H., Mandl, H.* (Hrsg.): Designing Hypermedia for Learning, Berlin, 1990. *Kellerhals, R.A.*: Computergestützte Medien, in: technologie& management, 1993-1994. *Müller-Merbach, H.*: Gestaltungsaufgabe und Intelligenzunterstützung, in: technologie& management, 35. Jg., Heft 2, 1986. *Winogra, et al.*: Erkenntnis - Maschinen - Verstehen, Berlin, 1989. *Woodhead, N.*: Hypertext & Hypermedia, Wokingham, 1991.

R. A. Kellerhals, Kaiserslautern

Hypermediasystem

Erweiterung des Hypertextsystems um andere Knoten (Bild, Ton). Damit können ↑Multimediasysteme verwaltet werden.

Hypernetz

H. setzen sich aus mehreren *Informationsobjekten* zusammen, die - ähnlich wie die Einträge in Lexika - durch *Verweise* miteinander verknüpft sind.

Hypertextsystem

Bei Hypertext werden Dokumente in einem Fenster mit ↑Objekten in einer ↑Datenbank verknüpft, wobei die Beziehungen auf dem Bildschirm durch besonders hervorgehobene Markierungen und in der Datenbank durch Zeiger gekennzeichnet werden. Ein Hypertextsystem kann als Netz gesehen werden, dessen Knoten Dokumente darstellen. Verbindungen kennzeichnen die Beziehungen zwischen diesen Knoten und werden von der ↑Systemsoftware verwaltet. Charakteristisch für ein solches ↑System ist die freie Verknüpfbarkeit der ↑Daten und das Suchen auf eine nicht-lineare Weise.

IEEE
Institute of Electronic and Electronic Engineers

IFIP
International Federation for Information Processing

IFIP-Modell
Architekturmodell mit ↑Schnittstellen für Eingabe, Ausgabe, Dialog, Werkzeuge und Organisation.

Image Processing
Übernahme von Bildern in eine Grauwertmatrix; jedem Pixelpunkt wird ein Helligkeitswert zugeordnet; durch Helligkeitsunterschiede können bspw. bei geometrischen Körpern die Kanten bestimmt werden.

Individualsoftware
↑Programme, die eigens für einen Anwender erstellt werden.

Individuelle Datenverarbeitung
↑Personal Computing; Entwicklung von Anwendungen durch den Endbenutzer; dezentralisierte Form der ↑Datenverarbeitung aus technischer, organisatorischer und räumlicher Sicht.

Individuellen Datenverarbeitung, Gestaltung der

Was ist Individuelle Datenverarbeitung?
Definitionen der *I.* betonen meist zwei Eigenschaften:

- der Endbenutzer erarbeitet die Lösung ganz oder teilweise selbst und
- es stehen ihm dafür Entwicklungswerkzeuge zur Verfügung, die seinen Möglichkeiten und Bedürfnissen angepaßt sind.

Das Spektrum der *Entwicklungswerkzeuge* ist außerordentlich groß und dementsprechend unterschiedlich - auch der Lösungsbeitrag, der vom Endbenutzer geleistet werden muß. Es lassen sich drei Gruppen von Werkzeugen unterscheiden, wobei der Lösungsbeitrag von der ersten zur dritten abnimmt:

- *Sprachen der 4. Generation* wie CSP (IBM), Abap (SAP), Natural (Software AG), Rally (Digital Equipment Corporation) oder Informix-4GL. Solche Sprachen enthalten gewöhnlich mächtige Befehle für häufig gebrauchte Operationen, bspw. das Ausgeben von Bildschirmmasken und die Eingabe der Daten.
- Flexible *Rahmenprogramme*, deren Aufgabe und Ablauf der Anwender durch seine Eingaben festlegt. Die wichtigsten Rahmenprogramme dieser Art sind Tabellenprogramme, wie Lotus 1-2-3 und Excel, sowie ↑Benutzeroberflächen für ↑Datenbanksysteme, wie die Query Management Facility der IBM oder Interactive Structured Query Language von Informix. Gegenüber der ersten Instrumentengruppe ist hier der Anwendungsbereich beschränkt, gleichzeitig ist jedoch ein größerer Teil der Lösung bereits in Gestalt von Anweisungen verfügbar.
- Programme, die ein großes Spektrum an Eingabedaten verarbeiten. Der Endbenutzer benötigt beträchtliches Wissen über die Möglichkeiten der Programme und über die darin verwendeten Methoden. Zu den Instrumenten dieser Gruppe gehören *Methodenbanken*, Textverarbeitung, Graphikprogramme und Desktop Publishing. Auch die Benutzung von sog. ↑Executive Information Systems (EIS) zählt dazu, wogegen der Aufbau solcher Systeme den ersten beiden Gruppen zuzuschreiben ist.

Wenn der Anwender sich im herkömmlichen Sinne den Programmen bedient, die von der DV-Abteilung selbst entwickelt oder eingekauft wurden und dabei keinen erheblichen Lösungsbeitrag leistet, dann wird von *Servicedatenverarbeitung* gesprochen. Der Übergang von dieser zur *I.* ist allerdings nicht scharf zu markieren.

Weshalb I.?
Der wesentliche Beitrag der *I.* ist, daß damit Aufgaben angegangen werden können, die mit der Service-DV nur unzulänglich oder nicht wirtschaftlich gelöst werden können. Entscheidend ist, daß der Endbenutzer seine fachliche Problemlösung selbst in eine dv-technische Lösung umsetzt, wodurch der Entwicklungsprozeß erheblich verkürzt wird.

Die wesentlichen Eigenschaften, welche ihre Einsatzgebiete bestimmen, sind in der Abbildung gegenübergestellt. Daß die dv-technische Lösung des Problems bei der *I.* unmittelbar vom Endbenutzer erbracht wird, ist das konstituierende Merkmal der *I.* und wie der wichtigste Grund für ihren Einsatz. Während die Sprachen und Entwicklungsumgebungen der professionellen Softwareentwickler meist universell in dem Sinne sind, daß damit alle Probleme angegangen werden können, sind die Instrumente der *I.* mehr spezialisiert. So ist die Sprache Cobol universell anwendbar, während Tabellenprogramme nur für eine bestimmte Gruppe von Aufgaben eingesetzt werden können. Demgegenüber haben Tabellenprogramme Vorteile beim Entwicklungsaufwand: er ist um ein Vielfaches geringer als bei der Lösung desselben Problems in Cobol. Unter Adaptabilität wird die Möglichkeit verstanden, die Software an veränderte Benutzeranforderungen anzupassen. Solange es sich um kleinere Veränderungen handelt, die den Typus der Aufgabe nicht in Frage stellen, sind *I.*-Lösungen hier günstiger zu beurteilen. Die technische Effizienz der Lösung, gemessen an Laufzeit und Speicherbedarf, ist bei der Service-DV deutlich besser. Hinsichtlich der Sicherheit und der Integrität der Daten bereitet der *I.*-Einsatz mehr Probleme, desgleichen bei der Dokumentation, die bei der Service-DV obligatorisch nach betrieblichen Richtlinien durchgeführt werden kann, dagegen bei der *I.* nicht so leicht in den Griff zu bekommen ist.

Unterscheidungskriterium	Service-DV	Individuelle DV
dv-technische Lösung	professionelle Entwickler	Endbenutzer
Instrumenteneignung	weites Einsatzspektrum	auf Aufgabenklasse beschränkt
Entwicklungsaufwand	eher hoch	eher gering
Adaptabilität	eher gering	eher hoch
Technische Effizienz	eher hoch	eher gering
Sicherheit und Integrität	hoch	eingeschränkt
Dokumentation	obligatorisch	unkontrolliert

Insgesamt ist *I.* ist gegenüber der Service-DV um so mehr zur Lösung einer Aufgabe geeignet, je seltener diese in derselben Form wiederkehrt und je weniger der Lösungsweg festgelegt, je weniger die Aufgabe determiniert und je geringer der Wiederholungsgrad ist. Sicherheit, Integrität und Dokumentation sind ergänzende Kriterien, die im Zweifelsfall für die Service-DV sprechen, wenn beide Wege wirtschaftlich sind.

Gestaltungsbereiche der I.
Eine Konzeption der *I.* umfaßt strategische (langfristige), taktische (mittelfristige) und operative (kurzfristige) Überlegungen, die nicht isoliert festgelegt werden können, sondern mit den übrigen Plänen der Datenverarbeitung und der anderen Funktionsbereiche abgestimmt werden müssen. Gewöhnlich wird eine solche Planung von einem Planungsteam durchgeführt, das aus Mitgliedern der DV- und der betroffenen Fachabteilungen zusammengesetzt ist. Die wichtigsten *strategischen Festlegungen* betreffen

- die Architektur des DV-Systems, d.h. den Typus der ↑Hardware, einschl. der Vernetzung und die dazugehörige ↑Systemsoftware;
- die Identifikation der *I.*-Betätigungsfelder und die Festlegung von Prioritäten. Diese Prioritäten sind aus der strategischen Unternehmensplanung abzuleiten.

Gegenstände der *taktischen Planung* sind

- die Bestimmung der einzusetzenden Instrumente und der Versorgung mit den notwendigen Daten (Mittelbestimmung);
- die Vorkehrungen zur ↑Datensicherheit und zum ↑Datenschutz;
- die Konzeption eines Marketing- und Schulungskonzepts zur Einführung und Durchsetzung.

Im Mittelpunkt der *operativen Tätigkeiten* stehen die

- Beratung, Schulung der Benutzer;
- Kontrolle des Werkzeugeinsatzes.

Identifikation der Einsatzgebiete
Zur Bestimmung der Einzelaufgaben kann zunächst eine Aufgabenanalyse durchgeführt werden. Als primäre Kriterien für die Arbeitsteilung sind die Determiniertheit und der Wiederholungsgrad der Aufgaben genannt. Eine Vorauswahl der *I.*-Bereiche resultiert als oberstes Gliederungskriterium aus der Aufgabenanalyse. Die damit verbundenen Entscheidungen sind in strategische, taktische und operative Aufgaben zu unterteilen. Strategische und taktische Aufgaben sind gewöhnlich weniger determiniert und kehren selten in derselben Form wieder. Sie kommen deshalb vor allem für den *I.*-Einsatz in Frage, wenngleich die operativen Aufgaben nicht völlig auszuschließen sind.

Es ist möglich, die einzelnen Aufgaben mit Prioritäten zu versehen. In Aufgabenbereichen mit hoher Priorität wird dann die *I.* forciert. Dies bedeutet, daß die betreffenden Mitarbeiter als erste mit Geräten und Software ausgestattet und geschult werden. Für die Ermittlung der Prioritäten ist die Erfolgsfaktorenanalyse besonders geeignet. Aus den globalen Erfolgsfaktoren der strategischen Unternehmensplanung können funktionsbezogene Faktoren bzw. Ziele abgeleitet werden; für diese werden dann die relevanten Aufgabenbereiche bestimmt.

Bestimmung der Mittel
Die Abbildung zeigt, wie eine Teilaufgabe zunächst fachlich beschrieben und aus der fachlichen Beschreibung die *I.*-Mittel abgeleitet werden können. Die Nennung der Entscheidungskriterien erlaubt die Zusammenstellung der notwendigen Daten; die einsetzbaren *I.*-Instrumente sind aus der Zusammenstellung der angewandten Techniken ableitbar.

Die endgültige Entscheidung über den Instrumenteneinsatz kann nur aus der Gesamtschau aller Aufgaben gefällt werden. Der *I.*-Einsatz profitiert sehr von Größenvorteilen. Beispiel: Die Einrichtung und Betreuung einer ↑Datenbank ist so teuer, daß sich ihr Einsatz nur lohnt, wenn sie intensiv genutzt wird. Auch die notwendige ↑Hardware und ihre Auslegung kann erst aus der Gesamtschau bestimmt werden. Dazu müssen vorher die einzelnen Aufgaben den Aufgabenträgern und deren Arbeitsplätzen zugeordnet werden.

Inhalt, Aufgabe, Entscheidungskriterien
Für den Abschluß neuer Rahmenverträge kommen Artikel und Artikelgruppen in Frage, nach denen ein hoher Bedarf besteht, für die aber noch keine oder nicht genügend Rahmenverträge abgeschlossen sind. Mögliche Partner für diese Verträge sind die bereits gelisteten Lieferanten und weitere Firmen. Außerdem wird die Möglichkeit eines Vertrags, unabhängig von den bezogenen Artikeln, bei allen Lieferanten mit einem hohen Einkaufsvolumen im vergangenen Jahr geprüft.

Techniken, Instrumente, Daten:

- Analyse von Abwicklungsdaten;
- Analyse der Materialbedarfsplanung;
- Firmenrecherchen;
- Artikel, Lieferanten (ABC-Analyse);
- Datenbankabfrage, EIS;
- Methodenbank (ABC-Analyse);
- Einkäufe in den letzten Jahren nach Artikeln;
- wie oben, nach Artikelgruppen;
- wie oben, nach Lieferanten;
- Materialbedarfsplanung.

Versorgung der I. mit Daten
Die wichtigste Datenquelle für die *I.* ist die eigene administrative Service-DV. In dieser schlägt sich eine Fülle von Erfahrungen mit betrieblichen und außerbetrieblichen Partnern nieder, die eine wesentliche Entscheidungsgrundlage darstellen. Daneben sammeln Mitarbeiter viele Erfahrungen, die nicht bei der Abwicklung erfaßt, aber ebenfalls im Rahmen der *I.* gebraucht werden. Dazu gehören u.a. Eindrücke von Betriebsbesichtigungen und aus der täglichen Zusammenarbeit mit Kunden, Lieferanten und Konkurrenten. Vom Standpunkt der Integration ist die optimale Lösung der Datenversorgung aller DV-Benutzer. Gegen diese Lösung sprechen jedoch einige gewichtige Argumente:

- In vielen Betrieben sind die Daten der Administrationssysteme noch in konventionellen Dateien oder hierarchischen Datenbanksystemen abgelegt, die sich nicht für die *I.* eignen.
- Interaktive Zugriffe der *I.*-Anwender belasten ein gemeinsames ↑Datenbanksy-

stem schwer und verlangsamen die Abwicklung.

- Es ist sehr aufwendig, die Abwicklungsdaten vor ungewollten Veränderungen durch die *I.*-Anwender zu schützen.
- Sollten in einem Konzern unternehmensweite Daten für die *I.* zur Verfügung stehen, müssen diese aus verschiedenen Administrationssystemen zusammengeführt werden.

Daher wird die *I.* mit eigenen Datenablagen ausgestattet. Hinsichtlich des Aufbaus dieser Datenablagen gibt es große Unterschiede. Sie treten in vollintegrierter Form, in separaten Datenbanken auf, welche dem Endbenutzer zugänglich sind. Diese Art der Datenversorgung ist vor allem aus zwei Gründen ineffizient:

- mit der Zeit entsteht ein Sammelsurium an Extraktionsprogrammen, das kaum überschaubar und mit großem Pflegeaufwand verbunden ist;
- eine zerrissene Datenbasis, wie sie durch Copy- und Extractmanagement entsteht, kann nur punktuelle Information liefern, aber keine Einsichten in Zusammenhänge vermitteln.

Eine umfassende *I.*- Datenbank, die alle für die Endbenutzer wesentlichen Informationen enthält, ist also vorzuziehen. Damit diese Datenbank übersichtlich bleibt und der Zugriff darauf effizient erfolgen kann, sollten von den Abwicklungsdaten nur die für die *I.* relevanten enthalten sein. Bewegungsdaten, wie Aufträge, Bestellungen und Lieferungen können so verdichtet werden, daß nur die interessanten Aspekte übrigbleiben.

Literatur: Gunton, T.: Optimale Informationssysteme im Unternehmen, Landsberg, 1990. *Miebach, P.:* Individuelle Datenverarbeitung als unternehmerische Aufgabe. Information Management 3, 1987. *Rauh, O.:* Informationsmanagement im Industriebetrieb, Berlin, 1990. *Zillesen, W.:* Die zehn Erfolgsfaktoren der individuellen Datenverarbeitung, HARVARDmanager 2, 1989.

Prof. Dr. O. Rauh, Künzelsau

Industrieroboter

Universell einsetzbare Bewegungsautomaten mit mehreren Achsen, deren Bewegung hinsichtlich Bewegungsfolge und -wege frei programmierbar und gegebenenfalls sensorgeführt sind. Sie sind mit Greifern, Werkzeugen und anderen Fertigungsmitteln ausrüstbar und können Handhabungs- und/oder Fertigungsaufgaben ausführen.

Informatik

Wissenschaft der Daten-/Informationsverarbeitung; befaßt sich mit der Informations- und Kommunikationstechnik und ihrer Anwendung in Fachdisziplinen; Wissenschaft, die sich mit der Technik und Anwendung der maschinellen Verarbeitung und Übermittlung von Informationen befaßt.

Informatik, Angewandte

I. ist eine Sammelbezeichnung für die Menge der Angewandten Informatiken, oder wie sie auch inkorrekt genannt werden, der Anwendungen, etwa Rechts-, Wirtschafts-, medizinische etc. ↑Informatik. Mertens hat die Notwendigkeit einer übergeordneten *I.* postuliert, die zusammenfaßt, was diesen sog. speziellen oder Fachinformatiken gemeinsam ist. In diesem Sinn ist *I.* zu bestimmen als diejenige Wissenschaft, die behandelt, was für alle oder für die meisten der Fachinformatiken von Bedeutung, also allen gemeinsam ist. Sie ist gleichsam ihr Allgemeiner Teil. Näherhin handelt es sich

- negativ um die Menge derjenigen Informatikteile, die nicht Kern- gleich Reine Informatik sind, die also weder zur theoretischen, noch zur technischen, noch zur praktischen Informatik zählen (so meist die deutsche universitäre Einteilung; Fachhochschulen und ausländische Hochschulen gliedern anders);
- positiv um die Menge derjenigen Bestandteile, die für alle speziellen ↑Informatiken von Bedeutung sind;
- einschl. der zugehörigen Theorie (i.w.S.), die diese Auswahl und deren innere Zusammengehörigkeit, sowie die Beziehungen der Angewandten zur Kerninformatik begründet.

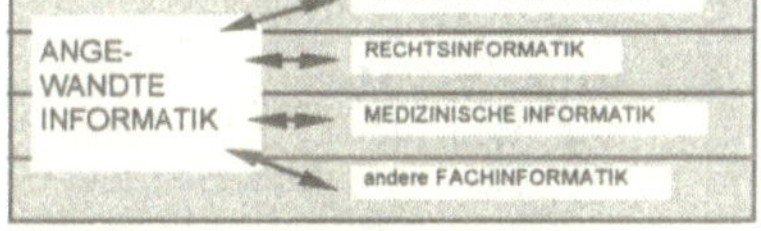

Die Pfeile in beiden Richtungen symbolisieren Zusammengehörigkeit und Austausch

Mit einer Ausnahme ist dieses Programm bis heute nicht umgesetzt; es bestehen weder theoretisches Gerüst noch konkrete Inhalte oder gar anerkannte Lehrkonzepte (Ausnahme: integrierter Bremer Studiengang Informatik). Gleichwohl erscheint seine Durchführung aus wissenschaftsökonomischen Gründen zweckmäßig: Alle Fachinformatiken müßten für sich einen Großteil der nämlichen Fragen erforschen, statt sich auf ihre fachspezifischen Besonderheiten zu konzentrieren. ↑Informatik und Gesellschaft steht zur *I.* i.e.S. in einem weithin ungeklärten (Deckungs-) Verhältnis.

Die *Aufgabe der I.* besteht darin, praktisch eine Brücke zwischen den Computeranwendungen und ihren Anwendungsgebieten (Wirtschaft, Staat, Medizin etc.) zu schlagen, also das Anwendungswissen für die verschiedenen Lebensbereiche sachgerecht (d.h. diesen Bereichen angemessen) fruchtbar zu machen; theoretisch zwischen den zugehörigen Wissenschaftszweigen (Informatik auf der einen Seite, Betriebswirtschaftslehre, Rechts-, Verwaltungs-, Medizinwissenschaft etc. auf der andern) zu vermitteln. Denn es hat sich herausgestellt, daß weder die Kerninformatik als (überwiegende) Formalwissenschaft über das inhaltliche und fachspezifische Strukturwissen, noch die Fachwissenschaften über das erforderliche formale und technische ↑Wissen verfügen, um in dem jeweiligen Sachgebiet angemessene Lösungen zu erzielen.

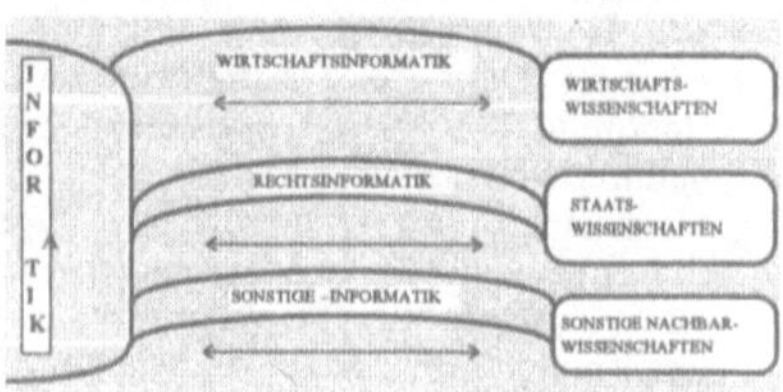

Die *Inhalte der I.* ergeben sich aus der Aufgabe:

- Ein *theoretischer Teil* begründet Bezüge, Inhalte und Methoden; sie hat alle diejenigen Methoden und Verfahren anzuwenden, die erforderlich sind, um ihre konstruktive Aufgabe zu erfüllen. Insb. geht sie problemorientiert, damit interdisziplinär und polymethodisch vor.
- Ein (scheinbar) *terminologischer Teil* klärt die von der Kerninformatik abweichende Begrifflichkeit: Grundlagen sind nicht Berechenbarkeit und Algorithmus, sondern das ↑Informationssystem i.w.S. (inkl. der Kommunikation) in seiner die beteiligten Menschen, Hard- und Software, Information und Bezüge (Organisation) umfassenden Komplexität.
- In einem *systemanalytisch-empirischen Teil* steht das so verstandene Informationssystem in Wechselwirkung zu seiner Umgebung: Einerseits beeinflußt das technikunterstützte System seine Umwelt, andererseits richtet diese an dessen Gestaltung u.U. zwingende Anforderungen (i.w.S. also keine Requirements), die je nach Auswahl der unterschiedlichen Systemgestaltungsmöglichkeiten zu berücksichtigen sind (Abschätzung der Folgen der ↑Informationstechnik).
- Diese *konstruktive Gestaltungsaufgabe* ähnelt der Koordinierungsaufgabe des Architekten weit mehr als der Kunst des Programmierens. Sie umfaßt formale Methoden und Verfahren der technischen und praktischen ↑Informatik; erweitert sie um auch inhaltliche Fragestellungen der *I.*; sieht sich gezwungen, selbst (der Informationstechnik angepaßte) empirische und prognostische Methoden der Technikfolgenabschätzung heranzuziehen; versucht so ein anwendungsorientiertes Modell zu formulieren (Modell i.w.S., also im nicht-formalen Sinn), das es gestattet, die unterschiedlichen betrieblichen, rechtlichen, sozialen, medizinischen und sonstigen Anforderungen der Praxis zu berücksichtigen.

Das nur näherungsweise erreichbare Ziel ist der im idealiter allseits befriedigende Kompromiß, der in ein konkretes soziotechnisches System umgesetzt werden kann, das für seine soziale Umwelt optimalen Nutzen gewährt. Das *Problem der I.* besteht also darin, daß sie gezwungen ist, im Niemandsland zwischen den Fronten in unterschiedlichen Richtungen, also interdisziplinär, zu agieren:

- um die oft widersprüchlichen Computerisierungswünsche der unterschiedlichen User, also von Unternehmern, Juristen, Medizinern und deren aller Klientel zu erfüllen;

• zugleich ist sie - oft durch Rechts-, Standes- und Arbeitsvorschriften oder internationale Standards - gezwungen, auf die im jeweiligen Sachgebiet geltenden normativen und empirischen Gesetzmäßigkeiten Rücksicht zu nehmen (z.B. Mitbestimmung, Arbeits- und ↑Datenschutz, ärztliche Schweigepflicht); neuerdings sind auch - unverbindliche - ethische Standespflichten in der Diskussion;
• endlich muß sie die je nach Auswahl des technischen und organisatorischen Systemdesigns unterschiedlichen Folgen für das umzustellende Sozialsystem berücksichtigen, um das für diese z.T. einander widersprechenden Bedürfnisse optimale System zu entwerfen und zu implementieren.

Neuere Entwicklungen
Es scheint, als ob sich die Informatik nicht mehr weiter auf den Rechner und seine Probleme beschränken darf. Es ist an der Zeit, daß alle computergestützten Systeme Gegenstand zumindest der *I.* werden. Die fortschreitende Integration der Informationstechnologien sollte auch theoretisch aufgefangen werden. Computergestützt sind inzwischen praktisch alle ↑Informationssysteme - gleich welcher Art. In der *I.* ist dieser Prozeß bereits weit fortgeschritten.

Literatur: Angewandte Informatik (Zeitschrift), jetzt: Wirtschaftsinformatik. *Mertens, P.* (Hrsg.): Angewandte Informatik, Berlin, 1972. *Steinmüller, W.*: Informationstechnologie und Gesellschaft. Einführung in die Angewandte Informatik, Darmstadt, 1993. Zeitschriften zu "Informatik und Gesellschaft".

Prof. Dr. W. Steinmüller, Bremen

Informatik, Ausbildung von Ingenieurstudenten in der
↑Ausbildung von Ingenieurstudenten in der Informatik

Informatik, die Zukunft der (Wirtschafts-)
Die *Informatik* und die *Wirtschaftsinformatik* sind wissenschaftliche Disziplinen, die sich mit der Automatisierung kognitiver Prozesse - insb. im Wirtschaftsleben - befassen. Ihre Zukunft wird geprägt durch sechs zentrale Aussagen, die sich in der Entwicklung der ↑Informationstechnik und ihrer gesellschaftlichen Anwendungen in den letzten Jahrzehnten als gültig erwiesen haben:
• Jeder wohlbeschreibbare und praktizierte Prozeß der Verarbeitung von Information läßt sich technisch sicher abbilden.
• Jeder im Prinzip verstandene praktizierte Prozeß der Verarbeitung von Information läßt sich technisch akzeptabel abbilden.
• Aus der großen Mannigfaltigkeit der technisch abbildbaren kognitiven Prozesse werden nur die technisch implementiert, die ökonomisch oder militärisch sinnvoll sind.
• Bei konstanter Leistung nehmen alle informationstechnischen Systeme in ihrer Größe ständig ab.
• Bei konstanter Leistung wird die Verarbeitung von Information ständig billiger.
• Durch die breite Akzeptanz der Informationstechnik in der Gesellschaft werden mehr und mehr die alten sozialen Strukturen in soziotechnische Systeme überführt; also in Strukturen, in denen menschliche und technische Informationsverarbeitung nur noch in enger Kooperation funktionieren.

Die Informatik hat in den letzten Jahrzehnten versucht, die notwendigen theoretischen Grundlagen für diese Entwicklung der Informationstechnik bereitzustellen; die Methoden und Werkzeuge für den Bau informationstechnischer Systeme sind entwickelt worden; die Architektur von Rechnerstrukturen wurde vorangetrieben und insb. in der Umsetzung des ersten und zweiten obigen Prinzips immer weitere Bereiche der Gesellschaft mit technischer Informationsverarbeitung durchdrungen (↑*Angewandte Informatik*). Die ↑Wirtschaftsinformatik hat sich dabei auf das Verständnis der Informationsverarbeitung in der Wirtschaft konzentriert und versucht, die zentralen Informationsflüsse zu modulieren und letztlich informationstechnisch abbildbar zu machen.
Die Zukunft der Informatik und der ↑Wirtschaftsinformatik sind geprägt durch eine zunehmende Differenzierung der Teilbereiche und eine starke Konzentration auf das Methodische. Während es in den 70er und 80er Jahren darum ging, zunächst die obigen sechs Grundsätze

voranzubringen, steht in der nächsten Zeit eine deutliche Differenzierung an:

- Große Anstrengungen werden unternommen, den eigentlichen ↑*Computer als Kernstück der ↑Informationstechnik neu zu strukturieren*; d.h. die von Neumann-Maschine wird abgelöst durch komplexere Rechnerarchitekturen, insb. durch parallele ↑Systeme, deren Funktionalität gesichert und deren leichte Programmierbarkeit erreicht werden müssen. Dies ist eine komplexe Aufgabe. Es ist bisher nicht gelungen, durch "einfache Tricks" hochparallele Systeme zu betreiben.
- Für zukünftige Softwareentwicklungen muß die Informatik auch *leistungsfähigere*, aber vor allen Dingen noch *zuverlässigere Entwicklungssysteme* zur Verfügung stellen. Es kommt darauf an, abstrakte Strukturen zu entwickeln, die sicherstellen, daß der Weg von der Spezifikation eines Softwaresystems zum lauffähigen Programm sicherer und schneller gegangen werden kann. Angesichts gewaltiger Programmpakete ist deren Transparenz und Zuverlässigkeit wesentlich zu steigern.
- Die größte Herausforderung liegt allerdings für die Informatik und insb. für die Wirtschaftsinformatik in der *systematischen Erschließung von Wissen und dessen Aufbereitung für die technische ↑Informationsverarbeitung*, also im Knowledge Engineering. Wichtiger Zubringer für diese Aufgabe sind fast alle wissenschaftlichen Disziplinen, die es versuchen, Prozesse rational zu modellieren. Insb. auch die kognitive Psychologie wird massive Beiträge für eine Cognitive Science liefern; dies erlaubt, alle kognitiven Strukturen transparent zu organisieren.

Für die ↑Wirtschaftsinformatik ergeben sich in den nächsten zwanzig Jahren folgende Schwerpunkte:

- Erarbeitung eines in sich konsistenten Modells des ↑*Computer Integrated Business*, d.h. konsistente Modellierung aller in den Unternehmen aller Branchen ablaufenden Prozesse der Informationsverarbeitung, -speicherung und des -transports. Hierfür ist es von großer Bedeutung, geeignete Modellsysteme und umfangreiche Softwareinstrumente bereitzustellen, da ein Gesamtverständnis der in den Unternehmen ablaufenden ↑Informationsverarbeitung nur in sehr "mächtigen" ↑Systemen grundsätzlich denkbar erscheint. Ziel der Modellierung wird es sein, herauszufinden, wo menschliche Informationsverarbeitung und wo technische Systeme genutzt werden sollen? Das Computer Integrated Business wird nicht geprägt sein durch eine Vollautomatisierung, sondern durch eine angemessene Komplementarität menschlicher Leistungen einerseits und technischer Routinen andererseits. Allerdings wird deutlich werden, daß diese Routinen immer mächtiger werden und es gelingen wird - gemäß dem zweiten obigen Prinzip - auch sehr komplexe informationsverarbeitende Prozesse technisch abzubilden.
- Die Wirtschaftsinformatik wird sich mehr und mehr in eine Wissenschaft des Verständnisses soziotechnischer Systeme wandeln, d.h. sie wird praktisch zu einer *Betriebssoziotechnologie* werden. Während heute die Informationstechnik im Betrieb noch relativ abgehoben betrachtet wird, wird eine zukünftige Wirtschaftsinformatik die Gesamtheit der Prozesse einheitlich behandeln müssen. Dies unterstellt, daß die entsprechende methodische Durchdringung soziotechnischer Strukturen gelingt.
- Neben der Top down-Modellierung wird es natürlich auch eine Vielfalt von Bottom up-Modellierung in allen wirtschaftlichen Branchen geben. Bisher ist dabei das ↑Computer Integrated Manufacturing wohl am weitesten vorangekommen - was nicht unwesentlich dadurch bedingt ist, daß in der Produktion relativ einfache Routinen genutzt werden. In den nächsten Jahrzehnten muß sich die Wirtschaftsinformatik im wesentlichen auf das ↑*Computer Integrated Office* konzentrieren, also dafür sorgen, daß die sehr viel komplexeren Büroprozesse angemessen in soziotechnische Systeme überführt werden. Hier existieren zur Zeit nur rudimentäre Ansätze, da Kreativität, Innovation und ↑Kommunikation typisch menschliche Aufgaben sind, die sich - vielleicht zu Recht - gegenüber der Computerisierung als außerordentlich "sperrig" erweisen. Aber es ist erkennbar, daß durch eine systematische Analyse und eine bessere Modellierung auch im *Büro*

der Zukunft sehr viel massiver auf informationstechnische Infrastrukturen und mächtige Prozeduren zurückgegriffen werden kann. Insb. die breite Nutzung von ↑Expertensystemen - also Strukturen, die nicht algorithmisch, sondern regelbasiert arbeiten - wird die Bürowelt von morgen deutlich verändern.

- Die Wirtschaftsinformatik wird in den nächsten zwei Jahrzehnten einen Umbruch dadurch erleben, daß Denkzeuge vor Ort so mächtig, billig und klein sein werden, daß der Informationszugang, die lokale Informationsverarbeitung und eine mächtige Kommunikation (incl. der Bildkommunikation) das immer noch dominierende Papier verdrängen werden. - War das "papierlose Büro" lange nur eine Fiktion, so kann davon ausgegangen werden, daß das "papierlose Unternehmen" im Jahre 2010 breite Realität sein wird - eben deswegen, weil jeder Mitarbeiter zu jeder Zeit von jedem Ort aus alle für ihn relevanten Informationen über drahtgebundene oder drahtlose ↑Telekommunikation mittels außerordentlich leistungsfähiger Denkzeuge verfügbar hat. Bei dieser Umstellung wird insb. die breite Nutzung der Spracheingabe eine wichtige Rolle spielen. Während heutige "Oberflächen" (z.B. WINDOWS) noch einen relativ umständlichen taktilen Dialog mit dem Rechnersystem erfordern, werden neue ↑Betriebssysteme des Typs "Talkwithme" es erlauben, einen "kognitiven Sklaven" im Sinne der antiken Sklaven wirklich verfügbar zu haben.
- Die Wirtschaftsinformatik wird unter massiven Druck geraten, die aus den internationalen Verflechtungen entstehenden Forderungen nach *Vernetzung vieler betrieblicher, monetärer und fiskaler Systeme* voranzutreiben. Die soziotechnischen Systeme, die heute auf der Ebene von Unternehmen oder in einigen Fällen auch von Branchen (so im Kreditwesen) vorhanden sind, werden global und branchenübergreifend integriert werden. Dies führt notwendigerweise zu einem soziotechnischen *Megaorganismus*.

Prof. Dr. K. Haefner, Bremen

Informatik, Wirtschaftsinformatik
Wissenschaftliche Disziplinen, die sich mit der Automatisierung kognitiver Prozesse - insb. im Wirtschaftsleben - befassen. Die Wirtschaftsinformatik hat sich dabei auf das Verständnis der Informationsverarbeitung in der Wirtschaft konzentriert und versucht, die zentralen Informationsflüsse zu modulieren und letztlich informationstechnisch abbildbar zu machen.

Informatikstrategie
Konzeptionelle Überlegung langfristiger Art über die Festlegung der Position der Informationsverarbeitung und der Kommunikation im Unternehmen.

Information
Bedeutung von ↑Nachrichten in bezug auf eine Handlung (bzw. eine Unterlassung) des/der Empfänger. Nachrichten sind codierte Formen von Information, die selbst keinen Informationsgehalt bergen. Durch Interpretation einer Nachricht in bezug auf den Bedeutungsinhalt werden Nachrichten zur Information. Kenntnis über Sachverhalte und Vorgänge; dv-technisch dargestellte bzw. darstellbare ↑Daten zum Zwecke der Verarbeitung. In diesem Sinne sind Informationen und Daten annähernd identisch.

Information Engineering
Gesamter Entwicklungsprozeß von der Planung (strategische, taktische und operative Planung) über die Analyse der einzelnen Diskurswelten bis zum Design und zur Implementierung von ↑Anwendungssystemen. Dazu wird eine Vielzahl von unterschiedlichen Methoden benutzt. *I.* kann folglich auch als Kombination von Methoden zur Unterstützung aller Planungs- und Modellierungsaufgaben im Rahmen des Entwicklungsprozesses von ↑Informationssystemen angesehen werden.

Information Highways /Datenautobahnen
Interaktives Fernsehen, vielfach unter den Namen *Multimedia Information Highways Services* oder *Personal TV* bekannt, ist ein Oberbegriff über das breite Spektrum der folgenden Kommunikationsformen:

- Pay per View,
- Video on Demand,
- Home Shopping,
- Informationsdienste und
- Conferencing/Telekooperation.

Aus der Fernseher-Orientierung dieser Begriffe ist erkenntlich, daß der Schwerpunkt auf die Informationsanbietung an den Endbenutzer im Heimbereich gelegt wird, obwohl auch Anwendungen und Nutzungsszenarien für professionelle Benutzerkreisen (Rechtsanwälte, Ärzte, Kfz, Reise etc.) denkbar sind.
Diese Anwendungen, die die voraussichtlichen Nutzungen der *I.* beschreiben und damit deren wirtschaftliche Rechtfertigung liefern, sind - aus der *Sicht des Nutzers* - wie folgt zu verstehen:

- *Pay per View, Video on Demand*

Während beim heutigen Pay-TV der Benutzer am Fernseher pauschal pro Kanal bezahlt, fallen die Gebühren bei Pay per View nur für die tatsächlich gesehenen Filme an. Bei Video on Demand besteht zusätzlich noch die Möglichkeit, den gewünschten Film und die Startzeit vorher auszuwählen. Außerdem kann der Benutzer die Funktionen „entfernte Videorecordersteuerung" anbieten; er kann seinen ausgewählten Film nach Belieben anhalten (Pause), wiederholen (Replay), in Zeitlupe betrachten (Slow Motion), oder ihn nicht interessierende Passagen überspringen (Fast Forward).

- *Home Shopping*

Die elektronische Abwicklung von Katalogbestellungen mit Lieferung per Post wird in Home Shopping-Angeboten realisiert. Der Benutzer kann Sonderangebote auf seinem Bildschirm ansehen, Informationen zu bestimmten Artikeln gezielt selbst anfordern, Konfigurationen berechnen lassen, Modelle auswählen und über den Rückkanal vom Fernseher/PC/ Telefon über Sendeanstalt zum Versandhaus gegen Angabe seiner Konto-/ Kreditkartennummer sofort bestellen.

- *Information Service*

Dem Benutzer werden vielfältige Informationen nach seinem individuellen Bedarf angeboten. Zunehmend erfolgt dies multimedial d.h. unter Einbeziehung von Bildern, Sprache, Videos und Text-Informationen. Spezielle Anwendungsbereiche liegen bei *Telebanking* (Konto-/ Depot-Verwaltung), *Teleteaching, Elektronische Zeitung* (mit Möglichkeit des Suchens, Layout-Konfiguration, ↑Hypertext-Verweisen auf Hintergrundinformationen und Recherchen zu früheren Aussagen zu einem Thema), *Electronic Forms* (Bearbeitung und Versendung von Formularen insb. zwischen Privatpersonen und Behörden), *Kiosk* (Abruf von Informationen z.B. als Stadtinformationssystem), *Nachrichtendienst* (entsprechend einem vorgegebenen Profil über die individuellen Interessen des Benutzers), *Kommunikationsdienst* (simultaner elektronischer Nachrichtenaustausch oder ↑Elektronische Post mit ↑Gateways zu Fax und anderen elektronischen Netzen) und *Spiele* (interaktiver Abruf evtl. gleichzeitig gegen Mitspieler an anderen Endgeräten und an anderen Orten).

- *Teleconferencing*

Das Szenario für ↑Teleconferencing erstreckt sich von Videokonferenzen am privaten Bildschirm über Informationsaustausch mit anonymen Partnern mittels Texte und evtl. Ton bis hin zum offline Video ↑E-Mail, jeweils übertragen über das interaktive Medium. *Telekooperation*, auch unter dem Begriff ↑CSCW bekannt, erlaubt Experten das gemeinsame Erstellen von Programmen, Unterlagen usw. über das Netz durch Rechnerunterstützung. Eine evtl. für den Massenmarkt relevante Anwendung besteht in der Möglichkeit, die heimische Videokamera an die Set top Box anzuschließen und somit private Videogespräche zwischen Haushalten zu führen. Weitere Dienste lassen sich beliebig nach Marktbedürfnis und Phantasie entwickeln.

Aus den o.g. Beschreibungen möglicher Nutzungszenarien, läßt sich folgende formalere Definition für *interaktives Fernsehen* - zur Unterscheidung von ITV-nahen Diensten wie Btx, Pay-TV usw. - entwickeln: Interaktives TV am Endgerät E ist charakterisiert durch die kurzfristige, kausal zusammenhängende Abfolge von Datentelekommunikation von E, externe Reaktion und individuelle Rückkopppelung (sichtbare Reaktion) an E als Zusatz zur externen Video-Einspeisung an E.
Die o.g. Fakten lassen sich in folgenden Komplexitätsebenen aus der *Sicht des Diensteanbieters* aufschlüsseln:

- *Parallele Kanäle*

Die einfachste Art *interaktive Dienste* einzuführen ist, die Interaktion nur bis zum Endgerät zuzulassen, d.h. alle ab-

Information Highways

fragbaren Informationen müssen zu jeder Zeit gleichzeitig an alle Fernsehgeräte parallel geliefert werden, so daß der Benutzer nur noch anhand seiner Fernbedienung das für ihn momentan interessanteste Angebot auswählt. Diese Form von interaktiven Diensten bedingt typischerweise die Übertragung von bis zu 500 Kanälen in jeden Haushalt. Dies wird technisch möglich durch der Einsatz von Kompression und Erweiterung der Übertragungsbandbreite. Der Zuschauer kann sich - analog eines Zeitungskiosks - in dem Informationsangebot umsehen und das für ihn z. Zt. interessanteste special interest Thema auswählen (z.B. Unterhaltung->Freizeit->Wasser-> Segeln-Kanal). In diesem Zusammenhang wird sich klären, inwieweit sich gebührenpflichtige Programme dieser Art von den voraussichtlich Hunderten von gebührenfreien Programmen des Satellitenangebots differenzieren können.
Eine weitere Variante der Methode der *Parallelen Kanäle* ist das inhaltlich gleiche Thema aus anderen Sichten gleichzeitig darzustellen (z.B. eine Thrillerhandlung aus den Blickwinkeln von verschiedenen Personen auf verschiedenen Kanälen, oder ein Fußballspiel aus den Blickwickeln der verschiedenen Kameras - der Zuschauer wählt die Sicht, die ihn momentan am meisten interessiert; er wird zum Regisseur).
Eine besondere Unterform ist das sog. *Near Video on Demand*, bei dem in kürzeren Zeitabständen derselbe Film angespielt wird. Dies ermöglicht dem einzelnen Nutzer eine relativ individuelle Inanspruchnahme des Angebots aus einer begrenzten Anzahl von Filmen, ohne den technischen Aufwand bis auf *Video on Demand* zu steigern.

- *Digitale Zusatzinformation*

Während o.g. Dienste ohne Zusatzgeräte bei den Endverbrauchern zu realisieren sind, kann mit beschränkter Migration des Fernsehers zum intelligenten Endgerät neue Funktionen ermöglicht werden. Werden Zusatzinformationen mit dem Videosignal übertragen, kann der Endbenutzer Sportstatistiken abfragen, Biographien von ihm bisher unbekannten Personen abrufen, Informationen von Reiseanbietern zu der gezeigten Reisesendung abrufen, Kurzfassungen der letzten Folgen von Serien nachlesen u.v.m. Insb. in angelsächsischen Ländern werden über diesen Weg die aktuellen Wettquoten (u.a. für live Sportereignisse) übermittelt mit der Möglichkeit sich dann über vorhandene Rückkanäle an Wetten zu beteiligen. Die Übermittlung von digitalen Zusatzinformationen ist als Fortführung von Videotext zu sehen, da hier die Informationen sendungs- und nicht kanalbezogen übertragen werden.
Pay per View d.h. die Sendungs- (nicht Kanal-) bezogene Bezahlung von Medien wird mit Unterstützung von digitalen Zusatzinformationen realisiert, die die Gebühr für den Film vorab an das Endgerät senden, dem Dekoder das Signal geben, einen bezahlten Schlüssel zu verbrauchen oder nach Art eines Zeittaktes Gebühreneinheiten in einem Zähler beim Endverbraucher zu registrieren.

- *Video on Demand-Dienst*

Während unter *Parellelen Kanäle* und *Digitalen Zusatzinformation* die Interaktion des Endbenutzers nur bis zum Endgerät reichte, können durch Interaktion mit der Sendezentrale viel weitreichendere Dienste realisiert werden. Das vielzitierte Video on Demand (einzelgerätbezogener Abruf von Filmen zur gewünschten Zeit ohne Vorbestellung) ist hierbei wohl der wünschenswerteste, wenn auch anspruchvollste Dienst. Eine einfache Rechnung zeigt aber, daß die on Demand-Versorgung einer mittleren Großstadt (500.000 TV-Geräte, 10% gleichzeitige Nutzung) mit dem Angebot einer durchschnittlichen Videothek (2000 Filme - eine bescheidene Untermenge der 65.000 weltweit verfügbaren Filmtitel) in normaler Fernsehqualität trotz derzeit besten Komprimierungsverfahren ohne subjektiven Qualitätsverlust (MPEG-II 4 MBits/s) Kapazitäten in folgenden Größenordnungen erfordert:
digitale Videodatenbanken von mehr als 5 TBytes (5.000 GBytes) und Übertragungskapazitäten von 200.000 MBits/s (3 Million ISDN B-Kanäle).
Diese Datenmengen, die auch einen erheblichen Kostenfaktor darstellen, sollten auf mehrere Server und Übertragungsmedien verteilt werden. Sie lassen sich reduzieren durch entsprechende hierar-

chische Speicherkonzepte, Verteilungsmodelle, zeitversetzten Mehrfachzugriff auf dieselben Daten (Near Video on Demand) und den Einsatz zukünftiger Kompressionsverfahren.
Neben diesen Speicher- und Verteilungskonzepten könnte das Angebot und die Verbreitung zunächst begrenzt werden und evtl. mit reduzierten Diensten (z.B. Pooling - Sammeln von Videowünschen pro Gebiet, Vorbestellung für Folgetag usw.) angeboten werden.
Auch hier müssen in Anbetracht des o.g. Aufwandes (Gebühren) für die Bereitstellung von Video on Demand, die Erfolgsfaktoren gegenüber der Aufzeichnung durch Videorecorder - zukünftig evtl. digital - ermittelt werden.

- *Voll interaktive Dienste*

Als Vision interessant, aber z.Zt. noch ein wenig futuristisch (Cyber- und Virtual-Diskussion in den Medien), sind die voll interaktiven Filme zu sehen, deren Handlung von den Zuschauern zu beeinflussen sind. Aber auch hier gibt es bereits Pilotversuche in speziell ausgerüsteten Kinos und für kleine Gruppen von Zuschauern am Bildschirm.

Die Massenanwendung dieser Dienste impliziert eine *Infrastruktur*, die die technische Anbindung großer Teile der Bevölkerung erlaubt; es dürfen nur Endgeräte vorausgesetzt werden, die in großen Mengen verfügbar sind, also in erster Linie ↑PC oder Fernseher, letztere möglichst mit Intelligenz und digital; d.h. Video-fähige PC stellen die optimalen Endgeräte dar. Wegen der heutigen hohen Verbreitung von Fernsehgeräten alter Technik mit analoger Technik und ohne Intelligenz werden diese als Endgeräte nach Möglichkeit evtl. mit intelligenten Zusätzen wie Set Top-Boxes ausgestattet. Aber auch eingebunden, um den gewünschten Massenmarkt vor der langfristigen Etablierung zukünftiger digitaler Infrastrukturen zu erreichen.
Vielfach werden die Begriffe *Interaktives Fernsehen* und *Digitales Fernsehen* gleichgestellt. Wie oben dargestellt, ist dies eine Begriffsverwirrung: Interactive TV ist durchaus mit analogen Endgeräten (mit klassischen Fernsehgeräten). Nur die zentralen Informationsspeicher (*Video Server*) werden digital sein und die Videodaten werden digital kodiert übertragen.
Um das beschriebene Angebot von neuen Diensten zu realisieren, muß eine großflächige *Infrastruktur* geschaffen werden, die insb. aus folgenden Komponenten besteht: aus einem zentralen oder verteilten Informationsdienst, auf dem die abzurufenden Informationen gespeichert sind; aus PC/Fernseher, evtl. speziellen Schnittstellen und Endgeräten beim Endbenutzer; aus dem dazwischenliegenden Netz, über das die Dienste angefordert und übermittelt werden.

- *Informationsdienst*

Es handelt sich um eine Datenbank mit digitalisierten, komprimierten Medien Inhalten, d.h. Filmen, Texten Bildern und Musik. Außerdem kommen hinzu Zugänge zu rechnergestützten online-Diensten für interaktive Buchungs-Dienste.

- *Endnutzerdienste*

Es sind Dienste für den Endbenutzer, der über sein Endgerät Wünsche an das interaktive Medium absetzt und die Ergebnisse konsumiert. Von außerordentlicher Wichtigkeit ist an dieser Stelle die menschengerechte Benutzerführung. Jede Steigerung der Komplexität der Endbenutzerschnittstelle bedeutet eine u.U. erhebliche Reduzierung der Akzeptanz. Insb. ist davon auszugehen, daß keinerlei Handbücher, Instruktionen, Manuals usw. gelesen werden, sondern daß jede angebotene Funktion selbsterklärend und sofort intuitiv und ohne Einarbeitungszeit nutzbar sein muß. Diese One Button-Schnittstelle muß von speziellen Fachfunktionen (Psychologie, Ergonomie, Graphik, Design) erstellt werden.

- *Endgerät*

Das Endgerät sollte einerseits massendiensttauglich sein (kostengünstig und verbreitet), andererseits anspruchsvolle neue Dienste ermöglichen (technisch hochwertig bzw. intelligent sein). Diese zunächst widersprüchlichen Anforderungen lassen sich zunehmend mit videofähigen PC und evtl. intelligenter werdenden Fernsehern, in Zukunft auch digital, realisieren. Eine teilweise Verschmelzung der Endgeräte der Medien-, Unterhaltungs- und Informationsgeräte ist heute bereits zu beobachten. Das Endgerät wird voraussichtlich über eine Komponente zur Dekomprimierung verfügen, um die gepackt gespeicherten und übertragenen Daten wieder herzustellen. Ferner müssen Nutzungsdaten - entsprechend den Vorgaben des Datenschutzes - quantitativ erfaßt werden, um individuelle Abrechnungen sicherzustellen. Außerdem müssen evtl. verschlüsselte Daten dechiffriert werden können. Auch eine Umwandlung von digitaler in analoge Information könnte, je nach Endgerät, erforderlich sein. Beim Einsatz von unintelligenten Fernsehern werden alle diese Funktionen in der Set Top-Box realisiert. Trotz der hohen Komplexität der Funktionen in dieser Set top Box sind dessen niedrige Kosten ein wichtiger Erfolgsfaktor für interaktive Dienste. Konkret darf die Set top Box nicht mehr als ein Videorecorder kosten, besser halb so viel.

- *Abrufdienste*

Den Endbenutzerdiensten liegen die Endgeräte-unabhängigen Abrufdienste zugrunde, die eine einheitliche Nutzung, Steuerung und Verwaltung der interaktiven Dienste gewährleisten.

- *Transportmedium*

Das Transportmedium muß die Übermittlung der Anforderungen des Endbenutzers (Hinkanal), wie auch die Übertragung der Medien (breitbandiger Rückkanal) - evtl. auf getrenntem Wege - gewährleisten. Da es sich bei den neuen Diensten insb. um bildorientierte, d.h. breitbandige Dienste handelt, scheiden für den Hinkanal (Sender zu Haushalt) die konventionellen, schmalbandigen Netze wie ↑Datex-J, ↑Datex-P und (Mobil-) Telefon aus. Sie kommen allenfalls für den Rückkanal (Haushalt zum Sender) in Frage. Flächendeckende Hochgeschwindigkeits/ATM-Netze wird es auch auf regionaler Basis längere Zeit nicht geben (Investitionshöhe, fehlende Standards). Flächendeckung ist aber eine Voraussetzung für Massendienste und für rasche Amortisation; somit müssen für die kurz bis mittelfristige Einführung von Interaktivem TV alternative Netzkonzepte entwickelt werden. Da keine eindeutige Präferenz zu erkennen ist, werden voraussichtlich mehrere Träger für die neuen Dienste eingesetzt werden. Prinzipiell haben jedoch Satelliten-basierte Netze folgende Nachteile gegenüber terrestrischen Netzen (Glasfaser, erweiteres Telefonnetz, Coax Fernsehverteilkabel): Satellit ist besser für 1-to-many Kommunikation als für die hier erforderliche Individualkommunikation geeignet; Rückkanal über Satellit ist nur mit Hochleistungs-Satellitenanlage beim Endbenutzer möglich.
Die Kapazität von Satellitenkanälen ist begrenzt (durch Solar Stromversorgung) insb. gegenüber Glasfaser und Coax. Es wird erwartet, daß das interaktive Fernsehen vornehmlich über terrestrische Netze getragen wird, für das in Deutschland die besten Voraussetzungen bestehen (Penetration von Kabel-TV, Telefonanschlüssen, Glasfaser).

- *Gebühren*

Die meisten der über das analoge Verteilfernsehen hinausgehenden Dienste werden - oft als einzige Finanzierungsquelle - voraussichtlich gegen Gebühr angeboten werden. Ausnahmen sind Lockangebote und Informationsdienste zur Nutzung der interaktiven Funktionen (Help-, Navigations-Funktionen usw.). Das absolute Gebührenniveau muß sich dabei an vergleichbaren konventionellen Diensten orientieren z.B. muß Video on Demand im Bereich heutiger Videotheken Entleihgebühren liegen. Geringe Zuschläge als Ausgleich für die erhöhte Bequemlichkeit des online-Abrufs gegenüber der persönlichen Abholung sind denkbar.
Auch gibt es innovative Werbungsmodelle und Modelle zur Gebührenbeeinflußung durch den Nutzer. So könnte ein Benutzer freiwillig Werbung abonieren und dafür den online-Dienst, der durch diese Werbungen unterbrochen wird, günstiger erhalten.
Eine prinzipielle Problematik bei der Nutzerdatenerfassung zur Gebührenermittlung ist die Frage: Wie es vermieden wird, daß sich der Benutzer beobachtet fühlt bzw. befürchtet, daß seine Nutzungsdaten weitergeleitet werden? Sollten die Benutzer den geringsten Verdachtsmoment in dieser Richtung haben, kann sich das Benutzerverhalten dramatisch ändern. Dies kann das kommerzielle Ende eines Dienstes bedeuten.

- *Partner*

Die Realisierung dieser neuen Dienste ist wegen der Komplexität des Vorhabens und der erforderlichen Investitionen nur

im Verbund zwischen mehreren kompetenten Partnern möglich.
Zur Bereitstellung der Netzinfrastruktur sind Netzbetreiber (in Deutschland insb. Telekom) und die Telekommunikationsfirmen gefordert. Video Server, Abrechnungssysteme, Set top Boxes und Endgeräte kommen aus der IT-Industrie, letzteres zunehmend auch aus dem Konsumerbereich. Ferner sind Partner aus der Medienlandschaft (Verlage, Filmindustrie, Sendeanstalten) und Versandhandel essentiell daran interessiert, die zu kommunizierenden Inhalte, die Endbenutzersicht, sowie die Distribution der Zusatzgeräte an die Endverbraucher abzudekken. Weitere Partner mögen aus Spezialstudios (bspw. für Videobearbeitung), sowie für spezielle Fragen (Marktakzeptanz, Finanzierung und Einsatz von Werbung) sinnvoll hinzugezogen werden.
Die Technik für die Einführung von interaktivem Fernsehen ist gegenwärtig weit fortgeschritten. Offene Fragen gibt es insb. zur Akzeptanz dieser neuen Kommunikationsform durch die breite Öffentlichkeit: Was wird angenommen? Welche Bereitschaft besteht zur Kostenübernahme?
Zur Beantwortung dieser Fragen sollen die internationalen Pilotversuche Antworten geben. Weiteren offenen Fragen obliegt die Klärung durch Juristen (Ist Video on Demand „Rundfunk"? Ist Home Shopping „Werbung"? Wie ist das Urheberrecht für digital veränderte Informationen?), durch Netzanbieter (Tarife, Zugang zu Schnittstellen) und durch die Gesellschaft. Dabei lassen sich die technischen, wirtschaftlichen und gesellschaftlichen Herausforderungen nur im Verbund innerhalb der Industrie (IT, Medien) und der Gesellschaft (Öffentlichkeit, Politik, Wissenschaft) bewältigen.

Dr. Salmony, M. Heidelberg

Information Retrieval
Unter *I.*, kurz Retrieval oder (früher) ↑Information Storage and Retrieval, wird die Repräsentation, Speicherung und Organisation von ↑Wissen zum Zwecke seiner Wiedergewinnung verstanden. Das *Abspeichern (↑Information Storage)* und *Wiederfinden (↑Information Retrieval i.e.S.)* von ↑Information sind aufs engste miteinander verbunden. Meist gilt die Regel: Je mehr Aufwand bei Repräsentation und Organisation investiert wird, um so präziser kann das Wiederfinden erfolgen. Oder umgekehrt: Je weniger Aufwand bei Information Storage geleistet wurde, um so komplexer wird das *I.* Aus diesem Grunde sollten Speichern und Wiederfinden als Einheit gesehen werden. Die Bezeichnung Information Storage and Retrieval mit den zwei war lange verbreitet. Heute wird meist nur von *I.* gesprochen, womit beide Aspekte gemeint sind.

Ziel eines *I.-Systems* ist es, Wissen so zu organisieren und abzubilden, daß die für eine konkrete Aufgabenstellung relevante ↑Information in einem Wissensspeicher lokalisiert werden kann. Das Ergebnis einer Suchanfrage (↑Recherche) soll dabei gleichzeitig zwei Zielen genügen: Es soll möglichst viele relevante Informationen enthalten, also nicht viel Ballast in der Antwort (*hohe Precision*). Und: Es soll viel der relevanten Information im Datenbestand enthalten, also möglichst wenig ↑Daten übersehen (*hoher Recall*).
Der Einsatz von *I.*-Systemen kennt zwei Hauptfragestellungen:

- die *retrospektive Recherche* versucht, für eine einzelne konkrete Suchanfrage relevante ↑Informationen in einem Gesamtbestand von ↑Daten zu lokalisieren. Sie ist das Instrument für konkrete einzelne Problemlösungen;
- *der SDI-Dienst (Selective Dissemination of Information)* untersucht regelmäßig die Neuzugänge eines Datenbestandes auf relevante Information zu einer feststehenden Fragestellung. Er ist eine Art Abonnement für immer wiederkehrende Datenbankrecherchen.

Beiden Problemstellungen ist ein Charakteristikum des *I.* gemeinsam: Die gezielte Suche bei gegebener Problemstellung. Die Lösung besteht in einer möglichst großen Übereinstimmung des Anfragemusters mit dem Lösungsmuster (*Matching Paradigma*; Inferenz-Paradigma). Ein *I.-System*, das nach dem Matching-Paradigma arbeitet, braucht einen Algorithmus, der festlegt, ob bzw. wie gut eine Suchanfrage mit gespeicherten Dokumenten übereinstimmt. Im Gegensatz dazu steht das *Browsing Paradigma* (Navigation), das dem Schmökern in einem Buch oder dem Herumwandern in einer

Bibliothek entspricht. Von einem Anfangsbegriff ausgehend, kann der Informationssuchende über links zu assoziierten Begriffen gelangen und sich so über eine Fragestellung orientieren. Diese Ansätze sind bei Hypertextsystemen anzutreffen. In der Praxis sind beide Ansätze heute in gegenseitiger Ergänzung für *I.* unverzichtbar.

Die Inhalte der Datenbestände lassen eine Einteilung der Verfahren zu:

• Wird *I.* in der Literaturdokumentation eingesetzt, so handelt es sich um *Dokumenten-Retrieval.* Dieses gliedert sich wiederum in Referenz-Retrieval, wenn lediglich Hinweise auf relevante Dokumente erbracht werden und (Voll-) Text-Retrieval, wenn darüber hinaus direkt auf relevante Textstellen zugegriffen werden kann.

• Das *Daten-Retrieval* sucht nach vorwiegend numerischen Einzeldaten, z.B. physikalisch-technische Meßdaten, betriebs- oder volkswirtschaftliche ↑Daten.

• Das *Fakten-Retrieval* fragt nach kurzen Beschreibungen von Sachverhalten (↑Nachrichten).

Die wichtigsten Verfahren des *I.* (Kuhlen, 1992):

• *Hierarchisch organisierte Suchpfade*: Die Suche erfolgt hier durch eine sequentielle Abfolge von Einzelentscheidungen. Es entsteht ein hierarchischer Suchpfad, bei dem die gesuchte ↑Information am Ende des Suchbaumes angetroffen wird. Häufig wird dafür die Metapher des Büroarbeitsplatzes gewählt, in dem ineinandergeschachtelte Behältnisse, wie Schränke und Ordner durch Ikonen dargestellt werden.

• *Deskriptorensuche* mit Boole'scher Algebra: Dies ist der klassische Zugangsweg für Referenz-Retrievalsysteme. In einer Suchanfrage werden Stichwörter formuliert und durch die Operatoren UND, ODER und NICHT miteinander verbunden. Die Anordnung der Suchtermini folgt den Regeln der ↑Boole'schen Algebra. Weitere Möglichkeiten, wie die Trunkierung (Abschneiden eines Wortes am Anfang oder Ende), Maskierung (Ersetzen einzelner Wörter im Text), Abstandsoperatoren für Wörter, Sätze und Absätze, Algorithmen zum Identifizieren ähnlicher Wörter, ergänzen die Methode.

• *Formalsprachliche Faktenanfragen*: Bei *Fakten-Retrieval* spielen formale Anfragesprachen (wie ↑SQL) eine große Rolle. Besonders die ↑relationalen Datenbanken mit ihrer Metapher der Tabelle ermöglichen hier eine leicht verständliche Grundstruktur. Typisch für diese ↑Systeme ist, daß der Benutzer sich in die Regeln der Anfragesprachen intensiv einarbeiten muß, um sinnvolle Retrievalergebnisse zu erzielen.

• Mittlerweile sind bei kommerziellen ↑SQL-Datenbanken *graphische Unterstützungssysteme* realisiert. Der Benutzer muß sich durch die graphische Führung nicht aktiv an Strukturaufbau und Feldbezeichnungen erinnern. Die Gefahr von Syntaxfehlern ist reduziert. Trotzdem muß der Benutzer mit den Grundprinzipien einer ↑SQL-Suche vertraut sein, wenn er mit mehreren Tabellen arbeitet.

• Die Grundidee von *Query by Example* ist, dem Benutzer die ausgewählten Tabellen der ↑Datenbank graphisch am Bildschirm vorzulegen. Der Benutzer trägt in die betreffenden Felder Werte und Restriktionen ein, die die Ergebnisauswahl steuern. Die Grundmetapher ist hier das Ausfüllen von Tabellen.

• *Hypertextsysteme* stoßen heute zur Organisation von ↑Wissen auf immer größere Resonanz. Als ↑Hypermediasysteme verbinden sie Bild, Text, Graphik und Sprache. Als Retrievalsystem realisieren sie vor allem das ↑Browsing-Paradigma. Hypertextsysteme stellen dem Benutzer eine Fülle von Pfaden durch die ↑Wissensbasis zur Verfügung.

• Bei der ↑*natürlichsprachigen Anfrage* wird versucht, den dem Benutzer vertrauten sprachlichen Kommunikationsmodus für die Suchformulierung zu verwenden. Grundgedanke ist, daß sich der Benutzer in der Mensch-Computer-Interaktion analog zur zwischenmenschlichen ↑Kommunikation verhält. Natürlichsprachige Anfragesysteme werden vor allem im Bereich der Künstlichen Intelligenz entwickelt.

Literatur: Blair, B.C.: Language and Representation in Information Retrieval, Amsterdam, 1990. *Kuhlen, R.* (Hrsg.): Experimentelles und praktisches Information Retrieval. Schriften zur Informationswissenschaft 3. Hochschulverband für

Informationswissenschaft, Konstanz, 1992. *Salton, G., McGill, M.*: Information Retrieval, Hamburg, 1987. *Soergel, D.*: Organizing Information - Principles of Data Base and Retrieval Systems, Orlando, 1985. *Vickery, B. C.*: Information Systems, London, 1973.

Prof. Dr. W. Rauch, Graz

Information Retrieval-Anwendungen

Begriffsbestimmung

Information Retrieval befaßt sich mit dem technisch-gestützten Prozeß des Wissenstransfers vom Wissensproduzenten (klassisch: dem Autor) und dem Informationsnachfragenden. Das wissenschaftliche Gebiet des *I.* hat sich aus der Idee entwickelt, den Rechner für die Verwaltung von und die Suche nach (wissenschaftlichen) Textinformationen einzusetzen. Es umfaßte zunächst nicht die Suche nach ↑Daten, sondern hat sich neben dem Gebiet der ↑Datenbankmanagementsysteme entwickelt.

Diese historische Abgrenzung Daten vs. Texte ist heute noch sichtbar, aber längst nicht mehr haltbar. Aus der Sicht des *I.* sind ↑Informationssysteme in erster Linie dann von Interesse, wenn bei Anfragen und gespeichertem ↑Wissen Vagheit und Unsicherheit wichtige Aspekte sind.

Das praktische Gebiet des *I.* läßt sich durch eine Vielzahl unterschiedlicher *Datenbanktypen* kennzeichnen. Die wichtigsten sind:

- *Bibliographische Datenbanken*, die Verwaltungsdaten von Publikationen, sowie Inhaltskennzeichnungen (Titel, Autoren, Abstract, Schlagwörter, Zeitschrift, Verlag) recherchierbar machen - üblicherweise für wissenschaftliche Literatur.
- *Volltextdatenbanken*, die vollständige Publikationen für die Suche anbieten; bisher: Inhalte von Zeitungen, Agenturmeldungen. Die Verbreitung dieses Datenbanktyps nimmt zu.
- *Stoffdatenbanken*, die spezialisierte Daten für Werkstoffe/chemische Substanzen abfragbar halten. Von besonderem Interesse sind ↑Systeme, die unvollständig spezifizierte chemische Strukturen als Suchauftrag auswerten (Substrukturrecherche).
- *Referraldatenbanken* mit Produktbeschreibungen, Profilen von Experten, Forschungseinrichtungen, Firmen, Auftragsangebote. Die Information wird vielfach textorientiert und unter Nutzung von Codierungen angeboten.
- *Imagingsysteme*, bei denen das eigentliche Dokument nur als Pixeldatei (Image) verfügbar ist. Es ist demnach nur über zusätzliche Verwaltungsinformation (prinzipiell analog zu den bibliographischen Datenbanken) suchbar. Typischerweise Bankbelege, Versicherungspolice, Verträge, Briefe (Dokumentenmanagementbereich).

Die Strukturen dieses praktischen *I.* umfassen den Markt der online-Informationen mit seinen Datenbasisherstellern und Datenbankbetreibern (Hosts), den Markt der CD-ROM-Datenbasen, den Bereich der Bibliotheken und Fachinformationsstellen, die innerbetrieblichen Informationsstellen, das elektronische Dokumentenmanagement und die dezentralen Informationsangebote des ↑Internet.

Problemstellung

Die Tatsache, daß textgebundene Information rapide zunehmend bereits in elektronischer Form entsteht (Textverarbeitung, elektronischer Satz) hat sehr zur verbreiterten Anwendung von *I.*-Systemen beigetragen. Generell bleibt jedoch die Abhängigkeit von Textverarbeitungsformaten für Dokumentation und Dokumentenaustausch ein Problem, dem Standards (wie *Standard Generalized Markup Language*) entgegenwirken.

Ist gedrucktes Papier die Ausgangsbasis, so stehen manuelle Erfassung und Scannen in Konkurrenz. Ergebnis des Scannens ist eine Datei, in der die Vorlage Punkt für Punkt in vorgegebener Auflösung - gemessen in *dpi (Dots per Inch)* - und vorgegebener Farbtiefe (schwarz/weiß, Graustufen, Farbinformation) abgebildet ist. Kostenrelevanter Aspekt des Scannens ist die manuelle Kontrolle auf Vollständigkeit und Qualität. Rechtliche Fragen entstehen dort, wo dieses elektronische Abbild das Originaldokument ersetzen soll. Soll eingescannter Text tatsächlich als Text dokumentiert werden, schließt sich eine *OCR*-Bearbeitung *(↑Optical Character Recognition)* an, bei der die Textinformation auch Formatierungsinformation Zeichen für Zeichen erkannt und abgespeichert wird. Eine universell einsetzbare und perfekte opti-

Information Retrieval-Anwendungen

sche Zeichenerkennung ist gegenwärtig nicht erreichbar.
Die weitere Aufbereitung ist im Einzelfall mehr oder weniger weit zu treiben: Die *formale Dokumentstrukturanalyse* zerlegt das Dokument in einzelne, separat recherchierbare Kategorien (Datenbankfelder) bzw. konvertiert in das SGML-Format eines vorgegebenen Dokumententyps. Bei der inhaltlichen Erschließung geht es um die Zuordnung von Sachgebietscodes, Schlagwörtern oder Thesaurusbegriffen, um die spätere Suche zu unterstützen.

Technisch gesehen hat das Gebiet des *I.* mit Einführung von Magnetplatten seinen praktischen Anfang genommen. Gegenwärtig führt die enorme Steigerung des Preis-/Leistungsverhältnisses bei Massenspeichern zu ganz neuen Anwendungen des *I.* Optische Speicher sind weitverbreitet zum Synonym für *elektronische ↑Archivierung* geworden. Speicher, die sich nachträglich nicht ändern lassen *(Write Once, Read Many - ↑WORM)*, spielen eine wichtige Rolle, wenn es um den Nachweis der Dokumentenechtheit geht.
Die Organisation der Speicherstrukturen hat sich methodisch dem gewählten Retrievalkonzept unterzuordnen. Sie verwendet Basistechniken, wie die invertierte Speicherung oder neuerdings in Zusammenhang mit optischen Speichern das Signaturkonzept, oder sie wird auf ↑Datenbankmanagementsystemen aufgesetzt. Unter *invertierter Speicherung* wird das Vorgehen verstanden, in dem für jede in den Texten auftretende Wortform bedeutungstragende (Stop-) Wörter ausgenommen werden, um einen Indexeintrag anzulegen und dort die Identifier derjenigen Dokumente abzulegen, in deren Text die Wortform vorkommt. Auf diese Weise lassen sich etwa Boole'sche Verknüpfungen von Wortformen auf einfachen Listenabgleich zurückführen. Je nach Unterstützung zusätzlicher Retrievalfunktionen (Abstandssuche, Linkstrunkierung etc.) kann die Indexinformation bis zu 200 % der Primärinformation ausmachen.
Ein altes Thema, das mit den enormen Speicher- und Übertragungsanforderungen neuerer *I.* (speziell bei Multimediaanwendungen) an Aktualität und Bedeutung gewonnen hat, ist das der *Komprimierung*: Komprimierung der Primärdaten, aber auch der Indexinformation.
Die *prototypische Recherchesituation* unterscheidet sich von der Standardnutzung eines Datenbankmanagementsystems in verschiedener Hinsicht:

- Die Semantik der gespeicherten Daten ist im Hinblick auf die Anfragen unscharf und unvollständig. Wenn etwa das *I.* nicht mit den Inhalten eines Dokumentes operiert, sondern ein Dokument als eine Sequenz von Wörtern auffaßt.
- Die Anfragen sind in dem Sinn unscharf, als der Anfragende seinen Informationsbedarf oft erst in Abhängigkeit von den Zwischenergebnissen seiner interaktiven Suche weiter präzisieren kann.
- Die Qualität einer Retrievalantwort hängt von vielen Parametern ab: Von der Auswahl der richtigen Datenbasen, von deren Vollständigkeit und Aktualität, deren formaler und inhaltlicher Aufbereitung, von den angebotenen Retrievalfunktionen und nicht zuletzt vom Geschick und von der Erfahrung des Rechercheurs.

Die *Retrievalsysteme* haben seit den Anfängen nur wenig an methodischer Innovation zu bieten: Die Suche im Freitext erlaubt es, nach jeder im Text auftretenden Wortform zu recherchieren. Zusätzlich stehen zeichenkettenorientierte Operatoren zur Verfügung, um insb. Wortformenvarianten abdecken zu können: Rechts- und evtl. Linkstrunkierung, sowie Maskierung im Wort. Kontextoperatoren erlauben es, mehrere Wörter mit bestimmtem Wortabstand im gleichen Satz der etwa im gleichen Feld zu suchen. Als spezielle Nicht-Standardsuchfunktionen können etwa gelten: Grundformenrecherche, mit der Wörter unabhängig von ihrer Flektionsform gefunden werden (Suche mit 'Haus', Fundstelle: 'Häuser'), Kompositazerlegung (ersetzt und präzisiert die Linkstrunkierung), phonetische Recherche, mit der phonetisch gleichlautende oder ähnlich klingende Wörter gefunden werden, sowie Unterstützung der Mehrsprachigkeit, um Schlagwörter oder Maßeinheiten sprachunabhängig finden zu können.
Auf der Grundlage dieser Möglichkeiten baut der Benutzer mit den Operatoren der Boole'schen Logik iterativ seine Suchan-

frage zusammen und läßt sich i.w. von den Trefferanzahlen, sowie inspizierten Antwortdokumenten leiten: zu viele Treffer erzwingen Frageeinschränkung, zu wenige Treffer erzwingen eine Erweiterung der Fragestellung. Diese auch als *Exact Match* bezeichnete *Retrievalmethode* geht davon aus, daß bereits eine geringfügige Abweichung von den Suchbedingungen ein Dokument als Treffer disqualifiziert und andererseits alle Dokumente, die die Suchbedingung erfüllen, gleichwertig sind - und dies, obwohl die systemgerechte Frageformulierung erkennbar nur eine Näherung an den eigentlichen Informationsbedarf darstellt.
Die *I.*-Forschung geht von einer anderen Vorstellung aus (*Partial Match*): Ergebnis einer Anfrage ist nicht eine Antwortmenge, sondern eine Sortierung der Dokumente nach vermuteter Relevanz (*Ranking*). Eine initiale Anfrage kann also so spezifisch, wie möglich, gestellt werden. Statt der leeren Menge, wenn kein Dokument die spezifischen Anforderungen erfüllt, werden die bestpassenden als Ergebnis angeboten.

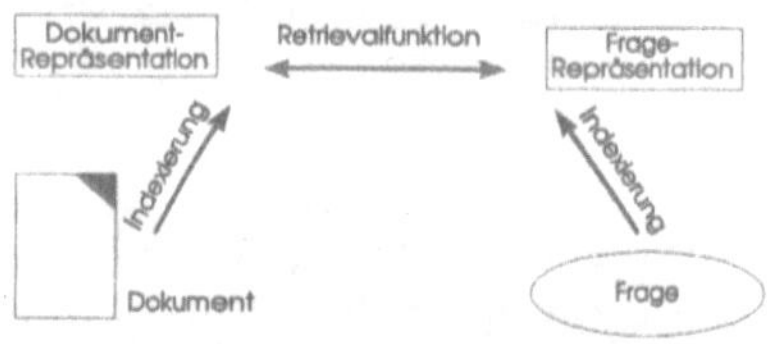

Alternativ oder ergänzend zu Methoden der gezielten Suche haben sich Techniken der *assoziativen, navigierenden Suche* etabliert: Das *Hypertextkonzept* geht davon aus, daß ↑Informationen in zusammengehörenden Paketen (Informationsknoten) organisiert sind, die durch zahlreiche und verschiedenartige Verweise (Links) untereinander vernetzt sind. Wenn die Informationsknoten verschiedene Medien integrieren, so wird von ↑*Hypermedia* gesprochen. Die inhaltliche Verknüpfung der Informationsknoten erfordert Techniken der inhaltlichen Erschließung bzw. die Anwendung von Retrievaltechniken.

Retrievaltechniken

Das Gebiet des *I.* war von Beginn an interdisziplinär angelegt und umfaßt Beiträge aus der ↑Informatik, den Informationswissenschaften, der ↑Computerlinguistik, der ↑Statistik, der Psychologie u.v.a. Um das Gebiet insgesamt zu charakterisieren, sollen wichtige Teilgebiete aufgezählt werden, wie sie sich auf den *I.*-Konferenzen etabliert haben oder aber die Arbeit der *I.*-Fachgruppe der ↑GI strukturieren lehnen sich z.T. an diejenigen der einschlägigen Fachgruppenordnung an:

- Modelle: Mathematische Präzisierungen des Retrievalproblems, kognitive, nutzerorientierte Modelle;
- Automatische Inhaltserschließung: automatische Indexierung, Abstracting;
- Datenmodellierung und Wissensrepräsentation;
- Gestaltung von Benutzerschnittstellen für gezielte und assoziative Informationssuche;
- Evaluierung von Retrievalverfahren und Anwendungen: ein wichtiges Teilgebiet, da es keineswegs einfach und grundsätzlich nur empirisch feststellbar ist, ob ein Retrievalverfahren besser als ein konkurrierendes ist;
- Kommunikationstheoretische, philosophische und erkenntnistheoretische Grundlagen von ↑Informationssystemen.

Das einfachste *Grundschema des Retrievals* geht von zwei Abbildungen und einem Abgleichprozeß aus. Im Indexierungsschritt werden der zugrundeliegende ↑Informationsbedarf f und die Dokumente d auf entsprechende Repräsentationen $\underline{f}$ und $\underline{d}$ abgebildet. Den Abgleich nimmt die Retrievalfunktion vor, die o.B.d.A. als eine Abbildung $\underline{f} \rightarrow \underline{d}$ [0:1] angesehen werden kann. Was konkret als Dokument anzusehen ist (Texte, ↑multimediale Dokumente, Fakten) und die Repräsentationsformen für Dokumente und Fragen (Vektoren, Records, Regeln, semantische Netze, ...) sind im Prinzip nicht beschränkt - und so gibt es eine fast unübersehbare Fülle von Ansätzen, die in der Abbildung systematisiert werden:

- *Exact Match*: Diese Retrievaltechnik repräsentiert weitgehend die Retrievalpraxis. Die Retrievalfunktion liefert nur die Werte 0 oder 1: Ein Dokument gehört zur Antwortmenge, oder nicht.
- *Partial Match*: Auch eine partielle Übereinstimmung Trennung zwischen Exact und Partial Match ist durchaus

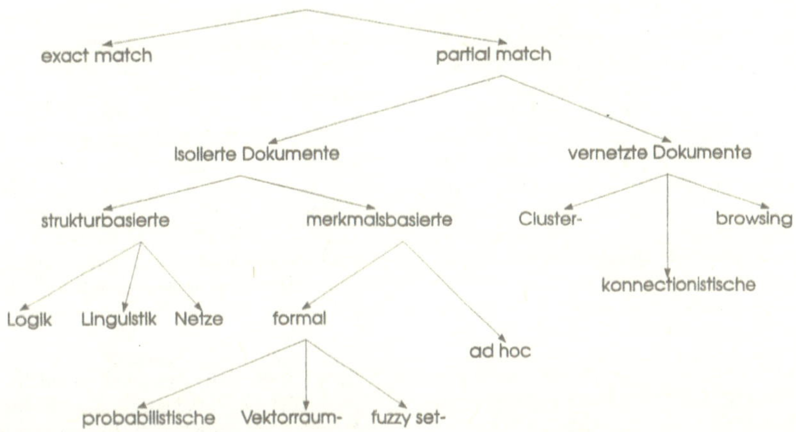

überwindbar: Es gibt Ansätze, die beide Formen integrieren. Zwischen Suchfrage und Dokument wird bewertet: Die Retrievalfunktion liefert Werte zwischen 0 und 1 - als Basis eines Ranking.

- *Isolierte Dokumente* vs. *Dokumentennetzwerk* unterscheidet, ob einzelne Dokumente oder aber untereinander vernetzte Dokumente Gegenstand des Retrievalprozesses sind. Die Clusterhypothese, daß ähnliche Dokumente dazu tendieren, für dieselben Fragen relevant zu sein, führt etwa zur zweitgenannten Strategie. Auch Hypertextansätze sind hierunter zu rechnen, ebenso wie konnektionistische assoziative Modelle, in denen Anfragen aus der Aktivierung einzelner Begriffe bestehen, die sich über ein Netz von Knoten (für Wörter, Begriffe, Dokumente) fortpflanzt, verstärkt, dämpft und als Ergebnis aktivierte Dokumente liefert.
- *Strukturbasierte Ansätze* können sehr vielfältiger Natur sein: Benutzung logisch fundierter Repräsentationen, von semantischen Netzen oder von Frames. Auch *computerlinguistische Ansätze*, die etwa auf Abhängigkeitsstrukturen zwischen syntaktischen Einheiten aufbauen, sind hierunter zu rechnen.
- *Merkmalsbasierte Ansätze* beschreiben Dokumente und Fragen vektoriell als eine Zusammenfassung einzelner Merkmale. Da typischerweise das Vorkommen von Wörtern zur Merkmaldefinition herangezogen wird, müssen eine sehr große Menge von Merkmalen vorgestellt werden.
- Im *Vektorraummodell* werden Fragen und Dokumente als Vektoren eines vieldimensionalen Vektorraumes aufgefaßt, der vom Fachvokabular aufgespannt wird. Die Retrievalfunktion versucht, die Ähnlichkeit von Frage und Dokumenten zu bewerten. Dieses älteste aller derartigen Modelle hat besondere heuristische Qualitäten und ist nach wie vor Grundlage aktiver Forschung und bestehender Systeme.
- *Probabilistische Modelle* versuchen auf der Basis von Auftretenshäufigkeiten von Merkmalen auf die Wahrscheinlichkeit zu schließen, daß ein betrachtetes Dokument auf eine Frage relevant ist. Hat der Benutzer bspw. erste vorgelegte Dokumente hinsichtlich Relevanz auf seine Frage beurteilt (Relevance Feedback), können grobe Näherungen für die Wahrscheinlichkeit, daß bestimmte Wörter in relevanten/nicht-relevanten Dokumenten vorkommen/nicht vorkommen direkt ausgezählt und daraus die gesuchte Wahrscheinlichkeit abgeleitet werden. Probabilistische Retrievalmodelle sind erklärend und normativ. Sie liefern auch praktisch gute Ergebnisse.
- *Fuzzy Set-Ansätze* können als Erweiterung der Boole'schen Logik (Exact Match) um eine Gewichtungskomponente angesehen werden.

Typische *I.-Systeme* sind zunächst gegenüber gängigen ↑Datenbankmanagementsysteme solche, mit denen gezielt auf Texte zugegriffen werden kann. Die üblichen Retrievalmöglichkeiten sind als Exact Match-Ansatz bereits beschrieben worden. Weitere Funktionsgruppen dekken die Verwaltung der interaktiven Recherche ab, das lokale Abspeichern extern recherchierter Dokumente, die Suche in mehreren ↑Datenbanken usw. Für den Recherchekomfort ist es wichtig, daß Werkzeuge für die Suche (Klassifikationssysteme, Schlagwortlisten, Thesauri) effektiv in die Suche eingebunden werden können. *I.-Systeme* waren klassischerweise spezialisierte Datenverwaltungssysteme für Dokumente. Ein solches Dokument besteht dabei aus einer Menge von Kategorien (Feldern). Ein Feld aus einer Folge von Wörtern. Ein Wort aus einer Folge von Zeichen zwischen Trennzeichen. Die Entwicklung geht dahin, die ↑Information in einem *I.-System* - etwa im Sinne des relationalen Modells oder zur Unterstützung von SGML-Dokumenttypen - stärker strukturieren zu können. Dazu kommt die Einbeziehung von Bildern, Ton, Video. Ein eigenes Angebot für *I.-↑Systemsoftware* gibt es für den Aufbau von Datenbasen auf CD-ROM, da die Besonderheiten dieses Datenträgers zu berücksichtigen sind. Retrievalsysteme auf der Basis des Ranking-Prinzips werden erstmals Bedeutung erlangen. Ein in diesem Sinne bedeutsamer Dienst des ↑Internet ist *WAIS (↑Wide Area Information Service)*. WAIS ist eine ↑Client/Server-Architektur für *Textretrievalsysteme*, bei der ↑Server als Antwort auf eine Suchanfrage eine Rangliste von Dokumentnummern an den ↑Client zurückliefert. Der Client kann anschließend die Dokumente anfordern.

Auf der anderen Seite entwickeln sich DBMS in Richtung einer besser angepaßten Behandlung von Textinformation: Einführung 'langer' Felder zur Aufnahme umfangreicher Textinformation, Erweiterung der Abfragesprache um zusätzliche Stringsuchoperatoren.

↑Software zur inhaltlichen Erschließung, die über einfache, wortorientierte Textbearbeitungen hinausgeht (Wortformen-Normierung, Komposita-Zerlegung, etc), ist bisher nur in Einzelfällen im praktischen Einsatz. Eine der weltweit größten Anwendungen von weitergehender automatischer Indexierung ist für die Physikdatenbasis des Fachinformationszentrums Karlsruhe (10.000 Dokumente/ Monat, thesaurusbasierte automatische Indexierung) zu finden. Die Einführung einer automatischen Inhaltserschließung kann kaum auf Produkte und wenig auf Erfahrung bauen. Vergleichbares gilt für die formale Dokumentenstrukturanalyse, wobei sich allerdings im SGML-Umfeld kommerzielle Produkte neben experimentellen Werkzeugen etablieren.

Literatur: Buder, M. et al. (Hrsg.): Grundlagen der praktischen Information und Dokumentation, DGD-Schriftenreihe 9, München, 1990. *Hennings, R.-D., Knorz, G. et al.*: Wissensrepräsentation und Information Retrieval, Modellversuch BETID, Potsdam, 1994. *van Rijsbergen, C.J.*: Information Retrieval, London, 1979. *Salton, G., McGill, M.J.*: Introduction to Modern Information Retrieval, New York, 1984. *Fuhr, N.* (Hrsg.): Information Retrieval, Informatik Fachberichte, Bd. 289, Heidelberg, 1991. *Knorz, G. et al.* (Hrsg.): Information Retrieval '93. Proceedings der 1.Tagung Information Retrieval, Regensburg, 1993.

Prof. Dr.-Ing. G. Knorz, Darmstadt

Information Retrieval-Systeme

Gegenstand und Ziel

I. basieren - wie andere ↑Informationssysteme (bspw. Datenbankmanagement-, Frage-/Antwort-, Managementinformationssysteme) - auf ↑Datenbanken und damit auf elektronisch gespeicherten Informationseinheiten. Charakteristisch für ein *I.* ist, daß seine Informationseinheiten dokumentenorientiert sind. Es sind Repräsentanten (Profile) der Dokumente mit Texten und Fakten, die für die fachliche Arbeit in Wissenschaft, Technik, Wirtschaft und Gesellschaft benötigt und als Fachinformationen bezeichnet werden.

Die Auswertung, Speicherung, Recherche und das Verdichten von Fachinformationen sind Gegenstand der *I.*

Das Ziel der *I.* sind das Wiederauffinden von an sich bekannten Fachinformationen (*Information Retrieval*) mit der notwendigen Vollständigkeit (*Recall*) und Genauigkeit (*Precision*), sowie das Verdichten der aufgefundenen Fachinformationen zu neuen ↑Informationen. Der Zwang zur Entwicklung und Weiterentwicklung der *I.* entspringt dem Informationsdefizit der Nutzer. Ihr Defizit beruhte

Information Retrieval-Systeme

zunächst auf dem Mangel, inzwischen jedoch auf dem Überangebot an Fachinformationen aus Datenbanken. Diesem Informationsdefizit durch ein Informationsüberangebot - der sog. Informationsparalyse - werden Methoden des Information Retrieval mit folgendem Ziel entgegengesetzt:

- Erhöhung der Recherchegenauigkeit (Ergebnis: Verfügungswissen mit geringer Ballastrate);
- Verdichten der relevanten Informationen zu Kerninformationen (Ergebnis: Orientierungswissen).

Die Grundstruktur jedes *I.* besteht aus einer Menge von Dokumenten- und Frageprofilen, sowie aus einem Mechanismus (Retrievalfunktion), der mittels Vergleich von Dokumenten- und Frageprofilen die für eine Frage relevanten Dokumente bestimmt. In Abhängigkeit von den Komponenten der Dokumentenprofile werden als Basis der *I.* unterschieden:

- Textbasierte Datenbanken, z.B. Bibliographische Datenbanken, Volltextdatenbanken;
- Faktenbasierte Datenbanken, z.B. Fakten- und statistische Datenbanken;
- Integrierte Datenbanken.

Dokumentenauswertung

Die Qualität der *I.* wird weitgehend durch die Bearbeitung (Auswahl, Auswertung, Speicherung) der zugrundeliegenden Dokumente bestimmt, d.h. durch die Qualität der Dokumentenprofile. Vorrangige Bedeutung kommt der Auswertung zu. Die Auswertebögen der Datenbankproduzenten für die ↑Dokumentenauswertung sind durch die Existenz von

- Datenfeldern (Kategorien) und
- Feldcodes (Kategorienkennzeichen)

gekennzeichnet, d.h. durch die Eindeutigkeit der Daten und durch die Strukturierung des Datenträgers. Damit ist bei der späteren Recherche der gezielte Zugriff auf einzelne Felder (z.B. Autor, Deskriptoren) gewährleistet. Die Auswertung besteht aus der Formalerfassung und der Inhaltserschließung. Die *Formalerfassung* ermittelt die äußeren Kennzeichen eines Dokuments, vorrangig die bibliographischen Angaben (z.B. Titel, Quelle). Die *Inhaltserschließung* liefert die Inhaltskomponenten eines Dokuments in natürlicher Sprache und/ oder in einer Dokumentationssprache. Die Inhaltserschließung umfaßt das Referieren und Indexieren. Referate sind die komprimierte inhaltliche Zusammenfassung von Dokumenten. Sie dienen sowohl zur Relevanzbeurteilung der Dokumente (Minimierung der Anzahl der im Volltext zu lesenden Dokumente) als auch als Textgrundlage für die Freitextrecherche. Die Indexierungsergebnisse dienen ausschließlich dem Wiederauffinden der Dokumente, dem eigentlichen Ziel der *I.*

Das Indexieren erfordert Dokumentationssprachen. Für das postkoordinierte Indexieren *(Indexieren)* werden Thesauri verwendet; das präkoordinierte Indexieren *(Klassifizieren)* erfolgt mittels Klassifikationen. Ein *Thesaurus* enthält natürlichen, aber normierten Wortschatz. Die Elemente des normierten Wortschatzes heißen *Deskriptoren*. Die Vergabe der Deskriptoren - das Indexieren - erfolgt zweistufig: Nach der Ermittlung der Hauptinhalte werden diese in Deskriptoren übersetzt. Das Indexieren mittels Thesaurus beseitigt die natürlichsprachlichen Probleme der Synonymie (z.B. Atomkaftwerk/ Kernkraftwerk) und der Polysemie (z.B. Titan/Titan), die die Recherchequalität beeinträchtigen würden. Außerdem berücksichtigt der Thesaurus die Äquivalenz-, Hierarchie- und Assoziativrelationen im Wortschatz, die zur Erhöhung der Recherchequalität genutzt werden (z.B. Wasser<=>Ä: Water, H: Flüssigkeit, Kühlwasser, A: Gewässer). Das Klassifizieren nutzt vor allem die Elemente (Notationen) der nationalen und internationalen Klassifikationen (z.B. Dezimalklassifikation, Internationale Patentklassifikation), deren wesentlicher Vorteil in ihrer Sprachunabhängigkeit und der rationellen Einschränkung von Recherchegebieten besteht.

Die Auswertungsergebnisse werden bei den Datenbankproduzenten und -anbietern in einem geeigneten Datenbankeingabeformat erfaßt. In den Datenbanken werden die Wörterbücher, die invertierten Dateien der Feldelemente (Autoren, Firmennamen, Datumsangaben, Notationen, Deskriptoren usw.) einschl. ihrer Adressen, sowie die Dokumentenprofile in der Regel in getrennten Dateien gespeichert.

I. stützen sich auf ↑Datenbanken in lokalen Netzen und Hosts (z.B. Europäisches Patentamt), oder Informationsnetzen (z.B STN International), die über Telekommunikationsnetze (z.B. Datex-P, WIN, ↑Internet) zugänglich sind. ↑*Datenbanken in lokalen Netzen* sind vielfach CD-ROM-Datenbanken in Mehrfachlaufwerken. Die Kapazitäten solcher CD-ROM-Speicher besitzen Größenordnungen von 10 - 100 GB, da häufig genutzte ↑Datenbanken mittlerer Kapazität einbezogen werden. Ihre Aktualisierungszeiträume betragen einen Monat und mehr. Die Recherche ist meist menügeführt, da die Recherchezeiten nicht minimiert werden müssen. Die Mittel zur statistischen Weiterverarbeitung der Rechercheergebnisse sind ungenügend. Es existieren selbständige CD-ROM-Statistikdatenbanken (z.B. Tech-Line von CHI Research-USA). *Datenbanken in Hosts oder Informationsnetzen* - also online-Datenbanken - zeichnen sich durch großen Speicherplatzbedarf (z.B. INSPEC, WPI, INPADOC) und/oder durch hohe Aktualität (z.B. Rechtsstandsdatenbank EPOIS) aus. Die Speicherkapazität einzelner Hosts oder Netze überschreitet zunehmend die Größenordnung von 1000 GB. Die Recherche erfolgt vorwiegend mittels leistungsstarker Retrievalsprachen, die komplizierte Recherchen in umfangreichen Datenbankclustern, sowie deren statistische Weiterverarbeitung rationell ermöglichen.

Trotz internationaler Bemühungen um standardisierte Retrievalsprachen (z.B. CCL) benutzen die Hosts weiterhin eigene *Retrievalsprachen*: Messenger, DSO, Questel Plus u.a. Für die Nutzer unumgänglich ist die Kenntnis jener Befehle der Retrievalsprachen, die grundlegende Operationen bewirken: Datenbankauswahl, Recherche mittels Frageprofilen, Ausgabe der Dokumente bzw. Dokumentenprofile, Zugriff auf die invertierten Dateien (Namen, Deskriptoren u.a.), statistische Weiterverarbeitung nachgewiesener Dokumentenprofile, Anzeige des Rechercheablaufs, Hilfestellungen, Recherchestop u.a. Bei allen praxiserprobten Retrievalsprachen besitzen Operatoren zur Bearbeitung und Verknüpfung von Elementen der Frageprofile wesentliche Bedeutung: Boole'sche Operatoren, Stellungsoperatoren, Maskierungsoperatoren. Bei der Verknüpfung der Elemente des Frageprofils mittels der Boole'schen Operatoren UND, ODER und NICHT ist nur die Existenz dieser Elemente, nicht aber ihre Stellung zueinander in den recherchierten Dokumentenprofilen für den Relevanzentscheid bedeutsam. Bei der Verknüpfung der Elemente des Frageprofils mittels der unterschiedlichen Stellungsoperatoren wird für den Relevanzentscheid die Größe des Abstands und die Art der Reihenfolge dieser Elemente in den Dokumentenprofilen berücksichtigt. Die Maskierungsoperatoren am Anfang, Ende oder innerhalb eines Elements des Frageprofils ersetzen in den Elementen der Dokumentenprofile eine bestimmte bzw. beliebige Anzahl von Zeichen.

Verdichten relevanter Fachinformationen
Die Ermittlung von *Kerninformationen* erfolgt durch das Verdichten relevanter Informationen mittels informetrischer Recherchen. In den *I.* ermitteln Statistikbefehle der Retrievalsprachen (z.B. SELECT, MEMSORT, RANK) auf der Basis von Rechercheergebnisse Rang- und Zeitreihen für die Elemente aus ausgewählten Datenfeldern der Dokumentenprofile (z.B. Rangfolge von Autoren, Fachgebieten, Ländern). Neben den Rang- und Zeitreihen gehören Zitiernetze, semantische Netze u.ä. zu den Kerninformationen. Aus diesen Kerninformationen werden *Indikatorensysteme* abgeleitet. Statistische ↑Datenbanken auf der Grundlage dieser Indikatoren gehören zu den neuen und zugleich wirtschaftlich bedeutsamen Entwicklungen auf dem Gebiet der *I.*

Literatur: Salton, G., McGill, M.J.: Information Retrieval, Hamburg, 1987. *Barth, A.*: Datenbanken in Naturwissenschaften, Weinheim, 1992. *Staud, J. I.*: Statistische Datenbanken, Frankfurt, 1991.

Prof. Dr. R. Schramm, Ilmenau

Information Storage
Synonym für Information Retrieval; i.e.S. Abspeichern von Informationen.

Information und Gesellschaft
Begriffserklärungen
Im vorliegenden Zusammenhang ist es weder erforderlich, noch aussichtsreich,

die Begriffe ↑Information und Gesellschaft in ihren unterschiedlichen Aspekten bis ins letzte einem Definitionsversuch zu unterziehen. Im Zusammenhang von *I.* wird es lediglich darauf ankommen, daß Mitglieder einer Gesellschaft, d.h. einzelne Menschen, Gruppen in der Gesellschaft und gesellschaftliche Subsysteme ständig damit beschäftigt sind, Informationen, Nachrichten, also Modelle, die sie sich von irgendwelchen Realitätsausschnitten gebildet haben, untereinander auszutauschen. Es kann also hier offenbleiben, ob Modelle, die Subjekte für sich, d.h. ohne die Absicht, sie anderen Subjekten mitzuteilen, den Informationsbegriff erfüllen. Ebenso kann hier offenbleiben, ob auch anorganische (z.B. technische) und organische Systeme außerhalb der Sphäre des Menschen (z.B. Zellen oder Tierindividuen) etwas bilden und austauschen, das ebenfalls als Information zu bezeichnen zweckmäßig ist. Informations-, Nachrichtenaustausch, d.h. der Austausch von Modellen über Realitätsausschnitte ist konstitutiv mindestens für menschliche Gesellschaften, unabhängig davon, welche Träger oder Medien die kommunizierenden Subjekte für diesen Austausch nutzen.

Problemstellungen
Das Problem Information und Gesellschaft (oder „Informatik und Gesellschaft") wird i.a. als Gegenstand der Angewandten Informatik angesehen (Steinmüller, 1993; Friedrich, 1992), der von sozial-orientierter ↑Informatik spricht und davon ausgeht, daß sich „die Informatik ... - stärker als andere Ingenieurwissenschaften - mit der Gestaltung soziotechnischer ↑Systeme" beschäftigt. Präziser ist eine Einordnung in den Überschneidungsbereich von Informatik und Sozialwissenschaft, der Sozialwissenschaftlichen Informatik im Sinne von Steinmüller eine Anwendungs- oder Spezielle Informatik (Steinmüller, 1993) genannt und durch die folgenden drei Sichten auf die Trias Informatik, Sozialwissenschaft und gemeinsamer Gegenstandsbereich charakterisiert werden kann:

- Informatikanwendungen in der sozialwissenschaftlichen Grundlagenforschung bei der Erhebung und Analyse großer Datenmengen (Computer Aided Social Research, speziell: Computer Aided Interviewing, Statistiksoftware); bei der Entwicklung von Theorien mit Hilfe von mathematischen und Computersimulationsmodellen (Computer Aided Theory Building);
- Informatikanwendungen in der wissenschaftlich angeleiteten gesellschaftlichen und politischen Praxis bei der Bewältigung großer Datenmengen, wie z.B. in der amtlichen Statistik und bei der Bewältigung von Entscheidungen in Massenverfahren in der staatlichen und kommunalen Verwaltung; bei der Prognose gesellschaftlicher Entwicklungen (Bevölkerungsvorausschätzung, Bildungsplanung, Sozialpolitik, Finanzpolitik), die eine dynamische Modellierung des zu prognostizierenden Prozesses voraussetzt; bei der Abwägung zwischen politischen Alternativen (Kosten und Nutzen politischer Entscheidungen), die das Vorhandensein von Prognosemodellen voraussetzen;
- Sozialwissenschaftliche Analyse der Auswirkungen von Informatikanwendungen wie ↑Datenschutz („informationelle Selbstbestimmung");
- ↑Informationssysteme in Politik und Verwaltung („informationelle Gewaltenteilung"), in der Wirtschaft (Informatisierung von Arbeitsabläufen, Veränderung von Qualifikationsanforderungen), im Bildungsbereich (computergestützte Ausbildung, Erfordernis der „informationstechnischen Grundbildung"), in der Freizeit („virtuelle Realitäten", „Cyberspace"); Bedeutung neuer Informationstechnologien für die gesellschaftlichen Selbststeuerungsprozesse.

Im vorliegenden Zusammenhang ist vor allem die letzte Sicht von Bedeutung. Hier werden im Bereich der Arbeiten zur Technikfolgenabschätzung vor allem die Auswirkungen einzelner, konkreter informationstechnologischer Innovationen auf bestimmte soziale Prozesse untersucht, z.B. aus der Perspektive sozialer Subsysteme und/oder Prozesse oder von ↑Personalinformationssystemen und maschinenlesbaren Krankenversicherungsausweisen über die elektronische ↑Kommunikation im Bürobereich („papierloses Büro") bis hin zu militärischen Frühwarn- und Entscheidungssystemen, oder

Information und Gesellschaft

aus der Perspektive der Innovationen die Konsequenzen des Einsatzes von Datenbanken, Expertensystemen, Rechnernetzen oder der Chipkartentechnologie. Gleichzeitig gibt es unter dieser Sicht aber auch Ansätze, die den Zusammenhang zwischen informationstechnischer Innovation und gesellschaftlicher Entwicklung global behandeln; sie konzentrieren sich in jüngster Zeit häufig auf den Begriff von der ↑*Informationsgesellschaft*, mit dem versucht wird, Gesellschaftsformen der Gegenwart von historischen Vorläufern dadurch abzugrenzen, daß das Neue sich vom Alten unter dem Aspekt der Information unterscheide.

Informationsgesellschaft
Im Anhang zu einem der neuesten und umfangreichsten Sammelbände zum Themenbereich The Information Society: Evolving Landscapes, einem sorgfältig edierten Proceedingsband einer Tagung der Working Group on Computers and Society der International Federation for Information Processing findet sich der Stoßseufzer:

- „Define, define, define. We are all building complex arguments on terms (information, technology, information society, artificial) that are often ill defined, defined in various ways by various authors, and even shift senses within the work of individual authors."
- „... Is reality becoming more and more mediated or artificial, or have the new media simply replaced older ones? ... Are we discerning valid historical trends or are we simply romantics looking at our past?" (IFIP, 1991).

Es scheint einstweilen keine Einigkeit darüber zu bestehen, ob neue Informationstechnologien wirklich schon einen neuen Gesellschaftstyp hervorgebracht haben, der schon daran erkennbar ist, daß *Informationsgesellschaft* häufig in Anführungszeichen gesetzt wird (Lenk, 1982). In der Literatur finden sich eine Reihe von Definitionsversuchen, am häufigsten solche, die sich auf die Nennung von Beispielen beschränken, wie etwa: „The only model that exists of an 'information society' is incomplete. The closest approximation to such a society is one which is now taking shape in a few industrially advanced economies, such as the United States, Japan, and France." (Schiller, Miége, 1991)
Daneben stehen Beschreibungen, wie die einer Gesellschaft „organized around knowledge for the purpose of social control and the directing of innovation and change" (Dordick, Wang, 1993).
Der vielleicht wissenschaftlichste, aber gleichwohl zweifelhafte Definitionsversuch nennt eine Gesellschaft eine ↑Informationsgesellschaft, wenn mehr als ein bestimmter Anteil ihrer Erwerbstätigen dem Dienstleistungssektor (oder dem Informationssektor) zuzuordnen ist, oder wenn mehr als ein bestimmter Anteil des Sozialprodukts aus dem Dienstleistungssektor (oder dem Informationssektor) stammt (Buttler, Dostal, 1993). *Informationssektor* umfaßt Aktivitäten in folgenden Bereichen (OECD, 1981):

- Informationsproduzenten, d.h. Wissenschaftler und Techniker, Marktforscher, Informationssammler, Beratungsdienste;
- Informationsverarbeiter, d.h. Angehörige von Verwaltungs- und Führungsberufen, Beschäftigte in der Prozeßsteuerung und -überwachung;
- Informationsverteiler, d.h. Ausbilder, Lehrer, Journalisten;
- Beschäftigte in der Informationsinfrastruktur, d.h. Maschinenbediener in der Datenverarbeitung, Post- und Telekommunikationsbedienstete.

Diesem statistischen Zugang zu einer Definition von *Informationsgesellschaft* ist entgegenzuhalten;

- daß die Sektoren einer Wirtschaft schwer voneinander abzugrenzen sind; keine Klassifizierung ist jemals vollständig befriedigend gewesen (Bahr, 1991);
- daß jede Festlegung eines Schwellenwertes willkürlich ist, solange nicht erwiesen ist, daß eine stetige Veränderung einer bestimmten Meßgröße eine sprunghafte (qualitative) Veränderung einer anderen (relevanten) Meßgröße zur Folge hat;
- daß Meßgrößen aus der klassischen Sozialberichterstattung (Erwerbstätigenanteile, Sozialproduktanteile) nur bezahlte menschliche Tätigkeit, nicht aber unbezahlte, private menschliche Tätigkeit erfassen. Die Aktivitäten der vier Bereiche des „Informationssektors" werden

aber sämtlich auch außerhalb der Erwerbstätigkeit, und damit statistisch nicht erfaßbar, ausgeübt.
Es läßt sich fragen, ob es einen Gegenbegriff zu *Informationsgesellschaft* oder *Information Society* gibt. Sprachlich käme hierfür *Non-Information Society* in Frage. Gesellschaft ohne (Austausch von) Information ist aber undenkbar: Gesellschaft als ein kollektives Phänomen setzt begrifflich ↑Kommunikation zwischen den sie konstituierenden Elementen voraus. Schließlich sei Steinmüller nicht vergessen, der vermutet, daß *Informationsgesellschaft* vielleicht nur als Euphemismus verwendet wird für die „Wirklichkeit einer rationalisierten, modellifizierten und industriell instrumentalisierten `informatisierten' Gesellschaft als zweite Phase des Kapitalismus" (Steinmüller, 1993).

Neue Informationstechnologien und gesellschaftliche Veränderungen

Hinter dem Begriff *Informationsgesellschaft* steht also offenbar die Vermutung, daß die im wesentlichen in diesem Jahrhundert entwickelten und mehr oder weniger kontinuierlich verbesserten Techniken des Nachrichtenaustausches zu irgendeinem Zeitpunkt eine qualitative Veränderung von Gesellschaften bewirkt haben oder bewirken werden, wobei Gesellschaften nach diesem qualitativen Sprung als Informationsgesellschaften bezeichnet werden.

Die Vermutung, daß neue Informationstechnologien gesellschaftliche Umbrüche auslösen, oder wenigstens an ihrer Verursachung beteiligt sein können, stammt natürlich aus der Betrachtung der ferneren Vergangenheit. Die Steigerung der Informationsaustauschdichte ist bekanntlich nicht kontinuierlich vor sich gegangen, vielmehr haben sich im Verlauf der Geschichte menschlicher Gesellschaft mehrere qualitative Veränderungen (Schrift, Buchdruck, elektronische Übermittlung und Speicherung) vollzogen, bei denen die Haltbarkeit von ↑Informationen, ihre Vervielfältigungsmöglichkeit bzw. ihre Übertragungsgeschwindigkeit und Speicherdichte innerhalb historisch kurzer Zeiträume beträchtlich gesteigert werden konnten. Es empfiehlt sich, dies für Informationsaustausch und -speicherung getrennt zu betrachten. In der Vorgeschichte und Geschichte der menschlichen Gesellschaft vollzog sich *Informationsaustausch* zunächst nur mit geringer Reichweite (lokal) mittels chemischer Signale oder mittels Gebärden, mittels isolierter Lautäußerungen, mittels natürlicher (menschlicher) Sprache. Der Transport von ↑Information über weite Strecken war nur mit der Hilfe menschlicher Boten möglich. Dann machte die Erfindung der Schrift es möglich, auch größere Mengen von Informationen zuverlässig, aber weiter langsam, über weite Entfernungen zu übermitteln.

Schließlich ermöglichte die Erfindung des Telegraphen, auf den mechanischen Träger der Information zu verzichten, der physisch zum Zielort übermittelt werden mußte. Erst seit weniger als zwei Jahrhunderten ist es möglich, im Prinzip beliebige Mengen an Information über im Prinzip beliebig weite Strecken praktisch ohne Zeitverzug, nicht nur zwischen einem Sender und einem Empfänger, sondern auch von einem Sender zu beliebig vielen Empfängern zu übermitteln. Auch die Techniken der *Informationsspeicherung* sind in mindestens drei Schritten effizienter gemacht worden:

- von der Speicherung im Gedächtnis und durch Weitergabe von Gedächtnis zu Gedächtnis: was eine hohe Selektivität bei der Speicherung und beim Auslesen und eine hohe Variabilität des Gespeicherten bedingt und die Suche nach und die Verknüpfung von Informationen schwierig macht;
- über die Speicherung auf mechanischen Trägern: hier sind die Selektivität und die Variabilität schon geringer, aber die Suche nach und Verknüpfung von ↑Informationen ist immer noch sehr aufwendig;
- bis zur Speicherung auf elektronischen Trägern: hier kann nun praktisch alles mit hoher Zuverlässigkeit gespeichert werden und die Suche nach und die Verknüpfung von Informationen ist leicht und effizient möglich.

Es stellt sich nun die Frage, ob mit den grundlegenden Innovationen im Informationsbereich Schrift, Buchdruck, elektronische Kommunikation und Datenspeicherung qualitative Übergänge in anderen Subsystemen der Gesellschaft einhergegangen sind. Mindestens auffällig ist, daß das Entstehen städtischer Kulturen zeitlich mit der Erfindung der Schrift, das Ende des europäischen Mittelalters mit der Erfindung des Buchdrucks und der Beginn des Industriezeitalters und des Zeitalters der Weltkriege mit der Erfindung des Telegraphen einhergehen.

Das Zusammentreffen wichtiger Veränderungen in der Informationstechnologie und in den allgemeinen Produktionsverhältnissen mag recht eindrucksvoll sein. Insgesamt ist die Entsprechung wohl nur ein Ergebnis der allzugroßen Vereinfachung auf beiden Seiten des Vergleichs. Der Einfluß selbst von weitreichenden Innovationen in der Informationstechnologie auf weitreichende Veränderungen der Gesellschaft mag so zwar als vorhanden plausibel gemacht werden können, so einfache Zeitvergleiche reichen indessen keineswegs aus, die Veränderungen der Gesellschaft infolge informationstechnischer Innovationen zu erklären oder zu verstehen. Auch die historische Rekonstruktion der Auswirkungen der Erfindung des Buchdrucks auf die (europäische) Zivilisation (Giesecke, 1991) erlaubt nicht unmittelbar den Rückschluß auf die Auswirkungen der elektronischen ↑Kommunikation, die wir im übrigen noch gar nicht aus der Rückschau beurteilen können - um so weniger als etwa zeitgleich eine Reihe anderer technisch-wissenschaftlicher Entwicklungen eingesetzt hat, die ebenfalls als Ursachen für gesellschaftliche Veränderungen in Frage kommen. Zur Analyse von Auswirkungen von Kommunikationstechnologien auf die Gesellschaft bedarf es wesentlich verfeinerter Modelle der Selbstorganisationsprozesse in der Gesellschaft, als sie heute vorliegen (und solche Modelle lassen sich übrigens wohl nur mit Mitteln der ↑Informatik bilden). Die modernen ↑Informationstechniken für gesellschaftliche Umbrüche allein verantwortlich zu machen, ist also Ausdruck einer monokausalen und damit unrealistischen Denk- und Argumentationsweise.

Informationstechnologie, gesellschaftliche Entwicklung, Interdependenzen
Unübersehbar ist jedoch, daß im „heraufkommenden superindustriellen oder besser: informations- und systemtechnologischen Zeitalter ... zunehmend Entscheidungen von ↑Informationssystemen getroffen" werden (Lenk, 1989). Lenk spitzt am Beispiel computergestützter militärischer Frühwarnsysteme das Problem darauf zu, daß „der Mensch aufgrund der extrem kurzen Reaktionszeiten zu einer verantwortlichen Entscheidung gar nicht mehr in der Lage ist", also „diese Entscheidungen nicht mehr von einzelnen Menschen zu verantworten" seien (Parnass, 1987). An einem anderen, wohl typischeren Beispiel weist er darauf hin, daß eine auf den Einzelfall bezogene Entscheidung angesichts der Vielzahl ähnlicher und nach einheitlichen Kriterien zu entscheidender Fälle nicht mehr möglich sei. Hier kann zwar so argumentiert werden, daß auch ohne den Einsatz von (computergestützten) ↑Informationssystemen in Massenverfahren etwa im Bereich der sozialen Sicherung oder der Steuerfestsetzung auch menschliche Sachbearbeiter im Einzelfall nicht mehr verantwortlich zu handeln vermögen, weil ihnen nichts anderes bleibt, als ihre Entscheidungen schematisch nach einer Vorschrift zu treffen. Hier entscheidet also auch der Mensch nur „in Abhängigkeit von bestimmten bedingenden Datenkonstellationen" und damit durchaus ähnlich wie ein Computerprogramm. Komplizierte und jahrzehntelang nicht maschinengestützte Regelwerke im Bereich etwa der sozialen Sicherung oder der Steuerfestsetzung sind aber historisch älter als die heute hier eingesetzten Informationssysteme (auch Daniel Bell entdeckt in der postindustriellen Gesellschaft nur die Vertiefung existierender Tendenzen zur Bürokratisierung.

Es wird also allenfalls von einer Wechselwirkung zwischen dem Regelungsbedarf für Massenverfahren und dem Einsatz von Informationssystemen gesprochen werden können, in der Weise, daß der Wunsch nach einer Erhöhung der Regelungsdichte die Notwendigkeit der Entwicklung immer weiter greifender Informationssysteme hervorruft und umgekehrt das Vorhandensein einer immer effizienteren Informationstechnologie immer neue Wünsche möglich macht.

Ebenso steht auch im Lenks anderen Beispiel zunächst der Wunsch nach effizienteren Waffensystemen im Vordergrund, die schließlich nur noch durch computergestützte Informationssysteme abgewehrt werden können, die später durch noch „intelligentere" Technik in den Angriffswaffen überwunden werden können. Auch am Beispiel der Datenschutzdiskussion läßt sich zeigen, daß eine Reihe von aus heutiger Sicht vielleicht kleineren Problemen bereits vor der Einführung moderner Informationstechniken bekannt und teilweise gelöst waren (strafprozeßrechtliche Zeugnisverweigerungsrechte, die Strafbarkeit von Veröffentlichungen aus der „vie privée" im französischen Pressegesetz von 1868, das „Right to Privacy" aus der US-amerikanischen Zivilrechtsprechung um die Jahrhundertwende oder das Bankgeheimnis), bevor die positive Rückkopplung zwischen der Entwicklung der Informationstechnik und der Entwicklung anderer gesellschaftlicher Bereiche zugleich die Bedrohung der Privatsphäre verschärfte und neue computergestützte Lösungsmöglichkeiten eröffnete.

Insgesamt ist also das Verhältnis von Information (-stechnik) und Gesellschaft als ein Regelkreis zu begreifen, in dem die Fortentwicklung der ↑Informationstechnik die Gesellschaft verändert, gesellschaftliche Veränderungen aber zugleich auch die Fortentwicklung der Informationstechnik vorantreiben. Im Vergleich zu anderen gesellschaftlich relevanten Techniken kommt der Informationstechnik jedoch eine besondere Rolle zu, weil Informationsaustausch für menschliche Gesellschaften schlechthin konstitutiv ist.

Konsequenzen für die Analyse

Während in den letzten Jahrzehnten der Schwerpunkt der sozialwissenschaftlichen Forschung zum Thema *I.* auf der klassischen, retrospektiven Wirkungsforschung (Technikfolgenabschätzung oder -bewertung, Technology Assessment) gelegen hat, scheint das Schlagwort von der *Informationsgesellschaft* darauf hinzudeuten, daß sich das Interesse langsam auf die globale Ebene verlagert und den Regelkreis zwischen ↑Informationstechnik und Gesellschaft in den Blick nimmt. In einem solchen Forschungszusammenhang könnte neben die retrospektive Bewertung die zugleich von den Sozialwissenschaften und der Informatik angeleitete Gestaltung gesellschaftlicher Steuerungsprozesse treten.

Literatur: Bahr, F. M.: Information in the Economy. in: *Berleur, J. et al.* (eds.), The Information Society, New York, 1991. *Buttler, F., Dostal, W.*: Informatik als Schlüsselqualifikation, in: *Troitzsch, G. K.* (Hrsg), Informatik und Schule '93, Heidelberg, 1993. *Friedrich, J.*: Informatik und Gesellschaft in der Hochschullehre, in: *Langenheder, W. et al.* (Hrsg.): Informatik cui bono? Berlin, 1992. *Giesecke, M.*: Der Buchdruck in der frühen Neuzeit, Frankfurt, 1991. *Lenk, K.*: Informationstechnik und Gesellschaft, in: *Friedrichs, G. Schaff, A.* (Hrsg.), Auf Gedeih und Verderb. Mikroelektronik und Gesellschaft. Bericht an den Club of Rome, Wien, 1982. *Lenk, H.*: Können Informationssysteme moralisch verantwortlich sein?, in: Informatik-Spektrum 12, 1989. *OECD:* Information Activities, Electronics and Telecommunications Technologies, Paris, 1981. *Parnas, D. L.*: Warum ich an SDI nicht mitarbeite, in: Informatik-Spektrum 10, 1987. *Steinmüller, W.*: Informationstechnologie und Gesellschaft, Darmstadt, 1993.

Prof. Dr. K. G. Troitzsch, Koblenz

Information und Kommunikation, Management von

Management von Information und Kommunikation umfaßt die Gesamtheit der Gestaltungs- und Lenkungsaufgaben, die mit ↑Information, ↑Wissen und Meinung zu tun haben (Müller-Merbach, 1994). Dieser Begriffsumfang entspricht der informationsorientierten Betriebswirtschaftslehre (Müller-Merbach, 1985) und der japanischen Managementlehre der ↑Organizational Intelligence.

Information, Wissen und Meinung

- *Information* wird hier verstanden als zweckgerichtete ↑Daten, also als diejenige Untermenge aller verfügbaren Daten, die für das Unternehmen nützlich sind. Sie sind auf elektronischen Datenträgern oder auf Printmedien verfügbar.
- *Wissen* wird dagegen hier als von Menschen verstandene ↑Information angesehen. Es ist Information, die in zu-

mindest einem Menschen lebendig geworden ist. Dieser Mensch weiß, was diese Information bedeutet. Er kann sie in einen Sinnzusammenhang stellen.

- *Meinung* enthält zusätzlich eine Überzeugungskomponente. Es entsteht aus ↑Wissen und persönlicher Einstellung. Meinung kommt durch individuelle Bewertung zustande.

Information ist objektiv, da unabhängig von Personen und wertfrei, da nicht urteilhaft. ↑Wissen ist (wenn auch intersubjektiv überprüfbar) subjektiv, da an die Person gebunden und ebenfalls wertfrei. Meinung ist ebenfalls subjektiv (und nicht intersubjektiv überprüfbar) und darüber hinaus auch wertbehaftet.

Die Aufgaben des IuK-Managements
Es betrifft alle drei genannten Ebenen der Leitung, und zwar nach innen und nach außen (Müller-Merbach, 1994):

- Die Leitung muß ein ↑*Informationssystem* gestalten und lenken, durch welches aus den fast unendlich vielen in dieser Welt verfügbaren ↑Daten die für das eigene Unternehmen relevante ↑Information aufgespürt, gespeichert und jedem autorisierten Interessenten verfügbar gemacht wird.
- Die Leitung muß ein *Organisationssystem* gestalten und lenken, durch welches das ↑Wissen kontinuierlich erneuert wird, einerseits durch ↑Kommunikation unter den Mitwirkenden, andererseits durch Umsetzung von Information in Wissen, also durch Lernen.

Die Leitung muß ein *Zielsystem* gestalten und lenken, welches auf die Meinungsbildung ausgerichtet ist. Das umfaßt die Sinngebung im Unternehmen und die motivative Kommunikation darüber. Diese drei Ebenen betreffen sowohl die internen als auch die externen Vorgänge. Intern: Die Mitarbeiter erhalten Zugriff zu Information des Unternehmens. Durch Kommunikation wird dafür gesorgt, daß sie die Information als Wissen aufnehmen. Durch motivative Kommunikation werden die Mitarbeiter zu überzeugen versucht, daß dieses Unternehmen gute Ziele verfolgt und daß es sich lohnt, sich für dieses Unternehmen einzusetzen. Extern: Den Kunden wird Information über das Unternehmen und über dessen Produkte zur Verfügung gestellt. Durch persönliche Kommunikation mit ihnen wird deren Wissen darüber zu erhöhen versucht. Schließlich soll ↑Animation die Kunden in ihrer Meinung verstärken, daß das Unternehmen und deren Produkte erstklassig sind.

Dreiteilung der Leitungsaufgaben
Die Dreiteilung in Information, Wissen und Meinung, sowie in Informations-, Organisations- und Zielsysteme entspricht schwerpunktmäßig einer klassischen Dreiteilung des Handelns von Immanuel Kant (1724-1804) und eignet sich als Rahmen für eine Dreiteilung der Leitungsaufgaben insgesamt. Kant hat zwischen drei Arten des Handels unterschieden (Hinske, 1980; Müller-Merbach, 1992, 1994):

- *Technisches Handeln* betrifft bei Kant die Manipulation von Dingen, also in betriebswirtschaftlicher Differenzierung: von Werkstoffen, Energie, Maschinen, Produkten, Kapital. Technisches Handeln erfordere, so Kant, Geschicklichkeit und sei Gegenstand der Wissenschaften. Die sachbezogenen Leitungsaufgaben im Unternehmen vollziehen sich nicht an den Dingen selbst, sondern vor allem an der ↑Information über die Dinge. Das ↑Informationssystem ist daher entscheidend für die Qualität des technischen Handelns.
- *Pragmatisches Handeln* richtet sich bei Kant auf den Umgang mit Menschen. Es bedürfe, so Kant, der Klugheit und sei Gegenstand der Klugheitslehre als Teil der praktischen Philosophie. Die menschenbezogenen Leitungsaufgaben im Unternehmen zielen auf das Wirken und Zusammenwirken von Personen, wobei deren bewußtes ↑Wissen und die ↑Kommunikation darüber ausschlaggebend sind. Dem dient das Organisationssystem.
- *Moralisches Handeln* betrifft bei Kant die Sittlichkeit, den Anstand, das ethisch Gute. Es kommt in den Zielen einer Handlung zur Wirkung. Es bedürfe, so Kant, der Weisheit und sei Gegenstand der Weisheitslehre als Teil der praktischen Philosophie. Die zielbezogenen Leitungsaufgaben des Unternehmens umfassen neben der Festlegung der Ziele vor allem deren motivativen ↑Kommunikation, der Sinnvermittlung, der Bildung von Meinung. Den Rahmen dazu bildet das Zielsystem.

Bei Kant bilden das technische, pragmatische und moralische Handeln in der Praxis eine untrennbare Einheit, die nur in idealtypischer Abstraktion in die drei Ebenen zerlegt werden kann. Analog dazu bilden das Gestalten und Lenken von Informations-, Organisations- und Zielsystem des Unternehmens eine untrennbare Einheit der Leitung. Entsprechend stellen Information, Wissen und Meinung eine Einheit für das IuK-Management dar.

Literatur: Hinske, N.: Kant als Herausforderung an die Gegenwart, Freiburg, 1980. *Matsuda, T.*: "Organizational Intelligence" als Prozeß und als Produkt, in: technologie&management, 42. Jg., Heft. 1, 1993. *Müller-Merbach, H.*: Ansätze zu einer informationsorientierten Betriebswirtschaftslehre, in: *Ballwieser, W., Berger, K.-H.* (Hrsg.), Information und Wirtschaftlichkeit, Wiesbaden, 1985. *Müller-Merbach, H.*: Philosophie-Splitter für das Management, 2.Aufl., Bad Homburg, 1992. *Müller-Merbach, H.*: Leitung und Reengineering, in: *Zink, K. J.* (Hrsg.), Wettbewerbsfähigkeit durch innovative Strukturen und Konzepte, München, 1994.

Prof. Dr. H. Müller-Merbach, Kaisersl.

Information, multimediale

Multimediale Informationen sind Medienarten, bspw. Texte, Bilder, Graphiken, Sprachanmerkungen oder Geräuschsequenzen, Bewegtbilder oder bewegte Graphik. Diese Medienarten werden miteinander in Beziehung gesetzt, z.B. räumlich (Bild mit Textunterschrift, aber auch bewegte Graphikobjekte mit "wanderndem" Stereoton), zeitlich (Bewegtbilder mit Sprache lippensynchron), inhaltlich (Lautstärke gekoppelt an den Zoom-Faktor eines Bildes).

Information, visuelle

Graphische Darstellung von ↑Informationen, z.B. in Form von Diagrammen.

Informations- und Kommunikationstechnik, Planung des Einsatzes von

Planungsprozeß

Die Planung des Einsatzes von Informations- und Kommunikationstechnik ist eine unverzichtbare Gestaltungshilfe. Die erhebliche Zahl von Aktionsparametern und die Vielzahl der damit verbundenen Reaktionen lassen ahnen, daß es sich bei der *I.* um eine komplexe, wenig strukturierte Aufgabe handelt. Nach (Schweizer, 1991) ist Planung ein 'geordneter, informationsverarbeitender Prozeß zur Erstellung eines Entwurfs, welcher Größen für das Erreichen von Zielen vorausschauend festlegt'. Planung versucht, durch die systematische Verarbeitung vorliegender ↑Informationen zukünftige Entwicklungen zu antizipieren. Oberster Zweck der Planung ist es, Alternativen, Mittel und Wege, sowie Risiken bei der Erreichung der gesteckten Unternehmensziele aufzuzeigen. Bezogen auf den Prozeß der *I.* ergibt sich daraus als oberstes Primat des Einsatzes von Informations- und Kommunikationstechnik die Ausrichtung an den Unternehmenszielen. *I.* beschränkt sich damit heute nicht mehr auf rein technische Aspekte des IT-Einsatzes. Vielmehr wird die Erkenntnis benutzt, daß der zielgerichtete IT-Einsatz signifikante Auswirkungen auf die Wettbewerbsposition des Unternehmens haben kann.

Grundsätzlich werden verschiedene Planungszyklen unterschieden. (Sprague, 1993) unterscheidet eine Kurzfristplanung (Zeitraum eines Jahres), eine Mittelfristplanung (Zeitraum von zwei bis zu fünf Jahren), sowie die langfristige Planung (ab sechs Jahren aufwärts). Damit wird der gesamte Zyklus von der Festlegung einer IS-Strategie über die Planung von Entwicklungsprojekten bis hin zur konkreten Durchführung eines Einzelprojektes umspannt. Bei der *Kurzfristplanung* kann davon ausgegangen werden, daß klare Projektvorhaben und -definitionen vorhanden sind. Zu planen ist der Ablauf eines konkret gegebenen ↑Projektes. Ziel der *mittelfristigen Planung* ist die Definition von ↑Projekten, die die Vorgaben des strategischen langfristigen IS-Planes umsetzen. Offenbar stehen die geschilderten Pläne in einer hierarchischen Beziehung zueinander. Auf der obersten Ebene befindet sich der *strategische Gesamtplan*. Aus diesem werden taktische Pläne mit eher mittelfristigem Horizont und daraus dann operative Pläne mit kurzfristigem Horizont abgeleitet.

Bei der Ermittlung von Anforderungen an künftige ↑Informationssysteme reicht es nicht mehr aus, nur Strukturen und

Prozesse abzubilden. Vielmehr besteht die Notwendigkeit, Organisationsmodelle einzubeziehen, um effiziente Koordinationsformen für die jeweiligen Aufgaben zu ermitteln (Picot, 1993). Die heutige Informationstechnologie erlaubt es, Arbeitsabläufe neu zu planen und zu definieren. Lean Management, Prozeßorientierung, Dezentralisierung sind ohne IT-Einsatz undenkbar.

Der Planungsprozeß läuft in aller Regel nach dem Schema Initialisierung, Situationsanalyse, Ermittlung von Handlungsalternativen, Erstellung der Sollkonzeption ab. Grundsätzlich ist die Planung auch eng mit dem ↑Controlling verbunden, das die Aufgabe hat, durch Aufbereitung von Informationen das Entscheiden und das Handeln in einem Unternehmen ergebnisorientiert auszurichten. Controlling soll u.a. ergebnisorientierte Planung sichern. Controlling übt eine Koordinationsfunktion zwischen Planung und Steuerung aus. Im Zusammenhang mit der Informationsverarbeitung wird von IS- oder ↑IV-Controlling gesprochen.

Strategische I.

Strategische *I.* ist Teil der strategischen Unternehmensplanung. Dadurch kann die konsequente Ausrichtung des IT-Einsatzes an den Unternehmenszielen sichergestellt werden. Entscheidungen über den IT-Einsatz werden nicht mehr in den DV-Fachabteilungen gefällt, sondern von der obersten Führungsebene. Gerade die Unstrukturiertheit des Planungsgegenstandes macht die Erarbeitung von Planungsprinzipien und die Verwendung geeigneter Planungsmethoden unverzichtbar. Im folgenden werden einige Ansätze kurz diskutiert.

Nolan und Gibson (Nolan, 1974) unterscheiden insgesamt vier Phasen des IT-Einsatzes in Unternehmen. In der ersten Phase beginnt das Unternehmen mit der neuen Technologie zu arbeiten. Dabei stellen sich rasch erste Erfolge ein. Aufgrund dieser Erfolge wächst in der zweiten Phase das Interesse an der Technologie. Neue Produkte und Dienstleistungen werden den Fachabteilungen zur Verfügung gestellt. In der dritten Phase entwickelt sich das Kostenbewußtsein (typischerweise sind die Einsatzkosten der Technologie zu hoch) und die Erkenntnis, daß der Einsatz der geschilderten neuen Technologie zu kontrollieren ist. Die vierte Phase beschreibt schließlich das 'Ausreifen' der Technologie. Diese wird jetzt verstanden und beherrscht. Die dargestellte Klassifikation strukturiert den Planungsgegenstand. Je nach Phase des IT-Einsatzes sind unterschiedliche Handlungsweisen notwendig. Ein Unternehmen kann sich selbstverständlich bezüglich verschiedener Technologien in unterschiedlichen Phasen befinden.

Unternehmensziele werden grundsätzlich von der obersten Führungsebene formuliert und vorgegeben. Eine Aufgabe des Top-Managements ist die Überwachung der Zielerreichung. Dazu werden Informationen über kritische Erfolgsfaktoren benötigt (Rockart, 1977). Kritische Erfolgsfaktoren sind, wie der Name ausdrückt, von zentraler Bedeutung für die Zielerreichung. ↑Informationssysteme haben zunächst die Aufgabe, genau diese Informationen zur Verfügung zu stellen.

(Martin, 1990) leitet daraus ein grobes Kerndatenmodell des Unternehmens her. Dieses Modell kann dann im Rahmen der taktischen Planung bereichsbezogen verfeinert werden. Im Vordergrund dieses methodischen Ansatzes stehen Daten als wertvolle Unternehmensressource. Ausgehend von Fragen der Erzeugung und Bereitstellung von Informationen werden Geschäftsprozesse analysiert und neue IT-Projekte definiert. Bestehende Vorgänge bzw. Funktionen werden bewußt hinterfragt. Selbstverständlich können auch klassische Ansätze aus dem Bereich der Portfolioplanung verwendet werden (Sprague, 1993). Als weiterer Ansatz sei auf die Szenariotechnik (Sprague; 1993) hingewiesen.

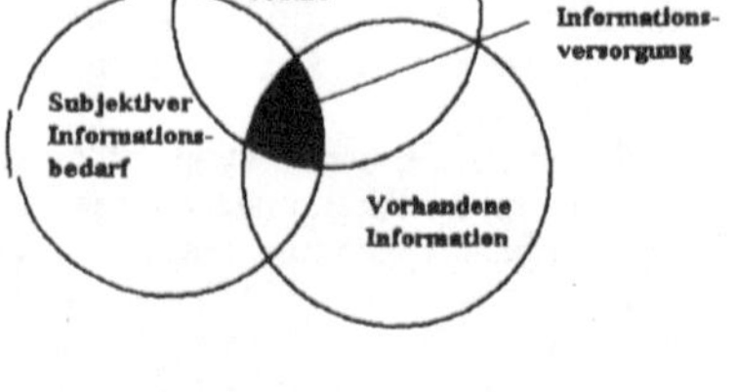

Die strategische *I.* beschäftigt sich mit der langfristigen Erstellung einer Informationsinfrastruktur. Ziel ist die Dekkung des objektiven *Informationsbedarfs*. Grundsätzlich ist zu untersuchen, welche Auswirkungen moderne Technologien auf die Einsatzmöglichkeiten von Informationssystemen haben und welche Aktionen durch moderne Technologien möglich werden. Beispielhaft soll der Trend zur Dezentralisierung in vielen Unternehmen betrachtet werden. Hierarchisch geprägte Liniensysteme sind häufig nicht mehr angemessen. Eigenverantwortliche (im Sinne der Arbeitsergebnisse) Einheiten können sich selbst organisieren und liefern häufig Arbeitsergebnisse besserer Qualität, sowie eine höhere Produktivität. Dezentralisierung erfordert die Delegation von Entscheidungskompetenzen und umfangreiche Kommunikationsbeziehungen, sowie Koordinationsanstrengungen. Die heutige Kommunikationstechnologie unterstützt den Dezentralisierungsprozeß, da Kommunikationskosten massiv gesenkt werden können. Verteilte ↑Datenbanksysteme erlauben die (weitgehend) redundanzfreie Datenhaltung und den dezentralen Zugriff auf relevante ↑Informationen. Dadurch wird die Koordination dezentraler Einheiten besser unterstützt. Schließlich gewinnt das Unternehmen an Flexibilität und kann schneller auf Veränderungen seiner Umwelt reagieren. Sowohl vertikale als auch horizontale Integration werden durch die Optimierung von Transaktionskosten, externen bzw. internen Koordinierungskosten, sowie möglichen Skalenerträgen bestimmt. Die Möglichkeit des IT-Einsatzes hat direkte Auswirkungen auf die Unternehmensgröße, da Unternehmen durch sinkende Koordinationskosten ganze Bereiche 'in den Markt verlagern' können. Ergebnisse der strategischen *I.* sind

- Konzeption einer Anwendungsarchitektur - bestehend aus Daten-, Prozeß-, Funktions- und Organisationsmodell, sowie einer Beschreibung der Kommunikationsstrukturen;
- Definition der ↑Informatikstrategie, also die Beschreibung, wie bestehenden Informationsdefizite abzubauen sind, und wie die Informationsversorgung künftig sicherzustellen ist;
- Projektportfolio, also die grobe Festlegung und gegebenenfalls Priorisierung von Projekten mit Relevanz für die Wettbewerbskraft des Unternehmens.

Interessante Herausforderungen für den strategischen *Planungsprozeß* ergeben sich aus Tendenzen zur überbetrieblichen Kooperation. Virtuelle Unternehmen sind nach (Mertens, 1994) solche überbetrieblichen Kooperationen zur Durchführung von Missionen, wobei auf die Gründung neuer Einrichtungen verzichtet wird. Es handelt sich also im wesentlichen um zeitlich befristete Unternehmensverbünde. In diesen Fällen sind künftig also auch Koalitionsbildungen mögliche strategische Alternativen.

Taktische und operative I.

Die Ergebnisse der strategischen *I.* dienen als Vorgabe für den Prozeß der *taktischen Planung*. Dabei sind die strategischen Pläne entsprechend zu verfeinern und zu operationalisieren. Zunächst werden die gegenwärtigen und zukünftigen Informationsbedürfnisse der Organisationseinheit(en) ermittelt. Durch Vergleich mit vorhandenen ↑Informationssystemen können Projekte definiert werden. Diese Projekte sind - unter Beachtung der Vorgaben der strategischen Planung - zu analysieren und zu priorisieren. Analysieren bedeutet die grundsätzliche Realisierbarkeit zu untersuchen, benötigte Ressourcen zu ermitteln und die Nutzeffekte des Systems den Kosten gegenüberzustellen. Ein Ergebnis dieser Phase ist ein Plan von mittelfristig anzugehenden Projekten. Daneben werden vorhandene Ressourcen (etwa Mitarbeiter, Sachmittel) den Projekten zugewiesen, sowie entsprechende Finanzierungspläne erstellt. Gegebenenfalls werden bereits in dieser Phase Investitionen in neue Soft- bzw. Hardwaretechnologien getätigt.

Im Rahmen der *operativen I.* werden individuelle Projekte mit einem kurzfristigen Zeithorizont geplant (Feinplanung der im Rahmen der taktischen *I.* definierten Projektvorhaben). Daneben ist der laufende Rechnerbetrieb, sowie die laufende Informationsversorgung sicherzustellen. Die Planung der Durchführung von Wartungs- und Pflegeaufgaben fällt gleichfalls in diese Phase.

Planung innerhalb des Entwicklungsprozesses

Informations- u. Kommunikationstechnik

Eine Einbindung der oben beschriebenen Planungsprozesse in den Systementwicklungsprozeß ist unverzichtbar, weil die *I.* einen wichtigen Teilaspekt der Unternehmensplanung darstellt. Mit der Entwicklung neuer Anwendungen wird das Ziel verfolgt, die Wettbewerbsposition des Unternehmens zu stärken. Insofern präsentiert sich die strategische *I.* als Bindeglied zwischen der strategischen Unternehmensplanung und der eigentlichen Anwendungsentwicklung. (Martin, 1990) hat diese Integration im Rahmen seines Information Engineering-Konzeptes verwirklicht. *Information Engineering* soll den gesamten Entwicklungsprozeß von der Planung (strategische, taktische und operative Planung) über die Analyse der einzelnen Diskurswelten bis zum Design und zur Implementierung von ↑Anwendungssystemen unterstützen. Dazu wird eine Vielzahl von unterschiedlichen Methoden benutzt. Information Engineering kann folglich auch als Kombination von Methoden zur Unterstützung aller Planungs- und Modellierungsaufgaben im Rahmen des Entwicklungsprozesses von Informationssystemen angesehen werden. Einige der entwickelten CASE-Werkzeuge unterstützen die Anwendung des von Martin propagierten Information Engineering, so das weit verbreitete ↑CASE-Werkzeug ADW (Application Development Workbench) von Knowledgeware. Der strategische und taktische Planungsprozeß wird durch sog. Assoziationsmatrizen unterstützt. (Martin, 1990) arbeitet u.a. mit den Objekten Organisationseinheit, Ort, Ausführende, Ziel, kritischer Erfolgsfaktor, Chance, Problem, Funktion, Prozeß, Prozedur, Programm, Mechanismus, Entität, Beziehung, ↑Attribut, Sicht, Projekt, ↑System, Technologie. Diese ↑Objekte stehen in bestimmten Beziehungen zueinander. Als Beispiel seien die Beziehungen 'Prozeß unterstützt Ziel' bzw. 'Problem wirkt auf Ziel' angeführt. Jede solche Beziehung definiert letztlich eine Assoziationsmatrix. Durch diese Matrix können für den Planungsprozeß wichtige Sachverhalte dokumentiert und visualisiert werden. Die Entwicklung eines Unternehmensmodells, das aus einem Daten-, Funktions-, Prozeß- und Organisationsmodell besteht, wird durch die Möglichkeit zur ↑Datenmodellierung nach der ER-Methode (Stickel; 1992) und zur Darstellung von Informationsfluß, sowie Prozeßdekompositionsdiagrammen unterstützt. Im Laufe der Zeit entsteht bei systematischer Nutzung der Möglichkeiten des Werkzeugs eine umfassende Enzyklopädie über das Unternehmen. Dies wirkt sich insb. bei der Abschätzung von Nutzeffekten, der a priori Schätzung des Projektaufwandes, sowie der ↑Qualitätssicherung (Softwaremetriken) positiv aus.

Schließlich sind die Anforderungen an ein modernes *Softwareprojektmanagement* anzuführen. Die vorgabengerechte Realisierung eines Projektes erfordert die übersichtliche Strukturierung. Phasenmodelle sind bekannte Hilfsmittel dafür. Der Projektfortschritt ist ständig zu überwachen. Hierzu werden geplante Zeiten und Kapazitäten laufend den tatsächlich benötigten Dauern bzw. Ressourcen gegenübergestellt. Als Hilfsmittel wird die Netzplantechnik eingesetzt. Zahlreiche, zum großen Teil PC-gestützte Werkzeuge bieten eine gute Unterstützung für ein erfolgreiches ↑Projektmanagement.

Wirtschaftlichkeit

IS-Entwicklungsprojekte sind in aller Regel mit hohen Kosten verbunden und sollen die Wettbewerbsposition eines Unternehmens stärken. Selbstverständlich sollte ein Projekt nur dann realisiert werden, wenn die erwarteten Nutzeffekte den erwarteten Aufwand übersteigen. Eine Wirtschaftlichkeitsanalyse ist deshalb jedem Projekt unbedingt vorzuschalten. Während der Projektdurchführung sind die Daten dieser Analyse ständig zu revidieren.

Die Ermittlung der ↑Wirtschaftlichkeit des Einsatzes von Informationstechnik bzw. die Ermittlung der Wirtschaftlichkeit eines Informationssystems ist in der Praxis mit sehr großen Schwierigkeiten verbunden (Schumann, 1992). Die klassischen Methoden der Investitions- und Wirtschaftlichkeitsrechnung setzen die detaillierte Kenntnis von Zahlungsströmen voraus. Gerade diese liegen jedoch zumeist nicht vor, da insb. der durch Stärkung der Wettbewerbskraft induzierte Nutzen nicht oder nur kaum monetär bewertbar ist. Gleiches gilt für qualitative Nutzeffekte, wie etwa Steigerungen der Produktivität, Verbesserung der Lei-

stungsqualität, Verschiebungen der Tätigkeitsprofile von Mitarbeitern u.ä. (Stickel, 1992). Zur Bewertung strategischer Nutzeffekte sind in der Literatur nur rudimentäre Ansätze vorhanden (Schumann, 1993).
Schwierigkeiten ergeben sich jedoch auch bereits auf der Kostenseite, es sei denn, das Projekt wird zu einem Festpreis von einem externen Unternehmen realisiert. Problematisch ist die Schätzung der Personalkosten, die im Rahmen eines Projektes anfallen. Gründe für diese Schwierigkeiten sind der innovative Charakter eines Entwicklungsprojektes, die unterschiedliche Qualifikation der eingesetzten Mitarbeiter, die schwierige Beurteilung der Auswirkungen von Werkzeugen und die Tatsache, daß kreative Tätigkeiten einen großen Teil des Entwicklungsprojektes einnehmen (typischerweise in den frühen Phasen Planung und Analyse). So ist es nicht verwunderlich, daß jedes Verfahren zur Projektaufwandsschätzung umstritten ist. Weit verbreitet sind Schätzungen auf Basis von Analogien zu bisher abgewickelten Projekten, Schätzungen auf Basis statistischer Regressionsverfahren (COCOMO), sowie die Function Point Methode. Letztere liefert nach empirischen Untersuchungen die mit Abstand besten Schätzergebnisse, obwohl hier Varianzen bis zu 100% keine Seltenheit sind.
Zusammenfassend ist festzuhalten, daß umfassende Ansätze zur Wirtschaftlichkeitsanalyse nach wie vor fehlen. Dies gilt in ganz besonderem Maße für die im ersten Abschnitt angerissenen befristeten oder unbefristeten Unternehmensverbünde. Hier liegt noch keine geschlossene Theorie über die Bewertung von Nutzeffekten bzw. Kosten vor.

Literatur: Martin, J.: Information Engineering. Book II, Planning and Analysis, NJ, 1990. *Mertens, P.*: Virtuelle Unternehmen. Wirtschaftsinformatik 36, Nr. 2, 1994. *Nolan, R.L., Gibson, C.F.*: Managing the Four Stages of EDP Growth. Harvard Business Review, 1974. *Picot, A.*: Der Produktionsfaktor Information in der Unternehmensführung. IM 1, 1990. *Picot, A., Maier, M.*: Interdependenzen zwischen betriebswirtschaftlichen Organisationsmodellen und Informationsmodellen. IM 3, 1993. *Rockart, J.*: Chief Executives Define their own Data Needs. Harvard Business Review, 1979. *Schumann, M.*: Wirtschaftlichkeitsbeurteilung für IV-Systeme. Wirtschaftsinformatik 35, Nr. 2, 1993. *Sprague, R.H., McNurlin, B.C.*: Information Systems Management in Practice. 3rd Ed., NJ, 1993. *Stikkel, E.*: Datenbankdesign. Methoden und Übungen. Durchgesehener Nachdruck, Wiesbaden, 1992.

Prof. Dr. E. Stickel, Frankfurt/Oder

Informations- und Kommunikationstechnik in Versicherungsunternehmen
↑Versicherungsunternehmen, Informations- und Kommunikationstechnik in

Informationsarten
Erscheinungsformen der Informationen als Daten, Texte, Bilder und Sprache.

Informationsbanken
Synonym zu ↑Datenbanken.

Informationsflußintegration
Anforderungen
Die Integration bisher arbeitsteilig organisierter Funktionen eröffnet den Unternehmen ein neues Rationalisierungspotential. Integration führt zu effizienten Produktionsfunktionen und somit zu anhaltenden Wettbewerbsvorteilen. Die Gestaltungsmöglichkeiten integrierter Produktions- und ↑Informationssysteme sind jedoch sehr vielfältig. Handlungsspielräume bestehen in der Wahl des Integrationsgrades, der Methode der Integration (organisatorisch, technisch über ↑Schnittstellen oder technisch mit einem geschlossenen ↑System) und der Reihenfolge der gewählten Integrationsschritte. Integrierte Produktions- und ↑Informationssysteme können nur in Ausnahmefällen von Unternehmen in kurzer Zeit aufgebaut werden. In den meisten Fällen muß die Integration über einen längeren Zeitraum über geplante Einzelmaßnahmen (Integrationsschritte) erreicht werden. Viele Unternehmen sehen sich nicht in der Lage, dieses komplexe dynamische Problem zu lösen. Die Rationalisierungspotentiale der Integration werden deshalb nur teilweise erschlossen. Mit Hilfe einer operationalen Methode, die es erlaubt, den Nutzen der auszuwählenden und die zeitliche Abfolge von Integrations- und Reorganisationsprozessen zu planen, kann eine größere Zahl von Un-

ternehmen eigene Integrationsstrategien entwickeln und die neue Dimension der Rationalisierung für sich nutzen.

Bei der Einführung und Integration von Informationstechnologien stehen Lieferanten in einer besonderen Situation. Einerseits verlangt der Markt kurzfristige flexible Lieferungen von Produkten mit großen Variantenzahlen zu niedrigen Preisen. Hieraus ergibt sich ein hoher Wettbewerbsdruck, der noch verstärkt diejenigen Unternehmen trifft, die sich als Klein- und Mittelbetriebe in der Situation eines Lieferanten zu größeren Unternehmen befinden und damit dem "Druck des Großen" ausgesetzt sind. Gesucht werden daher Produktionskonzepte, die eine nachfragegenaue Produktion ohne gleichzeitiges Ansteigen von Beständen ermöglichen. Hierzu können integrierte Informationstechnologien einen erheblichen Beitrag leisten. Auf der anderen Seite sind die Ressourcen, die zur Einführung von Informationstechnologien zur Verfügung stehen, in der Regel begrenzt. Solche Restriktionen bestehen nicht nur in finanzieller, sondern auch in personeller Hinsicht. Häufig stehen nicht ausreichend qualifizierte Mitarbeiter zur Planung und späteren Anwendung von Informationstechnologien zur Verfügung. Insb. Klein- und Mittelbetriebe sind damit in besonderem Maße auf methodische Unterstützung zur Planung und Realisierung der zwischenbetrieblichen *I.* angewiesen. Dies gilt sowohl für die strategische, als auch für die operative Entscheidungsebene. Auf der strategischen Ebene gilt es die geeigneten Integrationsfelder zu erkennen, woraus auf der operativen Ebene die richtigen Integrationsbereiche auszuwählen sind. Auf diese Art wird die optimale Erschließung von Integrationspotentialen erreicht.
Der Zwang zur Integration ergibt sich nicht nur aus einer Optimierung interner Abläufe, sondern auch aus den Forderungen des Marktes. Insb. auf Lieferanten der Automobilindustrie kommen Anforderungen zu, Geometrie- und Auftragsdaten in Form elektronischer Information aufzunehmen und zu verarbeiten (Wildemann, 1988). Wirtschaftliche Vorteile aus einer elektronischen Kommunikationsschnittstelle mit dem Abnehmer ergeben sich für die mittelständische Zulieferindustrie dann, wenn die digitalen Informationen im Unternehmen möglichst ohne manuelle Eingriffe weiterverarbeitet werden können. Eingehende CAD-Zeichnungen können als Basis der innerbetrieblichen Betriebsmittelkonstruktion dienen, Prüfstandards können für CAQ und SPC im Unternehmen genutzt werden. Die eingehenden Aufträge und Liefereinteilungen werden im Rahmen der produktionssynchronen Beschaffung seitens der Abnehmer (Wildemann, 1988) in kürzeren zeitlichen Rhythmen eintreffen, so daß eine manuelle Bearbeitung kostenintensiv wird. Die Veränderungen von Seiten der Abnehmeranforderungen und der technischen Möglichkeiten lassen es erwarten, daß die Lieferanten großen Nutzen aus der Anwendung integrierter ↑Systeme ziehen werden. Dazu wird ein Weg zu entwickeln sein, der organisatorische und technische Lösungen gezielt kombiniert einsetzt und auf die Bedürfnisse der ↑*zwischenbetrieblichen Kommunikation* anpaßt. Diese externe Integration wird für die Sicherung der Überlebensfähigkeit von zunehmender Bedeutung sein. Die Integration von informationsverarbeitenden Vorgangsketten im dispositiven Bereich erfordert eine ähnliche Verzahnung der einzelnen Aufgaben, wie sie auf der operativen Ebene durch das ↑Just in Time-Konzept in den Materialflußströmen realisiert worden ist. Integration ist insofern eine wichtige Aufgabe, die jedoch nicht darin gesehen werden kann, lediglich bestehende Abläufe zu automatisieren (Wildemann, 1990). Informationstechnische Integration erfordert eine Reorganisation von organisatorischen Abläufe und Strukturen zwischen den beteiligten Unternehmen.

Lösungsansatz
Der entwickelte Ansatz zur *I.* zeigt einen Lösungsweg, welcher auf folgenden Ansatzpunkten basiert (Wildemann, 1991):

- Basis für eine wettbewerbswirksame Integrationsstrategie bildet die Orientierung an den kritischen Erfolgsfaktoren;
- die organisatorische Integration ist die grundlegende Voraussetzung für den effizienten Einsatz von dv-technischen Integrationswerkzeugen;

- zur Beurteilung des Autonomiegrades von Informationssegmenten ist eine Bewertung der Informationsbeziehungen notwendig;
- eine Beurteilung des Integrationsstatus muß die Datenart, die einem Informationsfluß zugrunde liegt, berücksichtigt werden;
- zur Charakterisierung von Informationsflüssen sind klar abgrenzbare Kriterien nötig, die es erlauben, den ↑Informationsstrom vollständig zu beschreiben.

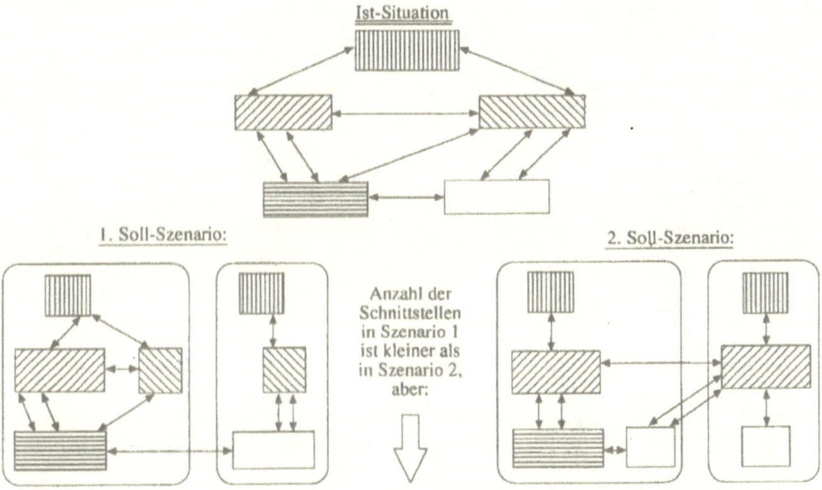

Ohne Bewertung der Informationsströme kann der effektive Integrationsgrad nicht bestimmt werden!

Ein wesentlicher Schritt auf dem Weg, die vorhandenen Integrationslücken zu schließen, besteht in der Bildung von *Informationssegmenten*. Durch den Einsatz der ↑Segmentierung, also der Bildung von weitgehend autonomen Einheiten unter Informationsflußaspekten und der nachgelagerten Durchführung von sowohl dv-technischer als auch organisatorischer Integrationsmaßnahmen lassen sich die Integrationspotentiale erschließen. Grundlage für die Bildung der richtigen Informationssegmente ist die Analyse der vorhandenen Informationsflüsse mit einer eingehenden Bewertung der Beziehungen. Erst darauf aufbauend lassen sich die geeigneten Integrationsschritte unter dem optimalen Einsatz von Integrationswerkzeugen auswählen. Mit diesem Ansatz lassen sich Informationssegmente mit einem effektiven Integrationsgrad bilden, die geeignet sind, den wachsenden Anforderungen des Marktes gerecht zu werden.

Für eine Klassifikation von ↑Informationen steht aufgrund der Vielschichtigkeit der Eigenschaften von Information eine sehr große Menge von Merkmalen zur Verfügung. Aus dieser Menge müssen die Merkmale ausgewählt werden, die eine besondere Aussagekraft im Hinblick auf das zugrundeliegende Untersuchungsziel besitzen. Gleichzeitig müssen die Merkmale eine hinreichende Varietät von Ausprägungen besitzen, die eine Klassifizierung erst ermöglicht.

Neben der Klassifizierung, der Aufteilung einer Menge in Teilmengen unter einem bestimmten Kriterium oder anhand eines Merkmales, muß aber auch eine Abstufung der Merkmalsausprägungen und eine Zuordnung einer Gewichtung zu den einzelnen Ausprägungen möglich sein. Eine Auswahl von Informationsmerkmalen zur Klassifizierung und Bewertung von Informationsströmen muß einige allgemeine logische Anforderungen, die für jede Klassifizierung von Gültigkeit sind, berücksichtigen. Auf jeder Stufe der Untersuchung müssen ein-

deutig bestimmte Klassifikationsmerkmale als Grundlage für die Einteilung beibehalten werden. Die Klassifizierung muß so weit wie möglich erschöpfend sein, und die Summe der Teilmengen ein teilbares Vielfaches ergeben.
Die *Informationsflußanalyse* charakterisiert die Informationsströme zwischen Funktionen anhand der Informationswertigkeit und des Integrationsstatus. Die Informationswertigkeit wird durch die folgenden, weitgehend voneinander entkoppelten Kriterien bestimmt:

- Informationsrelevanz für die Funktionserfüllung des Empfängers,
- Koordinationsbedarf,
- Informationsvolumen,
- Aktualitätsanforderung,
- Übertragungshäufigkeit und
- Qualitätsanforderung.

Die *Informationsrelevanz* für die Funktionserfüllung des Informationsempfängers beschreibt die Wichtigkeit der ↑Information für die Funktion und damit auch indirekt für den Gesamtprozeß. Ähnlich dem Kriterium der Aktualitätsanforderung geht es hier in erster Linie um die Identifikation der ↑Informationen, die für die Funktionserfüllung notwendig sind und deren Fehlen oder Unvollständigkeit bei den beteiligten Funktionen eine Verzögerung des gesamten Auftragsdurchlaufes verursacht. Eine objektive Einschätzung dieses Merkmales ist nur sehr schwer möglich. Die subjektive Einschätzung kann aber zumindest ein ausreichender Anhaltspunkt für die Wichtigkeit von empfangenen ↑Informationen in bezug auf die jeweilige Aufgabenerfüllung sein (Gast, 1985).

Das Kriterium Koordinationsbedarf soll verdeutlichen, inwieweit ein Regelkreis in der Informationsbeziehung vorhanden ist. Er beantwortet dadurch auch die Frage, ob es sich um einen ein- oder zweiwertigen Informationsfluß handelt. Die Höhe des Koordinationsbedarfs und damit die Wertigkeit für eine Integration der Funktionen läßt sich u.a. aus der Art der Interdependenz zwischen den Funktionen ableiten (Treuling, 1990).
Das Informationsvolumen pro Übertragungsereignis und die Übertragungshäufigkeit der Information dienen zur Beschreibung des *Informationsvolumens pro Betrachtungsperiode*. Zur Bewertung des Kriteriums ist das maximale Volumen als Maßstab heranzuziehen. Dabei kann dieses Maximum auch von einer Informationsbeziehung stammen, die nicht im Integrationsfeld liegt. Das Kriterium Informationsvolumen steht in direktem Zusammenhang mit der Übertragungshäufigkeit der Information und liefert erst in Verbindung damit eine Aussage über die tatsächliche Informationsmenge, die zwischen zwei Stellen ausgetauscht wird. Die Bewertung dieses Kriteriums hat einen besonderen Stellenwert im Hinblick auf die Integration durch Datenverarbeitung und die Einführung von Informationstechnologien, da alle Informationen in der Regel gespeichert werden müssen und die Abschätzung der Speicherkapazität sich an diesem Kriterium orientiert. Eine weitere Bedeutung kommt diesem Kriterium hinsichtlich der Auswahl eines geeigneten Übertragungsmediums zu, das in der Lage ist, sowohl die zeitlichen Anforderungen zu erfüllen, als auch die geforderte quantitative Kapazität bereitstellen zu können.

Das Kriterium der *Aktualität einer ↑Information* steht im Zusammenhang mit dem Kriterium der *Übertragungshäufigkeit*. Eine ↑Information, die stündlich oder täglich neu angefordert wird, verursacht auch im selben Intervall einen Informationstransport. Ist das Transportmedium oder die Organisation nicht in der Lage, diese Intervalle einzuhalten, kommt es zwangsläufig zu Verzögerungen. Ungenaue oder unvollständige Informationsübermittlung bzw. ↑Kommunikation können diese Verzögerung ebenso verursachen, da aufgrund von notwendigen Nachfragen und Klärungen eine Verzögerung bei der Informationsweiterleitung eintritt. Die Anforderung an die Informationsqualität ist deshalb im Zusammenhang mit diesem Kriterium zu bewerten. Der Nutzen einer Information nimmt ab, je größer die zeitliche Differenz zwischen tatsächlicher Übermittlung und dem Zeitpunkt des Informationsbedarfes ist. Im Extremfall ist eine zu spät übermittelte Information für den Empfänger vollkommen nutzlos und kann sogar zusätzliche Kosten verursachen. Eine Preisänderung von Zukaufteilen muß einem Konstrukteur rechtzeitig mitgeteilt werden, damit dieser durch Verwendung alternativer Teile entsprechend seiner Kostenverantwortlichkeit reagieren kann (Brenig, 1990). Die Qualitätsanforderung an die Information beinhaltet i.w. zwei Fragestellungen für den Anwender. Zum einen ist festzustellen, ob die Folgefunktion auch mit einer unvollständigen Information eine Aktivität starten kann, zum anderen müssen die Auswirkungen einer inhaltlich falschen Information auf den Gesamtprozeß beurteilt werden. Die Gewichtung der Kriterien ist unternehmensspezifisch vorzunehmen. Die Bewertung der Kriterien kann sich der bekannten Analysemethoden bedienen, wobei aus Effizienzgründen der Interviewmethode der Vorrang zu geben ist. Die *Informationswertigkeit* ergibt sich aus der Summe der bewerteten und gewichteten Kriterien. Das Ergebnis dieses Analyseschrittes ist die Informationswertigkeitsmatrix. Der Integrationsstatus ist durch die Ausprägung der organisatorischen und/oder dv-technischen Integration bestimmt, wobei die Wahl des Beurteilungskriteriums entscheidend von der Informationsart beeinflußt wird. Handelt es sich z.B. um codierte strukturierte Daten, so ist der Grad der DV-Integration maßgebend. Für uncodierte ↑Informationen ist der Grad der organisatorischen Integration stärker zu berücksichtigen.

Vorgehensweise
Anhand des Lösungsansatzes wurde eine PC-gestützte *I.*-Methodik entwickelt, die es gestattet, Integrationspotentiale in der Auftragsabwicklung aufzuzeigen. Dieses Stufenkonzept eignet sich insb. für Klein- und Mittelbetriebe, da ein strukturiertes, systematisches und zielführendes Vorgehen bei der Integration vorgegeben wird. Das entwickelte Konzept gliedert sich in folgende Stufen:

- Definition der Integrationsfelder,
- Definition der Integrationsbereiche,
- Definition des Integrationsgrades,
- Definition der Werkzeuge.

Die *Definition der Integrationsfelder* erfolgt anhand der Bestimmung von Geschäftsprozeß-, Produktgruppen- und

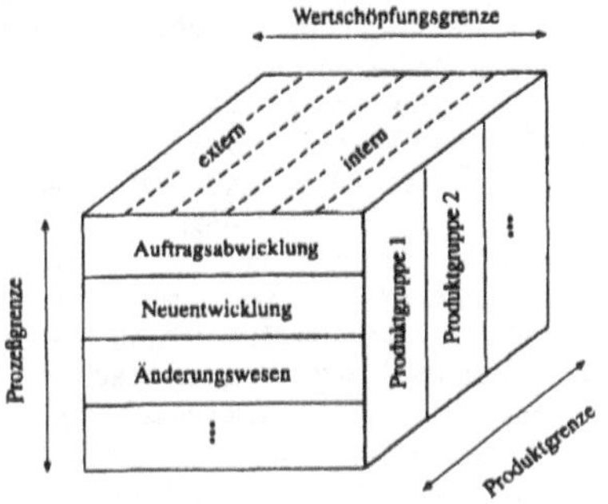

Wertschöpfungsgrenze. Die Geschäftsprozeßgrenze ist durch den Prozeß der Auftragsabwicklung definiert. Die Produktgruppengrenze und die Wertschöpfungsgrenze sind abhängig von der Wettbewerbssituation, der Unternehmensstrategie und den kritischen Erfolgsfaktoren. Die Wertschöpfungsgrenze soll dabei alle Funktionen des Geschäftsprozesses, die eine relevante Beeinflussung des Erfolgsfaktors Zeit ermöglichen, einschließen. So ist z.B. bei der externen Integration nicht nur die direkte ↑Schnittstelle zwischen Lieferer und Abnehmer zu untersuchen, sondern es sind auch die internen Funktionen jeder Seite, die bei der Abwicklung des Subprozesses betroffen sind, in die Untersuchung mit einzubeziehen. Die ermittelten Integrationsfelder enthalten somit Teilprozesse der Auftragsabwicklung und haben den Charakter von vertikalen Segmenten. Die Frage, welche Integrationsfelder untersucht werden, hängt wiederum von der Wettbewerbssituation und der Unternehmensstrategie ab. Hier bieten sich zwei Möglichkeiten an: Früh- und Späteinstieg. Der Früheinstieg soll durch Flexibilitätssteigerung Wettbewerbsvorteile ermöglichen. Der Späteinstieg folgt aus dem Zwang, die Wettbewerbsvorteile der Konkurrenz aufholen zu müssen.
Es gilt innerhalb der definierten Integrationsfelder, die richtigen *Integrationsbereiche* zu definieren. Diese Informationssegmente werden über Integrationspotentiale bestimmt, wobei letztere das Ergebnis der Informationsflußanalyse sind. Die Elemente der Integrationsfelder sind die Funktionen, die zur Aufgabenerfüllung

innerhalb des Prozesses notwendig sind. Die Verbindung der Funktionen wird durch Informationsströme zwischen jeweils zwei Funktionen beschrieben. Dazu werden die Funktionen in einer quadratischen *Sender-/Empfänger-Matrix* angeordnet. Jedes Element dieser Informationsmatrix, welches ungleich Null ist, zeigt demnach an, wo ↑Informationen wie fließen. Im Folgeschritt sind nun anhand der im Lösungsansatz beschrieben Kriterien Informationswertigkeit und Integrationsstatus zu bestimmen. Die Herleitung der Integrationspotentiale wird durch die Verknüpfung von *Informationswertigkeits- und Integrationsstatusmatrix* erreicht. Die so gewonnene *Integrationspotentialmatrix* zeigt dem Anwender, wo die Ansatzpunkte für eine Integration liegen (Wildemann, 1991). Die Integrationsbereiche sind durch Funktionssegmentierung und Funktionsintegration zu definieren. Die anzuwendenden Integrationswerkzeuge ergeben sich aus der Informationsart, jedoch sind auch mehrere Werkzeuge in verschiedenen Kombinationen anwendbar. Auf diese Weise lassen sich verschiedene Szenarien für die Integration entwickeln, wobei das ideale Szenario durch eine *Integrationswirkungsmatrix*, bei der jedes Integrationspotential den Wert Null annimmt, beschrieben wird. Vor der Auswahl eines Szenarios müssen nun noch die erforderlichen Investitionen abgeschätzt werden. Weiterhin muß geprüft werden, inwieweit die Konzepte in die Untenehmensstrategie passen, oder ob Restriktionen durch andere Projekte bestehen. Auf diese Weise werden Integrationsschwerpunkte, Integrationsgrad und Reihenfolge eindeutig bestimmt. Zur Planung, Durchführung und ↑Controlling des Integrationskonzeptes sind Projektmanagementmethoden anzuwenden. Anhand der Integrationswirkungsmatrix kann dabei stets der Grad der Ausschöpfung der Integrationspotentiale ermittelt werden.

Zusammenfassung

Wirtschaftliche Vorteile aus der elektronischen Kommunikation zwischen Abnehmer und Lieferant ergeben sich für die Zulieferindustrie erst dann, wenn die digitale Information der Auftragsabwicklung, der Werkzeug- und der technischen Produktänderungsdaten, sowie der Daten aus der Qualitätssicherung möglichst ohne manuelle Eingriffe neu formuliert werden. Zunächst sind dazu die vorhandenen Integrationspotentiale durch Informationflußbewertung und Integrationsstatuserfassung zu bestimmen. Die Definition des Integrationsgrades, die Auswahl der Integrationsmethode und die Festlegung der Reihenfolge der gewählten Integrationsschritte ermöglichen dann eine effiziente Erschließung der erfolgsrelevanten Integrationspotientale. Pilotanwendungen des Stufenkonzeptes zeigten, daß die Integrationspotentiale mit Hilfe des PC-Tools schnell aufgezeigt werden können. Die knappen Ressourcen können zielgerichtet und wirksam für die lohnenden Integrationspotentiale eingesetzt werden. Dadurch werden Produktivitäts- und Zeitvorteile bei verbesserter Datenqualität erzielt. Die Wahl der Integrationswerkzeuge wird maßgeblich durch die Art der Integrationsfelder beeinflußt. Für externe Integrationsfelder wurden die dv-technischen Maßnahmen bevorzugt. Dabei kamen insb. Datenfernübertragung und Barcode zum Einsatz. Im Bereich der internen Integrationsfelder wurde eine Beschleunigung des Ablaufes vor allen Dingen durch die organisatorische Integration erreicht. Das vorliegende Stufenkonzept und PC-Tool zur ↑Integration zwischenbetrieblicher Informationsflüsse ermöglicht es also, die knappen Ressourcen gezielt auf die erfolgsrelevanten Integrationspotientale anzusetzen.

Literatur: Brenig, H.: Informationsflußbezogene Schnittstellen bei industriellen Produktionsprozessen, Information Management 1, 1990. *Gast, O.*: Analyse und Grobprojektierung von Logistik-Informationssystemen, Aachen, 1985. *Treuling, W.*: Entscheidungen gut vorbereiten, Mitteilungen, 2, 1990. *Wildemann, H.*: Einführung und Verbreitung von CIM in den Unternehmen, internes Arbeitspapier, Universität Passau, 1988. *Wildemann, H.*: Produktionssynchrone Beschaffung, Zürich, 1988. *Wildemann, H.*: Einführungsstrategien für eine computerintegrierte Produktion (CIM), München, 1990. *Wildemann, H.*: Papierlose Kommunikation -

Informationsflußintegration in der Auftragsabwicklung, Forschungsbericht, Technische Universität München, 1991.

Prof. Dr. H. Wildemann, München

Informationsgesellschaft
Begriff, mit dem versucht wird, Gesellschaftsformen der Gegenwart von historischen Vorläufern dadurch abzugrenzen, daß das Neue sich vom Alten unter dem Aspekt der ↑Information unterscheidet.

Informationsklassen
Im Rahmen der Bildschirm- (Masken-) gestaltung werden die Informationen klassifiziert in: Status-, Arbeits-, Steuer- und Meldungsinformationen.

Informationskultur
Grundsätzliche Einstellungen zur Funktion der ↑Datenverarbeitung; Denk- und Arbeitsprinzipien im Handling von EDV-Systemen; Einstellungen zum EDV-Fortschritt.

Informationsmanagement
Begriffserklärung, Aufgabenübersicht
Unter *I.* werden alle Führungsaufgaben, die sich auf für das Unternehmen relevante Informations- und Kommunikationsvorgänge beziehen, verstanden; dabei handelt es sich sowohl um Informations- und Kommunikationsvorgänge innerhalb des Unternehmens als auch um solche zwischen dem Unternehmen und seinen Marktpartnern (Kunden, Lieferanten, Mitbewerber). Da heute sowohl innerhalb des Unternehmens als auch zwischen dem Unternehmen und seinen Marktpartnern für nahezu alle Informations- und Kommunikationsvorgänge computergestützte Informations- und Kommunikationssysteme zur Verfügung stehen, werden unter *I.* im besonderen alle mit der Gestaltung von computergestützten Informations- und Kommunikationssystemen zusammenhängenden Führungsaufgaben verstanden. Hierbei kann zwischen originären Führungsaufgaben der Planung und Kontrolle, der Organisation, der Risikohandhabung, sowie der Innovation und dem Management der Produktionsfaktoren, ebenso der Produktionsprozesse von Informations- und Kommunikationssystemen unterschieden werden. In bezug auf die zeitliche Reichweite läßt sich das *I.* in strategische (mittel- bis langfristig wirksame) und operative (kurzfristig wirksame) Führungsaufgaben unterteilen; strategische Führungsaufgaben beziehen stärker die Umwelt des Unternehmens, insb. seine Wettbewerbssituation, mit ein.

Planung und Kontrolle
Computergestützte Informations- und Kommunikationssysteme sind - historisch betrachtet - in den meisten Unternehmen als Pionierleistungen entstanden und nicht als Ergebnis einer systematischen Planung und Kontrolle. Fortschritte der Informations- und Kommunikationstechnik, Promotoren im Unternehmen und die Möglichkeit, rasch Rationalisierungserfolge mitzunehmen, bestimmten häufig die Reihenfolge des Einsatzes von *Informations- und Kommunikationssystemen*. Erst die in den 80er Jahren sichtbaren Erfolge von Unternehmen, die Informations- und Kommunikationssysteme planmäßig zur Verbesserung der eigenen Wettbewerbsposition einsetzten, führten zu einer systematischen Planung und Kontrolle. Hierbei werden die Geschäftsprozesse innerhalb des Unternehmens, sowie zwischen dem Unternehmen und seinen Marktpartnern betrachtet und gegliedert einerseits nach der strategischen Bedeutung für das Unternehmen, andererseits nach der Informations- und Kommunikationsintensität. Für ein Maschinenbauunternehmen hat z.B. der Geschäftsprozeß Konstruktion eine größere strategische Bedeutung als der Geschäftsprozeß Fakturierung; der Geschäftsprozeß Konstruktion ist - z.B. in der Automobilzuliefererindustrie - zudem mit dem Geschäftsprozeß Konstruktion des Kunden verknüpft, da wesentliche Konstruktionsvorgaben im ↑elektronischen Datenaustausch vom Kunden kommen. Unter *Informations- und Kommunikationsintensität* wird der Anteil an Information und Kommunikation im Gegensatz zu physischer Arbeit eines Geschäftsprozesses verstanden. Priorität für den Einsatz *computergestützter Informations- und Kommunikationssysteme* haben Geschäftsprozesse, die für das Unternehmen strategisch bedeutsam, sowie informations- und kommunikationsintensiv sind.
Jede Planung ist durch eine Kontrolle zu

ergänzen. Hierbei gilt es, die Intensität der Kontrolle festzulegen. Informations- und Kommunikationssysteme, die im Unternehmen akzeptiert und genutzt werden, können intensiver kontrolliert werden als ↑Systeme, bei denen eine neue Technik und deren Nutzung erst ausprobiert wird. Im erstgenannten Fall werden z.B. entsprechend einer innerbetrieblichen Kosten- und Leistungsrechnung den Nutzern der Informations- und Kommunikationssysteme alle Kosten dieser Systeme verrechnet, im letztgenannten Fall dagegen wird so lange auf eine Weiterbelastung verzichtet, bis sich die neue Technik bewährt hat und ein Nutzen eingetreten ist.

Organisation
Durch die Entwicklung der Technik bedingt, sind computergestützte Informations- und Kommunikationssysteme im Unternehmen zunächst zentral organisiert worden. Mit der Dezentralisierung der Technik bot sich auch eine Dezentralisierung der Organisation an. Aus heutiger Sicht gibt es - fast in einer Analogie zum technischen *Client/Server-Konzept* - dezentrale und zentrale Elemente einer Organisation von Informations- und Kommunikationssystemen, und zwar für die Aufgaben Betrieb von Systemen, Entwicklung/Beschaffung von Systemen und Beratung/Betreuung der Systembenutzer. Eine erste Unterstützungsebene (*First Level Support*) steht dem Benutzer dezentral an seinem Arbeitsplatz zur Verfügung; hierzu gehören seine technische Arbeitsplatzausrüstung (Hard- und Software), sowie eine in seiner Fachabteilung verfügbare Betreuung bei auftretenden Problemen. Eine zweite Unterstützungsebene (*Second Level Support*) arbeitet im Hintergrund innerhalb oder außerhalb des Unternehmens und stellt dem Benutzer zusätzliche Ressourcen (Hard- und Software und/oder Betreuung) via Kommunikation zur Verfügung. Diese zweite Ebene übernimmt zusätzliche Aufgaben, etwa die Informations- und Kommunikationsinfrastruktur zu betreiben, den Technikeinsatz im Unternehmen zu standardisieren, sowie Planungs- und Kontrollaufgaben (Einhaltung von datenschutz- und urheberrechtlichen Bestimmungen) wahrzunehmen.

Die Änderung der Zuordnung von Aufgaben zieht auch eine Änderung der Zuordnung von Verantwortung nach sich. Der früher allgewaltige Leiter der zentralen DV-Abteilung hat heute den Großteil seiner Verantwortung an die Leiter der Fachabteilungen, die für den Einsatz und den Nutzen von Informations- und Kommunikationssystemen in ihren Abteilungen verantwortlich sind, abgegeben; geblieben ist die Verantwortung für die zentrale Informations- und Kommunikationsinfrastruktur. Eine Verantwortung aus Unternehmensgesamtsicht kann dem Mitglied der Unternehmensleitung übertragen werden, das für strategisch wichtige Geschäftsprozesse verantwortlich ist.

Risikohandhabung
Mit Informations- und Kommunikationssystemen ist eine Reihe von *Risiken* verbunden. Dies beginnt bei der Beschaffung/Entwicklung der Systeme, setzt sich beim Betrieb fort und wird durch die Gefahr ergänzt, daß die eingesetzten Systeme nicht die gewünschte Wirkung entfalten. Risiken bei der Beschaffung/Entwicklung von Informations- und Kommunikationssystemen liegen in Unsicherheiten auf dem Beschaffungsmarkt, in zu großen und zu wenig strukturierten Entwicklungsprojekten, oder darin, daß im Unternehmen zu wenig Erfahrung im Umgang mit der einzusetzenden Technik vorliegt. Abhilfe liegt in einer Begrenzung der Risiken, z.B. bei der Vertragsgestaltung mit dem Softwarelieferanten oder der Obergrenze einer Projektgröße. Beim Betrieb von Informations- und Kommunikationssystemen können *Störungen* auftreten, die z.B. zu Arbeitsunterbrechungen oder zum Verlust von Daten führen. Hier sind Maßnahmen angebracht, die von einer regelmäßigen ↑Datensicherung über die Sicherung einer hohen Verfügbarkeit der Informations- und Kommunikationssysteme bis hin zum Betrieb eines Ausweichproduktionszentrums reichen können. Unternehmerisch besonders bedeutsam ist das Risiko, daß die vom Unternehmen eingesetzten Informations- und Kommunikationssysteme nicht die gewünschte Wirkung entfalten, sei es z.B. eine Kostenreduzierung oder eine im Wettbewerb sichtbare Leistungsverbesserung. Hier ist

- erleichtert durch die Zuordnung der Verantwortung zum Leiter der Fachabteilung - eine besonders sorgfältige und regelmäßige Feststellung der Wirkung vorzunehmen. Anpassungsmaßnahmen reichen z.B. von einer besseren Ausbildung der Benutzer bis zur Korrektur des Leistungsspektrums der Informations- und Kommunikationssysteme.

Innovation
Ist die Innovation im Unternehmen erst die Umsetzung einer Neuerung in einen wirtschaftlichen Vorteil, so wird deutlich, daß bei Informations- und Kommunikationssystemen im Unternehmen nicht in allen Fällen von Innovation gesprochen werden kann. Dem beeindruckenden Innovationspotential, insb. dem Verschwinden von Zeit- und Raumdistanzen bei Kommunikationssystemen, steht häufig eine Trägheit, diese Potentiale für das Unternehmen zu nutzen, gegenüber. Allgemeine Erkenntnisse eines innovationsförderlichen Umfeldes, etwa flache Hierarchien, intensive ↑Kommunikation und unternehmensinterner Wettbewerb, sind durch das ↑Wissen um typische Diffusionsverläufe von ↑Informations- und Kommunikationstechnik im Unternehmen zu ergänzen, um den Diffusionsverlauf in der gewünschten Richtung zu beeinflussen und damit die Neuerung zur Innovation werden zu lassen.

Management der Produktionsfaktoren
Um die Leistung von ↑Informations- und Kommunikationssystemen zu erbringen, ist der Einsatz von Produktionsfaktoren erforderlich, *Produktionsfaktoren* sind Mitarbeiter, Betriebsmittel und Kapital. Bei den Mitarbeitern sind neben den Benutzern von Informations- und Kommunikationssystemen die Spezialisten für Beschaffung/Entwicklung, Betrieb und Betreuung zu nennen. In beiden Fällen ist entscheidend, die aufgabengerechte Qualifikation sicherzustellen, wobei der Aus- und Weiterbildungsbedarf für Spezialisten besonders hoch (bis zu 20 Arbeitstagen pro Jahr) anzusetzen ist. Die Betriebsmittel unterliegen vom Konzept und im Einzelfall einem raschen technischen Alterungsprozeß, der eine kurze wirtschaftliche Nutzungsdauer und die Notwendigkeit einer ständigen Marktbeobachtung zur Folge hat. Auch die heute proklamierten ↑*offenen Systeme* schaffen wenig Abhilfe, zumal der von den ↑Schnittstellen her offenen Hardware- und Systemsoftwarewelt eine stark proprietäre Welt für Standardanwendungssoftware gegenübersteht. Das *Management der Betriebsmittel* schließt auch eine *unternehmensinterne Standardisierung von Betriebsmitteln*, z.B. nur einen PC-Typ oder nur einen Textsystemtyp und eine Minimierung von Plattformen, Betriebssystemtypen etc. ein. Das *Management des Kapitaleinsatzes* folgt heute, nach einem mißglückten Versuch, branchenspezifische Kennzahlen zu erarbeiten, wieder allgemeinen Überlegungen von Investitionsrenditen und Kapitalkosten.

Management der Produktionsprozesse
Unter *Produktionsprozessen* werden hier der Betrieb, die Beschaffung/Entwicklung, die Wartung, sowie die Betreuung von Informations- und Kommunikationssystemen des Unternehmens verstanden. Aktuell wird das ↑*Management dieser Produktionsprozesse* von der Frage des Make or Buy, oft auch unter dem Begriff des Sourcing mit der Kombination von Insourcing und ↑Outsourcing angesprochen, beherrscht. Dabei kommen zunehmend strategische Überlegungen, etwa welche Bedeutung die eben als Produktionsprozesse bezeichneten Geschäftsprozesse für das Unternehmen und seine Wettbewerbsposition haben, gegenüber operativen Aspekten, etwa kurzfristigen Kosten- und/oder Zeitvorteilen, bei der Entscheidung, Eigenfertigung versus Fremdbezug zum Tragen. Als entschieden kann die Frage der *Individualentwicklung versus Standardsoftware* überall dort angesehen werden, wo ↑Standardsoftware für ein Einsatzgebiet am Beschaffungsmarkt verfügbar ist. Dann ist diese Alternative einer Individualentwicklung vorzuziehen.

Literatur: Griese, J.: Ziele und Aufgaben des Informationsmanagements, in: *Kurbel, K., Strunz, H.* (Hrsg.), Handbuch Wirtschaftsinformatik, Stuttgart, 1990, *Heinrich, L. J.:* Informationsmanagement, 4. Aufl., München, 1992. *Mertens, P.:* Integrierte Informationsverarbeitung, Teil I, 9. Aufl., Wiesbaden, 1993. *Mertens, P., Griese, J.:* Integrierte Informationsverarbeitung, Teil II, 7. Aufl., Wiesbaden, 1993. *Mertens, P.:* Aufbauorganisation der Datenverarbeitung, Wiesbaden, 1985. *Morton, M. S.* (Hrsg.): The Corporation of the 1990s, Information Technology and Organizational Transformation, New York, 1991.

Prof. Dr. J. Griese, Bern

Informationsmanagement, Datenmanagement im ganzheitlichen

↑Datenmanagement im ganzheitlichen Informationsmanagement

Informationsmanagement, Kooperation im

Kooperationsbedarf

Die Bemühungen um schlankere Unternehmensstrukturen hinterlassen auch im Informationsmanagement deutliche Spuren. Am deutlichsten wird dies bei der Betrachtung der zentralen DV-Abteilung. In der organisatorischen Zuordnung von Aufgaben des Informationsmanagements vollzieht sich eine radikale Neuausrichtung (Österle, 1993; Scott Morton, 1991). Eine Konsequenz dieses Wandels ist, daß der Kooperation zwischen einer zentralen DV-Abteilung und anderen Unternehmensbereichen ein höherer Stellenwert zukommt. Diese Entwicklung wird durch zwei Bündel von Faktoren beeinflußt.

Einerseits kommt der Kooperation zwischen einer zentralen DV-Abteilung und anderen Unternehmensbereichen eine höhere subjektive Bedeutung durch die Beteiligten zu. Diese Veränderung wird durch eine Umfokussierung der Umstrukturierungsprogramme bewirkt. Stand zunächst die Umstrukturierung der Leistungsprogramme und der Leistungseinheiten auf dem Prüfstand, so rücken immer mehr Leistungsprozesse und Leistungsbeziehungen in den Mittelpunkt des Interesses. Aus organisatorischer Sicht wird damit die Gestaltung von Kooperationsbeziehungen zwischen den inzwischen schlanker gewordenen Bereichen erfolgswirksam. Andererseits ist aber auch eine objektiv feststellbare Erhöhung der Relevanz von Kooperationen an der ↑Schnittstelle zwischen Informationsmanagement und anderen Unternehmungssektoren festzustellen. Dazu tragen Entwicklungen bei, die mit der Gestaltung schlanker Strukturen in Angriff genommen wurden. Aber auch klassische Faktoren, wie mögliche Synergien, Kompetenz- oder Spezialisierungsvorteile tragen zu einem Kooperationsbedarf bei. Insb., wenn sich Vorteile bei der Wahrnehmung von Aufgaben durch einen zentralen Funktionsbereich ergeben, kann für den einzelnen Fachbereich dadurch ein Argument für eine Kooperation mit dem Informationsmanagement gegeben sein. Ein solches Beispiel ist die DV-Beschaffung. Für die einzelnen Anwender ist es kaum möglich, vergleichbare Kompetenzen (Marktüberblick oder Größenvorteile beim Einkauf) aufzubauen und vorzuhalten. Entscheidend ist allerdings, daß diese Vorteile an die Abnehmer weitergegeben werden.

Die Schlankheitskur hat für das ↑Informationsmanagement ambivalente Folgewirkungen. Zwar sind durch die Reduktion nicht-wertschöpfender Aufgaben Belastungen abgebaut worden, gleichzeitig ist bei den verbleibenden Aufgaben der Kooperationsbedarf bzw. die Schnittstellenkomplexität mit anderen Bereichen gestiegen. Ein Rückblick auf die Entwicklung zeigt die Hintergründe dafür (Heinzl, Weber, 1993). Im Informationsmanagement wurden Konzepte

- der Ausgliederung von Bereichen (↑Outsourcing von Rechenzentren),
- der Auslagerung von Leistungen (Fremdbezug von Programmierarbeiten),

der verstärkten ↑Standardisierung (Verwendung von Standardanwendungen, modularen Bauweisen, Einbezug von Kommunikationsstandards etc.) und der Dezentralisierung von Aufgaben des Informationsmanagements parallel zur Ausbreitung der ↑Individuellen Datenverarbeitung verfolgt.

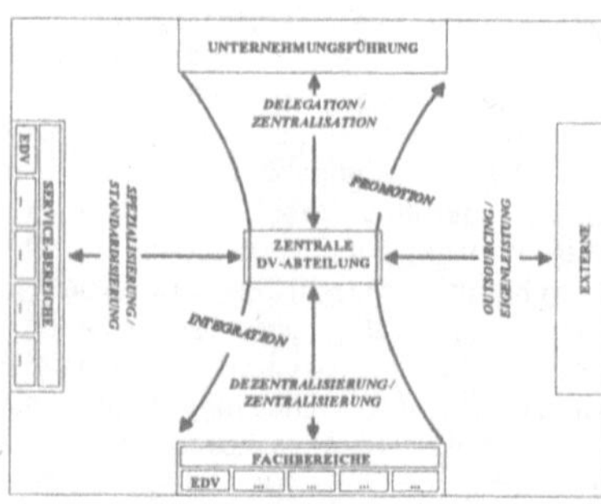

Durch diese Fitneßprogramme etablieren sich neben den bisherigen Kooperationspartnern neue Partner in der Leistungserstellung, so bspw. externe Anbieter für fremdbezogene Leistungen, ausgegliederte Servicefunktionen. Diese machen durch eine Fragmentierung die Schnittstellenlandschaft unübersichtlicher. Die gängigen Fitneßprogramme des Lean Managements und Business Reengineering führen zu einer markanten Erhöhung des Kooperationsbedarfs:

- Die Ausbreitung der ↑Individuellen Datenverarbeitung hat in den Abnehmerbereichen beträchtliche Kompetenzen im Einsatz von DV-Lösungen geschaffen. Dadurch können Standardlösungen zunehmend ohne eine zentrale DV-Abteilung eingesetzt und betrieben werden. Das impliziert aber bei dem dann noch verbleibenden Leistungsaustausch eine Spezialisierung. Dadurch nimmt die Komplexität des Leistungsprogramms der zentralen DV-Abteilung zu.
- Mit der Gestaltung weitgehend autonomer Abnehmerbereiche durch die Bildung von Sparten und Geschäftsbereichen steigt die Relevanz der Integrationsaufgabe, die von der Unternehmensführung an das Informationsmanagement übertragen wird. Gleichzeitig verlagert sich ein Teil der direkten Führung der dezentralen Einheiten auf eine indirekte Integration via Servicebereiche. Die Unternehmensführung nimmt also nicht nur Infrastrukturleistungen der zentralen DV in Anspruch, sondern versucht auch den Leistungsaustausch mit den Fachbereichen auf Integration zu „trimmen".
- Die Gestaltung eines schlanken Zentralbereichs Informationsmanagement mit Dienstleistungsfunktionen gegenüber dem Gesamtunternehmen und einem unternehmerisch geprägten Selbstverständnis beinhaltet auch, daß das Informationsmanagement sich im Wettbewerb gegenüber externen Anbietern positioniert. Dabei ist der wichtigste Erfolgsfaktor für das betriebliche Informationsmanagement die Anwender- und Unternehmensspezifität seiner Leistungen. Um diesen Erfolgsfaktor zu entwickeln und nutzen zu können, bedarf ès einer intensiven Kooperation - beginnend mit der Anwendungsplanung.
- Die Kooperation mit Abnehmern von DV-Leistungen wird auch durch die sich verändernde Leistungsstruktur gefördert. Zum einen wird eine höhere Anwendungsspezifität der Leistungen eines schlanken Informationsmanagements (z.B. ↑Personalinformationssystem statt ↑Bürokommunikation) nachgefragt, zum anderen steigt der Anteil von ↑Dienstleistungen (z.B. Beratung und Projektbetreuung).

Kooperationsobjekte

Die einfachste Form der Kooperation zwischen Informationsmanagement und anderen Unternehmensbereichen ist der

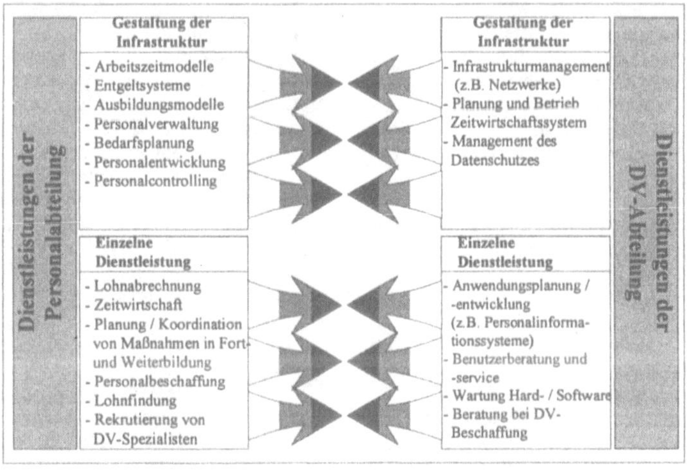

Leistungsaustausch. Am Beispiel einer Kooperation zwischen zwei ähnlich strukturierten Service-Centern im Unternehmen - der DV-Abteilung und der Personalabteilung - können zwei unterschiedliche Typen von Service-Dienstleistungen identifiziert werden. Diese werden wechselseitig angeboten und nachgefragt.

Auf der einen Seite sind es ↑Dienstleistungen die das Know how eines Bereiches im anderen Bereich nutzbar machen, bspw. die Rekrutierung eines DV-Spezialisten oder eine DV-Beschaffung für die Personalabteilung. Die Rekrutierung eines DV-Spezialisten mit Unterstützung des Personalmanagements birgt für die DV-Abteilung einige Vorteile. Zum einen kann dadurch ein Pool geeigneter Bewerber aus anderen Unternehmensbereichen genutzt werden, deren Kompetenzen auf die unternehmensspezifischen informationstechnischen Infrastrukturen ausgerichtet sind; zum anderen können Kernkompetenzen (Beurteilung der Bewerber, Gestaltung angepaßter Arbeitsverträge etc.) genutzt werden.

Analog ergibt sich aus der Sichtweise der Personalabteilung ein Kooperationsbedarf mit dem Informationsmanagement bei der Beschaffung und Installation von Standard-Informationssystemen. Bei beiden Beispielen soll das Know how des jeweils anderen Service-Centers genutzt werden. Für die Kooperationsunterstützung bedeutet dies, daß entweder der Wissensaustausch vereinfacht (z.B. durch Maßnahmen zur Reduktion der Koordinationskosten) oder durch Dezentralisierung im Abnehmerbereich für entsprechende Kompetenzen gesorgt werden kann (z.B. zeitweilige Entsendung von Mitarbeitern des Informationsmanagements in das Personalmanagement bei der Auswahl, dem Testbetrieb und der Evaluierung eines Informationssystems).
Auf der anderen Seite werden auch Dienstleistungen wechselseitig in Anspruch genommen, die einen höheren Kooperationsbedarf induzieren. Dies ist bei der Gestaltung von Infrastrukturen der Fall. Beispiele dafür sind etwa die Gestaltung der Entlohnungssysteme für DV-Mitarbeiter durch die Personalabteilung oder die informationstechnische Planung und Betreuung von ↑Personalinformationssystemen. Im Unterschied zu den bisherigen Formen geht es bei solchen Leistungen um Know how, das eigens für die Handhabung der spezifischen ↑Schnittstellen entwickelt wurde. Dazu zählen u.a. das ↑Datenmanagement bei Personaldaten oder die Anwendungsentwicklung bei Personalinformationssystemen etc.

Kooperationsmodelle
Für die unterschiedlichen Typen von ↑Dienstleistungen lassen sich in einer Kooperation unterschiedliche Unterstützungsformen konzipieren (Reiß, Morelli, 1992). In der Praxis haben sich einige der möglichen Unterstützungsformen etabliert und sind Beispiele erfolgreich praktizierten Informationsmanagements:

- Dienstleistungsvereinbarungen stellen eine Form effizienter Koordination im Verlauf der Kooperation dar. Durch eine generelle Spezifikation von Leistungsmerkmalen werden Koordinationskosten beim Erbringen einzelner Dienstleistungen gesenkt. Inhalt solcher Dienstleistungsvereinbarungen kann sowohl die Spezifikation einzelner Dienstleistungen (oder standardisierte Typologien) sein, als auch die Festlegung von Spielregeln, z.B. Verfahren der Kostenumlage. Die Vorteile solcher Vereinbarungen liegen in der Kombination von Situationsspezifität (Vereinbarungen sind auf die spezifische Kooperationsbeziehung zugeschnitten) und Standardisierung (Mehrfachverwendung, Rahmencharakter, längere Geltungsdauer).
- Durch die Bildung temporärer oder permanenter Abstimmungsgremien übernimmt die DV-Abteilung eine Mittler- und Koordinatorenrolle für Anwendungs-Know how, das in dezentralen Bereichen entstanden ist. Ein typisches Beispiel solcher Kooperationsunterstützung ist die Bildung eines Fachausschusses Bürokommunikation zwischen DV-Abteilung und anderen Funktionsbereichen unter der Federführung der DV-Abteilung. Für den Kooperationspartner bedeutet dies, daß neben der Fachkompetenz einer zentralen DV auch praktische Erfahrungen (z.B. Nutzererfahrungen aus dem Pilotbetrieb eines ↑Informationssystems in einem dezentralen Bereich) zugänglich gemacht werden.

• Durch personelle Maßnahmen können Mitarbeiter der DV-Abteilung mit der Wahrnehmung von Aufgaben in einer spezifischen Kooperationsbeziehung betraut werden (z.B. als CBT-Beauftragter). Ganz im Sinne einer verbesserten Kundenorientierung erinnert ein solches Modell an den Leitspruch „one face to the customer". In einem anderen Modell können Mitarbeiter des Informationsmanagements temporär oder permanent zum Kooperationspartner delegiert werden, um dort spezifische Aufgaben wahrzunehmen. Der entscheidende Unterschied zur traditionellen Fachbereichs-DV ist die unterschiedliche fachliche und disziplinarische Zugehörigkeit der Mitarbeiter und die explizite Kennzeichnung der Inanspruchnahme dieser Mitarbeiter als (kostenpflichtige) Dienstleistung.

• Die Bildung gemeinsamer Projekte und Projektgruppen institutionalisiert ein Forum für die Bildung gemeinsamen Know hows der Kooperationspartner. Ein Beispiel dafür sind gemeinsame Projektgruppen in der Anwendungsplanung und -entwicklung. Die organisatorische Verankerung kann dabei sowohl im ausbalancierten Matrix-Verhältnis zwischen Informationsmanagement einerseits und Fachbereich andererseits, als auch in einem nicht ausgewogenen Verhältnis (Dominanz eines Bereichs) erfolgen. Solche Formen der organisatorischen Ansiedlung können durchaus auch dynamisch angelegt werden. Dabei können Projekte unter Federführung eines Bereichs gestartet werden, um dann in die Obhut eines anderen überzuwechseln. Solche dynamischen Formen sind insb. in der Anwendungsentwicklung von Interesse.

Literatur: Frese, E. et al.: Zentralbereiche, Stuttgart, 1993. *Heinzl, A., Weber, J.*: Alternative Organisationskonzepte der betrieblichen Datenverarbeitung, Stuttgart, 1993. *Hoppe, M.*: Organisation und DV-Unterstützung der Personalwirtschaft, Köln, 1993. *Österle, H.*: Informationsmanagement 2000, in: *Preßmar, D. B.* (Hrsg.), Informationsmanagement, Wiesbaden, 1993. *o.V.*: Personal Know how für die EDV, in Personalwirtschaft 5/94. *Reiß, M., Morelli, F.*: Kooperatives Informationsmanagement, in: HMD 166/1992. *Scott Morton, M.S.* (Hrsg): The Corporation of the 90's, New York, 1991.

Dipl.-Kfm. H. Schuster, Stuttgart

Informationsmanagement,multimediales

Begriffserklärung

I. umfaßt Hard- und Softwaresysteme zur Verwaltung von ↑Information in der Form unterschiedlicher digitalisierender Medien, wie z.B. Texte, numerische Daten (-reihen), Graphiken, Bilder, Videos, Audios, ↑Animation und deren beliebige Kombination zu *multimedialen Dokumenten* (multimediale Bücher und Zeitschriften, interaktive Aus- und Weiterbildungsunterlagen, multimediale technische Beschreibungen und Simulatoren).

Zielsetzung, Aufgabe

Die Zielsetzung von *I.* besteht darin, digitalisierte ↑multimediale Information konsistent, persistent und sicher für unterschiedliche, häufig räumlich und zeitlich ↑verteilte Anwendungen mit Hilfe eines (multimedialen) Datenverarbeitungssystems gemäß vorgegebener Qualitätskriterien zu verwalten. Die Funktionalität von *I.* umfaßt die integrierende Beschreibung, die Speicherung, das Wiederauffinden und das geeignete Anbieten multimedialer Information auf der Basis von beschreibenden, manipulierenden und verwaltenden Werkzeugen, die im Managementsystem zur Verfügung gestellt werden.

Die Beschreibung, d.h. Modellierung von *multimedialer Information* sollte auf verschiedenen Abstraktionsstufen möglich sein. Auf der physikalischen Ebene, liefert sie die Darstellung von Rohdaten, z.B. ↑ASCII-Zeichenketten, Pixelmuster, Videoframes, Audiosamples. Auf den folgenden Ebenen erfolgen Abstraktionen, die durch logische und konzeptionelle Beschreibungen definiert werden. Beispiele für solche Abstraktionen sind die Beschreibungen von multimedialen Dokumenten durch Dokumentenstandards, wie z.B. SGML, HyTime, oder von Austauschformaten, wie z.B. MPEG, MHEG, EXPESS/STEP und TIFF, aber auch von Zugriffspfaden, wie Indizes, Hashtabellen und Netzstrukturen.

Aufbauend auf den logischen, konzeptionellen Beschreibungen werden anwendungs- und benutzerspezifische Sichten definiert, die nicht nur die anwendungsbezogenen Strukturen und Bearbeitungsmechanismen, sondern auch die Bedeutung (Semantik) der Information für die Anwendung reflektieren.

Die Speicherung von multimedialen Informationen muß die sichere und konsistente, sowie integrierte Ablage von multimedialen ↑Daten (Videos, Audios, Texte, ↑multimediale Dokumente) auf entsprechenden Datenträgern über längere Zeiträume hinweg ermöglichen. Als Datenträger kommen konventionelle Datenträger, wie Magnetplatten und neuere moderne Speichermedien, so CD-ROM und Magneto-Optical-Discs, opto-elektronisch zum Einsatz. Die Speicherung sollte mehrere gleichzeitige Benutzungen der Daten erlauben, aber ebenso sollte die Art und auch der Ort der Speicherung für die Anwendung unwichtig sein, so lange als die benötigten Qualitäts- und Datensicherheitskriterien vom Informationsmanagementsystem garantiert werden.
Um Anwendungen und Endbenutzern eine gesicherte Auswahl aus der angebotenen Information zu erlauben, müssen Mechanismen, wie Navigation, Browsing, Filtern, Ähnlichkeitssuche, Querying by Example zur Verfügung gestellt werden. Auf den unteren Abstraktionsebenen erfolgt dies unter Zuhilfenahme von Rohdaten und deren Abstraktionen, wie z.B. Indices auf Texten und Dokumenten, Audio Samples, Szenenwechsel in Videoclips, sowie Struktur- und Farbbeschreibungen von Bildern und Videos. Auf den oberen Ebenen kann der Such- und Zugriffsprozeß auf inhaltsorientierter (semantischer) Basis unterstützt werden. Dazu ist es jedoch notwendig, die semantischen ↑Objekte und ihre Beziehungen untereinander in Texten, Graphiken, Bildern, Videos und Audios zu erkennen und aufgrund der ebenfalls multimedial möglichen Anfragen auszuwählen.
I. muß für die multimedialen Daten geeignete Werkzeuge zur Verfügung stellen. Dabei sind sog. Austauschformate (z.T. Standards) zwischen allen Komponenten des *I.* und ebenso zwischen den Verarbeitungswerkzeugen von großer Bedeutung. Diese Austauschformate dienen sowohl dem Transfer von Informationen über Netz zu anderen Systemkomponenten als auch dazu, ein offenes Informationsmanagementsystem zu erreichen, in das sowohl neue Managementkomponenten, wie auch neue Verarbeitungs-, Speicher- und Präsentationswerkzeuge eingeführt werden können.
Umfang und Qualität von *I.* wird i.a. durch die Anwendungen definiert. So werden in medizinischen Anwendungen relativ hohe Anforderungen an die Bildauflösung gestellt. Flugsimulatoren oder ↑Simulationen kritischer Produktionsabläufe hingegen erfordern Realzeitverarbeitung. Kiosk-Informationssysteme erfordern kurze Antwortzeiten und daher schnelle Verfahren zur Selektion und benutzernahen, bedarfsorientierten Darstellung und Manipulation der Information.

Problemstellung
Zusätzlich zu den allgemeinen Problemstellungen des Informationsmanagements ergeben sich gezielte Probleme, die auf die spezifischen Charakteristika multimedialer Daten zurückzuführen sind. *Multimedialer Information*, insb. Video und Audio, sowie deren Kombination in Form von multimedialen Dokumenten, liegen äußerst umfangreiche Datenmengen zugrunde. Video- und Audiodaten erfordern spezielle Speichermedien mit unterschiedlichen Anforderungen an Speicherplatz, Zugriffsgeschwindigkeit, Speicherfragmentierung, Bufferung, Verteilung und Datenreplikation. Dies beeinflußt Hard- und Softwarekomponenten des Systems und Werkzeuge.
Die Beschreibung von multimedialer Information erfordert geeignete Beschreibungsmittel, d.h. ein geeignetes Datenmodell, das die Modellierung von Datentypen aber auch deren grundsätzliche Manipulationsmechanismen unterstützt. Zusätzlich müssen zur Kombination und Integration räumliche, zeitliche aber auch inhaltlich semantische Querbezüge im Sinne von Hypermedien beschreibbar sein. Auch müssen hier die unterschiedlichen Abstraktionsebenen untereinander verbunden werden.
Ein wesentliches Problem stellt die *inhaltsbasierte Suche* dar. Inhaltsbasierte Suche setzt voraus, daß die multimediale Information entweder explizit um elektronisch verarbeitbare Beschreibungen angereichert wurde, z.B. ASCII-Texte

oder Algorithmen zur Inhaltsanalyse zur Verfügung stehen. Inhaltsbasierte Suche ist im Falle von Bildern, sowie Audio- und Videodaten besonders wichtig, da ansonsten diese Informationen nur uninterpretiert zur Verfügung stehen. Allerdings stehen einer inhaltlichen Analyse heute noch viele wissenschaftliche und technische Probleme auf Gebieten, wie Textverstehen, Sprachverstehen, 2D- und 3D-↑Bildanalyse usw. entgegen. Dem Sprichwort "Ein Bild ersetzt 1.000 Worte" steht hier die Frage "Welche 1.000 Worte?" entgegen, die heute nur mit enorm hohem geistigem Erschließungsaufwand vom Menschen und nicht vom System beantwortet werden kann.

Die von den Anwendungen und Benutzern verlangten Leistungsmerkmale *I.* werden von sog. Quality of Service (QOS) Parametern bestimmt. QOS Parameter beziehen sich auf *Informationsmanagementdienste* an der Anwendungs- und Benutzerschnittstelle (z.B. minimale/ maximale Bildauflösung, Geschwindigkeiten für Video-/Audio-Präsentation, Auswahl einer bestimmten natürlichen Sprache) und auf interne, vom Benutzer nicht explizit wahrnehmbare Dienste, wie Ressourcemanagement, Real Time Scheduling, Memory Management, I/O-Management u.v.a.

Lösungstechniken, Verfahren, Methoden

Die Beschreibung bzw. *Modellierung* multimedialer Information wird mit Hilfe von (erweiterten) Modellierungstechniken vorgenommen. I.a. reichen konventionelle ↑CASE-Werkzeuge und Datenbankmodelle nicht aus, um multimediale Information ausreichend gut zu beschreiben. Vielversprechende Entwicklungen basieren auf objektorientierten Ansätzen, z.B. (Rambough et al., 1991) mit entsprechenden Erweiterungen zur Modellierung von zeitlichen Beziehungen (Aberer, Klas, 1993) und Synchronisation. Anwendungsnahe Beschreibungen können auf der Basis von Dokumenten- und Workflowmodellen und Standards, wie z.B. SGML (Goldfarb, 1991), ODA (Horak, 1985), MMV (Herzner, Kummer, 1993) the Dexter Reference Model (Communications of the ↑ACM, 1994), the Amsterdam ↑Hypermedia Model (Hardman et al., 1993), HyTime, aber auch Quicktime, geliefert werden. Client/ Server-Architekturen unterstützen ebenso, wie die objektorientierte Realisierung die notwendige Offenheit *I.* Neue ↑Informationsarten, neue Verarbeitungsmechanismen müssen ebenso hinzufügbar sein, wie neue Hardware- und Softwarekomponenten des Managementsystems selbst. Durch die Komplexität ↑multimedialer Information und ihrer Verarbeitung ist es notwendig, Mechanismen und Verfahren aus vielen Gebieten, wie Breitbandkommunikation, Realzeitsystemen, Produktplanungssystemen usw. zu übernehmen und anzupassen. Bis zur endgültigen Auswahl der geeigneten Komponenten ist hier aber noch viel Forschungs- und Entwicklungsarbeit zu leisten.

Literatur: Aberer, K., Klas, W.: The Impact of Multimedia Data on Database Management Systems, Arbeitspapiere der GMD No. 752, Sankt Augustin, 1993. *Communications of the ACM:* Special Issue on Hypermedia, 1994. *Goldfarb, C. F.:*. The SGML Handbook, Oxford, 1991. *Hardman, L. et al.:* The Amsterdam Hypermedia Model Hypermedia. vol. 5, no. 1, 1993. *Herzner, W., Kummer, M.:* MMV-Synchronization Multimedia Documents, Comput. & Graphics. vol. 17, no. 3, 1993. *Rambough, J. et al.*: Object-Oriented Modeling and Design, 1991.

Dr. W. Klas, Prof. Dr. E. J.Neuhold, Darmstadt

Informationsmanagement, strategisches

Begriffserklärung

I. ist der Teil der Unternehmensführung, der für das Erkennen und Umsetzen der Potentiale der Informationstechnik in organisatorische Lösungen und computerunterstützte Anwendungen verantwortlich ist (Österle, 1987).

I. plant langfristig, d.h. auf einen Zeitraum von drei bis fünf Jahren, die betriebliche ↑Informationsverarbeitung. Es sorgt dafür, daß die Planung umgesetzt und kontrolliert wird, ob die Ziele erreicht wurden. Das *I.* verbindet die langfristigen Vorstellungen aus der Unternehmensführung mit der Entwicklung der computerunterstützten Informationsverarbeitung. Ein Beispiel für erfolgreiches *I.* ist die systematische Weiterentwicklung des computergestützten Reservierungssystems SABRE von American Airlines:

Seit Anfang der 60er Jahre hat A.A. systematisch an seinem Reservierungssystem gearbeitet. In den 70er und 80er Jahren wurde der Marktanteil von A.A. stabilisiert und ausgebaut, indem sehr schnell möglichst viele Reisebüros mit Anschlüssen an das System ausgestattet wurden. Die für ein Reisebüro großen Investitionen schlossen es fast aus, daß nach dem Entscheid für SABRE zusätzlich eine Verbindung zu einem Reservierungssystem der Konkurrenz installiert wurde ("Lock in the Customer"). Gesetzliche Vorgaben und Standardisierung der Informationstechnik erzwangen in den 80er Jahren eine Öffnung der Reservierungssysteme. A.A. veränderte die Bildschirmmasken derart, daß an den entscheidenden Stellen Flüge von A.A. standen. Der größten Nutzen für A.A. besteht aber in der Nutzung der Daten aus SABRE für eine deckungsbeitragsorientierte Steuerung des Geschäfts. An Spitzentagen werden fast 10% der 45 Mio. Tarife geändert, um auf Veränderungen des Marktes zu reagieren.

Zielsetzung
Die Ziele und Aufgaben des *I.* sind:

- Stärken der Wettbewerbskraft,
- Nutzen der IT-Potentiale,
- Verbinden von Unternehmensführung und Informationstechnik,
- langfristig koordinierter Aufbau der betrieblichen Informationsverarbeitung.

Problemstellung
I. setzt sich mit folgenden Problemkreisen auseinander:

- systematische Suche nach neuen Einsatzmöglichkeiten der IT;
- Entwickeln einer langfristigen Vorstellung der zukünftigen Anwendungen eines Unternehmens (IS-Architektur);
- Entwickeln der IT-Infrastruktur;
- Formulieren von Projektanträgen;
- Ermitteln der Realisierungsreihenfolge der Projekte (Migrationsplanung).

Inhalte
Das *I.* geht vom Geschäft des Unternehmens aus, von den Strategien, Produkten und Mitarbeitern. Es bildet die Grundlage für die Gestaltung der ↑Informationsverarbeitung. Die computerunterstützten Anwendungen stehen im Mittelpunkt. Ideen für neue Anwendungen werden entwickelt und als Projektvorschläge formuliert. Die IT-Infrastruktur, also die Hard- und die Software, sowie die Netzwerke werden in Abhängigkeit von den zukünftigen Anwendungen geplant. Geschäftliche Prioritäten zeigen an, in welcher Reihenfolge die Projektvorschläge aus unternehmerischer Sicht realisiert werden sollten. Personelle und finanzielle Restriktionen limitieren die Entwicklungsmöglichkeiten der ↑Informationsverarbeitung.

Verfahren, Methoden
Die älteste Methode des *I.* stellt die Methode *Business Systems Planning* dar (IBM, 1984). Seit dem sind in Literatur und Praxis eine Reihe weiterer Methoden entwickelt worden (Earl, 1989; IBM, 1988; Griese, 1990).

Die Abbildung zeigt, wie das *I.* in drei Funktionen gegliedert werden kann, die als Führungskreislauf angeordnet sind (Brenner, 1994).

Die Strategische Planung im Rahmen des Informationsmanagements ist dafür verantwortlich, daß systematisch nach neuen Anwendungen der Informationstechnik im Unternehmen gesucht und eine Vorstellung entwickelt wird, welche Anwendungen und welche IT-Infrastuktur ein Unternehmen benötigt. Die *Strategische Planung* besteht aus folgenden fünf Teilfunktionen :

- Das IT-orientiertes Innovationsmanagement ist für die systematische Suche nach neuen Anwendungsmöglichkeiten der Informationstechnik verantwortlich.
- Die langfristige Planung des Informationssystems entwickelt ein Bild der Anwendungslandschaft, wie sie in drei bis fünf Jahren aussehen soll. Ergebnis ist die ↑Informationssystem-Architektur.
- Die langfristige Planung der IT-Infrastruktur zeigt, welche Hard-, Software

und Netzwerke benötigt werden, um die langfristige Planung des Informationssystems zu realisieren. Ergebnis ist die Informationstechnik-Architektur.

- Die Entwicklungsplanung formuliert aus der langfristigen Planung des Informationssystems und der IT-Infrastruktur Projekte, bewertet sie nach unternehmerischen Kriterien und entwickelt einen Plan. Er zeigt, in welcher Reihenfolge und mit welchen personellen und finanziellen Mitteln die Projekte in den nächsten drei bis fünf Jahren realisiert werden. Ergebnis ist der Entwickungsplan oder das Projektportfolio.
- Die Planung des IV-Leitbildes schafft einen Rahmen für die Entwicklung der ↑Informationsverarbeitung und des Informationsmanagements. Ergebnis ist das IV-Leitbild.

Die *Strategische Umsetzung* des *I.* ist dafür verantwortlich, daß die Ergebnisse der Planung in unternehmerische Lösungen und Anwendungen umgesetzt und daß sie kontinuierlich betrieben werden. Die *Strategische Kontrolle* im Rahmen des *I.* prüft, ob die geplanten Ziele der Anwendungen im Einsatz erreicht werden. Die Kontrolle schließt den Führungskreislauf im Informationsmanagement und stellt sicher, daß aus den Erfahrungen der Vergangenheit Konsequenzen für die Zukunft gezogen werden.

Literatur: Brenner: Konzepte des Informationssystem-Managements, Berlin, 1994. *Earl, M.:* Management Strategies for Information Technology, New York, 1989. *Griese, J.:* Ziele und Aufgaben des Informationsmanagements, in: *Kurbel, K., Strunz, H.,* (Hrsg.), Handbuch Wirtschaftsinformatik, Stuttgart, 1990. *IBM* (Hrsg.): Business Systems Planning, 4. Aufl., Atlanta, 1984. *IBM* (Hrsg.): Information Systems Management, Bd. 1-6, Stuttgart, 1988. *Österle, H.:* Erfolgsfaktor Informatik, in: Information Management 2, 1987.

Prof. Dr. W. Brenner, Freiberg

Informationsstrom
Güterstrom des Unternehmens; führt von der Entstehung der ↑Daten als Inputs von ihren internen und externen Quellen bis hin zu ihrer Verarbeitung, Verwendung.

Informationssystem
Alle Einrichtungen, Handlungen und Vorschriften der Erfassung, Verarbeitung und Verwertung von Daten/Informationen; Kombination von Rechnern und Anwendungen, die Daten in Informationen umwandeln und Daten, sowie Informationen speichern. *I.* muß so beschaffen sein, daß es Daten strukturiert und ordnet, um das Informationsbedürfnis aller Beteiligten am richtigen Ort, zur richtigen Zeit und in der richtigen Verdichtung zu befriedigen. Das Informationssystem dient der Unterstützung administrativer sowie dispositiver Aufgaben und soll strategische Planungen und Entscheidungen optimieren helfen.

Informationssystem, verteiltes
Informationssystem, das Daten unter Berücksichtigung vollständiger Transparenz und Ubiquität dort aufbewahrt, wo sie am häufigsten benötigt werden.

Informationssysteme im Controlling
↑Controlling, Informationssysteme im

Informationssysteme, multimediale
Charakterisierung und Zielsetzung
Als multimedial werden computerbasierte Informationssysteme bezeichnet, deren Benutzerschnittstelle mehrere, verschiedene Nachrichtenträger (Medien) zur effizienteren ↑Mensch-Maschine-Kommunikation integrieren. Derzeit stehen die visuellen und die akustischen Medien (wie Text, Graphik, Rasterbild, Audio und Video etc.) im Vordergrund. Betriebswirtschaftlich relevante *I.* zeichnen sich durch ihre essentielle Unterstützung der Präsentation, Speicherung, Verarbeitung und Übermittlung von ↑multimedialen Informationen aus. Zur Speicherung und Weiterverarbeitung (Editierung, Präsentation, Transfer) im Rechner dieser zumeist analogen ↑Informationen ist ihre digitale Codierung erforderlich (A/D-Wandlung). Die dadurch erzeugten Dateien (z.B. digitalisierte Bild-, Ton-, Textsequenzen) werden als Medienobjekte bezeichnet. Ein *Multimedienobjekt* setzt sich aus mehreren Medienobjekten unterschiedlichen Typs zusammen, so etwa ein Dokument aus Textblöcken, Bildern und Graphiken oder ein Brief aus Textblöcken, die mit Ton und Video annotiert wurden. Eine multimediale An-

wendung wird dadurch charakterisiert, daß sie Eingabedaten verschiedener Medien aufnehmen, verarbeiten und wiederum in verschiedenen Medien ausgeben kann (Meyer-Wegener, 1991).

Dem mit einer digitalen Codierung generell verbundenen Informationsverlust kann prinzipiell durch eine entsprechend hohe Auflösung begegnet werden, die jedoch auf das Kernproblem von audio-visuellen *I.* führt: bereits kurze Anwendungen führen zu einer Flut digitaler Daten, die in Echtzeit verarbeitet, übermittelt oder gespeichert werden muß. So erfordert eine Minute digitalisiertes Video von TV PAL-Qualität einen Speicherbedarf von einem GB; zur Echtzeitübermittlung ist eine Übertragungskapazität von 140 Mbit/s nötig. Multimediale Anwendungen sind somit eine Domäne von sehr leistungsstarken Arbeitsplatzrechnern, die - neben Peripheriegeräten zur Aufnahme und Wiedergabe der Medienobjekte - mit speziellen Massenspeichern und Hilfsprozessoren zur effizienten Datenkompression bzw. -Dekompression ausgerüstet sind. Hauptsächliche Zielsetzung des Einsatzes der aufwendigen Technik von *I.* ist es, über eine Erweiterung und Anreicherung der Benutzerschnittstelle hinausgehend

- für die Entscheidungsprozesse im administrativen und technischen Bereich qualitativ bessere ↑Informationen schneller bereitzustellen und
- effizientere Formen der Mensch-Maschine-Kommunikation, aber auch der Unternehmenskommunikation, sowie des kooperativen Arbeitens zu realisieren.

Peripherie von Multimedia-Personal-Computern

Zieladäquate Multimediaanwendungen, die diesem Anspruch genügen, zeichnen sich daher durch digitalisierte Multimediaobjekte, hohe Interaktivität und vielfältige Steuerungsmöglichkeiten aus.

Entwicklungsstand und Einsatzfelder

Für die vorgenannten Zielsetzungen sind inzwischen geeignete Rechnerkomponenten und Peripheriegeräte verfügbar. Defizite sind jedoch bei großen und zugleich sehr schnellen Massenspeichern, der Integrationsfähigkeit der Komponenten und den für eine unternehmensübergreifende, multimediale Kommunikation erforderlichen Hochgeschwindigkeitsnetzen festzustellen. Anhand von verfügbaren Anwendungen und prototypischen Implementierungen lassen sich fünf betriebswirtschaftlich relevante *Einsatzfelder von I.* identifizieren:

- *Information, Präsentation, Archivierung:* Hierzu gehören Applikationen, wie elektronische Kioske bzw. Kataloge für Reisen, Montageteile, Handelswaren, Vertriebsunterstützung für Immobilienvermittlung, Teleshopping, interaktive Auskunftssysteme für Museen, Touristik etc. und Multimediabibliotheken von Dokumenten, Bild-, Ton-, Videoaufzeichnungen. Erste verteilte Multimediabibliotheken (MOSAIC, ↑World Wide Web) befinden sich im ↑Internet im Aufbau.
- *Kommunikation und kooperatives Arbeiten:* Bei computerunterstützter Teamarbeit, wie der multimedialen ↑Bürokommunikation, oder dem kooperativen Publizieren, generiert eine Konferenzsteuerungssoftware einen für alle Teilnehmer gemeinsamen Arbeitsbereich mit (virtuellen) Wandtafeln. Dort hinein können die Teilnehmer Skizzen oder Graphiken, natürlich auch Texte - etwa Quellcode - aus ihrem lokalen Dateisystem einkopieren (Blackboard Architecture). Dadurch werden diese Medienobjekte den übrigen Teilnehmern zugänglich und können im Team weiter bearbeitet werden. Zusätzlich kommuniziert das Team über einen Audio-/Videokanal. Während die Unternehmenskommunikation mittels *I.* vor allem auf Wettbewerbsvorteile ausgerichtet ist, werden vom kooperativen Publizieren erhebliche Produktivitätsfortschritte durch die Eliminierung von Medienbrüchen auf dem Wege zur reproduktionsreifen Druckvorlage erwartet. Die über ein multimediales Konferenzsystem verbundenen Autoren können ihre Gliederungsalternativen,

Texte und Skizzen zusammen überarbeiten, sowie Illustrationen aus zentralen Bilddatenbanken für die Rohfassung einfügen, um dann in einer erweiterten Konferenz die Endfassung mit dem Herausgeber bzw. Verleger abzustimmen, die dann ohne Medienbruch als reproduktionsfähige Vorlage dem Druckhaus übermittelt wird.

Ausbildung: Multimediale Lernumgebungen sind ein weiteres genuines Einsatzfeld der *I.* Da selbst in einfachen Anwendungen der Lernende selbst über Umfang, Abfolge und Wiederholung von Kursinhalten und Tests bestimmen kann, sind Motivation und Akzeptanz recht hoch. Bei anspruchsvoller Lernsoftware wird die rechnergesteuerte Integration und Präsentation der um ↑Animation und ↑Simulation ergänzten Medienobjekte durch zwei Softwarekonzepte realisiert: ↑Hypermedia und Tutorsysteme: Als *Tutorsystem* wird eine wissensbasierte, interaktive Lernumgebung bezeichnet, in der ein laufend aktualisiertes Verhaltensmodell des Lernenden verwendet wird, um anhand seiner Disposition und Fortschritte die nächsten Medienobjekte seines individuellen Lernpfades auszuwählen. Unter *Hypermedia* wird die Erweiterung der Verweisknoten (links) in Hypertextdokumenten um Multimediaobjekte verstanden. In Hypermediasystemen navigiert der lernende Benutzer selbständig durch die Lernmodule und Medienobjekte. Als weitere Lernumgebung sind *multimediale Labors* zu nennen, mit denen Experimente vom Studenten ausschließlich am Rechner geplant, visualisiert und durchgeführt werden. In Pilotprojekten, wie ECOLE, werden weiterführende Architekturen für verteiltes Lernen unter Einbeziehung von ↑Servern für die Tutorfunktionen und die Multimediabibliotheken untersucht.

- *Analyse und Entwurf:* Zu diesem Einsatzfeld gehören die ↑Simulation und ↑Animation von Prozessen (z.B. in Aerodynamik, Robotik, Logistik), der Entwurf und die Modellierung räumlicher Strukturen (Gebäude, Innenräume, Fahrzeuge, Landschaften). Architekten und Designern steht heute Konstruktionssoftware zur Verfügung, mit der durchgestaltete, räumliche Modelle mit definierten Licht- und Schattenwirkung am Bildschirm konzipiert werden können. Zudem lassen sich Planungsänderungen an einem Gebäudeentwurf interaktiv ausführen, die Varianten aus verschiedenen Perspektiven visualisieren und in ein Rasterbild des Baugebietes einpassen. Wird dem Benutzer durch zusätzliche, taktile Sensoren und Effektoren (Data Glove, Space Ball, Data Suit) ein Bewegungseindruck und durch einen 3-D-Augenmonitor eine Rundumsicht vermittelt, so wird die rechnergenerierte Scheinwelt als Virtual Reality bezeichnet.
- *Überwachung:* Zu diesem Einsatzfeld von *I.* gehören vor allem Applikationen zur Prozeß- und Produktionskontrolle, sowie der Verkehrsüberwachung, die elektronische Leitstände mittels multimedialen Komponenten realisieren.

Hemmnisse

Damit sich *I.* in den genannten, betriebswirtschaftlich relevanten Einsatzfeldern auf breiter Front durchsetzen können, müssen vor allem folgende Defizite beseitigt werden:

- unzureichende Standardisierung der Hardwareschnittstellen, Plattformen und Oberflächen;
- zu geringe Zugriffszeiten und Kapazitäten wiederbeschreibbarer Sekundärspeicher;
- fehlende öffentliche Hochgeschwindigkeitsnetze;
- Probleme der Inhaltserschließung für eine automatische Klassifikation der Medienobjekte in Multimediabibliotheken und -archiven.

Perspektiven

Das zukünftigen Umfeld der betrieblichen Multimediaanwendungen wird wesentlich durch die Verfügbarkeit von Hochgeschwindigkeitsnetzen und verteilten Multimediadatenbanken bestimmt sein. Aus Wirtschaftlichkeitsgründen werden vermehrt Konfigurationen implementiert, in denen Arbeitsplatzrechner auf Datenbankserver zugreifen, die große Multimediadatenbestände kostengünstig zu speichern und zu aktualisieren gestatten. Hierfür und für unternehmensübergreifendes, kooperatives Arbeiten bedarf es - trotz signifikanter Fortschritte bei den Datenkompressionstechniken - hoher Übertragungskapazitäten in Weitverkehrsnetzen.

Im Aufbau befindet sich das ↑Breitband-ISDN mit 140 Mbit/s. Architektur, Protokoll und die Brücken zu lokalen Netzen werden es gestatten, die lokalen Netze der Teilnehmer anzukoppeln. ↑B-ISDN wird bis Ende der 90er Jahre in ein Hochgeschwindigkeitsnetz nach dem SDH-Standard (*Synchrone Digital Hierarchy*) überführt werden. Es wird über eine Bandbreite von 622 MBits/s bzw. 2,5 GBits/s zwischen den Netzknoten verfügen; den Benutzern werden Bandbreiten in Mehrfachen von 64 KBits/s bzw. 2 MBits/s angeboten (Steinmetz, 1993).

Dies bedeutet, daß ab Mitte der 90er Jahre die hohen technischen Voraussetzungen (bei den Netzen, vermutlich auch bei Sekundärspeichern) erfüllt sein werden, um drei wettbewerbsrelevante, betriebliche Einsatzfelder zu erschließen:

- den Zugang zu verteilten oder öffentlichen Multimediadatenbank-Servern mit der Möglichkeit digitales Echtzeit-Video abzurufen;
- die Erweiterung der Unternehmenskommunikation durch die Integration audio-visueller Komponenten beim Informationsaustausch sowohl innerhalb als auch zwischen den Unternehmen;
- die umfassende, kooperative Aufgabenbearbeitung durch räumlich weit entfernte Teilnehmer mittels Multimediakonferenzsystemen.

Literatur: Meyer-Wegener, K.: Multimedia-Datenbanken, Stuttgart, 1991. *Steinmetz, R.*: Multimedia-Technologie: Grundlagen, Komponenten und Systeme, Heidelberg, 1993.

Prof. Dr. M.-R. Wolff, Wuppertal

Informationssysteme, verteilte

Der Übergang von der Industrie- zur ↑Informationsgesellschaft ist nahezu in allen Wirtschaftsbereichen vollzogen. Traditionelle Produktionsfaktoren rücken in den Hintergrund und ↑Information wird mehr und mehr zum entscheidenden Wettbewerbsfaktor beim Kampf um neue Marktanteile und Erhaltung bestehender Marktpositionen. Informationen sind dabei nicht nur von entscheidender Bedeutung für dispositive und administrative Aufgaben, sondern gerade für langfristige, strategische Planungen. Nur Unternehmen, die dieses Potential zu nutzen wissen, werden auf Dauer im nationalen und internationalen Wettbewerb bestehen können.

Information, die nach Stahlknecht als "zweckorientiertes bzw. zielgerichtetes Wissen" (Stahlknecht, 1989) definiert wird, muß zur optimalen Zweckerfüllung am richtigen Ort zur richtigen Zeit und in der richtigen Verdichtung bereitgestellt werden. Am richtigen Ort bedeutet, daß sowohl internen Mitarbeitern in der Verwaltung als auch Vertriebsbeauftragten und anderen extern Beschäftigten der Zugriff auf unternehmenswichtige Informationen jederzeit ermöglicht werden muß. Benötigt bspw. ein sich beim Kunden aufhaltender Vertriebsbeauftragter für den Vertragsabschluß neueste Informationen über Preislisten oder Lagerbestände, so könnte die mangelhafte Kompatibilität zwischen Laptop und zentralem ↑Mainframe-Server die Übertragung der gewünschten Informationen verhindern und somit im Extremfall zu vermeidbaren Umsatzeinbußen führen. Die Informationen müssen zur richtigen Zeit bereitgestellt werden, also genau dann, wenn zur optimalen Entscheidungsfindung auf sie zurückgegriffen werden soll. Veraltete Informationen führen sehr schnell zu Fehlentscheidungen, die ebenfalls wirtschaftliche Nachteile mit sich bringen können. Schließlich müssen sämtliche Daten, die einem Unternehmen aus externen Quellen, sowie aus internen Geschäftsabläufen zufließen, verdichtet werden. Dies bedeutet, daß die für den Entscheidungsträger bzw. Bearbeiter unwichtigen Informationen mittels statistischer Verfahren oder sonstiger Selektionsmethoden herausgefiltert und isoliert werden können.

Das Planen, Steuern und Überwachen der Informationsflüsse in einem Unternehmen erfordert ein effizientes Informationsmanagement, das ohne den Einsatz von Rechnersystemen nicht denkbar wäre. Es werden ↑Systeme benötigt, die Ablaufprozesse in Unternehmen optimieren helfen und Entscheidungsprozesse wirkungsvoll unterstützen. Die Bewältigung der hohen Anforderungen ist jedoch nur möglich, wenn sämtliche Unternehmensressourcen aufeinander abgestimmt wer-

den und *I.* für die optimale Informationsbereitstellung in allen Unternehmensbereichen sorgen.
Ein *I.* ist die Kombination von Rechnern und Anwendungen, die Daten in Informationen umwandeln und Daten sowie Informationen speichern. Das *I.* muß dabei so beschaffen sein, daß es ↑Daten strukturiert und ordnet um das Informationsbedürfnis aller Beteiligten am richtigen Ort, zur richtigen Zeit und in der richtigen Verdichtung zu befriedigen. Das *I.* dient der Unterstützung administrativer sowie dispositiver Aufgaben und soll strategische Planungen und Entscheidungen optimieren helfen.
I. sind heute in nahezu allen Wirtschafts- und Unternehmensbereichen anzutreffen. Dies ist vor allem darauf zurückzuführen, daß Rechnerunterstützung immer preiswerter und leistungsfähiger wird und entsprechende ↑Software für die meisten Problemstellungen am Markt verfügbar ist. So unterscheidet Scheer bspw. für einen Industriebetrieb zwischen funktionsbezogenen und unternehmensbezogenen *I.* Die *funktionsbezogenen I.* werden dabei in den Bereichen Produktion, Technik, Beschaffung, Absatz, Personal, Rechnungswesen und Verwaltung (Büroautomation) eingesetzt und schließlich durch Schaffung geeigneter ↑Schnittstellen zu einem unternehmensbezogenen, integrierten Gesamtsystem der betriebswirtschaftlichen ↑Informationsverarbeitung weiterentwickelt (Scheer, 1988). Einen Überblick über die von Scheer beschriebenen *I.* illustriert die Informationspyramide in der Abbildung.

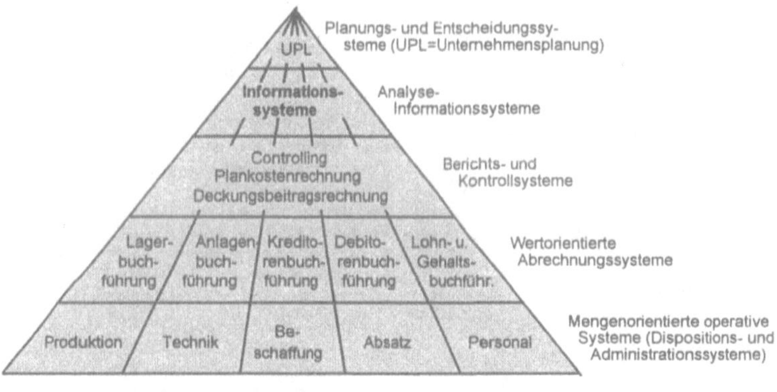

Nach Scheer sind auf der untersten Ebene die *Administrations- und ↑Dispositionssysteme* anzutreffen, die eng mit den mengenorientierten Prozessen der Leistungserstellung in einem Unternehmen verknüpft sind. Hier werden die durch alltägliche Geschäftsvorfälle und Produktionsprozesse anfallenden Daten erfaßt und gespeichert. Typische Funktionsbereiche für diese Systeme sind Beschaffung, Produktion, Absatz und Personalverwaltung. Die Bearbeitung und Bereitstellung der ↑Daten für weitergehende Zwecke erfolgt in der ersten Verdichtungsstufe. Hier werden bspw. Daten aus Beschaffungsvorgängen in die Kreditorenbuchführung oder Daten aus Produktionsprozessen in die Lagerbuchführung übertragen. Es wird also durch den Einsatz von wertorientierten Abrechnungssystemen erstmals möglich, betriebswirtschaftliche Informationen über Lieferanten, Kunden, Lagerbestände etc. zu ermitteln. Die nächste Verdichtungsstufe bilden die *Berichts- und Kontrollsysteme*, die mengen- und wertorientierte Daten aus den unteren Stufen übernehmen um diese durch Umwandlung in komprimierte Informationen für Überwachungs- und kurzfristige Entscheidungsprozesse verfügbar zu machen. Derartige *Controllingsysteme* können bereichsspezifisch gegliedert sein oder aber auch als übergreifende Berichtssysteme gestaltet werden. Die *Analyse- und Informationssysteme* in der nächsten Verdichtungsstufe beziehen neben den Daten aus den unteren Ebenen erstmals externe Informationsquellen ein. Es wird somit ermöglicht, Daten und Informationen über Märkte, Produkte, Käuferverhalten, potentielle Lieferanten etc. in das *I.* des Unternehmens zur Vorbereitung strategischer Entscheidungen zu integrieren. Die in dieser Stufe implementierten *I.* sind je nach Funktionsbereich *Produktions-, Technik-, Beschaffungs-, Marketing- oder Personal-I.* Die oberste Verdichtungsstufe schließlich bilden die ↑*Planungs- und Entscheidungssysteme*, die auf der Ebene der Unternehmensplanung angesiedelt sind. Hier werden sämtliche Informationen bereitgestellt, die für langfristige Entscheidungen benötigt werden und somit für das Unternehmen von erheblicher Tragweite sind (Scheer, 1988).

Von entscheidender Bedeutung für ein optimales Zusammenspiel der verschiedenen *I.* ist das Vorhandensein von einheitlich festgelegten Schnittstellen, die die Informationsübergabe und somit eine Informationsweiterverarbeitung von Stufe zu Stufe ohne Einschränkungen ermöglichen. Ein hochentwickeltes *Gesamt-I.* muß in der Lage sein, die auf der ersten Stufe entstehenden Werte, sowie die aus externen Quellen bezogenen Daten in einem einheitlichen Gesamtdatenmodell abzubilden und die ↑Informationen allen Beteiligten jederzeit zur Verfügung zu stellen.

Weitere *I.*, die erst in den letzten Jahren größere Bedeutung erlangt haben, sind ↑Büroinformationssysteme, strategische *I.* und ↑Expertensysteme. *Büro-I. (Office Information Systems)* umfassen sämtliche Techniken zur ↑Steuerung und Überwachung des Informations- und Datenflusses zwischen allen anderen in einem Unternehmen vorzufindenden Informationen. Dazu zählen bspw. Voice und ↑Electronic Mail, normierter Dokumentenaustausch (↑Electronic Data Interchange), Zugriffsverfahren auf externe und interne ↑Datenbanken, ↑LAN-Verwaltung etc. Das Büro-*I.* stellt somit das Rückgrat für das effiziente Zusammenspiel der verschiedenen *I.* in einem Unternehmen dar. *Strategische I. (Strategic Information Systems)* dienen der Verwendung strategischer ↑Informationen zur Erlangung weiterer Wettbewerbsvorteile. ↑*Expertensysteme* schließlich sollen den Mitarbeiter noch intensiver bei Erledigung seiner Aufgaben unterstützen (McKeown, 1993).

Die bisher gemachten Ausführungen sollen verdeutlichen, daß es viele Arten von *I.* gibt, deren Fähigkeiten sich oftmals überschneiden. Klassische Beispiele für weitere *I.* sind Platzbuchungssysteme, Logistiksysteme und Bibliotheksverwaltungssysteme. *I.* existierten an sich schon immer dort, wo Informationen systematisch verwaltet und bereitgestellt werden. Große Bedeutung haben sie jedoch erst durch Unterstützung des Computers erlangt, so daß sie heute aus keinem Unternehmen oder sonstigen Wirtschaftsbereichen mehr wegzudenken sind.

Kern klassischer *I.* war und ist auch heute noch in vielen Bereichen ein ↑Datenbanksystem in einer zentralisierten Großrechnerumgebung. Exponentiell wachsende Datenbestände, steigende Anwenderzahlen und flachere Organisationsstrukturen erfordern jedoch ein Umdenken hinsichtlich der Verteilung der Daten in einem Unternehmen. Demnach fordert bspw. Vetter, Daten örtlich dort zu speichern, wo sie am häufigsten benötigt werden und dem Nutzer die unternehmensrelevanten Daten zu jeder Zeit an jedem Ort vollständig transparent bereitzustellen (Vetter, 1991). Vollständige Transparenz bedeutet, daß der Nutzer keinerlei Kenntnis über den physischen Aufbewahrungsort der Daten besitzen muß. Neben der vollständigen Transparenz stellt Esswein an verteilte Datenbanksysteme die Forderung nach Ubiquität: Von jedem Teilsystem aus kann auf sämtliche Daten des Gesamtsystems zugegriffen werden (Esswein, 1993).

Die Entwicklung dezentraler ↑Client/Server-Architekturen - verbunden mit den rasanten Fortschritten der Kommunikationstechnologie - macht es möglich, Verbindungen zwischen weitverstreuten Standorten auf Basis von Hochgeschwindigkeitsnetzen zu realisieren. Neben ↑PC, ↑Workstations und Midrange-Rechnern werden ↑Mainframes an unterschiedlichsten Standorten zu einem unternehmensweiten ↑Rechnernetz zusammengeschlossen. Diese infrastrukturelle Basis schafft die Voraussetzung für ein unternehmensweites, *verteiltes I.*

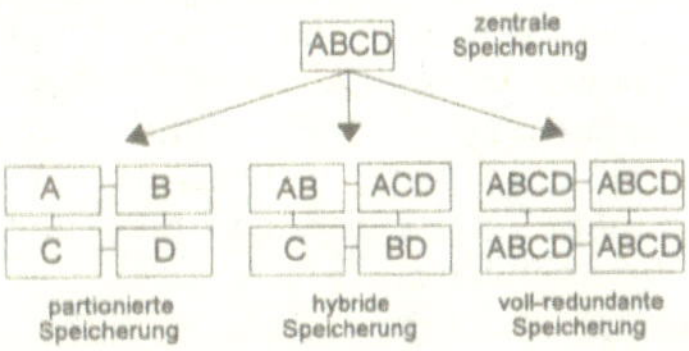

Ein *verteiltes I.* kann somit aufgefaßt werden als ein *I.*, das ↑Daten unter Berücksichtigung vollständiger Transparenz und Ubiquität dort aufbewahrt, wo sie am häufigsten benötigt werden. Die physische Verteilung der Daten muß dabei einhergehen mit der vollständigen logischen Integration der einzelnen Datenbestände zu einem unternehmensweiten *Gesamt-I.*

Den Nutzern eines *verteilten I.* wird also ein System zur Verfügung gestellt, das die Erledigung ihrer Tätigkeiten optimal unterstützt. Durch Verwendung dezentral gespeicherter Daten mittels verteilter ↑Datenbankmanagementsysteme - kombiniert mit der Leistungsfähigkeit moderner *I.* wird die Aufgabenerledigung schneller, effizienter und kostengünstiger. Im einzelnen bieten *verteilte I.* folgende Vorteile:

- Reduzierung der Leitungskosten für Übertragungswege der öffentlichen Netzbetreiber;
- Kombination der Leistungsfähigkeit dezentraler Datenbankserver mit der Graphikfähigkeit und ↑Benutzerfreundlichkeit angeschlossener ↑Clients (↑PC und ↑Workstations);
- Verringerung der Ausfallwahrscheinlichkeit des Gesamtsystems bei Fehlfunktionen eines Teilsystems;
- kürzere Antwortzeiten und schnellere Verfügbarkeit dezentraler Rechenleistung (Performance);
- höherer Grad der Anpassung an Aufbaustrukturen eines Unternehmens;
- Dezentralisierung der Verantwortung in Richtung Nutzer;
- Kostenreduzierung durch Verwendung von ↑PC, ↑Workstations und Abteilungsrechnern anstatt teurer Großrechner.

Mit *verteilten I.* sind jedoch auch Nachteile und Gefahren verbunden, die nicht unterschätzt werden dürfen. Nach Özsu und Valduriez zählen dazu bspw. die fehlende Erfahrung mit verteilten ↑Datenbanksystemen, die größere Komplexität solcher ↑Systeme, die höheren Kosten für komplexere ↑Software, der größere Koordinationsaufwand sowie Sicherheitsvorkehrungen (Özsu, 1991). Mit Sicherheitsvorkehrungen ist der Schutz der zwischen verschiedenen Standorten zu übertragenden Daten gegen Verfälschung und Verlust gemeint. Koordinationsaufwand entsteht neben der schwierigen Planung des *verteilten I.* durch Synchronisation der Datenbankzugriffe, sowie Erhaltung der Konsistenz und Redundanzfreiheit im Gesamtsystem.

Bei der Entwicklung von *verteilten I.* stellt sich die Frage, welche Verteilungsstrategien und Verteilungsgranularitäten gewählt werden sollen. Hinsichtlich der Verteilungsstrategien lassen sich folgende Speicherungsformen unterscheiden: partitionierte und voll-redundante Speicherung, sowie Mischformen derselben (Esswein, 1993).

Bei der voll-redundanten Speicherung ergibt sich das Problem, daß hierbei zwar die schnellste Verfügbarkeit der Daten gewährleistet ist, aber ein großer Speicherbedarf, sowie ein hoher Aufwand zur Konsistenzsicherung der ↑Daten notwendig sind. Ferner muß bei Ausfall eines Teilsystems gewährleistet sein, daß Datenänderungen in anderen ↑Systemen nach Wiederanlauf des Teilsystems dort ebenfalls berücksichtigt werden. Die partitionierte Speicherung nutzt die Speicherressourcen der Rechner optimal aus, indem jedes Datum nur einmal im Gesamtsystem gespeichert wird. Probleme ergeben sich jedoch, wenn ein Teilsystem ausfällt, weil der Zugriff auf Daten dieses Teilsystems dann nicht mehr möglich ist. Außerdem wird oftmals das Problem auftreten, daß die gewünschten Daten auf entfernten Systemen untergebracht sind, wodurch die Verfügbarkeit für den Nutzer verlangsamt wird. Esswein schlägt deshalb für den praktischen Einsatz eine hybride Speicherungsform vor. Dabei werden Daten, welche selten verändert werden, dort gespeichert, wo lesend auf sie zugegriffen wird. Daten, die häufigen

Änderungen unterliegen, werden dort gehalten, wo die meisten Änderungen vorgenommen werden (Esswein, 1993).
Neben den Verteilungsstrategien legt die Verteilungsgranularität weitere Aspekte der Datenverteilung in einem ↑verteilten System fest. So ist es bspw. möglich, in einem ↑relationalen Datenbankmodell vollständige Relationen oder Teile von Relationen auf unterschiedliche Systeme zu verteilen. Die zweite Variante, eine Zersplitterung von Relationen, wird als fragmentierte Verteilung bezeichnet. Verschiedene Fragmentierungsformen sind dabei vertikale, horizontale und abgeleitet-horizontale, sowie hybride Fragmentierung als Mischform (Esswein, 1993). Beispiele für vertikale und horizontale Fragmentierungsformen illustriert die Abbildung.

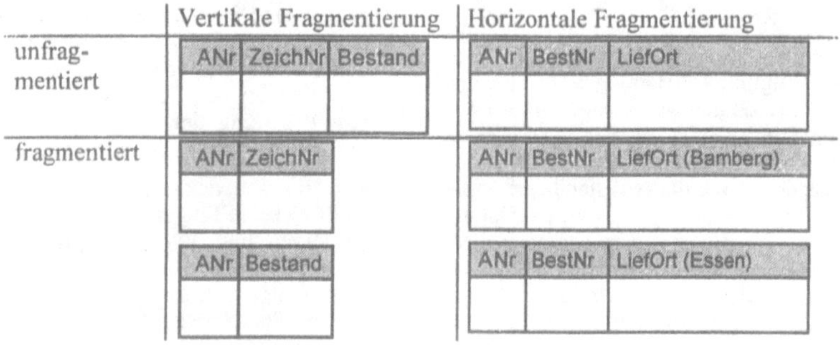

Die vertikale Fragmentierung teilt eine Relation in mehrere Relationen auf, wobei die neu entstehenden Relationen dieselben Schlüsselattribute beibehalten, jedoch unterschiedliche Nichtschlüsselattribute besitzen. Die horizontale Fragmentierung hingegen erzeugt aus der Ursprungsrelation neue Relationen unter Beibehaltung der Attributbezeichnungen. Die neuen Relationen unterscheiden sich jedoch durch die Wertebereiche zumindest eines ↑Attributs (Esswein, 1993).

Literatur: Esswein, W.: Modellierung der Verteilbarkeit betrieblicher Daten, in: VDI-Fortschritt Berichte, Reihe 10, Düsseldorf, 1993. *McKeown, P.G., Leitch, R.A.*: Management Information Systems, The Dryden Press, 1993. *Özsu, M.T., Valduriez, P.*: Principles of Distributed Database Systems, New Jersey, 1991. *Scheer, A.-W.*: Wirtschaftsinformatik, 2. Aufl., Berlin, 1988. *Stahlknecht, P.*: Einführung in die Wirtschaftsinformatik, 4. Aufl., Berlin, 1989. *Vetter, M.*: Aufbau betrieblicher Informationssysteme mittels objektorientierter, konzeptioneller Datenmodellierung, 7. Aufl., Stuttgart, 1991.

Prof. Dr. H. Locarek-Junge, Essen

Informationssystemen, Planung von

Begriffserklärung

Der Begriff der *I.* setzt ein ganzheitliches Verständnis des Begriffs des *Informationssystems* voraus. Entsprechend ist im Zusammenhang mit dem *I.* die Gesamtheit aller betrieblichen Abläufe und Tätigkeiten gemeint, welche sich mit ↑Objekten der Art ↑*Information* befassen. Grundlage dieses Verständnisses von betrieblichen *I.* bildet das ↑Unternehmensmodell von Grochla, welches Unternehmen in betriebliche Basissysteme und *betriebliche I.* als betriebliche Teilsysteme aufteilt, die gegeneinander und gegenüber der Umwelt des Unternehmens abgegrenzt sind. Grochla ordnet dem *I.* alle Planungs-, Steuerungs- sowie Kontrollaufgaben und dem Basissystem alle Aufgaben der betrieblichen Leistungserstellung zu (Grochla, 1975). Unter Planung von *I.* wird die zielgerichtete Entscheidung über eine gute Gestalt des *I.* verstanden.

Aufgabe

Die Ziele der Planung ergeben sich aus den Zielen, welche durch die *I.* verfolgt werden und somit den Unternehmenszie-

Informationssystemen, Planung von

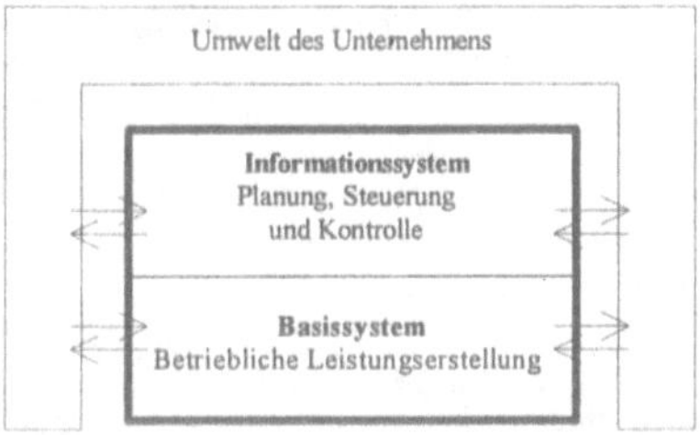

len, welche den Zweck beschreiben, zu dem das Unternehmen gegründet wurde und betrieben wird. Der Unternehmenszweck stellt die Sachziele für die Aufgaben des Unternehmens dar. Die Umsetzung dieser generellen Unternehmensziele in operable Teilziele wird durch das *Zielsystem des Unternehmens* geleistet. Die Erstellung und Pflege des Zielsystems gehört zu den Planungs- und Entscheidungsaufgaben des betrieblichen *I.* Die Ziele werden bei der Durchführung betrieblicher Aufgaben verfolgt. Sachziele beziehen sich auf den Gegenstand, d.h. auf den "Was"-Aspekt einer Aufgabe. Im Gegensatz dazu beziehen sich Formalziele auf die Art und Weise der Aufgabendurchführung, d.h. auf den "Wie"-Aspekt einer Aufgabe.

Ist eine Aufgabe zu komplex, um sie unmittelbar einem Aufgabenträger zuordnen zu können, so wird die Aufgabe in Teilaufgaben zerlegt. Kriterien für die Aufgabenzerlegung ergeben sich aus der Zuordnung von Formalzielen. Die Formalziele, die zum Entstehen der einzelnen Teilaufgaben geführt haben, gehen somit in die Sachziele der Teilaufgaben ein. Die Aufgabenzerlegung wird solange fortgesetzt, bis für jede Teilaufgabe ein geeigneter Aufgabenträger zur Verfügung steht. Die Aufgabenzerlegung und der Zielbildungsprozeß des Unternehmens sind auf diese Weise untrennbar miteinander verbunden. Betriebliche Aufgaben haben über das Zielsystem einen Zusammenhang, welcher bei der Aufgabendurchfühung durch Abstimmung der Aufgabenträger untereinander berücksichtigt werden muß. Diese Abstimmung erfolgt über den Austausch von Informationen. Im Rahmen des Zielbildungsprozesses ordnet sich das betriebliche *I.* u.a. folgende weitere Ziele zu:

- Gewinnung aller erforderlichen Informationen über das betriebliche Basissystem und über die Umwelt (Sachziel), mit der Maßgabe der Richtigkeit, Vollständigkeit, Aktualität (Formalziel);
- Aufbereitung der gewonnenen Informationen (Sachziel), so daß diese in geeigneter Form vorliegen (Formalziel). Die geeignete Form ergibt sich aus der Verwendung der Informationen durch die Aufgaben (z.B. sind für Aufgaben im Controlling Informationen getrennt nach Verantwortungsbereichen aufzubereiten);
- Planung, Steuerung und Kontrolle des betrieblichen Basissystems (Sachziel) in der Weise, daß das Verhalten des Basissystems der Erfüllung der Unternehmensziele dient (Formalziel).

Die Aufgabe der Planung ergibt sich somit als Gestaltungsaufgabe von *I.*, welche die genannten Ziele erreichen. Gestaltungsaufgaben lassen sich nach der allgemeinen Methode des modellorientierten Problemlösens in Abstraktions-, Transformations- sowie Umsetzungsaufgaben aufgliedern. Die Planung umfaßt die Analyse des *I.*, das Finden einer guten bzw. besseren Gestalt, sowie die Festlegung der zur Realisierung der Gestalt notwendigen Schritte.

Inhalte

Die Planung läßt sich nach der Fristigkeit ihrer Umsetzung, sowie nach dem Gegenstand unterscheiden. Langfristige Planungen orientieren sich stark an unsicheren Erwartungen und werden als strategische Planungen bezeichnet. Mittelfristige Planungen umfassen die Gestaltung der *I.* in einem überschaubaren Zeitraum und bilden das Kernstück der Planung. Kurzfristige Planungen fallen in den Bereich des operativen ↑Informationsmanagements. Als Gegenstände lassen sich automatisierte Teile der *I.*, die ↑Anwendungssysteme, sowie von den Aufgabenträgern losgelöste betriebliche Aufgaben und deren Koordination unterscheiden. Der Untersuchungsgegenstand der strategischen *I.*-Planung, die als Teil der gesamten strategischen Planung im Unternehmen verstanden wird, ist das Gesamtunternehmen. Als Ziele sind die Realisierung von Kostensenkungspotentialen durch Optimierung von Prozessen innerhalb der Wertschöpfungskette, die

Errichtung von Markteintrittsbarrieren, oder eine Stärkung der Verhandlungsposition gegenüber Geschäftspartnern durch eine höhere Markttransparenz zu nennen. Ebenso werden unmittelbar spezifische Unternehmensstrategien, wie Kostenführerschaft oder Differenzierungsstrategien unterstützt (Heinrich, 1992). Für die Durchführung der strategischen Planung ist ein Rahmen für das *I.* vorzugeben. Solche Generalbebauungspläne werden auch als *Architekturmodelle von Informationssystemen* bezeichnet. Diese Modelle definieren verschiedene Sichtweisen auf das *I.* und bestimmen, auf welche Art diese Sichten in Beziehung zu setzen sind. In diese Kategorie fällt bspw. die ↑*Architektur integrierter Informationssysteme (ARIS)* von (Scheer, 1992). ARIS verbindet die Steuerungs-, die Organisations-, die Daten- und die Vorgangs- oder Funktionssicht. Ein weiteres Modell dieser Art ist die ↑*Informationssystemarchitektur (ISA)* von (Krcmar, 1990). In Erweiterung zu ARIS wird im ISA-Modell u.a. die Unternehmensstrategie aufgenommen. Informationssystemarchitekturen verfolgen im wesentlichen vier Ziele: zum einen wird die vertikale Integrität, d.h. die Unterstützung verschiedener Abstraktionsebenen von der Analyse bis zur Implementierung von Anwendungssystemen gefordert, zum anderen die horizontale Integrität, d.h. die Bereitstellung einer Infrastruktur, erwartet. Daneben werden Flexibilität und Verständlichkeit für die unterschiedlichsten Nutzergruppen gefordert.
Eine Methode der strategischen Planung ist das *Business Systems Planning* von (IBM, 1979). Bei dieser Methode werden sog. "Nutzt"-Beziehungen zwischen Geschäftsprozessen, Datenklassen und Organisationseinheiten in Matrizen gegenübergestellt. Es konzentriert sich stark auf Anwendungssysteme, welche so abgegrenzt werden, daß möglichst enge Austauschbeziehungen zwischen diesen entstehen. Die Methode enthält ferner ein Vorgehensmodell, wie die Planung durchzuführen ist.
Aus der strategischen *I.*-Planung sind Maßnahmen abzuleiten, die in der mittelfristigen und operativen *I.*-Planung umgesetzt werden. Die gesamtheitliche mittelfristige Planung hat konzeptuellen Charakter. Bei ihr stehen Informationsobjekte und ihre Verwendung bei der Durchführung betrieblicher Aufgaben im Vordergrund. Ganzheitliche Planung ist daher nur in Abstimmung mit rein betriebswirtschaftlichen Planungen, wie der Organisationsplanung sinnvoll. Die Modelle zur Analyse und Darstellung von geplanten *I.* lassen sich in die konzeptuellen Datenmodelle, die funktionsorientierten, sowie die ↑objektorientierten Modelle gliedern.
Konzeptuelle Datenmodelle sind i.d.R. Erweiterungen des ↑*Entity Relationship-Modells (ERM) von Chen.* In ihnen werden auf Typebene Informationsobjekte, sowie die Beziehungen zwischen den Objekten dargestellt. Im Gegensatz zur Verwendung des ERM für den Entwurf von Anwendungssystemen werden in konzeptuellen Modellen alle Informationsobjekte dargestellt, unabhängig davon, ob sie maschinell gespeichert werden oder nicht. Ein gesamtheitliches konzeptuelles Datenmodell eines Unternehmens wird auch als Architekturplan des betrieblichen *I.* bezeichnet.
Die *funktionsorientierten Modelle* stellen betriebliche Funktionen, ihre Reihenfolgebeziehungen und die Informationsinhalte, welche von einer Funktion an die nächste weitergeleitet werden, dar. Das Modell dieser Gruppe mit der größten Verbreitung ist der *Datenflußplan,* sowie erweiterte Modelle, wie z.B. die *strukturierte Analyse.* Wegen der unzureichenden Strukturierungselemente der Modelle lassen sich funktionsorientierte Modelle kaum für Gesamtdarstellungen des betrieblichen *I.* verwenden.
Objektorientierte Modelle streben die Integration der Datensicht und der Funktionssicht auf das betriebliche *I.* an, indem sie zusammengehörige Daten und Funktionen in Objekten kapseln. Die Objekte kommunizieren untereinander über ↑Nachrichten. Neben dieser Gemeinsamkeit läßt sich bislang kein vorherrschendes objektorientiertes Modell erkennen; die Frage der Objektidentifikation und Abgrenzung im Modellierungsprozeß ist bei den meisten Modellen ungeklärt.
Geschäftsprozeßmodelle unterstellen einen sachlogischen Zusammenhang zwi-

schen betrieblichen Aufgaben und betonen den Verhaltensaspekt betrieblicher *I.* Sie stützen sich auf ein oder mehrere der oben beschriebenen Modell-Paradigmen. Eine Gruppe von so zusammengehörenden Aufgaben bildet einen ↑Geschäftsprozeß, welcher einerseits durch seine Beziehungen zu anderen Geschäftsprozessen und andererseits durch seine innere Struktur modelliert werden kann. Die Abgrenzung der ↑Anwendungssysteme stützt sich auf die *gesamtheitliche Planung*, deren Modelle auch die Integration der Anwendungssysteme sicherstellen. Für die Entwicklung von Anwendungssystemen können Teilmodelle weiterverwendet werden (Datenmodellierung, Software Engineering).

Literatur: Grochla, E.: Betriebliche Planungs- und Informationssysteme, Reinbek, 1975. *IBM*: Business Systems Planning, IBM Form GE12-1400-1, 1979. *Krcmar, H.*: Bedeutung und Ziele von Informationssystem-Architekturen, in: Wirtschaftsinformatik, 32. Jg., Nr. 5, 1990. *Scheer, A.-W.*: Architektur integrierter Informationssysteme, 2. Aufl., Berlin, 1992.

Prof. Dr. W. Esswein, Dresden

Informationstechnik, Sicherheit in der
↑Sicherheit in der Informationstechnik

Informationsverarbeitung
Verarbeitung von ↑Daten, deren Weitergabe bzw. Übertragung mit Hilfe von Kommunikationssystemen.

Informationsverarbeitung in den betrieblichen Funktionsbereichen

Begriffserklärungen und Zielsetzung

Als *betriebliche Funktionsbereiche* sollen - der klassischen Einteilung der Betriebswirtschaftslehre folgend - die Bereiche Beschaffung (einschließlich Lagerhaltung), Produktion und Vertrieb verstanden werden. Hinzu kommt der Verwaltungssektor mit den Bereichen Finanz- und Rechnungswesen, Personalwesen und allgemeine Verwaltung. Auf den in größeren Unternehmen vielfach eingerichteten Bereich Forschung und Entwicklung wird hier nicht eingegangen. Selbstverständlich entfällt der Bereich Produktion in Handelsbetrieben.

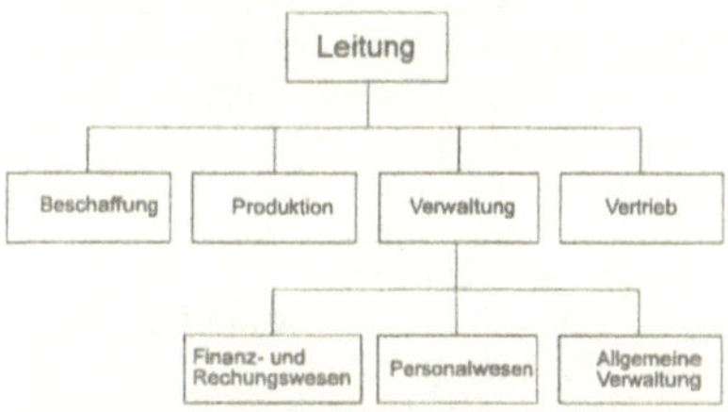

Die ↑*Informationsverarbeitung* umfaßt sowohl die Verarbeitung von Daten als auch deren Weitergabe bzw. Übertragung mit Hilfe von Kommunikationssystemen. Sie hat die generelle Zielsetzung, an den betrieblichen Arbeitsplätzen aller Hierarchieebenen die dort benötigten Informationen zur richtigen Zeit und in geeigneter Form zur Verfügung zu stellen.

Aufgaben und Nutzenpotentiale

Abgeleitet aus der generellen Zielsetzung hat die Informationsverarbeitung die folgenden Aufgaben:

- die Abrechnung von Massendaten zu vereinfachen, z.B. in der Finanzbuchhaltung oder im Personalwesen;
- dispositive Auswahlentscheidungen zu erleichtern, z.B. im Bestellwesen oder in der Sortimentsgestaltung;
- Basismaterial für Führungsaufgaben, (Planung, Kontrolle etc.) bereitzustellen.

Die Nutzenpotentiale können in quantifizierbare (und zum Teil monetär bewertbare) Vorteile und nicht oder schwer quantifizierbare (qualitative) Vorteile unterteilt werden (Stahlknecht, 1993). Dabei gehören u.a. zur ersten Gruppe

- Kosten- und Materialeinsparungen,
- Personalreduzierung,
- kürzere Bearbeitungszeiten,
- höherer Servicegrad,
- bessere Kapazitätsauslastung und zur zweiten Gruppe
- erhöhte Datenaktualität,
- umfassendere Information,
- stärkere Kundenbindung,
- gesteigertes Unternehmensimage.

Die zuletzt genannten Vorteile werden auch als strategische Nutzenpotentiale bezeichnet.

Leistungsumfang

Der Einsatz der Informationsverarbeitung erfolgt in Form von IV-Anwendungssystemen, die jeweils aus

- einer Reihe zusammengehörender Computerprogramme und
- zugehörigen Dateien/Datenbanken

bestehen und zum Betrieb Hardware, sowie meistens auch Kommunikationseinrichtungen benötigen. Jedes IV-Anwendungssystem läßt sich

- durch seinen Leistungsumfang (WAS leistet das System?) und
- durch seine IV-technische Realisierung (WIE arbeitet das System?)

beschreiben. Der Leistungsumfang der betrieblichen IV-Anwendungssysteme ergibt sich aus der (von Mertens, 1993 vorgeschlagenen) Einteilung in

- *Administrationssysteme* für die Verwaltung von Datenbeständen und für Abrechnungsaufgaben,
- *Dispositionssysteme* für die Unterstützung kurzfristiger dispositiver Eintscheidungen auf den operativen Ebenen,
- *(Führungs-) Informationssysteme* für die Bereitstellung von ↑Informationen für alle Führungskräfte.

Der Leistungsumfang der "klassischen" betrieblichen Administrations- und Dispositionssysteme lassen sich tabellarisch zusammenstellen (Schweitzer, 1994). Falls es sich bei der Produktion um einen Fertigungsbetrieb handelt, sind die Funktionen des Produktionsbereichs in ↑PPS (↑Produktionsplanungs- und -steuerungs) -Systemen zusammengefaßt. Zu den aufgeführten Anwendungen kommen u.a.

- im Produktionsbereich technische Anwendungen wie ↑CAD (Computer Aided Design) und ↑CAM (Computer Aided Manufacturing), sowie Anwendungen für die innerbetriebliche (Transport- und Entsorgungs-) Logistik;
- im Vertriebsbereich die Versandlogistik (Versand- und ↑Tourenplanung), sowie die Außendienstunterstützung;
- im Finanzwesen die Anlagenrechnung, die Liquiditätsplanung, sowie die ↑Bilanzanalyse mit Kennzahlenrechnungen hinzu.

Sämtliche Administrations- und ↑Dispositionssysteme setzen eine umfassende Stammdatenverwaltung (einschl. Stücklisten und Arbeitsplänen) voraus.

Beschaffung	Produktion	Vertrieb
Bestandsführung Bedarfsermittlung Bestellwesen Wareneingangskontrolle	Materialbedarfsplanung Produktionsplanung Produktionssteuerung	Angebotsbearbeitung Auftragsbearbeitung Fakturierung
Finanzwesen	**Kostenrechnung**	**Personalwesen**
Debitorenbuchhaltung Kreditorenbuchhaltung Sachbuchhaltung Abschlüsse	Kostenstellenrechnung Kostenträgerrechnung Ergebnisrechnung	Personalverwaltung Personalabrechnung Zeitwirtschaft

Die Aufgaben des Verwaltungssektors werden in erster Linie durch ↑Bürokommunikationssysteme unterstützt. Dazu gehören hauptsächlich Textverarbeitung, Schreibtischverwaltung (Termine, Adressen, Wiedervorlage), ↑Archivierung (Ablage) in der modernen Form des Imaging, sowie die inner- und überbetriebliche Sprach- und Datenkommunikation. ↑Führungsinformationssysteme beinhalten

- die internen Informationen, die im wesentlichen durch Selektion und Aggregierung von Daten aus den Administrations- und Dispositionssystemen gewonnen werden;
- die externen Informationen, die manuell erfaßt oder durch Zugriff auf (externe) online-Datenbanken beschafft werden.

Eine große Anzahl der mit Hilfe von Dispositions- oder ↑Führungsinformationssystemen durchzuführenden betrieblichen Auswahl- und Entscheidungsprozesse läßt sich durch wissensbasierte Systeme, so ↑Expertensysteme, wirkungsvoll unterstützen (Mertens, Griese,1993).

Realisierungsformen

Für den Einsatz und die Nutzung von IV-↑Anwendungssystemen gibt es eine Vielzahl von Alternativen. Zu unterscheiden ist (Stahlknecht, 1993)

- auf welcher Hardware der Einsatz erfolgt: Zentralrechner (↑Mainframe), Abteilungsrechner, isolierte (Stand Alone) oder vernetzte ↑Mikrocomputer;
- welche Vernetzungskonzepte ausgewandt werden: Rechnerfernnetze, lokale Netze (einschl. ↑Client/Server-Modelle), Kombinationen einschl. Telekommunikationsanlagen für Sprachübertragung;
- wie die Datenbestände organisiert sind: separate bzw. integrierte Dateiverwaltung oder Datenbankorganisation;
- in welchen Formen das ↑Anwendungssystem genutzt wird: im ↑Dialogbetrieb, z.B. als Transaktionssystem und/ oder im ↑Stapelbetrieb;
- wie die Software bereitgestellt wird: als ↑Individual- oder als (betriebsindividuell angepaßte) ↑Standardsoftware;
- wer die gesamte IV-Leistung zur Verfügung stellt: innerbetriebliche IV-Abteilung oder externe Unternehmen (↑Outsourcing).

Den Idealfall bildet eine, aus einem sog. ↑Unternehmensdatenmodell (Scheer, 1994) abgeleitete zentrale (relationale) ↑Datenbank, auf die alle betrieblichen IV-↑Anwendungssysteme zugreifen und die darüber hinaus flexible Datenabfragen und -auswertungen an allen (zugriffsberechtigten) betrieblichen Arbeitsplätzen gestattet.

Entwicklungstendenzen

Entwicklungstendenzen bei den Realisierungsformen sind:

- Übergang von zentralen Lösungen entweder zu noch konzentrierteren Großrechnersystemen oder zu vernetzten Mikrocomputersystemen auf der Basis von Client/Server-Modellen;
- Ablösung der Datei- durch die Datenbankorganisation;
- strikte Befolgung folgenden Grundsatzes "Standardsoftware geht vor Individualsoftware".

Das moderne betriebliche Organisationskonzept der Geschäftsprozeßorientierung anhand von Vorgangsketten wird durch bereichsübergreifende Datenbanken in Verbindung mit ebenfalls bereichsübergreifend vernetzten Arbeitsplätzen unterstützt bzw. überhaupt erst ermöglicht.

Eine wesentliche Ausdehnung der betrieblichen IV-Anwendungssysteme bedeutet die zunehmende Integration von Partnerunternehmen (Kunden, Lieferanten, Banken, Versicherungen, Verwaltungen u.a.) mit Hilfe des elektronischen Datenaustauschs *(↑EDI, Electronic Data* Interchange; Stahlknecht, 1993). Bspw. lassen sich dadurch bei der Beschaffung die Lieferzeiten wesentlich verkürzen und der Aufwand für die ↑Datenerfassung bei allen beteiligten Unternehmen wesentlich reduzieren. Erwartet wird eine Ausweitung des elektronischen Datenaustauschs zum *Elektronischen Markt*, auf dem sämtliche Informationen über alle Stufen des überbetrieblichen Güter-/ Dienstleistungsaustauschs (Informationsbeschaffung, Vertragsgestaltung, Transaktionsabwicklung) über vernetzte Computer ausgetauscht werden.

Literatur: Mertens, P.: Integrierte Informationsverarbeitung I, Administrations- und Dispositionssysteme in der Industrie, 9. Auf„ Wiesbaden, 1993. *Mertens, P., Griese, J.*: Integrierte Informationsverarbeitung II, Planungs- und Kontrollsysteme in der Industrie, 7. Aufl., Wiesbaden, 1993. *Scheer, A.-W.*: Wirtschaftsinformatik, 4. Aufl., Berlin, 1994. *Schweitzer, M.*: Industriebetriebslehre, 2. Aufl., München, 1994. *Stahlknecht, P.*: Einführung in die Wirtschaftsinformatik, 6. Aufl., Berlin, 1993.

Prof. Dr. P. Stahlknecht, Osnabrück

Informationsverarbeitung in der Logistik, integrierte

Mit Logistikkonzepten und geeigneten ↑Informations- und Kommunikationssystemen versuchen zahlreiche Unternehmen ihre Wertschöpfungsprozesse wirtschaftlicher zu gestalten, den Service zu verbessern, Kosten zu senken und die Flexibilität auf allen Unternehmensstufen zu erhöhen, um angesichts steigender kundenseitiger Anforderungen und neuartiger technologischer Möglichkeiten wettbewerbsfähig zu bleiben.

Logistiksysteme, -ströme, -management

Einen guten Überblick über Begriffe, Typen und Charakteristika von Logistiksystemen bietet Logistiksysteme von Pfohl. Hier findet sich auch die folgende Logistikdefinition der amerikanischen Logistikgesellschaft Council of Logistic Management (CLM) (Pfohl, 1990):

"... logistics... is ...the term describing the process of planning, implementing and controlling the efficient, cost effective flow and storage of raw materials, in-process inventory, finished goods and related information from point of origin to point of consumption for the purpose of conforming to customers requirements."

Dieser Beitrag behandelt die ↑Informationsverarbeitung in der *Unternehmenslogistik*, d.h. die Logistik der Industrie-, Handels- und Dienstleistungsbetriebe. Ungeachtet der logistischen Besonderheiten dieser Unternehmenstypen lassen sich in Anlehnung an die obige Definition die folgenden vier *Logistikströme* (Mulkens, 1993) unterscheiden, die kausal und zeitlich verzahnt ablaufen und über Informations- und Kommunikationsströme gekoppelt sind:

- *Image- oder Servicestrom*: Er repräsentiert den Willen und die Fähigkeit des Unternehmens, den erforderlichen Service in der gewünschten Zeit zu einem akzeptablen Preis anzubieten. Er "verkauft" gewissermaßen das Ansehen des Unternehmens nach außen gegenüber Kunden, Lieferanten und Logistikdienstleistern und nach innen gegenüber den Mitarbeitern des eigenen Unternehmens als anzustrebendes Ziel.
- *Finanzwirtschaftlicher Strom*: Er regelt die finanzwirtschaftlichen Beziehungen zwischen dem Unternehmen und seiner Umwelt insb. in bezug auf die Abrechnung gegenseitig erbrachter logistischer Leistungen. Er sichert die Liquidität, regelt die strukturelle, mengenmäßige und zeitliche Verfügbarkeit der Finanzmittel für Anlageinvestitionen, den Einkauf der Materialien und die diversen Stellenbudgets im Unternehmen.
- *Material- und Warenstrom*: Er regelt die leistungswirtschaftlichen Prozesse, d. h. die produktionswirtschaftlichen und logistischen realen Gütertransformationsprozesse mit Hilfe der verfügbaren Ressourcen und unter Beachtung örtlicher, zeitlicher, quantitativer, qualitativer, technologischer und organisatorischer Aspekte.
- *Umlaufgüterstrom* (Paletten, Behältern, sowie der Sekundärrohstoffe und der zu entsorgenden Stoffe): Dieser Strom, die sog. Entsorgungslogistik, ist intra- und interorganisatorisch zu regeln, wobei je nach betrachtetem Ort und betrachteter Organisation unterschiedlichste Ziele und gesetzliche Vorschriften zu beachten sind. Die Entsorgungsprozesse können u.a. als Mehrwegsysteme, als innerbetriebliches Recycling und in Form der Abgabe der Stoffe an Entsorger ausgestaltet sein.
- *Informations- und Kommunikationsströme:* Sie dienen dazu, diese vier Ströme zu synchronisieren und sie ausgerichtet auf die strategischen, mittel- und kurzfristigen logistischen Ziele hin zu planen, zu steuern und zu kontrollieren. ↑Informationen können den Strömen vorausgehen, nacheilen oder sie begleiten. Sie sind im Modell bewußt nicht aufgeführt, da sie sich von den genannten vier Strömen nicht zu trennen lassen und mit diesen zudem auf vielfältige Weise miteinander verbunden. Generell ist zu fordern, daß die Informationen derart an diese Ströme und die dahinter stehenden Funktionen oder Prozesse zu koppeln sind, daß die Bindung an den zugehörigen Strom oder Prozeß maximiert wird und die für die Integration der Ströme oder Prozesse benötigten Interaktionen minimiert werden.

Aufgabe des *Logistikmanagements* ist es, diese Logistikströme so zu planen und zu integrieren, daß die Wettbewerbsposition verbessert, eine angemessene Rendite bei Sicherung der Liquidität erwirtschaftet und die sonstigen Logistikziele, wie kurze sichere Durchlaufzeiten, Flexibilität etc. erreicht werden. Die Aufgaben des Logistikmanagements lassen sich vertikal und horizontal gliedern. Vertikal können strategische, taktische und operative Aufgaben unterschieden werden. Horizontal wird ab der taktischen Ebene nach Phasen differenziert. In Industriebetrieben sind dies die Beschaffungs-, Produktions- und Distributionslogistik, sowie die Entsorgungslogistik als Querschnittsfunktion.

Informationssysteme in der Logistik

Für die Durchführung der o.g. Aufgaben benötigt das Logistikmanagement unterschiedlichste Typen von Informationssystemen (Scheer, 1990): Planungs- und Entscheidungs-(unterstützungs)- und A-

nalyse-, Informations-, Berichts- und Kontroll-, sowie wertorientierte Abrechnungs-, ebenso mengenorientierte Dispositions- und Administrationssysteme.
Diese Informationssystemtypen können aus funktionaler Sicht horizontal weiter in die Phasen Beschaffung, ggf. Produktion und Distribution differenziert werden, sind aber letztlich als Netzwerke, die gesamtheitlich zu gestalten sind, zu begreifen. Für die zwischenbetriebliche Logistik werden zudem sog. ↑*Wide Area Networks* und spezielle ↑Anwendungssysteme benötigt, die die Logistik auch räumlich verteilter Organisationseinheiten unterstützen. Ein Beispiel hierfür ist die Auftragsabwicklung mittels ↑EDIFACT oder über ↑Btx. Einige Beispiele sollen die Vielfalt der in der Logistik benötigten ↑Informationssysteme aufzeigen:

- Systeme zur Analyse und Bewertung des Informationsbedarfs ebenso der Kommunikationsbeziehungen;
- Systeme zur Planung von Distributionssystemen, des Fabrik-Layouts, der Maschinenaufstellung, zur Dimensionierung von Lager-, Kommissionier- und Transportsystemen und zur Planung von Lagereinrichtungen;
- Simulationsmodelle und Optimalrechnungen zur Auslegung von Personal- und Betriebsmittelkapazitäten, zur Ermittlung günstiger Materialflüsse, sowie zur Ermittlung von Scheduling-Strategien und Dispositionsregeln;
- Leistungs- und Kostenrechnungssysteme für die Logistik;
- Systeme zur ↑Produktionsplanung und -steuerung nach traditionellen und neueren Konzepten, wie belastungsorientierte Auftragsfreigabe, Fortschrittszahlen und ↑Just in Time-Lösungen;
- Systeme zur prozeßsynchronen Bereitstellung von Werkzeugen, Vorrichtungen und Materialien;
- Systeme zur Planung und Steuerung von Instandhaltungsprozessen und Ersatzteilbevorratung;
- Dispositionssysteme zur Optimierung von Lagersortiment, Bestell- und Sicherheitsbestand.

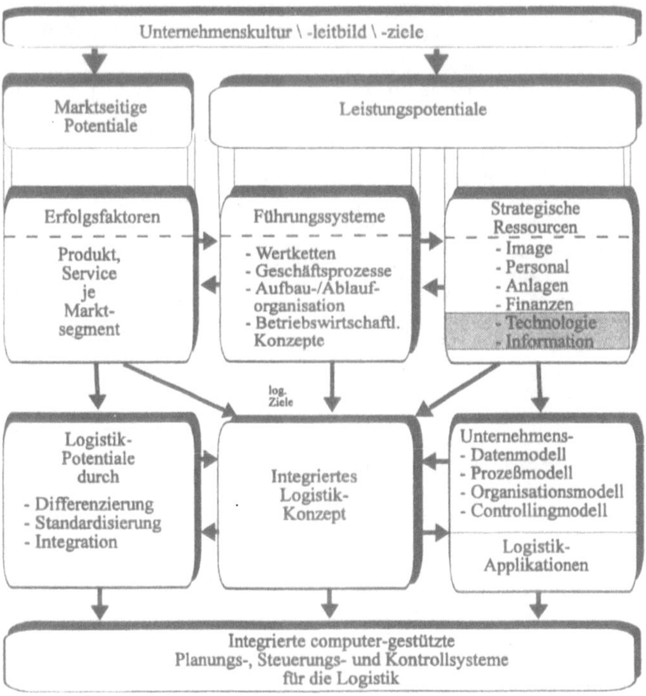

Entwicklung von Logistik-IS
Gewachsene tayloristische Arbeitsteilung hat vielfach zu Strukturen und ↑Informationssystemen geführt, die den schnell wechselnden Anforderungen des Marktes nicht mehr folgen können, nicht transparent und bezogen auf die Ziele der Logistik nicht effizient sind. Die Eignung solcher Aufbau- und Ablaufstrukturen und der derzeit eingesetzten Informations- und Kommunikationsstrukturen muß vor der Weiter- oder Neuentwicklung der ↑Informationssysteme überprüft und ggf. neu geordnet werden.

Die Abbildung zeigt einen konzeptionellen Rahmen, der diesen Prozeß unterstützen und zu sinnvoll integrierten ↑Informationssystemen für die Logistik führen soll. Grundlegende Voraussetzung für die Entwicklung auch längerfristig effizienter Logistiklösungen sind eine (gemeinsam getragene) *Unternehmenskultur* und die daraus abgeleiteten *strategischen Unternehmensziele*.

Zur Erkundung der marktseitigen Potentiale werden *Markt- und Wettbewerbsanalysen* durchgeführt und durch Befragung leitender Mitarbeiter ergänzt. Ergebnisse dieser Analysen sind die für den langfristigen Unternehmenserfolg maßgeblichen marktseitigen Faktoren, die sog. *kritischen Erfolgsfaktoren* wie z. B. Produktqualität, Kundenservice, sowie Informationen über die wichtigsten Wettbewerber. Aus logistischer Sicht interessieren nicht nur die Differenzierung des Serviceangebotes der Wettbewerber, sondern auch deren aktuelle und zukünftige Logistikkompetenz. Um die marktseitig erkannten Potentiale ausschöpfen zu können, sind *Leistungspotentiale*, d.h. Ressourcen und geeignete Führungssysteme bereitzustellen. Vorrangige Aufgabe der *Führungssysteme* ist es, die strategischen Ressourcen, wie Personal, Betriebsmittel, Finanzen zu entwickeln und den einzelnen betrieblichen Stellen und Prozessen so zuzuordnen, daß eine möglichst zielgerichtete und effiziente Nutzung im Sinne der Optimierung der Wertschöpfung erreicht wird. Für die betriebsspezifische Entwicklung der hier in Rede stehenden computergestützten integrierten ↑Systeme für die Logistik sind zudem folgende Aspekte wesentlich:

- Es muß ein Ausgleich gefunden werden zwischen einer möglichst breiten marktseitigen Differenzierung des Serviceangebotes und damit verbundener erhöhter Komplexität und erhöhten Kosten. Ein bewährtes Mittel zur Begrenzung der Kosten, ohne auf maßgebliche Leistungen verzichten zu müssen, ist die ↑Standardisierung der Ressourcen, Arbeits- und Kommunikationsprozesse. Weitreichendere Erfolgspotentiale können sich aus der Integration von bislang arbeitsteilig durchgeführten Aufgaben und Prozessen in Form der Funktions- und Datenintegration ergeben. Hier sind bessere Ressourcennutzung, schnellerer Lagerumschlag, kürzere Lieferzeiten u.a. mehr zu nennen.
- Die Informationsbeziehungen und Anforderungen seitens der Führungssysteme sind mit Hilfe von Methoden und Werkzeugen der ↑Wirtschaftsinformatik zu analysieren und zu modellieren. Konkrete Hilfen für das Management der Entwicklung solcher integrierter ↑Informationssysteme finden sich bei (Österle, Brenner, Hilbers, 1991; Doch, 1992 und im Tagungsband Informationssysteme in der Logistik, 1985).

Literatur: Doch, J.: Zwischenbetrieblich integrierte Informationssysteme, in: HMD, Heft 165, 1992. *Institut für Logistik der Deutschen Gesellschaft für Logistik e.V.* (Hrsg.): Fachtagung Informationssysteme in der Logistik, Darmstadt, 1985. *Mulkens, H.*: A New Paradigm, in: Logistics Europe, 1993. *Österle, H. et al.*: Unternehmensführung und Informationssystem, Stuttgart, 1991. *Pfohl, H.-Ch.*: Logistiksysteme, 4. Aufl., Berlin, 1990. *Scheer, A.-W.*: Wirtschaftsinformatik, 2. Aufl., Berlin, 1990.

Prof. Dr. F.-D. Dorloff, Essen

Informationsverarbeitung in der Produktion, integrierte
Die Unternehmensumwelt ist bestimmt durch zwei grundlegende Trends, und zwar durch die Entwicklung vom Verkäufermarkt zum Käufermarkt, sowie durch die Internationalisierung des Angebots und der Nachfrage. Dies hat zu einer Verschärfung der Wettbewerbssituation geführt. Die Reaktionen der Unternehmen waren vielfältig: stärkeres Kostenbewußtsein (kurze Durchlaufzeiten, geringe

Losgrößen), Kundenorientierung (Qualitätsverbesserungen, hohe Marktflexibilität, hohe Liefertreue) und die Erlangung von strategischen Wettbewerbsvorteilen, etwa durch geringere Produktentwicklungszeiten und erhöhte Transparenz des Betriebsgeschehens. Zur Erreichung dieser Ziele waren und sind wesentliche organisatorische, auch dv-technische Veränderungen notwendig.

Im Fertigungsbereich gab es in der Fertigungstechnik starke Veränderungen bis hin zu vollständiger Automation durch den Einsatz von DNC-Maschinen, flexiblen Fertigungssystemen, Robotern und fahrerlosen Transportsystemen. In der Fertigungsorganisation kann anstelle vom Taylorismus die ↑Just in Time-Strategie. Auch die Unternehmensleitlinien wandelten sich: zunächst galten Kosten (strategische Kostenführerschaft), dann zusätzlich die Qualität (Qualitätszirkel, Total Quality Management), um sich nun vermehrt Zeitzielen (etwa Verkürzung der Produktentwicklungszeiten durch ↑Concurrent Engineering) zuzuwenden.

Im selben Zeitraum gab es auch große Veränderungen in der Informationstechnologie: im Hardwarebereich kam es zu einem extremen und gleichmäßig anhaltenden Preisverfall - verbunden mit konstant anhaltender Leistungssteigerung (z. B. Prozessorgeschwindigkeit, Kapazität der Speichermedien), Qualitätssteigerung (z.B. Bildschirmauflösung, Druckerqualität, Miniaturisierung der Computer und der Peripherie). Auch die EDV-Organisation unterlag bedeutenden Veränderungen. Ein Beispiel ist die Dezentralisierung durch vernetzte Arbeitsplatzrechner statt Zentralrechner. Auch im Softwarebereich gab es große Veränderungen, wenngleich hier der Preisverfall und die Leistungssteigerungen bei weitem nicht so auffällig sind. Wichtigster Aspekt ist die verstärkte Anwenderorientierung (also nicht nur Aufgabenorientierung), wie sie etwa in komfortablen ↑Benutzeroberflächen, leistungsfähigen Graphiken und im interaktiven Arbeiten zum Ausdruck kommt. Ein gutes Beispiel für diese moderne Art von anwenderorientierter, leistungsfähiger und bequemer Software sind Tabellenkalkulationsprogramme.

Speziell im Produktionsbereich haben die Möglichkeiten der ↑Informationsverarbeitung dazu geführt, daß für viele Aufgabenstellungen, so für Produktionsplanung und -steuerung, Produktdesign, etc. leistungsfähige Softwaresysteme zur Verfügung stehen, jedoch das Zusammenwirken der einzelnen Systeme mangelhaft ist. Dieser Mangel wurde schon Anfang der 80er Jahre erkannt. Integration wurde ein wichtiges Ziel.

Wenngleich der Begriff *Computer Integrated Manufacturing (↑CIM)* mehr als zehn Jahre alt ist, fehlt es immer noch an einem Modell der Integration, einer Vision des Miteinanders von technischen und betriebswirtschaftlichen Funktionen, Aufgaben, DV-Systemen und Aufgabenträgern. Becker nennt folgende Fragen, die dabei zu beantworten sind:

- Wo kann eine Integration von Bereichen zu einer Verbesserung des Ablaufs oder zur Senkung von Kosten führen?
- Wieviel Integration ist notwendig, um einen optimalen Ablauf zu erreichen?
- Was sollte integriert werden (Daten und/oder Funktionen)?
- Welche konkreten Ausprägungen einer Integrationskomponente sollten angestrebt werden?
- Wie eng sollte integriert werden (einheitliches System, lose Kopplung)?

CIM — Das Y-Modell nach Scheer

Das Y-Modell der ↑Informationssysteme im Produktionsbereich organisiert die einzelnen Komponenten des CIM-Modells nach zwei Kategorien: betriebswirtschaftliche versus technische Funktionen einerseits und planende versus steuernde Tätigkeiten andererseits:

- Der linke Schenkel des Y-Modells umfaßt betriebswirtschaftliche, der rechte Schenkel technische Funktionen.
- Der obere Teil des Y umfaßt die primär planerischen, der untere Teil die primär steuernden Tätigkeiten (also die operative Ebene).
- Die enge Kopplung der Module im operativen Bereich wird durch den gemeinsamen Balken im unteren Bereich des Y dargestellt, die etwas losere durch das Auseinanderklaffen des oberen Teils des Y angedeutet.

Produktionsplanung und -steuerung

Das *PPS* unterstützt die Auftragsabwicklung. In den Bereich der Planung gehören folgende Funktionen dazu:

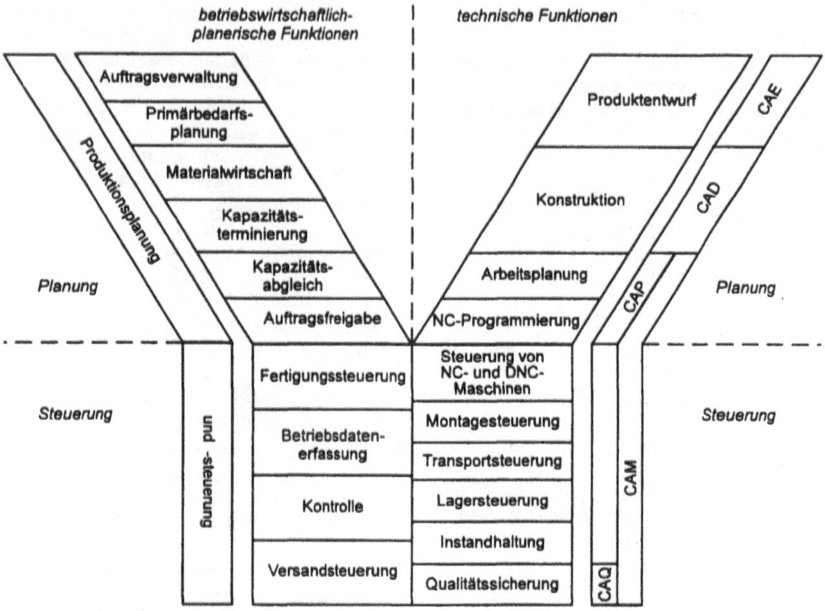

- Die *Auftragsverwaltung* bildet den Ausgangspunkt der betrieblichen Planungsaktivitäten. Dabei werden Kundenaufträge disponiert und Auftragsdaten für die Erstellung des Produktionsprogramms ermittelt.
- Im Mittelpunkt der *Primärbedarfsplanung* steht die Festlegung der Produktionsmengen und -termine aller Endprodukte eines Unternehmens oder eines Unternehmensbereiches unter Berücksichtigung von Nachfrageprognosen und bereits eingegangenen Bestellungen.
- Ausgehend vom Primärbedarf ermittelt die *Materialwirtschaft* unter Berücksichtigung der Stücklistenauflösung den Bedarf an Teilen und Baugruppen. Reduziert um vorhandene Lagerbestände, dient der so ermittelte Sekundärbedarf als Input für die Losgrößenbildung.
- Nach der Ermittlung des aus dem Produktionsprogramm hervorgehenden Kapazitätsbedarfes erfolgt bei Engpässen eine *Anpassung* der Fertigungsaufträge an vorhandene *Kapazitäten*.
- Die *Auftragsfreigabe* bildet die Schnittstelle zwischen Produktionsplanung und -steuerung. Im Anschluß an die Verfügbarkeitsüberprüfung werden die Auftragsdaten in die Ausführungsphase überführt.
- Im Rahmen der *Fertigungssteuerung* findet die detaillierte Reihenfolgeplanung auf der Basis von Arbeitsgängen und einzelnen Fertigungsaggregaten statt.
- Im Rahmen der ↑*Betriebsdatenerfassung* werden Istdaten des Arbeitsfortschrittes und der Maschinenverfügbarkeit erhoben.

Leitstände

Da die kurzfristige Fertigungssteuerung in der Regel nicht zufriedenstellend von PPS-Systemen unterstützt wird, werden seit Mitte der 80er Jahre häufig elektronische Leitstände als Bindeglied zwischen PPS-Systemen und der Fertigung eingesetzt. Die Möglichkeiten der Leitstandsgestaltung reichen von der einfachen Plantafel bis hin zum automatisch planenden elektronischen ↑Leitstand, der ↑online sowohl mit dem übergeordneten PPS-System, als auch mit den Betriebsdatenerfassungssystemen verbunden ist. Zu den Aufgaben eines Fertigungsleitstandes gehören in erster Linie die Durchführung der Maschinenbelegungsplanung, die Produktionsveranlassung und die Kontrolle des Produktionsfortschrittes. Da-

 Informationsverarbeitung

durch sollen Ziele, wie die Reduzierung der Durchlaufzeiten, die Steigerung der Termintreue, die Reduzierung des Planungsaufwandes und die Verbesserung der Planungsqualität, erreicht werden. Der Fertigungsleitstand wird so zur Integrationskomponente zwischen der auftragsorientierten Produktionsplanung und den produktorientierten ↑CAx-Techniken, die in den Werkstätten aufeinandertreffen. Auf diese Weise kann die lange Zeit klaffende Lücke im Integrationskonzept des ↑CIM geschlossen und die datentechnische Verknüpfung unterschiedlich weit automatisierter Fertigungseinrichtungen realisiert werden.

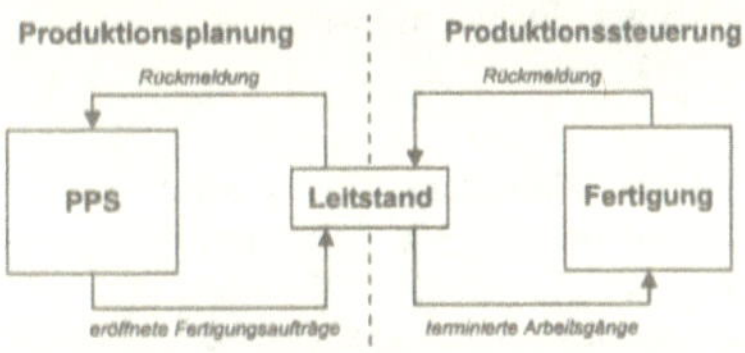

Technische CIM-Komponenten
Die technischen Komponenten unterstützen die Produktbeschreibung und die Fertigungsressourcen:

- ↑*CAE* (Computer Aided Engineering) *vor CAD*: Das CAE-Modul erfüllt hierbei vornehmlich Aufgaben des Produktentwurfes. Im Gegensatz zur technischen Konstruktion liegt der Schwerpunkt auf der äußerlichen Gestaltung von Produkten und Bauteilen. Das Ergebnis der Produktkonzeption wird anschließend dem CAD-Modul zur Verfügung gestellt.
- *CAE nach CAD*: Nach der technischen Detailkonstruktion können mit Hilfe eines Simulationswerkzeuges Untersuchungen an in der Entwicklung befindlichen Erzeugnissen durchgeführt werden, ohne aufwendige Prototypen zu erstellen (Crash-, Belastungstests, Aerodynamik, etc.).
- ↑*CAD* (Computer Aided Design) beinhaltet das computerunterstützte Zeichnen und Konstruieren von Produkten und Bauteilen. Dem Anwender werden kanten-, flächen- oder volumenorientierte Darstellungsformen zur Verfügung gestellt. Insb. bei Varianten- und Anpassungskonstruktionen weist der integrierte CAD-Arbeitsplatz erhebliche Vorteile gegenüber dem herkömmlichen Zeichenbrett auf, da auf umfangreiche Datenbestände aus der unternehmensweiten ↑Datenbank zugegriffen werden kann. Neben der technischen Produktspezifikation eignen sich CAD-Systeme vielfach zur Durchführung technischer Berechnungen (automatische Bemaßung, Produktkalkulation).
- Unter ↑*CAP* (Computer Aided Planning) wird die computergestützte Arbeitsvorbereitung verstanden. Diese umfaßt vor allem die automatische Generierung von Arbeitsplänen, unter Verwendung von Geometrie- und Stücklistendaten und die Erstellung von NC-Programmen zur ↑Steuerung automatisierter Fertigungsabläufe.
- ↑*CAM* (Computer Aided Manufacturing) bezeichnet die computergestützte technische ↑Steuerung und Überwachung der Betriebsmittel bei der Herstellung der ↑Objekte im Fertigungsprozeß, also die direkte Steuerung von Arbeitsmaschinen, verfahrenstechnischen Anlagen, Handhabungsgeräten, Transport- und Lagersystemen. Bei den Arbeitsmaschinen sind speziell die DNC (Direct Numerical Control) -Systeme wichtig, bei denen mehrere NC- bzw. CNC-Maschinen mit einem Rechner verbunden sind, der die NC-Programme verwaltet und somit die Steuerinformation zeitgerecht an die Maschinen verteilt. Hierzu gehören auch ↑Industrieroboter. Die höchste Integration erreichen sog. *Flexible Fertigungssysteme*, die aus einem Bearbeitungssystem, einem Materialflußsystem und dem Informationsflußsystem bestehen, wobei die gesamte Steuerung durch einen Computer erfolgt.
- Die ↑*CAQ* (Computer Aided Quality Assurance) dient der Gewährleistung einer konstanten Fertigungsqualität. Dieser Überprüfung unterliegen sowohl die Produkte als auch die Produktionsstätten. Integrierte Qualitätsinformationssysteme können die benötigten Daten sowohl der Fertigung als auch dem Management zur Verfügung stellen.

Literatur: Becker, J.: CIM-Integrationsmodell, Berlin, 1991. *Dorninger, Ch. et al.*: PPS, Produktionsplanung und -steuerung, Wien, 1990. *Geitner, U. W.*: CIM-Handbuch, 2. Aufl., Braunschweig, 1991. *Mertens, P.*: Integrierte Informationsverarbeitung, Administrations- und Dispositionssysteme in der Industrie, 9. Aufl., Wiesbaden, 1993. *Scheer, A.-W.*: CIM- Computer Integrated Manufacturing, Der computergesteuerte Industriebetrieb, 4. Aufl., Berlin, 1990.

Prof. Dr. H. H. Adelsberger, Essen

Informationsverarbeitung, zwischenbetriebliche Integration in der
↑zwischenbetriebliche Integration in der Informationsverarbeitung

Informationswert, Informationsbewertung
Nachfolgend wird ein ökonomisch orientierter Informationsbegriff verwendet und die kommunikationstechnische Variante (Shannon, Weaver, 1949) außer Ansatz gelassen. Unter ↑*Information* wird die Bedeutung von ↑Nachrichten in bezug auf eine Handlung (bzw. eine Unterlassung) der Empfänger verstanden. Nachrichten sind vercodierte Formen von Information, die selbst keinen Informationsgehalt bergen. Durch Interpretation einer Nachricht in bezug auf den Bedeutungsinhalt werden Nachrichten zu Information. Der Wert von Information ist daher bestimmt durch die Auswirkung der Information auf die betreffende Handlung. Je nach Fachbereich werden verschiedene Techniken ermittelt, um den *Informationswert* zu ermitteln. Der *Wert von Informationssystemen* wird mit dem Wert des Mehr an Information gleichgesetzt.

Direkte Informationswertermittlung

Eine klassische, in der Praxis nicht leicht einsetzbare Form der Bewertung von Information geht von der Entscheidungstheorie aus (Demski, 1972). Eine Entscheidung ist gekennzeichnet durch eine Menge von möglichen und sich gegenseitig ausschließenden Handlungsalternativen: $A=(a_1, a_2, ..., a_m)$, einer Menge von relevanten, sich gegenseitig ausschließenden Umweltzuständen: $Z=(z_1, z_2, ..., z_n)$, a priori Wahrscheinlichkeiten $w(z_i)$ für das Eintreffen der *Umweltzustände* z_i, $i=1, 2,....,n$ und die Nutzenmatrix (auch Entscheidungs- bzw. Zielbeitragsmatrix) $U=|u_{ij}|$ $(i=1,2,...m \text{ und } j=1,2,...,n)$
in der jedem Element x_{ij} der Matrix
$X=|x_{ij}|(i=1,2,...,m, \text{ und } j=1,2,...,n)$
das Element $u_{ij}=u(x_{ij})$ als das mit einer Nutzenfunktion bewertete Ergebnis den Konsequenzen des Paares $x_{ij}=(a_i, z_j)$ zugeordnet ist.

Zunächst wird der Einfachheit halber wieder unterstellt, daß der Nutzen von $u(x_{ij})$ (kurz u_{ij}) linear sei, und die Konsequenzen x_{ij} in Geldeswert durch $u(x_{ij})$ ausgedrückt werden. Diese Annahme ist insb. dann gerechtfertigt, wenn der Wert von u_{ij} relativ klein im Verhältnis zum Gesamtwohlstand des Entscheidungsträgers ist. In diesem Fall wird angenommen, daß sich der Entscheidungsträger perfekte Information durch einen Fachmann beschaffen kann, der mitteilt, welcher Umweltzustand eintreten werde. Ist nun die a priori Wahrscheinlichkeit w_j, so wird der Erwartungswert

$$\sum_{j=1}^{n} w_j u_{ij}$$

für die Handlung ai realisiert. Ist hingegen die perfekte Information, so wird je nach Umweltzustand immer jene Aktion gewählt, die den Nutzen in dieser Spalte maximiert:

$$\sum_{j=1}^{n} w_j max_i\, u_{ij}$$

Die Differenz zwischen dem erwarteten Nutzen bei perfekter Information und dem maximal erwarteten Nutzen ist gleich

$$\sum_{j=1}^{n} w_j max_i\, u_{ij} - max_i \sum_{j=1}^{n} w_j u_{ij}$$

und wird als der Erwartungswert perfekter Information bezeichnet. Dies ist nichts anderes als der erwartete Gewinn am erwarteten Nutzen, der aus perfekter Information resultiert. Da der *Wert perfekter Information* niemals negativ sein kann, ist es immer sinnvoll, den Wert perfekter Information zu berechnen. Der Wert perfekter Information kann nur dann gegen die Kosten einer partiellen Information abgewogen werden, wenn die Nutzenfunktion linear im Geldwert und daher der Geldwert linear transformierter Nutzen ist. Ist dies nicht der Fall, ist der Wert perfekter Information revidiert zu errechnen (Lindley, 1971).

Ein ↑*Informationssystem* besteht aus einer Menge von Nachrichten
$y_k(k=0,1,....,n\ )$ über das Eintreffen der Umweltumstände $Z=\{z_i|i=0,1,....,n\}$ und einer Struktur. Die Struktur des Informa-

tionssystems besteht aus den Wahrscheinlichkeiten $w_j = W(y_j|z_i)$, wobei gilt:

$$\sum_{j=0}^{k} w_{ij}$$

In der nun typischen Situation ist nicht die bedingte Wahrscheinlichkeit $W(z_i|y_j)$ bekannt, daß für eine bestimmte Nachricht y_j ein bestimmter Zustand z_i eintritt, sondern umgekehrt eben die Wahrscheinlichkeit $W(y_j|z_i)$. Ein Beispiel möge den Begriff des Informationssystems verdeutlichen. Es sei eine Sendung von 3 Stück eines Gutes angekommen. Es soll beurteilt werden, ob die Sendung zurückzuweisen ist. Die Informationssysteme, die zur Verfügung stehen, sind die Zufallsstichproben vom Umfang h. Mögliche Zustände der Umwelt: $z_i = i$ Stücke sind fehlerhaft $(i=0, 1, 2, 3)$. Die Menge der Nachrichten des Informationssystems: I_h "Ziehen einer Zufallsstichprobe vom Umfang h" ist $h+1$ und y_j ist die Nachricht: "j Stück sind fehlerhaft" $(j = 0, 1,..,h)$. Die Struktur des speziellen Informationssystems I_l ist z.B. durch folgende Matrix mit $w_{ij} = W(y_j|z_i)$ gegeben:

Zustände \ Nachrichten	y_0	y_1
z_0	1	0
z_1	2/3	1/3
z_2	1/3	2/3
z_3	0	1

$$W(y_j|z_i) = \frac{\binom{i}{j}\binom{3-i}{1-j}}{\binom{3}{1}}$$

Die a priori-Wahrscheinlichkeiten $W(z_i)(i=0,1,..,n)$ sind bekannt oder ermittelbar (subjektiv). Es gilt wegen

$$\sum_{j=0}^{h} W(y_j|z_i) = 1$$

und disjunkten

$$W(y_j) \sum_{i=0}^{n} W(y_j|z_i) W(z_j) = 1$$

und nach dem Bayes'schen Theorem

$$W(y_j|z_i) \frac{W(y_j|z_i)W(y_j)}{\sum_{i=0}^{n} W(y_j|z_i)W(z_j) = 1}$$

können nun die Wahrscheinlichkeiten $W(z_i|y_j)$ ermittelt und daher für jede Handlung der erwartete Nutzen aus dem Einsatz eines Informationssystems errechnet werden. Es wird wieder der Einfachheit halber angenommen, der Nutzen sei Geldnutzen und linear in der Geldmenge. Statt

$$\max_i \sum_{j=0}^{n} u_{ij} w(z_j)$$

wird für den Wert bei bester Vorgangsweise und Erhalt der Nachricht yh den Wert erhalten. Da der Entscheidungsträger im vorhinein nicht weiß, welche Information er erhält, wird dieser Wert gemittelt über alle Nachrichten:

$$\sum_{h=0}^{k} (\max_i \sum_{j=0}^{n} u_{ij} w(z_j|y_h)) w(y_h)$$

Wegen $w(z_j|y_h) = w(y_h|z_j)\ w(z_j)\ /w(y_h)$ (Bayes'sches Theorem) erhalten wir für den erwarteten Nutzen bei partieller ↑Information:

$$\sum_{h=0}^{k} \max_i \sum_{j=0}^{n} u_{ij} w(y_h|z_j) w(z_j)$$

Der erwartete Nutzen ohne Information ist

$$\max_i \sum_{j=1}^{n} u_{ij} w(z_j)$$

Die Differenz aus diesen beiden Ausdrücken ergibt den Erwartungswert partieller Information bei Bayes'scher Entscheidungsregel. Der Fall anderer Entscheidungsregeln wird von dargestellt.

Es kann gezeigt werden, daß der *Erwartungswert partieller Information* immer nicht-negativ ist. Sind daher die Informationskosten bei Einsatz eines Informationssystems niederer als der Erwartungswert partieller Information, so erscheint es sinnvoll, das Informationssystem einzusetzen. Da der Erwartungswert perfekter Information immer eine Obergrenze für den Erwartungswert partieller Information darstellt, ist es meist zweckmäßiger, ersteren zuerst zu ermitteln. Ist der Geldnutzen nicht linear und sind die Konsequenzen dennoch monetär, dann ist revidiert vorzugehen (Lindley, 1971).

Information kann häufig in variablem Ausmaß beschafft werden. So kann im obigen Beispiel eines der Informationssysteme "Zufallsstichprobe von i Stück" mit i = 0, 1, 2 oder 3 Stück verwendet werden. Die Kosten verändern sich oft ungefähr linear. Üblicherweise gilt abnehmender Grenzertrag bei objektivierter Informationsbeschaffung (z.B. Zufallsstichprobe) und ein optimales Informationssystem ist dann eindeutig ermittelbar.

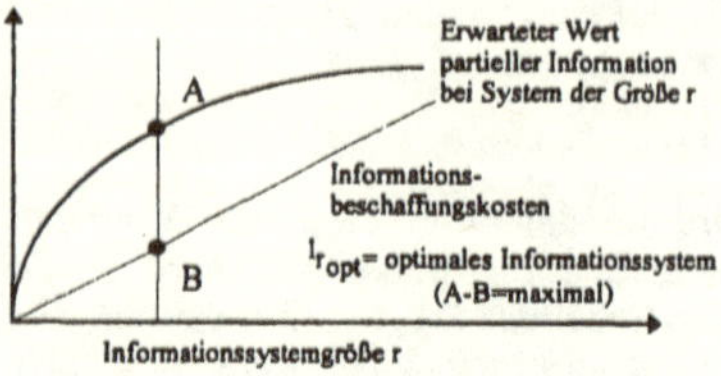

Bisher war von der Notwendigkeit der Festlegung eines optimalen Informationssystems im vorhinein ausgegangen worden. Bei partieller Realisationsmöglichkeit kann eine sequentielle Vorgangsweise wählbar sein, bei welcher jeweils nach Realisation eines Teiles des Informationssystems entschieden wird, ob ein weiterer Teil realisiert werden soll. Jüngere Ergebnisse aus dem Bereich des maschinellen Lernens zeigen die Trade off-Möglichkeit von Informationssystemgröße und Rechenzeiteinsatz zur Selbstausbildung von Informationssystemen.

Das dargestellte Konzept der *I.* ist nicht zufriedenstellend. Es baut auf der Verbesserung der Kenntnisse über die Eintreffensplausibilitäten der Umweltzustände auf. In realen Situationen ist jedoch auch die Anzahl der Handlungsalternativen oft zu groß, um diese erschöpfend auch nur angeben zu können, und/oder es ist der Konsequenzennutzen nur ungenau und zu verschiedenen Kosten zu bestimmen. Mehrere Autoren haben sich mit einem der beiden Probleme (Janko, 1985; Wilde, 1979) oder mit der simultanen Lösung beider Probleme auseinandergesetzt. Praktisch eingesetzt wurde der Ansatz von Janko (1985).

Indirekte Informationswertermittlung

Im Gegensatz zur entscheidungstheoretisch fundierten Bewertung von Information und Informationssystemen wurde versucht, den *Informationssystemwert* abgeleitet zu bestimmen. Neben dem bekannten *Time Savings Times Salary-(TSTS)-Modell*, bei dem der Wert eines Informationssystems dem Lohnanteil der freigesetzten Arbeitskräfte gleichgesetzt wird, hat sich für jene Fälle, bei denen es zu keinen Freisetzungen kommt, das *hedonistische Modell* bewährt. Bei diesem Modell wird versucht, den Wert des Einsatzes eines Informationssystems im Wege der Veränderung des Aufgabenprofils der betroffenen Organisationsmitglieder zu ermitteln. Zu diesem Zweck werden die Tätigkeiten der Arbeitnehmer der betroffenen Organisationseinheit erhoben, die Arbeitnehmer nach der Gleichartigkeit ihres Tätigkeitsprofils gruppiert, die durchschnittlichen Mannjahre (-monate bzw. -tage) an Leistung in den einzelnen Tätigkeiten *j(j=1,2,...,n)* für jede Gruppe *i(i=1,2,...,m)* für eine Zeiteinheit (Jahr, Monat, Tag) ermittelt (xij bezeichnet die Mannjahre an Tätigkeiten des Typs j durch Gruppe i). Durch Ermittlung des Durchschnittslohns jeder Gruppe li kann folgendes Gleichungssystem zur Ermittlung der hedonistischen Preise vi für jede Tätigkeit je Zeiteinheit

$$
\begin{array}{llllll}
v_1x_{11} & + v_2x_{12} & + \ldots\ldots & v_nx_{1n} & = l_1 \\
v_1x_{21} & + v_2x_{22} & + \ldots\ldots & v_nx_{2n} & = l_2 \\
. & . & & . & . \\
. & . & & . & . \\
. & . & & . & . \\
v_1x_{m1} & + v_2x_{m2} & + \ldots\ldots & v_nx_{mn} & = l_m
\end{array}
$$

verwendet werden (Janko, et al. 1989). Sind die Voraussetzungen nicht erfüllt, so kann unter weniger restriktiven Bedingungen mit Hilfe eines linearen Programms u.U. eine untere Schranke für vi ermittelt werden. Wird das Tätigkeitsprofil nach Einführung eines Informationssystems prognostiziert, so kann ein Wert des Informationssystems bzw. eine untere Schranke hierfür bei vorgegebenem Planungshorizont mittels *statischer* oder *dynamischer Investitionsrechnungskalküle* ermittelt werden (muß nicht positiv sein). Der Vorteil des Verfahrens liegt in seiner leichten Durchführbarkeit, Kontrollierbarkeit und allgemeinen Anwendbarkeit unabhängig von den Organisationszielen (z.B. auch in der öffentlichen Verwaltung).

Qualitativ orientierte Ansätze

Eine Vielzahl von qualitativen Ansätzen befaßt sich mit dem strategischen und taktischen Nutzen von Informationssystemen (Nagel, 1988), ohne zu quantitativen Aussagen über den Wert von Informationssystemen zu kommen. Besondere Bedeutung hat jedoch ein aus der Informationswissenschaft stammender Begriff. Der Begriff des *informationellen Mehr-*

werts geht auf (Taylor, 1986) zurück. Dieses Konzept versucht, über die Analyse von Mehrwertprozessen in den Informationsdienstleistungen zu einer Kategorisierung von informationellen Mehrwerten und zu einer Einschätzung der Leistung und Akzeptanz von Mehrwertssystemen zu kommen. (Kuhlen, 1991) systematisiert *informationelle Mehrwertbildung* folgendermaßen:

- größerer Informationswert eines elektronischen Mediums gegenüber konventionellen Medien (nicht-linearer Hypertext gegenüber Buch, online-Datenbank und Kataloge);
- inhärente Mehrwerte bestehender Produkte (natürlichsprachliche ↑Schnittstelle gegenüber Abfragesprache);
- Mehrwerteffekte durch Agglomeration (aggregierte Datenbanken);
- Mehrwerteffekte durch Integration (z.B. Integration von Werkzeugen und Informationsmaterial: digitale Bilder und Morphing Software, Text und Textverarbeitungssoftware).

Das Hauptproblem dieses Ansatzes besteht im Mangel an Quantifizierungsmethoden. Das hedonistische Modell bietet sich auch hier an, solange es sich um Waren und Dienstleistungen mit gleichen ↑Attributen in unterschiedlicher Ausprägungsintensität handelt.

Literatur: Demski, J.S.: Information Analysis, Reading (Mass.), 1972. *Ferschl, F.*: Nutzen- und Entscheidungstheorie, Opladen, 1973. *Janko, W.J.*: Die wirtschaftliche Beschaffung von Informationen, Diss. Wien, 1968. *Janko, W.J.*: Searching for the Best Offer When the Distribution of Offers Is Truly Unknown, Berlin, 1985. *Janko, W.H. et al.*: Optimale Startpunkte zur Navigation in Hypermediasystemen, in: *Maurer, H.* (Hrsg.), Hypertext/Hypermedia 91, Heidelberg, 1991. *Kuhlen, R.*: Pragmatischer Mehrwert von Information, Bericht 1/89, Universität Konstanz, Informationswissenschaft, 1989. *Lindley, D.*: Making Decisions, Woley-Interscience, 1971. *Rehberg, J.*: Wert und Kosten von Informationen, Zürich, 1973. *Shannon, C.E., Weaver, W.*: The Mathematical Theory of Communication, Urbana Ill, 1949. *Taylor, R.S.*: Value-added processes in information systems, Norwood, NJ, 1986. *Wilde, L. L.*: Information Cost, Duration of Stark and Turnover, Journal of Political Economy, Vol. 89, No. 6, 1981.

Prof. Dr.W. H. Janko, Wien

Informationswirtschaft
Einrichtungen, Vorschriften und Handlungen der Erfassung, Verarbeitung und Verwertung von Informationen; Ziele einer solchen Informationswirtschaft sind: systematische Beschaffung wirklichkeits- und zeitnaher ↑Informationen, ihre zweckorientierte Verarbeitung, Analyse, Synthese auf Vollständigkeit, Wert und Gültigkeit, jederzeitige Abrufbereitschaft und Versorgung der Entscheidungsträger.

Instanz
Eine Menge von ↑Objekten mit gleichen ↑Attributen und Methoden. So gibt es etwa die ↑Klasse der Personen. Alle dazugehörenden Objekte haben als gemeinsame Attribute einen Namen und eine Adresse, ferner eine Methode zur Adressenänderung. Die einzelnen Objekte, die sich z.B. durch die verschiedenen Namen unterscheiden, werden als Instanzen der Klasse bezeichnet.

Instruktionstechnologie
Konventionelle, ebenso computergestützte Lehr-/Lernmedien.

Integration, zwischenbetriebliche
Betriebsübergreifendes Zusammenwirken von Komponenten der Datenverarbeitungsprozesse und Datenbestände; ↑elektronischer Datenaustausch zwischen Unternehmen (↑Electronic Data Interchange - EDI). Dabei können unterschiedliche Intensitätsgrade realisiert werden:

- elektronischer Datenaustausch,
- Nutzung gemeinsamer Datenbestände,
- Zusammenfassung bzw. Verlagerung von Funktionen,
- automatische Abwicklung überbetrieblicher Prozesse.

integrierte Anwendungssysteme in der Verwaltung
↑Verwaltung, integrierte Anwendungssysteme in der

integrierte Dokumentenverarbeitung in Büroprozessen
↑Dokumentenverarbeitung in Büroprozessen, integrierte

Interaktivität
Möglichkeit, den Programmablauf jederzeit durch Bedienungseingriffe zu steuern.

Internet
Weltweit größtes paketvermittelndes Netz - bestehend aus deutlich über 20.000 miteinander verbundenen Netzen mit über 2 Mio. angeschlossenen Rechnern.

ISDN
Integrated Services Digital Network; Dienste integrierender digitaler Fernmeldenetze.

ISDN, Rechnerkommunikation über
↑Rechnerkommunikation über ISDN

ITS
Intelligente tutorielle Systeme; sollen sich generativ und adaptiv verhalten, d.h. Lehrelemente und Dialogschritte flexibel erzeugen bzw. zusammenstellen, auf individuelle Bedürfnisse des Lernenden Rücksicht nehmen, sich diesen anzupassen.

J

Jackson-Methode
Graphisches Beschreibungsmittel für die ↑Strukturierte Programmierung; arbeitet mit sog. ↑Struktogrammen (↑Nassi-Shneiderman-Diagrammen).

Jahresabschlußanalyse, dv-gestützte
Begriffserklärung
Nach dem Willen des Gesetzgebers haben Kaufleute für den Schluß eines jeden Geschäftsjahrs eine Bilanz, sowie eine Gewinn- und Verlustrechnung aufzustellen. Dieser Jahresabschluß muß klar und übersichtlich sein und möglichst objektiv über die wirtschaftliche Lage des Unternehmens unterrichten. Bei Kapitalgesellschaften ist der Jahresabschluß um einen Anhang zu erweitern und einen Lagebericht aufzustellen. Jahresabschluß und Lagebericht sind zum Handelsregister einzureichen, im Bundesanzeiger zu veröffentlichen oder dort unter Angabe des Handelsregisters und der Einreichungsnummer bekanntzugeben.
Der Jahresabschluß stellt die ↑Informationen, die für die verschiedenen Adressaten bedeutsam sind, global und unspezifiziert dar. Um aus der schlecht überschaubaren Gesamtheit des Jahresabschlusses ein Urteil über die wirtschaftliche Lage gewinnen zu können, sind die verfügbaren Informationen zu strukturieren und Zusammenhänge transparent zu machen, die aus dem Jahresabschluß nicht unmittelbar ersichtlich sind. Zu diesem Zweck ist die Vielzahl der übermittelten ↑Daten zu kompakten Größen zu verdichten, die unmittelbar und in komprimierter Form über die Entwicklung des Unternehmens in der abgelaufenen Periode unterrichten. Dies geschieht vornehmlich durch Kennzahlen. Sie bilden die Grundlage für das mit der Analyse von Jahresabschlüssen verfolgte Ziel der Bilanzadressaten, Wissenswünsche über das Unternehmen zu befriedigen. Diese Informationsbedürfnisse erschöpfen sich nicht in einem Gemenge von Zahlen, sondern konzentrieren sich auf Fakten und Zusammenhänge, die ein Urteil über die wirtschaftliche Lage des Unternehmens zulassen. *J.* bedeutet somit die Neuordnung der zahlenmäßigen und verbalen Abbilder in den Jahresabschlüssen und Lageberichten nach betriebswirtschaftlichen Gesichtspunkten und gezielte Gewinnung von Urteilen über die Vermögens-, Finanz- und Ertragslage von Unternehmen.
Problemstellung
Um die in den Kennzahlen zum Jahresabschluß enthaltenen Informationen über das Unternehmen in ein Urteil über die wirtschaftliche Lage und zukünftige Entwicklung zu überführen, das den Bilanzlesern als Grundlage für Entscheidungen dienen kann, werden Regeln benötigt, die Verbindungen zwischen den Zahlen des Jahresabschlusses und den Informationsinteressen der Bilanzleser herstellen können. Solche Regeln lassen sich jedoch, wenn überhaupt, nur unter restriktiven Voraussetzungen formulieren. Möglich sind vielmehr nur Urteile über Teilaspekte, die, wie Mosaiksteinchen, zu einem konsistenten Bild von der wirtschaftlichen Lage der Unternehmen zusammengefügt werden müssen, womit sich das Problem stellt, die für die Beurteilung der Lage und Entwicklung von Unternehmen bedeutsamen Beobachtungen herauszufiltern und ihrem Einfluß nach richtig zu gewichten. In diesem Sinne besteht der Urteilsprozeß im Rahmen der *J.* primär darin, die wirtschaftlichen Hintergründe zu erforschen, die durch die Kennzahlenausprägungen zum Ausdruck gebracht werden. Da sich in aller Regel verschiedene Erklärungen dafür finden lassen, welche Ursache im Einzelfall für eine bestimmte Kennzahlenausprägung maßgebend war, muß der Bilanzleser im Zuge der Analyse nach Indizien suchen, die gefundene Erklärungen bestätigen oder widerlegen. Richtig kann nur das Urteil über die wirtschaftliche Lage sein, das durch die Summe der Entwicklung aller Kennzahlen getragen wird. Vor diesem Hintergrund vollzieht sich die Urteilsbildung im Rahmen der *J.* als ein Prozeß des Abwägens der möglichen Erklärungen für die anhand von Kennzahlen beobachteten Tatbestände, wobei das Urteil in der Schlußfolgerung von den als richtig erkannten Erklärungen auf die Bedeutung der wirtschaftlichen Tatbestände

für die Lage und Entwicklung des Unternehmens besteht.

Zielsetzung

J. ist die Aufbereitung der im Jahresabschluß enthaltenen ↑Informationen zu Kennzahlen, mit dem Ziel, hieraus Urteile über die wirtschaftliche Lage und Entwicklung von Unternehmen abzuleiten. Die damit verbundenen Prozesse der Aufbereitung und Urteilsbildung auf verschiedenen Ebenen werden durch Datenverarbeitungsprogramme unterstützt. Eine erste Ebene besteht darin, die Ermittlung und Darstellung der Kennzahlen zum Jahresabschluß zu automatisieren. Hierbei können die Kennzahlen in tabellarischer und/oder graphischer Form ausgegeben werden. Auf dieser Grundlage bildet sich der Bilanzleser sein Urteil über die wirtschaftliche Lage von Unternehmen durch eine freie Interpretation der ermittelten Kennzahlen. Aufgabe der zweiten Ebene ist es, den Auswertungsvorgang zu unterstützen. Gefragt sind Computerprogramme, die eine gezielte Ursachenforschung erlauben. Zielsetzung der dritten und letzten Ebene schließlich ist es, die Gewinnung von Urteilen über die Lage und Entwicklung von Unternehmen zu automatisieren. Hier besteht das Ergebnis des Computerprogramms in einem Klassenurteil über die Bonität oder Ertragskraft von Unternehmen.

Rechensysteme

Der Leistungsumfang von ↑Systemen, die ausschließlich die erste Ebene unterstützen, beschränkt sich im wesentlichen auf die *Ermittlung und strukturierte Ausgabe von Kennzahlen.* Daneben werden gegebenenfalls Branchenwerte und dazugehörige Streuungsmaße angegeben. So werden z.B. bei der MABILA der obere und untere Quartilswert ermittelt. Das Ergebnis dieser ersten Ebene sind mithin Kennzahlen, ihr Vergleich mit Vergangenheitswerten, mit Soll- oder Normwerten, sowie gelegentlich Branchen- oder den Unternehmenswerten ähnlicher Unternehmen, wobei die ermittelten Ausprägungen und Vergleiche punktuell und unverknüpft nebeneinander stehen. Neben Rechenprogrammen sind der ersten Ebene zudem Jahresabschlußdatenbanken zuzurechnen, die über die Jahresabschlußdaten hinaus auch Kennzahlen zur Vermögens-, Finanz- und Ertragslage enthalten, gegebenenfalls Branchen- und Unternehmensvergleiche ermöglichen. Durch ↑Datenbanken werden die Tätigkeiten, die mit der Aufbereitung der Jahresabschlußdaten und Kennzahlenbildung verbunden sind, auf professionelle Dritte verlagert. Von Vorteil ist die Datenbanknutzung für Bilanzadressaten, die kleine Datenmengen erfassen und verarbeiten. Aufgrund der in Datenbanken gespeicherten Anzahl an Jahresabschlüssen sind vergleichsweise umfassende Zeit- und Branchenvergleiche möglich. Außerdem entfällt der mit der standardisierten Datenerfassung und -aufbereitung verbundene Aufwand.

↑Dialogsysteme

Aufgabe von Computerprogrammen, die auf der zweiten Ebene den *Prozeß der Urteilsbildung* unterstützen, ist es zu zeigen, auf welche Einflußfaktoren sich auffällige Ausprägungen von Kennzahlenwerten zurückführen lassen. Dazu sind die im einzelnen ermittelten Kennzahlenausprägungen inhaltlich in der Weise miteinander zu verknüpfen, daß im Dialog mit dem Computer die wirtschaftlichen Hintergründe erforscht und Zusammenhänge zwischen den wirtschaftlichen Daten deutlich werden. In diesem Sinne werden beim System MIDIAS der Datev e.G. die Meßwerte einzelner Kennzahlenausprägungen aus vorgelagerten Meßwerten erklärt, um auf diese Weise die Ursache für Veränderungen aufzudecken (Hauschildt, 1984). An die Stelle einer oder mehrerer isolierter Bilanzkennzahlen treten Schaubilder und Übersichten, die den Bilanzleser zwingen, sich ganzheitlich und nicht punktuell zu informieren. Dabei konzentriert sich die Analyse zunächst auf die kritischen Schlüsselinformationen, die fortlaufend zergliedert werden, um wichtige Einflußfaktoren zum Ausdruck zu bringen.

Andere Anwendungen zielen auf die automatisierte Texterstellung in Form eines Gutachtens ab. Die Besonderheit solcher *Expertisesysteme* besteht darin, daß sich das ↑Programm nicht in der Ausgabe von gelegentlich als Zahlenfriedhöfe bezeichneten Kennzahlentabellen erschöpft. Vielmehr wird das Ergebnis in Form einer Expertise präsentiert, welche auch die

Kausalketten, die zur Veränderung einer Kennzahl geführt haben, verbal dokumentiert. Breitere Bekanntheit in der Literatur hat in diesem Zusammenhang das System der Datev e.G. erhalten, das unter der Bezeichnung Unternehmensreport vertrieben wird. Dieses System setzt sich aus zwei Modulen zusammen, die sich mit der Analyse der Erfolgslage einerseits, sowie der Vermögens- und Finanzlage andererseits auseinandersetzen. Im Rahmen der Erfolgsanalyse wird der Gesamterfolg nach dem Zerlegungsprinzip in die Erfolgsquellen und ihre Komponenten aufgespalten und auf Veränderungen gegenüber dem Vorjahr untersucht. Stellt das System signifikante Änderungen fest, so versucht es - gegebenenfalls im Dialog mit dem Anwender - die Ursachen für diese Entwicklungen zu erforschen. Teilweise wird dabei die Ursachenforschung bis auf die Kontengruppe betrieben. Das Ergebnis wird in Textform gefaßt und in sachlicher Reihenfolge als Expertise ausgegeben. Über die automatisierte Texterstellung hinaus wird durch die strukturierte Vorgehensweise, sowie durch die hinterlegten Signifikanzniveaus sichergestellt, daß das System alle Ursachen der Unternehmensentwicklung erkennt, aber zunächst nur über die Bereiche berichtet, die sich bedeutsam verändert haben. In ähnlicher Weise wird im finanzanalytischen Modul die Vermögens- und Finanzlage von Unternehmen betrachtet, so daß mit dem Gesamtsystem die Erfolgsentstehung und finanzielle Entwicklung in strukturierter Form beschrieben werden. Dabei wird auf Besonderheiten hingewiesen, erfreuliche oder kritische Verläufe werden herausgestellt. Bei allem Komfort, den Expertisesysteme bieten, sollte ihre Aussagekraft jedoch nicht überschätzt werden. Sie beschränken sich auf die im Jahresabschluß dargestellte Vergangenheit. Eine Wertung der Perspektiven, Ertragskraft oder Überlebensfähigkeit von Unternehmen gibt das System ausdrücklich nicht ab.

Nicht in jedem Fall lassen sich die Entwicklungen von Kennzahlen durch Zerlegung auf die sie bestimmenden Ursachen zurückführen. Maßgebend hierfür sind zum einen die zahlreichen Möglichkeiten, Jahresabschluß und Kennzahlen durch bilanzpolitische Maßnahmen zu beeinflussen. Zum anderen sind die wirtschaftlichen Tatbestände zu vielfältig, um stets eindeutige Zusammenhänge herstellen zu können. Im Rahmen von Variationsrechnungen lassen sich jedoch mögliche Gefahren simulieren und deren Einfluß auf die Beurteilung des Unternehmens herausstellen. Zu diesem Zweck können etwa bei dem Programm JASPER die Ausgangsdaten vorliegender Jahresabschlüsse gezielt verändert oder korrigiert und die Kennzahlen neu berechnet werden (Jacobs, 1994). Neben der vertiefenden Analyse wichtiger Erfolgsfaktoren lassen sich auf diese Weise die quantitativen Auswirkungen abweichender Ausgangsdaten aufzeigen, welche den Einfluß bilanzpolitischer Maßnahmen bei der Darstellung der Unternehmenslage im Jahresabschluß aufdecken und die quantitativen Auswirkungen zukunftsbezogener ↑Informationen im Rahmen der Planung und Prognose der möglichen Unternehmensentwicklung zum Ausdruck bringen.

Urteilssysteme

Auf den beiden ersten Ebenen, bei denen es um die Ermittlung und gezielte Auswertung der Kennzahlen geht, übernimmt der Computer im wesentlichen nur einfache Rechen-, Darstellungs- und Archivierungsfunktionen. Systeme dagegen, die die *automatisierte Urteilsbildung* zum Gegenstand haben, erfüllen darüber hinaus auch die Funktion der Bewertung der Analysedaten. Computergestützt können hierzu zwei unterschiedliche Wege eingeschlagen werden:

- Zentrales Ziel der *empirischen Bilanzanalyse* ist es, anhand der ↑Daten des Jahresabschlusses und Lageberichts Unternehmenskrisen frühzeitig zu erkennen. Versucht wird, jene Rechnungslegungsdaten herauszufiltern, die in Abhängigkeit vom Untersuchungsziel erfolgreiche und erfolglose Unternehmen signifikant voneinander unterscheiden. Zur Lösung dieses Klassifikationsproblems können mit Hilfe des Computers multivariate Diskriminanzanalysen auf der Basis von umfangreichen Stichproben durchgeführt werden. Computergestützt können ferner unternehmensbezogene Diskriminanzwerte ermittelt und die Ergebnisse in der Form von graphischen Risikoindizes ausgegeben werden.

Daneben werden zur Lösung des Diskriminanzproblems neuerdings auch Neuronale Netzwerkmodelle, die sich zur Mustererkennung eignen, eingesetzt. ↑*Neuronale Netze* sind Computer (-simulationen), die der vereinfachten physikalischen Struktur von Gehirnen nachempfunden sind. Sie bestehen aus mehreren, parallel arbeitenden Prozessorelementen, die in Schichten angeordnet und netzartig miteinander verbundenen sind. Die Art und Weise, in der diese künstlichen Neuronen verschachtelt sind, ist von Netz zu Netz verschieden. Jedes Netz hat aber mindestens eine Schicht Neuronen, wobei jede Schicht mindestens ein Prozessorelement enthält. Wesentliches Charakteristikum ↑Neuronaler Netze ist, daß sie nicht wie herkömmliche ↑Software vom Programmierer allein gestaltet werden, sondern ihre Entscheidungsregeln im Rahmen der Lernphase gewissermaßen von selbst lernen. Dabei ist zwischen zwei Lernmodi zu unterscheiden, die den Netzwerkmodellen zugrunde liegen können. Das assoziative oder überwachte Lernen einerseits vollzieht sich anhand von Beispielen, die das gewünschte Verhalten repräsentieren. Neben den Eingabedaten werden dem Netz außerdem die mit diesen Eingaben zu assoziierenden Ausgabedaten vorgegeben. Das entdeckende oder nicht überwachte Lernen andererseits arbeitet hingegen nur auf der Basis des gegebenen Eingabevektors. Die Leistung des Neuronalen Netzes besteht hierbei in der selbständigen Erkennung der relevanten Daten, deren interner Repräsentation und Klassifikation. Der eigentliche Lernprozeß erfolgt in beiden Lernmodi über die Veränderung und Anpassung der variablen Gewichte, die nach Maßgabe der dem jeweiligen Netzmodell zugrundeliegenden Lernregel in geeigneter Weise adaptiert werden.

Zur Klassifikation von Unternehmen anhand von Kennzahlen eignen sich *Perceptronmodelle* in besonderer Weise. Perceptronmodelle gehören zu den überwacht lernenden Neuronalen Netzwerken für kontinuierliche Merkmalsausprägungen. Wird an ein solches Netz ein bestimmtes Muster an der Eingangsschicht angelegt, so kann an den Netzausgängen ein bestimmtes Aktivierungsmuster abgelesen werden, welches im Idealfall mit dem jeweiligen Zielwert übereinstimmt. Weichen Aktivierungsmuster und Zielwert voneinander ab, so werden die Gewichte der einzelnen Verbindungselemente neu justiert und der Schwellenwert gegebenenfalls erhöht. Für diesen Zweck existieren mehrere Lernregeln zur dynamischen Anpassung der Gewichte, deren Eignung abhängig ist von der jeweiligen Netztopologie. So besteht bei mehrlagigen Perceptronmodellen das Problem darin, die Gewichte der nicht direkt von außen zugänglichen Schichten in geeigneter Weise anzupassen, wofür der Backpropagation-Algorithmus einen geeigneten Adaptionsmechanismus zur Verfügung stellt. Nach diesem Verfahren können die Fehler aller Prozessorelemente im Netzwerk berechnet und für jedes einzelne Verbindungsgewicht jene Werte gefunden werden, die den Lernfehler für ein vorgegebenes Muster minimieren. Gehört z.B. zu den Eingangsvektoren der Kennzahlenausprägungen solventer Unternehmen der Zielwert 1 und zu denen insolventer Unternehmen der Zielwert 0, so sucht der Backpropagation-Algorithmus während der Lernphase mit diesen Mustern nach der Stärke der einzelnen Verbindungsgewichte, für die die neuronale Verknüpfung der Kennzahlenausprägungen solventer Unternehmen den Wert 1 und bei insolventen Unternehmen den Wert 0 ergibt. Ist der Ausgabefehler hinreichend klein, bricht das Verfahren den Lernvorgang ab. Während der anschließenden Recall-Phase werden die errechneten Verbindungsgewichte getestet, indem Muster, die dem Netzwerk nicht bekannt sind, an die Inputschicht angelegt und der ermittelte Output mit dem tatsächlichen Wert verglichen werden. War die Qualifikation der verschiedenen Recall-Muster ausreichend gut, kann das trainierte Netzwerk zur Ermittlung nicht bekannter Gruppenzugehörigkeiten eingesetzt werden (Ausführungsmodus).

Ziel der als ↑*Expertensysteme* bezeichneten Computerprogramme ist es, die Problemlösungsfähigkeiten eines menschlichen Experten nachzubilden. Zu diesem Zweck werden in einem Expertensystem problembezogenes ↑Wissen und Verarbeitungsvorschrift voneinander getrennt. In der Wissensbasis ist das spezifische Wissen des jeweiligen Anwendungsgebietes gespeichert, das mit Hilfe des Expertensystems bearbeitet werden soll. Dazu gehört über das fachliche Wissen des Experten hinaus auch sein Erfahrungswissen über die richtige Vorgehensweise zur Lösung des jeweiligen Problems. Intern wird das gespeicherte Wissen überwiegend in Form von Produktionsregeln hinterlegt, in deren Bedingungsteil die Voraussetzungen genannt werden (WENN (Voraussetzung 1, Voraussetzung 2, ..., Voraussetzung n)), die erfüllt sein müssen, um bestimmte Konsequenzen anzustoßen (DANN (Konsequenz 1, Konsequenz 2, ..., Konsequenz m)). Diese Regeln beschreiben jedoch keine expliziten Lösungsstrukturen, sondern verkörpern vielmehr Bedingungen, Situationen oder Zustände, unter denen bestimmte Aktionen ausgeführt werden. Dadurch ist der Lösungsweg in einem Expertensystem zwar enthalten, aber nicht wie in einem herkömmlichen ↑Programm explizit vorgegeben. Eine neue Entwicklungsrichtung geht dahin, Wissen ganzheitlich abzubilden, indem anhand von Fallbeispielen Aufgabenstrukturen und Lösungen miteinander verbunden werden. Auf diese Weise wird versucht, das menschliche Erinnerungs- und Urteilsvermögen nachzubilden, das durch das Wiederauffinden von im Gedächtnis gespeicherter Fälle und das Lernen aus Erfahrung charakterisiert ist. Die Trennung von prozeduralem Wissen einerseits und Verarbeitungsvorgang (Inferenzmechanismus) andererseits bewirkt, daß sich Expertensysteme für Wissenselemente öffnen, die sich nicht algorithmisch erfassen lassen. So können praktische Erfahrungen der Fachleute in aller Regel nicht in der Form formuliert werden, daß sie das Vorgehen zur Lösung eines Problems eindeutig festlegen und eine rein formale, schrittweise Ausführung gestatten. Bei allen Vorzügen wird der Entwickler nicht von der Aufgabe befreit, dem Problem zunächst eine Struktur zu geben, um es dadurch lösbar zu machen. Diese Struktur ist Voraussetzung für die programmtechnische Umsetzung der Problemdefinition. Eine nicht unwesentliche Hürde von *regelbasierten ↑Expertensystemen* ist in diesem Zusammenhang die Tatsache, daß Experten nur sehr begrenzt dazu in der Lage sind, ihr ↑Wissen mitzuteilen. Sie tun Dinge zum Teil intuitiv, argumentieren aus Erfahrungen heraus oder haben bestimmte Fallkonstellationen oder Situationsmuster vor Augen, wenn sie Entscheidungen treffen oder Ratschläge geben. Typisch sind Einschränkungen der Art, es komme darauf an, den Einzelfall zu sehen. Strukturierte Interviews oder Fallstudien können die Wissensakquisition zwar unterstützen, die Erfahrung zeigt jedoch, daß es dem Experten leichter fällt, sein Wissen darzulegen und seine Arbeitsweise zu begründen, wenn er ein bestimmtes Vorgehen oder ein theoretisches Modell vor Augen hat. Nachdem jedoch für die Urteilsbildung im Rahmen der *J.* ein theoretisches Modell bisher nicht vorliegt, dürften die Bemühungen, das Analyse- und Entscheidungsverhalten von Experten, die ihr Wissen in jahrelanger Einzelfallpraxis erworben haben, entsprechend zu verallgemeinern, nur schwer zu erfüllen sein. Die im anderen Zusammenhang gemachte Erfahrung, daß die Extrahierung von Expertenwissen in Regelform nur dann erfolgreich ist, wenn auf einer theoretischen Grundlage aufgebaut werden kann, die sowohl das Fachwissen als auch die Arbeitstechnik umfaßt (Jacobs, 1990), wird in Berichten über die Entwicklung von Expertensystemen im Bereich der *J.* oder Bonitätsbeurteilung bestätigt. In diesem Sinne beschränken sich viele der bisher entwickelten Diagnosesysteme zur Bonitätsbeurteilung von Unternehmen im Bereich der Bilanzanalyse auf die Punktbewertung mehr oder weniger subjektiv ausgewählter Kennzahlen, die zu einem Gesamtwert verarbeitet werden, um auf dieser Grundlage eine Einordnung in Risikoklassen vornehmen zu können.

Um das Problem der Regelextraktion zu umgehen, bietet sich als Ausweg der fallbasierte Ansatz an. *Fallbasierte Expertensysteme* lösen Probleme in der Weise, daß sie die Wissensbasis anhand von Strukturmerkmalen nach ähnlichen, dort gespeicherten Fällen durchsuchen und deren Lösung auf die aktuelle Entscheidungssituation übertragen. Hierzu wird die frühere Problemlösung des durch Vergleich bestimmten ähnlichsten Falls durch induktive Inferenzmechanismen an die aktuelle Problemstellung angepaßt. Da sich nach diesem Ansatz die Wissenselemente aus Sachverhalten und Kriterien zusammensetzen, die einen Fall beschreiben und ihm eine Lösung zuordnen, fällt bei fallbasierten ↑Expertensystemen die dem Problemlösungsverhalten von Experten fremde Aufgabe der Regelbildung weg. Aufgabe der fallbasierten Wissensakquisition ist es vielmehr, Interpretationen zu einer Vielzahl von Fällen des Problembereichs zu sammeln, die anhand von festzulegenden Merkmalen beschrieben werden. Problematisch daran ist, daß ein fallbasiertes ↑System nicht in der Lage ist, seine Problemlösung zu begründen, da der Lösungsvorschlag nur die Fälle offenlegt, die der zu beurteilenden Problemstellung ähnlich sind. Ursache und Wirkung verstecken sich im Schwarzen Kasten. Das Urteil und die Gewichtung seiner Einflußfaktoren können nicht mehr nachvollzogen werden.

DV-Programme
Die Mehrzahl der Programme, die heute in der Praxis im Einsatz sind, dienen in erster Linie der Ermittlung und Darstellung von Kennzahlen. Zu diesen ↑Systemen gehören etwa die Serviceprogramme MABILA oder DB REPORT. Datenbankinformationen werden insb. von den großen Wirtschaftsinformationsdiensten angeboten. Beispiele für ↑Programme, die auf der Basis von Zerlegungsprinzipien oder Sensitivitätsanalysen den Urteilsvorgang unterstützen sind MIDIAS, UNTERNEHMENSREPORT und JASPER. Auf der dritten Ebene dagegen herrschen prototypische Entwicklungen vor. Zu den Programmen, die in der praktischen Anwendung bereits erprobt sind, gehören etwa die auf Diskriminanzanalysen beruhenden Programme STATBIL aus dem Sparkassensektor und RISK, das bei der Bayerischen Vereinsbank im Einsatz ist. Bekannt wurden ferner die regelbasierten ↑Expertensysteme CODEX und BANKADVISOR. Ein Beispiel für den fallbasierten Ansatz ist das an der Universität Mannheim prototypisch entwickelte ↑System UNEX (Krebs, 1991).

Literatur: Hauschild, J.: Erfolgs- und Finanz-Analyse, Köln, 1984. *Jacobs, O.H.*: Bilanzanalyse, 2. Aufl., München, 1994. *Krause, C.*: Kreditwürdigkeitsprüfung mit Neuronalen Netzen, Düsseldorf, 1993. *Krebs, M.*: UNEX-Ein Expertensystem für quantitative und qualitative Unternehmensanalysen, Frankfurt/M., 1991.

Dr. A. Oestreicher, Mannheim

Joystick
Einrichtung, deren Bewegung von der Positionsmarke auf dem Bildschirm in Richtung der Bewegung nachvollzogen wird.

***JIT* (Just in Time)**
J. ist eine Strategie zur logistikorientierten Strukturierung der Wertschöpfungskette von Unternehmen. Unter der Forderung, das Material zum richtigen Zeitpunkt in richtiger Qualität und Menge am richtigen Ort bereitzustellen, erfolgt eine Neuorganisation des betrieblichen Ablaufs, die sich sowohl auf den Material- als auch auf den Informationsfluß mit dem Ziel erstreckt, die Aktivitäten des Wertschöpfungsprozesses an Marktbedürfnisse auszurichten. Das *J.-Konzept* zielt darauf ab, Verschwendung in der Produktion und Zulieferung zu eliminieren. Demnach geht *J.* von der Überlegung aus, den Informations- und Materialfluß in den Unternehmen in Form eines Zero Base-Budgeting neu zu strukturieren. Dies führt zu Forderungen, wie kein Sicherheitsbestand, keine Liegezeiten, keine Zurverfügungstellung von Kapazitäten für Nacharbeit, ein Lieferant pro Teil, falls dieser über genügend Kapazität verfügt, kein Einsatz von Mitarbeitern für Tätigkeiten, die keinen Beitrag zur Wertschöpfung leisten. Derartige Forderungen machen deutlich, daß das *J.* nicht auf eine Maximierung der Geschwindigkeit bei der Produktion durch Reduzierung der Haupt- und Nebenzeiten zielt, sondern auf eine Minimierung der für die Produktion einzusetzenden Ressourcen. Um dies zu erreichen, wird von folgenden Wirkzusammenhängen ausgegangen:

- Strukturveränderungen implizieren eine Reihe von Verhaltensänderungen bei den Mitarbeitern.

- Veränderungen der Struktur und des Verhaltens führen gemeinsam zu einer Steigerung der Effizienz.

Die *Struktur- und Verhaltensänderungen* des J.-Konzepts orientieren sich an *vier Grundprinzipien*:

- *Bestände sind gebundene Kapazitäten*: Unter dem Blickwinkel einer *J.-Produktion* stellen Bestände ein Problem dar, da sie nicht unmittelbar an den Kunden weitergegeben werden können. Um dieses Problem schärfer zu fassen, ist es sinnvoll, Bestände als gebundene Kapazitäten zu betrachten. In Fertigwarenbeständen sind nicht nur Materialkosten, sondern auch Abschreibungen auf Anlagen und Personalkosten enthalten. Eine kundennahe Produktion läßt sich erreichen, wenn die in den Beständen gebundenen Mittel ins Anlagevermögen überführt werden, um Kapazitäten *J.* bereitzustellen und Kundenwünsche genau zum Zeitpunkt des Bedarfs zu befriedigen. Dies erfordert eine Umschichtung der Bilanzstruktur. Es ist eine Erweiterung des Anlagevermögens zugunsten des Umlaufvermögens mit dem Ziel von kurzen Durchlaufzeiten und hoher Flexibilität.
- *Bestände verdecken Fehler*: Die Optimierung einzelner Funktionen, wie Einkauf, Produktion und Vertrieb erfordert Bestände, die eine reibungslose Produktion, eine prompte Lieferung, eine Überbrückung von Störungen, eine wirtschaftliche Fertigung und eine konstante Auslastung der Produktionsanlagen erst ermöglichen. In einer Produktion, die auf ein Fließen als Hauptziel ausgerichtet ist, verdecken Bestände störanfällige Prozesse, unabgestimmte Kapazitäten, mangelnde Flexibilität, Ausschuß und mangelnde Liefertreue. Werden die Bestände gesenkt, so werden diese Probleme offensichtlich und es entsteht ein unmittelbarer Zwang, diese zu lösen. Hierdurch wird eine permanente Produktivitätssteigerung des Produktionsgeschehens initiiert. Zur Produktivitätssteigerung bedarf es Problemlösungskapazitäten, die in Form höher qualifizierter Mitarbeiter und problemadäquater Organisationsstrukturen geschaffen werden müssen. Damit erhält der Mitarbeiter im *J.-Konzept* eine zentrale Stellung.

JIT (Just in Time)

- *Zeit* - insb. Liefer-, Durchlauf- und Wiederbeschaffungszeit - *stellt einen eigenständigen Wettbewerbsfaktor* dar: Kurze Durchlauf- und kurze Wiederbeschaffungszeiten verringern den Prognosezeitraum, ermöglichen eine kurzfristige Lieferfähigkeit und erlauben eine hohe Flexibilität bei Marktänderungen. Eine drastische Reduzierung der Durchlaufzeiten ist nur durch eine Entflechtung der Produktionsbeziehungen mit dem Ziel einer stärkeren Produktorientierung möglich. Die Strukturveränderung führt zu einer Fertigsegmentierung, bei der das Ziel verfolgt wird, in Teilbereichen das Prinzip der Flußoptimierung zu realisieren und diese Teilbereiche möglichst autonom zu steuern, um eine höhere Transparenz des Betriebsgeschehens zu erreichen.

- *Die kostengünstigste Produktion ist die Fließfertigung*: Eine Definition des *J.*-Konzepts geht von der Produktion der kleinstmöglichen Menge zum spätest möglichen Zeitpunkt aus. Nach dieser Definition wird durch Realisierung des Fließprinzips die kleinstmögliche Losgröße gleich 1 angestrebt. Dies gilt auch für Stückzahlen von 1 Mio., denn in diesem Fall wird nur ein Teil von einer Station zur anderen weitergereicht. Die Kostenreduzierung im Fließprinzip wird durch Spezialisierung und Automatisierung, sowie durch die Wiederholung des gleichen Produktes erreicht. Bei einer kundennahen Produktion wiederholen sich aber nicht die gleichen Produkte, sondern lediglich der Wechsel von einem zum anderen Produkt. Wird der Wechsel als repetitives Element betrachtet und versucht, diesen kostenmäßig und zeitlich gegen Null gehen zu lassen, so können in jeder Art von Produktion Fließprinzipien realisiert werden. Ziel ist es deshalb, die Vorteile der Fließfertigung auch in der Losfertigung zu erreichen. Zur Realisierung einer *J.-Produktion* und *Logistik* werden diese Grundüberlegungen auf die gesamte logistische Kette vom Lieferanten über die eigene Produktion bis hin zum Kunden übertragen. Die erzielbaren Wirkungen des *J.-Konzeptes* zeigen, daß mit dem Konzept eine Reduzierung der Herstellungskosten von 8% bis 12% eine

JIT (Just in Time)

Halbierung der Bestände und Durchlaufzeiten möglich ist.

Literatur: Wildemann, H.: Das Just in Time-Konzept: Produktion und Zulieferung auf Abruf, 3. Aufl., München, 1992

Prof. Dr. H. Wildemann, München

KADS
Knowledge Acquisition and Design Structuring; Mehrmodelleinsatz zur integrierten Modellierung von ↑Wissen für ↑Expertensysteme.

Kaskaden-Menüs
Hierarchisch geordnete Pull down-Menüs.

Katastrophenmanagement
Maßnahmen des Managements zur Vorbeugung und Behebung von Krisensituationen, die durch Störungen (Feuer, Blitz etc.) entstehen.

Klasse
Eine Menge von ↑Objekten mit gleichen ↑Attributen und Methoden.

Klassifizierung nach Flynn
↑Flynn´sche Klassifizierung

Klumpenmodelle
Bei einem *K.* gibt es mindestens eine Rückkoppelung; ein Neuron sendet an ein anderes und empfängt von diesem gleichzeitig Signale. Der Informationsfluß erfolgt Feedback.

Kommunalbereich, CSCW im
↑CSCW im Kommunalbereich

Kommunikation
Austausch, räumliche Übermittlung von ↑Nachrichten und ↑Informationen zwischen Menschen und/oder maschinellen ↑Systemen.

Kommunikation, zwischenbetriebliche
Begriffserklärung
Mit dem Begriff ↑*elektronischer Datenaustausch* bzw. *Electronic Data Interchange* (EDI) wird der automatisierte Austausch genormter, formatierter ↑Daten zwischen zwei oder mehreren Geschäftspartnern bezeichnet. Die ↑Daten werden dabei ohne Medienbruch per Datenfernübertragung vom Anwendungssystem des Senders zum Anwendungssystem des Empfängers ausgetauscht. Eine derartige zwischenbetriebliche Kommunikation ist bei einer Vielzahl von Geschäftsprozessen möglich; durch den Austausch der Geschäftsdaten per EDI kann eine weitgehend automatisierte Abwicklung der Routine-Geschäftsvorfälle bei Lieferanten, Kunden, Banken und Spediteuren erreicht werden.

Zielsetzung
Der EDI-Einsatz anstelle konventioneller Formen der Kommunikation bringt für die beteiligten Geschäftspartner erhebliche Vorteile:

- Die Kommunikation erfolgt sehr schnell, da die Daten ohne manuelle Eingriffe übermittelt werden.
- Die beim Empfänger mit der Erfassung von Daten verbundenen Fehlermöglichkeiten werden vermieden, so daß sich die Sicherheit der Informationsübertragung erhöht.

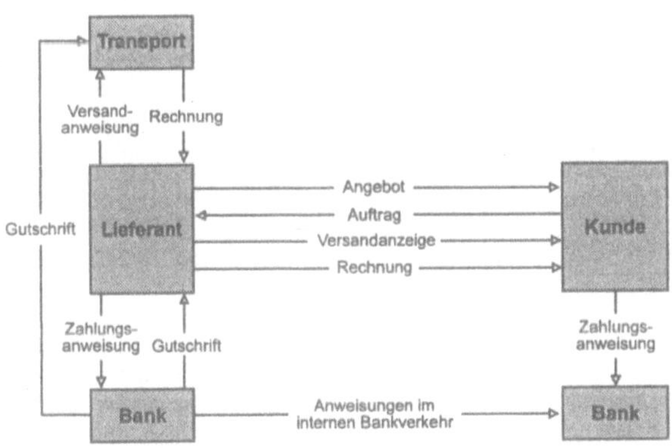

• Durch die Vermeidung der wiederholten Erfassung bzw. Eingabe und der Ablage derselben Daten, sowie durch die Einsparung von Papier lassen sich Kosten erheblich reduzieren.

• Die Daten können unmitttelbar nach dem Empfang beim Empfänger durch das betriebswirtschaftliche Anwendungssystem weiterverarbeitet werden; somit erfolgt die gesamte Abwicklung der Geschäftsprozesse erheblich schneller.

• Die schnellere Reaktionsmöglichkeit auf veränderte Situationen - sowohl im Unternehmen als auch auf dem Markt - verschafft dem EDI-Anwender bedeutsame Wettbewerbsvorteile. In einzelnen Wirtschaftssektoren wie bspw. in der Automobilzulieferindustrie ist die Anwendung von EDI schon zu einer Voraussetzung für den Vertragsabschluß geworden.

Die genannten Vorteile sind einige der Gründe dafür, daß die zwischenbetriebliche Kommunikation zunehmend automatisiert per EDI erfolgt.

↑*Kommunikationsstandards*

Der wirtschaftliche Datenaustausch zwischen verschiedenen Unternehmen ist nur auf der Basis von Standards möglich:

• *Telekommunikationsstandards* regeln die physikalische Abwicklung des Datenaustauschs.

• *Nachrichtenstandards* definieren die Grammatik und die Struktur des zu übermittelnden Inhalts derart, daß dieser automatisch interpretiert und verarbeitet werden kann.

↑Elektronischer Datenaustausch wird bereits seit den 70er Jahren praktiziert - zunächst auf der Basis bilateraler Vereinbarungen zwischen den einzelnen Geschäftspartnern, später multilateral unter Verwendung von Branchenstandards. Das Fehlen allgemeiner Regeln und Normen führte dabei zu einer großen Zahl von nationalen und/oder branchenspezifischen Insellösungen - wie bspw. SEDAS im Handel, SWIFT im Zahlungsverkehr der Banken oder VDA in der Automobilindustrie.

Auf Initiative der Wirtschaftskommission der Vereinten Nationen für Europa (UN/ECE) wurden 1987 unter der Bezeichnung ↑*EDIFACT* (Electronic Data Interchange for Administration, Commerce and Transport) international gültige, branchenunabhängige Nachrichtenstandards entwickelt und in internationale ↑ISO-Normen überführt. EDIFACT enthält u.a. folgende Regelungen:

• Der Wortschatz enthält die Datenelemente für den elektronischen Datenaustausch. Das Trade Data Elements Directory (TDED) bzw. das Handbuch der Handelsdatenelemente (HdH) definiert die Datenelemente, die Feldlängen und die Formate.

• Die Syntax (Grammatik) enthält die Regeln, nach denen unabhängig von der benutzten Soft- und Hardware die zwischen den Kommunikationspartnern ausgetauschten Nachrichten einheitlich strukturiert werden.

• Logisch zusammenhängende Datenelemente (z.B. Name, Adresse) werden zu Segmenten zusammengefaßt. Ein Nachrichtentyp ist die Zusammenfassung aller Segmente, die zur Darstellung eines Geschäftsvorfalls (z.B. Bestellung, Rechnung) erforderlich sind. Um allgemein anwendbaren Datenaustausch betreiben zu können, ist unter Zugrundelegung der Syntaxregeln für die einzelnen Geschäftsvorfälle jeweils eine Universal Standard Message entwickelt worden.

Verfahren

Die Funktionsweise des Elektronischen Datenaustausches sei am Beispiel des Nachrichtentyps "Rechnung" erläutert. Hierbei besteht gemäß Abbildung zwischen zwei Unternehmen eine logische Verbindung in der Form, daß die Forderung des einen Unternehmens eine Verbindlichkeit des anderen Unternehmens darstellt. Da normalerweise die Datenstrukturen der unternehmensinternen Anwendungssysteme in den beiden Unternehmen nicht einheitlich sind, kann ein Datenaustausch nur durch Umformatierung der Daten erfolgen. Das rechnungsstellende Unternehmen veranlaßt bei Fälligkeit die Erstellung der Rechnung auf einer sog. Inhouse-Datei, d.h. statt des Ausdrucks einer Rechnung auf einem Formularsatz erfolgt die Erstellung des Dateninhaltes auf einer Arbeitsdatei. Diese Arbeitsdatei wird mittels eines Softwareprogrammes in die Struktur der EDIFACT-Standardnachricht INVOIC ü-

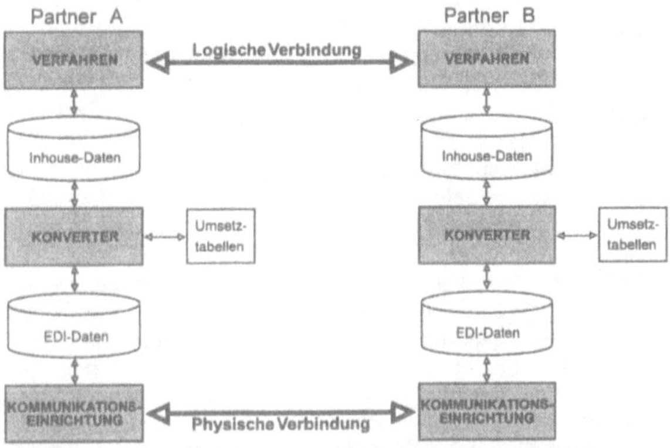

bersetzt. Für diese Prozedur sind am Markt spezielle Konvertierprogramme verfügbar. Die umformatierte Rechnungsdatei wird mittels einer Telekommunikationseinrichtung an den Empfänger übertragen. Die Datenübertragung kann dabei sowohl über öffentliche als auch private Netze erfolgen. Beim Empfänger werden die übertragenen Daten zwischengespeichert und als Rechnungsdaten identifiziert, um dann aus dem Standardformat in die interne Struktur der Rechnungsdaten des Anwendungssystems (Inhouse-Format) übersetzt zu werden. Vor der Integration der übertragenen Daten in die ↑Datenbank des Empfängers sind diese - soweit wie möglich - auf Richtigkeit und Plausibilität zu prüfen. Anschließend können die Rechnungsdaten beim Empfänger sofort weiterverarbeitet werden, indem z.B. eine automatische Rechnungsprüfung und eine Aktualisierung der Kreditorenkonten erfolgt. Bei der Datenkommunikation können auch die Leistungen von privaten Netzwerkdiensten in Anspruch genommen werden; diese ↑Value Added Network Services (VANS) sorgen nicht nur für die Weiterleitung der Daten an den Empfänger, sondern bieten auch ergänzende Dienstleistungen wie bspw. die Formatumsetzung an.

Literatur: Büchner, W.: Elektronischer Geschäftsverkehr, in: Handbuch des Informationsmanagements im Unternehmen, *Bullinger, H.-J.* (Hrsg.), München, 1991. *Kommission der Europäischen Gemeinschaften*: EDI-Perspektiven, Luxemburg, 1993. *Schulte-Zurhausen, M.*: Integration und unternehmensinterne Verteilung von EDI-Daten, in: Wirtschaftsinformatik 36, 1994. *Stahlknecht, P.*: Computerunterstützung in den betriebswirtschaftlichen Funktionsbereichen, in: Handbuch Wirtschaftsinformatik, *Kurbel, K., Strunz, H.* (Hrsg.), Stuttgart, 1990.

Prof. Dr. M. Schulte-Zurhausen, Aachen

Kommunikationsdiagramm

Stellt die ↑Kommunikation zwischen ↑Objekten dar.

Kommunikationsstandards

Regeln für die physikalische Abwicklung des Datenaustauschs; definieren die Grammatik und die Struktur des zu übermittelnden Inhalts derart, daß dieser automatisch interpretiert und verarbeitet werden kann.

Kommunikationsstrukturen in heterogenen verteilten Systemen

Als *verteiltes System (Distributed System)* wird die Gesamtheit der Hard- und Softwarekomponenten bezeichnet, die über ein Kommunikationsnetz interagieren, um ein gemeinsames Anwendungsziel zu erreichen. Eine *verteilte Anwendung (Distributed Application)* besteht aus einer Menge von Softwarekomponenten, die räumlich verteilt auf verschiedenen Knoten eines ↑Rechnernetzes ablaufen und koordiniert kooperieren. *Verteilte Verarbeitung (Distributed Processing)* ist der Oberbegriff für die Vorgänge in einer verteilten Anwendung.

Die Entwicklung ↑verteilter Systeme wurde maßgeblich durch die revolutionären Fortschritte in der ↑Prozessor- und Kommunikationstechnologie vorwärtsgetrieben. Mit dramatischen Steigerungsraten ist die Leistung der ↑Hardware über die letzten drei Dekaden stetig angewachsen. Die Leistungssteigerung ist Voraussetzung dafür, daß Rechner immer mehr und immer komplexere ↑Software ausführen können. Hand in Hand mit der Leistungssteigerung ging die Reduktion der Abmessungen und des Preises der Prozessor-Hardware. Dieser - immer noch anhaltende - Trend ermöglichte die Dezentralisierung der ↑Datenverarbeitung. Heute gehören ↑PC und ↑Workstations untrennbar zum Bild moderner Rechnerlandschaften. Sie bieten am Arbeitsplatz des Benutzers hohe Funktionalität und benutzerfreundliche ↑Schnittstellen zu signifikant niedrigeren Preisen als Großrechner.

Auf Seiten der ↑*Kommunikation* waren die Fortschritte bei der Technologie der lokalen ↑Rechnernetze die wesentliche Voraussetzung für den Ausbau der verteilten Verarbeitung. Mit der Einführung von schnellen lokalen ↑Rechnernetzen (↑Local Area Network, LAN), die nominal Datenraten bis zu 10 Megabits pro Sekunde leisten, wurde verteilte Datenverarbeitung im heutigen Sinn möglich. Stellvertretend sei hier die Entwicklung der ↑Ethernet-Technik genannt, die in ihrem Fahrwasser eine Fülle neuer Anwendungen mit neuen Anforderungen und neuen Softwarestrukturen entstehen ließ. Aber auch die Übertragungsraten bei Weitverkehrsnetzen konnten signifikant gesteigert werden. Heute stehen Breitbandnetze, die ganz neue Anwendungsbereiche erschließen, kurz vor der Schwelle der Markteinführung.

Die Vielfalt bei Rechnerarchitekturen und Kommunikationsnetzen und das breite Spektrum der Anwenderanforderungen führen zu einer inhärenten *Heterogenität* in modernen Datenverarbeitungsinstallationen. Sie zeigt sich bei Rechnerhardware (↑PC, ↑Workstations, ↑Großrechner), Rechnersoftware (↑Betriebssysteme, Anwendungen, ↑Programmiersprachen), Kommunikationsnetzen (↑LAN, ↑WAN), Kommunikationsprotokollen (proprietäre, standardisierte) und im organisatorischen Bereich (Management- und Betreiberrichtlinien, Sicherheit, Verfügbarkeit, Betreuung). Die Heterogenität ist einer der dominanten Faktoren, die für die Komplexität verteilter Systeme und verteilter Verarbeitung verantwortlich sind. Aufgabe einer entsprechenden Softwareinfrastruktur muß es sein, die durch die Heterogenität induzierte Komplexität beherrschbar zu machen und sie nach Möglichkeit zu verbergen, die Verteilung transparent zu machen. Diese Softwareinfrastruktur liegt zwischen den individuellen Rechnersystemen und den Anwendungen; sie stellt die für ↑verteilte Anwendungen notwendige Funktionalität in weitgehend transparenter Weise zur Verfügung. Sie wird oft als Verteilungsplattform oder als *Middleware* bezeichnet.

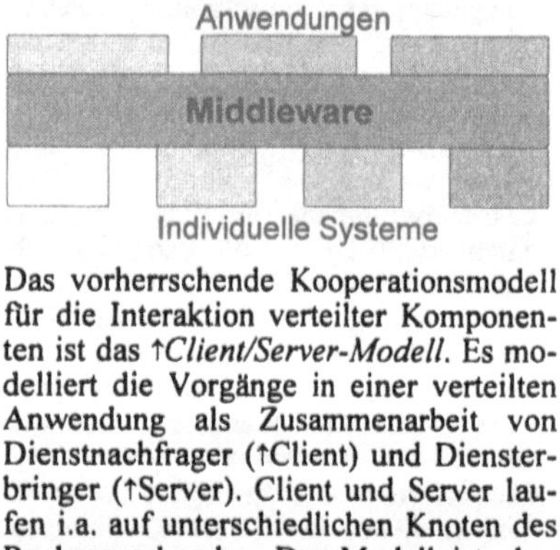

Das vorherrschende Kooperationsmodell für die Interaktion verteilter Komponenten ist das ↑*Client/Server-Modell*. Es modelliert die Vorgänge in einer verteilten Anwendung als Zusammenarbeit von Dienstnachfrager (↑Client) und Diensterbringer (↑Server). Client und Server laufen i.a. auf unterschiedlichen Knoten des Rechnerverbundes. Das Modell ist aber nicht an bestimmte Hardwarekonfigurationen oder Softwarefunktionen gebunden, sondern beschreibt einzig die Tatsache, daß die Kooperation immer dem gleichen Grundschema folgt: Kunden formulieren Aufträge und schicken sie an Dienstanbieter, die ihre Dienstbereitschaft für einen bestimmten Dienst veröffentlicht haben und entsprechende Aufträge entgegennehmen. In solchen ↑Systemen können sowohl die ↑Daten als auch die Funktionen einer Anwendung auf Client und Server verteilt sein. Auch können die Rollen von Client und Server im Laufe der Verarbeitung wechseln, wenn z.B. ein Server die Dienste eines weiteren Servers benötigt und damit zum Client dieses Dienstanbieters wird.

Um die *Kooperation heterogener Systeme* zu ermöglichen, bedarf es Normen, Absprachen und Festlegungen, die das Zusammenspiel auf eine gemeinsames Fundament stellen. *Normen* können dabei von den offiziellen internationalen Normungsgremien erarbeitet werden oder im Laufe der Zeit entstehen, wenn sich einzelne Lösungen aufgrund ihrer weiten Verbreitung und Akzeptanz als de facto-Standard etablieren. Rechnersysteme, die sich an festgelegte Standards halten und dadurch offen im Hinblick auf Kooperation und Verträglichkeit mit andersartigen Systemen sind, sind *offene Systeme*. Die Heterogenität ist der Ausgangspunkt der Diskussion über offene Systeme. Um sie zu überwinden und die Vielfalt der Heterogenitätsaspekte in den verschiedenen Bereichen der Datenverarbeitung in den Griff zu bekommen, ist eine klare Strukturierung des Problemraums erforderlich. Auch hier gilt - wie in vielen Informatikdisziplinen - der Grundsatz Divide et Impera, d.h. das Gesamtproblem wird in Einzelteile unterteilt, die weitgehend unabhängig voneinander angegangen werden können. Im Hinblick auf Heterogenität in ↑verteilten Systemen sind dabei drei Funktionsbereiche zu unterscheiden, die ↑Kommunikation, das ↑Betriebssystem und die Anwendung:

- *Kommunikation* ist essentiell für den Aufbau ↑verteilter Systeme. Seit Ende der 70er Jahre wird von der ↑ISO und assoziierten Organisationen die Normung eines Referenzmodells für offene Kommunikation zwischen heterogenen Rechnersystemen vorangetrieben. Das Ergebnis sind das ↑*Open Systems Interconnection (OSI)-Referenzmodell*, sowie die dazu konformen OSI-*Kommunikationsstandards*. Neben (gegen) OSI hat sich ein de facto-Standard durchgesetzt: die ↑*Internet-Protokollfamilie*, auch als ↑*TCP/IP* bekannt. Während OSI in vielerlei Hinsicht mächtigere und flexiblere Lösungen bietet und von daher auch meist mehr Aufwand bei der Implementierung verursacht, zeichnet sich TCP/IP durch Effizienz, Einfachheit und weite Verbreitung aus. Letzteres wurde dadurch gefördert, daß TCP/IP praktisch mit jedem ↑UNIX-Betriebssystem ausgeliefert wurde.

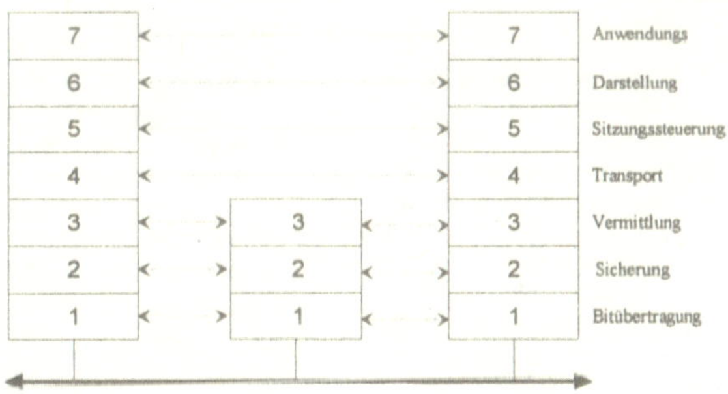

- OSI oder TCP/IP ermöglichen die ↑Kommunikation zwischen heterogenen Rechnersystemen. ↑Verteilte Verarbeitung braucht aber mehr als nur Kommunikation. Prinzipiell müssen auch im verteilten Fall die gleichen Funktionen zur Verfügung stehen, wie sie von konventionellen ↑Betriebssystemen her bekannt sind. Ihre Realisierung erweist sich im verteilten Fall aber als ungleich schwieriger. Dazu gehören Zugriffsschutz und Vertraulichkeit, Dateizugriff, Management, Verzeichnisse, Transaktionsmonitore etc. Hinzu kommen Probleme, die erst mit der Verteilung auftreten, z.B. Synchronisation der Systemuhren auf den verschiedenen Rechnern und Fragen der Datenkonsistenz bei echt parallelem Zugriff. Eine Verteilungsplattform, der von Herstellern und Anwendern viel Aufmerksamkeit geschenkt und die von vielen als kommender de facto-Standard angesehen wird, ist das ↑*Distributed Computing Environment (DCE)* der ↑*Open Software Foundation (OSF)*. Die OSF ist ein Konsortium von verschiedenen Firmen und Institutionen, das sich die Entwicklung von Technologie für offene Systeme zum Ziel gesetzt hat. DCE integriert die o.g. Betriebssystemfunktionen und bietet eine funktional vollständige Verteilungsplattform für verteilte Anwendungen. DCE ist auf nahezu allen ↑UNIX-Systemen, aber auch für andere ↑Betriebssysteme verfügbar. Die zentrale Komponente im DCE ist der ↑*Remote Procedure Call (RPC)*, der die Anwendungen von der Heterogenität und Komplexität der Kommunikationsnetze abschirmt.

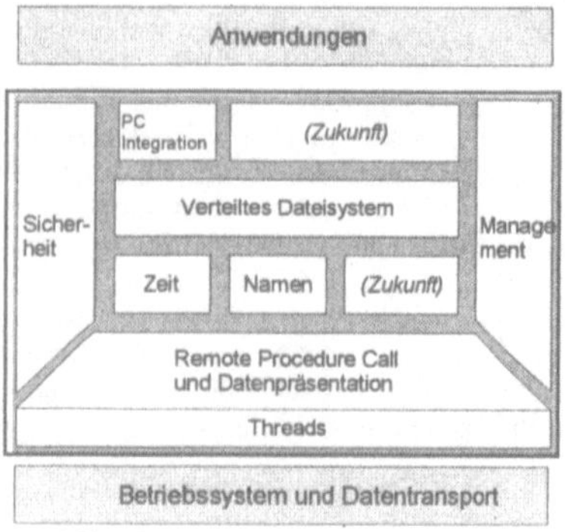

• Mit ↑Kommunikation und ↑Betriebssystem wird eine Basisfunktionalität für die Kooperation heterogener ↑Systeme geschaffen. Dieses reicht aber noch nicht aus, um die Interoperabilität von *Anwendungen* zu unterstützen. Aufbauend auf dieser Erkenntnis hat die *Object Management Group (OMG)* - ebenfalls ein Firmenkonsortium - eine Empfehlung erarbeitet, wie Interoperabilität auf der Basis des Objektmodells zu erlangen ist. ↑Objekte bilden in natürlicher Weise mögliche Einheiten der Verteilung. Daher spielt das Objektmodell gerade bei ↑verteilten Systemen eine herausragende Rolle. Die *Common Object Request Broker Architecture (CORBA)* der OMG ist

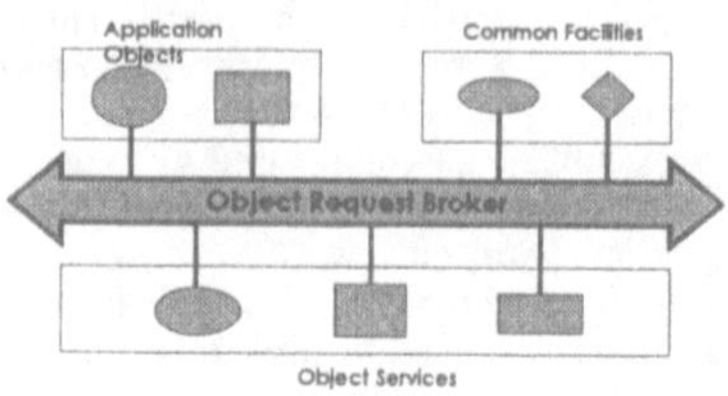

ein Ergebnis dieser Arbeiten. Dem Objektmodell gemäß wird das verteilte System als Menge kooperierender Objekte betrachtet. Der Object Request Broker ermöglicht die Kooperation der Objekte in heterogenen verteilten Umgebungen. Er stellt die Mechanismen zur Verfügung, mit denen Klienten Operationen auf Serverobjekten aufrufen und Ergebnisse zurückerhalten. Bei der OMG sind Arbeiten im Gange, die CORBA-Empfehlungen weiter auszubauen und durch die Spezifikation von Objektdiensten zu ergänzen.

Prof. Dr. K. Geihs, Frankfurt

Kommunikationssysteme, Offene
Miteinander über ein Netzwerk verbundene Endgeräte bilden zusammen mit den erforderlichen Regeln, die einen sinnvollen Datenaustausch erst ermöglichen, ein *Kommunikationssystem*. Ein solches ↑System wird als offen bezeichnet, wenn die verwendete Kommunikationssoftware unabhängig vom jeweiligen Hersteller, dem ↑Betriebssystem und der verwendeten Hardwareplattform ist.

Der Begriff *K.* wird heute synonym für Systeme zweier verschiedener Kommunikationswelten benutzt. Zum einen bezieht er sich auf Netzwerke, in denen die Protokolle der ↑*TCP/IP-Familie* verwendet werden, bekanntes Stichwort hier: das ↑Internet. Zum anderen gilt er für die Kommunikationswelt der gemäß ↑*ISO/* ↑*OSI* aufgebauten Systeme.

Ebenen, Dienste und Protokolle
In allen Knoten des Netzwerkes wird die gesamte benötigte Kommunikationssoftware funktional in hierarchisch aufeinander aufbauende Ebenen unterteilt, wobei jede Ebene diejenigen Dienste nutzt, die ihr von der nächst niedrigeren Ebene angeboten werden und ihrerseits der nächst höheren Ebene Dienste zur Verfügung stellt. In der OSI-Welt legt die Dienstdefinition einer Ebene (N) fest, welche Dienste von dieser Ebene erbracht werden müssen und wie sie nach oben zur Verfügung gestellt werden. In der zugehörigen Protokollspezifikation wird beschrieben, wie diese Dienste von einem Protokoll erbracht werden. Es ist somit durchaus möglich, ein Protokoll einer Ebene durch ein anderes, effizienteres, zu ersetzen, wenn gewährleistet ist, daß die-

Kommunikationssysteme, Offene

ses Protokoll ebenfalls die verlangten Dienste erbringt. Nicht notwendigerweise gewährleistet ist in einem solchen Fall, daß die beiden verschiedenen Protokolle zueinander kompatibel sind. Die *TCP/IP-Protokollfamilie* kennt keine expliziten Dienstdefinitionen, hier sind lediglich die Protokolle spezifiziert.

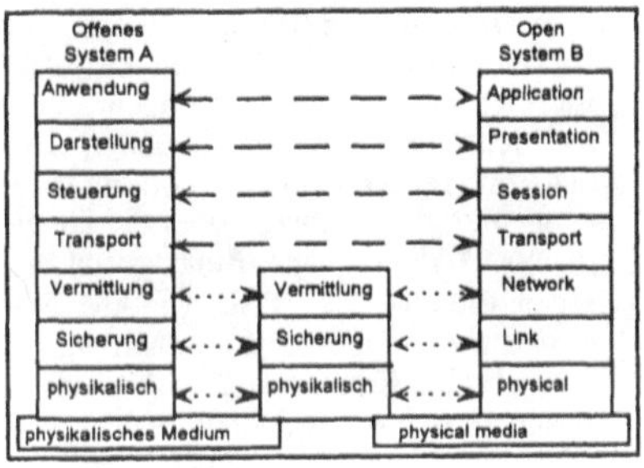

Im Jahr 1984 wurde das *Basis-Referenzmodell* für die Kommunikation offener Systeme *(OSI-RM)* von der ISO als Internationaler Standard verabschiedet. Das Modell unterteilt die Kommunikationsfunktionalität in sieben Ebenen. Für jede dieser Ebenen wird allgemein festgelegt, welche Funktionen zu realisieren sind und welche Dienste sie zu erbringen hat. Horizontale Kommunikation - vom Sender- zum Empfängersystem - findet zwischen ↑Instanzen der jeweils gleichen Ebenen in den beiden Systemen statt und wird von den jeweiligen Protokollen dieser Ebenen gesteuert. Die vertikale Kommunikation, also zwischen benachbarten Ebenen innerhalb eines Systems, wird durch den Austausch von Primitiven über Dienstzugangspunkte *(Service Access Points)* gesteuert. Die Aufgaben der einzelnen Ebenen sind die folgenden:

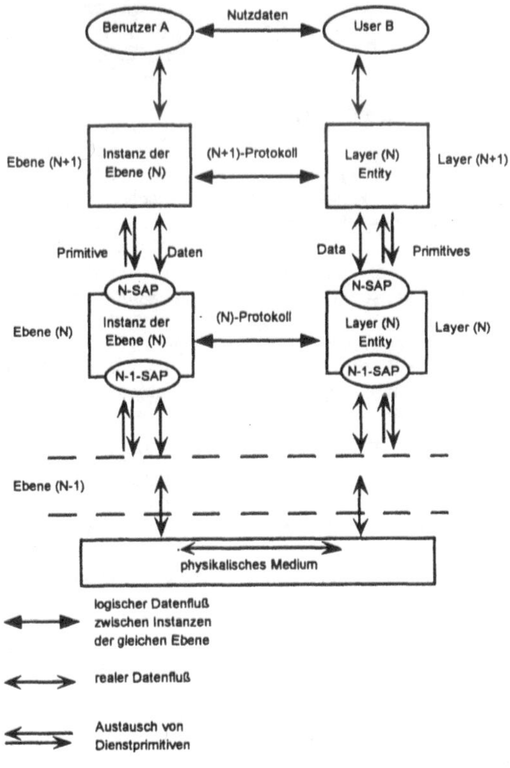

• *Anwendungsebene (Application Layer)*
Die höchste Ebene des ISO-Referenzmodells. Sie stellt ihre Dienste direkt dem Benutzer bzw. einem Anwendungsprogramm zur Verfügung. Die am weitesten verbreiteten Dienste ↑File Transfer, ↑Electronic Mail und der Directory Service werden später kurz diskutiert. Weitere wichtige, hier jedoch nicht betrachtete Dienste sind Network Management, Virtual Terminal, Job Transfer and Manipulation und der Manufacturing Messaging Service.

• *Darstellungsebene (Presentation Layer)*
Hier wird die gemeinsame Syntax festgelegt, die von den jeweils beteiligten Anwendungsinstanzen verwendet wird. Verschlüsseln und Entschlüsseln, sowie Kompression der Daten sind weitere Aufgaben dieser Ebene.

• *Steuerungsebene (Session Layer)*
Ihre Hauptaufgabe ist die Synchronisation von Verbindungen der Darstellungsebene. Hierzu gehören die Kontrolle des Senderechts, sowie die Verwaltung von Synchronisationsspunkten, auf denen nach einem Verbindungsabbruch wieder aufgesetzt werden kann.

• *Transportebene (Transport Layer)*
Die Aufgabe der Transportebene ist der transparente Ende-zu-Ende Datenaustausch. Hierzu gehören u.a. die Fehlererkennung bzw. -korrektur, die Bereitstellung der geforderten Dienstgüte, sowie die Flußkontrolle, die eine Überlastung eines Kommunikationspartners vermeiden soll. Innerhalb der Transportebene werden fünf funktional unterschiedliche Klassen definiert; die geeignete Auswahl einer dieser Klassen ist abhängig von der Dienstgüte, die von der unterliegenden Ebene angeboten wird.

• *Vermittlungsebene (Network Layer)*
Ihre wesentlichsten Aufgaben sind die Wegwahl für die Datenpakete einer Verbindung (Routing), das Multiplexen von Transportverbindungen, sowie die eindeutige Adressierung von Vermittlungs-Dienstzugangspunkten.

• *Sicherungsebene (Data Link Layer)*
Ihre Aufgaben sind die Vergabe des Senderechts, Flußkontrolle, die Reihenfolgeerhaltung der Datenpakete, sowie die Fehlerbehandlung.

• *Bitübertragungsebene (Physical Layer)*
Diese Ebene übernimmt Codierung und Modulation von Daten auf dem Übertragungsmedium. Die wichtigsten Dienste der Anwendungsebene in Kürze:

• *Dateiübertragung (File Transfer, Access and Management)*
Zu den typischen Funktionen der Dateiübertragung gehören Erzeugen, Lesen und Schreiben entfernter Dateien, sowie das Kopieren von Dateien von einer Maschine auf eine andere, wobei die Dateien i.a. im ↑ASCII oder Binärformat vorliegen müssen. Der ↑ISO ↑FTAM Standard erweitert diese Funktionen um das Lesen und Schreiben von Teilen strukturierter ↑Dateien, die Unterstützung eines breiteren Bereichs von Dateitypen, z.B. mixed-mode Dokumenten, die auch Bilder und Graphiken enthalten können, die Funktionen des Dateimanagements, also z.B. Zugriff auf Dateiattribute. FTAM spezifiziert ein virtuelles Dateisystem (Virtual Filestore), auf dem alle Aktionen ausgeführt werden. Daraus folgt, daß die einzelnen realen Dateisysteme auf dieses virtuelle System abgebildet werden müssen. FTAM operiert auf einer hierarchischen Dateistruktur, welche die Relationen zwischen den einzelnen Dateneinheiten einer Datei widerspiegelt. Jeder Datei sind beschreibende ↑Attribute zugeordnet. Hierdurch werden z.B. Dateiname und -größe angegeben, ebenso Zugriffsrechte, erlaubte Operationen oder Typ des Inhalts. Weitere Mechanismen regeln den gleichzeitigen Zugriff auf eine Datei, sowie die Replikation von Dateien.

• *Elektronische Post (↑Electronic Mail, Message Handling System)*
Ein Benutzer erzeugt eine ↑Nachricht unter Zuhilfenahme von Funktionen seines User Agents. Zu dessen Funktionen können - neben dem standardisierten Datenaustausch mit dem Message Transfer System - die Texteditierung oder die Verwaltung von lokalen Adreßverzeichnissen gehören. Eine optionale, lokale Erweiterung bildet der Message Store. Wenn vorhanden, übernimmt er die Speicherung von eintreffenden und abgehen-

den Nachrichten, sowie die ↑Kommunikation mit dem MTS. Es übernimmt die Weitergabe von Nachrichten nach dem Store and Forward-Prinzip, also von Message Transfer Agent (MTA) zu MTA, bis der in der Zieladresse spezifizierte Ziel-MTA erreicht ist. Von dort wird die Nachricht zum endgültigen Ziel-UA weitergeleitet. Eine Nachricht enthält neben dem Inhalt (Contents) einen Umschlag (Envelope), der die für eine korrekte Weiterleitung der Nachricht notwendigen Angaben wie etwa Quell- und Zieladresse, Priorität, Sicherheitsanforderungen, sowie eine Vielzahl anderer möglicher Attribute enthält. Ein weiteres wesentliches Charakteristikum von MHS ist die Möglichkeit, den Adressaten über einen benutzerfreundlichen Namen zu identifizieren. Diese MHS-Namen sind hierarchisch strukturiert und eindeutig.
Eine Erweiterung des MHS-Dienstes bildet der Interpersonal Messaging Service (IPM). Er bietet dem (menschlichen) Benutzer eine Reihe von optionalen Diensterweiterungen. Bspw. können zusätzliche Empfänger über "Cc" bzw. "Bcc" angegeben werden. Der Inhalt einer IPM-Nachricht kann aus mehreren Teilen (Body Parts) bestehen, die beliebig strukturiert sein können. Die in den einzelnen Body Parts enthaltenen Informationen können unterschiedlicher Art sein (z.B. Text, Graphik, Video).

- *Verzeichnisdienst(Directory Service)*

Der vom Directory angebotene Funktionsumfang entspricht in etwa dem der weißen und der gelben Seiten des Telephonbuchs. Der DS stellt netzweit Informationen über Netzwerkbenutzer und -Ressourcen zur Verfügung. Darüber hinaus ermöglicht der DS, jedes Objekt (Nutzer, Host, Peripheriegerät, etc.) in einem Netzwerk durch einen Namen zu identifizieren. Ein Name ist ein nach bestimmten Regeln gebildetes sprachliches Konstrukt, für den menschlicher Benutzer leicht merkbar und ableitbar. Zu jedem Namen gibt es eine Reihe von Attributen, die sich je nach Art des benannten Objektes unterscheiden (ein Drucker hat andere Attribute als ein menschlicher Benutzer). Ein für alle Objekte vorgeschriebenes Attribut ist die jeweilige Netzwerkadresse. Weitere Attribute für einen Menschen wären bspw. Postadresse, Titel oder Mitgliedschaft in Gremien.
Der Benutzer kommuniziert mit dem DS über seinen privaten Directory User Agent (DUA), wobei jedem DUA genau ein Benutzer zugeordnet ist. Der DS ist ein verteilter Dienst, er wird von mehreren Directory Service Agents (DSA) erbracht, die miteinander kommunizieren. Ein DSA verfügt über zwei unterschiedliche Klassen von Informationen: der Directory Information Tree (DIT) enthält die eigentlichen Daten zu den einzelnen Objekten, der Knowledge Tree (KT) enthält das Wissen, welcher DSA Informationen zu welchen Objekten hat. Falls eine Anfrage nicht vom lokalen DSA beantwortet werden kann, wird sie an einen anderen DSA weitergeleitet. Die Auswahl dieses DSA basiert auf den Informationen des KT. Es ist möglich, innerhalb des Systems Daten zu replizieren, also identische Informationen auf mehreren DSA zu halten.

TCP/IP

Mitte der 70er Jahre begann in den USA die intensive Entwicklung von Kommunikationsprotokollen für paketvermittelnde ↑Datennetze. Seit Ende der 70er Jahre werden die hieraus entstandenen Protokolle der TCP/IP-Familie im ↑Internet eingesetzt, dem weltweit größten paketvermittelnden Netz. Das ↑Internet besteht heute aus deutlich über 20.000 miteinander verbundenen Netzen, mit über 2 Mio. angeschlossenen Rechnern. Die weite Verbreitung dieser ↑Protokolle läßt sich auf zwei Gründe zurückführen:

- Einfachheit: Verglichen mit ihren Pendants aus der OSI-Welt weisen die Protokolle des Internet eine weitaus geringere Funktionalität auf, sind aber wesentlich einfacher zu benutzen und zu implementieren.
- Integration in das weit verbreitete Unix-Betriebssystem: FTP (File Transfer Protocol), Telnet (Protokoll zum interaktiven Arbeiten auf entfernten Rechnern), SMTP (Simple Message Transfer Protocol) und eine Reihe weiterer Anwendungsprotokolle werden, ebenso wie TCP (Transmission Control Protocol), UDP (User Datagram Protocol) und IP (Internet Protocol), mit allen Varianten dieses Betriebssystems ausgeliefert.

Die für den Benutzer wichtigsten Protokolle des Internet, sowie ihre Pendants im OSI-Protokollstack sind:

FTP	*Domain Name System* DNS	*Telnet*	*Simple Mail Transfer Protocol* SMTP	*Simple Network Management Protocol* SNMP
Transmission Contol Protocol TCP				UDP
Internet Protocol IP				

ACSE = Association Control Service Element, ROSE = Remote Operation Service Element, RTSE = Reliable Transfer Service Element

File Transfer FTAM ISO 8571	*Directory* X.500 ISO 9594	*Terminal* VT ISO 9040	*Management* CMIS/CMIP ISO 9595/6	*Mail* X.400 ISO 10021
ACSE	ACSE, ROSE	ACSE	ACSE, RTSE ROSE	RTSE
Connection oriented presentation protocol ISO 8823				
Connection oriented session protocol ISO 8327				
Connection oriented transport protocol ISO 8073, classes 0, 2, 4				
CLNS		X.25		

Literatur: Dickson, G., Lloyd, A.: Open Systems Interconnection, 1992. *Halsall, F.*: Data Communications, Computer Networks and Open Systems, 3rd Ed., 1992. *Kerner, H.*: Rechnernetze nach OSI, 1992. *Nussbaumer, H.*: Computer Communication Systems; Vol. 2, Principles, Design, Protocols, 1990. *Spaniol, O., Jakobs, K.*: Rechnerkommunikation - OSI Referenzmodell, Dienste und Protokolle, 1993. *Stallings, W.*: Computer Communications - Architectures, Protocols and Standards, 3rd Ed., 1992.

Prof. Dr. O. Spaniol, K. Jakobs, Aachen

Kommunikationstechnik

Gesamtheit der Techniken und Dienstleistungen zwecks Austausch und Weiterleitung von ↑Informationen aller Art.

Konfigurationsmanagement

Systematisches Änderungsmanagement mit Berücksichtigung der Projektziele und deren Änderungen während der Projektrealisierung, ebenso der entdeckten Fehler.

Konstruieren und Planen, rechnerunterstütztes

Der Begriff *Konstruieren und Planen* wird unterschiedlich definiert, er umfaßt eine Vielzahl von technisch ausgerichteten Aufgaben im Vorfeld der Fertigung. Dazu gehören z.B.

- die Erstellung von Angeboten im Rahmen der Vertriebstätigkeiten;
- die Entwicklung und Konstruktion neuer Produkte einschl. der Designstudien, der technischen Berechnungen und der Kostenprognose;
- die Arbeitsvorbereitung, insb. die Arbeitsvorgangsfolgeermittlung und NC-Programmierung.

Die Forderung nach Reduzierung der Entwicklungszeiten und -kosten bei gleichzeitiger Qualitätsverbesserung führt für diese Bereiche zu einem erheblichen Handlungsbedarf. Da die Konstruktion - wie seit längerem bekannt - den Großteil der Produktkosten festlegt, hat sie einen entscheidenden Einfluß auf die Produktion und damit auf den Unternehmenserfolg. Dabei ist eine Vielzahl von Einflußgrößen und Anforderungen einzubeziehen:

- geringer Fertigungsaufwand,
- gute Montierbarkeit,
- Recyclebarkeit,
- Herstellkostenziele u.v.m.

Die anschließende Arbeitsvorbereitung stellt häufig einen Engpaß im Produktionsprozeß dar, da die Erstellung der Arbeitspläne, die Verfahrens- und Betriebsmittelauswahl, die Betriebsmittelkonstruktion, die NC-Programmierung etc. häufig erst nach Abschluß des Konstruktionsprozesses begonnen werden können. Durch die dv-gestützte Integration der planenden Bereiche soll nicht nur eine Automatisierung der Planungsprozesse, sondern auch eine bessere und zeitnähere Informationsbereitstellung realisiert werden. Der Begriff ↑*Simultaneous Engineering* kennzeichnet dabei die Zielsetzung, die Planungsprozesse zu synchronisieren

und alle Produktbereiche direkt oder über die Informationsbereitstellung zu beteiligen. Dadurch steigen Planungsgenauigkeit und -aufwand; der Gesamtaufwand sinkt jedoch durch die reduzierten planerischen Nachbesserungen beim Produktionsanlauf.
Zunehmend werden Produktdatenbanken und Produktmodelle eingesetzt, die neben den Geometriedaten auch technologische und organisatorische Daten verwalten. Ein erheblicher Fortschritt in diesem Bereich wird durch den neuen Standard *STEP* (Standard for the Exchange of Product Data) erwartet. Ursprünglich als ↑Schnittstelle für den Datenaustausch konzipiert, entwickelt sich dieser Standard zunehmend als Basis der unternehmensinternen Produktmodellierung mit allen geometrischen, technologischen und organisatorischen Teilaspekten.

Auf dem Produktdatenmodell muß auch die Angebotsbearbeitung aufbauen, um kundenspezifisch geeignete wiederverwendbare Produktkomponenten und technisch machbare Konfigurationen zu ermitteln. Neuere Entwicklungen ermöglichen es auch, dies für komplexe Produkte auf PC-Systemen unmittelbar beim Kunden durchzuführen (Koch, 1994).
Insgesamt hat die Produktdatenverwaltung und der Rückgriff auf vorhandene Daten speziell beim Rechnereinsatz in planenden Bereichen besondere Bedeutung, da die Rechnerunterstützung zur Bildung von unnötigen Varianten führt.
Eine wesentliche Komponente im planenden Bereich stellen die ↑CAD-Systeme dar. Diese Systeme beschleunigen den eigentlichen Konstruktionsprozeß durch die Modellierung der Bauteile; die realiätsnahe dreidimensionale Modellierung ersetzt dabei zunehmend die Darstellung in Form von herkömmlichen technischen Zeichnungen. Das rechnerinterne Modell läßt sich dabei als Basis zur realitätsnahen Darstellungen der Produkte, sowie zur Integration weiterer technischer Planungsaufgaben nutzen, so die

- komplexen Berechnungsaufgaben,
- Arbeitsplanung,
- NC-Programmierung und
- Beurteilung des Betriebsverhaltens.

Der Datenaustausch mit anderen Systemen, z.B. Berechnungssystemen, erfolgt derzeit noch über Geometriedatenschnittstellen; angrenzende Applikationen wie Kinematik, Dynamik und Beanspruchung, Finite Elemente und Elektronik, sowie 3D-Scan-Systeme und Stereolithografie sind dabei möglich. Problematisch ist derzeit noch der Austausch über die Geometrie hinausgehender Daten. Für die Arbeitsplanung benötigte technologische Informationen (Toleranz- und Fertigungsangaben) werden von den verfügbaren CAD-Systemen nur unzureichend abgebildet; die für betriebswirtschaftliche Planungen erforderlichen Stücklistendaten lassen sich nur bei der 3D-Volumenmodellierung quantitativ ableiten.

Bei der Zeichnungserstellung im Rahmen der Neukonstruktion bringt der Einsatz von ↑CAD-Systemen derzeit meist nur geringen Nutzen, die wesentlichen Vorteile liegen im Bereich der Anpassungs- oder Variantenkonstruktion. Für den effizienten Einsatz der Systeme ist deshalb die anwendungsspezifische Anpassung oder Erweiterung erforderlich, z.B. durch Bibliotheken vorgefertigter Bauteile und Symbole oder spezielle, mittels höherer oder systemspezifischer Sprachen programmierter Anwendungsmodule.
Einbauuntersuchungen und vereinfachte Designstudien lassen sich mittels 3D-Volumenmodellen durchführen, bei denen sich die Konstruktionsobjekte relativ einfach durch die Kombination von Teilvolumina beschreiben lassen. Eine exakte Gestaltung von designbetonten Objekten (Konsumgüter u.ä.) erfordert i.a. die Anwendung der 3D-Flächenmodellierung, bei der das Objekt durch die Kombination nahezu beliebig geformter, räumlicher Teilflächen beschrieben wird.
Durch die umfangreichen Möglichkeiten zur ↑Visualisierung lassen sich beliebige Ansichten des Modells generieren, Licht- und Schatteneffekte, Reflexionen und Oberflächenstrukturen aufbringen, Hintergründe definieren, die Einbettung eines Objektes in eine beliebige Umgebung vornehmen. Auf diese Weise können bereits ohne Realmodell oder Katalog optische Eindrücke vom Produkt vermittelt werden. Eine sinnvolle Ergänzung stellt die Übergabe der CAD-Daten an ein Stereo-Lithografie-Modul dar. Durch dieses ↑Rapid-Prototyping-Verfahren können

Konstruieren und Planen

die als dreidimensionale Modelle vorliegenden Entwürfe kostengünstig direkt in physische ↑3D-Modelle umgesetzt werden; der Gewinn liegt insb. in der Anschaulichkeit, im Sinne einer Anfaßbarkeit.

Die ↑*Finite Elemente-Methode (FEM)* erlaubt, ausgehend von den 3D-CAD-Daten der Entwurfsvarianten, das Ableiten von FEM-Modellen sowie Optimierungsberechnungen z.B. hinsichtlich der Steifigkeit und des Verhaltens unter Last- oder Temperatureinwirkung.

Ein weiterer Nutzenaspekt liegt in der Weiterverwendung der CAD-Daten für die Arbeitsplanung, speziell für die NC-Programmierung, d.h. für die Erstellung der Steuerprogramme für numerisch gesteuerte Werkzeugmaschinen. Eine derzeit im Werkzeugbau weit verbreitete Anwendung stellt die Programmierung von Mehrachsen-Fräsmaschinen für die Bearbeitung komplexer Werkstücke dar, die durch 3D-Flächenmodelle definiert sind. Aus den vorhandenen CAD-Daten werden mittels geeigneter Softwaremodule die Steuerbefehle automatisch generiert und die so definierten Werkzeugbewegungen simuliert, so daß die Kontrolle bereits im Vorfeld möglich ist.

Derzeit existieren auch Softwarepakete, die durch die anwendungsspezifische Anpassung und Integration verschiedener Standardsoftware-Komponenten den gesamten Planungsablauf, von der Produkt- bis zur Betriebsmittelkonstrukt inkl. notwendiger Berechnungen, abdecken.

Zu Entwicklungsschwerpunkten im Bereich CAD-Basissoftware zählen erweiterte Geometriemodellierung (Advanced Modeling), Parametrik, sowie feature-basierte Produktgestaltung (Klevers, 1994). Im Bereich erweiterte Modellierung wird das konventionelle Volumenmodell durch Freiformflächengeometrie, insb. NURBS (Non-Uniform Rational Basis-Spline), ergänzt. NURBS bietet die Möglichkeit, sowohl analytisch exakt, als auch analytisch näherungsweise beschreibbare Geometrie darzustellen, und ist bereits als de facto-Industriestandard für CAD-Geometrie anzusehen (Farin, 1993). Andere Erweiterungen sind einheitliche Datenstrukturen für 2D-, 3D- und Hybridmodell.

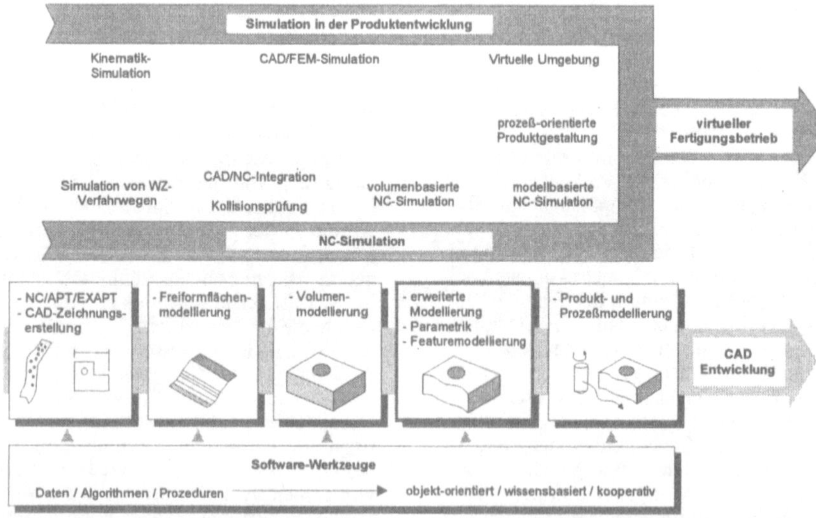

Parametrik und Featuremodellierung werden von vielen High-End CAD-Systemen unterstützt. Der Ansatz von Parametrik besteht darin, Geometriemanipulationen durch explizite Abbildung und Anwendung von Relationen zwischen Geometrieelementen zu vereinfachen. Unter Feature bzw. Formelement wird eine

Gruppe von Geometrieelementen zusammen mit deren anwendungsspezifischen Informationen wie Funktion, Kalkulations-, sowie Fertigungsdaten verstanden. Demzufolge stellt das Featuremodell mit seinen Definitions- und Manipulationsmöglichkeiten im Vergleich zum reinen Geometriemodell eine bessere Ausgangsposition für die CA-Integration und ↑Simultaneous Engineering, z.B. für die konstruktionsbegleitende Kalkulation. Für diese Aufgabenstellung sind weitere CA-Komponenten zu entwickeln, die die frühen Phasen des Konstruktionsprozesses unterstützen, in denen die exakte Bauteilgeometrie, z.B. für die

- Produktstrukturierung,
- Materialauswahl,
- Abgrenzung von Neu-, Wiederhol- und Zukaufsteilen, sowie Produkt-/Komponentenkostenprognose

nur bedingt relevant ist (Koch, 1994). Das langfristige Ziel der Entwicklung ist es, eine parallele Produktentwicklung durch das rechnerinterne Abbilden des gesamten Produktlebenszyklus und der zugehörigen Prozeßketten zu ermöglichen. Die Dimension und die Komplexität des gesamten Systems, die mit konventionellen DV-Mittel nicht zu beherrschen sind, führt zur Entwicklung von neuen DV-Infrastrukturen wie objektorientierte Engineering Data Management Systeme (EDM) und kooperative Arbeitsumgebungen.

Ein neuer CAD/FEM-Integrationsansatz zielt auf die Anwendung von Feature-Informationen für die Aufbereitung von FE-Analysemodellen, ein Engpaß in der jetzigen CAD/FEM-Kopplung. Durch den Einsatz von Hybridmodellen wird sich hier eine bessere Integration der CAD- und FE-Modelldaten, sowie die Möglichkeit zur Rißsimulation am "realen" Bauteil ergeben. Noch im Forschungsstadium ist der Ansatz, die Formgebungen durch die Vorgabe von Kräften - analog zum Modellieren mit formbaren Materialien im Produktgestaltungsprozeß durch die Kombination von CAD-Geometrie und FE-Analyse - zu simulieren.
Im Bereich NC-Simulation erleichtert der volumenorientierte Ansatz (Solid Based) die Planungsarbeiten. Die graphische ↑Simulation der Werkzeugverfahrwege des Ausgangsmaterials, der abgetragenen Volumina, des Fertigteils, der Vorrichtungen, sowie der ↑NC-Maschinen ermöglicht eine noch genauere Verifikation von NC-Programmen (z.B. Kollisionsprüfungen). Bei der modellbasierten NC-Simulation wird darüber hinaus nicht nur die Geometrie des gesamten Zerspannsystems Werkzeug-Werkstück-Werkzeugmaschine abgebildet, sondern auch dessen physikalische Zusammenhänge, so daß eine eingehende Aussage über den Fertigungsprozeß im Hinblick auf eine Prozeßoptimierung ermittelt werden kann. Durch das Zusammenführen von Produkt- und Prozeßmodellierung, von virtueller Arbeitsumgebung, sowie von modellbasierter NC-Simulation wird langfristig der virtuelle Fertigungsbetrieb (Virtual Manufacturing) entstehen (Klevers, 1994).

Literatur: Klevers, Th. et al: CAD und Simulation. Sonderausgabe 'Maschinenmarkt', 1994. *Koch, R., Körsmeier, R.*: Rechnerunterstützte Konfiguration und automatisierte Angebotserstellung für komplexe Produkte. Konstruktion, Nr. 7 u. 8, 1994. *Koch, R. et al.*: Konstruktionsbegleitende Kalkulation auf Prozeßkostenbasis. Konstruktion, Nr. 12, 1994.

Prof. Dr. R. Koch, Paderborn

Kontrollsysteme
↑Systeme zur Einhaltung von Entscheidungen und Plänen.

Kooperation im Informationsmanagement
↑Informationsmanagement, Kooperation im

Kooperationskultur im EDV-Bereich
Erfolgsfaktor Informationskultur
Seit geraumer Zeit herrscht in der DV-Fachwelt dahingehend Einigkeit, daß die Performance von ↑Informationssystemen entscheidend von weichen Erfolgsfaktoren wie ↑Software und Service abhängt. Die Fokussierung auf Soft-Factors ist im ↑Informationsmanagement jedoch noch nicht konsequent genug vorangetrieben worden. Das hat nicht zuletzt zur Folge, daß häufig DV-Produkte angeschafft werden, die sich mangels Bedarf und Benutzergerechtheit nicht effizient in den betrieblichen Leistungsprozeß einbinden lassen. Sie fungieren nicht als effiziente

Kooperationskultur im EDV-Bereich

Werkzeuge, sondern stellen eher teure "Spielzeuge" dar. Die Verursachung eines solchen DV-Waste läßt sich aber in Zeiten des *Lean Computing* nicht rechtfertigen. Auf der Suche nach einer Erklärung für derartige Ineffizienzen rückt der bislang vernachläßigte Soft-Factor, die ↑Informationskultur, in den Vordergrund. Bei der ↑*Informationskultur* geht es um

- grundsätzliche Einstellungen zur Funktion der ↑Datenverarbeitung, etwa darum, ob ↑Informationssysteme als eine strategische Wettbewerbswaffe oder als ein Hilfsmittel anzusehen sind;
- Denk- und Arbeitsprinzipien im Handling von DV-Systemen, bspw. um Grundsätze "Technik geht vor Organisation" bzw. "Organisation geht vor Technik", "Intelligente Technik für Menschen" versus "Intelligente Technik statt Menschen";
- Einstellungen zum DV-Fortschritt, etwa im Sinne von Slogans wie "Immer auf dem neuesten Stand!" oder aber "Keine Experimente!".

Subkulturen im DV-Bereich
Informationskultur wird nicht nur im Fall einer "Kulturlosigkeit" zum Problem. Nicht nur ein Kulturmangel, auch ein Kulturüberfluß kann für die skizzierten Ineffizienzen verantwortlich gemacht werden. Im Unternehmen existieren dann zahlreiche informatorische Subkulturen; es fehlt eine einheitliche, integrierende Informationskultur. Sprichwörtlich ist für solche Gegebenheiten bereits die aus dem Hause General Motors stammende Gegenüberstellung von Ingenieurkultur ("Wir machen Autos") und kaufmännischer Kultur ("Wir machen Geld") geworden. Einer analogen Subkulturkonstellation im DV-Bereich wurde bislang zu wenig Rechnung getragen: In fast jedem Unternehmen vollzieht sich ↑Informationsmanagement in einem Spannungsfeld zwischen drei unterschiedlichen Subkulturen:

- *Controllingkultur*: Controller bilden ↑Informationssysteme nach Möglichkeit in monetären Größen ab. Ihr Hauptanliegen ist die Optimierung von betriebswirtschaftlichen Kennziffern, also etwa Kosten/Nutzen-Relationen oder DV-Investment pro Arbeitsplatz.
- *Fachbereichskulturen*: Die einzelnen Fachbereiche konzentrieren sich auf die Optimierung der angestammten, bereichsspezifischen Einkaufs-, Vertriebs-, Montage-, Verwaltungs- bzw. Finanzierungsprozesse. In diesen Fachmodellen kommt in aller Regel wiederum ein Kulturpluralismus (z.B. Front Office versus Back Office) zum Ausdruck.
- *DV-Spezialistenkultur*: Die DV-Profis arbeiten nicht nur mit ihren eigenen DV-Modellen, also mit ↑Unternehmensdatenmodellen, DV-Konfigurationen etc. Sie verfolgen auch dv-spezifische Ziele der Systemoptimierung, die oft kritisch als Freak-Mentalität oder Technikverliebtheit etikettiert werden.

Zwar beinhaltet jeder Kulturpluralismus auch positive Effekte, wenn sich die gegensätzlichen Standpunkte produktiv aneinander reiben. Oft überwiegen jedoch die negativen Reibungsverluste. Diese äußern sich konkret in Sprachbarrieren (DV-Chinesisch), Unverständnis oder gar in wechselseitigen Feindbildern. Trotz exzellenter Hard- und Softwaretechnologie kommt in diesen Fällen die DV nicht auf Touren. Es mangelt an einer integrativen Basis für eine Kooperation der drei Gruppen von Beteiligten. Um hier Abhilfe zu schaffen, bedarf es also eines Integrationsmanagements. Dieses darf sich allerdings nicht auf ein technisches Schnittstellenmanagement (↑CIM, ↑E-Mail usw.) beschränken.

Integration durch Kooperationskultur
Integratives Informationsmanagement muß vielmehr als Kulturmanagement betrieben werden. Dabei ist zu beachten, daß Kulturen wachsen und nicht gemacht werden können. Das Managen einer Kultur muß deshalb stets als "Kultivieren" angelegt werden: Es werden lediglich bestimmte Rahmenbedingungen gesetzt, alles Weitere wird dem Spiel der Kräfte überlassen. Im DV-Sektor ist speziell ein Subkulturmanagement angesagt, mit dessen Hilfe eine Harmonisierung der drei Subkulturen bewerkstelligt werden soll. Zu diesem Zweck sind verschiedene Brücken zwischen den Subkulturen zu schlagen. Dabei sollten sich die Kultur "manager" auf folgende bilateralen Brükken konzentrieren:

• *DV-Standards*: Zentrale Bedeutung für eine Annäherung von ↑Controlling und DV-Spezialisten besitzen beiderseits akzeptierte Standards. Das besondere Interesse gilt dabei den Normen mit einem möglichst weiten, branchenübergreifenden und internationalen Geltungsbereich, etwa der ↑ISO 9000 für die Softwarequalitätssicherung und ↑EDIFACT für die unternehmensübergreifende ↑Kommunikation. Sie sorgen sowohl für die Zeit- und Kosteneffizienz der Entwicklung von ↑Informationssystemen als auch für die notwendige Konnektivität. Gestaltungs-Gestaltungsspielräume innerhalb dieser Normen eröffnen Möglichkeiten für ein ↑Customizing. Auf diesem Wege lassen sich trotz ↑Standardisierung die Spezifika des jeweiligen Anwendungsfeldes berücksichtigen.

• *Wertschöpfungsorientierung*: Durch das gemeinsame Commitment gegenüber wertschöpfenden Aktivitäten wird eine tragfähige Verbindung zwischen ↑Controlling- und Fachbereichsinteressen geschaffen. Mit Hilfe von Führungsprinzipien wie interne Kunden/Lieferanten-Beziehungen, Vermeidung von Blindleistung (Zahlenfriedhöfe, Information Overload), Kostentransparenz (Offenlegung der DV-Kosten) und Kostenbewußtsein (Verrechnung von DV-Leistungen) können beide Seiten auf den Wertschöpfungsfokus ausrichtet werden. In die gemeinsamen Bemühungen um ein wertschöpfungsorientiertes Design von DV-Systemen bringen die Fachbereiche das Fachwissen und der Controllingbereich das kaufmännische "Gewissen" ein.

• *Entwicklungskooperation* dient als Schirm für eine ganze Reihe von Integrationsbemühungen an der ↑Schnittstelle zwischen Anwendern und DV-Abteilung. Das Spektrum von Harmonisierungsmaßnahmen umfaßt weit mehr als nur Hotline und Support. Es reicht vielmehr von der Benutzerbeteiligung (z.B. Anwenderbefragung, ↑Prototyping) bis hin zur Einrichtung eines Benutzer Servicezentrums. Neue Entwicklungsmethoden, etwa die ↑Objektorientierte Programmierung, erlauben es, auch der "Alltagsdenke" der Benutzer und nicht nur den Benutzerwünschen entgegen zu kommen.

Für eine multilaterale Harmonisierung zwischen allen drei Subkulturen eignet sich die *Centerorganisation*. Ein solcher organisatorischer Rahmen vereinigt drei unterschiedliche Kategorien von Centern: Die Fachbereiche fungieren als *Leistungscenter* (Cost- bzw. Profit-Center), die als Business Units für die Kerngeschäfte verantwortlich zeichnen. Die DV -Abteilung sollte sich als *Servicecenter* in die Centerorganisation einfügen. Dieses Selbstverständnis als Dienstleister schließt nicht aus, daß die DV-Abteilung als Profit-Center auch Leistungen an Externe anbietet. Das ↑Controlling repräsentiert kein Business Center, sondern ein *Koordinationszentrum*. Hier werden Spielregeln und Orientierungsgrößen für ein möglichst harmonisches Zusammenspiel aller Beteiligten formuliert. Mit Blick auf die Effizienz des ↑Informationsmanagements sollen dadurch Wildwuchs, zentrifugale Tendenzen im Gefolge des ↑Downsizing und die mehrfache Erfindung des EDV-Rades vermieden werden.

Literatur: Reiß, M., Morelli, F.: Kooperatives Informationsmanagement, in: HMD 29, 1992. *Schneider, U*: Kulturbewußtes Informationsmanagement, München, 1990. *Scholz, Ch.*: Informationskultur als Innovationsdeterminante, in: *Dülfer, E.* (Hrsg.), Organisationskultur, Stuttgart, 1988.

Prof.Dr. M. Reiß, Dr. F.Morelli, Stuttgart

kostengesteuertes Design
↑Design, kostengesteuertes

Kryptographie
Synonym zu ↑Kryptologie; Verschlüsselung (↑Chiffrierung) von ↑Daten zur Geheimhaltung.

Kryptologie
Kryptologie (griech.: κρψπτοσ: verborgen, geheim; λογοσ: die Lehre) oder ↑*Kryptographie* (griech.: γραφειν: schreiben) ist die Wissenschaft von der ↑Datensicherheit. Es werden folgende Ziele der *K.* unterschieden:

• *Vertraulichkeit*: ↑Nachrichten sollen so übermittelt oder gespeichert werden, daß nur Befugte diese lesen können.

• *Authentizität*: Nachrichten sollen so übermittelt oder gespeichert werden, daß kein Unberechtigter diese verändern kann. Hier wird weiter unterteilt nach

Nachrichtenauthentizität, d.h. eine Nachricht soll so übermittelt oder gespeichert werden, daß der Empfänger sicher ist, daß er die Nachricht unverändert empfangen hat, und daß sie von dem angegebenen Absender kommt. *Benutzerauthentizität*, bedeutet, daß der Empfänger sicher sein soll, daß er mit demjenigen kommuniziert, mit dem er zu kommunizieren glaubt.

Die *K.* hat vielfältige Anwendungen, z.B. Anwendungen für Verschlüsselung: Abhörsichere Telefongespräche (realisiert in den D-Netzen), verschlüsselte Bildübertragung bei Pay TV, Anwendungen für Nachrichtenauthentizität: Elektronische Geldüberweisungen, Anwendungen für Benutzerauthentizität: Identitätsnachweis an Geldausgabeautomaten, Authentikation der Benutzer beim Mobilfunk, Buchungskarte bei Kartentelefonen. Die *K.* stellt Algorithmen und ↑Protokolle bereit, um diese Ziele zu erreichen; daher werden symmetrische und asymmetrische (Public Key) Algorithmen unterschieden:

Ein *symmetrischer Verschlüsselungsalgorithmus* ist nach folgendem Muster aufgebaut: Sowohl Sender als auch Empfänger benötigen einen gemeinsamen Algorithmus f; dieser hat zwei Variablen, den Schlüssel und den Klartext (die Nachricht). Der Sender transformiert den Klartext m unter dem Schlüssel k in den Geheimtext $c = f_k(m)$. Der Empfänger ist in der Lage, die Funktion f_k zu invertieren und berechnet $f_k^{-1}(c) = m$.

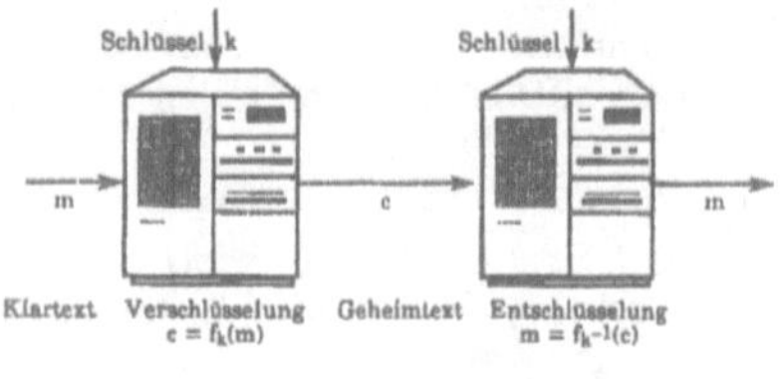

Die Sicherheit eines Algorithmus kann wie folgt beurteilt werden: Ohne Kenntnis des Schlüssels darf ein Angreifer nicht in der Lage sein, einen bislang unentschlüsselten Geheimtext zu entschlüsseln oder gar den Schlüssel zu berechnen, wenn er ein großes Stück Geheimtext kennt (Ciphertext Only Attack), ein Stück zusammengehörigen Klar-/Geheimtext kennt (Known Plaintext Attack), ein Stück selbstgewählten zusammengehörigen Klartext/Geheimtext kennt (Chosen Plaintext Attack). Einer der am einfachsten zu beschreibenden und gleichzeitig sichersten Algorithmen ist das sog. *One Time Pad.* Hier wird ein Bitstrom verschlüsselt, indem zu ihm eine aus zufällig gewählten ↑Bits bestehende Schlüsselfolge binär addiert (XOR) wird (Shannon, 1949): dieser Algorithmus ist sogar theoretisch sicher, genauer wird von perfekter Sicherheit gesprochen; bei jedem perfekten Algorithmus ist der Schlüssel mindestens so lang wie der Klartext. Die letzte Eigenschaft verhindert eine weite Verbreitung von solchen Algorithmen, da das Keymanagement sehr aufwendig ist. Als praktischer Kompromiß wird daher statt eines echten Zufallsgenerators ein Pseudozufallsgenerator benutzt, der z.B. aus Schieberegistern aufgebaut sein kann. Der eigentliche Schlüssel besteht nur noch aus wenigen ↑Daten, die die Initialisierung enthalten und nur diese Daten müssen übertragen werden.

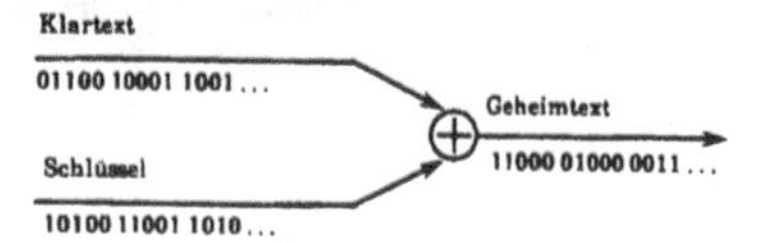

Das *One Time Pad* ist ein Beispiel für eine *Stromchiffre* (die Verschlüsselungsvorschrift ändert sich beständig); bei einer *Blockchiffre* hingegen wird der Klartext in Blöcke $m_1, m_2, \ldots$ eingeteilt, und jeder Block wird gleichartig verschlüsselt:

$c_i = f_k(m_i)$ $(i = 1, 2, \ldots)$.

Typischerweise haben die Blöcke eine Länge von 64 ↑Bits. Dies ist z.B. bei dem bekanntesten und wichtigsten Blockchiffrieralgorithmus, dem ↑*DES (Data Encryption Standard)* der Fall. Der DES wurde 1976 veröffentlicht und findet vor allem im Bankenbereich breite Anwendung. Jeder Schlüssel des DES-Algorithmus hat 56 Bits; also gibt es genau $2^{56} \approx 10^{17}$ verschiedene Schlüssel. Mit Hilfe solcher Algorithmen werden auch Authentikationsmechanismen realisiert.

Wenn ein Sender eine ↑Nachricht m authentisch an einen Empfänger übermitteln

will, so müssen diese einen gemeinsamen Algorithmus und einen gemeinsamen geheimen Schlüssel k haben. Der Sender unterwirft die Nachricht m der Funktion f_k und erhält einen Wert, der *Message Authentication Code (MAC)* genannt wird: MAC = $f_k(m)$.
An den Empfänger wird sowohl die Nachricht m als auch der Message Authentication Code MAC übermittelt. Dieser empfängt eine eventuell verfälschte Nachricht m' und einen eventuell verfälschten Message Authentication Code MAC'. Der Empfänger imitiert die Prozedur des Senders, d.h. er überprüft, ob MAC' = $f_k(m')$ gilt. Seine Strategie besteht darin, m als authentisch zu akzeptieren, wenn in obige Gleichung erfüllt ist.
Benutzerauthentizität kann ähnlich erreicht werden: Der Überprüfende schickt dem zu Überprüfenden eine Zufallszahl RAND; dieser unterwirft RAND der Funktion f_k und schickt das Ergebnis RES = f_k(RAND) zurück. Der Empfänger kann verifizieren, ob die Antwort korrekt ist, da auch er den Schlüssel k besitzt. Das *Challenge and Response-Protokoll* zeigt den Aufbau gemäß Abbildung.

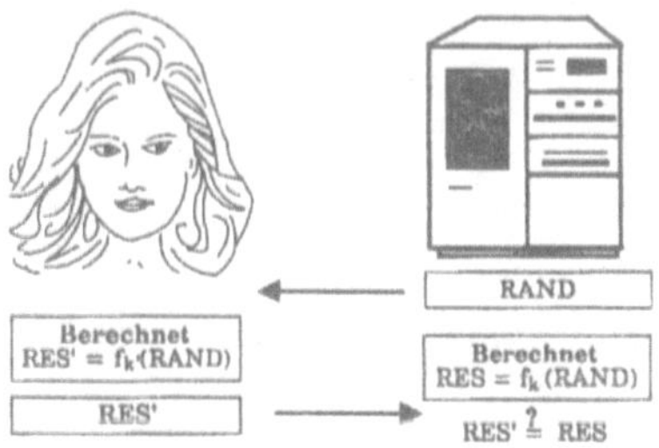

• *Asymmetrische (Public Key)*. Das zugrundeliegende Prinzip wurde erstmals von Diffie und Hellman 1976 veröffentlicht. Die Idee der Public Key *K.* besteht darin, nicht je zwei Teilnehmern einen Kommunikationsschlüssel zuzuordnen, sondern für jeden Teilnehmer T nur ein Schlüsselpaar vorzusehen; dieses besteht aus einem öffentlichen Schlüssel E = E_T ("e" für "Enciphering" = verschlüsseln) und einem geheimen (privaten) Schlüssel D = D_T ("d" für "Deciphering" = entschlüsseln). Dieses Schlüsselpaar muß in jedem Fall die Eigenschaft haben, daß es praktisch unmöglich ist, aus der öffentlichen ↑Information e den privaten Schlüssel d zu erhalten. Von einem asymmetrischen Verschlüsselungsschema wird gesprochen, falls zusätzlich für jede ↑Nachricht m gilt: D (E(m)) = m.
Analog wird von einem asymmetrischen Signaturschema gesprochen, falls für jede Nachricht m gilt: E (D(m)) = m.
In diesem Fall wird D(m) die ↑*elektronische Signatur* der Nachricht m genannt.
Der bekannteste Public Key Algorithmus ist der *RSA-Algorithmus*, der nach seinen Erfindern R. Rivest, A. Shamir und L. Adleman benannt ist und 1978 zum ersten Mal veröffentlicht wurde. Zur Verschlüsselung oder Signatur muß die Nachricht in Form von natürlichen Zahlen vorliegen; dies kann dadurch erreicht werden, daß die ASCII-Darstellung als Zahlen im ↑Dualsystem interpretiert wird
Die Schlüsselerzeugung geschieht wie folgt: Für jeden Benutzer werden zwei große Primzahlen p und q bestimmt und deren Produkt n = pq gebildet. Ferner werden zwei natürliche Zahlen e und d mit der Eigenschaft, daß ed mod (p–1)(q–1) = 1 ist, gewählt. Der öffentliche Schlüssel ist dann die Zahl e (außerdem muß der „Modul" n bekannt sein); der geheime Schlüssel ist die Zahl d. Geheime Parameter sind außerdem p, q, sowie die Zahl $\varphi(n) = (p-1)(q-1)$; diese Parameter werden aber weder bei der Ver- oder bei der Entschlüsselung noch bei der Signaturerzeugung oder -verifikation gebraucht.

Eine Nachricht an den Empfänger B wird verschlüsselt, indem sie zunächst durch natürliche Zahlen $m \leq n$ dargestellt wird. Dann wird jede solche Zahl m nach folgendem Muster (unter Verwendung des öffentlichen Schlüssels e des Empfängers) in c transformiert: $c := m^e \bmod n$.
Der Empfänger entschlüsselt, indem er mit Hilfe seines geheimen Schlüssels d die Zahl $c^d \bmod n$ berechnet. Ein Satz von L. Euler (1707 - 1783) garantiert, daß sich dabei wieder m ergibt.
Wenn das RSA-Schema zur Signatur einer Nachricht verwendet werden soll, wird genau umgekehrt vorgegangen: Der Nachrichtenerzeuger berechnet mit Hilfe seines geheimen Schlüssels d die „Signa-

tur“ $s := m^d$ mod n und veröffentlicht m zusammen mit s. Zum Verifizieren der Signatur wird nur der öffentliche Schlüssel e des Signaturerzeugers benötigt: Die Signatur wird als gültig akzeptiert, falls s^e mod n = m ist. Da der RSA-Algorithmus – wie alle bekannten Public Key Algorithmen - sehr langsam ist, wird auf lange ↑Nachrichten vor der Signatur noch eine kryptographische ↑Hash-Funktion angewendet, so daß man nur einen Block zu signieren braucht.

Die Sicherheit des RSA-Algorithmus basiert ganz wesentlich darauf, daß es außerordentlich schwierig ist, große Zahlen zu faktorisieren. Könnte ein Angreifer nämlich n faktorisieren, so könnte er $\varphi(n) = (p-1)(q-1)$ berechnen, und dann (mit Hilfe des euklidischen Algorithmus) aus dem öffentlichen Schlüssel e den geheimen Schlüssel d bestimmen. In der Praxis werden daher n Zahlen verwendet, die aus mindesten 512 Bit bestehen, d.h. etwa 155 Dezimalstellen haben.

In den letzten Jahren wurden die *Zero Knowledge-Verfahren* ausführlich diskutiert. Dies sind Verfahren zur Benutzerauthentikation. Der Benutzer weist gegenüber einem Rechner nach, daß er ein „zu ihm gehöriges“ Geheimnis besitzt, ohne das Geringste von diesem Geheimnis preisgeben zu müssen. Interessant ist dabei, daß diese Verfahren, die in gewissem Sinne die größtmögliche Sicherheit bieten, besonders geeignet sind, in Chipkarten implementiert zu werden.

Literatur: Beutelspacher, A.: K., Braunschweig, 1994. *Beutelspacher, A. et al.*: Chipkarten als Sicherheitswerkzeug, Berlin, 1991. *Fumy, W., Rieß, H.-P.*: Kryptographie – Entwurf, Einsatz und Analyse symmetrischer Kryptoverfahren, München, 1994. *Horster, P.*: Kryptographie, Mannheim, 1985. *Schneier, B.*: Applied Cryptography, 1994. *Simmons, G.J.*: Contemporary Cryptology, New York, 1992.

Prof. Dr. A. Beutelspacher, Gießen

Künstliche Intelligenz

Artificial Intelligence; Nachbildung menschlicher Intelligenz auf Computern.

Lagerhaltung und Materialdisposition mittels Datenverarbeitung

Aufgabenbereich

Lagerhaltung und Materialwirtschaft zählen zu den am intensivsten durch DV-Systeme unterstützten Funktionsbereichen im Industriebetrieb. Während ursprünglich DV-Systeme vor allem für die Materialbedarfsplanung und Lagerbestandsführung eingesetzt wurden, werden heute materialwirtschaftliche und logistische Teilsysteme als integraler Bestandteil umfassender computergestützter Produktionsplanungs- und -steuerungssysteme (↑PPS-Systeme) angesehen (Mertens, 1993; Scheer, 1994). DV-Anwendungen finden sich vor allem für folgende Aufgabenbereiche:

- *Einkauf*: Die Hauptaufgaben des Einkaufs bestehen in der Erschließung der auf dem Beschaffungsmarkt vorhandenen Bezugsquellen (Beschaffungsmarketing), der Lieferantenauswahl und der Anbahnung von Rahmenverträgen, sowie in der Überwachung und Auswertung der Lieferantenqualität.
- *Materialdisposition*: Die wichtigsten Aufgaben der Materialdisposition bestehen darin, den Bedarf aller am Produktionsprozeß beteiligten Verbrauchsgüter zu ermitteln und entsprechende Produktionsaufträge für Eigenfertigungs- bzw. Bestellungen für Fremdbezugsgüter rechtzeitig auszulösen.
- *Materialbereitstellung*: In den Aufgabenbereichen der Materialbereitstellung fallen sowohl die physische Abwicklung der Transporte zwischen Beschaffungs-, Lager- und Verwendungsorten als auch die Lagerung, die alle jene Tätigkeiten umfaßt, die mit der Einlagerung, Bestandsführung und Auslagerung zusammenhängen. Dazu gehören weiterhin auch die Wareneingangsprüfung, die Erfassung der Lagerbewegungen sowie die Lagerbewertung.

In den meisten Industriezweigen beträgt der Anteil der Materialkosten an den gesamten Stückkosten zwischen 50 und 80%. Daher sind eine genaue Bedarfsermittlung, wirtschaftliche Disposition und störungsfreie Materialbereitstellung wesentliche Erfolgsfaktoren in der industriellen Produktion.

Klassifizierung der Verbrauchsfaktoren

Der sinnvolle Genauigkeitsgrad der Materialbedarfsermittlung und die Wahl der Dispositionsart hängen davon ab, ob die mit einem aufwendigeren Verfahren ermittelte höhere Qualität des Planungsergebnisses (z.B. erwartete Lagerkosteneinsparungen) die höheren Planungskosten rechtfertigt. Es leuchtet ein, daß bei einem geringen Materialwert, der nur eine niedrige Kapitalbindung verursacht, eine grobe Schätzung des Bedarfs oft völlig ausreicht, da das Kosteneinsparungspotential in diesem Fall sehr beschränkt ist. Zur Bestimmung der Materialarten, auf die sich die Planungsaktivitäten vorwiegend konzentrieren sollen, wird in der Praxis die sog. ABC-Analyse, ein Verfahren zur Klassifizierung von Verbrauchsfaktoren nach ihrer wertmäßigen Bedeutung, eingesetzt (Günther, Tempelmeier, 1994).

Die ABC-Analyse geht von der Beobachtung aus, daß in vielen Industriebetrieben ein großer Teil der Kapitalbindung im Lager auf nur sehr wenige Verbrauchsfaktoren entfällt. Die Verbrauchsfaktoren werden in A-Güter, die hauptverantwortlich für die Kapitalbindung sind, in C-Güter mit geringfügigem Anteil an der Kapitalbindung und in B-Güter, die eine mittlere Stellung einnehmen, eingeteilt, und zwar entsprechend ihrem Anteil am Jahresverbrauchswert in absteigender Reihenfolge sortiert und in Klassen eingeteilt, wobei die Festlegung der Grenzen zwischen den einzelnen Klassen allerdings willkürlich ist.

In der Praxis zeigt sich häufig, daß weniger als 10% der Verbrauchsfaktoren (A-Güter) für mehr als 75% des wertmäßigen Jahresverbrauchs verantwortlich sind, während umgekehrt z.B. 70% der Verbrauchsfaktoren (C-Güter) lediglich 5% des Jahresverbrauchswertes ausmachen. Daraus läßt sich die Schlußfolgerung ziehen, daß für die einzelnen Gruppen von Verbrauchsfaktoren spezifische Materialbereitstellungsprinzipien (Vorratshaltung, Einzelbestellung im Bedarfsfall, produktionssynchrone Bereitstellung) gewählt werden sollten.

Um weiterhin die Eignung von Verbrauchsfaktoren im Hinblick auf eine

↑Just in Time Lieferdisposition zu prüfen, bietet sich als ergänzendes Klassifizierungsverfahren die sog. XYZ-Analyse an. Hierbei werden die Verbrauchsfaktoren hinsichtlich ihrer Verbrauchsstruktur in X-Güter mit gleichmäßigem Verbrauch und hoher Vorhersagegenauigkeit, Y-Güter mit schwankendem Verbrauch und mittlerer Vorhersagegenauigkeit, sowie Z-Güter mit sporadischem Verbrauch und niedriger Vorhersagegenauigkeit eingeteilt. Schließlich könnten auch andere Faktoren bei der Klassifizierung der Verbrauchsfaktoren berücksichtigt werden, z.B. Wiederbeschaffungszeit, Lagerraumbedarf, Transportvolumen, Haltbarkeit, Fehlmengenkosten oder technologische Änderungshäufigkeit.

Wahl der Dispositionsart

Die Aufgabe der Materialdisposition besteht darin, für alle Erzeugnisstufen genaue mengen- und terminmäßige Vorgaben hinsichtlich der eigenzufertigenden sowie der fremdzubeziehenden Erzeugnisbestandteile zu entwickeln. Darin integriert ist die Bestell- und Liefermengenplanung für fremdbezogenes Fertigungsmaterial und für Handelswaren. Prinzipiell lassen sich drei *Dispositionsarten* unterscheiden:

- *Verbrauchsorientierte Disposition*: Der Materialbedarf wird (ggf. mit Hilfe statistischer Prognoseverfahren) aus den Verbrauchsmengen der Vergangenheit hergeleitet. Die Auftragsmengen orientieren sich am Vergangenheitsverbrauch.
- *Programm- bzw. planorientierte Disposition*: Bei dieser, in ↑PPS-Systemen überwiegenden Dispositionsart wird der Materialbedarf aus dem Produktionsprogramm (Primärbedarf) der Endprodukte stufenweise durch Auflösung der Erzeugnisstrukturen und unter Beachtung vorgegebener Durchlauf- bzw. Wiederbeschaffungszeiten hergeleitet.
- *Just in Time-Zulieferung*: Die Anlieferung von Fertigungsmaterial erfolgt quasi produktionssynchron. Die logistische Zusammenarbeit zwischen Zulieferer und Abnehmer ist in einem Rahmenvertrag geregelt.

Prädestiniert für den Einsatz einer am JIT-Prinzip ausgerichteten produktionssynchronen Beschaffung sind solche Verbrauchsfaktoren, die relativ hochwertig sind und gleichzeitig ein stabiles Verbrauchsmuster aufweisen (AX-Güter). Hingegen werden geringwertige Verbrauchsfaktoren und solche mit unregelmäßigem Bedarfsverlauf (CZ-Güter) überwiegend verbrauchsorientiert disponiert. Alle anderen Verbrauchsfaktoren fallen in die Klasse der planorientiert zu disponierenden Materialarten. Diese Dispositionsart ist trotz des Vordringens von JIT-Konzepten vorherrschend.

Verbrauchsorientierte Materialbedarfsrechnung

Die verbrauchsorientierte Materialbedarfsrechnung basiert auf empirischen Aufzeichnungen über den Materialverbrauch in der Vergangenheit. Aufgrund der beobachteten Verbrauchsentwicklung für einen Verbrauchsfaktor wird dann durch Anwendung eines Verfahrens zur kurzfristigen Bedarfsprognose (z.B. exponentielle Glättung) auf den zukünftigen Bedarf geschlossen. Da hierbei zwangsläufig Prognosefehler auftreten, wird in diesem Zusammenhang auch von stochastischer Bedarfsrechnung gesprochen. Weitere Unsicherheiten betreffen u.a. die Wiederbeschaffungszeit einer Lagerbestellung (Durchlaufzeit eines Produktionsauftrags, Beschaffungszeit einer externen Bestellung), Abweichungen der Lagerzugangsmenge von der Bestellung, sowie Abweichungen der Lagerbestandsführung von den tatsächlich vorhandenen Lagerbeständen.

Der Auftrags- bzw. Bestellplanung werden überwiegend bestimmte Lagerhaltungspolitiken zugrunde gelegt. Hierunter wird eine Menge von Entscheidungsregeln verstanden, die angeben, wann eine Wiederbeschaffungsmaßnahme eingeleitet und wieviel jeweils bestellt werden soll (Günther, Tempelmeier, 1994). Dabei kann die Überwachung des Lagerbestandes periodisch oder kontinuierlich, d.h. nach jeder Lagerbewegung, erfolgen. In der industriellen Praxis finden sich vor allem die folgenden drei *Lagerhaltungspolitiken*:

- *(s,q)-Politik*: Nach jeder Lagerbewegung wird der aktuelle Lagerbestand mit einem vorgegebenen Meldebestand (Bestellpunkt) s verglichen, wobei eine Bestellung in konstanter Höhe von q Einheiten ausgeht, sobald der aktuelle Lager-

Lagerhaltung und Materialdisposition

bestand den Bestellpunkt erreicht bzw. unterschritten hat.

- *(s,S)-Politik*: Hierbei liegt ein Maximalbestand (Bestellniveau) S fest und es wird jeweils soviel bestellt, daß bei sofortiger Lieferung der Lagerbestand auf das Niveau S ansteigen würde. Wie bei der (s,q)-Politik wird eine Bestellung bei Erreichen bzw. Unterschreitung des Bestellpunktes s ausgelöst.
- *(t,S)-Politik*: Die Vorgehensweise ist ähnlich wie bei der (s,S)-Politik, wobei jedoch ein festes Bestellintervall der Länge t und alle t Zeiteinheiten eine Bestellung auslösen.

Programm- bzw. planorientierte Materialdisposition
Mit dem Vordringen computergestützter ↑PPS-Systeme wurde zunehmend die verbrauchsorientierte durch die programm- bzw. planorientierte Dispositionsweise abgelöst. Hierbei wird aus dem geplanten Produktionsprogramm für absatzbestimmte Erzeugnisse unter Rückgriff auf ↑Informationen über den Zusammenhang zwischen den Erzeugnissen (Erzeugnisstruktur), über die aktuellen Lagerbestände, sowie zu erwartende Durchlaufzeiten der Bedarf für die untergeordneten Produkte abgeleitet (Günther, Tempelmeier, 1994). In diesem Zusammenhang wird von deterministischer Bedarfsrechnung gesprochen, weil alle Planungsdaten als mit Sicherheit bekannt vorausgesetzt werden. Die grundsätzliche Vorgehensweise der Bedarfsermittlung besteht aus folgenden Schritten:

- Gegeben ist ein mengen- und terminmäßig spezifiziertes Hauptproduktionsprogramm, das als Primärbedarf bezeichnet wird.
- Aus den geplanten Produktionsmengen der Endprodukte werden für einen mehrperiodigen Zeitraum unter Beachtung der Erzeugnisstrukturen die Sekundärbedarfsmengen der untergeordneten Erzeugnisse abgeleitet. Für jedes untergeordnete Produkt wird zum Sekundärbedarf der evtl. auftretende Primärbedarf (z.B. Ersatzteilbedarf) sowie u.U. noch ein verbrauchsorientiert errechneter Bedarfsanteil und außerdem der sog. Zusatzbedarf addiert. Letzterer wird über einen pauschalen Zuschlag erfaßt und soll evtl. auftretende Verluste durch Ausschuß abdecken. Die Summe bildet den Bruttobedarf eines Erzeugnisses.
- Wird der Bruttobedarf mit dem disponiblen Lagerbestand aufgerechnet, so entsteht der Nettobedarf eines Erzeugnisses in einer Periode. Der disponible Lagerbestand gibt an, welche Produktmenge zu Beginn einer Periode tatsächlich zur Bedarfsdeckung zur Verfügung steht. Er wird ermittelt, indem der zu Beginn einer Periode physisch vorhandene Lagerbestand um die in der betreffenden Periode erwarteten Lagerzugänge (Bestellbestand) erweitert und um reservierte Lagerbestände, sowie den Sicherheitsbestand vermindert wird.
- Die Zusammenfassung von Nettobedarfsmengen mehrerer benachbarter Perioden zu größeren Produktionsaufträgen ist Aufgabe der Bestellmengen- bzw. Losgrößenplanung (Tempelmeier, 1992). Hierzu werden in ↑PPS-Systemen i.d.R. sog. dynamische Losgrößenheuristiken eingesetzt, die zu einer Minimierung der relevanten Kosten (Rüst- und Lagerkosten) führen sollen. Allerdings werden Kapazitätsschranken und die Mehrstufigkeit der Erzeugnisstrukturen im Planungsschema konventioneller PPS-Systeme vernachlässigt, so daß sich nicht selten undurchführbare Produktionspläne ergeben.
- Da die Beschaffung bzw. Produktion der einzelnen Erzeugnisse eine bestimmte Zeitdauer in Anspruch nimmt, müssen die Produktions- bzw. Beschaffungsaufträge um die sog. Vorlaufzeit (Beschaffungs- bzw. Produktionszeit; Durchlaufzeit) zeitlich verschoben werden. Allerdings ist die Vorlaufzeit eines Erzeugnisses zum Planungszeitpunkt i.d.R. nicht bekannt oder zumindest mit hoher Unsicherheit behaftet. Auch hieraus können erhebliche Probleme für die Durchführbarkeit eines aufgestellten Produktionsplans entstehen.

Die beschriebene grundsätzliche Vorgehensweise zur Ermittlung des periodenbezogenen Produktions- und Beschaffungsprogramms an Endprodukten, Baugruppen und Einzelteilen kann nun auf unterschiedliche Arten algorithmisch umgesetzt werden. In der industriellen Praxis wird vor allem ein Verfahren eingesetzt, das auf der Zuordnung der Erzeug-

Lagerhaltung und Materialdisposition

nisse zu sog. Dispositionsstufen (Low Level Code) basiert. Die Dispositionsstufe ist als die niedrigste Baustufe definiert, in der ein Erzeugnis vorkommt.

In dv-gestützten ↑PPS-Systemen wird für jede Dispositionsstufe eine Aktivitätskette geführt, über die alle Erzeugnisse miteinander verkettet werden, die derselben Dispositionsstufe angehören. Beginnend mit der höchsten Dispositionsstufe (den Endprodukten) werden nacheinander die terminierten Produktions- bzw. Beschaffungsaufträge für alle Erzeugnisse der betrachteten Dispositionsstufe gebildet. Anschließend folgt die nächstniedrigere Dispositionsstufe. Hierdurch wird sichergestellt, daß bei der Berechnung des Sekundärbedarfs eines Erzeugnisses bereits die Nettobedarfsmengen aller Nachfolger dieses Produkts erkannt werden. Trotz der Einfachheit der eingesetzten Berechnungsmethoden dauern Computerläufe zur Materialbedarfsrechnung in der Praxis wegen der zu verarbeitenden Datenmengen und der erforderlichen Datenbankzugriffe nicht selten mehrere Stunden.

Just in Time Lieferdisposition

Die Zielsetzung der Materialversorgung nach dem ↑JIT-Prinzip besteht darin, die Produktionsvorgänge des Zulieferers möglichst eng mit denjenigen des Abnehmers abzustimmen, damit ein nahezu kontinuierlicher Zustrom von Fertigungsmaterial erfolgen kann (Schulte, 1994). In Frage kommt diese Art der Lieferdisposition nur dann, wenn ein hohes Bedarfsvolumen gegeben ist, das zuverlässig prognostiziert werden kann. Zur Beschleunigung des Materialflusses soll die Zeitspanne zwischen dem letzten Arbeitsgang in der Produktion des Zulieferers und dem ersten Arbeitsgang in der Produktion des Abnehmers weitestmöglich verkürzt werden. Hierzu tragen die folgenden Maßnahmen bei:

- Qualitätskontrollen werden nach Möglichkeit in den Produktionsprozeß integriert, so daß dem Abnehmer eine 100%-ige Qualitätsgarantie gegeben werden kann. Eine weitere Qualitätskontrolle beim Wareneingang oder vor der Weiterverarbeitung des Fertigungsmaterials kann daher unterbleiben.
- Der Handlingsaufwand wird durch die Verwendung von standardisierten Ladungsträgern und durch genaue Beladungs- und Verpackungsabsprachen auf das Unvermeidbare reduziert.
- Die Anlieferung erfolgt in kleinen Mengen unter Umgehung permanenter Lagerungseinrichtungen direkt an die Fertigungslinie.
- Statt einer Einzelabrechnung der Warenlieferungen erfolgt eine periodische Sammelabrechnung unter weitgehender Vermeidung von Belegen.

Unerläßliche Voraussetzung für die Verwirklichung einer produktionssynchronen Anlieferung ist der unmittelbare elektronische Informationsaustausch, der vor allem in der Automobilindustrie zwischen Herstellern und Zulieferern intensiv genutzt wird. Zur Vermeidung von unfreiwilligen Lagerbeständen, Versorgungslücken und unnötigen Produktionsumstellungen müssen dem Zulieferer rechtzeitig verbindliche Vorgaben hinsichtlich des zu deckenden Materialbedarfs übermittelt werden. Die zwischen Herstellern und Zulieferern getroffenen Vereinbarungen betreffen zumeist nicht nur die operative Abwicklung der Materialversorgung, sondern darüber hinaus häufig auch die Mitwirkung bei der Konstruktion und Entwicklung von Produktkomponenten (Günther, 1991). Die enge und langfristig ausgerichtete Zusammenarbeit mit wichtigen Lieferanten hat in der industriellen Praxis gegenüber konventionellen Formen der Materialbereitstellung (Einzelbeschaffung und Vorratshaltung) zunehmend an Bedeutung gewonnen.

Literatur: Günther, H.O.: Bestellmengenplanung aus logistischer Sicht. In: Zeitschrift für Betriebswirtschaft, 61, 1991. *Günther, H.O., Tempelmeier, H.:* Produktion und Logistik, Berlin u.a., 1994. *Mertens, P.:* Integrierte Informationsverarbeitung, Bd. 1, Administrations- und Dispositionssysteme in der Industrie, 9. Aufl., Wiesbaden, 1993. *Scheer, A.-W.:* Wirtschaftsinformatik: Referenzmodelle für industrielle Geschäftsprozesse, 4. Aufl., Berlin, 1994. *Schulte, C.:* Konzepte der Materialbereitstellung, in: *Corsten, H.* (Hrsg.), Handbuch Produktionsmanagement, Wiesbaden, 1994. *Tempelmeier, H.:* Material-Logistik: Grundlagen der Material- und Losgrößenplanung in PPS-Systemen, 2. Aufl., Berlin, 1992.

Prof. Dr. H.-O. Günther, Berlin

LAN

Local Area Network

Laser Disk

Plattenpeicher zum Aufzeichnen und Lesen der Information mit einem Laserstrahl; Aufzeichnung erfolgt im Regelfall durch Einbrennen der Binärzeichen als kleine Löcher in die Spuren der Plattenoberfläche.

Layout

Textformatierung; Seitengestaltung.

Lehrprogramm, tutorielles

Strukturierte Darbietungen eines didaktisch aufbereiteten Lehrstoffs mit Einleitungen, Übungsaufgaben, ↑Tests, Rückmeldungen etc., insb. für Lerner mit geringen Kenntnissen. Intelligente tutorielle ↑Systeme versuchen die Qualität des Dialogs durch Einsatz von KI-Softwaretechniken zu erhöhen.

Lehrsoftware, gemischt-initiative

↑Simulation eines Ausschnitts aus der Realität auf dem Rechner; fördert interaktives Lernen. Der Lernende ist in ein Szenario integriert und wird zu einem handelnden Bestandteil des ↑Systems. Die Möglichkeit, entdeckend zu lernen und erworbenes ↑Wissen auszuprobieren, hebt derartige modellorientierte Experimentiersysteme von eher tutoriell orientierten Ansätzen ab.

Lehrsoftware, lernergesteuerte

Der Lernende ruft die benötigte ↑Information selbst gezielt ab; konventionelle Hilfesysteme werden durch eine Anfrage aktiviert und selektieren aus einem online-Manual oder aus einer ↑Datenbank Informationsbausteine.

Lehrsoftware, systemgesteuerte

Einfache Formen des streng systemgeführten Dialogs sog. Drill and Practice-Programme; das ↑System wählt dabei aus einem Katalog von Aufgaben bzw. Fragen nach einer bestimmten Methodik ein Element aus. Nach seiner Antwort erhält der Lernende unmittelbar ein Feedback. Meist besteht dieses aus der kurzen Bestätigung einer richtigen oder der Verbesserung einer falschen Antwort. Die richtige bzw. fehlerhafte Reaktion beeinflußt dabei den weiteren Prozeß der Fragen- bzw. Aufgabenselektion.

Leistungsbewertung

Bei der *L.* geht es um die Ermittlung von Leistungsgrößen wie Durchsatz, Verweilzeit, Auslastung oder Speedup von Rechen-, Kommunikations-, Fertigungssystemen oder einzelnen Komponenten dieser ↑Systeme. Sie kann für ein real existierendes System erfolgen aber auch bereits in der Entwurfs- und Planungsphase eingesetzt werden.

Unter *Durchsatz* wird die mittlere Anzahl von fertiggestellten Aufträgen pro Zeiteinheit verstanden. Das sind z.B. bei Rechensystemen bearbeitete ↑Programme (sog. Jobs), bei Kommunikationssystemen übertragene Datenpakete und bei Fertigungssystemen fertigbearbeitete oder montierte Bauteile oder Werkstücke. Die *Verweilzeit* wird bei Rechensystemen auch häufig Antwortzeit bezeichnet, bei Kommunikationssystemen Gesamtübertragungszeit und bei Fertigungssystemen Gesamtbearbeitungszeit. Sie ist die Summe aller Bearbeitungszeiten in den Komponenten und Wartezeiten vor den Komponenten vom Beginn der Bearbeitung bis zur endgültigen Fertigstellung (bzw. Übertragung). Die *Auslastung* ist eine Leistungsgröße für die einzelnen Komponenten eines Systems und gibt den Anteil an der Gesamtzeit an, den diese Komponente aktiv belegt. So ist eine Maschine zu 80% ausgelastet, wenn sie nur 20% der Gesamtzeit steht. Die Beschleunigung der Bearbeitung durch Hinzunahme einer oder mehrerer Komponenten (z.B. ↑Prozessoren bei Rechensystemen) wird *Speedup* genannt.

Wichtige Leistungsgrößen sind häufig auch die Warteschlangenlänge vor den Komponenten oder die Gesamtzahl von Aufträgen im System, bei Fertigungs-systemen ist diese Anzahl das sog. ↑*Work in Process*. Hauptgesichtspunkt beim Entwurf neuer Anlagen oder bei der Erweiterung bestehender Anlagen ist neben einer Verbesserung der ↑Benutzerfreundlichkeit, der Zuverlässigkeit und der Qualität vor allem die Leistungssteigerung. Der Durchsatz soll erhöht werden, die

Antwortzeit eines Rechensystems hingegen klein, oder der Speedup bei Hinzunahme eines Prozessors möglichst groß. Das Work in Process eines Fertigungssystems soll möglichst klein sein, da viele Teile im System eine große Kapitalbindung darstellen. Andererseits sollen die Maschinen möglichst gut ausgelastet sein.

Manche dieser Forderungen widersprechen sich, z.B. bedingt eine hohe Auslastung einzelner Komponenten eine große Verweilzeit. Eine sorgfältige *L.* sollte daher fester Bestandteil sein beim Entwurf, bei der Verbesserung (Tuning) und auch beim Vergleich von Rechen-, Fertigungs- und Kommunikationssystemen. Im einzelnen hat die *L.* folgende Aufgaben:

- In der Entwurfsphase eines ↑Systems: Die Leistung verschiedener in Frage kommender Konfigurationen wird durch *L.* ermittelt und zur Entwurfsentscheidung herangezogen.
- Bei der Auswahl eines neuen Systems: Durch Vergleich der Leistung bereits vorhandener Systeme kann der Anwender das für seine Zwecke geeignetste auswählen.
- Zur Leistungssteigerung bestehender Systeme: Durch Erkennen und Beseitigen von Engpässen (d.h. Komponenten mit zu hoher Auslastung) kann die Leistung eines bereits existierenden Systems gesteigert werden (Tuning).

Zur *L.* werden Meßmethoden und sog. Modellbildungstechniken eingesetzt: *Meßmethoden* können bei bereits existierenden Systemen mit speziellen Meßgeräten durchgeführt werden, die Aktivitäten des Systems während des laufenden Betriebs registrieren. So lassen sich z.B. die Anzahl der fertiggestellten Einheiten in einem festen Zeitraum oder die mittlere Verweilzeit ermitteln. Bei Rechensystemen geschieht dies durch Hardwaremonitore, die die Aktivitäten mit speziellen Sensoren erfassen. Die Meßergebnisse werden gespeichert und mit Analyseprogrammen ausgewertet. Im Gegensatz dazu übernehmen bei den Softwaremonitoren hauptspeicherresidente ↑Programme die Erfassung der Aktivitäten. Softwaremonitore sind kostengünstiger als Hardwaremonitore, sie beeinflussen jedoch den Betriebsablauf, so daß die Ergebnisse verfälscht werden können. Da jedoch in der Entwurfs- und Entwicklungsphase eines Systems Messungen nicht durchführbar sind und zudem bei vielen realen Systemen hierfür ein beträchtlicher Personal- und Materialaufwand erforderlich ist, eignet sich eine ausschließliche Verwendung von Messungen für die *L.* nicht.

Aus diesem Grund haben *Modellbildungstechniken* für die *L.* besondere Bedeutung erlangt. Die Modelle stellen hierbei nur die für die spezielle Analyse relevanter Merkmale eines Systems dar, wie z.B. wichtige Systemkomponenten oder Beziehungen zwischen diesen Komponenten. Komplexe Systeme werden so weit abstrahiert, daß die interessierenden Grössen noch hinreichend gut erfaßbar sind, für die Fragestellung irrelevante Details aber weitgehend unterdrückt werden. Als Forderung an die Modellbildungstechniken wird gestellt, daß die Modellerstellung und -manipulation einfacher, billiger und schneller sein soll, als das Experiment am realen System. Besonders geeignet für die *L.* sind Warteschlangenmodelle. Ein System wird hierbei dargestellt als einzelnes Wartesystem oder als ein Netz von Wartesystemen (Warteschlangennetz), was beispielhaft in der Abbildung gezeigt ist. Die einzelnen Wartesysteme werden auch als Bedienstation oder Knoten des Warteschlangennetzes bezeichnet. Systemparameter sind die mittleren Bedienzeiten der Aufträge in den Knoten und die Übergangswahrscheinlichkeiten zwischen den Knoten. Neben *Warteschlangenmodellen* werden in letzter Zeit auch verstärkt *Petrinetz-Modelle* zur *L.* eingesetzt. Manche Eigenschaften können damit besser berücksichtigt werden, z.B. gegenseitige Abhängigkeiten von Prozessen oder Prioritäten. Für umfangreiche Systeme werden diese Modelle unübersichtlich.

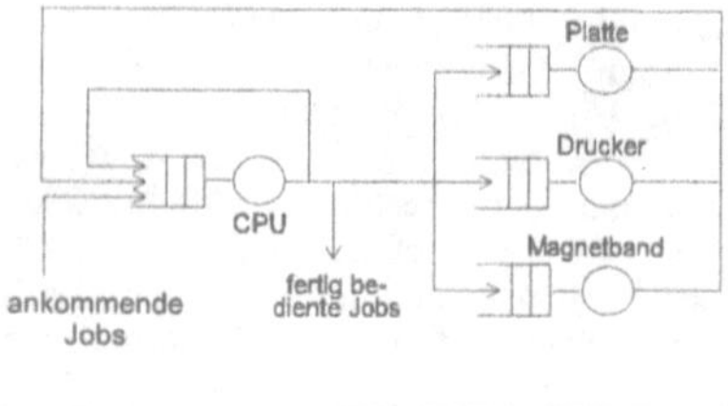

Die Warteschlangen- oder Petrinetz-Modelle bilden die Grundlage zur Ermittlung der Leistungsgrößen. Dies kann entweder durch ↑Simulation oder durch analytische Methoden erfolgen.
Bei der analytischen Vorgehensweise werden auf mathematischem Wege Beziehungen zwischen fundamentalen Systemgrößen wie z.B. Anzahl der Geräte, Gerätebedienzeit, Rechenzeit usw. und relevanten Leistungsgrößen, wie z.B. Auslastung, Durchsatz, Antwortzeit usw. hergeleitet. Diese analytischen Modelle sind meistens stochastische Modelle, bei denen die Systemparameter, wie Bearbeitungszeit oder Ankunftszeit eines Jobs, statistisch verteilt sind.
Die Vorteile der analytischen Methoden sind zum einen die einfach programmierbaren und schnellen Algorithmen und zum anderen die leicht interpretierbaren Beziehungen zwischen den Modellparametern und den Leistungsgrößen. Jedoch ist es oft schwierig oder gar unmöglich, für komplexe Systeme exakte analytische Modelle zu erhalten. Die Basis für die analytische Vorgehensweise sind die sog. *Markov-Ketten*. Warteschlangenmodelle und Petrinetze lassen sich in diese Markov-Ketten überführen, die durch lineare Gleichungssysteme beschrieben werden. Die Lösung dieses Gleichungssystems ergibt die gesuchten Leistungsgrößen.
Für eine eingeschränkte Klasse von Warteschlangenmodellen und Petrinetzen, den sog. Produktform-Warteschlangennetzen bzw. *Produktform-Petrinetzen* ergeben sich damit sehr einfache geschlossen lösbare oder iterative Algorithmen zur Bestimmung der Leistungsgrößen. Besonders bekannte Algorithmen sind die Mittelwertanalyse und der Faltungsalgorithmus. Für viele sog. Nichtproduktformnetze gibt es approximative Algorithmen, so daß auch hier die aufwendige Lösung des Gleichungssystems umgangen werden kann.

Bei der ↑*Simulation* werden die Vorgänge im System anhand des Modells mit speziellen Computerprogrammen nachgespielt, die in üblichen ↑Programmiersprachen oder mit eigens dafür entwickelten Simulationssprachen bzw. ↑Simulationssystemen formuliert werden. Da das Verhalten eines Simulationsmodells in bezug auf die relevanten Parameter dem Verhalten des realen Systems entspricht, können daraus alle zur *L.* interessanten Größen ermittelt werden.
Im Vergleich zu analytischen Methoden können bei der Simulation realistischere Annahmen über das System gemacht werden, womit diese einen größeren Anwendungsbereich als die analytischen Methoden besitzen. Nachteile sind jedoch die zeit- und kostenaufwendige Vorbereitung und Ausführung der Simulation, sowie die schwer erkennbare Abhängigkeit der Parameter und die daraus resultierende umständliche Optimierung.
Entsprechend der Bedeutung der *L.* existieren mittlerweile eine große Zahl von ↑Tools, die entweder auf der Basis von Warteschlangennetzen oder von Petrinetzen Leistungsgrößen ermitteln. Die prinzipielle Arbeitsweise dieser Tools soll exemplarisch an den folgenden Beispielen gezeigt werden:

- Beim Warteschlangentool PEPSY (Performance Evaluation and Prediction System) wird das Warteschlangenmodell des zu untersuchenden ↑Systems entweder interaktiv oder mit Hilfe einer ↑graphischen Oberfläche (XPEPSY) eingegeben. PEPSY ermittelt hieraus entweder analytisch oder simulativ die gesuchten Leistungsgrößen.
- Das Petrinetztool SPNP (Stochastic Petri Net Package) ermöglicht die Beschreibung des Petrinetzes durch eine spezielle Beschreibungssprache oder durch graphische Eingabe (GSPNP). Daraus wird automatisch das lineare Gleichungssystem der zugehörigen Markov-Kette erzeugt. Für die Lösung des Gleichungssystems werden unterschiedliche Lösungsalgorithmen zur Verfügung gestellt.

- MOSES (Modelling Specification and Evaluation System) ist ein Programmsystem, das für ein mit der Modellbeschreibungssprache MOSLANG spezifiziertes System, auch wieder das Markov'sche Gleichungssystem erzeugt und daraus Leistungsgrößen ermittelt. MOSLANG ist leicht erlernbar. Es lassen sich damit auch Systeme beschreiben, die nicht oder nur umständlich mit Warteschlangennetzen oder Petrinetzen beschrieben werden können.

Aus der Vielzahl der Tools (Werkzeuge zur *L.*) sollen nunmehr einige sehr bekannte genannt werden, die Warteschlangennetze (WS), Petrinetze (PN) oder Markov-Ketten (MK) verwenden und analytisch (an), numerisch (num), d.h. mit Markov-Analyse, oder simulativ (sim) arbeiten.

Name	Erklärung	Ort/Inst.	Modelle	Lösungsmethode
HIT	HIerarchical Evaluation Tool	Uni. Dortm.	WS	an, num, sim
USENUM		Uni. Dortm.	MK	num
PEPSY-QNS	Performance Evaluation and Prediction SYstem for Queueing NetworkS	Uni. Erlangen	WS	an, num, sim
MOSES	MOdelling Specification and Evaluation System	Uni. Erlangen	MK	num
RESQ	REsearch Queueing Package	IBM	WS	an, sim
QNAP	Queueing Network Analysis Package	BULL, INRIA	WS	an, num, sim
PANACEA		AT&T	WS	an, num, sim
SHARPE	Symbolic Hierarchical Automated Reliability and Performance Evaluator	Duke Univ.	WS, PN	an, num
SPNP	Stochastic Petri Net Package	Duke Univ.	PN	num
Great SPN		Uni. Turin	PN	num, sim

Literatur: Bolch, G.: Leistungsbewertung von Rechensystemen, 1989. *Buchholz, P et al:* Quantitative Systemanalyse mit Markovschen Ketten, 1994. *Langendörfer, H.*: Leistungsanalyse von Rechensystemen: Messen, Modellieren, Simulation, München, 1992. *Robertazzi, T.*: Computer Networks and Systems: Queueing Theory and Performance Evaluation, 1994. *Trivedi, K.S.*: Probability and Statistics with Reliability, Queueing and Computer Science Applications, 1982.

Dr.-Ing. G. Bolch, Erlangen

Leitstand

Begriffsbestimmung, Zielstellung

Der Begriff *L.* hat seinen Ursprung in der verfahrenstechnischen Industrie, wo er im Zusammenhang mit dem Steuern von Anlagen und Prozessen als Synonym für eine Anlagenwarte zu verstehen ist. Seit Mitte der 80er Jahre wird der Begriff *Fertigungs-L.* auch in der Fertigungssteuerung verwendet. I.w. soll er ausschließlich aus dem Blickwinkel der fertigungsnahen Auftragssteuerung betrachtet werden.

Der *L.* wird als Komponente des Werkstattsteuerungssystems in Form eines graphikfähigen Bildschirms, der als Ablösung der früher eingesetzten Plantafel als "elektronische Plantafel" eine dialogorientierte Disposition und Umplanung von Aufträgen zum Zwecke der Auftragssteuerung durch die Werkstatt erlaubt, charakterisiert.

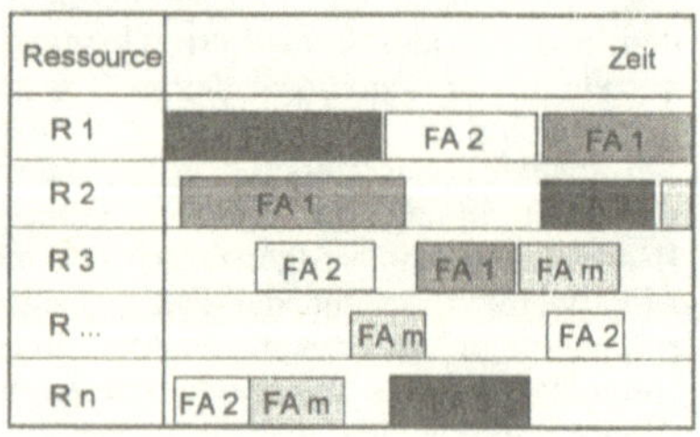

Die Abbildung zeigt den prinzipiellen Aufbau einer solchen Plantafel. Die typische Darstellungsform – Belegung der Ressourcen (R 1, ..., R n) mit Fertigungsaufträgen bzw. Arbeitsgängen (FA 1, ..., FA m) als Funktion der Zeit – erlaubt einerseits eine ressourcenbezogene Reihenfolgeplanung, andererseits eine fertigungsauftragsbezogene Durchlaufplanung (Beier, Schwall 1991). Als zu planende Ressourcen kommen sowohl die Arbeitsplätze als auch die benötigten Fertigungshilfsmittel (z.B. Werkzeuge, Vorrichtungen, Prüfmittel) in Frage. Erstmals wurden derartige ↑Balkendiagramme von Henry Gantt Ende des vorigen Jahrhunderts für Planungsaufgaben in der Fertigung eingesetzt (Havermann, 1992). Die Zielstellung, die mit dem Einsatz von *L.* zur Durchsetzung der i.a. von einem übergeordneten ↑*Produktionsplanungs- und -steuerungssystem (PPS)* bestimmten Planvorgaben verfolgt wird, besteht in der Optimierung der Fertigungssteuerung. Dabei geht es vor allem um:

- die Sicherung hoher Termintreue,
- die Realisierung kurzer Durchlaufzeiten der Fertigungsaufträge,
- die Senkung der Fertigungs- und Lagerbestände und
- die Steigerung der Transparenz in der Fertigung.

Das Steuerpersonal (Meister, Disponent) verfügt mit dem *L.* über ein geeignetes Hilfsmittel zur dispositiven Werkstattsteuerung, das es ihm ermöglicht, auf stochastische Ereignisse im Fertigungsprozeß (z.B. Maschinenstörung) mittels Interaktion am Graphikbildschirm schnell und gezielt reagieren zu können (z.B. Umdisposition, Verlagern von Arbeitsgängen auf eine Maschinen).

Funktionen, Schnittstellen
Als Teilsysteme der Fertigungsleittechnik werden *Fertigungs-L.* zur Realisierung der Feinplanung, zur Unterstützung des Steuerpersonals bei der Werkstattsteuerung und zur Visualisierung des Fertigungsfortschritts eingesetzt. Die grundsätzlichen Aufgaben eines *Fertigungs-L.* und seine ↑Schnittstellen werden im folgenden genauer beschrieben. Derzeit angebotene *L.* verfügen über die folgenden Funktionen:

- *Grunddatenverwaltung*:
Kalender, Ressourcen, Kapazitäten, Schichtmodelle, Stammarbeitspläne, Materialflußbeziehungen, Personalstamm;
- *Fertigungsauftragsverwaltung*:
Verwalten von Fertigungsaufträgen, Arbeitsgängen und Arbeitsgangressourcen;
- *Verteilung und Koordination*:
Verteilung von Arbeitsgängen an andere *L.*, Kommunikation mit anderen *L.* bei Konflikten;
- *Reihenfolgeplanung*:
Termin- und Kapazitätsfeinplanung, Verfügbarkeitsprüfung, Auftragsdisposition, Reihenfolgeoptimierung, Verteilung der Arbeitsgänge auf Arbeitsplätze;
- *Zuteilung und Bereitstellung*:
Fixierung der Ergebnisse der Reihenfolgeplanung, Bereitstellung der Ressourcen, Auftragsfreigabe, Belegerstellung;
- ↑*BDE/MDE und Prozeßkontrolle*:
Verarbeitung von Betriebs- und Maschinendaten, Alarmmeldungen bei Konflikten, Zeiterfassung;
- *Überwachung und Beauskunftung*:
Prozeßvisualisierung, auftrags-, arbeitsplatz-, termin-, personal-, fertigungshilfsmittel- und qualitätsbezogener Soll-/Ist-Vergleich;
- *Statistik, Controlling, Archivierung*:
Engpaßerkennung, Dokumentation der Zielerreichung;
- *Schnittstellen zu benachbarten Systemen*: Integrationsfunktion.

Am Durchlauf eines Fertigungsauftrages durch den *L.* wird der prinzipielle Funktionsablauf deutlich: Vom ↑PPS-System werden die Fertigungsaufträge in die Fertigungsauftragsverwaltung des *L.* übernommen. Im Rahmen der Termin- und Kapazitätsfeinplanung werden die Arbeitsgänge terminiert. Für die terminierten Arbeitsgänge erfolgt eine Verfügbarkeitsprüfung der Arbeitsgangressourcen (z.B. Werkzeuge, Vorrichtungen, Prüfmittel) und deren zeit- und mengenmäßige Reservierung für die Dauer des Arbeitsganges. Im Ergebnis der Reihenfolgeoptimierung werden die Arbeitsgänge auf die einzelnen Arbeitsplätze verteilt und festgeschrieben. Bis zum Bearbeitungsbeginn erfolgt die Veranlassung und Überwachung der Bereitstellung der reservierten Arbeitsgangressourcen. Mit der Bearbeitungsfreigabe werden die Arbeitspapiere gedruckt. .Im Rahmen der auf ↑BDE/MDE-Meldungen basierenden Prozeßkontrolle können weitere prozeßbegleitende Aktionen (z.B. Qualitätskontrolle) veranlaßt werden. Nach Ende der Bearbeitung werden die Fertigmeldungen an das ↑PPS-System und an die benachbarten Systeme übergeben (Autorenkollektiv, 1992).

Techniken, Verfahren, Methoden

Aus der Vielzahl angewandter Techniken, Verfahren und Methoden werden hier einige gebräuchliche aus dem Funktionskomplex Reihenfolgeplanung exemplarisch angeschnitten.

Im Rahmen der *Termin- und Kapazitätsfeinplanung* werden die Durchlaufterminierung ohne Kapazitätsbetrachtung und die Kapazitätsterminierung mit Kapazitätsbetrachtung unterschieden (Autorenkollektiv, 1991). Die wichtigsten Terminierungsarten sind:

- die Rückwärtsterminierung - beginnend mit dem Bedarfstermin bzw. Ende des letzten Arbeitsganges;
- die Vorwärtsterminierung - beginnend mit dem Termin der Materialverfügbarkeit bzw. Beginn des ersten Arbeitsganges;
- die Mittelpunktterminierung - beginnend mit einem beliebigen Arbeitsgang (z.B. Engpaß-) Maschine - und anschließender Rückwärtsterminierung der Vorgänger-Arbeitsgänge;
- Vorwärtsterminierung der Nachfolger-Arbeitsgänge.

In der *Reihenfolgeoptimierung* werden verstärkt Simulationsmodule zur Generierung und zur anschließenden Bewertung alternativer Maschinenbelegungsreihenfolgen verwendet. Dabei können die Arbeitsgänge der Fertigungsaufträge im Vorfeld der Verteilung auf die Arbeitsplätze nach verschiedenen Steuerstrategien - z.B. FCFS (First Come First Served) oder KOZ (kürzeste Operationszeitregel) - eingeplant werden. Zunehmend kommen wissensbasierte ↑Methoden zur Unterstützung der Steuerungsfunktionen zum Einsatz, so bspw. bei der Reihenfolgeplanung zur Rüstzeitminimierung (Mertins, Schallock, 1990). Erste Ansätze für die Nutzung von Methoden der Fuzzy-Logic in der Reihenfolgeplanung (Schmidt et al., 1993) bzw. beim Störungsmanagement (Wiendahl, Pritschow, Milberg, 1993) wurden bereits softwaretechnisch umgesetzt.

Hardware- und Systemumgebung

Analysen einer repräsentativen Auswahl angebotener *L.* (Autorenkollektiv, 1992) ergaben folgendes:

L. werden als ↑PC-, ↑Workstation- und Hostversionen angeboten. Sie erfordern alphanumerische und/oder Graphikbildschirme. *L.-Applikationen* sind unter allen gängigen ↑Betriebssystemen lauffähig. Die Graphikoberflächen basieren auf MS-Windows, X-Windows, OSF-Motif und Presentation Manager. Als Programmiersprachen PASCAL, COBOL, FORTRAN, C bzw. 4GL-Tools genannt. Die Integration der *L.* in die bestehende Systemlandschaft erfolgt über Ethernet-Netzwerke mit Protokollen TCP /IP, DECnet oder Novell. Die Kommunikation mit den Gerätesteuerungen wird über MMS-Protokolle realisiert. Zur Verwaltung der Daten kommen relationale Datenbanken, wie Oracle, Ingres, Informix, DBM Data Base Manager und Rdb und speziell bei PC-Lösungen Eigenentwicklungen zum Einsatz.

Für *L.* werden folgende Formen der Datenhaltung unterschieden (Autorenkollektiv, 1991):

- lokale Datenhaltung,
- zentrale Datenhaltung,
- Fernzugriff,
- verteilte Datenbank.

Die lokale Datenhaltung ermöglicht einen schnellen Datenzugriff, ist aber für *L.-Netze* ungeeignet. Für die zentrale Datenhaltung mit Fernzugriff werden die Daten mehrerer *L.* auf einem Server ausgelagert, wodurch ↑Redundanzen und Inkonsistenzen der Daten vermieden werden. In der verteilten Datenbank werden die Daten einerseits physikalisch lokal gehalten, andererseits durch ein verteiltes ↑Datenbankverwaltungssystem als logische Einheit behandelt.

L. werden als *Einzell.* oder in Form von *L.-Netzen* bzw. als Elemente hierarchischer *L.-Konzepte* betrieben. In *L.-Netzen* erfolgt die ↑Kommunikation direkt zwischen den *L.* einer Hierarchieebene. In hierarchischen *L.-Konzepten* übernimmt ein *Master-L.* in der übergeordneten Hierarchieebene die Koordination der *L.* (Autorenkollektiv, 1991).

Literatur: Autorenkollektiv: Fertigungs-Leitstand – Report, Ploenzke AG, 2. Aufl., 1992. *Autorenkollektiv*: Handbuch Hierarchische Leitstandskonzepte, WTZ Projekt 9.1.4, 1991. *Beier, H. H., Schwall, E.*: Fertigungsleittechnik, München, Wien, 1991 *Havermann, H.*: Stand und künftige Entwicklungsschritte eines praxisorientierten Leitstandes, Tagungsband zur FLS '92, Berlin, 1992. *Mertins, K. et al.*: Werkstattsteuerung – Werkstattmanagement, München, Wien, 1992. *Mertins, K., Schallock, B.*: Wissensbasierte Werkstattsteuerung, ZwF 85, 1990. *Schmidt, et al*: Fuzzy Logic für die reaktive Fertigungssteuerung, ZwF 88, 1993. *Wiendahl, H.-P. et al*: Produktionsregelung – interdisziplinäre Zusammenarbeit führt zu neuen Ansätzen, ZwF 88, 1993.

Dr. K. Mertins, Prof. Dr. G. Spur, Berlin

Leitsysteme in der Fertigung

Der Begriff *L.* bezeichnet allgemein ein Informationsverarbeitungssystem zur Lenkung von Abläufen im Sinne festgelegter Ziele. In der Fertigung werden *L.* in einem hierarchisch strukturierten Systemverbund zur Planung, ↑Steuerung und Überwachung des Herstellprozesses eingesetzt. ↑Systeme in diesem Verbund sind Fertigungsleitsysteme, Prozeßleitsysteme, Zellenleitrechner, Materialfluß- und Lagersteuerungen etc. Die hierarchische Struktur der ↑Informationsverarbeitung gliedert sich in die Betriebsleitebene und die unterlagerten Leitebenen der Fertigung: die Fertigungs-, die Prozeß- und die Maschinenleitebene.

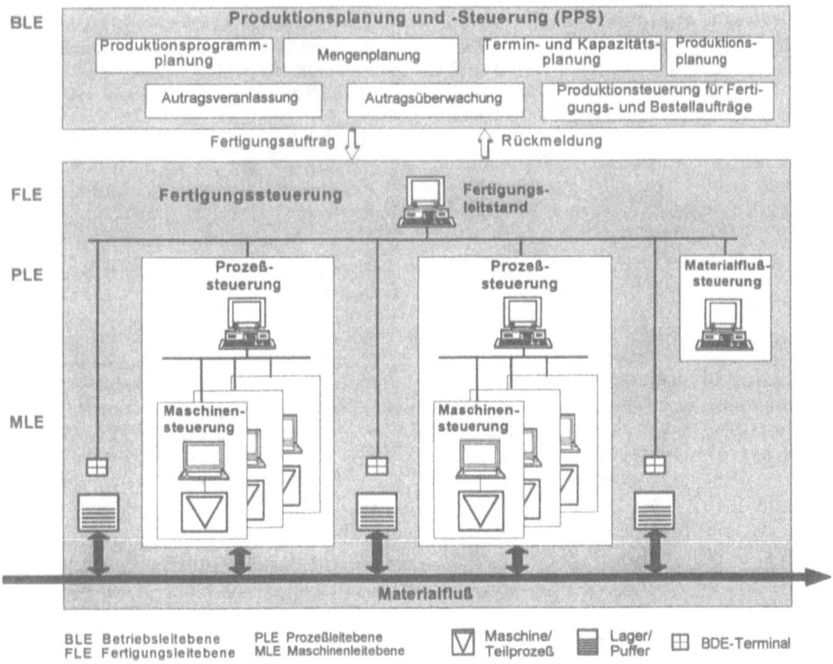

Der *Betriebsleitebene* ist der Aufgabenbereich der ↑Produktionsplanung und -steuerung (PPS) zugeordnet. In der PPS erfolgt die Planung, Steuerung und Überwachung der Produktionsabläufe von der Angebotsbearbeitung bis zum Versand unter Mengen-, Termin- und Kapazitätsaspekten. Nach der Prüfung, ob die für die Herstellung notwendiger Ressourcen (Material, Betriebsmittel, Personal) verfügbar sind, wird ein Fertigungsauftrag der Fertigungssteuerung übergeben. Aufgabe der Fertigungssteuerung ist es, Fertigungsaufträge gemäß den PPS-Vorgaben durchzusetzen.

Die Fertigungssteuerung erfolgt durch das *Fertigungsleitsystem*. Den Kern des Fertigungsleitsystems bilden die Planungs-, Steuerungs- und Überwachungsfunktionen. Aufgabe der Planungsfunktion ist es, die grobe Vorplanung der PPS zu detaillieren. Sie wird deshalb auch Feinplanung oder Feindisposition genannt. Die Feindisposition erfolgt i.d.R. zentral im Fertigungsleitsystem. Dabei wird eine Einplanung der Fertigungsaufträge auf die einzelnen Maschinen aller beteiligter Prozeßstufen vorgenommen. Neuere Ansätze der industriellen Leittechnik gehen allerdings dahin, den Dispositionsvorgang zu dezentralisieren und ihn in eine Feindisposition auf Prozeßstufenebene und eine nachfolgende Feinstdisposition auf Maschinenebene zu zergliedern. Hierdurch wird eine verbesserte Güte der Planung, ein höherer Autonomiegrad und eine größere Eigenverantwortlichkeit auf Prozeßstufenebene erreicht. Für die eingeplanten Fertigungsaufträge werden auf der Fertigungsleitebene die notwendigen Arbeitsanweisungen und Fertigungsdaten ausgegeben, die in Form von Listen (Wochen-/Tageslisten) an die entsprechenden Prozeßstufen verteilt werden. Auf dieser Ebene werden die von den Prozeßstufen gemeldeten Störungen zentral erfaßt und archiviert. Die Fertigungsleitebene verfügt über ein Informations- und Auskunftssystem bez. der zu bearbeitenden /in Bearbeitung befindlichen Fertigungsaufträge, das auch über- und untergeordneten Ebenen zu Verfügung steht. Als Fertigungsleitstand wird der graphisch-interaktive Rechnerarbeitsplatz bezeichnet, an dem der Meister die Fertigung kontrolliert. Auf der Fertigungsleitebene erfolgt auch die Verwaltung der vom ↑PPS-System erteilten Fertigungsaufträge. Rückmeldungen des Fertigungsleitsystems informieren die PPS über den Status der übergebenen Fertigungsaufträge. Bedingt durch den hierarchischen Systemverbund der Leitsysteme wiederholen sich die Steuerungs- und Überwachungsfunktionen mit unterschiedlicher funktionaler Detaillierung und Reichweite auf der Prozeß- und Maschinenleitebene.

Auf *Prozeßleitebene* erfolgt die Führung der Fertigungseinrichtungen und der Transportsysteme, die Lagerverwaltung und die Steuerung des Materialflusses innerhalb der Fertigung. Die Prozeßsteuerung übernehmen Prozeßleitsysteme, die einzelne Prozeßstufen der Fertigung kontrollieren. Sie erhalten dazu prozeßstufenbezogene Fertigungsteilaufträge aus der Fertigungsleitebene. In die Prozeßleitsysteme sind Funktionen zur Unterstützung des Qualitätsmanagements integriert. Diese Funktionen erfassen und überwachen die Prozeßdaten aller Fertigungsmaschinen einer Prozeßstufe. Rückmeldungen der Prozeßleitsysteme an das Fertigungsleitsystem geben Auskunft über den aktuellen Status der Fertigungsteilaufträge.

Die *Maschinenleitebene* bilden die automatisierten Fertigungs-, Handhabungs- und Transporteinrichtungen, die von dem zuständigen Prozeßleitsystem mit ↑Daten und ↑Programmen beschickt werden. Die Maschinensteuerungen setzen die ↑Programme auf den einzelnen Bearbeitungsmaschinen um, steuern die Handhabungsautomaten, Transporteinrichtungen etc. Auf der Maschinenleitebene werden auch die Rückmeldungen (z.B. über den Prozeßverlauf) generiert. Die Fertigungsleittechnik hat folgende Ziele:

- Erhöhung der Lieferbereitschaft,
- Verkürzung der Durchlaufzeiten,
- Steigerung der Anlagenauslastung,
- Erhöhung der Fertigungsflexibilität,
- Verminderung der Ausschußquote,
- Optimierung des Materialflusses,
- Minimierung der Bestände und
- Rasches Erkennen, Reagieren auf Störungen.

Durch Einführung von Fertigungsleittechnik kann die Fertigung den wesentlichen Anforderungen des Marktes und des Unternehmens nachkommen. Der in Vielfalt und Menge wechselnde Bedarf des Marktes muß schnell und kostengünstig gedeckt werden. Die Durchsetzung der PPS-Vorgaben, hohe Prozeßgüte und rasche Reaktionen im Störungsfall sind dafür wesentliche Voraussetzungen.

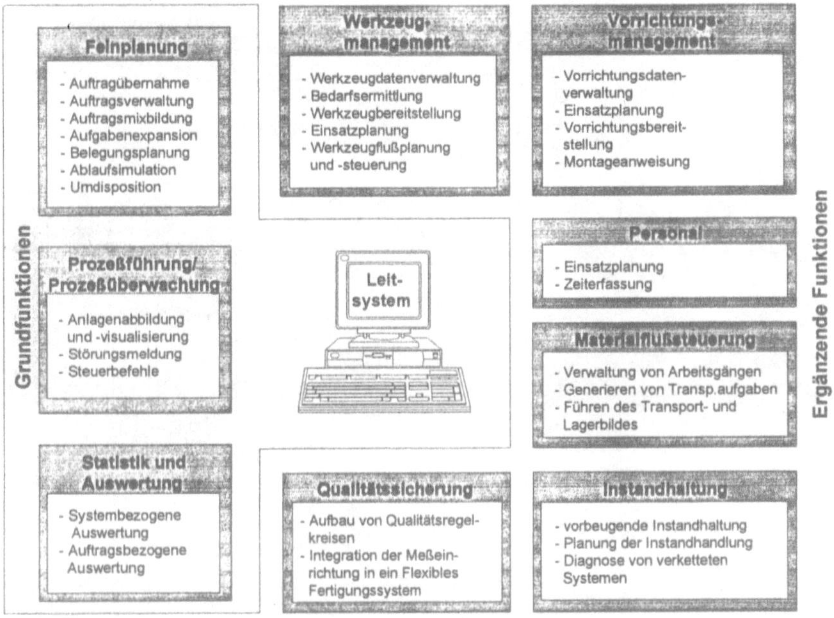

Funktionalität

Die Funktionalität von *L.* gliedert sich in Grundfunktionen und in ergänzende Funktionen. Die Grundfunktionen sind heute in allen marktgängigen ↑Systemen realisiert. Zur Verbesserung der Feinplanung werden Werkzeug-, Vorrichtungs- und Personalmanagementfunktionen in die Systeme einbezogen. Aufgrund ihrer Einflußnahme auf den Fertigungsablauf werden zunehmend Funktionen, wie Instandhaltung, ↑Qualitätssicherung und Materialflußsteuerung integriert, die bislang in separaten Systemen oder noch manuell gehandhabt wurden. Wesentlichen Einfluß auf die Güte des Fertigungsablaufs hat vor allem der Wandel von der Produktionssteuerung hin zur Produktionsregelung, der sich funktional in den Leitsystemen widerspiegelt. Daraus resultieren eine höhere Autonomie und schnellere nach iwb, München, Reaktionsfähigkeit der Leitsysteme, insb. bei Auftreten von Störungen. Die Produktionsregelung erfolgt in einem Regelkreis, in dem das Leitsystem den Regler, die Fertigung selbst, das Stellglied und die Betriebs-/Maschinendatenerfassung das Meßglied darstellt. Aufgabe der Betriebs-/Maschinendatenerfassung ist es, den aktuellen Fertigungszustand zu ermitteln. Zeigt die erfaßte Istsituation der Produktion Abweichungen hinsichtlich der Planvorgabe auf, werden diese vom Leitsystem zunächst analysiert. Im nächsten Schritt wählt das Leitsystem aus einem Maßnahmenkatalog eine geeignete Reaktionsstrategie aus, die in einem weiteren Schritt umgesetzt wird. Hierbei fungiert die Auftragsfreigabe als Stellgröße. Das Fertigungsleitsystem selbst erhält seine Führungsgröße in Form der Auftragszuweisungen vom PPS-System. Über die Rückmeldungen des Fertigungsleitsystems kann - in der Regel heute noch nicht dv-technisch realisiert - ein hierarchisch übergeordneter Regelkreis aufgebaut werden.

DV-Programme für die Leittechnik stehen von verschiedenen Anbietern zur Verfügung. Unterstützt wird der Einsatz auf unterschiedlichen Hardwareplattformen (↑PC oder ↑Workstations), z.T. ergänzt durch spezielle ↑Hardware zur Maschinenanbindung, zur ↑Betriebsdatenerfassung und zur Integration von Sensorik und Aktorik. Das Einsatzgebiet von *L.* der jeweiligen Anbieter ist i.d.R. auf spe-

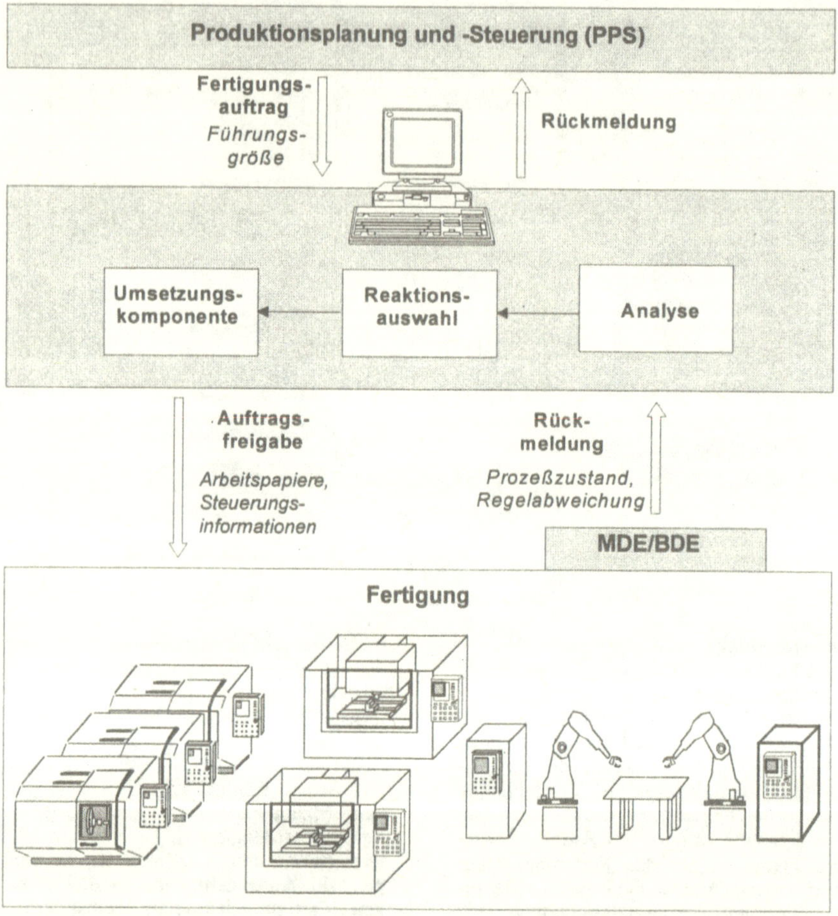

zifische Einsatzbereiche, meist Branchen und auf bestimmte Betriebsgrößen beschränkt. Diese ↑Systeme erfordern einen erheblichen Anpassungs- und Konfigurationsaufwand. Für die Auswahl eines *L.* ist daher eine exakte Definition der Aufgaben erforderlich, anhand derer ein geeignetes Produkt zu ermitteln ist.

Literatur: Beier, H.H., Schwall, E.: Fertigungsleittechnik, München, 1991. *Scheer, A.-W.* (Hrsg).: Fertigungssteuerung Expertenwissen für die Praxis, München, 1991. *Ulrich, P.* (Hrsg.): Rechnerintegrierter automatischer Betrieb, München, 1990.

Prof. Dr. J. Gausemeier, Paderborn

Lichtstift

Lightpen; Eingabetechnik für Daten über den Bildschirm.

LISP

List Processing Language; applikative ↑Programmiersprache mit linearen Listen als Datenstrukturen; verbreitet in der Künstlichen Intelligenz.

Logistik
Bezeichnung für den Planungs-, Durchführungs-, Überwachungs- und Kontrollprozeß des wirtschaftlichen, kostengünstigen Einsatzes und der Lagerung von Rohmaterial, Halbfertig- und Fertigprodukten sowie der notwendigen ↑Informationen von der Herstellung bis zum Verbrauch mit dem Ziel, den Anforderungen des Verbrauchers zu entsprechen.

Logistik, integrierte Informationsverarbeitung in der
↑Informationsverarbeitung in der Logistik, integrierte.

Logistikmanagement
Management von strategischen, taktischen und operativen Aufgaben. In Industriebetrieben sind das die Beschaffungs-, Produktions- und Distributionslogistik, sowie die Entsorgungslogistik als Querschnittsfunktion.

MAC
Message Authentication Code; gemeinsamer geheimer Algorithmus zwischen einem Sender und einem Empfänger für die Nachrichtenübermittlung.

Magnetplatte
Rotierende magnetisch beschichtete Scheibe mit hoher Speicherkapazität und schnellem Direktzugriff.

Mailbox
Versendung von Briefen, Dokumenten auf elektronischen Übertragungsleitungen; ermöglicht von einer Datenstation aus den Versand von ↑Nachrichten, Dateien über lokale und externe Netze in sog. elektronische Postfächer an vorgegebene Empfänger; besteht aus Computer, Plattenspeicher und Datex-P-Knoten.

Mainframe
Großrechner, Host- und Vektorrechner; in ihrer Leistungsfähigkeit geeignet, große Datenbanken, zentrale Statistiken, Aufgaben des Informationsmanagements zu bedienen.

MAN
Metropolitan Area Network

Management von Information und Kommunikation
↑Information und ↑Kommunikation, Management von

Management von Rechnernetzen
↑Rechnernetzen, Management von

Manware
Gesamtheit der durch die Computernutzung bedingten Berufsausbildung, Personalbeschaffung, -führung und -einsatz.

Marketing-/Vertriebsinformationssystem
Begriffserklärung
Ein *M.* ist eine gemeinsame organisatorische und informationstechnische Wissensbasis und Kommunikationsplattform zur Unterstützung sämtlicher Aufgaben eines Vertriebs (Linieninstanz) und einer Marktforschung (Stabstelle; Heinzelbekker, 1985). Sowohl den Sachbearbeitern als auch den mittleren und hohen Führungsebenen dieser Bereiche im Innen- und Außendienst werden vorhersehbare und vor allem nicht vorhersehbare Informationen rechnerunterstützt aufbereitet und zugänglich gemacht. *M.* sind Voraussetzung für wettbewerbsfähige Prozeße in und außerhalb des Unternehmens auf den Absatzmärkten, wobei die Informationssysteme so gestaltet sein müssen, daß die durch den Wettbewerb gestellten Forderungen schnell, umfaßend und exakt erfüllt werden können.
Als Elemente der *M.* werden diejenigen ↑Informationen, ↑Methoden, Modelle, Instrumente, Verfahren und menschliche Informations- und Aktionsträger systemtheoretisch zusammengefaßt, die zu dem gemeinsamen Zweck zusammenwirken, um systematisch Informationen der Marktforschung und -bearbeitung, der Abwicklung und Steuerung beim Verkauf von Produkten oder Dienstleistungen zu beschaffen, zu speichern, zu verarbeiten und aussagefähig aufzubereiten. Darüber hinaus stellen *M.* Kommunikationssysteme dar, über die Konzern-, Zentral-, Niederlassungs- und Außendienstmitarbeiter im In- und Ausland, ↑Informationen über öffentliche/ private, nationale (LAN, UAN) und internationale (WAN, GAN) Kommunikationsnetze unter Zuhilfenahme von Datenleitungen (↑ISDN-X.25 - ↑TCP/IP etc.) automatisch weiterleiten, redundantfrei austauschen können (Fortmann, 1990).
Architektur
In der Architektur moderner *M.* sind auf Front/End-Seite hochleistungsfähige ↑PC und ↑Workstations, die über Netzwerkdienste auf Back/End-Seite, mit zentralen ↑Servern im Client/Server-Verfahren kommunizieren können. Die Präsentationsoberflächen, sind graphisch orientiert. Die modular aufgebauten funktionsorientierten Anwendungen sind aus individuell konzipierten, als Standard erworbenen oder als Standard erworbenen und individuell erweiterten Softwareapplikationen höherer Programmiersprachen der ↑4GL erstellt. Sie sind teilweise objektorientiert und enthalten Kommunikations- und Connectivity-Schnittstellen. Die Datenhaltung erfolgt durch den Einsatz von objekt-, doku-mentenorientierten oder ↑relationalen Datenbank Management Systemen. *M.* bestehen aus mehreren modular konzipierten und einzeln

einsetzbaren Systembausteinen, aus

- Marketingsystembaustein,
- Vertriebsinformations- und Abwicklungssystembaustein,
- Vertriebssteuerungssystembaustein,
- Vertriebskommunikationssystembaustein,

die integriert zusammenwirken und sich effizient zum Gesamtsystem ergänzen (Fortmann, 1990). Der Marketing-Systembaustein bildet den ersten der Bausteine, wobei er sich wiederum aus drei Unterbausteinen zusammensetzt.

Marketing Systembausteine
Zur Entscheidungsvorbereitung im Zusammenhang mit der Produkt-, Werbemittel-, Vertrags- und Distributionsgestaltung, sowie einer zielgerichteten und schwerpunktbezogenen Lenkung von Vertriebsaktivitäten, werden den Marketingabteilungen in ↑*Informationssystemen* der schnelle, einfache und umfassende Zugang zu Markt- und Strukturinformationen, wie z.B. die am jeweiligen Markt präsenten Wettbewerber, deren Produkte, Preispolitik und Strategien getrennt nach Ländern und Regionen, zur Verfügung gestellt. Informationen über das Alter der Produkt, die schon auf den Märkten sind, werden ermittelt und deren Erneuerung prognostiziert, sowie Informationen über wirtschaftliche, politische, soziologische und ökologische Randbedingungen verwaltet. Diese Vielfalt an Informationen kann, neben den eigenen Quellen, über die bereits vorhandenen nationalen und internationalen ↑Datenbanksysteme ermittelt werden (Reusch).
Als Basis des *Marketingentscheidungssystems* dienen hinterlegte, komprimierte und aufbereitete Informationen wie z.B. Verkaufs- und Preisentscheidungen, Preiselastizität, Risiko- und Erfolgsanalysen (Ergebnisse der Marktforschungs- und Strukturanalyse) aus dem Marketinginformationssystem. Sie werden von den Entscheidungsträgern des Marketing interpretiert, um daraus Strategien abzuleiten, Maßnahmen vorzubereiten und Aufgaben im Sinne der Marktbeinflussung durch Verkaufsförderungs- und Werbemaßnahmen zu definieren und zu initiieren. Im dritten Unterbaustein, im *Marketingkommunikationssystem*, erfolgen danach die Umsetzungen und die Durchführungen der getroffenen Entscheidungen.
Im Marketingkommunikationssystem werden alle administrativen Arbeiten der Marketingaktionen im System durchgeführt: Zielgruppenorientierte Werbemaßnahmen durch Direct Mailing und Electronic Mailing, Verteilung der Mediainformationen über Fachzeitungen und Zeitschriften in der Investitionsgüterindustrie und über Zeitungen, Publikumszeitschriften, Rundfunk und Fernsehen in der Konsumgüterindustrie (Treffert).

Vertriebsinformationssystembaustein
Für die Mitarbeiter im Vertrieb oder Außendienstbeschäftigte, sowie für die Entscheidungsträger beinhaltet das ↑System sämtliche vertrieblich relevanten kundenbezogenen kaufmännischen und technischen ↑Informationen der Gegenwart und der Vergangenheit. ↑Daten zu Anfragen-, Projekt-, Angebots- und Auftragsverfolgung, Angebots- und Auftragsabwicklung, Umsatz und Cash flow, sind jederzeit im ↑Dialogbetrieb auf dem aktuellen Stand abrufbar.

Vertriebsabwicklungssystembaustein
Das Vertriebsabwicklungssystem dient dazu, innerbetriebliche Arbeitsabläufe in den unterschiedlichsten Phasen zu vereinfachen, zu vereinheitlichen, zu standardisieren und rechnergestützt zu automatisieren und damit zu beschleunigen. Dies beginnt bereits bei einer ersten Kontaktaufnahme mit einem Interessenten, setzt sich in einer Projektbearbeitung fort und endet mit der klassischen Auftragsabwicklung in sämtlichen direkt oder indirekt betroffenen Vertriebsabteilungen. Dokumentationen und Textbausteine, dazu korrespondierende Preislisten und Kalkulationen, sowie CAD-Zeichnungen (Komponenten ↑Projekte - Einzelteile) werden rechnergestützt zusammengeführt und verwaltet. Eine Integration mit den kaufmännischen (Finanz- und Rechnungswesen) und technischen Informationsverarbeitungssystemen nach dem Schema der ↑CIM - Logistik wird dadurch ermöglicht.

Vertriebssteuerungssystembaustein
Es unterstützt ein kooperatives Verhältnis zwischen Vertriebsleitung und den Außendienstmitarbeitern. Unterstützung findet der Außendienstmitarbeiter dadurch, daß er in der Lage ist, durch voreingestellte, transportable Systeme, Berichte

und Informationen seiner Besuche und Aktivitäten auf den Märkten (Tourenplanungen, und Berichte, Projektverläufe, Kurzmitteilungen) zeitnah dem Innendienst des Stammhauses zur Verfügung stellen zu können. Aus diesen Ergebnissen ergibt sich eine optimierte Planung seiner zukünftigen Aktivitäten, die vom Stammhaus aus eingeleitet und gesteuert werden. Desweiteren wird es ihm unkompliziert ermöglicht, eine elektronische ↑Kommunikation mit der Niederlassung, dem Innendienst oder mit datenhaltenden Rechnern auszuüben, um sich zusätzliche Detailinformationen seiner zukünftigen Aktivitäten zu bedienen.

Vertriebskommunikationssystembaustein

Die ↑Kommunikation spielt in einem *M.* eine zentrale Rolle. Mitarbeiter können am Ort des Informationsanfalls ↑Daten, Kalkulationen, Graphiken auf einfache Weise mit einem tragbaren ↑PC (Laptop oder ↑Notebook) erfassen oder einscannen und an Interessierte bzw. zuständige Mitarbeiter im Innen- und Außendienst mittels eines ↑Modems elektronisch übermitteln, oder vor Ort mit im PC integrierten ↑Druckern oder Plottern ausdrucken. Ebenso können sich die Mitarbeiter im Außendienst, die für die Kundenmarktbearbeitung erforderlichen zusätzlichen Daten, die nicht auf dem tragbaren PC vorhanden sind, vom Stammhaus über Satellit in alle Welt übermitteln lassen. Der Kommunikationsbaustein unterstützt darüber hinaus die Vorgangsbearbeitung so, daß alle Dokumente und Formulare einen Vorgang in all seinen Stadien nachvollziehbar durchlaufen können.

Literatur: Fortmann K.-M., Küchler, P.: Die Technische Datenverarbeitung, 1990. *Heinzelbecker, K.*: Marketing-Informationssysteme, 1985. *Reusch, J. A. P.*: Aufbau und Einsatz betrieblicher Informationssysteme, BI Reihe Informatik, 42. *Treffert, J.*: Aufbau eines Marketing- und Informationssystems, HMD-VT.

Prof. Dr. J. Treffert, Lörrach; Dipl.-Ing. St. Vollmer, Winterthur

Matching-Paradigma

Charakteristikum des ↑Information Retrieval; ein Information Retrieval-System nach *M.* benutzt einen Algorithmus zur Festlegung der Suchanfrage mit gespeicherten Dokumenten, die Lösung besteht in einer möglichst großen Übereinstimmung des Anfragemusters mit dem Lösungsmuster.

Materialdisposition

Ermittlung des Bedarfs aller am Produktionsprozeß beteiligten Verbrauchsgüter, um entsprechende Aufträge für Eigenfertigungen und Bestellungen von Fremdbezugsgüter rechtzeitig auszulösen.

Maus

Zusatzeinrichtung am Bildschirmgerät zur Aktivierung der vom Cursor gekennzeichneten Felder.

MCA

Micro Channel Architecture

Medienintegration

Kombination von zeitinvarianten und zeitvarianten Darstellungsformen von Information zu ↑multimedialen Informationsobjekten. Beispiele für zeitinvariante Darstellungsformen: Text, (Vektor-) Graphik und (Raster-) Bild; Beispiele für zeitvariante Darstellungsformen Audio, ↑Animation (als animierte Graphik bzw. animiertes Bild) und Video.

Medienmanagement

Begriff des Medienmanagements

Das Zeitalter der Informationsgesellschaft ändert vor dem Hintergrund des zunehmenden Einsatzes moderner Informations- und Kommunikationstechniken (IuK) sowie Multimediaanwendungen grundlegend die Art, in der kommuniziert wird. Die ↑Informationstechnik wird in immer weitergehendem Umfang den unterschiedlichsten Aspekten menschlicher Face to Face-Kommunikation multimedial gerecht werden. Langfristig werden ↑Computer, ↑Telekommunikation und Fernsehen innerhalb einer multifunktionalen ↑Workstation - ausgehend von grundlegenden Trägermedien *(Information Super Highway)* - verschmelzen. Einige amerikanische Zeitungen, wie die Chicago Tribune unterhalten dementsprechend bereits TV-Produktionsstätten, um zu einem späteren Zeitpunkt Zeitung und Video auf einer modernen technischen Basis zusammenzuführen. Parallel zum Entstehen neuer technischer Gestaltungsoptionen werden auch neue organisatorische Möglichkeiten geschaffen, so im Bereich der ↑elektronischen Märkte.

Die Einsatzmöglichkeiten für ↑*Multimedia* in den Unternehmen umfaßt nicht nur die ↑multimediale Information, Kommunikation und Koordination im innerbetrieblichen Bereich, sondern ermöglicht ggf. auch die Wahrnehmung neuer Geschäftsfelder bspw. als multimedialer Dienstleister und Produktanbieter im Außenverhältnis. Neuartige Geschäftsfelder eröffnen sich dabei vor allem für traditionelle und regional stark verteilte Druck- und Verlagshäuser. Zu den alteingesessenen Geschäftsbereichen treten neue Möglichkeiten im Bereich der elektronischen Märkte, die aufgrund der regional gefestigten Position hervorragend gegen überregionale Anbieter verteidigt werden können. Das betriebliche Informationsmanagement betrifft in Zukunft damit auch immer weniger die rein technische Begleitung der Geschäftsprozesse. Vielmehr hat das operative DV-Management zunehmend die technische Plattform für zukünftige elektronische und multimediale Anwendungen vorzubereiten und sicherzustellen, die in Zukunft möglicherweise auch unmittelbar das eigentliche ↑Objekt der Unternehmenstätigkeit repräsentieren können. Die uneingeschränkte Verfügbarkeit über IV-Leistungen und IV-Kenntnisse in unterschiedlichen Gebieten ist daher sowohl art- und wettbewerbsbestimmend, als auch überlebensnotwendig (Müller, Strauß, 1994).

Auf der Seite der Unternehmensleitungen entsteht daher neben den vormals wichtigen Führungsbereichen wie Produkt-, Projekt- oder Informationsmanagement ein neuer Aufgabenbereich, der mit dem Begriff des *M.* umschrieben werden kann. Unter *M.* soll im folgenden aus der funktionalen Sicht die Durchführung aller Aufgaben verstanden werden, die der Umsetzung moderner technischer (IuK und ↑Multimedia) und organisatorischer (↑elektronische Märkte) Gestaltungskonzepte erfordert. Hierunter fallen neben betriebswirtschaftlich-organisatorischen Aufgabenfeldern, inhaltliche und DV-technische, ebenso wie in Teilbereichen auch juristische (Copyright) und kreative (Softwareergonomie, Präsentationsformen). Aus der institutionellen Sicht umfaßt *M.* alle diejenigen Personen und Institutionen, welche dieses Aufgabenspektrum wahrnehmen, bspw. als Institution im Rahmen eines sog. *M.*-Zentrums (Strauß, 1994). Hierunter fällt u.a. auch die Notwendigkeit zur Gestaltung entsprechender Ausbildungsinhalte für die Mitarbeiter. Aus der Sicht der bestehenden funktionalen Aufgabenteilungen im Unternehmen sollte das *M.* dementsprechend Aufgabengebiete aus dem Bereich der DV, des ↑Projektmanagements und auch der traditionell stark mit der DV verwobenen Organisation wahrnehmen. *M.* ist in diesem Zusammenhang nicht nur als ein wichtiger Aufgabenbereich für diejenigen Unternehmen aufzufassen, die sowieso schon intuitiv der Medienbranche zuzurechnen sind, wie bspw. Druck- und Verlagshäuser, auch wenn diese im folgenden verstärkt in den Fokus der Betrachtung gerückt werden. Auch in anderen Branchen, wie dem Immobiliensektor, entstehen durch den im Rahmen des *M.* koordinierten Know how-Aufbau im Bereich ↑Multimedia direkt neue Geschäftsfelder. Für Immobilien können bspw. Ansichten eines Hauses per Video dargestellt, parallel eine steuerliche Berechnung für den potentiellen Käufer mit realen Daten interaktiv durchgeführt, ebenso wie Informationen über die dem Haus nahen Erholungsgebiete von der Gemeinde in beliebiger Darstellungsform abgefragt werden.

Aufgabengebiete

Wird zunächst die technische Seite des *M.* betrachtet, so kennzeichnen Multimediaanwendungen ganz allgemein die rechnergesteuerte, integrierte Erzeugung, Manipulation, Darstellung, Speicherung und ↑Kommunikation von unabhängigen ↑Informationen, die mindestens in einem kontinuierlichen (zeitabhängigen) und einem diskreten (zeitunabhängigen) Medium kodiert sind (Müller, 1993). Die Bewältigung einer kombinierten Daten-/Sprach-/Video-Übertragung ist an relativ hochgesteckte informationstechnische Bandbreiten gebunden. Während die einfache Übertragung von Sprache bereits auf einer Basis von 64KBits/s bewältigt werden kann, erfordert ein herkömmliches Video bereits zwischen 10 und 90 MBits/s. Bei hochauflösendem Fernsehen werden aufgrund von Bildschirminhalten zwischen 1000 und 1200 Zeilen bereits bis zu 900 MBits/s an Bandbreite gefordert. Das in Deutschland weiträumig vorhandene ↑ISDN ermöglicht in der breiten Nutzung bis in die Haushalte auf der Basis von 64 KBits/s bereits neben Sprachinhalten auch die zeitlich akzeptable Übertragung von Standbildern, so daß zukunftsweisende Umsetzungen bspw. in Form einer elek-tronischen Zeitung als Printing on Demand bereits auf dieser technischen Basis realisierbar sind. Erst die Schaffung eines breiträumigen Glasfasereinsatzes (Fiber to the Home) ermöglicht mit Übertragungsraten von 600 MBits/s auch zukunftsträchtige Dienstleistungen wie Video on Demand. Auf der inhaltlichen Seite besitzt der Einsatz von ↑Multimedia neben der möglichen *Vereinigung von Audio-, Video- und Printinhalten* drei grundlegende Eigenschaften: *Selektivität, Disponibilität* und *Aktualität*. Dem an das Trägermedium (Glasfaser oder auch ↑ISDN) angeschlossenen Nutzer steht grundsätzlich die Möglichkeit offen, unter einer Vielzahl von unterschiedlichen Telekommunikationsdiensten und -formen dasjenige auszuwählen, das er gerade wünscht *(Selektivität)*. Die Auswahl kann sich daher neben den Inhalten (Unterhaltung, ↑Information, ↑Kommunikation oder Bildungsangebote wie elektronische Fernstudien) auch auf das bereitzustellende Medium beziehen (Audio, Video, Print oder Multimedia-Mischung). Nicht interessierende Informationen können von vornherein ausgeschlossen werden, die bspw. bei umfangreicheren Printerzeugnissen unweigerlich mitgeliefert und im Bereich des Fernsehens durch nutzerseitige Verhaltensmuster (Zapping) umgangen werden. Das ausgewählte Multimediamenü entzieht sich dem Einfluß fester Sendezeiten oder auch dem für Zeitungen typischen starren Erscheinungsbild *(Disponibilität)*. Aktualisierungen der dargebotenen ↑Nachrichten können unmittelbar von jedem berechtigten Dienstanbieter vorgenommen werden und stehen jedem Teilnehmer zeitgleich zur Verfügung *(Aktualität)*. Neben der passiven Rezeption angebotener Inhalte kann der Nutzer ggf. auch interaktiv in Dialoge mit dem System bzw. dem Multimediaanbieter eintreten.

Für die Unternehmen ergeben sich aus dem Einsatz moderner Telekommunikation wiederum zwei unmittelbare Veränderungen: Im grundlegenden Berufsverständnis und der Ausbildung der eigenen Mitarbeiter. Zunächst wird sich das Aufgabenspektrum bspw. eines Druckers nicht mehr auf das bloße Weitergeben von Nachrichten in gedruckter Form beschränken, sondern Umsätze in Produktsparten erzielen, die sich durch die Integration der im operativen Bereich zu schaffenden modernen DV-Infrastruktur (DTP-Anwendungen) und Multimedia auszeichnen. Die zukünftige Geschäftstätigkeit bezieht sich neben der Aufbereitung von Informationen auch auf die Bereitstellung eines geeigneten Trägermediums. Neue Geschäftsfelder im Printsektor als Resultat digitaler Kreation, Verarbeitung, Speicherung, Produktion und Vertrieb bedeuten, jedoch auch neuartige Ausbildungs- und Qualifizierungsprofile für die betroffenen Mitarbeiter. Überkommene Berufsbilder, wie das auf der Seite der Redakteure und Regisseure vorhandene Eigenverständnis eines Leitartiklers und Kolumnisten werden sich wandeln. Die technisch-multimediale Zeitungszukunft und die organisatorische horizontale Integration von Aufgabeninhalten erfordert Journalisten und Multimediagestalter mit umfassenden Kenntnissen auch in technischen, wirtschaftlichen und nicht zuletzt auch kreativen Inhalten. Die Ausrichtung verlagert sich von der Zeilen- und Zeichenbetrachtung einzelner Artikel zur Ganzseitenbetrachtung. Der Mangel an erfahrenen Autoren für CBT-Produktionen *(Computer Based Training)* gibt einen ersten Vorgeschmack auf die zukünftig zu erwartenden Problemstellungen. An die Spitze der technischen und organisatorischen Entwicklung konnte bspw. die Ausbildung eines Medialisten oder Medienwir-tes gestellt werden. Neben der Einbindung einer zukunftsträchtigen Plattform im Bereich der Informationsverarbeitung muß das *M.* insb. auch organisatorische Impulse aus den elektronischen Märkten aufgreifen.

Elektronische Märkte

Neuartige Aufgabenbereiche eines separaten *M.* finden sich u.a. im Bereich der ↑*elektronischen Märkte*, wie in dem elektronischen Angebot aktueller Tagesnachrichten (als News Broker), dem Angebot von Rechercheleistungen in Datenbanken oder als allgemeiner Diensteanbieter (bspw. zur Bündelung ausgewählter Programmrubriken aus der Auswahl, sog. Container oder Umbrella-Schaufenster). Die nachfolgende Abbildung gibt einen Überblick über einige Beispiele für elektronische Geschäftsfelder, wobei die Gruppierung einzelner Dienste unter bestimmten Kategorien letztlich anschauungsabhängig ist und auch von der das *M.* einsetzenden Branche abhängt. Im folgenden wurde insb. auf den Informations- und Nachrichtensektor abgestellt.

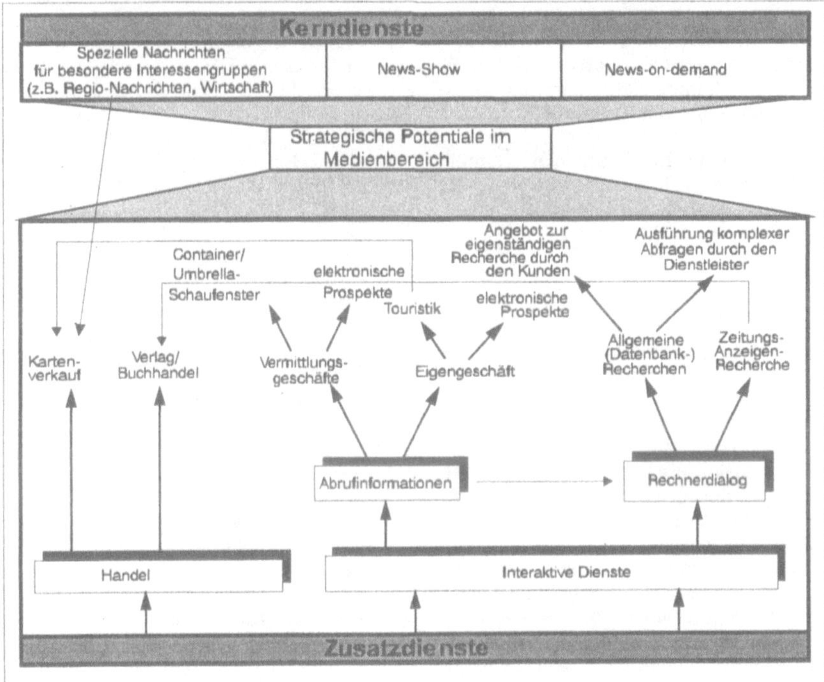

Im Falle der *News on Demand* reichen die Gestaltungsmöglichkeiten von dem Angebot eines elektronischen Download einzelner ausgewählter Abschnitte (bspw. Sportteil) bis hin zur elektronischen Übertragung vollständiger Zeitungen oder Journale an den Endnutzer. Focus sowie Die Woche beschreiten bspw. bereits derartige Wege im Printsektor. Ähnliche Dienste sind auf einer weitergehenden multimedialen Basis ebenso denkbar. Die Spanne der möglichen Dienste erstreckt sich hier über sog. Profildienste, die alle Artikel, Informationen oder Videosequenzen nach persönlichen, vorgegebenen Kriterien absuchen und in einen für den Empfänger persönlichen Ordner kopieren (alles über die Fußball-Weltmeisterschaft), bis hin zu dem Konzept des *elektronischen Multimediakiosks*. Hier kann sich der elektronische Nutzer die ↑Informationen nach bestimmten Rubriken, Schlagwörtern oder Interessengebieten zusammenstellen lassen. Die überregionale Nachrichtensendung könnte bspw. von CNN kommen, der Regionalteil von dem jeweiligen ortsansässigen Regionalstudio und der Wirtschaftsteil bspw. von der telebörse aus ntv. Durch das Anklicken besonders unterlegter Stichwörter im Text können Verbindungen zu anderen Texten, sog.

Hypertextverbindungen, ausgelöst werden. Diese können entweder gedruckte Informationen aus einer Datenbank umfassen, oder aber auch parallel Videosequenzen bspw. über den Werdegang namhafter Politiker oder auch Interviews mit Börsenanalysten enthalten. Die Washington Post plant für den Printbereich bereits im Sommer 1994 einen derartigen Service zu realisieren. Unter dem Begriff der News-Show wird schließlich die Anzeige der unterschiedlichsten, wichtigsten und auch neuesten Nachrichten innerhalb einer bestimmten Zeitspanne und innerhalb eines bestimmten zeitlichen Anzeigetaktes verstanden.
Auf der Seite der *Zusatzdienste* ermöglicht eine digitalisierte Aufbereitung des (bestehenden) Anzeigenteils der Zeitung die selektive elektronische Suche nach bestimmten Anzeigenrubriken (bspw. „2-Zimmer-Wohnung bis 800 DM"). Recht beliebig auslegbar ist der Grad der Interaktivität, d.h. inwieweit der Nutzer permanent Dialoge mit dem System führt. Das Spektrum erstreckt sich von der Bereitstellung verschiedenartigster Informationen (Abrufinformationen) bis hin zur unmittelbaren Möglichkeit des kommerziellen elektronischen Handels (Rechnerdialog). Zusätzlich zu den Recherche- oder Dienstleistungsfunktionen können daher gleichzeitig Handelsfunktionen, wie der Verkauf von Theater- und Kinokarten oder auch Buchbestellungen ebenso wahrgenommen werden, wie Antworten auf Chiffreanzeigen aus der Anzeigenrecherche unmittelbar beim Zeitungshaus (elektronisch) abgegeben werden können. Die gestrichelten Pfeile versuchen einige beispielhafte Interdependenzen zwischen einzelnen Kategorien der möglichen Dienste anzudeuten. Teilweise nimmt das Druck- und Verlagshaus Tätigkeiten im Eigengeschäft wahr, andernfalls möglicherweise nur als Makler für andere Firmen bspw. innerhalb des Container/Umbrella-Schaufensters.

Das Spektrum alternativer Rechercheleistungen des MMZ in ↑elektronischen Märkten kann sich dabei in vielfältiger Ausgestaltungsform entweder nur auf das Angebot der eigentlichen Leistung beziehen, wobei der Endnutzer die eigentliche Tätigkeit oder Recherche noch selbst erbringt, oder der Anbieter operiert als Diensleister i.w.S., d.h. der Nutzer gibt ein komplexes Problemprofil vor (bspw. kulturelle Möglichkeiten in London in der ersten Mai-Woche). Die durchzuführende detaillierte Recherchearbeit verbleibt in diesem Fall beim professionellen Dienstleistungsanbieter.

Literatur: Müller, G.: Strategic Directions towards Multimedia-Systems, Working Paper, Universitat Freiburg, 1993. *Müller, G., Strauß, R.*: Vom Papier zur Elektronik - EDV-technische und organisatorische Weichenstellungen im Druck- und Verlagsbereich, IIG-Bericht 6/94, Freiburg, 1994. *Steinmetz, R.*: Multimedia-Technologie, Berlin, 1993. *Strauß, R.*: Informationsmanagement im Druck- und Verlagsbereich - das Medienmanagement-Zentrum (MMZ) als operative und strategische Option, Working Paper, Universität Freiburg, 1994.

Prof.Dr.G.Müller, Dr.R.Strauß, Freiburg

Medium

Mittel zur Informationsdarstellung.

medizinischen Anwendung, Softwaretechnik in der

Softwaretechnik bezeichnet den Bereich der ↑Informatik, der sich mit Fragen der Softwareentwicklung und -konfiguration beschäftigt, sowie mit den ↑Methoden, Techniken und Werkzeugen, die im Lebenszyklus eines Softwaresystems Verwendung finden. Ziel der Softwaretechnik ist es, das Softwaresystem und dessen Entwicklung, Betrieb und Wartung nach ingenieurwissenschaftlichen Prinzipien zu gestalten und den Lebenszyklus eines Systems als einen rationalen und bewertbaren Prozeß zu erfassen. Softwaretechnik in der medizinischen Anwendung ist zunächst nichts anderes als Softwaretechnik allgemein. Der Anwendungsbereich der Medizin prägt jedoch die Fragestellungen der Softwaretechnik in besonderer Weise.

Seit den Anfängen der Datenverarbeitung gehört die Medizin zu den am meisten herausfordernden Anwendungsbereichen. Die Entwicklung neuer Technologien, wie z.B. ↑Datenbanken, Bild- und Videoübertragung, sprachverarbeitende Systeme, ↑Parallelrechner, Hochleistungsnetze wurde meist sofort von der Medizin aufgegriffen. Die breite Nutzung der technischen Möglichkeiten in Arztpraxen und Krankenhäusern und allgemein in der Gesundheitsversorgung blieb jedoch demgegenüber zurück. Die Fortschritte der Technologieentwicklung wurden deshalb in der medizinischen Anwendung nicht übernommen. Die Gründe dafür sind vielfältig. Zu den wichtigsten gehören der mangelnde Nutzen für den Patienten, die mangelnde Unterstützung der täglichen Arbeit und des Routinebetriebs und ein ungünstiges oder zumindest nicht klar bezifferbares Kosten/Nutzen-Verhältnis.

Die Bedeutung, die 'Information' in der Medizin gewonnen hat und das teilweise gewaltige Datenaufkommen bei der Patientenversorgung machen eine Unterstützung der medizinischen Arbeit und Praxis durch informations- und kommunikationstechnische ↑Systeme jedoch unumgänglich. Dies wird durch neue Gesundheitsgesetze noch verstärkt. *Ziele* des Einsatzes informations- und kommunikationstechnischer Mittel in der Medizin sind allgemein die folgenden:

- es soll durch Rechnerunterstützung die Qualität der medizinischen Arbeit und der Patientenversorgung verbessert;
- die Effizienz der Tätigkeiten in der klinischen Routine soll erhöht;
- Wartezeiten, organisatorische Reibungsverluste sollen verringert werden;
- durch Teilautomatisierung soll es zu Kostenersparnissen kommen.

Durch diese Ziele sind Randbedingungen gegeben, die von der Softwaretechnik berücksichtigt werden müssen. Rechnerunterstützung für die medizinische Arbeit und Patientenversorgung betrifft hauptsächlich fünf Bereiche:

Dokumentation: Ärzte sind nach &11 ihrer Berufsordnung zur Dokumentation verpflichtet. Diese Dokumentation erfolgt patientenbezogen und umfaßt in einer Klinik Aufnahmedaten, Aufenthaltsdaten und Entlassungsdaten. Diese Daten sind für die Beurteilung eines Krankheitsverlaufs von Bedeutung und setzen sich aus Angaben über Untersuchungen, Diagnosen, Therapien, sowie aus technischen und Personaldaten zusammen. Die Dokumentation geht wesentlich in die Patientenakte ein, die ein personenbezogenes multimediales Dokument ist, das langzeitig archiviert wird.

Entscheidungsfindung: Auf der Grundlage vorhandener Daten zu einem Patienten und unter Berücksichtigung des Wissensstandes in der Medizin müssen Entscheidungen für eine Diagnose, eine Therapie oder eine Überweisung getroffen werden. Durch die Bereitstellung, Gewinnung und Visualisierung von Information, z.B. durch Datenübertragung, quantitative Bildauswertung, Expertensystemunterstützung, dreidimensionale Rekonstruktion, kann die Entscheidungsfindung unterstützt werden.

- *Kooperation*: Die Zusammenarbeit der Ärzte und des Pflegepersonals in einer Klinik, die Überweisung von Patienten von einer Institution der Gesundheitsversorgung in eine andere, z.B. vom praktischen Arzt in eine Klinik oder von einer Spezialklinik zu einer Rehabilitationseinrichtung und die gegenseitige Beratung der Ärzte untereinander verlangen die Übermittlung von Informationen innerhalb einer Einrichtung, über Institutionsgrenzen hinaus und eventl. sogar zwischen Partnern in verschiedenen Versorgungssystemen. Darüber hinaus sind kooperationsunterstützende Dienste, so wie die Videokonferenz oder entfernte die Funktionsausführung wichtige unterstützende Mittel.

- *Administration*: Die Organisation in der Gesundheitseinrichtung, die administrativen Anteile der Patientenversorgung und die Leistungsabrechnung gehören zum Routinebetrieb, der durch Rechnerunterstützung maßgeblich vereinfacht werden kann und bei dem dadurch große Kosteneinsparungen möglich sind.
- *Forschung*: Medizin ist eine angewandte empirische Wissenschaft, bei der eine enge Verbindung zwischen der medizinischen Arbeit und Patientenversorgung und der Forschung existiert. Für Recherchen, statistische Quantifizierung, demographische Untersuchungen und Wirkungsanalysen, aber auch für die Entwicklung von Behandlungsmethoden auf der Grundlage bildgebender und bildverarbeitender Verfahren sind Rechnerunterstützung und softwaretechnische Fragestellungen eine unentbehrliche Voraussetzung.

Die *Aufgabenstellung* der Softwaretechnik in der Medizin ergibt sich weitgehend aus diesen fünf Bereichen. Sie ist wegen der Zusammenhänge der Bereiche untereinander sehr breit, andererseits hochgradig abhängig von den Eigenheiten der einzelnen Fragestellungen und von der Umgebung innerhalb der diese gelöst werden müssen.

Zu den herausragenden Problemstellungen der Softwaretechnik in der Medizin gehört gegenwärtig die Entwicklung einer *verteilten multimedialen elektronischen Patientenakte*. In den USA, in Forschungs- und Entwicklungskonsortien der EU und in nationalen Projekten wird an der Architektur und Realisierung für eine solche Akte gearbeitet. Die damit verbundenen Aufgaben sind umfassend und verlangen die Lösung schwieriger Probleme wie etwa die weitgehende Standardisierung von Austauschformaten, Terminologien und medizinischen Kodierungen, sowie die Sicherung von Daten, Kommunikationsverbindungen und Aktionen, um einerseits die Korrektheit der Daten zu schützen und andererseits die in der Medizin erforderliche Vertraulichkeit zu bewahren. Zu den schwierigsten Problemen gehört es, in der Patientenakte die Logik abzubilden, die sich durch den Umgang mit den medizinischen Patientendaten entwickelt hat, sowie für den Tagesbetrieb in der Klinik und die Kooperation zwischen den Versorgungseinrichtungen eine Lösung zu entwickeln, die zu einer nachweisbaren Verbesserung der Versorgung und Kostenersparnis führt und die gleichzeitig die Akzeptanz der Ärzte und des Pflegepersonals findet.

Die softwaretechnischen Fragestellungen in der medizinischen ↑Datenverarbeitung einer Klinik sind stark anwendungsorientiert. Sie betreffen die Installation und Wartung von ↑Hardware, ↑Betriebssoftware und ↑Netzen, die Konfigurierung von Systemen und die Anwendungsprogrammierung. Eine wichtige Aufgabe ist dabei die Anpassung und Weiterentwicklung bestehender Software an die jeweils lokalen Verhältnisse und Bedürfnisse. Dabei müssen in hohem Maße Stabilität, Verfügbarkeit, Sicherheit und Einfachheit der Benutzung garantiert werden.

In den letzten Jahren hat sich gezeigt, daß die Systemunterstützung in der Medizin sehr weitgehend die Charakteristika *offener verteilter Anwendungen* aufweist, d.h. Verteiltheit der Datengenerierung, -verarbeitung, -speicherung und -nutzung, Heterogenität der Systemkomponenten, Autonomie der Benutzung und Offenheit der Kooperationsbeziehungen. Daraus ergeben sich für Krankenhausinformationssysteme und medizinische Netze Konsequenzen im Hinblick auf die Architektur und Betriebssoftware und auf die dafür erforderlichen Standardisierungen. Mit den vielen sich daraus ergebenden softwaretechnischen Fragestellungen wird heute noch Neuland betreten.

Die Softwareindustrie hat speziell für medizinische Anwendungen Produkte entwickelt, die auch in vielen Kliniken und Arztpraxen Anwendung finden. Die ↑Programmiersprache MUMPS (Massachussets Utility Multiprogramming System), die Software der 'Veterans Administration' aus den USA, Intensivüberwachungssysteme, Systeme zur Dokumentation und Arztbriefschreibung, medizinische Bildverarbeitung, Bildarchivierung und Kommunikation, Krankenhaus- und Praxisinformationssysteme, Chipkartensysteme und Bildarchive sind Beispiele für Systemlösungen, die auf dem Markt angeboten werden.

Mit der in den letzten Jahren sich entwickelnden Telemedizin sind darüber hinaus neuere Fragestellungen entstanden, die sich nicht durch kommerzielle Produkte alleine lösen lassen, die jedoch für die Softwaretechnik in der medizinischen Anwendung eine neue Herausforderung bilden.

Literatur: Blum, B.I., Duncan, K.: A History of Medical Informatics; in Proceedings of the ACM Conference on the History of Medical Informatics, National Library of Medicine, Bethseda, Maryland, 1987, ACM Press 1990. *Ehlers, C. Th., Beland, K.*: Perspektiven der Informationsverarbeitung in der Medizin - Kritische Synopse der Nutzung der Informatik in der Medizin; in Proceedings zur 31. Jahrestagung der GMDS, Göttingen, 1986, Medizinische Informatik und

Statistik Bd. 64, 1986. *Fleck, E.* (ed.): Open Systems in Medicine, IOS Press, 1994. *Dick, R.S., Steen, E.B.*: The Computer-Based Patient Record, An Essential Technology for Health Care, Washington, D.C., 1991. *Bourke, M.K.*: Strategy and Architecture of Health Care Information Systems, Computers in Health Care, 1994. FEST: A Framework for Telemedicine Services in Europe: An Essential Guide for Establishing Telemedicine Services, Deliverable 28, AIM-Project A 2011, CEU.

Prof. Dr. B. Mahr, Berlin

Mehrwertdienste
Value Added Services; Bereitstellung von ↑Informationen und Übernahme von Vermittlerfunktionen.

Mensch-Computer-Kommunikation
Die Aufgaben und Ziele der *M.* können aus unterschiedlichen Blickwinkeln betrachtet werden:

- aus der Sicht der *Benutzer*, die auf eine benutzergerechte und effiziente Form der Ein-/Ausgabe-Informationen und der verschiedenartigen Interaktionsmöglichkeiten ihrer Anwendung achten;
- aus der Sicht von *Softwareergonomen*, die u.a. ↑graphische Benutzungsoberflächen für interaktive Anwendungssysteme gestalten;
- aus der Sicht von *Informatikern*, die für die ↑Modellierung und die Implementierung von ↑Benutzungsoberflächen und der entsprechenden Dialogkomponenten verantwortlich sind. Sie stellen die erforderlichen unterstützenden Softwarewerkzeuge bereit.

Aus dem wechselseitigen Zusammenwirken zwischen den Benutzern, der zu bearbeitenden Aufgabenstellung der Anwendung und dem als Werkzeug herangezogenen Computersystem ergeben sich für die *M.* drei wesentliche Teilaufgaben:

- die konzeptionelle Lösung der zu bearbeitenden Aufgabenstellung durch Erarbeiten eines entsprechenden Aufgabenmodells und einer passenden Aufgabenrepräsentation;
- die Bereitstellung von geeigneten Softwaresystemen und Werkzeugen, wie z.B. Editoren, Graphikprogrammen;
- Hilfesystemen zur rechnerunterstützten Bearbeitung der Aufgabenstellung und die Gestaltung des Dialogs zwischen Benutzern und Rechnersystem zur interaktiven Aufgabenlösung.

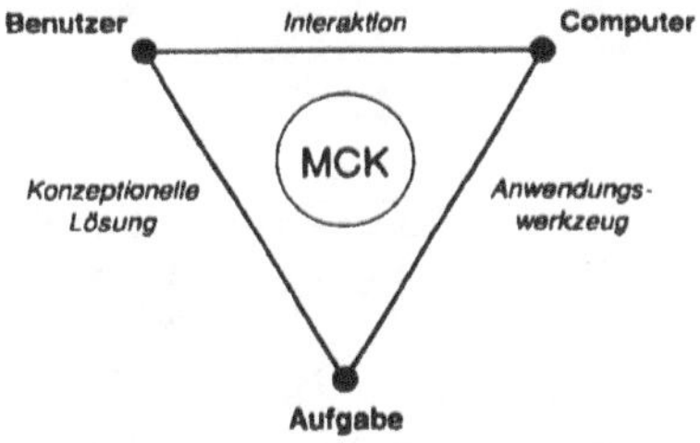

Darunter wird insb. der Entwurf der angemessenen Dialogmethoden und die Bereitstellung der benötigten Dialogformen, die die Ausführung der einzelnen Dialogschritte mit Hilfe geeigneter Interaktionstechniken unterstützen, verstanden. Beispiele sind die Masken- und Menütechnik, die Verwendung von Fenstersystemen, Zeigegeräten oder die Anwendung von multimedialen Techniken, wie Sprachausgabe, Handschrifteingabe oder Verfahren der graphischen Animation.

Die Nutzung von interaktiven Rechneranwendungen benutzergerecht zu gestalten, stellt eine der wesentlichen Herausforderungen an die *M.* dar. Im Idealfall sollen die Benutzer von Texteditoren, Kalkulations- und ↑Datenbanksystemen und anderen Dialoganwendungen in die Lage versetzt werden, solche Systeme mit intuitivem Vorverständnis des Anwendungsbereichs und mit nur geringen Systemkenntnissen zu nutzen.

Für die Mensch-Computer-Kommunikation sind unterschiedliche *Modelle* entwickelt worden. Für rechnerunterstützte Dialoganwendungen wurde das ↑*IFIP-Schnittstellenmodell* bekannt. Es beschränkt das Zusammenwirken von Benutzern, ↑Dialogsystem und Anwendung auf drei ↑Schnittstellen, nämlich auf eine Ein-/Ausgabeschnittstelle zwischen den Nutzern und den Peripheriegeräten des Rechnersystems, auf eine Werkzeugschnittstelle zwischen der Anwendung und dem (anwendungsneutralen) Dialogsystem, sowie auf eine Dialogschnittstelle zwischen Peripherie des Rechnersystems und der Dialogsoftware.

Mensch-Computer-Kommunikation

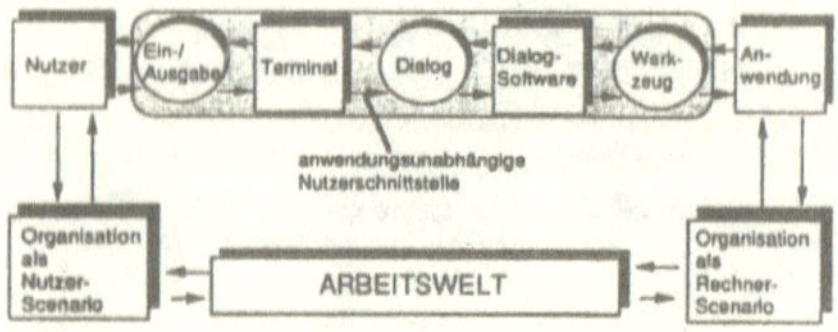

Andere Gesichtspunkte berücksichtigt das Schichtenmodell der *M.* nach Bullinger. Es betont insb. eine methodische Vorgehensweise bei den vier gestuften Aufgabenstellungen der Definition der Dialoganwendung, der Bereitstellung der Softwarewerkzeuge, der Festlegung des Dialogs und des Entwurfs der Interaktionstechniken. Der Entwurf der Dialogschnittstelle erweist sich in der Regel als der schwierigste Teil. Hier sind eine Reihe grundsätzlicher Entscheidungen mit folgenden Fragen zu fällen:

- Soll der Dialog durch die Rechneranwendung, durch die Benutzer oder gemischt geführt werden? (Dialogführung);
- Wie kann erreicht werden, daß die Benutzer zu jedem Zeitpunkt des Dialogs Klarheit haben über Antworten zu so einfach klingenden Fragen, wie „Wo bin ich jetzt?“, „Was kann ich hier tun?“, „Wie kam ich hierher?“ und „Wo kann ich jetzt hin und wie?“ (Struktur und Komplexität des Dialogs);
- Sollen zur Beschreibung des Dialogablaufs einfachere Zustandsübergangsmodelle verwendet werden, oder soll die Struktur des geplanten Dialogs hierarchisch, netzartig oder objektorientiert modelliert werden? Soll zur Beschreibung eine visuell-graphische und/oder eine formale Technik gewählt werden? (Beschreibungsformen des Dialogs);
- Sind Masken- und Formulartechnik, Kommandotechnik, direkte Manipulation, oder modernere Formen der multimedialen *M.* für die zu modellierende Dialoganwendung am besten geeignet? Sind mehrere solcher Techniken gemischt zu verwenden? (Interaktionstechniken des Dialogs);
- Ein weiterer wichtiger Teil beim Entwurf von interaktiven Systemen ist die Gestaltung der Ein-/Ausgabeschnittstelle. Diese ist insb. zuständig für das Erkennen von Benutzereingaben, die aus verschiedenen Eingabemedien stammen können für die Aufbereitung dieser Benutzereingaben zu erkannten Zeichen (Symbolen) und Kommandoworten, sowie für die strukturierte Präsentation sämtlicher Informationen auf einem Ausgabemedium (z.B. auf Bildschirmgerät).

Für die Ein-/Ausgabeschnittstelle werden bei modernen Dialoganwendungen *graphische Benutzungsoberflächen* verwendet. Sie benötigen hochauflösende Bildschirme und ein Zeigegerät, z.B. eine Maus. Bei graphischen Benutzungsoberflächen sind derzeit unterschiedliche Industriestandards anzutreffen:

- Die graphische Benutzungsoberfläche der MacIntosh-Rechnerfamilie, beschrieben in Apple User Guidelines;
- die Benutzungsoberfläche von MS-Windows für viele Anwendungen auf PC;
- der Presentation Manager für das ↑Betriebssystem OS/2 nach dem Standard *Common User Access (CUA)*;
- verschiedene Benutzungsoberflächen, die auf dem X-Window System von Arbeitsplatzrechnern mit dem Betriebssystem ↑UNIX aufbauen, wie z.B. OpenLook oder ↑OSF/Motif, oder neuere Standards, wie bspw. die Entwicklungsumgebung.

Das auffallendste Merkmal aller derzeitigen ↑graphischen Benutzungsoberflächen ist ihr Fenstersystem, d.h. die Aufteilung der Bildschirmdarstellung in einzelne, sich z.T. überlappende rechteckige Bildschirmbereiche, die den Benutzern indi-individuell ansprechbar und manipulierbar sind. Diese Fenster beinhalten - je nach ihrem Typ - Texte, Graphiken, Bilder, Tabellen und daraus zusammengesetzte Informationen. Neben und in diesen Fenstern finden sich sog. Interaktionselemente, wie Knöpfe (Buttons), Menüleisten, Schieberegler, Schalter und Rollbalken, sowie Piktogramme (Icons) als Symbole für Fenster, die geöffnet werden können. Durch Zeigen und Anklicken auf diese graphischen Elemente werden unterschiedliche Funktionen der Benutzungsoberfläche oder der Anwendung aktiviert.

Die Fenster werden durch Aktionen mit dem Zeigegerät verschoben, vergrößert oder in ihrer Sichtbarkeit verändert. Die Fensterinhalte können manipuliert, d.h. ediert, auf- und abgerollt, oder in eine an-

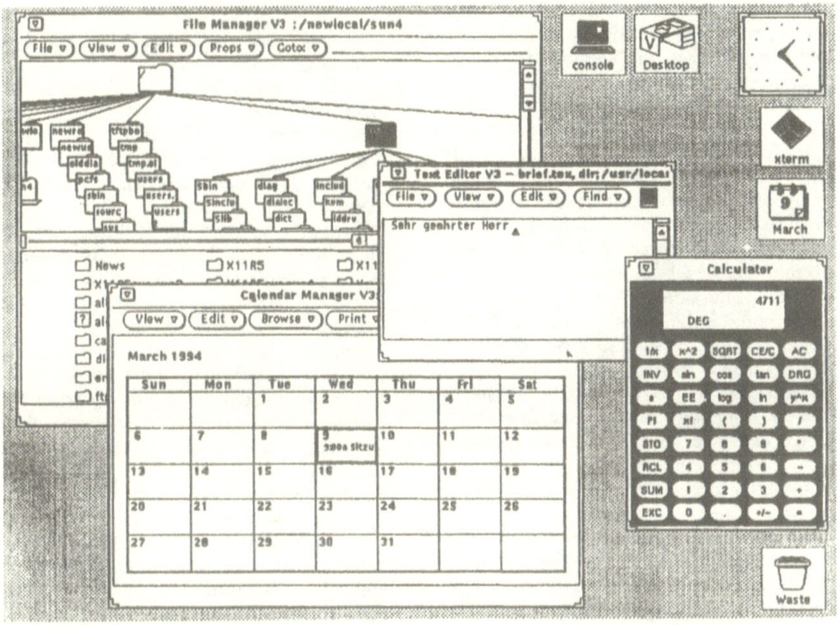

dere Präsentationsform überführt werden. Durch An- und Auswählen bestimmter Symbole werden spezielle Funktionen der Anwendung ausgelöst. Entsprechend können Hilfen und Erklärungen angefordert, oder der Dialogzustand abgefragt und verändert werden.

Die traditionellen Entwurfs- und Programmiermethoden der Praktischen Informatik reichen zur Verwirklichung von leistungsfähigen Fenstersystemen, wie X-Window nicht aus. Hierzu werden neuere Konzepte der ↑Informatik benötigt, so das ↑*Client-/Server-Modell.* Unter einem Client wird ↑Anwendungssoftware verstanden, die einen X-Window-Server zur Darstellung von Anwendungsobjekten auf dem Bildschirm und zum Betrieb der entsprechenden Peripheriegeräte benutzt. Diese ↑Software ist in einen geeigneten Darstellungsrechner, z.B. in ein aktives Bildschirmterminal, ausgelagert. Ein ↑Client kann mehrere ↑Server beauftragen; ein ↑Server kann ebenso mehrere Clients gleichzeitig bedienen, etwa eine spezielle Anwendung und einen Window-Manager, der u.a. für typische Fensteroperationen wie „Fenster bewegen“ oder „Fenstergröße verändern“ verantwortlich ist. Die ↑Kommunikation zwischen den X-Clients und den X-Servern erfolgt über ein spezielles ↑Rechnernetz mit einem ↑asynchronen X-Netzprotokoll. Die Clients senden als Anweisungen Darstellungsanfragen (Requests) an die Server; diese antworten mit Bestätigungen, speziellen Ereignissen (Events) oder mit Fehlermeldungen. Auf solchen Fenstersystemen bauen sog. ↑*User Interface Toolkits* auf, Baukästen zur Erstellung von Interaktionelementen, aus denen die graphischen Benutzungsoberflächen zusammengesetzt werden und deren Verbindungen zur Anwendung. Sie setzen auf der vom Fenstersystem zur Verfügung gestellten Programmierschnittstelle auf. Beim X-Window-System ist dies bspw. Xlib, eine Sammlung von in der Sprache C geschriebenen Routinen. User Interface Toolkits folgen heute fast ausnahmslos einer ↑objektorientierten Modellierung. Interaktionselemente werden dabei in Form von Interaktionsobjekten angeboten. Deren Eigenschaften werden in erweiterbaren ↑Objektklassen definiert. Zur Unterstützung der Erstellung graphischer Benutzungsoberflächen und zur Verwaltung der benötigten Interaktionsobjekte zur Laufzeit werden bei dieser Modellierung sog. *User Interface Management Systeme (UIMS)* eingesetzt. Sie basieren üblicherweise auf speziellen User Interface Toolkits. Aufgrund der Art und Weise, wie der Benutzer eine Benutzungsoberfläche beschreibt und wie diese Beschreibung auf Interaktionsobjekte abgebildet wird, werden bei *UIMS* folgende *Beschreibungsformen* unterschieden:

- Die Interaktionsobjekte werden interaktiv mit Hilfe eines speziellen graphischen *Editors* zusammengesetzt. Neben dem Layout werden auch die Eigenschaften der Objekte über sog. *Property Sheets* festgelegt. Solche Interface Builder erlauben es auch, Teile des dynamischen Verhaltens und der Anbindung der Interaktionsobjekte an die Anwendung zu beschreiben.

Mittels einer speziellen textlichen oder graphischen *Beschreibungssprache* wird der gewünschte Dialog spezifiziert. Diese Dialogbeschreibung wird automatisch auf Interaktionsobjekte abgebildet. Damit lassen sich komplexere Dialoge erstellen als mit gängigen Interface Buildern. Die Flexibilität auf der Interaktionsebene bleibt jedoch üblicherweise noch ziemlich eingeschränkt.

- Aus der Beschreibung der Anwendungslogik - ergänzt um Angaben, welche Funktionalität dem Benutzer zur Verfügung gestellt werden soll - wird eine ↑Benutzungsoberfläche automatisch generiert. Dieser Ansatz konnte bisher nur für recht einfache Anwendungen mit weniger anspruchsvollen Oberflächen verfolgt werden.

Wissensbasierte M.
Einfache interaktive ↑Systeme sind nicht fähig, auf unterschiedliche Typen von Benutzern (Anfänger, Fortgeschrittene etc.) einzugehen. Ein Anfänger, der z.B. ein kompliziertes Textverarbeitungssystem benutzt, fühlt sich oft durch die Fülle an Möglichkeiten überfordert, während ein erfahrener Benutzer erweiterte, für ihn nützliche Möglichkeiten sucht und dann gezielt einsetzt. Wünschenswert ist dabei, daß sich die Dialogkomponente selbständig an den Benutzertyp und auch an die jeweilige Dialogsituation anpaßt, also adaptiv ist. Für adaptives Verhalten sind vor allem folgende Wissensarten von Bedeutung:

- Ein *Dialogmodell*, das den aktuellen Dialogzustand repräsentiert. Damit eingeschlossen sind Ziele, Pläne und Vorgehensweisen, die der Benutzer im Dialog mit den ↑Anwendungssystemen verfolgt. Die Erstellung eines solchen Dialogmodells und die Bereitstellung der zur Adaptivität erforderlichen Informationen wird als *Dialogmodellierung* bezeichnet.
- Die Nutzung von aktuellen Dialogmodellen erlaubt eine Reihe von zusätzlichen adaptiven Maßnahmen. Dazu zählt u.a. die Verwirklichung der *UNDO-Komponente*, mit der nicht nur einzelne Benutzeranweisungen, sondern ganze Pläne zurückgenommen werden können. Dabei werden für die *M.* neue Interaktionsmöglichkeiten eröffnet, bei denen Pläne aufgrund ihrer Semantik als Einheiten zu betrachten sind. Spezielle Dialogmodelle unterstützten auch Diagnosekomponenten von z.B. tutoriellen Lehr und Lern- und von Hilfesystemen.

Die Aufgabe der *Benutzermodellierung* besteht im Erwerb und in der Verwaltung von ↑Wissen über die Benutzer eines Anwendungssystems. Die Art und der Umfang des gesammelten Wissens wird dabei vom Verwendungszweck bestimmt. Zu Beginn jeder Spezifikation ist deshalb festzulegen, welche Eigenschaften von Benutzern festgehalten werden sollen. Dazu gehören spezielle Kenntnisse, Erfahrungen und Fähigkeiten von Benutzern, gewisse Vorlieben und Neigungen, sowie Ziele, die er mit dem Anwendungssystem verfolgt. Geeignete Benutzermodelle bilden eine wichtige Grundlage zur automatischen Anpassung von ↑Benutzungsoberflächen an ihre Benutzer. Sie kann z.B. darin bestehen, aus mehreren Interaktionsformen die jeweils beste auszuwählen.

Unterstützende Systeme der M.
Die Dialogkomponenten von Benutzeroberflächen verfügen in der Regel über zusätzliche, unterschiedlich ausgestaltete Unterstützungskomponenten. Ihrer Verwendung liegt die Vorstellung zugrunde, daß Mensch und Computersystem gemeinsam eine vorgegebene Aufgabe bearbeiten. Weder ist der Computer die ü-

berlegene Maschine, die solche Aufgaben automatisch löst, noch ist einzig der Mensch derjenige, der diese intelligent bearbeiten kann. Viele interaktive Systeme nützen daher eine kooperative Vorgehensweise, in die Mensch und Computersystem jeweils ihre Stärken einbringen. Beispiele für solche unterstützenden Systemkomponenten sind aktive und passive Hilfesysteme, Navigationswerkzeuge, interaktive Baukästen und kritisierende Systeme. Diesen Systemen ist gemeinsam, daß sie das bei der Dialog- und der Benutzermodellierung gewonnene Wissen für zutreffende Entscheidungen, notwendige Erklärungen, unterstützende Hinweise verwenden.

Hilfesysteme bilden eine spezielle Form dialogunterstützender Systeme und sind schon bei relativ einfachen Anwendungen sinnvoll. Bei *passiven Hilfesystemen* fordern die Benutzer die benötigte Hilfe an, die ihnen dann als Erklärung angeboten wird. Teilweise sind diese Hilfen kontextsensitiv: Sie hängen vom speziellen Dialog- bzw. vom aktuellen Bearbeitungszustand der Anwendung ab. Die Hilfeinformationen sind oft in baumartig strukturierten Textdateien gespeichert. Neuerdings werden solche Hilfeinformationen auch auf der Grundlage von Hypertextsystemen implementiert; dies ermöglicht eine vielseitigere Verweistechnik zwischen den dann netzartig strukturierten Texten und Illustrationen.

Aktive Hilfesysteme beobachten das Verhalten der Benutzer und werden von sich aus tätig, indem sie - unaufgefordert Erklärungen und Hinweise liefern. Ihrem breiten praktischen Einsatz stehen derzeit noch fehlende Erfahrungen im Bereich der erforderlichen Wissensrepräsentation und die auftretenden hohen Anforderungen an die benötigte Rechnerleistung entgegen. Auch sind die geeigneten Anwendungsgebiete und die bei ihrem Einsatz implizierten arbeitstechnischen Folgen noch nicht hinreichend gut untersucht.

Die Verwendung von Benutzermodellen kann zu einer *Akzeptanzproblematik* bei den Benutzern führen. Sie fühlen sich durch das Rechnersystem überwacht. Es muß daher ein wichtiges Ziel der Benutzermodellierung bleiben, durch eine offene Systemgestaltung jedem Benutzer eine vollständige Kontrolle über seine individuellen Modelleinträge zu garantieren. Insb. muß den Benutzern der Verwendungszweck der gesammelten Informationen erläutert und offengelegt werden. Auch implizit über sie gesammelte Informationen müssen transparent gemacht werden können. Änderungsmöglichkeiten sollen sie in die Lage versetzen, die vorliegenden Informationen zu berichtigen. Dazu gehört auch, daß das Benutzermodell auf Wunsch der Benutzer abgeschaltet werden kann.

Literatur: Böcker, H.-D. et al. (Hrsg.): Mensch-Computer-Kommunikation, Heidelberg, 1993. *Bullinger, H. J., Gunzenhäuser, R.*: Software-Ergonomie, Sindelfingen, 1986 *Fischer, G., Gunzenhäuser, R.* (Hrsg.): Methoden und Werkzeuge zur Gestaltung benutzergerechter Computersysteme, Berlin, 1986. *Gunzenhäuser, R., Böcker, H.-D.* (Hrsg.): Prototypen benutzergerechter Computersysteme, Berlin, 1988. *Herczeg, M.*: Software-Ergonomie, 1994. *Zeitschrift HMD*, Heft 160: Benutzerschnittstellen, 1991.

Prof. Dr. R. Gunzenhäuser, Stuttgart

Menü

Liste von ↑Objekten (Items), aus denen der Benutzer durch Eingabe eine Auswahl trifft; ↑*Pull down-Menüs* operieren mit einer bestimmtem Anordnung, bei der eine ständig sichtbare Menüleiste der Öffnung von Untermenüs und diese der Aktivierung der Dialogfenster dienen; ↑*Kaskaden-Menüs* sind hierarchisch angeordnete Pull down-Menüs; ↑*Pop up-Menüs* können an beliebigen Stellen des Bildschirms aktiviert werden; ↑*Tear off-* und ↑*Push pin- Menüs* können über mehrere Operationen hinweg am Bildschirm aktiv gehalten werden.

Metadatenmodelle

Begriff des Metadatenmodells

Begriffsdefinitionen lassen sich intensional bzw. extensional vornehmen. Eine extensionale Begriffsdefinition setzt sich aus der Aufzählung aller konkreten Exemplare zusammen, die den Begriff ausmachen. Eine intensionale Begriffsdefinition besteht aus einer Menge von Aussagen, die den Begriffsgegenstand von anderen Begriffen abgrenzen. Das Präfix

Meta vor einem Begriff, etwa wie im Fall ↑Metamodell, Metainformation, bezeichnet die sprachliche Beschreibung der Begriffsintension. In diesem Sinne besteht ein *M.* aus einer Repräsentation (sprachliche Fixierung) dessen, was den Begriff Datenmodell bzw. eine Klasse von Datenmodellen ausmacht.

So konstituieren die Aussagen und die Regeln, die ein Entity Relationship-Modell (ERM) definieren, ein *M.*, und zwar das *Meta-ERM*. Ein konkretes ERM, das etwa die Entity Typ- und Relationship Typ-Deklarationen eines konkreten betrieblichen Anwendungsbereichs bereitstellt, kann als Instanz des Meta-ERM aufgefaßt werden (Habermann, Leymann, 1993).

Formen von M.

Ein *Data Dictionary* ist eine Beschreibung der Nutzinformationen, die von einem Datenbankmanagementsystem verwaltet werden. Zu den Nutzinformationen eines Datenbankmanagementsystems zählen Tabellenbeschreibungen, View-Beschreibungen (Sichten), Schlüsselbeziehungen, Indizes, Zugriffsrechte und Privilegien, Synonyme, Kommentare, den Daten zugehörige Prozeduren (Stored Procedures), sowie der Ersteller der Nutzinformationen (Creator).

Die Zielsetzung des Data Dictionary hängt mit der Forderung nach einer Trennung von Programm und Daten zusammen. Unterschiedliche Programme sollen mit einem Datenbestand arbeiten können, der durch ein Datenbankmanagementsystem eindeutig und vollständig definiert ist. Charakteristika der Daten können über das Datenbankmanagementsystem abgerufen und müssen nicht in den Anwendungen lokalisiert werden. Informationen aus dem Data Dictionary werden weiterhin benötigt, um die Übergänge zwischen externer, konzeptioneller und interner Ebene eines Datenbanksystems nach der ↑ANSI/SPARC-Schichten-Architektur zu ermöglichen (Habermann, Leymann,1993; Brathwaite,1988).

Ein ↑*Repository* ist ein *M.*, das Informationen aus dem Lebenszyklus von Softwaresystemen und in einem erweiterten Ansatz, Informationen über organisatorische und technische Infrastrukturen eines Unternehmens repräsentiert. Häufig werden *M.* als *Repository* bezeichnet, um auszudrücken, daß sie mehr Informationen abbilden können als klassische Data Dictionaries. Die abzubildenden Informationen werden in der Regel durch ein ↑CASE-System generiert und genutzt.

Ein CASE-System arbeitet mit Spezifikationen, die eine Beschreibung von Softwaresystemen in unterschiedlichen Entwicklungsstadien und auf unterschiedlichen Abstraktionsebenen darstellen. Diese Spezifikationen müssen in systematischer und kontrollierbarer Weise verwaltet werden. Aufgrund eines fehlenden, allgemein akzeptierten Standards für ein *M.* zur Unterstützung der Softwareentwicklung, existieren verschiedene herstellerspezifische Repositories.

Standardisierungsbemühungen

Sowohl ↑ANSI als auch ↑ISO betreiben die Standardisierung eines Repositories. Das derzeit noch in der Standardisierung begriffene *M.* wird mit *Information Resource Dictionary System (IRDS)* bezeichnet (Dolk, Kirsch, 1987). Das IRDS wird i.w. in Form eines ERM modelliert und ist in eine sog. 4-Schichten-Architektur eingeordnet. Die erste Schicht beschreibt die Modellierungstechnik (ERM -Variante), die zweite Schicht definiert das eigentliche *M.* (Schemadefinition). Die dritte Schicht definiert Zugriffsmöglichkeiten für Anwendungssysteme (klassisches Dictionary). Auf der vierten Schicht werden die Nutzdaten definiert.

Ein weiteres Standardisierungsvorhaben für Repositories ist als ESPRIT-Projekt 32 (Start 1983) initiiert worden und besitzt einen deutlichen Bezug zu CASE-Werkzeugen. Der Standard wird *Portable Common Tool Environment (PCTE)* bezeichnet. Zielsetzung ist die Definition eines offenen Repositories, das als herstellerunabhängiges Public Tool Interface dient (Wakeman, Jowett, 1993).

M. als Integrationswerkzeug

Die Unterstützung des CASE-Ansatzes durch Repositories zielt ab auf die Beschreibung einzelner Sichten eines Softwaresystems: Funktionsdarstellung, Datenmodell, Steuerflüsse (Systemverhalten), Prozeßspezifikationen. Ein weitergehender Ansatz besteht darin, die Integration von unterschiedlichen Sichten in unterschiedlichen Phasen von Softwarelebenszyklen direkt als Modellierungsgegenstand eines *M.* anzusehen. Ergänzt werden die o.g. klassischen Sichten in diesen integrativen Modellen durch eine organisatorische Sicht, in der Organisationseinheiten zu Funktionen und Datenobjekten in Beziehung gesetzt werden.

Der Entwurf integrativer *M.*, wie auch der von Nutzdatenmodellen, basiert in neueren Arbeiten auf einer Orientierung an Vorgangsketten oder Geschäftsprozessen. Die Vorgangsorientierung erlaubt eine bessere Zuordnung der organisatorischen Sicht, deckt leichter Inkompatibilitäten zwischen unterschiedlichen organisatorischen Einheiten auf und lenkt den Blick auf Abhängigkeiten zwischen Zuständen und Ereignissen eines ↑Systems. Andererseits werden Datenobjekte und Funktionen redundant erfaßt, wenn sie in Vorgangsketten wiederholt genutzt werden. Die Redundanzen müssen in einem nachgeschalteten Schritt für den Entwurf des *M.* wieder aufgelöst werden. Ein Beispiel für ein *M.* o.g. Prägung ist das ARIS-Modell von Scheer.

Informationmanagement-Unterstützung

Unter dem Begriff Informationmanagement wird das Management der unternehmerischen Informationsressourcen unter strategischen, taktischen und operativen Gesichtspunkten verstanden. Wesentlich ist, daß die Aufgaben des Informationsmanagements im Unternehmen teils zentral, teils dezentral (lokal) wahrgenommen werden. Eine Metadatenbank für die Unterstützung hat in diesem Zusammenhang die Integration und Koordination verschiedener lokaler Informationsmanagement-Bemühungen zum Ziel. Dazu muß ein *M.* geeignete Informationen über die unternehmerischen Informationsressourcen, sowie über die Informationsmanagementaktivitäten darstellen können. Standards existieren hierzu bisher nicht. Im folgenden werden einige zentrale Informationskategorien genannt, die der o.g. Zielsetzung entsprechen:

- Beschreibung des aktuellen Standes der organisationalen Informationsressourcen: Daten, Applikationen, Entwicklungskapazitäten, Fähigkeiten;
- Beschreibung der geplanten Entwicklung der Informationsressourcen (Pläne), der Informationsbedarfe und Informationsmängel;
- Beschreibung der organisatorischen Steuerungs- und Kontrollmöglichkeiten, sowie der personellen Verantwortlichkeiten und Zuständigkeiten innerhalb des ↑Informationsmanagements.

In dem hier skizzierten Einsatzbereich von *M.* kann eine Trennung zwischen Nutzdaten und Metadaten im strengen Sinne nicht vorgenommen werden, da die Unterscheidung zwischen Nutzdaten und Metadaten von der Ebene des Betrachters abhängt.

Entwicklungstendenzen

Die wesentlichen Entwicklungstendenzen können wie folgt angegeben werden:

- konzeptionelle Weiterführung des Integrationsgedankens in Form geeigneter *M.*, die auch auf verteilte Umgebungen abgestimmt sind;
- Weiterentwicklung von Modellierungstechniken, die eine effektive Integration von Daten-, Funktions-, Steuerungs- und Organisationssichten zum Ziel haben;
- Nutzung objektorientierter Datenbanken für die Implementierung komplexer *Metadatenmodelle.*

Die fehlende Effektivität des ↑relationalen Datenmodells für die Repräsentation komplexer ↑Objekte ist mit ein Grund für das vorläufige Scheitern der umfangreichen Repository-Systeme, die von der IBM angestrebt wurden. Metadatenbestände haben eine ähnliche Charakteristik wie z.B. Geometriedaten: es bestehen komplexe Strukturen, nämlich eine hohe Typ- bzw. Strukturvielfalt (hierarchische Datenstrukturen, Wiederholungsgruppen, etc.) bei gleichzeitig geringer Anzahl an Einträgen pro Typ.

Literatur: Brathwaite, K.S.: Analysis, Design and Implementations of Data Dictionaries, McGraw-Hill, 1988. *Dolk, D.R., Kirsch, R.A.*: A Relational Information Resource-Dictionary System, Communications of the ACM, 1, 1987. *Habermann, H.-J., Leymann, F.*: Repository, Oldenburg, 1993. *Scheer, A.-W.*: Architektur integrierter Informationssysteme, 1993. *Wakeman, L., Jowett, J.*: PCTE. The Standard for Open Repositories, New York, 1993.

Prof. Dr. H. Czap, Trier

Metainformationssystem
Entwicklungsdatenbank, Data Dictionary, ↑Repository; Information Resource Dictionary System; zentrales Werkzeug der Entwicklung, der Wartung und des Betriebs (Nutzung) von Informationssystemen; wichtiges Instrument des Informationsmanagements.

Metainformationssysteme, Architektur betrieblicher

Einordnung

Metainformationssysteme sind computerunterstützte ↑Informationssysteme über die organisationelle Informationsverarbeitung (IV). Sie werden auch *Entwicklungsdatenbank* (EDB), *Data Dictionary* (DD), ↑*Repository* (RT) oder *Information Resource Dictionary System* (IRDS) genannt. Sie bilden die Ressourcenbereiche der ↑Informationsverarbeitung (Daten, Anwendungen, Systemkonfiguration und organisationelle Beziehungen) in ihrer Architektur ab und stellen die Beziehungen zwischen den Ressourcenkategorien - im Entwicklungsprozeß und bei der Nutzung, owie für den Betrieb der ↑Anwendungssysteme - systematisch dar. Ein *M.* ist für die organisationelle IV ein zentrales Werkzeug der Entwicklung, der Wartung und des Betriebs (Nutzung) von *Informationssystemen* (IS). Für das *Informationsmanagement* (IM) ist es ein wichtiges Instrument der Planung, Konzeption und Abrechnung der IV-Leistungen in einem Unternehmen. Zur Erläuterung dieser Zusammenhänge ist eine Dreiteilung des Gesamtkomplexes zweckmäßig:

- die *Unternehmensorganisation* - definiert als ein System von Geschäftsprozessen oder konventionell als Aufbau und Ablauforganisation;
- ihre *Informations-* oder *Anwendungssysteme* - sie unterstützen die Aufgabenerfüllung und liefern relevante Informationen für die Aufgabenträger einer Organisation;
- *Metainformationssysteme* - sie stellen die Unternehmensorganisation mit ihren Informations- oder Anwendungssystemen strukturiert (z.B.: eine Datei besteht aus den Datenfeldern x, y und z.), interoperational (z.B.: ein Mitarbeiter nutzt zur Auftragsbearbeitung das Fakturierprogramm) und entstehungsorientiert (z.B.: ein Datenfeld stammt vom Standarddatenelement xy ab) dar. Eine wichtige Aufgabe von *M.* ist die Entwicklung der IV-Dokumentation (in Form von Texten, Graphiken, Schaubildern, Daten, Sourcecode) zu einem aktiven Instrument der Planung, Steuerung und Nutzung von IV-Systemen in einer Organisation. Daher weist ein *M.* softwaretechnisch die Struktur und Funktionalität von *Datenbankmanagementsystemen* (DBMS) auf. *M.* sind ein Anwendungsgebiet für verteilte, multimediale DBMS.

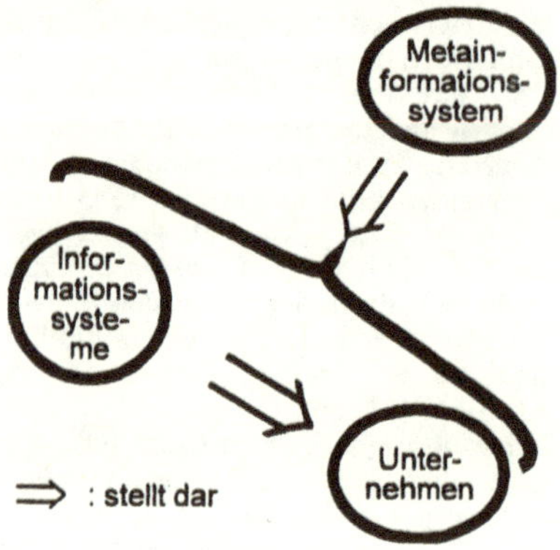

M.-Typen

M. kann zunächst in die beiden Gruppen *dokumentenenorientierte* (Objekte sind Texte, Schriftgut etc.) und *datenbankorientierte* (Objekte sind strukturierte Daten) *M.* eingeteilt werden. Aus Sicht multimedialer DBMS und der Möglichkeit der strukturierten Verwaltung komplexer Objekte mit Datenbanksystemen wird sich diese Einteilung absehbar zugunsten datenbankorientierter *M.* auflösen. Dabei wird das Dokumentationssystem einer integrierten Software-Entwicklungs- und Betriebsumgebung als Architektur aus *M.*-Komponenten verschiedenen Typs zusammengesetzt betrachtet.

Die *Dictionary-Komponente* enthält Informationen über Entwicklungsobjekte (Objekttyp, Funktion, Datenfeld, Datei, Programm, Modul, Makro) in unterschiedlichen Entwicklungsstadien (Entwurf, Realisierung, Betrieb) und Informationen über die Beziehungen zwischen den Entwicklungsobjekten z.B. Datei zu einem Programm, Datenfeld in einer

Metainformationssysteme

Maske, Objekttyp implementiert als Datei.
In *Archiv-Komponenten* (z.B. Source-Bibliotheken, Dokumentenverwaltungssysteme) werden neben Verwaltungsinformationen (Autor, Version etc.) die entwickelten Objekte selbst (z.B. Programmquelltext), sowie jegliche Art von Massendokumentation (Handbücher, Pflichtenhefte, Berichte etc.) verwaltet. Durch Verbindung von Archivsystem und Dictionary wird das Dictionary zur Suchhilfe bzw. zum Zugriffsinstrument und die Archiv-Komponenten zum Massenspeicher für die Dokumentation.

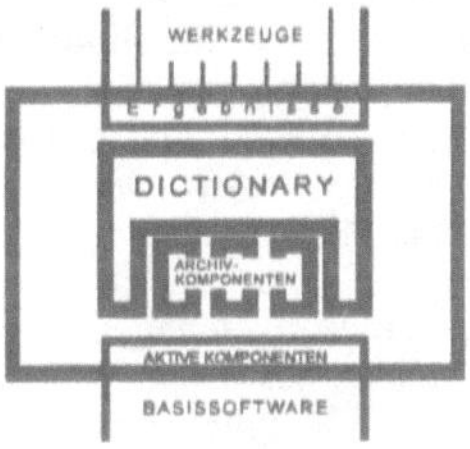

Die *aktiven Komponenten* eines Dokumentationssystems sind *Directories* oder Kataloge von DBMS, die zur Laufzeit der Anwendungen aktiv sind. Sie enthalten ↑Informationen, die zur Laufzeit der ↑Anwendungssysteme gelesen werden (z.B. Zugriffspfade, Zugriffsrechte), oder auch ↑Informationen, die das System zur Laufzeit erzeugt (z.B. statistische Information). Die Verbindung zwischen Dictionary und Directories bzw. Katalogen erfolgt i.d.R. über Generierungsfunktionen, um die Konsistenz der gesamten (Meta-) Datenhaltungssysteme "automatisch" sicherstellen zu können.
Weitere Komponenten des Dokumentationssystems sind die *Ergebnisverwaltungen einzelner Werkzeuge* (Struktogrammeditor, Entscheidungstabellengenerator, Funktionsentwurfs- und Datenmodellierungswerkzeuge etc.), die bei der Softwareentwicklung eingesetzt werden. Sie werden ebenso, wie die anderen Dokumentationssystembausteine über das Dictionary-System des Unternehmens in die Gesamtdokumentation (nicht nur technisch und formal, sondern auch inhaltlich) integriert.

Entwicklung von M.-Anwendungen
Der zentrale Baustein eines *M.* über die IS eines Unternehmens ist die Dictionary-Komponente. Voraussetzung für den schrittweisen Aufbau eines *M.* ist die Entwicklung einer Dictionary-Datenbank - auch Informations- oder ↑Metamodell, Dokumentationstruktur oder Metaschema genannt - und die Entwicklung der *M.*-Anwendungen. Erfahrungen belegen, daß Dictionary-Systeme nicht einsatzbereit von einem Hersteller gekauft werden können, sondern z.B. wie ↑DBMS als Basissoftware-Komponenten zu erwerben und dann individuell - durch Anwendungsentwicklung - an spezielle Anforderungen in der IV einer Organisation anzupassen sind.
Der Aufbau einer Dictionary-Datenbank (Informationsmodell) muß einerseits sämtliche Ressourcenbereiche der IV berücksichtigen und sie andererseits in ihrer Struktur, sowie mit den relevanten Beziehungen in Entwicklungs- und Nutzungsprozessen darstellen. Zur Orientierung beim Aufbau eines *M.* haben sich in den Jahren des praktischen Dictionary-Einsatzes bei den Anwendern verschiedene Dokumentationsrahmen herausgebildet, deren Verbindung zu einem umfassenden, vollständigen Referenzmodell (Ortner, 1991) zeigt. Einen weiteren Dokumentationsrahmen, sowie eine Referenzstruktur für die Dokumentation der ↑Informationssysteme eines Unternehmens enthält (Scheer, 1991).
Ein Dokumentationsrahmen organisiert einerseits die Beschreibung der IS in den verschiedenen Phasen ihrer Entwicklung, z.B. in den Phasen Fachentwurf, logischer Systementwurf und physische Realisierung. Eine zweite Einteilung der IS, die zum Dokumentationsrahmen führt, untergliedert diese weiter in die Kategorien Daten, Funktionen und Verwendung. Damit können in den Dokumentationsbereichen (z.B. Datenstruktur, Konfiguration, Funktionsmodell) eines *M.* die IS eines Unternehmens strukturiert und umfassend beschrieben werden.
Die *Daten-* und die *Programmressourcen* (Anwendungen) werden in den Entwicklungsstadien (Phasen) Fachentwurf, Systementwurf und implementierte Systeme dargestellt. Jeweils eigene Doku-

mentationsbereiche bilden die personelle Ressource als Teil der Organisation und die installierte Hardware- und Basissoftware eines Unternehmens (Konfiguration). Für die Standardisierung der Funktionen und Daten sind zwei weitere Dokumentationsbereiche (Datenelementstandards, Funktionstandards) vorgesehen. Organisationsstandards (z.B. Stellenbeschreibungen), sowie die Vereinheitlichung der eingesetzten Technologie durch Orientierung an Technologiestandards der IV werden durch separate, in die Gesamtstruktur integrierte Dokumentationsbereiche berücksichtigt.

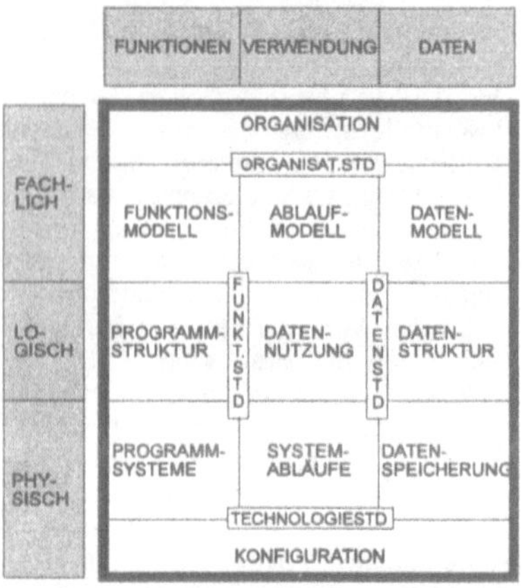

Im Zuge der an Aufgaben in der IV (z.B. ↑Datenmodellierung, Datenbankadministration, Programmierung, Benutzerservice) orientierten schrittweisen Entwicklung von *M.*-Anwendungen durch den stufenweisen Ausbau der Dictionary-Datenbank (Informationsmodell) sind die Dokumentationsbereiche um relevante Dokumentationsobjekttypen wie Datei, Datenfeld, Programm, Modul, Benutzer, PC-System etc. und Beziehungen zwischen Dokumentationsobjekttypen, z.B. Datenfelder einer Datei, Module eines Programms, Benutzer einer Anwendung, PC-System einer Arbeitsstelle etc. auszufüllen. Es entsteht eine *M.*-Dokumentationsstruktur (Ortner, 1991), deren Ziel es ist, die IS einer Organisation entsprechend ihrer Architektur (z.B. Datenbankanwendungen, ↑Expertensysteme, konventionelle Programmsysteme) in den Entwicklungsstadien (fachlich, logisch, physisch) und über isolierte Anwendungslösungen hinausgehend (Datenmodell, Funktionsmodell, Standards) integriert und umfassend zu verwalten.

Ausblick

M. gewinnen durch den Trend zu verteilten, integrierten IS zunehmend an Bedeutung. Sie sind ein ideales Instrument, um auf der Ebene von Konventionen und Standards föderative Strukturen zu verwalten. Bei föderativen Systemen wird Integration durch Abtretung von Hoheitsrechten auf einzelnen Gebieten der IV - z.B. auf dem Gebiet der Vereinheitlichung einer Unternehmensterminologie, oder auf dem Gebiet der Technologiestandards und ihrer Koordination - an eine neutrale Instanz erreicht. Auf anderen Gebieten (Hardware- und Betriebs-, Datenbanksysteme, Anwendungssoftware) sind Teile eines föderativen Systems relativ unabhängig und können an spezifische Anforderungen angepaßt werden.
Als Produkte auf dem Softwaremarkt werden *M.* i.d.R. unter dem Namen Data Dictionaries seit Anfang der 70er Jahre angeboten. Bei den Herstellern und Nutzern solcher Stand Alone-Systeme hat sich ein breites und auf verschiedenen Gebieten auch tiefergehendes ↑Wissen zur Architektur, dem Einsatz, sowie dem Betrieb von *M.* angesammelt. In Lehre und Forschung haben *M.* dagegen noch wenig Beachtung gefunden. Eine erste umfassende Darstellung dieses Gebiets erschien zunächst mit (Allen, Loomis, Mannino, 1982). Als Lehrstoff wird das Thema in (Leong-Hong, 1982) systematisch, wenn auch nicht auf dem neuesten Stand präsentiert. An dem Produkt Repository Manager der IBM (Sagawa, 1990) orientiert, wird das Gebiet in (Habermann, Leymann, 1993) behandelt.

↑ISO (ISO/IEC, 1990) definiert ein *Information Resource Dictionary System (IRDS)* als ein Softwareprodukt, das Einrichtungen bereitstellt, mit denen ein *M.* seine Definitions- und Operationsdaten anlegen, verwalten und pflegen kann. Die Trägersoftware für ein *M.* wird als ein ↑DBMS, das z.T. über spezielle Systemfunktionen wie Generierung von Definitionsdaten für andere Systeme oder Importfunktionen für angeschlossene Werkzeuge der Softwareentwicklung verfügt, festgelegt. Die Spezifikation dieser Architektur für *M.* bildet ein zentrales Element der IRDS-Rahmenstandards von ↑ISO (ISO/IEC, 1990) und ↑ANSI (Goldfine, Konig, 1985).

Literatur: Allen, F. et al.: The Integrated Dictionary/Directory System, in: Computing Surveys, 1982. *Habermann, H.-J., Leymann, F.*: Repository, München, 1993. *ISO/IEC 10027*: Information Technology - Information Resource Dictionary (IRDS) Framework, Genf: ISO/IEC, 1990. *LeongHong, B. W., Plagman, B. K.*: Data Dictionary/Directory-Systems, New York, 1982. *Ortner, E.*: Ein Referenzmodell für den Einsatz von Dictionary-/Repository-Systemen in Unternehmen, in: Wirtschaftsinformatik, 1991. *Sagawa, J.M.*: Repository Manager Technology, in: IBM Systems Journal, 1990. *Scheer, A.-W.*: Architektur integrierter Informationssysteme, Berlin,1991.

Prof. Dr. E. Ortner, Konstanz

Metaphern
Graphische Darstellungen in einer gegenständlichen, dinghaften Form zur Erfaßbarmachung von ↑Objekten, deren Verhalten und möglichen ↑Operationen.

Methoden, quantitative
Regeln, Verfahren und Algorithmen aus Mathematik, Wahrscheinlichkeitsrechnung und ↑Statistik, sowie ↑Operations Research; finden sich in vielfältiger Weise in ↑Informationssystemen; Werkzeuge bei der Planung und Entwicklung von ↑Informationssystemen.

MFLIPS
Million Floating Instructions per Second; Anzahl der ausgeführten Befehle von Gleitkommaoperationen; wird mit dem Linpack-Benchmark berechnet.

MFLPOS
Million Floating Point Operations per Second; Anzahl der ausgeführten Befehle von Gleitkommaoperationen.

MIB
Management Information Base; konzeptionelles Schema; besteht aus allen Managementobjekten und den Relationen zwischen ihnen.

Middleware
Verteilungsplattform, um durch die Heterogenität induzierte Komplexität von ↑Software beherrschbar zu machen und sie nach Möglichkeit zu verbergen.

Migration
Umstellung in der ↑Daten-/↑Informationsverarbeitung in bezug auf ↑Betriebssysteme, ↑Programmiersprachen, Datenorganisationen und Netzwerke; Migrationsmaßnahmen resultieren aus der Tatsache, bisher isolierte ↑Anwendungssysteme zu integrieren, veraltete proprietäre Host-Systeme in offene Systemkonzepte überzuleiten bzw. in ↑Client/Server-Architekturen einzuführen, sowie moderne Standardanwendungssysteme in bestehende, meist proprietäre ↑Systeme einzubinden.

Mikrocomputer
Rechner, der aus ↑Mikroprozessor-Bausteinen, sowie ↑RAM- und/oder ↑ROM-Speicher aufgebaut ist.

MIMD
Multi Instruction Multiple Data; ↑Multiprozessorsysteme, Datenflußrechner und Reduktionsmaschinen, bei denen mehrere ↑Prozessoren aus einem oder mehreren Speichern unabhängig voneinander eigene Datenwerte und Befehle erhalten und ausführen, d.h. die Prozessoren führen gleichzeitig verschiedene Befehle auf den Daten mehrerer Datenströme aus.

Minicomputer
Kleine, leistungsfähige Dialog-Magnetplattensysteme; frühere Mittlere Datentechnik Anlagen.

MIPS
Million Instructions per Second

MIS
Management Informationssystem; ↑Systeme zur Bereitstellung von Führungsinformationen für alle Managementebenen.

Modell, funktionsorientiertes
M. stellen betriebliche Funktionen, ihre Reihenfolgebeziehungen und die Informationsinhalte, welche von einer Funktion an die nächste weitergeleitet werden, dar. Beispiele: Datenflußplan, die strukturierte Analyse.

Modell, objektorientiertes

M. strebt die Integration der Daten- und der Funktionssicht auf das betriebliche ↑Informationssystem an, indem es zusammengehörige ↑Daten und ↑Funktionen in ↑Objekten kapselt. Die Objekte kommunizieren untereinander mit Hilfe von ↑Nachrichten.

Modellierung

Eine (meist vereinfachte) Abbildung eines (realen) Systems. Sie beschränkt sich i.a. auf einen Ausschnitt des darzustellenden Systems.

Modellierung und Simulation

Modellierung und ↑Simulation ist eine Methode, bei der Problemstellungen für reale oder hypothetische Objekte bzw. Systeme dadurch gelöst werden, daß Modelle und zugehörige Modellproblemstellungen gebildet, diese experimentell (meist computergestützt) gelöst und als Aussagen über die ursprüngliche Problemstellung interpretiert werden. Vorherrschend haben die Modelle zeitliches (dynamisches) Verhalten (parallele kooperierende Prozesse). Zunehmend werden Modelle mit Ablaufverhalten bzw. Nebenläufigkeit *(Petrinetze)* und Berechnungsmodelle einbezogen, wenn nur die Modellproblemlösung experimentell erfolgt.

Modellierung bedeutet durch Problem- bzw. ↑Systemanalyse die ursprüngliche Problemstellung präzisiert (spezifiziert) und ggf. über mehrere Zwischenstufen auf eine zu lösende Problemstellung (oder mehrere Teilproblemstellungen) für ein (oder mehrere) Modelle (z.B. Umwelteinfluß-, Belastungs-, Input-Output-, Prognosemodelle) abzubilden. Die Modelle müssen die angestrebten Modellexperimente gestatten. Die Modellgültigkeit ist für diesen Zweck dabei in zu vereinbarender Form (Modellvalidierung) nachzuweisen.

↑Simulation bedeutet die experimentelle Modellproblemlösung auf der Basis eines Versuchsplanes mittels Modellexperimenten (Modifikation von Parametern und/oder der Struktur der Modelle oft innerhalb vorher festgelegter Modellklassen) und die Interpretation der Modellergebnisse (Vorhersagen) bezüglich der ursprünglichen Problemstellung. Während der Problemlösung bringt der Mensch seine Erfahrungen, seine Kreativität, sein ↑Wissen und sein Lernverhalten ein und modifiziert ggf. auch den Versuchsplan. Daher gibt es heute den aktuellen Forschungsschwerpunkt Simulation und ↑Künstliche Intelligenz. Im ↑IFIP-Fachwörterbuch (1977) wird dieser Begriff wie folgt beschrieben: "Simulation - die Darstellung gewisser Verhaltenseigenschaften eines Systems mit Hilfe von Aktionen eines anderen Systems". Unterschiedliche Benutzung von Simulation in der Literatur:

- Die ↑Modellierung wird als zur ↑Simulation zugehörig angesehen.
- ↑Objekte, ↑Systeme und Modelle müssen Zeitsysteme sein.
- Optimierungsmethoden werden in der Versuchplanung berücksichtigt.
- Nur die einmalige Berechnung des Modells innerhalb eines Experimentes ist gemeint.
- Die Computernutzung ist impliziert.

Computergestützte Simulationssysteme

Modellierungs- und ↑Simulationssysteme sind eine Einheit von Soft- und ↑Hardware, die gestatten, die Problemlösung dadurch zu unterstützen, daß Modelle und Modellproblemstellungen, sowie die Experimente zur Findung der Modellproblemlösung meist im Dialog vom Nutzer in einer speziellen Sprache (Simulationssprache) eingegeben werden können. Die Erzeugung der für die Problemlösung benötigten abarbeitungsfähigen Rechenmodelle erfolgt weitgehend automatisch und die Ergebnisdarstellung kann vom Nutzer mitgestaltet werden. Er kann sich auf die Phase der Spezifikation seiner Problemstellung und die Auswertung der erhaltenen Modellergebnisse primär orientieren. Solche ↑Systeme können auch stark an speziellen Anwendungen orientiert sein, z.B. die Trainingssysteme. Zwei Beispiele für allgemeine Simulationssysteme: *GPSS (General Purpose Simulation System)* für diskret ereignisorientierte Modelle, wie sie bei Bedienungsproblemen zu finden sind; *CSMP (Continuous System Modelling Language)* für zeitkontinuierliche Modelle (systemtheoretisch blockorientierte Darstellungen werden stark unterstützt), wie sie bei Regelkreismodellen primär vorkommen.

Stochastische Simulation wird verwendet, wenn das Modell zufällige Ereignisse enthält. Beim Rechnen werden dann Pseudozufallszahlengeneratoren verwendet, die durch die zugehörige Verteilungsfunktion gekennzeichnet sind. Versuchsplanung und Versuchsauswertung müssen darauf abgestimmt sein. *Prozeß-Simulation* hebt besonders hervor, daß bei der ↑Modellierung bzw. Modellnutzung zur Modellproblemlösung parallele kooperierende Prozeße dominieren. Die Prozeßmodelle werden im Rechner durch Rechenprozeße nachgebildet. Je nachdem, ob Ein- oder Mehrprozessoranlagen genutzt werden, können die Rechenprozesse quasiparallel kooperierend oder parallel kooperierend abgearbeitet werden. *Echtzeitsimulation* bedeutet, daß die Werte ausgewählter Größen der Modellprozesse zum selben Zeitpunkt oder eher vorliegen müssen, als die zugehörigen Werte der Prozesse, die im Original ablaufen. *Analoge oder digitale Simulation* wird beim Einsatz von Rechnern benutzt, je nachdem, ob ein analoger oder ein digitaler Rechner genutzt wird.
Ersetzung der Systembeobachtung durch eine *Modellbeobachtung*, z.B. für Prognosen allgemein, konkret z.B. für das Studium von Auswirkungen von Leitungsentscheidungen in einem Betrieb oder Betriebsteil. *Vergleich von zwei ↑Systemen* bezüglich bestimmter Eigenschaften auf der Basis eines entsprechenden Vergleiches von zwei zugehörigen validierten Modellen. ↑*Simulation* als Mittel zum Nachweis der Tragfähigkeit einer Konzeption für einen Ent-wurf (Benutzung in der Planungsphase). Nutzung meist spezieller Modelle (*Simulatoren*) für Ausbildung und Training; z.B. Flugsimulatoren zum Training von Piloten, Spezialprogramme auf Computern zum Training von Fachleuten der Wirtschaft, insb. Entscheidungstraining.

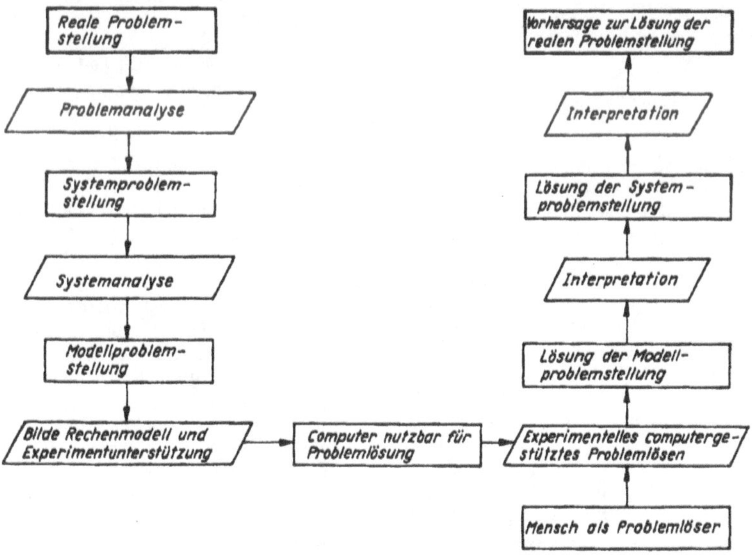

Literatur: Gal, T. (Hrsg): Grundlagen des Operations Research, Bd. 3, Berlin, 1987. *Möller, D.*: Modellbildung, Simulation und Identifikation dynamischer Systeme, Berlin, 1992. *Schwarze, G.*: Digitale Simulation, Reihe Informatik, Kybernetik. Rechentechnik Bd. 26, Berlin, 1990.

Prof. Dr. G. Schwarze, Berlin

Modellierung und Simulation, computergestützte
Einheit von Soft- und Hardware, die gestattet, die Problemlösung dadurch zu unterstützen, daß Modelle und Modellproblemstellungen, sowie die Experimente zur Findung der Modellproblemlösung meist im Dialog vom Nutzer in einer

speziellen Simulationssprache eingegeben werden können.

Modellierung und Systemsimulation
↑Methode, bei der Problemstellungen für reale oder hypothetische ↑Objekte bzw. ↑Systeme dadurch gelöst werden, daß Modelle und deren Problemstellungen gebildet, diese experimentell gelöst und als Aussagen über die ursprüngliche Problemstellung interpretiert werden.

Modem
Kunstwort aus Modulator und Demodulator; Datenübertragungseinrichtung.

Modularisierung
Untergliederung des ↑Programms in abgegrenzte Teile, in sog. Module, die jeweils eine bestimmte Aufgabe lösen.

Monitorbrille
M. verfügen über jeweils einen Monitor für ein Auge. Jeder Monitor ist mit einer Weitwinkeloptik ausgestattet, hat eine Bildschirmdiagonale von ca. 10 cm und befindet sich im montierten Zustand etwa 3-5 cm vom Auge entfernt.

MOPS
Million Operations per Second

Motif
Architekturschema auf der Basis von X-Windows mit den Basiskomponenten Interface-Toolkit, Motif-Wildgets, Window-Manager, ↑Compiler der Motif-Sprache User Interface Language und Bibliothek zur Ressourcenverwaltung.

MSS (Management Support Systems)
Begriffserklärung:
Unter *M.* werden (technikgestützte) ↑Informations- und Kommunikationssysteme verstanden, deren Anwendungsschwerpunkt Führungsaufgaben in Wirtschaft und Verwaltung darstellen. Die seit den Anfängen der *M.*-Forschung vorgenommenen Begriffsbildungen zu den unterschiedlichen Ausprägungen rechnergestützter Systeme für das Management decken einen weiten Interpretationsbereich ab. Sie reichen von der Klassifizierung als ↑4GL oder von integrierter ↑Software bis zur Einordnung als ↑System zur Unterstützung der Unternehmensführung oder als System zur Aufbereitung von Kennzahlen für Planungs- und Entscheidungsprozesse (Kleinhans, 1992).
Morton hat 1983 den Begriff *M.* (Morton, 1983) als Oberbegriff für jede Art der Unterstützung von Managern durch kombinierten Einsatz von Computern und Kommunikationstechnologien geprägt (Rieger, 1990). Morton unterscheidet dabei zwischen den Unterstützungsarten *Decision Support* (Unterstützung bei der Entscheidungsvor- und -aufbereitung) und *Data Support* (Unterstützung bei der Informationsversorgung), wobei bei den einzelnen *M.*-Arbeitsplätzen diese Unterstützungsarten einen unterschiedlichen Stellenwert haben können. Auch wenn sich aus dieser Unterscheidung selbständige Systeme der Managementunterstützung mit spezifischen Merkmalen wie *EIS (↑Executive Information Systems*; Synonyme: Führungs- oder Chefinformationssysteme) und *DSS (↑Decision Support Systems)* entwickelt haben, wird im folgenden der Begriff des *M.* im Sinne von Morton aufgefaßt. *M.* weisen eine Reihe spezifischer Merkmale auf, die sowohl aus Nutzer- als auch aus Entwicklersicht zu betrachten sind (Rieger, 1990, Bullinger 1990):

- individuelles, auf das Anwenderverhalten abgestimmtes Arbeiten mit dem System;
- automatisierbares Zusammenführen verschiedener primärer, sekundärer, sowie interner, externer Informationsquellen;
- zentralisierte Speicherung von Daten, Texten, Bildern, Graphik und Sprache mit der Möglichkeit, neue Relationen zwischen vergleichbaren Objekten verschiedener Quellen herstellen zu können;
- Informationsabruf erfolgt dezentral, sichtenspezifisch, entscheidungsträgernah und selektiv auf verschiedenen, logisch verketteten Aggregationsstufen;
- individuelle Spezifikation von Informationsfiltern, Exception Reporting;
- multimediale Präsentation;
- Bedienung;
- führungsorientierte Weiterverarbeitungsfunktionen, z.B. Kommentierung, Wiedervorlage, Delegation, Mailing etc.;
- Methoden zur Vorschauanalyse (What if-, How to Achieve-Analysen), zur Simulation (Szenariotechnik), statisti-

sche Methoden (z.B. zur Zeitreihenanalyse), Planungsmethoden u.a.

Zielsetzung, Aufgabe

M. sind hinsichtlich des Anwenderkreises insb. auf die Führungskräfte des (Top-) Managements, aber auch deren Stabsabteilungen und Assistenten ausgerichtet. Während für die Führungskräfte mehr Funktionen zur Informationsversorgung und Entscheidungsaufbereitung (Sichtbarmachung und Verstärkung "schwacher" Signale, sowie die Problemerkennung und -überwachung) im Vordergrund stehen, geht es beim Anwenderkreis der Stabsabteilungen und Assistenten mehr um Funktionen der Informationsverarbeitung und verdichtung, sowie der Entscheidungsvorbereitung.

Inhalte, Verfahren und Methoden

Ausgehend von der oben getroffenen Unterscheidung in die Unterstützungsarten Data Support und Decision Support lassen sich mögliche Komponenten eines *M.* aufzeigen, wobei aufgrund wechselseitiger Abhängigkeiten eine eindeutige Zuordnung nicht gegeben ist.

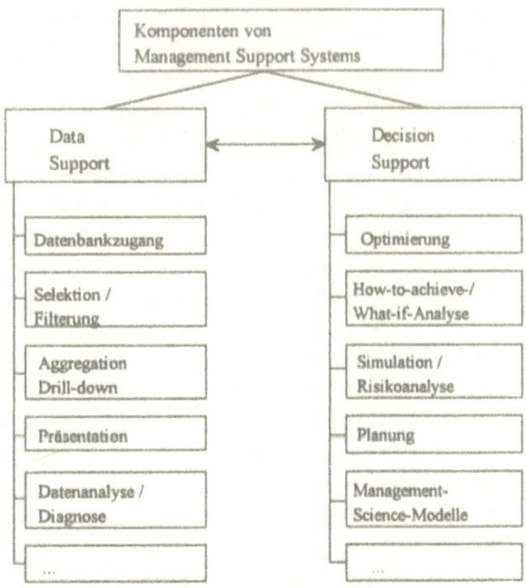

Anforderungen an die Gestaltung von M.

Die Probleme beim Einsatz von *M.* lassen sich unter verschiedenen Gesichtspunkten betrachten: Obwohl seitens der Anwender, aber auch der Hard- und Softwareindustrie ein gewisser Optimismus bzgl. einer breiteren Anwendung von *M.* zu spüren ist, gibt es in einer Vielzahl von Unternehmen noch Probleme, die Führungskräfte zur Integration computergestützter Systeme in ihrem täglichen Arbeitsprozeß zu bewegen. Der wesentliche Grund liegt darin, daß die DV-Industrie vielfach nicht in der Lage ist, adäquate Anwendungen bereitzustellen, die es dem sporadischen und DV-unkundigen Nutzer aus dem Management erlauben, effizient und selbständig ein Support System zu bedienen. Da der Informationsbedarf der Führungskräfte diskontinuierlich und durch einen hohen Aggregationsgrad, sowie eine geringe Strukturierung charakterisiert ist, kann der immerwährende Anlernaufwand bei der Benutzung dieser Systeme für die Führungskraft sehr hoch sein. *M.* sind in wesentlich höherem Maße als andere ↑Anwendungssysteme nutzerzentriert und von Akzeptanz und Identifikation des Benutzers mit dem System abhängig. ↑Prototyping kann als effektive Form der Partizipation nützlich sein (Prinzip der geplanten Evolution).

Probleme bei der Gestaltung der Anwendungslösung

Um der Spezifik von *M.* gerecht zu werden, muß die Hard- und Software eines derartigen Systems hohen Anforderungen von Führungskräften genügen wie:

- Flexibilität hinsichtlich der Anpassung an Benutzerwünsche;
- Änderungen im Basissystem, Bewältigung des Datenvolumens;
- Erweiterung des betriebswirtschaftlichen Anwendungsmodells;
- Hinzufügen neuer Auswertungs- und Darstellungstechniken;
- Erweiterung von Einzel- auf Mehrnutzerbetrieb und Netzwerkfähigkeit;
- Anpassung an Änderungen der Unternehmensorganisation, des Produktprogramms etc.;
- Auswertung unterschiedlicher Datenarten und -strukturen;
- Daten unterschiedlicher Qualität und verschiedenen Ursprungs müssen abbildbar und verarbeitbar sein;
- frei wählbare Datenselektion und Datenverdichtung;
- anforderungsgerechter Methoden- und Funktionsumfang;
- graphisch orientierte Benutzeroberfläche, Visualisierung, multimediale Möglichkeiten zur Darstellung;

- intuitive Nutzbarkeit;
- kontextsensitive Hilfe;
- Einbindung von kommunikationsunterstützenden und allg. Bürofunktionen;
- Mobilität in der Nutzung;
- Unterstützung durch Systemanbieter;
- kurze Realisierungszeiten.

Software und deren Anbieter

Trotz einer breiten Palette neuer und weiterentwickelter Softwarepakete ist festzustellen, daß ein *M.* prinzipiell nicht als "schlüsselfertiges" ↑Anwendungssystem zu kaufen ist. Bei den im folgenden aufgeführten Produkten handelt es sich um eine Auswahl von Softwarewerkzeugen, die die Spezifik der Entwicklung und Gestaltung von *M.*, sowie die Generierung flexibler Auswertungen unterstützen:

- CAMADIS (ASCI-Consulting),
- Commander EIS (Comshare AG),
- EIS/SAP (SAP AG),
- EIS/SAS (SAS Institute),
- MacControl (Breitschwerdt),
- PILOT (Pilot Software),
- TZ-Info/MIK (MIK).

Literatur: Bullinger, H.-J., Koll, P.: Chefinformationssysteme (CIS), in: *Krallmann, H. et al.* (Hrsg.), Rechnergestützte Werkzeuge für das Management, Berlin, 1992. *Kleinhans, A. et al.*: Management-Unterstützungssysteme, in: *Hichert, R., Moritz, M.* (Hrsg.), Management-Informationssysteme, Berlin, 1992. *Morton, M. S.*: State of the Art of Research in Management Support Systems, Massachusetts Institute of Technogy, Working Paper No. 107, 1983. *Rieger, B.*: Executive Information Systems (EIS, in: *Krallmann, H.* (Hrsg.): Innovative Anwendungen der Informations- und Kommunikationstechnologien in den 90er Jahren, München, 1990.

Prof. Dr. W. Uhr, Dresden

Multicomputer

Multiprozessoren, die aus mehreren autonomen Rechnern bestehen. *M.* sind flexibel und erlauben höhere Prozessorzahlen. Jedes einzelne Prozessor/Speicherpaar kann als eigenständiger sequentieller Rechner betrachtet werden, der um eine ↑Schnittstelle zum Gesamtsystem erweitert wurde.

multimadiale Informationssysteme

↑Informationssysteme, multimadiale

Multimedia

Sammlung von verschiedenen Datentypen, Beziehungen zwischen verschiedenen Datentypen, wie Synchronisation, Kombination und Konvertierung von einem in das andere Medium.

Multimediadokument

Zentral oder verteilt vorliegende strukturierte Einheit, die Informationen unterschiedlicher monomedialer Datentypen enthält, die der maschinellen Verarbeitung, bzw. der optischen, akustischen oder sonstigen Wahrnehmung dienen.

multimediales Informationsmanagement

↑Informationsmanagement, multimediales

Multimediasysteme

Unter *multimedialen Systemen (Multimedia Systems)* werden Hard- und Softwaresysteme, mit denen ↑multimediale Informationen empfangen, präsentiert und manipuliert werden können, verstanden. *Multimediale Informationen* sind Medienarten, bspw. Texte, Bilder, Graphiken, Sprachanmerkungen oder Geräuschsequenzen, Bewegtbilder oder bewegte Graphik. Diese Medienarten werden in Beziehungen gesetzt, z.B. räumlich (Bild mit Textunterschrift, aber auch bewegte Graphikobjekte mit "wanderndem" Stereo-Ton), zeitlich (Bewegtbilder mit Sprache lippensynchron), inhaltlich (Lautstärke gekoppelt an den Zoom-Faktor eines Bildes).

Durch den technischen Fortschritt bei der Entwicklung adäquater ↑Hard- und Software sind *M.* preislich erschwinglich geworden und haben vor allem in den Bereichen Informationspräsentation (Point of Information-Kiosk), Schulung, technische Dokumentation und Unterhaltung Einzug gehalten. Entsprechend dem klassischen Informationsträger Dokument wurde der Begriff des *multimedialen Dokuments* als Behälter der *M.* für die elektronische Nachricht abgeleitet. Solche Dokumente können dann neben Text auch Anteile aller anderen Medienarten enthalten. Zusammen mit ihren Beziehungen beschreibt ein ↑multimediales Dokument eine komplette *M.*-Szene.

Für den Einsatz von *M.* lassen sich fünf für die ↑Informatik interessante Forschungsgebiete identifizieren. Diese Gebiete werden im folgenden umrissen.

- *Ein- und Ausgabegeräte* sind auf bestimmte Medienarten zugeschnitten. Im folgenden werden einige Medienarten mit typischen Ein-/Ausgabegeräten genannt: Alphanumerische Daten: Tastatur, Scanner mit Zeichenerkennung/Bildschirm, Drukker; (Raster-) Bilder: Scanner, Kamera /Bildschirm, Laserdrucker; Graphik: Maus-Zeiger, 3D-Zeiger/Plotter, Stereoskopische Brille für 3D-Effekte; Audio: Mikrofon /Lautsprecher, Kopfhörer; Video: Video-Kamera/Bildschirm, Datenhelm mit Projektionsflächen vor den Augen.

Multimediale Arbeitsstationen umfassen diese Geräte auch in Kombinationen und bieten ↑Programme zur Integration der einzelnen ↑Daten zu multimedialen Dokumenten an. Multimediale Ein- und Ausgabe ist eine konsequente Fortsetzung der Entwicklungen in der ↑Mensch-Computer-Kommunikation. Die Ein- und Ausgabemöglichkeiten bestimmen wesentlich die Akzeptanz eines Computers aus der Sicht des Endanwenders. Die letzten 30 Jahre habe hier eine kontinuierliche Annäherung der Mensch-Computer-Kommunikation an die menschlichen Kommunikationsmöglichkeiten gebracht. Während in den Anfängen die ↑Kommunikation nur indirekt über Karten ablief, brachten graphische Benutzungsschnittstellen einen Durchbruch in der Nutzung von Computern. Neben Text können graphische ↑Objekte dargestellt und durch Tastatur und Maus-Zeiger manipuliert bzw. mit ihnen interaggiert werden. Weitere aktuell entwickelte Möglichkeiten, meschliche Sinne und Interaktionstechniken anzusprechen und damit die Nutzung zu vereinfachen, sind: Sprachein- und -ausgabe, 3D-Darstellungen und 3D-Eingabe, Handgesten, Sensorische Ein- und Ausgabe (spezielle Handschuhe erkennen Fingerbewegungen und geben Tastdruck durch elektrische Impulse weiter), Geschmacksinformationen werden über ein Plättchen direkt auf die vier Geschmackszentren der Zunge gebracht.

- Der *Datentransfer* multimedialer Dokumente ist in der Regel sehr umfangreich (z.B. 1 MB für ein hochauflösendes Rasterbild oder 6 Sek. Audioaufzeichnung in CD-Qualität). In der Realzeitan-

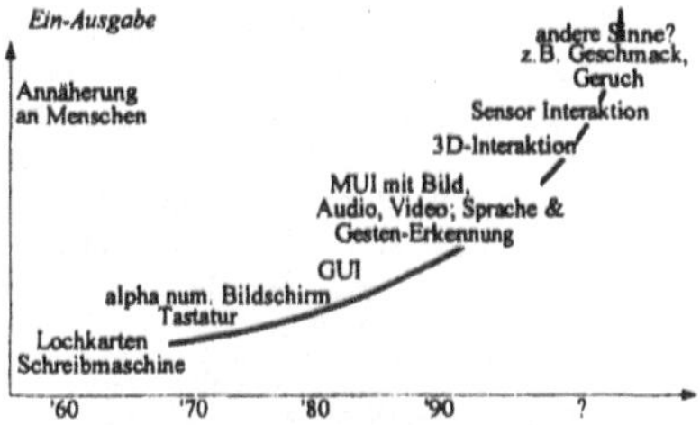

wendung, bei denen die Ausgabe zeitlichen Beziehungen genügen und ↑synchron ablaufen muß (z.B. gleichzeitige Darstellung von Bild und Text oder Video- und Audio-Daten) stellt sich daher die schnelle Übertragung in herkömmlichen ↑Rechnernetzen als problematisch dar. Der Einsatz von *M.* führte hier zur Entwicklung von Hochgeschwindigkeitsnetzen, z.B. für LAN (↑Local Area Network), FDDI (↑Fiber Distributed Data Interface, 100 MBits/s) oder für WAN (↑Wide Area Network); ISDN (↑Integrated Services Digital Network, 2*64Bits/s) weiterentwickelt nach B-ISDN (↑Breitband-ISDN über Glasfaser, 150 MBits/s, z.B. im Großprojekt BERKOM, Berlin).

- Neben dem (manuellen) Erstellen von multimedialen Dokumenten werden auch andere Manipulationsformen untersucht (*Manipulation multimedialer Dokumente und ↑Hypermedia*). Wiederauffinden von Dokumenten in Archivsystemen durch die Formulierung einer komplexen Abfrage über den Inhalt (Retrieval System) und Unterstützung des intellektuellen Zugangs zur gespeicherten ↑Information in einem iterativen Prozeß. Letzteres kann über die Vernetzung der Dokumente(-teile) mit bedeutungstragenden Verbindungen (z.B. "ist Verallgemeinerung", "ist Kommentar zu") durch Hypermediasysteme unterstützt werden. Hier sammelt der Benutzer Dokumente durch Navigieren zu weiteren interessierenden Dokumenten sequentiell auf.

Neuere Entwicklungen verwenden Hypermediasysteme z.B. in Lernsystemen oder zur Realisierung einer virtuellen Realität in kleinen Einsatzumgebungen - unter Einbeziehung von Text-, Bild- und Geräuschteilen (bspw. Systeme zur Demonstration von Maschinen).

• Der oben erwähnte Mengenumfang von multimedialen Daten macht die besondere Speicherproblematik der *Speicherstrukturen und Geräte* deutlich. Mit der Nutzung von laseroptischen Platten, insb. der wiederbeschreibbaren CD (Compact Disk) steht ein kostengünstiges Speichermedium zur Verfügung (Speicherkapazität ca. 500 MB einschl. aufwendiger Fehlerkorrekturdaten, Zugriffszeit ca. zehnmal langsamer als eine magnetische Platte). Bestimmte Anwendungen verlangen die dauerhafte Speicherung der ↑Informationen (z.B. Röntgenarchiv). Hier kommen ↑WORM-Platte (Write Once Read Multiple laseroptische Platte) zum Einsatz.

Um einen schellen Zugriff auf Dokumentinhalte zu ermöglichen, sind geeignete Speicherstrukturen und Verfahren zu entwickeln, die unterschiedlichen Einsatzanforderungen gerecht werden können (z.B. günstig bei häufiger Änderung des Datenbestandes oder schnelle Zugriffszeiten). Für bestimmte Medien werden auch Transformationen eingesetzt, um eine abstraktere und kompaktere Darstellung der Inhalts zu erhalten (z.B. Audio ® Text, Bild ® Graphik). Komprimierungstechniken existieren für alle genannten Medienarten.

• *Dokumentenmodelle* beschreiben die jeweiligen Sichtweisen auf den Dokumenteninhalt. Geeignete Modelle sind hier zu definieren, die den Inhalt in verschiedenen Anwendungsumgebungen hinreichend gut abstrahieren (z.B. Präsentation erfordert andere Informationen über der Dokumentinhalt als die inhaltsorientierte Suche). Solche Modelle führen zu Standards die es in ↑offenen Systemen ermöglichen, auch Dokumente von Rechnern oder Programmen anderer Hersteller zu verarbeiten. Die Entwicklung geeigneter Modelle und Standards betrifft alle o.g. Bereiche.

Einige bedeutende und viel diskutierte Standards für Dokumente sind ODA/ODIF und SGML (für Bürodokumente werden um zeitliche Aspekte erweitert), ACR-NEMA (für medizinisches Dokumentenmaterial), ScriptX (für die Repräsentation von *M.*-Szenen, Industriestandard von IBM und Apple).

Alle diese fünf Hauptentwicklungsbereiche stehen über mehrere Aspekte untereinander in Beziehung (z.B. Zeitaspekte bei Modellen, Datentransfer und Manipulation, Komprimierung beim Speichern und Übertragen, Interaktionsmodalitäten bei der Manipulation und der Ein-/Ausgabe). Daher ist ein hoher Anteil an interdisziplinärem Vorgehen typisch für das Arbeiten mit *M.*

Literatur: Blattner, R. B., Dannenberg (eds.): Multimedia Interface Design, 1992. *Dix, et al.*: Human-Computer Interaction, 1993. *Meyer-Wegener*: Multimedia Datenbanksysteme, 1992. *Mühlhäuser, Eirund et al.*: Advanced Multimedia Systems and Applications, 1994. *Steinmetz*: Multimedia Technology: Basics, Components, and Systems, 1993.

Prof. Dr. H. Eirund, Wernigerode

Multimediasysteme in der Wirtschaftspraxis

Begriffserklärung

Multimediasysteme kombinieren zeitunabhängige und zeitabhängige Medien zur besseren Darstellung von ↑Information. Klassische ↑Informationssysteme verarbeiten Informationen, die mittels zeitunabhängiger Medien, wie Text, Graphiken und Bilder, dargestellt werden. Im Falle von *M.* können zusätzlich zeitabhängige Medien, wie Ton und Bewegtbilder verarbeitet werden. Hierbei soll es immer möglich sein, die verschiedenen Medien unabhängig voneinander zu bearbeiten. Die integrierte Verarbeitung erfordert eine zeitliche, räumliche und inhaltliche Synchronisation verschiedener Medien.

Zielsetzung, Aufgabe

Die Entwicklung von *M.* hat zum Ziel, die ↑Kommunikation von Menschen mit komplexen ↑Systemen zu erleichtern. Durch die erweiterten Möglichkeiten, komplexe Informationsabläufe darzustellen, kann die zu vermittelnde ↑Information schneller und genauer vom Benutzer interpretiert werden. Ein einfaches Beispiel einer solchen besseren Informationsvermittlung ist die Wettervorhersage im Fernsehen. Die Wetterprognosen werden mit Hilfe numerischer Approximationen ↑mathematischer Modelle berechnet. Die berechnete Wettervorhersage für einen gewissen Zeitraum wird mittels

Multimediasysteme i.d. Wirtschaftspraxis

Zahlen beschrieben, die schwierig zu interpretieren sind. Mittels Farben, bewegter Graphiken und Bilder können die errechneten Wetteränderungen jedoch so kompakt dargestellt werden, daß diese Information in Sekunden von jedem Fernsehzuschauer interpretiert werden kann. Die Möglichkeiten zur effizienteren und effektiveren ↑Mensch-Maschine-Kommunikation sind von großer Bedeutung für viele Anwendungen in der Wirtschaftspraxis. Diese Anwendungen von *M.* liegen in Bereichen der

- Ausbildung, z.B. von Technikern;
- Fehlerdiagnose und Reparatur von komplexen Geräten, wie z.B. elektronischen Geräten oder Motoren;
- ↑integrierten Informationsverarbeitung für Krankenhäuser, wobei alle Informationen bzgl. eines Patienten, incl. Röntgenbilder, Ultraschallbilder, Meßdaten usw. zusammen verarbeitet werden;
- allgemeinen Informationssyteme, z. B. für Hausmakler, die ihren Kunden mit digitalisierten Videoclips die Innenseite von Häusern darstellen möchten;
- allgemeinen Kommunikationssysteme, z.B. Telekonferenzen, die mit Hilfe von digitalisierten Tönen und Videos über ↑Rechnernetze abgehalten werden;
- Wirtschaftsmodelle, die mittels Bewegtbildern die Prognosen der Änderungen in der Wirtschaft oder auch von Aktienpreisen übersichtlich darstellen;
- Überwachungs- und Steuerungssysteme für komplexe Produktionsanlagen, wie z.B. Kraftwerke, Raffinerien.

Problemstellung

Durch die verschiedenen Medien und deren Synchronisation ist die Entwicklung und Wartung von *M.* sehr komplex. Bei der Entwicklung für Anwendungen in der Wirtschaft ist es aber zwingend notwendig, daß der Entwicklungs- und Wartungsaufwand beschränkt bleibt. Dies erfordert wiederum, daß eine ↑Projektplanung/-durchführung nach gängigen ↑Software Engineeringmaßstäben geschehen soll.

Inhalte

Damit die unterschiedlichen Medien unabhängig voneinander mit Hilfe eines Computers bearbeitet werden können, müssen diese in digitalisierter Form vorliegen - im Falle von ↑Animationen, Bewegtbildern und Tönen resultieren daraus große Datenmengen. Die Verarbeitung und die Übertragung dieser Datenmengen führen zu folgenden Problemen bei der Entwicklung und Wartung:

- Die konventionellen Speichermedien eines Computers sind für viele Anwendungen nicht ausreichend groß.
- Die Prozessorleistung vieler Computer ist nicht ausreichend, um die anfallenden Berechnungen in einer angemessenen Zeit durchzuführen.
- Die internen Datenübertragungsraten vieler Rechner können die erforderlichen Daten nicht genügend schnell vom Speicher zum ↑Prozessor und dem Bildschirm übertragen, damit Videoclips und /oder ↑Animationen in einer genügenden Auflösung im Vollbildmodus abgespielt werden können.
- Die meisten ↑Rechnernetze sind zu langsam, um verteilte Multimediaanwendungen zu ermöglichen.
- Die Ablage und das Wiederauffinden von Multimediadaten in einer geeigneten ↑Datenbank stellt ein besonderes Problem für die Entwicklung großer Multimediaanwendungen dar. Eine Multimediadatenbank sollte nicht nur Datentypen für verschiedene Medien bereitstellen, sondern auch jeweils den Zugriff auf die Informationen, die in den Medien enthalten sind, vereinfachen bzw. überhaupt ermöglichen(Wolff,1993;Woolsey,1991).
- Die Verwaltung und Aktualisierung der umfangreichen Datenbestände sind sehr aufwendig.

Lösungstechniken

Für die Grobplanung von *M.* können traditionelle Softwareentwicklungsmodelle verwendet werden. Demnach kann ein solches Projekt formal bspw. nach dem Wasserfall-, Prototyping-, oder Spiral-Modell geplant und durchgeführt werden. Die Entwicklung eines *M.* durchläuft also die gleichen Phasen, wie ein herkömmliches Softwareentwicklungsprojekt (nach dem Wasserfallmodell):

- Anforderungsanalyse,
- Erstellung eines Pflichtenheftes,
- Systementwurf,
- Systementwicklung,
- Implementation und
- Wartung.

Multimediasysteme i.d. Wirtschaftspraxis

Wegen der besonderen Eigenschaften und der Komplexität der meisten *M.* lassen sich dagegen viele der herkömmlichen Hilfsmittel für die Feinplanung, die die Softwareprojektplanung und -durchführung unterstützen, nicht ohne weiteres für die Entwicklung von *M.* einsetzen. Beispiele sind die allgemein benutzten Softwaremetriken und ↑Methoden zur Aufwandsschätzung.

Demnach besteht also ein großer Bedarf an ↑Software Engineering-Methoden und -Hilfsmitteln, die speziell auf die Bedürfnisse von *M.* zugeschnitten sind. Hilfsmittel, die dem *M.*-Entwickler heute schon zur Verfügung stehen, sind ↑Navigationskarten (Navigation Maps oder Navmaps), Geschichtstafeln (Storey Boards) und Autorensysteme (Authoring Systems oder Authoring Tools; Vaughan, 1993). Zu den ↑Methoden und Hilfsmitteln, die bei den verschiedenen Entwicklungsphasen von Multimediaanwendungen verwendet werden, kann folgendes bemerkt werden:

Es soll, wie bei herkömmlichen Softwareprojekten, erst eine *Anforderungsanalyse* durchgeführt werden, in der die Ziele und die Anforderungen an das neue System beschrieben werden. Diese werden in einem ↑Pflichtenheft zusammengefaßt.

Auf der Basis des Pflichtenheftes wird anschließend ein ↑*Systementwurf* erstellt. Hier sollen sowohl die Aspekte betrachtet werden, die beim Entwurf von verteilten Multimediaanwendungen berücksichtigt werden müssen, als auch ↑Navigationskarten und Geschichtstafeln, die als Hilfsmittel für den Systementwurf zur Verfügung stehen.

Verteilte Multimediaanwendungen sind von besonderer Bedeutung für die Wirtschaftspraxis. Der Entwurf solcher Systeme basiert auf drei Ansätze, die in der Praxis auch kombiniert werden können:

- Die *M.* nutzen die bestehenden Netzwerke, wie herkömmliche Softwaresysteme es auch tun, d.h. die Daten werden nach Bedarf über das Netz verschickt. Es wird versucht, mittels Kompressionsmethoden die Datenkommunikation zu reduzieren.
- Die Daten werden distribuiert, damit das verteilte *M.* mit dem absoluten Minimum an Datenkommunikation eingesetzt werden kann.
- Damit viele Daten auf einfache Weise einem großen Benutzerkreis zur Verfügung gestellt werden können, werden Hochgeschwindigkeitsnetze geplant. Diese sog. *Data Highways* sollen es ermöglichen, digitalisierte Videos über Kommunikationsnetze abzuspielen.

Eine *Navigationskarte* dient dazu, den Inhalt und die Struktur eines *M.* zu beschreiben. Es gibt drei verschiedene Systemstrukturen, die einzeln auftreten können, in der Praxis aber häufig kombiniert werden:

- linear (oder sequentiell),
- hierarchisch,
- Netzwerk.

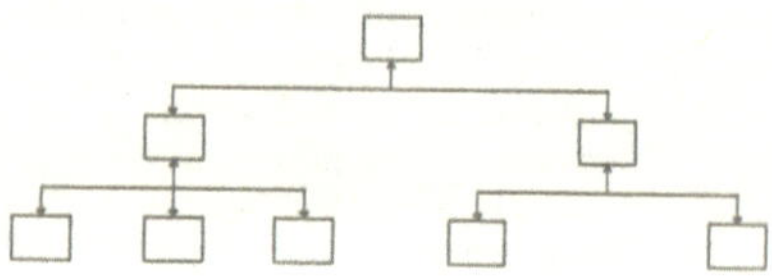

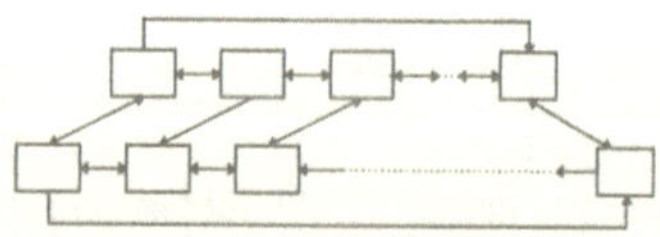

Geschichtstafeln bestehen aus einer Reihe von Notizen und detaillierten Beschreibungen der einzelnen Texte, Graphiken, Bilder, Töne, ↑Animationen und Video-Clips, die während der Entwicklung eines *M.* gebraucht werden. Diese beschreiben z.B. den Inhalt und die Dauer eines Videoclips, die Töne, die zur Synchronisation verwendet werden sollen, die Lautstärke des Tons.

Systementwicklung und Implementation

Die Einbindung und Synchronisation zeitabhängiger Medien machen die Entwicklung von *M.* komplex. Um die Entwicklung einfacher zu gestalten, werden automatisierte Hilfsmittel, sog. *Autorensysteme*, benutzt. Diese ermöglichen es

Multimediasysteme i.d. Wirtschaftspraxis

dem Systementwickler, mittels einer geeigneten Auswahl aus einer Bibliothek von Vorlagen eine für den Benutzer geeignete Benutzerschnittstelle zu konstruieren. Ferner kann die Synchronisation zeitabhängiger Medien untereinander und die Synchronisation zeitabhängiger mit zeitunabhängigen Medien spezifiziert werden. Mit Hilfe von Makrosprachen bieten einige Autorensysteme dem Entwickler die Möglichkeit, die Vorlagen anzupassen und auch die Synchronisation der verschiedenen Medien untereinander exakter zu definieren.

Für die *Tonerzeugung und -verarbeitung* muß der ↑Computer imstande sein, digitalisierte Töne abzuspielen. Hierzu werden spezielle *Sound-Karten* gebraucht. Die handelsüblichen Karten erlauben häufig auch die Digitalisierung von Tönen, die von einem Mikrophon oder einer anderen geeigneten Quelle stammen.

Bilder werden im Rechner auf zwei verschiedene Weisen dargestellt: entweder in einer Pixeldarstellung oder als eine Vektorgraphik (↑*Bildverarbeitung*). *Pixeldarstellungen* ermöglichen photorealistische Bilder, erfordern aber sehr viel Speicher. *Vektorgraphiken* werden dazu benutzt, Linien, Kreise, usw. mit Hilfe mathematischer Funktionen zu beschreiben, darzustellen. Diese Darstellungen erfordern weniger Speicherplatz, weil nur die mathematische Beschreibung mit zusätzlicher Information benötigt wird.

Videoclips bestehen aus einer Folge von digitalisierten Bildern, die z.B. im PAL-Format mit 25 Bildern/Sek. abgespielt werden. ↑*Animationen* dagegen bestehen aus einer Sequenz von abgeänderten Zeichnungen. Je mehr Darstellungen pro Sekunde abgespielt werden, desto fließender sind die Bewegungen. Die Bildfrequenz ist sehr von den Anforderungen abhängig, liegt aber meist in dem Bereich von 16 - 25 Bilder/Sek.

Die Datenmengen sind, die für die Darstellung von digitalisierten Tönen, Bildern und Graphiken benötigt werden, sehr groß. Die Speicheranforderungen können in der Praxis mittels *Datenkompressionsverfahren* reduziert werden. Die bekanntesten Verfahren, die zur Kompression von Bildern eingesetzt werden, sind das JPEG (Joint Photographic Experts Group) -Verfahren zur Kompression von Einzelbildern, und das MPEG (Moving Picture Experts Group) - Verfahren zur Kompression von Sequenzen von Videobildern. Die JPEG-Kompressionsmethode wird häufig auch zur Kompression von Bildsequenzen benutzt und wird in diesem Fall als Moving-JPEG bezeichnet. Weitere Kompression/ Dekompressionsverfahren sind z.B. DVI von Intel, P*64 vom ↑CCITT, fraktale Kompression und Wavelets. Bevor komprimierte Bilder wieder angezeigt werden können, müssen diese dekomprimiert werden. Dieser Prozeß erfordert einen wesentlich kleineren Rechenaufwand als die Kompression.

Als Speichermedien werden entweder Hochgeschwindigkeitsmagnetplatten oder CD-ROM-Platten benutzt (*Datenspeicherung*). *Multimediasoftware* kann eingeteilt werden in Anwendungsprogramme und Entwicklungshilfsmittel. Letztere fallen wiederum in zwei Klassen: Autorensysteme und weitere Hilfsmittel. *Multimediaanwendungen*, die bisher für den Einsatz in der Wirtschaftspraxis entwickelt wurden schließen Ausbildungssysteme, z.B. für Krankenhauspersonal und Techniker, verteilte *M.* für die Fehlersuche und Reparatur von komplexen Maschinen und Systeme für Informationsvermittlung ein. Die erwartete Steigerung der Rechenleistung und Speicherkapazität von Computern und der Geschwindigkeit von Kommunikationsnetzen wird die Entwicklung von *M.* in den nächsten Jahren beschleunigen. Es kann ferner davon ausgegangen werden, daß innerhalb der nächsten fünf Jahre die meisten installierten Rechner multimediafähig sein werden.

Autorensysteme, die für die Entwicklung von Multimediaanwendungen zur Verfügung stehen, können in drei Klassen eingeteilt werden (Steinbrink, 1993; Vaug han, 1993):

- seitenorientierte Systeme,
- piktogrammorientierte Systeme und
- zeitbasierte, Präsentationssysteme.

Bei den *seitenorientierten Systemen* werden die verschiedenen Elemente des Systems als Seiten eines Buches betrachtet. Zwischen den Seiten können beliebige Verbindungen definiert werden. Diese

Systeme sind objektorientiert, wobei die ↑Objekte Schaltknöpfe, Textblökke, graphische Objekte usw. sein können. Beipiele solcher Systeme sind: HyperCard, Multimedia Toolbook. *Piktogrammorientierte Systeme* bieten eine Bibliothek von Funktionen, die mit Hilfe von ↑Piktogrammen dargestellt werden. Ein *M.* wird erstellt mittels einer Auswahl verschiedener Piktogramme, die in einem ↑Flußdiagramm zusammenfügt werden. Die Struktur des Flußdiagramms bestimmt den Ablauf des *M.* Beispiele sind: Authorware, IconAuthor. Es gibt sehr viele verschiedene *zeitbasierte Systeme* oder Präsentationsssysteme, die zur Entwicklung von *M.* eingesetzt werden. Häufig wird eine Zeitachse verwendet, auf der die verschiedenen Elemente des Systems angeordnet werden. Die genauen Start- und Endpunkte einer Sequenz, ob Ton oder Bilder, werden auf der Zeitachse festgelegt. Einige Beispiele sind: Macromedia Director, MediaMerge, Scala MM 300, Video for Windows.

Verschiedene *Textverarbeitungssysteme* ermöglichen es, Text, Bewegtbilder und Töne in einem ↑Multimediadokument zu integrieren. Eine kleine Auswahl *weiterer Hilfsmittel*, die die Erstellung von *M.* unterstützen, sind:

- Graphische Systeme wie CoralDraw, Designer, MacPaint, ProfessionalDraw;
- CAD und 3-D-Systeme (bspw. AutoCAD, ClarisCAD, VersaCAD);
- Bildbearbeitungssysteme (bspw. Photoshop, Photostyler, Tempra PRO);
- Tonbearbeitungssysteme (bspw. Encore, Midisoft Studio, SoundDesign, WaveEdit);
- Videogestaltungssysteme (bspw. Screen Machine, VideoBlaster/Machine).

Literatur: Steinbrink, B.: Multimedia-Regisseure. c't, 10, 1993. *Vaughan, Tay*: Multi Media: Making it Work, Berkeley, 1993. *Wolff, M.-R.*: Multimediale Informationssysteme, HMD 169, 1993. *Woolsey, K.H.*: Multimedia scouting. IEEE Computer Graphics, Vol. 11, 1991.

Prof.Dr.G.R.Joubert,Clausthal-Zellerfeld

Multimediawelt, Datenbanken in der

Zielsetzung

Ein rechnerbasiertes ↑Informationssystem, das an seinen Benutzerschnittstellen mehrere, verschiedene Medien (Nachrichtenträger) zum Informationsaustausch unterstützt, wird als ↑*Multimediasystem* bezeichnet. Zu einer verbesserten ↑Mensch-Maschine-Kommunikation werden dazu vor allem akustische (z.B. Stereomusik) und visuelle Medien (z.B. hochauflösende Raster- oder Vektorbilder) herangezogen, da zur Zeit hauptsächlich nur zwei von fünf Sinnesorganen durch ↑Informationssysteme angesprochen werden können. Die *Medien (Medienobjekte)*, die in verschiedenen Formaten in unterschiedlichen Datenträgern abgelegt sind, stehen oft vielfältig miteinander in Verbindung (z.B. eine Videoaufzeichnung enthält einen kommentierenden Text und wird durch eine musikalische "Untermalung" (Ton) begleitet). Es liegt nahe, die komplexen Aufgaben der Datenverwaltung nicht in jeder Anwendung erneut zu lösen, sondern sie einem anwendungsneutralen Basissystem zu übertragen, um somit eine weitgehende Unabhängigkeit der Medienobjekte von der physischen Speicherung zu erzielen. Es hat sich bewährt, diese Aufgaben einem Datenbankverwaltungssystem zuzuweisen. Es wird angestrebt, die dadurch erzielbaren Vorteile, wie zentrale Kontrolle über die Daten, Datenunabhängigkeit, Redundanzfreiheit, Integritätssicherung, Mehrbenutzerbetrieb etc. auch auf die Verwaltung von komplexen Datenstrukturen der Multimediaobjekte zu übertragen.

Begriffserklärung

Ein ↑*Medium* wird allgemein als ein Mittel zur Darstellung von ↑Information definiert. Dabei kann ein und dieselbe ↑Information in verschiedener Weise präsentiert werden. So kann eine Zahlenreihe optisch als Balkendiagramm oder auch akustisch durch verschiedene Tonhöhen dargestellt werden. Die Eignung eines ↑Mediums zur Darstellung kann nur beurteilt werden, wenn genauere Angaben über den Autor und den Adressaten der Information bekannt sind. Andererseits kann ein und dieselbe äußere Erscheinung, wie z.B. eine Zeichnung, intern als Liniengraphik oder als Bitmap repräsentiert sein. Der Unterschied liegt hier nicht in der externen Präsentation, sondern in der rechnerinternen Repräsentation und in den Möglichkeiten zur Weiterverarbeitung.

Der Begriff der Medien wird nachfolgend synonym mit einem abstrakten Datentyp verwandt, d.h. einer Menge von ↑Objekten, sowie einer Menge von ↑Operationen, die auf diesen Objekten definiert sind. Typische Operationen auf den ↑Datentypen sind Speicherung, Manipulation und Präsentation dieses Datentyps. *Text*, *Graphik*, *Bilder*, ↑*Animation*, *Video* und *Audio* sind Beispiele für Medien (monomediale ↑Datentypen), die im betrachteten Zusammenhang von besonderem Interesse sind. Es gibt verschiedene Ansätze zur Klassifikation von Medien. Kriterien sind einerseits die Zeitabhängigkeit der Medien, andererseits die heute bevorzugten Speicherungsformen.

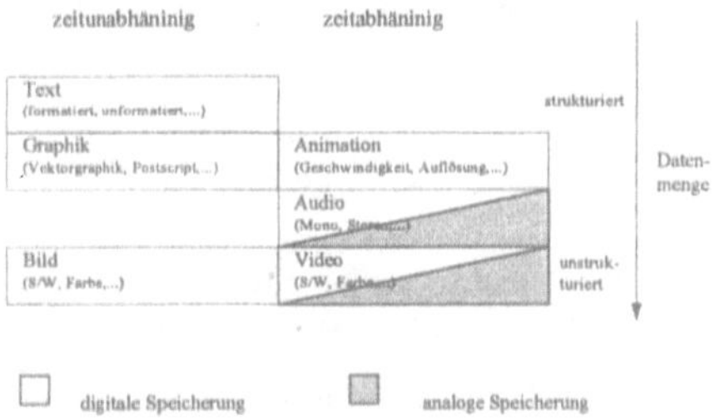

↑*Multimedia* bedeutet mehr als eine einfache Sammlung von verschiedenen Datentypen. Vielmehr müssen auch Beziehungen zwischen verschiedenen Datentypen dargestellt werden können (z.B. Synchronisation, Kombination und Konvertierung von einem in das andere Medium). Es müssen Operationen zur Bearbeitung verschiedener Datentypen im einzelnen und im Verbund mit anderen Medien, sowie allgemeine Manipulationsmöglichkeiten und verallgemeinerte Suchfunktionen bereitgestellt werden.
Ein ↑*Multimediadokument* ist eine zentral oder verteilt vorliegende strukturierte Einheit, die Informationen unterschiedlicher monomedialer Datentypen (Medien) enthalten kann, die der maschinellen Verarbeitung, der optischen, akustischen oder sonstigen Wahrnehmung dienen.

Problemstellung

Konventionelle ↑Datenbanksysteme sind spezialisiert auf formatierte Datensätze sowohl in der Speicherung als auch bei der Manipulation. Typische Transaktionen zeichnen sich durch relativ kurze Laufzeiten aus. Diese Eigenschaften der Daten sind bei Multimediadokumenten nicht gegeben. Es sind zum Teil komplex strukturierte Objekte, die in vielfältigen Beziehungen zueinander stehen. Dies führt zu Transaktionen von kurzer bis sehr langer Dauer mit unter Umständen sehr großem Datenvolumen. Damit weisen ↑Multimediadokumente gewisse Ähnlichkeiten mit CAD-Daten auf. Somit verschieben sich die Schwerpunkte von herkömmlichen zu speziellen Anforderungen an ↑Datenbanksysteme. Im Vordergrund stehen dabei die Präsentation, die Aufbereitung der internen Repräsentation und ihre Abbildung im Speicher, sowie die externe Darstellung mittels Geräten und Programmen für den Menschen, aber auch die Manipulation und die Abfrage von Medien der entsprechenden Art.

Eignung von Datenbanksystemen

↑Relationale Datenbanken haben im kommerziellen Bereich in den letzten Jahren zunehmend Verbreitung gefunden. Anfängiche Effizienzprobleme sind größtenteils überwunden und es existieren eine Reihe von systematischen Entwicklungsmethoden. Allerdings sind die relationalen Datenbanken nicht dazu entwickelt worden, sehr große Datenvolumina, wie sie bspw. für Video oder Graphik notwendig sind, zu speichern und zu verwalten. Auf den Marktbedarf hinsichtlich der Speicherung derartiger Objekte wurde von den Herstellern insofern reagiert, daß fast alle relationalen Systeme heute sog. *BLOB (Binary Large Objects)* anbieten, in denen große Mengen beliebiger, unstrukturierter Daten abgelegt werden können. Diese BLOB werden prinzipell wie andere Felder einer Tabelle behandelt, bedürfen aber intern wegen ihres Umfangs einer speziellen physischen Speicherung. Ein wesentliches Problem, das alle Anbieter von BLOB haben, ist, daß eine evtl. vorhandene Struktur eines ↑Mediums, z.B. eines Dokumentes, bei der linearen Speicherung in ein BLOB verlorengeht und bei Wiedergewinnung zunächst wieder hergestellt werden muß. Ferner muß für das lange Feld eine anwendungsspezifische Cursorverwaltung programmiert werden.

Bei den relationalen Systemen verfolgen ↑Datenbanksysteme wie INGRES, ORACLE und SYBASE den weitgehendsten Ansatz zur Integration verschiedener Medien: Hier ist einerseits die Einführung von BLOB und Hypertextprinzipien realisiert. Andererseits wird an der Entstehung von Multimediaapplikationen gearbeitet. Allerdings besteht hier noch erheblicher Entwicklungsaufwand im Bereich der Implementation von Programmlösungen für die Realisierung von Anforderungen an Multimediadatenbanken. Zur Definition, Speicherung und Abfrage von multimedialen Objekten müssen auch neue Sprachkomponenten in die herkömmlichen Abfragesprachen (↑SQL) einbezogen werden.

Das Konzept der ↑objektorientierten Datenbanken verfolgt die Idee, Objekte ohne große Tranformationsprozesse in Datenbankobjekte abzubilden. Bei objektorientierten Datenbanken gibt es deshalb die Möglichkeit, neben den vordefinierten Datentypen eigene zu definieren. Dabei ist keine Beschränkung gegeben, wie bspw. die ausschließliche Verwendung alphanumerischer Datentypen. Für Multimediadatentypen mit ihren vielfältigen Repräsentationsformen eignen sich objektorientierte Datenbanken vom Konzept her deshalb besser. Die Repräsentation von Objekten in einer objektorientierten Datenbank kann mehr oder weniger 1:1 in den Hauptspeicher übernommen werden, da vielfältige Strukturinformationen direkt gespeichert werden können. Bei relationalen Datenbanken ist dagegen eine Umsetzung der Tabellenform in die gewünschte Struktur (z.B. eines Dokuments) erforderlich.

Normierungsbemühungen im Bereich der ↑objektorientierten Programmierung und auch im Bereich der ↑objektorientierten Datenbanken - insb. eine benutzerfreundliche standardisierte Abfragesprache - stecken jedoch noch in den Anfängen.

Literatur: Atwood, T. M.: The Case for Object Oriented Databases, in: IEEE Spectrum, Bd. 28, Nr. 2, 1991. *Heilmann, H.* (Hrsg.): Multimedia, HMD, H. 169, Wiesbaden, 1993. *Meyer-Wegner, K.*: Multimedia-Datenbanken, Stuttgart, 1991. *Sokolowsky, P.*: Object Oriented Database Systems and Multimedia- Communications, in: Proceedings of Conference SOFSEM'92, Magura, Hig Tatras (CSFR), 1992. *Sokolowsky, P.*: Anforderungen und Einsatzperspektiven von Multimedia-Datenbanken für Datenbanken in der Multimedia-Kommunikation aus der Sicht des Anwenders, in: *Nastansky, L.* (Hrsg.), Multimedia&Imageprocessing, AIT Tagungsband X/92. *Steinmetz, R.,Herrtwich, R. G.*: Integrierte verteilte Multimedia-Systeme, in: Informatik Spektrum, Bd. 14, 1991.

Prof.Dr.P.Sokolowsky, Oestrich-Winkel

Multiprocessing

Arbeitsweise, in der von einem Computersystem mindestens zwei oder mehr verschiedene ↑Programme gleichzeitig bearbeitet werden.

Multiprogramming

Arbeitsweise, in der die Zentraleinheit Arbeiten ausführt, während die peripheren Geräte unabhängig arbeiten.

Multiprozessorsysteme

Als Mehr- oder *M.* oder einfach *Multiprozessoren* werden Architekturen bezeichnet, die in die *↑MIMD-Klasse (Multiple Instruction Streams over Multiple Data Streams)* der ↑Flynnschen Klassifizierung fallen. Im Unterschied zu den Feldrechnern, bei denen ein Feld von Prozessoren zu einem Zeitpunkt immer dieselbe Operation auf verschiedenen Datenobjekten ausführt und die somit in die *↑SIMD-Klasse (Single Instruction Stream over Multiple Data Streams)* fallen, können in *M.* die einzelnen Prozessoren unabhängig voneinander programmiert werden. Feldrechner unterscheiden sich weiterhin dadurch von den Multiprozessoren, daß die einzelnen Verarbeitungseinheiten oftmals keine vollständigen Prozessoren sind, sondern z.B. nur Operationen auf einem ↑Bit ausführen können. Ansonsten haben sie viele Eigenschaften (die Verbindungsstrukturen) mit den Multiprozessoren gemeinsam.

↑Rechnernetze sind ebenfalls keine *M.* Gegen Rechnernetze sind *M.* durch die räumliche Entfernung der Verarbeitungseinheiten (< 0,1 km) und durch die Übertragungsgeschwindigkeit der Verbindungseinrichtungen (> 10 MBits/s) abgegrenzt. Allerdings wird in Zukunft eine

klare Trennung zwischen *M.* und Rechnernetzen nicht mehr vorhanden sein, da bei Rechnernetzen immer höhere Übertragungsgeschwindigkeiten erreicht werden und schon heute beim verteilten Rechnen ähnliche Probleme, wie beim parallelen Rechnen auf *M.* auftreten.
Falls das *M.* aus einer Menge hardwaremäßig gleichartiger ↑Prozessoren besteht, wird von einem homogenen, ansonsten von einem inhomogenen *M.* gesprochen. Sind alle Prozessoren bzgl. ihrer Rolle im System vergleichbar, so handelt es sich um ein symmetrisches *M.*; üben die Prozessoren verschiedene, spezialisierte Funktionen aus, um ein asymmetrisches

Multiprozessorsystem.
Prinzipiell stehen Multiprozessoren unter Kontrolle eines für alle Prozessoren gemeinsamen Betriebssystems. Das Betriebssystem kann zentral von einer Betriebssystemmaschine aus die anderen Prozessoren steuern (zentrale Systemaufsicht) oder, was weit häufiger der Fall ist, dezentral auf die verschiedenen Prozessoren verteilt sein (dezentrale Systemaufsicht, verteiltes Betriebssystem).
Die einzelnen Prozessoren eines *M.* übernehmen Teilaufgaben einer übergeordneten Aufgabe. Um die parallel zu bearbeitenden Teilaufgaben miteinander abzustimmen und den Arbeitsfortschritt zu kontrollieren, ist ↑Kommunikation, d.h. Austausch von Daten und Steuersignalen zwischen den Prozessoren, notwendig. Außerdem werden verschiedene Ressourcen, wie z.B. globale Speicherbereiche und Ein-/Ausgabe-Ports, von allen Prozessoren gemeinsam benutzt.
Je nach Art der *Verbindungseinrichtung* werden speicher- und nachrichtengekoppelte ↑Systeme unterschieden:

- Bei *speichergekoppelten* sind die Prozessoren über gemeinsam zugreifbare Speicherbereiche gekoppelt, können jedoch auch lokale Speicher besitzen. ↑Kommunikation und Synchronisation geschieht über gemeinsame Variablen. Der sendende Prozessor schreibt Daten in den gemeinsamen Speicher, der empfangende Prozessor liest die Daten. Speichergekoppelte Multiprozessoren, bei denen alle Prozessoren Zugriff auf einen gemeinsamen Speicher besitzen, werden

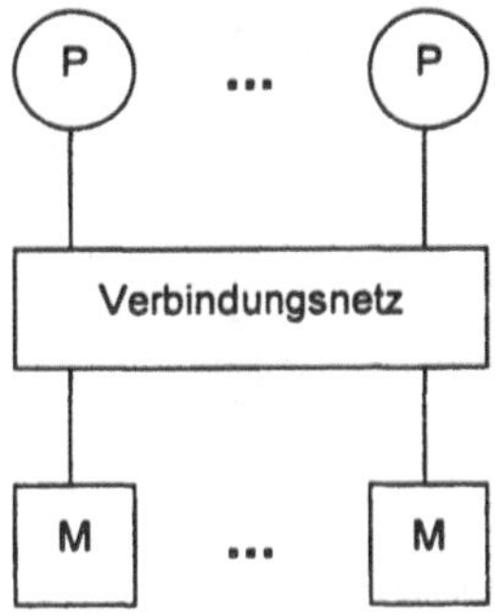

auch als stark oder eng gekoppelt bezeichnet.

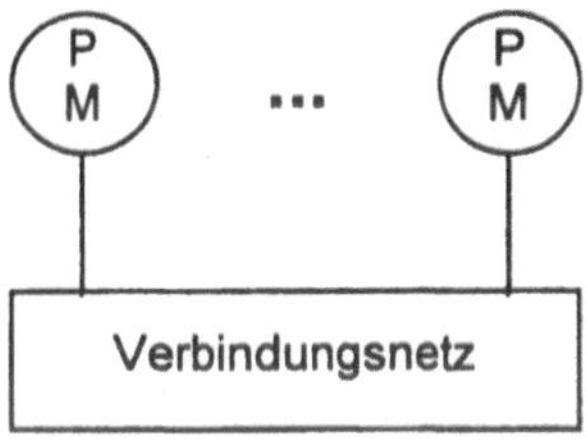

- Bei den *nachrichtengekoppelten* (lose oder schwach gekoppelten) Systemen gibt es keine gemeinsamen Speicherbereiche. Die Kommunikation geschieht durch Austauschen von Nachrichten über ein Verbindungsnetz. Alle Prozessoren besitzen nur lokale Speicher. Bei *speichergekoppelten* Multiprozessoren besitzen alle Prozessoren einen gemeinsamen Adreßraum. Je nach Speicheranordnung werden folgende Modelle unterschieden:
- *Uniform Memory Access-Modell (UMA)*: Alle Prozessoren greifen gleichermaßen auf einen gemeinsamen Speicher zu. Insb. ist die Zugriffszeit aller Prozessoren auf den gemeinsamen Speicher gleich. Jeder Prozessor kann zusätzlich einen lokalen ↑Cache-Speicher besitzen. Beispiele dafür sind die *M.* der Firmen Sequent und Alliant und die meisten Multiprozessor-Workstations und Serverrechner, wie z.B. der Sun SPARCserver und die Sun SPARCstation 10/514.

- *Nonuniform Memory Access-Modell (NUMA)*: Die Zugriffszeiten auf Speicherzellen des gemeinsamen Speichers variieren je nach dem Ort, an dem sich die Speicherzelle befindet. Die Speichermodule des gemeinsamen Speichers sind physikalisch auf die Prozessoren aufgeteilt. Der Zugriff auf das lokale Speichermodul eines Prozessors geht schneller als auf ein entferntes Speichermodul. Alle lokalen Speichermodule bilden zusammen einen gemeinsamen Adreßraum - im Gegensatz zu den lokalen Speichern eines nachrichtengekoppelten Multiprozessors. Beispiele dafür sind der BBN Buttery-Rechner und der TeraRechner.
- Auch die *Distributed Shared Memory-Systeme - M.* mit physikalisch auf die einzelnen Prozessorknoten verteilten Speichern und einem gemeinsamen Adreßraum - sind NUMA, da der Zugriff auf ein Datum im lokalen Speicher schneller geschieht, als ein solcher auf ein Datum in einem entfernten Speicher.
- Es kann auch eine ganze Hierarchie von unterschiedlichen Zugriffszeiten vorhanden sein. Bspw. sind bei *Clusterrechnern* eine Anzahl von Prozessoren zu einem ↑Cluster und mehrere Cluster zum Gesamtrechner verbunden. Der Zugriff auf den lokalen Speicher eines Prozessors ist schneller als auf den Speicher eines Prozessors im eigenen Cluster und dieser wiederum schneller als der Zugriff auf einen Speicher eines Prozessors in einem anderen Cluster. Ein Clusterrechner ist das Cedar-System, das aus vier Cluster besteht, wobei jeder Cluster aus einem modifizierten Alliant FX/8-Rechner mit acht Prozessoren aufgebaut ist. Eine Clusterbildung kann auch durch die Struktur des Verbindungsnetzes hervorgerufen werden. Dies geschieht bei der Connection Machine CM-5, deren Prozessorknoten baumartig mittels eines Fat Trees verbunden sind.
- *Cache Only Memory Architecture-Modell (COMA)*: Das COMA-Modell ist ein Spezialfall des NUMA-Modells, wobei die physikalisch verteilten Speichermodule ↑Cache-Speicher darstellen und der Speicher des gesamten Rechners somit nur aus Cache-Speichern besteht. Alle Cache-Speiher besitzen einen gemeinsamen Adreßraum. Der Zugriff auf den Cache-Block eines entfernten Cache-Speichers wird durch verteilte Cache-Directories unterstützt. Während beim NUMA-Modell die anfängliche Aufteilung der Daten auf die physikalischen Speichermodule von großer Bedeutung für die Laufzeit eines parallelen Algorithmus ist, da die Daten fest lokalisiert bleiben, wandern beim COMA-Modell die Daten in den Cache-Speicher des Prozessors, der sie benötigt. Beispiele für COMA-Modelle sind der KSR-1-Rechner von Kendall Square Research und die experimentelle Data Diffusion Machine.
- Neben diesen Modellen sind weitere Variationen denkbar und im Gebrauch. So existiert ein *Cache Coherent non Uniform Memory Access-Modell (CC-NUMA)*, bei dem die Speichermodule des gemeinsamen Speichers physikalisch verteilt sind und der Zugriff auf entfernte Speichermodule über einen ↑Cache-Speicher geschieht. Beispiele dafür sind die experimentellen Rechner Stanford Dash und MIT Alewife - beides Distributed Shared Memory-Systeme.

Die *nachrichtengekoppelten Multiprozessoren* lassen sich in verschiedene Generationen einteilen:

- Die *erste Generation (1983–1987)* ist durch einen softwaregesteuerten Nachrichtenaustausch (Store and Forward) charakterisiert. Durch die langsame ↑Kommunikation sind nur sehr grobkörnig parallele Algorithmen mit wenig Kommunikation effizient lauffähig. Beispiele: Cosmic Cube, Intel iPSC/1 und Parsytec Megaframe-Supercluster.
- Die *zweite Generation (1988–1992)* besitzt eine hardwaregestützte Nachrichtenübermittlung und meist hyperkubus- oder gitterartige Verbindungsstrukturen. Beispiele: Intel iPSC/2, Intel iPSC/860, Intel Paragon, nCUBE2, Parsys SuperNode und Parsytec GC. Die Kommunikationsgeschwindigkeit ist mit ca. 2.8 MBytes/s zwischen zwei beliebigen Knoten erheblich höher als bei den Multiprozessoren der ersten Generation.
- Die *dritte Generation (1993–1997)* wird durch Kommunikationseinrichtungen auf den Prozessorchips charakterisiert sein, die auch feinkörnig parallele Algorithmen effizient ausführen können. Insb. werden Kommunikations- und Syn-

chronisationsbefehle in stärkerem Maße als bei heutigen Prozessoren in den Befehlssatz des Prozessors integriert sein. Beispiele, die in diese Richtung weisen, sind die aus vielfädigen (Multithreaded) - Prozessoren aufgebauten, experimentellen Rechner MIT J-Machine und Caltech Mosaic. Der Unterschied zwischen nachrichtengekoppelten und speichergekoppelten Systemen wird sich durch Distributed Shared Memory-Techniken immer mehr verwischen.

Multiprozessoren, die aus mehreren autonomen Rechnern bestehen, werden auch als ↑*Multicomputer* bezeichnet. Dazu können speicher- und nachrichtengekoppelte Systeme zählen. Insb. ist dabei an diejenigen Rechner gedacht, die aus einer Vervielfachung vollständiger Zentraleinheiten von Großcomputern oder Vektorrechnern aufgebaut sind. Beispiele dafür sind die IBM-Großrechner IBM 3090-200E mit zwei Zentraleinheiten bis hin zum IBM 3090-600E mit sechs Zentraleinheiten. Diese Systeme besitzen lokale Speicher und sind über gemeinsame Speicher gekoppelt. Auch die Vektor-/Supercomputer Cray-XM-P, Cray-Y-MP, Cray-2 und Cray-C90 können als Multicomputer oder Multiprozessoren eingeordnet werden. Zu beachten ist, daß diese Terminologien in der Literatur sehr uneinheitlich verwendet werden. Bspw. versteht Quinn unter einem Multiprozessor immer ein System mit gemeinsamem Speicher. Nachrichtengekoppelte Systeme bezeichnet er als Multicomputer. Starkgekoppelte Multiprozessoren sind die speichergekoppelten Systeme, die über einen zentralen Schaltmechanismus auf den globalen Speicher zugreifen, während bei schwachgekoppelten Multiprozessoren der gemeinsame Speicher aus der Kombination der lokalen Speicher der Prozessoren gebildet wird.

Literatur: Giloi, W.K.: Rechnerarchitektur, 2. Aufl., Berlin, 1993. *Hwang, K.*: Advanced Computer Architecture, New York, 1993. *Quinn, M. J.*: Algorithmenbau und Parallelcomputer, Hamburg, 1988. *Ungerer,T.*: Innovative Rechnerarchitekturen-Bestandsaufnahme, Trends, Möglichkeiten, Hamburg, 1989.

Prof. Dr. Th. Ungerer, Karlsruhe

MUS

Managementunterstützungssystem; Oberbegriff für jeglichen kombinierten Einsatz von ↑Informations- und Kommunikationstechnologien zur Unterstützung von Führungskräften.

Mustererkennung

Pattern Analysis bzw. Pattern Recognition; Erkennung von Objekten aus einer reduzierten, symbolischen Repräsentation des Bildinhalts anhand charakteristischer Merkmale.

Nachricht
Zusammenstellung von Zeichen oder Zuständen, die zur Übermittlung von Informationen dienen.

Nassi-Shneiderman-Diagramm
Graphisches Beschreibungsmittel für die ↑Strukturierte Programmierung; Struktogramm.

Navigationskarten
N. dient dazu, den Inhalt und die Struktur eines Multimediasystems zu beschreiben.

Network Management System
Kombinierte Nutzung von Netzwerksteuerung und Managementfunktionen incl. Überwachung und Fehlerbehebung.

Netzdienste
Die bei ↑Rechnernetzen primär angebotenen Dienste, wie Benutzung eines entfernten Rechners im Dialog, Dateiübertragung zwischen Rechnern, Nutzung gemeinsamer Ressourcen, Versenden und Empfangen elektronischer Post, Informationssuche und -beschaffung etc.

Netzdienste, elektronische
Lokale Arbeitsplatzrechner (↑PC, ↑Workstation) werden heute in zunehmendem Maße vernetzt. In der einfachsten Form werden mehrere Arbeitplätze (Knoten eines Netzwerkes) zu einem *LAN* (↑Local Area Network) verbunden. Die wichtigsten Dienste solcher Netzwerke sind die Bereitstellung zentraler Ressourcen, wie z.B. Festplatten, auf denen sich allgemein verfügbare ↑Programme und ↑Daten befinden, oder Netzwerkdrucker. Größere Netzwerke werden auch als *MAN* (↑Metropolitan Area Network) oder *WAN* (↑Wide Area Network) bezeichnet. Es handelt sich hierbei jedoch mehr um symbolische Bezeichnungen, da es keine genaue Definition gibt und die Übergänge LAN - MAN - WAN sehr fließend sind. Allgemein gilt, daß mit zunehmender Netzgröße, d.h. mit größerem Abstand zwischen Netzknoten, die Übertragungsrate (die Anzahl der pro Zeiteinheit übertragbaren ↑Daten) abnimmt.
Für die Realisierung der eigentlichen physikalischen Verbindung mehrerer Arbeitsplätze stehen unterschiedliche *Übertragungsmedien* zur Verfügung. Dies können bspw. feste Verbindungen über Koaxialkabel (↑Ethernet) oder Lichtwellenleiter (↑FDDI) sein. Ferner ist es möglich, Arbeitsplätze mit Hilfe eines ↑Modems über normale Telefonleitungen, Richtfunk- oder Satellitenstrecken zu verbinden. Unterschiede bestehen hauptsächlich bei der möglichen Übertragungsrate. Diese physikalischen Verbindungen dienen als Träger für den Informationsaustausch. Damit sich die einzelnen Arbeitsplätze verstehen können, wurden einheitliche Protokolle definiert. Diese bilden eine Art "elementare Sprache". In den letzten Jahrzehnten wurden diverse Netzwerke mit eigenen *Protokollen* entwickelt, wie z.B. das BITnet, das IBM-Vnet, das DEC Easynet sowie das ↑Internet. Da die einzelnen Netzwerke für sich eigenständige Protokolle verwenden, können somit keine Daten ausgetauscht werden. Um diese Grenzen überwinden zu können, werden *Gateways* eingerichtet. Diese sind i.d.R. Rechner, die eine Hardwarekopplung und eine Protokollumsetzung durchführen. Sie sind Dolmetscher zwischen den Protokollen und ermöglichen einen transparenten Zugriff auf verschiedene Protokollplattformen.
Internet
Das Internet ist das älteste und Zeit größte globale Computernetzwerk der Welt. Seinen Ursprung hat das Internet in einem 1968 begonnenen Projekt der US-amerikanischen Behörde *ARPA* (Advanced Research Projects Agency), später umbenannt in *DARPA* (Defence ARPA). Es entstand ein Paketvermittlungsnetz, das den Namen *ARPAnet* erhielt und Rechner in Nordamerika miteinander verband. Im Jahre 1973 wurde mit der Entwicklung einer einheitlichen Technik zur Verbindung von unterschiedlichen paketvermittelnden Netzen begonnen. Das daraus entstandene *TCP/IP* (↑Transmission Control Protocol/Internet Protocol Suite) wurde von der University of California in Berkeley in deren ↑Betriebssystem Unix (4.2-BSD) eingebunden. Anfang der 80er Jahre erklärte das Department of Defence TCP/IP zum nationalen Standard. Auf dieser Basis konnte sich die Protokoll-

familie als Quasistandard weltweit etablieren. Heute bilden alle Netzwerke, die auf IP basieren und miteinander verbunden sind, das Internet. Nachdem sich 1983 das Military Network (MILnet) vom ARPAnet abgespalten hat, wird dieses heute weltweit in erster Linie für zivile Zwecke genutzt. So verwenden Universitäten und andere Forschungseinrichtungen das Internet für den globalen Datenaustausch. In Deutschland unterhalten u.a. das Wissenschaftsnetz *WIN* (das X.25-Netz des Vereins zur Förderung des deutschen Forschungsnetzes DFN), das Landesforschungsnetz von Baden-Würtemberg (BelWü) und das Karlsruher Universitätsprojekt XLINK Verbindung zum Internet und bilden Basisdienste an. Weiterer Dienstanbieter ist die inzwischen privatisierte EUnet GmbH in Dortmund.

Die meisten Knoten im Internet laufen unter Unix, da dieses ↑Betriebssystem im wissenschaftlichen Bereich weit verbreitet ist. Es gibt aber auch entsprechende ↑Software für andere Betriebssysteme. Für den Anwender liegt der praktische Nutzen des Internets vor allem in den verfügbaren Diensten. Von den mehr als 100 verschiedenen Protokollen der TCP/IP-Familie sollen im folgenden die bekanntesten vorgestellt werden. Der Aufbau der Dienste ist dabei prinzipiell immer gleich. Es gibt einen Dienstanbieter *(↑Server)*, sowie mehrere, die diesen Dienst in Anspruch nehmen *(↑Clients)*. Dabei können identische Dienste an verschiedenen Stellen im Internet angeboten werden. Der Anwender kann sich in der Regel aussuchen, mit welchem Anbieter er Kontakt aufnimmt. Wichtige Kriterien sind hierbei die Verfügbarkeit, sowie die mögliche Datenübertragungsrate.

Zur eindeutigen Identifizierung aller Internet-Knoten existiert eine *standardisierte Adressierung*. Die Vergabe der eindeutigen und einmaligen IP-Adressen erfolgt durch das IR (Internet Registry) am DDN NIC (Network Information Center). Da Nummern nur schwer zu merken sind, hat jeder Rechner und sein übergeordnetes Netzwerk, die Domain, einen eigenen Namen. Es ist also jeder IP-Nummer ein sog. Nickname (Spitzname) zugeordnet. Dies ermöglicht es auch Programmen, Zielrechner mit einem symbolischen Namen zu adressieren. Alle vollständigen Netznamen, die FQDN (Fully Qualified Domain Names), bestehen aus Top Level Domain, der Organisation und evtl. nachfolgenden Sub-Domains. Letztere machen eine weitere Unterteilung der Organisation möglich. Eine Internet-Adresse folgt somit der Konvention „hostname.subdomain.domain.top_level_domain“.

Der einzelne Benutzer wird wiederum durch ein vorangestelltes user@ angesprochen, wobei als at gelesen wird. Für die Top Level Domain wird in der Regel eine Abkürzung für das Land verwendet, so heißt die deutsche Top Level Domain 'de'. Eine Besonderheit der Domain-Adressierung ist, daß keine Angabe absoluter Adressen (Bang Adresses) nötig ist. Es ist lediglich die Zieladresse entscheidend. Die zwischengeschalteten Rechner reichen eine ↑Nachricht weiter, bis ein Rechner mit der erforderlichen Routinginformation gefunden ist. Es ist Aufgabe der ↑Router, den günstigsten Weg zum angegebenen Ziel zu suchen.

Weltweiten Netzdienste

Unter den verschiedenen Protokollen der ↑TCP/IP-Familie gibt es *drei Basisdienste*, die die meisten Knoten im Internet anbieten: Terminalsitzung bzw. Remote Login (telnet, rlogin), Dateiübertragung mit Remote File Transfer (↑FTP) und ↑Electronic Mail.

- *telnet, rlogin*

Mit *telnet bzw. rlogin* kann sich der Anwender auf einem entfernten Rechner zu einer Dialogsitzung anmelden, um etwa dessen Rechenleistung zu nutzen. *rlogin* setzt dabei voraus, daß der ↑Server ebenfalls unter einem Unix-System läuft. Ein Benutzer kann somit auf einem beliebigen anderen Rechner in der Welt arbeiten. So bieten zahlreiche Server den direkten Zugriff auf ↑Datenbanken und online-Dienste. Eine Bedingung ist allerdings, daß der Benutzer eine Zugangsberechtigung besitzt. Deshalb muß am Anfang einer telnet-Sitzung ein Username und ein Paßwort eingegeben werden. Der Aufbau einer telnet-Verbindung mit dem Zielrechner rechner hat bspw. folgenden Aufbau:

„telnet rechner.irb.unihannover.de“

• *Electronic Mail, EMail*

Das Versenden von elektronischen ↑Nachrichten gehört zu den am meisten genutzten Anwendungen. Durch die einheitliche Adressierung gelangt jede ↑Nachricht innerhalb kürzester Zeit an einen beliebigen Adressaten im Internet. Über ↑Gateway-Rechner sind außerdem viele weitere Teilnehmer der o.a. anderen Netze erreichbar. Neben dem Verbindungsaufbau und der Ablieferung der Post beim Zielrechner setzen viele Gateways auch Details, wie die Empfängeradresse oder Briefinhalte, entsprechend passend zum Empfangsrechner um. Mail Programme sind für die unterschiedlichsten ↑Betriebssysteme vorhanden, wie z.B. Unix, OS/2, MS-Windows oder NetWare. Zusätzlich gibt es eine Vielzahl von reinen Front-Ends, die die Bedienung vereinfachen, ergänzenden Mailtools und Multimediaaufsätzen am Markt. Mit letzteren können sogar Filme und gesprochene Texte (Graphik- und Voice-Mail) erfaßt, versendet und dargestellt werden.

Zu Informationszwecken gibt es im Internet sog. Mail Reflectors. Hier kann sich ein Benutzer in die nach Themen organisierten Mail-Listen eintragen lassen. Jede dort eintreffende Mail wird an jeden in der Liste weitergeleitet. Das Senden einer einfachen EMail kann so aussehen: „mail send user@rechner.irb.unihannover.de Subject:"

Dies ist ein Test Text der EMail.

Neben dem direkten Informationsaustausch zwischen zwei Benutzern gibt es mit zunehmender Tendenz einen über sog. ↑*Mailboxen*. Die Darbietung der Informationen ähnelt einem 'schwarzen Brett', wo jeder ↑Nachrichten hinterlassen und lesen kann. Diese Systeme werden *Bretter* (Bulletin Boards) bezeichnet.

Zunächst besteht eine *Mailbox* aus einem Rechner, auf dem in der Regel eine hierarchisch strukturierte, öffentlich zugängliche Datenbasis zur Verfügung gestellt wird. Mit diesem Rechner können die Benutzer Verbindung aufnehmen und untereinander Daten austauschen. Da viele der lokal gespeicherten Daten auch für Leser in anderen Boxen interessant sein können, werden diese zwischen den Mailboxen ausgetauscht, so daß jeder unter seiner ↑Benutzeroberfläche auf diese zugreifen kann (Mailboxnetz). Die einzelnen Mailboxen haben kommerzielle bzw. nichtkommerzielle Ausrichtung. Letztere sind für Privatpersonen zur Hobbynutzung i.d.R. frei.

• *Usenet*

Ein ebenfalls (noch) kostenfreies Netz ist das *Usenet* (Users Network). Es ist das älteste und größte Netz, das zum überwiegenden Teil von Universitäten unterhalten und genutzt wird. Bei den Usenet News handelt es sich um ein Konferenzsystem, das 1979 an der Duke University (USA) entstanden ist. Es basiert zumeist auf Unix-Systemen, die über das Internet verbunden sind. Der Usenet News-Verkehr ist jedoch nicht auf das ↑Internet begrenzt, sondern wird auch in anderen Netzen verteilt. Da im Usenet jeder Benutzer lesend und schreibend teilnehmen kann, hat sich ein Verhaltenskodex gebildet, der unter dem Namen Netiquette (Network Etiquette) bekannt ist.

• *Fidonet*

Das *Fidonet* oder kurz Fido ist, wie das Usenet ein internationales Netz, das 1984 in den USA entstanden ist. Der inhaltliche Schwerpunkt sind computerbezogene Themen.

• *Z-Netz*

Beim *Z-Netz* (Zerberus) handelt es sich um das größte rein deutsche Netz. Es ist 1985 entstanden und hat seinen inhaltlichen Schwerpunkt neben Computerthemen im politisch-sozialen Bereich.

• *Compuserve, Btx*

Die beiden für Deutschland bedeutendsten kommerziellen Netze sind *Compuserve* und ↑*Btx* (Telekom; seit 1.1.93 ↑Datex-J). Compuserve ist, wie Usenet oder Fidonet, ein weltumspannendes Netz, das verschiedenste Informationen anbietet. Btx (Bildschirmtext) nimmt unter den kommerziellen Dienstnetzen eine Sonderrolle ein, da es i.w. auf Deutschland beschränkt ist. Die Telekom ist in erster Linie Systembetreiber und stellt die Ressourcen zur Verfügung. Zu den verfügbaren Diensten zählen z.B. Telebanking, Nachrichtendienste, Wetterberichte und Fahrplanauskünfte.

• *FTP, anonymous FTP*

Mit Hilfe von FTP können Dateien zwischen Rechnern ausgetauscht werden. Ein Benutzer meldet sich mit Hilfe eines

FTP-Programms auf einem FTP-Server an. Er erhält auf dem Zielsystem eine Restricted Shell, d.h. einen Kommandolnterpreter, mit dem er sich in einem abgeschlossenen Bereich des Dateisystems bewegen und sämtliche Dateien übertragen kann. Ebenso wie bei EMail gibt es heute verschiedene Programme und Front Ends, die die Bedienung und die Verwaltung der Dateien vereinfachen. In der Regel ist auf dem FTP-Server keine besondere Erlaubnis für den Zugriff notwendig. Für die Benutzung gilt: entweder
{Username-Password}-Kombination
{guest-guest} oder
{anonymous-EMail Adresse}.
Letzteres wird auch als Anonymous FTP bezeichnet. Auf den FTP-Servern findet der Benutzer öffentliche Dokumente, Arbeitsberichte und vor allem ↑*Public Domain-Software*. Viele der bekanntesten Programme aus dem Unix-Bereich lassen sich so einfach besorgen. Um zu verhindern, daß sämtliche Anwender auf einen FTP-Server zugreifen und diesen blockieren, werden Daten von verschiedenen Servern gespiegelt, d.h. diese Rechner kopieren sich die Daten in bestimmten Intervallen. Die identischen Daten können somit von verschiedenen Rechnern erhalten werden. Zusätzlich wird die Netzbelastung reduziert, da bspw. nicht mehr jeder Benutzer in Deutschland Daten aus den USA holen muß. Das Einloggen auf einem FTP-Server erfolgt so:
„ftp rechner.irb.uni-hannover.de Name:
anonymous Password:
user@rechner.irb.uni-hannover.de"

- *Archie*

FTP ist heute ohne Archie kaum noch denkbar. Es handelt sich dabei um ein Dateiauskunftssystem, das per telnet oder E-Mail zugänglich ist. Es basiert auf sog. Archie-Servern. Sie werden benutzt, um Dateien auf FTP-Servern aufzuspüren, von denen bekannt ist, daß es sie gibt, aber nicht, wo sie sich befinden. Archie holt sich periodisch die Inhaltsverzeichnisse der ihm bekannten FTP-Server und sucht auf Anfrage in seinem Index nach der gewünschten Datei. Ist die Suche erfolgreich, erfährt der Benutzer den Namen des Servers, dessen IP-Adresse und das Unterverzeichnis, in dem sich die gesuchte Datei befindet. Mit den heute verfügbaren Archie-Programmen, wie z.B. xarchie, lassen sich leicht Anfragen an einen der vielen Archie-Server formulieren. Die gefundenen Dateien werden in einer Liste dargestellt und können dann ausgewählt und direkt per FTP übertragen werden.

- *WAIS*

Das *Wide Area Information System* ist einer der neueren Dienste im ↑Internet. Es handelt sich dabei um eine Sammlung von im ganzen Netz verteilten Datenbanken, in denen über Schlüsselwörter nach Dokumenten oder Dateien gesucht werden kann. Mit Hilfe eines WAIS-↑Clients kann sich der Benutzer verschiedene ↑Datenbanken aus einer verfügbaren Liste auswählen und in diesen nach bestimmten Begriffen suchen. Die gelieferten Daten werden aufbereitet, angezeigt.

- *Gopher*

Ein großes Problem des ↑Internet ist, daß die immense Anzahl an ↑Informationen weltweit verteilt ist. Es ergibt sich somit das Problem, daß der Benutzer wissen muß, wo sich nützliche ↑Informationen befinden. Das Internet Gopher System erleichtert die Orientierung in der Welt der Internet Ressourcen erheblich. Neben einfachen Texten und Dateien präsentiert Gopher den Zugang zu den oben erwähnten und einigen anderen Netzwerkdiensten in der Form eines hierarchischen Menüsystems. Dazu müssen natürlich die jeweiligen lokalen Ressourcen speziell aufbereitet und durch einen Gopher-Server der Welt angeboten werden. Die einzelnen Menüpunkte sind mit Dateien, dem Zugang zu einem anderen Internet-Dienst oder weiteren Untermenüs verknüpft. Das Verzweigen in ein Untermenü kann wiederum mit dem Wechsel in ein ganz anderes Gopher-System irgendwo in der Welt gleichbedeutend sein, ohne daß der Benutzer dies direkt merkt. Das Gopher System entstand Anfang 1991 an der University of Minnesota. Daher kommt auch der Name: Gopher ist eine Taschenratte und das Maskottchen des Bundesstaates Minnesota und der Universität. Das System soll hauptsächlich als verteiltes Informationssystem ↑Nachrichten, Ankündigungen und sonstige ↑Informationen in einfacher Textform elektronisch für Studierende und Universitätspersonal zur Verfügung stellen.

• *Veronica*

Veronica ist im Verhältnis zu ↑Gopher, was Archie zu FTP-Servern ist: ein Auskunftssystem, das nach Schlagworten in den Gopherdateien und Verzeichnissen sucht. Anfrageergebnisse präsentiert das ↑Tool in Form von Menülisten, die der Benutzer direkt aufrufen kann.

• *WWW*

Das *World Wide Web* (W3) verfolgt das gleiche Ziel wie ↑Gopher: die transparente Bereitstellung der verschiedensten Internet Ressourcen. W3 entstand 1989, als eine Gruppe von Physikern am Kernforschungszentrum CERN (Centre Europeén de Recherches Nucléaires) in Genf ein Softwareprojekt in die Wege leitete, das als globales, interaktives Informationssystem für die Hochenergiephysik dienen sollte. Es zeigte sich jedoch schnell, daß ein solches System für das gesamte Internet von großem Nutzen ist. Mit seiner Hilfe lassen sich Informationen im Netz einheitlicher Schnittstelle benutzerfreundlich integrieren.

↑*Gopher* und ↑*WWW* unterscheiden sich grundlegend in ihrer Konzeption. Zur Navigation greift das WWW das Prinzip des Gopher auf, erweitert es aber entscheidend. Gopher präsentiert dem Benutzer ↑Menüs, aus denen er unmittelbar die gewünschten Informationen oder weitere Menüs auswählen kann. Diese können auf dem aktuellen Rechner oder auf sonstigen Gopher-Servern im ↑Internet liegen. Das Gopher-System unterscheidet streng zwischen Menüs einerseits und Dokumenten andererseits. Nicht so das World Wide Web. Als echtes Hypertextsystem enthalten die Dokumente Verweise (Hypertextlinks) auf weitere Dokumente, die auf ↑Servern irgendwo im ↑Internet liegen können. Durch Anwählen eines solchen Links verzweigt der Benutzer zur gewünschten ↑Information. Hypertextlinks beschränken sich aber nicht nur auf Verweise zu anderen WWW-Dokumenten, sondern können auf beliebige Informationen zeigen, wie z.B. eine Datei auf einem ↑FTP- oder Gopher-Server, einen Artikel in einer (Usenet-) Newsgroup oder auf das Ergebnis einer WAIS-Datenbankabfrage. Das zentrale Element des World Wide Web sind Hypertext- bzw. Hypermedia-Browser. Mit diesen läßt sich komfortabel durch die Welt des World Wide Web navigieren. Browser gibt es mittlerweile für die verschiedensten Systeme. Ganz wesentlich zur Popularität von WWW hat der X-Window Browser Mosaic des amerikanischen National Center for Supercomputing Applications (NCSA) an der University of Illinois beigetragen.

Literatur: Frey, D., Adams, R.: The Directory of Electronic Mail Adressing & Networks, Sebastopol, CA, 1991. *RFC 1118*: The Hichhikers Guide to the Internet, IAB, 1989. *Kehoe, B.*: Zen and the Art of the Internet: A Beginner's Guide to the Internet, 2nd Ed., NJ, 1992. *Klute, R.*: Das World Wide Web-Kompendium, Multimedialer Hypertext im Internet. *Ralston, A., Reilly, E.D.* (Eds.): Encyclopedia of Computer Science, Third Ed., New York, 1993. *Tanenbaum, A. S.*: Computer-Netzwerke, 1990. *Von Rospach, Ch., Spafford, G.*: A Primer on How to Work with the Usenet Community, Last Change 1993.

Prof. Dr.-Ing. Ch. Müller-Schloer, G. Reefmann, Hannover

Netzgraphen

N. basieren auf der Graphentheorie und kommen in zwei Varianten als Vorgangsknoten- und Vorgangskantennetze.

Netzplantechnik

Methoden zur Evaluation von Prozeß- und Projektmodellen, die nach der Netzgraphenlogik konzipiert sind.

Netzwerkmanagement

Planung, ↑Steuerung und Überwachung der Aktivitäten von Menschen, der Hard- und Softwarekomponenten in Rechnernetzen und deren Umfeld automatisch und/oder durch menschliche Aufgabenträger, bzw. von aus Hard- und Softwarekomponenten bestehenden Werkzeugen.

Neumann, John von

Entwickelte 1946 die Grundstruktur von frei programmierbaren ↑Computern. Danach besteht ein Computer aus einem Steuer- und Rechenwerk, Speicher, sowie Ein- und Ausgabegeräten (↑EVA-Prinzip: Eingabe - Verarbeitung - Ausgabe). Die Struktur des Computers ist unabhängig vom Problem. Der Speicher ist in Zellen unterteilt; sie sind fortlaufend numeriert; es sind die Adressen. Das ↑Programm ist eine Folge von Befehle die nacheinander, linear (sequentiell) abgearbeitet werden.

Neuronale Netze

Begriff und Einordnung

In der Künstlichen Intelligenz lassen sich zwei grundsätzliche Richtungen unterscheiden. Der traditionelle Symbolverarbeitungsansatz modelliert Intelligenz durch Logikkalküle i.w.S. Die Operationen basieren auf der Manipulation von Symbolen. Beispiele für diesen Ansatz sind ↑Expertensysteme. Der Ansatz des Konnektionismus dagegen orientiert sich bei dem Versuch, Intelligenz zu verstehen und zu modellieren, am biologischen Vorbild. Intelligenz entsteht danach durch das Zusammenwirken vieler Tausender einfach strukturierter Nervenzellen. Bei der Entwicklung *N.* als Instrumente der Analyse und Entscheidungsunterstützung wird versucht, die Funktionsweise biologischer Nervenzellen und der Informationsverarbeitung im Gehirn in einem drastisch vereinfachten ↑mathematischen Modell einzufangen. *N.* sind damit - vereinfacht gesprochen - simple funktionale Äquivalente natürlicher *N.* in biologischen Organismen. Netzwerke solcher künstlicher Nervenzellen werden dann entweder als spezielle Chips (*Neurochips*) gebaut oder per ↑Software auf einem ↑Computer simuliert. Sie heißen daher oft auch *Künstliche N.*

Arbeitsweise

Die Arbeitsweise von *N.* läßt sich folgendermaßen beschreiben: Grundbausteine jedes *N.* sind funktionale Modelle von Nervenzellen, die als Units oder Neuronen bezeichnet werden. Sie können als kleine individuelle Entscheidungsmodelle interpretiert werden. Auf das Neuron treffen (im Grundsatz beliebig viele) von der Außenwelt oder anderen Neuronen des Netzes abgesandte Signale. Das Neuron hat zuerst diese Signale zu filtern, d. h. die Signale je nach Wichtigkeit aufzunehmen oder verschiedene Verbindungen durch Gewichtung der Signale mit 0 ganz abzuklemmen. In einem zweiten Schritt werden die aufgenommenen ↑Informationen (Signale mit Gehalt) zu einer Gesamtgröße (Aktivitätszustand des Neurons) zusammengeführt. Die einfachste Möglichkeit hierzu stellt die Bildung einer gewichteten Summe aller gefilterten Eingangsinformationen dar (Nettoinput). Die Gewichtungsfaktoren geben die sog. synaptische Verbindungsstärke zwischen den Units an. In einem dritten Schritt läßt sich aus dem Aktivitätszustand der Output der Unit, z.B. eine Ja/ Nein-Entscheidung ableiten. Dazu wird der Aktivitätszustand mittels einer Outputfunktion transformiert. Häufig wird eine nichtlineare Funktion verwendet. Dies kann eine einfache Sprungfunktion sein (bei Aktivitätszustand < Schwellwert: 0, bei Aktivitätszustand > Schwellwert: 1). Häufig wird (wegen ihrer mathematischen Eigenschaften) allerdings eine logistische Funktion oder der Tangens Hyperbolicus gewählt. Die Einführung einer nicht-linearen Funktion ist eines der differenzierenden Merkmale von *N.*, auf dem auch zu wesentlichen Teilen ihre Leistungsfähigkeit basiert.

N. setzen sich aus mehreren Neuronen zusammen. Nach der Anordnung und internen Vernetzung der Neuronen lassen sich als zwei Hauptklassen Schichten- und Klumpenmodelle unterscheiden. Bei einem *Schichtenmodell* sind die Neuronen in Schichten angeordnet. Jedes Neuron empfängt nur Informationen von Neuronen vorgelagerter Schichten und sendet nur an Neuronen nachgelagerter Schichten. Der Informationsfluß erfolgt also Feed Forward. *Klumpenmodelle* weisen dagegen mindestens eine Rückkopplung auf, d.h. ein Neuron sendet an ein anderes und empfängt von diesem gleichzeitig Signale. Sie werden auch rekurrente oder Feed Back-Netze bezeichnet. Die beiden Modelltypen eignen sich jeweils für spezifische Problemstrukturen. Soll z.B. für Finanzprognosen ein Markt mit mehreren Teilnehmern (Teilnehmergruppen) modelliert werden, deren Entscheidungen sich gegenseitig bedingen und beeinflussen, so ist ein rekurrentes *N.* grundsätzlich das geeignete Modell. Solche *N.* sind aber algorithmisch sehr viel schwieriger zu handhaben, da sie - im Gegensatz zu einem Schichtenmodell - in mitunter vielen hundert Iterationen in einen Gleichgewichtszustand einschwingen müssen. Der in Wissenschaft und Praxis am häufigsten beschriebene und eingesetzte Netzwerktyp ist das Multilayer-Perceptron, ein Schichtenmodell mit meist einer Schicht sog. verdeckter Neuronen (Hidden Units) zwischen der Input- und der Outputschicht. Die Neuronen der Inputschicht nehmen Signale von der Systemumwelt auf und geben sie an die Neuronen der verdeckten Schicht weiter. Dort werden sie in der beschriebenen Weise verarbeitet und an die Outputschicht weitergegeben. Die Ausgabe der letzten Schicht (Outputschicht) stellt den Output des gesamten Netzwerks dar.

Lernen in N.

Damit *N.* die vorgesehene Aufgabe erfüllen können, müssen sie lernen (trainiert werden). Die wohl wichtigste Eigenschaft von *N.* ist ihre Lernfähigkeit. Unter Lernen wird bei einem *N.* eine Anpassung der Verbindungsgewichte im Netzwerk verstanden in der Art, daß ein erwünschtes Eingabe-/Ausgabeverhalten in bestmöglicher Weise (also mit einem möglichst geringen Fehler) erreicht wird. Auch hinsichtlich des Lernprinzips lassen sich *N.* in zwei Klassen unterteilen: Lernen mit und ohne Zielvorgabe. Beim Lernen mit Zielvorgabe (überwachtes Lernen) wird dem *N.* während der Lernphase zu jedem Eingabemuster mitgeteilt, welches Ausgabemuster es daraufhin richtigerweise produzieren sollte. Vereinfacht läßt sich die Vorgehensweise wie folgt darstellen: Dem noch untrainierten Netzwerk wird ein Eingabemuster (ein Beispielfall für das zu lösende Zuordnungsproblem) präsentiert. Da anfangs die Gewichte im Netz noch zufällig gewählt sind, wird das *N.* ein Ausgabemuster produzieren, das von dem erwünschten (der Zielvorgabe) abweicht. Über die Differenz zwischen Soll- und Ist-Output läßt sich nun eine Fehlerfunktion definieren. Produziert das *N.* für alle Eingabemuster den erwünschten Output, hat die Fehlerfunktion den Wert 0. Lernen bedeutet also, die Verbindungsgewichte im Netzwerk so zu wählen, daß die Fehlerfunktion ein (globales) Minimum annimmt, bedeutet also Fehlerminimierung. Bei Abweichungen werden die Gewichte, von der letzten Schicht beginnend, so angepaßt, daß der Fehler möglichst klein wird. Im Vergleich zur ↑Informationsverarbeitung erfolgt die Gewichtsanpassung (das Lernen) also in Gegenrichtung; dann wird von Backpropagationnetzen gesprochen. Wenn das Netz nach vielen Wiederholungen dieser Schritte genügend trainiert erscheint, kann es auf ihm nicht bekannte Beispielfälle angewandt werden, um seine Treffergüte zu überprüfen. Für den Lernprozeß stehen verschiedene Algorithmen zur Verfügung, bei denen es sich häufig um Anpassungen von Verfahren der nicht-linearen Optimierung handelt. Für die meisten ökonomischen Anwendungen ist das Prinzip des überwachten Lernens das geeignete. Beim Lernen ohne Zielvorgabe, auch als unüberwachtes oder selbstorganisiertes Lernen bezeichnet, soll das *N.* über die Eingabemuster eine selbständige Kategorienbildung vornehmen. Bekannteste Vertreter sind Kohonens Self Organizing Feature Maps oder die Adaptive Resonance Theory nach Carpenter/Grossberg.

Eigenschaften und Anwendungsgebiete

Gegenüber traditionellen Verfahren zeigen sich verschiedene positive Eigenschaften von *N.*, die auch ihren sinnvollen Einsatzbereich abstecken:

- die Ursache-Wirkungszusammenhänge der zu lösenden Aufgabe brauchen nicht bekannt zu sein. Es genügt, das Problem durch eine möglichst umfassende Sammlung denkbarer Einflußgrößen und entsprechender Beispiele zu beschreiben. Durch ihre Lernfähigkeit sind *N.* in der Lage, die in den Beispielfällen enthaltenen Strukturen zu entdecken;
- die Inputdaten dürfen unvollständig und verrauscht sein;
- es können auch hochgradig nicht-lineare Strukturen erkannt werden.

Vom Problemtyp her handelt sich also um komplexe, theoretisch nicht genau beschreibbare Wirkungszusammenhänge vermutlich nicht-linearer Art, für deren Erfaßung sich *N.* besonders eignen. Die Einsatzschwerpunkte im nicht-ökonomischen Bereich liegen in der ↑*Bildverarbeitung* (Personenerkennung und Qualitätsprüfung), in der ↑*Sprachverarbeitung* (Verarbeitung von Schrift und gesprochener Sprache) und in der ↑*Signalverarbeitung* (akustische Prüfverfahren und ↑Robotersteuerungen). In der Ökonomie finden sie in zunehmendem Maße Eingang bei der Prognose von Finanzmarktentwicklungen (Aktien-, Renten- und Währungskurse), bei der Bonitätsklassifikation von Unternehmen und Privatpersonen, sowie bei der Segmentierung von Märkten. Die bislang erzielten und dokumentierten Resultate beim Einsatz für Finanzmarktprognosen und Kreditnehmerklassifikationen lassen *N.* als erfolgversprechende und grundsätzlich überlegene Verfahren erscheinen. Allerdings sind *N.* keine Selbstläufer. Nicht bei allen Problemstellungen lassen sich ihre Vorteile ausnutzen. Zusätzlich enthalten sie eine große Zahl von Freiheitsgraden, die Fehler- und Mißerfolgsmöglichkeiten bieten. Zunächst geht es um die Art und Qualität der verwendeten Daten. Auch bei *N.* gilt Garbage in - Garbage out. Wenn die herangezogenen Inputdaten die wirklich interessierenden und den gesuchten Sachverhalt abbildenden Zusammenhänge nicht enthalten, können diese von einem *N.* auch nicht entdeckt werden. Wegen der Hochdimensionalität der Modelle ist besonders wichtig, über eine genügend große Zahl an Lernbeispielen zu verfügen, damit das Modell nicht (so leicht) auf Rauschen, d.h. auf zufällige Datenkonstellationen hereinfällt. Auch die Frage der Datenvorverarbeitung (Normierung, Ausreißerglättung) spielt eine wesentliche Rolle. Ebenso wichtig ist die Wahl des geeigneten Netzwerktyps. Derzeit sind wenigstens 20-30 Netzwerktypen verfügbar, die alle spezifische Stärken und Schwächen aufweisen. Allerdings gibt es kaum Regeln für deren problemadäquate Auswahl. Bei finanzwirtschaftlichen Anwendungen streuen die Trefferquoten bei Einsatz verschiedener Netzwerktypen beträchtlich. Die Wahl eines ungeeigneten Netzwerktyps kann also leicht zu einem Scheitern führen. In der Praxis wird meist nur mit dem einen Netzwerktyp, der gerade verfügbar ist (erworben wurde), für alle Problemstellungen gearbeitet.

Auch die Festlegung der Netzwerkarchitektur, d.h. der Zahl der Schichten und der Units auf den Schichten, beeinflußt die Qualität des *N.*-Einsatzes enorm. Grundsätzlich ist die Suche nach dem optimalen Netz möglich, indem zunächst mit einem kleinen Netz begonnen und es weiter vergrößert wird, bis das Fehlerminimum erreicht ist. Zumindest bei finanzwirtschaftlichen Anwendungen hat sich der umgekehrte Weg, mit einem überdimensionierten Netz zu beginnen und dann nach und nach nicht benötigte Neuronen und Verbindungen herauszunehmen, als sinnvoller erwiesen. Leistungsfähige *N.*-Simulatoren verfügen inzwischen über Instrumente (sog. Pruning - Verfahren), die den Anwender beim Auffinden der optimalen Netzwerkstruktur und -größe wirksam unterstützen. Weitere Freiheitsgrade bieten z.B. das Lernverfahren und die Wahl der Outputfunktion. Ein besonderes Problem in der Trainingsphase ist das sog. Overfitting (Overlearning) von *N.* Je komplexer ihre Struktur ist, desto eher neigen sie dazu, in den Trainingsdaten auch Scheinzusammenhänge zu erkennen (ein Problem, das prinzipiell auch bei statistischen Verfahren, wie z.B. multiplen Regressionen vorkommt). Sie lernen dann zwar gut, die ihnen präsentierten Beispielfälle weitgehend fehlerlos zuzuordnen, versagen dann aber in ihrer Generalisierungsfähigkeit, d.h. in der Anwendung auf ihnen unbekannte Inputdaten. Auch zur Handhabung dieses Problems sind inzwischen geeignete Techniken verfügbar. Insb. ist wichtig, den Trainingsdaten eine sog. Cross-Validierungsmenge zu entnehmen, an der parallel zum Lernvorgang die Entwicklung des Zuordnungsfehlers beobachtet wird. Steigt der Fehler in der Cross-Validierungsmenge wieder an, beginnt das Netz offenbar, „Unsinn" zu lernen, d.h. seine Generalisierungsfähigkeit zu verlieren. Im praktischen Einsatz kann das Netz entweder laufend oder in größeren Abständen, wenn Änderungen der Wirkungszusammenhänge vermutet werden, nachtrainiert werden.

Insgesamt zeigt sich, daß *N.*, wenn sie auf ihrem Leistungspotential angemessene Fragestellungen angewandt und von methodisch und fachlich versierten Experten eingesetzt werden, die Qualität von Problemlösungen merklich steigern können. Die am Markt erhältliche Software (*N.*-Simulatoren) differieren, deutlich preisabhängig, in der Leistungsfähigkeit erheblich. Sie bieten allerdings keine ferti-

gen Lösungen, sondern nur einen Rahmen, einen Methodenbaukasten, mit dessen Hilfe der Anwender sein Problem angehen kann.
Literatur: Kratzer, K.P.: Neuronale Netze, München, 1990. *Rehkugler, H., Zimmermann, H.G.*: Neuronale Netze in der Ökonomie, München, 1994.

Prof. Dr. H. Rehkugler, Freiburg

NFS
Network File System; Protokoll von Novell zur Dateiübertragung verschiedener ↑Systeme und Aufzeichnungsformate, so auch auf entfernte Dateien. PCNFS ist eine PC-Version von NFS.

Normalisierung
Prozeß, in dem alle relevanten Abhängigkeiten eines Schemas mittels Algorithmen zur Zerlegung dieses Schemas so benutzt werden, daß Anomalien und Informationsverluste vermindert werden.

Normen
Festlegungen in Form von Regeln, Leitlinien oder Merkmalen für Tätigkeiten oder deren Ergebnisse für allgemeine und wiederkehrende Anwendungen. Wichtige Normungsinstitute sind: ↑CCITT, ↑CEPT, ↑ISO, ↑DIN.

Notebook
Mobiler ↑Computer; während der Bedienung in der Hand haltbar; mit geringer Baugröße und Batteriebetrieb; eingebautes Zeilendisplay und Anschlußmöglichkeit von Peripheriegeräten wie Bildschirm, Drucker, Floppy-Laufwerk etc.

NWA (Nutzwertanalyse)
Bewertungsverfahren, in dem eine Zielhirarchie Top down bis auf die Kriterienebene heruntergebrochen und deren Kriterien im Sinne von Nutzen und Kosten bewertet werden. Die unterschiedliche Gewichtung der Ziele, Subziele und Kriterien führt zu einer Gesamtpunktzahl (Nutzwertpunktzahl) für jede Alternative und ermöglicht somit den Vergleich und die Auswahl.

Objekt
Ein individuelles, eindeutig identifizierbares Exemplar von Dingen, Personen oder Begriffen der realen oder der Vorstellungswelt.

Objektklassen
Klassifizierung gleichartiger ↑Objekte. Klassen dienen zur ontologischen Ordnung der Objekte, die in einem System vorkommen und verarbeitet werden.

Objektmodell, semantisches
Metamodell zur ↑Objektmodellierung der Aufgabenebene eines ↑Informationssystems. Seine Grundlagen bilden die objektorientierte Modellierung des Unternehmens, die Leistungs und Steuerflüsse, sowie die Transaktionen zwischen den Subsystemen bzw. dem Unternehmen und seiner Umwelt. Ausgangspunkt ist die Erstellung und schrittweise Verfeinerung eines Modells des betrieblichen Objektsystems, sowie der den betrieblichen ↑Objekten zugeordneten Aufgaben und Ziele. Dabei wird die Steuerung von Leistungsflüssen in einem ganzheitlichen kybernetisch fundierten Modellierungsansatz analysiert. Dieses Modell bietet die Grundlage für das zu modellierende ↑Anwendungssystem. Das Anwendungssystem besteht aus einem konzeptuellen Objektschema zur Beschreibung der konzeptuellen Objekttypen und ihrer Beziehungen und einem Vorgangsschema zur Beschreibung des Zusammenwirkens der konzeptuellen Objekttypen bei der Durchführung betrieblicher Aufgaben.

Objektmodellierung
Begriffserklärung
Der Begriff *Objektmodellierung* bezeichnet Aktivitäten innerhalb der *objektorientierten Softwareentwicklung*, die durchgeführt werden, um die Eigenschaften von Entitäten und deren Beziehungen zu beschreiben. Dabei werden Entitätsmengen mit ähnlichen Eigenschaften durch einen *Objekttyp* dargestellt. Jeder Objekttyp besitzt einen Namen, eine Menge von Attributen und eine Menge von Methoden. Die *Attribute* beschreiben die Struktur, die Methoden das Verhalten der zugrundeliegenden Entitätsmenge. Die beschriebenen Entitäten werden als ↑*Objekte* oder ↑*Instanzen* des Objekttypen bezeichnet.
Die Beschreibungsmittel für die *O.* werden durch Objektmodelle definiert. Diese bieten verschiedene Möglichkeiten, die Beziehungen zwischen Objekttypen darzustellen. Eine Darstellung von Objekttypen und deren Beziehungen wird als objektorientiertes Schema oder *Objektschema* bezeichnet. Ein solches Schema beschreibt somit verschiedene Entitätsmengen und deren Beziehungen.
Zielsetzung, Aufgabe
Die objektorientierte Softwareentwicklung kann in die Abschnitte objektorientierte Analyse (*OOA*), objektorientierter Entwurf (*OOD*) und objektorientierte Programmierung (*OOP*) untergliedert werden. Sie hat in den Abschnitten unterschiedliche Zielsetzungen und Aufgaben.
In der *OOA* wird der Aufgabenbereich des ↑Informationssystems modelliert. Hierbei arbeiten in der Regel Experten des Aufgabenbereichs (z.B. Kundenberater einer Bank) mit den Systementwicklern zusammen. Während der *OOA* wird eine Beschreibung des Aufgabenbereichs erstellt. Das Produkt wird als objektorientiertes Analyseschema bezeichnet.
Dieses Schema dient als Grundlage für die ↑Kommunikation zwischen den Systementwicklern und den Experten des Aufgabenbereichs und beschreibt, was das Informationssystem zu leisten hat. Bei der Erstellung des Schemas werden Ausdrücke und Bezeichnungen aus dem Aufgabenbereich benutzt. Ein gutes Analyseschema kann deshalb auch von Personen verstanden und kritisiert werden, die keine Erfahrung mit der Entwicklung von ↑Informationssystemen besitzen. Neben der *O.* sind bei der *OOA* weitere Tätigkeiten, wie z.B. die Anforderungsermittlung erforderlich.
Das Analyseschema ist ein Ausgangsdokument für den nächsten Abschnitt der ↑objektorientierten Softwareentwicklung, den *OOD*. War das Produkt der *O.* innerhalb der *OOA* eine Beschreibung dessen, was das Informationssystem zu leisten hat, so wird innerhalb des *OOD* detailliert beschrieben, wie die so definierten Anforderungen erfüllt werden sollen. Die

Beschreibung wird als Entwurfsschema bezeichnet.
Bei der *O.* innerhalb des *OOD* wird das Analyseschema mit Details, wie z.B. Schnittstellen und Algorithmen für die ↑Methoden verfeinert. Weiterhin werden neue Objekttypen modelliert, die den Systembereich, wie z.B. ↑graphische Benutzeroberflächen (↑GUI) oder Netzwerkkommunikation beschreiben. In einem guten Entwurfsschema werden Objekttypen aus dem Aufgabenbereich und aus dem Systembereich nebeneinander mit den gleichen Mitteln dargestellt. Die Objekttypen aus dem Analyseschema bleiben also größtenteils bestehen. Das Entwurfsschema dient als Grundlage für die Implementation des Informationssystems, also als Ausgangspunkt für die *OOP*. Die Implementation kann besonders effektiv mit einer objektorientierten Entwicklungsumgebung (↑Programmiersprache, ↑Datenbank, ↑Benutzeroberfläche) ausgeführt werden, da hier ähnliche Beschreibungsmittel verwendet werden, wie bei der *O.* selbst. Neben der *O.* gibt es weitere Tätigkeiten innerhalb des *OOD*, wie z.B. Entwurf der ↑Systemarchitektur. Hierbei wird die Aufteilung des Gesamtsystems in Teilsysteme beschrieben. Die Architekturbeschreibung bildet einen Grobrahmen, in den die Ergebnisse der *O.* eingebettet werden.

Inhalte
Die Inhalte der *O.* variieren innerhalb der verschiedenen objektorientierten Methoden. Sie lassen sich unterteilen in Beschreibungskonzepte und notwendige Tätigkeiten, die im folgenden kurz dargestellt sind. *Beschreibungskonzepte* sind:

- *Objekt*/Instanz: Beschreibung für eine Entität;
- Objekttyp: Beschreibung für eine Menge von Objekten/Instanzen;
- Attribute, Operationen: Beschreibung für Eigenschaften eines Objekttyps;
- ↑Vererbung: Beschreibung der Beziehung zwischen allgemeineren und spezielleren Objekttypen;
- Aggregation: Beschreibung der Beziehung zu Objekten, aus denen ein ↑Objekt zusammengesetzt ist;
- Assoziation: Beschreibung allgemeiner Beziehungen zwischen Objekten;
- ↑Kommunikation: Beschreibung der Nachrichten, die Objekte versenden;
- Abstraktion: Beschreibung einer Menge von Objekttypen, die als logische Einheit betrachtet werden können.

Tätigkeiten sind die Identifikation und Plazierung von

- Objekttypen,
- Attributen,
- Verhalten,
- Abstraktion und
- Beziehungen (Vererbung, Aggregation, Assoziation, sowie die Spezifikation des dynamischen Verhaltens).

Wird bei der Entwicklung des ↑Systems eine ↑Datenbank verwendet, so findet *O.* auch innerhalb des Datenbankentwurfs statt. Die *O.* bildet hier eine mehr oder weniger einheitliche ↑Schnittstelle vom objektorientierten Software zum Datenbankentwurf. Die Tätigkeiten entsprechen im wesentlichen denen des Softwareentwurfs. Beim objektorientierten Datenbankentwurf gibt es neben der *O.* weitere datenbankspezifische Aktivitäten, z.-B. Sichtdefinition und Schemaintegration. Weiterhin ist die Semantik der grundlegenden Konzepte, wie z.B. Objekttyp, Vererbung und Beziehungen in Objektmodellen konkreter Datenbanksysteme, nicht exakt die gleiche, wie in Modellen von Softwaremethoden.

Verfahren, Methoden
Es gibt eine große Anzahl objektorientierter Methoden (Graham), die die *O.* als Teil der objektorientierten Softwareentwicklung beinhalten. Diese Methoden können in verschiedene Kategorien eingeteilt werden. So gibt es *Analyse- und Designmethoden*. Die Designmethoden können weiter aufgeteilt werden in Methoden für den Datenbank- und den Softwareentwurf. Innerhalb des Softwareentwurfs gibt es Methoden für spezielle Programmiersprachen, da z.B. die Übersetzung des Entwurfsschemas in eine spezielle Programmiersprache durch die Methode vorgegeben wird. Ein Beispiel hierfür ist die HOOD-Methode für die Programmiersprache Ada. Weitere sehr bekannte Methoden sind

- OOA, OOD von Coad und Yourdon;
- Object Oriented Modeling and Design von Rumbaugh et al.;

• The Object Oriented Method for Analysis von Shlaer, Mellor, Ohlsen und Hywari; Responsibility Driven Design von Wirfs-Brock und

• Object Oriented Software Engineering - A Use Case Driven Approach von Jacobson et al.

Neuere Methoden benutzen auch Ideen und Verfahren anderer Methoden. Dazu gehören FUSION (Colemann et al.) und SOMA (Semantic Modeling Approach; Graham). Ein weiterer Aspekt sind abgeschlossene Fragmente von Entwurfsschemata, die vorgefertigte Lösungen für bestimmte Probleme innerhalb der *O.* zur Verfügung stellen. Diese Design Patterns (Gamma et al.) können als Bausteine für größere Schemata verwendet werden.

DV-Programme
Auf dem Markt gibt es zahlreiche Softwaresysteme, die die *O.* unterstützen. Diese Werkzeuge dienen zur graphischen Darstellung der Analyse- und Design-Schemata und teilweise zur Übersetzung der Schemata in eine Programmiersprache. Jedes Werkzeug bezieht sich auf eine oder mehrere Methoden; häufig wird lediglich die Notation einer Methode, nicht aber der Modellierungsprozeß unterstützt. Im folgenden eine kurze Auswahl:

• ObjectMaker von Mark V Software unterstützt mehrere Methoden wie z.B.: Coad/Yourdon, Colbert, Rumbaugh;

• Objectory SE von Objective Systems unterstützt Jacobson's OO Use Case Approach;

• ObjectTeam von Cadre Technologies unterstützt Shlaer/Mellor und Rumbaugh;

• OEW (Object Engineering Workbench) von Innovative Software GmbH unterstützt Martin/Odell und die Generierung von C++-Code aus Objektmodellen;

• OMTool von Advanced Concepts Center unterstützt Rumbaugh;

• OOATool, OODTool von Object International, Inc. unterstützt OOA/OOD von Coad/Yourdon;

• Paradigm Plus von Protosoft unterstützt u.a. Booch und Coad/Yourdon;

• Rational Rose von Rational unterstützt Booch,Generierung von C++-Code;

• STP (Software Through Pictures) unterstützt Rumbaugh;

• OO Other Shareware (CICA) unterstützt Coad/Yourdon, Use-Cases, Generierung von C++-Code.

Literatur: Booch, G.: Object Oriented Design with Applications, 2nd Ed., CA, 1993. *Coad, P., Yourdon, E.*: Object Oriented Design, 1990, Object Oriented Analysis 2nd Ed., 1992. *Colemann, D. et. al.*: Object Oriented Development, 1992. *Gamma, E. et al.*: Design Patterns, 1994. *Graham, I.*: Object Oriented Methods, Workingham, 1993. *Rumbaugh, J. et al.*: Object Oriented Modeling and Design, NJ, 1990.

Prof. Dr. K. R. Dittrich, Dipl.-Inform. Thomas Grotehen, Zürich

objektorientierte Analysemethoden
↑Analysemethoden, objektorientierte

Objektorientierte Methoden für Analyse, Entwurf und Programmierung
Im Blick auf das eigene Umfeld ist festzustellen, daß es bspw. handgreiflich und physikalisch den blauen Stuhl A rechts vorne und den gelb, halb angestrichenen Stuhl B links gibt. Analog dazu gibt es im begrifflichen Bereich bspw. die bezahlte Rechnungl vom 10. Juni, die unbezahlte, aber schon angemahnte Rechnung2 vom 15. Juni. Jeder identifiziert ↑*Objekte*. Sie haben eine Identität A und B bzw. 1 und 2. Sie weisen Eigenschaften auf, die zu einem gewählten Zeitpunkt als ihr Zustand erfaßbar sind, z.B. blau/-rechts vorne, gelb/links/halb angestrichen, bezahlt, unbezahlt/angemahnt.
Der Zustand eines Objekts läßt sich durch eine Einwirkung verändern; abstrahierend ausgedrückt bedeutet dies, dem Objekt kommt eine ↑*Botschaft* zu: "Stuhl A, bewege nach rechts hinten", "Stuhl B, vervollständige Anstrich", "Rechnung2, werde bezahlt". Das mögliche, durch Botschaftenempfang anzustoßende Verhalten ist auf das jeweilige Objekt bezogen, daß eine Rechnung bspw. kann nicht ihren Anstrich vervollständigen.
Durch Analyse des eigenen Umfeldes in dieser Weise und damit durch Reflektion über charakterisierende Eigenschaften und Verhaltensmöglichkeiten der Objekte, auch über Beziehungen, in denen sie zueinander stehen, wird das Vorgehen zu

ihrer Zustandsänderung programmierend festgelegt. Es werden ↑*objektorientierte Methoden* hinzugezogen.

Eigenschaften von Objekten, ihr Datenaspekt, ihr Verhalten, der Handlungsaspekt etc. werden dabei sicherlich etwas rationalisierter erfaßt und beschrieben: Nicht jeder Stuhl oder jede Rechnung einzeln, sondern die Gesamtheit der Stühle, die Gesamtheit der Rechnungen. Mit anderen Worten, es wird eine ↑*Klasse* gebildet, die Klasse der Stühle mit ausgeprägten Individuen Stuhl A und Stuhl B, entsprechend die Klasse der Rechnungen 1 und 2 und daraus ausgeprägte Individuen, Exemplare. Damit nicht genug: Es gibt viele Arten von Möbeln in unserem Umfeld, Sitzgelegenheiten, Tische, Schränke. Sie können als Stühle, Bänke, Sessel angesprochen werden. So entsteht eine *Hierarchie von Klassen*, in der immer mehr Objekte des betroffenen Umfeldes eingeordnet werden können. Dabei ist jedes Objekt die Ausprägung seiner Klasse (Diese Beziehung wird *is a-Relation* genannt.). In der Klassenhierarchie stehen Klassen als Ober-/Unterklasse zueinander in Beziehung (*is subclass, is superclass*).

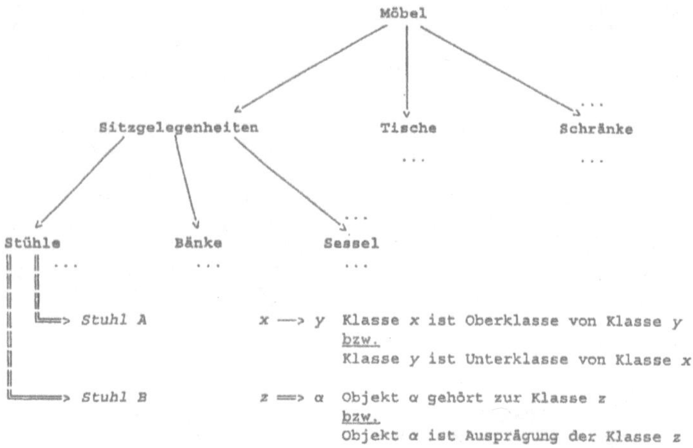

Alle Stühle haben gewisse *Eigenschaften*, ihre Lage, ihre Farbe, den Stand ihrer Bemalung. Und alle Stühle zeigen ein gewisses Verhalten, sie können bspw. bewegt oder bemalt werden. Eigenschaften und *Verhalten* bei der Klasse lassen sich beschreiben. Objekte, die aus ihr ausgeprägt werden, erhalten dabei nur Identität und nehmen einen individuellen, durch Botschaftenempfang veränderlichen Zustand ein.

Einige/alle Eigenschaften und/oder Teile/Gesamtheiten des Verhaltens werden bei der Oberklasse beschrieben. Anders ausgedrückt, die Oberklasse *vererbt*, die Unterklasse *erbt* Daten- bzw. Handlungsaspekte. Das Erkennen und Einführen mehrerer, geeigneter hierarchischer Stufen hilft, die "Möbel"-Welt der eigenen Umwelt ordnen und Verhaltensweisen genereller bzw. spezieller zu betrachten. So können die Eigenschaft Lage nicht Stühlen, Bänken, Sesseln jeweils getrennt zugeordnet, sondern den Sitzgelegenheiten. Die Verhaltensmöglichkeit, einen Anstrich zu bekommen, würde getrennt gehalten werden; Stühle lassen sich bemalen, Bänke (unterstellt, sie bleiben immer naturbelassen) zeigen kein derartiges Verhalten, Sessel lassen sich beziehen, aber nicht bemalen. Um das Beispiel noch etwas weiterzuführen, bei Möbeln könnten generell ein Verhalten Oberfläche behandeln, vorgesehen werden, das durch die Spezialisierungen bemalen, beziehen präzisiert bzw. eventuell (bei den Banken) auch ausgeschlossen wird.

Eine ähnliche Analyse bspw. der "Zahlungsvorgänge"-Welt läßt sich leicht vornehmen, in dem Eigenschaften als Da-

tenaspekt herausgearbeitet, Verhaltensmuster als Handlungsaspekt erkannt werden. Ein weiterer Gegenstand der Analyse müßte noch genauer herausgearbeitet werden: Was sind Beziehungen zwischen Objekten? Welche Beziehungen spielen bei der jeweiligen Anwendung eine Rolle? Einige Beispiele sollen hierzu nachstehend aufgezeigt werden.
Es sollen nicht Mobiliar i.e. betrachtet werden, sondern bspw. das Mobiliar in einem Objekt Zimmer. Als Ergebnis werden die *Parts of Relation* erhalten; die zwei oben betrachteten Stühle sind Teil des Mobiliars eines Zimmers, die zwei oben betrachteten Rechnungen sind Teil monatlicher Zahlungsvorgänge. Im ersteren Fall handelt es sich um einen statischen Zusammenhang solange, bis keine Möbel aus dem Zimmer entfernt oder eingebracht werden; es kann insb. nur deren gegenseitige Lage beeinflußt werden. Bei den Zahlungsvorgängen spielt der zeitliche Ablauf eine nicht unwesentliche Rolle; es besteht dynamischer Zusammenhang (Ein Grund, warum eine Rechnung trotz Mahnung noch nicht bezahlt ist, mag darin liegen, daß ein erwarteter Zahlungseingang noch nicht erfolgte.). Auch kann ein Verhalten, das ein Objekt zeigt, u.U. nur auftreten, wenn es selbst oder andere, für einen Dienst herangezogene Objekte erforderliche Voraussetzungen schaffen (Kausabilitätsbeziehung). Im ersteren Fall, der Stuhl B kann einen Endanstrich erst bekommen, wenn er zuvor grundiert wurde (*Demands Relation*). Und im zweiten Fall, das Verhalten des Stuhls B, daß sein Anstrich vervollständigt wird, erfordert die Verfügung über Objekte Pinsel und Farbe, eine Dienstleistungsbeziehung der Art einer *Supports Relation*. Schließlich sei noch daran erinnert, daß täglich zu beobachten ist, wie Objekte simultan an Vorgängen beteiligt sind und/oder abhängiges Verhalten zeigen (Beispiel: Aus einem Farbtopf können nicht gleichzeitig zwei Stühle bemalt werden; *Excludes Relation*. Zwei Zahlungsvorgänge können unabhängig voneinander gleichzeitig im Bankensystem abgewickelt werden; *Temporal Independent Relation*).
Für alle diese Betrachtungsweisen ist - je nach Aufgabenstellung - das Beobachten des Umfelds verschieden wichtig. Es empfiehlt sich, Entwurfsmodelle heranzuziehen. Beispielhaft herausgegriffen sei das Zustandsübergangsmodell, das für alle Objekte einer Klasse aufgestellt werden kann; es erfaßt (und erlaubt zu beschreiben) wie ein Objekt, dessen augenblickliche Eigenschaften durch seinen Zustand charakterisiert sind, beim Erhalt einer Botschaft, für die es ein Verhalten aufweist, seinen Zustand ändert: Der z.T. bemalte Stuhl wird durch "Stuhl B, vervollständige Anstrich" zum ganz bemalten Stuhl (Ein ganz bemalter Stuhl wird - auch so etwas muß selbstverständlich durchdacht und modelliert werden durch "Stuhl ..., vervollständige Anstrich" eine Zustandsänderung durchlaufen, die ihn allerdings wieder in den bisherigen Zustand zurückbringt.).
Andere wichtige Entwurfsmodelle seien hier, wieder ohne Anspruch auf Vollständigkeit, nur kurz erwähnt:

- ↑Datenmodell mit Abbilden der Objektwelt und der darin festgestellten, durch im Anwendungsfall relevante Relationen gebildeten statischen Zusammenhänge auf Strukturen in einer Datenbank;
- ↑Prozeßmodell mit Erfassen der dynamischen Zusammenhänge in einer Form, die eine Abbildung in Ablaufstrukturen heutiger Rechner ermöglicht (Parallelisierung, Verteilung, Dienstleistungsprinzip u.a.);
- Interaktionsmodell mit Ergänzen der rein anwendungsbedingten Strukturen um Vorkehrungen, daß Benutzer bzw. Benutzergruppen nutzbringend mit einem Programm kommunizieren können, das die betrachtete Anwendung auf einer Rechenanlage realisiert.

Es sei dahingestellt, ob die Modellbildung zur ↑Strukturierung der Anwendung und ihrer Realisierung mehr einer Analyse- oder mehr einer Entwurfsphase zugerechnet wird; Analyse als anwendungsbezogene Aufgabe gesehen, Entwurf als Weiterführung mit Blick auf technische Realisierung. Die Grenzen sind fließend.
Die beschriebene, methodisch vorgenommene ↑objektorientierte Analyse und die Entwurfsüberlegungen dazu sind nicht Selbstzweck. Sie dienen als Grundlage der Programmierung. Dies erlaubt, simulierend das Umfeld und sein Verhal-

ten mit Hilfe einer Rechenanlage zu studieren oder gar, der Rechner Teil des Umfelds, mit Hilfe dieser Rechenanlage Vorgänge im Umfeld zu veranlassen, zu steuern. Zur ↑Programmierung gehört es dann, geeignete informationstechnische Datenstrukturen aufzubauen, die die erforderlichen Eigenschaften der Objekte im Speicher der Rechenanlage als Variable zu gestatten und Programmstücke bzw. Methoden, zu schreiben, die das erforderliche Objektverhalten als Wertänderungen an den Variablen realisieren.

Objektorientierte Programmiersprachen wie Smalltalk, Eiffel, CLOS, Object-Pascal, Objective C oder C++ sind, wegen ihrer Nähe zu den entwickelten Konzepten für Analyse und Entwurf, erste Wahl für das Programmieren, auch ↑objektorientiertes Programmieren.

Literatur: Coad, P., Yourdon, E.: Object-oriented analysis, 2nd Ed., N.J. 1991. *Coad, P., Yourdon, E.*: Object-oriented design, N.J., 1991. *Coad, P., Yourdon, E.*: Object-oriented programming, N.J., 1993. *Christerson, M., Jacobson, I.*: Object-oriented 1992. *Johnsson*: Software engineering. *Overgaard, G. S.*: Object-oriented systems analysis. *Mellor, S. J.*: Modeling the World in Data, N.J., 1988. *Meyer, B.*: Object-oriented software construction, N.J., 1988.

Prof. Dr. H.-J. Hoffmann, Darmstadt

objektorientierte Programmierung
↑Programmierung, objektorientierte

objektorientierte Softwareentwicklung
↑Softwareentwicklung, objektorientierte

objektorientierte Systeme
↑Systeme, objektorientierte

objektorientiertes DBS
Integration konventioneller Datenbankfunktionalität mit objektorientierten Modellierungskonzepten.

OCR
Optical Character Recognition; DIN-genormte Schriften A, B (DIN66008, 6009).

offene Kommunikationssysteme
Kommunikationssysteme, offene

Offene Systeme
Komplexe ↑Systeme aus ↑Hard- und Software, die sich aus unterschiedlichen funktionalen Abstraktionsschichten zusammensetzen.

Offene Systeme, Standards für

Offene Systeme

Im Bereich der ↑Software sind es sowohl die ↑Betriebssysteme mit dazugehöriger ↑Systemsoftware, wie auch die Anwendersysteme, die "offen" sein sollen. Was bedeutet nun "offen"? *Offenheit* hat etwas mit Freiheit und Flexibilität zu tun, mit der Freiheit sich oder etwas anderes zu bewegen (*Portability*), zu wachsen (*Scalability*) und das gewünschte Gut nicht nur von einem Monopolist, sondern von mehreren Anbietern (vom "echten" Markt) angeboten zu bekommen (*Availability*). Offenheit bedeutet auch Befreiung von Abhängigkeiten und die Möglichkeit der Zusammenarbeit mit anderen (*Interoperability*). Offenheit bietet Zugang. ↑Anwendungssysteme sind offen, wenn sie in globale Netze eingebunden werden können und dann einerseits die eigenen Leistungen im Netz verfügbar machen und andererseits im Netz vorliegende Leistungen integriert nutzen und mit ihnen zusammenarbeiten - ohne Rücksicht auf Hersteller, ↑Hardware, Betriebssystem und Netzwerkprotokoll.

In den USA gilt seit 1993 für die Behörden und den öffentlichen Dienst die Regelung, daß bei der Anschaffung von Computersystemen offene Systeme anzuschaffen sind. Genau genommen lautet die Verordnung, daß die anzuschaffenden Computersysteme Posixkompatibel (Posix Compliance) und von der ↑X /Open zertifiziert (X/Open Branded) sein müssen.

Problemstellung

Offene Systeme sind keine Monolithe, sondern komplexe Systeme aus Hard- und Software, die sich aus unterschiedlichen funktionalen Abstraktionsschichten zusammensetzen. Dabei sind heute alle Ebenen Ziele von Standardisierungsbestrebungen. Diese Schichten sind für Anwender und Hersteller nicht von gleicher Bedeutung, trotzdem gibt es im betrachteten Modell keine Schicht, die für den jeweils anderen Marktteilnehmer vollkommen nebensächlich wäre. Die Komplexität des Normierungsgegenstandes und das unterschiedlich gelagerte weltweite Interesse machen verständlich, warum offene Systeme nicht von einem einzigen Standard geprägt und nicht nur in einem einzigen Standardisierungsgremium behandelt werden (Posix, ↑IEEE, ↑X/Open, ↑OSF, COSE und ↑ISO). Hinzu kommt noch, daß es sich bei ↑offenen Systemen nicht um den statischen Endzustand einer abgeschlossenen Entwicklung handelt, sondern das Gegenteil ist der Fall: der technische Fortschritt wird sich trotz oder wegen der Standardisierung noch auf Jahre hinaus nicht verlangsamen.

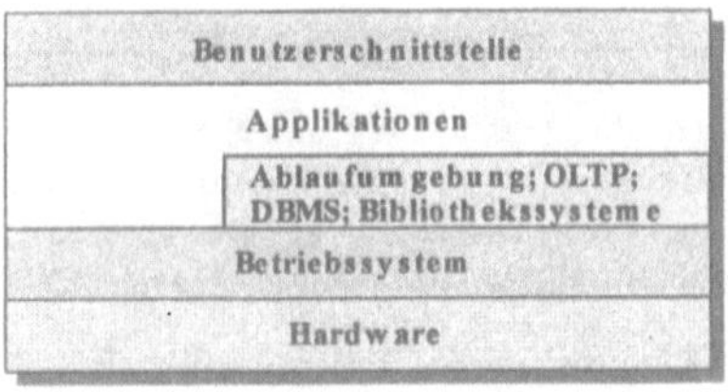

Für die Normierung und für die Standardisierung zugänglich sind die *Schnittstellen*, über die sich Subsysteme miteinander unterhalten (d.h. Namen, Parameter und Daten), die *Formate* (die zwischen den Subsystemen über die ↑Schnittstellen auszutauschenden Parameter und Daten) und die *Protokolle* (die Reihenfolgen und sonstigen Konventionen der Kooperation der Subsysteme festschreiben). Weiterhin muß die Semantik (Bedeutung, Wirkung) der Leistung präzise spezifiziert werden. Bei diesem Ansatz bleibt dem Implementierer die Möglichkeit, durch eine besondere Realisierung (z.B. sehr gute Qualität und Performance) seinem Produkt Alleinstellungsmerkmale zu verschaffen.

Posix und IEEE
Die *internationale Organisation IEEE* bildete 1985 in den USA einen *Ausschuß Posix* mit der Aufgabe, sich mit portablen Betriebssystemen auseinanderzusetzen. Ziel des Ausschusses war, einen internationalen ISO-Standard für portable ↑Betriebssysteme auszuarbeiten. Der Ausdruck Posix war ursprünglich eine Abkürzung für *Portable Operating System Interface for UniX*. Dieser Posix-Ausschuß arbeitete 1986 den Entwurf P1003.1 aus. Der Ausgangspunkt für den Entwurf war ein Vorschlag der Unix-Anwendergruppe Uniforum. Der Entwurf P1003.1 wurde 1987 (Entwurf Nr. 12) und 1988 (Entwurf Nr. 13) nochmals modifiziert und veröffentlicht. Als IEEE Std 1003.1-1988 wurde der Posix-Entwurf noch 1988 ANSI-Standard. Im Jahr 1990 wurde dieser ANSI-Standard von ↑ISO als *internationaler ISO-Standard* verabschiedet (*ISO/IEC 9945-1:1990* oder kurz *ISO 1003.1*).
Aufgrund der Komplexität der Materie ist es unerläßlich, daß sich Posix nicht nur mit den Systemschnittstellen eines Unix-Systems auseinandersetzt, sondern mit allen anderen programmier-, ablauf- und benutzungsrelevanten Themen. Zu diesem Zweck ist das gesamte Posix-Projekt in Arbeitsgruppen unterteilt, die jeweils dedizierte Schwerpunkte haben. Die Tabelle skizziert die wichtigsten Posix-Projekte.

X/Open
Zunächst mit dem Ziel, die Internationalisierung von Unix zu forcieren, hat sich als europäische Interessengemeinschaft ein Kreis von Computerherstellern zu einer Standardisierungslobby zusammengeschloßen: in der X/OPEN Gruppe zogen zuerst Firmen wie Bull, ICL, Siemens, Olivetti und Nixdorf an einem Strang. Heute ist die Zielsetzung breiter angelegt: die X/Open will den Prozeß lenken und vorantreiben, der es Anwendern, Hard- und Softwareherstellern erlaubt, die Probleme zu lösen, die durch inkompatible Computersysteme verursacht werden.
Auch die Mitgliederzahl hat zugenommen. Heute sind alle bedeutenden Computerhersteller und einige Softwarehäuser Gesellschafter der X/Open Ltd. Neben den o.g. gehören zahlreiche andere dazu: Fujitsu, Hewlett-Packard, Hitachi, IBM, NEC, Nokia Data, Sun Microsystems, Unisys etc. Aus der europäischen Initiative ist also in der Zwischenzeit eine internationale Einrichtung geworden.
Um das gesteckte Ziel zu erreichen, koordiniert die ↑X/Open die Entwicklung einer gemeinsamen Anwendungsumgebung *CAE (Common Application Environment)*. CAE spezifiziert stufenweise eine vollständige Entwicklungs- und Ablaufumgebung für die Anwendungssoft-

Projekt:	Projektinhalt:
P1003.0	Posix Guide Eine Einführung in die Posix-Arbeiten. Vermittelt eine Übersicht über die Projektstandards und die Beziehungen zu anderen Standards.
1003.1	Systemschnittstelle Definiert Schnittstelle zwischen portabler Applikation und der Posix-Ablaufumgebung.
P1003.2	Shell und Tools Definiert die Posix-Shell und über 70 Utilities, um portable Shell-Skripts zu ermöglichen.
P1003.2UPE	Shell und Utilities, Erweiterungen (User Portability Extension) Definiert über 40 weitere Utilities, um die persönliche Portabilität der Benutzer zu verbessern.
P1003.3	Test und Validation Definiert Verfahren und Testsoftware, um Systeme auf Kompatibilität mit den Posix-Standards zu testen und die Konformität nachzuweisen.
P1003.4	Echtzeiterweiterungen Definiert Wirkung und Schnittstellen von Softwareressourcen, die im Zusammenhang mit Echtzeitverarbeitung von Bedeutung sind (Binary Semaphores, Process Memory Locking, Memory Mapped Files, Shared Memory, Priority Scheduling, Real Time Signal Extensions, Clock & Timers, IPC Message Passing, Real Time File, ...).
P1003.6	Sicherheitserweiterungen Spezifiziert Posix-Standard für die Kompatibilität eines Posix-Systems mit dem Kriterienkatalog Trusted Computer Systems Evaluation Criteria des US-Verteidigungsministeriums.
P1003.7	Systemverwaltung Spezifiziert Posix-Standard für die Systemverwaltung (Benutzermanagement und -Verwaltung, Gerätemanagement und -Verwaltung, Datensicherung, Systemrecovery, System-Statusmanagement, Softwareinstallation).
P1003.8	Netzwerkerweiterungen Spezifiziert Posix-Standard im Hinblick auf OSI und TCP/IP-Protokolle.
P1003.10	Supercomputing Definiert die Anforderungen, die Supercomputer-Benutzer an andere Posix-Gruppen haben.
P1003.11	Transaktionsverarbeitung Spezifiziert Posix-Standards für die transaktionsorientierte DV.

ware. Dabei handelt die X/Open nach dem Grundsatz, existierende, öffentliche Standards von anerkannten Standardisierungsorganisationen zu übernehmen. Dies gilt insb. für die Posix-Standards von IEEE. Die ersten beiden Standardisierungsstufen spezifizieren die Systemschnittstellen, die Funktionen für die Datenverwaltung, die Programmiersprachen ↑C, ↑Cobol, ↑Fortran, ↑Pascal und Ada, sowie allgemeine Standards, um die Portierung des Quellcodes zwischen Hardwareplattformen zu sichern.
Die dritte Stufe spezifiziert Netzwerk- und Windows-Managementschnittstellen. Alle Spezifikationen sind im X/Open Portability Guide (XPG) beschrieben und veröffentlicht. Um diese Spezifikationen voranzutreiben, ist die X/Open in *Arbeitsgruppen* organisiert. Die Kernelgruppe kümmert sich um die Systemschnittstellen, die Kommandogruppe

IBM	Systems Application Architecture (SAA) und IBM Open Enterprise (OE)
DEC	Network Application Support (NAS)
SNI	Systems Interfaces for Applications (SIA) bzw. Open Systems Direction (OSD)
HP	Open Systems Environment (OSE)
Microsoft	Windows Open Services Architecture (WOSA)
Novell	System Application Services (SAS) bzw. AppWare
Apple	Open Collaberative Environment (OCE) bzw. Virtually Integrated Technical Architecture Lifecycle (VITAL)

SAP	Anwendungssystem R/3-Architektur (orientiert an SAA)
SAG	Integrated Software Architecture (ISA), ENTIRE Function Server (EFS)
Andersen	Foundation for Cooperative Processing (FCP)

IBM	SAA, Kommunikationsarchitektur System Network Architecture (SNA)
Sun	Open Network Computing (ONC), Remote Procedure Call (RPC), Network File Service (NFS)
X/Open	X/Open Portability Guide 4 (XPG4), Common Application Environment (CAE)

UI	(UNIX International) Atlas (System V Interface Definition)
ANSA	(Advanced Network Systems Architecture) ANSA oder Integrated System Architecture (ISA)
OMG	(Object Management Group) Common Object Request Broker Architecture (CORBA)
COSE	Common Open Software Environment (COSE)

IEEE	POSIX-Standard 1003.x
ISO	Kommunikationsarchitektur OSI, Open Distributed Processing (ODP)
CCITT	Empfehlungen X.400 Mitteilungsdienste, X.500 Katalog-/Namensdienste, Distributed Application Framework (DAF)

kümmert sich um die Utilities, die Sicherheitsgruppe ist mit Schutzmechanismen befaßt, die Distributed Processing-Gruppe hat die verteilte Datenverarbeitung zum Thema, die User Interface-Gruppe konzentriert sich auf den Bereich der Benutzeroberflächen. Besondere Bedeutung hat die Verification Working-Gruppe. Diese Gruppe hat die Aufgabe, Testeinrichtungen und Verfahren zu entwickeln, damit Produkthersteller den Nachweis führen können, daß ihre Produkte X/Open-konform sind (X/O Branding).

COSE-Gruppen

Im März 1993 haben sich die Firmen Hewlett Packard, IBM, SCO, SunSoft, Univel und USL zusammengeschlossen, um bestehende Differenzen zwischen Unix-Derivaten zu beseitigen. Die COSE ist eine sehr lose Kooperation der beteiligten Firmen, die sich in folgenden Bereichen auf Standards einigen will, um diese dann bei der X/Open einzureichen: ↑graphische Benutzeroberflächen, Netzwerke, ↑Multimedia, verteilte ↑Objekte und Systemmanagement. Auch bei den "spec-1170", dem Entwurf für eine einheitliche Betriebssystemschnittstelle, waren die COSE-Initiatoren maßgeblich beteiligt: unter Führung der COSE-Gruppe einigten sich 75 Firmen auf 1170 Systemschnittstellen für einen neuen Unix-Standard. Die COSE-Schnittstellensammlung erweitert die Schnittstellendefinition des X/Open Portability Guides (XPG4) um die Schnittstellen des ↑Betriebssystems

OSF/1 von der Open Software Foundation, um die Schnittstellen der Unix-Version BSD4.3, um die in der System V Interface Definition (SVID3) beschriebenen Unix-Systemschnittstellen, sowie um sonstige Schnittstellen, die von Anwendungen führender Hersteller verwendet werden.

Integrationsschichten und Standards
Um der Idee der echten ↑verteilten offenen Systeme gerecht zu werden, ist es technisch zwingend, nur die notwendigste Funktionalität im Betriebssystemmonitorkern zu lassen. Die weiterhin notwendigen Betriebssystemfunktionen werden auf der Ebene darüber als ↑Server verfügbar gemacht. Die *Betriebssystemfunktionen* stellen ganz elementare Dienste (Mechanismen) zur Verfügung, auf deren Basis sich unterschiedliche Modelle (Strategien) implementieren lassen. Hierzu ein Beispiel: ob auf der Basis von Sockets eine verteilte Applikationsarchitektur nach dem Peer to Peer-Modell oder nach dem ↑Client/Server-Modell entwickelt wird, bleibt dem Applikationsdesigner überlassen; die Socket Schnittstelle unterstützt beide Ansätze.
Tatsache ist: nutzt der Programmierer oder der Designer die ↑Schnittstelle des ↑Betriebssystems, so hat er einerseits die meisten Möglichkeiten, aber auf der anderen Seite auch den größten Aufwand. Kann der Programmierer dagegen eine Bibliothek nutzen, die ihn mit geeigneten Strategien unterstützt, so sinkt der Aufwand entsprechend. Hierzu kommt noch, daß der Bibliothekseinsatz durch geeignete Werkzeuge unterstützt werden kann. Ein weiterer Effekt: werden diese Bibliotheken und Werkzeuge als Entwicklungssoftware und als Bestandteil der Ablaufumgebung auf verschiedenen Hardwareplattformen zur Verfügung gestellt, so steigert das nicht nur die Effizienz der Applikationsprogrammierer, sondern die Portabilität der verteilten, offenen Applikationen. Diese, gewissermaßen das Betriebssystem erweiternde Software, wird auch als Integrationssoftware bezeichnet und kann als eigentliche Programmierschnittstelle betrachtet werden. In diesem Modell isoliert die Integrationsschicht die Betriebssystemschnittstelle. Damit läßt sich die Integrationssoftware auf Non-Posix-Systeme, wie z.B. MS-DOS, ↑Windows oder Macintosh, portieren. Der oben dargestellte Trend zum Micro-Kernel unterstützt den Integrationssoftwareansatz: die im standardisierten, offenen Betriebssystem fehlende Funktionalität wird in der Integrationsschicht implementiert.

Integrationsschicht der OSF
Die Integrationssoftware der ↑OSF besteht aus vier Elementen, die sich in unterschiedlichen Phasen befinden. Als Produkt verfügbar ist z. Zt. nur ↑*OSF/Motif*.

- Die auf *X-Window (X11)* basierende Benutzerschnittstelle OSF/Motif ist eine netzwerkfähige, fensterorientierte Benutzeroberfläche für den Endanwender. Dem Entwickler steht eine standardisierte, portable Entwicklungsumgebung, das Motif-Toolkit, zur Verfügung. Jede Motif-Anwendung kann ohne Zusatzentwicklung im Client/Server-Modus betrieben werden.
- Das *Distributed Computing Environment* ist eine Sammlung von aufeinander abgestimmten Diensten zur Implementierung und zum Betrieb von verteilten Applikationen auf einer herstellerübergreifenden Plattform. Die wichtigste Komponente von ↑DCE ist der Remote Procedure Call-Mechanismus (RPC). Der Programmierer spezifiziert mit Hilfe der Network Interface Definition Language (NIDL) die ↑Schnittstelle zwischen ↑Client und ↑Server als Prozeduraufruf. Der NIDL-Compiler generiert daraus die erforderlichen Netzwerkaufrufe, einschl. Verbindungsaufbau, Timeouts, usw. Der Applikationsprogrammierer kann sich damit auf seine Anwendung konzentrieren und wird nicht mit der aufwendigen Programmierung von Netzwerkschnittstellen belastet. Weitere Komponenten von DCE sind der Time-Service zur Synchronisation der Uhren im Netzwerk, der Name-Service, ein verteiltes Dateisystem und die Security-Dienste. Der Name-Service macht die Anwendungen unabhängig von der Netzwerk-Topologie: ein Client findet seinen Server durch eine Anfrage beim Name-Service. Das verteilte Dateisystem ist insb. auf die Bedürfnisse eines ↑Wide Area Networks (WAN) abgestimmt. Die Security-Dienste sehen eine netzwerkweite Benutzerverwaltung vor

und eine netzwerkfähige Authentifizierung und Autorisierung.

- Das dritte Element der OSF-Integrationsschicht ist das *Distributed Management Environment*. Es bietet das Rahmenwerk, um verteilte Systeme verschiedener Hersteller und Netzwerke zu verwalten. DME möchte dem Systemverwalter einen Rahmen bieten, um mit einheitlicher Benutzeroberfläche Objekte im Netz zu verwalten. Beispiele solcher Objekte können ↑Computer, ↑Netzwerke, ↑Router, ↑Bridges, Applikationen oder ↑Drucker sein. Zusätzlich werden Schnittstellen angeboten, um Managementapplikationen in dieses Rahmenwerk einzubinden.
- Das vierte Element wird von ANDF gestellt: *Architecture Neutral Distribution Format*. ANDF erlaubt es einem Softwareanbieter, sein Produkt in einem hardwareunabhängigen Format auszuliefern. Zu diesem Zweck übersetzt der Produzent sein Paket mit einem ANDF-Compiler in einen von der Zielhardware unabhängigen Zwischencode. Dieser Zwischencode wird an den Kunden geliefert. Bei der Installation wird der Zwischencode in den definitiven Zielcode übersetzt und gebunden.
- Die Integrationsschicht der ↑OSF deckt wesentliche Bereiche des Distributed Computing ab. An wichtigen Aspekten sind bisher ausgespart: Realtime-, Transaktionsverarbeitung, sowie ↑Fehlertoleranz.

Weitere Standards sind notwendig

Die bisherigen Ausführungen haben gezeigt, daß i.w. alle Aspekte offener Computerarchitekturen Gegenstand von Standardisierungsbestrebungen sind: das Betriebssystem mit seinen vielfältigen Aufgaben des Ressourcenmanagements, das Realtimeprocessing, das Transactionprocessing, die Sicherheitserweiterungen, die Systemverwaltung, das Supercomputing, ↑graphische Benutzeroberflächen, ↑Multimedia und andere Themen bis hin zu den Test- und Validationsmaßnahmen, die notwendig sind, um die Konformität zu einem Standard nachzweisen. Drei wesentliche Aspekte sind bisher noch nicht behandelt worden: nämlich die Themen Netzwerke, Datenbanken und Objektorientiertheit.

- Im Themenbereich der *Netzwerke* ist schwerpunktmäßig die ↑ISO mit der ↑OSI-Architektur prägend. Daneben existieren mehrere de facto-Standards: einmal das ↑TCP/IP-System in der Unix-/Workstationwelt und im Bereich der Kleinstrechner Novell NetWare, sowie im Bereich der Großrechner IBM ↑SNA. Dieser Themenbereich ist komplex, geht es doch bei Netzwerken nicht nur um die Formate und Protokolle für eine leistungsfähige Basiskonnektivität. Darüber ist die Netzwerkproblematik eng verzahnt mit der Betriebssystemfunktionalität Interprozeßkooperation.
- Im Bereich der ↑*Datenbanken* modelliert die SQL Access Group (SAG), neben ↑ANSI, ↑ISO und der ↑X/Open einen Standard für SQL-Datenbanken und -Sprachen.
- Was die *Objektorientiertheit* angeht, so muß die Object Management Group erwähnt werden (OMG). Die OMG sieht ↑verteilte System als Menge kooperierender ↑Objekte. Diese Objekte können mit Hilfe verschiedener objektorientierter Sprachen implementiert worden sein. Damit diese Objekte mit ganz unterschiedlicher Herkunft miteinander kooperieren können, bedarf es eines Vermittlers, eines sog. Object Request Brokers. Die Architektur für einen solchen ORB ist Gegenstand der Standardisierung und wird mit dem Kürzel CORBA belegt: Common Object Request Broker Architecture. Im CORBA-Standard liegt ein sehr großes Potential, es beschreibt die zukunftsträchtigste Art der Interprozeßkooperation, nämlich die Kommunikation zwischen den Objekten unterschiedlicher Applikationen über Systemgrenzen hinweg.

Fazit

Offene Systeme sind für die effiziente Bewältigung der zunehmenden Komplexität der ↑Informationsverarbeitung zwingend notwendig, um dem Anwender langfristig eine komfortable, globale und konsistente Systembenutzung zu ermöglichen. Dabei spielen offene Betriebssysteme eine zentrale Rolle: sie bilden das Fundament offener Architekturen. Mag momentan die Auseinandersetzung mit den internationalen Standards mühselig oder gar verwirrend erscheinen, so ist sie jedoch im Bereich der professionellen

↑Datenverarbeitung von der gleichen Bedeutung, wie in anderen Industriezweigen auch. Nur auf der Grundlage offener, internationaler Standards lassen sich die Begleiterscheinungen ↑offener Systeme, wie z.B. Freiheit, Flexibilität, Kommunikationsfähigkeit und Wachstumsmöglichkeit dauerhaft etablieren.

Literatur: Gray, P.: Open System: a business strategy for the 1990s, London. *Goscinski, A.*: Distributed Operating Systems, Sydney, 1991. *Illik, J. A.*: Von nix zu Unix - Geschichte der Betriebssysteme, im Sonderheft 201, Betriebssysteme im Wandel, Computer Magazin, Stuttgart, 1990. *Lewine, D.*: Posix Programmer's Guide, Sebastopol, 1991. *Nutt, G.J.*: Open Systems, Englewood Cliffs, 1992. The X/Open Portability Guide, Issue 3, 7 Volumes, X/Open Company Ltd., Englewood Cliffs, 1989.

Prof. Dr. J. A. Illik, Furtwangen

Offener Systeme, Architekturen

Trends, strategiebestimmende Konzepte

Verschiedene Entwicklungen der letzten Jahre haben die Infrastruktur von ↑Informationssystemen starken Veränderungen unterworfen. Die Verteilung der Informationsverarbeitung an den Arbeitsplatz hat zu einer dezentralen Anordnung der Rechner und damit der Daten und Programme geführt. Dies führte unweigerlich zu einem Ausweiten der installierten ↑Systeme auf andere als die in zentralisierten Infrastrukturen üblichen Hostsysteme mit ihren Terminals. Die Infrastrukturen basieren inzwischen auf einem Verbund von heterogenen Rechensystemen auf den verschiedenen Ebenen (Unternehmens-, Abteilungs- und Arbeitsplatzrechner). Um trotzdem eine durchgängige ↑Informationsverarbeitung zu erreichen, mußten Maßnahmen zur Integration der verschiedenen, verteilten Rechner, ↑Programme und ↑Daten ergriffen werden (Grundner, 1993). Das zur Zeit am meisten angewandte Konzept hierzu ist das ↑Client/Server-Modell mit der Ausprägung von zwei Rollen: dem ↑Client (-Rechner, Programm), der Dienste in Anspruch nimmt und dem ↑Server (-Rechner, Programm), der Dienste zur Verfügung stellt (Dewire, 1993).

Offene Systeme

Die wirkliche Überwindung oder Beherrschung der Heterogenität ist allerdings nur durch die Einigung auf allgemein akzeptierte und öffentlich zugängliche Regeln für den Verbund von ↑verteilten Systemen möglich. ↑Systeme, die solchen Regeln folgen, können als *Offene Systeme* bezeichnet werden (Bues, 1994).

In der Literatur entsteht allerdings oft der Eindruck, das ↑UNIX und ↑OSI mit Offenem System gleichzusetzen sind; oder, daß Offenheit durch das Nicht-mehr-Kaufen von herstellerspezifischen (proprietären) Systemen erreicht wird. Der Begriff „offen" ist so vielfältig gebraucht und mißbraucht worden, daß er nicht mehr ohne eine gewisse Erläuterung verwendet werden kann. Dagegen ist mit „geschlossen" stets die Vorstellung von herstellerspezifischen Merkmalen verbunden.

Es gibt von IEEE *Technical Committee on Open Systems (TCOS)* eine Definition über ein *Open Systems Environment (OSE)*. Danach basiert ein Offenes System auf einer konsistenten Menge von internationalen Normen und Standards mit zugehörigen funktionsgerechten Standardprofilen (implementierbaren Untermengen). Dadurch werden Schnittstellen, Dienste und Austauschformate beschrieben, um das Zusammenwirken (Interoperation) und die Übertragbarkeit (Portabilität) von Anwendungen, Daten und Benutzern zu erreichen.

Von dem Firmenkonsortium X/Open werden ähnliche Anforderungen an Offene Systeme formuliert. Neben der Hardwareunabhängigkeit (Portability) und der Kommunikations- und Kooperationsfähigkeit (Interoperability) wird die Integrierbarkeit (Integrability) von Hardware und Software verschiedener Anbieter und die Ausbaubarkeit (Scalability) über verschiedene Systeme und Stufen gefordert. Für Anwendungen in Offenen Systemen sind demnach Eigenschaften, wie die Programmierung mit allgemein verfügbaren Werkzeugen und die Ausführung auf unterschiedlicher ↑Hardware und ↑Systemsoftware erreichbar. Dabei ist dann eine übergreifende ↑Kommunikation und Kooperation zwischen Anwendungen bzw. Anwendungsteilen und eine gemeinsame, einheitliche Benutzeroberfläche möglich. Dies erlaubt es dem

Anwender, mit dem Einsatz ↑Offener Systeme Kosten zu senken bei der Beschaffung, Umstrukturierung, Ausbildung, Verwaltung, Sicherheit und Wartung für die Komponenten einer Infrastruktur.

Baupläne für Offene Systeme

Eng im Zusammenhang mit Offenen Systemen stehen Architekturen. Darunter sind allgemeingültige Regeln für den inneren Aufbau von Informationsverarbeitungssystemen bzw. -Infrastrukturen zu verstehen. In der letzten Zeit sind verschiedene Versuche unternommen worden, dafür Modelle mit mehreren Architekturschichten zu definieren. In einem pragmatischen Modell bilden Rechnerarchitekturen (Hardwareschnittstellen) und Kommunikations- bzw. Netzwerkarchitekturen (Dienste und Protokolle) die Basis. Darauf setzen ↑Systemarchitekturen auf, die ↑Schnittstellen für die Entwicklung von Anwendungen definieren. Für die Anwendungen werden Anwendungsarchitekturen für Gemeinsamkeiten bestimmter Bereiche (z.B. Einkauf oder PPS) und Branchenarchitekturen für Synergieeffekte bestimmter Branchen (z.B. Automobil, Luftfahrt, Maschinen) entwickelt. Die Informationsarchitektur zur Modellierung von Informationsfluß und Informationsgehalt und schließlich die Unternehmensarchitektur zur Beschreibung von Aufbau und Struktur beschreiben die eigentliche Aufgabe einer Unternehmensinfrastruktur. In diesem Modell sind auch Verbindungen zwischen unterschiedlichen Architekturen auf gleicher Ebene vorzusehen, z.B. zwischen Kommunikationsarchitekturen wie ↑OSI und ↑SNA. Ebenso ist die Einbindung verschiedener Architekturen der Ebenen zu ermöglichen, z.B. bestimmter Rechner- und Kommunikationsarchitekturen unter einer ↑Systemarchitektur (Umar 1993).

Der *↑Systemarchitektur* kommt dabei als Bindeglied zwischen Systembasis und Anwendungen eine besondere Bedeutung zu. Sie ist auch das wichtigste Elemente bei der Entwicklung Offener Systeme. Aus der Sicht der Anwender soll eine Systemarchitektur für Offene Systeme vorrangig die Integration verschiedener Systeme und deren Anwendungen erlauben. Daneben ist eine größere Unabhängigkeit von bestimmten Herstellern, der Schutz getätigter Investitionen und das Portieren von Anwendungen von Bedeutung. Die Anbieter von Architekturen verfolgen dagegen je nach Ausgangslage verschiedene Ziele. Falls proprietäre Architekturen vorhanden sind (Beispiel: IBM), sollen durch eine übergreifende Architektur existierende Welten vereint werden. Falls keine proprietären Architekturen entwickelt wurden (Beispiel: HP), soll durch eine Systemarchitektur für Offene Systeme eine Plattform geschaffen werden, um unabhängiger von den Architekturen anderer Anbieter zu werden.

Standardisierung

Der grundlegenden Bedeutung entsprechend, übergreifende Lösungen zur Beherrschung der Heterogenität zu finden, haben sich viele Organisationen aktiv mit ↑Offenen Systemen und deren Architektur befaßt. Daraus ist allerdings keine gemeinsame Lösung entstanden, sondern eine Vielzahl (um nicht zu sagen Überzahl) von konkurrierenden Ansätzen.

Beteiligte Gruppierungen

- Die einzelnen Organisationen lassen sich in verschiedene Gruppen einordnen: Die Normen und Empfehlungen werden i.d.R. von national, europäisch und international tätigen *Gremien* erarbeitet (z.B. ↑ANSI, ↑DIN, ETSI, ↑ISO, IEC, ↑CCITT). In den Gremien sind Systemhersteller, Softwareentwickler und Anwender (-Organisationen) durch einzelne Mitarbeiter mehr oder weniger aktiv vertreten. Vorarbeiten werden dabei oft von unabhängigen Vereinigungen geleistet, so von ↑IEEE, ↑ECMA, ↑X/Open.
- Ursprünglich als Verbund einiger Anbieter gegen die Vormacht eines einzelnen Anbieters gedacht (z.B. ↑OSF gegen AT&T und Sun), hat sich heute die Zielsetzung der *Konsortien* mehr zur Unterstützung von Standards bzw. Normen durch Marketing und Produktion gemeinsamer Entwicklungen gewandelt (z.B. OSF, UI, OMG, ACE, SI).
- Die rasante Entwicklung in der Informationstechnologie und im Marktgeschehen überfordert mehr und mehr die Leistungsfähigkeit einzelner Unternehmen (selbst so großer wie IBM). Dies führt zu immer neuen Zusammenschlüssen (*Allianzen*) verschiedener Firmen, selbst wenn diese vorher erbitterte Geg-

ner in einzelnen Bereichen waren (insb. wurde IBM aktiv mit Apple, Bull, HP, Lotus, Novell u.a.).

• Daneben verfolgen eine Reihe von Unternehmen (*Einzelanbieter*) durchaus noch eigene Ziele und versuchen eigene Vormachtstellungen zu halten; allerdings wird dies im Bereich der Offenen Systeme zunehmend schwieriger.

Im Zuge der Zunahme der Bemühungen um Offene Systeme erfahren alle Gruppen einen starken Zuwachs an Mitgliedern. Dabei sind einzelne Unternehmen inzwischen in fast allen Gruppen vertreten (soweit sie sich in den Zielen nicht vollständig widersprechen). Die größte Bedeutung unter dem Gesichtspunkt der Normung, Standardisierung dürfte zur Zeit wohl X/Open haben; die Produktentwicklung dagegen wird von OSF am stärksten vorangetrieben.

Wesentliche Architekturen

Bei der Entwicklung Offener Systeme sind heute eine Vielzahl von Vorgaben und Einzelelementen zu berücksichtigen. Alle oben vorgestellten Gruppen und viele ihrer Mitglieder haben hierzu Produkte, Konzepte oder Architekturen entwickelt. Besondere Bedeutung haben die Architekturen, wobei die Betonung auf der Systemarchitektur als integrierendes Element liegt. Daneben sind die Kommunikations- und Rechnerarchitekturen von Wichtigkeit.

Die vielen Vorschläge hierzu lassen sich je nach Herkunft grob in verschiedene Klassen einteilen: *Herstellerkonzepte* (von Einzelanbietern), *Entwickler-/Anwenderkonzepte* von (Softwareentwicklern oder Anwenderorganisationen), *Industriestandards* (Herstellerkonzepte, die zum akzeptierten Standard wurden), *Konsortialtechnologien* (von Firmenkonsortien unterstützte Hersteller-/Anwenderkonzepte und Normvorschläge) und *Normen* bzw. Empfehlungen (von Gremien).

Im folgenden wird eine kurze Aufstellung einiger der für Offene Systeme bedeutenden Architekturen gebracht (Diese Liste kann nie ganz vollständig und aktuell sein.); detaillierte Beschreibungen mit den wesentlichen Elementen können aus den Veröffentlichungen der jeweiligen Gruppen, bzw. der Anbieter entnommen werden.

Zur Verdeutlichung soll lediglich das Beispiel der ↑*Open Software Foundation (OSF)* näher erläutert werden. ↑OSF hat mit dem *Distributed Computing Environment (DCE)* und dem *Distributed Management Environment (DME)* eine Architektur mit allen wesentlichen Elementen vorgestellt und gleich die Verfügbarkeit von Produkten (z.B. von DEC, IBM, HP) angekündigt. Dabei sind als Basis verschiedene ↑Betriebssysteme (↑UNIX, ↑DOS, ↑OS/2), ergänzt um ein spezielles Prozeßkonzept (↑Threads) und Kommunikationssysteme möglich. Als grundlegende Dienste (Fundamental Services) sind Fernaufruf (RPC), Datendarstellungs-, Zeit- und Namensdienste vorgesehen; ergänzend dazu sind Funktionen für die Verwaltung und Sicherheit notwendig. Ein verteiltes Dateisystem bildet die Basis für höhere verteilte Dienste (Data Sharing Services), wie PC-Integration und weitere zukünftige Dienste (Schill, 1993).

Weitere Entwicklung der Architekturen

Offene Systeme sind zwar immer noch eher ein Modethema, aber die einsetzende Entwicklung auf allen Architekturebenen und die ersten Erfolge für mehr Herstellerunabhängigkeit oder bessere Beherrschung der Heterogenität werden den tatsächlichen Bedarf verstärken. In der weiteren Entwicklung werden die folgenden Gremien bzw. Gruppen eine wichtige Rolle spielen:

• *X/Open*: Durch den Beitritt von OSF und UI hat X/Open eine Klammerfunktion für die Standardisierung in allen Architekturbereichen erhalten. Auf lange Sicht kann daher mit einer Angleichung oder zumindest Harmonisierung der jetzt noch verschiedenen Vorschläge gerechnet werden.

• *OSF*: Mit DCE versucht OSF einen Rahmen für Offene Systeme zu schaffen, in dem UNIX nur noch eine untergeordnete Rolle (eine mögliche Implementierung für das Betriebssystem) spielt; so wie das schon für Motif als einheitliche Benutzeroberfläche auf Basis von X-Windows für verschiedene Betriebssysteme neben UNIX -Varianten z.B. auch VMS erfolgt ist.

• *UI*: Ähnliche Ziele verfolgt auch UI mit Atlas; allerdings ist hier die Bindung

an UNIX noch stärker gegeben.
Es fällt auf, daß die Normungsgremien an Bedeutung verloren haben und die Konsortien zur treibenden Kraft geworden sind. Der dort gewählte pragmatische Ansatz, auf Basis von schon erprobten Technologien und Produkten Standards zu schaffen, führt schneller zu allgemein akzeptierten Architekturen als der langwierige Normungsprozeß. Aber da die Konsortien sich zum Teil noch uneinig gegenüber stehen, besteht die Gefahr, daß spezielle Herstellervorschläge schließlich gegen allgemeine Interessen durchgesetzt werden. Es wird darauf ankommen, daß eine ganze Reihe der Hersteller die Ziele ihrer Mitarbeit in den Gruppierungen umorientieren. Es entsteht noch zu oft der Eindruck, daß z.B. die Gremien für die eigenen Ziele eingespannt werden sollen. Einerseits wird versucht, eine weitere Marketingplattform zu finden, indem ein Produkt durch das Gremium zum Standard erhoben werden soll, um dann an den Lizenzgebühren zu verdienen. Andererseits wird die Entwicklung gebremst, wenn ein eigenes proprietäres System im Markt ist und durch ein Standardsystem eine Konkurrenz gefürchtet wird.

Koexistenz oder Konvergenz?
Die Systemarchitekturen (insb. der Konsortien) stehen noch in Konkurrenz zueinander und enthalten z.T. widersprüchliche Komponenten. Für den Anwender bleibt zu hoffen, daß die sich abzeichnenden Konvergenzen (z.B. die Orientierung an DCE) sich noch verstärken werden, oder daß zumindest Koexistenz und Interoperabilität gegeben sein wird. Dies würde auch der bisherigen Entwicklung am ehesten entsprechen, im Interesse des technologischen Fortschritts nicht die Vereinheitlichung (Homogenität) aller Architekturen, sondern die Überbrückung der Verschiedenheit (Heterogenität) einiger Architekturen durch Interoperabilität zu erreichen (z.B. COSE-Spezifikation).
Wie auch in den anderen großen Einsatzgebieten von Informatikmethoden gilt bei Offenen Systemen und deren Architekturen, daß eine Modellierung der Informationsinhalte und -flüsse vor einer Implementierung bloßer Systemneuerungen erfolgen sollte (so wie in der Bürokommunikation der alte Grundsatz lautet: Organisation kommt vor Technik); d.h. bei den Planungen für Offene Systeme ist die richtige Reihenfolge einzuhalten: erst die Anwendungen, dann Rahmen bzw. Konzept, dann Architektur, dann ↑Systemsoftware (wie ↑POSIX oder ↑UNIX) und zuletzt Hardwareplattform (z.B. RISC). Wenn der Wettbewerb den entsprechenden Druck bei den Anbietern erzeugt, so ist davon auszugehen, daß die Entwicklung oder Bereitstellung von Offenen Systemen ernst genommen wird. Der Mißbrauch der Begriffe für Marketingzwecke verwirrt nur die Anwender und behindert die Konsolidierung der verschiedenen Entwicklungsrichtungen. Die bestehenden Infrastrukturen der Anwender müssen berücksichtigt und ein Migrationsweg zur Einbindung in Offene Systeme aufgezeigt werden.
Literatur: Bues, M.: Offene Systeme - Strategien, Konzepte und Techniken für das Informationsmanagement, 1994. *Grundner, W.*: Rightsizing - Technische Hintergründe und Empfehlungen. Digital Info-Bibliothek, 1993. *Dewire, D.T.*: Client/Server Computing, McGraw-Hill, 1993. *Schill, A.*: DCE - Das OSF Distributed Computing Environment, 1993. *Umar, A.*: Distributed Computing - A Practical Synthesis of Networks, Client-Server Systems, 1993.
Prof. Dr. M. Seifert, Karlsruhe

Office of the Future
Modernes Büro; stützt sich auf eine integrierte ↑Informationsverarbeitung in verteilten Systemen, wobei der Dokumentenverarbeitung und -übertragung eine zentrale Rolle zukommt.

offline
Methode der indirekten oder unabhängigen Datenfernverarbeitung; die Datenverarbeitungsanlage ist nicht mit den zur Übertragung von Daten benutzten Fernmeldewegen verbunden.

Öko-Audit
Verfahren zur Überprüfung betrieblicher (standortbezogener) Umweltmanagementsysteme von Unternehmen.

Ökocontrolling
↑Informationssystem, das zur Analyse, Planung, ↑Steuerung und Kontrolle aller ökologisch relevanten Aktivitäten eines

Unternehmens dient; umfassendes ↑betriebliches Umweltinformationssystem.

OLE
Objekt Linking and Embedding; Fähigkeit von Applikationen, Daten als Objekte zu betrachten. Diese Objekte werden von einer Serveranwendung erstellt und in eine Clientanwendung eingebettet. Soll das Objekt später geändert werden, so wird automatisch die Serveranwendung mit dem Objekt als Verbunddokument gestartet.

OLTP
OnLine Transaction Processing; Erfassung und Verarbeitung von Geschäftsvorfällen im Dialog.

OMG
Object Management Group; Firmenkonsortium, hat eine Empfehlung erarbeitet, wie Interoperabilität auf der Basis des Objektmodells zu erlangen ist.

online
Direkte oder abhängige Datenfernverarbeitung; die Datenverarbeitungsanlage ist mit den zur Übertragung von Daten benutzten Fernmeldewegen direkt verbunden.

online-Datenbanken
↑Datenbanken, online-

OOA
Objekt Oriented Analysis; ↑Modellierung des Aufgabenbereichs des ↑Informationssystems; Beschreibung des Aufgabenbereichs; das Produkt der Objektmodellierung wird als objektorientiertes Analyseschema bezeichnet.

OOD
Objekt Oriented Design; Beschreibung, wie definierte Anforderungen erfüllt werden sollen. Die Beschreibung wird als Entwurfsschema bezeichnet.

Operation
Ausführbare Tätigkeit im Sinne einer Funktion bzw. eines Algorithmus; kommuniziert mit der Umgebung über Ein-/Ausgabeparameter.

Operations Research
Sammelbegriff für mathematische Verfahren der linearen oder nicht-linearen Optimierung, der Spieltheorie, der Simulation etc., die der Lösung komplexer Probleme dienen.

Operations Research und Wirtschaftsinformatik
Zwischen *Operations Research* und *Wirtschaftsinformatik* gibt es zahlreiche Gemeinsamkeiten und Berührungspunkte. Beide Gebiete verbindet ein heute noch wenig genutztes synergetisches Potential (Meyer, 1991; Müller-Merbach, 1992). Zunächst seien die beiden Gebiete einzeln, im Anschluß daran in ihrer gemeinsamen Bedeutung für Gesamtinformationssysteme des Unternehmens betrachtet.

Operations Research
Operations Research wird häufig im Sinne der bestmöglichen Gestaltung und Lenkung von Mensch-Maschine-Systemen verstanden, so ORSA (1977): "Operations Research is concerned with scientifically deciding how to best design and operate man-machine systems, usually under conditions requiring the allocation of scarce resources." Hinter Scientifically Deciding stehen die beiden Vorstellungen, zum einen alles relevante ↑Wissen zu berücksichtigen, also interdisziplinär vorzugehen, zum anderen alle quantitativen ↑Informationen in mathematischen Modellen zu erfassen und zu verarbeiten. Hinter "best design and operate man-machine systems" steht das Verständnis des Unternehmens als Mensch-Maschine-System, welches in bestmöglicher Weise gestaltet und gelenkt werden soll. Operations Research wird gelegentlich in einem dreiteiligen Konzept gesehen - bestehend aus Planungsmethodik, Planungsmodellen und -mathematik (Müller-Merbach, 1993):

- Die *Planungsmethodik* umfaßt die gesamte Vorgehensweise von der Problemerkennung bis zur Lösungsimplementation, und zwar einschl. Projektmanagement und Menschenführung. Einen zentralen Teil der Planungsmethodik bilden die Prozesse des ↑mathematischen Modellierens.
- Ähnlich wie technische Geräte durch Konstruktionszeichnungen repräsentiert sind, werden im Operations Research reale Entscheidungssituationen durch *Planungsmodelle* nachgebildet. Für viele charakteristische Zusammenhänge der

betrieblichen Funktionsbereiche sind Standardmodelle entwickelt worden, z.B. für Stücklisten, Absatz- und Produktionsprogramme, Investitions-, Transport- und Umlauf-, Bilanzbewertungspläne etc.

- Die Planungsmathematik als drittes enthält die Algorithmen, mit denen sich die Planungsmodelle bearbeiten lassen, u.a. die der linearen Optimierung, der kombinatorischen und ganzzahligen Optimierung, der Graphentheorie, der Warteschlangentheorie und der ↑Simulation.

Wirtschaftsinformatik
Ganz ähnlich wie Operations Research hat auch die Wirtschaftsinformatik mit der bestmöglichen Gestaltung und Lenkung von Mensch-Maschinen-Systemen zu tun. Die Wirtschaftsinformatik ist aber weniger auf Entscheidungsvorbereitung (Scientifically Deciding) ausgerichtet, sondern auf die Verarbeitung der relevanten ↑Information des Unternehmens. Es bietet sich für die Wirtschaftsinformatik eine ähnliche Dreiteilung an, wie für Operations Research:

- Die *Methodik* der Wirtschaftsinformatik zielt auf den Entwurf und den Einsatz von ↑Informationssystemen und umfaßt - wie die Planungsmethodik - die Vorgänge der Realitätserfassung, deren Umsetzung in formale Strukturen (z.B. Datenbankschemata) bis zu den Prozessen der Informationsein- und -ausgabe.
- Den Planungsmodellen entsprechen die Programme, vor allem die ↑*Standardprogramme* (Standardanwendungen) der Wirtschaftsinformatik. Dazu gehören die Programme der Finanzbuchhaltung, der Kostenrechnung, der Bilanzierung, der ↑Produktionsplanung und -steuerung, der Auftragsabwicklung bis zur Fakturierung.
- Der Planungsmathematik entspricht das *Programmieren*, d.h. die instrumentelle Realisierung von ↑Informationssystemen einschl. der Datenbankstrukturierung, der Gestaltung der Benutzeroberflächen etc.

Gesamtinformationssystem
Am Ende der Bemühungen von Operations Research und Wirtschaftsinformatik steht das Ideal des Gesamtinformationssystems des Unternehmens: ein perfektes Spiegelbild des Unternehmens, ein Modell, das alle relevanten Informationen über alle realen Erscheinungen und Abläufe des Unternehmens verfügbar macht. Ähnlich wie reale Gegenstände Schatten werfen, so wird das reale Unternehmen durch das Gesamtinformationssystem repräsentiert. Im Idealfall braucht dann das gesamte Management nur noch mit dem Gesamtinformationssystem zu operieren, quasi am Hypermediacomputer, statt mit den Dingen selbst. Vorläufer der Gesamtinformationssysteme sind die ↑Management Informationssysteme (MIS) der frühen 70er Jahre, die ↑Decision Support Systems (DSS) der 80er Jahre und die ↑Executive Information Systems (EIS) seit den späten 80er Jahren. Die Konzepte des Gesamtinformationssystems gehen deutlich darüber hinaus. Sie sind noch weit von einer perfekten Realisierung entfernt, doch werden Operations Research und Wirtschaftsinformatik ihre wichtigsten Fundamente sein, ähnlich wie MIS, DSS und EIS gemeinsam von beiden Fachgebieten getragen worden.

Die Entwicklung der *Gesamtinformationssysteme* als Gesamtmodelle des realen Unternehmens ist eine Aufgabe von hoher Komplexität. Sie erfordert das interdisziplinäre Zusammenfließen von Sachverstand aus vielen einzelnen Fachgebieten, auch über Wirtschaftsinformatik und Operations Research hinaus, u.a. von Betriebswirtschaftslehre (mit Rechnungswesen im Schwerpunkt), von Statistik, von Steuerlehre, von Handelsrecht (z.B. Bilanzierungsrichtlinien), von Arbeitsrecht (z.B. Tarifvorschriften), von Wettbewerbsrecht (z.B. Grenzen der erlaubten Werbung), von ↑Ergonomie (z.B. Arbeitsbelastung) etc. Alle für die Praxis des Unternehmens heute relevanten Fachgebiete werden in den Gesamtinformationssystemen repräsentiert sein müssen.

Artverwandtschaft
Operations Research und Wirtschaftsinformatik sind artverwandt. Sie können den Dreh- und Angelpunkt für die Entwicklung der Gesamtinformationssysteme des Unternehmens bilden. Sie haben zahlreiche formale und inhaltliche Gemeinsamkeiten und ergänzen einander zu einer übergreifenden Einheit.

Literatur: Meyer, M.: Wirtschaftsinformatik und Operations Research, in: Wirtschaftsinformatik, 33. Jg., Heft 3, 1991.

Müller-Merbach, H.: Die ungenutzte Synergie zwischen Operations Research und Wirtschaftsinformatik, in: Wirtschaftsinformatik, 34. Jg., Heft 3, 1992. *Müller-Merbach, H.*: Stichworte "Operations Research", "Planungsmathematik", "Planungsmethodik", "Planungsmodelle", "Planungsprozeß" etc., in: *Dichtl, E., Issing, O.* (Hrsg.), Wirtschaftslexikon, 2. Aufl., München, 1993. *ORSA (Operations Research Society of America*, Hrsg.): Careers in: Operations Research, Baltimore, 1977.

Prof. Dr. H. Müller-Merbach, Kaisersl.

Optimierungsproblemen, parallele und verteilte Lösung von

Die Lösung von ingenieurtechnischen Entwurfsentscheidungen (Produktentwicklung), sowie die Behandlung von Aufgaben der ökonomischen Planung und Steuerung von Produktionsprozessen (Auftragsabwicklung) bedingen rechen- und datenintensive Aufgaben. Der extrem hohe Bedarf an numerischer Rechenleistung resultiert aus der Notwendigkeit der Lösung sog. multidisziplinärer Optimierungsprobleme. Diese Aufgabenstellungen sind in der Regel kombinatorische, gemischt-ganzzahlige oder nichtlinear beschränkte Probleme der mathematischen Optimierung, die in der Zielfunktion und/oder in den Nebenbedingungen rechenzeitaufwendige Simulationssoftware z.B. auf der Basis von Finite Elemente-Methoden einsetzen.

Diese Problemklasse läßt sich im Falle nicht-linearer Optimierungsaufgaben folgendermaßen kennzeichnen. Es ist ein n-dimensionaler Vektor (reell, ganzzahlig, gemischt-ganzzahlig) $x^* = (x^1, ..., x^n)^T \in R^n$ gesucht, der eine Zielfunktion $f(x)$: $R^n \rightarrow R$ minimiert unter Beachtung von Restriktionen wie $g_i(x) = 0$, $g_j(x) \leq 0$ und Festlegung eines Wertebereichs der Variablen wie $x_l \leq x \leq x_u$, wobei $g_k(x)$: $R^n \rightarrow R$ $(i=1,...,m_e;\ j=m_e+1,...,\ m;\ k=1,...,\ m)$ ist. Dabei können i.a. keine Aussagen über die Differenzierbarkeit, Stetigkeit oder Konvexität der durch Simulationssoftware gekennzeichneten Zielfunktion oder Nebenbedingungen gemacht werden. So muß damit gerechnet werden, daß das Lösungsgebiet nicht unbedingt zusammenhängend ist und bei Vorhandensein mehrerer Zielfunktionen muß versucht werden, durch geeignete Approximationsansätze (wie Präferenzfunktionen) Pareto-optimale Lösungen zu bestimmen. All diese Eigenschaften bedingen, daß diese Problemklasse durch exponentielle Rechenzeitkomplexität gekennzeichnet ist. Aus diesem Grunde wird der Einsatz paralleler und verteilter Lösungsansätze durch Nutzung von Superrechnern, oder von vernetzten Minicomputern und ↑Workstations seit etwa 10 Jahren verfolgt. Jedoch erst die Entwicklung der ↑Multiprozessorsysteme in den letzten Jahren bietet eine Basis für systematische Forschungen.

So zählt die Lösung derartiger Aufgabenstellungen zum Gebiet des wissenschaftlichen Höchstleistungsrechnens oder *High Performance Scientific Computing.* Die dafür üblichen Hardwareplattformen (Decegama, 1989; Bell, 1992) kann in drei Klassen eingeteilt werden:

- *Multivektorrechner* (mit 1-16 Prozessoren, wie Systeme der Hersteller Convex, Cray, Fujitsu/SNI oder IBM),
- *massiv parallele Systeme* (mit über 100 bis 1000 und mehr ↑Prozessoren, wie Systeme der Hersteller Parsytec, Thinking Machines, nCube, Intel oder KSR) und zunehmend auch
- *Workstationcluster* (mit 10 - 15 ↑Workstations der bekannten Hersteller wie SUN, IBM, DEC, HP oder SGI).

Da diese Hardwareplattformen den derzeitigen sich sehr dynamisch entwickelnden Stand kennzeichnen, seien im weiteren generelle Leistungsmaße der ↑Parallelverarbeitung angegeben, um dann die Möglichkeiten der algorithmenabhängigen (Daten-) Parallelität und der probleminhärenten Parallelität in Lösungskonzepten der Optimierung aufzuzeigen.

Die Leistungssteigerung durch Einsatz von ↑Parallelrechnern wird am häufigsten aus Informatiksicht mit dem Speedup und der Effizienz (Bertsekas, Tsitsiklis, 1989) gemessen. Damit entsteht ein Maß dafür, um wieviel schneller ein paralleler Algorithmus unter Verwendung von p Prozessoren im Vergleich zu seiner sequentiellen Variante mit nur einem Prozessor ist. Ist $T(p)$ die Laufzeit eines Algorithmus bei Verwendung von p Prozessoren, so kann der Speedup angegeben werden als: $S(p)=T(1)/T(p)$. Die Effizienz gibt dann den mittleren Nutzungsgrad der Prozessoren, während einer parallelen Berechnung an und kann als das Verhältnis aus Speedup zur Anzahl der beteiligten Prozessoren ermittelt werden: $E(p)=S(p)/p$. Jedoch aus Problemlösungssicht - hier Optimierungsaufgaben - ist es von Interesse zu wissen, ein um welchen Faktor größeres Problem kann Parallelität p in derselben Zeit gelöst werden, wie im sequentiellen Fall. Ein Maß dafür ist der Scaleup $Sc(p)$ (Freeman, Phillips, 1992), auf dessen Basis Aussagen bei gegebener Parallelität und Lösungszeit über die lösbare Problemdimension getroffen werden können, oder bei gegebener Problemgröße und geforderter Rechenzeit über die notwendige Parallelität p. Der Scaleup ist jener Faktor, mit dem die Problemgröße (n) multipliziert werden muß, um dieselbe Laufzeit mit p Prozessoren zu erhalten wie mit einem Prozessor.

In der mehr als 30jährigen intensiven Forschung auf dem Gebiet der mathematischen Optimierung sind wesentliche Ergebnisse in Form von Algorithmen in sequentieller Denkweise entstanden und ebenso große numerische Softwarebibliotheken meist in der Programmiersprache ↑FORTRAN entwickelt worden, die eine ganze Reihe nützlicher Heuristiken für den praktischen Einsatz enthalten. Mit der Verfügbarkeit von Superrechnern in den 80er Jahren wurde versucht, erste Schritte in Richtung Parallelisierung zu gehen. Dabei wurden insb. die Möglichkeiten der *Datenparallelität* ausgenutzt. Beispiele hierfür sind die parallele Abarbeitung der Operationen der linearen Algebra, wie die Matrizenoperationen, nebenläufige Ermittlung der Zielfunktionswerte, oder der Nebenbedingungen für die automatische Berechnung von Gradienten, oder der Hesse-Matrix und ebenso die Richtungsminimierung einer Funktion entlang eines Suchstrahls kann parallel ausgeführt werden ohne laufende Kommunikation. Dieser Ansatz der Parallelisierung von klassischen Algorithmen für Optimierungsprobleme ermöglichte eine Rechenzeitreduzierung jedoch nur innerhalb einer Größenordnung. Wesentlich erscheint aber, daß diese Art der Parallelisierung zum großen Teil auf Datenparallelität hinausläuft und damit durch die Entwicklung automatisch parallelisierender ↑Compiler (wie High Performance FORTRAN) berücksichtigt werden kann. Ebenso bedeutet der Einsatz parallelisierender Compiler, daß die vorhandenen Softwarebibliotheken mit Effizienzgewinn nach Recompilieren auch auf Multiprozessorsystemen genutzt werden können und somit diese Investitionen menschlicher Arbeitskraft teilweise geschützt sind. Jedoch ist zu beachten, daß bei einem derartigen Vorgehen allein die Denkweise des sequentiellen Algorithmenentwurfs verbleibt, denn es sind ja meist nur die klassischen Algorithmen (z.B. das Quasi Newton-Verfahren) umgesetzt worden innerhalb derer, die Möglichkeiten der Parallelisierung genutzt wurden. Wird jedoch versucht, Algorithmen zu entwerfen, die Problemgröße (n) und die Zahl der verfügbaren Prozessoren (p) berücksichtigen, so führt das zu skalierbaren parallelen Lösungsansätzen, die gestatten weitere Effizienzpotentiale zu nutzen.

Ein solches Vorgehen setzt aber programmiersprachliche Mittel zur Organisation der Synchronisation und Kommunikation zwischen nebenläufigen Prozessen (Bal, 1990) in den zu entwerfenden Optimierungsalgorithmen voraus. Neben der erwähnten Datenparallelität können zwei weitere Programmiermodelle unterschieden werden: das *Virtual Shared Memory-Modell* und das *Message Passing-Modell.* Als Message Passing-Modell wird erfolgreich die Public Domain-Software PVM (Parallel Virtual Machine) und PARMACS (eine Entwicklung der Gesellschaft für Mathematik und Datenverarbeitung, Bonn) eingesetzt. Mit diesen Programmiermodellen sind erfolgreiche Untersuchungen auf Workstationclustern unternommen worden. Diese Hardwareplattform eignet sich besonders für moderate Parallelität, d.h. wenn das ursprüngliche Optimierungsproblem in etwa gleich große Teilprobleme zerlegt werden kann und der Aufwand zur Kommunikation im Verhältnis zur Lösung der Teilprobleme gering (z.B. < 5%) ist. Dabei können für die Lösung der Teilprobleme in Abhängigkeit von der verfügbaren Hardware durchaus Algorithmen ein-

gesetzt werden, die wiederum in sich Datenparallelität nutzen.
Erfolgreiche Ansätze der Nutzung moderater Parallelität gibt es bei einer Reihe von Verfahren der Optimierung wie:

- *Dekompositionsmethoden*, deren lokale Teilprobleme können nebenläufig abgearbeitet werden. Der Synchronisationspunkt dient gleichzeitig der Koordination. Die Kommunikation besteht im Austausch einer Liste mit wenigen Elementen (Koordinationsvektor).
- *Branch and Bound-Methoden*, bei denen die einzelnen Zweige des Entscheidungsbaumes parallel ausgewertet werden können. Die Kommunikation besteht im Senden und Empfangen der jeweils besten Teillösung.
- *Evolutionstsrategien* und *genetische Algorithmen*, bei denen die einzelnen Populationen mit ihren Berechnungen den lokalen parallel ausführbaren Rechenaufwand präsentieren. Mutation oder Rekombination bedingen den gelegentlichen Austausch von Informationen in Form einer Liste.
- *Heuristiken*, wie hybride Methoden, die darin bestehen, daß lokal konvergente Verfahren mit global konvergenten Verfahren gekoppelt werden. Die Verfahren laufen gleichzeitig ab, können auch lokal Datenparallelität nutzen und informieren sich asynchron über die bisher beste Lösung. Ebenso führt die Möglichkeit der parallelen Berechnung vieler Zielfunktionswerte zu neuen Ansätzen für multimodale Probleme.

Viele der beispielhaft angeführten Parallelisierungsansätze sind meist mit Konzepten des Lastausgleichs gekoppelt, um den Effekt der gleichmäßigen Ausnutzung der gleichzeitig verfügbaren Prozessoren oder Rechner zu erzielen. Publizierte Ergebnisse zeigen, daß bei derartiger Nutzung moderater Parallelität für einzelne Problemklassen robustere Lösungsansätze und teilweise Rechenzeiteinsparungen von ein bis zwei Größenordnungen erzielt werden können. Beispiele für Ansätze solcher Arbeiten sind in (Grauer, Pressmar, 1991) aufgeführt.
Es kann abschließend festgestellt werden, daß einerseits die ständigen Verbesserungen der Hardwareeigenschaften, wie Erhöhung der Taktfrequenz oder der Datenübertragungsraten, sowie die weitere Entwicklung automatisch parallelisierender Compiler andererseits bisherige Einsatzgrenzen auch sequentieller Optimierungsalgorithmen hinausschieben. Jedoch bieten die Neuerungen auf dem Gebiet der ↑Parallelrechnersysteme mit ihren verschiedenen Architekturen Möglichkeiten für neue Konzepte paralleler und verteilter Algorithmen der mathematischen Optimierung, deren Entwicklung sinnvoll und dringend erforderlich ist.

Literatur: Bal, H.: Programming Distributed Systems, 1990. *Bell, G.*: Ultracomputers - A Teraflop before its Time, Comm. of the ACM, 35(8), 1992. *Bertsekas, D.P., Tsitsiklis, J.N.*: Parallel and Distributed Computation, 1989. *Decegama, A.L.*: The Technology of Parallel Processing,, 1989. *Freeman, T.L, Phillips, C.*: Parallel Numerical Algorithms, 1992. *Grauer, M., Pressmar, P.B.* (Eds.): Parallel Computing and Mathematical Optimization, 1991.

Prof. Dr. M. Grauer, Siegen

Optimierungssoftware für betriebliche Anwendungen
Zur Entscheidungsunterstützung bei der Lösung komplexer Entscheidungs- und Planungsprobleme sind Techniken des ↑Operations Research in vielen Situationen vorteilhaft einsetzbar. Die mathematische Optimierung spielt dabei in der Praxis seit Jahrzehnten eine herausragende Rolle. Der selektierte Realitätsausschnitt (↑System) wird in einem mathematischen Modell abgebildet. Wichtigste Elemente eines Entscheidungsmodells sind: die Entscheidungsvariablen, die variable Systemattribute repräsentieren, die Systemkonstanten (Parameter), die Restriktionen zur Berücksichtigung von Bedingungen und ein Bewertungssystem für die Entscheidungen (Zielfunktion).
Praktische Entscheidungsmodelle können durch ihren Umfang und ihre Komplexität nur mit Hilfe von ↑Computern bearbeitet werden. Daher muß das mathematische Modell in ↑Software implementiert werden, um es mit Hilfe von *Optimierungssoftware* lösen zu können. Die mathematische Modellösung wird als Entscheidungsvorschlag für das reale ↑System interpretiert.

Optimierungssoftware

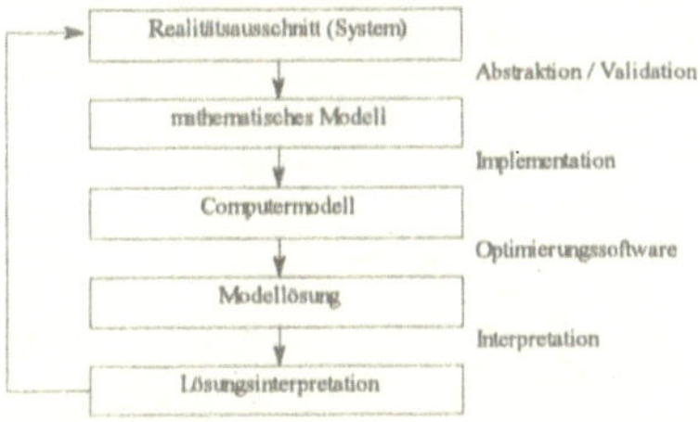

Die *Modellbildung* ist kritisch. Ein Modell muß hinreichend detailliert sein, um das zu untersuchende ↑System genau genug abzubilden, andererseits mathematisch einfach genug, um es formalen ↑Methoden zugänglich zu machen und dem Anwender verständlich zu sein. Im Rahmen der mathematischen Optimierung, die auch mathematische Programmierung genannt wird, bestehen die Modelle aus Zielfunktion, Entscheidungsvariablen und Restriktionen. Je nach Art der Zielfunktion, Variablen und Restriktionen werden verschiedene Modellklassen unterschieden. Für jede Modellklasse werden unterschiedliche Lösungsalgorithmen eingesetzt. Für die Praxis sind die Modellklassen *Lineare Optimierung (LP)* und *gemischt-ganzzahlige Optimierung (MIP)* am wichtigsten, da es viele Anwendungen und hocheffiziente Standardsoftware gibt.

Lineare Programmierung (LP)
LP-Modelle bestehen aus Entscheidungsvariablen, einer linearen Zielfunktion, die minimiert oder maximiert wird und aus linearen Restriktionen (Gleichungen oder Ungleichungen) für die Entscheidungsvariablen. Beispiel: Zur Produktion zweier Endprodukte P1 und P2 werden selbst hergestellte Baugruppen B1, B2 und B3 und das fremdbezogene Teil E1 benötigt. Materialverbrauch (Gozintograph), Absatz, Deckungsbeitrag und Kapazitäten sind gemäß Abbildung und Tabelle.
In der Endmontage stehen 700 Zeiteinheiten zur Verfügung. In der Vorfertigung der Baugruppen B1, B2 und B3 werden jeweils 2, 2 und 3 ZE benötigt. Die Kapazität in der Vorfertigung beträgt 2400 ZE. Vom Teil E1 sind 600 Einheiten im Lager. Es können zum Preis von 2 GE maximal 1000 Teile E1 zugekauft

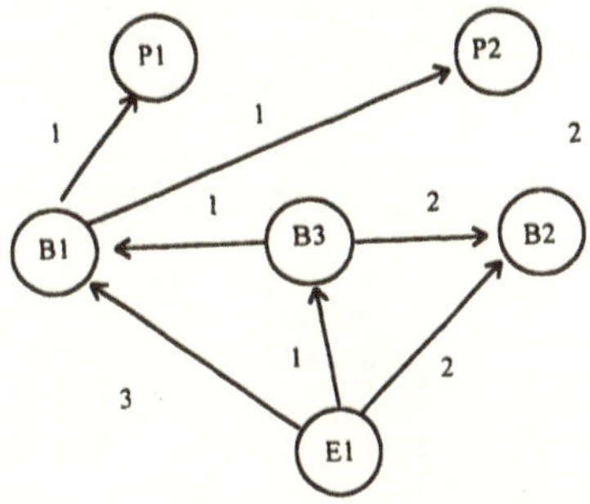

	P1	P2
Absatzhöchstmenge	110	150
Absatzmindestmenge	80	90
Deckungsbeitrag	13	30
Endmontage (ZE)	4	3

werden. Es soll das gewinnmaximale Produktionsprogramm bestimmt werden.

Entscheidungsvariablen:	
xp1, xp2, xb1, xb2, xb3:	Produktionsmengen von P1, P2, B1, B2, B3 (ME)
xe1:	Fremdbezugsmenge von Teil E1 (ME)
Restriktionen:	
Verkauf:	$80 \le xp1 \le 110$, $90 \le xp2 \le 150$
Endmontage:	$4\ xp1 + 3\ xp2 \le 700$
Vorfertigung:	$2\ xb1 + 2\ xb2 + 3\ xb3 \le 2400$
Fremdbezug:	$0 \le xe1 \le 1000$
Materialbilanzen:	$xb1 = xp1 + xp2$, $xb2 = 2\ xp2$, $xb3 = 2xb2 + xb1$
Zukauf:	$3\ xb1 + 2\ xb2 + xb3 \le 600 + xe1$
Nichtnegativität:	$xb1, xb2, xb3 \ge 0$
Zielfunktion:	maximiere $13\ xp1 + 30\ xp2 - 2\ xe1$

Kleine LP-Modelle lassen sich übersichtlich in einem Tableau darstellen. Das Tableau enthält in den Zeilen die mit Namen versehenen Restriktionen, die Zielfunktion und die unteren und oberen Schranken für individuelle Entscheidungsvariablen. Die Spalten enthalten die Namen für die Entscheidungsvariablen und den Vektor der rechten Seite (RHS).

Tableaudarstellung des LP-Modells								
Namen	xp1	xp2	xb1	xb2	xb3	xe1	Typ	RHS
Zielfunktion	13	30				-2		
Endmontage	4	3					≤	700
Vorfertigung			2	2	3		≤	2400
Bilanz1	-1	-1	1				=	0
Bilanz2		-2		1			=	0
Bilanz3			-1	-2	1		=	0
Zukauf			3	2	1	-1	≤	600
Untergrenze	80	90	0	0	0	0		
Obergrenze	110	150	∞	∞	∞	1000		

Die Lösung von LP-Modellen basiert entweder auf der Simplexmethode oder auf den inneren Punkte-Verfahren (Lustig et al, 1994; Bixby, 1994; Suhl, 1994) und wird durch ↑Standardsoftware vorgenommen. Beispielhaft wird hier das System MOPS (Mathematical Optimization System; Suhl, 1994) erwähnt, mit dem sich große LP- und MIP-Modelle effizient lösen lassen. ↑MOPS ist auf allen wichtigen Systemplattformen verfügbar. Die folgende Tabelle zeigt die Lösungszeiten in Minuten für ein typisches LP-Modell aus der Mineralölindustrie mit 5563 Restriktionen, 6181 Variablen und 39597 Nichtnullelementen auf verschiedenen Systemplattformen.

MOPS V1.4 Optimierungszeiten für ein Modell (5563×6181)	min
PC-i468 DX2-66, Dos / Windows	2.46
PC-Pentium (90 Mhz), DOS / Windows	1.37
IBM 3090-J MVS-ESA	1.16
SNI H-120F, BS2000	0.91
HP-735, HP-UX	0.81

Das größte LP-Modell, das mit ↑MOPS gelöst wurde, umfaßte 160.400 Restriktionen, 320.800 Variablen und wurde ohne Startlösung in 4,8 Stunden auf einer IBM 3090-J gelöst. Die optimale LP-Lösung des obigen Beispiels hat einen Zielfunktionswert von 2250 GE und folgende Werte für die Entscheidungsvariablen: xp1=102, xp2=90, xb1=192, xb2=180, xb3=552, xe1=888. In der Endmontage werden 678 ZE, in der Vorfertigung 2400 ZE verbraucht. Danach ist die Kapazität der Vorfertigung der Engpaß.

Gemischt-ganzzahlige Optimierung
MIP-Modelle unterscheiden sich von LP-Modellen dadurch, daß einige Variablen nur ganzzahlige Werte annehmen dürfen, wobei der wichtigste Fall Variablen sind, die nur die Werte 0 oder 1 erlauben. Vielfach repräsentieren solche Variablen Entscheidungen über die Durchführung einer Aktivität, z.B. soll eine Fabrik gebaut werden oder nicht.

Eine Vielzahl von MIP-Modellierungstechniken (Williams, 1990), auch für komplexe Nichtlinearitäten und für logische Verknüpfungen von Entscheidungen über 0-1-Variablen erlauben es, fast jedes deterministische Entscheidungsproblem in einem MIP-Modell abzubilden. Obwohl MIP-Modelle formal eine große Ähnlichkeit zu LP-Modellen aufweisen, gehören sie mathematisch zur Klasse der NP-harten Probleme (Nemhauser, Wolsey, 1988), für die keine effizienten Algorithmen bekannt sind. Alle erfolgreichen Softwaresysteme zur Lösung von MIP-Modellen basieren auf Branch and Bound-Algorithmen, bei denen an jedem Knoten des Baumes das zugehörige LP-Problem gelöst wird. Ein Teilproblem ist dann untersucht, wenn das LP ganzzahlig, unzulässig oder, wenn dessen Zielfunktionswert schlechter als der Wert einer bereits gefundenen MIP-Lösung ist. Daher hat die Art der MIP-Modellierung u.U. einen großen Einfluß auf die erforderliche Optimierungszeit (Mairs, 1978). Wesentliche Fortschritte bei der Lösung von MIP-Modellen in der letzten Dekade basieren auf dem Konzept der strengen LP-Relaxation. (Nemhauser, Wolsey, 1988; Savelsbergh et al, 1994). Hierbei wird versucht, durch automatische Reformulierung des MIP-Modells ein äquivalentes MIP-Modell zu bestimmen, dessen LP-Relaxationen einen kleineren zulässigen Bereich als die des Originalmodells haben. In den Algorithmen werden Koeffizienten des Modells geändert, Variablen fixiert und Schnittebenen hinzugefügt (Savelsbergh; Suhl, Szymanski, 1994). MIP-Software, die auf diesen Techniken basiert, ist sehr viel leistungsfähiger als die klassischen Branch and Bound-Algorithmen.

Anwendungsbereiche

Traditionell werden LP- und MIP-Modelle in der Mineralölindustrie, Petrochemischen und Grundstoffindustrie eingesetzt. Anwendungen umfassen Exploration, Einkaufs-, Mischungs-, Lagerhaltungs- und Transportprobleme. In der Distributionslogistik werden Routen-, Tourenplanung, Standortbestimmung und mehrstufige Zuordnungsprobleme gelöst. Es gibt eine Reihe von Planungsproblemen bei Linienfluguntemehmen, wo Mathematische Optimierung für die Einsatzplanung der Piloten, Flottenzuordnung, Flug- und Rotationsplanung eingesetzt wird. Komplexe Layoutprobleme bei Logikchips, Satelliten und Gasnetzen werden gelöst. Es gibt Softwaresysteme zur Planung des täglichen Kraftwerkbetriebs, wobei optimale Lösungen für komplexe Kraftwerksysteme mit hydrothermischem Verbund und Fremdbezug bestimmt werden. In einem BMFT-Projekt wird ein LP-Modell zur Minimierung von CO_2-Emissionen eingesetzt, wobei Primärenergien, Energieflüsse, Energiebedarf der Sektoren, Effizienz der Kraftwerke und Energiesubstitutionen berücksichtigt werden. LP-Software findet sich im Echtzeitkern zur Prozeßsteuerung, z.B. Mischungsoptimierung bei Maschinen zur Wurstherstellung.

Architektur

In entscheidungsunterstützenden Systemen (EUS) werden einige Planungsfunktionen durch LP- oder MIP-Modelle ausgeführt. Vielfach werden relevante ↑Daten aus einer Großrechner-Datenbank extrahiert und es wird auf einem ↑PC oder ↑Unix-Workstation eine relationale Datenbank aufgebaut (EUS-DB), die zur Datenhaltung sämtlicher Daten für die Anwendung dient. Diese Datenbank wird in periodischen Abständen aktualisiert.

Bei der Implementierung der Modelle ist hohe Flexibilität bei Modelldefinition und -generierung für interaktive Szenarienrechnungen sehr wichtig. Dabei sollte z.B. die zeitliche Größe des Planungshorizontes und der einzelnen Planperioden frei wählbar sein. Es gibt Modellierungssysteme mit Modellierungssprachen (z.B. AMPL, GAMS) zur vereinfachten Modellimplementation. Modellgeneratoren werden auch in prozeduralen Sprachen (z.B. ↑C, ↑COBOL, ↑FORTRAN, ↑Visual Basic) entwickelt, wobei mit eingebetteten SQL-Anweisungen auf die EUS-DB zugegriffen wird. In den meisten Modellgeneratoren werden die Modelldaten für den Optimierer im MPS-Format (ein Standardeingabeformat für LP und MIP-Modelle) generiert. Für zeitkritische Anwendungen sollten Modelldaten direkt im Hauptspeicher im internen Eingabeformat des Optimierers generiert werden.

Die Aufbereitung der Modellösung muß für den Planer als Ergebnis einen Plan oder Entscheidungsvorschlag präsentieren. Hierbei ist die Visualisierung der Modellergebnisse zur Erhöhung der Benutzerfreundlichkeit vorteilhaft und erhöht die Akzeptanz des ↑Systems. Client/Server-Architekturen bieten vielfältige Möglichkeiten der Aufteilung von ↑Datenmanagement, Präsentation, Applikationslogik, Modellgenerierung und Optimierung.

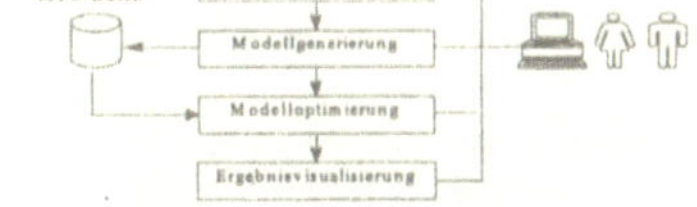

Zusammenfassung und Ausblick
Entwurf und Implementierung von Anwendungssystemen mit Mathematischer Optimierung sind aufwendig und erfordern besondere Erfahrungen. Daher ist der Einsatz von MP-Technologie im EUS nur dann sinnvoll, wenn wesentliche Vorteile realisierbar erscheinen.
Ständige Leistungssteigerungen bei Rechnern und Optimierungssoftware verbessern die Voraussetzungen für den praktischen Einsatz von MP-Software in betrieblichen Anwendungen. Vor allem bei gemischtganzzahliger Optimierung wurden in der letzten Dekade enorme Fortschritte bei den Algorithmen erzielt, die es erlauben, Modelle zu lösen, die noch vor wenigen Jahren auch auf den schnellsten Rechnern praktisch unlösbar waren. Besonders vorteilhaft ist der Einsatz leistungsfähiger PC für solche Anwendungen. Z.B. übertreffen Pentium ↑PC (90 MHz) die meisten ↑Mainframes bereits in der ↑CPU-Leistung. Bei der Gesamtzeit für eine Optimierung sind sie mehrfach so schnell und daher für interaktive Anwendungen prädestiniert.

Literatur: Bixby, R.: Progress in Linear Programming, ORSA Journal on Computing 6, 1994. *Lustig, I. et al.:* Interior Point Methods for Linear Programming, ORSA Journal on Computing 6, 1994. *Mairs, T.G. et al.*: On a Production Allocation and Distribution Problem, Management Science 24, 1978. *Nemhauser, G., Wolsey, L.:* Integer and Combinatorial Optimization, 1988. *Savelsbergh, M.:* Pre-processing and Probing Techniques for Mixed Integer Programming Problems, ORSA Journal on Computing, forthcoming. *Suhl, U.H.:* MOPS - Mathematical OPtimization System, European Journal of Operational Research, 72, 1994. *Suhl, U., Szymanski, R.*: Supernode Processing of MIP-Models, FU-Berlin, 1994. *Williams, H.P.:* Model Building in Mathematical Programming, 1990.

Prof. Dr. U. Suhl, Berlin

Organisation und Betrieb von Rechenzentren
↑Rechenzentren, Organisation und Betrieb von

Organizational Intelligence
In Japan gewinnt eine neue Managementlehre an Bedeutung: *Organizational Intelligence*. Sie geht auf T. Matsuda zurück, der um 1980 die ersten *O.*-Konzepte entwarf. Zusammen mit einer großen Zahl an Schülern hat er die Theorie ausgebaut und die japanische Managementpraxis nachhaltig beeinflußt (Matsuda, 1993; Momm, 1993). Nach der *O.-Lehre* ist die Intelligenz der entscheidende Erfolgsfaktor des Unternehmens, eben die *O.* Matsuda gliedert sie in Produkte und Prozesse.

Die Produkte von O.
Die Produkte von *O.* unterteilt er in Daten, ↑Information und ↑Wissen. ↑Daten sind das fast unbegrenzt verfügbare Rohmaterial von *O.*, d.h. die Gesamtheit an verfügbaren Zahlen, Statistiken, Texten, Graphiken, Bildern etc. Als ↑Information bezeichnet er die für das Unternehmen nützlichen Daten. Wissen ist schließlich für ihn die von Menschen verstandene ↑Information. Information und Wissen, sowie deren Zusammenspiel machen bei Matsuda die eigentliche *O.* aus. Müller-Merbach (1994) schlägt eine Erweiterung in drei Ebenen vor:

- ↑*Information* als zweckgerichtete, nützliche Daten, wie sie auf elektronischen Datenträgern oder Printmedien zur Verfügung stehen: Eine Schlüsselrolle spielt dabei das ↑Informationssystem des Unternehmens.
- ↑*Wissen* als verstandene Information: Insoweit Information nicht nur in ↑Informationssystemen oder auf Papier vorliegt, sondern auch von Menschen wahrgenommen und verstanden wird, sei von Wissen gesprochen. Wissen ist die Domäne des Menschen, nicht der Maschine.
- *Meinung* als Wissen plus Überzeugung: Über das (objektive) Wissen hinaus geht die (subjektive) Meinung, also die persönliche Einstellung zu den Dingen, die Überzeugung, die Wertschätzung.

Leitung hat stets mit allen drei Ebenen zu tun, mit dem ↑Management von Information, von Wissen und von Meinung. Das betrifft die Wirkung nach innen und nach außen. Nach innen: Die Leitung muß dafür sorgen, daß die Mitarbeiter die für sie wichtige Information erhalten, daß die Mitarbeiter die ↑Information verstehen und daß sich die gewünschte Einstellung der Mitarbeiter zum Unternehmen entwickelt. Nach außen: Es gehört zu den Leitungsaufgaben, daß den potentiellen Kunden die geeignete Information über die eigenen Produkte verfügbar gemacht wird, daß bei den potentiellen Kunden Wissen über die Produkte entsteht und daß sie eine positive Meinung über die Produkte entwickeln.

Die Gesamtheit von Information, Wissen und Meinung ist die Essenz der *O.* eines Unternehmens.

Die Prozesse von O.

Die Prozesse von *O.* differenziert Matsuda in fünf verschiedene Arten:

- *Wahrnehmungsprozesse*: Information muß aufgespürt werden. Die relevante Information kommt nicht automatisch ins Haus, sondern bedarf zum einen der technischen und organisatorischen Infrastruktur, also eines ↑Informationssystems, zum anderen der persönlichen Bereitschaft der Mitarbeiter, Information zu suchen und wahrzunehmen. Das betrifft einerseits die regelmäßig verfügbaren Daten und ihre Quellen, sowie andererseits die ad hoc-Daten über singuläre Ereignisse und Entwicklungen. Darüber hinaus muß die wahrgenommene (und gespeicherte) Information den zuständigen Menschen zufließen, damit Wissen und Meinung entstehen können
- *Speicherungsprozesse*: Die als hinreichend wichtig angesehene Information muß in wiederauffindbarer Weise gespeichert werden, so daß sie den potentiellen, zugangsberechtigten Interessenten jederzeit verfügbar ist.
- *Lernprozesse*: Das interne und externe Wissen über das Unternehmen, seine Produkte, seine Märkte etc. bedarf der laufenden Erneuerung. Dem dient das ständige Lernen, einerseits als Umwandlung von Information zu Wissen, andererseits als Multiplikation von Wissen.
- *Kommunikationsprozesse*: Wissen und Meinung würden sich bei den einzelnen Menschen in ganz unterschiedlicher Weise entwickeln, wenn nicht für laufende gegenseitige Abstimmung gesorgt wäre. Durch ↑Kommunikation werden sowohl die Übereinstimmungen als auch die Unterschiede von Wissen bzw. Meinung verschiedener Personen deutlich; Übereinstimmungen sind auch Bestätigungen, Unterschiede können zu korrigierenden Reflexionen führen.
- *Entscheidungsprozesse*: Schlußendlich gipfeln die Prozesse von *O.* in Entscheidungen; hier fließen Information, Wissen und Meinung zusammen und führen zu Beschlußfassungen.

Zusammenspiel Mensch und Computer

Es gibt viele Parallelen zwischen der japanischen *O.-Lehre* und der informationsorientierten Betriebswirtschaftslehre (Müller-Merbach, 1985). Wichtig ist dabei insb. das Zusammenspiel von Mensch und Computer, wie es in der Metapher des *Mensch-Computer-Tandems* Müller-Merbach, 1986) zum Ausdruck kommt. Es geht hier nicht um ↑Schnittstellen, durch die der Mensch und der Computer getrennt werden, sondern um das Zusammenwirken von Mensch und Computer. Mensch und Computer bilden dabei eine Einheit. Sie ergänzen sich in dieser Einheit, der Computer durch seine Leistungsfähigkeit, gewaltige Informationsmengen zu speichern, zu verarbeiten, zu übertragen und darzustellen, sowie der Mensch durch sein Bewußtsein, seinen Willen und seine Befähigung zum ganzzeitlichen Urteil und zur kreativen Schöpfung.

Ein Beispiel für intelligentes Zusammenspiel von Mensch und Maschine sind die Bremssysteme in Autos. Der Mensch beurteilt die Gesamtsituation und dosiert die Bremskraft entsprechend; die ABS-Unterstützung führt den Bremsvorgang aus, verändert aber die Bremskraftdosierung im Grenzbereich des Blockierens der Räder.

Ein anderes Beispiel ist Schach, früher einmal ausschließlich ein Spiel für Menschen. Dann wurden Schachcomputerprogramme entwickelt und es gibt seit langem Wettbewerbe, auf denen nur Schachcomputer gegeneinander spielen, keine Menschen mehr. Die künftigen Schachgenerationen werden voraussichtlich von Mensch-Computer-Tandems geprägt sein. Sie werden eine Spielintelligenz haben, die sowohl die Spielstärke der heutigen Spieler, als auch die Leistungsfähigkeit der Schachcomputer bei weitem übertreffen können.

Ähnliches wird gelten für medizinische Diagnose und Therapie. Ärzte werden ge-

meinsam mit ihren Computern den Patienten diagnostizieren und ihre Therapie entwickeln. Anders wird es bei der ungeheuren Fülle an medizinischer Information gar nicht mehr verantwortbar sein.
Analog dazu werden auch Mensch-Computer-Tandems in die Unternehmen Einzug finden. Das betrifft sämtliche Bereiche, in denen hohe Ansprüche an das Zusammenspiel von ↑Information, Wissen und Meinung gestellt werden, d.h. die Tandems sind von ubiquitärer Bedeutung - z.B. für die Produktentwicklung, die Auftragsbearbeitung, die Maschinenbelegung, die Kundenbetreuung, die Bilanzierung und praktisch alle weiteren Aufgabenbündel.

Literatur: Matsuda, T.: „Organizational Intelligence" als Prozeß und als Produkt, in: technologie & management, 42. Jg., Heft 1, 1993. *Momm, Ch.*: Organizational Intelligence: Das japanische Managementkonzept der Zukunft?, in: technologie & management, 42. Jg., Heft 1, 1993. *Müller-Merbach, H.*: Eine informations-orientierte Betriebswirtschaftslehre, in: *Heinrich, L. J., Lüder, K.* (Hrsg.), Angewandte Betriebswirtschaftslehre und Unternehmensführung, Herne, 1985. *Müller-Merbach, H.*: Gestaltungsaufgabe und Intelligenzunterstützung, technologie & management, 35. Jg., Heft 2, 1986. *Müller-Merbach, H.*: Leitung und Reengineering, in: *Zink, K. J.* (Hrsg.), Wettbewerbsfähigkeit durch innovative Strukturen und Konzepte, München, 1994.

Prof. Dr. H. Müller-Merbach, Kaisersl.

Orgware
Gesamtheit der zur Verfügung gestellten Methoden, Verfahren, ↑Tools zwecks Unterstützung der Softwareerstellung.

OSE
Open System Environment; Herstellerkonzept von Hewlett Packard für ein offenes System. Darunter wird ein Kommunikationssystem zwischen unterschiedlichen Rechner, ↑Betriebssystemen, Netzwerkmodellen etc. verstanden.

OSF
Open System Foundation; Konsortium verschiedener Firmen und Institutionen, das die Entwicklung von Technologie für ↑offene Systeme.

OSF Distributed Computing Environment
Überblick
Das *Distributed Computing Environment (DCE)* der *Open Software Foundation (OSF)* ist ein Industriestandard zur Realisierung verteilter Anwendungsprogramme auf ↑Rechnernetzen. Solche Programme zeichnen sich aus durch kooperierende Prozesse auf gekoppelten Rechnern, die meist weitgehend dezentral verwaltet werden. *DCE* stellt nicht nur einen abstrakten Standard dar, sondern realisiert eine umfassende Softwareplattform mit zahlreichen wesentlichen Systemdiensten für ↑verteilte Anwendungen (OSF, 1994; Schill, 1993). Typische Einsatzbereiche sind etwa die Bürokommunikation, die Fertigungsautomatisierung mit dezentralen Lösungen, oder auch die Realisierung verteilter Informationsdienste. Gerade die erhöhte Komplexität solcher Anwendungen, sowie die zunehmende Kopplung heterogener Rechner verschiedener Hersteller machen eine standardisierte Lösung, wie *DCE* sie bietet, unbedingt erforderlich (Schill, 1993).
Die Funktionalität von *DCE* umfaßt u.a.

- ↑Kommunikation in heterogenen Systemen mittels *Remote Procedure Call (RPC*; Fernaufruf von Prozeduren über ↑Rechnernetze);
- nebenläufige Verarbeitung durch leichtgewichtige Prozesse (↑*Threads*; Prozesse mit gemeinsamem Adreßraum);
- verteilte Verwaltung von Ressourcennamen;
- Gewährleistung von Sicherheitsaspekten (z.B. ↑Zugriffsschutz);
- verteilte Synchronisation der Systemzeit auf den verschiedenen Rechnern;
- verteilte Dateiverwaltung;
- Integration von plattenlosen Rechnern in eine verteilte Workstationumgebung (OSF, 1994).

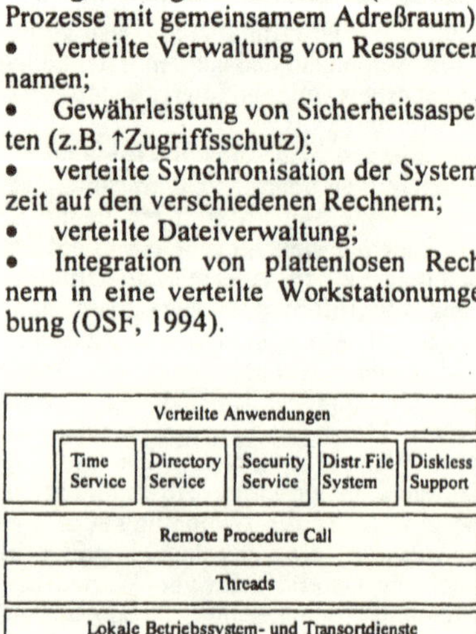

Diese Funktionalität wird durch verschiedene kooperierende Teilkomponenten erbracht. Diese wurden von der *O.* aus existierenden Systemvorschlägen aufgrund praxisnaher Kriterien ausgewählt, softwaretechnisch integriert und an die verschiedenen Hersteller in Form einer Quellcode-Lizenz vertrieben. Daraufhin wurde *DCE* auf alle wesentlichen Rechnerplattformen portiert und steht inzwischen auf breiter Basis als Produkt zur Verfügung. Neben den meisten Unix-Betriebssystemen werden auch verschiedene Host-Betriebs-systeme, sowie Microsoft ↑Windows und Windows/NT unterstützt. Dies unterstreicht die Bedeutung des *DCE*; es ist einer der ersten Ansätze, der Konzepte der verteilten Verarbeitung entsprechend umfassend in Produktqualität realisiert. *DCE* lehnt sich teilweise auch an internationale Standards an (z.B. ↑CCITT X.500 bei der Namensverwaltung oder Posix 1003.4a bei Threads, sowie Posix 1003.1 bei der Dateiverwaltung). Die Abbildung zeigt die Gesamtarchitektur des *DCE*. Alle Komponenten basieren auf lokalen Betriebssystemdiensten (z.B. Unix-Dienste) und Transportdiensten (z.B. ↑TCP/IP). Verteilte Anwendungen verwenden die sog. *DCE*-Basisdienste explizit über eine in C eingebettete Programmierschnittstelle und die weiteren *DCE*-Systemdienste implizit über z.T. modifizierte Betriebssystemoperationen (Schill, 1993).

DCE-Basisdienste
Die ↑*Threads* bieten dem Anwendungsprogrammierer eine Bibliothek zur Verwaltung leichtgewichtiger Prozesse an. Solche Prozesse teilen sich einen Adreßraum und ermöglichen lokal die nebenläufige Verarbeitung bzw. die nebenläufige Reaktion auf externe Ereignisse. Der portabel implementierte Dienst bietet Operationen zum Starten und Beenden von Threads, zur Synchronisation mittels binärer Semaphore und zur (lokalen) Thread-Kommunikation mittels Bedingungsvariablen an. Für das Thread-Scheduling stehen verschiedene prioritätsgesteuerte Strategien bereit, u.a. FIFO- und zeitscheibenbasierte Verfahren (OSF, 1994; Schill, 1993).

Der *Remote Procedure Call (↑RPC)* dient der Kommunikation zwischen Modulen einer Anwendung auf verschiedenen Rechnern und basiert auf dem ↑Client /Server-Modell; ein Client fordert dabei bestimmte Dienste von einem ↑Server in Form entfernter Prozeduraufrufe an. Die ↑Schnittstelle eines Servers repräsentiert die von ihm angebotenen (exportierten) Dienste; eine Schnittstelle kann auch von mehreren Servern exportiert werden. DCE bietet die erforderlichen Laufzeitmechanismen zur Zuordnung von Servern zu Clients (Binden) und zur Kodierung und Übertragung entfernter Prozeduraufrufe an. Außerdem stellt es die deklarative Sprache *IDL (Interface Definition Language)* zur Beschreibung von Prozedurschnittstellen in Anlehnung an C zur Verfügung. Ein IDL-Compiler generiert daraus automatisch die sog. Stub-Routinen zur Kodierung von Prozedurparametern bei der Übertragung. Dabei sind auch geschachtelte Parameterstrukturen mit Zeigern und Feldern möglich, deren Daten intern als Wertparameter übergeben werden. Der *DCERPC* bietet außerdem eine wählbare Aufrufsemantik (z.B. At Most Once für normale Aufrufe mit integrierter Fehlerbehandlung und die effizientere Maybe-Semantik ohne Fehlerbehandlung), ↑asynchrone (nicht den ↑Client blockierende) Aufrufe, nebenläufige Aufrufbearbeitung durch mehrere Server-Threads, geschachtelte Aufrufe und Rückaufrufe vom Server an den Client, Mechanismen zum effizienten Massendatentransfer mittels *RPC*, sichere (authentisierte, autorisierte und verschlüsselte) Aufrufe, sowie Kommunikation zwischen heterogenen Rechnern mit automatischer Datenformatkonvertierung auf der Basis der *Network Data Representation (NDR)*. Im Vergleich zu anderen Ansätzen umfaßt der *DCE-RPC* eine recht mächtige Funktionalität und ist relativ leicht handhabbar (OSF,1994; Schill,1993).

Der *Cell Directory Service (CDS)* verwaltet logische Namen, z.B. von Servern oder von netzweiten Ressourcen und bildet diese auf Netzadressen ab, um den entfernten Zugriff, z.B. durch Clients, zu ermöglichen. Der verwendete Namensraum ist hierarchisch strukturiert mit Namen, wie "/.:/Institut-BC/Rechnernetze/Fileserver" (mit "/.:" als Wurzel des

Namensraums). Auch attributierte Namen sind möglich, was z.B. die Anfrage unter Ressourcen-bezogenen Nebenbedingungen erlaubt. Der *CDS* wird i.a. durch mehrere Server implementiert, wobei Teile des Namensraums unterschiedlichen Servern zugeordnet werden können und auch die Replikation von Teilbäumen des Namensraums möglich ist. Hierdurch lassen sich die Verfügbarkeit und die Zugriffseffizienz verbessern. Als Replikationsverfahren wird mit einer Primärkopie und mehreren Sekundärkopien gearbeitet, die in der Regel verzögert aktualisiert werden. Anfragende Clients halten sich die Ergebnisse von Namensanfragen in einem Cache, um gleichartige Anfragen später effizienter lokal bearbeiten zu können. Die Programmierschnittstelle des *CDS* wird durch das standardisierte *X/Open Directory Service Interface* realisiert. Eine vereinfachte und sehr viel leichter handhabbare ↑Schnittstelle (*Name Service Interface*) steht im Rahmen des *RPC* zum Binden von Client und Server mittels *CDS* zur Verfügung. Insgesamt zeichnet sich *CDS* durch flexible Namensstrukturen, ↑Fehlertoleranz und relative Effizienz aus (OSF, 1994).

Der *Security Service* ermöglicht Authentisierung, Autorisierung und Verschlüsselung in ↑verteilten Systemen. Bei der *Authentisierung* bestätigt ein Client durch Angabe eines geheimen Codes (generiert aus seinem Paßwort) gegenüber einem Server, daß es sich bei ihm wirklich um die vorgegebene Identität handelt; auf Wunsch können auch Server gegenüber Clients authentisiert werden. Die *Autorisierung* ermöglicht die selektive Vergabe von Zugriffsrechten auf Server an Clients. Sie basiert auf Zugriffskontrollisten, die bei den einzelnen Servern dezentral verwaltet werden und z.B. auch Gruppeneinträge umfassen können. Die *Verschlüsselung* von Nachrichten bei der *RPC*-Kommunikation wird durch ein symmetrisches Verfahren mit geheimen Schlüsseln realisiert. Eine Schlüsselvergabestelle erzeugt für jede Client/Server-Kommunikationsbeziehung einen geheimen Konversationsschlüssel, der den beiden ↑Instanzen verschlüsselt mit ihren privaten Schlüsseln bekannt gemacht wird. Des weiteren sind verschiedene Sicherheitsgrade (mit unterschiedlichem Laufzeitaufwand) wählbar, von einfacher Authentisierung vor der ↑Kommunikation bis hin zu Authentisierung und Verschlüsselung für jede einzelne ↑Nachricht. Insgesamt bietet der *Security Service* wirksame, mit dem *RPC* integrierte Sicherheitsmechanismen, einige wichtige Erweiterungen - etwa die Integration asymmetrischer Kryptoverfahren - stehen jedoch noch aus (OSF, 1994).

Weitere Systemdienste von DCE

Der *Global Directory Service (GDS)* ergänzt den *Cell Directory Service* um eine globale Namensverwaltung. Während der *CDS* nur Namen innerhalb eines organisatorischen Bereiches (Cell, z.B. einer ↑LAN-Umgebung entsprechend) verwaltet, ist der *GDS* zur weltweiten Namensverwaltung geeignet. Dieser Dienst ist konform zur ↑CCITT X.500-Norm, was die Interoperabilität mit beliebigen X.500-Servern ermöglicht. Ein entsprechender Name ist z.B. "/.../C=DE/O=TU-Dresden/OU=Informatik/<cn>" (C = Country, O = Organization, OU = Organizational Unit, <cn> = Name innerhalb einer Cell, durch ↑*CDS* verwaltet). Auch diese Namen sind also hierarchisch strukturiert, zusätzlich aber mit den gezeigten typisierten Teilkomponenten versehen, die auch frei definiert werden können. *GDS* wird ebenfalls durch verteilte Server mit Möglichkeiten zum Caching und zur Replikation implementiert. In Ergänzung zum *GDS* kann der *CDS* auch mit dem *Internet Domain Name Service (DNS)* als globalem Namensdienst zusammenarbeiten. *GDS* und *DNS* werden von Anwendungen nur indirekt über den *CDS* verwendet, d.h. nicht über eigene Programmierschnittstellen (OSF, 1994).

Der *Distributed Time Service (DTS)* ermöglicht die Synchronisation der Systemuhren in einer verteilten *DCE*-Umgebung. Dieses generelle Problem verteilter Systeme wird durch periodischen Zeitaustausch mittels *RPC* zwischen sog. Time Servern angegangen, die dann ihre lokale Zeit ggf. korrigieren. Ein Rechner kann auch ein reiner Client des *DTS* sein und erhält dann nur Zeitmeldungen, ohne sie selbst an andere zu senden. Über ein sog. *Time Provider Interface* kann außerdem eine genaue externe Absolutzeit

eingespeist werden, die z.B. über Funk von Zeitgebern empfangen wird. Der *DTS* ist insgesamt vor allem für die synchronisierte systemweite Informationsverwaltung wesentlich. Zusätzlich stellt der Dienst eine optional nutzbare Programmierschnittstelle bereit, die z.B. den Vergleich von Zeitangaben ermöglicht.
Das *Distributed File System (DFS)* dient zur netzweiten Dateiverwaltung. Es wird durch mehrere Server implementiert. Clients können innerhalb einer Cell völlig lokationstransparent auf Dateien zugreifen; für sie ist also die Existenz des *DFS* weitgehend transparent. Das *DFS* erreicht eine hohe Effizienz und Skalierbarkeit durch ein gezieltes Caching ganzer Dateien bzw. großer Teile davon auf den Client-Rechnern. Dateimodifikationen werden erst nach dem Schließen einer Datei global sichtbar und nebenläufige Schreibzugriffe schließen sich nicht gegenseitig aus; für härtere Synchronisationsanforderungen sind anwendungsspezifische Protokolle notwendig. Dateien können im Lesemodus auch repliziert werden. Ein *DFS*-Server läuft nach Rechnerausfällen vergleichsweise schnell wieder an, da ein Log von Dateioperationen zeitaufwendige Konsistenzprüfungen erspart. Es ist auch Interoperabilität mit dem *SUN Network File System (NFS)* möglich; *NFS* kann als ↑Client auf *DFS*-Server zugreifen.
Mit Hilfe des *Diskless Support Service* können plattenlose ↑Workstations in eine *DCE*-Umgebung integriert werden. Diese Komponente umfaßt einen Boot Server zum entfernten Laden des Betriebssystemkerns beim Wiederanlauf eines Rechners, einen Swap Server zum entfernten Auslagern von Prozeßkontexten, sowie den Zugriff zum *DFS* und *CDS*, um Benutzerdateien zu verwalten bzw. die genannten Server initial zu lokalisieren (OSF, 1994).

Gesamtbewertung und Ausblick
OSF/DCE zeichnet sich durch seine recht umfassende Funktionalität, die gute Komponentenintegration, die herstellerübergreifende Interoperabilität in heterogenen ↑Systemen, sowie durch Produktqualität aus. Es ist eine der fortgeschrittensten Systemumgebungen zur Unterstützung verteilter Anwendungen. Die Entwicklung verteilter Anwendungsprogramme vereinfacht sich durch *DCE* deutlich, da z.B. keine systemnahen Kommunikationsmechanismen verwendet werden müssen. Außerdem lassen sich verteilte Anwendungen mit der erweiterten Funktionalität von ↑*DCE* in den Bereichen der Sicherheit und Namensverwaltung ausstatten. Die *DCE*-Programmierschnittstellen sind allerdings teilweise recht umfangreich und daher mit einigem Lernaufwand verbunden. So ist z.B. bei der Initialisierung von *RPC*-Servern recht viel ↑Code nötig, der in den meisten Fällen in wiederverwendbare Standardbibliotheken eingekapselt werden könnte. Es wird bisher - bis auf ad hoc-Lösungen - auch kaum Unterstützung für die ↑Objektorientierte Programmierung (speziell ↑C++) gegeben. Inzwischen stehen allerdings verschiedene Produkte auf *DCE*-Basis zur Verfügung, die weitergehende Funktionalitäten, wie z.B. verteilte Transaktionen, realisieren (System Encina). Ferner wird die *DCE*-Systemadministration von den meisten Herstellern recht gut durch graphische ↑Schnittstellen unterstützt. Insgesamt läßt sich ein recht positives Fazit bezüglich dieses Industriestandards ziehen.

Schließlich sei noch kurz auf vergleichbare und weiterführende Lösungen hingewiesen. Zunächst ist die ISO-Standardisierung zur *Open Systems Interconnection (OSI)* im anwendungsorientierten Bereich zu erwähnen. Dort werden grundsätzlich ähnliche Dienste angeboten, die bisher aber leider kaum Akzeptanz in der Praxis fanden. Eine auch realisierungstechnisch vergleichbare Architektur ist dagegen SUN ONC+, das inzwischen ebenfalls auf vielen Rechnerplattformen verfügbar ist. Es weist eine sehr ähnliche Grundfunktionalität auf, erreicht aber keine so systematische Komponentenintegration wie *DCE*. In der nahen Zukunft wird sicherlich auch die *Common Object Request Broker Architecture (CORBA)* der *Object Management Group (OMG)* an Bedeutung gewinnen (OMG, 1993); dieses Konzept setzt z.T. auf DCE auf und bietet einen entfernten Aufrufmechanismus zwischen Softwareobjekten, eine objektorientierte Schnittstellenbeschreibungssprache, sowie verschiedene unterstützende Systemdienste an.

Literatur: Object Management Group: Common Object Request Broker Architecture, OMG, 1993. *Open Software Foundation*: Introduction to OSF DCE; OSF, Cambridge, 1994. *Schill, A.* (Ed.): DCE - The O.: Client/Server Model and Beyond; LNCS 731, Heidelberg, 1993.

Prof. Dr. A. Schill, Dresden

OSF/Motif

Auf XWindow (X11) basierende Benutzerschnittstelle; netzwerkfähige, fensterorientierte ↑Benutzeroberfläche für den Endanwender. Dem Entwickler steht eine standardisierte, portable Entwicklungsumgebung, das Motif-Toolkit, zur Verfügung. Jede Motif-Anwendung kann ohne Zusatzentwicklung im Client/Server-Modus betrieben werden.

OSI

Open Systems Interconnection; Norm der International Standard Organization (↑ISO) für die ↑Kommunikation zwischen ↑offenen Systemen; gilt als ein einheitliches, herstellerunabhängiges Konzept zur Datenübertragung.

Outsourcing

Unter *Outsourcing* kann die Übertragung einzelner oder aller bisher innerbetrieblich erfüllter Aufgaben der Informationsversorgung an rechtlich unabhängige Dienstleistungsunternehmen verstanden werden. Dieser Vorgang wird auch als Auslagerung bezeichnet und ist von der Ausgliederung abzugrenzen, bei der z.B. die IS-Abteilung innerhalb einer Konzernorganisation rechtlich verselbständigt wird (Heinzl, 1991). *O.-Entscheidungen* sind eine spezielle Form von Make or Buy-Entscheidungen, in denen zwischen Eigenerstellung oder Fremdbezug von Leistungen gewählt wird (Knolmayer, 1994). Das Konzept findet seit Ende der 80er Jahre unter diesem Begriff erhebliche Aufmerksamkeit.

O. wird oft in dem Sinn mißverstanden, als würden immer alle IS-Aufgaben an Dritte übertragen; tatsächlich geht es in den meisten Fällen darum, eine Teilmenge der IS-Aufgaben hinsichtlich ihrer Auslagerungsfähigkeit zu prüfen. Auch bei Auslagerung sind Restfunktionen weiterhin im Unternehmen wahrzunehmen. Dazu gehören jedenfalls Fragen der strategischen Ausrichtung des IS-Bereiches und Kontrollfunktionen gegenüber den Dienstleistungsunternehmen. Typische IS-Aufgaben, deren Auslagerung erörtert wird, sind der Betrieb des ↑Rechenzentrums, der Netze, Softwareentwicklung, Hardware- und Softwarewartung, sowie Aufgaben des *Information Centers*. Ein wesentlicher Vorteil von *O.* wird in der Realisierung von Economies of Scale gesehen. Dabei stehen heute nicht mehr vermeintliche Kostenvorteile von Großrechenanlagen, sondern z.B. die Mehrfachnutzung von ↑Wissen im Vordergrund, das sich hochspezialisierte Mitarbeiter angeeignet haben und bei mehreren *O.*-Kunden einsetzen können (Knolmayer, 1994).

Bereits in den 60er Jahren wurden verwandte Konzepte als ↑*Datenverarbeitung außer Haus* propagiert. Ein wesentlicher Unterschied gegenüber den damals betrachteten Entscheidungssituationen besteht darin, daß in den zur Zeit getroffenen *O.*-Entscheidungen innerbetrieblich Ressourcen (↑Hardware, ↑Software, ↑Netze, Personal) verfügbar sind. Diese werden beim *O.* teilweise auf die Dienstleistungsunternehmen übertragen. Dabei können durch die Auflösung stiller Reserven positive Auswirkungen auf den Jahresabschluß und auf den Finanzbereich entstehen. Zugleich sind aber erhebliche Probleme im Personalbereich denkbar, die zuweilen als Ursache dafür angesehen werden, daß *O.* in Mitteleuropa gegenüber den USA geringer verbreitet ist. Weiterhin wurden strategische Gesichtspunkte, die in *O.*-Entscheidungen eine wichtige Rolle besitzen, in der traditionellen Make or Buy-Fragestellung eher vernachlässigt.

Ein wesentlicher Unterschied in der Komplexität von *O.*-Entscheidungen besteht darin, ob eine bloß vorübergehende oder eine auf Dauer angelegte Auslagerung beabsichtigt wird. Der erste Fall könnte z.B. zur Abdeckung von Kapazitätsengpässen, zur Konversion von Datenbank- oder ↑Anwendungssystemen oder zur Erhöhung der Kompetenz und Einsatzbereitschaft z.B. von Mitarbeitern eines Information Centers auftreten. Durch den Projektcharakter derartiger In-

anspruchnahmen von Dienstleistungen sind mit diesen Vorgehensweisen geringere Risiken als mit der langfristigen Auslagerung verbunden.
Bei auf Dauer angelegten *O.*-Vereinbarungen werden meist lange Laufzeiten vereinbart (typischerweise 5 bis 10 Jahre). Dies erfordert Bereitschaft zu einer langfristigen, auf gegenseitigen Nutzen ausgerichteten Kooperation. Grundsätzlich wird sich die angestrebte Kooperation nur dann bewähren, wenn beide Unternehmen aus dem Vertragsverhältnis Vorteile ziehen (Win-Win-Situation; Co-Sourcing).
Für Fremdbezug sprechende Marktmechanismen werden vielfach nur zum Zeitpunkt der Vertragsgestaltung wirksam; nach Vertragsabschluß entstehen Abhängigkeiten vom Dienstleistungsanbieter. Ein wesentlicher Aspekt der Gestaltung eines *O.*-Vertrages besteht daher darin, Vorkehrungen gegenüber zu großen Abhängigkeiten zu treffen und insb. Maßnahmen für den Fall zu vereinbaren, daß am Ende der Vertragslaufzeit die ausgelagerten Aufgaben an einen anderen Anbieter übertragen, oder sogar wieder innerbetrieblich erfüllt werden sollen. Einen wichtigen Bestandteil der Verträge bilden Meßgrößen, an denen sich die Entgeltgestaltung orientiert.
Für und wider *O.* lassen sich eine Reihe von Kriterien anführen, die im Einzelfall hinsichtlich ihrer Relevanz zu beurteilen sind (Knolmayer, 1994). Soll bei der Beurteilung von Informatikprojekten die vielfach propagierte ↑Nutzwertanalyse eingesetzt werden, so müßten die angegebenen, gegebenenfalls betriebsindividuell modifizierten Kriterien gewichtet werden.

Argumentenbilanz zum Outsourcing von DV-Leistungen	
PRO	*CONTRA*
Strategie: Konzentration auf Kerngeschäft Vorteile kleiner Organisationen Kooperation statt Hierarchie Flexibilität Risikotransfer Standardisierung	Strategie: Entstehen irreversibler Abhängigkeiten Akzeptanz in Fachabteilung Unterschiedliche Unternehmenskultur Störung zusammengehörender Prozesse Risiko der Zusammenarbeit Monopolbeziehungen bei Individuallösungen
Leistung: Hohe, vielfältige Kompetenz des Dienstleistungsunternehmens Klar definierte Leistungen und Verantwortlichkeiten Starke Serviceorientierung Raschere Verfügbarkeit von Kapazitäten	Leistung: Know-how-Verlust Übervorteilung durch Informationsdefizite Überwindung räumlicher Distanzen
Kosten: Kostenreduktion im laufenden Betrieb „Neue" Economies of Scale Variable statt fixe Kosten Gute Planbarkeit Indirekt bessere Verhandlungsposition gegenüber Systemanbietern	Kosten: Transaktionskosten Umstellungskosten Probleme bei Softwarelizenzen Bezugsgrößenbestimmung für Entgelt Weniger imformelle Kommunikation Steigende Telekommunikationskosten
Personal: Mittelfristig Reduzierung der Personalprobleme	Personal: Personalprobleme beim Umgang Motivationsprobleme
Finanzen: Finanzmittelbeschaffung Auswirkungen auf Jahresabschluß	Finanzen: ..

Die Literatur zum *O.* wird durch eine Reihe anekdotenhafter Fallbeschreibungen geprägt. Erst neuerdings finden sich Erklärungsmodelle für zu beobachtendes Verhalten - insb. auf Basis der Transaktionskostentheorie (Lacity, Hirschheim, 1993). Darüber hinaus werden Entscheidungsmodelle betrachtet, die entweder nur die unmittelbaren Kosten der Leistungserstellung, oder auch die mit bestimmten Zuordnungen verbundenen Transaktions- und Koordinationskosten berücksichtigen (Knolmayer, 1993, Knolmayer, 1994). Ferner wurde in Verbindung mit Portfolio-Modellen versucht, die für die Zuordnung bestimmter Aufgaben relevanten Eigenschaften zu definieren und Normstrategien abzuleiten; als wesentliche Eigenschaften der Aufgaben werden ihre strategische Bedeutung, ihre Unternehmensspezifität, ihre Häufigkeit und die mit ihnen verbundene Unsicherheit angesehen. Zusätzlich werden innerbetriebliche Know how-Barrieren betrachtet, die ein KO-Kriterium darstellen können (Picot, 1991). Weitere Ansätze der Entscheidungsunterstützung bestehen in Checklisten und ↑Flußdiagrammen, deren Anwendung in Abhängigkeit von als relevant erachteten Kriterien zu bestimmten Zuordnungsvorschlägen führt.

Literatur: Heinzl, A.: Die Ausgliederung der betrieblichen Datenverarbeitung, Stuttgart, 1991. *Knolmayer, G.*: Modelle zur Unterstützung von Outsourcing.-Entscheidungen, in: *Kurbel, K.* (Hrsg.), Wirtschaftsinformatik'93, Heidelberg, 1993. *Knolmayer, G.:* Der Fremdbezug von Information-Center-Leistungen, in: Information Management 9, Nr. 1, 1994. *Knolmayer, G.:* Zur Berücksichtigung von Transaktions- und Koordinationskosten in Entscheidungsmodellen für Make or Buy-Probleme, Arbeitsbericht Nr. 45 des Instituts für Wirtschaftsinformatik, Bern, 1994. *Lacity, M.C., Hirschheim, R.:* Information Systems Outsourcing, Chichester et al., 1993. *Picot, A.:* Ein neuer Ansatz zur Gestaltung der Leistungstiefe, in: ZfbF 43, 1991.

Prof. Dr. G. Knolmayer, Bern

P

PAN

Public Area Network; Mehrwertdienst, der den klassischen Bildschirmtext als eigenständigen ↑CEPT-Sektor integriert und darüber hinaus die Verbindungen mit Hosts über Datex-P ermöglicht.

Parallelrechnerarchitektur

↑*Parallelrechner* sind Systeme, bei denen die Komponenten für die Verarbeitung, Speicherung und Verbindung von ↑Information mehrfach (parallel) vorhanden sind. Zweck der Parallelisierung ist entweder die Steigerung der Rechenleistung oder die Erhöhung der Zuverlässigkeit/ Verfügbarkeit. Im letzteren Fall werden die parallelen Betriebsmittel redundant angeordnet. Dies führt i.a. zu einer Steigerung der Rechengeschwindigkeit. Parallelität in Rechnerarchitekturen tritt in zwei verschiedenen Arten auf, die auch in Kombination genutzt werden können (Bode, Händler, 1983):

- Nebenläufige Architekturen ermöglichen die ↑synchrone oder ↑asynchrone gleichzeitige Ausführung vollständiger Operationen, die miteinander in Wechselwirkung stehen können (↑Kommunikation, Synchronisation).
- Architekturen mit Pipelining (Fließbandtechnik) verlegen Operationen in Teiloperationen, die synchron getaktet und in streng serieller Reihenfolge auf unabhängigen Teilwerken ausgeführt werden. Dabei kann die jeweils nächste Operation begonnen werden, sobald die letzte Operation das erste Teilwerk verlassen hat, so daß im eingeschwungenen Zustand der Pipeline N Operationen zeitversetzt gleichzeitig bearbeitet werden.

Es ist unmittelbar einleuchtend, daß die zu erzielenden Parallelitätsgrade mit Nebenläufigkeit potentiell höher sind als bei Pipelining.

Die Prinzipien *Nebenläufigkeit* und *Pipelining* können auf verschiedene Schichten der Rechnerarchitektur angewendet werden. Die Parallelismen der verschiedenen Schichten können sich wiederum in einer Gesamtrechnerarchitektur ergänzen. Bei heutiger Technologie werden bez. der Parallelisierung folgende Schichten der Rechnerarchitektur unterschieden:

- Prozesse und Prozessoren;
- Maschinenbefehle und Rechenwerke;
- Bitstelle der Daten und elementarer Schaltkreis.

Im Multiprozessor werden mehrere Befehlsströme (Prozesse) gleichzeitig durch unabhängige Leitwerke interpretiert und in den zugehörigen Rechenwerken ausgeführt. Ist die Verbindungsstruktur lose, so wird auch von Mehrrechnersystemen oder ↑Rechnernetzen gesprochen. Mit schnelleren Netzkomponenten verschwindet der Unterschied zwischen lose und eng gekoppelten Systemen zusehends. Es werden bereits heute gemeinsame Programmiermodelle angeboten. Kommerzielle ↑Multiprozessorsysteme, wie CRAY T3D, CONVEX Exemplar, INTEL PARAGON XP/S, TM CM-5, PARSYTEC GC sind mit bis zu einigen Tausend Prozessoren ausgestattet.
Beim *Makropipelining* kooperieren mehrere Prozesse in einem größeren ↑Programm, wobei die Datenströme fließbandartig zwischen den ↑Prozessoren weitergegeben werden. *Feldrechner* sind gekennzeichnet durch Nebenläufigkeit auf der Ebene der Rechenwerke. Alle Werke arbeiten streng ↑synchron und führen jeweils den gleichen Maschinenbefehl auf einer größeren Menge von Daten aus. Sie werden also von einem Leitwerk und Befehlsstrom gesteuert. *Assoziative Feldrechner* sind dabei durch inhaltsorientierte Speicher charakterisiert; sie sind Spezialrechner, da sie nur bei feldartig angeordneten Daten, die gleichartig verarbeitet werden müssen, sinnvoll eingesetzt werden können. Kommerzielle Systeme wie TM CM-2, MASPAR MP-2 umfassen bis zu 65 536 Rechenwerke.

Bei ↑Pipelining auf Rechenwerkebene handelt es sich um *Funktionspipelining*. Die einzelnen Maschinenbefehle aus einem Befehlsstrom werden so parallelisiert, daß sie teilweise gleichzeitig auf mehrfach vorhandenen Rechenwerken ausgeführt werden können. Bei der *VLIW-Architektur* (Very Long Instruction Word) geschieht die Parallelisierung zur Übersetzungszeit. Erfolgt die Parallelisierung zur Laufzeit, so sind es superskalare Rechenwerke. *Superskalare Rechen-*

werke sind heute Stand der Technik bei modernen ↑Mikroprozessoren (Giloi, 1993; Bode, 1990; Karl, 1993). Der Parallelitätsgrad ist dabei jedoch auf 2 bis 6 Werke beschränkt, da Datenabhängigkeiten im Algorithmus höhere Gleichzeitigkeit verhindern.

Im *Parallelwortrechner* wird durch Vervielfachung der elementaren Schaltkreise die Verarbeitung auf mehreren Bit-Stellen der Daten durchgeführt. Auch das Pipelining des Maschinenbefehlszyklusses ist heute Stand der Technik. Dabei wird die Ausführung der Maschinenbefehle, z.B. in die Phasen Befehl holen, Befehl decodieren, Operanden holen, Befehl ausführen, Ergebnis zurückschreiben, zerlegt und auf unabhängigen Einheiten gleichzeitig ausgeführt. Eine Variante dieses *Phasen-Pipelining* ist das *arithmetische ↑Pipelining*, bei dem die Ausführungsphase komplexer ↑Operationen, z.B. von Gleitkommaoperationen, selbst in unabhängig ausführbare Teilphasen zerlegt ist, wie Exponenten angleichen, Mantissen verarbeiten, normalisieren (Bode, 1990).

Um Daten und Befehle für Rechnerarchitekturen mit parallelen Verarbeitungseinheiten in ausreichender Geschwindigkeit zuzuführen, müssen i. a. auch die Speicher beschleunigt werden. Dies wird durch *Hierarchisierung des Speichers*, insb. die Einführung von ein- oder mehrstufigen ↑Cache-Speichern und/oder die Verteilung von Speichern und Zuordnungen zu verarbeitenden Einheiten erreicht. Für die ↑Kommunikation zwischen den Komponenten ist eine Verbindungsstruktur notwendig. Eine physikalisch vollständige Verbindungsstruktur, die aus Leistungsgründen wünschenswert wäre, ist schon bei mittlerer Anzahl von Komponenten wegen der quadratisch ansteigenden Anzahl an Verbindungskomponenten technisch nicht realisierbar. Es werden daher heute physikalisch eingeschränkte Verbindungsstrukturen wie Gitter, Würfel, Bäume, Hyperkuben und schaltbare Verbindungen verwendet. Spezielle Kommunikationsprozessoren erlauben dabei für den Programmierer die Sicht einer virtuell vollständigen Verbindungsstruktur.

Für die Programmierung von *P.* (Bemmerl, 1992) muß zwischen grobkörnigem und feinkörnigem Parallelismus unterschieden werden. *Grobkörniger Parallelismus* bezieht sich auf die Ebene der Prozesse und ↑Prozessoren. Auf dieser Ebene muß der Parallelismus explizit in der Anwendung berücksichtigt werden; dies schlägt sich in der Definition von Spracherweiterungen der bekannten höheren Programmiersprachen, um sog. Kommunikationsbibliotheken oder den Entwurf neuer ↑Programmiersprachen mit expliziten parallelen Konstrukten nieder. Für *feinkörnigen Parallelismus*, also alle Ebenen unterhalb von Prozessen und ↑Prozessoren, werden dagegen automatisch parallelisierende optimierende ↑Compiler angeboten, die aus einem sequentiellen ↑Programm parallelen ↑Code erzeugen (Ludwig, 1993). Vor allem für Rechnerarchitekturen mit grobkörnigem Parallelismus werden parallele Betriebssysteme und Programmentwicklungswerkzeuge, wie parallele Debugger, Visualierer und Leistungsanalysatoren angeboten. Aufgabe eines parallelen Betriebssystems ist es, neben den Aufgaben des klassischen Betriebssystems die Abbildung und Verwaltung paralleler Prozesse auf parallele Prozessoren durchzuführen. Programmentwicklungswerkzeuge für *P.* haben vor allem das Ziel, die Kooperation zwischen Programmen für den Entwickler sichtbar zu machen (Ludwig, 1993).

Rechnerarchitekturen mit erhöhter Zuverlässigkeit/Verfügbarkeit nutzen Parallelität im Sinne von Hardware-Redundanz. Genutzt werden statische, dynamische und adaptive Verfahren. *Statische Verfahren* beruhen darauf, daß die Hardwarekomponenten und die zu berechnenden Daten vervielfacht werden (im allgemeinen mindestens dreifach) und das Ergebnis durch eine sog. Mehrheitslogik aus der Mehrheit der parallel erarbeiteten Ergebnisse gebildet wird. Es wird dabei unterstellt, daß die Wahrscheinlichkeit der Minderzahl von defekte Moduln groß ist. *Dynamische Verfahren* setzen voraus, daß neben den jeweils arbeitenden Einheiten Ersatzelemente zur Verfügung stehen, die bei Defekt der arbeitenden Einheit durch elektrisches Umschalten aktiviert werden können. Voraussetzung für dieses Verfahren ist die Erkennung von Fehlern in der ↑Hardware durch Selbsttestprogramme, sowie Verfahren zum Zurücksetzen von ↑Software auf korrekte Aufzeichnungszustände (sog. Checkpoints) und zum Wiederanlauf der Software auf Basis des korrekten Zustandes im Ersatzmodul. *Adaptive Verfahren* beruhen auf einer Vermischung der Anwendung des Parallelismus zur Leistungssteigerung und zur Erhöhung der Zuverlässigkeit/Verfügbarkeit. Vorausgesetzt ist eine parallele Rechnerstruktur (meist ↑Multiprozessorsysteme), bei der alle ↑Prozessoren im Sinne der Leistungssteigerung an einer gemeinsamen Aufgabe kooperieren. Dabei aktivieren die einzelnen Komponenten in regelmäßigen Abständen Testprogramme, so daß die einzelnen Prozessoren sich wechselseitig überwachen und durch eine Mehrheitslogik defekte Moduln erkennen und abschalten. Die Aufträge defekter Moduln werden von intakten Komponenten übernommen, wobei Verfahren für das Zurücksetzen und Neustarten von Software implementiert werden müssen. Das ↑System arbeitet dann mit korrekter Funktion, allerdings reduzierter Leistung; daher die Bezeichnung Failsoft/Graceful Degradation.

Literatur: Bemmerl, T.: Programmierung skalierbarer Multiprozessoren, Reihe Informatik, Bd. 84, 1992. *Bode, A.*: RISC-Architekturen, 2. Aufl., Reihe Informatik, Bd. 60, 1990. *Bode, A., Händler W.*: Rechnerarchitektur II, Strukturen, 1983. *Giloi, W.*: Rechnerarchitektur, 2. Aufl., 1993. *Karl, W.*: Parallele Prozeßarchitekturen, Reihe Informatik, Bd. 93, 1993. *Ludwig, T.*: Automatische Lastverwaltung für Parallelrechner, Reihe Informatik, Bd. 94, 1993.

Prof. Dr. A. Bode, München

Parallelrechner
Systeme, bei denen die Komponenten für die Verarbeitung, Speicherung und Verbindung von ↑Information mehrfach (parallel) vorhanden sind.

Parallelverarbeitung
Gleichzeitiges Arbeiten von sehr vielen Prozessoren (bis zu 65.536); sie tritt in zwei Formen auf, als Single Instruction/Multiple Data Stream und Multiple Instruction/Multiple Data Stream.

Parametrisierung
Form der Programmierung, bei der die Abläufe im Programm durch Parameter gesteuert werden.

Parsing
Strukturanalyse; Zerlegung eines sprachlichen Ausdrucks in eine Struktur von grammatischen Konstituenten.

Pascal
Imperative ↑Programmiersprache; unterstützt ↑Strukturierte Programmierung.

PC
Personal Computer

PC- und Workstationarchitektur
PC und Workstations gehören zu den kleinen bis mittleren Computersystemen. Sie sind mit der Verfügbarkeit leistungsfähiger ↑Mikroprozessoren Anfang der 80er Jahre als alternative Rechnersysteme zu den bis dahin dominierenden Großrechnern (↑Mainframes) entstanden. Von der Architektur her gleichen sich Workstations und PC: physikalisch bestehen sie aus einer einzelnen Grundplatine (Motherboard in der Größe von DIN A5 bis DIN A3) und Einschubmöglichkeiten für weitere Komponenten. Je nach Größe und Anordnung der Grundplatine und der Komponenten entstehen die verschiedenen, aber sehr ähnlichen äußeren Bauformen (Tower, Desktop oder Slimline) und Größen. Für besonders leistungsfähige (z.B. Mehrprozessor-) Systeme, die im CAD-Bereich oder als Abteilungsserver eingesetzt werden, werden darüber hinaus Deskside oder Cabinet-Bauformen, für Anwendungen in der Automatisierungstechnik auch Einschübe für Geräteschränke.

Der Unterschied zwischen PC und Workstations liegt in der Systemphilosophie und im Einsatzgebiet. Während der herkömmliche PC strukturell ein offenes, für den Massenmarkt konzipiertes Gerät ist, bei dem die preisgünstigsten Komponenten verschiedener Hersteller kombiniert werden können, so daß sich bestimmte Marken nur durch das Gehäuse und die Art der Komponentenauswahl unterscheiden, wurden Workstations als Arbeits-

PC- und Workstationarchitektur

Bauformen von PCs und Workstations

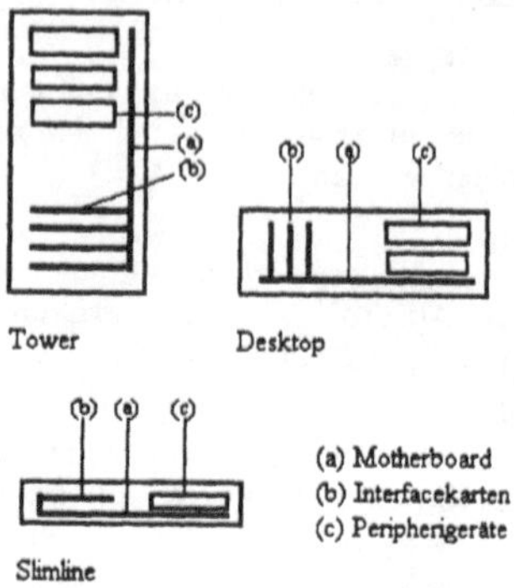

platzrechner für gehobene Anforderungen im wissenschaftlich-technischen Bereich immer als Komplettgeräte entwikkelt und vermarktet.

Der *Personal Computer (PC)* i.e.S. wurde erstemal im Jahre 1981 von der Fa. IBM vorgestellt. Es handelte sich um eine weiterentwickelte, für den kommerziellen Massenmarkt ausgelegte, preiswerte Version eines 16-Bit Mikrorechners auf der Basis des 8086/8088 Prozessors von Intel. Die Leistungsstärke reichte für Buchhaltungs- und Verwaltungsaufgaben an Einzelarbeitsplätzen vollkommen aus. Das Betriebssystem (MS-DOS) war auf das Notwendigste beschränkt, und praktisch ein weiterentwikkeltes CP/M aus der Zeit der 8-Bit Mikrorechner. Die ↑Systemsoftware war aufgrund der eingeschränkten Ressourcen von Anfang an größtenteils in ↑Assembler implementiert. Die große Variationsbreite an Hardwarekomponenten und die aus Kostengründen beschränkten Ressourcen führten zu einem sehr spartanischen Modell der Softwarekonfiguration, d.h. der Anpassung von ↑Betriebssystem und Anwendungssoftware an die aktuelle ↑Hardware, die bis heute der große Nachteil der PC-Systeme ist. Eine weitreichende Konsequenz aus dem sich langsam etablierenden Massenmarkt für PC-Systeme war die erzwungene Kompatibilität der Systeme auf Binärcodeebene. Dies führte zu einer Serie technologisch hochanspruchsvoller, jeweils abwärtskompatibler ↑Prozessoren, verhinderte aber auf der anderen Seite auch wesentliche Innovationen auf Betriebssystemebene. Etwa alle drei Jahre kam eine neue Prozessorgeneration heraus: 1984 der 80286, mit dem die 1 MB-Speicherbarriere durchbrochen werden konnte, 1987 der i386 als erster 32-Bit-Prozessor, der im Kompatibilitätsmodus nach wie vor als 16-Bit-Prozessor arbeiten konnte, 1990 wurde mit dem i486 leistungsmäßig etwa der Gleichstand mit den RISC-Prozessoren erreicht, 1993 kam mit dem i586 (Pentium) der erste 32/64-Bit Prozessor. Obwohl innerhalb einer Prozessorgeneration natürlich auch immer schnelle Typen entwickelt werden, hat sich die Leistungsfähigkeit zwischen den Generationen jeweils etwa um den Faktor 5 erhöht.

Der Begriff *Workstation* wurde 1980 von der Fa. Apollo durch das 5M-Prinzip definiert: 1 ↑MIPS Verarbeitungsgeschwindigkeit, 1 MByte Hauptspeicher, 1 MBytes/sec Durchsatz auf dem Systembus, 1 MegaPixel Graphikauflösung und 1 MBits/sec LAN-Anbindung. 1994 ist bei Workstations der mittleren Preiskategorie überall bis auf die Graphik (die bei gleicher Auflösung mehr Farben und höhere Geschwindigkeiten bringt) etwa der Faktor 100 anzusetzen. Der Workstationbereich war anfänglich von 32-Bit-Prozessoren aus der Motorola 68000-Familie dominiert. Als ↑Betriebssystem hat sich, da die Maschinen von Anfang an eine genügende Leistungsfähigkeit hatten, ↑UNIX und als Systemprogrammiersprache ↑C durchgesetzt. Die damit einhergehende Portabilität der ↑Software auf Quelltextebene hat innovative Entwicklungen auf dem Gebiet der Prozessorarchitektur unterstützt: Etwa ab Mitte der 80er Jahre begannen 32-Bit RISC-Prozessoren (wie SPARC, MIPS R3000/R4000, Motorola 88000, PA-RISC) den Markt zu dominieren. Anfang der 90er Jahre kamen die ersten 64-Bit RISC-Prozessoren (Alpha und PowerPC) hinzu.

Workstations gibt es heute praktisch im gesamten Preis- und Leistungsspektrum von Rechnersystemen: Sie reichen vom Super-Computingsegment bis hinunter zu Low Cost-Workstations, die preis- und leistungsmäßig mit PC der oberen Leistungsklasse vergleichbar sind. Der entscheidende Vorteil der Workstations ist

der erreichte Stand der Softwarekompatibilität.
Eine interessante und erfolgreiche Zwischenstellung zwischen PC und Workstation hat der Macintosh eingenommen. Leistungsmäßig eher den mittleren PC entsprechend, ist er als Komplettgerät konzipiert und wird mit einem anwenderfreundlichen Betriebssystem ausgeliefert. PC und Workstations sind strukturell ganz normale Rechner - bestehend aus Prozessor, Hauptspeicher und Peripherie.

Das Rückgrat eines solchen Rechnersystems bildet der Bus, logisch gesehen ein Leitungsbündel zur gleichzeitigen Übertragung von (je nach ↑Systemarchitektur) 16, 32 oder 64 Bit, sowie einigen Steuerleitungen. Über diesen Bus kommunizieren alle Subsysteme des Rechners: Prozessor, Hauptspeicher und Peripherie.

Der Bus ist logisch durch die Zuordnung der einzelnen Leitungen zu bestimmten Funktionen, sowie ein Kommunikationsprotokoll definiert. Physikalisch gehört dazu auch die Definition elektrischer und mechanischer Eigenschaften (z.B. die Form von Steckverbindern, Belegung der Leitungen, Spannungspotentiale). Der Bus bildet eine Schnittstelle zwischen den einzelnen Subsystemen: er erlaubt die Entwicklung neuer Komponenten durch verschiedene Anbieter und damit eine ständige Innovation. Als physische ↑Schnittstelle erlaubt er bei einem konkreten Rechnersystem das Austauschen einzelner Komponenten durch andere, z.B. leistungsstärkere (sog. Upgrading).

Bei den in sich geschlossenen Workstations werden meist proprietäre Lösungen für das Bussystem eingesetzt. Es ist für den Anwender vollkommen transparent. Im PC-Sektor werden Rechnersysteme aufgrund ihrer freien Konfigurierbarkeit wesentlich nach dem eingesetzten Bussystem unterschieden. Die Auswahl eines geeigneten Bussystems ist unter dem Gesichtspunkt der Investitionssicherung durchaus wesentlich, doch ist die Entwicklung schwer voraussagbar und mehr von Markt- als von technischen Faktoren abhängig. Die heute am weitesten verbreiteten Bussysteme sind: ISA, EISA, MCA, VLB und PCI.

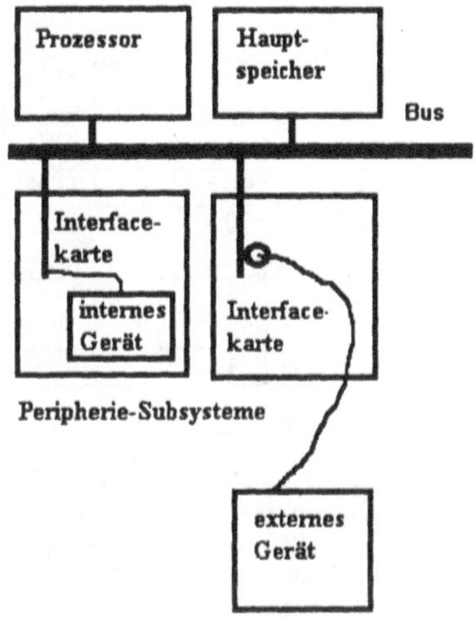

Der ↑Prozessor bildet das Herzstück eines jeden Rechners. Er ist für die eigentliche Rechenleistung verantwortlich. Im PC-Bereich werden x86-kompatible CISC-Prozessoren (80286, i386, i486, Pentium), im Workstationbereich überwiegend RISC-Prozessoren eingesetzt. Die Gesamtleistung eines Rechnersystems und die Eignung für bestimmte Aufgaben wird jedoch mehr durch das Zusammenspiel der einzelnen Komponenten als durch die Rechenleistung bestimmt. Als Maß für die Leistungsfähigkeit des Prozessors werden sog. Benchmark-Suites verwendet, die die effektive Leistungsfähigkeit der Maschine auf der Basis eines realistischen Programm-Mixes ermitteln. Den Vergleich verschiedener Prozessortypen (Stand 1992, jeweils schnellste marktgängige Prozessorversion; Slater, 1992) zeigt die Tabelle. Die angegebenen Zahlen sind als Vielfache der Leistungsfähigkeit einer Referenzmaschine zu verstehen.

Der *Hauptspeicher* ist in der Regel modular aufgebaut. Die Speicherchips sind auf kleinen, dünnen Leiterkarten von etwa 100x25 mm aufgebracht, die in spezielle Slots auf dem Motherboard eingesteckt werden. Diese Modularisierung ist aufgrund der schnellen technologischen Entwicklung notwendig. Auf der einen Seite wächst das Speichervolumen der

Prozessor	SPARC	MIPS	PA-RISC	68040	i486
Klassifikation	RISC	RISC	RISC	CISC	CISC
Einsatzgebiet	Workstation	Workstation	Workstation	Workstation/ Macintosh	PC
Taktfrequenz	40 MHz	33 MHz	50 MHz	25 MHz	33 MHz
SPECmark (integer)	20.8	27.1	39.0	12.9	18.2
SPECmark (floating point)	21.6	26.1	70.2	11.0	9.2
SPECmark (mix)	21.2	26.5	55.5	11.8	12.1

verfügbaren ↑Chips sehr schnell und die relativen Preise des Speichers sinken entsprechend, auf der anderen Seite wachsen die Softwareanforderungen z.T. noch viel stärker. Auf jeden Fall ist es sinnvoll bei der Anschaffung eines Rechnersystems auf die Erweiterbarkeit des Hauptspeichers zu achten. Bei portablen Rechnersystemen wird der Speicher aus Platzgründen meist direkt auf das Motherboard montiert, die dann angegebene Erweiterbarkeit des Hauptspeichers ist aufgrund der höheren Preise eher theoretischer Natur.

Peripheriesubsysteme bestehen jeweils aus einer Steuereinheit, meist in Gestalt einer direkt mit dem Systembus verbundenen Interfacekarte und einem oder mehreren gleichartigen Peripheriegeräten, die mit der Interfacekarte über ein spezielles Kabel verbunden sind. Die Peripheriegeräte sind dabei z.T. in das Gehäuse des Rechnersystems eingebaut oder als separate Geräte mit eigenem Gehäuse und eigener Stromversorgung ausgelegt. Im PC-Bereich werden aus Kostengründen Einbaugeräte bevorzugt. Diese Einbaugeräte haben standardisierte Außenabmessungen, die sich an die Maße der in PC ursprünglich eingesetzten Diskettenlaufwerke anlehnen. Gerade im Bereich der Desktopgeräte ist die Anzahl der verfügbaren Einschübe begrenzt, weshalb sich für Installationen, in denen spätere Erweiterungen vorgesehen sind, die Tower-Bauform durchgesetzt hat. Die Verbindung zwischen Interfacekarte und peripherem Gerät ist für die einzelnen Gerätearten weitgehend standardisiert. An einem PC oder einer ↑Workstation existieren in der Regel folgende nach außen geführte Steckverbinder:

- meist zwei serielle ↑Schnittstellen in 9 oder 25-poliger Ausführung für den Anschluß von ↑Maus, ↑Modems, zusätzlichen Bildschirmgeräten und Industriegeräten nach RS232c Spezifikation;
- ein oder zwei parallele Schnittstellen in 25-poliger Ausführung ursprünglich zum Anschluß von Druckern, inzwischen aber häufig auch für Softwareschutzmechanismen (Dongles), externe Backup-Geräte (↑Streamer) oder externe Netzwerkanschlüsse;
- sowie einen Videoadapter, üblicherweise als 15-poligen VGA (Video-Graphics-Array)-Steckverbinder.

Im *Festplattenbereich* haben sich für die Schnittstelle zwischen Interfacekarte und den eigentlichen Festplattengeräten zwei Standards durchgesetzt: *IDE (Integrated Device Electronics)* vor allem im Massenmarkt der kleineren PC (es ist die billigere Variante mit eingeschränkter Erweiterbarkeit und Kompatibilität zwischen Herstellern) und *SCSI (Small Computer System Interface)* im Bereich der Highend-PC und Workstations (beliebig erweiter- und kombinierbar, dafür bedeutend teurer). Da Workstations in der Regel als geschlossene Geräte vermarktet werden, kommen hier vor allem Peripheriegeräte in externen Gehäusen mit eigener Stromversorgung und SCSI-Interface zum Einsatz. Zur Vermeidung des Kabelsalats werden häufig gleich Erweiterungsboxen für mehrere Peripheriegeräte benutzt. Der Vorteil des SCSI-Interface liegt darin, daß sich auch mehrere verschiedene Geräte (Festplatten, Streamer, CD-Rom Laufwerke u.a.) an einem Interface anschließen lassen.

Da die Bussysteme eine standardisierte Schnittstelle darstellen, sind sie zwangsläufig nicht immer auf der Höhe der technischen Entwicklung. Rechnerhersteller integrieren daher häufig Komponenten, die untereinander einen besonders hohen Kommunikationsbedarf haben, bereits auf der Grundplatine (das sind in der Regel ↑Prozessor und Hauptspeicher, bei neueren Motherboards aber auch der Graphikprozessor und die SCSI-Steuereinheit), und wenn es der jeweilige Stand der Halbleitertechnologie gestattet sogar auf dem Mikroprozessorchip (Ansteuerung für den Hauptspeicher oder den Graphikprozessor). Dadurch entsteht eine zweistufige ↑Systemarchitektur mit einem Systembus und einem Peripheriebus.

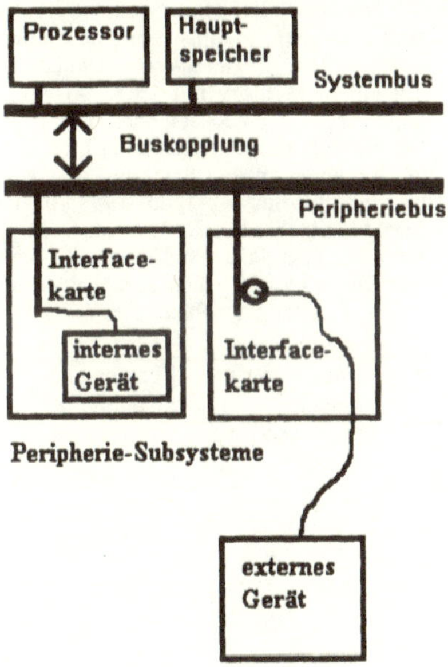

Zweistufiges Bussystem

Die Annäherung von PC und Workstations wird wesentlich im Softwarebereich vorangetrieben: einerseits durch die Bereitstellung preiswerter UNIX-Implementierungen für den PC-Massenmarkt (z.B. LINUX oder BSD386) und damit die Übernahme von Softwarelösungen aus der Workstationwelt und andererseits die Portierung von weiterentwickelten PC-Betriebssystemen (↑Windows-NT) auf Workstationarchitekturen (Alpha und PowerPC).

Literatur: Coy, W.: Aufbau und Arbeitsweise von Rechenanlagen, 1992. *Hennessy, J.L., Patterson, D.A.*: Computer Architekturen, 1994. *Matthes, W.*: Intels's i486, 1992. *Slater, M.*: A Guide to RISC Microprocessors, 1992.

Prof. Dr. Ch. Horn, Furtwangen

PC/Workstationsarchitekturen

Physikalisch bestehen sie aus einer einzelnen Grundplatine (Motherboard) und Einschubmöglichkeiten für weitere Komponenten. Je nach Größe und Anordnung der Grundplatine und der Komponenten entstehen verschiedene Bauformen (Tower, Desktop oder Slimline) und Größen.

PCMCIA

Personal Computer Memory Card International Association; Norm für scheckkartengroße Karten zu Speicher- und Funktionserweiterungen wie Fax-, Modem- und Netzfunktionen; es sind Erweiterungen des BIOS (Basic Input Output System).

PEARL

Process and Experiment Automation Realtime Language; spezielle Sprache für die Programmierung von Prozeßautomatisierungsaufgaben.

Personalcomputing

Als *P.* wird die ↑Datenverarbeitung mit Personal Computern bezeichnet, die Mitte der 70er Jahre entstanden ist. Von Anfang an wurden PC als Desktopgeräte mit Tastatur, Bildschirm und Hauptgehäuse konzipiert. Den ersten größeren Markterfolg erzielte die Firma Apple zu Ende der 70er Jahre mit ihrer Maschine Apple II, auf welcher das in der amerikanischen Geschäftswelt äußerst beliebte Tabellenkalkulationsprogramm VISICALC ablief. Der nächste größere Markterfolg wurde von der Firma IBM verzeichnet, als diese im Jahre 1981 den ↑*Personal Computer (PC)* herausbrachte. Vom IBM-Marketing wurde dies geprägt. Im Jahre 1982 gelang es Compaq, mit den Methoden des Revers Engineering den BIOS-Chip nachzubauen, ohne die Patente von IBM zu verletzen. Damit wurde die Basis geschaffen für einen großen Markt von IBM-kompatiblen PC. Im Verlauf dieser Entwicklung wurde der Markt immer stärker von No-Name-Produkten beherrscht und es kam zu einer Konzentration auf die beiden von Apple und IBM bestimmten PC-Architekturen. Im Jahre 1993 wurden nach Angaben von Dataquest weltweit

- 4,5 Mio. IBM-kompatible PC mit 80386er Prozessor,
- 13,4 Mio. IBM-kompatible PC mit 80486er Prozessor und
- 4,3 Mio. Apple PC mit 68xxx Prozessor

abgesetzt. Als Bestand sind weltweit ungefähr 150 Mio. PC installiert gegenüber ca. 5 Mio. Unix-Maschinen und ca. 100.000 Großrechnern (Computer Industry Almanac). Damit stellt der PC-Markt ein außerordentlich großes Marktpotential dar und bietet eine Plattform, um durch Ausnutzung von Skaleneffekten preiswerte Massenprodukte im Hard- und Softwarebereich abzusetzen. Die hohe Verbreitung der PC ist ein Glücksfalls in der Geschichte der ↑Datenverarbeitung, da erstmals ein Massenmarkt mit weitgehender Soft- und Hardwarekompatabilität vorliegt. Diese Homogenität fehlt wegen noch verschiedener Derivate dem Unix-Markt und erklärt damit dessen bloß langsames Vordringen in die kommerzielle Datenverarbeitung.

Der in den vergangenen 20 Jahren vorherrschende Trend zu immer höheren Packungsdichten bei den Speicherbausteinen und den Prozessorchips führte zu einer Leistungsexplosion der PC, die heute mit Großrechnerleistungen Schritt halten können. Im Rhythmus von drei bis vier Jahren brachte die Firma Intel neue Prozessoren auf den Markt. Die Tabelle zeigt das Markteintrittsdatum des jeweils neuesten Prozessors von Intel, angefangen mit dem Prozessor 8088. Die Rechenleistungen der heutigen PC liegen im Bereich von 10 bis 100 *Mips*, während der 8088 im Jahre 1979 die Leistung von 0,1 *Mips* hervorbrachte. Ähnliche Zahlen sind bei der Hauptspeicherausrüstung festzustellen. Begannen die frühen PC mit einem Memory mit 16 K, so wurde beim Apple II 64 K Standard. Der IBM-PC verfügte ursprünglich auch bloß über 64 K, wobei das Tabellenkalkulationsprogramm Lotus 1-2-3, das 1983 auf den Markt kam, aber bereits 256 K erforderte. Ende der 80er Jahre wurde dann 1 M zur Standardausstattung von Personalcomputern und Anfang der 90er Jahre 4 M.

	Rechner der sog. Mainframe-Klasse	Unix-basierte Rechner	Personal-Computer
Leistung der Zentraleinheit	60.000 DM/Mips	500 DM/Mips	50 DM/Mips
Hauptspeicherkapazität (typisch: 10...50 nSec Zugriffszeit)	2.000 DM/MByte	1.000 DM/MByte	100 DM/MByte
Plattenspeicherkapazität (typisch: 20 mSec Zugriffszeit)	6.000 DM/GByte	1.000 DM/GByte	1.000 DM/GByte
			Quelle: Intel

Der PC ist von der Technik her gesehen ein Ein-Platinen-Computer, wobei die ↑CPU als ↑*Mikroprozessor* auf einem ↑Chip untergebracht ist. Die CMOS-Technologie der Mikroprozessoren ließ ohne größere Kühlprobleme höhere Pakkungsdichten und höhere Taktfrequenzen zu, die bei 3 MHz begannen und heute bis zu 100 Megahertz erreichen. Der fundamentale Unterschied zur Großrechnerarchitektur besteht darin, daß Großrechner ihre CPU nicht auf einem Chip unterbringen können, sondern dafür eine Platine benötigen, und daß zweitens die ECL-Technologie der Großrechner aufwendige Kühlsysteme mit Wasser bzw. flüssigem Stickstoff erfordern. Die PC-Industrie erhielt ihre wesentlichen Impulse von den Herstellern von Mikroprozessoren, wie Intel, nicht aber aus der Großrechnerindustrie, die nur zögerlich PC-Divisions etablierte (Cringley, 1992). PC sind daher nicht als kleine Großrechner zu verstehen, sondern als Mikroprozessorsysteme. Eine Abgrenzung der PC zu Workstations, die ebenfalls Ein-Platinen-Computer auf Mikroprozessorbasis darstellen, ist schwierig. Waren früher die Workstations den PC in den Leistungsdaten, wie ↑MIPS und Graphikauflösung, überlegen, so trifft dies heute wegen der Leistungsexplosion der PC nicht mehr generell zu. Die Workstations sind am besten über das Unix-Betriebssystem gegenüber den PC zu unterscheiden. Ein weiteres Merkmal der PC-Hardware besteht in deren modularem Aufbau. Hierüber sind weltweite Komponentenmärkte etabliert worden für Laufwerke, ↑Chips, Monitore, Schnittstellenkarten und Motherboard-Platinen (Backhaus, 1992). Ferner ist die freie Konfigurierbarkeit hervorzuheben, die es gestattet, die Platinen mit Zusatzboards und Zusatzspeichern hochzurüsten.

Die PC sind über die ↑Hardware hinaus auch durch ihre ↑*Betriebssysteme* zu charakterisieren. Es sind zu unterscheiden, das Betriebssystem Apple für die Mikroprozessoren 68xxx und das Betriebssystem ↑*DOS (Disk Operating System)* von Microsoft für Mikroprozessoren 80xxx. Die Versionen von DOS sind von Version 1 im Jahre 1981 an aufwärtskompatibel. In den vergangenen Jahren wurde DOS durch die ↑graphische Benutzeroberfläche ↑Windows erweitert. Softwaretechnologisch ist DOS wegen seiner Restriktionen auf 64K-Blöcke außerordentlich unbefriedigend. Diese Grenze hat dem Erfolg von DOS keinen Abbruch getan und wurde von Windows elegant überspielt, das ein eingeschränktes Multitasking zuläßt und die Oberfläche stark an die von Apple angleicht, die auf die Entwicklungen des Xerox-Forschungslabors in Palo Alto zurückgeht. Der PC mit seinem Betriebssystem wurde von Anfang an als ein Gerät der ↑individuellen Datenverarbeitung konzipiert. Im Unterschied zur Großrechner- und Unix-Welt ist er damit nicht multiuserfähig. Als Singeluser-Maschine erfordert der PC dafür weniger Systemadministration. Die heutigen PC-Netzwerke kombinieren die Singleuser-Maschinen zu einem Multiuser-Kontext. Die Organisation von Multiusersystemen war bei hohen Hardwarepreisen mit dem Argument des Ressourcen Sharings gerechtfertigt, verliert aber heute bei niedrigen Hardwarepreisen an Bedeutung.

Die Anwendungsgebiete des *P.* liegen in der Individuellen Datenverarbeitung mit PC sowohl als Endgeräte an unternehmensweiten Netzen von Großunternehmen, wie auch in Kleinbetrieben und im Privatbereich. Als ↑*Individuelle Datenverarbeitung* wird die gestalterische, die räumliche und die zeitliche Verfügung von Rechenleistung durch den Anwender bezeichnet. Im Unterschied dazu ist die klassische Rechenzentrumorganisation datenbankorientiert. Sie erbringt diese Dienstleistungen in Form von vordefinierten ↑Transaktionen am Bildschirm und ermöglicht dem Anwender damit keine Gestaltung der Datenorganisation und der Berechnungsprozeduren. Zweitens erfolgen Auswertungen zeitlich nachversetzt mit schriftlichen Reports als umfangreiche und schwer lesbare Papierlistings.

Die Funktionalität von PC-Anwendungssystemen wurde durch die Tatsache deutlich erhöht, daß von Anfang an PC mit ↑Graphikbildschirmen ausgerüstet waren. Hingegen dominierten in der Unix- und Großrechnerwelt die Zeichenschirme, welche keine oder nur stark eingeschränkte graphische Repräsentationen erlaubten. Die *Graphikfähigkeit* der PC-Bildschirme kann in drei Richtungen ausgeführt werden:

- Mit der Graphik sind Auswertungen von Datenbeständen durch Tabellenkalkulationsprogramme möglich.
- Die Graphik gab den Anstoß für die Entwicklung neuer Softwareanwendungen, wie etwa im Bereich der Produktionssteuerung an den graphisch orientierten Leitstandentwicklungen deutlich wird (Kurbel, 1993).
- Die ↑graphischen Benutzeroberflächen (Grafical User Interface - ↑GUI), wie sie durch die Standards von Apple und Microsoft ↑Windows gegeben werden, erlauben zusammen mit der Mausbedienung ein intuitiv geführtes Arbeiten und haben zu einer starken Standardisierung der verschiedenen Kontrollelemente auf der Oberfläche geführt. Windows mit

seinen weltweit 50 Mio. Installationen kann als Standard der graphischen Benutzeroberflächen angesehen werden und ist zugleich ein Standard für den Austausch von ↑Daten zwischen verschiedenen ↑Anwendungssystemen. Damit wurde das Grundproblem der ↑Datenverarbeitung, die Datenkompatibilität, gelöst.

- Die graphische Benutzeroberfläche ermöglicht im Kontext von ↑Multimedia die Wiedergabe von Bildern und Videosequenzen. Der PC entwickelt sich damit zu einer universalen Kommunikationsmaschine und kann Fernsehen, auch das zukünftige in digitaler Form, Fax, Telefon und Videorecorder integrieren (Vahrenkamp, 1993).
- Ein weiterer Punkt, der den Komfort der ↑Individuellen Datenverarbeitung erhöht, ist die Möglichkeit des Druckens am Arbeitsplatz. Während die Großrechnerphilosophie und die hierarchischen Konzepte der Novellnetze zu Beginn der 80er Jahre sehr stark auf das Argument des Ressourcen Sharings gesetzt und damit auch das Drucken als eine zentrale Ressource behandelt hatten, bedeutet die PC-Philosophie, unmittelbar am Arbeitsplatz einen eigenen Drucker zu installieren. Der Zyklus der ↑Datenverarbeitung und des Druckens der Ergebnisse wird damit am Arbeitsplatz direkt geschlossen und die Effizienz des Arbeitens gesteigert.

Aus der Sicht des Konsumenten ist in der langfristigen Entwicklung der vergangenen 20 Jahre der PC zu definieren als ein Computer, dessen Ladenpreis zwischen 2.000 bis 4.000 DM beträgt. Für diesen Geldwert wurden die Leistungen um einige 10er-Potenzen vervielfacht, so daß von einem drastisch verbesserten Preis-/Leistungsverhältnis gesprochen werden muß. Die Preise für Laserdrucker fielen von 20.000 DM auf 1.000 DM, für Farbmonitore von 10.000 DM auf 500 DM, für 1 MB RAM von 100.000 DM auf 100 DM, für eine Festplatte von 10.000 DM auf 500 DM.

Die ↑Personal Computer haben sehr früh für die benutzerfreundliche Gestaltung von ↑Anwendungssystemen *Standards* gesetzt. Angefangen hat diese Entwicklung mit der Erfindung der ↑Tabellenkalkulation VISICALC, die eine neuartige *tabellenartige Organisation von Daten* ermöglicht. Diese Art der individuellen Organisation von Daten war bis dahin auf Großrechnern unbekannt gewesen. Der zweite Schritt bestand in der *graphischen Visualisierung der Daten* aus der Tabellenkalkulation, die mit dem Programm Lotus 1-2-3 im Jahre 1983 gelang. Hiermit hielt die Business Graphik Einzug in die Geschäftswelt. Als weiterer Punkt kann die Entwicklung von *horizontaler ↑Standardsoftware* genannt werden, welche die Bereiche Textverarbeitung, Tabellenkalkulation, Graphik und Datenbankanwendungen umfaßt. Der Komfort im Datenhandling übertraf bei weitem die Standards, die bislang von Großrechnern und Unixsystemen in der transaktionsorientierten und der ↑Individuellen Datenverarbeitung gesetzt worden waren. Über diese horizontale ↑Software hinaus entwickelte sich die PC-Software in vielen Bereichen, die *spezielle Problemlösungen* und spezielle Branchen betreffen: Software für Architekten, Rechtsanwälte, Steuerberater, Handelsbetriebe, Produktionsbetriebe, für Ausbildungszwecke in Schule, Hochschule und im Eigenstudium, ↑Simulation dynamischer Systeme in Wirtschaft, Naturwissenschaft und Technik, wissenschaftliche Berechnungen, Statistik, Administrations- und Abrechnungssysteme für Kleinbetriebe, ↑Multimedia, ↑Datenkommunikation im ↑Local Area Network (LAN) und in der ↑Telekommunikation. Es kann von einer *PCisierung* der ↑Datenverarbeitung gesprochen werden.

Die PCisierung der Datenverarbeitung impliziert eine weitgehende Demokratisierung von Soft- und Hardware Know how (Kreisel, 1994). Eine Vielzahl von privaten und öffentlichen Anbietern von Beratungsleistungen treten neben den PC- Händlern auf dem Beratungsmarkt auf. Verlage bieten für populäre Softwareprodukte Kurzreferenzen, Ratgeber, Einstiegshilfen, Material zur Selbstschulung, Videokassetten, sowie Publikumszeitschriften mit hoher Auflage an. Darüber hinaus vermittelt das Fernsehen populäres PC Know how. Die Großforschungseinrichtungen des Bundes haben PC-Beratungsstellen eingerichtet, wie die Gesellschaft für Mathematik und Datenverarbeitung in Sankt Augustin und das Kernforschungszentrum in Karlsruhe (CAD-Beratung). Auch die Stadtsparkassen tragen zum Beratungsmarkt bei. Der Umgang mit dem PC und mit den Standardprogrammen der Individuellen Datenverarbeitung entwickeln sich immer mehr zu einer allgemeinen Qualifikation, so wie Lesen, Schreiben, Auto fahren.

Literatur: Backhaus, K.: Investitionsgütermarketing, 3. Aufl., München, 1992. *Cringley, R.*: Accidental Empires, New York, 1992. Computer Industry Almanac, Incline Village, Nevada, USA, 1994. *Kreisel, J.*: Absatzwege im PC-Marketing, Diplomarbeit, Kassel, 1994. *Kurbel, K.*: Produktionsplanung und -steuerung, München, 1993. *Rühl, G.*: Organisationslogistik im internationalen Markt der Mikrocomputer-Systeme, in: *Lück, W., Trommsdorff, V. (Hrsg.),* Internationalisierung der Unternehmung, Berlin, 1982. *Vahrenkamp, R., Dehlinger, H., Hünerberg, R.* (Hrsg.): Tagungsband Multimedia in der Unternehmenskommunikation, Kassel, 1993.

Prof. Dr. R. Vahrenkamp, Kassel

Personalinformationssysteme

Begriffserklärung

Computergestützte P. ermöglichen die Erfassung, Speicherung, Verarbeitung, Weitergabe und Ausgabe von Informationen, die zur Bearbeitung personalwirtschaftlicher Aufgaben notwendig sind. In der Regel gehen diese Systeme über die automatische Abwicklung der Lohn- und Gehaltsabrechnung hinaus. Sie erfüllen die Informationsbedürfnisse von Personalexperten und von Führungskräften in den Fachabteilungen; werden sowohl in Wirtschaftsunternehmen, wie auch in öffentlichen Verwaltungen genutzt.

Ziele

Die Kritik von Arbeitnehmervertretungen und Gewerkschaften an *P.* (Schaffung von gläsernen Mitarbeitern), die verschärften Datenschutz- und Mitbestimmungsvorschriften haben in den Unternehmen zu einer realistischen Einschätzung der Möglichkeiten und Gefahren von *P.* geführt. Ziel der heutigen Systeme ist es, die Anwender im Personalbereich bei der Abwicklung ihrer täglichen (Routine-) Aufgaben zu unterstützen. Zugleich sollen alle Vorgesetzten eine Informationsbasis für ihre Führungsaufgaben erhalten (z.B. Abruf von ↑Informationen über Beurteilungen, Abwesenheitszeiten, Mehrarbeitsgenehmigungen, Urlaubspläne). Ein *P.* kann allenfalls Personalentscheidungen unterstützen, jedoch keine Entscheidungen automatisch treffen.

Funktionen

Die Aufgabe der Personalabteilung verändert sich derzeit sehr stark: Personalverwaltung verliert an Bedeutung, Personalarbeit wird immer mehr als Service- und Beratungsleistung für die Vorgesetzten und Mitarbeiter aufgefaßt. Um diese neuen Anforderungen zu erfüllen, müssen die notwendigen Arbeitsabläufe in der Verwaltung effizienter (schlanker) werden und die Beratungs- und Entscheidungsmöglichkeiten durch ein integriertes *P.* verbessert werden. Dieses unterstützt daher sowohl administrative als auch dispositive Aufgaben. Zu den *administrativen Personalaufgaben* zählen: Personalabrechnung, Pfändungen und Darlehensverwaltung, Reisekostenabrechnung, Stammdatenverwaltung/Personalaktenführung, Schriftverkehr mit Externen, Bearbeitung von Personalveränderungen (Einstellungen, Versetzungen, Entlassungen, Pensionierungen, Beurlaubungen), Fehlzeitenverwaltung, Mehrarbeitsgenehmigungen, Gleitzeit, Personalbeurteilungen, Disziplinarmaßnahmen, Terminüberwachung.

Zu den *dispositiven Aufgaben* zählen: Personalkennzahlen, -berichterstattung, Personalcontrolling, Personalbedarfs-, Stellenplanung, Einsatzplanung, Weiterbildungsplanung, Personalentwicklungs-, Nachfolgeplanung, ↑Leistungsbewertung, Personalkostenplanung, Lohn- und Gehaltsfindung, Job Rotation, Auslandsentsendungen, Anreizsysteme, Arbeitszeitmanagement, Cafeteria-Systeme.

Integration bedeutet nicht nur, daß die gleichen Personalstammdaten für verschiedene administrative und dispositive Zwecke genutzt werden, sondern auch eine Anbindung über entsprechende ↑Schnittstellen zu Finanzbuchhaltungs-, Kostenrechnungs-, Produktionsplanungs- und ↑Managementinformationssystemen.

Komponenten

Für den Einsatz im Personalwesen stehen

zahlreiche ↑Standardsoftwarepakete zur Verfügung, so daß ↑Individualsoftware in diesem Bereich ständig abnimmt. Eine Ausnahme bilden Anwendungen für Personalstatistik und Personalcontrolling, die mit Hilfe von Tabellenkalkulationssystemen (z.B. Excel) oder ↑Datenbanksystemen (z.B. Access) ohne großen Aufwand selbst erstellt werden können. Der softwaretechnische Aufbau (die Architektur) von Standard-*P.* stellt eine Personal- und Stellendatenbank in den Mittelpunkt. In der ↑*Personaldatenbank* werden pro Mitarbeiter zahlreiche Grunddaten, z.B. für Einstellung, Umbesetzung, Entwicklung und Entlassung gespeichert. Im Regelfall werden zwischen 100 und 300 einzelne Datenelemente pro Person gespeichert. Neben den individuellen Daten zählen hierzu auch aggregierte Personaldaten (Lohn- und Gehaltssummen, Fluktuationsquote, Abwesenheitskennziffern, Personalkosten etc.). In der *Stellendatenbank* werden alle stellenbezogenen Daten hinterlegt. Hierzu zählen Angaben zum Status einer Stelle (besetzt, nicht-besetzt, beantragt etc.), Stellenbeschreibung, erforderliche Stellenqualifikationen, Stellvertreterregelungen, Stellenwertigkeit und Organigramm. Über die Stellennummer im Personalstammsatz erfolgt die Zuordnung eines Mitarbeiters auf eine bzw. mehrere Stellen. Weil von Bewerbern üblicherweise nur wenige Daten benötigt werden (z.B. Adresse, Termine, Gehaltsvorstellung), erfolgt die Speicherung von Bewerberdaten häufig in einer eigenen *Bewerberdatenbank*.

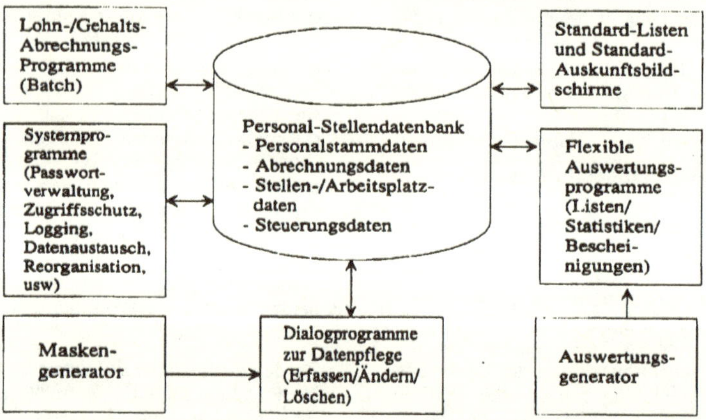

↑*Relationale Datenbanken* innerhalb eines *P.* bieten folgende Vorteile:

- redundanzarme Speicherung, d.h. jedes Datenelement, z.B. Mitarbeiteradresse ist nur einmal vorhanden und muß nur an einer Stelle gepflegt werden;
- mehrfache Verwendbarkeit der Daten für unterschiedlichste Zwecke;
- unmittelbare Verfügbarkeit, d.h. direkter Zugriff auf die einzelnen Datenelemente;
- einfache Verknüpfbarkeit von Daten, z.B. bei Personal- und Stellendaten;
- Erweiterbarkeit, d.h. jederzeit können bisher nicht benötigte Daten aufgenommen werden;
- Gewährleistung von Datenschutz- und Datensicherungsmaßnahmen, besonders im Hinblick auf die Erfüllung gesetzlicher Vorschriften. Zugleich kann die Zugriffsberechtigung der Benutzer auf einzelne Menüs, Masken, Felder, Funktionen (Lesen/Schreiben/Löschen) genau festgelegt werden.

Die einzelnen Datenfelder werden über *Dialogprogramme (-masken)* gepflegt. Hierzu zählt das erstmalige Erfassen, Ändern und Löschen von Daten, z.B. bei Eintritt eines neuen Mitarbeiters in das Unternehmen. Erfahrungsgemäß hat jedes Unternehmen andere Anforderungen an den Umfang der Datenbasis. Folglich

können auch die Dialogmasken nicht fest als Standard vorgegeben werden. Die Anpassung an die individuellen Anforderungen erfolgt über einen Maskengenerator, der vielfach zusammen mit der Anwendungssoftware ausgeliefert wird und eine erhebliche Flexibilität bei der Benutzeroberflächengestaltung ermöglicht.
Flexibilität wird auch bei der Gestaltung der Auswertungen und Statistiken verlangt. Neben den standardisierten Listen verfügen moderne *P.* über einen *Auswertungsgenerator*, mit dem kurzfristig neue Auswertungen und Abfragen des Datenbestandes erzeugt werden können.
Die *Lohn- und Gehaltsabrechnungsprogramme* stehen bei den Großrechner-Softwarepaketen immer noch im Mittelpunkt. Im Kern handelt es sich hierbei um typische Stapelverarbeitungsprogramme, deren ↑Daten jedoch die Basis für viele andere Aufgaben bilden. Bspw. sind die Ergebnisse der Lohn- und Gehaltsabrechnung eine wichtige Grundlage für Personalcontrolling und Kostenplanung.
Schließlich gehören zu jedem *P.* auch *Systemprogramme*. Sie stehen i.d.R. nur wenigen Benutzern (Systemverwaltern) zur Verfügung und ermöglichen die Vergabe von Benutzerpassworten, die Festlegung des Zugriffsschutzes, den Datenaustausch (Import, Export) über ↑Schnittstellen, die Reorganisation der Datenbank.

Entwicklungstendenzen
Standard-*P.* stehen für alle Rechnerplattformen zur Verfügung. In Zukunft wird es verstärkt zu einer Arbeitsteilung zwischen PC und Großrechner kommen (↑*Client/Server-Konzept*). Hierbei werden die Aufgaben von DV-Systemen unter verschiedenen Rechnern unterschiedlicher Größe und Leistungsfähigkeit aufgeteilt. Während der Anwender im Personalbereich z.B. am PC Personalstammdaten pflegt, Textverarbeitung und ↑Tabellenkalkulation nutzt, wird von diesem ↑Client bei Bedarf auf die Dienste eines ↑Servers zugegriffen, so z.B. auf zentrale Ablage der Personaldaten in der ↑Datenbank.
Eine weitere Tendenz ist die *Einbindung* von Personaldaten (insb. Personalkosten, -strukturen) *in ein unternehmensweites* ↑*Führungsinformationssystem* (EIS, ↑Executive Information System). EIS verschaffen dem Personalchef oder dem Personalcontroller direkten Zugriff von ihrem Arbeitsplatz zu erfolgskritischen Personalkennzahlen.
Noch nicht abschließend geklärt ist, inwieweit ↑*Expertensysteme* zukünftig in einigen Teilbereichen des Personalwesens von Bedeutung sein werden. Denkbar sind Expertensysteme z.B. bei der Bewerberauswahl, bei der Personaleinsatzplanung, in der betrieblichen Aus- und Weiterbildung, innerhalb der Personalentwicklung, bei der außertariflichen Gehaltsfindung. Größere Hemmschwellen bestehen in der zwingenden Eigenentwicklung derartiger Expertensysteme und den zu erwartenden Konflikten mit der betrieblichen Arbeitnehmervertretung.

Literatur: Finzer, P.: Personalinformationssysteme für die betriebliche Personalplanung, München, 1992. *Heinecke, A. K.*: EDV-gestütze Personalwirtschaft, Methoden und DV-Instrumente, München, 1994. *Mülder, W., Seibt, D. (Hrsg.)*: Methoden- und computergestützte Personalplanung, 2. Aufl., Köln, 1994. *Mülder, W.*: Organisatorische Implementierung von computergestützten Personalinformationssystemen, Berlin, 1984. *Mülder, W., Störmer, W.*: Personalzeit- und Betriebsdatenerfassung - Richtig planen, auswählen und einführen, 2. Aufl., Neuwied, 1994.

Prof. Dr. W. Mülder, Mönchengladbach

Petrinetz
Gerichteter Graph, der aus Stellen (Zwischenablage von Daten) und Transitionen (Verarbeitung von Daten) besteht.

Pflichtenheft
Sammlung von Auswahlkriterien, die in Checklisten zusammengestellt bei Hard- und Softwareentscheidungen benutzt werden; detaillierte, verbale Beschreibung aller Anforderungen dv-technischer, organisatorischer, inhaltlicher, wirtschaftlicher und sonstiger Art.

Piktogramme
Bildhafte Darstellungen.

PIMS
Personal Information Management Systeme; unter dieser Bezeichnung werden Programme, Hilfsmittel und Werkzeuge angeboten, die Anschriften, Telefonnum-

mern und beliebige Verzeichnisse, die Wiedervorlage von Schriftstücken und persönlichen Notizen verwalten und die Terminplanung für Besprechungen, Dienstreisen etc. unterstützen (Notizblock- und Kalenderfunktion). Diese Programme werden zunehmend um Hypertext-Funktionen ergänzt.

PIN
Personen Identifizierungsnummer

Pipelining
↑Betriebsart, die in Verbindung mit optimierenden ↑Compilern durch RISC-Prozessoren genutzt wird.

Planung von Informationssystemen
↑Informationssystemen, Planung von

Planungs- und Entscheidungssysteme
Systeme zur Unterstützung mittel- und langfristiger Planungs- und Entscheidungsaufgaben.

Planungssysteme, computergestützte
Übersicht
Industrielle Planungsaufgaben sind erfahrungsgemäß derart umfangreich und kompliziert, daß sie nur mit Hilfe maschineller Planungsverfahren bewältigt werden können. Voraussetzung für den computergestützten Planungsprozeß ist die konsequente Formalisierung der Planungsaufgabe einschl. des Planungsziels. In diesem Zusammenhang muß das Planungsproblem in der Gestalt eines Planungsmodells beschrieben werden. Dabei kommen entweder mathematische Gleichungs- bzw. Ungleichungssysteme oder Verhaltens- und Entscheidungsregeln zur Anwendung. Das Modell dient dazu, das in der Realität gegebene Entscheidungsfeld und dessen gestalterische Freiheitsgrade darzustellen. Damit umschreibt das Modell zunächst alle zulässigen Lösungen einer Planungsaufgabe. Durch Vorgabe eines Zielkriteriums oder einer expliziten Zielfunktion kann aus der Menge der zulässigen Lösungen die optimale Planung ausgewählt werden. Da insb. bei kombinatorischen Planungsproblemen die Bestimmung der optimalen Lösung wegen des damit verbundenen exponentiell anwachsenden Rechenaufwands in vielen Fällen nicht möglich ist, gibt sich der Anwender in der Praxis mit suboptimalen Planungsergebnissen, den sog. "guten Lösungen" zufrieden. Diese Vorgehensweise ist auch deshalb plausibel, weil bereits die Unschärfe in den Ausgangsdaten einer Planungssituation das mathematische Optimum einer Planungsaufgabe in Frage stellt.
Die *computergestützten Planungsverfahren* werden in zwei Gruppen unterteilt: *mathematisch optimierende Verfahren* und heuristische Ansätze. Zur ersten Gruppe zählen im Bereich der betriebswirtschaftlichen Anwendungen vor allem die Verfahren der mathematischen Optimierung, wie z.B. lineare Optimierung (LP, Lineare Programmierung); für technische Anwendungen werden häufig Differentialgleichungssysteme zur Modellierung der Realität verwendet. Die zweite Gruppe umfaßt Simulationsverfahren und jene Verfahren, für die ein Beweis zur Bestimmung des Optimums im Sinne der Mathematik nicht vorliegt. *Heuristische Verfahren* haben eine große Bedeutung für die computergestützte Planung, weil sie in kurzer Zeit Planungsvorschläge liefern und zugleich die Möglichkeit bieten, ein interaktives Planungsverfahren durch Mitwirkung des Anwenders zu gestalten.
Computergestützte Planung liegt dann vor, wenn das Planungsverfahren durch den Einsatz von maschinell auswertbaren Planungsmodellen automatisiert oder interaktiv als Mensch-Maschine-↑Kommunikation durchgeführt wird. Interaktive Planungssysteme für kurzfristige Dispositionen werden auch als ↑*Decision Support Systems (DSS)* bezeichnet. Die Formulierung des Planungsmodells und die optimierende bzw. heuristische Evaluation eines Planungsansatzes werden durch entsprechende Softwarekomponenten unterstützt; das dazu erforderliche Hardwaresystem muß über eine hohe Leistungsfähigkeit verfügen, da eine hinreichend realitätsnahe Planung zu umfangreichen Planungsmodellen hoher Komplexität führt.

Architektur des Planungssystems
Die Architektur des *P.* ergibt sich aus der Funktionalität des Planungsprozesses, der i.w. aus den Phasen Modellentwicklung, Modellauswertung und Ergebnisaufbereitung besteht. In der Abbildung sind der Planungsprozeß und die drei typischen

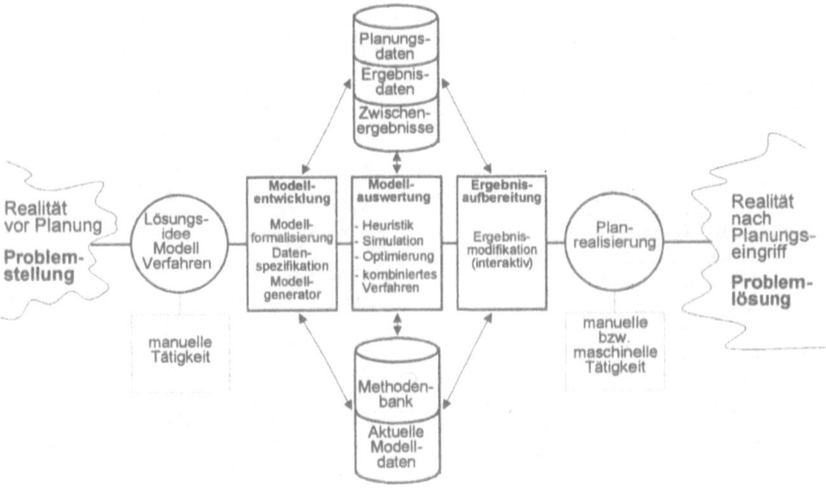

Softwarekomponenten, sowie die dazu erforderlichen Datenbasen dargestellt.
Ausgehend von der durch die Realität vorgegebenen Problemstellung muß sich der Planer für eine Planungsmethode entscheiden, wobei sowohl die Lösungsidee für das Planungsproblem als auch die dazu geeignete Verfahrensvariante gefunden werden muß. Während es sich hier um eine schöpferische Tätigkeit des Menschen handelt, können die folgenden Planungsaktivitäten mit Computerunterstützung durchgeführt werden. Zur Modellentwicklung wird ein Modellgenerator eingesetzt und zugleich die Datengrundlage der Modellierung und der Parameterversorgung spezifiziert. Dabei wird i.d.R. ein Datenbankentwurf implementiert, der die Planungsdaten umfaßt. Im folgenden Schritt wird auf ein optimierendes oder ein heuristisches Verfahren aus der Methodenbank zugegriffen, um die numerische Modellauswertung zur Erzeugung des Planungsergebnisses durchzuführen. Da insb. bei interaktiven Planungsverfahren Teilergebnisse modifiziert oder das Planungsergebnis revidiert werden müssen, ist die Speicherung von Zwischenergebnissen und aktualisierten Modellparametern erforderlich. Das Planungsergebnis ist schließlich so aufzubereiten, daß der Benutzer in die Lage versetzt wird, die Lösung der Planungsaufgabe unmittelbar in die Praxis zu übertragen. Dazu werden Verfahren der computergestützten Visualisierung eingesetzt mit dem Ziel, die Ergebnisdaten weitgehend durch graphische Repräsentation zu veranschaulichen. Ergänzend dazu werden Listen mit den numerischen Werten der Entscheidungsgrößen zur Verfügung gestellt.
Nach Abschluß der Ergebnisdarstellung kann mit manuellen oder maschinellen Mitteln die vom Entscheidungsträger freigegebene Planung in der Praxis verwirklicht werden. Im Falle einer maschinellen, automatisierten Planrealisierung muß das *P.* direkt mit einem Steuerungssystem des Unternehmens gekoppelt werden. Sind stochastische Einflüsse bei der Planverwirklichung zu erwarten, so sind die Planungsergebnisse als Führungsgrößen für ein Regelungssystem zu verwenden.

Methoden und Verfahren
Die Planungsmethode ergibt sich aus der Struktur des Planungsproblems, wobei aus der Implementation der ↑Methode das Planungsverfahren entsteht. Erfahrungsgemäß können Planungsaufgaben häufig sowohl durch exakte Verfahren der mathematischen Optimierung als auch mit Hilfe heuristischer Methoden gelöst werden (Domschke, Drexl, 1991). Qualität der Planungsergebnisse und Rechenaufwand für die Modellauswertung bestimmen die Wahl der Methode und des Ver-

fahrens. Im Hinblick auf die für den Computereinsatz geeigneten Methoden sind folgende Verfahren zu nennen:

- Optimierende Verfahren, Lineare Optimierung, ganzzahlige und gemischtganzzahlige Optimierung, Nicht-lineare Optimierung;
- Heuristische Verfahren, ↑Simulation, Simulated Annealing, Threshold Accepting (Dueck, Scheuer, 1990), Genetische Algorithmen, Verfahren auf der Grundlage ↑Neuronaler Netze (Rojas, 1993).

Die *mathematischen Verfahren* bieten die Möglichkeit, ein Planungsmodell, das in der Gestalt von mathematischen Gleichungen und Ungleichungen formuliert ist, unter einer vorgegebenen Zielfunktion zu optimieren (Preßmar, 1992). Gleichungen und Ungleichungen erfassen die Randbedingungen und die gegebenen Zusammenhänge zwischen den Entscheidungsvariablen einer Planungssituation, während die Zielfunktion das Optimierungskriterium repräsentiert. Unter der Voraussetzung, daß Entscheidungsvariable nur ganzzahlige Werte annehmen können, ergibt sich ein Problem der ganzzahligen Optimierung. Dadurch entsteht eine kombinatorische Optimierungsaufgabe, die durch eine erhebliche Komplexität gekennzeichnet ist und daher nur mit großem Rechenaufwand gelöst werden kann. In derartigen Planungssituationen werden daher häufig heuristische Methoden eingesetzt, wobei zugunsten der Rechenbarkeit auf mathematische Optimalität der Planung verzichtet wird.

Die *heuristischen* Verfahren beruhen auf dem Prinzip, die Planungswirklichkeit in einem durch Computerprogrammierung spezifizierten Modell abzubilden und die Realität simulativ, d.h. durch Variation der Planungsdaten, zu analysieren. Mit Hilfe dieser auch als "What-if-Analyse" bezeichneten Vorgehensweise gelingt es häufig, zulässige und "gute" Lösungen für die Planungsaufgabe bei einem begrenzten Rechenaufwand zu finden. Eine Verfeinerung dieser Vorgehensweise führt zu den Annealingverfahren (Laarhoven, Aarts 1987) und den genetischen Algorithmen (Goldberg 1989). Diese Verfahren nutzen den Effekt, daß eine wiederholt geringfügige Änderung des Lösungsvektors der Entscheidungsvariablen erfahrungsgemäß zu guten Lösungen führt. Als neueste Verfahrensvariante können auch die Eigenschaften künstlicher ↑Neuronaler Netze zur Lösung von Planungsaufgaben eingesetzt werden. Dabei wird die Lernfähigkeit der vernetzten Neuronen benutzt, um für bestimmte Typen von Planungsproblemen durch Trainieren des neuronalen Netzes Lösungen zu gewinnen.

Planungswerkzeuge
Die Anwendung der o.g. Methoden aus den Gebieten des ↑Operations Research, der ↑Informatik und der numerischen Mathematik ergibt nur dann den angestrebten praktischen Nutzen, wenn geeignete Planungswerkzeuge als Softwarekomponenten des ↑computergestützten Planungssystems zur Verfügung stehen.
Die Planungswerkzeuge werden traditionell unter dem Begriff *Methodenbank* subsummiert. Zur Ergänzung der Methodensammlung sollte ein computergestütztes Planungssystem auch über eine Datenverwaltungskomponente verfügen, da die Verwaltung von Eingabedaten, Zwischen- und Planungsergebnissen eine umfassende Funktionalität zur ↑Datenspeicherung, -manipulation und -sicherung erfordert. Daher ist ein ↑Datenbanksystem zur Aufnahme der Planungsdaten unverzichtbarer Bestandteil der *P.*

Das Angebot an Planungssystemen auf dem Softwaremarkt zeigt, daß die erfolgreichen Softwareprodukte innerhalb eines eng abgegrenzten Methodenspektrums entwickelt wurden. Typisch für diese Gruppe von Planungssystemen ist ihre Anwendungsneutralität, wobei der Planer durch Parametrisierung oder durch Programmierung diese Systeme an das aktuelle Planungsproblem anpassen muß. Zu dieser Klasse der *P.* zählen vor allem:

- Tabellenkalkulationssysteme, wie Excel oder Lotus;
- ↑Datenanalyse- und Prognosesysteme, wie SAS oder SPSS;
- Simulationssprachen mit Methodenbibliothek und Softwareentwicklungshilfen, wie GPSS oder ↑SIMULA;
- Planungssprachen mit Methodenbibliothek, wie FCS-EPS;
- ↑Expertensysteme, wie Nexpert-Object oder TWAICE;

- Entwicklungssysteme für ↑Neuronale Netze, wie Neural Works;
- Mathematische Optimierungssysteme, wie OSL oder LINGO.

Abgesehen von speziellen Methodensammlungen, so die NAG- bzw. ↑IMS-Libraries, die speziell für Naturwissenschaftler angeboten werden, sind die o.g. Softwaresysteme als geschlossene Planungsverfahren konzipiert. Sie umfassen jeweils Hilfen für die Modellentwicklung, Modellauswertung und graphische Aufbereitung der Planungsergebnisse. Hier wird deutlich, daß die ↑Standardsoftware der *P.* i.w. auf der Grundlage von erprobten Planungsmethoden entwickelt wird; ein beliebiger Methodenmix im Sinne eines Universalsystems ist gegenwärtig für professionelle Anwendungen nicht verfügbar. Zu ihrer Bedienung und ↑Steuerung ist eine geeignete Benutzerschnittstelle in Gestalt einer Kommandosprache oder als Windows-Benutzeroberfläche erforderlich. Durch Benutzereingriff werden die Planungswerkzeuge aktiviert und in Abhängigkeit von der Dimension und von der Struktur des Planungsproblems mit Verfahrensparametern versorgt.
Schließlich sind weitere ↑Schnittstellen erforderlich, um den Planungssystemen ↑Daten aus den operativen Systemen der betrieblichen Praxis zur Verfügung zu stellen. In manchen Anwendungen werden die Planungswerkzeuge und die algorithmischen ↑Methoden in der Gestalt von Softwarebibliotheken angeboten. Damit hat der Anwender die Möglichkeit, sein individuelles, auf ein bestimmtes Planungsproblem spezialisiertes Softwaresystem zu gestalten.

Einsatzgebiete, Entwicklungstendenzen
P. werden in allen wichtigen Funktionsbereichen des Unternehmens eingesetzt. Typische Einsatzgebiete umfassen die Planung des Leistungserstellungsprozesses mit den Schwerpunkten Logistik und Produktion. Aber auch im Bereich der Marktforschung oder auf dem Gebiet der Finanzplanung und der strategischen Unternehmensplanung werden insb. optimierende Planungssysteme eingesetzt.
Voraussetzung für den erfolgreichen Einsatz ist jedoch die Versorgung der Planungssysteme mit den erforderlichen Daten. Hier sind zusätzliche Verfahren zur Datenprognose mit Hilfe ökonometrischer Verfahren oder durch den Einsatz ↑Neuronaler Netze erforderlich; ergänzend dazu sind Datenschnittstellen zu den ↑Systemen des Rechnungswesens und der Produktion einzurichten, um aktuelle und realistische Eingabedaten für die maschinelle Planung zur Verfügung zu stellen.

Die weitere Entwicklung der *P.* wird vor allem durch die bemerkenswerte Steigerung der Verarbeitungsleistung der Arbeitsplatzrechner und der Computer-↑Server in ↑Rechnernetzen begünstigt. Damit werden vor allem die Einsatzmöglichkeiten der mathematischen Optimierungsverfahren verbessert. Auch auf dem Gebiet der Anwendungen für ↑Neuronale Netze wurden neue Dimensionen durch die Entwicklung spezieller Hardwarekomponenten erschlossen. Dabei wird die Funktionsweise eines Neurons mit Hilfe eines integrierten Schaltkreises nachgebildet. Für die nähere Zukunft wird jedoch eine weitere Leistungssteigerung der Planungssysteme durch Verbesserung der Softwarekomponenten zu erwarten sein. Dabei liegt ein besonderes Gewicht auf der Ausgestaltung von Schnittstellen zwischen Benutzer und Planungssystem.
Literatur: Dueck, G., Scheuer, T.: Threshold Accepting, in: Journal of Computational Physics 90, 1990. *Goldberg, D.E.*: Genetic Algorithms in Search, Optimization and Machine Learning, Reading Mass., 1989. *van Laarhoven et al.*: Simulated Annealing, Dordrecht, 1987. *Preßmar, D. B.*: Betriebswirtschaftliche Planung und mathematische Optimierung. *Rojas, P.*: Theorie der neuronalen Netze, Berlin, 1993.
Prof. Dr. D. B. Preßmar, Hamburg

Platzbuchungssysteme
↑Software für Verkehrsbetriebe; verfügen im Kundenmodus über Verfügbarkeitsanzeige von Kapazitäten, Logistik der Reservierungen, Verkauf durch Buchungen, Ausstellung der (Tickets) Tikketing, im Reisebüromodus über die erforderliche kaufmännische Verwaltung der Ressourcen.

Portabilität
Übertragbarkeit; Eigenschaft von ↑Programmen, ohne größere Änderungen auf

unterschiedlichen Rechnertypen ausführbar zu sein.

Portierung
Übertragung von ↑Software; Eigenschaft von ↑Betriebssystemen auf verschiedenen Rechnertypen eingesetzt zu werden.

POS-System
Point of Sale-System; bargeldlose Bezahlung im Handelsgeschäft; automatische Abbuchung des zu zahlenden Betrages vom Konto des Kunden zugunsten des Handelsgeschäftes.

PPS-Systeme (Produktionsplanungs- und -Steuerungssysteme)
Vorbemerkungen
Überlegungen zur Produktionsplanung und -steuerung (Adam, 1988; Scheer, 1988; Zäpfel, 1989) wird momentan in der betriebswirtschaftlichen Forschung und Literatur ein breiter Raum gewidmet (Glaser et al., 1992). Dabei ist aber zu konstatieren, daß bislang i.w. nur systematisierende Konzepte und vereinzelte konkrete Lösungsansätze erarbeitet wurden. Was immer noch fehlt, ist ein nach Gesichtspunkten der betriebswirtschaftlichen Planung methodisch vollausgestaltetes *PPS-System*. Im Gegensatz dazu befinden sich in der Praxis bereits zahlreiche *P.* im Einsatz, die den Anspruch erheben, für den Bereich der Produktionsplanung und -steuerung komplette Lösungen darzustellen. Inwieweit dieser Anspruch aber wirklich erfüllt wird, kann nur eine genaue Analyse im Einzelfall zeigen (Fandel et al., 1994). Auf diesem Gebiet der kritischen Untersuchung und Beurteilung existierender *P.* ist erst wenig konkrete Arbeit geleistet worden.
Aufgabe und Struktur von P.
P. sind darauf gerichtet, das komplexe Problem der Produktionsplanung und -steuerung mit seinen vielfältigen Teilproblemen und den dazwischen bestehenden sachlichen und zeitlichen Interdependenzen schrittweise optimal zu lösen. Sie können als praktische Lösungsprozeduren zur Bewältigung der Programmplanung, Verfahrenswahl, Bereitstellungs- und Prozeßplanung aufgefaßt werden, wobei die Fülle der dabei zu verarbeitenden Daten den Einsatz von Rechnern erforderlich macht. Die an und für sich zur Erreichung eines Gesamtoptimums simultan auszulegende Produktionsplanung und -steuerung wird über die Formulierung überschaubarer und jeweils für sich behandelbarer Teilaufgaben in eine Sukzessivplanung aufgelöst. Die Koordination dieser Teilaufgaben und ihre optimale Lösung im Dialogverkehr mit dem Rechner, sowie die Möglichkeit, dabei noch laufend Verbesserungen anstreben zu können, machen einen permanenten Informationsaustausch zwischen den Teilmodulen eines *P.* notwendig. Die Darstellung der Teilaufgaben eines *P.*, ihre informatorischen Input/Output-Beziehungen zueinander und die interaktive Lösungsprozedur werden durch das Ablaufdiagramm in der nachfolgenden Abbildung veranschaulicht.

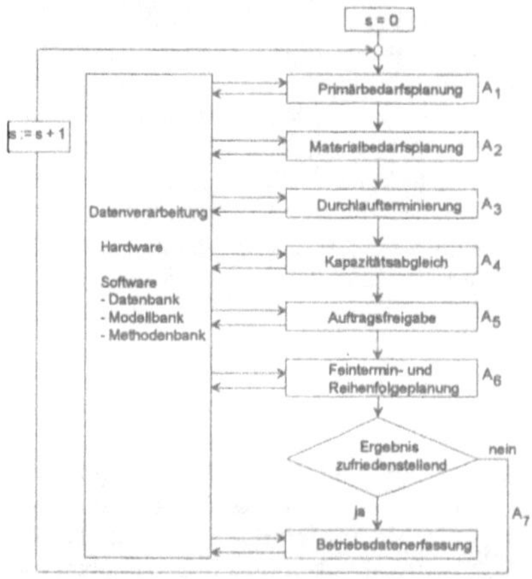

Die ersten vier Teilaufgaben An, n = 1,...,4, eines solchen *P.* werden üblicherweise zur Planung gezählt, die letzten drei Teilaufgaben An, n = 5,...,7, dagegen zur Steuerung. Der Detaillierungsgrad der Teilaufgaben nimmt von oben nach unten zu, der zeitliche Horizont ihrer Bewältigung wird kürzer.

Der Beginn durch ein *P.* prozedural und datenverarbeitungsmäßig gestaltete Produktionsplanung und -steuerung setzt mit der Primärbedarfsplanung ein. Die aus ihr gewonnenen Datenoutputs gehen als Dateninputs in die nachgelagerte Aufgabenstellung der Materialbedarfsplanung ein, oder werden bis zur weiteren Nutzung vorübergehend gespeichert. Dabei fun-

PPS-Systeme

giert die Datenverarbeitungsanlage mit ihrer Hard- und Software als Instrument des Datenverarbeitungsprozesses. Analog werden alle Teilaufgaben nach und nach abgearbeitet. Der lineare Informations- bzw. Datenfluß zwischen den Teilaufgaben einerseits und der ↑Datenverarbeitung andererseits stellt dabei keine praktische Einschränkung dar, da der Aufgabenkreislauf interaktiv mehrmals durchlaufen werden kann, bis der Entscheidungsträger mit den bis dahin erreichten Ergebnissen der Planung und Steuerung zufrieden ist und sie umsetzt. Dadurch kann den Interdependenzen zwischen den Teilaufgaben Rechnung getragen werden, wobei es nicht unbedingt notwendig ist, daß bei einem erneuten Aufgabendurchlauf alle Teilschritte nochmals durchgeführt werden müssen.

Aktivitätsanalyse von P.
Das *P.* verknüpft auf der Basis der Datenverarbeitung die Produktionstheorie mit der Produktionsplanung, da die Produktionstechnologie implizit in den Daten enthalten ist. Strukturell weist es Ähnlichkeiten zur mehrstufigen Fertigung mit Schleifen auf, nur daß hier nicht allein Güter, sondern zudem auch Daten über die an der Produktion beteiligten Güter eingesetzt, erzeugt und weiterverarbeitet werden. So liegt es nahe, die Datenverarbeitung des *P.* stufenweise aktivitätsanalytisch zu studieren und zu formalisieren (Fandel, 1994) und so die ↑Information über den Weg der Produktionsplanung als vierten Faktor der Produktion zu begreifen. Daraus kann schließlich ein Fundament für die rationale Gestaltung von *P.* entwickelt werden.

Hier sind dann Überlegungen notwendig, wie in diesem Kontext die Grundelemente einer so im Hinblick auf *P.* weit gefaßten Aktivitätsanalyse spezifiziert werden sollen. Der Input/Output-Charakter der Datentransformation in den Teilaufgaben eines *P.* wird nachfolgend beispielhaft für die Teilaufgabe A2 Materialbedarfsplanung dargelegt. Hierbei wird stets entsprechend nach Dateninputs/-outputs und den diese Größen möglicherweise verknüpfenden Verfahren der Planung bzw. Datenverarbeitung unterschieden (Fandel, 1991).

Betriebswirtschaftlich-methodische Beurteilung
Um *P.* betriebswirtschaftlich-methodisch im Hinblick auf die implementierten Planungsansätze und zum Einsatz gebrachter Lösungsverfahren beurteilen zu können, bedarf es eines Orientierungsmusters, das nicht nur für die Einschätzung eines einzelnen Systems Geltung besitzt. Zum Auffinden eines solchen Maßstabs ist nach der zugrundeliegenden Gesamtkonzeption des jeweiligen *P.* zu fragen. Problematisch an diesem Konzept ist, daß es kein einheitliches Grundmodell gibt: Verschiedene Verfasser legen unterschiedliche Konzeptionen zugrunde, die sich nicht nur in ihrer Strukturierung unterscheiden, sondern auch darin, daß oft gleiche Begriffe mit verschiedenen inhaltlichen Bedeutungen verwendet, andererseits aber auch verschiedene Begriffe mit inhaltlich gleicher Bedeutung gebraucht werden (Fandel et al., 1994).

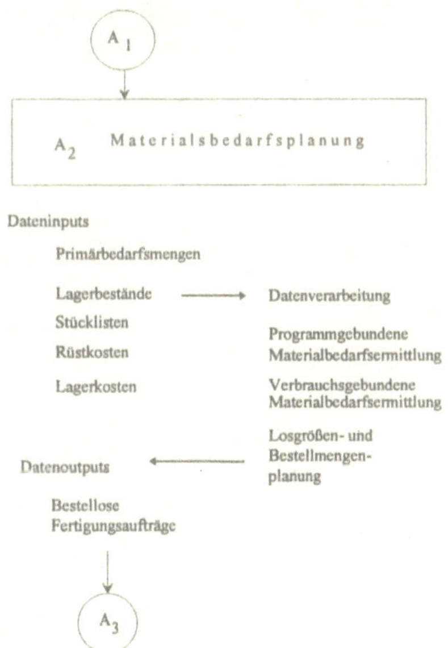

Literatur
Adam, D. (Hrsg.): Fertigungssteuerung, Wiesbaden, 1988. *Fandel, G.*: Aktivitätsanalyse der Produktionsplanung und -steuerung, in: *Kistner, K.-P., Schmidt, R.* (Hrsg.), Unternehmensdynamik, Horst Albach zum 60. Geburtstag, Wiesbaden,

1991. *Fandel, G.*: Analysis of Production Planning and Control (PPC) Systems as an efficient Combination of Information Activities, in: OR-Spektrum, Heft 1, 1994. *Fandel, G. et al.*: PPS-Systeme: Grundlagen-Methoden-Software-Marktanalyse, 1994. *Glaser, H. et al.*: PPS - Produktionsplanung und -steuerung, 2. Aufl., Wiesbaden, 1992. *Scheer, A.-W.*: CIM - Der computergesteuerte Industriebetrieb, Berlin, 1988. *Zäpfel, G.* (Hrsg.): Neuere Konzepte der Produktionsplanung und -steuerung, Linz, 1989.

Prof. Dr. G. Fandel, Hagen

Preis-/Leistungsverhältnis

Begriffsbestimmung

Das *P.* ist ein Begriff, der beschreiben soll, wie kostengünstig eine Rechenanlage oder ein DV-System ist, bezogen auf seine konstruktionstypbedingten Fähigkeiten und im Zusammenhang mit der aktuell zu betrachtenden Konfiguration. Dabei wird nicht das Gesamtspektrum aller Fähigkeiten und Eigenschaften in die Betrachtung eingeschlossen. Vielmehr ist der Gebrauch des Begriffes *P.* im DV-Bereich seit langem auf den Aspekt der DV-Leistung ausgerichtet. Es wird also das Verhältnis von Preis zur Verarbeitungsgeschwindigkeit - oder allgemeiner - zur Verarbeitungsleistung betrachtet.

Das konventionelle P.

Der bisherige Gebrauch dieses Begriffes stützte sich naturgemäß auf die bisher üblichen Größen für DV-Leistung ab. Diese sind z.B. die Geschwindigkeit der Zentraleinheit in ↑MIPS (maximal mögliche Anzahl verarbeiteter Maschinenbefehle pro Zeiteinheit in Millionen pro Sekunde), Zugriffszeit und Größe von Speichern (Hauptspeicher, Plattenspeicher), maximale Übertragungsrate der Kanäle der Zentraleinheit usw. Diese Größen sind meist solche, die die Geschwindigkeit von Hardwarekomponenten beschreiben. Im Falle der Speicherkapazitätsangaben sind es allerdings Größen zur Beschreibung einer funktionellen Eigenschaft. So ist die Angabe, daß der Hauptspeicher eine Informationsmenge von bis zu 32 MBytes speichern kann, keine Geschwindigkeitsangabe, sondern die Beschreibung einer funktionalen Eigenschaft. Einige durchschnittliche Werte für konventionelle Preis-/Leistungsangaben (Stand: 1993/94) sind:

	Rechner der sog Mainframe-Klasse	Unix-basierte Rechner	Personal Computer
Leistung der CPU	60.000 DM/Mips	500 DM/Mips	50 DM/Mips
Hauptspeicherkapazität (typ. 10 - 50 ns Zugriffszeit)	2.000 DM/MByte	1.000 DM/MByte	1.000 DM/MByte
Plattenspeicherkapazität (typ. ≤20 ms Zugriffszeit)	5.000 DM/GByte	1.000 DM/GByte	1.000 DM/GByte

Zu beachten ist, daß die genannten Werte nur eine Momentaufnahme sind. Sie haben voraussichtlich nur eine kurze Gültigkeit. In der Vergangenheit änderten sie sich sehr schnell. Oft halbierten sich die Werte innerhalb eines Jahres. Die konventionelle Vorgehensweise zur Ermittlung des *P.* ist: Ausgehend von den Gegebenheiten der schon vorhandenen DV-Anlage(n) schätzt der Benutzer als Einzelanwender (bzw. im Unternehmen das ↑Rechenzentrum) die benötigten Werte der Komponentenkenngrößen ab. Dann werden von den DV-Anbietern die Kosten für die Hauptkomponenten Zentraleinheit, Hauptspeicher, Plattenspeicher usw. und die Zusatzkomponenten für periphere Geräte Magnetbandgeräte, optische Zusatzspeicher, Drucker, Datenübertragung etc. erfragt. Die Kosten werden durch die benötigten Bedarfswerte (↑MIPS, MBytes, GBytes) dividiert zu Preis-/Leistungsquotienten für die einzelnen Komponenten. Auf der Basis dieser Werte wird versucht, die Komponenten preisgünstigst von den einzelnen Anbietern zu beschaffen. In der Praxis ist eine gewisse Bereitschaft gegeben, wegen der Hoffnung auf eine bessere Unterstützung beim Gesamtsystembetrieb, beim Anbieter, Zugeständnisse zu machen, der möglichst alles aus einer Hand anbietet. Die-

Preis-/Leistungsverhältnis

ses Verfahren wird, sowohl bei kleinen Anlagen (vom PC aufwärts), wie auch im Großrechnerbereich, noch immer verwendet.

Wertung des *Komponentenverfahrens*: Der Einsatz dieser ↑Methode hat eine Berechtigung, solange Anlagen aus nur einer Klasse von Hardware-/ Softwaresystemen (z.B. PC mit x86-Typ-Zentraleinheiten unter dem Betriebssystem MS-DOS, Mainframe mit Zentraleinheiten vom Typ 370/390 unter dem Betriebssystem MVS) zu betrachten sind. Wenn jedoch das *P.* systemtypübergreifend verglichen werden soll, dann kann das Verfahren zu erheblichen Fehleinschätzungen führen. Ein Grund ist, daß z.B. das Maß (Gartner-) MIPS nur für Anlagen gilt, deren ↑Hardware vom Typ 370 /390 ist und die das ↑Betriebssystem MVS verwenden. Schon bei Verwendung eines anderen Betriebssystems (z. B. VSE oder BS2000) haben die MIPS -Werte eine andere Bedeutung. Eine grundsätzlich nicht mehr vergleichbare Bedeutung ergibt sich für die MIPS-Werte, wenn verschiedene Typen von Prozessoren vorliegen (z.B. ↑Mainframe von DEC, Unisys, Bull/GE, sog. RISC-Systeme oder Zentraleinheiten vom Typ x86). Für die Leistungsmaße von anderen Komponenten (z.B. Haupt-, Plattenspeicher) gilt ähnliches, wenn auch meist nicht mit so großen Differenzen wie bei Zentraleinheiten.

Neuere Entwicklung

Die Problematik der ggf. mangelnden Aussagekraft von Komponentenleistungsmaßen ist den Wissenschaftlern und DV-Fachleuten seit langem bewußt. Der Hauptnachteil der Komponentenmethode ist, daß - selbst wenn es sich nur um Anlagen desselben Rechner- und Betriebssystemtyps handelt - es kaum gelingt abzuschätzen, welche Vor- oder Nachteile sich für die Endbenutzer ergeben, wenn sich der Leistungswert einer Komponente (durch Austausch gegen eine andere) ändert. Die Zusammenhänge sind sehr komplex und die Wirkung auf das Zeitverhalten eines DV-Systems gegenüber der Endbenutzergesamtheit bei Verdoppelung der Mipszahl der Zentraleinheit ist kaum vorhersagbar.

Die neuere Entwicklung geht deshalb dahin, nicht mehr die Leistungswerte einzelner Komponenten zu betrachten, sondern die ↑*Systemleistung* dem *P.* zugrunde zu legen. Dies bedeutet, daß die Frage gestellt wird, wieviele Benutzer ein betrachtetes DV-System bei Verwendung einer bestimmten Applikation (oder eines Applikationsmixes) imstande ist, zeitgerecht zu bedienen. Diese Zahl von Benutzern sei ^{n}max genannt. Zeitgerecht bedeutet, daß alle dem DV-System von der Benutzergesamtheit übertragenen Aufträge so schnell erledigt werden, wie in den sog. Erledigungszeitforderungen vorher festgelegt worden war. Diese Forderungen sind die genaue Beschreibung dessen, wie schnell die Bearbeitung der einzelnen Aufträge aus der Sicht der Benutzerbedürfnisse nötig ist. In diese Zahl ^{n}max gehen nicht nur die Eigenschaften der Hardwarekomponenten ein, sondern auch die aller systemnahen Softwarekomponenten (z.B. Betriebssystem, Compiler, Datenbanksystem, Transaktionsmonitor), sowie das/die Anwendungsprogramm(e) selbst. Es entsteht so ein neues Leistungsmaß ^{n}max, das nicht nur unterschiedlichste Systeme vergleichen kann, sondern auch zu folgender Neudefinition des *P.* V führt: Es wird der Gesamtpreis P des vermessenen Systems ermittelt und dieser durch ^{n}max: $V = P/^{n}max$ dividiert. Der Preis P enthält alle Systemsoftwarekomponenten und auch die Applikations-SW, denn deren Preise können, trotz identischer Funktion, von Rechnertyp und -konfigurationen abhängen. V stellt die Kosten für die DV -Unterstützung eines Arbeitsplatzes dar und ist eine universell einsetzbare Größe für die Preisbeurteilung. Der Einsatz dieser Größe erlaubt es, Systeme mit so unterschiedlichen ↑Betriebssystemen wie MVS, BS 2000, VAX/VMS (für Mainframes), Unix (für ↑offene Systeme), MS-DOS (für PC) zu vergleichen. Es ist weiterhin möglich, Systeme mit völlig unterschiedlichen Strukturen zu vergleichen, so ein Mainframesystem mit einem PC-Netz oder einem ↑Client/Server-System.

Das technische Instrumentarium für Systemleistungsmessungen wird seit einiger Zeit zunehmend ausgebaut und von Anwendern und Herstellern eingesetzt. Die Messungen zeigen z.T. überraschende Ergebnisse. So unterscheidet sich bei Mainframes - bei gleichwertiger HW-Konfiguration, aber bei unterschiedlichen

Betriebssystemen - der Wert "max bei gewissen Applikationen bis zum Faktor 3, so daß das *P.* V um bis zu 300% differiert; werden weitere Betriebssysteme wie Unix und verteilte Strukturen einbezogen, dann lassen sich Unterschiede bis zum Faktor 10 (in einigen Fällen noch höher) für V finden. Es sind inzwischen eine Reihe von Meßmethoden zur *Bestimmung der ↑Systemleistung* verfügbar (z.B. die des Tele Processing Councils TPC in USA und die Methode nach der deutschen Norm DIN 66273 T1). Die am universellsten einsetzbare Methode ist z.Zt. die DIN-Methode.

Wertung: Zu beachten bei allen Anwendungen der Systemleistung ist, daß sie - und damit auch das mittels ihrer Hilfe bestimmte *P.* - kein absoluter Leistungswert ist, sondern sich jeweils auf die eingesetzte Applikation bzw. auf den verwendeten Applikationsmix bezieht. Aber, ein auf der Systemleistung aufsetzendes *P.* ist eine für das Kostencontrolling eine wesentlich aussagefähigere Angabe als die (bisher üblichen) auf Komponentenleistungswerten basierenden Preis-/Leistungsangaben.

Prof. Dr. W. Dirlewanger, Kassel

Produktionsprozeßüberwachung

Schritt zum Aufdecken von Planungs- und Realisierungsfehlern; beinhaltet vorrangig die Ermittlung von Fehlern in Arbeitssystemen, bei denen relevante Abweichungen zwischen dem Ist- und dem Sollzustand vorliegen.

Programm

Eine zur Lösung einer Aufgabe vollständige Anweisungsfolge zusammen mit allen erforderlichen Vereinbarungen.

Programmiersprache

Eine formalisierte Sprache, deren Sätze (Befehle, Instruktionen) aus der Aneinanderreihung von Zeichen eines festgelegten Zeichenvorrats entstehen und als eine endliche Folge von Regeln gebildet werden, die die semantische Bedeutung jedes Satzes festlegen.

Programmiersprachen,objektorientierte

Sprachen, die objektorientierte Programmierung unterstützten. Beispiele: ↑SIMULA, ↑SMALLTALK, ↑C++.

Programmierung, objektorientierte

Das Anliegen der P.

In traditionellen Softwaresystemen, die in prozeduralen ↑Programmiersprachen, wie ↑FORTRAN oder ↑C erstellt werden, besteht ein ↑Programm i. w. darin, daß Daten mittels Softwareeinheiten (Prozeduren, Funktionen) manipuliert werden. Die Daten werden z.B. als Parameter von Einheit zu Einheit gereicht und von der jeweiligen Einheit gemäß ihrer Programmierung bearbeitet. Dieses Vorgehen ist sehr leicht fehleranfällig. Jede Prozedur setzt üblicherweise voraus, daß die ihr übergebenen Daten von einem bestimmten Datentyp sind. Erhält sie dann Daten von einem falschen Typ, so hat dies in der Regel ein falsches Ergebnis zur Folge und im ungünstigsten Fall bricht das Programm ab. Ein Grund für diese Fehleranfälligkeit ist die Trennung von Daten und den sie manipulierenden Prozeduren. Dies zu vermeiden, ist das Anliegen der *P.*: anstatt zwei getrennte Gebilde zu benutzen, nämlich Daten und Prozeduren, gibt es in einem ↑objektorientierten System für beides nur ein einziges Gebilde, das *Objekt.* Es umfaßt sowohl die Daten als auch deren Bearbeitung und tritt gegenüber der Außenwelt als ein abgeschlossenes Gebilde auf.

Entwicklung der P.

↑Programmiersprachen waren in der Anfangszeit ausschließlich prozedural und daher für eine Realisierung des objektorientierten Anliegens nicht unmittelbar geeignet. Anfang der 60er Jahre wurde in Norwegen ↑SIMULA entwickelt, die erste ↑objektorientierte Programmiersprache. Sie war vor allem für die Modellierung und ↑Simulation realer Systeme gedacht. Es ist eine Weiterentwicklung der prozeduralen Sprache ALGOL 60, in die über die zu simulierenden Objekte der Objektbegriff Eingang gefunden hat. Viele der objektorientierten Konzepte sind in SIMULA bereits enthalten, und die weiteren Entwicklungen in den 70er Jahren wurden durch diesen Vorläufer stark beeinflußt.

Die 70er Jahre brachten einen breiten Übergang von batch-orientierten zu interaktiven Systemen. Hierzu wurden innerhalb des Xerox Palo Alto Research Center Workstations mit Systemumgebung,

Benutzerschnittstelle und entsprechender Programmiersprache neu konzipiert. Daraus entstand ↑SMALLTALK, welche die objektorientierten Ideen von ↑SIMULA kompromißlos umsetzte. Es wurde über eine Reihe von Versionen weiterentwikkelt und gilt als der Prototyp einer objektorientierten Programmiersprache.

In den 80er Jahren ging der Trend zu Hybridsprachen, die objektorientierte Konzepte in bestehende prozedurale Programmiersprachen integrieren. So ist ↑C++ eine entsprechende Weiterentwicklung von C und aus ↑PASCAL entstanden auf diese Weise Object-PASCAL (für Apple Macintosh) bzw. Turbo-PASCAL (ab Version 5.5 objektorientiert). Auch die Programmiersprachen der Künstlichen Intelligenz wurden von den Konzepten der *P.* beeinflußt. So ist CLOS ein Beispiel für eine ↑LISP-basierte objektorientierte Sprache.

Für die 90er Jahre gilt, daß objektorientierte Konzepte in Programmiersprachen zur Selbstverständlichkeit werden. ↑PASCAL- oder ↑C-Versionen ohne objektorientierte Erweiterungen sind bald nicht mehr vorstellbar. Auch für ↑COBOL hat das Technical Committee X3J4 bereits objektorientierte Erweiterungen angekündigt.

Konzepte der P.

Der zentrale Begriff der *P.* ist das *Objekt.* ↑Objekte sind Gebilde, die im Programm Gegenstand der Betrachtung sind. Im Beispiel eines ↑Informationssystems zur Verwaltung einer Universität sind Personen Angestellte oder Studenten (↑Objekte). Sie haben zum einen gewisse Eigenschaften, auch Attribute genannt, wie Name und Adresse einer Person. Diese ↑*Attribute* entsprechen den eingangs erwähnten Daten. Zum anderen müssen diese Daten bearbeitet werden können. Deshalb haben Objekte neben den Attributen Methoden, mittels denen auf die Attribute zugegriffen werden kann zwecks Manipulation (Einkapselung). So kann es eine ↑Methode zur Änderung der Adresse einer Person geben oder zur Ermittlung des für einen Studenten zur Verfügung stehenden Geldes.

Eine Menge von Objekten mit gleichen Attributen und ↑Methoden bildet eine ↑*Klasse*. So gibt es etwa die Klasse der Personen. Alle dazugehörenden Objekte haben als gemeinsame Attribute einen Namen (der aber für verschiedene Personen i.a. verschieden ist) und eine Adresse, ferner eine Methode zur Adressenänderung. Die einzelnen Objekte (die sich z.B. durch die verschiedenen Namen unterscheiden) werden als ↑*Instanzen* der ↑Klasse bezeichnet.

Bestimmte Objekte einer Klasse X, die neben den Attributen und Methoden von X noch eigene, zusätzliche Attribute und/oder Methoden besitzen, werden zu einer neuen Klasse Y zusammengefaßt. X heißt dann Oberklasse und Y Unterklasse. Jedes Objekt von Y ist dann gleichzeitig auch ein Objekt der Oberklasse X. Auf diese Weise entsteht eine Klassenhierarchie. Eine Unterklasse hat (neben den neu hinzugekommenen) alle Attribute und Methoden der übergeordneten Klasse; sie wird als ↑*Vererbung* bezeichnet. Im Beispiel bilden alle Studenten eine Unterklasse der Klasse der Personen; als zusätzliches Attribut zu Name und Adresse haben sie z.B. eine Matrikelnummer. Ebenso bilden die Angestellten eine andere Unterklasse der Personen; sie besitzen als weiteres Attribut den Namen des Instituts, an dem sie arbeiten.

Hat eine Unterklasse genau eine übergeordnete ↑Klasse, so handelt es sich um eine einfache ↑Vererbung. Daneben gibt es mehrfache Vererbung, wenn eine Klasse mindestens zwei übergeordnete Klassen besitzt. In dem Beispiel tritt dies ein, wenn eine Klasse Studentische Hilfskräfte gebildet wird: Ihre Objekte sind sowohl Studenten als auch Universitätsangestellte. Dann erbt die neue Klasse alle Attribute und Methoden der darüberliegenden Klassen. Dies kann allerdings zu einem Konflikt führen, wenn es in den darüberliegenden Klassen Methoden gleichen Namens gibt. Welche davon wird dann vererbt? Eine ↑objektorientierte Programmiersprache muß festlegen, wie ein solcher Konflikt zu lösen ist.

Erbt eine Klasse eine Methode, die sie - in anders implementierter Form - auch selbst besitzt, so überschreibt oder redefiniert sie die Implementierung der ererbten Methode durch ihre eigene *(Overriding)*. Im Beispiel der Studentischen Hilfskräfte wird etwa die Ermittlung des zur Verfügung stehenden Geldes - eine Methode, die schon für die Klasse der Studenten definiert sei - abzuändern sein. Soll für einen beliebigen Studenten das zur Verfügung stehende Geld ermittelt werden, so kommen hierfür zwei verschiedene Methoden in Frage, je nachdem, ob er auch Hilfskraft ist oder nicht. Welche dieser Methoden angewandt werden soll, steht erst fest, wenn das ↑Programm ausgeführt wird (weil bspw. erst dann der Name des Studenten eingelesen wird). Somit ist es i.a. nicht möglich, schon während der Übersetzung des Programms die korrekte Implementierung an der Aufrufstelle einzubinden, sondern erst zur Laufzeit des Programms. Das Binden von Methoden zur Laufzeit wird *dynamisches Binden* genannt im Gegensatz zum statischen Binden während der Übersetzung.

Objektorientierte Programmiersprachen

(Meyer, 1990) schlägt einen ziemlich umfangreichen Katalog für ↑objektorientierte Programmiersprachen vor, allerdings gehört nicht einmal ↑SMALLTALK dazu. Eine weniger restriktive Charakterisierung bringt (Wegner, 1990). In Anlehnung daran heißen Programmiersprachen, in denen es ↑Objekte, ↑Klassen und ↑Vererbung gibt, objektorientierte Sprachen. Drei Kategorien lassen sich bilden:

- *Hybridsprachen*: Diese sind Erweiterungen prozeduraler und funktionaler ↑Programmiersprachen, wie C++, Turbo-PASCAL, Quick-PASCAL, Object-PASCAL, CLOS und Flavors;
- *Prozedurale Sprachen mit objektorientierten Prinzipien* in homogener Weise: Hierzu gehören SIMULA, Trellis /OWL und Eiffel.
- *Untypisierte objektorientierte Programmiersprachen*: Diese Sprachen lösen sich ganz von herkömmlichen Typsystemen und Kontrollstrukturen. Beispiel hierfür ist SMALLTALK.

Im folgenden wird aus diesen drei Kategorien jeweils ein Vertreter etwas näher vorgestellt.

C++

C++ entstand ab 1983 in einer Forschungsgruppe bei AT&T unter der Leitung von B. Stroustrup als Erweiterung von C. Entwurfsziel war dabei zunächst, das Schreiben von C-Programmen zu erleichtern durch stärkere Typprüfung und durch Realisierung von objektorientierten Konzepten. C++ ist i.w. aufwärtskompatibel zu ↑C und dadurch eine universelle Sprache: einerseits wird die *P.* unterstützt, andererseits können ↑Programme geschrieben werden, die prozedural geartet sind. Dieser gemischte Charakter hat sehr zur Akzeptanz und Verbreitung dieser Sprache beigetragen; derzeit dürfte sie die am weitesten verbreitete objektorientierte Sprache sein.

Die Definition einer Klasse erfolgt in Anlehnung an den Datentyp *struct* aus C. Die Attribute sind Objekte eines beliebigen Datentyps und die Methoden (Member Functions) sind Funktionen. Attribute und Methoden können *privat* oder *geschützt* oder *öffentlich* sein, je nachdem können nur Methoden aus derselben Klasse oder von allen Unterklassen oder von beliebigen Klassen darauf zugreifen. Eine Unterklasse (Derived Class) entsteht, indem die Klassendefinition um die Angabe der Oberklasse(n) erweitert wird. C++ kennt sowohl einfache als auch mehrfache Vererbung. Bei Mehrfachvererbung wird ein Konflikt beim Aufruf einer Methode durch Angabe der Klasse, von der geerbt werden soll, beseitigt. Methoden können statisch oder dynamisch gebunden werden, für das letztere muß die Methode in der Oberklasse mit virtual gekennzeichnet werden.

Eiffel

Eiffel wurde in der zweiten Hälfte der 80er Jahre von B. Meyer entwickelt. Die Sprache ist eine völlige Neuentwicklung. Sie enthält noch einige wenige prozedurale Sprachelemente: WHILE als einziger Schleifentyp, Parameterübergabe nur in der Form CALL-BY-VALUE und es gibt keine explizite Typkonversion. Klassen werden durch ein CLASS ... END-CLASS -Konstrukt definiert. Darin werden die ↑Attribute der ↑Objekte dieser ↑Klasse, sowie die ↑Methoden, die Routinen genannt werden, beschrieben. Die Routinen sind entweder Prozeduren, dann führen sie Aktionen aus, die den Zustand des Objekts ändern, oder es sind Funktionen; diese berechnen einen Wert, der aus dem Zustand des Objekts abgeleitet wird. Attribute und Routinen können *pri-*

vat oder *öffentlich* sein. Für jede Routine können Vor- und Nachbedingungen definiert werden. Eine Vorbedingung muß erfüllt sein, soll die Routine ausgeführt werden. Umgekehrt muß eine Nachbedingung nach Beendigung einer Routine erfüllt sein; davon kann dann der Programmierer der Umgebung ausgehen. ↑Vererbung ist einfach und mehrfach möglich. Tritt ein Konflikt bei Mehrfachvererbung auf, so kann dieser durch Umbenennen der Kontrahenten in der Klassendefinition beseitigt werden; hierzu gibt es eine RENAME-Klausel. Analog gibt es eine REDEFINE-Klausel zur Redefinition einer ererbten Routine. Alle Routinen werden grundsätzlich dynamisch gebunden; ist dies jedoch wegen fehlenden Overridings nicht notwendig, dann erfolgt statisches Binden.

Smalltalk
SMALLTALK ist eine kompromißlos objektorientierte Sprache mit einem völlig neuen Paradigma. Vom prozeduralen Ansatz sind nur noch einige Bezeichnungen übrig geblieben. Verzweigungen und Schleifen gibt es nicht; sie werden aber mittels ↑Methoden simuliert. Die Grundidee ist, daß alle Elemente der Sprache Objekte sind, auch alle ↑Daten, wie Zahlen oder Zeichen, selbst ↑Klassen oder ↑Programme. Ein Objekt hat ↑Attribute und Methoden. Die Attribute sind ausschließlich *privat*, die Methoden dagegen *öffentlich*. Ein Programm ist keine Abfolge von Anweisungen, sondern eine Menge miteinander kommunizierender Objekte. Die ↑Kommunikation erfolgt dabei mittels ↑Botschaften, die von Objekt zu Objekt geschickt werden, um Methoden zu aktivieren. Das ganze ↑System besteht aus einer Klassenhierarchie; ↑Vererbung ist nur einfach möglich. Alle Methoden werden dynamisch gebunden.
Da SMALLTALK so konsequent objektorientiert ist, wird es oft als Quasi-Norm für objektorientierte Programmiersprachen angesehen. Dies ist allerdings ein zu hoher Anspruch, da SMALLTALK auch einige Schwächen aufweist, die in anderen objektorientierten Programmiersprachen behoben wurden (fehlende Mehrfachvererbung, private Methoden für eine Klasse sind nicht formulierbar). Auch ist es sehr speicherplatz- und zeitaufwendig zur Laufzeit. SMALLTALK ist nicht nur eine Sprache, sondern es gehört eine Programmierumgebung dazu. Dies trägt zur Effizienz bei, hat aber andererseits den Nachteil, daß es zu keiner der heute verbreiteten Programmiersprachen auch nur entfernt kompatibel ist.

Literatur: Bud, T.: An Introduction to Object Oriented Programming, Reading, MA, 1991. *Bause, F., Tölle, W.*: C++ für Programmierer, Braunschweig, 1991. *Heuer, A.*: Objektorientierte Datenbanken, Bonn, 1993. *Kempel, H.-J., Pfander, G.*: Praxis der objektorientierten Programmierung, München, 1990. *Meyer, B.*: Objektorientierte Softwareentwicklung, München, 1990. *Mittendorfer, J.*: Objektorientierte Programmierung mit C++ und Smalltalk, Bonn, 1989. *Stroustrup, B.*: Die C++ Programmiersprache, 2. Aufl., Bonn, 1992. *Wegner, P.*: Concepts and Paradigms of Object Oriented Programming, ACM OOPS Messenger, 1990.

Prof. Dr. W. Junginger, Hamburg

Programmierung, parallele
Parallelverarbeitung
Das Grundprinzip der *Parallelverarbeitung* ist die Zerlegung eines Problems in Teilprobleme, die weitgehend unabhängig voneinander sind und daher gleichzeitig (parallel) gelöst werden können. Das zugrundeliegende allgemeine Lösungsprinzip wird als Divide et Impera („teile und herrsche") bezeichnet. Je nachdem, welche Kriterien die Problemaufteilung bestimmen, ergeben sich

- *Datenparallelität*: Partition der Datenbasis in unabhängige Segmente, die parallel verarbeitet werden und
- *Funktionsparallelität*: Aufteilung einer komplexen Berechnung in unabhängige Phasen, die parallel oder zumindest verzahnt durchgeführt werden.

Datenparallelität kann bspw. bei der Verarbeitung von großen Strukturen, etwa Matrizen, ausgenutzt werden. Eine spezielle Form der Funktionsparallelität ist die Fließbandverarbeitung (↑*Pipelining*). Zur Beschreibung paralleler Verfahren wird meist ein allgemeines Prozeßkonzept verwendet. Der parallele Algorithmus wird als System von parallel auszuführenden Teilaufgaben bzw. -berechnungen, den sog. Prozessen, beschrieben.

Da die durch Prozesse bearbeiteten Teilprobleme i.a. nicht völlig unabhängig sind, muß es Mechanismen zur

- ↑*Synchronisation*, zur gegenseitigen Abstimmung der Ausführung verschiedener Prozesse und
- ↑*Kommunikation*, zum Informationsaustausch zwischen Prozessen

geben. Bestehen die Prozesse nur aus wenigen elementaren Operationen, dann spricht man von *feinkörniger Parallelität* und entsprechend bei komplexeren Einheiten von *grobkörniger Parallelität*.

Unter *P.* wird die Programmierung von ↑Parallelrechnern, d.h. die Beschreibung von Prozeßsystemen in parallelen ↑Programmiersprachen verstanden. Entsprechend der verschiedenen Organisationsformen und -strukturen paralleler Rechnersysteme gibt es unterschiedliche Modelle der Parallelverarbeitung.

Organisationsformen paralleler Rechner

Eine grobe Klassifikation von Rechnerarchitekturen wurde 1966 von Flynn eingeführt. Sie teilt Rechner nach der Anzahl der verschiedenen Befehls- und Datenströme ein, wobei jeweils nur zwischen einem und mehreren Strömen unterschieden wird. Dementsprechend werden vier Klassen von Rechnern gebildet. Ein Vorteil dieser Klassifikation ist ihre völlige Unabhängigkeit von der konkreten Organisation der Rechner. Für die ↑Parallelverarbeitung sind die Klassen SIMD und MIMD von Bedeutung.

In ↑*SIMD-Rechnern* erfolgt die ↑Steuerung der Verarbeitung durch ein zentrales Programm, dessen Instruktionen in mehreren Rechenwerken simultan auf unterschiedlichen Daten ausgeführt werden. Konzeptionell entspricht dies einer parallelen Vektorverarbeitung. Es handelt sich um Vektorrechner bzw. bei einer

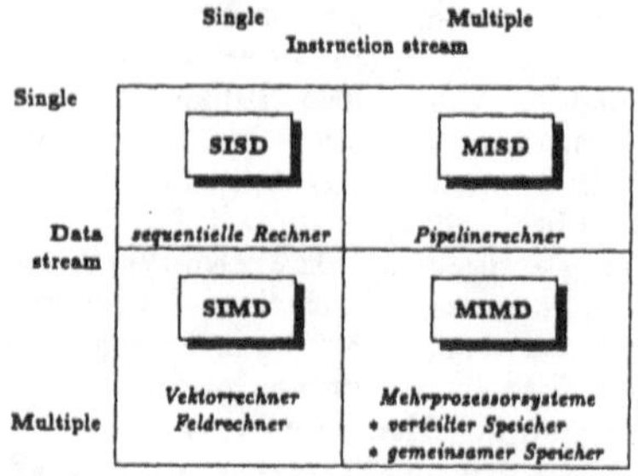

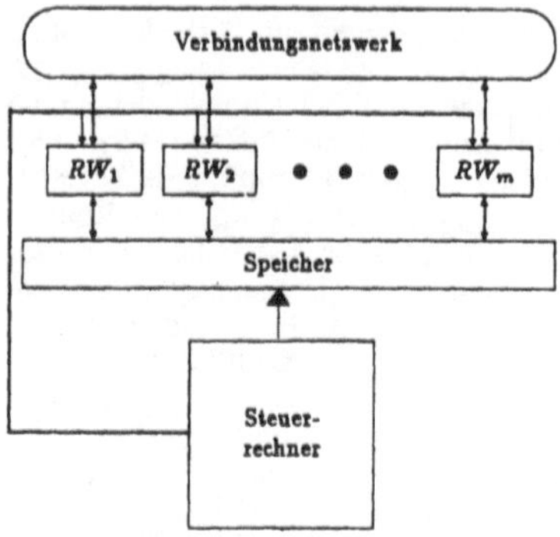

Datenorganisation in mehreren Dimensionen um Feldrechner. Ein zentraler sequentieller Steuerrechner interpretiert das Programm und leitet Vektoranweisungen an die parallelen Rechenwerke weiter, die alle Befehle simultan ausführen. Über ein spezielles Verbindungsnetzwerk können Daten direkt zwischen den Rechenwerken ausgetauscht werden. Als Verbindung wird in SIMD-Rechnern häufig eine Gitter- oder Torusstruktur verwendet.

Im Gegensatz zum SIMD-Konzept sind die Prozessorelemente in ↑*MIMD-Rechnern* vollständige ↑Prozessoren, die ↑asynchron unterschiedliche Instruktionsequenzen ausführen können. Es werden Rechner mit einem zentralen Speicher, sog. ↑*Multiprozessorsysteme* und Rechner mit verteiltem Speicher, sog. ↑*Multicomputersysteme* unterschieden. Multiprozessorsysteme sind konzeptionell einfacher. Die ↑Kommunikation und Synchronisation von Prozessen kann über den zentralen Speicher erfolgen. Allerdings ist die Leistungsfähigkeit und Prozessoranzahl des Systems sehr stark von der Organisation des zentralen Speichers und des Verbindungsnetzwerkes abhängig. Multicomputersysteme sind wegen ihrer dezentralen Organisation flexibler und erlauben höhere Prozessorzahlen. Jedes einzelne Prozessor-/Speicherpaar kann als eigenständiger sequentieller Rechner betrachtet werden, der um eine ↑Schnittstelle zum Gesamtsystem erweitert wurde. Das Netzwerk setzt sich üblicherweise aus Punkt-zu-Punkt Verbindungen zwischen den Prozessorelementen zusammen, über die ↑Nachrichten ausgetauscht werden. Zugriffe auf nicht

 Programmierung, parallele

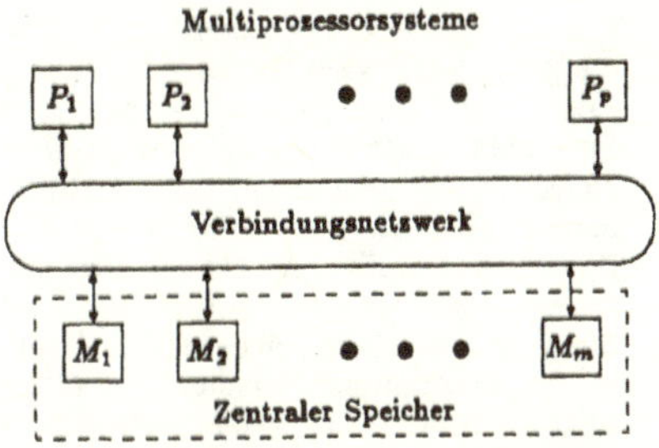

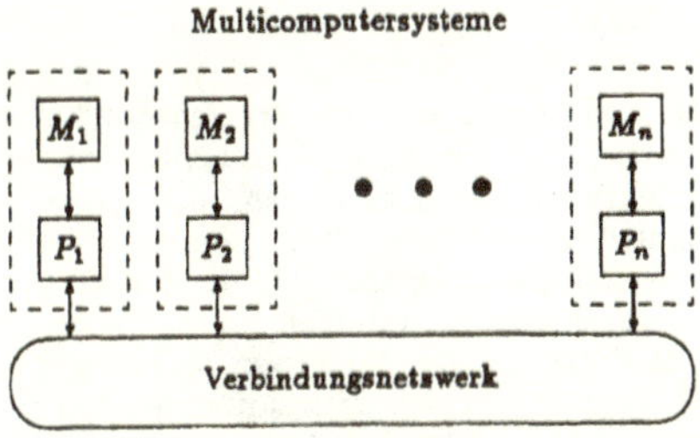

lokal vorhandene Daten erfolgen dadurch, daß eine Nachricht an den Prozessor gesendet wird, in dessen Speicher die Daten liegen.
Neben diesen Systemen gibt es auch Mischformen, z.B. sog. *Cluster-Architekturen*. Cluster bestehen aus mehreren Prozessoren, die über einen zentralen Speicher verfügen. Die Gesamtstruktur des Systems entsteht aus einer dezentralen Organisation solcher Cluster.

SIMD-Parallelität

Da alle Rechenwerke in ↑SIMD-Rechnern ↑synchron arbeiten, sind in einer SIMD-Programmiersprache keine Sprachkonstrukte für die Synchronisation von Prozessen erforderlich. Es wird eine feinkörnige Datenparallelität realisiert. Kennzeichnend für eine SIMD-Programmiersprache ist die Unterscheidung von Vektor- und Skalardaten. Die *Vektordaten* werden komponentenweise den parallelen Rechenwerken zugeordnet, die *Skalardaten* dem Steuerrechner. Alle Anweisungen, die sich auf Vektordaten beziehen, werden gleichzeitig in allen Rechenwerken ausgeführt. Dabei besteht i.a. die Möglichkeit, bestimmte Operationen nur auf einer Teilmenge von Prozessorelementen ausführen zu lassen. Dies ist bspw. bei der Realisierung von Verzweigungsanweisungen auf Vektordaten erforderlich. Die Kommunikation zwischen den Rechenwerken erfolgt kollektiv durch spezielle Datenaustauschoperationen, die das simultane Senden und Empfangen von Vektorkomponenten über direkte Verbindungen innerhalb des Verbindungsnetzwerkes ermöglichen. Zum Datenaustausch zwischen dem zentralen Steuerrechner und den Rechenwerken werden Broadcastoperationen zur Übermittlung skalarer Werte des Steuerrechners an alle Prozessorelemente und Vektorreduktionen zur Abbildung eines Vektors von verteilten Werten auf einen einzigen skalaren Wert im Steuerrechner unterschieden. Beispiele für Vektorreduktionen sind die Selektion der minimalen Komponente oder die Addition aller Komponenten.

MIMD-Parallelität

Das Berechnungsmodell von ↑MIMD-Rechnern ist allgemeiner als das von SIMD-Rechnern. I.a. führt ein ↑Prozessor mehrere Prozesse aus. Da die Prozeßgenerierung aufwendiger ist, ist nur eine grobe Parallelisierung (in wenige aber komplexe Prozesse) sinnvoll. Zur Programmierung von MIMD-Rechnern können folgende Klassen von ↑Programmiersprachen unterschieden werden:

- Sprachen mit inhärenten Konzepten zur expliziten Prozeßverwaltung, wie Occam oder Ada;
- Erweiterungen sequentieller Sprachen um Prozeßverwaltungskonzepte, wie z.B. parallele ↑C- und ↑FORTRAN-Varianten;
- Sprachen mit impliziter Parallelität, bei denen automatisch parallelisierende ↑Compiler die Transformation in eine Zwischensprache mit expliziter Parallelität vornehmen.

In den meisten Sprachen mit expliziter Verwaltung der Parallelität werden Anweisungen der folgenden Art als elementare parallele Sprachkonstrukte verwendet. Prozeßerzeugung:

- FOR K <Anweisung> oder PAR <Anweisung>
- FOR i:=1 TO n DO IN PARALLEL <Anweisung>

Während die FORK- oder PAR-Anweisung einen einzelnen Prozeß erzeugt, können mit der parallelen FOR-Schleife mehrere gleichartige Prozesse generiert werden. Letzteres ist vor allem bei der Parallelisierung sequentieller Programme nützlich, in denen FOR-Schleifen mit Schleifenrümpfen existieren, die unabhängig abgearbeitet werden können. Prozeßdeklarationen haben oft die Struktur von Prozedurdeklarationen.

Die Zuteilung von Prozessen an Prozessoren erfolgt automatisch, sofern der Programmierer nicht durch Annotation der Prozeßerzeugungsanweisungen oder separate Plazierungsanweisungen die Prozeßallokation explizit festlegt.

Der Prozeß, der ein Prozeßerzeugungskommando ausführt, wird Elternprozeß und der abgespaltenen Prozeß Kindprozeß genannt. Synchronisation:

- zwischen Eltern- und Kindprozeß: JOIN oder WAIT
- beim Zugriff auf gemeinsamen Speicher: Semaphore, Monitore
- bei verteiltem Speicher: Nachrichtenaustausch

Falls ein Kindprozeß ein Ergebnis berechnet, das vom Elternprozeß weiterverarbeitet wird, muß der Elternprozeß zu gegebener Zeit auf die Termination des Kindprozesses warten. Dies wird durch ein spezielles Synchronisationskommando JOIN oder WAIT realisiert, das die Suspendierung des Prozesses bis zur Termination des Kindprozesses bewirkt.

In ↑Multiprozessorsystemen muß der Zugriff verschiedener Prozesse auf gemeinsam benutzte Speicherbereiche synchronisiert werden, sobald mindestens ein Prozeß geschrieben werden soll. Dazu werden Techniken aus der Betriebssystemtheorie wie Semaphore oder Monitore verwendet. In Multicomputersystemen synchronisieren sich Prozesse über den Austausch von ↑Nachrichten.

↑Kommunikation:

- Deklaration von Kommunikationskanälen
- Sende- und Empfangsanweisungen:

SEND <Nachricht> TO <Kanal>
RECEIVE <Nachricht> FROM <Kanal>

Die explizite Kommunikation von parallelen Prozessen erfolgt über logische Kommunikationskanäle. In Multiprozessorsystemen werden diese Kanäle im gemeinsamen Speicher realisiert. In Multicomputersystemen müssen die Kanäle auf physikalische Leitungen des Verbindungsnetzwerkes abgebildet werden.

Einen alternativen Ansatz zur parallelen Programmierung bieten *deklarative Sprachen*, die auf mathematischen Theorien beruhen. Da deklarative Programme eher Problembeschreibungen als Ausführungsanweisungen an einen Rechner sind, bleibt in Problemen inhärente Parallelität in den Programmen erhalten. Diese implizite Parallelität kann von einem ↑Compiler automatisch entdeckt werden. Die *P.* wird auf diese Weise erheblich vereinfacht, da die Prozeßverwaltung automatisch erfolgt.

Eine umfassendere Einführung in die Programmierung von ↑SIMD- und ↑MIMD-Rechnern kann der Leser in (Bräunl, 1993) finden. Die Methodik der ↑MIMD-parallelen Programmierung ist Gegenstand von (Lester, 1993). Eine Reihe paralleler Algorithmen aus verschiedenen Anwendungsgebieten werden in (Quinn, 1987) vorgestellt. (Trew, Wilson, 1991) enthält eine Zusammenstellung von Kurzbeschreibungen kommerzieller ↑Parallelrechner.

Literatur: Andrews, G., Schneider, F.: Concepts and Notations of Concurrent Programming, ACM Computing Surveys, Vol. 15, No. 1, 1983. *Bräunl, Th.*: Parallele Programmierung, 1993. *Lester, B.P.*: The Art of Parallel Programming, 1993. *Quinn, M.J.*: Designing Efficient Algorithms for Parallel Computers, 1987. *Trew, A., Wilson, G.*: Past, Present, Parallel, 1991.

Prof. Dr. R. Loogen, Marburg

Projekt- und Prozeßplanung

P. als betriebliche Führungsaufgabe

Die Planung von betrieblichen Prozessen und Projekten gehört zu den wesentlichen Aufgaben des Management. Aus der Sicht einer systemorientierten, kybernetischen Betriebsführung umfaßt diese Tätigkeit zunächst die Erarbeitung von Zielgrößen für Betriebszustände und -strukturen, die erhalten oder erreicht werden sollen. Darüber hinaus umfaßt sie die Festlegung von Verfahren, Ressourcen und Terminen, also Rahmenbedingungen, unter denen diese Ziele erreicht werden müssen. Im Kanon der Führungsaufgaben steht die *P.* logisch am Anfang; ihr folgen

die Einleitung der Verfahren, die laufende Überwachung der Zustände, Strukturen und Rahmenbedingungen, sowie die eventuelle Korrektur der entsprechenden Planvorgaben.
Prozesse wie Projekte werden als geordnete Folgen technizitär oder logisch verknüpfter Verfahrensschritte definiert. Ihre begriffliche Unterscheidung stützt sich einmal auf die Wiederholung der Verfahrensschritte und zum anderen darauf, ob diese Schritte überwiegend auf Zustands- oder auf Strukturänderungen gerichtet sind. Bei Prozessen werden alle Verfahrensschritte innerhalb einer gegebenen Struktur permanent wiederholt, sofern die Rahmenbedingungen dies gestatten. Ihre Zielrichtung ist die Zustandsänderung bei Beständen, Aufgaben und Werkstücken. Sie machen die tägliche Routine des Betriebes aus und beschreiben sowohl die Verwaltungstätigkeiten als auch den Fall der Massenfertigung. Bei Projekten werden die einzelnen Verfahrensschritte i.d.R. nur einmal durchlaufen und sie stellen stets individuelle Vorgänge dar, die entweder auf Strukturänderungen innerhalb der Ablauforganisation gerichtet sind oder eine Produktion nach Kundenauftrag darstellen. Die Planung der zustandsorientierten Prozesse sind operative Managementaufgaben, während die Planung von strukturorientierten Projekten zu den strategischen Aufgaben zählen.

Bildung von Prozeß-/Projektmodellen

Die Planung umfangreicher Prozesse und Projekte erfordert den Einsatz von rechnergestützten Verfahren. Die Grundlage hierfür ist eine formale Darstellung, welche die Vielzahl möglicher Formen mit Hilfe weniger abstrakter Modellbausteine in rechenbarer Form abbildet. Prozesse wie Projekte weisen eine Reihe gemeinsamer Eigenschaften auf, die eine solche Darstellung ermöglichen. Der wichtigste Modellbaustein ist der *Vorgang*; es handelt sich hierbei um einen zeitverbrauchenden Prozeß- oder Projektschritt (Verfahrensschritt), der eine bestimmte Zustandsänderung bewirkt. Durch Aggregation elementarer Verfahrensschritte oder aufgrund simultaner, multipler Effekte können mit einem Vorgang auch mehrere und mehrfache Zustandsänderungen beschrieben werden. Neben dem Zeitverbrauch wird häufig die Position des Vorgangs auf dem Zeitstrahl angegeben. Dabei werden der frühestmögliche und der spätestzulässige Start- bzw. Endzeitpunkt unterschieden. Bei Prozessen und Projekten können die nunmehr als Vorgangsfolgen bezeichneten Verfahrensschritte teils parallel und teils sequentiell auf dem Zeitstrahl angeordnet sein. Sequentielle Anordnungen werden häufig durch Vorgänger-/ Nachfolgerbeziehungen beschrieben, mit denen Kausalketten oder technizitäre bzw. logische Reihenfolgen dargestellt werden. Parallele und sequentielle Anordnungen können aber auch durch entsprechende Festsetzungen von Startzeitpunkten entstehen.
Parallelitäten und Sequenzen treten bei Prozessen und Projekten häufig simultan auf, woraus wiederum die mögliche Existenz sog. vergierender Beziehungen folgt: Hat ein Vorgang mehrere parallele Vorgänger, so wird von einer Konvergenz auf diesen Vorgang gesprochen; hat ein Vorgang hingegen mehrere parallele Nachfolger, so handelt es sich um eine Divergenz aus diesem Vorgang. Parallelität muß sich nicht über die gesamte Vorgangsdauer erstrecken; es genügt eine zeitweilige Überlappung. Die Gesamtheit aller vorkommenden Parallelitäten, Sequenzen und Vergenzen ist die Struktur des Prozesses bzw. Projektes.

Im Zusammenhang mit der Prozeß- und Projektmodellierung ist als zweiter wichtiger Baustein der ↑*Puffer* zu nennen. Er dient ganz allgemein der Zwischenlagerung von Resultaten eines Vorgangs, wobei je nach Situation die folgenden speziellen Abbildungssituationen zu unterscheiden sind:

- Bei Prozessen sind die Vorgänge in einer Sequenz häufig nicht synchron; d.h. die Vorgangszeiten sind verschieden lang. Dies führt dazu, daß ein sich stets wiederholender schneller Vorgang einen langsameren Nachfolger mit Resultaten überflutet. Soll der Nachfolger alle diese Resultate weiterverarbeiten, müssen sie zwischengelagert werden.
- Bei Prozessen und Projekten kann sich der Start eines Vorgangs z.B. durch Ressourcenmangel verzögern. Auch hier ist eine Zwischenlagerung der vorher eintreffenden Resultate bis zu ihrer Weiterverarbeitung erforderlich.

Schließlich gilt für Konvergenz, sowohl bei Prozessen als auch bei Projekten, daß ein Nachfolger i.d.R. erst starten kann, wenn sämtliche dazu erforderlichen Resultate von allen Vorgängern erbracht wurden. Dies wiederum erfordert eine Zwischenlagerung der zeitversetzt eintreffenden Resultate. Die zwischenzulagernden Resultate können je nach Situation unterschiedliche Gestalt annehmen: So könnte es sich bei arbeitsteiligen Fertigungsprozessen um Einzelteile oder Chargen handeln, die von Produktionsschritt zu Produktionsschritt weitergereicht werden. In anderen Fällen könnte es sich um Fertigmeldungen der Vorgänger an den oder die Nachfolger handeln.

Als dritter abstrakter Modellbaustein ist schließlich die ↑*Transaktion* zu nennen. Mit dieser, auch als Farbe bezeichneten Komponente, wird eine Flexibilisierung und Individualisierung der Modelle bei gleichzeitiger Begrenzung der Strukturvielfalt ermöglicht. Ganz allgemein stellt die Transaktion ein n-↑Tupel von Parametern dar, mit denen die Zeitangaben der einzelnen Vorgänge gesetzt werden, sowie eine konkrete Vorgangsfolge aus einer umfassenderen Struktur heraus selektiert wird. Die Prozeß- und Projektstrukturen können also einen höheren Abstraktionsgrad annehmen, während die Transaktionen für den konkreten Einzelfall die Detaillierung bewirken. Eine Analogie zur Unterprogrammtechnik in der ↑Informatik ist unverkennbar. Im konkreten Fall eines Produktionsprozesses könnte eine Transaktion einen individuellen Auftrag darstellen, der von einer Gesamtmenge möglicher Verarbeitungsschritte nur eine bestimmte Teilmenge durchläuft und der für jeden dieser Schritte auftragsspezifische Verfahrenszeiten benötigt.

Visualisierung von Strukturen

Aus der Vielfalt der listenförmigen, tabellarischen, matrixorientierten und graphischen Darstellungsformen werden im folgenden zwei graphische Formen vorgestellt, die wegen ihrer Anschaulichkeit und Übersichtlichkeit weite Verbreitung gefunden haben.

↑*Balkendiagramme (Gantt-Diagramme)* werden nach ihrem Urheber H.L. Gantt (1861-1919) genannt. Sie zeigen die einzelnen Vorgänge in ihrer Position auf dem Zeitstrahl. Der Schwerpunkt liegt bei dieser Methode auf der Darstellung der zeitlichen Relationen der Vorgänge zueinander. Sog. Meilensteine heben die für den Prozeß oder das Projekt besonders wichtigen Termine hervor; z.B. kennzeichnen sie den Start oder das Ende von Vorgängen, bei denen Entscheidungen getroffen werden müssen. Gantt-Diagramme zeichnen sich durch große Übersichtlichkeit aus, denn nicht nur die Start- und Endtermine der Vorgänge, sondern auch die Aktiv- und Leerlaufzeiten des Gesamtprojekts werden mit einem Blick erkannt. Der Nachteil besteht darin, daß die Strukturen nicht eindeutig identifizierbar sind, der zeitliche Versatz zwischen den Vorgängen kann sowohl durch Setzung von Startterminen als auch durch Vorgänger-/Nachfolgerbeziehungen verursacht sein. Bei zeitlicher Parallelität kann ferner nicht erkannt werden, ob es sich um eine Divergenz oder um eine Unabhängigkeit handelt. Schließlich lassen sich Struktur- und Zeitvarianten (Färbungen) etwa mittels Transaktionen nur schwer darstellen.

Die genannten Nachteile könnten z.T. vermieden werden, wenn die Vorgangsbalken an den Anfängen und Enden durch Linien oder Pfeile verbunden wären, um existierende Vorgänger-/Nachfolgerbeziehungen anzudeuten. Eine solche Darstellung geht jedoch bereits in das nachfolgend behandelte Visualisierungskonzept der Netzgraphen über.

↑*Netzgraphen* basieren auf der Graphentheorie und kommen in zwei Varianten zur Anwendung: als Vorgangsknoten- und als Vorgangskantennetze. Bei Vorgangsknotennetzen werden die Vorgänge durch Knoten und die Vorgänger-/Nachfolgerbeziehungen durch Kanten (Pfeile) dargestellt. Die Knoten sind meistens Kreise oder Rechtecke von gleicher Größe, d.h. eine Analogdarstellung der Vorgangszeiten etwa über die Knotenflächen wird aus Gründen der Übersichtlichkeit nicht praktiziert; stattdessen werden die Vorgangszeiten digital in oder an die Knoten geschrieben.

Bei Vorgangskantennetzen werden die Vorgänge durch Kanten (Pfeile) dargestellt, wobei auch hier i.d.R. keine Ana-

logdarstellung der Vorgangszeiten über die Kantenlänge stattfindet. Unterschiedliche Kantenlängen resultieren allein aus der Anordnung der zu verbindenden Knoten. Die Knoten markieren bei dieser Netzvariante das Ende eines Vorgangs und den Start eines oder mehrerer Nachfolger. Ferner werden sie zur Repräsentation der bereits beim Gantt-Diagramm erwähnten Meilensteine benutzt. Eine Verwendung zur Darstellung von Puffern wäre denkbar, die jedoch bei keinem der bekannten Verfahren praktiziert wird.
In der Planungspraxis haben sich die Vorgangsknotennetze weitgehend durchgesetzt und dabei eine Reihe von Verfeinerungen erfahren. Die erste wichtige Erweiterung war die Einführung von Vorzugs- und Wartezeiten. Mit der Vorzugszeit wird die Anzahl der Zeittakte angegeben, die ein Nachfolger vorzeitig, d.h. vor dem Erreichen des Vorgangsendes beim Vorgänger, starten kann. Hiermit werden i.d.R. Vorgänger dargestellt, die aus aggregierten Verfahrensschritten bestehen und bei denen mindestens einer der implizierten Verfahrensschritte vor dem Ende der Gesamtdauer die Voraussetzungen für den Start des Nachfolgers schafft. Mit der Wartezeit wird angegeben, wieviele Zeiteinheiten nach dem Vorgangsende beim Vorgänger verstreichen müssen, bevor der Nachfolger starten darf. Hiermit werden Situationen dargestellt, in denen Produkte eines Vorgangs aus technischen Gründen einer bestimmten Lagerzeit bedürfen, z.B. zur Abkühlung, Trocknung oder Reifung, bevor sie vom Nachfolger weiterverarbeitet werden können.

Ein erster Ansatz zur expliziten Darstellung von Puffern kam mit den *Petrinetzen* auf. Ihr Urheber Petri führte zwischen Vorgängern und Nachfolgern boole'sche Schaltervariablen ein, in denen Fertigmeldungen gelagert werden können. Hierdurch ist vor allem der Fall der Konvergenz darstellbar geworden, bei dem ein Nachfolger vor seinem Start auf die Fertigsignale aller Vorgänger warten muß. Die Anwendung der Petrinetze ist allerdings i.w. auf Projekte beschränkt, denn die boole'schen Schaltervariablen können nur die Werte TRUE und FALSE annehmen und somit keine Fertigmeldungen kumulieren. Dies ist aber bei Prozessen mit unsynchronisierten Verfahrensschritten unerläßlich.
Die Verallgemeinerung der Pufferung wurde mit der Einführung der Automaten-/Semaphor-Netze durch das Planungssystem AMTOS erreicht. Automaten bilden hier in sehr allgemeiner Form zustandsändernde Vorgänge ab, während die Semaphore in einer Doppelfunktion sowohl Fertigmeldungen kumulieren als auch Transaktionen in Warteschlangen verwalten können. In einfachen Anwendungen verhalten sich AMTOS-Netze wie Petrinetze.

Netzplantechnik
Der Begriff *Netzplantechnik* umfaßt alle ↑Methoden zur Evaluation von Prozeß- und Projektmodellen, die nach der Netzgraphenlogik konzipiert sind. Von der Evaluation werden für Prozesse u.a. folgende Resultate erwartet: die Gesamtdauer eines kompletten Prozeßzyklus, die Dauer einzelner Vorgänge, sowie die Lage verschiedener Zyklen und Vorgänge auf dem Zeitstrahl. Für Projekte sind die erwarteten Resultate u.a. die gesamte Projektdauer, sowie die frühestmöglichen und spätestzulässigen Start- und Endtermine der einzelnen Vorgänge. Ferner interessieren die zwischen dem Ende von Vorgängern und dem Start von Nachfolgern evtl. existierenden Zeitreserven (Pufferzeiten), die sich durch länger dauernde Vorgangsketten auf parallelen Pfaden im Netz ergeben; dabei werden Pfade durch das Netz, auf denen es keine Pufferzeiten gibt, kritische Wege genannt.
Von hochentwickelten Evaluationsverfahren kann darüber hinaus eine vollständige Ressourcen- und Verfahrensplanung erwartet werden: Es findet eine Verfügbarkeitsprüfung für alle von den Vorgängen zu bestimmten Terminen benötigten Ressourcen statt. Dabei kann zugleich eine der jeweiligen Termin- und Ressourcensituation angepaßte Verfahrenswahl stattfinden. Können Vorgänge nach dieser Prüfung starten, so werden ihnen die Ressourcen und Verfahren zugeordnet. Es entsteht ein kompletter Einsatz- und, Bereitstellungsplan auf dem Zeitstrahl.
Die eingangs erwähnten Zielgrößen und Rahmenbedingungen lassen sich meist unmittelbar aus den Resultaten der Netz-

planberechnung ableiten: Dazu müssen die errechneten Termine, die zu diesen Terminen jeweils erreichten Zustände, die eventuell vorhandenen Zeitreserven, sowie die eingesetzten Ressourcen und Verfahren aus den chronologischen und statistischen Aufzeichnungen des Evaluationsverfahrens abgelesen oder ermittelt werden. Zu Vorgaben werden sie durch Inkraftsetzen des Planes.

Die wichtigsten Methoden der Netzplantechnik sind *CPM* (Critical Path Method), *PERT* (Program Evaluation and Review Technique) und *MPM* (Metra Potential Methode). Hierbei handelt es sich zunächst um Modellkonzepte, die mit bestimmten Netzgraphentypen und speziellen Zeitansätzen operieren. Zu diesen Methoden gehören ferner spezielle Evaluationsalgorithmen, die auf die besonderen Eigenschaften der Modellkonzepte abgestimmt sind. Meistens handelt es sich um graphentheoretische Wegesuchalgorithmen, die bei den klassischen Methoden jedoch ausnahmslos auf die ↑Projektplanung abgestellt sind. Erst neuere Verfahren, die auf dem zeitlichen Durchtakten (↑Simulation) von ↑Netzgraphen basieren, ermöglichen eine gleichrangige Behandlung sowohl der Projektals auch der Prozeßplanung. Ferner erlauben sie die Integration von anwendungsspezifischen Regelwerken zur Ressourcenzuordnung, ebenso zur prioritäts- und belastungsorientierten Transaktionsverarbeitung.

Software

- Symantec: On Target, Timeline;
- Computer Associates: Super-Project;
- Microsoft: MS-Project;
- CCP Software: Texim-Project;
- Hoskyns Group: Viewpoint;
- PZP Software und DV-Consulting: AMTOS.

Literatur: Domschke, W., Drexl A.: Einführung in Operation Research, Berlin, 1990. *Havard project manager*, 2. Aufl., Braunschweig, 1990. *Lockyer, K., Pitman, G.J.*: Critical Path Analysis and Other Project Network Techniques, 5th Ed., London, 1991. *Maas, Chr.*: Graphentheorie und Operations Research für Studierende der Informatik, 1. Aufl., Augsburg, 1993. *Niemeyer, G.*: Prozeß- und Projektplanung auf dem PC, München, 1987. *Szyperski, N.*: Enzyklopädie der Betriebswirtschaftslehre, Bd. 9, Handwörterbuch der Planung, Stuttgart, 1989. *Zimmermann, H.-J.*: Methoden und Modelle des Operations Research, Braunschweig, 1987.

Prof. Dr. G. Niemeyer, Regensburg

Projektmanagement

Projekt und Projektmanagement

Projekte verändern unsere Welt: Der Bau eines Flughafens, die Umorganisation eines Betriebs, die Umsetzung einer Unternehmensstrategie, die Errichtung einer Entsalzungsanlage, die Vorbereitung der Serienfertigung eines neuen Automodells, die Entwicklung von Produkten oder eines EDV-Programms, der Aufbau eines ↑Datennetzes sind Beispiele für Leistungserstellung mit Projektcharakter.

Die DIN 69901 definiert ein Projekt sehr allgemein als „ein Vorhaben, das im wesentlichen durch die Einmaligkeit der Bedingungen in ihrer Gesamtheit gekennzeichnet ist, z.B.:

- Zielvorgabe,
- zeitliche, finanzielle, personelle und andere Begrenzungen,
- Abgrenzung gegenüber anderen Vorhaben bzw. Projekten,
- projektspezifische Organisation".

Unter *P.* wird nach ↑DIN "die Gesamtheit von Führungsaufgaben, -organisation, -techniken und -mittel für die Abwicklung eines Projekts" verstanden. In Anlehnung an Frese läßt sich Führung als die ↑Steuerung von Einzelaktivitäten im Hinblick auf die angestrebten Projektziele auffassen. Die angeführte Definition für *P.* macht schon deutlich, daß es ein Gesamtkonzept darstellt und nicht mit einzelnen Techniken, wie etwa der Netzplantechnik oder einer speziellen Form der Aufbauorganisation, wie z.B. der Matrixorganisation gleichzusetzen ist.

Projekte gibt es in allen Wirtschaftszweigen; in der Softwarebranche ist aber Leistungserstellung mit Projektcharakter dominierend, wohingegen sie in anderen Bereichen, im Handel, nur gelegentlich vorkommt, häufig im Zusammenhang mit größeren Organisationsumstellungen.

Von einer Disziplin ↑*Projektmanagement*, also einer systematischen Lehre von der Planung und Abwicklung von

Vorhaben, läßt sich erst seit Mitte der 50er Jahre reden. Die Anfänge wurden sehr stark vom militärischen Auftraggeber in den USA, insb. von der NASA geprägt. Die Konzepte waren in der Hauptsache an der Luft- und Raumfahrtindustrie orientiert. Die Gründe für ihre Entwicklung waren erhebliche Kosten- und Terminüberschreitungen bei militärischen Entwicklungsprojekten und die Erkenntnis, daß die überkommene Linienorganisation mit komplexen Vorhaben überfordert ist.

Nach und nach wurden die vom Department of Defense und der NASA erarbeiteten Konzepte auch für Projekte in anderen Branchen nutzbar gemacht. Sowohl in der Bundesrepublik als auch in den USA waren die Promotoren eines systematischen Managements von Projekten zunächst allerdings sehr stark technokratisch ausgerichtet. Die einseitige Orientierung an Instrumenten, Verfahren und Prozeduren verstellte oft den Blick dafür, daß es letztendlich Menschen sind, die sie akzeptieren und anwenden müssen. Probleme, wie die sich nahezu zwangsläufig ergebenden Konflikte in Projekten, etwa bei der Zusammenarbeit von Fachabteilungen und Projektleitung, sowie Fragen des Führungsstils wurden lange Zeit vernachlässigt, werden aber in den letzten 15 Jahren immer intensiver diskutiert und zu lösen versucht.

Kann systematisches P. Projektkatastrophen verhindern?

Von wenig erfolgreichen Projekten oder gar Projektkatastrophen erfährt eine breitere Öffentlichkeit häufig nur, wenn es sich um Vorhaben der Öffentlichen Hand handelt und/oder, wenn sich auch der vielzitierte "Mann auf der Straße" unter dem Projektgegenstand etwas vorstellen kann. In der Softwarebranche wurden u.a. fehlgeschlagene Projekte zur Realisierung von militärischen Command- and Control-Systemen in den USA publik.

Für Softwareprojekte liegt eine ältere Untersuchung aus den USA vor (Lehman, 1979), die besagt, daß

- 46 % aller Softwareprojekte die geplanten Termine überschreiten;
- Verzögerungen zwischen einem und 24 Monaten liegen;
- der Durchschnitt 7 Monate beträgt;
- bei 59% aller Softwareprojekte das Budget überzogen wird;
- 8% aller Softwareprojekte vollständig scheitern.

Die naheliegende Frage ist: Lassen sich mit *P.* solche und ähnliche Mißerfolgsbilanzen ändern? Führt *P.* zu einer besseren Abwicklung von Vorhaben, d.h. zu Projekten, die nicht nur im Termin und im Budget bleiben, sondern die auch die gesetzten Leistungsziele (Funktion und Qualität) erreichen (magisches Dreieck des *P.*)? Die Antwort lautet: Ja. Eine ganze Reihe von empirischen Studien (Gemünden, 1990) zeigt, daß die konsequente Anwendung von *P.* zu erfolgreicheren Projekten führt

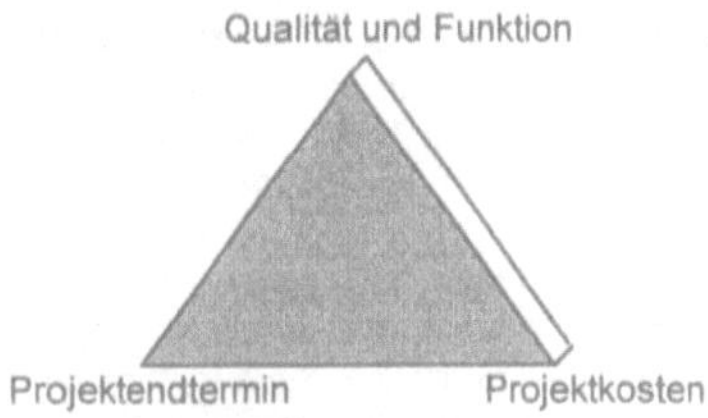

Das magische Dreieck des Projektmanagements

Was macht P. aus?

Allen Bemühungen des *P.* liegt unausgesprochen folgende Annahme zugrunde: Ein organisierter Projektablauf ist der Erfüllung der Projektziele Termin, Kosten und Leistung (Funktion und Qualität) förderlicher als ein unorganisierter. Mit Organisation ist vor allem, aber nicht nur, die Ablauforganisation gemeint, mit der

- der Arbeitsinhalt des Vorhabens (Was ist zu tun?),
- die Arbeitszeit (Wann ist etwas zu tun?) und
- die Arbeitszuordnung (Mit wem ist etwas zu tun?) geplant werden.

Der Arbeitsinhalt besteht aus ↑Objekten und Verrichtungen zur Erstellung dieser Objekte. Das Endobjekt, der Projektgegenstand (das EDV-Programm, die ↑Hardware, das ↑Rechnernetz), wird in einem Projektstrukturplan über mehrere Ebenen nach Teilobjekten und/oder Verrichtungen gegliedert, um die Vollständigkeit der Planung zu gewährleisten. Eine sorgfältige Projektstrukturplanung ist die Basis für die Ablaufplanung, erleich-

tert die Kostenschätzung und erlaubt es, klare Verantwortlichkeiten im Projekt festzulegen. Sie ist der Grundstein für eine erfolgreiche Projektabwicklung. Nicht ohne Grund wird der Projektstrukturplan auch der "Plan der Pläne" genannt.
Für den Projektgegenstand als Ganzes und die einzelnen Teilaufgaben des Projektstrukturplans müssen Ziele und Teilziele gefunden und in der *Projektdefinition* festgehalten werden. Wie eine Reihe von Untersuchungen zeigt, ist eine gründliche Projektdefinition gerade bei Softwareprojekten von überragender Bedeutung für den Projekterfolg. In der Praxis wird dieser Projektabschnitt meist zu schnell abgeschlossen. In späteren Projektphasen rächt sich dies sehr oft: Hohe Korrekturkosten oder eine radikale Revision der Spezifikation sind die Folgen.
In einer projektbezogenen *Risikoanalyse* (Boehm, 1989) ist zu untersuchen, welche Faktoren die Erfüllung der gesetzten Ziele gefährden und welche Gegenmaßnahmen rechtzeitig getroffen werden können. In den USA sind in den letzten Jahren, wiederum stimuliert vom militärischen Auftraggeber, die wesentlichen Risiken bei Softwareprojekten identifiziert und wichtige Instrumente für die Analyse und laufende Überwachung von Risiken, die den Erfolg von Softwareprojekten gefährden können, entwickelt worden.

Da sich die Projektziele während eines Projektes häufig ändern und entdeckte Fehler beseitigt werden müssen, muß ein systematisches Änderungsmanagement aufgebaut werden, für das sich heute der Begriff *Konfigurationsmanagement* (Saynisch, 1994) eingebürgert hat. In der Vergangenheit hat sich gezeigt, daß die Projektverantwortlichen darauf häufig verzichtet haben. Die unkontrollierte Erweiterung von Spezifikationen, die unter der Hand vorgenommen wurde - nicht nur bei Softwareprojekten zu beobachten - und daraus resultierende erhebliche Kosten- und Terminüberschreitungen waren die Folge.
Die projektbegleitende ↑*Qualitätssicherung*, eine frühe Überprüfung des Systementwurfs, nicht das nachträgliche Hineinprüfen von Qualität, hat von Anfang an dafür zu sorgen, daß die dem Auftraggeber zugesagte oder vom Markt verlangte Qualität erreicht wird. Das *Vertragsmanagement* regelt die Beziehungen zum Auftraggeber.
Ausgehend vom Projektstrukturplan müssen die Vorgänge bestimmt werden, die notwendig sind, um das Projektergebnis zu erzielen. Die Reihenfolge, in der die einzelnen Vorgänge auszuführen sind, ist festzulegen. Mit Hilfe eines Phasenmodells, das das gesamte Projekt in einzelne zeitliche Abschnitte zerlegt, wird der Projektablauf grob vorgegeben. Den Phasenenden entsprechen Meilensteine, wichtige Ereignisse in einem Projekt, wie z.B. der Abschluß der *Spezifikationsphase*. Den Meilensteinen sind geplante Zwischenergebnisse zugeordnet. Obwohl Phasenmodelle auch und gerade bei Softwareprojekten immer wieder kritisiert werden, sind sie als Strukturierungshilfe und Instrument, um Projekttransparenz zu erreichen, dennoch unentbehrlich. Eine Modifikation des Phasenmodells ist bei Softwarevorhaben die Erstellung eines schnellen Prototyps, von dem eine verbesserte ↑Kommunikation mit dem späteren Benutzer und kundengerechtere Spezifikationen ausgeht.

Für eine detaillierte *Ablauf- und Terminplanung* ("Wann ist etwas zu tun?") genügt ein Phasenmodell zumeist nicht. Es muß bei großen Vorhaben durch einen Netzplan oder bei kleineren Projekten durch einfachere Ablaufmodelle ergänzt werden. Die Netzplantechnik hat sich, wenn sie nicht zu einem allzu hohen Detaillierungsgrad der Planung benutzt wird, in der Praxis bewährt. Der Netzplan zeigt die Abhängigkeiten der einzelnen Vorgänge voneinander und erlaubt eine Bestimmung des voraussichtlichen Projektendtermins. Er weist, wenn er laufend aktualisiert wird, auf zeitliche Engpässe hin ("kritische Wege") und warnt frühzeitig vor drohenden Terminverschiebungen. Frühwarnungen, nicht nur in der Termin- sondern auch in der Kosten- und Leistungsplanung, sind überhaupt ein wesentliches Charakteristikum modernen *P.*, das nicht erst auf eingetretene Schwierigkeiten reagieren, sondern zukünftige Probleme möglichst verhindern bzw. rechtzeitig gegensteuern will (↑*Projektsteuerung*). Es gilt der Satz: „You can only manage, what is left to be done".

Die Zerlegung des gesamten Vorhabens in einzelne abzuarbeitende Vorgänge erleichtert auch die projektbezogene ↑*Kapazitätsplanung* ("Mit wem ist etwas zu tun?"). Sie ist insb. bei Softwareprojekten vor allem eine *Personaleinsatzplanung*. Sorgfältige und in regelmäßigen Abständen überarbeitete, nicht allzu detaillierte Planungen dieser Art sind erforderlich, um knappe Ressourcen, bei Softwarevorhaben natürlich vor allem Personal, so gut wie möglich zu nutzen und die Durchlaufzeiten von Projekten so gering wie möglich zu halten.
Als ein ebenso wertvolles Hilfsmittel hat sich die in den letzten Jahrzehnten entwickelte projektbegleitende *Kostenüberwachung* erwiesen. Sie wird bei größeren Projekten nicht nur für das Vorhaben als ganzes, sondern auch für einzelne Teilaufgaben durchgeführt, um die Ursachen für Kostenüberschreitungen besser und schneller orten zu können. In Verbindung mit einer regelmäßigen *Projektfortschrittsmessung* - ein Phasenmodell leistet hier wichtige Hilfestellung - können aus der *Kostenabweichungsanalyse* ↑Informationen gewonnen werden, die rechtzeitig zu erwartende Kostenüberschreitungen signalisieren und der Projektsteuerung noch Spielraum geben. Insb. Schätzungen, wieviel Aufwand - etwa in Mannstunden gemessen - noch erforderlich ist, um eine begonnene Teilaufgabe zu vollenden (Cost to Complete-Schätzungen), die von den Verantwortlichen in regelmäßigen Abständen abgefragt werden, haben sich im Kampf gegen Kostensteigerungen bewährt.

Für die *Ablauf-*, *Zeit-*, *Einsatzmittel- und Kostenplanung* gibt es eine Fülle von speziellen Softwarepaketen, die auch für ↑PC verfügbar sind. Sie können den Projektleiter und die übrigen Projektbeteiligten erheblich entlasten und einen Beitrag zur Transparenz im Projekt liefern. Der Kauf solcher Programmpakete ersetzt allerdings in keinem Fall die Erarbeitung eines firmenindividuellen *P.*-Konzepts. Nur zu oft wurde in der Vergangenheit *P.-Software* gekauft, ohne daß die Verantwortlichen eine klare Vorstellung davon hatten, wie *P.* im Unternehmen gestaltet und realisiert werden sollte. Die beschaffte ↑Software wurde in diesen Fällen zu schnell zur "Schubladenware".
Für den Erfolg eines Vorhabens ist auch die Aufbauorganisation von entscheidender Bedeutung. Bei abteilungsüberschreitenden Projekten ist ein Projektleiter, der nicht nur für den Projekterfolg verantwortlich ist ("Unternehmer auf Zeit im Unternehmen"), sondern der auch gegenüber der Linie mit den notwendigen Kompetenzen ausgestattet ist und der immer das Projekt als Ganzes im Auge hat, unumgänglich. Ein Projektteam, das aus Vertretern der beteiligten Fachabteilungen besteht, muß ihm zur Seite stehen.
Fachabteilungen neigen dazu, das Vorhaben vor allem aus dem eigenen Blickwinkel zu betrachten und Suboptima anzustreben. Cartoons, etwa von Flugzeugentwürfen, bei denen jeweils eine Fachdisziplin, z.B. die Aerodynamik oder die Triebwerktechnik, dominiert, illustrieren solche Verhaltensweisen etwas übertrieben, aber im Kern durchaus zutreffend.
Die Praxis hat auch gezeigt, daß Linienabteilungen sich in Projekten gerne nach dem "Postkastenprinzip"-Verhalten und ihre Ergebnisse vor der "Haustür" der im Realisierungsprozeß folgenden Abteilung abliefern. Die in komplexen Projekten besonders wichtigen präzisen Absprachen über die Kontrollen von technischen und organisatorischen ↑Schnittstellen (Interfaces) werden in der üblichen Linienorganisation ohne institutionalisierte Projektleitung nur allzu oft vernachlässigt. Nicht ganz ohne Grund nennt ein amerikanischer Autor *P.* auch Interfacemanagement.

Die Ausstattung des Projektleiters nicht nur mit Verantwortung und Aufgaben, sondern auch mit den notwendigen Kompetenzen gehört zu den heikelsten Aufgaben bei der Einführung von *P.* Linienvorgesetzte sehen diese für den Projekterfolg erforderliche, unumgängliche Umgestaltung der Organisation häufig als "Nullsummenspiel", in dem sie an Macht verlieren. Etwas überspitzt läßt sich sagen: Wie ernst es ein Unternehmen mit *P.* meint, läßt sich schnell feststellen, indem ein kurzer Blick in die hausinternen Richtlinien zur Abwicklung von Projekten geworfen wird. Werden dort nur etwas über die Verantwortung und die Aufgaben des Projektleiters gesprochen, aber nichts über seine Kompetenzen, war die Einführung von *P.* meist nur eine Alibiveranstaltung.

P. kostet etwas, kein P. kostet mehr.

Die Frage, was *P.* kostet, ist genauso wenig sinnvoll, wie die Frage "Was kostet ein Auto ?". Der Aufwand, der für *P.* betrieben werden muß, hängt u.a. von der Größe der Projekte und deren Komplexität ab. Eine Reihe von Kosten, etwa für die projektbezogene Kostenerfassung, fallen auch schon vor der Einführung eines systematischen *P.* an. *P.*, das nicht nur gelegentlich bei Krisenprojekten betrieben wird, sondern als ständige Einrichtung konzipiert wurde, erfordert aber in jedem Fall eine Servicestelle, die die Projektleiter bei ihrer Aufgabe unterstützt, die das Instrumentarium handhabt und die sich um die Organisation des Datenflusses kümmert.

Einführung von P.

Ein von "der Stange gekauftes“ *P.-Konzept* für ein Unternehmen gibt es nicht. Die praxisorientierte Literatur liefert aber viele Anregungen und Vorbilder. Außerdem ist es auch immer zu empfehlen, sich bei vergleichbaren Unternehmen, die schon erfolgreich *P.* praktizieren, zu informieren. Dennoch muß eine Anpassung an das jeweilige Unternehmen erfolgen.

Sog. "Bombenwurfstrategien" - ein externer Berater oder eine Stabsabteilung entwickeln ein *P.-Konzept*, das durch Vorstandsrundschreiben, also "par ordre de mufti ", eingeführt wird - sind nach der langjährigen Erfahrung des Verfassers nahezu immer zum Scheitern verurteilt. Sie provozieren Widerstand und versteckten Boykott. Die Beteiligung einer Gruppe von projekterfahrenen Mitarbeitern an der Ausarbeitung des Konzepts, die regelmäßige Information der übrigen Mitarbeiter und die Unterstützung durch einen Machtpromotor sind Voraussetzung für eine erfolgreiche Einführung.

Literatur: Boehm, B.W. (Ed.): Tutorial: Software Risk Management, Washington, 1989. *Gemünden, H.G.*: Erfolgsfaktoren des Projektmanagements- eine kritische Bestandsaufnahme der empirischen Untersuchungen, Projektmanagement 1990. *Lehman, H.J.*: How Software Projects are Really Managed, Datamation, 1979. *Saynisch, M.*: „Konfigurationsmanagement", in: *Schelle, H. et al.* (Hrsg.), Projekte erfolgreich managen, Köln, 1994.

Prof. Dr. H. Schelle, München

Projektorganisation

Organisationseinheiten zur Abwicklung des Projektes.

Projektpriorisierung

Zielsetzung

Überall im Unternehmen entstehen Projektideen. Einerseits als Nachfrage der Nutzer nach neuen oder erweiterten ↑Anwendungssystemen, andererseits als Vorhaben, die für die Zukunft des Unternehmens entscheidend sind und aus der strategischen Planung abgeleitet werden müssen, falls der Nutzer einen entsprechenden Bedarf nicht ausreichend artikulliert. Bei knappen Ressourcen für die Projektrealisierung sind periodisch aus der Vielzahl der Ideen vordringlich dann diejenigen auszuwählen, die dem Unternehmen am meisten Nutzen verschaffen. Zu diesem Zweck wird eine Rangfolge (eindimensionale Darstellung) der Projekte festgelegt, oder es erfolgt eine Positionierung aller Projekte in einem Portfolio (zweidimensionale Darstellung). Rangfolge und Portfolio können dann als Grundlage für die Festlegung von Prioritätsklassen dienen.

Hintergrund

Bei der Berechnung der Projektwirtschaftlichkeit nach den bekannten Kalkülen - wie Kapitalwert, Amortisation und interner Zins - wird zumeist nicht beachtet, daß diese Verfahren einen vollkommenen (Kapital-) Markt voraussetzen. Dies bedeutet konkret, daß ausreichend Ressourcen (Kapital, Know how, Management) verfügbar sein müssen, um jedes als wirtschaftlich erkannte Projekt auch anschließend realisieren zu können. Denn angenommen, es wird zunächst Projekt A realisiert und die Ressourcen reichen nicht mehr, um auch noch Projekt B durchzuführen, dann entsteht dem Unternehmen ein Nachteil, wenn Projekt B eine höhere Rendite verspricht.

Eine *P.* wird demnach immer dann erforderlich, wenn im Unternehmen aus irgendeinem Grund die Ressourcen für die Realisierung aller bekannter Vorhaben nicht ausreichen. In den seltensten Fällen ist Kapital knapp, da es stets in ausreichender Menge am Markt aufgenommen werden kann, sofern allerdings entsprechende Sicherheiten vorhanden sind. Schwieriger ist es, mit knappem Spezialwissen und Management, das vielfach einen Engpaß darstellt und nicht beliebig vermehrt werden kann.

Engpaßkapazitäten dürfen nicht nur wertsteigernd beschäftigt, sondern müssen optimal eingesetzt werden. Ein Anwendungsprojekt qualifiziert sich dann nicht nur durch seine hohe ↑Wirtschaftlichkeit (z.B. einer Amortisationszeit von weniger als drei Jahren) für eine Realisierung, sondern muß insgesamt besser abschneiden als alle anderen, um die selben knappen Ressourcen konkurrierenden Alternativen.

Für einen solchen Vergleich sind neben der Projektwirtschaftlichkeit weitere, verwendungsorientierte Auswahlkriterien aufzustellen und alle bekannten Vorhaben mehrdimensional zu bewerten. Erst danach können die Projekte in Prioritätsklassen eingeteilt werden, aus denen ersichtlich wird, daß die Projekte der Klasse 1 insgesamt vorteilhafter sind als die der Klasse 2, die Projekte der Klasse 2 wiederum vorteilhafter als die aus 3 und so weiter.

Ergänzend zur monetären Bewertungskomponente (Wirtschaftlichkeit), deren Bedeutung deswegen durchaus nicht geschmälert wird, kommen hier nicht-monetäre Bewertungskonzepte (Parker, Benson, 1988) wie Erfolgs- (positives Gewicht) und Risikofaktoren (negatives Gewicht) oder Machbarkeits- und Wirkungskriterien hinzu. Diese Kriterien müssen unternehmensindividuell und damit situationsgerecht aufgestellt und gewichtet werden. Eine allgemeingültige Standardform ist abzulehnen. Die Kapazitätsengpässe können nur dann beseitigt werden, wenn die innerbetrieblichen Beschränkungen weitgehend aufgehoben werden - etwa durch Zulassung von Konkurrenz (Beispiel: ↑Outsourcing) für die interne Leistungserstellung.

Vorgehen

Eine Einteilung der Projekte in Prioritätsklassen erfolgt in drei Schritten:

- Aufstellen und Gewichten von Auswahlkriterien,
- Bewerten der Projekte, sowie
- Bilden von Prioritätsklassen.

Für die Aufstellung eines *Projektportfolios* (graphische Darstellung der relativen Vorteilhaftigkeit der Projekte in einer Matrix aus vier oder neun Feldern) werden zwei Dimensionen benötigt. Deshalb sollen die *Auswahlkriterien* nach zwei Richtungen - z.B. Wirkung und Machbarkeit - unterschieden werden. Wirkungskriterien sind solche, die festlegen, was vordringlich einer IV-Unterstützung bedarf. Hierunter fallen in erster Linie die Haupterfolgsfaktoren der Geschäftstätigkeit, sowie die langfristigen Unternehmensziele. Diese können jedoch nach Bedarf auch um kurz- und mittelfristige Effizienzsteigerungs- oder Kostensenkungskriterien erweitert werden. Machbarkeitskriterien bewerten die Fähigkeit des Unternehmens, die auszuwählenden Projekte ohne nennenswerte Komplikationen durch und in die Praxis einzuführen. Hierzu gehören:

- Stand der konzeptionellen Vorarbeit,
- Entwicklungsaufwand,
- Problemkomplexität,
- Isolationsgrad,
- Fremd-, Standardsoftwareeinsatz und
- Durchsetzbarkeit.

Anschließend werden die *Wirkungs- und Machbarkeitskriterien* entsprechend ihrer relativen Bedeutung für das Unternehmen gewichtet. Dies kann derart erfolgen, daß die Führungskräfte des Unternehmens unabhängig voneinander eine feste Punktzahl auf die einzelnen Kriterien verteilen. Die verteilten Punkte werden je Kriterium gemittelt und das Ergebnis an die Befragten zurückgespielt. Diese können anschließend ihre Einschätzung noch einmal korrigieren, falls sie dies wünschen. Zum Schluß wird noch einmal gemittelt und als Ergebnis werden die Gewichtsfaktoren festgelegt.

In einem zweiten Schritt werden alle Projekte in der Weise bewertet, daß je Wirkungs- und Machbarkeitskriterium ein Erfüllungsgrad ermittelt wird. Grundsätzlich ist eine Meßbarkeit (0 bis 10 Punkte) der Kriterienerfüllung anzustreben. Dies wird jedoch in vielen Fällen nicht gelingen, weil einerseits die Kriterien nur recht allgemein formuliert werden können und andererseits über die zu bewertenden Projekte oft noch keine ausreichenden Detailkenntnisse vorliegen. Da nur relative Positionen im Projektportfolio interessieren, kann ersatzweise die Angabe von Rangziffern genügen, d. h. bezogen auf ein einzelnes Projekt ist anzugeben, welches Kriterium in erster, zweiter und weiterer Linie erfüllt wird.

Im dritten Schritt werden die Kriteriengewichte und Erfüllungsgrade projektweise ausmultipliziert und addiert und so die Position jedes Projektes im Portfolio ermittelt. Danach können die Projekte in *Prioritätsklassen* eingeteilt werden.

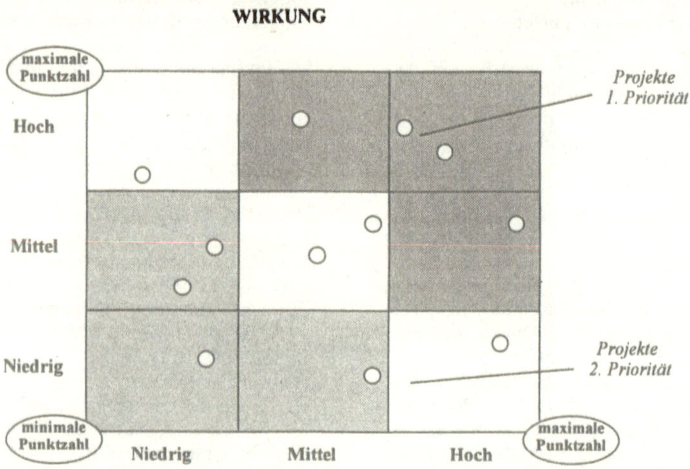

Ergebnis

Der besondere Vorteil dieses Vorgehens liegt darin, daß mit Hilfe des Projektportfolios über die Position jedes einzelnen Projekts in Relation zu den Positionen der anderen Projekte diskutiert werden kann. Will oder muß, weil besondere nicht erfaßte Gründe dafür sprechen, ein bestimmtes Projekt aus einer niedrigen in eine höhere Prioritätsklasse geschoben, die relative Position im Portfolio also verändert, so läßt sich sehr konkret erörtern, welches andere Projekt im Austausch gegebenenfalls abzuwerten ist.

Sobald festgelegt ist, welcher Zeithorizont für die Realisierung der Projekte aus den Prioritätsklassen angestrebt wird, läßt sich der erforderliche Kapazitätsbedarf aus den Projektdaten ermitteln - oder umgekehrt der Zeithorizont aus der Ressourcenverfügbarkeit - und schließlich Zeitplan und Budget für die *Projektrealisierung* aufstellen. Nach der Priorisierung aller Projekte beginnt die Detailplanung im Rahmen von Jahresplänen. Erst die Detailplanung liefert genauere Angaben u.a. zur ↑Wirtschaftlichkeit eines Projektes. Zu diesem Zeitpunkt kann ein Projekt immer noch aus dem Plan genommen werden, wenn es den anfänglichen Erwartungen nicht mehr entspricht, oder das Vorhaben muß neu definiert werden, so daß sich ein vorgegebener Nutzen einstellt.

Literatur: Parker, M., Benson, R.: Information Economics, Englewood Cliffs, N.J. 1988.

Prof. Dr. L. von Dobschütz, Istanbul

PROLOG

Programming in Logik; prädikative ↑Programmiersprache zur Bearbeitung von Problemen der Künstlichen Intelligenz.

PROM

Programmable Read Only Memory; programmierbare ↑ROM; der Anwender gibt eine einmalige Programmfolge an, die auch bei Stromausfall erhalten bleibt.

Prototyping

Begriffserklärung

P. ist ein Prozeß innerhalb der Softwareentwicklung, bei dem Vorversionen des künftigen Zielsystems, die Prototypen, entworfen, konstruiert und revidiert werden (Budde et al., 1992). Ein Prototyp, als das Produkt dieses Prozesses, realisiert ausgewählte Aspekte des Zielsystems. Das bedeutet:

- Ein Prototyp ist immer ablauffähig.
- Ein Prototyp realisiert unterschiedliche Aspekte des Zielsystems, die sich anhand der im Softwareprojekt anstehenden Fragen sowohl auf die Oberflächengestaltung als auch auf die Handhabung und auf die fachliche Funktionalität beziehen können.
- Ein Prototyp repräsentiert vorab ausgewählte Teile, die festlegen, welche Fragen anhand eines Prototypen beantwortet werden können. Dabei ist auch wichtig, welche Aspekte nicht sinnvoll an einem solchen Prototyp geprüft werden können.

Problemstellung

Die Idee des *P.* ist entstanden angesichts schlechter Erfahrungen, die Entwickler und Anwendungsexperten mit traditionellen Vorgehensweisen in Softwareprojekten gemacht haben (Züllighoven, 1993):

- Anwendungsexperten können oft erst beim Einsatz des fertigen ↑Systems ihre Anforderungen an ein solches System deutlich machen. Traditionelle Vorgehensweisen verlangen aber, daß die Anforderungen vollständig zu Beginn der ↑Systementwicklung festzulegen sind.
- Entwickler würden am liebsten erst während der Konstruktion eines Systems dessen Spezifikation fertigstellen. Traditionelle Vorgehensweisen lassen die Konstruktion erst nach Abschluß der Anforderungsermittlung zu.
- Während des gesamten Entwicklungsprozesses ist die gegenseitige Abstimmung der Anwendungsexperten und der Entwickler notwendig. Jede beteiligte Gruppe muß kontinuierlich ↑Wissen über den Arbeitsbereich der anderen Gruppen erwerben. Traditionelle Vorgehensweisen beenden diesen notwendigen Lernprozeß bereits nach der Anforderungsdefinition.
- DV-Abteilungen, die sich gegen die Fachabteilungen abschotten, indem sie nur 'endgültig fixierte' Spezifikationen annehmen und dann das fertig implementierte Produkt abliefern, sehen sich durch die vielen anwendungsnah arbeitenden DV-Spezialisten und durch die Dezentralisierung der DV in ihrer Stellung bedroht. Traditionelle Vorgehensweisen halten diese unbefriedigende Abschottung organisatorisch aufrecht.

Prototyp-Arten

Je nach ihrer Stellung im Entwicklungsprozeß werden folgende *P.*-Arten unterschieden (Kieback et al., 1992):

- Ein Demonstrationsprototyp zeigt nur die prinzipiellen Einsatzmöglichkeiten und die Handhabung des Zielsystems. Er dient der Entscheidungsvorbereitung und der Projektakquisition.
- *Funktionale Prototypen* modellieren in der Regel sowohl Ausschnitte der ↑Benutzungsoberfläche als auch Teile der Funktionalität des Zielsystems.
- Ein Labormuster modelliert für das Entwicklerteam einen softwaretechnischen Aspekt des Zielsystems. Labormuster dienen als Experimentalsystem und Machbarkeitsstudie.
- Ein Pilotsystem ist ein Prototyp von solcher Ausbaustufe und Reife, daß er im Anwendungsbereich und nicht nur unter Laborbedingungen eingesetzt werden kann. Ein Pilotsystem wird schrittweise zum Zielsystem ausgebaut.

Zielsetzung

Obwohl sich *P.* für die Klärung unterschiedlicher Fragestellungen eignet, lassen sich durchgängig einige Zielsetzungen ausmachen:

- *P.* soll eine Kommunikationsbasis für alle beteiligten Gruppen, insb. zwischen Anwendungsexperten und Entwicklern schaffen, die es ermöglicht, zu einer gemeinsamen Projektsprache zu gelangen.
- Die Konstruktion und Bewertung von *P.* soll helfen, durch Experimente und durch praktischen Umgang Erfahrungswissen über die Konstruktion und über den möglichen Einsatz des Zielsystems zu schaffen.
- Ein Prototyp soll eine dynamische Beschreibung des Zielsystems in Ergänzung zu den schriftlichen Entwurfsdokumenten sein, die sich auf einfache Weise den sich ändernden Bedürfnissen und Einsichten anpassen läßt.

Sollen diese Zielsetzungen insgesamt erreicht werden, hat dies zwangsläufig Auswirkungen auf die Vorgehensweise im Projekt. Statt eines konventionellen Phasenmodells werden in einem zyklischen oder evolutionären Prozeß (Floyd, 1987) unterschiedliche Prototypen und die darauf bezogenen Dokumente entworfen, konstruiert und bewertet.

Vorgehensweise

Die jeweils gewählte Vorgehensweise im Projekt sollte sich an den fachlichen Fragen und den organisatorisch technischen Randbedingungen richten. Um die Zusammenhänge herauszuarbeiten, wird der *P.*- Prozeß anhand der Fragestellungen, wie sie von Floyd (Budde et al., 1984) vorgeschlagen wurde, unterteilt:

- *Exploratives P.* wird angewandt, wenn die Problemstellung unklar ist. Ausgehend von ersten Vorstellungen werden die Anforderungen der Anwendungsexperten an das zukünftige System geklärt. Dabei stehen veränderte Arbeitsinhalte genauso zur Diskussion, wie die Frage nach dem Umfang und der Art der Softwareunterstützung. Diskussionsgegenstand zwischen den beteiligten Gruppen können Demonstrations- und funktionale Prototypen sein. Dabei sollte die Weiterentwicklung eines Prototyps zum Zielsystem kein primäres Entwicklungsziel sein.
- Beim *experimentellen P.* liegt die Betonung auf der technischen Umsetzung eines Entwicklungsziels. Einerseits sollen die Anwender im Experiment ihre Vorstellungen von der DV-Lösung weiter detaillieren, andererseits erhalten die Entwickler eine Grundlage für die Einschätzung der Machbarkeit und Zweckmäßigkeit eines ↑Anwendungssystems. Neben funktionalen Prototypen werden auch Labormuster zur Klärung technischer Fragen der Entwickler konstruiert. Die Übereinstimmung der Architektur des Prototypen mit dem Zielsystem ermöglicht bei dieser Art des *P.*, eine gewählte Lösung schrittweise zum Zielsystem auszubauen.
- *Evolutionäres P.* wird nicht nur als Hilfsmittel innerhalb eines einzelnen Softwareprojekts eingesetzt, sondern ist ein kontinuierliches Verfahren, um ein Anwendungssystem an sich rasch verändernde Randbedingungen anzupassen. Damit verliert Softwareentwicklung den Charakter eines abgeschlossenen Projektes und wird zu einem evolutionären Prozeß, der die Anwendung ständig begleitet. Generell wird hierbei softwaretechnisch die Weiterentwicklung von Prototypen zu eingesetzten Systemen angestrebt. Wenn kurze Entwicklungszyklen notwendig sind, ist es sinnvoll, den Unterschied zwischen Prototyp und Zielsystem aufzuheben und Pilotsysteme zu entwickeln.

Hilfsmittel beim P.

Der Bau von Prototypen unterscheidet sich nicht prinzipiell von anderen Formen der Softwareentwicklung – kennzeichnend ist lediglich, daß die Kürze der Entwicklungszeit im Vordergrund steht. Daher kann auch nicht von speziellen *P.*-Werkzeugen i.e.S. gesprochen werden. Jedes Werkzeug, das die rasche Entwicklung von lauffähiger ↑Software unterstützt, eignet sich zum *P.* Allerdings lassen sich einige Arten von Hilfsmitteln aufzählen, die in der Praxis häufig und erfolgreich im *P.*-Prozeß eingesetzt werden (Budde et al., 1984):

- *Hochsprachen (↑Very High Level Languages, VHLL)*, wie die logische Programmiersprache ↑Prolog, die Lisp-Variante Scheme oder die objektorientierte Sprache Smalltalk werden oft zum Bau von Prototypen verwendet. Sie werden in der Praxis besonders dann eingesetzt, wenn der Prototyp nicht in der späteren Zielsprache entwickelt werden muß. Die Eignung solcher Hochsprachen für das *P.* beruht auf ihren kompakten Ausdrucksmitteln und auf dem möglichen raschen Wechsel zwischen Programmkonstruktion sowie -ausführung. Hinzu kommen, etwa bei Smalltalk, Bibliotheken mit komplexen wiederverwendbaren Softwarebausteinen.
- *Entwicklungsumgebungen für Datenbankanwendungen (↑4GL)*, werden häufig für das *P.* von Büroanwendungen und ↑Informationssystemen verwendet. Sie basieren konzeptionell auf einem ↑relationalen Datenmodell und unterstützen meist sowohl die ↑Datenmodellierung als auch die Dateneingabe und -präsentation. Neuere Systeme sind vor allem auf Arbeitsplatzrechnern und PC verfügbar. Sie ermöglichen einen interaktiven Entwurf nach dem Prinzip der direkten Manipulation, d.h. die Komposition von Eingabe- und Ausgabeformaten und die Definition des ↑Datenmodells erfolgen durch Maus-

aktionen am Bildschirm unter Verwendung graphischer Symbole und vorgefertigter Oberflächenkomponenten. Einige Umgebungen bieten neben der eigenen ↑relationalen Datenbank ↑Schnittstellen zu verbreiteten ↑Datenbanksystemen an und eignen sich damit auch für die Entwicklung von Zielsystemen.

• *Entwicklungsumgebungen und Bibliotheken* für den Bau graphischer Benutzungsschnittstellen (↑GUI-Tools), sind heute auf Arbeitsplatzrechnern und PC universell eingesetzte Werkzeuge für das *P.*, soweit die interaktive Benutzungsschnittstelle des Zielsystems eine Rolle spielt. Ähnlich wie bei den ↑4GL-Entwicklungsumgebungen werden hierbei Oberflächenentwürfe interaktiv erstellt. Fast alle Systeme ermöglichen es, diese Oberflächen mit minimaler Funktionalität zu versehen, d.h. Benutzungsaktionen wie ein Mausklick werden in veränderte Darstellungen, z.B. dem Herunterklappen eines ↑Menüs oder dem Aufklappen eines Textfensters, umgesetzt. Dahinter steht oft ein sog. Ereignismechanismus, bei dem Programmteile an die Oberflächenkomponenten gekoppelt sind. Diese Programmteile (Event Handler), werden durch ein entsprechendes Ereignis, so einen Mausklick auf einem Druckknopf, aktiviert. So lassen sich mit wenig Aufwand Oberflächenprototypen bauen, die später schrittweise um anwendungsspezifische Funktionalität ergänzt werden.

Literatur: Budde, R. et al. (eds.): Approaches to Prototyping, Berlin, 1984. *Budde, R. et al.* (eds.): Prototyping, Berlin, 1984. *Floyd, C.*: Outline of a Paradigm Change in Software Engineering, in: *Bjerknes, G. et al.* (Hrsg.), Computers and Democracy - a Scandinavian Challenge, Aldershot, 1987. *Kieback, A. et al.*: Prototypen in industriellen Software-Projekten, in: Informatik-Spektrum, Bd. 15, Nr. 2, 1992. *Züllighoven, H. et al.* (Hrsg.): Requirements Engineering '93: Prototyping. Berichte des German Chapter of the ACM 41, Stuttgart, 1993.

Prof. Dr. H. Züllighoven, Hamburg

Prozeß

Vorgang oder Ablauf, bei dem Materie, Energie oder ↑Information umgeformt oder transportiert wird. Ein Prozeß wird charakterisiert durch seine Zustandsgrößen (Eingangs-/Ausgangsgrößen), die entweder binär oder analog sein können.

Prozeß- und Projektplanung

P. umfaßt die Erarbeitung von Zielgrößen für Betriebszustände und -strukturen, die erhalten oder erreicht werden sollen. Darüber hinaus umfaßt sie die Festlegung von Verfahren, Ressourcen und Terminen, unter denen diese Ziele erreicht werden müssen.

Prozeßautomatisierung, Prozeßdatenverarbeitung

Unter *P.* wird der Einsatz von Rechnern (von sog. ↑Prozeßrechnern oder Prozeßrechensystemen) zur Datenerfassung, Datenauswertung, ↑Steuerung, ↑Regelung, Führung und Optimierung in technischen Prozessen verstanden. Ein technischer Prozeß ist dabei ein Vorgang oder Ablauf (procedere: voranschreiten), bei dem Materie, Energie oder ↑Information umgeformt oder transportiert wird. Einige typische Beispiele zeigt die Tabelle. Ein *Prozeß* wird charakterisiert durch seine Zustandsgrößen (Eingangs- und Ausgangsgrößen), die entweder binär oder analog sein können. Beispiele für analoge Zustandsgrößen sind: Temperatur, Druck, Mischverhältnisse, Wasserstand, Durchfluß, Geschwindigkeit, Drehzahl, Leistung. Binäre Zustandsgrößen sind z.B. Stellungen von Schaltern, Ventilen oder Weichen und Meldung von Lichtschran-

Einige technische Prozesse	
was passiert?	Prozeßbeispiel
Umformung von *Energie*	Kraftwerk, Heizung, Klimaanlage
Transport von *Energie*	Energieverteilungsanlage
Umformung von *Information*	Ampelanlage, Prüfanlage
Transport von *Information*	Fernsprechnetz
Umformung von *Materie*	Herstellung von Gütern
Umformung und Transport von *Materie*	Stahl- und Walzwerke
Transport von *Materie*	Pipeline

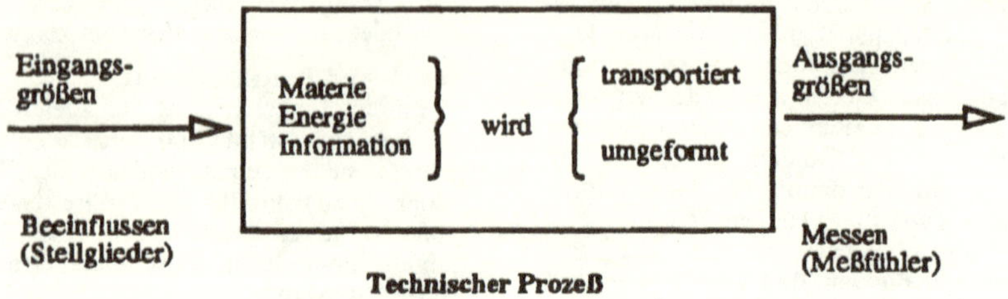

Technischer Prozeß

ken oder Grenzwertmeldern. Die Ausgangsgrößen eines technischen Prozesses können durch Eingangsgrößen (Stellgrößen), die direkt verändert werden können (z.B. Ventilstellungen, Spannungen, Widerstände), beeinflußt werden. Aufgabe der *P.* ist es nun, die Eingangsgrößen so einzustellen, daß sich gewünschte, vorgegebene oder optimale Werte für die Ausgangsgrößen ergeben.

Die grundlegende Aufgabe ist dabei die *Datenerfassung.* Mit Hilfe spezieller Meßwertgeber (Meßfühler) werden die Werte (Daten) der Ausgangsgrößen erfaßt und in einem Rechner gespeichert. Dazu müssen Analogwerte durch sog. *Analog-/Digitalwandler (↑A/D-Wandler)* in entsprechende Digitalwerte umgeformt werden. Diese Daten werden ständig aktualisiert, d.h. im Rechner wird ein aktuelles Prozeßabbild geführt. Nach der Erfassung werden die Daten entsprechend der Aufgabenstellung weiterbearbeitet. Deshalb wird häufig auch der Begriff *↑Prozeßdatenverarbeitung* anstelle von *Prozeßautomatisierung* verwendet.

Bei der *Datenauswertung* oder auch Datenreduktion geht es um die Ermittlung von aussagekräftigen Kennwerten, wie z.B. Mittelwerten, Wirkungsgraden, Leistungen, Betriebskosten, Drehmomenten, aus einer Fülle von Einzelmeßwerten. Mit großem Erfolg werden ↑Prozeßrechner in der Anlagentechnik zur Auswertung von Meßwerten eingesetzt. Typische Beispiele hierzu sind die Gaschromatographen zur Analyse von Gasgemischen, Spektrometer und zur Analyse von festen oder flüssigen Stoffen oder EKG-Geräte zur Analyse der Herztätigkeit. Gemeinsam ist diesen Geräten die Erzeugung von charakteristischen Kurvenverläufen, die mit Hilfe von Rechnern ausgewertet werden und die Analyseergebnisse (Gaskomponenten, Zustand des Herzens) in Sekundenschnelle anzeigen.

Im Falle der Überwachung werden entweder alle ↑Daten oder ausgewählte, aussagekräftige Daten und Kennwerte in festen Zeitabständen, oder auf Anfrage in übersichtlicher Weise am Bildschirm angezeigt oder ausgedruckt (Protokolle). In vielen Fällen ist dies kombiniert mit einer graphischen Darstellung des Prozesses, in die Daten an den entsprechenden Stellen eingetragen sind. Bei der Störungsüberwachung wird durch Vergleich mit Grenzwerten festgestellt, ob ein Wert seinen zulässigen Bereich über- oder unterschritten hat. Im Falle einer Störung kommt es zu einer Meldung durch optisches und/oder akustisches Signal und evtl. Blinken des gestörten Wertes in der graphischen Darstellung. Außerdem wird ein Störprotokoll mit relevanten Daten ausgegeben, um dem Bedienungspersonal das Beheben der Störung zu erleichtern.

Der Begriff der *↑Steuerung* wird häufig in der *P.* für jede Form des korrigierenden Eingreifens verwendet. Im Gegensatz steht hier für Steuerung in Übereinstimmung mit vielen Autoren eine eingeschränktere, klar umrissene Aufgabe: Die Steuerung verknüpft gemessene binäre Signale aus dem Prozeß und greift auf Basis der Verknüpfungsergebnisse wieder binär (über Schalter, Ventile, Weichen) in den Prozeß ein.

Ein anschauliches Beispiel für eine Prozeßsteuerung ist das Ein- und Ausschalten des Brenners eines Ölofens einer Zentralheizung in Abhängigkeit von der Uhrzeit, der Zimmertemperatur, der Wassertemperatur, dem Wasserstand in den Heizkörpern und dem Ölstand im Tank. In anderen Bereichen sind weitaus mehr Signale zu verknüpfen und zu beachten. Ein Beispiel für das Verknüpfen von be-

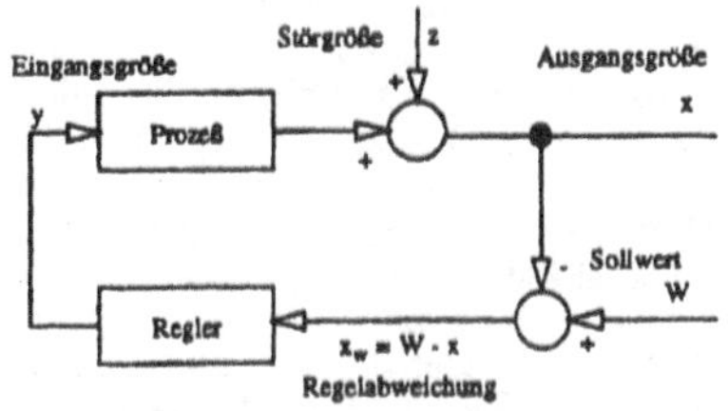

sonders vielen Signalen ist das Zünden einer Rakete.

Eine weitere wichtige Aufgabe der *P.* ist die ↑*Regelung* der Ausgangsgrößen. Dabei geht es darum, daß die Ausgangsgrößen auf vorgegebene Werte (Sollwerte) gebracht und auf diesen gehalten werden - auch unter Einfluß von Störgrößen. Dazu wird der Istwert der Ausgangsgröße mit dem Sollwert verglichen. Bei einer Abweichung werden über einen Regler oder Regelalgorithmus eine oder mehrere Eingangsgrößen (Stellgrößen) so verändert, daß der Istwert wieder an den Sollwert herangeführt wird. Häufig verwendet wird der proportional wirkende P-Regler und vor allem der proportional und integral wirkende PI-Regler und für schnelle Regelung der PID-Regler mit zusätzlich differenzierendem Anteil. Die Regelungstechnik stellt geeignete Verfahren zur Bestimmung optimaler Parameter für diese Regler bzw. für andere optimale Regelalgorithmen zur Verfügung. Neuerdings werden auch sog. FUZZY-Regler verwendet, die auf Basis der FUZZY-Logik und mehr umgangssprachlicher Regeln auch dann zu einem guten Regelergebnis kommen, wenn herkömmliche Regler versagen. Übergeordnete Aufgaben sind die Führung und Optimierung technischer Prozesse. Bei der Führung greift der Rechner durch Vorgabe von Sollwerten für die Regelung und/oder durch Steuerung so in den Prozeß ein, daß dieser in der gewünschten Weise abläuft. Bei der Optimierung beeinflußt der Rechner den Prozeß derart, daß dieses bez. eines oder mehrerer Kriterien, z.B. Kosten, Energie oder Schadstoffausstoß optimal abläuft. Führung und Optimierung sind das eigentliche Ziel der *P.* Der Prozeß läuft vollautomatisch in der gewünschten Weise ab, das Bedienungspersonal muß nur noch zur Wartung und Störungsbeseitigung der Prozeßabläufe eingreifen.

Ein großer Teil der Aufgaben, die heute von ↑*Prozeßrechensystemen* übernommen werden, wurden früher von einzelnen Geräten ausgeführt, wie z.B. Meßgeräte vor Ort, Blattschreiber, Fernschreiber, Grenzwertmelder, Abtaster, elektronische Regler oder Relaissteuerungen.

Diese Geräte wurden und werden im Laufe der Zeit immer mehr von Rechnern und/oder Rechensystemen - entsprechend der zunehmenden Leistungsfähigkeit und Zuverlässigkeit - ersetzt. Diese Entwicklung wurde durch die Einführung von Mikrorechnern noch weiter beschleunigt. Die dadurch erzielten Lösungen werden preiswerter und flexibler. Zudem wird so die Möglichkeit geschaffen, auch solche Prozeßabläufe durchzuführen, die mit bisherigen Einzelgeräten technisch gar nicht möglich gewesen wären.

Es sind sehr unterschiedliche Strukturen von *Prozeßrechensystemen* gebräuchlich. Früher gab es hauptsächlich den zentralen Rechner, der über z.T. sehr lange Verbindungsleitungen mit dem Prozeß gekoppelt war. Aus Zuverlässigkeitsgründen finden sich sehr häufig auch Doppelrechnersysteme mit einem redundanten Rechner oder bei besonders sensiblen Prozessen (Kraftwerke, Massenverkehrssysteme), Dreirechnersysteme. Sehr gebräuchlich sind auch hierarchische Strukturen mit einer oder mehreren Hierarchiestufen mit vielen ↑Mikroprozessoren vor Ort und dem oder den übergeordneten Rechnern. Der übergeordnete Rechner übernimmt zentrale Aufgaben wie die Ermittlung optimaler Sollwerte für die ↑Regelung oder die Protokollierung und Überwachung des Gesamtprozesses. Die angeschlossenen Mikrorechner übernehmen Aufgaben wie Regelung, ↑Steuerung und Überwachung der Teilprozesse vor Ort. Die flexibelste Lösung, vor allem bei räumlich weit ausgedehnten ↑Prozessoren, ist die Busstruktur. Die einzelnen Rechner sind alle über den Bus miteinander verbunden und teilen sich die Aufgaben. Eine Erhöhung der Zahl der Rechner ist ohne großen Aufwand möglich. Dies kann notwendig werden bei Erweiterung des Prozesses oder zum

Einbau von ↑Redundanz zur Erhöhung der Zuverlässigkeit.
Aufgrund dieser Aufgabenstellungen ergeben sich eine ganze Reihe von Forderungen an die Hard- und Software von Prozeßrechensystemen. Insb. muß das System im sog. ↑Echtzeitbetrieb arbeiten können, d.h. der oder die Rechner müssen schritthalten mit dem u.U. sehr schnellen technischen Prozeß. Dies wird u.a. erreicht durch leistungsfähige ↑Prozessoren und durch ein entsprechendes Unterbrechungssystem, damit der technische Prozeß schnell wichtige Ereignisse an den Rechner melden kann. Daneben werden Echtzeitbetriebssysteme eingesetzt, die sich durch geeignete Task-, Zeit- und Interruptverwaltung auszeichnen.
↑*Prozeßrechensysteme* unterscheiden sich von konventionellen Systemen auch durch den intensiven E/A-Verkehr. Es wird daher ein komfortables E/A-System mit einer entsprechenden E/A-Verwaltung und möglichst viel Ein- und Ausgängen gefordert. Es sind zahlreiche spezielle ↑*Betriebssysteme* entwickelt worden wie iRMX von Intel, VRTX von Ready Systems, VMEexec von Motorola, um nur einige zu nennen, oder herkömmliche Betriebssysteme erweitert worden wie z.B. RTU (Real-Time-UNIX) von Concurrent, SORIX von Siemens und HP-RT von Hewlett Packard.

Für die *Programmierung von P.-Aufgaben* werden heute anstelle von Assemblersprachen hauptsächlich höhere Programmiersprachen, wie C, C++ und Pascal eingesetzt. Es sind auch spezielle Sprachen entwickelt worden wie *PEARL* (Process and Experiment Automation Realtime Language), sowie Ada und bestehende Programmiersprachen um Sprachelemente für die *P.* erweitert worden, wie z.B. Realtime-FORTRAN.
Für Anwender mit wenig Programmierkenntnissen gibt es sehr leicht handhabbare *anwendungsorientierte* ↑*Programmiersprachen* wie ATLAS für Prüf- und Testaufgaben, EXAPT für numerische Steuerung von Werkzeugmaschinen, oder STEP 5 für allgemeine Steuerungsprobleme. Noch einfacher in der Anwendung sind sog. *Formularsprachen* oder *Fill in the Blanks-Sprachen*, bei denen der Anwender nur einzelne Werte in feste Formulare spaltengerecht eingeben muß. Dies verringert die Fehlermöglichkeit erheblich und es setzt keine Programmierkenntnisse voraus. Typische Vertreter sind MADAM von Siemens, BICEPS von General Electrics und PROSPO von IBM.
Literatur: Bolch, G., Vollath, M.: P. - Aufgaben, Realisierung und Anwendungsbeispiele, 2. Aufl. Stuttgart, 1993. *Färber, G.*: Prozeßrechentechnik, 2. Aufl., Berlin, 1992. *Fritsch, W.*: Prozeßrechentechnik: Automatisierte Systeme mit Prozeß und Mikro-prozeßrechnern, 3. Aufl., Heidelberg, 1987. *Halang, W., Sacha, K.*: REAL-TIME SYSTEMS, World Scientific, London, 1992. *Lauber, R.*: P., Bd. 1, 2. Aufl., Berlin, 1989. *Rembold, U., Levi, P.*: Realzeitsysteme zur P., München, 1994. *Schnieder, E.*: Prozeßinformatik: Einführung mit Petrinetzen, Braunschweig, 1986.

Dr. G. Bolch, Erlangen

Prozeßinformatik
Die *P.* ist eine fachübergreifende technisch-ökonomische Wissenschaftsdisziplin. Ihr Schwerpunkt ist die begriffliche Beherrschung und theoretisch korrekte Beschreibung informationstechnisch gesteuerter Systeme.
Der Gegenstand der *P.* besteht sowohl aus der Beschreibung als auch aus dem Entwurf von Systemen zur ↑Steuerung von Betriebsprozessen.
Unter einem ↑*System* wird die Einheit aus einer Informationsverarbeitungseinrichtung (Computer und problemspezifische Softwarearchitektur) und einem externen, meist komplexen Prozeß verstanden, der informationstechnisch zielgerichtet beeinflußt werden soll. Das System besteht aus strukturellen und funktionellen Einheiten, die untereinander in Wechselbeziehungen stehen und in ihrer Gesamtheit die Systemfunktion realisieren. Die Einheiten lassen sich durch eine strukturell oder funktionell orientierte Systemdekomposition (Bestandteil der ↑Systemanalyse) erkennen. Die Wechselbeziehungen zwischen den Einheiten sind dem Kausal- und dem Dynamikprinzip unterworfen. Kausale Wirkungsketten bestimmen die Erreichbarkeit bestimmter Systemzustände in Abhängigkeit von vorangegangenen Zuständen. Dynamisch

unterliegt ein System zeitlichen Änderungen und Ereignissen, die sowohl interne Abläufe beeinflussen, als auch Zustandsübergänge einleiten.
Die informationsverarbeitenden Rechenprozesse und die externen Prozesse sind ein Bestandteil des Systems. Unter einem *Prozeß* wird eine Aktivität verstanden, die durch Umwandlung/Verarbeitung, Transport/Verteilung bzw. Speicherung auf ein Medium einwirkt. Das Medium kann real eine Materieform, eine Energieform oder eine ↑Information sein. Bestimmte Charakteristika externer Prozesse führen zu einer Unterscheidung in ökonomische und technische Prozesse.
Ökonomische Prozesse zeichnen sich durch die Verarbeitung großer Datenmengen aus. Ziel der Verarbeitung ist die Möglichkeit einer Entscheidungsfindung auf der Managementebene bzw. auf der Dispositionsebene. Entscheidungen und ↑Daten werden an die Operationsebene weitergereicht. Die Kopplung des Rechnersystems zum externen Prozeß erfolgt meist indirekt im offline-Betrieb.
Technische Prozesse sind dadurch gekennzeichnet, daß Informationen über den internen Zustand mit technischen Mitteln erfaßbar sind. Damit kann direkt ein Einfluß auf den technischen Prozeß durch ein Steuerungssystem genommen werden (Operative Ebene). Hierbei sind in der Regel relativ geringe Datenmengen zu verarbeiten. Ziel der Verarbeitung ist die Automatisierung des technischen Prozesses. Um kritische Systemzustände zu vermeiden, wird eine zum Prozeß schritthaltende Echtzeitverarbeitung gefordert. Die Kopplung zum Prozeß erfolgt direkt im online-Betrieb, wobei sowohl Open Loop- als auch Closed Loop-Systeme zum Einsatz kommen.

Die Abbildung zeigt die Struktur hierarchischer Betriebsprozeßsteuerungen. Die globale Definition von Aufgaben erfolgt auf der sog. Planungsebene (Managementebene, strategische Ebene) durch Entscheidungsfindung und Zielfunktionsvorgabe. Auf einer untergeordneten Ebene werden in Abhängigkeit von der Zielfunktion die einzelnen Teilprozesse koordiniert und gegebenenfalls optimiert (Dispositionsebene). Auf der untersten Ebene (Operationsebene) werden die vor-

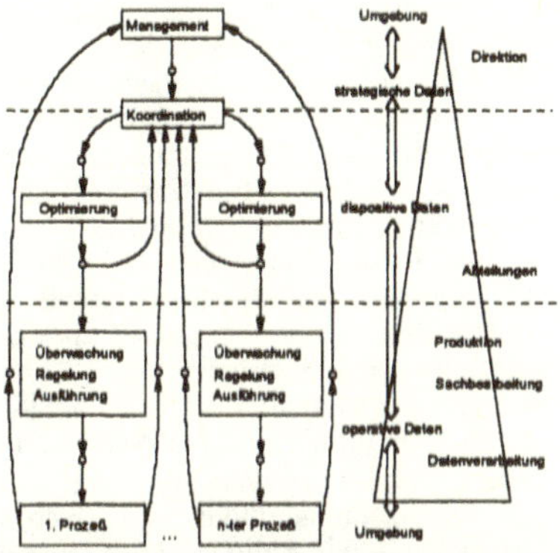

gegebenen Aufgaben ausgeführt. Der Entwurf hierarchischer Betriebsprozeßsteuerungen besteht aus einer Analyse- und einer Synthesephase. Der Übergang zwischen beiden Entwurfsphasen erfolgt mittels eines geeigneten Systemmodells.

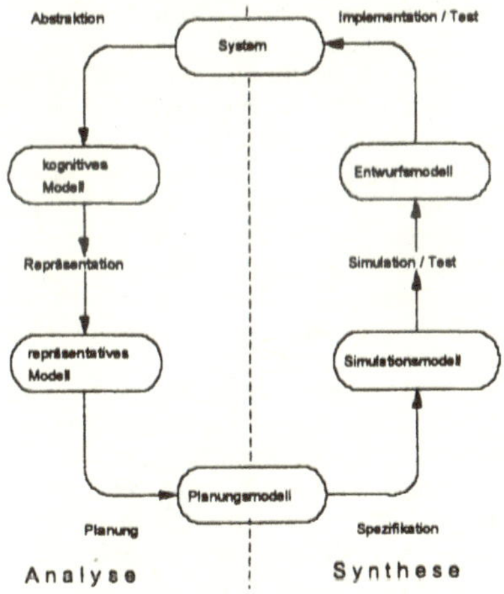

Das System wird in der Analysephase durch ein *Modell* abgebildet. Die Abbildung muß sowohl Struktur und Funktion als auch Kausalität und Dynamik des Zielsystems erkennen lassen. Diese unterschiedlichen Sichten führen zwangsläufig zu mehreren Modelldarstellungen. Auf formale Modelle sind dann ↑Methoden anwendbar, die eine Systemsynthese ermöglichen. Diese Methoden können gezielt durch Werkzeuge unterstützt und mehr oder weniger automatisiert werden. Daraus ergeben sich die wesentlichen Aufgaben der *P.*:

- die Entwicklung und Anwendung von Mechanismen (Modellen) zur Beschreibung von Sachverhalten unterschiedlicher Herkunft (ökonomische, technische und Rechenprozesse) unter einer gemeinsamen funktionellen, strukturellen und dynamischen Sicht;
- die Entwicklung von Methoden zur Modellierung und die Realisierung modellunterstützender Werkzeuge zum Entwurf und zur Implementierung.

Anhand der Modellierung ist es möglich, durch ↑Simulation des Zielsystemverhaltens (*Betriebsprozeßmodellierung*) zu einer Entscheidungsfindung zu gelangen, die Systemmodifikationen oder besondere Ereignisse berücksichtigt. Solche Entscheidungsprozesse nehmen Einfluß auf die Unternehmensplanung. Voraussetzung ist eine betriebliche Kommunikationsstruktur in vertikaler und horizontaler Richtung. Die geschlossene Modellierung aller Betriebsprozesse ermöglicht ein methodisches Vorgehen, das zwingend zu einer Gesamtübersicht der relevanten Daten des Unternehmens führt. Von der traditionellen ↑Prozeßdatenverarbeitung als Rationalisierungsinstrument erfolgt hier der Schritt zum ↑*Information Engineering*, d.h. zum Einsatz der Informationstechnologie als wettbewerbssteigerndes strategisches Mittel. Durch ↑Information Engineering werden folgende Möglichkeiten eröffnet:

- unternehmensweite Systemplanung;
- Analyse der Unternehmensstruktur;
- Integration von Einzelsystemen;
- Simulation von Alternativen;
- optimale Verzahnung von organisatorischen Abläufen und technischer Unterstützung.

Die Problemstellung einer geschlossenen Modellierung aller Betriebsprozesse birgt mehrdimensionale Aspekte hinsichtlich Komplexität und Dynamik in sich. Geeignete Modellierungstechniken können durch die objektorientierte Philosophie gefunden werden. Es kommt der Unternehmensrealität sehr nahe, wenn die Aufbau- und Ablaufstrukturen durch *Objekte* beschrieben werden, die Art und Weise ihrer Funktionsbearbeitung selbst bestimmen und über Informationsaustausch (↑Nachrichten) eine Kommunikationsstruktur ermöglichen.

↑*Objektorientierte Modelle* haben die Eigenschaft, von der Planung über die Analyse und dem Design, bis hin zur fertigen Implementierung ein dem natürlichen Vorbild nachempfundenes Abbild zu sein. Bezeichnend ist die Durchgängigkeit des Paradigmas vom obersten Planungsgerüst bis zum feinsten Implementierungsdetail. ↑Objektorientierte Methoden sind heute im Bereich der *P.* nicht mehr wegzudenken.

Zusammengefaßt besteht die Zielstellung der *P.* darin, geeignete Modellierungsmethoden für die ↑Unternehmensmodellierung für alle Hierarchieebenen zu entwickeln und diese durch Simulations- und Implementierungswerkzeuge zu ergänzen. Auf allen Ebenen sind Geschäftsprozesse in der Einheit mit Informationsprozessen zu modellieren, im unteren produktiven Bereich müssen auch technische Prozesse integriert werden können. Aus dieser Zielstellung ergeben sich folgende ausgewählte Teilaufgaben der *P.*:

- Untersuchungen zur ↑*Objektorientierten Prozeßmodellierung* zwecks ↑Simulation von Systemen und ↑Systemsoftware (Moderne Methoden integrieren die Möglichkeiten der Anwendung von heuristischen und Fuzzy-Regeln, sowie höheren Netzen.);
- Entwicklung von ↑CASE-Systemen zum Entwurf der Systemsoftware (Problembezogene Spezifikationssysteme und Nutzung von Fachsprachen führen zum Einsatz von anwenderorientierten Softwaretechniken.);
- Untersuchung von Methoden zur Wiederverwendung von problemangepaßter ↑Software bei konventionellem und objektorientierten Entwurf (Die Wiederverwendung wird in den Prozeß der Softwareentwicklung unter Berücksichtigung von Aspekten der ↑Qualitätssicherung eingebunden.);
- Untersuchung von Methoden des Entwurfs von ↑*Echtzeitsystemen* zur Kopplung technischer Prozesse (Entwurfsmethoden unter Berücksichtigung von parallelen Prozessen und ↑Parallelverarbeitung werden häufig unter Verwendung Petrinetz-basierter Entwurfssysteme entwickelt.);
- Zuverlässigkeitsbetrachtungen und Untersuchung von Möglichkeiten der

↑Fehlertoleranz in Hard- und Software.

Literatur: Burkhardt, Rainer, Modellierung dynamischer Aspekte mit dem Objekt-Prozeß-Modell, Ilmenau, 1994. *Schnieder, Eckehard,* Prozeßinformatik, 1993.

Prof. Dr.-Ing. I. Philippow, Ilmenau

Prozessor

Steuer- und Rechenwerk.

Prozeßrechner

↑Computer zur ↑Steuerung und Überwachung industrieller und physikalischer Prozesse.

Pseudocode

↑Code in einer beliebigen, für den ↑Computer nicht direkt verständlichen Sprache; häufig die eigene, natürliche Sprache in gekürzter Form.

Public Domain

Freeware; nicht durch Rechte geschützte ↑Programme; stehen jedem Interessierten zur Verfügung.

Publizieren, Computergestütztes

Elektronisches Publizieren

Elektronisches Publizieren ist ein relativ junges Forschungsgebiet. Es ist daher nicht verwunderlich, daß dieser Begriff unterschiedlich und oft sogar widersprüchlich definiert worden ist. Elektronisches Publizieren wird bspw. von (Schels, 1988) als Oberbegriff für Desktop Publishing-Systeme, Fotosatz- und Dokumentationssysteme definiert, während (Kist, 1988) ausführt: Elektronisches und optisches Publizieren ist die Anwendung computergestützter Verfahren von einem Verleger, mit deren Hilfe ↑Informationen aufgefunden, erfaßt, gestaltet, gespeichert, auf dem aktuellen Stand gehalten und über Austauschsysteme in unterschiedlichster Zusammensetzung an die jeweiligen Zielgruppen verteilt werden (Sandkuhl, 1994).

Als allgemein anerkannte Begriffserklärung in diesem Bereich können die Ausführungen von (Furuta, 1990) gelten, die gleichzeitig die Komplexität dieses Bereichs deutlich machen: "Electronic Publishing remains a wide-ranging area of interest, encompassing all aspects of computer-assisted preparation, presentation, transmittal, storage, and retrieval of documents."

Entsprechend dieser Definition ist nicht nur das traditionelle Publizieren, welches das ↑Medium Papier als Informationsträger verwendet und unterschiedliche Forschungsgebiete berührt, z.B. Drucktechnik, Typographie, Font Design, ↑Autorensysteme und ↑Bildverarbeitung. Als Gegenstände der Forschungsaktivitäten im Elektronischen Publizieren sind vielmehr auch die Bereiche einzubeziehen, wie die Distribution von Publikationen auf elektronischem Wege über Datenträger oder ein Netzwerk. Dazu gehören bspw. der Bereich Hypertext/↑Hypermedia und die Distribution von ↑Informationen über ↑CD-ROM (CD-ROM Publishing) oder über Volltext-Datenbanken, die über ein Kommunikationsnetz zugänglich sind (Database Publishing). Weiterhin bestehen viele interdisziplinäre Berührungspunkte zu Gebieten, wie dem Entwurf von Benutzerschnittstellen, den Kommunikationstechnologien und den Datenbanktechniken, ohne daß diese Liste einen Anspruch auf Vollständigkeit erheben könnte.

Computergestütztes Publizieren

Im folgenden wird der Begriff des elektronischen Publizierens etwas enger gefaßt. Aus dem komplexen und verwobenen Bereich wird nur der Aspekt des computergestützten Publizierens betrachtet, der die computergestützte Gestaltung und Produktion von Druckvorlagen beinhaltet. Die Herstellung von Druckprodukten stellt wesentlich andere Anforderungen an eine Computerunterstützung, als dies bei Publikationen der Fall ist, die elektronisch verbreitet werden. So ist bspw. wegen der hohen Qualitätsanforderungen der Druckindustrie die zum Druck eines Warenhauskataloges benötigte Datenmenge wesentlich höher, als wenn dieser dem Kunden auf elektronischem Wege zur Ansicht auf einem Monitor übermittelt würde.

Neben den sehr hohen Datenvolumen im Druckvorstufenbereich ist die Herstellung eines Druckproduktes auch durch engen Kooperationsbedarf zwischen den Produktionspartnern geprägt, der durch konventionelle Netzwerke nicht adäquat unterstützt werden kann. Der Einsatz von Hochgeschwindigkeitsnetzen in diesem Anwendungsfeld eröffnet völlig neue

Publizieren, Computergestütztes

Perspektiven eines verteilten Produktionsszenariums, das jedoch auf die speziellen Arbeitsabläufe und Problemstellungen des Druckvorstufenbereichs abgestimmt sein muß.

Bei der Betrachtung des *technischen Herstellungsprozesses* im Druckvorstufenbereich, dem Unternehmen wie Verlage, Werbeagenturen, Satzbetriebe oder Reprobetriebe zuzuorden sind, lassen sich in der Regel fünf Phasen unterscheiden, die zwar inhaltlich miteinander verbunden sind, aber oft räumlich getrennt ablaufen:

- Der Produktionsprozeß eines Druckerzeugnisses beginnt mit der *Seitengestaltung,* die in Werbeagenturen oder Verlagen durchgeführt wird. Diese Phase umfaßt die typographische Gestaltung der Seite, die Auswahl der Bildmotive und die Festlegung der Textbestandteile; sie wird heute zunehmend auf Basis von Layoutsystemen oder DTP-Systemen (Desktop Publishing) realisiert.
- Die sich anschließende *Satzerstellung* befaßt sich mit der Weiterverarbeitung der Textkomponenten eines ↑Layouts zur produktionsreifen Vorlage. In Satzbetrieben werden dabei Fotosatzsysteme zur Bearbeitung der Textkomponenten eingesetzt.
- Die *Bildreproduktion* verläuft parallel zur Satzerstellung und wird in Reprobetrieben unter Einsatz von EBV-Systemen *(Elektronische Bildverarbeitung)* vorgenommen. Hier stehen die Bildkomponenten im Vordergrund, die während der Layoutplanung eine relativ grobe Auflösung besitzen und daher durch feinaufgelöste Bilddaten ersetzt werden müssen. Während der Seitengestaltung wird eine Auflösung von etwa 300 dpi verwendet (Grobauflösung), die bei der Reproduktion - je nach Qualitätsanspruch - auf bis zu 3000 dpi erhöht wird (Feinauflösung).
- Nach der Satzerstellung und Bildreproduktion müssen die Text- und Bildkomponenten zur *Erstellung der Druckvorlage* vereinigt werden. Dieser Vorgang erfolgt heute zunehmend durch Verschmelzen der Datenbestände aus Fotosatz- und EBV-Systemen.
- Auf Basis der elektronischen Druckvorlage wird die Druckformerstellung vorgenommen, bei der bspw. für den Tiefdruck Druckzylinder graviert oder für den Offsetdruck Druckplatten belichtet werden. Danach erfolgt der Druck.

Die beschriebenen Produktionsphasen vollziehen sich verteilt in mehreren Unternehmen, die oft sogar in verschiedenen Städten ansässig sind. Durch diese räumliche Trennung ist eine enge Zusammenarbeit der Partner nur über einen ständigen Datenaustausch möglich. Dies erfolgt heute durch Boten oder Kurierdienste, da keine Kommunikationseinrichtungen vorhanden sind, die für die entstehenden hohen Datenmengen adäquate Übertragungsleistungen bereitstellen. Durch die Verwendung hochaufgelöster Bilddaten umfaßt bspw. eine Zeitschriftenseite in guter Druckqualität die Datenmenge von ca. 40 MBytes.

Durch die dezentralen Organisationsstrukturen in der Druckindustrie besteht zudem ein starker Kooperationsbedarf zwischen den einzelnen Herstellungsphasen. Nahezu alle Zwischenprodukte, die während des Produktionsablaufes entstehen, unterliegen einem Abstimmungsprozeß zwischen Produktionspartnern, um die Qualität der Arbeitsergebnisse zu kontrollieren bzw. Hinweise für deren weitere Verarbeitung zu geben. Besonders intensiv ist die Zusammenarbeit zwischen der Layouterstellung (z.B. Verlag oder Werbeagentur) einerseits und dem Reprobetrieb andererseits, weil hier der Entwurf und die bildliche Ausgestaltung eines Druckerzeugnisses bis ins kleinste Detail (standgerecht und farblich) exakt aufeinander abgestimmt werden müssen.

Das *P.* verfolgt die Aufgabe, die Arbeit der am Publikationsprozeß beteiligten Partner zu unterstützen und zu vereinfachen, die ↑Kommunikation zu verbessern und die Phasen des Produktionsprozesses enger miteinander zu verbinden (Sandkuhl, 1994).

Probleme

Die geschilderten Arbeitsabläufe bieten zwar gegenüber der konventionellen Herstellung von Printmedien bereits erhebliche Vorteile, es sind jedoch noch Anstrengungen auf verschiedensten Gebieten notwendig, um ideale Arbeitsabläufe im Sinne eines wirtschaftlich optimalen Produktionsprozesses zu ermöglichen (Sandkuhl, 1993, 1994).

Wie schon erwähnt, wird die Dezentralisierung der Produktionsabläufe durch den Einsatz von Telekommunikationseinrichtungen nur unzureichend unterstützt. Hinzu kommt, daß ein starker Kooperationsbedarf zwischen den einzelnen Herstellungsphasen besteht. Weiterhin sind viele der im Druckvorstufenbereich eingesetzten Computersysteme Insellösungen, die zwar in ihrem Aufgabengebiet hervorragende Leistungen erbringen, jedoch oft nur geringe Möglichkeit des Datenaustausches mit anderen ↑Systemen besitzen. Eine online-Verbindung zwischen zwei Systemen ist heute ebenso die Ausnahme, wie eine Kommunikationsverbindung, die auch größere Distanzen überbrückt und sich in der alltäglichen Praxis einsetzen läßt.

Neben den Problemen bei der physikalischen Anbindung ergeben sich in den allermeisten Fällen auch Schwierigkeiten bzgl. der verwendeten Datenformate. Die Gründe hierfür beruhen nicht selten auf der Tatsache, daß Schnittstellenbeschreibungen aus firmenpolitischen Gründen nicht offengelegt werden, oder jeder Hersteller ein eigenes Format verwendet, das auf die speziellen Bedürfnisse des jeweiligen ↑Anwendungssystems zugeschnitten ist. Die Möglichkeit der Zusammenarbeit zwischen Systemen verschiedener Hersteller besteht oft nur deshalb, weil eine Speziallösung in Form einer Konvertierung der Formate existiert.
Zusammenfassend lassen sich im heutigen Herstellungsprozeß des computergestützten Publizierens drei zentrale *Problembereiche* identifizieren:

- das Fehlen von unternehmensübergreifenden Kommunikationsdiensten, die adäquate Übertragungsleistungen für das hohe Datenaufkommen in der Druckindustrie bereitstellen;
- fehlende phasenübergreifende Datenübernahmen aufgrund eines Mangels an ↑Schnittstellen zwischen den Endsystemen und anerkannten Standards bei den Datenformaten;
- unzureichende Unterstützung des Kooperationsbedarfs zwischen den Produktionspartnern.

Die Beseitigung dieser Problemfelder erfordert eine Integration aller im Prepressbereich verwendeten Endsysteme in eine phasen- und unternehmensübergreifende Kommunikationsstruktur. Dem Einsatz breitbandiger Kommunikationsmedien kommt dabei besondere Bedeutung zu.

↑Breitbandübertragung als Kommunikationsweg
Die heute verfügbaren Kommunikationsmöglichkeiten genügen nicht den Anforderungen der Druckindustrie, weil die Übertragungsraten bei der geforderten Qualität und bei dem sich daraus ergebenden Datenvolumen zu gering sind. Die Übertragung der Daten eines qualitativ hochwertigen vierfarbigen Druckbogens über die verwendbaren (traditionellen) Medien würde mehrere Stunden in Anspruch nehmen.
Die Einführung der ↑Breitbandkommunikation, wie sie im BERKOM-Testnetz zur Verfügung steht (Ricke, 1992), beschleunigt die Datenkommunikation um bis zu vier Zehnerpotenzen. Hier wird die Realisierung neuer Kommunikationsstrukturen möglich, deren Komplexität bisher kaum erfaßbar war. Realisierbarkeit, wie auch wirtschaftlicher Nutzen, müssen jedoch erst erschlossen werden. Es fehlt nicht nur an Konzepten, sondern an elementaren Technologien der Übertragung, deren Entwicklung noch nicht abgeschlossen ist.
Das *P.* ist geradezu ein Musterbeispiel für die Erforschung der Einsatzmöglichkeiten der Breitbandkommunikation, zumal wirtschaftlich starke Unternehmen auf Weiterentwicklung drängen. In diesem Zusammenhang wurde 1988 das BERKOM-Projekt BILUS (Breitband-integrierte Layout-Unterstützung) ins Leben gerufen, das neben dem RACE-Projekt Telepublishing und dem Folgeprojekt Mediapublishing Kommunikations- und Kooperationsmöglichkeiten im Breitbandnetz untersucht hat (Pape, 1992). In Zusammenarbeit mit mehreren Projektpartnern wurde anhand von praxisbezogenen Szenarien beispielhaft eine Kommunikationsstruktur realisiert, die auf der Breitbandkommunikation basiert und den Anforderungen aus der Druckindustrie gerecht wird.
Integration als Lösungstechnik
Unabhängig von der ↑Breitbandübertragung als Kommunikationsweg ist die Ausgangssituation in der Druckindustrie

gekennzeichnet durch eine Vielzahl von Einzelsystemen, die zur Erfüllung spezieller Aufgabenbereiche nur über einen lokalen Datenbestand verfügen und unzureichend mit Kommunikationsschnittstellen zu anderen ↑Systemen ausgestattet sind. Der Datenaustausch zwischen solchen Kommunikationsinseln ist vielfach nur in Ansätzen oder über Speziallösungen realisiert. Die Problematik verschärft sich, wenn zudem Kommunikationsverbindungen zu anderen Unternehmen integriert werden sollen, um nicht nur dezentrales Arbeiten innerhalb eines Unternehmens zu ermöglichen, sondern dieses auch unternehmensübergreifend zu realisieren. Zur Integration der Einzelsysteme können in dieser Ausgangssituation konzeptionell drei Schritte vollzogen werden: die physikalische, die logische und die betriebliche Integration (Sandkuhl, 1993).

• Die *physikalische Integration* bezeichnet dabei die hardwarebezogene Einbindung aller eingesetzten Systemkomponenten in einen gemeinsamen Netzverbund. Dazu werden zunächst alle Endsysteme eines Produktionspartners lokal mit einem geeigneten Netzwerk verbunden. Die so entstandenen hausinternen lokalen Netze müssen zur Realisierung der unternehmensübergreifenden ↑Kommunikation an ein öffentliches Netz gekoppelt werden. Dieser Schritt erfolgt sinnvollerweise über ein ↑Gateway oder einen speziellen Kommunikationsrechner, der sowohl mit dem lokalen Netz, als auch dem öffentlichen Netz verbunden ist und die Daten zwischen den Netzen umsetzen kann.

• Die *logische Integration* der Endsysteme zielt auf die Realisierung eines einheitlichen Daten- und Funktionsverbundes mittels physikalisch integrierten, ↑verteilten Systems ab. In einem ersten, oftmals schon schwer durchführbaren Schritt bedeutet dies die Möglichkeit zum verlustfreien Austausch von ↑Informationen zwischen verschiedenen, heterogenen Systemen. Die Notwendigkeit dieses Integrationsaspektes wird vor allem im Bereich der Datenformate deutlich: Viele Hersteller verwenden zur Datenspeicherung ihr eigenes Format, so daß die Weiterverarbeitung dieser Daten auf den Systemen anderer Hersteller nur dann möglich ist, wenn eine spezielle Datenkonvertierung durchgeführt wird. Eine solche Konvertierung ist in den wenigsten Fällen realisiert, so daß zur logischen Integration die Verwendung anerkannter Standards oder die Definition kompatibler Datenformate eine zentrale Forderung darstellt. Die logische Integration muß im Sinne eines einheitlichen Daten- und Funktionsverbundes aber weitgehender verstanden werden, da verlustfreier Informationsaustausch schärfere Anforderungen bspw. nach Synchronisation des Datenzugriffs oder nach einheitlichen ↑Benutzungsoberflächen der Anwendersysteme noch nicht berührt. Hier ist logische Integration im Sinne eines Übergangs auf integrierte, synchronisierte Datenhaltung (etwa durch ↑Datenbanken) und die Angleichung von Befehlsstrukturen, sowie Dialogabläufen zu begreifen und stellt eine weitere Verschärfung der Integrationsproblematik dar.

• Die *betriebliche Integration* baut auf der logischen und physikalischen Integration auf und umfaßt die Einbindung der entstandenen neuen Kommunikationsmöglichkeiten in die Arbeitsabläufe des jeweiligen Unternehmens. Die Zeitersparnis, die durch den Einsatz schneller Übertragungswege zu erwarten ist, erfordert Anpassungen in der innerbetrieblichen Organisation des Produktionsprozesses. Die Bedeutung der betrieblichen Integration wird vor allem dadurch deutlich, daß selbst technisch mögliche Innovationen in der Regel nur schrittweise, evolutionär eingeführt werden können, da andernfalls die erforderlichen Umstellungszeiten wirtschaftlich negative Konsequenzen zeitigen würden.

Literatur: Pape, U., Sandkuhl, K.: Broadband Integrated Layout Support (BILUS), in: *Ricke, H., Kanzow, J. (Eds.)*, BERKOM Broadband Communication within the Optical Fibre Network, Heidelberg, 1992. *Ricke, H., Kanzow, J.* (Eds.): BERKOM Broadband Communication within the Optical Fibre Network, Heidelberg, 1992. *Sandkuhl, K. et al.*: Kooperatives Arbeiten im computergestützten Publizieren, GMD, St. Augustin, 1993. *Sandkuhl, K.*: Systemintegration im Computergestützten Publizieren, Diss.,

Berlin, 1994.

Prof. Dr. U. Pape, Berlin

Publizieren, elektronisches
Computergestützte Erstellung bzw. Abfassung, Präsentation, Übermittlung, Speicherung und Wiedererlangung von Dokumenten.

Puffer
P. dient der Zwischenlagerung von Resultaten eines Vorgangs.

Pull down-Menütechnik
Interaktive Arbeitstechnik; nutzt eine Menüliste, die bis zu 10 Funktionsgruppen mit logischen, eindeutigen Befehlen enthält. Nach Auswahl eines dieser Punkte öffnet sich ein Fenster (Window), in dem Unterfunktionen der gewählten Funktion - wiederum mit logischen, eindeutigen Begriffen, angezeigt werden.

Qualitätssicherung
Sicherstellung der anvisierten Qualität der ↑Software; Maßnahmen, die der Einhaltung der Vorgaben im Rahmen des ↑Systemlebenszyklusses bzw. der Systemplanung dienen.

Quantitative Methoden
Regeln, Verfahren und Algorithmen aus Mathematik, ↑Statistik, Wahrscheinlichkeitsrechnung und ↑Operations Research.

Quantitative Methoden bei der Planung und Entwicklung von Informationssystemen

Begriffserklärung

Quantitative Methoden umfassen Regeln, Verfahren und Algorithmen aus Mathematik, Wahrscheinlichkeitsrechnung und ↑Statistik, sowie ↑Operations Research (OR). Sie finden sich in vielfältiger Weise in ↑Informationssystemen (z.B. OR-Verfahren in PPS-Systemen, Losgrößenberechnung und Prognoseverfahren in Lagerhaltungssystemen, graphentheoretische Verfahren in Tourenplanungssystemen), werden aber auch als Werkzeuge bei der Planung und Entwicklung von Informationssystemen eingesetzt.

Zielsetzung

Ziele des Einsatzes Quantitativer Methoden sind die folgenden:

- Unterstützung des Planungs-/Entwicklungsprozesses in bezug auf Effizienz, Termintreue, optimale Ressourcennutzung, hohe Qualität, niedrige Kosten;
- optimale Gestaltung von Informationssystemen, z.B. im Hinblick auf Laufzeitverhalten, Speicherausnutzung, Sicherheit, Benutzerführung.

Inhalte

Die interne Darstellung von Zeichen in Informationssystemen erfolgt heute meistens im ↑ASCII- oder ↑EBCDI-Code. Bei beiden Codes werden die Zeichen als 8stellige Dual- bzw. 2-stellige Hexadezimalzahlen dargestellt. Dafür und für die Konstruktion sog. "fehlererkennender" und "selbstkorrigierender Codes" werden das ↑Dualsystem und das ↑Hexadezimalsystem benötigt. Beim Sortieren von Daten werden modifizierte Ansätze aus der Kombinatorik verwendet, um Speicherbedarf und Rechenzeiten zu minimieren. Bekannte Verfahren sind Bubble Sort, Quicksort, Sortieren durch Einschieben, Sortieren durch Auswahl, Sortieren durch Mischen, Sortieren durch Verschmelzen (Lipschutz, 1987).

Bei der indizierten *Dateiorganisation* werden kurze Suchzeiten durch eine logische Dateiorganisation über spezielle ↑Graphen, über sog. sortierte binäre Bäume erreicht. Logisch werden dabei Datensätze als Knoten eines Baumes gespeichert. Die gerichteten Kanten entsprechen Adreßverweisen. In einem binären Baum kann es zu jedem Knoten maximal zwei unmittelbar nachgeordnete Knoten geben. Ein in der Sortierung vor dem Knoten liegender Knoten wird links, ein in der Sortierung folgender wird rechts angeordnet.

Die Schlüssel "Leer", "Göttingen", "Gotha", "Nürnberg", "Erfurt", "Münster", "Köln", "Goslar", "Stuttgart", "Weimar", "Gießen", "Bremen", "Schwerin" sind in einem binären Baum angeordnet.

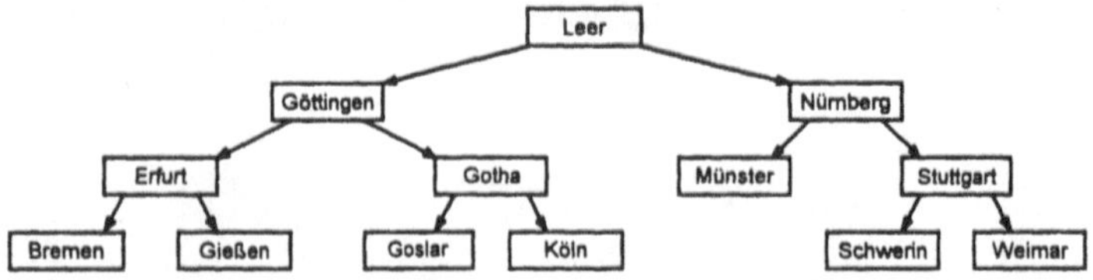

Beim algorithmischen Speichern der gestreuten Dateiorganisation wird aus dem Identifikationsschlüssel eines Datensatzes die Speicheradresse für diesen Datensatz mit Hilfe eines Algorithmus, der ↑*Hash-Funktion* bestimmt. Beispiel für eine Hash-Funktion und ihre Anwendung auf den Primärschüssel "Paul":

- Darstellung der Zeichen im ↑EBCDI-Code: Paul 1101011, 10000001,

 Quantitative Methoden

10100100, 10010011;
- Umwandlung der Dual- in Dezimalzahlen: 1101011, 10000001, 10100100, 10010011 215, 129, 164, 147;
- Interpretation der Dezimalzahlen als Ziffern eines 256er Zahlensystems und Umwandlung der 4stelligen 256er Zahl in eine Dezimalzahl: 215.2563+ 129.2562+ 164.2561+ 147.2560 = 3.615.597.715;
- Division dieser Dezimalzahl durch eine Primzahl (z.B. 5107), die nicht größer sein darf als die Anzahl der verfügbaren Speicherplätze (Divisions-Rest-Verfahren): 3.615.597.715 : 5107 = 707.969 Rest 32; Verwendung des Rests als Speicheradresse: Der Datensatz wird unter Adresse 0032 abgespeichert. Für die wirtschaftliche Ausnutzung von Speichermedien (bei schwacher Speicherausnutzung, z.B. Matrizen mit vielen Nullen als Elementen, hoher ↑Redundanz oder anderen Situationen) werden formale Verfahren der ↑*Datenkompression* eingesetzt.

Die Zahlen 60.983.567, 61.023.672, 61.038.091, 60.972.109 und 61.005.389 liegen sämtlich zwischen 60.950.000 und 61.050.000. Sie können als 61.000.000; -16.433, +23.672, +38.091, -27.891 und +05.89 gespeichert werden. Bei längeren derartigen Reihen führt das zur Einsparung von Speicherplatz.

Quantitative Methoden werden auch bei der *Datenmodellierung* eingesetzt. Im *Entity Relationship-Diagramm*, aber auch im *Netzwerkmodell* und im *hierarchischen Datenmodell* werden Datenstrukturen über ↑Graphen abgebildet. Das *relationale Datemodell* bildet ↑Datenstrukturen mittels Relationen ab, die anschaulich durch Tabellen dargestellt werden können. Eine Relation beschreibt dabei einen Objekttyp durch seine ↑Attribute. Mathematisch handelt es sich um der Algebra zugehörige Relationen, die hier als Teilmenge des kartesischen Produktes der Wertebereiche der Attribute des zu modellierenden Objekttyps definiert sind. Die Erzeugung speicheroptimaler Relationen durch die sog. Normalisierung benutzt ↑Methoden aus der Relationen-Algebra. Für die Darstellung und Analyse der Strukturen, Zuordnungen und Beziehungen bei ↑Informationssystemen werden ↑Matrizen und ↑Graphen verwendet. Beispiele für Zuordnungen oder Beziehungen sind:
- innerbetriebliche Leistungsverflechtungen zwischen verschiedenen Abteilungen oder Kostenstellen;
- Zuordnung von Aufgaben zu Stellen oder Mitarbeitern;
- Datenzugriffe von Abteilungen oder Arbeitsplätzen auf verschiedene Datenfelder bzw. Datenelemente.

	Einkauf	Lager	Produktion	Vertr.	Kosten gr.
Einkauf	-	30	0,3	0,1	3,5
Lager	8	-	5,5	0,6	36
Produktion	1,5	15,5	-	24	85
Vertrieb	0,1	0,8	7,8	-	16,5
Kostenrechnung	4,7	1,4	11,5	1,6	-

Die Elemente der Matrix geben an, welche Datenmengen in MB bspw. wöchentlich zwischen den Unternehmensbereichen zu transferieren sind. Dabei sind den Zeilen die abgebenden, den Spalten die empfangenden Bereiche zugeordnet.

Graphen bestehen aus Knoten, die zeichnerisch als Kreise, Rechtecke, Rauten oder dgl. dargestellt werden können und aus Kanten, die Knoten miteinander verbinden. Diese Kanten können mit einer Richtung versehen und als Pfeile bezeichnet werden. Außerdem können Kanten und/oder Knoten bewertet werden. Die abgehenden Datenmengen sind jeweils an den Kanten eingetragen, die den abgebenden Abteilungen entsprechen. Der ↑Graph veranschaulicht zugleich die Datenübertragungswege zwischen den Abteilungen.

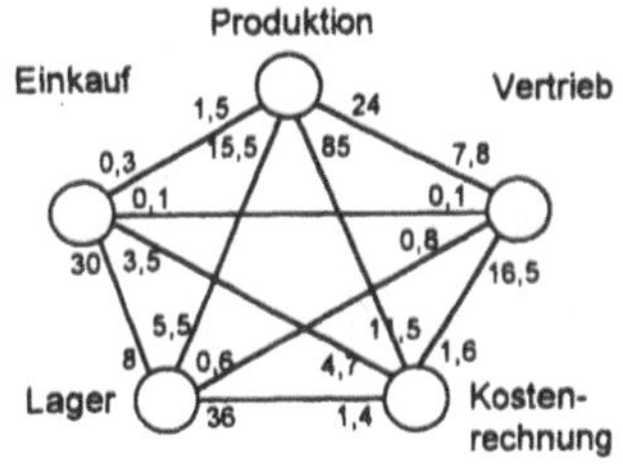

Für die Ermittlung des Mengengerüstes bei einer *Ist-Analyse* im Rahmen der ↑Systementwicklung, werden statistische Verfahren und Techniken benutzt, z.B. Häufigkeitsverteilungen, Mittelwerte und Streuungsmaße, Zeitreihen- und Regressionsanalyse.

Name der Tabelle			Entscheidungs-regeln		
	1	2	. . .	n-1	n
Bedingung 1					
Bedingung 2					
. . .			Bedingungsanzeigeteil		
Bedingung m-1					
Bedingung m					
Aktion 1					
Aktion 2					
. . .			Aktionsanzeigeteil		
Aktion r-1					
Aktion r					

Für den *Entwurf von ↑Informationssystemen* gibt es eine Vielzahl ↑Quantitativer Methoden, z.B. ↑Entscheidungstabellen und Petrinetze. Eine ↑*Entscheidungstabelle* ist die tabellarische Darstellung von Bedingungen und den dadurch ausgelösten Handlungen bzw. Entscheidungen. Sie ist immer nach folgendem Muster aufgebaut: Im oberen Teil stehen die Bedingungen, und zwar links die Bezeichnungen und rechts die möglichen Werte bzw. Zustände, die die Bedingungen annehmen können. Dabei kommt es darauf an, jeden möglichen Wert einer Bedingung mit allen möglichen Werten der anderen Bedingungen zu kombinieren. Zu jeder Kombination von Bedingungswerten gehört dann eine Entscheidungsregel. Sofern nur Bedingungen vorliegen, die die Werte "ja" und "nein" annehmen können, dann bedeutet das bei n Bedingungen, daß es insgesamt 2n Bedingungskombinationen gibt, also auch 2n Entscheidungsregeln. Im unteren Teil stehen die Aktionen bzw. Handlungsmöglichkeiten, und zwar links die Bezeichnungen der möglichen Aktionen und rechts zu jeder Bedingungssituation bzw. Entscheidungsregel, ob die jeweilige Aktion durchzuführen ist oder nicht.

Mit *Petrinetzen* können nicht nur statische Aspekte, sondern auch die Dynamik von Informationssystemen modelliert werden. Sie sind deshalb geeignet, um

- Hardware-/Kommunikationsprotokolle zu beschreiben und zu simulieren,
- parallel ablaufende Prozesse darzustellen und ganz allgemein
- Anforderungen an das System zu formulieren.

Es gibt verschiedene Typen von Petrinetzen. Eine einfache Form sind Bedingungs-Ereignisnetze. Ein solches Netz ist ein Graph, dessen Knoten Ereignisse (dargestellt als Rechtecke) oder Bedingungen (im Sinne der Voraussetzung für einen Zustand, dargestellt als Kreise) darstellen. Die gerichteten Kanten des Graphen geben die logische Struktur an. Eine Marke, dargestellt als ausgefüllter Kreis in einer Bedingung, zeigt an, daß die entsprechende Bedingung erfüllt ist. Ein Ereignis kann eintreten, wenn alle vorherliegenden Bedingungen mit einer Marke gefüllt sind und alle nachfolgenden Bedingungen noch keine Marke aufweisen. Das Ereignis wird in diesem Fall als aktiviert bezeichnet. Durch das Auslösen eines Ereignisses werden aus allen vorherliegenden Bedingungen die Marken entnommen und alle nachfolgenden Bedingungen mit einer Marke gefüllt, d. h. es tritt einer neuer Zustand des Gesamtsystems ein.

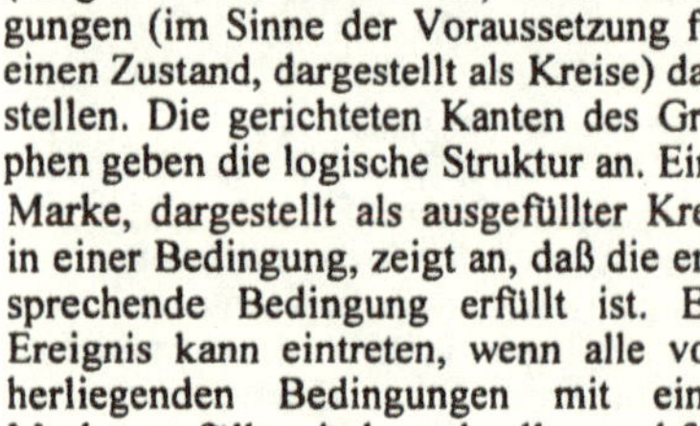

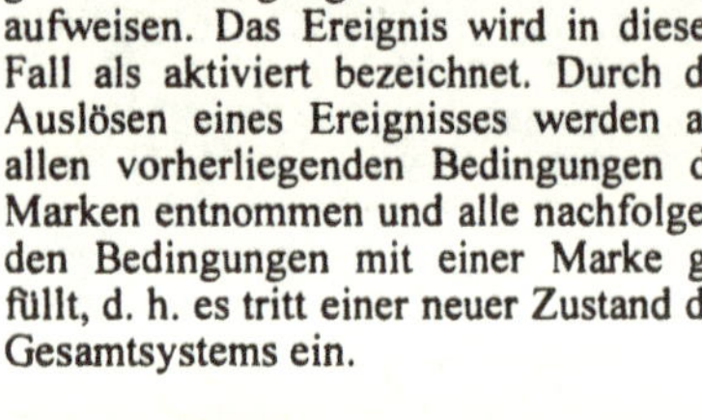

Der linke Teil kann wie folgt interpretiert werden: Ein Produkt wurde erzeugt und auf Lager genommen (Ereignis Produktion ist zuletzt eingetreten). Das Ereignis Versand kann jetzt eintreten, weil seine Vorbedingung (Produzent kann senden) erfüllt ist und die beiden Nachbedingungen leer sind. Würde etwa eine Marke im Übertragungsweg belegt liegen, so könnte der Sendevorgang nicht stattfinden. Andere Ereignisse mit Ausnahme von Versenden können nicht eintreten, weil die Vorbedingungen nicht erfüllt sind.
Der rechte Teil zeigt den einzig möglichen Zustand, der auf den rechts gezeigte Systemzustand folgen kann (es kann nur ein Ereignis eintreten). Hier entsteht aber eine Situation in der zwei Ereignisse unabhängig voneinander eintreten können, so daß die Reihenfolge der anschließenden Systemzustände nicht mehr eindeutig vorhersagbar ist.

Bei der Konzeption und der *Konfiguration von ↑Hardware* können unterschiedliche Ansätze verwendet werden, z.B.

- Methoden der Graphentheorie für den Entwurf einer Hardwarearchitektur;
- Methoden der Mathematischen Optimierung für die optimale Auslegung der einzelnen Komponenten;
- Verfahren zur Ermittlung des Antwortzeit- und Laufzeitverhaltens von ↑Software in Abhängigkeit von Hardwareeigenschaften;
- Warteschlangenmodelle zur optimalen Ablaufsteuerung mit Hilfe der ↑Betriebssysteme;
- ↑Statistik und Wahrscheinlichkeitsrechnung zur Untersuchung der Zuverlässigkeit (Ausfallwahrscheinlichkeiten, Lebensdauer) eines ↑Systems oder einzelner Komponenten.

Bei der *Datenübertragung* und beim *Betrieb* von ↑Rechnernetzen gibt es folgende, mit quantitativen Methoden lösbare Probleme:

- Bestimmung von Zuverlässigkeit, Sicherheit und Verfügbarkeit eines Datenübertragungssystems (Wahrscheinlichkeitsrechnung und Statistik);
- Layout- bzw. Topologieplanung von Netzen (Methoden der Graphentheorie);
- Optimierung von Übertragungszeiten und Durchsatz.

Die Planung und Entwicklung von ↑Informationssystemen ist eng verbunden mit *Durchführbarkeitsuntersuchungen*, insb. im Hinblick auf ↑Wirtschaftlichkeit. Dabei werden neben quantitativen Ansätze der "klassischen" Investitions- bzw. Wirtschaftlichkeitsrechnung spezielle Verfahren verwendet, wie z.B. ↑Nutzwertanalyse und Nutzenanalyse usw. (Nagel, 1990). Für die Schätzung des für eine Softwareentwicklung zu erwartenden Aufwands werden verschiedene Methoden verwendet (Noth et al. 1986) u.a. statistische Verfahren (insb. bei der Auswertung von Vergangenheitsdaten), spezielle Bewertungsmethoden (z.B. bei der Function Point Methode) und funktionale Ansätze (Schätzgleichungen beim COCOMO-Ansatz).

↑*Kryptographie* oder Verschlüsselung von Zeichen ist ein spezieller Ansatz zur Gewährleistung von ↑Datensicherheit und ↑Datenschutz bei Speicherung und Übertragung von Daten. Dabei werden die Zeichen eines Zeichenvorrats in Zeichen eines anderen Zeichenvorrats abgebildet, und zwar so, daß der Informationsgehalt nach Verschlüsselung nicht mehr erkennbar ist. Kryptographische Verfahren basieren meistens auf Ansätzen aus der Kombinatorik oder Zahlentheorie. Bei der ↑*Chiffrierung* werden Zeichen transponiert oder ersetzt, um dadurch die ↑Daten zu entstellen. Bei Transpositionschiffrierung werden die Zeichen in Gruppen oder Blöcke eingeteilt. Ein Transpositionsschlüssel gibt das Umordnungsmuster eines Blocks oder einer Gruppe von n Zeichen an. Wird eine Blocklänge von n gewählt, so gibt es n! mögliche Muster zur Umordnung bzw. Permutation der Zeichen.

Die *Transpositionschiffrierung* wird teilweise auch mittelbar angewendet, indem Zeichen in ↑ASCII-Code übersetzt, diesen ASCII-Code z.B. in 5er Blöcke einteilt und diese 5er Blöcke dann permutiert werden, und zwar mit dem jeweils gleichen Schlüssel. Nach der Verschlüsselung werden wieder Bytes zu je 8 Bit gebildet und diese über den ASCII-Code in Zeichen übertragen.

Bei der *Substitutionschiffrierung* werden Zeichen mit Hilfe eines Chiffrieralphabets durch andere Zeichen ersetzt, z.B.

Datenblock:	B	r	a	u	n	s	c	h	w	e	i	g
Zeichennummer	1	2	3	4	5	6	7	8	9	10	11	12
Permutation der Zeichen-Nr.	5	3	12	9	6	8	1	4	2	7	11	10
Chiffrierter Text	n	a	g	w	s	h	B	u	r	c	i	e

Klartext	P	a	u	l	e
ASCII-Code	01010000	01100001	01110101	01101100	01100101

5-er Gruppen	01010	00001	10000	10111	01010	11011	00011	00101
Schlüssel	13452	13452	13452	13452	13452	13452	13452	13452
neue 5-er Gruppen	00101	00010	10000	11110	00101	10111	00110	01010

ASCII-Code	00101000	10100001	11100010	11011100	11001010
chiffrierter Text	(	À	ã	Ê	ò

durch Verschiebung der Zeichen um eine bestimmte Anzahl von Positionen innerhalb des benutzten Alphabets. Bei Verwendung des lateinischen Alphabets gibt es dabei nur 26 Möglichkeiten. Wird um zwei Positionsstellen verschoben, dann wird der Buchstabe A mit C codiert und der Buchstabe J mit L. Sollen die Zeichen um eine wechselnde Anzahl von Positionen verschoben werden, wird die Anzahl der Verschiebungschritte durch Zufallszahlen erzeugt oder über eine ↑Nachricht. Weiterhin kann ein bestimmter Begriff oder eine bestimmte Wortfolge gewählt werden, ebenso die Ordnungsnummern der Buchstaben dieser ↑Nachricht im Alphabet für die Verschiebung der Zeichen. Dabei entstehen für die Zeichenverschiebung dann Zyklen.

Beim Management der Planung und Entwicklung von Informationssystemen werden ↑Quantitative Methoden aus dem ↑*Projektmanagement* eingesetzt, insb. die auf der Graphentheorie basierenden Verfahren Netzplantechnik(Schwarze,1994).

Bei der *Qualitätssicherung* der Entwicklung von ↑Informationssystemen ist Qualität von ↑Software zu messen. Dabei geht es oft um die Komplexität der Algorithmen, wobei die verwendete ↑Programmiersprache eine Rolle spielt:

- Wieviel Rechenschritte benötigt ein Algorithmus?
- Wie hoch ist der maximale Speicherbedarf des Algorithmus?

Zur Bestimmung von Komplexitätsmaßen kann die Programmstruktur (Kontrollfluß) als gerichtete ↑Graph aufgefaßt werden. Die Programmanweisungen sind dabei die Knoten, die Kontrollflüsse die Kanten des ↑Graphen. McCabe (1976) definiert als Komplexitätsmaß

$$V(g)=e-n+2p,$$

wobei e die Anzahl der Kanten, n die Anzahl der Knoten und p die Anzahl der Zusammenhangskomponenten des Programmgraphen bezeichnet. Ein anderes Maß geht auf (Schmidt, 1985) zurück:

$$(s)=\sum_{n=1}^{N}\left(1-\frac{1}{d_n}\right)/N,$$

wobei N die Anzahl von Verzweigungen des Programmgraphen und d_n die Anzahl der vom n-ten Verzweigungsknoten dominierten weiteren Verzweigungsknoten ist. (Halstead, 1977) definiert Maßgrößen für das Programmvolumen V, die Schwierigkeit S, ein ↑Programm zu verstehen, den Programmieraufwand A und die Fehlerwahrscheinlichkeit P wie folgt:

$$V=N\log_2 n;\ S=n_1 N_2/2n_2;\ A=SV;\ P=V/300,$$

wobei n_1 die Anzahl verschiedener Operatoren, n_2 die Anzahl verschiedener Operanden, N_1 die Gesamtzahl aller Operatoren, N_2 die Gesamtzahl aller Operanden, $n = n_1 + n_2$ und $N = N_1 + N_2$ ist. Der Nenner in der Formel für P beruht auf der empirischen Feststellung, daß im Durchschnitt nach etwa 3000 Elementaroperationen des Gehirns ein Programmierfehler auftritt(Wallmüller,1990).

Quantitative Methoden werden neben den skizzierten auch in anderen Bereichen angewendet, z.B. bei der *Organisationsplanung* die auch das Umsystem berücksichtigt (u.a. Ansätze aus der Graphentheorie), oder bei der *Bestimmung der Leistungsfähigkeit* eines ↑Informationssystems (u.a. ↑Statistik). Aber auch in den behandelten Bereichen ist das Spektrum der Verwendung Quantitativer Methoden weiter als es hier dargestellt werden kann.

Literatur: Lipschutz, S.: Datenstrukturen, Hamburg, 1987. *Nagel, K.*: Nutzen der Informationsverarbeitung, 2. Aufl. München, 1990. *Noth, T., Kretzschmar, M.*: Aufwandsschätzung von DV-Projekten,

2. Aufl., Berlin, 1986. *Reisig, W.*: Systementwurf mit Netzen, Berlin, 1985. *Schwarze, J.*: Netzplantechnik, 7. Aufl., Herne, 1994. *Wallmüller, E.*: Software-Qualitätssicherung in der Praxis, München, 1990.

Prof. Dr. J. Schwarze, Hannover

Quellprogramm
Ein in der Quellsprache abgefaßte Folge von Anweisungen.

Radiosity-Verfahren

Verfahren, das mit geeigneten Reflexions- und Beleuchtungsmodellen die Oberflächen der darzustellenden ↑Objekte möglichst wirklichkeitsgetreu wiederzugeben versuchen.

RAM

Random Access Memory; Speicher mit beliebigem Zugriff; in zwei Varianten genutzt, statisch als Cache Memory und dynamic RAM; ist in Zellen gleicher Größe unterteilt; jede Zelle hat ihre Nummer, ihre Adresse; die maximale Größe des Arbeitsspeichers, die adressiert werden kann, hängt von der Breite des Adreßregisters. Beispiel: mit 32 Bits breiten Adressen können 236 Bytes (rund 4 GByte) direkt angesprochen werden.

Rapid-Prototyping

Methode, in der anhand einer kleinen Menge von erhobenen Daten ein ↑Prototyp konstruiert, aufgrund weiterer Erhebungen sukzessive erweitert und verfeinert wird, bis er die gewünschten Anforderungen erfüllt.

Ray Tracing-Verfahren

Verfahren, das versucht, den Verlauf der von der Lichtquelle über evtl. mehrfache Reflexionen auf den Bildschirm fallenden Lichtstrahlen zu rekonstruieren, indem es für jedes Pixel des Bildschirms einen Strahl verwendet und dessen Verlauf bis zur Lichtquelle zurückverfolgt.

Re-Engineering

Die Zusammensetzung der lateinischen Vorsilbe „Re" für zurück und der Tätigkeit „Engineering" im Zusammenhang mit ↑Software weist klar darauf hin, daß eine gewisse Umkehrung stattfindet. Das betrifft die üblichen Aktivitäten bei der Erstellung von Software gemäß dem Wasserfall Lebenszyklusmodell, die in früheren Phasen als der Implementierung (Analyse, Spezifikation, Entwurf etc.) stattgefunden haben (Sneed, 1992).

R. wird mithin als Sammelbegriff für zahlreiche Aktivitäten betrachtet, die alle miteinander auf die nachträgliche Verbesserung oder mindestens Veränderung von vorhandener Software abzielen. Verbesserung kann in diesem Kontext viele unterschiedliche Ausprägungen erhalten, d.h. es kann Strukturverbesserung, Verbesserung des Verständnisses und der Kenntnis über den Aufbau von ↑Programmen (Program Understanding), verbessertes Laufzeitverhalten, verbesserte Möglichkeiten zur Wiederbenutzung, verbesserte Wartbarkeit, verbesserte Qualität bzgl. einer jeweils genauer festzulegenden Dimension usw. bedeuten. Diese unterschiedlichen Verbesserungsziele begründen jeweils wieder eigene Teilbegriffe, die im folgenden kurz nacheinander vorgestellt werden sollen (Richter, 1992, 1994):

- *Re-Structuring* oder Restrukturierung bedeutet die nachträgliche Bereinigung von Software mit dem Ziel, durch das "Aufräumen" sich von über der Zeit entstandenen "Auswüchsen" (im Laufe der ↑Softwarewartung werden durch Änderungen und Funktionserweiterungen wiederholt Zugeständnisse an vom Ersteller vorgesehenen Ordnungsmerkmalen vorgenommen) zu befreien. Hierzu gehören Maßnahmen, die aus dem wohlbekannten "Spaghetti"-Code wieder systematische und sauber geschachtelte Block- und Aufrufstrukturen herstellen. Beim *R.* der Restrukturierung werden z.B. in Cobol Alter- und Goto-Anweisungen eliminiert, sowie überlappende Perform-Konstrukte mit sog. Fall Through-Varianten in vollständige Hierarchien strukturierter Prozeduren mit eindeutigem Ein- und Ausgang umgeformt. Damit hat natürlich Restrukturierung auch das Ziel, künftige Fortschreibungen der betreffenden ↑Software nachhaltig zu erleichtern.
- Eine weitere Aktivität im Zusammenhang mit *R.* betrifft das *Reverse Engineering*. Der Hauptzweck des Reverse Engineering (Stichwort ↑Softwarewartung) ist die nachträgliche Akquisition von diverser Strukturinformation (Datenstruktur- und Kontrollstrukturinformation) aus den frühen Phasen des Softwarelebenszyklusses. Von besonderer Bedeutung ist diese Strukturinformation zumal für solche Applikationen, die ohne oder zumindest mit ungenügender Dokumentation entwickelt wurden und daher später ohne das Know how der ursprünglichen Entwickler nahezu nicht mehr wart-

bzw. fortschreibbar sind. Solche Strukturinformation ist für existierende ↑Software und die dahinter stehenden Applikationen infolge (noch) nicht systematischer bzw. nach heutiger Kenntnis vollständiger Vorgehensweise daher häufig nicht oder nur teilweise vorhanden. Das Defizit an entsprechender Strukturinformation ist hierbei in aller Regel um so größer, je älter die betreffende Software ist. Mit Methoden des Reverse Engineering wird versucht, Versäumnisse in den frühen Phasen des Softwarelebenszyklusses nachträglich wieder mindestens teilweise auszugleichen. Daß aber aus Quellcode akquirierte Strukturinformation in der Regel nur einen Teil des Know how aus den frühen Phasen wieder zurückgeben kann, wird häufig nicht beachtet. Gewisse Teile semantischer Infrastrukturinformationen gehen notwendigerweise beim Übergang auf die Folgephasen verloren (z.B. ist aus ↑Objektcode weit weniger ↑Information erhältlich als aus Quellcode) und daher sind alle Aktivitäten, die die Reihenfolge der Phasen des Softwarelebenszyklusses umkehren, mit gewissen Unsicherheiten verbunden. Die Konsequenz ist, daß sämtliche auf den Verfahren des Reverse Engineering beruhenden Aktivitäten - überwiegend handelt es hierbei um ↑Softwarewartung - nie in vollständig automatisierbare Abläufe umgeformt werden können. Reverse Engineering versucht also, aus existierendem Code rückwärts die Spezifikationen abzuleiten und die für betriebliche Applikationen wichtigen Geschäftsprozesse in einer höheren Abstraktionsstufe sichtbar zu machen. Reverse Engineering berührt nicht nur den Code, sondern ebenso die Programmlogik, die Daten und - falls vorhanden - auch die Dokumentation. Unter den *R.*-Technologien spielt Reverse Engineering in dem Sinne eine herausragende Rolle, als dieser Schritt häufig die Voraussetzung dafür darstellt, um andere *R.*-Aktivitäten wie z.B. die Restrukturierung anzuschliessen.

Unter Wiederbenutzung von Software oder *Reuse* im Kontext von *R.* werden alle Formen der weiteren Verwendung materieller und immaterieller Betriebsmittel verstanden, d.h. von Erfahrung und Know how bei Personen, von dokumentierter Information über gewisse Programme bzw. Systeme bis hin zu den Programmen selbst, sowie von allen Methoden und Verfahren, die einzelne Schritte des Softwareentwicklungsprozesses betreffen. Wenn auch nahezu jede Form von Information für die Wiederbenutzung zugelassen ist, so konzentriert sich doch das Hauptinteresse auf Programme. Es wird unterschieden, ob die Wiederbenutzung bereits bei der Erstellung der Programme geplant ist, oder ob erst nachträglich für bereits existierende Programme deren Wiederbenutzung in Erwägung gezogen wird. Es ist bei einer frühzeitigen Planung während der Spezifikation und des Entwurfs durch die Berücksichtigung möglicher künftiger Erfordernisse die spätere Wiederbenutzung viel leichter möglich. Die Art der Wiederbenutzung kann außerdem differenziert werden nach einer Wiederbenutzung mit/ohne Änderungen oder einer Wiederbenutzung in Teilen, so in der Form von Templates, die durch Auffüllung der Lücken mit konkreten Daten bzw. Anweisungen auf die Anwendungsumgebung angepaßt werden. In jedem Fall wird Wiederbenutzung um so leichter möglich sein, je konsequenter das methodische Vorgehen über alle Phasen des Softwarelebenszyklusses praktiziert wird. Nicht zuletzt helfen formale Methoden und Werkzeuge und damit verbundene systematische Dokumentationen die spätere Wiederverwendung zu einem weit geringeren Aufwand zu ermöglichen. Der zunehmend stärker zum Einsatz gelangende objektorientierte Entwicklungsansatz liefert in den zugrundeliegenden Eigenschaften des zugehörigen Programmierparadigmas in Form der Klassenbildung und der ↑Vererbung hervorragende Randbedingungen für die Wiederbenutzung schlechthin. Je weiter solche objektorientierten Entwicklungsumgebungen zukünftig zur Verfügung stehen, desto mehr kann davon ausgegangen werden, daß Wiederverwendung ohne explizite Erwähnung normaler Bestandteil der Softwarekultur wird.

Literatur: Richter, L.: Wiederbenutzbarkeit und Restrukturierung oder Reuse, Re-Engineering und Reverse Engineering, Wirtschaftsinformatik, 34. Jg.,

Heft 2, 1992. *Richter, L.:* Chancen und Risiken beim Re-Engineering von Software, Information Management, Wirtschaftsinformatik, 36. Jg. Heft 1, 1994. *Sneed, H.J.:* Software Sanierung Reverse und Reengineering, DV-Praxis online, Köln, 1992.

Prof. Dr. L. Richter, Zürich

Re-Structuring
Nachträgliche Bereinigung von ↑Software von über die Zeit entstandenen Auswüchsen.

Re-Use
Wiederbenutzung von ↑Software.

Realtime Processing
Echtzeitbetrieb; ↑Betriebsart für den Prozeßbetrieb.

Rechenzentren, Organisation und Betrieb von

Begriffserklärung

Das *Rechenzentrum* hatte schon als Standort der ersten Rechenmaschinen vor mehr als 40 Jahren einen festen Platz in der kommerzialisierten ↑Informationsverarbeitung. Im Laufe der Jahrzehnte hat sich jedoch der Begriff ständig geändert, vor allem in den letzten Jahren. Aber auch heute, im Zeitalter der ↑Client/Server-Systeme, hat das Rechenzentrum seinen festen Platz im Alltag der ↑Informationsverarbeitung. Die intelligenten Endgeräte (↑Workstations oder ↑PC) sind über ein ↑Datennetz an die ↑Server angeschlossen, die zentral Informationsdienstleistungen in Ergänzung zu den dezentralen Leistungen der Endgeräte erbringen. Werden PC ohne Vernetzung mit Servern (↑Stand Alone) eingesetzt, so gibt es auch kein Rechenzentrum.

Das *Rechenzentrum i.e.S.* beschäftigt sich mit dem zentralen Betrieb der Server, zu denen auch die ↑Mainframes der davorliegenden Rechnergeneration gehören. Es gewährleistet die Bereitstellung der zentralen Informatikproduktion.

Unter einem *Rechenzentrum i.w.S.* wird der Gesamtkomplex der zentral zu erbringenden Routineaufgaben einer automatisierten Informationsverarbeitung verstanden, also sowohl der Betrieb der zentralen Server, als auch das zentrale Management des ↑Datennetzes und des Benutzer-Servicezentrums für die Endbenutzer.

Zielsetzung

Selbst bei einer stark dezentral ausgeprägten Informationsverarbeitung läßt sich die Routine der Anwendungen nur durch eine zentrale Steuerung optimal gestalten. Ziel des *R.* ist eine möglichst wirtschaftliche Leistungserbringung.
Hierzu zählt ein straffes ↑Controlling, das sich u.a. auch durch Aufgeschlossenheit gegenüber einer Teilbetriebsauslagerung zeigen muß. Relativ seltene Spitzenanforderungen an die Schnelldruckerausgabe oder eine Mikroverfilmung können z.B. extern wirtschaftlicher erbracht werden, wo eine gleichmäßige Auslastung der Geräte einen günstigeren Preis ermöglicht. Ein Vergleich mit Angeboten von Dienstleistungen des Marktes ist immer wieder anzustellen (*↑Controlling des R.*). Fällt dieser Vergleich zu Ungunsten des eigenen Rechenzentrums in der Leistungserbringung aus, so ist als nächstes zu ergründen, warum ein Dienstleister des Marktes preisgünstiger die eine oder andere Teilleistung erbringen kann. Gelingt es nicht, die kostenbegünstigenden Faktoren auf das eigene Rechenzentrum zu übertragen, so gilt es abzuwägen, ob diese Teilleistung nicht über den Markt auf dem Wege des *↑Outsourcing* erhalten werden sollte. Es wäre völlig falsch, bei dem Begriff des Outsourcing immer nur an die Gesamtauslagerung der Informatikdienste zu denken. Viel wichtiger sind Teilauslagerungen, um die Produktionstiefe des eigenen Rechenzentrums zu vermindern. In solchen Fällen wird von einer Verschlankung der DV -Organisation gesprochen.

Aufgaben

Übergeordnet hat das Rechenzentrum drei Grundaufgaben:

- Fehlerfreier Betrieb von Netz und Servern (incl. Mainframes);
- Einhalten aller Zeitbedingungen entsprechend den mit den Benutzern abgeschlossenen Service Level Agreements;
- Minimierung der RZ-Kosten.

Die Gesamtaufgaben der Informationsverarbeitung gliedern sich in Planung, Entwicklung und Realisierung, sowie in den Routinebetrieb. Nur der letztere wird

 Rechenzentren, Organisation u. Betrieb v.

<table>
<tr><td rowspan="9">Leiter

Betrieb der DV-Systeme</td><td>RZ-Leiter
Bereitstellung zentraler Informatik-Dienste</td><td>Leiter Systemtechnik
Planung, Realisierung und Kontrolle der zentralen systemtechnischen Betriebsvoraussetzungen</td><td>– Betriebssysteme
– System-nahe Tools
– TP-Monitore
– Compiler
– Datenbanken</td></tr>
<tr><td rowspan="5">Leiter
PC-Betrieb und Benutzerservice-zentrum</td><td>Leiter Produktion</td><td>– Bedienung
– Arbeitsvorbereitung
– Automatisierung
– Arbeitsnachbereitung
– Datenarchive</td></tr>
<tr><td colspan="2">Hotline, 1st Level support</td></tr>
<tr><td colspan="2">Benutzerberatung</td></tr>
<tr><td colspan="2">PC-Technik</td></tr>
<tr><td colspan="2">Anwenderschulung</td></tr>
<tr><td rowspan="3">Leiter
Telekommunikation und Netzbetrieb</td><td colspan="2">LAN-Planung</td></tr>
<tr><td colspan="2">Netz-Betrieb, Netz-Management</td></tr>
<tr><td colspan="2">WAN-Anschlüsse</td></tr>
</table>

durch das Rechenzentrum abgedeckt. Im einzelnen setzt sich dies aus folgenden Teilaufgaben zusammen:

- Aufgaben des *Betriebs der zentralen Server* einschl. der ↑Mainframes Produktionsplanung, Planung, Realisierung und Kontrolle der zentralen systemtechnischen Betriebsvoraussetzungen, Produktionsüberwachung, Produktionsautomatisierung, effiziente Systemauslastung, Übernahme neuer oder geänderter ↑Anwendungssysteme, ordnungsgemäße und sichere Verwaltung der Daten, Maßnahmen bei Störungen der Produktion, Führen eines Problemmanagementsystems;
- Aufgaben eines *Benutzerservicezentrums* mit Betreuung der Anwender in Fragen der Nutzung von Anwendungssystemen und Peripheriegeräten, sowie Verwalten der Benutzer mit Hilfe von Zugriffschutzsystemen, Einrichtung, Änderung, Sperren und Freigeben von Benutzerberechtigungen; First Level Support: Entgegennahme aller Anfragen der Benutzer; Weiterleiten von Fehlermeldungen zum Second Level Support (nicht immer RZ-Mitarbeiter); Führung eines Problemmanagementsystems zur Verfolgung aller eingegangenen Probleme; Auswahl, Installation und Wartung von Terminals, Druckern, PC; Verwaltung, Betreuung der Endgeräte bei den Benutzern.
- Aufgaben eines ↑*Datennetzes* mit Konzeption und Aufbau der Netzwerk- und Telekommunikationssoftware und -hardware; Installation, Wartung und Pflege der Netzwerk- und Telekommunikationssoftware und -hardware; Sicherstellung und Überwachung des Netzbetriebes; Konzeption, Installation und Betrieb der Kommunikationssysteme; Bereitstellung der Techniken für dezentrale Software- und Datenverteilung.

Daraus ergibt sich nachfolgendes Beispiel eines *RZ-Organigramms*, das einerseits das Rechenzentrum i.w.S. abdeckt, andererseits das Rechenzentrum i.e.S. deutlich erkennen läßt.

Problemstellung

In früheren Jahren lag die Problemstellung des Rechenzentrums wesentlich einfacher, da es sich hierbei nur um die zentrale DV-Produktion handelte. Die Leistung der ↑Informationsverarbeitung wurde sowohl für den ↑Stapelbetrieb, wie für den ↑Dialogbetrieb zentral erbracht. Dieses hat sich grundsätzlich geändert, seitdem die DV-Leistung für ein Anwendungssystem nicht mehr an einem Ort erbracht werden muß. Alle Überheblichkeiten der Dezentralisten, die bereits vor 15 Jahren bei Aufkommen des PC den Tod der Rechenzentren voraussagten, wurden aber Lügen gestraft. Natürlich gibt es beim Betrieb isolierter PC kein Rechenzentrum. Durch die Verbindung von ↑Computern mit ↑Datennetzen wird die Zusammenarbeit an einer Anwendung ermöglicht. Die ökonomische Zusammen-

arbeit dieser Rechner (sowohl Hosts wie PC) gilt es, optimal zu gestalten.
Bestimmend dabei ist auch, daß durch die technische Entwicklung bedingt, sich nach und nach der vollautomatische Betrieb der DV-Systeme durchsetzt. Die Anzahl der Operateure (Systembediener) nimmt daher nicht mehr mit der Leistungsfähigkeit der DV-Systeme zu, sondern sie nimmt sogar stetig ab. Entsprechend nimmt auch der Schichtdienst bei den Operateuren ab. Auf der anderen Seite im zunehmenden Maße Schichtdienst in den Benutzerservicezentren, um das Beratungsangebot vergrößert.
R. wird u.a. heute wesentlich dadurch gestaltet, daß der Betrieb der Server keines manuellen Eingriffs mehr bedarf und voll automatisch abläuft; Magnetbänder werden nur noch in Form von Kassetten zur ↑Datensicherung eingesetzt und die ehemals zentralen Druckerausgaben werden entweder über das Netz an die Endbenutzer verteilt, oder in getrennten Druckzentren (im oder außerhalb des Hauses) abgewickelt. Die Programmentwicklung wird immer seltener auf dem Host durchgeführt. Sie erfolgt i.a. auf vernetzten ↑Workstations, was aus vielseitiger Sicht ökonomischer ist. Nur die System- und Abschlußtests werden noch auf dem Host ausgeführt.
Das Leistungsangebot eines Rechenzentrums wird heute in Service Level Agreements mit den Benutzern abgesprochen und garantiert. Hierzu zählen auch die Schranken für den Bereich der Sicherheit des RZ-Betriebes, die garantierten Antwort- und Beratungsdienstzeiten im Benutzerservicezentrum und der dem Rechenzentrum zur Verarbeitung anvertrauten ↑Daten.

DV-Programme

Die Entwicklung und Wartung von Anwendungsprogrammen zählt schon seit vielen Jahren nicht mehr zu den Aufgaben eines Rechenzentrums. Das Rechenzentrum übernimmt lediglich die ausgetesteten und verifizierten Anwendungsprogramme, sowohl für Batch-, wie für Dialog- als auch für Client/Server-Betrieb von der Organisationseinheit Anwendungsentwicklung und setzt diese in der Produktion ein. Fehler und Unzulänglichkeiten in diesen Anwendungsprogrammen werden von den Benutzern dem Benutzerservicezentrum mitgeteilt, das von sich aus in allen Problemfällen die Beanstandungen in die Anwendungsentwicklung als Second Level Support weiter gibt.
Literatur: Graef, M., Greiller, R.: Organisation und Betrieb eines Rechenzentrums, Wiesbaden, 1982.

Prof. Dr. M. Graef, Stuttgart

Rechenzentrum

Organisationseinheit zur Bereitstellung von Speicher- und Verarbeitungskapazitäten, zur Durchführung der automatisierten Speicherung und Verarbeitung von Daten einschl. aller dazu notwendigen Hilfsfunktionen.

rechnergestütztes Konstruieren und Planen

↑Konstruieren und Planen, rechnergestütztes

Rechnerkommunikation über ISDN

ISDN als Netz

Im Verlaufe der letzten 20 Jahre wurden analoge Übertragungs- und Vermittlungseinrichtungen immer mehr durch digital arbeitende Komponenten ersetzt. Die vorhandene Anschlußleitung der Fernmeldeteilnehmer ist mit Hilfe der digitalen ISDN-Technik in der Lage, nicht nur ein Telefongespräch zu unterstützen, sondern erlaubt zwei getrennte Nutzkanäle á je 64 Kilobit pro Sekunde und einen zugeordneten Steuerkanal (2B+D). Die B-Kanäle mit einer Datenrate von 64 KBits/sec können gleichermaßen zur Übertragung von Telefongesprächen und für die Datenkommunikation genutzt werden. Die im Vergleich zur herkömmlichen Modemtechnik höhere Datenübertragungsrate der ISDN- Kanäle erschließt neue Anwendungsgebiete im Bereich der ↑Bürokommunikation und beim ↑elektronischen Datenaustausch. Im D-Kanal ablaufende Protokolle erlauben einen schnelleren Verbindungsaufbau für Gespräche und eine Anzahl von nützlichen Zusatzdiensten, wie Anruferidentifikation und Umleitungsfunktionen.
Für das Jahr 1995 kann mit einer europaweiten Flächendeckung für das schmalbandige ISDN gerechnet werden (64 KBits/s Kanäle). Mittelfristig wird sich das ISDN weiter entwickeln zu einem

Breitbandkommunikationsnetz (IBN) und auch Datenraten über 100 MBits/s anbieten. Grundlage des zukünftigen Breitbandnetzes ist die z.Z. (1994) in Erprobung stehenden ATM-Technik. Die internationale und nationale Flächendekkung des Hochgeschwindigkeitsnetzes wird aber erst im Jahre 2000 erwartet.

Die ↑Wirtschaftlichkeit des Fernmeldenetzes kann durch die Integration des Telefondienstes mit verschiedenen Telematikdiensten entscheidend verbessert werden. Anstelle eines getrennten Netzanschlusses für jeden Dienst stehen im ISDN einheitliche ↑Schnittstellen und genormte Steckerformen zur Verfügung. Gemeinsame Basis für unterschiedliche Endgeräte ist die SO-Schnittstelle beim Teilnehmer und ein Steuerungsprotokoll nach der Euro-ISDN Vorschrift.

Sog. Teilnehmeranschlüsse bieten die Möglichkeit, an einem Hauptanschluß bis zu 8 (12) Endgeräte parallel zu schalten, wobei immer zwei B-Kanäle gleichzeitig genutzt werden können. Größere ↑Nebenstellenanlagen werden vorteilhaft über eine S2M-Schnittstelle an das öffentliche Netz angeschlossen und können pro Hauptanschluß bis zu 30 Gespräche zum öffentlichen Netz hin aufbauen. Durch Bündelung von mehreren Kanälen mit je 64 KBits/s werden für DV-Anwendungen höhere Datenraten zur Verfügung gestellt (128 KBits/s, 386 KBits/s, 1920 KBits/s). Wenn in privaten Nebenstellenanlagen nicht standardisierte ISDN-Schnittstellen und firmeneigene Steuerungsprotokolle verwendet werden, dann ist der Anschluß von ↑ISDN-Endgeräten nicht immer gewährleistet.

ISDN-Endgeräte

ISDN-Telefone, welche die besonderen Leistungsmerkmale im ISDN nutzen, sind heute am Markt verfügbar. Allerdings sind diese gegenüber herkömmlichen Komforttelefonen noch unwirtschaftlich und nicht konkurrenzfähig. Entscheidende Vorteile bei der Nutzung des ISDN ergeben sich erst, wenn darüber auch Telematik- und Rechnerkommunikationsdienste abgewickelt werden.

Herkömmliche Endgeräte, insb. Rechner, ↑Telefaxgeräte, V.24 Peripherie, ↑Modems und Anrufbeantworter können über einen ISDN-Anschluß weiter betrieben werden. Es wird dann ein Terminaladapter zwischen Endgerät und Netz geschaltet, der u.a. die Aufgaben der Verbindungssteuerung (Aufbau, Abbau...) und der Bitratenadaptierung übernimmt. Letztere bildet den Bitstrom und ausgewählte Schnittstellensignale des Endgerätes auf die ISDN-Standardrate von 64 KBits/s ab. Terminaladapter nach der Empfehlung V.120 bilden den zu adaptierenden Datenstrom auf HDLC- ähnliche Rahmen ab. Bei der Empfehlung V.110 wird der Datenstrom auf feste Rahmen einer Länge von 80 Bit abgebildet. Verbreitet sind Terminaladapter für a/b-, V.24, X.21 Endgeräteschnittstellen. Die Verträglichkeit von Terminaladaptern, die unterschiedliche ↑Schnittstellen oder Adaptierungsverfahren verwenden, ist nicht gewährleistet. Zur ↑Steuerung des Verbindungsaufbaus vom Rechner aus ist die Unterstützung der Hayes-Steuersequenzen zu empfehlen.

Besonders vorteilhaft ist es jedoch, Arbeitsplatzrechner mit Hilfe einer Steckkarte im PC-Bus direkt an das ↑ISDN anzuschließen. So kann unter Umständen die volle Datenrate von zwei B-Kanälen genutzt werden. Einige PC-Karten können im Bedarfsfall eine Terminaladapterfunktion nach V.110 oder V.120 zum Übertragungspfad hinzuschalten. Passive ISDN-Karten stützen sich für die Abwicklung der höheren Übertragungs- und Steuerungsprotokolle auf den Hostprozessor. Aktive ISDN-Karten hingegen verfügen über einen eigenen Rechner mit Protokollsoftware auf der Platine. Für die Programmierung von ISDN-Anwendungen wurde ein *Common ISDN Application Programming Interface (CAPI)* definiert, welches Aufbau, Abbau und Konfiguration von Verbindungen unterstützt.

Diensteintegrierende Endgeräte, welche sowohl ↑Sprachkommunikation als auch eine Vielzahl der ISDN Datendienste in einem Gerät vereinigen, werden in Kürze auf dem Markt erwartet.

Anwendungsbereiche

Das ISDN vereinigt die bisherigen Netze der Telecom insb. im Telematikbereich. Der Zugang zum Datex-L und zum Datex-P Netz ist auch über das ISDN möglich. Der Bildschirmtextdienst läuft nun mit 64 KBits/s. Eine höhere Übertra-

gungsrate und bessere Qualität der Kopie ergibt sich für ↑Telefaxgeräte der Gruppe 4. Allerdings entfallen diese Vorteile, wenn der Teilnehmer mit Gruppe 3 Telefaxgeräten außerhalb des ISDN kommuniziert. Bildübertragung erfolgt über ISDN-Kanäle z.B. nach der Empfehlung H.261 in Kombination mit H.320.
Einfache DV-Anwendungsszenarien nutzen primär die gegenüber der herkömmlichen Modemtechnik höhere Datenraten für die periodische Übertragung größerer Dateien. Dabei können Techniken der Datenkompression, welche eine etwa dreifache Reduktion der Übertragungszeit realisieren, auch im ISDN verwendet werden. Typisches Szenarium wäre hier etwa der Austausch von Preisinformationen und Bestelldaten zwischen Auslieferungslager und Supermarktfilialen. Es werden sowohl Fernmeldegebühren, als auch Rechnerports an der zentralen Anlage eingespart.
Im ISDN kann ein Teilnehmer verlangen, daß ihm die Rufnummer des Anrufenden mitgeteilt wird. Dieses Leistungsmerkmal (Teilnehmeridentifikation) kann genutzt werden zur Abschottung von Computersystemen gegenüber unbefugten Interessenten. Besonders nützlich ist dies etwa bei der Übertragung von Patientendaten zwischen Spitälern und niedergelassenen Ärzten. Diese zusätzliche Maßnahme zur ↑Datensicherheit ist insb. lokalen Netzen nur sehr schwer nachzubilden.

CSTA steht für *Computer Supported Telephony Application*. Darunter wird die Kopplung zwischen ↑ISDN-Nebenstellenanlage und DV-System, etwa im Rahmen einer Anwendung zur telephonischen Bestellungsaufnahme und Vertriebsunterstützung verstanden. Für viele Anwendungsfälle ist eine Dateiübertragung zwischen genau zwei Teilnehmern nicht flexibel genug. Eine Vernetzung von Rechnern auf der Netzwerkebene ist möglich mit LAN-↑Bridges und LAN-↑Routern. Damit kann ein Teilnehmer im ISDN den Zugang zu einem lokalen Netz erhalten oder es können zwei lokale Netze über ISDN-Kanäle gekoppelt werden. Insb. können bei einer Vernetzung auf der Netzwerkebene auch Plattenspeicher an fernen Netzsegmenten genau wie lokale angesprochen werden. Die Kopplung der lokalen Netze kann über mehrere parallel geschaltete Kanäle mit entsprechend höherer Datenrate erfolgen. Die eingesetzten Koppelelemente sind in der Lage, Verbindungen bei Bedarf automatisch aufzubauen und bei längeren Pausen wieder abzubauen, um Gebühren zu sparen. Die Standard- Empfehlungen H.261 und H.320 erlauben den Aufbau von Bildtelephonverbindungen und von Videokonferenzen. Die darin vereinbarten Verfahren zur Bildkompression gestatten eine für die Mehrzahl der Einsatzbereiche ausreichende Bildqualität. Normalerweise werden 2 oder mehr 64 Kilobit Kanäle benutzt. Videokonferenzen über das ISDN sind im Vergleich zu Bildkommunikationssystemen am Breitbandnetz erschwinglich. Sie bieten jedoch weniger Bildinformation, sowohl hinsichtlich der Pixelauflösung, als auch bzgl. der Übertragung schnell wechselnder Bildfolgen. Erschwingliche Geräte mit Zubehör (Kamera, ...) werden für Ende 1994 auf dem Markt erwartet.

Literatur; Rosenbrock, K.H.: ISDN Praxis, Bd. 1 und 2. *Richter, E., Zeller, M.*: Neue Mediengesellschaft, Ulm, 1994. *Bocker, P.*: ISDN, 1988.

Prof. Dr. P. Schulthess, Ulm

Rechnernetze

Begriffe

R. - Verbindung von üblicherweise mehr als zwei Rechnern; dadurch werden Dienste und Anwendungen möglich, die isoliert betriebene Rechner nicht realisieren können:

- *LAN (↑Local Area Network)*: *R.* in einem örtlich beschränkten Bereich;
- *WAN (↑Wide Area Network)*: *R.* über größere Entfernungen;
- *GAN (↑Global Area Network)*: weltweite *R.*;

Protokoll: Satz von Regeln, an den sich die beteiligten Rechner halten müssen, um die gewünschte Funktion zu erzielen.
↑*Netzdienste*: Für den Anwender sind bei *R.* primär die angebotenen Dienste relevant; die folgende Übersicht enthält die wichtigsten davon mit Beispielen:

• Benutzung eines entfernten Rechners im Dialog (Remote Login), alphanumerische (TELNET) oder graphische (X-Windows) Oberfläche;
• Dateiübertragung zwischen Rechnern (↑FTP - File Transfer Protocol);
• Nutzung gemeinsamer Ressourcen (Plattenspeicher, ↑Drucker ...);
• Versenden und Empfangen elektronischer Post (↑Electronic Mail), auch für ↑multimediale Dokumente (MIME - Multipurpose Internet Mail Extensions);
• Informationssuche und -beschaffung (WWW - ↑World Wide Web ...);
• ↑Kommunikation mit Nutzern an anderen Rechnern (Konferenz mit Text, Audio, Video).

Modelle: Die benutzten physischen Übertragungsmedien sind nicht perfekt, Fehler und Ausfälle kommen vor. Der Anwender soll aber von diesen Schwierigkeiten nichts merken und einen (möglichst) perfekten und fehlerfreien Dienst zur Verfügung gestellt bekommen. Die dazu notwendigen funktionellen Vorkehrungen werden im ↑*ISO-Referenzmodell* für ↑Offene Systeme (↑OSI - Open Systems Interconnection) geordnet.

Schicht	Bezeichnung	Beispiel
7	Anwendung (Application)	FTP, TELNET
6	Darstellung (Presentation)	
5	Sitzung (Session)	
4	Transport (Transport)	TCP
3	Vermittlung (Network)	IP
2	Sicherung (Data Link)	Ethernet
1	Physisch (Physical)	Koaxialkabel

Offene Systeme bzw. *Protokolle* erlauben die Zusammenarbeit von Rechnern unterschiedlicher Klassen und Hersteller nach standardisierten Verfahren. Es gibt mehrere Quellen dieser ↑Standardisierung:
• Internet-Technologie mit den Protokollen ↑TCP/IP als Kern;
• ↑ISO und ITU-T (früher ↑CCITT);
• nationale Organisationen (↑ANSI), Berufsverbände (↑IEEE, EIA).

Die einzelnen Schichten haben folgende Funktionen: Bei der *physischen Übertragung (Schicht 1)* stehen als wichtigste Übertragungsmedien zur Auswahl:
• Koaxialkabel - traditionell für ↑LAN, kostengünstig;
• Zweidrahtleitung - sehr universell für fast alle konkreten Rechnernetztechnologien (↑Ethernet, ↑FDDI ...) verwendbar;
• Lichtwellenleiter - für größere Entfernungen und Übertragungsgeschwindigkeiten geeignet, störsicher, (noch) relativ teurer;
• drahtlose Techniken - Funk, Spezialanwendungen (mobile Rechner ...).

Die *Sicherungsschicht (Schicht 2)* realisiert eine fehlerfreie Übertragung auf einem Leitungsabschnitt (z.B. vom Rechner zu einer Datenvermittlungseinrichtung). Durch Hinzufügen von ↑Redundanz zu den übertragenen Daten (Prüfbitfolge) können Fehler erkannt und durch Wiederholung eliminiert werden.

Die *Vermittlungsschicht (Schicht 3)* sorgt für die Wegewahl im Netz, dabei gibt es unterschiedliche Vermittlungsverfahren:
• *Leitungsvermittlung*: Es besteht eine durchgehende Verbindung. Beispiel: Telefonnetz, ↑ISDN. Problem: nur bei hoher Auslastung wirtschaftlich, beim Dialog mit entfernten Rechnern fallen auch in den „Denkpausen" Kosten an.
• *Nachrichtenvermittlung*: Jede Nachricht wird in den Vermittlungsknoten zwischengespeichert und einzeln über die Leitungsabschnitte transportiert. Beispiel: Electronic-Mail-Transportsysteme. Problem: Lange Nachrichten können kürzere stark verzögern.
• *Paketvermittlung*: Die Daten werden in Pakete begrenzten Umfangs (100 ... 4000 Byte) zerlegt. Die Pakete werden einzeln transportiert und ggf. zwischengespeichert; dabei gibt es die Untervarianten Datagramm-Prinzip: jedes Paket trägt die (vollständige) Zieladresse. Beispiel: IP - Internet Protocol und Virtueller Kanal. Nur das erste Paket trägt die vollständige Zieladresse und baut einen (virtuellen) Kanal auf. Die nachfolgenden Pakete enthalten nur noch die Kanalnummer. Beispiel: X.25 - Protokoll für

Rechnernetze

den Zugang zu den paketvermittelten ↑Datennetzen.

Praktisch kommen nicht selten auch Kombinationen zum Einsatz, z.B. die Übertragung von IP-Datagrammen über ↑ISDN oder X.25. Die *Transportschicht (Schicht 4)* sorgt für den sicheren End-zu-End-Transport der ↑Daten. Beispiel: TCP - Transmission Control Protocol.

Die *Schichten 5 bis 7* sind bei vielen praktisch verwendeten Protokollen nicht ohne weiteres zu separieren, hier sind die im letzten Abschnitt aufgeführten Netzanwendungen angesiedelt. Das Modell zeigt auch, daß sich LAN und WAN eigentlich nur in den Schichten 1 und 2 signifikant unterscheiden. Der Anwender sollte von der konkreten Netztechnologie nichts oder wenig merken, wenn er einmal davon absieht, daß bei WAN der Datenmengen- und damit Kostenaspekt stärker zu beachten ist.

LAN (↑Lokale Netze)

LAN sind durch folgende Eigenschaften gekennzeichnet:

- räumliche Ausdehnung zwischen 100 m ... 10 km;
- hohe Übertragungsgeschwindigkeiten zwischen 10 ... 100 MBits/s;
- meist homogene Technologie mit einem von vielen Rechnern gemeinsam benutzten Übertragungsmedium.

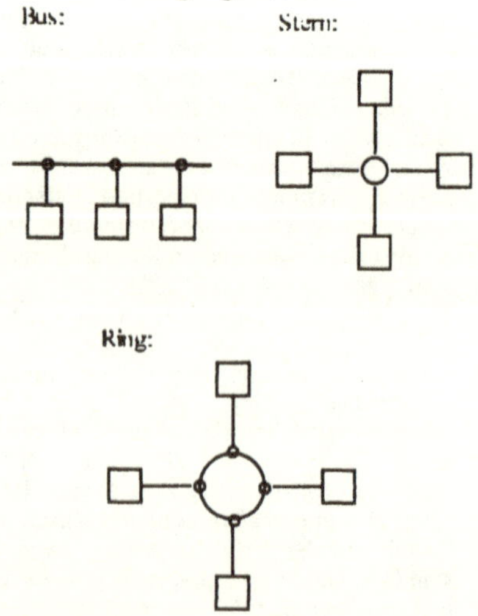

Topologien

Bei Bus- und Ringstrukturen muß die Benutzung des Übertragungsmediums koordiniert werden. Die wichtigsten dabei zum Einsatz kommenden Zugriffsverfahren sind:

- *CSMA/CD* - Carrier Sense Multiple Access/Collision Detection: Jeder Recher prüft, ob die Leitung frei ist, bevor er ein Datenpaket abschickt; sollte es trotzdem zu Kollisionen kommen, werden diese erkannt.

Token-Verfahren: Im Netz existiert genau eine Belegungserlaubnis (↑Token); nur deren Besitzer darf das Netz für eine festgelegte Zeitspanne benutzen, anschließend wird das Token reihum weitergegeben. Beispiele für konkrete LAN-Technologien:

- Ethernet/IEEE 802.3: CSMA/CD-Bus, 10 MBits/s;
- Tokenring (IEEE 802.5): 4/16 MBits/s;
- FDDI - Fiber Distributed Data Interface: Doppelring mit Zugriff nach einem Tokenverfahren, 100 MBits/s.

Eine neue Technologie für den LAN- und WAN-Bereich ist ATM (Asynchronous Transfer Mode). Dabei handelt es sich um eine Stern- bzw. Maschenstruktur mit Vermittlungsknoten. Die ↑Daten werden in Zellen zu je 48 Byte (53 mit Kopf) gepackt; die kleine Zellgröße soll eine Integration mit Echzeitkanälen (Sprache, Video) ermöglichen.

WAN (Weitverkehrsnetze)

WAN sind durch folgende Eigenschaften gekennzeichnet:

- Netze für größere Entfernungen, häufig landesweit;
- aus Kostengründen oft niedrigere Übertragungsgeschwindigkeiten: 9600 Bits/s ... 2 MBits/s;
- im Gegensatz zum ↑LAN, das in der Regel dem Benutzer gehört, gibt es beim WAN folgende Alternativen: Anmietung der Übertragungsleitungen; die Vermittlungseinrichtungen des *R.* werden selbst betrieben. Es gibt Mietleitungen im Bereich 9600 Bits/s ... 140 Mbits/s, sowie Dienste eines Datennetzanbieters;
- Das WAN-Angebot ist (in Europa) oft noch durch Monopolstellungen bestimmt, Änderungen sind zu erwarten.

R. können auf verschiedenen *Netzangeboten* aufbauen:

- *Telefonnetz* (analog): leitungsvermittelt, erfordert ↑Modems (Modulator/Demodulator) zur Anpassung des digitalen Datensignals an die analogen Telefonkanäle, je nach Leitungsqualität 1200 Bits/s ... 28000 Bits/s;
- *ISDN*: digital, leitungsvermittelt, 64 KBits/s (oder auch Vielfache davon);
- *Paketvermittelte Datennetze auf X.25-Basis*: DATEX-P (Telekom), WIN - Wissenschaftsnetz (DFN-Verein), 9600 Bits/s ... 2 MBits/s.

Wenn Rechner in einem ↑LAN entfernte Partner erreichen wollen, dann braucht nicht jeder Rechner seinen eigenen WAN-Anschluß. Vielmehr ist es ausreichend und sinnvoll, wenn LAN und WAN an genau einer Stelle durch eine *Übergangseinrichtungen* verbunden sind:
- ↑Gateway bei unterschiedlichen Vermittlungsprotokollen;
- ↑Router bei gleichem Vermittlungsprotokoll (z.B. IP).

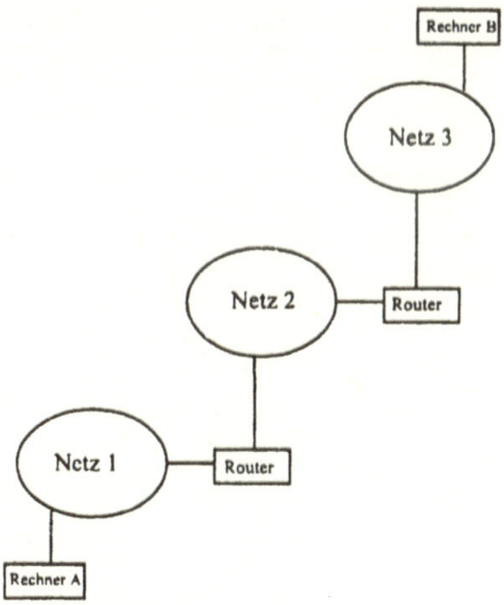

GAN (Globale Netze)
Globale Netze werden üblicherweise nicht als homogenes Netz realisiert, sondern als Kopplung einer Vielzahl von LAN/WAN. Bekanntester Vertreter ist das ↑Internet. Der Zugang erfolgt über nationale Internet-Dienstanbieter (z.B. XLINK, EUnet), die ihrerseits auf ↑ISDN, DATEX-P oder Mietleitungen zurückgreifen. In diesem globalen Netz sind die am Anfang dieses Abschnitts erläuterten Dienste zugänglich.

Literatur: Halsall, F.: Data Communications, Computer Networks and Open Systems, 3rd ed., 1993. *Lynch, D.C., Rose, M.T.* (Ed.): Internet System Handbook, 1993. *Spaniol, O., Jakobs, K.*: Rechnerkommunikation: Dienste und Protokolle, Düsseldorf, 1993. *Tanenbaum, A.S.*: Computer Networks, 2nd ed., Englewood Cliffs, 1988.

Prof. Dr. U. Hübner, Chemnitz

Rechnernetzen, Management von
Management von Rechnernetzen, bzw. das sog. *Netzwerkmanagement (NM)* ist zielgerichtete Koordination (Planung, ↑Steuerung und Überwachung) der Aktivitäten von Menschen, ebenso von Hard- und Softwarekomponenten in Rechnernetzen und deren Umfeld. Sie erfolgt automatisch und/oder durch menschliche Aufgabenträger bei Beachtung entsprechender ↑Methoden und Verfahren, sowie unter Einsatz von Hilfsmitteln der Primärorganisation und von aus Hard- und Softwarekomponenten bestehenden Werkzeugen. Nach obiger Definition ist *NM.* zu unterscheiden von den eigentlichen funktionellen Aufgaben eines Rechnernetzes aus der Sicht eines Endnutzers, d.h. der Datenübertragung und der darauf aufbauenden höherwertigen Dienste (exekutive Dienste eines Rechnernetzes).
NM. umfaßt nur die mit den eigentlichen funktionellen Aufgaben eines Rechnernetzes zusammenhängende Koordination und ist daher zu unterscheiden vom Management lokaler Bestandteile von automatisierten ↑Informationssysteme (z.B. lokale ↑Hardware oder lokale ↑Datenbanken). Dafür wird häufig der Begriff *Systemmanagement* verwendet.
Allerdings gibt es enge Zusammenhänge zwischen dem *NM.* und dem Management lokaler Komponenten. Als dementsprechender Oberbegriff wird der Begriff *Enterprisemanagement* verwendet.
Beispiele für Aufgaben des *NM.*: Planen und Registrieren der Konfiguration von Netzhard- und -software, Generieren und Parametrisieren, Laden und Starten von Netzsoftware, Anlegen und Pflegen netzrelevanter Datenbestände, wie Nutzerverzeichnisse, Routingtabellen usw., Ausführen von Test- und Diagnoseprozeduren, Überwachen und Steuern des Netzbetriebs.

Rechnernetzen, Management von

Ein allgemeines architekturelles Ordnungs- und Referenzschema für das *NM.* wird im Rahmen des OSI-Basisreferenzmodells und der darauf aufbauenden Spezialstandards bereitgestellt. Danach ist zu unterscheiden zwischen dem Protocol Management, dem Layer Management und dem Systems Management. Das *Protocol Management* umfaßt Funktionen des *M.* - bezogen auf ein einzelnes Übertragungsprotokoll in einer OSI -Schicht. Ein Beispiel ist das Einstellen einzelner Protokollparameter. Das *Layer Management* erlaubt es, *NM.*-Funktionen auch über ein einzelnes Protokoll hinaus im Rahmen einer OSI-Schicht durchzuführen. Ein Beispiel ist die operative Auswahl zwischen mehreren möglichen Schichtenprotokollen. Das *Systems Management* führt schichtenübergreifende *MR.*-Funktionen in einem ↑System im Sinne von ↑OSI aus (Endsystem wie ein Serverrechner bzw. ein Arbeitsplatzrechner, oder ein Transitsystem wie ein Vermittlungsrechner bzw. ↑Router bzw. eine Brücke). Praktisch muß diese *NM.*-Hierarchie allerdings nicht vollständig vorhanden sein.
Jede *NM.* -Komponente im Sinne dieser Hierarchie bietet im gleichen System Dienste an, so das Lesen oder das Schreiben eines Parameterwertes. Im Rahmen der OSI-Standardfamilie sind diese Dienste als ↑Common Management Information Services *(CMIS)* definiert. Allgemein können Dienste rein lokal erledigt werden (z.B. der Zugriff auf einen lokalen Parameter der Netzsoftware), oder aber das Zusammenwirken mit anderen Systemen (Knoten) im Netz erfordern. Im letzteren Falle ist ein Protokoll erforderlich, um dieses Zusammenwirken zu koordinieren. Im Rahmen der OSI-Standardfamilie ist dies das Common Management Information Protocol *(CMIP)*.

Alle für das Netzmanagement relevanten ↑Daten werden nach der OSI-*NM.*-Architektur durch ein konzeptionelles Schema, durch die Management Information Base *(MIB)*, beschrieben. Die MIB besteht aus allen Managementobjekten und den Relationen (Relationships) zwischen ihnen. Unter einem Managed Objects *(MO)* wird die abstrakte Widerspiegelung derjenigen Eigenschaften realer ↑Objekte eines Rechnernetzes, z.B. eines Endsystems, eines ↑Routers, eines ↑Servers, einer Softwarekomponente, eines Nutzers usw. verstanden, die im Zusammenhang mit dem *NM.* eine Bedeutung haben. Die MIB ist eine objektorientierte hierarchische Struktur, in der u.a. Vererbungs- und Enthaltenseinsrelationen definiert sind. ↑*CMIS/CMIP* bieten Funktionen, in dieser Struktur zu navigieren und auf MO und ihre ↑Attribute im Sinne objektorientierter Operationen zuzugreifen. Es wird zwischen Klassen von MO und daraus abgeleiteten Exemplaren (Instances) unterschieden. Neben den MO, die sich aus den Hard- und Softwarekomponenten eines Rechnernetzes unmittelbar ableiten lassen, gibt es ferner solche mit reinen Steuerungs- und Überwachungsfunktionen, die aus der *NM.*-Architektur und -funktionalität resultieren. Beispiele sind die Diskriminatoren zur Filterung und zum Routing von Strömen von Managementinformationen und MO, die zu messen oder zu zählen. Um insb. große Rechnernetze beherrschbar im Sinne des *NM.* zu gestalten, ist ein Domänenkonzept sinnvoll. Domänen von MO können unter verschiedenen Aspekten gebildet werden, bspw. unter technischer Gleichartigkeit (z.B. alle Endsysteme eines Typs), nach geographischer und/oder organisatorischer Zuordnung (z.B. nach Ländern, Institutionen usw.), unter funktionellen Gesichtspunkten (z.B. Abrechnungs- oder Sicherheitsdomänen).

Aufbauend auf den Konzepten der MIB, sowie von CMIS/CMIP werden in der OSI-Architektur Systemmanagementfunktionen definiert, die ihrerseits funktionelle Bereiche des *NM.* konstituieren. Diese funktionellen Bereiche sind:

- das Konfigurationsmanagement *(Configuration Management)*,
- das Störungsmanagement *(Fault Management)*,
- das Leistungsmanagement *(Performance Management)*,
- das ↑Abrechnungsmanagement und
- das Sicherheitsmanagement (*Security Management)*.

In diesen funktionellen Bereichen sind z.T. zusätzliche Dienste und Protokolle definiert, die auf CMIS/CMIP beruhen. Nicht im OSI-Standardkonzept beschrieben, aber für ein praktisches *NM.* notwendig sind konkrete *NM.*-Anwendungen, die den bisher beschriebenen Apparat verwenden und eine Endnutzerschnittstelle aufweisen. Diese *NM.*-Anwendungen können außerdem weitere Dienste und Protokolle der Verarbeitungsschicht des OSI-Modells nutzen. Dieses funktionell reiche und theoretisch fundierte Konzept hat sich bisher in der Praxis nicht etablieren lassen und seine Bedeutung beschränkt sich weitgehend auf die Rolle als Referenzmodell. Die Gründe dafür beziehen sich grundsätzlich auf die praktische Verbreitung der (exekutiven) OSI-Dienste und Protokolle insb. der oberen Schichten des Basisreferenzmodells.

Die in der Praxis vorzufindenden *Lösungen* lassen sich grob in drei Kategorien einteilen: isolierte *NM.*-Werkzeuge, *NM.*-Lösungen für herstellerspezifische (proprietäre) Rechnernetze und *NM.*-Lösungen für heterogene Rechnernetze.

Isolierte NM.-Werkzeuge unterstützen einzelne *NM.*-Funktionen. Beispiele sind Meß-, Prüf- und Testgeräte, Protokollanalysatoren, Inventarverwaltungssysteme, Softwareverteilungssysteme und sog. Fernwartungssysteme. Sie sind im einzelnen durchaus nützlich, erlauben aber keine Ergebniskopplung und damit keine übergreifenden Auswertungen. Häufig sind sie sehr stark spezialisiert, es gibt aber eine deutliche Tendenz zu relativer Universalität, z.B. bei Protokollanalysatoren. Vielfach treten auch Funktionsüberschneidungen auf, wenn mehrere Werkzeuge im Einsatz sind. Als Ergänzung zu integrierten *NM.*-Systemen - insb. im Bereich der Hardware- und Protokolldiagnose - werden isolierte *NM.*-Werkzeuge jedoch auch weiterhin Verwendung finden.

NM.-Systeme für *herstellerspezifische Rechnernetzarchitekturen*, wie z.B. ↑SNA von IBM, Decnet von DEC oder TRANSDATA von Siemens sind i.a. in einem längeren Entwicklungsprozeß aus Einzelkomponenten entstanden und bilden mittlerweile mehr oder weniger vollständige *NM.*-Architekturen. Sie sind funktionell reichhaltig und an die Spezifika der jeweiligen Rechnernetzarchitektur angepaßt. Es existieren wohldefinierte Datenstrukturen mit *NM.*-Informationen, so daß vielfältige Auswertungen z.B. im Sinne des Störungs-, Leistungs-, Abrechnungs- oder ↑Sicherheitsmanagements möglich sind. Eine prinzipielle Beschränkung derartiger ↑Systeme liegt darin, daß damit nur Rechnernetze gesteuert und überwacht werden können, die homogen im Sinne der betreffenden herstellerspezifischen Architektur sind. Angesichts der deutlichen Tendenz zu heterogenen Rechnernetzen ist dies ein wesentlicher Nachteil. Deshalb geht die Bedeutung dieser *NM.*-Systeme praktisch zurück. Um dem entgegenzuwirken, bemühen sich die entsprechenden Hersteller um Öffnung, d.h. den Anschluß an *NM.*-Protokolle, die Standards (CMIP) oder Quasi-Standards (SNMP) sind.

Heterogene Rechnernetze sind solche, die unterschiedliche Technologien (↑*LAN*/↑*WAN*, ↑Ethernet/↑Tokenring) und/oder Hard- und Softwarekomponenten unterschiedlicher Hersteller verwenden. Praktisch auftretende Rechnernetze sind in zunehmendem Maße heterogen, und ein einheitliches, durchgängiges *NM.*-System ist in diesen Fällen in hohem Maße wünschenswert. Bei den Lösungsansätzen für die damit verbundenen Probleme kann zwischen Übergangslösungen und systematischen Konzepten unterschieden werden. Zu den Übergangslösungen beim Management heterogener Rechnernetze gehören Netzkontrollzentren mit getrennten *NM.*-Systemen für unterschiedliche Netzbestandteile, transparente Transportpfade für *NM.*-Informationen und *NM.*-Gateways. Bei den Netzkontrollzentren mit getrennten *NM.*-Systemen werden homogene Teilnetze mit dem jeweils zutreffenden proprietären *NM.*-System verwaltet. Eine Koordination findet nur über menschliche Aufgabenträger (Netzadministratoren) statt. Transparente Transportpfade für *NM.*-Informationen sorgen dafür, daß ein Teilnetz die *NM.*-Informationen eines anderen Teilnetzes unverändert vom/zum Netzadministrator "durchreicht". *NM.*-Gateways transformieren das *NM.*-Protokoll eines Teilnetzes in das eines anderen Teilnetzes, wobei möglichst kein semantischer Verlust auftreten soll. All diese Lösungen sind aufwendig, störungsanfällig und für

den Netzadministrator mit hohen Anforderungen verbunden. Häufig ist es notwendig, die teilnetzübergreifende *NM.* -Funktionalität auf den kleinsten gemeinsamen Wertevorrat zu beschränken. Wegen der Verbreitung und der praktischen Lebensfähigkeit proprietärer Teilnetze und der mit ↑Migrationen zu durchgängig offenen Netzen verbundenen Aufwänden und Risiken ist zu erwarten, daß die angedeuteten Übergangslösungen noch längere Zeit existieren werde.
Heterogenen Rechnernetzen angemessen sind *NM.*-Architekturen mit *NM.*-Diensten und -protokollen, die Standards oder Quasi-Standards sind. Voraussetzung ist, daß alle im heterogenen Netz enthaltenen Hard- und Softwarekomponenten diese Dienste und Protokolle unterstützen bzw. von diesen angesprochen werden können. Beim Aufbau von Rechnernetzen ist daher ein allgemeines Architekturkonzept zugrunde zu legen, das standardisierte oder quasi-standardisierte *NM.* -Dienste und -protokolle beinhaltet. Beim Erwerb konkreter Komponenten müssen diese konform dazu sein. Neben dem eingangs skizzierten OSI-Ansatz hat sich für heterogene Netze das im Umfeld der ↑TCP/IP-Protokollfamilie entstandene *NM.*-Konzept als Quasi-Standard praktisch etabliert. Nach dem wichtigsten *NM.*-Protokoll wird es meist mit der Bezeichnung SNMP in Verbindung gebracht (Simple Network Management Protocol).

Die *TCP/IP-Protokollfamilie*, die in dem ↑Internet genannten Netzverbund weltweite Verbreitung insb. im akademischen und Wissenschaftsbereich gefunden hat, enthält auch ein *NM.*-Konzept. Es hat Ähnlichkeiten mit dem OSI-*M*-Modell, ist aber einfacher und stärker an Praktikabilität orientiert. Kern ist das bereits genannte Protokoll SNMP, das auf dem verbindungslosen Transportprotokoll UDP aufsetzt. Gegenüber CMIP ist SNMP funktionell eingeschränkt, aber für einfache *NM.*-Aufgaben ausreichend. Auch das MIB-Konzept findet Verwendung, allerdings ebenfalls in einfacherer Form als im OSI-Fall. Wegen der praktischen Verbreitung ist die *SNMP-MIB* jedoch quantitativ sehr umfangreich. Es existiert eine weltweit gültige Namenskonvention für MIB-Objekte, die vom Internet Assigned Numbers Authority (IANA) des Internet Activity Board (IAB) verwaltet wird. So entsteht ein Namensbaum, in dem jedes netzrelevante Objekt weltweit eindeutig identifiziert werden kann. Im SNMP-Sprachgebrauch heißen die dem *NM.* unterliegenden Objekte Network Elements. Network Elements (z.B. Zähler in einem ↑Router) werden von Softwarekomponenten überwacht, die Management Agents heißen. Jede von SNMP erreichbare Netzkomponente muß einen solchen Agenten enthalten. Die Management Agents stehen über SNMP mit Network Management Stations in Verbindung, die i.a. mit einer ↑Schnittstelle für einen (menschlichen) Administrator ausgestattet sind.

Ein Anzeichen für die praktische Bedeutung von SNMP ist, daß alle namhaften Hersteller von Netzhard- und -software ihre Produkte mit SNMP-Agenten ausstatten und zur eindeutigen Adressierbarkeit der in diesen Komponenten enthaltenen Netzelemente bei der IANA Teilbäume des MIB-Namensbaumes beantragen. Proprietäre Teilnetze, die in der Internet-Welt natürlich auch vorkommen, werden über das Konzept der Proxy Agents eingebunden, die im Prinzip *NM.*-Gateways im oben erläuterten Sinne sind. Es gibt leistungsfähige *NM.* -Anwendungssysteme im Sinne von Network Management Stations als Produkte namhafter Hersteller. SNMP wird ständig weiterentwickelt, wobei ursprünglich eine systematische ↑Migration zum OSI *NM.*-Modell vorgesehen war. Gegenwärtig kann zumindest eine funktionelle Annäherung konstatiert werden. Daneben gibt es weitere Entwicklungen offener *NM.*- Konzepte, die noch keine praktische Bedeutung erlangt haben. Diese Konzepte bauen auf ↑OSI und/oder dem Internet-*NM.*-Konzept auf und haben zum Ziel, angemessene *NM.*-Funktionalität für spezielle Umgebungen bereitzustellen. Beispiele sind Open Distributed Computing *(ODP)* der ↑ISO und ↑Distributed Management Environment *(DME)* der ↑*OSF*. Beide Ansätze sollen *M.*-Aspekte ↑verteilter Systeme berücksichtigen, die über den auf den engeren Netzbereich orientierten OSI- und Internet-Ansatz hinausgehen. Von der internationalen Organisation der Postverwaltungen (früher CCITT) wird das Konzept Telecommunications Management Network (TMN) verfolgt, das das Management öffentlicher (auch multimedialer) Übertragungssysteme international standardisieren soll.

Literatur: Garbe, K.: Management von Rechnernetzen, Stuttgart, 1991. *Hegering, H.-G., Abeck, S.*: Integriertes Netz- und Systemmanagement, Bonn, 1993. *Kauffels, F.-J.*: Netzwerk-Management, Bergheim, 1990. *Terplan, K., Voigt, Ch. H.*: LAN Management, Bergheim, 1991.

Prof. Dr. K. Garbe, Schlangen

Rechnungswesen, Anwendungssystem für das

↑Anwendungssystem für das Rechnungswesen

Rechtsinformatik

Begriff

R. ist eine spezielle oder Fachinformatik, die sich mit den Beziehungen zwischen automationsgestützter ↑Informationsverarbeitung und Recht beschäftigt. Sie heißt auch *Rechts- und ↑Verwaltungsinformatik.* Verwaltungswissenschaftler ziehen Verwaltungsinformatik vor. Als Anwendung (-swissenschaft) der ↑Informatik in Recht und öffentlicher Verwaltung ist sie Teil der *↑Angewandten Informatik* und damit der ↑Informatik. Als Rechtsgebiet ist sie zugleich Teil der Rechtswissenschaft und erfüllt damit die Brückenfunktion zwischen Informatik und Anwendung. Brücken haben - oder sollten haben - zwei Enden. Dementsprechend hat *R.* zwei *Aufgaben*: In ihrem technischen Teil (Terminologievorschlag: *Juristische Informatik*) untersucht sie die Beziehungen der ↑Informatik zum Recht, genauer: dem rechtlich normierten oder zu normierenden Bereich. Es geht also um die wissenschaftliche Problematik der Anwendung der ↑Informationstechniken (angesichts ihrer Verschmelzung nicht nur des ↑Computers) im öffentlichen Bereich. Das ist i.w. der Staat. Das ist zugleich ihr Unterschied zur ↑Wirtschaftsinformatik, die sich mit der Anwendung der ↑Informationstechnik in der Wirtschaft befaßt. Juristische Informatik umfaßt die Technikunterstützung rechtlicher Entscheidung. I.w. handelt es sich um folgende Gebiete:

- juristische Dokumentation (etwa von Parlamentsverhandlungen oder Gerichtsentscheidungen);
- Rechts- bzw. Verwaltungsautomation (computergestützte Entscheidungsprozesse in der Gesetzgebung und Justiz bzw. in der (öffentlichen) Verwaltung);
- Besonderheiten der Büroautomation und -kommunikation im Staat;
- erste Versuche des KI-Einsatzes bei juristischer Entscheidungsfindung;
- schließlich - von wachsender Bedeutung - rechtliche Einflüsse auf die Systemgestaltung (insb. des Datenschutz- oder Arbeitsrechts).

In ihrem *juristischen und rechtspolitischen* Teil (Informationsrecht) erforscht sie die Beziehungen des Rechts einschl. der Rechtspolitik zur ↑Informatik. Sie fragt also, wie die rechtliche Regelung von technikgestützten ↑Informationssystemen aussieht bzw. auszusehen hat. Dazu gehören nicht nur das *↑Datenschutz- und Arbeitsrecht*, auch nicht nur das engere *Computer- und Telekommunikationsrecht*, sondern weitergehend die Erforschung aller Rechts- und rechtspolitischen Fragen, die sich mit computergestützter ↑Informationstechnik einschl. der ↑Telekommunikation befassen: Haftung für fehlerhafte Hard- oder Software, Computerkriminalität, automationsunterstützende und -hemmende Rechtsvorschriften, vor allem der Einfluß der Grundrechte (z.B. informationelles bzw. kommunikatives Selbstbestimmungsrecht) auf computergestützte Informations- bzw. Kommunikationssysteme.

Hilfswissenschaft für beide Bereiche ist die empirische und prognostische Erforschung des Standes und der Tendenzen der ↑Informations- und Kommunikationssysteme im staatlichen Bereich, für Rechts- und rechtspolitische Fragen auch in der Wirtschaft. Das ist notwendig, um eine hinreichend verläßliche Basis für die informatische Optimierung und juristische Bewertung von ↑Informations- und Kommunikationssystemen zu erhalten. Allerdings erschweren unverständliche Geheimnistuerei der Staatsverwaltung und chronisch verweigerte Forschungsgelder die Forschungen.

Diese drei *Gebiete* - der *technische*, der *normative* und der *empirische* Teil - machen gegenwärtig die *R.* aus. Das ist historisch so geworden, da sich weder Informatiker (die Informatik entstand etwa gleichzeitig mit der *R.*) noch Sozial- oder Rechtswissenschaftler viel um die neuen Informationstechniken kümmerten. Sachlich ist die Zwei- bzw. Dreiteilung aber sinnvoll, solange weder Juristen über das technische Know how, noch Informatiker über die juristische Expertise, noch Sozialwissenschaftler über das nötige Interesse verfügen, alle drei aber zur korrekten Problembehandlung gefordert sind.
Eine zunächst verwunderliche Folge der Aufteilung ist die Asymmetrie der *R.* Darunter wird der Umstand verstanden, daß sich *R.* im technischen Teil auf den Staat beschränkt, während der rechtliche (und der empirische) Teil auch (z.B. Datenschutz-) Regelungen für die Wirtschaft umfaßt.

Doch ist das weniger verwunderlich, als es scheint. Es handelt es sich um eine allgemeine fachinformatische Eigenheit: Die Betriebs- und jetzt ↑Wirtschaftsinformatik wurde von naturgemäß in Organisations- oder Entscheidungstheorie besonders sachkundigen Betriebswirten begründet, die *R.* von ebenso in Rechtsfragen bewanderten Juristen. Ähnlich verhält es sich übrigens auch bei anderen Fachinformatiken. Diese historisch entstandenen Spezialisierungen sind auch zweckmäßig. So beherrschen Rechtsinformatiker häufig ökonomische und Organisationsfragen nicht ausreichend, wie umgekehrt etwa ↑Datenschutzrecht oder gar die bei Technikeinführung rechtlich häufig vorgeschriebene Mitbestimmung in wirtschaftsinformatischen Darstellungen eher kursorisch (und zudem unzutreffend) dargestellt werden. Über empirisches Grundwissen schließlich müssen alle Fachinformatiker verfügen, gleich um welches Gebiet es sich handelt. Am Beispiel der Wirtschafts- oder Betriebsinformatik: Dem entsprechend sind die Methoden der *R.* teils der (überwiegend Angewandten) Informatik, teils der Rechtswissenschaft entnommen. Außerdem bedient sie sich für spezielle Fragen der (staatlichen) Verwaltungsorganisation mit Gewinn der Verwaltungswissenschaft; im Rahmen vor allem des ↑Datenschutzrechts haben außerdem (Informations-) Technikfolgenabschätzung und ausgewählte empirische ↑Methoden erhebliche Bedeutung gewonnen, somit teilt die *R.* die Interdisziplinarität der ↑Angewandten Informatik.

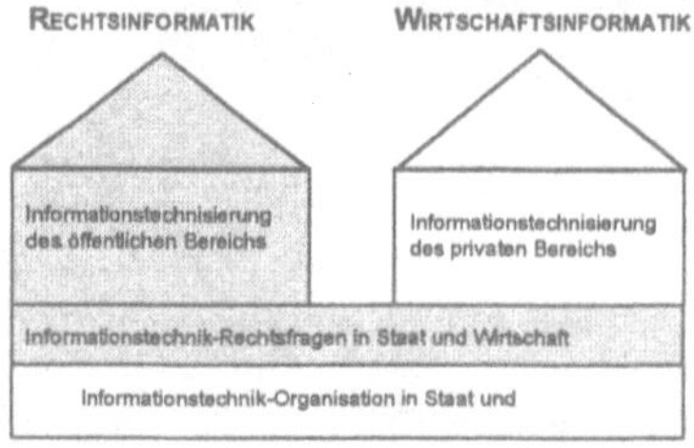

Literatur: Fiedler, H.: Automatisierung im Recht und juristische Informatik: Juristische Schulung 10, 1970. *Steinmüller, W.* (Hrsg.): ADV und Recht. Einführung in die Rechtsinformatik und das Recht der Informationsverarbeitung, 2. Aufl., Berlin, 1976. - *ders.*: Informationstechnologie und Gesellschaft. Einführung in die Angewandte Informatik, Darmstadt, 1993. Entscheidungssammlung des Gerichts, 65. Bd. Volkszählungsurteil des Bundesverfassungsgerichts. Tätigkeitsberichte der Datenschutzbeauftragten von Bund und Ländern.

Prof. Dr. W. Steinmüller, Bremen

Redundanz

Derjenige Teil der ↑Nachricht, der keine ↑Information für den Benutzer enthält; im Zusammenhang mit der Datenorganisation das mehrmalige Vorhandensein der gleichen ↑Daten.

Regelung

Einwirkung der Ausgangsgröße auf die Eingangsgröße; ↑Vorgang, in dem die

Ausgangsgrößen auf vorgegebene Werte (Sollwerte) gebracht und auf diesen gehalten werden. Dazu wird der Istwert der Ausgangsgröße mit dem Sollwert verglichen. Bei einer Abweichung werden über einen Regler oder Regelalgorithmus eine oder mehrere Eingangsgrößen so verändert, daß der Istwert wieder an den Sollwert herangeführt wird.

relationale Abfragesprache
↑Abfragesprache, relationale

Relationenalgebra
Eine Menge von Grundoperatoren, aus denen die zulässigen Ausdrücke der Algebra gebildet werden können. Das Resultat eines Algebraausdruckes ist immer eine Relation.

Relationenmodell
↑*Datenbanken* repräsentieren ↑Informationen über ↑Objekte und Beziehungen zwischen Objekten, die vor dem Hintergrund gewisser Anwendungen von Interesse sind. Sie werden verwendet, um große Mengen von ↑Daten dauerhaft, korrekt und zuverlässig unterschiedlichen, voneinander unabhängigen Benutzern, für die Lösung ihrer Anwendungsprobleme zur Verfügung zu stellen. Ein ↑*Datenmodell* ist eine Sprache, die bzgl. einer Datenbank die Definition der relevanten Datenstrukturen, Integritätsbedingungen und ↑Operationen erlaubt. Die vorherrschenden Datenmodelle der 70er Jahre waren das ↑Netzwerkmodell und das hierarchische Modell. Diese beiden Datenmodelle werden häufig auch Datenmodelle der 1. Generation bezeichnet.
Das *R.*, bereits 1970 von Codd eingeführt, ist seit Beginn der 80er Jahre bis heute das beim Neueinsatz von Datenbanken am häufigsten verwendete Datenmodell. Grund hierfür ist einmal seine formale Einfachheit. Desweiteren erlaubt das *R.* eine nicht-prozedurale ↑Datenmanipulation. Die gewünschten Effekte können ohne Angabe einer konkreten Berechnungsvorschrift definiert werden. Schließlich wird ein hoher Grad an ↑Datenunabhängigkeit ermöglicht, d.h. logische Aspekte der Datenstrukturierung und physische Aspekte der Datenabspeicherung können sauber voneinander getrennt werden. Da dies ein für den praktischen Einsatz bedeutender Fortschritt ist, wird das *R.* als Datenmodell der 2. Generation betrachtet. Wird das *R.* für eine Datenbank verwendet, so handelt es sich um eine ↑*relationale Datenbank.*
Gemäß dem *R.* werden die Informationen über ↑Objekte und Beziehungen zwischen Objekten durch in Tabellen strukturierte ↑Daten repräsentiert. Die Tabellen sind endlich und jede Zeile einer Tabelle repräsentiert Informationen über ein oder mehrere Objekte. Den Spalten der Tabellen sind Bezeichner, sog. ↑*Attribute* zugeordnet, die relevante Eigenschaften der Objekte und Beziehungen benennen. Die Attribute einer Tabelle sind paarweise unterschiedlich. Die konkreten Eigenschaften werden repräsentiert durch Werte der Attribute. Eine Teilmenge der Attribute einer Tabelle heißt *Schlüssel*, wenn die Werte dieser Attribute genügen, um die einzelnen Zeilen der Tabelle voneinander zu unterscheiden.
Den einzelnen Attributen sind Wertemengen, sog. Typen zugeordnet, die die erlaubten Werte der Attribute und damit auch die Daten in der Tabelle festlegen. Zugelassen sind lediglich atomare Typen, wie bspw. Mengen ganzer Zahlen oder auch Zeichenketten, deren Elemente nicht in weitere Komponenten zerlegt werden können. Ein Beispiel für solche Tabellen zeigt die Abbildung. Die Tabellen Verbindung und Personal repräsentieren Informationen über Objekte der Art Zugverbindung und Personal; die Tabelle Team repräsentiert Informationen über Beziehungen zwischen Zugverbindungs- und Personalobjekten.

Seien $A_1,...,A_k$, $k \geq 1$, die einer Tabelle zugeordneten ↑Attribute, wobei die Indizierung die Anordnung der entsprechenden Spalten von links nach rechts ausdrückt. Seien weiter $T_1,..., T_k$ die entsprechenden Typen. Die Menge der Zeilen einer solchen Tabelle ist dann eine Teilmenge des kartesischen Produktes $T_1 \times ... \times T_k$. Eine Tabelle ist somit i.w. nichts anderes als eine endliche Relation im mengentheoretischen Sinn, wobei jede Zeile der Tabelle einem k-Tupel der Relation entspricht. Anstatt von k-Tupeln wird von ↑*Tupeln* gesprochen. Im Unterschied zu den Zeilen einer Tabelle existieren in einer Relation keine Duplikate von Tupeln und auch keine durch die

Reihenfolge des Hinschreibens implizierte Ordnung auf den Tupeln.

Verbindung				
Zug	Von	Nach	Ab	An
EC102	FR	MA	11.58	13.27
ICE794	MA	HH	13.35	17.56

Team	
Zug	PNr
EC102	100
EC102	140
ICE794	140
ICE794	180

Personal		
Name	PNr	Funkt
Rot	100	LokF
Blau	140	ZugF
Grün	180	LokF

Ein Name R zusammen mit einer Folge von Attributen und Typen der Form $R[T_1 : A_1, ..., T_k : A_k]$, $k \geq 1$, heißt (Relationen-) Schema. Eine Relation r ist vom Schema R, wenn r endlich und $r \subseteq T_1 \times ... \times T_k$. Ein mögliches Schema für die in der Abbildung gezeigte Relation (Tabelle) Personal ist bspw.
Personal[string:Name,integer:PNr, string: Funkt].
Die Schlüssel zu den Schemata Verbindung, Personal und Team sind Zug, PNr und Zug, PNr. Es ist zu beachten, daß der Schlüssel zu Team gerade aus den Schlüsseln der beiden anderen Schemata besteht; Zug und PNr sind Fremdschlüssel in Team.
Sprachen zur Durchführung von Anfrage- und Einfüge-, Lösch- und Änderungsoperationen auf Relationen werden ↑*Datenmanipulationssprachen* genannt. Es lassen sich relationale Sprachen basierend auf zwei unterschiedlichen Sprachparadigmen unterscheiden.
Die *Relationenalgebra* bietet Grundoperatoren an, aus denen die zulässigen Ausdrücke der Algebra gebildet werden können. Das Resultat eines Algebraausdrukkes ist immer eine Relation. Mittels einer Projektion π werden die Tupeln einer Relation auf die Komponenten einer Teilmenge der Attribute projiziert, mittels einer Selektion σ werden aus einer Relation in Abhängigkeit von einer Bedingung ganze Tupel selektiert und mittels eines Verbundes (Join) $\bowtie$ werden aus den Tupeln zweier Relationen neue Tupel konstruiert, indem solche Tupel zusammengesetzt werden, die in den Komponenten gleicher Attribute übereinstimmen. So definiert der Ausdruck σ[Von = MA] (π[Zug,Von,Nach](Verbindung)) bezüglich den in der Abbildung gezeigten Relationen eine Relation, die als einziges Tupel (ICE794,MA,HH) hat. Desweiteren definiert der Ausdruck Personal $\bowtie$ Team eine Relation, die gerade die Tupel: (Rot,100,LokF,EC102),
(Blau, 140,ZugF, EC102),
(Grün,180,LokF, ICE 794),
(Blau,140,ZugF,ICE794) enthält.
Zusätzlich zu diesen Operatoren sind in der Relationenalgebra die üblichen Mengenoperatoren wie Vereinigung $\cup$, Teilmenge $\subseteq$, oder auch Differenz \ erlaubt; Voraussetzung ist hier jeweils, daß die beteiligten Relationen dieselbe Stelligkeit und an den entsprechenden Stellen Attribute von demselben Typ haben.
Im Relationenkalkül sind die zulässigen Ausdrücke Formeln der Prädikatenlogik 1. Ordnung. Es ist ein klassisches Resultat, daß mittels Algebra und sog. sicheren Kalkül dieselben Relationen definiert werden können; beide Sprachansätze sind somit von gleicher Mächtigkeit und werden auch relational vollständig genannt. Die derzeit bei weitem verbreiteste Sprache des *R.* ist ↑*SQL*, in der algebraische und kalkülartige Konzepte um 4GL-Funktionen erweitert sind. SQL ist einer kontinuierlichen ↑Standardisierung und Erweiterung unterworfen.

Relationale Sprachen besitzen nicht die Mächtigkeit üblicher ↑Programmiersprachen. Das bekannteste Beispiel für eine Relation, die nicht mittels einer relationalen Sprache definiert werden kann, ist die transitive Hülle eines gerichteten ↑Graphen, bzw. als direkte Anwendung dieses Problems, die Definition einer Stückliste - basierend auf einer Relation von Teil-Subteil-Beziehungen. Häufig müssen deshalb Ausdrücke relationaler Sprachen in Programmiersprachen eingebettet werden, um die gewünschten Effekte zu erreichen. Solche Einbettungen können zu schlecht strukturierten Programmen führen, da Ausdrücke einer relationalen Sprache ganze Mengen (Relationen) manipulieren, während Programmierspra-

chen Mengen lediglich elementweise verarbeiten können. Das Zusammenprallen dieser unterschiedlichen Sprachphilosophien wird als *Impedance Mismatch* bezeichnet.
Nachdem jeder Ausdruck einer relationalen Sprache eine Relation definiert, bietet das *R.* eine elegante Möglichkeit, speziellen Benutzergruppen virtuelle Relationen anzubieten, die nicht explizit in der Datenbank vorhanden sind, sondern bei Bedarf aus den gegebenen Basisrelationen berechnet werden. Solche Relationen sind Sichten, da so von den eigentlichen Strukturen der Datenbank unterschiedliche benutzerspezifische Strukturen simuliert werden, die wiederum Grundlage für weitere Anfragen sein können. Wird z.B. der durch Personal ⋈ Team definierten *Sicht* den Namen PT zugewiesen, so definiert π[Zug,Funkt]·(σ[Funkt=LokF](PT)) eine Relation, in der zu jedem Zug der Lokführer angegeben wird.

Eine weitere Anwendungsmöglichkeit relationaler Sprachen liegt in der Definition von Integritätsbedingungen. Nicht jede Relation eines gegebenen Schemas repräsentiert einen zulässigen Zustand der betreffenden Anwendungswelt. Integritätsbedingungen sind Bedingungen, die eine Menge von Relationen erfüllen muß, um als zulässig betrachtet werden zu können. So ist der Ausdruck
π[PNr](Team) ⊆ π[PNr](Personal)
eine sog. referentielle Integritätsbedingung; sie besagt, daß jedes Mitglied eines Teams, da PNr Fremdschlüssel in Team, auch als Person in der Datenbank existieren muß. Beim Einsatz von relationalen Datenbanken müssen zunächst die Schemata für die benötigten Relationen festgelegt werden (Datenentwurf). Den in Abbildung gezeigten Relationen liegen drei Schemata zugrunde. Hätte der Datenentwurf auch so vorgenommen werden können, daß das Schema ZugInfo [Zug,Von,Nach,Ab,An,Name,PNr,Funkt] resultierte? Im Prinzip ja, jedoch gibt es eine Reihe von überzeugenden Gründen, einen Entwurf in drei Schemata zu wählen, wie in Abbildung gezeigt worden ist. Offensichtlich enthält die in der folgenden Abbildung gezeigte Relation dieselben Informationen wie die drei bisherigen Relationen. Es sind jedoch einige kritische Anmerkungen angebracht. Für Züge und Personal wird Information redundant aufgeführt, da das Personal eines Zuges aus mehr als einer Person besteht und dieselbe Person zu Teams gehören kann, die unterschiedlichen Zügen zugeordnet sind. Ändern sich die Daten über einen Zug, so müssen diese Änderungen in unterschiedlichen Tupeln vollzogen werden. Es besteht die Gefahr inkonsistenter Zustände. Desweiteren ist es problematisch, Daten über Züge aufzunehmen, wenn das Team zu diesem Zug noch nicht feststeht und umgekehrt. Alle diese sog. Anomalien traten bei dem Entwurf in drei Schemata nicht auf.
Im *R.* ist es möglich, formale Kriterien anzugeben, anhand derer die Güte eines Entwurfes beurteilt werden kann. Diese Kriterien sind spezielle Integritätsbedingungen, die in der Regel Abhängigkeiten genannt werden. Die bedeutendsten solcher Abhängigkeiten sind die funktionalen Abhängigkeiten. Sind zu einem Schema alle relevanten Abhängigkeiten bekannt, dann kann mittels eines Algorithmus eine Zerlegung dieses Schemas berechnet werden, die Anomalien vermeidet und durch die kein Informationsverlust auftreten kann. Dieser Prozeß wird als ↑*Normalisierung* bezeichnet.

Zug	Von	Nach	Ab	An	Name	PNr	Funkt
EC102	FR	MA	11.58	13.27	Rot	100	LokF
EC102	FR	MA	11.58	13.27	Blau	140	ZugF
ICE794	MA	HH	13.35	17.56	Grun	180	LokF
ICE794	MA	HH	13.35	17.56	Blau	140	ZugF

Sei *R* ein Schema und seien *X*, *Y* Mengen von ↑Attributen von *R*. Ist *R* die funktionale Abhängigkeit *X* → *Y* zugeordnet, so sind nur solche Relationen zu *R* zulässig, in denen alle Tupel in den *Y*-Komponenten übereinstimmen, sofern sie in den *X*-

Komponenten übereinstimmen. Funktionale Abhängigkeiten erzwingen somit Gleichheiten von Komponenten gewisser Tupel einer Relation. Bez. dem für die Abbildung gültigen Schema gelten die funktionalen Abhängigkeiten Zug → Von,Nach,An,AB und PNr → Name, Funkt. Aufgrund dieser beiden Abhängigkeiten gilt, daß jede Relation *r* des Schemas ZugInfo, die beide funktionalen Abhängigkeiten erfüllt, ohne Verlust an repräsentierter ↑Information in drei Relationen gemäß den Schemata in Abbildung zerlegt werden kann. Eine solche Zerlegung heißt in Normalform: die Zerlegung ist verlustfrei, da
π[Zug,Von,Nach,An,Ab](r)$\bowtie$
π[Name,PNr,Funkt](r)
$\bowtie\pi$[Zug,PNr](r) = r.
Basierend auf den für ein Schema *R* gültigen funktionalen Abhängigkeiten kann jetzt auch die bisher informelle Definition eines Schlüssels zu *R* präzisiert werden. Eine Teilmenge *X* der ↑Attribute von *R* ist ein Schlüssel, wenn bez. jeder Relation *r* zu *R*, die alle funktionalen Abhängigkeiten erfüllt, für jedes ↑Attribut *A* von *R* die funktionale Abhängigkeit $X \rightarrow A$ gilt, und keine echte Teilmenge von *X* diese Eigenschaft hat.

Das *R.* ist nicht für alle Anwendungstypen gleichermaßen gut geeignet. Beispiele sind Hypertextanwendungen im Büro, die Verwaltung von Entwurfsdaten im Ingenieurbereich oder auch datenbankbasierte ↑Expertensysteme. ↑Datenbanken für solche Anwendungen werden auch als Nicht-Standard Datenbanken bezeichnet; sie benötigen ↑Datenmodelle der 3. Generation. Erweiterungen des *R.* zu einem Modell der 3. Generation sind seit einigen Jahren ein intensiv verfolgtes Forschungs- und Entwicklungsziel. Deduktive, aktive und ↑objektorientierte Datenbanken sind hier die Schlagworte.

Literatur: Batini, C. et al.: Conceptual Database Design, 1992. *Date, C.J.:* An Introduction to Database Systems, Vol. 1, 5. Aufl., 1990. *Korth, H. F., Silberschatz, A.:* Database System Concepts, 1986. *Vossen, G.:* Datenmodelle, Datenbanksprachen und Datenbank-Management-Systeme, 2. Aufl., 1994.

Prof. Dr. G. Lausen, Freiburg

Remote Transaction Processing
Verfahren für verteilte Datenbanklösungen; die Daten sind unikat gespeichert; geeignete Anwendungsprogramme sind im Rechner, in dem sich auch die Daten befinden, verfügbar.

Repository
Strukturierter Ablageort für Informationsobjekte; Konzept zur Zusammenfassung der bestehenden Lösungen von ↑Data Dictionary, Dokumentationssystemen und Enzyklopädien; wegen Fehlen von Festlegungen in bezug auf Informationsobjekte in einem Repositorysystem, kann jede beliebige Datenhaltung hierzu zählen. ↑Metadatenmodell, das ↑Informationen aus dem Lebenszyklus von Softwaresystemen und in einem erweiterten Ansatz ↑Informationen über organisatorische und technische Infrastrukturen eines Unternehmens repräsentiert.

Requirements Engineering
Gesamtheit aller Handlungen zur Festlegung der Anforderungen für die ↑Systementwicklung; es handelt sich um die Erhebung, Beschreibung, Analyse und Validierung der Anforderungen.

Reservierungssystem
Computergestütztes Verfahren für den Datenaustausch zwischen Anbietern (Fluggesellschaften, Theatern) von Leistungen (Fahr-, Flug-, Eintrittskarten u. ä.) und den mit ihnen vertraglich verbundenen (Reise-) Büros, also den Benutzern. Den Anbietern wird ein Verfahren zur Verfügung gestellt, welches eine einheitliche ↑Schnittstelle zum Mittler in Form einer vorgegebenen Maske zur Behandlung der Vorgänge, ebenso eine ↑Schnittstelle zum Anbieter ist.

Ressourcen Management
Management der technischen und personellen Ressourcen.

Reverse Engineering
↑Softwarewartung; nachträgliche Akquisition von diverser Strukturinformation aus den frühen Phasen des Softwarelebenszyklus.

Rightsizing
Begriff für ↑Downsizing und ↑Upsizing.

RISC
Reduced Instruction Set Computer

Robotersteuerung
Disziplin, die sich mit der Koordination und ↑Synchronisation der aus mehreren Achsen bestehenden ↑Industrieroboter beschäftigt. Die einzelnen Achsen verfügen jeweils über separate Antriebs- und Steuerungselemente, sie müssen vor allem bei definierten Bahnbewegungen exakt synchronisiert und koordiniert werden.

Robotorsysteme
Grundlegende Beschreibung
Der Begriff des *Industrieroboters* (Handhabungsgerät, Roboter, Manipulator) entzieht sich einer präzisen Definition. Nach ↑VDI-Festlegung gilt: Industrieroboter sind universell einsetzbare Bewegungsautomaten mit mehreren Achsen, deren Bewegung hinsichtlich Bewegungsfolge und Bewegungswegen frei programmierbar und ggf. sensorgeführt sind. Sie sind mit Greifern, Werkzeugen und anderen Fertigungsmitteln ausrüstbar; sie können Handhabungs- und/oder Fertigungsaufgaben ausführen. Eine Beschreibung mehr aus der Sicht des Informatikers liefert (McKerrow, 1991): „A Robot is a machine which can be programmed to do a variety of tasks, in the same way that a computer is an electronic circuit which can be programmed to do a variety of tasks."
Im Rahmen der wissenschaftlichen Betrachtungsweise von Robotersystemen kommt dieser Analogie zu Konzepten der ↑Informatik eine große Bedeutung zu. Das gilt insb. für die Aufgaben der flexiblen adaptiven ↑Steuerung der Roboterbewegungen, sowie für die Konzepte der Programmierung von Industrierobotern mit problemorientierten ↑Programmiersprachen.
Aus der Sicht des Anwenders sind Industrieroboter flexible vielachsige NC-Fertigungsmaschinen, die sich programmgesteuert schnell an neue Aufgabenstellungen anpassen lassen. Sie lassen sich in ihrer Arbeitsweise auch auf komplexe Fertigungssequenzen optimal abstimmen. Sie können zusätzlich mit sensorischer Intelligenz ausgestattet werden, so daß eine angemessene Reaktion auf Umwelteinflüsse während des Fertigungsprozesses erwartet werden kann.
Die Betrachtung von *R. (Robotics)* enthält demnach stets zwei wesentliche Aufgabenstellungen, nämlich einen wissenschaftlichen Aspekt, bei dem es um das Verstehen von grundlegenden physikalischen Prozessen, sowie um die Betrachtung und Erforschung von Kontrollstrukturen und Problemen der automatischen Informationsverarbeitung im Zusammenhang mit Robotern geht, bzw. einen anwendungsspezifischen Aspekt, der sich mit Entwicklung, Konstruktion und mit dem optimierten Einsatz von Industrierobotern in technischen Prozessen befaßt.

Industrieroboter bestehen aus mehreren Achsen, die jeweils über separate Antriebs- und Steuerungselemente verfügen, deren exakte Synchronisation und Koordination aber vor allem bei definierten Bahnbewegungen eine wesentliche Aufgabe der Robotersteuerung darstellt. Achsen können prinzipiell translatorisch oder rotatorisch konzipiert sein. Aus der Kombination von verschiedenen Achsen und unterschiedlichen Achsentypen ergeben sich Roboterkonzepte, die sich bzgl. ihrer kinematischen Eigenschaften erheblich voneinander unterscheiden. Die Unterscheidung betrifft auch den sog. Arbeitsraum des Roboters, in dem sich die Roboterhand mit dem Effektor und dessen mathematischem Bezugspunkt, dem Tool Center Point *(TCP)*, aufgrund der Achsenbewegungen aufhalten kann. Bei einem frei programmierbaren Universalroboter sind mindestens sechs Achsen üblich, um Position und Orientierung der Roboterhand im Raum festzulegen. Häufig werden diese Systeme durch weitere Achsen ergänzt, um Vereinfachungen bei bestimmten Bewegungsabläufen zu erreichen. Außerdem gibt es sog. *SCARA-Roboter* (Selective Compliance Articulated Robot Arm), die nur über wenige ausgewählte Achsen verfügen und deren Bewegungsabläufe dadurch an ganz bestimmte Aufgaben angepaßt sind. Solche ↑Systeme sind im Bereich der Pick- and Place-Aufgaben (z.B. bei der Bestückung elektronischer Platinen) anzutreffen.
In den entsprechenden *Roboter-Programmiersprachen* werden Position und Orientierung im Raum oft durch das Frame-Konzept dargestellt. Ein Frame ist dabei vorstellbar als in den TCP verschobenes und entsprechend der Orientierung ver-

Robotersysteme

drehtes Abbild eines kartesischen Basis-Koordinatensystems des Roboters (Blume et al., 1981).

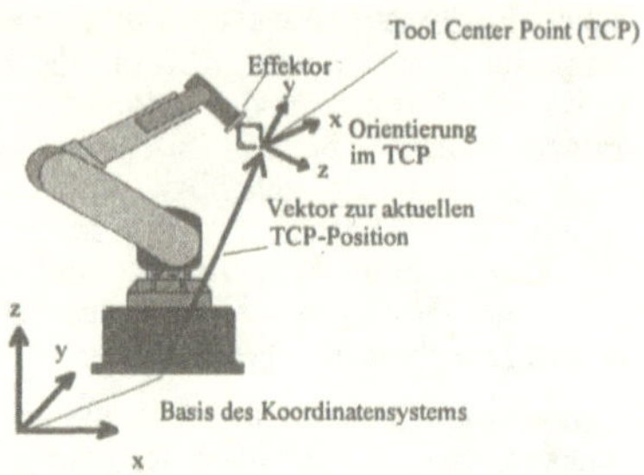

Werkzeug-handhabung	Werkstückhandhabung
Montage-aufgaben Punkt-schweißen Bahnschweißen Beschichten Sonstige Aufgaben Entgraten	Allgemeine Werkstückhandhabung Werkzeugmaschinen-beschickung Druck-/ Spritzguß Pressen und Schmieden

Einsatzfelder

Industrielle Einsatzfelder für Industrieroboter lassen sich in die Bereiche der Werkzeug- und der Werkstückhandhabung unterteilen. Erste Masseneinsätze ergaben sich bei der Werkzeughandhabung durch das Punktschweißen in der Automobilindustrie. Erst seit 1989 wird die Zahl dieser technologisch relativ einfachen Einsatzfälle durch die Menge der Einsätze im Bereich der sehr viel komplizierteren Montageaufgaben übertroffen. Darin spiegelt sich die Weiterentwicklung von Robotersteuerungen vor allem durch die Integration intelligenter sensorischer Systeme wider. Weitere wichtige Arbeitsfelder sind im Bereich der Werkzeughandhabung durch das Bahnschweißen, sowie bei der Werkstückhandhabung durch Aufgaben der Maschinenbeschickung und -entsorgung gegeben. Aktuelle Forschungsaktivitäten in der Robotik bereiten weitere künftige Einsatzgebiete vor. Das gilt z.B. für den Bereich der Autonomen Systeme, also Maschineneinheiten (Fahrzeuge), die sich aufgrund ihrer intelligenten Sensorik in einer fremden Umgebung nach vorgegebenen Strategien selbst orientieren können. Industrielle Einsätze z.B. bei Transportsystemen werden bereits erprobt.

Strukturen von Robotersystemen

Industrieroboter lassen sich in eine Reihe von Teilsystemen gliedern, von denen hier nur einige wesentliche angesprochen werden sollen:

Die *Maschinenstruktur* umfaßt Roboterarme, Gelenke, Bremsen, Getriebe und sonstige mechanische Komponenten. Hinzu kommen die Antriebssysteme, wie Gleich- oder Drehstrommotoren für den Achsantrieb oder z.B. Pneumatikantriebe für den Effektorbereich.

Die *Robotersteuerung* enthält die verschiedenen ↑Prozessoren zur ↑Steuerung und ↑Regelung der Bewegungen der einzelnen Achsen, sowie möglicherweise weitere Funktionseinheiten zur Überwachung und zur Koordination der resultierenden Bewegung des TCP. Ihre Schnittstelle zum Anwender ist durch eine höhere problemorientierte ↑Programmiersprache und durch entsprechende Signalschnittstellen definiert. Sie ist in der Lage, zur Laufzeit eines Roboterprogramms Koordinatentransformationen zwischen den Koordinatensystemen der einzelnen Roboterachsen und einem kartesischen Weltkoordinatensystem auszuführen, sowie durch entsprechende Interpolationstechniken eine geforderte Bahnbewegung des TCP zu realisieren. Außerdem übernimmt sie die Kommunikation mit den verschiedenen Sensorsystemen. Bei den ↑Robotersteuerungen werden mehrere alternative Konzepte unterschieden:

- *Punkt-zu-Punkt-Steuerung*: Die Programmierung des Roboters bezieht sich lediglich auf die Endpunkte eines Bewegungsabschnitts. Die Bahn zwischen den eingelernten Endpunkten, sowie die aktuelle Geschwindigkeit und Beschleunigung auf dieser Bahn (Trajektorie) ergeben sich dabei für den Programmierer unvorhersehbar aufgrund der Algorithmen der Steuerung und Regelung der einzelnen Roboterachsen und deren Synchronisation. Steuerungen dieser Art erlauben hohe Tansfergeschwindigkeiten der Maschine, da die beteiligten Prozessoren bezüglich ihrer Rechenleistung nur relativ gering beansprucht werden.

- *Bahnsteuerung mit linearer Interpolation*: Der TCP soll sich zwischen den eingelernten Punkten auf einer Geraden bewegen. Die Trajektorie muß demnach bzgl. Raumpunkt, Geschwindigkeit und Beschleunigung zur Laufzeit durch eine Reihe von approximierten Bahninkrementen festgelegt werden. Der Rechenaufwand ist entsprechend hoch, die real erreichbare Geschwindigkeit ist gegenüber einer Punkt-zu-Punkt-Steuerung eingeschränkt.
- *Bahnsteuerung mit Interpolation gemäß einer beliebigen arithmetischen Funktion*: Hier kann die Trajektorie an eine beliebige Bewegung im Raum angepaßt werden. Anwendungsfälle ergeben sich z.B. beim Bahnschweißen. Die Komplexität von Interpolation und Teach-Verfahren für die gewünschte Trajektorie ist nochmals erhöht. Häufig ergeben sich Einschränkungen gegenüber der Allgemeinheit von möglichen Funktionen, z.B. durch Überlagerung von linearen und kreisförmigen Bewegungsanteilen.

Die *Sensorstruktur* eines Industrieroboters umfaßt die internen, sowie die externen Sensoren. Die internen Sensoren liefern Signale über Geschwindigkeiten, Drehzahlen, Ströme, Drehwinkel, Auslenkungen oder Positionen einzelner Achsen als Istwerte an die entsprechenden Regelsysteme. Sie stehen nicht in direkter Beziehung zur Umwelt des Roboters und sind typischerweise nicht direkt in der problemorientierten ↑Programmiersprache des Roboters ansprechbar. Die externen Sensoren können optischer, taktiler oder akustischer Natur sein und liefern Informationen über die Wechselwirkung des Roboters mit der Prozeßumgebung. Diese Sensordaten können in die strategischen Abläufe des Roboterprogramms einbezogen werden, so daß eine flexible, sensorgeführte Roboteraktion ermöglicht wird. Die Auswertung der Daten externer Sensoren erfolgt meist durch spezielle Prozessoreinheiten. Insb. bei optischen Sensoren (z.B. CCD-Kameras) sind große Datenmengen zu erwarten, die dann zur Laufzeit des Roboterprogramms bewegungsbegleitend verarbeitet werden müssen. Dabei spielen Methoden der ↑Bildverarbeitung eine große Rolle.

Mit der *Prozeßumgebung* wird das Umfeld des Roboters beschrieben. Dieses enthält die Arbeitszelle, andere Roboter, die Fabrikanlage, sowie das Bedienpersonal. Die Steuerung des Roboters muß entsprechende Wechselwirkungen zur Prozeßumgebung auslösen und verarbeiten können.

Unter *Planungssystem* lassen sich Algorithmen und Modelle zusammenfassen, durch die eine Arbeitsaufgabe für den Roboter im Zusammenspiel mit anderen Prozeßabläufen in Einzelschritte zerlegt und programmtechnisch implementiert werden kann. Dabei geht es u.a. um automatische Trajektorienplanung, um Kollisionsüberwachung, oder um die automatische Ableitung von Roboterprogrammen aus den höheren Planungsebenen einer komplexen Fertigungsaufgabe.

Programmierung von Industrierobotern

Die Programmerstellung für Industrieroboter (Blume, Jakob, 1986; Blume et al., 1981) erfolgt nach dem Prinzip der offline-Programmierung. Der Programmierer arbeitet dabei an einem Rechnerarbeitsplatz unabhängig vom Roboter und gibt seine Anweisungen in einer höheren problemorientierten Programmiersprache vor. Er überprüft dabei seine Programmabläufe mit einem Graphiksimulator, der ihm die erzeugten Bewegungsabläufe des Zielroboters auf dem Bildschirm anschaulich darstellt. Dabei ist eine realistische Einschätzung aller Bewegungen in der tatsächlichen Arbeitszellengeometrie, sowie eine Überwachung auf Kollisionen möglich. Benötigte reale Referenzpositionen werden in einer Teach in-Phase mit dem Roboter manuell angefahren und dem Programm zugeführt. Nach erfolgreichen Tests am Simulator wird das erzeugte Programm durch entsprechende Compiler in den Zielcode des gewünschten Roboters übersetzt und kann von der jeweiligen Steuerung zur Laufzeit interpretiert werden.

Zur Zeit existieren eine ganze Reihe herstellerspezifischer Robotersprachen sehr unterschiedlicher Qualität. Ansätze zu einer Normung sind nur im Bereich von Zwischensprachebenen durch die IRDA-

TA-Spezifikation zu erkennen. Einige aktuelle Robotersprachen bekannter Hersteller sind z.B.

- VALII (Unimation),
- AML/E, AML2 (IBM),
- SRCL (Siemens, Manutec).

Literatur: Blume, Jakob: Programming Languages for Industrial Robots, 1986. *Blume et al.*: Frei programmierbare Manipulatoren, 1981. *Critchlow*: Introduction to Robotics, NY, 1985. *Fu et al.*: Robotics, Control Sensors, Vision and Intelligence, 1987. *McKerrow*: Introduction to Robotics, 1991. *Paul*: Robot Manipulators - Mathematics, Programming and Control, Boston, 1981.

Prof. Dr. W. Ülzmann, Wedel

ROM

Read Only Memory; Festwertspeicher, dessen ↑Daten unveränderbar sind und nur ausgelesen werden können.

Router

Dienen der automatischen Weiterleitung von Datenpaketen zwischen verschiedenen Netzen.

RPC

Remote Procedure Call; dient zur ↑Kommunikation zwischen Modulen einer Anwendung auf verschiedenen Rechnern und basiert auf dem Client/Server-Modell.

RPG

Report Program Generator; Programmiersprache und Programmgenerator zur Verarbeitung von Datenlisten.

S

SAA
System Anwendungsarchitektur; verbindet die gegebene ↑Hardware mit der zu erstellenden ↑Software; bestimmt die Hardware, das zu benutzende Betriebsmittel und wie sie eingesetzt werden sollen; benutzt für die Verbindung zu anderen Systemen das Common Communications Support, zur Ansteuerung der Funktionen das Common Programming Interfaces und für die Präsentation der Ergebnisse das ↑Common User Access.

Scanning
Registriermethode, bei der durch Lesestifte oder stationäre Systeme eine automatische Erfassung der ↑Daten erfolgt; Metapher für geschlossene computergestützte Warenwirtschaftssysteme.

Schichtenmodell
Bei einem *S.* sind die Neuronen in Schichten angeordnet. Jedes Neuron empfängt nur ↑Informationen von Neuronen vorgelagerter Schichten und sendet nur an Neuronen nachgelagerter Schichten. Der Informationsfluß erfolgt somit Feedforward.

Schließen, fallbasiertes
Ansatz zur Lösung von Problemen unter Nutzung vorhandener Erfahrungen; Teilgebiet der Künstlichen Intelligenz, Abbildung bestimmter Vorgehensweisen des menschlichen Problemlösungsverhaltens. Die Fälle werden in einer Fallbasis abgespeichert, um für ein gegebenes Problem die Lösung und/oder den Lösungsweg aus ähnlichen Fällen abzuleiten.

Schnittstelle
Übergabestelle; V-Schnittstellen für die Datenübertragung über Fernsprechwege; X-Schnittstellen für die Datenübertragung in Datennetzen.

SDI-Dienst
Selective Dissemination of Information; untersucht regelmäßig die Neuzugänge eines Datenbestandes auf relevante Information zu einer feststehenden Fragestellung; eine Art Abonnement für immer wiederkehrende Datenbankrecherchen.

Secret Key-Kryptosysteme
Sicherungsverfahren, bei dem jeder Benutzer zwei Schlüssel hat: einen öffentlichen Chiffrierschlüssel und einen privaten (geheimen) Dechiffrierschlüssel. Dabei ist es berechnungsmäßig unmöglich, den geheimen Dechiffrierschlüssel aus dem öffentlichen Chiffrierschlüssel zu berechnen.

Security Management
Wahrnehmung der Funktionen ↑Datenschutz und ↑Datensicherheit mit Katastrophenplan, Wiederanlauf, Backup, Konfiguration der Technik, Performance usw. im Zusammenhang als integrierende Managementfunktion.

Seeheim-Modell
Architekturmodell - verbunden mit dem ↑User Interface Management System - das mit den Präsentations-, Dialog-, Kontroll- und Anwendungsschnittstellen operiert. Es ist eine anwendungsunabhängige Form; es trennt die Anwendung von der Schnittstelle.

Server
Anbieter von Dienstleistungen; zeichnen sich durch die Spezialisierung auf eine bestimmte Aufgabe (Dienstleistung) aus, die zum einen durch den Betrieb spezifischer Software erreicht wird, welche den betreffenden Dienst an die Clientsysteme vermittelt und zum anderen durch eine entsprechende Ausstattung mit dienstspezifischen Ressourcen, bspw. große Plattenkapazität, hohe CPU-Leistung, Verfügbarkeit spezifischer Informationen.
Programme, die den Zugriff auf die Peripherieeinheiten (Bedienstationen) gestatten. Jede Bedienstation wird von einem ↑Server des Masters verwaltet. Es wird zwischen dem File-, Print-, User-, Process-, Location-, Application-, Message- und Interconnect- Server unterschieden.

Servicedatenverarbeitung
Der Anwender bedient sich im herkömmlichen Sinne der ↑Programme, die von der DV-Abteilung entwickelt oder eingekauft wurden.

Shareware
↑Programm zum kostenlosen ↑Test, dessen Anschaffungskosten erst bei Benutzung fällig sind.

Sicherheit in der Informationstechnik
Das stürmische Wachstum in der Infor-

Sicherheit in der Informationstechnik

mationstechnik und die damit verbundenen vielfältigen Nutzungsmöglichkeiten - bedingt durch den schnellen und bequemen Informationsaustausch - hat dazu geführt, daß die Berücksichtigung von Sicherheitsaspekten in diesem Bereich unumgänglich ist. Unter *Computersicherheit* wird das Gebiet verstanden, das sich mit allen Fragen der Sicherheit in informationstechnischen Systemen befaßt. Der Begriff Sicherheit wird vom ↑IEEE in seiner Norm 100-1984 im Standard Dictionary of Electrical and Electronical Terms (ANSI, 1984) wie folgt definiert: "Der Schutz von Hardware oder Software gegen böswilligen oder zufälligen Zugriff, Gebrauch, Veränderungen, Zerstörung oder Enthüllung. Sicherheit bezieht sich auf die Bereiche Mitarbeiter, ↑Daten, ↑Kommunikation, ↑Medien und den physikalischen Schutz von Rechnerinstallationen".

Vor allen Sicherheitsüberlegungen und der Erstellung eines Sicherheitskonzeptes müssen Gefahrenquellen und verschiedene Arten von Angriffen auf ein Informationssystem bekannt sein (*Bedrohungsanalyse*). Hier sind zu nennen

- der unbefugter Informationsgewinn,
- die ↑Datenmanipulation,
- die unbefugte Nutzung von Kommunikationsdiensten und
- die Beeinträchtigung der Funktionalität bzw. der Systemintegrität.

Als unbefugter Informationsgewinn wird das Erlangen von vertraulichen Daten bezeichnet. Dies kann durch Erspähen, durch Vortäuschen einer falschen Identität, durch Umgehung von Sicherheitsmechanismen bzw. durch Umgehung der Sicherheitsvorschriften erfolgen.
Die einfachste Möglichkeit zum Erlangen geschützter ↑Informationen ist die Einsicht auf unbeaufsichtigte Monitore oder Printouts, das Abhören des Übertragungsmediums (*Verkehrsflußanalyse*), oder die Auswertung der elektromagnetischen Abstrahlung von Datenleitungen oder Monitoren.
Der Eindringling kann dabei die Identität einer authorisierten Instanz benutzen. Auf der Ebene von Netzverbindungen ist das Vortäuschen von falschen Geräteadressen möglich. Werden Sicherheitslükken der verwendeten ↑Hard- oder ↑Software ausgenutzt, so handelt es sich um die *Umgehung der Sicherheitsmechanismen*; bei Weitergabe von Daten durch authorisierte Personen dagegen um die *Umgehung von Sicherheitsvorschriften*.
Durch unbefugte Manipulation von Daten können Informationen verfälscht oder auch gelöscht werden. Damit wird die Datenintegrität in Frage gestellt. Es wird zwischen unbeabsichtigter und beabsichtigter Veränderung von Daten unterschieden. *Unbeabsichtigte Datenmanipulation* kann durch Bedienungsfehler der Benutzer, sowie durch fehlerhafte Software oder Hardware hervorgerufen werden. Hier können Plausibilitätskontrollen abhelfen. *Beabsichtigte Datenmanipulation* kann durch Umgehung von Sicherheitsmechanismen oder Verfälschung der Daten auf einem Übertragungsweg herbeigeführt werden. Dies kann direkt von einem Angreifer oder durch entsprechende Software wie ↑*Viren* oder ↑*Trojanische Pferde* herbeigeführt werden.
Bei der unbefugten Nutzung von Kommunikationsdiensten zielt der Einbruchsversuch auf die Erlangung von Zugriffsrechten, mit denen die Benutzung der Kommunikationswege zu anderen Rechnern möglich wird. Auf diese Weise kann der Angreifer die Herkunft seines Ausgangsrechners verschleiern.

↑*Datenmanipulation* kann neben der Verletzung der Datenintegrität auch zur Beeinträchtigung der Systemintegrität und ebenso der Systemfunktionalität führen. Dies trifft besonders bei Veränderung von Systemdateien und dem Einsatz von "bösartiger" Software (Viren, Würmer usw.) zu. Dazu zählen auch Maßnahmen, die den ordnungsgemäßen Betrieb behindern, z.B. das Fluten eines Netzwerks. Die Gefahrenquellen sind Benutzer und Übertragungswege; die Werkzeuge hierzu sind Scanner, Viren, Würmer, Trojanische Pferde, Falltüren und Bomben. Die Handlungen eines Benutzers lassen sich aufteilen in Aktionen ohne schädigende Absicht und Computermißbrauch. Unbeabsichtigte Eingabe- oder Bedienungsfehler können schwerwiegende Folgen für die System- oder Datenintegrität haben. Sie lassen sich nie vollständig vermeiden. Absichtliche Benutzeraktionen, die die Vertraulichkeit der Daten, deren Integri-

Sicherheit in der Informationstechnik

tät oder Verfügbarkeit negativ beeinflussen, werden als *Computermißbrauch* bezeichnet. Dieser Bereich wird unterteilt in Spionage, Manipulation und Sabotage (Kersten, 1991).
In die Rubrik Spionage fallen alle Aktionen zur illegalen Informationsbeschaffung. Dieser Angriff bedeutet einen Vertraulichkeitsverlust der Daten, welche entweder von authorisierten Personen herausgegeben oder vom Angreifer erspäht werden. Manipulation an Daten, ↑Programmen und ↑Systemsoftware ist die vielschichtigste Art des Computermißbrauchs. Es können dabei die Vertraulichkeit, die Integrität, sowie die Verfügbarkeit beeinflußt werden. Es werden offene Manipulationen mit zerstörerischer Absicht und verdeckte Manipulationen unterschieden. Letztere sollen unentdeckt bleiben, weil sie dem Eindringling Vorteile verschaffen. Sabotagehandlungen haben die Zerstörung von Soft- bzw. Hardware zur Folge. Damit werden Integrität und Verfügbarkeit verletzt.

Kommunikationswege sind ein wichtiger Bestandteil der Informationsstrukturen. Sie liefern große Angriffsflächen. Ein Betrüger kann in Kommunikationspfade eindringen und ↑Nachrichten abhören; dabei kann er Teile der Nachricht kopieren, verändern, löschen und falsche Teile in die Nachricht einfügen. Er kann eine abgehörte und kopierte Nachricht zu einem späteren Zeitpunkt beliebig wiederholen; bei einer Abfolge mehrerer Nachrichten kann er die Reihenfolge vertauschen oder einzelne Nachrichten löschen. Rechnername und Netzadresse allein sind nicht vertrauenswürdig. Ein Betrüger kann seinen Rechner so modifizieren, daß er sich für einen anderen Rechner mit anderer Adresse ausgibt. Werkzeuge zum Angriff auf solche Umgebungen sind *Scanner*. Der *Net Scanner* wird zum passiven Abhören der Aktivitäten auf dem Kommunikationsweg benutzt (Verkehrsanalyse). Der Login-Scanner ist in der Regel durch Software realisiert. Mit ihm wird versucht, Login-Namen und Paßwörter durch Ausprobieren oder andere Methoden herauszufinden. Böswillige Programme, wie ↑*Viren*, benötigen eine Umgebung, in die sie sich "einnisten" können, da sie nicht selbständig ablauffähig sind und mit der sie sich vermehren. Ebenfalls in die Klasse der böswilligen Programme fallen die ↑*Würmer*. Es sind selbständige Programme, die versuchen, sich von System zu System fortzupflanzen. Würmer sind darauf angewiesen, Sicherheitslücken in der Zugangskontrolle von Betriebssystemen zu nutzen oder Paßwörter zu besitzen, um in fremde Systeme eindringen zu können. Als ↑*Trojanisches Pferd* werden ortsfeste Programme bezeichnet, die neben dem nützlichen Programmcode versteckte Routinen enthalten, welche nebenbei und unbemerkt unerwünschte Manipulationen am System und an Datenbeständen vornehmen können. *Bomben* sind solche Programme, die beim Eintreten gewisser Ereignisse von ihrem normalen Programmablauf abweichen und gewisse vom Programmierer beabsichtigte Schadensfunktionen ausführen. Ist der Auslöser ein bestimmtes Datum oder die Uhrzeit, so sind sie Zeitbomben. Starten gewisse Systemzustände oder Dateiinhalte diese Programme, so handelt es sich um logische Bomben. *Falltüren* sind Pfade in einem Programm, die in der Konzeption des Programms nicht vorgesehen waren. Sie sind entweder zu Testzwecken oder in manipulierender Absicht eingebaut worden. Diese speziellen Pfade können zur Umgehung der Sicherheitsvorkehrungen benutzt werden.
Maßnahmen zur Abwehr dieser Angriffe sind neben organisatorischen Maßnahmen, die Geheimhaltung und die Authentizität. Als wichtigstes Gebiet zur Wahrung der Vertraulichkeit ist die ↑*Kryptologie* (Bauer, 1993) zu nennen. Sie umfaßt zwei Teilgebiete: die *Kryptographie* und die *Kryptanalyse*. Unter ↑Kryptographie wird die Wissenschaft von den Geheimschriften verstanden. Eine Methode des geheimen Schreibens oder des Verschlüsselns wird als *Chiffre* bezeichnet.

Für die Übermittlung einer geheimen Nachricht ergibt sich folgender prinzipieller Ablauf: Der Sender chiffriert den Klartext der Nachricht mit einem bestimmten Schlüssel und erhält so den Chiffretext. Dieser Chiffretext wird an den Empfänger übermittelt, der ihn mit Hilfe eines zweiten Schlüssels dechiffriert und so den Klartext erhält. Abhän-

gig von der zugrundeliegenden Chiffre können die beiden Schlüssel identisch aber auch verschieden sein.
Die *Kryptanalyse* ist die Wissenschaft des Brechens von Chiffren. Unter dem Brechen einer Chiffre wird die Ermittlung des Klartextes bzw. des Schlüssels aus dem Chiffretext oder die Ermittlung des Schlüssels aus Klartext-Chiffre-Paaren verstanden.
Ein *Kryptosystem* ist die Zusammenfassung von Klartexten, Chiffretexten, sowie einer Menge von Schlüsseln zum Chiffrieren und Dechiffrieren. Die zentralen Forderungen an ein Kryptosystem sind Geheimhaltung und Authentizität. Wird eine verschlüsselte Kommunikation zwischen zwei Parteien A und B betrachtet, so fordert die Geheimhaltung, daß niemand anders außer A und B die verschlüsselten Nachrichten lesen kann. Dagegen stellt die Authentizität sicher, daß B bei einer empfangenen, verschlüsselten Nachricht feststellen kann, ob sie wirklich von A stammt.

In diesem Zusammenhang wird manchmal eine noch strengere Forderung an eine Nachricht gestellt: die *digitale Signatur*. Falls A eine digital signierte Nachricht an B sendet, dann muß diese nicht nur authentisch sein, sondern auch eine Beweiskraft vor einer dritten Partei besitzen, daß genau diese Kommunikation von A nach B wirklich stattgefunden hat. In der Praxis sind digitale Signaturen kostenintensiv. Deshalb werden aus Effizienzgründen oftmals sog. Einwegfunktionen benutzt, um nicht ganze Nachrichten signieren zu müssen, sondern nur das Ergebnis einer Einwegfunktion - angewendet auf die Nachricht. Einwegfunktionen genügen folgenden Grundvoraussetzungen: Es muß berechnungsmäßig praktisch unmöglich sein, zu einem gegebenen Wert eine Nachricht zu erzeugen, die genau diesen Funktionswert liefert. Ebenso muß es berechnungsmäßig praktisch unmöglich sein, zwei Nachrichten zu erzeugen, die denselben Wert liefern.
Kryptographische Systeme lassen sich in zwei Klassen einteilen: konventionelle Kryptosysteme und Public-Key-Kryptosysteme. Bei *konventionellen Kryptosystemen* sind Chiffrier- und Dechiffrierschlüssel entweder identisch oder leicht auseinander zu berechnen. Diese Kryptosysteme werden manchmal auch *Secret Key-* oder *Shared Key-Kryptosysteme* genannt, weil zwei beteiligte Parteien einen gemeinsamen geheimen Schlüssel teilen. Ein Beispiel ist der Data Encryption Standard (DES), bei dem die Schlüssel identisch sind.
Bei *Public Key-Kryptosystemen* hat jeder Benutzer zwei Schlüssel: einen öffentlichen Chiffrierschlüssel und einen privaten (geheimen) Dechiffrierschlüssel. Dabei sollte es berechnungsmäßig unmöglich sein, den geheimen Dechiffrierschlüssel aus dem öffentlichen Chiffrierschlüssel zu berechnen. Ein Beispiel ist das RSA-Verfahren.

Oftmals reicht es zur Sicherstellung der Authentizität nicht aus, daß A eine verschlüsselte Nachricht an B sendet. Dann muß nach vorher festgelegten Regeln ein Austausch mehrerer Nachrichten stattfinden. Dieser Ablauf ist das Protokoll. Zum Nachweis der Identität wird ein spezielles Protokoll benutzt, das *Authentifizierungsprotokoll* genannt wird. Um es gegen Angriffe zu schützen, werden Verfahren aus der Krypthographie benutzt. Normalerweise ist die Authentifizierung mit der Verteilung eines Sitzungsschlüssels verbunden, der später benutzt werden kann, um den folgenden Nachrichtenaustausch zu verschlüsseln. Die Objekte, die den Nachweis ihrer Identität ermöglichen müssen, sind Rechner, Benutzer und Prozesse. Ein bekannter Authentifizierungsservice ist das Kerberos-System (Langendörfer, Schnor, 1993). Bei vielen Authentifizierungsprotokollen führen zwei Parteien eine gegenseitige Authentifizierung durch, die in der Regel in einem nur den beiden Parteien bekannten Geheimnis, in dem sogenannten Sitzungsschlüssel, endet.

Ein weiterer Ansatz sind die *Zero Knowledge-Protokolle*. Ein Zero-Knowledge-Protokoll ist ein Austausch von Nachrichten, das auf einem Zero-Knowledge-Beweis basiert. Sei P (Prover) eine Partei, die ein Geheimnis kennt und V (Verifier) eine zweite Partei, der P beweisen möchte, daß sie dieses Geheimnis kennt. Bei einem Zero-Knowledge-Beweis kann die Partei P die Partei V davon überzeugen,

daß sie das Geheimnis kennt, ohne daß V es erfährt.
Ein Vergleich der Zero-Knowledge-Protokolle mit den Authentifizierungsprotokollen zeigt eine Ähnlichkeit auf. Authentifizierungsprotokolle beruhen fundamental auf der Sicherheit des benutzten Kryptosystems. Völlig analog dazu beruhen Zero-Knowledge-Systeme auf der Schwierigkeit des zugrundeliegenden mathematischen Problems. Ein wichtiger Unterschied besteht aber darin, daß bei einem Authentifizierungsprotokoll ein neues Kryptosystem benutzt werden kann, sobald ein altes unsicher geworden ist. Damit wird nicht das ganze Protokoll unbrauchbar. Dagegen sind Zero Knowledge Protokolle in der Regel so eng mit dem zugrundeliegenden mathematischen Problem verknüpft, daß sobald ein effizient berechenbarer Algorithmus für ein solches Problem gefunden ist, das ganze Protokoll unbrauchbar wird. Zero-Knowledge-Protokolle sind in erster Linie für die Anwendung bei Identifikationskarten *(Chipkarten)* gedacht. Auf solchen Karten werden alle Parameter gespeichert, die zunächst von der Autorität berechnet werden. Ein kleiner Prozessor auf dieser Karte führt dann bei jeder Benutzung die Rolle von P aus, während ein Überprüfungsgerät die Aktionen von V im Zero-Knowledge-Protokoll durchführt. Ist die Überprüfung erfolgreich, erhält der Karteninhaber Zugang zu einem entsprechend geschützten Bereich. Eine weitere Möglichkeit der Authentifizierung könnte durch Überprüfung charakteristischer Eigenschaften (z.B. Fingerabdrücke) durchgeführt werden.

Die Aktivitäten auf dem Gebiet der ↑Computersicherheit führten zur Definition von Sicherheitsarchitekturen und zur Aufstellung von Kriterien zur Sicherheitsbeurteilung (Kersten, 1993; Wojcicki, 1991).

Literatur: American National Standards Institute, ANSI-IEEE-STD-100-1984: IEEE Standard Dictionary of Electrical and Electronical Terms, 3rd ed., 1984. *Bauer, F.L.*: Kryptologie, 2. Aufl., 1993. *Kersten, H.*: Einführung in die Computer-Sicherheit, München, 1991. *Kersten, H.*: Internationale Sicherheitskriterien, Reihe: Sicherheit in der Informationstechnik, Bd. 5, München, 1993. *Langendörfer, Schnor*: Verteilte Systeme, München, 1993. *Wojcicki, M.*: Sichere Netze, Analysen, Maßnahmen, Koordination, München, 1991.

Prof.Dr. H. Langendörfer, Braunschweig

SIMD (Single Instruction Multiple Data)
Feldrechner (Arrays von ↑Prozessoren) und Vektorrechner (Pipelinerechner), bei denen pro Zeiteinheit mehrere Datenwerte entsprechend einem Befehl bearbeitet werden. Alle Prozessoren, die jeweils einen eigenen Speicher (und damit eigene Daten) besitzen, führen gleichzeitig den selben Befehl aus, der ihnen von einer zentralen Steuereinheit zugeleitet wird. Insofern ist diese Klasse besonders gut geeignet für explizit parallele Aufgabenstellungen (Matrizen-/Vektorrechnung).

simplex
↑Betriebsart der Datenübertragung, bei der an der Schnittstelle Daten entweder nur von der Datenübertragungseinrichtung der Datenendeinrichtung (Empfangsbetrieb) oder von der Datenendeinrichtung der Datenübertragungseinrichtung (Sendebetrieb) zugeführt werden.

Simulation
Experimentelle Modellproblemlösung auf der Basis eines Versuchsplanes mittels Modellexperimenten; Darstellung gewisser Verhaltenseigenschaften eines Systems mit Hilfe von Aktionen eines anderen Systems.

Simultaneous Engineering
Simultaneous Engineering ist eine Vorgehensweise bei der Lösung komplexer ingenieurtechnischer Probleme mit dem Ziel qualitativ optimale, kostengünstige Lösungen in kürzester Zeit zu erarbeiten. Eine typische Problemstellung ist die Entwicklung von Produkten mit den dafür erforderlichen Produktionsmitteln. Merkmale der Vorgehensweise sind in diesem Fall die möglichst parallel versetzte Bearbeitung aller Aufgaben bei Produktplanung, Konzipierung, Entwurf, Arbeitsplanung, sowie Material- und Betriebsmittelplanung anstatt einer sequentiellen Ausführung der gleichen Aufgaben. Wesentlich dabei ist, das gesamte ↑Wissen hinsichtlich der Marktanforderungen, der Produktentwicklung und

-herstellung (auch der Zulieferanten) des Produktbetriebs, der Produktwartung und Produktentsorgung für die Lösung einzelner Aufgaben verfügbar zu haben. Dadurch entfallen i.a. zeit- und kostenintensive Änderungen nach Freigabe für die Herstellung.

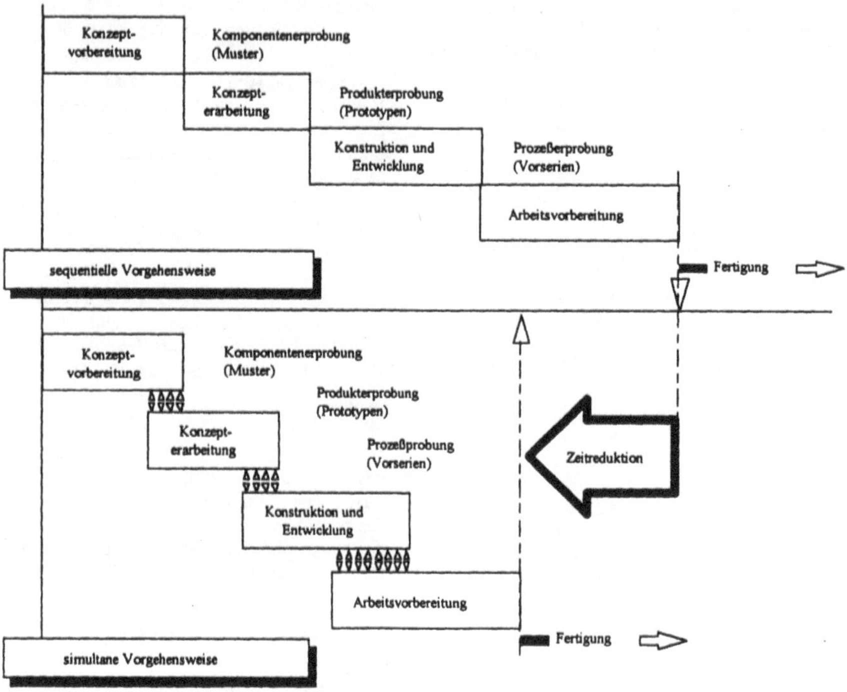

S. wird heute meist durch die Bildung von Expertengruppen (Expertenteam) durchgeführt. Für die Zusammensetzung der Gruppe gibt es verschiedene Möglichkeiten. Allgemein sollen die Gruppenmitglieder einen horizontalen Querschnitt aller Unternehmensfunktionen gewährleisten, d.h. Marketing, Entwicklung/Konstruktion, Fertigung, Qualitätssicherung, Einkauf und Vertriebsrepräsentation. Es ist mitunter zweckmäßig, auch Kunden und Zulieferanten in die Expertengruppe einzubeziehen. In manchen Fällen ist eine sog. vertikale Teambildung z.B. aus Ingenieuren, Facharbeitern und Maschinenbaubedienern zweckmäßig. Als weitere Möglichkeit bietet sich die Bildung eines sog. Kernteams an, das ein Produkt während des gesamten Entwicklungs- und Planungsprozesses begleitet; fallweise können weitere Experten hinzugezogen werden. Die Mitglieder einer Gruppe sollen über Teamfähigkeit besitzen; sie müssen kooperativ, offen, flexibel und bereit sein, ihr Expertenwissen weiterzugeben. Dazu sind oft Schulungsmaßnahmen erforderlich.

Die Expertengruppe sollte nicht nur organisatorisch, sondern auch örtlich zusammengefaßt werden, um einen intensiven Ideenaustausch zu gewährleisten. Läßt sich dies nicht realisieren, so können Funktionen der ↑Telekommunikation wertvolle Hilfe leisten.

Die Zusammenführung von Expertenwissen kann auch mit Hilfe von Wissensbanken erfolgen. Die Steuerung des *S.*-Prozesses erfolgt dann über spezielle Informations- und Kommunikationssysteme mit der Möglichkeit einer zeitparallelen Bearbeitung von Aufgaben durch mehrere Personen (Lu, 1990). An die

↑Informationssysteme werden besondere Anforderungen gestellt, da gespeicherte Lösungsdaten meist unvollständig und Toleranz behaftet sind. Neben *S.* wird im angelsächsischen Sprachraum der Begriff *Concurrent Engineering* benutzt (Sohlenius, 1992). Die Bedeutung beider Begriffe ist weitgehend gleich.
Der Begriff *S.* geht auf Aktivitäten der Fa. FORD (USA) zurück, die zur Verbesserung der Qualität ihrer Produkte ein interdisziplinäres Team, das sog. Team Taurus, einsetzte. Durch die Aufhebung von Abteilungsgrenzen wurden sehr frühzeitig im Entwicklungsprozeß Anforderungen der Fertigung und Montage berücksichtigt. Die guten Erfahrungen wurden von anderen Unternehmen rasch aufgegriffen (Bebb, 1991). Die Grundideen von *S.* finden sich bereits viel früher im methodischen Konstruieren. Dort werden sie als Anforderungen an Konstruktionslösungen, wie z.B. fertigungs-, montage- und prüfgerecht, oder funktions- und wartungsgerecht formuliert.
Literatur: Bebb, H.B.: Quality Design Engineering, in: CAD/CAM, Robotics and Factories of the Future '90, Bd. 1, Berlin, 1991. *Krause, F.-L., Ochs, B.*: Potentiale der CAD-Technologie zur Gestaltung simultaner Vorgehensweisen in der Produktentwicklung, in: VDI-Berichte Nr. 865, Düsseldorf, 1991. *Lu, S.*: Wissensverarbeitung für Simultaneous Engineering. CIM-Management, München (1990). *Sohlenius, G.*: Concurrent Engineering. Annuals of the CIRP, Vol. 4 1/2, 1992.

Prof.Dr.Dr.h.c. H.Grabowski, Karlsruhe

SLC
Software Life Cycle; Sammelbegriff für die Gesamtheit der Phasen einschl. ihrer zeitlichen Abfolge in der Softwareentwicklung; bestehend aus Problemanalyse, Systemspezifikation, Systemdesigns, Systemimplementierung, Systemtests und Systemwartung.

SMALLTALK
Objektorientierte Sprache; alle Elemente der Sprache sind Objekte, auch alle Daten wie Zahlen oder Zeichen, selbst ↑Klassen oder ↑Programme. Ein ↑Objekt hat ↑Attribute und ↑Methoden. Die Attribute sind ausschließlich „privat", die Methoden dagegen „öffentlich". Ein Programm ist in *S.* keine Abfolge von Anweisungen, sondern eine Menge miteinander kommunizierender Objekte. Die Kommunikation erfolgt dabei mittels Botschaften, die von Objekt zu Objekt geschickt werden, um Methoden zu aktivieren. Das ganze System besteht aus einer Klassenhierarchie; ↑Vererbung ist nur einfach möglich.

SNA
System Network Architecture

Software
Gesamtheit aller ↑Programme für den ↑Computer.

Software Engineering
Begriffserklärung
Der Begriff des *S.* wurde Ende der 60er Jahre geprägt, als zwei NATO-Tagungen unter dem Titel *S.* in Garmisch und in Rom stattfanden (Naur, Randell, 1969; Buxton, Randell, 1970). Der Titel der Tagungen wurde als Provokation formuliert, um zu unterstreichen, daß auch die Erstellung von Softwareprodukten - wie die Erstellung anderer technischer Produkte auch - als ingenieurmäßige Disziplin aufzufassen ist, in der Einsatz von Techniken, Methoden und Werkzeugen (↑Tools) zur Produkterstellung unabdingbar ist. Insb. sollte durch die Parallele zur technischen Produkterstellung hervorgehoben werden, daß es für die Konstruktion zunehmend komplexer werdender Softwareprodukte nicht ausreicht, nur zu programmieren, sondern daß es erforderlich ist, - wie im technischen Bereich schon seit Jahrzehnten üblich - die Anforderungen an das Produkt Software zu analysieren, einen auf den Anforderungen basierenden Entwurf zu machen und das Produkt unter dem Einsatz von Methoden, Techniken und Tools zu konstruieren.
Nach der Encyclopaedia Britannica wird unter dem Begriff des Engineering die schöpferische Anwendung von wissenschaftlichen Prinzipien auf Entwurf und Entwicklung von Strukturen, Maschinen oder Herstellungsprozessen, alles im Hinblick auf eine gewünschte Funktion, Handlungsökonomie und Sicherheit von Leben und Eigentum verstanden. Der Begriff des *S.* wird in der einschlägigen Li-

teratur nicht einheitlich definiert. Dies ist auf Grund der Tatsache, daß diese Teildisziplin der ↑Informatik noch sehr jung ist, auch nicht weiter verwunderlich. Die unterschiedlichen Definitionen gehen aber tendenziell in die gleiche Richtung. Stellvertretend wird im folgenden von einer Definition von (Gewald et al., 1985) ausgegangen. Demnach wird unter *S.* die genaue Kenntnis und gezielte Anwendung von Prinzipien, Methoden und Werkzeugen für die Technik und das ↑Management der Softwareentwicklung und -wartung auf der Basis wissenschaftlicher Erkenntnisse und praktischer Erfahrungen, sowie unter Berücksichtigung des jeweiligen ökonomisch-technischen Zielsystems verstanden.

Zielsetzung, Aufgabe
Nach der zuvor getätigten Definition ist es die Zielsetzung des *S.*, unter dem Einsatz von Prinzipien, Methoden und Werkzeugen unter Anlehnung an die im technischen Bereich geltenden Vorgehensweisen (z.B. Methoden- und Werkzeugeinsatz, ↑Prototyping, Wiederverwendung von Bauteilen, ausführliche technische Dokumentation, starke Betonung der ↑Qualitätssicherung etc.) Software so zu konstruieren, daß die gestellten Anforderungen der Auftraggeber durch die Software erfüllt, daß die vorgegebenen Budgets und Termine eingehalten werden und nicht zuletzt, daß von den erstellten Systemen keine Gefährdungen für Leib und Leben ausgehen. Hierbei wird unterstellt, daß die betrachteten Softwaresysteme komplexer Natur sind. Hauptgegenstand des *S.* ist also nicht die Fragestellung, wie kleinere Programme entwickelt werden sollen, sondern die Entwicklung und Konstruktion komplexer Softwaresysteme.
Erst für diese Problemkategorie wird der Einsatz der Prinzipien, Methoden und Techniken des *S.* unabdingbar. Im technischen Bereich würden bei komplexen Problemstellungen (z.B. dem Bau eines Kernkraftwerkes) andere Techniken und auch andere Werkzeuge eingesetzt werden, als dies bei der Realisierung einfacher Probleme (z.B. der Bau einer Hundehütte) der Fall ist. Analog muß gefordert werden, daß für die Entwicklung und Konstruktion komplexer Softwaresysteme andere Vorgehensweisen und aber auch andere Techniken und Methoden eingesetzt werden, als dies für die Entwicklung und Konstruktion kleinerer Programme notwendig ist. Etwas vereinfachend gilt, daß die heutigen Probleme im Softwarebereich (auch oft als Softwarekrise beschrieben - die mittlerweile schon mehr als 25 Jahre andauert und damit eher den Charakter chronischer Beschwerden angenommen hat) darauf zurückzuführen sind, daß jahrzehntelang die Prinzipien, Methoden und Techniken, die zur Erstellung kleinerer Programme geeignet sind, auf die Erstellung komplexerer Softwaresysteme angewandt worden sind. Im übertragenen Sinne wurden mit der 'Hundehüttentechnologie' (d.h. mit Grundkenntnissen der Datenverarbeitung, Kenntnissen einer Programmiersprache und Betriebssystemkenntnissen) komplexe Systeme entwikkelt. Die daraus resultierenden Probleme sind in der Praxis unübersehbar. Exemplarisch sind die derzeitigen Probleme im Softwarebereich die folgenden:

- kein umfassender Methoden- und Technikeinsatz; geringer Tooleinsatz bei der Softwareproduktion;
- keine ausreichende Analyse der Anforderungen der Anwender und kein systematischer Systementwurf; hieraus resultieren eine große Anzahl von Änderungswünschen, oft schon unmittelbar nach der Produktfreigabe;
- keine Produktdokumentation und falls sie in Ansätzen vorhanden sein sollte, keine aktuelle oder gar adressatengerechte Programmdokumentation; hieraus resultieren erhebliche Einarbeitungsprobleme und unkalkulierbare Risiken bei der Programmwartung;
- zu große und monolithisch aufgebaute Programme; hieraus resultiert eine geringe Produktivität der Entwickler bei der Erstellung; ebenfalls wiederum Wartungsprobleme durch die Komplexität der Programme; sehr hohe Fehlerdichten; kaum Wiederverwendbarkeit der erstellten Programme in anderen Kontexten;
- die Qualität der erstellten Softwareprodukte ist individuell durch den/die Entwickler geprägt und somit weitestgehend vom Zufall abhängig; d.h. in der Praxis wird gegenwärtig nur in Ausnah-

mefällen systematische Softwarequalitätssicherung betrieben.
Diese Problemliste ließe sich noch erweitern. Durch den Einsatz von Prinzipien, Methoden und Techniken sollen die zuvor aufgeführten Probleme und Schwierigkeiten gelöst oder aber zumindest abgemildert werden.

Vorgehensweise
Die Erstellung komplexer Softwaresysteme ist nicht isoliert zu betrachten, sondern sie ist mit den Belangen des ↑Projektmanagements, der Softwarequalitätssicherung und des Konfigurationsmanagements in Einklang zu bringen. Im Rahmen des *Projektmanagements* wird die Erstellung komplexer Softwareprodukte als Projekt geplant, gesteuert und abgewickelt; die ↑*Qualitätssicherung* hat durch konstruktive und durch analytische Maßnahmen sicherzustellen, daß die vorliegenden Anforderungen erfüllt werden und das *Konfigurationsmanagement* hat die erstellten Softwareelemente (Entwürfe, Programme, Dokumente, Testdaten etc.) abzulegen, zu verwalten und für Änderungen bzw. Wiederverwendungen bereitzustellen. Die Softwareerstellung i.e.S. hat zwecks Reduktion der Komplexität in einzelnen Entwicklungsphasen zu erfolgen. Diese Phasen werden nacheinander abgearbeitet, wobei es in der praktischen Arbeit unumgänglich ist, einzelne Phasen wegen auftretender Fehler, wegen neuer Erkenntnisse, oder durch Änderungswünsche bedingt, zu einem späteren Zeitpunkt erneut zu überarbeiten. Die Unterteilung der Entwicklungsarbeiten in Phasen ist auch aus der Sicht des Projektmanagements erforderlich, da nur so eine genauere Planung einzelner Entwicklungsschritte (Meilensteine) bzw. die frühzeitige Erkennung von Planabweichungen möglich ist. Die phasenweise Erstellung der Software ist auch im Interesse der ↑Qualitätssicherung, da nur so frühzeitig Fehler durch phasenweise Abnahmen erkennbar sind. Im Regelfall erfolgt die Freigabe der einzelnen Phasen durch das Projektmanagement, während die Abnahme der Phasenergebnisse durch die Qualitätssicherung zu erfolgen hat. Im günstigen Fall ist dann das abgenommene Phasenergebnis der Ausgangspunkt für die Bearbeitung der nächsten Phase.

Falls bei der Abnahme Verstöße gegen die Anforderungen festgestellt werden, ist das Ergebnis der Phase erneut zu überarbeiten.

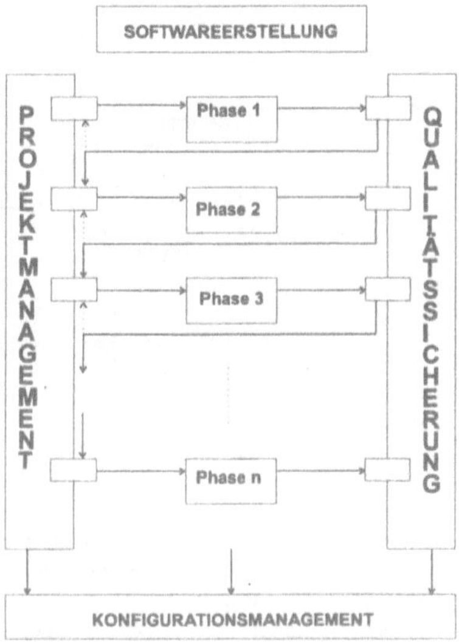

Welche Phasen zu bearbeiten bzw. welche Ergebnisse in diesen Phasen zu erstellen sind, ist in Vorgehensmodellen festgelegt. Diese Vorgehensmodelle stellen Leitfäden für die Softwareentwicklung dar (Raasch, 1992; Boehm, 1981). In den Vorgehensmodellen sollten Ergebnisse vermerkt sein und keine Einzelaktivitäten, da eine Aktivitätenvorgabe keine Freiräume gestattet und eine Pseudosicherheit bei der Abarbeitung vermittelt. Zudem lassen Aktivitätenvorgaben keine zielgerichte Entwicklung zu und sind nur sehr unzulänglich zu überprüfen. In der Praxis werden - wenn überhaupt - überwiegend sog. *Wasserfallmodelle* eingesetzt, bei denen die Phasen nacheinander bearbeitet werden. In neuerer Zeit werden Vorgehensmodelle eingesetzt, die auf dem sog. V-Modell basieren (Meyer, 1988). Im einzelnen sind die folgenden Entwicklungsphasen mit den entsprechenden Ergebnissen üblich.

In der *Analysephase* sind die Anforderungen an das Softwareprodukt zu analysieren, Systemabgrenzungen vorzuneh-

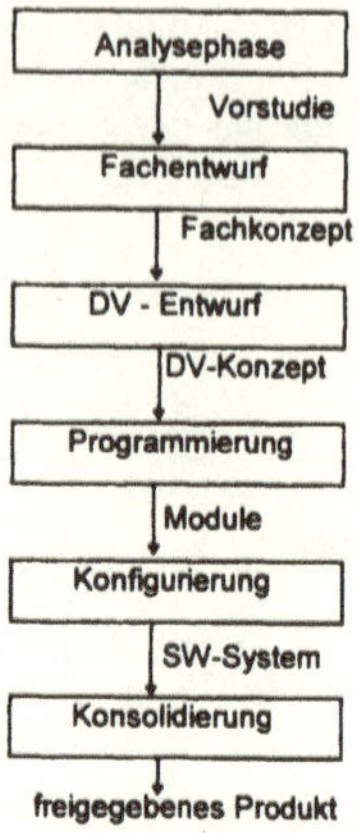

men, bei denen festgestellt wird, was realisiert werden soll und was nicht gewünscht wird. Es sind Restriktionen (z. B. Festlegung auf bestimmte Hardwareumgebungen, zeitliche Einschränkungen) festzustellen, Lösungsmöglichkeiten zu erkunden, ggf. schon Prototypen der gewünschten ↑Benutzeroberfläche zu erstellen und abzustimmen, die technischen und wirtschaftlichen Realisierungschancen der Lösungsalternativen zu bewerten und die zuvor genannten Ergebnisse als Vorstudie zusammenzufassen. Sofern sich für die Realisierung einer Lösungsalternative entschieden wird, sind die Vorgaben aus der Vorstudie in einem ↑Pflichtenheft zusammenzustellen. Das Pflichtenheft bildet die Grundlage der weiteren Entwicklung.

In der Phase *Fachentwurf* sind die Ergebnisse der Analysephase zu detaillieren und die fachlichen Anforderungen umfassend zu beschreiben. Dies umfaßt die Erstellung eines funktionalen Modells mit einem hierarchischen Funktionsbaum, einer Beschreibung der einzelnen Funktionen, die Darstellung der Kommunikationsbeziehungen der einzelnen Funktionen untereinander, d.h. welche Inputdaten benötigen die einzelnen Funktionen und welche Outputs werden von ihnen erzeugt. Darüber hinaus ist festzulegen, bei welchen Ereignissen bzw. Geschäftsvorfällen welche Funktionen in welcher Reihung auszuführen sind. Ferner ist in dieser Phase ein ↑Datenmodell zu erstellen, in dem die betroffenen Informationselemente und ihre Beziehungen untereinander zu beschreiben sind. Danach sind fachliche Testfälle zusammenzustellen und Vorschläge für die organisatorische Einbindung des Systems sind zu erarbeiten. Alle zuvor beschriebenen Ergebnisse sind in einem Fachkonzept zusammenzufassen, das von der Fachseite (Fachabteilung, Fachamt etc.) abzunehmen ist.
In der Phase *DV-Entwurf* sind - basierend auf dem Fachkonzept Module - (d. h. programmtechnische Einheiten, z.B. einzelne Programme, Prozeduren, Funktionen) zu spezifizieren, die im Idealfall auf den erforderlichen fachlichen Funktionen basieren und klare Schnittstellenbeschreibungen aufweisen sollten. In den Modulen sollten jeweils Entwurfsentscheidungen gekapselt werden, so daß die spätere Wartung erleichtert wird und auch die Flexibilität des zukünftigen Systems gewährleistet ist. Insb. sollten hardwareabhängige Teile des Systems bzw. solche Teile, die auf Datenspeicher (↑Dateien, ↑Datenbanken) oder aber auf spezifische E/A-Geräte zugreifen, in separaten Modulen zusammengefaßt werden. Weiterhin sind im DV-Entwurf die zukünftigen Datei- und Datenbankstrukturen auf der Grundlage des fachlichen Datenmodells festzulegen und es ist ein Prozeßkonzept zu erarbeiten. Ferner sind die vorliegenden fachlichen Testfälle um dv-technische Testfälle zu ergänzen. Alle zuvor beschriebenen Ergebnisse sind in einem DV-Konzept zusammenzustellen, das als Programmier- bzw. Umsetzungsvorlage fungiert.

In der Phase *Programmierung* sind die einzelnen Modulspezifikationen in einer ↑Programmiersprache - nach Möglichkeit in strukturierter Form - umzusetzen und die Module zu testen. Schließlich hat die Definition der benötigten Dateien und Datenbanken zu erfolgen.
In der *Konfigurierungsphase* sind die entwickelten Module zu einem Gesamtsystem zu integrieren und im Zusammenwirken der einzelnen Module und Dateien/Datenbanken in einem Integrationstest auf Korrektheit hin zu überprüfen.
In der *Konsolidierungsphase* ist das Gesamtsystem - im Idealfall unter realen Einsatz- und Produktionsbedingungen -

zu überprüfen und auftretende Schwachstellen zu beseitigen. Am Ende dieser Phase steht dann ein freigegebenes Softwareprodukt.

Prinzipien
Die zuvor geschilderte Vorgehensweise hat unter dem Einsatz von Prinzipien zu erfolgen. Die wichtigsten Prinzipien sind:

- *Abstraktion:* Hierunter wird die Vernachlässigung von Details und die Konzentration auf wesentliche Aspekte verstanden. Ergebnis ist eine modellhafte Darstellung der Realität, wobei durch Vernachlässigung der Details die Komplexität vermindert wird.
- *Strukturierung:* Dies bedeutet, daß für ein komplexes System eine reduzierte Darstellung gefunden wird, die den Charakter des Ganzen mit seinen spezifischen Merkmalen wiedergibt. Die Strukturierung von Softwaresystemen erfolgt durch Hierarchisierung und Modularisierung. Die Strukturierung einzelner Programme/Module erfolgt durch die ausschließliche Verwendung von Grundstrukturen (Anweisungsfolgen, Auswahlen, Wiederholungen).
- *Hierarchisierung*: Hierdurch wird unter den Elementen eines Softwaresystems eine Rangordnung in Form von Hierarchiestufen hergestellt; Elemente gleicher Hierarchiestufe werden in einer Ebene dargestellt. Beispiele für Hierarchisierungen im Softwarebereich sind Aufrufhierarchien zwischen den Modulen eines Softwaresystems.
- *Modularisierung:* Hierunter wird verstanden, ein Softwaresystem aus einzelnen Bausteinen (Modulen) zusammenzusetzen, die eine möglichst feste innere Bindung besitzen (d.h. die in einem Modul realisierten Anweisungen sollten in einem möglichst unmittelbaren Zusammenhang stehen) und große Kontextunabhängigkeit aufweisen (d.h. die Module sollten unabhängig von der jeweiligen Umgebung entwickelbar, überprüfbar und einsetzbar sein). Ferner sollte eine klare Spezifikation der ↑Schnittstellen des Moduls (i.d.R. Beschreibung der Modulparameter, der Aufrufe etc.) vorliegen. Darüber hinaus sollte der Anwender für die Benutzung eines Moduls nicht die Internas des Moduls kennen müssen. Durch Modularisierung wird die Produktivität der Entwickler gesteigert (überschaubare Programmbausteine lassen sich schneller realisieren als große und monolithische Programme), ferner wird die Wiederverwendbarkeit der entwickelten Software ermöglicht und wegen der geringeren Komplexität einzelner Module wird i.d.R. auch eine Reduzierung der Fehlerraten erreicht. Zudem ist die konsequente Modularisierung auch eine Voraussetzung für die Erleichterung und Beschleunigung der Wartungsarbeiten.
- *Standardisierung:* Hierunter wird verstanden, daß die entwickelten Softwareprodukte unternehmensinternen Standards zu entsprechen haben. Zu diesen Standards können z.B. Namenskonventionen für benutzte Variable und Progammteile gehören, darüber hinaus existieren Standards für Masken- und Listengestaltung, die Verwendung von Funktionstasten etc.
- *Vererbung:* Das Vererbungsprinzip kommt insb. bei der ↑objektorientierten Softwareentwicklung zum Einsatz; bei hierarchisch gegliederten Informationsobjekten werden die übergeordneten Objekte ihre Eigenschaften an die hierarchisch niedrigeren Objekte übertragen.

Methoden
Im Softwarebereich sind schon frühzeitig ↑Methoden (Methodos, griech.: der Weg) entwickelt worden und auch zum Einsatz gekommen. Zu den älteren Methoden zählen bspw. ↑*HIPO* (Hierarchy Input Process Output) und die *Entscheidungstabellentechnik*. Generell läßt sich feststellen, daß der Methodeneinsatz eine größere Sicherheit bei der Entwicklung bietet; allerdings ist der Methodeneinsatz keine Garantie für die Erarbeitung korrekter Ergebnisse. Für den Methodeneinsatz gibt es unterschiedliche Sichten.

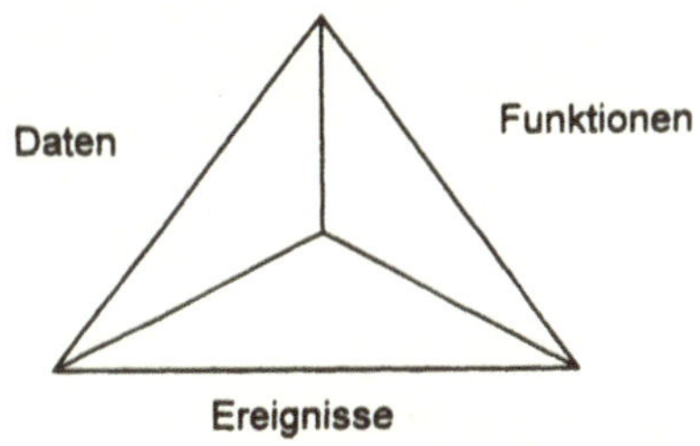

Methoden wurden aus historischer Sicht zunächst für den funktionalen Bereich entwickelt. Zu den Methoden dieses Bereiches zählen die schon erwähnte *HIPO-Methode*, aber auch Structured Analysis *(SA)*, ↑Structured Analysis and Design Technique *(SADT)* und Structured Design *(SD)*. Erst später wurden Methoden entwickelt, um auch den Datenbereich zu analysieren und zu beschreiben. Hierzu zählen die Methoden ↑Entity Relationship-Model *(ERM)*, Objekt Rollenmodell *(ORM)*, oder auch in neuerer Zeit objektorientierte Entwurfsmethoden, wie ↑Object Oriented Analyzis, ↑Object Oriented Design. Der Grundsatz, der den datenorientierten Methoden zugrundeliegt, ist die Überlegung, daß insb. im wirtschaftlichen Bereich die Datenbasis der Anwendungen stabiler ist (d.h. im Zeitablauf in ihrer Struktur weniger stark Änderungen unterworfen ist) als die Funktionalität, die Daten manipuliert. Z.B. ist die logische Struktur der Personaldaten in einem Unternehmen verhältnismäßig konstant, während auf Grund von tariflichen Bestimmungen oder aber durch gesetzliche Änderungen die Funktionalität der Lohn- und Gehaltsabrechnung ständigen Änderungen unterworfen ist. Daraus resultiert die Forderung, bei der Entwicklung das Schwergewicht auf die Modellierung der Daten zu legen und nicht wie bislang üblich, zunächst nach der Funktionalität einer Anwendung zu fragen.

Darüber hinaus gibt es Methoden, um die Ereignissicht zu berücksichtigen. Hier wäre die ↑*Entscheidungstabellentechnik* zu nennen und die *N2-Matrizen* bzw. *Status-Transitionsdiagramme*. Flankierend werden Methoden der Qualitätssicherung (z.B. Testmethoden) oder auch Methoden des Projektmanagements (z.B. die ↑Netzplantechnik oder aber Aufwandsschätzmethoden wie Function Point) eingesetzt. Ein guter Überblick über strukturierte Methoden ist in (Raasch, 1992) enthalten, während zu objektorientierten Methoden die Literaturhinweise (Meyer, 1988) und (Rumbaugh et al., 1994) einen guten Einstieg bieten.

Tools

Für die zuvor vorgestellten Methoden gibt es seit längerer Zeit Toolunterstützungen. Die ersten *Tools*, die eingesetzt wurden - z.B. Tools für den Einsatz von ↑Entscheidungstabellen - unterstützten jedoch jeweils nur eine einzelne Methode oder Technik. Daraus resultierte die Notwendigkeit, mehrere Tools einzusetzen, die naturgemäß untereinander nicht kompatibel waren. Erst in der zweiten Hälfte der 80er Jahre kamen Tools auf den Markt, die mehrere Methoden unterstützen. Diese ↑CASE-Tools *(Computer Aided Software Engineering)* haben zu einer ↑Standardisierung des Methodeneinsatzes geführt, da die meisten Anbieter mit ihren Tools die gleichen Methoden (derzeit SA, ERM und SD) unterstützen. Die aktuell auf dem Markt erhältlichen CASE - Tools bilden jedoch bestenfalls eine erste Generation von Tools, die in Zukunft noch erheblich verbessert werden. Exemplarisch einige Probleme, die nicht befriedigend gelöst sind:

- Die Tools unterstützen zwar den Einsatz mehrerer Methoden, die derzeitigen Methoden sind aber unabhängig voneinander entwickelt worden und es fehlt eine wissenschaftlich fundierte Methodenintegration. Eine Ausnahme bildet hier der objektorientierte Bereich.
- Es mangelt an Generatoren, die eine problemlose Umsetzung der Analyse- und Entwurfsergebnisse in Programmiersprachen und ↑Datenbanken ermöglichen.
- Die Belange des Projektmanagements, der ↑Qualitätssicherung und des Konfigurationsmanagements werden von den gegenwärtig verfügbaren Tools nicht oder nur sehr unzureichend unterstützt.
- Bei größeren Projekten muß die Entwicklungsarbeit parallel mit der dezentralen Erarbeitung von Ergebnissen erfolgen. Diese Ergebnisse müssen integriert und abgeglichen werden. Auch werden diese Aktionen von den Tools nur unzureichend unterstützt.
- Die derzeitigen Methoden sind alle graphisch orientiert. Dies führt dazu, daß die Tools vorwiegend auf PC- oder Workstationebene angeboten werden. Hier sind ↑Schnittstellen zum Hostbereich erforderlich, um Entwicklungsergebnisse auch auf den Host übernehmen zu können.

Es bleibt zu hoffen, daß in naher Zukunft diese Probleme gelöst werden, und daß die Softwareerstellung in einem umfassenden Sinne toolgestützt erfolgt. Sofern bei den Entwicklern dann auch Methodenkenntnisse vorhanden sind und das organisatorische Umfeld in den Unternehmen auch den Methodeneinsatz ermöglicht, besteht die Chance, daß sich die Softwareentwicklung zu einer Engineering Disziplin entwickelt, die qualitativ gute Produkte bereitstellt. Falls dies nicht der Fall sein sollte, wird sich der schon heute feststellbare Trend verstärken, daß die Softwareentwicklung nicht mehr individuell in den Unternehmen erfolgt, sondern sich zunehmend auf wenige Anbieter von ↑Standardsoftware nach außen verlagert.

Literatur: Boehm, B.W.: Software Engineering Economics, Englewood Cliffs, 1981. *Buxton, I. N., Randell, B.* (Hrsg.): Software Engineering Techniques, Brüssel, 1970. *Gewald, K. et al.*: Software Engineering, München, 1985. *Meyer, B.*: Object-Oriented Software Construction, NY, 1988. *Naur, P., Randell, B.* (Hrsg.): Software Engineering, Brüssel, 1969. *Raasch, J.*: Systementwicklung mit strukturierten Methoden, 2. Aufl., München, 1992.. *Rumbaugh, J. et al.*: Objektorientiertes Modellieren und Entwerfen, München, 1994.

Prof. Dr. H.-J. Spielmann, Würzburg

Software Life Cycle-Modell
Vorgehensmodell im Rahmen des Software Engineering; Methoden, Hilfsmittel und Entwicklungsumgebungen.

Software-Entwicklungsumgebungen
Unter einer *S.* werden Ansammlungen von Werkzeugen verstanden, die alle Tätigkeiten, die bei der Durchführung eines Softwareprojektes auftreten, unterstützen, wobei die Werkzeuge aufeinander abgestimmt sind, die Zusammenhänge der Tätigkeiten und ihrer Teilergebnisse sichtbar werden lassen, wesentliche Unterstützung geben, auf menschliche Bearbeiter zugeschnitten und parametrisierbar sind, so daß die *S.* auf unterschiedliche Modelle (Spezifikationssprachen, Programmiersprachen, Richtlinien, Standards etc.), auf den Charakter der bestehenden Software, auf die Entwicklungsplattform/ Zielplattform, auf die unterschiedliche Form eines Softwareprojektes etc. abgestimmt werden können (Nagl, 1993). Darüber hinaus sollten integrierte *S.* mit wenig Aufwand erstellbar, offen und erweiterbar sein.
S. hat sich in den letzten 15 Jahren zu einem zentralen Forschungsthema der Softwaretechnik entwickelt. Es gibt eine kaum mehr zu übersehende Anzahl von Forschungsaktivitäten (ACM/SIGPLAN, 1984, 1987, 1988, 1990, 1992) und verfügbaren industriellen Werkzeugansammlungen (Scheibl, 1989). Eine umfangreiche Bibliographie zu diesem Thema findet sich in (Nagl, 1994). Die Fortentwicklung ist noch voll im Gange. Der Einsatz von *S.* in der industriellen Entwicklung von Softwaresystemen ist aber noch nicht allzusehr verbreitet.
Hauptziel von *S.* ist in erster Linie die Produktivitätssteigerung. Dies kann geschehen durch Entlastung von nichtkreativer Arbeit, durch spezielle Unterstützung bei fehlerträchtiger Arbeit, durch konstruktive ↑Qualitätssicherung, die auf Sprachen, Methoden, Vorgehensweisen, Richtlinien etc. abgestimmt ist. Dabei geht es nicht nur um die Unterstützung der Aktivitäten von Einzelpersonen eines Softwareprojektes, sondern insb. um deren konzertierte Zusammenarbeit, da ein komplexes Gesamtgebilde hergestellt werden soll.

Der Begriff *S.* hat eine große Spannweite, da er auf völlig unterschiedlichen logischen Ebenen angewandt wird: Eine Ansammlung vorgegebener Programmbausteine für einen Anwendungsbereich, eine Plattform für *S.*, die auch für andere ↑verteilte Anwendungen genutzt werden kann, eine abgestimmte Softwaretechnikarbeitsumgebung zur Erstellung von beliebigen Softwaresystemen in einer oder mehreren ↑Programmiersprachen, eine Auswahl von Werkzeugen und Bausteinen für einen Anwendungsbereich, die dort vorgefundene Sprachen und Methoden unterstützen, eine Metaumgebung zum Bau von *S.* Einige typische Ansätze aus der Literatur sind die folgenden:
• *Plattformansätze*: Ein Beispiel ist PCTE (Boudier et al., 1988). Sie realisieren eine Basisschicht (verteilte Speicherverwaltung, Koordinations-, Kommunikationsmechanismen), die sich sowohl für eine *S.* als auch für beliebige integrierte verteilte Anwendungen hauptsäch-

lich im Ingenieurbereich einsetzen läßt.

- *Administrative Ansätze*: Diese unterstützen nur einige Bereiche der Administration von Softwareprojekten: Konfigurations- oder Revisionskontrolle, Prozeßverwaltung oder die Verwaltung der Auslastungskontrolle von Ressourcen.
- *Werkzeugkästen*: Ein Beispiel ist UNIX PWB (Kernighan, Richie, 1984). Sie sind eine Kombination von Basis-, administrativen Diensten und anwendungsspezifischen Hilfsmitteln wie Scanner- und Parsergeneratoren. Zielsetzung ist einfache Kombinierbarkeit und Anwendungsunabhängigkeit. Die Gedankenwelt ist hier die der unspezifischen Programmierung bspw. in ↑C.
- *Sprachbezogene S.*: Es handelt sich hier meist um monolinguale, d.h. auf die zugrundeliegende ↑Programmiersprache abgestimmte Umgebungen mit aufeinander abgestimmten Werkzeugen (↑Editoren, Analysatoren, Ausführung mit Debugging und Monitoring, optimierter ↑Compiler).
- *Methodenorientierte S.*: Hierzu zählt die Mehrzahl der am Markt befindlichen und in der Praxis genutzten *S.*, hauptsächlich in betriebswirtschaftlichen und in geringerem Maße in Realzeitanwendungen. Typisch ist, daß sie gängige Modelle für vordere Arbeitsbereiche anbieten, sowie Übergänge zur Codierung.
- *Strukturorientierte S.*: Strukturorientiert heißt, daß die Werkzeugen zugrundeliegende Strukturen der Dokumente bzw. ihres Zusammenbaus zu Konfigurationen kennen oder kennen sollten. Diese *S.* nehmen keinen Bezug auf die Charakterisierung der Anwendungssoftware. Granulate der Arbeit sind Inkremente beliebiger Größe der zugrundeliegenden Sprachen, d.h. es handelt sich um feinkörnige Ansätze.

- *Theoriebezogene Ansätze*: Diese Ansätze kommen ausschließlich aus dem akademischen Kontext und gehen jeweils von einer zentralen Idee als neues Softwareerstellungsparadigma aus (z.B. Transformationsansatz, wissensbasierte Programmierung, algebraische Spezifikation (Della Cruz et al., 1989) etc.). Anwendungen sind theoretischer Natur oder eingeschränkt.

- *Meta-S.*: Auch diese Ansätze stammen ausschließlich aus der akademischen Welt. Hier muß der Bau einer *S.* mit Hilfe einer Metaumgebung von der Entwicklung einer Metaumgebung unterschieden werden. Meta-*S.* gibt es gegenwärtig nur für Teile einer Softwareentwicklungsumgebung im Sinne des ersten Absatzes (Nagl, 1994).

Zukünftige Entwicklungslinien der Forschung und Entwicklung auf dem Gebiet der *S.* sind die folgenden:

- Zielsetzung ist es hier, eine neue umfassende "Betriebssystemschicht" für *S.* oder allgemeiner integrierten verteilten Anwendungen anzubieten. Hierzu gehört die Verwaltung von komplexen Gesamtkonfigurationen durch einen verteilten Objektspeicher, sowie Prozeßinteraktions- und Kommunikationsdienste sowohl für Prozesse und Daten von Werkzeugen, als auch von menschlichen Bedienern.
- Administrative Modelle (Produkt-, Prozeß-, Projekt-, Ressourcenverwaltung etc.) sind keineswegs softwarespezifisch. Sie können allgemein für beliebige Projekte entwickelt und eingesetzt werden. Voraussetzung ist hier allerdings, daß die Administrationsdaten unabhängig von der Ausgestaltung der technischen Tätigkeiten und ihrer Ergebnisse sind und daß die Administrationsumgebung für einen bestimmten Kontext konfigurierbar ist und in eine *S.* integriert werden kann.
- Selbst bei Vorhandensein einer zukünftigen Plattform und einer passenden administrativen Umgebung verbleiben für die Entwicklung, Wartung und Wiederverwendung von Software noch viele spezifische Werkzeuge mit einer entsprechenden benutzerfreundlichen Handhabung durch *S.* Zielsetzung ist, Vollständigkeit zu erzielen und andererseits eine *S.* für eine in einem Softwareprojekt eingesetzte Modell- und Anwendungswelt leicht konfigurieren zu können.
- Intelligenz heißt, daß das Arbeiten auf komplexen Konfigurationen mit einer komplizierten Innenstruktur wesentlich unterstützt wird. Dies schließt alle Integrationsaspekte in einem komplexen Gesamtsystem mit ein. Dabei sollte den Entwicklern aber eine entsprechende Flexibilität ihrer Prozesse zugebilligt werden. Die Grenzen dieser Gesamtschau müssen

in Zukunft noch weiter gefaßt werden (Handhabung von verschiedenen Projekten, die miteinander zusammenhängen, Herausziehen gemeinsamer Teilprojekte).

• Um beliebige *S.* mit gewünschten Eigenschaften für einen beliebigen Kontext mit vertretbarem Aufwand gewinnen zu können, sind noch einige Strukturüberlegungen nötig. Diese betreffen die weitergehende Ausarbeitung der Architektur einer *S.*, um damit Basiskomponenten die Integration zwischen verschiedenen logischen Dokumenten, zur Integration ihrer Repräsentationen etc. zu identifizieren. Damit beschränken sich die Generierungsüberlegungen auf die verbleibenden spezifischen Komponenten. Für deren Generierung sind formale Spezifikationen nötig. Hier kann die Grenze der Mechanisierung noch weiter hinausgeschoben werden.

• Hier ist zum einen an *S.* für bestimmte Anwendungsfelder oder bestimmte Strukturklassen von Softwaresystemen zu denken. Eine Meta-*S.* ist eine so spezialisierte *S.*, nämlich für den Bau von *S.* Eine zweite Möglichkeit spezialisierter Umgebungen hat mit Software i.e.S. unter Umständen nicht mehr viel zu tun. Sie ist bezogen auf spezielle Sprachen, Methoden, Modelle eines Anwendungsbereiches und auf die Klasse von Strukturen, die hier entwickelt werden sollen. Das Ergebnis in diesem Falle muß auch keine *S.* im klassischen Sinn mehr sein, sondern sie ist eine Entwicklungs- oder Modellierungsumgebung (CIM-Umgebung, ↑VLSI-Umgebung usw.).

Literatur: Proc. 1st ACM SIGSOFT/SIGPLAN Software Engineering Symposium on Practical Software Development Environments, in: ACM SIGPLAN Not. 19, 5, 1984; Not. 22, 1, 1987 Not. 13.5, 1988; Not. 15, 6, 1990; Proc. 5th Symp. ACM Press 1992. *Boudier, G. et al.*: An Overview of PCTE and PCTE +, in: ACM/SIGPLAN, 1988. *Della Cruz, P. et al.*: From Algebraic Spezifications to Correct Ada Programs, in: *Alvarez* (ed.), Proc. Ada '89 Int. Conf. Madrid, 1989. *Kernighan, B.W., Richie, R.P.*: The UNIX-Programming Environment, Englewood Cliffs, 1984. *Nagl, M.*: Software-Entwicklungsumgebungen, Informatik-Spektrum 16, 5, 1993. *Nagl, M.* (ed.): Building Tightly Integrated Environments (erscheint in NCS). *Scheibl, H.-J.*: Software-Entwicklungssysteme und Werkzeuge. Esslingen, 1989.

Prof. Dr.-Ing. M. Nagl, Aachen

Softwareanwendungssystem

Programm mit Allgemeingültigkeit, die auf breite Vermarktung angelegt sind.

Softwareanwendungssystemen, Entwicklungstendenzen in

Softwareanwendungssysteme

Software als Oberbegriff für alle Arten von Programmen und Programmsystemen für Datenverarbeitungsanlagen wird üblicherweise zunächst in System- und Anwendungssoftware unterschieden (Hansen, 1992). Unter dem Begriff ↑*Systemsoftware* werden Programme zusammengefaßt, die Leistungen der Datenverarbeitungsanlage den Anwendungsprogrammen und den menschlichen Benutzern verfügbar machen (↑Betriebssystem) und die Entwicklung von neuen Programmen ermöglichen (Programmentwicklungssystem). Der Begriff ↑*Anwendungssoftware* hingegen bezeichnet Programme, die fachliche Probleme des Anwenders lösen. Er ist gleichbedeutend mit dem in diesem Beitrag verwendeten Begriff Softwareanwendungssysteme. Sie können in mehrere unabhängige Dimensionen weiter aufgegliedert werden, z.B. nach der Art der fachlichen Probleme in technisch-wissenschaftliche, kommerzielle und Branchenanwendungssysteme, oder nach der Spezialisierung der Programme in ↑Individualsoftware, die eigens für einen Anwender erstellt wird bzw. in Standardanwendungssysteme, die auf Allgemeingültigkeit und breite Vermarktung angelegt sind.

In ständiger Veränderung begriffen sind aufgrund des raschen technologischen Wandels die hardwaretechnischen und systemsoftwaremäßigen Voraussetzungen für die Entwicklung und den Einsatz von Softwareanwendungssystemen, aber auch die Erwartungen der Anwender an Leistungsbreite und Qualität der Produkte. Nicht zuletzt führt der ständig wachsende Aufwand für die individuelle Anwendungsentwicklung, insb. relativ zu den Hardwarekosten dazu, daß die Anwender sich heute eher für Standardsoftware entscheiden.

Von der Stapel- zur Dialogverarbeitung
Bis in die 60er Jahre hinein war die *Stapelverarbeitung* die einzige Form der Abarbeitung von Anwendungsprogrammen. Bei ihr mußte die zu erledigende Aufgabe mit allen Eingabedaten, Programmaufrufen und Betriebssystemanweisungen komplett vorliegen (meist in Form eines Lochkartenstapels), bevor mit ihrer Bearbeitung durch den Rechner begonnen werden konnte. Während der Programmläufe war kein menschlicher Eingriff möglich; erst nach Abschluß der Bearbeitung konnten die Ergebnisdaten gesichtet werden (Hansen, 1992).

Die ↑*Dialogverarbeitung* ist hingegen durch eine stückweise Auftragsabwicklung gekennzeichnet, bei der Benutzer und ↑Anwendungssystem ständig miteinander kommunizieren. Voraussetzung hierfür ist - neben entsprechend leistungsfähigen Rechnern und Betriebssystemen - die Ausstattung der Benutzer mit Terminals (Bildschirmen und Tastaturen) oder Arbeitsplatzrechnern, die Terminals emulieren (Gerken, 1991). Da diese Geräte auf dem Schreibtisch der Anwender aufgestellt werden, bringt die Dialogverarbeitung die Rechnerleistung an den Arbeitsplatz, wodurch eine stark verbesserte Integration der Datenverarbeitungsleistungen in die Arbeitsabläufe erreicht wird. Während typische Stapelverarbeitungsaufgaben, wie z.B. Gehaltsabrechnung weiterhin in dieser Form abgewickelt werden, ist überall da, wo es sinnvoll ist, der Übergang zur Dialogverarbeitung im Gange oder vollzogen.

Die starke Abhängigkeit vieler betrieblicher Aufgabenerfüllungsprozesse von einer schnellen und fehlerfreien Erfassung und Verarbeitung von Geschäftsvorfällen im Dialog wird heute unter dem Begriff *online-Transaktionsverarbeitung* (On Line Transaction Processing) abgehandelt.

Vom Algorithmus zur Benutzeroberfläche
Frühe Anwendungssysteme konzentrierten sich - schon aus Gründen der vergleichsweise niedrigen Leistungsfähigkeit damaliger Rechner - auf die pure Problemlösung. Aspekte der menschengerechten Gestaltung von Eingabe- und Ergebnisdaten wurden eher vernachlässigt; Forderungen nach benutzerfreundlichen Dialogschnittstellen kamen erst einige Zeit nach dem Übergang von der Stapel- zur Dialogverarbeitung auf. Erst die Arbeitsplatzrechner-Betriebssysteme mit ihren ↑graphischen Oberflächen (Macintosh, ↑Windows, ↑X-Windows) ermöglichten auch den auf ihnen aufsetzenden Anwendungen eine freundlichere und leichter erlernbare Dialoggestaltung mit Schreibtischmetapher, Fenstern und ↑Menüs mit Mausbedienung (Gerken, 1991). Im Zuge der Umstrukturierung zu oder Neuentwicklung von verteilten Anwendungssystemen werden solche softwareergonomischen Aspekte meist mitberücksichtigt; die gestiegenen Anforderungen an die Oberfläche haben aber ihren Preis. Schätzungen gehen dahin, daß bis zu 80 Prozent des Entwicklungsaufwands für neue Anwendungen in die ↑Kommunikation mit dem Benutzer (einschl. Eingabeprüfungen, Fehlermeldungen und online-Hilfen) investiert werden.

Von der Massendatenverarbeitung zu entscheidungsunterstützenden Systemen
Die ersten betrieblichen Anwendungssysteme automatisierten klar definierte, algorithmische Routineaufgaben der Betriebsadministration (z.B. Lohn- und Gehaltsabrechnung), bei denen der Rationalisierungserfolg auf der Hand lag, indem Massendaten schneller abgearbeitet werden konnten und Personal von ermüdenden iterativen Tätigkeiten befreit wurde. Anwendungen für dispositive Probleme, das sind (einfache und gut strukturierte) Entscheidungsprobleme, bspw. im Bestellwesen, folgten (Mertens, 1991). Entscheidungsprobleme auf der Ebene der Unternehmensführung sind komplexer und schlechter strukturiert. Investititonsentscheidungen oder Produktionsprogrammplanungen z.B. fallen überdies seltener an und haben eine längere Gültigkeitsdauer. Planungssysteme für diese und ähnliche Probleme arbeiten meistens nicht vollautomatisch, sondern stellen Daten zur Verfügung, auf deren Basis dann menschliche Entscheidungen getroffen werden. Ähnliches gilt für ↑Kontrollsysteme, die als Gegenstück zu Planungssystemen die Einhaltung von Plänen überwachen (Mertens, 1991). Die letzteren beiden Kategorien werden häufig unter den Stichworten ↑*MIS*/↑*EIS*

(Management-Informationssysteme/ Executive Information Systems) diskutiert. Im Bemühen, auch schlecht strukturierte Probleme der Unterstützung durch Anwendungssysteme zugänglich zu machen, werden auch die Grenzen der prozeduralen Anwendungsentwicklung, wie sie für die Programmiersprachen der 3. Generation (↑COBOL usw.) typisch und zwingend ist, deutlich. Neue Lösungswege, wie ↑Expertensysteme, die aufgrund von deklarativen Problembeschreibungen und gespeichertem ↑Wissen Empfehlungen geben, oder Fuzzy-Technologien, die mit unscharfer Logik arbeiten, werden bedeutsamer.

Von Insellösungen zur integrierten Informationsverarbeitung
Die zuvor beschriebene Automatisierungshistorie führt zu Anwendungssystemen, die isoliert voneinander einzelne betriebliche Aufgaben lösen, zwischen denen manuelle Bearbeitungsprozesse verbleiben. Deren Hauptaufgabe besteht oft darin, Ergebnisdaten eines Anwendungssystems so umzuarbeiten, daß sie als Eingaben für ein anderes Anwendungssystem verwendet werden können. Die nachträgliche Verbindung solcher Insellösungen zu einem einheitlichen Ganzen erweist sich oft als extrem schwierig. Die ↑*integrierte Informationsverarbeitung* stellt demgegenüber den Gedanken der größtmöglichen automatischen Verknüpfung aller Informationsverarbeitungsprozesse im Unternehmen in den Vordergrund (Mertens, 1991). Um diesem Ziel nahezukommen, müssen alle Datenverarbeitungsaktivitäten im Gesamtzusammenhang langfristig geplant und gestaltet werden, ehe sie dann schrittweise in Software umgesetzt und eingeführt werden. Diese Gesamtplanungsaufgabe kann von zwei Standpunkten aus angegangen werden, die wohl nur in Kombination zum Erfolg führen. Einmal kann das Unternehmen von der Datenseite her betrachtet werden; diese Vorgehensweise führt zu ↑*Unternehmensdatenmodellen*, in denen versucht wird, alle für das Unternehmen wichtigen Daten, z.B. über Kunden, Lieferanten, Aufträge, Mitarbeiter usw. systematisch zu sammeln und in ihren Beziehungen zueinander anzuordnen (Scheer, 1990). Zum anderen kann funktionsorientiert vorgegangen werden, indem die aufeinanderfolgenden Bearbeitungsschritte (Vorgangsketten) im Unternehmen aufgenommen und dargestellt werden (Mertens et al., 1991). Während ein Unternehmensdatenmodell eine eher statische Sicht auf die relevanten Daten bietet, betont die funktionale Sicht stärker dynamische Aspekte der Transformation und Weiterverwendung einmal entstandener Daten. Auf der Basis einer solchen Gesamtkonzeption können dann schrittweise einzelne Anwendungssysteme abgegrenzt, konzipiert und realisiert bzw. zugekauft werden.

Von proprietären Großrechnern zu offenen Systemen
Wie oben bereits angedeutet, sind Softwareanwendungssysteme in starkem Maße abhängig von der zugrundeliegenden Hardware. Lange Zeit war zumindest in größeren Unternehmen ein zentraler Großrechner vorhanden, auf dem die Anwendungen abliefen. Derzeit werden unter den Schlagworten *Verteilte Systeme* und ↑*Downsizing* bzw. ↑*Rightsizing* Konzepte entwickelt und umgesetzt, in denen ein oder mehrere Rechner mittlerer Größe, speziell Unix-Rechner, die Aufgaben des Großrechners übernehmen und diesen ablösen (Bues, 1994). Die dummen (unintelligenten), d.h. nicht mit eigener Verarbeitungskapazität ausgestatteten Großrechnerterminals werden dabei oft durch Arbeitsplatzrechner (↑Workstations oder ↑PC) ersetzt, die als vollwertige Rechner Teile der Gesamtanwendung übernehmen können.
Für die ↑Anwendungssysteme bedeutet dieser Wandel die Abkehr von monolithischen Programmen hin zu verteilten kooperierenden Programmsystemen, zu den ↑*Client/Server-Systemen*. Es ist offensichtlich, daß bestehende, für Großrechner entwickelte ↑Anwendungssysteme nicht unverändert in solche neue Hardwareumgebungen übernommen werden können. ↑Offene Systeme erfordern auch neue, zumindest neu strukturierte Anwendungen (Bues, 1994).
Von der Individual- zur Standardsoftware
↑Individualsoftware wird vom Anwender selbst oder nach seinen Vorgaben erstellt

und ermöglicht damit die optimale Anpassung an die betrieblichen Gegebenheiten (Hansen, 1992). Ihre Entwicklung ist jedoch ein teurer und langwieriger Prozeß ohne Garantie, daß das entstehende ↑Anwendungssystem tatsächlich allen Erwartungen entspricht. Mit wachsendem Angebot an qualitativ hochwertiger und preislich attraktiver Standardsoftware wächst auch die Bereitschaft, diese einzusetzen. Hierdurch entstehen Probleme der Auswahl des geeigneten Produkts und insb. der Anpassung der ↑Standardsoftware an das betriebliche Umfeld (oder umgekehrt!). Große, auf umfassende Unterstützung nahezu aller betrieblicher Funktionen angelegte Standardanwendungssysteme sind heute einerseits modular aufgebaut, so daß sie stückweise erworben und eingeführt werden können und andererseits parametrisiert, d.h. weitgehend anpaßbar.

Zusammenfassung: Architektur von Softwareanwendungssystemen

Aus betriebswirtschaftlicher Sicht muß die Gesamtkonzeption der Anwendungssysteme eines Betriebes die oben bereits erläuterte *Integration von Daten und Funktionen* bieten. Eine idealtypische Betrachtung ist in der Abbildung zu sehen, die sowohl horizontale als auch vertikale Integrationsaspekte beinhaltet. Die *horizontale Integration* betont die Weitergabe entstehender Daten zwischen den betrieblichen Funktionen, die *vertikale Integration* stellt die Weiterverwendung, Transformation und Verdichtung der Daten in verschiedenen Ebenen der Bearbeitung in den Vordergrund.

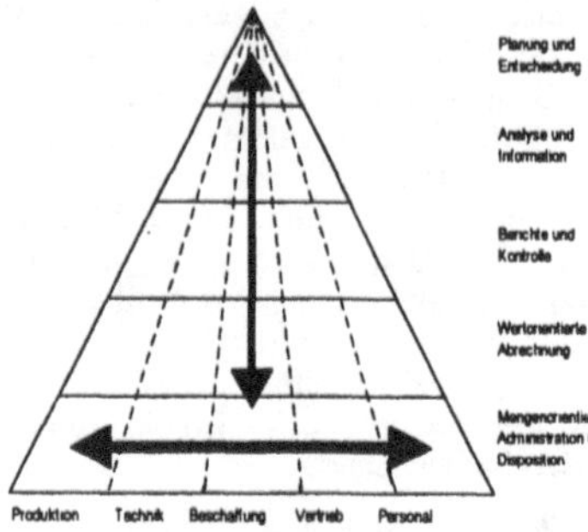

Da eine solche integrierte Gesamtkonzeption nicht auf einen Schlag realisiert und eingeführt werden kann, werden bei Individualentwicklung nacheinander Teilsysteme realisiert. Von Standardanwendungssystemen wird erwartet, daß entsprechend eines modularen Aufbaus des Gesamtsystems, ebenfalls eine schrittweise Einführung durch Hinzunahme einzelner Moduln ermöglicht wird. Das Beispiel des Systems R/3 von SAP zeigt, wie sich die einzelnen Moduln um das R/3-Basissystem gruppieren.

Aus hard- und softwaretechnologischer Sicht ergibt sich, daß State of the Art-↑Anwendungssysteme heute als Client/ Server-Systeme realisiert werden. Dabei

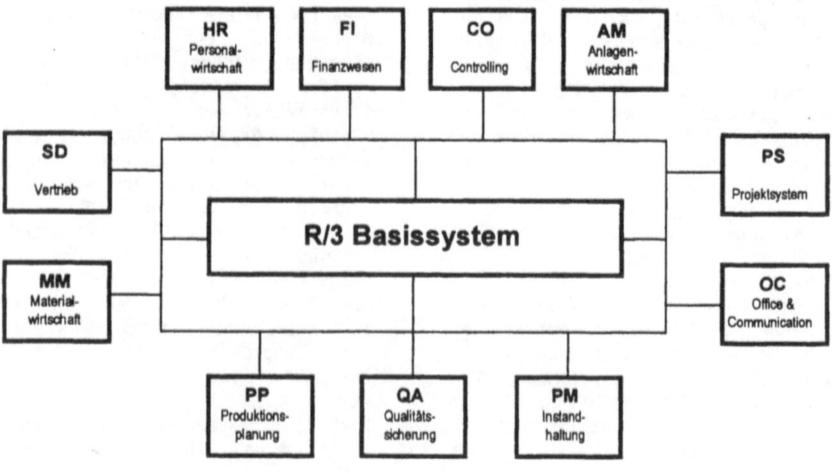

stellen ein oder mehrere Datenbankserver, typischerweise leistungsstarke Unix-Maschinen, die zentralen Datenhaltungs- und Datenzugriffsfunktionen bereit. Mit diesen ↑Servern vernetzte ↑Clients fahren die Teile der Anwendung, die für die Benutzeroberfläche, d.h. die Eingabeerfassung und Ergebnisdarstellung, verantwortlich sind. In dieser Präsentationsschicht kommen die ↑graphischen Benutzeroberflächen zur Geltung. Die zwischen diesen Schichten liegende eigentliche Verarbeitung kann je nachdem entweder auf den Servern oder auf den Clients stattfinden (Hansen, 1992).

Literatur: Bues, M.: Offene Systeme. Strategien, Konzepte und Techniken für das Informationsmanagement, Berlin, 1994. *Gerken, W.*: Betriebliche Datenverarbeitung. Integrierte Dialogverarbeitung in Terminal- und Rechnernetzen, Mannheim, 1991. *Hansen, H. R.*: Wirtschaftsinformatik I, 6. Aufl., Stuttgart, 1992. *Mertens, P.*: Integrierte Informationsverarbeitung 1, 8. Aufl., Wiesbaden, 1991. *Mertens, P., Griese, J.*: Integrierte Informationsverarbeitung 2, 6. Aufl., Wiesbaden, 1991. *Mertens, P. et al.*: Grundzüge der Wirtschaftsinformatik, Berlin, 1991. *SAP* (Hrsg.): System R/3, o.J. *Scheer, A.-W.*: EDV-orientierte Betriebswirtschaftslehre, 4. Aufl., Berlin, 1990.

Prof. Dr. K. W. Wirtz, Mönchengladbach

Softwaredesign für das Vertriebscontrolling
↑Vertriebscontrolling, Softwaredesign für das

Softwareentwicklung, objektorientierte
Bei der *S.* die Entitätsmengen mit ähnlichen Eigenschaften durch einen Objekttyp dargestellt. Jeder Objekttyp besitzt einen Namen, eine Menge von ↑Attributen und eine Menge von Methoden. Die Attribute beschreiben die Struktur, die Methoden das Verhalten der zugrundeliegenden Entitätsmenge. Die beschriebenen Entitäten werden als Objekte oder ↑Instanzen des Objekttypen bezeichnet.

Softwareergonomie
Teilbereich der ↑Ergonomie; beschäftigt sich mit der Präsentation der Anwendungsfunktionen der Software gegenüber dem Benutzer einschl. dessen Reaktionsmöglichkeiten; im erweiterten Sinne beschäftigt sich sowohl mit der Arbeitsteilung zwischen Mensch und Computer, als auch mit den Interaktionsmöglichkeiten des Benutzers.

Softwareprüfung
Gegenstand der Prüfung ist eine vollständige ↑Software oder eine Softwarekomponente. Unter Softwareprüfung wird jede Untersuchung des Prüflings verstanden, durch die Mängel erkannt oder seine Qualität beurteilt werden.

Softwareprüfung/-qualitätssicherung
Gegenstand der Prüfung ist der Prüfling, eine vollständige Software oder eine Softwarekomponente, z.B. ein Abschnitt des ↑Pflichtenheftes, ein Satz Testdaten, oder ein Stück Programmcode. Unter *S.* wird jede Untersuchung des Prüflings, die Mängel erkennen oder seine Qualität beurteilen läßt, verstanden.
Prüfungen spielen bei der systematischen Softwareentwicklung und -wartung eine zentrale Rolle. Im Rahmen der *Software-Qualitätssicherung (SQS)* gehören die Prüfungen zur *analytischen SQS*. Hohe Qualität kann aber nicht in die Software hineingeprüft werden. Daher ist die Prüfung in der Entwicklung stets nur als Ergänzung der konstruktiven und organisatorischen Maßnahmen zur *SQS* zu sehen. Wenn eine extrem hohe Qualität angestrebt wird, hat es sich als zweckmäßig erwiesen, die konstruktiven Maßnahmen in den Vordergrund zu stellen (Ansatz des Clean Room Software Development). Gänzlich auf die Prüfung könnte verzichtet werden, wenn es Verfahren gäbe, die ein korrektes Resultat garantieren. Solche Verfahren gibt es aber nur für einzelne Schritte der Entwicklung und nur für wenige Aspekte. Bspw. kann unter sehr speziellen Umständen die Korrektheit des ↑Codes garantiert werden, wenn dieser durch formale Transformationen aus einer formalen Spezifikation entwickelt wurde. Andere Softwareeigenschaften, z. B. die Vollständigkeit der Spezifikation oder die zweckmäßige Strukturierung des Codes, lassen sich so aber nicht sichern. Die Prüfung wird also immer eine wichtige Entwicklungsaktivität bleiben.

Im Sinne einer laufenden *SQS* sollten alle Teilresultate möglich bald nach ihrer Fertigstellung geprüft und dann dem

Software Configuration Management unterstellt werden, damit sie vor unkontrollierten Änderungen geschützt sind. Auf diese Weise wird sichergestellt, daß nur geprüfte Komponenten im definierten Zustand als Grundlage der weiteren Entwicklung benutzt werden. *S.* können nach verschiedenen Aspekten klassifiziert werden:

- nach dem *Typ des Prüflings*: Das kann ein informales Dokument, eine formalisierte (halbformale) Beschreibung, eine voll formale Beschreibung oder Code sein;
- nach dem geprüften *Qualitätsaspekt*: So kann die Korrektheit, die Übereinstimmung mit Richtlinien oder die Konsistenz von Schnittstellen geprüft werden;
- nach der *Dynamik des Programmablaufs*: Bleibt sie bei der statischen Prüfung unberücksichtigt, so wird sie bei der dynamischen Prüfung, d.h. vor allem beim Test, einbezogen;
- nach der *Rolle der Rechner*: Während Inspektionen jeder Art ohne Rechnerunterstützung ausgeführt werden, sind andere Prüfungen, vor allem der Test, nur mit dem Rechner möglich;
- nach der *angestrebten Aussage*: Geht es vor allem während der Entwicklung darum, möglichst viele Mängel frühzeitig zu erkennen, so ist das Ziel bei der Abnahme oder Evaluation, ein fundiertes Urteil über die Qualität zu erreichen. Bei der Erhebung von Kenngrößen (Metriken) ist die unmittelbare Anwendung der Resultate je nach methodischem Ansatz nicht von vornherein bestimmt.

Der Urheber (Autor) einer Software oder Softwarekomponente sollte sein Werk zunächst selbst kontrollieren und von offensichtlichen Mängeln befreien, bevor er es weitergibt. Die eigentliche Prüfung aber setzt Distanz zum Prüfling voraus, der Autor ist daher als Prüfer ungeeignet. Die *S.* ist klar zu trennen von der *Fehlersuche* und der *Korrektur* bzw. Verbesserung. Eine Vermischung dieser Aktivitäten hat den Nachteil, daß kein klares Prüfresultat erzielt wird, weil der Prüfling während der Prüfung verändert und der Prüfer durch die Korrektur zum Koautoren wird. Die *Inspektion* ist das wichtigste Verfahren zur Prüfung aller Resultate, die einer Analyse durch Experten zugänglich sind, z.B. Spezifikationen, Handbücher, Programmcode, Testdaten. Ausgeschlossen sind damit nur Programme, deren Quellcode nicht zur Verfügung steht. Sie wird in verschiedenen Varianten durchgeführt (*Review, Design and Code Inspection, Structured Walkthrough*);. Diese unterscheiden sich durch den Vorbereitungsaufwand und organisatorische Details. Allen diesen Verfahren gemeinsam ist das Prinzip, daß eine Gruppe von Gutachtern unter der Leitung eines Moderators und im Beisein des Autors den Prüfling (die Software) diskutiert und Mängel feststellt. Dabei ist die Verwendung von Richtlinien und Checklisten zweckmäßig.
Inspektionen sind aufwendig, da mehrere Personen nicht nur an einer mehrstündigen Sitzung teilnehmen, sondern je nach Verfahren mindestens die gleiche Zeit für die Vorbereitung aufwenden müssen. Auch muß ein geschulter Moderator verfügbar sein. Andererseits wird der hohe Aufwand bei richtiger Durchführung durch die Resultate mehr als gerechtfertigt. Die Inspektion liefert nicht nur viele Hinweise auf Mängel, sondern wirkt auch als Schulungsmaßnahme für alle Beteiligten, weil die Diskussion zu einer Angleichung der Maßstäbe und zum Egoless Programming führt. Auch informale Dokumente, wie sie zu Beginn einer Softwareentwicklung entstehen, können durch Inspektionen geprüft werden.

Der ↑*Test* ist das gängige Verfahren zur Prüfung übersetz- und ausführbaren ↑Codes. Dabei werden vorbereitete ↑Daten eingegeben und die Resultate mit den vorausberechneten Sollresultaten verglichen. Alle Abweichungen zeigen Mängel an. Die anschließende Analyse muß zeigen, ob diese Mängel im Prüfling, in den Sollresultaten oder in anderen Bedingungen liegen. Während die Durchführung einer Prüfung automatisiert werden kann, so daß sie sich auch mit sehr geringem Aufwand wiederholen läßt - ein wesentlicher Vorteil in der Wartungsphase - ist die Vorbereitung eine anspruchsvolle, kreative Arbeit. Geht der Test nur von der Spezifikation aus, so entsteht ein *Black Box-Test*; die tatsächliche Funktionalität wird gegen die spezifizierte geprüft. Dabei werden leicht Fehler übersehen, die sich bei der Implementierung durch logische oder andere Codierfehler eingeschlichen haben. Der *Glass Box-Test* geht darum von der Spezifikation und vom *Programmcode* aus und zielt darauf ab, einen möglichst großen Anteil des Codes im Test auszuführen (Befehlsüberdeckung), oder die verschiedenen Verzweigungen möglichst vollständig in Anspruch zu nehmen (Zweigüberdeckung). Weitere Überdeckungsmaße sind wegen des hohen Aufwands in der Praxis kaum verbreitet. In jedem Falle setzt der Glass Box-Test die Unterstützung durch ein Testwerkzeug voraus, das den Prüfling modifiziert (instrumentiert) und nach dem Test die (kumulierten) Überdeckungsmaße liefert.

Die Resultate des Tests sind objektiv, der Test ist (unter gewissen Bedingungen) reproduzierbar. Allerdings wird seine Aussagekraft oft überschätzt, durch den Test läßt sich niemals eine (positive) Korrektheitaussage erzielen. Das gängige Wort Austesten ist darum ein unbegründeter Euphemismus. Im Vergleich zur Inspektion ist der Test keineswegs ein besonders wirksames Prüfverfahren. Sein besonderer Vorteil kommt in der Wartung zur Geltung, wenn veränderte Programme erneut den bei der Entwicklung vorbereiteten Tests unterworfen werden. In vielen Fällen werden dabei die neuen Resultate mit denen der alten Version verglichen, d.h. die alten dienen als Ersatz für die in der Praxis oft kaum bestimmbaren Sollresultate (Regressionstest). Diese Möglichkeit besteht, wenn der Test geplant und gut dokumentiert war.

Besonders schwierig ist die Prüfung von Echtzeitsoftware, deren Resultate nicht nur von den Eingabedaten, sondern auch von der Reihenfolge interner und externer Ereignisse abhängen. Beispiele sind Prozeßrechensysteme, Betriebssystemkerne und interaktive ↑Schnittstellen. Hier ist ein Test extrem schwierig, weil i.a. nicht sichergestellt werden kann, daß die Resultate reproduzierbar sind. Daher spielt in diesen Fällen die statische Prüfung eine besonders wichtige Rolle.

Literatur: Frühauf, K., Ludewig, J., Sandmayr, H.: Software-Prüfung - eine Fibel, Zürich, Stuttgart, 1991.

Prof. Dr. J. Ludewig, Stuttgart

Softwarequalität

Güte des ↑Programms; wird gemessen an verschiedenen Eigenschaften, z.B. an der Zuverlässigkeit, Sicherheit, Vollständigkeit, Richtigkeit, Wartbarkeit, Effizienz, ↑Benutzerfreundlichkeit, Ordnungsmäßigkeit, Übertragbarkeit, Ausbaufähigkeit, Fehlerfreiheit und ↑Portabilität.

Softwaretest

Aktionsfolge zur ↑Qualitätssicherung von ↑Software mit den Phasen Testfallerstellung, Herstellung von Referenzergebnissen, Testlauf, Ergebnisauswertung.

Softwaretestmethoden

Testen i.e.S. ist eine stichprobenartige Ausführung des Prüfgegenstandes (ein Modul, ein Teilsystem oder ein Programmsystem) unter spezifizierten Bedingungen. *Testen* i.w.S. ist jede Überprüfung des Prüfgegenstandes durch geeignete Verfahren. Zielsetzung ist in beiden Fällen die Erhöhung der Zuverlässigkeit der ↑Software durch Beseitigung der enthaltenen Fehler. Diese sind Abweichungen in der Struktur und im Verhalten von den spezifizierten Vorgaben.

Die *Überprüfungsverfahren* (Testen i.w. S.) sind Verfahren der (nachträglichen) analytischen Qualitätssicherung. Davon unterscheiden sich die konstruktiven Qualitätssicherungsmaßnahmen, die durch geeignete Entwicklungsmethoden, -sprachen, -werkzeuge und Schulungsmaßnahmen vorbeugend die Entstehung von Fehlern vermeiden helfen. Sie lassen sich nach folgenden Gesichtspunkten unterscheiden:

- Art ihres Ablaufs (statisch/dynamisch);
- Vorgehen (formal, experimentell, menschliche Begutachtung);
- Vollständigkeit;
- Rechnerunterstützung (nicht, teilweise oder vollständig automatisch);
- Prüfgegenstand (Produkte);
- Verantwortung (selbst-/fremdgesteuert).

Statische Verfahren umfassen informelle Verfahren, wie den Schreibtischtest durch eine Person oder Reviews und Inspektionen durch Personengruppen. Diese *menschliche Begutachtung* wird meistens vollständig durchgeführt, erfordert daher einen hohen Aufwand, deckt aber frühzeitig Fehler auf und enthält die sofortige Fehlerlokalisierung. Wird ein ↑Programm dagegen mit Testfällen durchgegangen *(↑Walkthrough)*, wird einerseits Aufwand gespart, andererseits werden evtl. nicht alle Programmzweige angesprochen, so daß nicht alle Fehler aufgedeckt werden können. Die *formalen statischen Verfahren* umfassen die vollständige formale Verifikation, sowie die statische Analyse, die automatisch durchführbar ist und sich auf Teilaspekte konzentriert, z.B. auf den Datenfluß (Analyse der Datenflußanomalien), auf den Kontrollfluß (Aufdecken offensichtlich unendlicher Schleifen oder nicht-erreichbarer Codestücke) und auf die Grammatik (bei der Syntaxüberprüfung durch das ↑Übersetzungsprogramm). Die formale Verifikation wird i.a. mit Hilfe eines *dynamischen, formalen Verfahrens* durchgeführt, der symbolischen Ausführung. Dabei wird das Programmteil mit symbolischen Werten durchgerechnet, wobei der Effekt jeder Anweisung mit Hilfe von programmiersprachenspezifischen Axiomen und Regeln berechnet wird. Die Sequenz A:= B+C; D:= $A \cdot B$ ergibt dabei z.B. (mit den symbolischen Anfangswerten a und b für A und B) die Berechnungsfolge A = b+c und D = (b+c) · b = b2 + bc. Bei Entscheidungen im Programm, z.B. bei if D > 0 then ... else ..., muß für jeden Zweig eine eigene symbolische Rechnung durchgeführt werden, wobei die Entscheidungsbedingung der Pfadbedingung hinzugefügt wird. Im Beispiel ist die Bedingung für den then-Zweig D > 0, d.h. nach obiger Sequenz $b^2 + bc > 0$, und für den else-Zweig $D \leq 0$, d.h. $b^2 + bc \leq 0$. Bei Schleifen kann nur eine begrenzte, vorher oder interaktiv festgelegte Anzahl von Durchläufen berechnet werden. Am Ende der Berechnung werden für den ausgeführten Pfad im Programm die symbolisch berechneten Werte für die Variablen und eine Pfadbedingung, die angibt, unter welchen Bedingungen der Pfad ausgeführt wird, erhalten. Im einfachen Fall, z.B. bei der Pfadbedingung "$A > 0$ and $A \leq 0$" kann leicht entschieden werden, daß der Pfad *nicht* ausgeführt werden kann, weil die Bedingung widersprüchlich ist. Dann braucht die Berechnung eines Teilpfades nicht fortgesetzt zu werden. Wenn die Semantik der Programmiersprache formal beschrieben ist, kann eine symbolische Ausführung im Prinzip automatisch erfolgen. Die Auflösung von Datenzugriffen bei ↑Arrays und Zeigern, die Ausrechnung reeller Werte und die Auswertung von Funktions- und Prozeduraufrufen ist allerdings wegen ihrer Komplexität problematisch.

Die Pfadbedingung und die berechneten Variablenwerte können nur durch *menschliche Begutachtung* mit der Spezifikation verglichen werden, wobei fehlerhafte Ausdrücke - wie im Programm selbst - nicht immer sicher erkannt werden. Wenn eine formale Spezifikation in Form von Eingangs- und Ausgangszusicherungen (in der Sprache der Prädikatenlogik erster Stufe) vorliegt, kann eine formale Verifikation mit Hilfe der symbolischen Ausführung durchgeführt werden. Dabei muß aus den Variablenwerten und aus der Pfadbedingung am Ende der Berechnung die geforderte Ausgangszusicherung per Hand oder mit einem automatischen Theorembeweiser, gefolgert werden. Das Schleifenproblem wird durch Einfügung von induktiven Zusicherungen in den Schleifen gelöst, die allerdings nicht automatisch erzeugt werden können. Damit ist jeweils nur ein Schleifendurchlauf erforderlich, der bei der Berechnung mit der induktiven Zusicherung beginnt und endet. Probleme bereiten bestimmte Datentypen (z.B. natürliche Zahlen), für die es keine vollständigen Theorembeweiser geben kann, sowie die Tatsache, daß bei falschen Programmen kein Beweis gefunden werden kann, d.h. der Theorembeweiser bricht höchstens wegen Zeitüberschreitung ab. Ein informeller Beweis durch einen Menschen kann diese Einschränkungen überwinden, ist dafür aber anfällig für Irrtümer, z.B. falsche Annahmen und Schlüsse. Ein erfolgreicher Beweis obiger Art zeigt nur die partielle Korrektheit an. Für einen totalen Korrektheitsbeweis ist noch zu zeigen, daß das Programm nicht in eine endlose Schleife gerät. Damit wäre

bewiesen, daß das Programm an sich korrekt ist. Es kann aber durch Rundungs-, Compiler-, Betriebssystem- oder Hardwarefehler dennoch beim Ablauf falsche Ergebnisse liefern.
Wegen der Probleme oder Unzulänglichkeiten der statischen Verfahren und der symbolischen Ausführung ist eine *dynamische Prüfung* der Software durch Ablauf in der realen Umgebung unverzichtbar (Testen i.e.S.). Wünschenswert ist ein idealer Test, der genau dann ein Fehlverhalten aufzeigt, wenn die Software tatsächlich einen Fehler enthält. Ein solch idealer ↑Test existiert zwar, kann aber nur durch Zufall gefunden werden. Er ist jedenfalls nicht aus dem gegebenen Programm und der Spezifikation automatisch abzuleiten, wenn mit unendlichen Wertebereichen (z.B. bei Integer) gearbeitet wird. Andernfalls wäre die Äquivalenz von primitiv rekursiven Funktionen entscheidbar, was erwiesenermaßen falsch ist. Bei begrenzten Wertebereichen (z.B. Integer mit 16 Bit) kann theoretisch ein vollständiger Test aller Eingabekombinationen erfolgen, aber praktisch ist dieser Test undurchführbar. Bei nur drei Eingabewerten von je 16 Bit und einer Testgeschwindigkeit von 10.000 Tests pro Sekunde braucht ein vollständiger Test schon 900 Jahre.
Da ein Softwarefehler nur zu einem Fehlverhalten führt, wenn die fehlerhafte(n) Anweisung(en) durch die Testfälle ausgeführt werden, sind nur passend ausgewählte Testfälle zum Aufdecken der Fehler geeignet.
Es muß also mit möglichst idealen *Stichproben* getestet werden, d.h. die Menge der Testfälle sollte bei minimaler Testfallanzahl eine maximale Menge von Fehlern aufdecken. Da dies konkurrierende Anforderungen sind, müssen geeignete Kriterien für Testfallmengen (Testkriterien) formuliert werden. Diese Kriterien sollten sich eigentlich an den (im konkreten Fall unbekannten) Fehlern orientieren, können sich aber an den (bekannten) fehleranfälligen Konstrukten in der Software orientieren. Die Testkriterien können sich auf die spezifizierte Funktion oder auf die realisierte Funktion (die Struktur des Programms) beziehen, sind also funktional oder strukturell. Bei funktionalen und logischen Programmen entfällt der explizite Kontroll- und Datenfluß. Daher müssen die strukturellen Testkriterien anders formuliert werden.
Da ein vollständiger *funktionaler Test* zu aufwendig ist und ein zufälliger funktionaler Test eine unklare Fehleraufdeckung hat, sind Klassen von Eingabewerten zu bestimmen, die laut Spezifikation äquivalent zu behandeln sind. Dabei sind Äquivalenzklassen von gültigen Eingabewerten zu bilden, aber auch von ungültigen Eingabewerten, um die robuste Reaktion des Programms zu testen. Werden Klassen durch Relationen definiert, z.B. $18 \leq J \leq 65$ als gültiger Wertebereich für J, so werden durch Implementierungsfehler oft die Grenzen verschoben. Daher bieten sich die Grenzwerte 17, 18, 65, 66, aber auch spezielle Werte (0 und 1 bei Integer, leere oder überlaufende Liste, degenerierter oder ausgeglichener Baum) als Testfälle an. Dabei sind auch Grenzwerte von Ausgabeäquivalenzklassen zu betrachten.
Sinnvollerweise sind Kombinationen der Eingabewerte von verschiedenen Variablen zu bilden. Bei k Werten pro Variable und n Variablen gibt es aber k^n Kombinationen. Um dieses exponentielle Wachstum der Testfallanzahl zu vermeiden, ist mit Hilfe eines Ursache-Wirkung-Graphen festzuhalten, wie die Wirkungen (Ausgabebedingungen bzw. -äquivalenzklassen) von den Ursachen (Eingabebedingungen bzw. -äquivalenzklassen) abhängen. Dabei werden die logischen Verknüpfungen (und, oder, nicht) benutzt. Bspw. kann Wirkung w folgendermaßen von den Ursachen u_1, u_2, u_3 abhängen: w= (u_1 und u_2) oder (nicht u_3). Für jede logische Verknüpfung werden nur die fehlersensitiven Eingabekombinationen getestet, d.h. Kombinationen, bei denen die Änderung des Wahrheitswertes einer Ursache den Wert der Verknüpfung ändern kann. Bei einem und mit n Eingängen ist das nur die Kombination, bei der alle Eingänge wahr sind und jede der n Kombinationen, bei denen genau ein Eingang falsch und alle anderen Eingänge wahr sind. Für die oder-Verknüpfung gilt das Duale, d.h. wahr und falsch sind zu vertauschen in den Testfällen. Damit wird nur n+1 anstelle von 2^n Testfällen erhalten.
Bei anderen Spezifikationsformen - wie z.B. bei der *funktionalen Zerlegung* mit

Softwaretestmethoden

Fallunterscheidung, While- oder Repeat-Schleife oder Sequenz, Datenflußdiagrammen, Petrinetzen, Gleichungssystemen bei algebraischer Spezifikation oder endlichen Automaten - bieten sich spezielle Testkriterien an, welche die Komponenten der Spezifikation entsprechend austesten (Riedemann, 1994). Funktionale Testfälle können meistens leicht generiert werden und aufdecken, ob das Programmteil eine geforderte Funktionalität nicht oder fehlerhaft realisiert hat. Eine falsche zusätzliche Funktionalität und Fehler in speziellen Realisierungsfällen können aber nur durch die Erfüllung struktureller Testkriterien aufgedeckt werden. Diese Kriterien basieren auf dem Kontrollflußgraphen des Programmteils. Sie werden meist so beschrieben, daß es relativ leicht ist, für eine gegebene Testfallmenge zu entscheiden, ob sie das Kriterium erfüllt. Die *Testdatengenerierung* für ein Kriterium ist dagegen viel schwieriger und teilweise ungelöst.

Das grundlegende Testkriterium ist die Anweisungsüberdeckung, d.h. jede Anweisung sollte von mindestens einem Testfall ausgeführt werden. Da die Verschiebung von Anweisungen über leere Else-Zweige hinweg damit nicht festgestellt werden kann, ist als stärkeres Kriterium die Zweigüberdeckung zu fordern, d.h. jeder Entscheidungszweig ist von mindestens einem Testfall auszuführen. Falls die zur Verzweigung gehörende Entscheidungsbedingung zusammengesetzt ist, können Fehler in den einzelnen Teilprädikaten unentdeckt bleiben. Sollte die spezifizierte Bedingung $18 \leq J \leq 65$ fälschlich durch das Prädikat "$J \geq 18$ and $J \leq 62$" realisiert worden sein, so führt ein Test mit $J = 30$ und $J = 15$ beide Zweige aus. Der Fehler fällt nicht auf, da $J \leq 62$ beim Test stets wahr ist. Daher ist eine Bedingungsüberdeckung zu fordern, d.h. alle Bedingungen (Teilprädikate) müssen jeweils beim Testen die Werte wahr und falsch annehmen. Im Beispiel ist also auch ein Test mit $J > 62$, etwa $J = 63$, erforderlich. Wird nur mit $J = 63$ und $J = 15$ getestet, ist die Bedingungsüberdeckung erfüllt, aber nicht die Zweigüberdeckung, da "$J \geq 18$ and $J \leq 62$" dann stets nur falsch ist. Als stärkeres Kriterium bietet sich daher die Mehrfachbedingungsüberdeckung an, die (im Beispiel) alle (vier) Kombinationen der Wahrheitswerte der Teilprädikate verlangt, hier also (1) $J \geq 18$ und $J \leq 62$, (2) $J < 18$, (3) $J > 62$ (4) $J < 18$ und $J > 62$, was unerfüllbar ist). Werden - wie beim Ursache-Wirkung-Graphen - nur die sensitiven Kombinationen ausgewählt, ist die minimale Mehrfachbedingungsüberdeckung erfüllt, die ebenfalls die Bedingungsüberdeckung und die Zweigüberdeckung impliziert. Im Beispiel werden die drei erfüllbaren Kombinationen der Bedingungen für Variable J gefordert.

Beim Testen der Kombination von hintereinander liegenden Zweigen ergibt sich folgendes Problem: Bei While- und Repeat-Schleifen gibt es unendlich viele Kombinationsmöglichkeiten von Zweigen zu vollständigen Wegen. Daher ist eine endliche Menge von Wegen auszuwählen. Ein Minimalkriterium verlangt, daß jede Schleife mit der minimalen Durchlaufzahl (0-mal bei While, 1-mal bei Repeat) und einer größeren Durchlaufzahl durchlaufen wird. Beim ersten Durchlauf einer (inneren) Schleife sollten dabei alle Zweigkombinationen getestet werden. Ein komplexeres Kriterium verlangt für einen festen Wert k, daß alle Schleifen mit i Durchläufen getestet werden, wobei i alle möglichen Werte von 0 bis k annimmt. Dabei sind nur die Werte k=1 und k=2 praktikabel, für $k \geq 3$ gibt es meist schon zu viele Wege.

Andere Methoden zur Auswahl von Wegen betrachten den Datenfluß. Es sind Wege auszuwählen, bei denen die Definition einer Variablen (Wertzuweisung an die Variable) bestimmte Referenzen der Variablen (Benutzung des Wertes) erreicht. Um Berechnungsfehler und Datenstrukturfehler aufzuspüren, sind anweisungs-, ausdrucks- und datenorientierte Testkriterien zu erfüllen. Damit z. B. festgestellt werden kann, daß in dem Ausdruck 3·A der Faktor 3 falsch ist, muß mit einem Wert von A ungleich 0 getestet werden (Riedemann, 1994). Jeder Test läuft in folgenden Schritten ab:

Zuerst erfolgt die *Testfallgenerierung*. Ein einfaches Vorgehen ist die zufällige Erzeugung von Testfällen. Dabei werden aber sehr viele und redundante Testfälle erzeugt, was die Testauswertung erschwert. Wird dagegen der Erfüllungsgrad des Kriteriums laufend gemessen, können Wege im Kontrollflußgraphen des Programms bestimmt werden, die noch ausgeführt werden müssen. Passende Testfälle zu einem Weg entstehen durch symbolische Ausführung entlang des gewählten Weges. Ein Testfall muß die Pfadbedingung zu dem gewählten Weg erfüllen. Bei einfachen Bedingungen (linear in den Eingangsvariablenwerten) ist dies stets mit Methoden der linearen Optimierung bestimmbar, generell ist es aber unentscheidbar. Je nach Art der zu testenden Programmfunktion muß ein Testfall dabei aus folgenden Komponenten bestehen:

- einem Wert für jede Eingabevariable (Parameter oder globale Variable);
- einem Wert für jede Zustandskomponente (permanente Variable oder Datenbankinhalte);
- den Ergebniswerten der Ausgabevariablen und Zustandskomponenten laut Spezifikation (als Vergleichswerte für die Testauswertung).

Bei Programmen, die mehrfach Eingabewerte einlesen (↑Dialogsysteme), ist eine Folge solcher Testwerte zu definieren. Evtl. muß diese Folge adaptiv sein, d.h. die nächsten einzugebenden Testwerte hängen auch von den Reaktionen des Systems ab. Mit den definierten Testfällen erfolgt die *Testausführung*. Dabei sind für Module oder Teilsysteme Treiber (automatisch erzeugbar) und/oder Platzhalter (per Hand zu erstellen) erforderlich. Sie simulieren das Verhalten der fehlenden aufrufenden oder aufzurufenden Systemkomponenten.

Die *Testauswertung* umfaßt folgendes:

- Messung der Testgüte, d.h. des Grades der Erfüllung des Testkriteriums durch den Gesamttest. Dies kann bestimmt werden, wenn das Programm (automatisch) mit zusätzlichen Anweisungen geeignet instrumentiert wird. Damit kann protokolliert werden, welche Programmkonstrukte (Anweisungen, Zweige, Schleifen, Wege) wie oft durchlaufen wurden.
- Soll/Ist-Vergleich, d.h. für jeden Testfall ist das tatsächliche mit dem spezifizierten Ergebnis zu vergleichen, um ein Fehlverhalten festzustellen. Ein sog. *Testorakel* muß dabei die Sollwerte aus der Spezifikation ableiten. Dies muß i.a. von Menschen durchgeführt werden, was wieder fehlerhaft sein kann. Eine zweite Möglichkeit ist das *diversitäre Testen*. Dabei wird das Programm von unabhängigen Entwicklungsgruppen mehrfach entwickelt und jedes Programm wird gegen die anderen getestet. Bei abweichenden Ergebnissen liegt ein Fehler vor. Bei gleichen Ergebnissen liegt i.a. kein Fehler vor, allerdings kann von allen Gruppen der gleiche systematische Fehler begangen werden. Bei genügend vielen Gruppen und genügender Unabhängigkeit schon bei Spezifikation und Entwurf ist die Wahrscheinlichkeit für solche Fehler allerdings sehr gering. Eine dritte Möglichkeit gibt es bei *formalen Spezifikationen*, z.B. algebraischen Spezifikationen mit Gleichungen, aus denen (fast) automatisch ein Prototyp erzeugt werden kann. Gegen diesen korrekten Prototypen kann anschließend getestet werden kann.

Wenn die Sollwerte vorliegen, kann der eigentliche *Soll/Ist-Vergleich* automatisch erfolgen. Die üblichen Testverfahren setzen imperative, sequentielle, deterministische Programme voraus. Dabei können Testabläufe beliebig reproduziert werden. Das entfällt bei nichtdeterministischen, insb. nebenläufigen, verteilten oder Echtzeit-Programmen. Sie erfordern besondere Teststeuerungsmaßnahmen, eventuell zusätzliche Testhardware. Da es eine Vielzahl von *Testverfahren* und -kriterien gibt, ist eine *Auswahl* zu treffen und die Verfahren sind geeignet zu kombinieren. Als Kombination bietet sich folgende Reihenfolge an:

- statische Überprüfungen und
- symbolische Ausführung;
- funktionaler Test;
- struktureller Test;
- formale Verifikation bei kritischer Software.

Die Auswahl der Testverfahren kann durch Komplexitätsmaße gesteuert werden, die anzeigen, welche Programmkonstrukte besonders häufig und/oder mit hoher Komplexität vorkommen, so daß bestimmte Verfahren besonders geeignet oder ungeeignet sind (Liggesmeyer, 1993). Ob das Testen beendet werden kann, muß durch Abschätzung der erzielten Testgüte entschieden werden. Dies kann aus struktureller, fehlerorientierter und benutzungsorientierter Sicht erfolgen. Ein ausreichender (möglichst hundertprozentiger) Überdeckungsgrad bei den gewählten strukturellen Testkriterien ist eine Voraussetzung für die Beendigung. Durch eine *Mutationsanalyse* wird die Testfallmenge fehlerorientiert beurteilt. Dabei wird zu einem Programm eine Menge von Mutanten erzeugt, die sich vom Originalprogramm nur in jeweils einer Anweisung unterscheiden (z.B. 2·A statt 3·A in einem Ausdruck). Für jede Mutante sollte mindestens ein Testfall vorhanden sein, bei dem Mutante und Originalprogramm verschiedene Ergebnisse liefern, d.h. die Mutante wird diskriminiert. Ist dies nicht der Fall, so ist die Testfallmenge i.a. ungenügend. Allerdings kann es äquivalente Mutanten geben, die trotz textlicher Abweichung stets dasselbe Ergebnis liefern wie das Originalprogramm. Daher müssen nicht diskriminierte Mutanten besonders untersucht werden, was nicht vollständig zu automatisieren ist (wegen der Nichtentscheidbarkeit der Äquivalenz von Programmen). Ein praktisches, benutzungsorientiertes Verfahren zur Abschätzung der Testgüte besteht in der Verfolgung der Fehleraufdeckungsrate (pro Tag oder Woche) in der Testphase. Geht diese Rate gegen Null, kann mit dem Testen aufgehört werden.

Die vorgestellten Überprüfungs- und Testverfahren sind in allen Phasen der Softwareentwicklung anzuwenden. In den Phasen Anforderungsdefinition und -spezifikation, Entwurf und Modulimplementierung erfolgt eine Transformation der vagen Anforderungen zu einem genauen Programmcode durch Präzisierung, Konkretisierung und Erweiterung oder Einengung. Bei jedem Schritt können Transformationsfehler gemacht werden oder Beschreibungsregeln auf der jeweiligen Entwicklungsstufe verletzt werden. Beides ist durch statische Überprüfung festzustellen; nur Modulimplementierungen können dynamisch überprüft werden (Modultest gegen die Modulspezifikation). In jeder Entwicklungsphase sind die entsprechenden Testfälle für den Modul-, Integrations- und Systemtest zu spezifizieren.

Anschließend erfolgt eine Montierung der Module zu Komponenten, Subsystemen und schließlich zum gesamten System. Dabei erfolgt ein *Integrationstest*, der vor allem die ↑Schnittstellen prüft (Spillner, 1990). Der *inkrementelle Integrationstest* orientiert sich an der Benutzerhierarchie der Module und beginnt - je nach Teststrategie - mit dem Modul an der Spitze (Top down, absteigend) oder Modulen am unteren Ende der Hierarchie (Bottom up, aufsteigend). Bei objektorientierten Programmen sind als Modulbeziehungen neben den Aufrufbeziehungen auch die Vererbungsbeziehungen zu beachten. Ein statischer Vergleich der tatsächlichen mit den entworfenen Modulbeziehungen und Schnittstellen ist ebenfalls nützlich, um Integrationsfehler aufzudecken. Beim *Systemtest* und *Abnahmetest* wird das komplette System gegen die Systemspezifikation bzw. die Benutzungsanforderungen (und gegen die Handbücher) getestet. Dabei spielt nicht nur die Korrektheit des Systems eine Rolle, sondern es werden auch Leistungsmerkmale (Antwortzeit und Durchsatz im Normalfall und bei Überlast etc.), Benutzungsfreundlichkeit und andere Qualitätsmerkmale überprüft. Bei Verwendung von Fuzzylogik, Neuronalen Netzen und genetischen Algorithmen sind die Anforderungen an die Systemkorrektheit anders zu formulieren und daher auch anders zu testen.

Wenn in der sog. Wartungsphase verbliebene Fehler korrigiert und Funktionen bzw. Datenstukturen des Systems geändert oder ergänzt werden, sind *Regressionstests* erforderlich, um unbeabsichtigte Verfälschungen des bisherigen Systemverhaltens aufzudecken.

Beim Testen (i.e.S.) kann nur das (Fehl-) Verhalten der Software beobachtet werden kann. Daher muß in einem zusätzlichen Schritt die Fehlerlokalisierung und -behebung *(Debugging)* erfolgen, die einen beträchtlichen Aufwand erfordert. Um das Fehlersymptom genauer einzugrenzen, sind dabei meistens zusätzliche Tests nötig. Wenn der Programmpfad identifiziert ist, auf dem fehlerhafte Anweisungen liegen müssen, ist dieser Pfad schrittweise auszuführen. Dabei sind die (mit einem Werkzeug ermittelbaren) tatsächlichen Variablenwerte mit den kor-

rekten Werten zu vergleichen. Letztere können durch dynamische Zusicherungen spezifiziert werden, die per Hand in das Programmteil eingebaut werden und den Vergleich zur Laufzeit automatisieren.
Wegen möglicher Gewöhnungseffekte und psychologischer Probleme (Betriebsblindheit, EgoProbleme bei auftretenden Fehlern) empfiehlt es sich, die Verantwortung für das Testen von Programmkomponenten nicht den Entwicklern selbst zu übertragen. Vielmehr sind spezielle Test- oder Qualitätssicherungsabteilungen oder - beim Systemtest - sogar unabhängige Organisationen damit zu beauftragen.

Literatur: Frühauf, K. et al.: Softwareprüfung, Zürich, 1991. *Liggesmeyer, P.*: Wissensbasierte Qualitätsassistenz zur Konstruktion von Prüfstrategien für Softwarekomponenten, Mannheim, 1993. *Liggesmeyer, P. et al.*: Testen, Analysieren und Verifizieren von Software, Berlin, 1992. *Myers, G.J.*: Methodisches Testen von Programmen, München, 1982. *Riedemann, E.H.*: Softwaretestmethoden für sequentielle und nebenläufige Systeme, Stuttgart, 1994/95. *Spillner, A.*: Dynamischer Integrationstest modularer Softwaresysteme, Diss., Universität Bremen, 1990.

Dr. E. H. Riedemann, Dortmund

Softwarewartung

S. beschreibt die Gesamtheit aller Tätigkeiten, die auf Veränderung der durch die Software implementierten Applikationen nach deren Inbetriebnahme erforderlich werden *S.* findet mithin in jener Phase ab Inbetriebnahme bis zur Außerbetriebsetzung statt, d.h. am Schluß des Lebenszyklus. Da je nach Länge der Betriebsphase dieser Abschnitt sehr lang sein kann, sind in Form von Wartung unterschiedliche Aufgaben zu lösen (Sneed, 1991). Die Bezeichnung dieser Tätigkeiten als *S.* benutzt eigentlich einen falschen Begriff (Richter, 1994). Da Software als ein immaterielles Gut sich durch Verwendung nicht abnutzt, kann *S.* auch nicht in Analogie zum Wartungsbegriff unserer übrigen technischen Umwelt beschrieben werden. Sowohl Eigenschaften als auch Methoden und Verfahren der *S.* werden sich daher wesentlich von den Pflege- und Instandhaltungsarbeiten sonstiger technischer Güter unterscheiden.
S. wird unterschieden nach drei, in der Regel auch zu verschiedenen Zeitpunkten der Betriebsphase relevanten Abschnitten, Zielen bzw. Attributen:

- Die *korrektive Wartung* dient primär der Fehlerbehebung, d.h. der Beseitigung der mangelnden Übereinstimmung zwischen Anforderungsdefinition bzw. Pflichtenheft und Realisierung. Diese Art von Wartung findet überwiegend in der Frühphase nach der Inbetriebnahme statt.
- Ebenfalls in der Anfangszeit nach der Inbetriebnahme wird die *perfektive Wartung* durchgeführt, die der Bereinigung und Optimierung der betreffenden Software dient und je nach Zielsetzung des Anwenders auch eine über eine längere oder evtl. sogar permanente Aktivität beschreiben kann. Beide Formen der vorgängig beschriebenen Wartung stellen offensichtlich eine Fixierung des Status Quo dar und sind somit auf eine Zementierung der gegenwärtigen Funktionalität dieser Software ausgerichtet. Beide Wartungsaktivitäten bedeuten damit konservierende Tätigkeiten.
- Progressiv sind stattdessen die auf Änderung der Vorgaben, der Anforderungsdefinition bzw. der Spezifikationen ausgerichtete Anpassungen und Erweiterungen, die der funktionalen Evolution der betreffenden Software dienen. Diese *adaptive Wartung* wird in der Regel erst nach einiger Betriebszeit erforderlich, da interne oder externe Änderungen bzw. Erweiterungen - außer bei extrem langer Projektdauer der Softwareentwicklung - die Veränderung der Umwelt zur Applikation reflektieren und infolgedessen mit einer gewissen Trägheit versehen sind (Richter, 1992).

Werden die Kosten betrachtet, die für die gesamte *S.* entstehen, so gilt, daß ca. zwei Drittel der gesamten Aufwendungen über den Softwarelebenszyklus während der Betriebszeit im Rahmen der *S.* entstehen. Dieser Anteil an *S.*-Kosten ist relativ zunehmend mit der Verlängerung der Betriebszeit der betreffenden Software.
Empirische Untersuchungen haben gezeigt, daß hinsichtlich der Wartungsaktivitäten die Optimierung ca. 16% und die Fehlerbehebung ca. 24% betragen, d.h. etwa 40% den konservierenden Wartungstätigkeiten zugeordnet werden müs-

sen. Von den ca. 60% progressiven Wartungsaktivitäten verteilen sich ca. ein Drittel, d.h. 20% bezogen auf den Gesamtaufwand auf Anpassungen und etwa zwei Drittel, d.h. 40% bezogen auf den Gesamtaufwand auf Erweiterungen. Mithin wird sichtbar, daß der überwiegende Anteil der Wartungsaufgaben für die progressive *S.*, d.h. die Softwareanpassungen oder noch weit mehr für die Softwareerweiterungen aufgewendet wird (Sneed, 1991).
Bei Wartungsaktivitäten für die progressive, d.h. auf Änderung oder Erweiterung ausgerichtete Tätigkeiten besteht mit Abstand der größte Aufwand im "Programm-Verstehen". In dem i.d.R. für den *S.*-Programmierer unbekannten Quellcode muß dieser mangels geeignet aussagefähiger Dokumentation durch Navigation alle Strukturinformationen sorgfältig extrahieren. Diese manuell nachträgliche Bestimmung von Kontroll- und Datenflußinformation stellt eine bei großen Programmen außerordentlich aufwendige und zugleich fehlerträchtige Arbeit dar. Aus diesem Grunde wird zunehmend häufiger auf mit *Reverse Engineering*-Methoden arbeitende Werkzeuge (Baumann, 1993; Richter 1994) zurückgegriffen, die mittels syntaktischer und semantischer Analyse die meisten ↑Informationen überwiegend automatisch zur Verfügung stellen können. Die noch stark im Mittelpunkt der Forschung stehenden ↑Reverse Engineering-Methoden finden erst langsam und schrittweise Eingang in am Markt erhältliche *S.*-Werkzeuge.

Literatur: Richter, L. et al.: Using Standard ML in Software Maintenance, Instituts-Bericht 93.37, Institut für Informatik, Zürich, 1993. *Richter, L.:* Wiederbenutzbarkeit und Restrukturierung oder Reuse, Re-Engineering und Reverse Engineering, Wirtschaftsinformatik, 34. Jg., Heft 2, 1992. *Richter, L.:* Chancen und Risiken beim Re-Engineering von Software, Information Management, Heft 1, 1994. *Sneed, H. J.:* Software Wartung, DV-Praxis online, Köln, 1991.

Prof. Dr. L. Richter, Zürich

Speichern, algorithmisches
S. der gestreuten Dateiorganisation wird aus dem Identifikationsschlüssel eines Datensatzes die Speicheradresse für diesen Datensatz mit Hilfe eines Algorithmus, der ↑Hash-Funktion bestimmt.

Sprachannotation
Aufnahme von sprachlichen Randbemerkungen in Dokumente und deren Wiedergabe bei Bedarf in akustischer Form bzw. deren Versand per Electronik Mail.

Sprachverarbeitung
Aufbau, Erwerb und Mitteilung von ↑Wissen wird erst möglich durch das einzigartige Medium der Sprache, das durch die kulturelle Evolution der menschlichen Gesellschaft hervorgebracht wurde. Die *S.* hat zum Ziel, durch die Konstruktion von Verarbeitungsmodellen die Strukturen und Prozesse hinter der menschlichen Sprachpraxis aufzudecken und in technischen Systemen verfügbar zu machen. In ihrem Mittelpunkt steht die Frage, wie sprachliche Äußerungen in Strukturen überführt werden können, die ihre Bedeutung repräsentieren und umgekehrt. Dies wird auch als grammatisches Abbildungsproblem bezeichnet. Dabei wird davon ausgegangen, daß diese Abbildung selbst als wissensbasierter Prozeß zu verstehen ist, in den neben Wissen über die Sprache auch Wissen über die Welt eingeht.

S.-Systeme müssen den besonderen Eigenarten der natürlichen Sprache Rechnung tragen. Sie verfügt über ein reichhaltiges Repertoire an weitgehend semantisch fixierten Grundelementen (Wortschatz), generellen Ausdrucksmitteln (grammatische Formen und Funktionen, Referenzmechanismen, etc.) und kennt eine Vielfalt von Äußerungsformen (Sprechhandlungen). Die Ausdrucksmittel der natürlichen Sprache sind primär angelegt auf die aktuelle Herstellung von Sachbezügen, d.h. auf die situationsabhängige Charakterisierung sinnlich wahrnehmbarer Gegenstände und Sachverhalte der Umwelt, die sie auf die objektivierte Darstellung abstrakter Beziehungen und verallgemeinerter Aussagen überträgt. Zugleich dient sie auch als Metasprache für sich selbst (Selbstreferenz). Ein zentrales Problem der *S.* ist die *Ambiguität*: Mehrdeutigkeit von Worten, von syntaktischen Konstruktionen, von Bedeutungen zusammengesetzter Aus-

drücke und der pragmatischen Deutung von Redeabsichten *(Intentionen)*.
Zur Lösung der komplexen Aufgabe des maschinellen Sprach"verstehens" wird eine Zerlegung in Teilaufgaben vorgenommen, die sich an den Abstraktionsebenen der Linguistik orientiert - der Lehre von der Ordnung (Phonologie, Morphologie und Syntax), vom Inhalt (Semantik) und vom Gebrauch (Pragmatik und Diskurs) der Sprache - und ordnet diesen entsprechende Verarbeitungsebenen zu. Jede *Systemkonstruktion* beruht auf einer Modellierung des Gegenstandsbereichs, welche nach Marr die folgenden Stufen enthalten muß:

- eine abstrakte berechnungstheoretische (was?, warum?) zur Spezifikation des Ziels;
- eine algorithmische (wie?) zur Spezifikation von Repräsentationsformalismen und Algorithmen;
- eine implementierungstechnische zur Realisierung einer abstrakten Maschine (welche konkreten Operationen?), die die Aufgabe löst.

Typische *Anwendungen* der *S.* sind:

- Ein System beantwortet Fragen über ein Sachgebiet (z.B. mit Hilfe eines Datenbankzugriffs), oder einen Text.
- Ein System führt einen aufgabenorientierten Dialog (z.B. Beratung), oder betreibt Konversation.
- Ein System paraphrasiert einen Text, faßt ihn zusammen, erzählt ihn nach.
- Ein System operiert gemäß natürlichsprachlichen Anweisungen.
- Ein System übersetzt eine sprachliche Eingabe in eine andere Sprache.

Im folgenden werden die typischen *Verarbeitungsebenen* und die in ihnen eingesetzten Verfahren kurz charakterisiert. Voraussetzung für die Herangehensweise der ↑Computerlinguistik ist, daß menschliche Sprachkenntnis explizit als (propositionales) Wissen operationalisiert werden kann, und daß sie spezielle Formalismen und Algorithmen bereitstellt, um solches Wissen formal darzustellen und zu verarbeiten. Eine umfassende Einführung in das Gebiet gibt das Lehrbuch von (Allen, 1987). Ein Lexikon ist die Zusammenstellung des Wortschatzes einer Sprache. *Lexika für S.* benutzen als abstrakte Basiseinheit das Lexem (i.a. Wortstamm) und repräsentieren Daten für verschiedene sprachliche Ebenen:

- *Morphologie*: Daten zur Wortformenbildung;
- *Syntax*: Daten zur Satzbildung, wortspezifische (z.B. Kategorie) und wortformenspezifische (z.B. Kasus);
- *Semantik*: Daten zur semantischen Interpretation.

Vollformenlexika, die für jede Wortform einen eigenen Eintrag besitzen, sind nur für kleine Wortschätze praktikabel; zur Vermeidung von ↑Redundanz empfehlen sich Lexemlexika, allerdings muß das *S.-System* dann über eine morphologische Komponente verfügen. *Morphologie* ist die Lehre von den Klassen und Formen der Wörter mit Zusammensetzung (Komposition), Ableitung (Derivation) und Beugung (Flexion). Abgesehen von der Komposition, die oft komplizierte semantische Probleme bietet, sind heute für die Morphologie Verarbeitungsmodelle auf der Basis endlicher überführender Automaten Standard. Für viele Sprachen existieren leistungsfähige morphologische Analyse- und Synthesesysteme, vor allem nach dem sog. Zwei-Ebenen-Ansatz; einige sind als kommerzielle Produkte auf dem Markt.

Grammatikformalismen und Strukturanalyse (Parsing)
Ein zentraler Schritt bei der Realisierung der grammatischen Abbildung besteht darin, für jede zulässige Wortkette die entsprechenden grammatischen Funktionen und Relationen zu bestimmen, so daß jeder sprachlichen Äußerung eine - oder im Fall der Ambiguität mehrere - strukturierte Beschreibungen zugeordnet werden können, die ihre Bedeutung repräsentiert. Die Lösung dieser Aufgabe erfolgt in *S.*-Systemen üblicherweise in mehreren Schritten, die miteinander in Wechselwirkung stehen. Zuerst wird eine sprachliche Äußerung in sequentiell angeordnete diskrete Einheiten, die Wörter, segmentiert, denen mit Hilfe von Lexikonzugriffen die passenden lexikalischen ↑Informationen, vor allem syntaktische Kategorien (Verb, Nomen, Artikel, etc.) zugeordnet werden. Die Zerlegung von Wortketten in grammatische Teilketten mittels Kategorien, Funktionen und Relationen wird durch eine Grammatik vor-

geschrieben; sie definiert durch ein System von Einschränkungen (v.a. bzgl. der Anordnung und der Merkmale der Wörter - Kategorie, Kasus, etc.) Mengen zulässiger Wortfolgen. Als analytisches Instrument dienen Systeme von Regeln der Kombination und Regeln der Verwendung. Erstes Teilziel der Analyse (auch: ↑Parsing, pars orationis) ist die Zerlegung eines sprachlichen Ausdrucks in eine Struktur von grammatischen Konstituenten. Die gewonnene strukturelle Information wird üblicherweise in Baumdiagrammen dargestellt. Über die bloße Konstituentenstruktur hinaus ist aber noch festzustellen, wie diese innerhalb eines Satzes funktioniert (Dependenz). Dabei geht es um den Zusammenhang zwischen Konstituententypen wie Nominalphrase (z.B. Artikel-Nomen) und funktionalen (oder relationalen) Begriffen, wie Subjekt oder Objekt, denn durch sie wird erst die Verbindung zur semantisch-pragmatischen Interpretation hergestellt. Bei der Dependenz kommt dem Hauptverb eine zentrale Position zu: es hat die Eigenschaft, bestimmte nominale Einheiten in seiner Umgebung zuzulassen bzw. zu verlangen (Valenz). Beide Aspekte, Konstituenz und Dependenz, ergänzen einander.

In der Theorie der formalen Sprachen werden Bildungsgesetze für Zeichenketten untersucht. Chomsky hat, ausgehend von unbeschränkten Regelsystemen, durch immer stärkere Einschränkung der Regeln eine Hierarchie von *Klassen formaler Sprachen* definiert: als mächtigste turing-äquivalente, dann kontextsensitive, kontextfreie und reguläre Sprachen. Von besonderer Bedeutung für die Anwendung auf natürliche Sprachen ist die kontextfreie Familie, da der überwiegende Teil der Strukturen natürlicher Sprachen mit kontextfreien Mitteln elegant und hinreichend effizient beschrieben werden kann. Dies hat einen offensichtlichen Grund: die einfachste uniforme Möglichkeit zur Beschreibung von Konstituentenstrukturen besteht darin, zuzulassen, daß die Muster, welche die Aufeinanderfolge von Elementen beschreiben, selbst rekursiv sind. Die Elemente eines derartigen Musters sind also nicht auf Wörter und/oder Wortkategorien beschränkt.

Jedes Verfahren, das zu einer Zeichenkette mindestens einen korrespondierenden Strukturbaum bestimmt, muß die Regeln in einer vorgegebenen Reihenfolge anwenden. Die Folge dieser Schritte wird Ableitung der Zeichenkette genannt. Wird die Ableitung mit dem Startsymbol der Grammatik begonnen und werden dann die davon abhängigen nicht-terminalen Kategoriensymbole expandiert, bis bei den terminalen Symbolen - den Wörtern - angelangt ist, so wird eine solche Ableitung als *Top down* bezeichnet. Beginnt die Ableitung bei den terminalen Symbolen, also ganz unten im Baum und werden die Regeln von rechts nach links angewandt, so handelt es sich um eine *Bottom up-Ableitung*. Orthogonal dazu werden *Tiefe-zuerst- (Depth First)* und *Breite-zuerst- (Breadth First) Ableitungen* unterschieden, je nachdem, ob die Expansion (Ableitung) in Teilbäume in die Tiefe - jeweils ein Pfad im Baum über mehrere Niveaus - oder in die Breite - zuerst alle Knoten auf einem Niveau - erfolgt. Durch Kombination dieser Dimensionen sind andere Ordnungen der Ableitungsschritte möglich; im Strukturbaum wird über die Reihenfolge abstrahiert.

Mit kontextfreien Grammatiken tritt jedoch das Problem auf, daß für jede Kombination von Merkmalen linguistischer Objekte eigene nicht-terminale Symbole und mit diesen entsprechende Regeln definiert werden müssen, was die Übersichtlichkeit und Handhabbarkeit von Grammatiken sehr schnell begrenzt. Unter dem Begriff des Merkmals werden linguistisch relevante Eigenschaften von phonologischen, morphologischen, syntaktischen oder semantischen Einheiten verstanden; sie bezeichnen linguistisch relevante kleinste Beschreibungselemente. Eine elegante Lösung dieses Problems bieten die sog. *Constraint-basierten* oder *Unifikations-Grammatikformalismen* (Shieber, 1992). In diesen treten an die Stelle atomarer Kategoriensymbole komplexe Merkmalsstrukturen. Merkmalsstrukturen sind endliche Mengen von Merkmalen, deren jedes aus einem Merkmalsnamen und einem Merkmalswert besteht, wobei letzterer entweder ein atomares Symbol oder selbst wieder eine Merkmalsstruktur ist. Mathematisch betrachtet sind Merkmalsstrukturen *azykli-*

sche gerichtete ↑*Graphen (DAG)*; bei der Analyse wird nun anstelle eines Strukturbaums ein DAG aus den DAG der Konstituenten durch Vereinigung ihrer Attributmengen rekursiv aufgebaut. Diese Operation wird wegen ihrer Verwandtschaft mit der Unifikationsoperation aus den automatischen Beweisen auch *Graphen-Unifikation* genannt. Sie ist nur dann möglich, wenn die betroffenen ↑Attribute miteinander verträgliche Attributmengen besitzen und die in der Grammatik gegebenen - ebenfalls in der Form von DAG notierten - Einschränkungen erfüllen. Ein universelles und effizientes Verfahren zur Strukturanalyse mit constraint-basierten Grammatiken, das heute in sehr vielen *S.*-Systemen eingesetzt wird, ist die von Kay eingeführte aktive ChartAnalyse (Winograd, 1983).

Semantische Interpretation

In *S.*-Systemen sind aufgrund der verschiedenartigen Funktionen, die eine Äußerung erfüllen kann, vier für das Verstehen relevante *Bedeutungsaspekte* zu unterscheiden:

- die *innersprachlich-textuelle* Bedeutung, die sich vor allem auf die Wortbedeutung abstützt und damit innerhalb des Sprachsystems selbst repräsentiert werden muß;
- die *referentielle* Bedeutung, die auf das Alltagswissen der Kommunikationspartner Bezug nimmt, d.h. auf Faktenwissen und Handlungsregeln;
- die *kommunikative, situative* Bedeutung, zu deren Darstellung Interaktionsregeln herangezogen werden müssen;
- die *soziale, emotive und rhetorisch-stilistische* Bedeutung, die aus dem soziokulturellen Umfeld zu erklären ist. In dieser Reihenfolge - die zugleich auch einen zunehmenden Anteil an Intentionalität und lebensweltlicher Erfahrung beinhaltet - entziehen sich diese Bedeutungsaspekte einer Operationalisierung; die beiden zuletzt genannten werden oft der Pragmatik zugeordnet.

Als Untersuchungsgegenstand der semantischen Analyse einer Äußerung sind ihre im Sprachsystem angelegte Bedeutungsstruktur zu sehen - unabhängig von situativen und kommunikativen Faktoren und von ihrem Bezug auf die außersprachliche Wirklichkeit. Dabei wird unter Bedeutungsstruktur insb. die Darstellung der innertextlichen funktionalen und logischen Relationen ihrer Elemente zueinander verstanden. Die Ziele der semantischen Analyse sind somit der Aufbau formaler Ausdrücke zur Darstellung von Bedeutungsstrukturen (Semantikkonstruktion) unter Berücksichtigung verschiedener Lesarten, die semantische Resolution zur Bestimmung des aktuellen semantischen Werts (Auflösung lexikalischer Mehrdeutigkeiten, die Aufdekkung semantischer Anomalien) und die semantische Auswertung als Bestimmung der relevanten Äußerungsinformation mit Hilfe von Schlußfolgerungsmechanismen. Somit fällt ihr sowohl eine Bewertungs- und Auswahl- als auch eine Repräsentationsfunktion zu. Weiterhin sollen aus dem jeweils aktuellen Zustand der Analyse auch Hypothesen über den Rest der Äußerung aufgestellt werden, die in späteren Analysephasen zu überprüfen sind (Vorhersage-Funktion). Zusätzlich zu den genannten, vor allem linguistisch geprägten Zielen muß für den Einsatz in *S.*-Systemen festgelegt werden, wie mit semantischer Ambiguität abhängig vom Anwendungstyp umzugehen ist. Üblicherweise werden konkurrierende Interpretationen mit Hilfe von Wissen über den Anwendungsbereich in eine Rangordnung gebracht; in vielen Fällen bleibt dann nur eine Lesart übrig.

Die *lexikalische Semantik* befaßt sich mit der Darstellung der Bedeutung der Inhaltswörter der Sprache und den Beziehungen zwischen diesen sowie mit der Frage, auf welche Objekt- und Ereignistypen sich Wörter beziehen. Ein erster Schritt hierzu besteht in der Berücksichtigung der semantischen Kompatibilität: Die Bedeutung eines Wortes schränkt die Bedeutungen anderer Wörter ein, die mit ihm zusammengehen können. Solche Selektionsrestriktionen werden oft als Muster dargestellt, mit denen die Kompatibilität semantischer Attribute (z.B. physisches Objekt) in bestimmten syntaktischen Strukturen überprüft werden kann. Eine zentrale Rolle spielen hier die semantischen Lexikoneinträge der Verben, die üblicherweise aus einer logischen Form, gegeben als Prädikat-Argumentstruktur, bestehen. Für die Argumente sind thematische Rollen, wie AGENS, INSTRUMENT etc. angegeben, in die

dann die Repräsentationen für Subjekt, Objekt, etc. einzusetzen sind.
Dies leistet die *kompositionale Semantik*. Sie untersucht, wie die Bedeutungen komplexer sprachlicher Objekte sich aus denen ihrer Komponenten zusammensetzen. Eine besondere Rolle spielen dabei Verfahren zur Referenzauflösung (v.a. Bestimmung von Referenzobjekten für Pronomina), Mechanismen der Quantifikation und die Auflösung des Quantorenskopus. Im einfachsten Fall ist die ↑Schnittstelle zwischen Syntax und Semantik so gestaltet, daß mit jeder Grammatikregel eine entsprechende Regel zum Aufbau der logischen Form der Mutterkonstituente aus den logischen Formen ihrer Töchter assoziiert wird.
Versuche, für diese Aufgabe direkt die Prädikatenlogik (PL) erster Stufe einzusetzen, führten zu Schwierigkeiten, die durch neuere Semantikformalismen wie den der Kampschen Diskursrepräsentationstheorie (DRT) weitgehend überwunden werden konnten. U.a. existiert für die PL kein systematisches Verfahren für die Semantikkonstruktion und für die Substitution denotatgleicher Ausdrücke. Lösungen bieten die Verwendung von Typenlogik, intensionalen Ausdrükken und der Einsatz des sog. Lambda-Kalküls zur systematischen Ausführung von Substitutionsprozessen. Ein aktueller Formalismus zur Darstellung von semantischen Strukturen, den sog. Diskursrepäsentationsstrukturen (DRS), ist Teil der DRT (Pinkal, 1993). Eine DRS besteht aus jeweils einer Menge von Diskursreferenten und Bedingungen, die ihrerseits Prädikate (z.B. aus dem Lexikon) oder andere DRS sind, so daß damit satzübergreifende semantische Repräsentationen aufgebaut werden können. Die DRT sieht besondere Mechanismen zur Behandlung verschiedener sprachlicher Phänomene, wie Referenzauflösung, Pluralbildung, Quantifikation, etc. vor. Formal lassen sich DRS ebenfalls als Merkmalsstrukturen repräsentieren; auch dadurch kann eine enge Verzahnung der syntaktischen und semantischen Analyse erreicht werden.

Diskurs und Dialoggestaltung
Damit ein Hörer eine Äußerung über das rein wörtliche Verstehen hinaus auch in der zugrundeliegenden Sprecherintention und dem thematischen Zusammenhang begreifen kann, muß er sie in Beziehung zu seinem eigenen Hintergrundwissen und zum bisherigen Dialogverlauf setzen. Äußerungen sind normalerweise von pragmatischen Faktoren, wie Präsuppositionen (implizite Voraussetzungen) und den Absichten des Sprechers abhängig (sog. indirekte Sprechakte). So kann zumeist erst unter Berücksichtigung der pragmatischen Umstände einer Äußerung entschieden werden, ob bspw. eine Ja-/Nein-Frage wörtlich gemeint ist, oder eine implizite Aufforderung ausdrückt.
Die wesentliche Aufgabe der *pragmatischen Analyse* besteht also in der Erkennung und Analyse der Intentionen oder Redeabsichten des Sprechers. Mit dem Dialogfortschritt muß die pragmatische Analyse einen Plan (Aufgabenmodell) als Folge von Aktionen konstruieren, die die aktuelle Situation in den gewünschten Zielzustand überführen.

Die *Diskursanalyse* benötigt Wissen über Kommunikationssituationen, Standardmuster für Dialoge (Interaktionskonventionen, Sprechakttypen, Dialogkohärenz) und Schemata, die diese allgemeinen Konzepte auf einen Anwendungsbereich hin spezialisieren. Analog zum Aufgabenmodell beginnt sie mit Standarddialogschemata und -techniken und versucht, durch schrittweise Verfeinerung den Sprecher zu verstehen und den Dialog zu steuern, indem sie einen Dialogplan mit dem Ziel eines erfolgreichen Dialogabschlusses konstruiert. Der Beitrag der Diskursanalyse besteht also in einer Spezialisierung eines Dialograhmens mittels Kenntnis von Gesprächsstrategien und -schemata durch Ableitung von Erwartungen über nachfolgende Sprechakte, die die Interaktion mit dem Dialogpartner durch Rückfragen, Antworten oder Zurückweisungen zu steuern gestatten. Exemplarisch sei die Theorie der Diskursstruktur von Grosz/ Sidner (Allen, 1987) erwähnt. Ihre Ziele sind eine Erklärung der Diskurskohärenz, die Behandlung der definiten Referenz (Anaphern), die Bestimmung der Semantik und Pragmatik von Konnektiven und Stichwörtern (Cue Phrases), sowie der Funktion von Unterbrechungen. Die Diskursstruktur ist aus drei getrennten, aber aufeinander bezogenen Komponenten aufgebaut: der Struktur der Folge der Äußerungen (linguistische Struktur), einer Struktur von Zwecken (intentionale Struktur) und dem Zustand des Aufmerksamkeitsfokus (Aufmerksamkeitszustand). Die Verarbeitung eines Diskurses erfordert zu erkennen, wie sich die Äußerungen in Segmente gruppieren, welche Intentionen ausgedrückt werden und wie sie sich aufeinander beziehen, um den Diskurs anhand der mit dem Aufmerksamkeitszustand assoziierten Operationen zu verfolgen.

Sprachgenerierung
Die Aufgabe der Generierung besteht in der Erzeugung eines adäquaten natürlichsprachlichen Diskurses aufgrund eines gegebenen Ziels (Busemann, Novak, 1993). Neben Lexikon, Grammatik und einer formalen Repräsentation des relevanten Weltwissens wird hierfür ein Modell des Redepartners bzw. Lesers und ein Modell für Diskursstruktur und -steuerung benötigt. Jeder sprachlichen Äußerung eines Gedankens liegt ein komplexer Planungs- und Entscheidungsprozeß zugrunde, der aus zwei großen Teilschritten besteht: was gesagt werden soll (Auswahl des Redethemas, Aufbau einer argumentativen Struktur) - inhaltsbestimmende Generierung und wie etwas zu sagen ist (morphosyntaktische Form, Bestimmung der Topikalisierung, etc.) - formbestimmende Generierung. Demgemäß werden *Generierungsmodule* unter Berücksichtigung von Modellen menschlicher Sprachproduktion i.d.R. aus drei Komponenten aufgebaut: Konzeptualisierer, Formulator und Artikulator. Grundlage für die Inhaltsbestimmung einer Dialogäußerung ist zumeist das Resultat eines Problemlösungsprozesses, einer Datenbankanfrage etc. Für die Formbestimmung werden oft - ähnlich wie bei der Diskursanalyse - Schemata zugrundegelegt, die dann durch einen Schlußfolgerungsprozeß ihre konkrete Ausprägung erfahren und unter Berücksichtigung des aktuellen Dialogzustands in eine konkrete Äußerung umgesetzt werden. Für den letzten Schritt sollte im Idealfall dieselbe linguistische Wissensbasis, wie für die Analyse eingesetzt werden; diese sog. bidirektionale linguistische Derivation ist noch Gegenstand der Grundlagenforschung.

Architektur von Sprachverarbeitungssystemen
Um aus den Komponenten eines *S.*-System ein funktionierendes System aufzubauen, muß festgelegt werden, wie diese miteinander zu verbinden sind. Die in frühen Systemen übliche sequentielle Anordnung von der morphologischen Analyse bis zur Generierung hat sich als unzureichend erwiesen. Zwar markiert sie die Hauptrichtung des Datenflusses, doch sind, v.a. zur Auflösung von Ambiguitäten, auch Rückkopplungen notwendig. Hierbei ist zum einen die statische Struktur der Interaktionen (welche?) festzulegen, zum anderen aber auch ihr Prozeßaspekt, d.h. die dynamische Struktur und zeitliche Anordnung (wann?). Derzeit typische *Systemarchitekturschemata* sind die *Kaskadenarchitektur*, in der eine Komponente nur Daten mit ihren beiden unmittelbaren Nachbarn austauschen kann, die sog. *Blackboard-Architektur*, in der alle Komponenten über einen gemeinsamen Datenbereich kommunizieren und *verteilte Architekturen*, in denen jede Komponente über einen lokalen Datenbereich verfügt, aber im Prinzip mit allen anderen Komponenten ↑Nachrichten austauschen kann.

Literatur: Allen, J.: Natural Language Understanding, Menlo Park, 1987. *Busemann, S., Novak, H.-J.*: Generierung natürlicher Sprache und *Pinkal, M.*: Semantik, in: *Görz, G.* (Hrsg.), Einführung in die Künstliche Intelligenz, Bonn, 1993. *Shieber, M.*: Constraint Based Grammar Foramlisms, Cambridge, 1992. *Winograd, T.*: Language as a Cognitive Process. Vol. I, Syntax, Reading, 1983.

Prof. Dr. G. Görz, Erlangen-Nürnberg

SQL
Structured Quary Language; Standard-Datenbankanfragesprache für relationale Datenbanken.

SQL-Normen
SQL (Structured Query Language) ist die Norm-Datenbanksprache für ↑relationale Datenbanksysteme. SQL enthält mehrere Teilsprachen, etwa die *DDL* (Data Definition Language) zur Definition eines konzeptuellen Datenbankschemas, die

SSL (Storage Structure Language) zum Einrichten von internen Zugriffspfaden, die *IQL* (Interactive Query Language) zur Formulierung von Anfragen und die *DML* (Data Manipulation Language), die neben Anfragen auch noch *Änderungsoperationen (↑Updates)* auf dem Datenbestand zuläßt. Zusätzlich gibt es eingebettete Fassungen, sowie Befehle zur Sichtdefinition, Transaktionsdefinition, Rechtevergabe und Integritätssicherung.

Geschichte von SQL
Das ↑relationale Datenbankmodell wurde 1970 von Codd eingeführt. Als Basis für Anfragen dienten der Relationenkalkül und die Relationenalgebra. Auf dieser Basis wurde 1974 vom IBM-Forschungszentrum in San Jose eine erste Datenbanksprache *SEQUEL* (Structured English QUEry Language) entwickelt, die 1976 im Rahmen des Projektes System R, des ersten Prototyps eines relationalen Datenbanksystems, zur Sprache SEQUEL2 weiterentwickelt wurde. In den ersten kommerziell verfügbaren relationalen Datenbanksystemen (ORACLE, SQL/DS) wurde eine Untermenge dieser Sprache implementiert, die SQL.
SQL wurde in den Jahren 1982 bis 1986 von der ↑*ANSI* (American National Standards Institute) genormt. Die erste genormte Version wird üblicherweise mit SQL-86 bezeichnet. Die ↑ISO übernahm eine revidierte Fassung dieser Norm, in der eine Teilsprache zur Integritätssicherung *IEF* (Integrity Enhancement Feature) ergänzt wurde (SQL-89). Diese Norm besteht aus drei Sprachebenen: Level 1, Level 2 und IEF. Im Jahre 1992 erschien nun die derzeit gültige *ANSI- und ISO-Norm SQL-92*, die wiederum drei Sprachebenen umfaßt (Entry Level, Intermediate Level, Full Level). Hier sollen im folgenden die Sprachstandards SQL-89 und SQL-92 in ihren drei Sprachebenen vorgestellt werden.
Aufbau der Sprache SQL
SQL enthält neben den bereits erwähnten Teilsprachen *DDL, SSL, IQL und DML* auch noch zwei Einbettungen in herkömmliche ↑Programmiersprachen: *Embedded SQL* und *Dynamic SQL* (Vossen, 1994; Date, Darwen, 1993; Melton, Simon, 1993). Die wichtigsten *SQL-Klauseln* in den jeweiligen Teilsprachen sind:

- *Datendefinition*: Hier werden mit der CREATE TABLE-Anweisung Relationenschemata definiert, die ↑Attribute und deren ↑Datentypen umfassen.
- *Speicherstrukturdefinition*: Hier können mit CREATE INDEX und DROP INDEX Zugriffspfade auf die definierten Relationen angelegt und wieder entfernt werden.
- *Anfragen*: Anfragen werden i.w. durch den SFW-Block definiert, der aus folgenden Klauseln besteht: SELECT enthält das Ergebnisschema, also Attribute und durch arithmetische Operationen und Aggregatfunktionen abgeleitete Attribute. FROM bestimmt die zu verwendenden Relationen, evtl. auch die zu benutzenden Variablen für diese Relationen. WHERE definiert Selektionsbedingungen, Verbundbedingungen und ermöglicht geschachtelte Anfragen (die wieder einen SFW-Block im WHERE-Teil enthalten). GROUP BY gruppiert nach bestimmten Attributwerten; auf diesen Gruppen sollen die Aggregatfunktionen dann angewendet werden. HAVING definiert Selektionsbedingungen an Gruppen. Die Ergebnisse von SFW-Blöcken können dann noch sortiert und vereinigt (UNION) werden. Hier setzt auch eine Kritik am alten SQL-89-Standard ein: die Sprache ist nicht orthogonal. Da die UNION-Operation nur auf SFW-Blöcke angewandt werden darf, sind auf der Vereinigung zweier Relationen weder Aggregatfunktionen noch Selektionsbedingungen erlaubt.
- *Datenmanipulation*: Mit INSERT, DELETE und MODIFY können ↑Tupel in Relationen eingefügt, gelöscht und modifiziert werden.

Umfang der einzelnen Normen
Der *SQL-89-Standard* (ISO, 1989) und der *SQL-92-Standard* (ISO, 1992) sollen kurz vorgestellt werden. Ausgegangen wird vom SQL-89-Standard Level 2 und verglichen mit dem Full Level des SQL-92-Standards. Daneben werden die Unterschiede der verschiedenen Levels innerhalb des Standards unterschieden:

- Der SQL-89-Standard Level 2 umfaßt die eben beschriebenen Klauseln. Im *Level 1* gibt es etwa folgende Einschränkungen: Es gibt keine Nullwerte; keine Selektionsbedingungen mit <> oder

EXISTS und keine UNION-Operation.

- Der *Level 2* wurde noch um die Integrity Enhancement Feature erweitert. Dieser enthält zusätzlich zum Level 2 die CHECK-Klausel, die i.w. den Umfang der WHERE-Klausel hat, wobei die Bedingung als Integritätsbedingung aufgefaßt wird; die Definition von Primärschlüsseln und Fremdschlüsseln.
- Die IEF erweitert also die DDL von SQL-89 um eine Komponente zur Integritätssicherung.
- Der SQL-92-Standard Full Level beinhaltet zunächst den SQL-89-Standard Level 2 mit Integrity Enhancement Feature und erweitert diesen in folgenden Bereichen: Es werden neue Datentypen (wie INTERVAL) angeboten. Neben Datentypen gibt es jetzt ein Domänenkonzept (CREATE DOMAIN, ALTER DOMAIN), bei dem ein Datentyp (etwa REAL) in verschiedene ↑Domänen (Gewichte, Größen, Geschwindigkeiten, ...) aufgeschlüsselt werden kann.
- Zur Änderung des Datenbankschemas werden ALTER TABLE und DROP TABLE vorgesehen: Es gibt allgemeine Integritätsbedingungen, die mehrere Tabellen betreffen können. Die Menge der STRING-Operationen wurde erweitert.
- Es können Namen für abgeleitete Spalten einführt werden. Bisher wurden solche Attribute, die etwa durch Aggregatfunktionen entstanden sind, mit Spaltennummern belegt. Mit SELECT COUNT(*) AS ANZAHL wird die Ergebnisspalte etwa ANZAHL genannt. Der Verbund JOIN ist jetzt als eigener Operator vorhanden und wird in diversen Varianten angeboten.

- Das kartesische Produkt zweier Relationen, etwa BUCH und AUSLEIHE genannt, das bisher mit SELECT * FROM BUCH, AUSLEIHE formuliert wurde, kann jetzt auch explizit mit SELECT * FROM BUCH CROSS JOIN AUSLEIHE ausgedrückt werden. Der natürliche Verbund über einem gemeinsamen Attribut (hier etwa INVNR), bisher mit SELECT * FROM BUCH, AUSLEIHE WHERE BUCH.INVNR = AUSLEIHE.INVNR umständlich simuliert, kann jett mit SELECT * FROM BUCH JOIN AUSLEIHE ON BUCH.INVNR = AUSLEIHE.INVNR oder SELECT * FROM BUCH JOIN AUSLEIHE USING (INVNR) oder sogar nur SELECT * FROM BUCH NATURAL JOIN AUSLEIHE formuliert werden.
- Neben diesen Verbunden gibt es auch den OUTER JOIN, der alle Tupel der zu verbindenden Relationen übernimmt notfalls mit Nullwerten auffüllt.
- Neben der Mengenvereinigung UNION gibt es jetzt auch die bisher fehlenden Mengenoperationen INTERSECT und EXCEPT.
- Die Sprache ist fast vollständig orthogonal geworden. Die Einschränkungen in der Anwendbarkeit einiger Operationen (etwa UNION) sind fallengelassen worden. So können jetzt beliebige SELECT-Ausdrücke auch in der FROM-Klausel eingesetzt werden. Bei Mengenoperationen können die zueinander korrespondierenden Attribute flexibel mit CORRESPONDING BY festgelegt werden. Es gibt Tabellenkonstruktoren (konstante Tabellen), die in Anfragen und Vergleichen, wie konstante Werte eingesetzt werden können.
- Zur genaueren Behandlung von Anfragen an unvollständige Datenbankzustände (mit Nullwerten) gibt es eine dreiwertige Logik (IS TRUE, IS FALSE, IS UNKNOWN).
- Mit SET TRANSACTION können verschiedene Isolationsstufen eingestellt werden, denen die parallele, konkurrierende Abarbeitung von Datenbanktransaktionen unterliegen soll.
- Die Beschreibungen Embedded SQL und Dynamic SQL ist Teil der Norm.
- Das Aussehen des Datenbankkatalogs (Data Dictionary) ist Teil der Norm.
- Weiterhin werden Features aufgelistet, die in SQL-92 von SQL-89 zwar übernommen wurden, die aber in der nächsten ↑SQL-Norm eliminiert werden sollen: dazu gehört etwa der Zugriff auf Spaltennummern (statt Attributnamen) innerhalb einer Anfrage. Statt Spaltennummern soll die bisher optionale Benennung von abgeleiteten Attributen (Beispiel ANZAHL) verwendet werden. Die Unterschiede der verschiedenen Levels der SQL-92-Norm sind in der folgenden Tabelle noch einmal zusammengefaßt. Ein + zeigt das Vorhandensein eines Features an, das Fehlen des Features.

Feature in SQL-92	Entry Level	Interme-diate Level	Full Level
Datum, Intervalltypen	-	+	+
DOMAIN	-	+	+
STRING-Operationen	-	+	+
JOIN	-	+	+
EXCEPT, INTERSECT	-	+	+
ALTER, DROP TABLE	-	+	+
SET TRANS-ACTION	-	+	+
Dynamic SQL	-	+	+
UNION orthogonal	-	+	+
and. Orthogonalitätsverbesserungen	-	+	+
CORRESPON-DING bei Mengenoperationen	-	-	+
dreiwertige Logik	-	-	+
allgemeine Integritätsbedingungen	-	-	+
CHECK mit Bezug zu anderen Tabellen	-	-	+
ALTER DOMAIN	-	-	+
Tabellenkonstruktoren	-	-	+

Ausblick auf Normungsaktivitäten

SQL wird derzeit in zwei Richtungen weiterentwickelt:

• Von der *Object Data Management Group* ist eine objektorientierte SQL-Version standardisiert worden. Sie wird OQL genannt und ähnelt der Anfragesprache des O2-Systems O2SQL (Heuer, 1992).

• Das *SQL3-Projekt* bereitet die nächste relationale SQL-Version vor. Sie wird eine vollständige Programmierumgebung, so bspw. die Möglichkeit für rekursive Anfragen (etwa Stücklistenberechnung) und einige objektorientierte Konzepte, wie Typkonstruktoren und Untertabellen umfassen.

Beide Richtungen sind derzeit noch nicht miteinander kompatibel und müssen noch aufeinander abgestimmt werden.

Literatur: Date, C.J., Darwen, H.: A Guide to the SQL Standard, Reading, 3. Aufl., 1993. *Heuer, A.*: Objektorientierte Datenbanken - Konzepte, Modelle, Systeme, Bonn, 1992. *International Organization for Standardization (ISO)*: Database Language SQL, Document ISO /IEC 9075, 1989, 1992. *Melton, J., Simon, A.R.*: Understanding the New SQL, San Mateo, 1993. *Vossen, G.*: Datenmodelle, Datenbanksprachen und Datenbank-Management-Systeme, 2. Aufl., Bonn, 1994.

Prof. Dr. A. Heuer, Rostock

Standardisierung

Verfahren zur Erstellung von Standards, Vorstufe zur Normung in der Datenverarbeitung. Standardisierung gehört zu den Verfahren der Rationalisierung, die vor allem größere ↑Wirtschaftlichkeit erreichen sollen.

Standards

Dokumente, die von Institutionen festgelegt werden; haben den Charakter von Normen; damit sind sie für allgemeine und wiederkehrende Anwendungen Regeln, Leitlinien oder Merkmale für Tätigkeiten oder deren Ergebnisse; wichtige Organisationen ECMA, ↑IEEE etc.

Standards für Offene Systeme

↑Offene Systeme, Standards für

Stapelbetrieb

Das sukzessive Abarbeiten vollständig gestellter Aufgaben (Programme, Daten).

Stapelverarbeitung

Abarbeitungsverfahren von Anwendungsprogrammen, bei der die zu erledigende Aufgabe mit allen Eingabedaten, Programmaufrufen und Betriebssystemanweisungen komplett vorliegen muß, bevor mit ihrer Bearbeitung durch den Rechner begonnen werden kann. Während des Programmlaufs ist kein menschlicher Eingriff möglich; erst nach Abschluß der Bearbeitung können die Ergebnisdaten gesichtet werden.

Statistics, Computational

Der Begriff *Computational Statistics* wurde geprägt durch das 1971 veröffent-

Statistics, Computational

lichte Buch von Freiberger und Grenander mit dem Titel „A Course in Computational Probability and Statistics" und dem ersten internationalen Symposium on *S.* im Jahre 1974. Beide Ereignisse waren ein Versuch, die Möglichkeiten, die sich durch die zunehmende Verbreitung der ↑Computer ergeben, für die Statistik systematischer zu ergründen. Diese Möglichkeiten sind in der Tat so vielfältig, daß der Statistiker F. Yates sich veranlaßt sah, die erste Fisher Memorial Lecture (Yates, 1966) unter den Titel "Computers, the Second Revolution in Statistics" zu stellen. Die erste Revolution sah R.A. Fisher in dem Aufkommen von (elektrischen) Tischrechnern. Die Frage nach dem Zusammenspiel von Computer und Statistik soll wie folgt näher untersucht werden: Der Einfluß des Computers auf die

- statistische Praxis,
- statistische Theorie und
- statistische Ausbildung.

Bei einem so relativ jungen aber - durch die alte Wissenschaft Statistik bedingt - breiten Gebiet ist vieles noch im Fluß.

Einfluß des Computers auf die statistische Praxis

Statistiker verarbeiten ↑Informationen (Daten). Sie suchen nach Gesetzmäßigkeiten in den ↑Daten und bilden Modelle, um diese zu erklären. Sie versuchen, große Datenbestände beschreibend zusammenzufassen und überprüfen Hypothesen durch statistische Tests an den Daten. In ihrer Arbeit können sie an verschiedenen Stellen vom Rechner unterstützt werden. Rechenarbeiten können auf den ↑Computer mittels statistischer Programmsysteme übertragen werden. Der Computer erschließt aber auch neue statistische Werkzeuge wie Bootstrap und Graphik.

Die statistische Praxis ist oft durch Rechenaufgaben gekennzeichnet, die dem Statistiker ohne Hilfsmittel nur allzu schnell seine Grenzen zeigen. Bei den Aufgaben kann es sich um einfache Berechnungen mit umfangreichen Datenbeständen handeln, oder um umfangreiche Rechenaufgaben, wie z.B. die numerische Lösung eines Maximum Likelihood Problems oder die numerische Integration zur Ermittlung der a-posteriori Verteilung bei einem Bayes Ansatz.

Es gibt eine unübersehbare Flut von Programmpaketen auf dem Markt. Das beginnt mit dem hochspezialisierten Programm und reicht bis zu dem mit dem Anspruch einer fast völligen Abdeckung aller statistitischen Verfahren. Es gibt jedoch keine Stelle, die statistische Software zertifiziert. Wohl gibt es z.B. in der Zeitschrift The American Statistician Besprechungen von statistischer ↑Software, die aber nicht flächendeckend durchgeführt werden können und dazu noch einen schon beim Start verlorenen Wettlauf mit immer neuen Versionen zu bestehen haben. In einer solchen Situation ist die Nennung einzelner Produkte immer mit persönlicher Willkür verbunden. Die nachstehenden Produkte zählen zu den *Programmsystemen* der ersten Stunde: BMDP, SPSS, PSTAT und SAS. Alle treten mit dem Anspruch einer Abdeckung der Statistik in der Hauptsache auf. In jüngster Zeit gewinnen Programmsysteme an Bedeutung, die stärker die Arbeitsweise von Statistikern neben der Bereitstellung von Verfahren mit unterstützen wollen. Zu nennen sind hier insb. die Systeme: S-Plus, Gauss, ISP und SURVO. Es werden auch ursprünglich nicht auf Statistik ausgerichtete Systeme erweitert, wie ↑APL und Mathematica um statistische Komponenten.

Statistische Tabellen (Prozentpunkte, Verteilungen) gehören zu den wichtigsten Werkzeugen des Statistikers. Der Gebrauch von Tabellen wird zusehends zurückgedrängt durch die Verwendung statistischer Software. Diese nimmt dem Statistiker nicht nur die Berechnung der empirischen Prüfgröße ab, sondern liefert auch gleich mittels eingebauter Routinen die P-Werte und kritischen Werte.

Statistiker lebten schon immer gemäß der Devise: Ein Bild sagt mehr Wert als 1000 Worte. Ein Scatterdiagramm hat wohl schon jeder Leser gesehen und aus ihm ohne explizite Rechnungen erste Schlüsse über Korrelation und lineare Strukturen gezogen. Mit den rasanten Hardware- und Softwareentwicklungen der letzten Jahre sind die graphischen Potentiale immens angestiegen. Statistiker können jetzt einen guten Teil ihrer Analysen mit Hilfe von Graphiken durchführen. Das statistische Softwaresystem S nannte sich im Untertitel A Programming Environment for Data Analysis and Graphics. Die Schöpfer von S machen im Vorwort (Becker, Chambers, 1984) des Manuals klar, daß Graphiken unverzichtbares Werkzeug guter Datenanalyse seien. Tukey meint zwar in seinem maßstabsetzenden Buch (Tukey, 1977) über explorative Datenanalyse, daß der Statistiker mit einem Vierfarbenstift auskäme, der Siegeszug von DV ist erst durch das Vorhandensein guter graphischer Werkzeuge auf den Rechnern möglich geworden.

Wie gewaltig der Fortschritt auf dem Gebiet graphischer Möglichkeiten ist, läßt sich am besten an dem Konzept dynamischer Graphiken zeigen. Benötigte das legendäre Orion-1-Projekt (Stützle, 1984) eine halbe IBM 370/168 und jede Menge von Spezialhardware, so kann dies mit den angebotenen Workstations Projection Pursuit Methoden zur Analyse erfolgen.

Bootstrap ist eines jener statistischen Verfahrens, die erst durch Computer zum praktischen Leben erweckt wurden. Die Grundidee ist in der Tat schon lange bekannt. 1949 wurde von Quenouille (Quenouille, 1949) ein Verfahren zur Reduzierung des Bias vorgeschlagen, bei dem eine gegebene Stichprobe mehrfach verwendet wurde. Diese Methode ist in der statistischen Literatur unter dem Namen Jackknife bekannt.

Sei $X_1,\dots,X_n$ eine Stichprobe, aus der die Statistik T_n berechnet wurde. Hat diese Statistik einen Bias der Größenordnung $1/n$, so läßt sich zeigen, daß die Statistik nT_n - $(n\text{-}1)$ $\overline{T}_{n\text{-}1}$ nur noch höchstens einen Bias der Größenordnung $1/n^2$ hat. Dabei ist $\overline{T}_{n\text{-}1}$ der Mittelwert der Statistiken $T_{n\text{-}1}$, die aus den n "Stichproben" vom Umfang n-1 berechnet wurden, die sich aus $X_1,\dots,X_n$ durch systematisches Weglassen des Elementes X_i für i=1,...,n ergeben.

Bei der Methode des Bootstrap wird die Idee des Resampling von Quenouille verfeinert, indem aus der gegeben Stichprobe $X_1,\dots,X_n$ eine große Zahl Zufallsstichproben mit Zurücklegen vom Umfang n gezogen wird. Mit Hilfe dieser Stichproben können Schätzungen für die empirischen Verteilungsfunktionen der interessierenden Stichprobengrößen vorgenommen werden. Diese Schätzungen sind die Basis für die weitere statistische Analyse. Bootstrap-Verfahren benötigen einen großen Rechenaufwand. Sie lassen sich aber erfolgreich parallelisieren.

Da die statistischen Programmpakete für alle Plattformen vom ↑PC bis zum ↑Mainframe zur Verfügung stehen, scheint für den Benutzer die Anwendung von statistischen Verfahren kein Problem mehr zu sein. Dies stellt sich oft als ein Trugschluß heraus, denn

- die numerischen Probleme sind in der benutzten Software oft nicht adäquat gelöst. Es wurden durchaus negative Streuungen oder nicht monotone Verteilungsfunktionen abgeliefert. Es fehlt eine Offenlegung der verwandten numerischen Verfahren;
- ein implementiertes Verfahren überprüft in der Regel nicht, ob es in der vorliegenden Datensituation angewendet werden darf. Der ohne statistischen Expertenrat Ergebnisse produzierende Benutzer ist nur allzu oft ein Opfer der alten Informatikweisheit „Garbage in Garbage out"; ein statistisches Programmpaket teilt dem Benutzer nur mit, was es kann, d.h. welche Verfahren implementiert sind, nicht aber, welche Verfahren nicht implementiert sind. Unter diesen mag sich gerade das befinden, das der Benutzer anwenden sollte.

Einfluß des Computers auf die statistische Theorie

Wurde klassisch in der Theorie mit analytischen Methoden gearbeitet, so werden zunehmend *Simulationstudien* als methodisches Werkzeug zur Gewinnung theoretischer Einsichten angewandt. Algorithmen sind für den Statistiker auf vielfältige Weise von Bedeutung. Der Computer eröffnet aber auch ganz neue Forschungsfelder. Exemplarisch seien Expertensysteme und ↑Neuronale Netze genannt.

Viele theoretische Erkenntnisse über statistische Verfahren sind nur asymptotischer Natur. Der Praktiker benötigt genauere Angaben über die Eigenschaften der Verfahren. Bislang mußten wegen der unüberwindlichen analytischen Probleme die Theoretiker eine Antwort in der Regel schuldig bleiben. Dank des Computers ist ihnen jetzt ein Werkzeug zugewachsen, mit dem sich die geforderten Antworten finden lassen. Das Zauberwort heißt ↑Simulation. Es werden Modellwelten definiert und in jedem Umfang und jeder Menge Stichprobeninformationen aus dieser Modellwelt gewonnen. Diese Stichproben sind dann das Feld, auf dem sich die Verfahren beweisen können. Dank der Kenntnis der Modellwelt läßt sich das Verhalten feststellen. Diese Technik ist nicht ohne Probleme und bei genauerem Hinsehen nur mit sorgfältiger theoretischer Fundierung gültig. Zwei in jedem Einzelfall zu untersuchende Problemfelder sind die folgenden:

- Wie wird die Stochastik im Modell abgebildet? Technisch handelt es sich um die Frage nach den verwendeten *Zufallszahlengeneratoren*. Von einem rein theoretischen Standpunkt aus scheint die Erzeugung von beliebig verteilten Zufallszahlen kein Problem. Die Antwort deutet sich in dem nachstehenden Satz an. Sei U gleich verteilt über [0,1] und F die Verteilungsfunktion einer kontinuierlichen Zufallsvariablen, dann ist $X=F^{-1}(U)$ eine Zufallsvariable mit der Verteilungsfunktion F. Es bleibt die Erkenntnis, daß die Erzeugung von gleich verteilten Zufallszahlen beherrscht werden müssen. Es zeigt sich aber, daß selbst in so einfachen Strukturen, wie einer linearen Kongruenzbeziehung der Form $x_{n+1} = a \times x_n + r \pmod{m}$, die die Basis dieser Generatoren bilden, eine ganze Reihe von Fallen enthalten sind.
- Damit die durch Simulationsstudien gewonnenen Aussagen über die gerade untersuchten Parameterkombinationen hinaus aussagekräftig sind, ist es notwendig, daß die Simulationsstudie nach den Regeln guter Experimentierkunst durchgeführt wurde. Die Statistiker verfügen über den in Theorie und Praxis gut ausgearbeiten Bereich *Experimental Design*. Eine Simulationsstudie ist nichts anderes als ein Experiment, nur daß es diesmal auf dem Computer und nicht auf einem Versuchsfeld ausgeführt wurde.

Aus der Sicht eines Informatikers ist ein statistisches Verfahren ein *Algorithmus*. Nur war lange Zeit die Veröffentlichungskultur in der statistischen Theorie stark von der Mathematik beeinflußt: Definition, Satz, Beweis. Es blieb dem Anwender überlassen, die vorgestellte Erkenntnis verfahrensmäßig aufzubereiten. Als Ausdruck des Einflusses des Computers auf die Arbeit der theoretischen Statistiker kann der sich langsam verändernde Stil der Veröffentlichungen entnommen werden. Immer häufiger werden theoretische Ergebnisse in algorithmischer Form formuliert.
Ein anderer Berührungspunkt zwischen Informatik und Statistik liegt auf dem an Bedeutung gewinnenden Feld probabilistischer Algorithmen. ↑*Hashing* ist ein gutes einführendes Beispiel für die Anwendung von probabilistischen Algorithmen. Dort werden entsprechende Algorithmen zur Auflösung von Kollisionen benutzt. Die Suche nach ähnlichen Lösungen (Einbau von probabilistischen Teilen) findet z.Zt. in vielen Gebieten statt.

Als einen weiteren Punkt kann unter dem Stichwort die *statistische Analyse* von Algorithmen subsumiert werden. Bei der Beurteilung des Laufzeitverhaltens von Algorithmen ist neben dem Best Case und dem Worst Case der sog. Average Case von Bedeutung. Da bedarf es schon des ganzen Instrumentariums der Statistik, um die entsprechenden Analysen durchzuführen, wenn es gelungen ist, die Datensituation statistisch zu beschreiben.
Der Begriff ↑*Expertensysteme* läßt sich auch dem Gebiet *S.* zuordnen. In der Mehrzahl der Fälle handelt es sich um die sog. extensionalen, regelbasierten Expertensysteme. Daneben gibt es noch die intensionalen Systeme, auch als Bayes'sche Netzwerke (Lauritzen, Spiegelhalter, 1988) bezeichnet. In diesen Systemen wird das ↑Wissen über bedingte und unbedingte Unabhängigkeiten zwischen Mengen von Zufallsvariablen benutzt, um Randverteilungen effizient zu berechnen. Dabei ist der gemeinsamen n-dimensionalen Verteilung zugehörige Unabhängigkeitsgraph ein wichtiges Hilfsmittel zur Modellbildung. Die Knoten des ↑Graphen sind dabei jeweils einer der 1-dimensionalen Randverteilungen zugeordnet. Durch Kanten können bekannte qualitative ↑Informationen, z.B. Abhängigkeiten, modelliert werden. Weitere Kanten des Graphen werden gemäß unterschiedlicher Berechnungsregeln hin-

zugefügt. Mit Hilfe solcher Systeme können Entscheidungssituationen mit unsicheren Daten erfolgreich modelliert werden (medizinischer Diagnosebereich).

Die Untersuchung künstlicher ↑*Neuronaler Netze* wurde in der künstlichen Intelligenzforschung zuerst vorgenommen. Inzwischen werden sie in immer mehr Wissenschaftsgebieten untersucht, die ↑Statistik macht keine Ausnahme.
Sieht ein Statistiker die Gleichung

$$y = w_0 + \sum_{i=1}^{p} w_i x_i ,$$

so wird er sie aller Voraussicht nach als multiple lineare Regressionsgleichung interpretieren. Die Aufgabe besteht darin, aus den Daten die Parameter w_j zu schätzen, um darauf folgend das gefundene Modell fachwissenschaftlich zu interpretieren und eventuell Prognosen für künftige y zu berechnen. Ein Forscher aus dem Bereich der Künstlichen Intelligenz dagegen würde die Gleichung als die Beschreibung eines Single Unit Perceptrons ansehen. Was der Statistiker als erklärende unabhängige Variablen (x_j) und zu erklärende Variable (y) bezeichnet, heißt bei ihm jetzt input (x_j) und output (y). Die Frage, ob er mit seinem Modell Prognosen für y abliefern könnte, wird er auch bejahen. Was ist nun wirklich anders und neu, wo es doch bei formaler Gleichheit der Formel lediglich eine andere Terminologie zu sein scheint? Es ist klar, daß bei Kenntnis der w_j die Arbeit der Prognoseberechnung in beiden Interpretationen völlig gleich verläuft. Der Unterschied liegt in der Modellbildung und in der Art der Bestimmung der w_j. Der Statistiker ist an fachwissenschaftlich interpretierbaren Modellen interessiert. Welchen Einfluß die Variable x_j auf die Variable y hat, ist von Interesse, der Einfluß wird durch die Modellstruktur (linear) und den Wert von w_j eingefangen. Der Forscher aus dem Bereich der Künstlichen Intelligenz modelliert nach dem Vorbild des menschlichen Nervensystems einen Rechenautomaten - das hier diskutierte Beispiel ist das einfachste Modell - der nach den "Regeln unseres Nervensystems" arbeitet. Das unterschiedliche Modellierungsziel führt auch zu ganz anderen Methoden der Bestimmung der Werte von w_j. Der Statistiker wendet Verfahren an wie z.B. die Methode der kleinsten Quadrate, während im anderen Fall der Prozeß des menschlichen Lernens für die Ermittlung der Werte der w_j nachgebildet wird. Für die statistische Forschung ist es nun aber eine Herausforderung festzustellen, ob diese neuen Werkzeuge wirklich so gut sind, wie ihre Proponenten es behaupten, was im jeweiligen Fall das statistische quivalent zur vorgeschlagenen neuronalen Maschine ist und ob die Idee des ↑Neuronalen Netzes als Rechenautomat nicht auch mit der bisherigen auf fachwissenschaftliche Modellierung beruhenden Vorgehensweise verbunden werden kann. Was dringend der Erkundung bedarf sind:

- Sprachkonzepte, die *statistische Sprache* abzubilden erlauben. Statistische Sprache hat ihre Wurzeln in der Logik und Mathematik, macht Anleihen bei graphischen Sprachen und schreckt auch vor dem Vokabular eines Symbolverarbeiters nicht zurück.
- Numerische Probleme werden nicht zuletzt beeinflußt durch die Basisarithmetik im Rechner. Wichtig wäre eine *programmierbare arithmetische Einheit*, bei der Genauigkeit, Rundungsverhalten, etc. einstellbar ist. Dies würde auch die Überprüfung von berichteten Ergebnissen und ihre Vergleichbarkeit ermöglichen. Obwohl es schon vereinzelte theoretische Konzepte gibt, ist die Hard- und Softwareentwicklung diesem Problem bisher ausgewichen.
- *Datenbankarchitekturen*, mit denen es möglich ist, das Konzept eines statistischen Datums abzubilden. Statistiker sehen in einem Datum nicht nur einen numerischen Wert, sondern verbinden eine Fülle weiterer ↑Informationen (z.B. Metrik, Dimension, Erhebungsort, etc.) damit. Es hat sich der Begriff *Metadaten* dafür eingebürgert. All dieses sollte nicht nur abgespeichert werden, sondern auch verarbeitungsgerecht im Zugriff sein.
- *Parallele Architekturen*, die sich den parallelen Strukturen der statistischen Probleme anpassen können. Für die Fast Fourier Transformation (FFT) ist zwar die Butterfly-Struktur geeignet, aber nicht alle Probleme haben eine Butterfly-Struktur.

Einfluß des Computers auf die Statistikausbildung
Lichtenberg notierte in seinen Sudelbüchern (Heft E 496): Ich habe oft bemerkt, daß wenn Leute einen mathematischen Satz von einer anderen Seite her verstehen lernen als durch die gewöhnliche Demonstration, so sagen sie gerne O, ich sehe es, es muß so sein. Es ist dieses ein Zeichen, daß sie es sich aus ihrem System erklären. Im Zeitalter der ↑Computer kann dem Leser etwas zum "Sehen" angeboten werden. Was gemacht werden kann, verdeutlicht das folgende Beispiel. Studenten werden bei der Einführung in die Methode der kleinsten Quadrate (immer?) auf die Anfälligkeit der Methode gegen Ausreißer hingewiesen. Die gefundene Regressionsgerade kann im Extremfall fast orthogonal zu den "wahren" Verhältnissen sein. Die nachstehende Skizze zeigt eine dynamische Graphik, mit deren Hilfe dieses Phänomen sichtbar gemacht werden kann. In der Skizze ist der Datenpunkt ..bullet.. durch den Benutzer zu verschieben. Das ↑Programm im Hintergrund errechnet fortwährend die sich ergebende Regressionsgerade und zeigt sie an. Der Student sieht so, wie sich die Veränderung eines Datenpunktes auf die Regressionsgerade auswirkt.

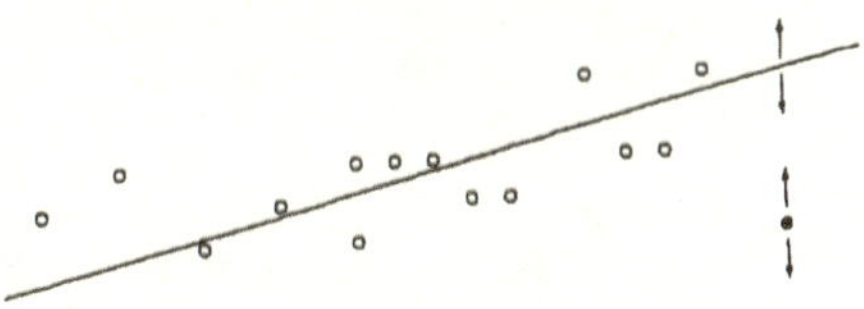

Der Lehrer kann seinen Rechner mit in den Unterricht bringen und an wirklichen ↑Daten statistisches Arbeiten demonstrieren. Der Student kann in einem statistischen Labor an Real Life Data in einer weitgehend (es fehlt die Phase der Datenerhebung) der tatsächlichen Arbeitsweise entsprechenden Form sein Wissen aus Vorlesung und Literatur durch Learning by Doing vertiefen und festigen. Wenn statistische Software ein nicht mehr wegzudenkendes Werkzeug des Statistikers geworden ist, muß der angehende Statistiker in den Gebrauch von Software eingeführt werden. Für diese Ausbildung muß in der bisher üblichen Statistikausbildung Raum geschaffen werden. Ziel dieser Ausbildung für alle Statistiker ist es, exemplarisch an ausgewählten Produkten die Möglichkeiten und Grenzen von Statistiksoftware zu erkennen. Gute statistische Software kann nicht ohne gute Statistikkenntnisse geschaffen werden. Es liegt nahe, den angehenden Statistikern eine vertiefte Ausbildung in statistischer Software zu geben. Eine Kombination mit einem Nebenfach ↑Informatik kann dabei einigen von Nutzen sein. Veranstaltungen zur Numerik aus dem Angebot mathematischer Fakultäten bilden eine notwendige Ergänzung und Vertiefung.

Literatur: Becker, R.A., Chambers, J.M.: Statistic an Interactive Environment for Data Analysis and Graphics, Belmont, 1984. *Lauritzen, S.L., Spiegelhalter, D.J.*: Local Computation with Probabilities in Graphical Structures and their Applications to Expert Systems, in: Journal of the Royal Statistical Society, Ser. B, Vol. 50, 1988. *Quenouille, M.H.*: Approximate Tests of Correlation in Time Series, in: Journal Royal Statistical Society, Ser. B, vol 11, 1949. *Stützle, W.*: Graphische Exploration multivariater Daten am Computer, Allgemeines Statistisches Archiv, 1984. *Tukey J.W.*: Explorative Data Analysis, Reading, 1977. *Yates, F.*: Computers, the Second Revolution in Statistics, Biometrics, vol. 22, 1966.

Prof. Dr. P. Naeve, Bielefeld

Stellendatenbank
Hinterlegung aller stellenbezogenen Daten. Hierzu zählen Angaben zum Status einer Stelle (besetzt, nicht-besetzt, beantragt etc.), Stellenbeschreibung, erforderliche Stellenqualifikationen, Stellvertreterregelungen, Stellenwertigkeit und Organigramm.

Steuerung
Gegenmaßnahme auf eine Störung, die durch die Störung selbst ausgelöst wird.

Steuerwerk
Control Unit; Kommandozentrale und Kontrollorgan für die Abwicklung des ↑Programms.

strategisches Informationsmanagement
↑Informationsmanagement, strategisches

Strichcode
Genormter oder herstellereigener ↑Code zum Informationsaufdruck.

Struktogramm
Darstellungstechnik von Nassi und Shneiderman in Anlehnung an die Grundsätze der Strukturierten Programmierung.

Strukturierte Programmierung
S. bezeichnet seit dem Ende der 60er Jahre eine Programmiermethode, bei der einerseits das Ergebnis, also das Programm, besonders gut strukturiert sein soll, andererseits jedoch auch der Problemlösungsprozeß selbst klar strukturiert wird. Heute ist der Begriff von untergeordneter Bedeutung, da er von moderneren Methoden (Datenabstraktion, Information Hiding oder ↑objektorientierte Programmierung) abgelöst wurde.

Die durch Programme zu lösenden Aufgaben sind in der Regel hochkomplex, so daß zu ihrer Lösung in der Programmierung eine Hierarchie aufgebaut wird: Probleme werden in einfachere Teilprobleme aufgespalten, diese wiederum in einfachere Probleme und so fort, bis der Aufklärungsprozeß bei den Möglichkeiten der zugrundeliegenden Maschine angekommen ist (*Programmierung durch schrittweise Verfeinerung*). Das vorherrschende Maschinenmodell seit der Erfindung der Computer bis heute ist die sog. ↑von Neumann-Maschine, eine Maschine, die stark sequentiell arbeitet und deren Leistung hauptsächlich durch Veränderung eines inneren Zustands von Variablenwerten beschrieben wird. Diese Veränderungen finden teilweise in Abhängigkeit von dem alten Zustand statt. Dementsprechend bieten maschinennahe ↑Programmiersprachen (↑Assemblersprachen) und frühe höhere Programmiersprachen neben Anweisungen zur Änderung von Speicherinhalten hauptsächlich bedingte und unbedingte Sprunganweisungen zur Auswahl unterschiedlicher Berechnungspfade. Als adäquates Mittel zur Strukturierung des Programms während des Entwicklungsprozesses wurde dementsprechend zunächst das ↑Flußdiagramm (etwa nach DIN 66001) angesehen. Bereits ALGOL 60 bzw. seine Vorläufer IAL und ALGOL 58 boten demgegenüber zusätzlich zu diesen primitiven Möglichkeiten syntaktische Konstrukte an, die es ermöglichten, ein Programm nach logischen Gesichtspunkten in Prozeduren, Blöcke, Schleifen, Verzweigungen etc. einzuteilen und auf diese Weise zu strukturieren. *Verifikationsmethoden*, wie etwa der Hoare-Kalkül bauen auf der so definierten Struktur auf, um induktiv aus der Korrektheit der Bestandteile auf die Korrektheit des Ganzen zu schließen.

Als Geburtsstunde der *S.* wird vielfach das Erscheinen des Artikels „Go To Statement Considered Harmful" von E. W. Dijkstra (1968) angesehen, obwohl durch ALGOL 60 bereits die notwendigen Strukturierungsmittel bereitgestellt worden waren und andere Forscher vorher auf die Problematik uneingeschränkter Sprunganweisungen hingewiesen und gleichzeitig deutlich gemacht hatten, wie ohne sie ausgekommen werden kann. Dijkstra machte in provozierender Form klar, daß die Verwendung der Sprunganweisung in ihrer unverkleideten syntaktischen Form höchst problematisch strukturierte Programme zur Folge haben kann. Heute wird in diesem Zusammenhang von „Spaghetti-Code" gesprochen. Im Gefolge des Dijkstra-Artikels wurde vielfach *S.* mit „Programmierung ohne go tos" gleichgesetzt. In Wirklichkeit geht es jedoch, wie auch (Knuth, 1992) deutlich macht, darum, daß sich die Struktur des Problems möglichst ungetrübt in der Struktur des Programms widerspiegeln soll. *S.* paßt sehr gut zur Top down-Methode der Programmentwicklung. Hiernach wird im Prinzip eine Folge von abstrakten Maschinen entwickelt, deren erste der Spezifikation des Problems entspricht und deren letzte die Zielmaschine ist. Für jede der abstrakten Maschinen wird eine Implementierung in den Begriffen der jeweils nachfolgenden Maschine beschrieben. Dies ist die Grundidee bei der Programmierung durch schrittweise Verfeinerung.

Eine andere Sicht der *S.* deutet sich in den Begriffen der Flußdiagramme, wonach ein Programm nur aus elementaren Bausteinen zusammengesetzt wird, die jeweils genau einen Eingang und einen Ausgang haben. Damit haben dann auch

(Teil-) Programme nur einen Eingang und einen Ausgang. Die günstigen Struktureigenschaften derartig aufgebauter Flußdiagramme liegen auf der Hand. Es läßt sich jeweils problemlos (etwa bei einem Verfeinerungsschritt) eine Kante des Flußdiagrammgraphen entfernen und durch ein komplexes Teilprogramm ersetzen. Beim Herauslösen eines einzelnen Bausteins aus dem Programm entstehen höchstens zwei „lose Enden". Bei der Manipulation von Flußdiagrammen mit beliebigen Sprüngen entsteht dagegen eine viel kompliziertere und schwieriger zu überblickende Situation. In letzter Konsequenz ist die *S.* in der *Jackson-Methode* verwirklicht. Jackson schlägt vor, die Struktur eines Programms mehr oder weniger automatisch aus der Struktur der von ihm zu verarbeitenden Daten abzuleiten. Besondere Kreativität wird vom Programmierer im Falle eines Strukturkonflikts (Structure Clash) erwartet, wenn die Strukturen der Eingabedaten und der Ausgabedaten überhaupt nicht zueinander passen. Als graphisches Beschreibungsmittel für die *S.* bieten sich die sog. ↑*Struktogramme* (↑Nassi-Shneiderman-Diagramme) an. Allerdings sind diese eher zur Dokumentation bereits fertiger Programme als zum Einsatz während des Entwicklungsprozesses selbst geeignet. Von der Ausdruckskraft her äquivalent zu den Struktogrammen ist ein ↑*Pseudocode* mit While-Schleifen und If then Else-Verzweigungen.

Literatur: Fischer, A.E., Grodzinsky, F. S.: The Anatomy of Programming Languages, 1993. *Knuth, D.E.:* (Hrsg.), Literate Programming, Center for the Study of Language and Information, Standford University, 1992.

Prof. Dr. H. Klaeren, Tübingen

Strukturierung

Reduzierte Darstellung, die den Charakter des Ganzen mit seinen spezifischen Merkmalen wiedergibt. Die *S.* von Softwaresystemen erfolgt durch Hierarchisierung und Modularisierung; die Strukturierung einzelner Programme/Module durch die ausschließliche Verwendung von Grundstrukturen (Anweisungsfolgen, Auswahlen, Wiederholungen).

Supercomputer/Höchstleistungsrechner

Rechner der höchsten Leistungsklasse; in bezug auf die Verarbeitungsleistung und Speicherkapazität liegen sie eine Ebene über den ↑Mainframes.

Symplex-Graphiken

S. sind graphische Darstellungen von statistischen Größen mit jeweils zwei inhaltlichen Dimensionen (statt der üblichen einzigen inhaltlichen Dimension). Der Name hat seinen Ursprung in den beiden griechischen Begriffen sym (zusammen) und plekos (Geflecht, Müller-Merbach, 1988). Durch die inhaltliche Zweidimensionalität werden Verflechtungszusammenhänge deutlich, die bei den üblichen eindimensionalen Graphiken unerkannt bleiben. Ein großes Einsatzfeld bilden die Wirtschafts- und Geschäftsgraphiken. Durch sie lassen sich volks- und betriebswirtschaftliche Zusammenhänge verständlich und Statistiken anschaulich machen.

Wirtschafts- und Geschäftsgraphiken haben durch die PC-Entwicklung in den letzten fünfzehn Jahren einen gewaltigen Aufschwung erhalten. Es gibt vielfältige, in der Leistung laufend verbesserte und in größeren Softwaresystemen integrierte Graphikprogramme. Sie lassen sich sowohl am Bildschirm als auch per Drucker technisch hochwertige Graphiken erstellen.

Ein- und zweidimensionale Graphiken

Statistische Daten lassen sich häufig sowohl in Graphiken mit einer als auch solchen mit zwei inhaltlichen Dimensionen darstellen. Gute Graphiken "erzählen eine Geschichte", eindimensionale Graphiken einfache, zweidimensionale Graphiken eine reichhaltigere Geschichte.

Die Graphiken mit nur einer inhaltlichen Dimension verwenden (verschwenden) die zweite Dimension für eine Zeit- oder Objektdifferenzierung. Bspw. werden die Umsätze eines Unternehmens, seine Gewinne oder seine Beschäftigungszahlen häufig über der Zeit dargestellt (Zeitdifferenzierung); oder es werden die Umsätze etc. verschiedener Unternehmen nebeneinander dargestellt (Objektdifferenzierung). Bei *S.* werden dagegen zwei inhaltliche Größen einander gegenübergestellt, bspw. der Umsatz und die Mitarbeiter eines Unternehmens. Es ist nunmehr zusätzlich auch die Veränderung des Verhältnisses von beiden Größen erkennbar, hier also der Umsatz pro Mitarbeiter. Es wird für das Verständnis einer Symplex-Graphik sicher etwas mehr Zeit als für das Verständnis einer Graphik mit nur einer inhaltlichen Dimension benötigt, aber der Gehalt an Information ist tiefer.

Drei Typen von S.
Es gibt eine Vielfalt von *S.* Drei wichtige Typen seien hier vorgestellt (Müller-Merbach, 1991).

• *S. vom Typ UA*
Häufig stehen die beiden ↑Attribute, die auf den beiden Achsen repräsentiert werden, in keinem unmittelbar ursächlichen Zusammenhang miteinander; es sind voneinander *unabhängige Attribute (Typ UA)*. So können der Umsatz und die Zahl der Mitarbeiter eines Unternehmens als in diesem Sinne voneinander unabhängig angesehen werden, selbst wenn ein ganzes Netz von mittelbaren Zusammenhängen besteht.
Betrachtet seien der Umsatz und die Mitarbeiterzahl für die 23 Jahre von 1971 bis 1993. Bis 1974 sind Umsatz und Mitarbeiterzahl gewachsen. Bei stagnierenden Umsatz wurde bis 1978 die Mitarbeiterzahl verringert. Es folgten elf Jahre mit überwiegendem Umsatzwachstum bei stagnierender Mitarbeiterzahl. Seit 1989 schrumpfen Umsatz und Mitarbeiter bei fast konstantem Verhältnis von Umsatz pro Mitarbeiter. An der Symplex-Graphik sind diese vier charakteristischen Entwicklungsrichtungen in einer Deutlichkeit zu erkennen, die mit eindimensionalen Graphiken nicht erreicht werden können. Über die Gründe des Richtungswechsels sagen diese Bilder naturgemäß nichts aus, aber sie sind die Auslöser für die Suche nach den Gründen.
↑Symplex-Graphik vom Typ UA mit Umsatz versus Mitarbeiterzahl der Hoechst AG von 1971 bis 1993. Die Stützgeraden zeigen den Umsatz pro Mitarbeiter an; er stieg bis 1974 an, stagnierte dann bis 1978, stieg bis 1989 wieder an und stagniert seitdem erneut.

• *S. vom Typ B*
Andere *S.* enthalten miteinander bilanzierbare Größen auf beiden Achsen, deren Differenz eine Art Saldo ergibt. Ein

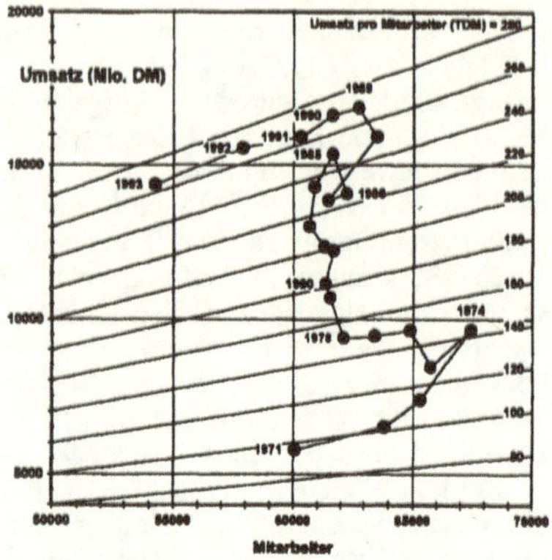

Beispiel für diesen *Typ B (Bilanz)* bilden die Ausfuhr und Einfuhr eines Landes. Deutlich wird die kontinuierliche Positionsveränderung der Bundesrepublik im Außenhandel mit Geräten für Nachrichtentechnik. Um 81% überstieg die Ausfuhr 1976 die Einfuhr. Die sichere Position des Nettoexporteurs hat sich kontinuierlich abgeschwächt und ist 1988 der Position eines Nettoimporteurs gewichen. Um 25% lag die Ausfuhr 1992 unter der Einfuhr.

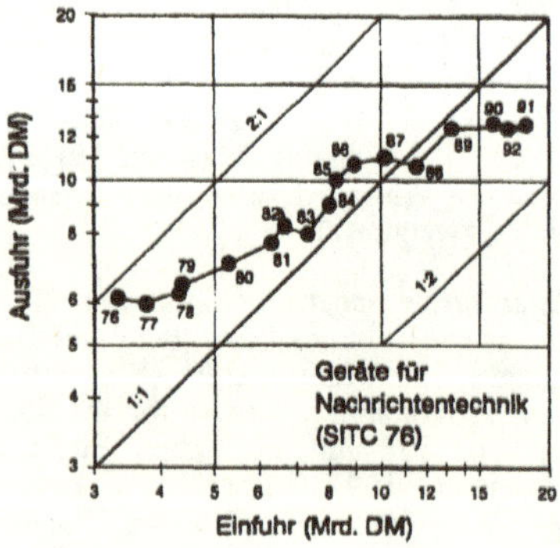

Symplex-Graphik mit Ausfuhr versus Einfuhr der Bundesrepublik bei Geräten für Nachrichtentechnik (Gruppe 76 der Standard International Trade Classification: SITC) für 1976 bis 1992; logarithmischer Maßstab. Die Diagonalen repräsentieren das Verhältnis von Ausfuhr zu Einfuhr. Quelle: Müller-Merbach, 1994. Die Ausfuhr wächst langsamer als die Einfuhr und stagniert seit 1989.

• *S. von Typ A+R*
Oft werden Absolutwerte in einer Graphik dargestellt und der Betrachter fragt zusätzlich nach der Relativwerten. Häufig ist es auch umgekehrt. Doch lassen sich Absolut- und Relativwerte in ein und derselben Symplex-Graphik vom Typ A+R unterbringen.
19 Konzerne werden hier für 1993 verglichen mit ihrem Umsatz und ihrem pro Kopf Umsatz. Im Umsatz liegen Volkswagen, Mercedes-Benz, RWE, Hoechst und Bayer vorn, im pro Kopf Umsatz dagegen die Energieversorger Badenwerk, VEW und RWE, Kaufhäuser (hier: Kaufring) und einige Kfz-Hersteller (hier: Opel und BMW).

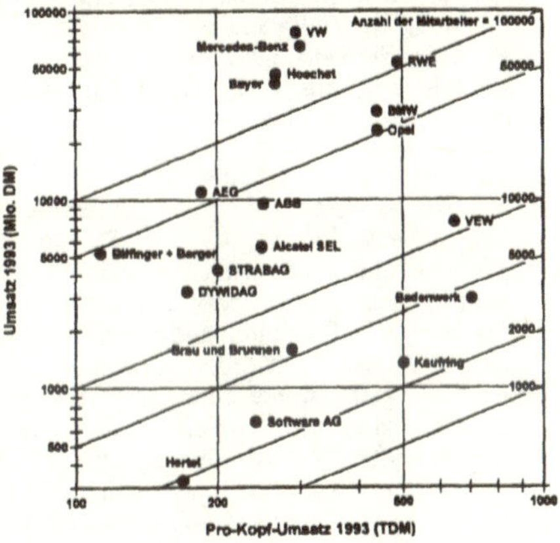

Symplex-Graphik mit Umsatz vs. pro Kopf Umsatz für 19 Konzerne, jeweils 1993; logarithmischer Maßstab. Die Diagonalen repräsentieren die Mitarbeiterzahlen.

Gestaltung von S.
Graphiken mit zwei inhaltlichen Dimensionen - also *S.* - sind in vielen Sammelwerken über ↑Computergraphiken überhaupt nicht erwähnt (Tufte, 1991). Sie führen bisher ein Schattendasein. Eine Ausnahme bildet die Zeitschrift technologie & management mit regelmäßig einer Symplex-Graphik im Titelbild und weiteren *S.* in der Rubrik Wirtschaftsanalyse. Bei der Gestaltung von *S.* sind verschiedene *Entwurfsentscheidungen* zu treffen (Müller-Merbach 1991):

• *Wahl des Typs*: UA oder B oder A+R oder sonstige;
• *Maßstäbe der Achsen*: linear oder logarithmisch;
• *Anzahl b der Objekte* (1, 1, 19 in den Abbildungen);
• *Anzahl t der Zeitpunkte, Zeitperioden* (23, 17, eine in den Abbildungen).
• Die Anzahl der Positionen (Bildpunkte) beträgt $p=b \cdot t$ (23, 17, 19 in den Abbildungen). Je nach Anordnung sind *S.* mit $p = 8$ bis $p = 50$ Positionen noch übersichtlich und informativ. Als zusätzliche *Orientierungshilfe* eignen sich Stützgeraden von zweierlei Art:
• SW-NO-Diagonalen: Stützgeraden für den Quotienten bzw. die Differenz von Ordinatenwert und Abszissenwert;
• NW-SO-Diagonalen: Stützgeraden für die Summe bzw. das Produkt von Ordinatenwert und Abszissenwert.

Literatur
Müller-Merbach, H.: Wirtschaftsentwicklung in Symplex-Bildern, in: technologie & management, Heft 2, 1988. *Müller-Merbach, H.*: Entwurf zweidimensionaler Wirtschaftsgraphiken, in: technologie & management, Heft 2, 1991. *Müller-Merbach, H.*: Die Wettbewerbsfähigkeit der Bundesrepublik Deutschland - Eine Relativierung innerhalb der Triade, in: *Schiemenz, B., Wurl, H.-J.* (Hrsg.), Internationales Management, Wiesbaden, 1994. *Tufte, E.R.*: Envisioning Information, Cheshire, 1991.

Prof. Dr. H. Müller-Merbach. Kaisersl.

synchron
Ständiger Gleichlauf zwischen Sender und Empfänger.

System
Ein abstrakter, aus der Sicht eines Betrachters oder einer Gruppe von Betrachtern bestimmter und explizit von seiner Umgebung (also z.B. von anderen Systemen) abgegrenzter Gegenstand. Systeme sind aus Teilen (Systemkomponenten oder Subsystemen) zusammengesetzt, die untereinander in verschiedenen Beziehungen stehen können. Systemteile, die nicht weiter zerlegbar sind oder zerlegt werden sollen, werden als Systemelemente bezeichnet. Ein System ist demnach kein objektiv gegebenes Gebilde, keine eindeutig beschreibbare oder abgrenzbare Anordnung, sondern wird erst durch die Sichtweise menschlicher

Beobachter zu einem solchen. Systeme entstehen durch gedankliche ↑Abstraktion ihrer Beobachter und existieren als Gedankengebilde und in der ↑Kommunikation der Beobachter untereinander.

System, multimediales
Hard- und Softwaresysteme, mit denen ↑multimediale Informationen empfangen, präsentiert, manipuliert werden können.

System, offenes
Rechnersysteme, die sich an festgelegte Standards halten und dadurch offen im Hinblick auf Kooperation und Verträglichkeit mit andersartigen Systemen sind.

System, verteiltes
Gesamtheit der Hard- und Softwarekomponenten, die über ein Kommunikationsnetz interagieren, um ein gemeinsames Anwendungsziel zu erreichen. Eine verteilte Anwendung besteht aus einer Menge von Softwarekomponenten, die räumlich verteilt auf verschiedenen Knoten eines ↑Rechnernetzes ablaufen und koordiniert kooperieren. ↑Verteilte Verarbeitung ist der Oberbegriff für die Vorgänge in einer verteilten Anwendung.

Systemanalyse
Systembegriff
Das Gebiet der *S.* hat die Definition, Abgrenzung, Untersuchung und Modellierung von Systemen zum Thema. Unter einem *System* wird ein abstrakter, d.h. aus der Sicht eines Betrachters oder einer Gruppe von Betrachtern bestimmter und explizit von seiner Umgebung (also z.B. von anderen Systemen) abgegrenzter Gegenstand verstanden. Systeme sind aus Teilen (Systemkomponenten oder Subsystemen) zusammengesetzt, die untereinander in verschiedenen Beziehungen stehen können. Systemteile, die nicht weiter zerlegbar sind, oder zerlegt werden sollen, werden als Systemelemente bezeichnet. Ein System ist demnach kein objektiv gegebenes Gebilde, keine eindeutig (d.h. nur auf eine einzige Weise) beschreibbare oder abgrenzbare Anordnung, sondern wird erst durch die Sichtweise menschlicher Beobachter zu einem solchen. Systeme entstehen durch gedankliche Abstraktion ihrer Beobachter und existieren als Gedankengebilde und in der ↑Kommunikation der Beobachter untereinander. Aussagen über ein System können in Form einer (oder mehrerer) Systembeschreibung(en) - auch Systemmodell(e) genannt - niedergelegt und kommuniziert werden. Damit ist der Systembegriff untrennbar mit dem des Systembeobachters (oder -Interpreters) verbunden. Zu einem System gehören:

- ein *Systembereich* (*System Domain*), bestehend aus einer Menge von Systemkomponenten/-elementen, die zueinander in bestimmten Beziehungen stehen;
- mindestens eine *systemische* (oder emergente) *Eigenschaft*, die dem System als Ganzem, nicht jedoch einer seiner Komponenten zukommt;
- *Menschen*, die als Systembeobachter (oder ↑Interpreter) für die Systemdefinition, -abgrenzung, -beschreibung und -betrachtung zuständig sind;
- eine *Systembeschreibung* (oder Systemmodell), die vorgenannte Bestandteile explizit aufführt.

Beispiele von Systemen sind:

- Sonnensystem: Der Systembereich besteht aus der Sonne, den Planeten, Monden und sonstigen im Gravitationsbereich der Sonne befindlichen Himmelskörpern. Die aufeinander wirkenden Kräfte setzen die Körper zueinander in Beziehung. Beispiele emergenter Eigenschaften sind die Masse, Ausdehnung, Leuchtkraft, Geschwindigkeit des Gesamtsystems (bezogen auf den Weltraum). Systembeoachter sind Menschen auf der Erde, Astronomen, extraterrestrische Beobachter. Eine (Teil-) Systembeschreibung liefert z.B. das Newtonsche Gravitationsgesetz.
- *Betriebssystem für Computer*: Der Systembereich besteht aus Programmen, die die Betriebsmittel des Computers wie Steuereinheit, Arbeitsspeicher, Platten, Peripheriegeräte miteinander in Beziehung setzen, steuern und verwalten. Beziehungen bestehen z.B. in den Zugriffsmöglichkeiten der Systemkomponenten aufeinander. Als systemische Eigenschaft stellt das ↑Betriebssystem die Rechen- und Speicherleistung des Computers für menschliche Benutzer und evtl. für andere Systeme zur Verfügung. Die Systembeschreibung ist in Form von Handbüchern verfügbar.
- Ein Unternehmen: Der Systembereich besteht aus einer Menge kooperie-

render Ressourcen (Menschen, Maschinen, Materialien) und organisatorischer Einheiten (Bereiche, Abteilungen, Gruppen). Beziehungen sind z.B. die Zuordnung von Ressourcen zu organisatorischen Einheiten. Beispiele systemischer Eigenschaften sind das Auftreten als juristische Person, als Arbeitgeber, am Markt, an der Börse. Die Systembeschreibung ist in Form von Prospekten, Broschüren, Organisationshandbüchern, Bilanzen etc. gegeben.

Klassifizierung von Systemen
Systeme lassen sich unter verschiedenen Gesichtspunkten klassifizieren, z.B. in physikalisch-naturwissenschaftliche, technische, soziale Systeme oder nach der Art des Systembereichs bzw. der Systemkomponenten oder der Zuordnung zum Fachgebiet der Systembeobachter. Im folgenden werden drei Kriterien aufgeführt, die eine grobe Klassifizierung - unabhängig von speziellen Fachgebieten - erlauben:

- *Dynamisch* ist ein System, wenn das Verhalten der Systemkomponenten und/ oder der Systemumgebung Teil der Systembeschreibung sind. Andernfalls wird ein System *statisch* genannt.
- Als *aktiv* werden solche Systeme bezeichnet, bei denen Tätigkeiten und Vorgänge, die den Systembereich betreffen, als Teil des Systems betrachtet werden. Ist dies nicht der Fall, gilt das System als *passiv*.
- Ein ↑*offenes* System kann seinen Zustand aufgrund externer (d.h. von der Umgebung herrührender) Einflüsse ändern; ist das nicht möglich, so handelt es sich um ein *geschlossenes* System.

Als Software- (oder DV-) Anwendungssystem wird ein *dynamisches, aktives, offenes System* bezeichnet, dessen Systembereich ein Ausschnitt der realen Welt (die Anwendung) ist und das ein technisches (Teil-) System mit Software- bzw. DV-Komponenten enthält. Dieses Teilsystem kann im Gesamtsystem z.B. prüfende, steuernde oder administrative Aufgaben übernehmen. Daneben existiert ein organisatorisches (Teil-) System, zu dem die beteiligten Menschen,. Organisationseinheiten und die von ihnen verrichteten Tätigkeiten gehören.

Analyse im Systementwicklungsprozeß
Die Betrachtung und Beschreibung eines Systems folgt normalerweise einem bestimmten Ziel wie z.B. der ↑Simulation, der Vorhersage künftigen Verhaltens oder der geplanten Veränderung durch Eingriffe von außen. Diese können etwa darin bestehen, neue (technische) Komponenten einzubeziehen oder Zuständigkeiten und Funktionalitäten zu ändern. Als *Systementwicklung* wird die Gesamtheit der planenden, analysierenden, entwerfenden, ausführenden und prüfenden Tätigkeiten bezeichnet, die der Schaffung eines neuen (früher nicht betrachteten) Systems oder der technischen Veränderung eines bestehenden Systems dienen.

Es ist üblich, *Systementwicklungsprozesse* zu strukturieren, d.h. in kleinere - meist Phasen oder Abschnitte genannte - Einheiten zu zerlegen. In technischen Disziplinen werden dazu sog. *Phasen- oder Prozeßmodelle* (Life Cycle Models, Process Models) genutzt. In der Softwaretechnik gelten die Phasen Analyse, (fachlicher und technischer) Entwurf, Implementierung (Programmierung und Test), Integration, Installation, Nutzung und Pflege:

- In der *Analysephase* geht es darum, die Projektziele, den Untersuchungsbereich und den Gegenstandsbereich der Systementwicklung festzulegen und die Anforderungen an das künftige Anwendungssystem zu erarbeiten. I.w.S. gehören dazu Tätigkeiten, die oft auch dem fachlichen Entwurf zugerechnet werden: ein Anwendungsmodell zu erstellen, das organisatorische und das technische Teilsystem voneinander abzugrenzen, die Benutzungsschnittstelle festzulegen und zu beschreiben.
- Im darauf folgenden *technischen Entwurf* wird die (Software-) technische Struktur des Systems erarbeitet, d.h. das System wird in Bausteine (Komponenten und Module) zerlegt und deren Schnittstellen werden spezifiziert. Wiederverwendbare Bausteine früherer Entwicklungen werden identifiziert, angepaßt.
- *Implementierung* bedeutet, die spezifizierten Bausteine in Programme umzusetzen und diese (einzeln) zu testen. Während der Integration werden Subsysteme aus mehreren Bausteinen gebildet

und gemeinsam getestet. Das integrierte System wird in seiner Zielumgebung installiert, genutzt und gemäß den Anforderungen der Anwender gepflegt.

Analysetätigkeiten und -ergebnisse

Im folgenden werden die o.g. Analysetätigkeiten näher beschrieben:

- *Untersuchungsbereich festlegen*: Als Untersuchungsbereich (Universe of Discourse) wird derjenige Teilbereich der realen Welt bezeichnet, der mit dem Ziel untersucht wird, ein ↑Anwendungssystem zu entwickeln. Dazu gehören z.B. die beteiligten Menschen, Organisationseinheiten, Technikkomponenten und ihre Funktionen, Tätigkeiten, Verrichtungen und Beziehungen untereinander.

- *Projektziele festlegen*: Innerhalb des festgelegten Untersuchungsbereichs werden die Wirkungen und Leistungen beschrieben, die durch das zu entwickelnde System zu erbringen sind. Ziele lassen sich unter verschiedenen Gesichtspunkten gliedern, z.B. in System-/Vorgehens-, Sach-/Formal-, ökonomische/technische/ soziale oder Muß-/ Soll-/Kann-Ziele.
- *Gegenstandsbereich festlegen und analysieren*: Eine wichtige Analyseaufgabe besteht darin, innerhalb des Untersuchungsbereichs den tatsächlichen Gegenstandsbereich des Anwendungssystems abzugrenzen. Dabei werden Grenzen zwischen dem künftigen Anwendungssystem und seiner Umgebung festgelegt, die sowohl technischer Art (als ↑Schnittstellen zu anderen technischen Systemen) als auch organisatorischer Art (zu Benutzern oder anderen Institutionen) sein können. Die Analyse des Gegenstandsbereichs läßt sich in die Teiltätigkeiten Istzustand beschreiben, Stark-/ Schwachstellen analysieren und Lösungsmöglichkeiten erarbeiten untergliedern.
- *Anforderungen an das künftige Anwendungssystem erarbeiten*: Unter dem Stichwort Anforderungen werden alle Aussagen über zu erbringende Leistungen des Systems, sowie seine qualitativen oder quantitativen Eigenschaften zusammengefaßt. Dazu gehören: funktionale Anforderungen - gegliedert nach Funktionskomplexen und einzelnen Funktionen, ihren Ein- und Ausgaben; Qualitätsanforderungen an das System oder an einzelne Komponenten, wie Antwortzeiten, Speicherkapazität, Zuverlässigkeit, Änderbarkeit, Wartbarkeit oder Portabilität; Anforderungen an die Benutzbarkeit des Systems, wie ergonomische Gestaltung der Benutzungsschnittstelle, Aufgabenangemessenheit, Erlernbarkeit, Fehlerrobustheit; Anforderungen an die Realisierung des Systems, bestehend aus Entwicklungs-, Zielumgebung (Hardware-/Softwareplattform, sonstigen Geräten und Schnittstellen), Methoden, Werkzeugen und Vorgehensweisen; Anforderungen an die Einführung und Nutzung des Systems, wie Übergangsmöglichkeiten, Versionsführung, Änderungs- und Weiterentwicklungsverfahren, Benutzungsdokumentation und Handbücher.

- Die folgenden Tätigkeiten werden öfters bereits dem fachlichen Entwurf zugerechnet, doch ist der Übergang zwischen beiden Phasen fließend. *Anwendungsmodell erstellen*: Ein Anwendungsmodell ist die zu einem Anwendungssystem gehörige Systembeschreibung, die mit dem Ziel erstellt wird, daran bestimmte Eigenschaften des Anwendungssystems besser studieren zu können. Anwendungsmodelle setzen sich häufig aus einem ↑Datenmodell, einem Funktionsmodell und einem Ablaufmodell zusammen. Das *Datenmodell* beschreibt die statische Struktur des Gegenstandsbereichs: Entitätstypen, deren Attribute und Beziehungen untereinander. Im *Funktionsmodell* werden die aktiven Elemente des Gegenstandsbereichs beschrieben: Funktionen, ihre Ein- und Ausgaben, Verarbeitungsvorschriften, dabei benötigte Masken und zu erzeugende Listen. Das Ablaufmodell enthält solche Systemelemente, die den Zusammenhang zwischen aktiven und passiven Systemelementen herstellen, wie z.B. Geschäftsprozesse, Ablauffolgen von Funktionen, deren Sichten auf die Datenbestände, Dialogbeschreibungen und bausteinübergreifende Routinen für Fehler-, Ausnahme- und Notfallbehandlungen.

In neueren ↑objektorientierten Modellen werden diese drei Sichten in integrierter Form dargeboten:

- *Das organisatorische und technische Teilsystem voneinander abgrenzen*: Die Funktionen und Abläufe werden auf ihre Automatisierbarkeit hin analysiert, d.h.

unter den gegebenen technischen, ökonomischen und sozialen Rahmenbedingungen festgestellt, ob und inwieweit eine DV-Realisierung möglich, sinnvoll und gerechtfertigt ist.
Benutzungsschnittstelle festlegen und beschreiben: Die Interaktion des künftigen Benutzers mit dem System wird in der sog. Benutzungsschnittstelle festgelegt. Dazu werden Dialoge, Masken und Listen entworfen und ggf. graphisch gestaltet. Anhand exemplarischer Abläufe oder Prototypen wird der Entwurf gemeinsam mit Benutzervertretern evaluiert und deren Bedürfnissen angepaßt.
Jede der genannten Tätigkeiten wird durch Ergebnisse dokumentiert. Diese liegen in der Form von schriftlichen Texten, Graphiken, Tabellen, Spezifikationen (in einer formalen Sprache), oder Softwareprototypen vor. Zu ihrer Verwaltung und Weitergabe im Projekt wird in der Regel ein globales Werkzeug (z.B. eine Entwicklungsdatenbank) eingesetzt.
Analysemethoden, -techniken, -werkzeuge
Die überwiegende Mehrzahl der heute eingesetzten Analysemethoden läßt sich einem der folgenden Ansätze zuordnen: datenorientiert, funktionsorientiert, ablauforientiert, hybrid, integriert (objektorientiert).

Unter den *datenorientierten Methoden* hat die ↑*Entity/Relationship-Methode (ERM)* von Chen (1976) die größte Verbreitung. Objekte des Systembereichs, über die Daten gehalten werden sollen, werden zu Entitätsklassen zusammengefaßt und als Entitätstypen modelliert. Zwischen diesen bestehen formale Beziehungen - Relationships - die u.a. nach ihrer Kardinalität, d.h. der Anzahl der beteiligten Entitäten, klassifiziert werden. *ERM* existiert in vielen Varianten und Erweiterungen. Zusammenfassende Darstellungen verwenden Entity/Relationship-Diagramme in verschiedenen Notationen. Ebenfalls datenorientiert, aber in ihrem Schwerpunkt mehr dem Entwurf zuzurechnen ist die ↑*Jackson-Methode* (Jackson, 1975-83). Daten- und Funktionsstrukturen werden als Hierarchien (Bäume) ausgelegt und deren Analogie wird besonders hervorgehoben. Standardisierte Strukturen lassen sich teilweise automatisch in Pseudocode und in ablauffähige Codes umsetzen. Jackson hat seine Methode zunächst für die ↑Strukturierte Programmierung entwickelt und dann für den strukturierten Entwurf ausgebaut.

Die *strukturierten Methoden* folgen vorwiegend dem funktionsorientierten Ansatz. *Strukturierte Analyse* wurde seit ca. 1975 in verschiedenen Varianten, so durch Yourdon und Constantine, Tom de Marco, Sarson and Gane populär. Funktionale Zusammenhänge werden in Form von ↑Datenflußdiagrammen dokumentiert. ↑SADT (Ross, 1978) gehört zu den bekanntesten Erweiterungen.
Grundlage der meisten *ablauforientierten Methoden* sind *Petrinetze*. Diese gestatten es, Parallelität und Synchronisation von Tätigkeiten und Funktionen zu modellieren. Vertreter dieser Richtung sind die Methoden ISAC und NET. Zur Modellierung anwendungsnaher Abläufe werden aber auch andere Methoden, herangezogen.
Die bisher genannten Methoden bevorzugen meist eine bestimmte Sicht auf das zu modellierende System und sind damit in der Regel unvollständig. Mit *hybriden Ansätzen* werden mehrere der genannten Methoden zusammengebunden und gemeinsam eingesetzt. Der Zusammenhang der verschiedenen Elemente einer Systembeschreibung wird durch die Entwicklungsdatenbank hergestellt. Eine bekannte hybride Methode ist SSADM, sie basiert auf ERM, SA und JSD.
Beim *integrierten Ansatz* wird eine vollständige Systembeschreibung nicht durch Kombination verschiedener Beschreibungselemente versucht, sondern es werden verschiedene Systemsichten auf der Basis einer gemeinsamen Grundstruktur in einheitlicher Form dargestellt. Dies ist die Grundidee der objektorientierten Analyse *(↑OOA)*: Objekte des Systembereichs werden zu ↑Klassen zusammengefaßt und als (OO-) Klassen bzw. Objekttypen modelliert. Diese sind durch passive (datenorientierte) und aktive (verhaltensorientierte) Merkmale - oft ↑Attribute bzw. ↑Operationen oder Methoden genannt - gegeben. Merkmale können über Subklassen-Hierarchien vererbt werden. Gleichbenannte Operationen können in verschiedenen klassenspezifischen Ausprägungen existieren (Poly-

morphie), die schließlich anzuwendende Operation wird dynamisch ausgewählt (dynamisches Binden). Bekannte Vertreter dieses methodischen Ansatzes sind OOA von Coad und Yourdon, Object Modelling Technique *(OMT)* von Rumbaugh et al., Object-Oriented Software Engineering von Jacobsson und Object-Oriented Analysis and Design *(OOAD)* von Martin und Odell.

Bei den Werkzeugen ist zu unterscheiden zwischen *lokalen Werkzeugen*, die speziell Analysetätigkeiten unterstützen und *globalen Werkzeugen*, die über den gesamten Entwicklungsprozeß (oder über weite Teile davon) einzusetzen sind. Lokal gibt es zu den meisten o.g. Methoden mindestens ein, oft mehrere konkurrierende oder verschiedene Aspekte abdekkende Werkzeug(e). Mit dem Aufkommen der stark auf graphisch ausgerichteten Methoden wie ERM, SA, SSADM und OOA und der gleichzeitigen rasanten Entwicklung von Hardware und Basissoftware für Graphikanwendungen haben besonders solche Werkzeuge eine große Verbreitung gefunden, die das Erstellen, Editieren, Verwalten und Umsetzen von Diagrammen unterstützen. Sie werden oft (nicht ganz zutreffend) unter der Sammelbezeichnung ↑*CASE Tools* geführt. Globale Werkzeuge werden bei der Analyse eingesetzt, um die Ergebnisse zu dokumentieren, unter den Entwicklern und Anwendern zu kommunizieren und für die weitere Bearbeitung zur Verfügung zu stellen. Es handelt sich dabei um komfortable Textsysteme, Projektbibliotheken oder spezielle (Entwicklungs-) ↑Datenbanken, die für die Verwaltung von Daten über Daten (Metadaten) ausgelegt sind. Für diese Aufgabe wurden zunächst sog. Datenlexika *(Data Dictionaries)* entwickelt und eingesetzt. Deren Funktionalität wurde schrittweise ausgebaut, z.B. zur Aufnahme von Funktionsbeschreibungen. Der damit stark vergrößerten Verwendungsbreite wird durch eine neue Bezeichnung Rechnung getragen: Ein Repositorium *(↑Repository)* ist das globale Verwaltungswerkzeug für alle im Verlauf von Softwareprojekten anfallenden Dokumente. Es unterstützt die Bearbeitung und Weiterbearbeitung durch einzelne Bearbeiter, Gruppen und Projektteams, sowie die Weitergabe an künftige Weiterentwicklungszyklen oder Folgeprojekte.

Literatur: Coad, P., Yourdon, E.: Object Oriented Analysis, 2nd ed., 1990. *Chen, P.*: The Entity Relationship Model, ACM Transaction on DB system 1.1, 1976. *De Marco, T.*: Structured Analysis and System Specification, 1978. *Hesse, W. et al.*: Terminologie der Softwaretechnik, Teil 1: Begriffssystematik und Grundbegriffe. Informatik-Spektrum 17.1, 1994; Teil 2: Tätigkeits- und -ergebnisbezogene Elemente. Informatik-Spektrum 17. 2, 1994. *Hesse, W. et al.*: Softwareentwicklung, Handbuch der Informatik, Band 5.3, München, 1992. *Jackson, M.A.*: System Development, 1983. *Rumbaugh, J. et al.*: Objectoriented Modelling and Design, 1991.

Prof. Dr. W. Hesse, Marburg

Systemanalyse, Basistechniken der

Begriffserklärung

Unter einer *Basistechnik* wird die atomare Darstellungstechnik der Softwareentwicklung verstanden. Die Technik besteht aus einer vorgeschriebenen Notation, die mit einer Vorgehensweise verbunden sein kann. Mit anderen Worten:

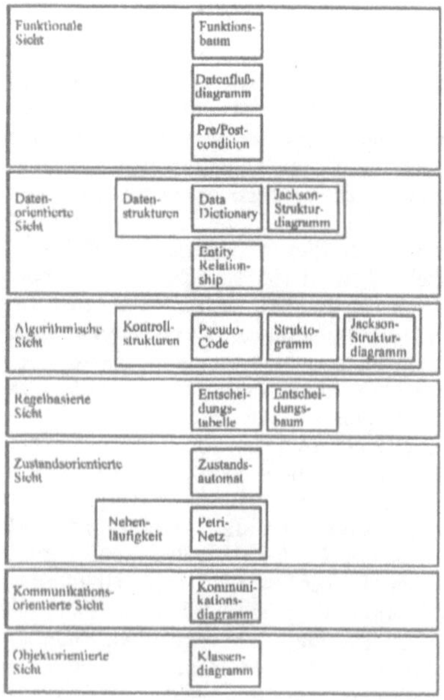

Von einer Basistechnik kann "nichts mehr entfernt" werden, wenn ihr Einsatz praktikabel sein soll. Basistechniken sind der Bestandteil vieler Methoden oder sie sind teilweise beträchtlich erweitert worden. Als Beispiele seien die Zustandsdiagramme genannt, die von (Harel, 1988) weiterentwickelt wurden, oder die Erweiterung des ↑Entity Relationship-Modells zur semantischen Datenmodellierung (Shlaer, Mellor, 1988).

Neue Methoden der *Systemanalyse* werden heute in schneller Reihenfolge publiziert. Für Unternehmen, die ihre Mitarbeiter in den neuen Technologien schulen, kann der Aufwand daher beträchtlich sein. Andererseits unterscheiden sich die Methoden oftmals gar nicht so sehr voneinander. Vielmehr bauen sie meistens auf den gleichen Basistechniken auf.

Basistechnik	SA	RTA	OOA
Funktionsbaum	×*	×*	×*
Datenflußdiagramm	×	×	×
Pre-/Postcondition		×	×
Data Dictionary	×	×	
Entity Relationship		×	×
Pseudocode	×	×	×
Entscheidungs-tabelle/-baum	×	×	×
Zustandsautomat		×	×
Kommunikations-diagramm			×
Klassendiagramm			×

Legende:

SA:	Structured Analysis (De Marco, 1979)
RTA:	Real Time Analysis (Ward, Mellor, 1985,1986)
OOA:	Object Oriented Analysis (Rumbaugh, 1991)
*	*Besteht-aus-Beziehung* in der Hierarchie der Datenflußdiagramme

Inhalte

Der Überblick enthält die wichtigsten Basistechniken. Folgende Sichten sind zu unterscheiden:

- funktionsorientierte Sicht,
- datenorientierte Sicht,
- algorithmische Sicht,
- regelbasierte Sicht,
- zustandsorientierte Sicht,
- kommunikationsorientierte Sicht und
- objektorientierte Sicht.

Funktionsorientierte Sicht

Sie beschreibt eine oder mehrere Funktionen als Black Box. Bei mehreren Funktionen werden außerdem deren Zusammenhänge spezifiziert.

• Ein *Funktionsbaum* entsteht, wenn eine Funktion in Teilfunktionen zerlegt wird. Zwischen der Elternfunktion und ihren zugehörigen Teilfunktionen existiert die hierarchische Beziehung "besteht aus".

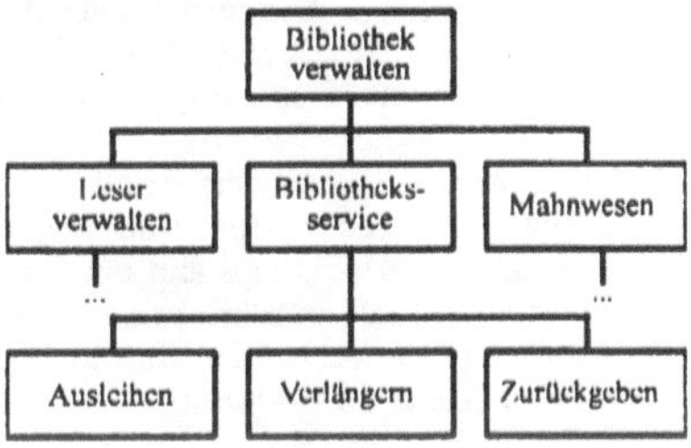

• Ein ↑*Datenflußdiagramm* enthält Funktionen (Prozesse, Transformationen) und deren Ein-/Ausgaben. Da die Ausgaben der Funktion A wiederum Eingaben der Funktion B sein können, entsteht eine Verbindung zwischen den Funktionen: der Datenfluß. Von dieser Technik wird vor allem bei Structured Analysis (DeMarco, 1979) und bei der Real Time Analysis (Hatley, Pirbhai, 1987) intensiv Gebrauch gemacht. Vier Symbole zur Darstellung von Datenflußdiagrammen werden verwendet, und zwar die Funktion, der Datenstrom, der Datenspeicher und schließlich die ↑Schnittstelle zur Umwelt.

• Die *Pre- und Postconditions* beschreiben die Wirkung einer Funktion, ohne Aussagen über den Algorithmus zu machen. Die Vorbedingung (Precondition) beschreibt alle Bedingungen, die erfüllt sein müssen, bevor die Funktion ausgeführt wird. Die Nachbedingung (Postcondition) beschreibt die Bedingungen, die nach Ausführung der Funktion gelten müssen.

Systemanalyse, Basistechniken der

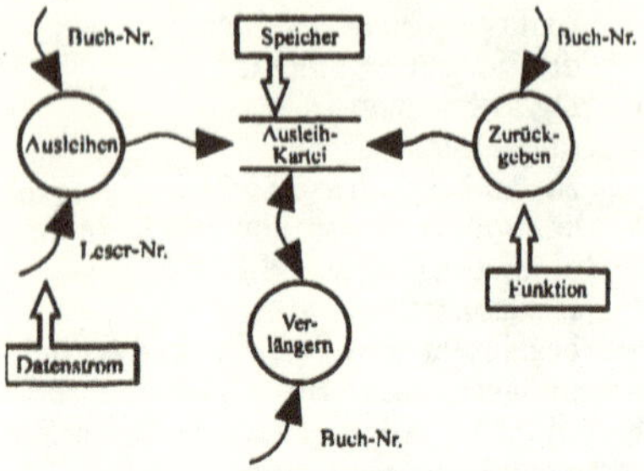

Datenorientierte Sicht
Sie beschreibt sowohl die Struktur der einzelnen Daten als auch deren Beziehungen zueinander.

• ↑*Datenstrukturen* bestehen prinzipiell aus den gleichen Elementen wie die Kontrollstrukturen, d.h. Sequenz, Wiederholung und Auswahl. Dem wird durch die Jackson-Notation Rechnung getragen. Hier wird die gleiche Notation für Daten- und Kontrollstrukturen verwendet. Während die Jackson-Struktur eine graphische Notation verwendet, kann ein ↑Data Dictionary textuell beschrieben werden. (DeMarco, 1979) verwendet für das Data Dictionary folgende Notation:

A= B + C + D	A enthält B und C und D
A= B + C + D	A ist eine Iteration von B (min. Null, max. beliebig)
A = 1 {B} 10	A ist eine Iteration von B (min. 1, max. 10)
A = [B|C|D]	A besteht aus B oder C oder D
A = B + (C)	A besteht aus B und optional aus C

• Das ↑Entity Relationship-Modell beschreibt Entitäten und die zwischen ihnen bestehenden Beziehungen. Es gibt hier eine Vielfalt von Notationen. Eine Weiterentwicklung des ER-Modells zur semantischen Datenmodellierung findet sich bei (Shlaer, Mellor, 1988).

Algorithmische Sicht
Hier liegt der Blickwinkel auf dem Algorithmus einer Funktion, wobei es sich in der Systemanalyse um fachliche Algorithmen handelt.

• *Kontrollstrukturen* enthalten die Elemente Sequenz, Wiederholung und

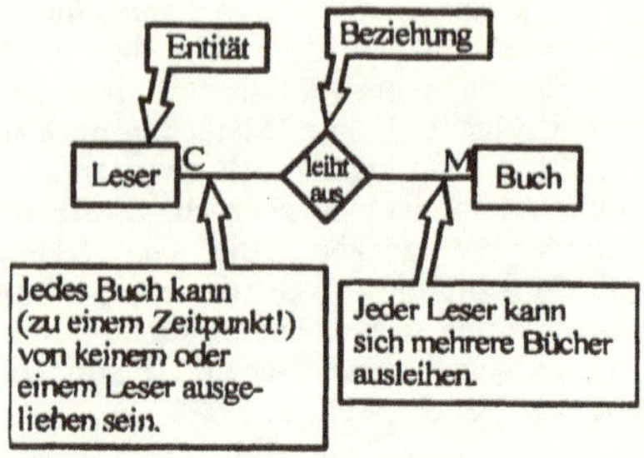

Auswahl. Bekannte Basistechniken sind der ↑Pseudocode, das Struktogramm oder auch das ↑Jackson-Strukturdiagramm.

Regelbasierte Sicht
Bei der regelbasierten Sicht wird das ↑Wissen in der Wenn-dann-Form beschrieben.

• Die ↑*Entscheidungstabelle* läßt sich vorteilhaft einsetzen, wenn die durchzuführenden Funktionen von einer Kombination von Bedingungen abhängen. Der Entscheidungsbaum ist die graphische Darstellung der Entscheidungstabelle, jedoch mit einer festgelegten Abarbeitungsfolge für die Bedingungen.

Zustandsorientierte Sicht

• Der *Zustandsautomat* modelliert Zustände und Transitionen. Es werden der Mealy- und der Moore-Automat unterschieden. Eine Weiterentwicklung der Zustandsdiagramme, die bei vielen Methoden Verwendung finden, stammt von (Harel, 1988). Der Zustandsautomat ist fester Bestandteil der Real Time Analysis (Hatley 1987).

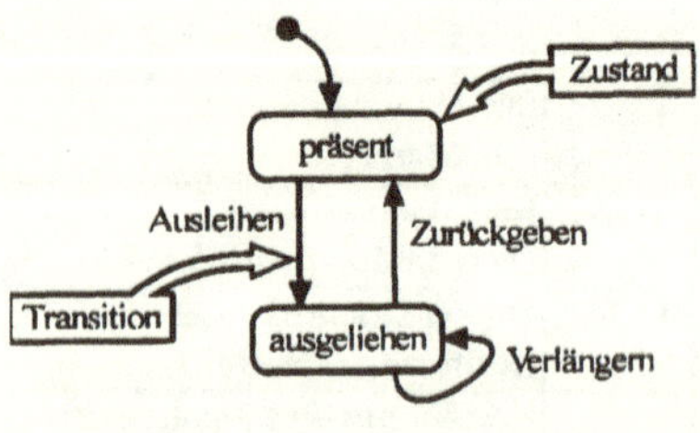

• *Petrinetze* dienen zur Beschreibung von nebenläufigen Prozessen und nichtdeterministischen Vorgängen. Ein Petrinetz ist ein gerichteter Graph. Er besteht aus Stellen (Zwischenablage von Daten) und Transitionen (Verarbeitung von Daten).

Kommunikationsorientierte Sicht
• Das *Kommunikationsdiagramm* stellt die ↑Kommunikation zwischen Objekten dar. Dieser Diagrammtyp stammt aus dem Bereich der ↑Telekommunikation. Es ist Bestandteil vieler Methoden. (Booch, 1994) verwendet es als Interaktionsdiagramm, (Rumbaugh, 1991) als Event Trace Diagram.
Objektorientierte Sicht
Die objektorientierte Sicht verbindet Daten und Funktionen zu einer Einheit.
• ↑Objekte mit den gleichen Eigenschaften (↑Daten) und Verhaltensweisen (Funktionen bzw. Operationen) werden zu einer ↑Klasse zusammengefaßt (*Klassendiagramm*). Zwischen Klassen kann eine ↑Vererbung mit Vererbungsstruktur oder einer Klassenhierarchie bestehen.

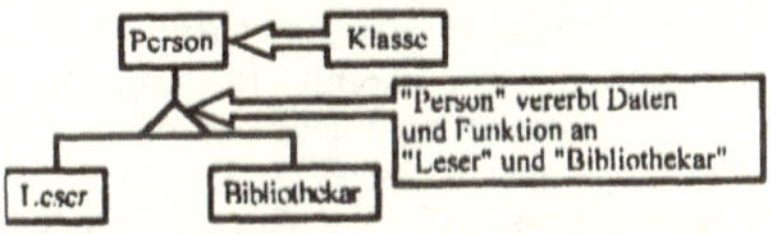

Methoden
Nachfolgende Abbildung zeigt, wie einige bekannte Softwareentwicklungsmethoden sich aus Basistechniken zusammensetzen. Beim "Umstieg" müssen daher oft nur wenige Basistechniken zusätzlich gelernt werden.

Literatur: Balzert, H.: Lehrbuch der Softwaretechnik, Mannheim, 1994. *Balzert, H.:* Methoden der objektorientierten Systemanalyse, Mannheim, 1994. *Booch, G.:* Object Oriented Analysis and Design with Applications, Redwood City, 1994. *DeMarco, T.:* Structured Analysis and System Specification, Englewood Cliffs, 1979. *Harel, D.:* On Visual Formalisms, in: Communications of the ACM, Vol. 31, No. 5, 1988. *Hatley, D., Pirbhai, I.:* Strategies for Real Time System Specification, NY, 1987. *Rumbaugh James et al.:* Object Oriented Modeling and Design, Englewood Cliffs, 1991. *Shlaer, S., Mellor, S.:* Object Lifecycles, in: Modeling the World. in States, Englewood Cliffs, 1992.

Prof. Dr. H. Balzert, Dortmund

Systemarchitektur
Begriffserklärung
Die Architektur eines Systems (System Architecture) umfaßt sowohl die Struktur, d.h. den Aufbau, als auch das Organisationsprinzip, d.h. das Zusammenspiel der diesem System zugeordneten Einzelkomponenten.
Laut Definition nach DIN 66 201 ist ein System eine abgegrenzte Anordnung von Elementen, zwischen denen bestimmte, aber unterscheidbare Zusammenhänge (Relationen) bestehen. Elemente können sowohl Gegenstände als auch Denkmethoden und deren Ergebnisse (z.B. Baugruppen oder mathematische Methoden) sein. Relationen zwischen den Elementen eines Systems (oder auch zwischen verschiedenen Systemen) zeigen Wirkzusammenhänge und logische Abhängigkeiten auf. Mit zunehmender Komplexität (Anzahl der Elemente und der daraus resultierenden Relationen) entstehen zahlreiche organisatorische Aufgaben, so daß die Art des Zusammenwirkens immer wichtiger wird. So führt die wohldefinierte Strukturierung der Elemente einerseits, wie die geordnete Entwicklung der Relationen zwischen diesen Elementen andererseits zu einer *S.*

Mit dem Begriff System lassen sich sehr unterschiedliche Gegebenheiten bezeichnen, so das organische System eines Lebewesens, das technische System einer Automatisierungsanlage, das Programmsystem eines ↑Digitalrechners oder das Gleichungssystem in der Mathematik. Damit ist auch der Begriff *S.* hinsichtlich einer bestimmten Systemart zunächst nicht eindeutig festgelegt und mehr als verallgemeinernder Oberbegriff zu sehen. Selbst für den engeren Bereich der ↑Informationsverarbeitung lassen sich damit - je nach der Orientierung zu einem bestimmten Fachgebiet - so verschiedene Bereiche wie z.B. die Architektur von ↑Betriebssystemen, die Architektur von Netzwerken oder die Architektur von Rechensystemen - verbinden.
In der ↑Informatik wird heute unter *S.* gemeinhin die Struktur und das Operationsprinzip eines informationsverarbeitenden Systems (Rechensystems) und seiner Komponenten verstanden, also die *Rechnerarchitektur*. Rechensysteme bestehen aus aktiven und passiven Elementen und deren Verbindungen untereinander, wobei die vollständige Funktion erst

durch das Zusammenwirken von Hardware und ↑Software erreicht wird. So erfolgt die Koordination der Elemente z.B. durch ein ↑Betriebssystem und beim Entwurf der einzelnen Funktionseinheiten kann oftmals zwischen einer Realisierung in Hard- oder Software gewählt werden. Damit erfordern nicht nur ↑offene verteilte Systeme, bei denen Rechner verschiedener Größenordnungen miteinander gekoppelt sind, sondern auch ↑Multiprozessorsysteme und sogar einfache Strukturen wie RISC-basierte Einzelrechner, eine umfassende *S.* unter Einbeziehung der Softwareaspekte (↑Systemsoftware und Anwendungen). Auf diese Weise hat sich die ursprüngliche, zunächst i.w. auf die Hardware beschränkte Rechnerarchitektur, zusammen mit den darüberliegenden Softwareschichten zu einer übergreifenden *S.* ausgeweitet, die sich bez. ihrer grundsätzlichen Aufgabenstellung, ihrer Ziele und ihrer Methoden an der Rechnerarchitektur orientieren kann.

Aufgabenstellung und Vorgehensweise
Rechner-*S.* ist eine wesentliche Aufgabe der Technischen ↑Informatik unter Einbeziehung aller übrigen Bereiche der Informatik. So sollen Hardwarekomponenten eines Rechensystems für eine gegebene Anwendung logisch und physikalisch so gestaltet und miteinander verbunden werden, daß ein möglichst optimales Ergebnis erzielt wird. Der Gesamtablauf und das Zusammenspiel der einzelnen Komponenten werden durch ↑Systemsoftware gesteuert und überwacht, und schließlich wird versucht, unter Nutzung theoretischer Erkenntnisse möglichst effiziente Problemlösungen zu erzielen.
Die Grundaufgabe eines Rechensystems ist die Sammlung, Speicherung, Verarbeitung und Darstellung von Information. Die Aufgabe des Systemarchitekten ist es, dafür aus einer Anzahl allgemeiner Hardware- und Softwarekomponenten eine zweckmäßige und funktionelle Architektur zu entwerfen, die je nach Anforderung individuell zugeschnitten oder universell sein kann. Die Aufgabe ist aber noch nicht allein damit gelöst, daß ein architektonisches Konzept zur Erfüllung des vorgegebenen Zweckes vorliegt, sondern dieses Konzept soll eine große Anzahl gleichzeitig gültiger Gestaltungsaspekte zu einem insgesamt überzeugenden Kompromiß zusammenführen. Diese können unterschiedlichster Natur sein und werden entsprechend der zugrundeliegenden Anwendung gewichtet.
Die Vorgehensweise in der Rechnerarchitektur hat sich mit der Entwicklung der technischen Randbedingungen wesentlich verändert. Spielten lange Zeit Realisierungsaspekte, d.h. die Bausteintechnologie von den einzelnen Halbleiterbauelementen über die ersten integrierten Schaltungen bis zu den heutigen höchstintegrierten Bausteinen *(↑ULSI)*, die entscheidende Rolle, auf deren Basis wesentliche Systemverbesserungen erzielt wurden, so stehen heute immer mehr Konstruktionsüberlegungen auf Systemebene im Vordergrund, bei denen komplexe Software- und Hardware-Betriebsmittel als Basiselemente funktionell zusammenwirken und somit leistungsfähige Rechensysteme ergeben. Für diese Entwicklung seien Stichworte wie Mikroprogrammierung, Familienkonzept, ↑Pipelining, ↑Parallelverarbeitung (superskalare ↑Prozessoren, massiv parallele Systeme), ↑RISC-Architekturen, Datenflußkonzepte und Reduktionsmaschinen genannt. Gleichzeitig steht nicht mehr nur der leistungsfähige Universalrechner im Mittelpunkt des Interesses, sondern haben sich zunehmend auch stärker anwendungsbezogene Lösungen - z.B. numerische ↑Höchstleistungsrechner (↑Superrechner), Datenbankmaschinen oder sprachorientierte und KI-Architekturen - etabliert.

Entwurfsmethoden, Entwurfsziele
S. befaßt sich nicht nur mit dem Entwurf von Systemen, sondern versucht auch den Prozeß des Entwurfs zu beschreiben, um bei gegebener Aufgabenstellung für die einzelnen Entwurfsentscheidungen praktische Hilfen geben zu können.
Schon zu Beginn der 70er Jahre wurden für den Entwurf eines Rechensystems drei wesentliche Phasen definiert. Sie umfassen die *Architektur*, deren funktionelle *Implementierung* in einer Rechnerorganisation, und deren logischen Entwurf und die *physikalische Realisierung* in vorgegebenen Technologien. Dazu haben sich im Laufe der Zeit verschiedene Entwurfs-, Beschreibungs-, Implementie-

rungs- und Testmethoden herausgebildet. Beim Entwurf wird zwischen zwei Vorgehensweisen unterschieden. Bestimmen übergeordnete Entwurfsgesichtspunkte die Implementierung und die Realisierung, so handelt es sich um ein Top down-Design; geht sie dagegen von der Realisierung (Technologie) aus, so wird von einem Bottom up -Design gesprochen. Während in den Anfängen der Rechentechnik letztere Methode vorherrschte, hat sich im Laufe der Zeit vor allem aus der Sicht des Gesamtsystems die Methode des Top down-Design durchgesetzt, die auf allgemeingültigen Prinzipien aufbaut und bei der eine Festlegung des Entwurfszieles am Anfang stehen muß. Ein wesentliches Hilfsmittel zur Beherrschung des Entwurfs solcher komplexer Systeme besteht u.a. auch darin, diese als abstrakte Maschinen aufzufassen und in hierarchischen Schichten mit definierten ↑Schnittstellen zu gliedern.

Ausgehend von den durch die Anwendung gegebenen Forderungen und den Möglichkeiten der Software- bzw. Hardwaretechnologie und des Schaltkreisentwurfs bildet die Leistungssteigerung das herausragende Entwurfsziel. Insb. bei den heute im Vordergrund stehenden Architekturprinzipien, wie Pipelinerechner, ↑Arrays von Verarbeitungseinheiten und massiv parallelen Multiprozessorsystemen sind die Gestaltungsgrundsätze stets vom Gedanken der Leistungssteigerung bestimmt. In der Regel ist damit die Verarbeitungsgeschwindigkeit gemeint, der oft, wie z.B. im Falle der Echtzeitverarbeitung, eine derartige Präferenz eingeräumt wird, daß dagegen alle übrigen Anforderungen in den Hintergrund treten, sofern die geforderte Verfügbarkeit des Systems gegeben ist.
Eine immer stärkere Bedeutung nimmt der Aspekt der ↑Fehlertoleranz (*Ausfalltoleranz*) ein. Neben fehlertoleranten Systemen, die durch Mehrfachverfügbarkeit von Systemkomponenten aufgebaut werden, werden i.e.S. Systeme verstanden, die bei Ausfall einer Komponente nicht insgesamt ausfallen, sondern unter Aufrechterhaltung eines betriebsfähigen Kerns (mit definierter Leistungsreduzierung) eine gewisse Minimalverfügbarkeit gewährleisten. Lösungen für sicherheitskritische Anwendungen (z.B. in der Automatisierungstechnik) sind nur bei Einhaltung dieses Entwurfsziels realisierbar.
Flexibilität, Erweiterbarkeit und Austauschbarkeit gestatten einen universellen und wirtschaftlichen Einsatz von Rechensystemen. Eine modulare Erweiterbarkeit (*Scalability*) durch mehrere Ausbaustufen soll gewährleistet und die Architektur so beschaffen sein, daß eine ganze Rechnerfamilie für verschiedene Ausbaustufen und evtl. verschiedene Nutzerbedürfnisse definiert werden kann. Dazu gehört auch die Erweiterbarkeit der Architektur um neue Architekturfunktionen für Spezialanwendungen. Der Entwurf sollte im Prinzip so beschaffen sein, daß das System einer bestimmten Architektur in Funktionsmodule unterteilt ist, die leicht durch Module verbesserter Technologie ersetzt und erweitert werden können, ohne daß das Gesamtkonzept der Maschine verändert werden muß. Generell gehört dazu auch die Kompatibilität zwischen Systemen (*externe Austauschbarkeit*), die bei gleichem Auftrag unabhängig von der Zeit und der Anordung ihrer Einzelelemente gleiche Ergebnisse und damit die weitere Nutzung von Software (*Aufwärtskompatibilität*) sichert. Sie ist in kommerziellen Architekturen ein wichtiger, oftmals auch hemmender Aspekt. Unter dem Aspekt der Pragmatik schließlich werden Systemsoftwarevereinfachung und leichte Programmierbarkeit verstanden. Eine Rechnerarchitektur soll prinzipiell die Arbeit in höheren ↑Programmiersprachen unterstützen und Anwendungsprogrammierer, Systemprogrammierer und Wartungstechniker sollen möglichst die gleiche Programmiersprache benutzen können.

Neben diesen hauptsächlichen Anforderungen sollten darüber hinaus Angemessenheit (ausgeglichene Preis/Leistungsrelation einzelner Funktionsgruppen), Sparsamkeit (Dimensionierung einzelner Systemkomponenten entsprechend den vorgegebenen Beanspruchungen), Transparenz bzw. Abstraktion (unwesentliche Details des Systems müssen nicht explizit erkennbar sein) und Virtualität (Verbergen von Begrenzungen einer Systemimplementierung) in einem ausgewogenen Verhältnis berücksichtigt werden.

Klassifizierungen
Schließlich umfaßt Rechnerarchitektur auch die Systematisierung und kritische Bewertung bestehender Rechensysteme. Mit der seit Jahrzehnten dominierenden ↑von Neumann-Architektur wurde erstmals der grundsätzliche Aufbau und die Funktionsweise eines Rechensystems festgelegt. Diese Architektur des minimalen Hardware-Aufwands hat trotz vielfältiger Versuche und aller Weiterentwicklungen wegen ihrer Einfachheit und Flexibilität bis heute eine herausragende Stellung behalten. Jedoch führte die Kritik am sog. „von Neumann-Flaschenhals" in der Folgezeit zu unterschiedlichen Rechnertypen, die eigenständigen Architekturen zugeordnet werden können und meist auf parallelisierenden Lösungen beruhen. Daraus resultiert die Notwendigkeit einer Systematisierung. So führt die Rechnerarchitektur auch eine Bestandsaufnahme bestehender Rechnermodelle und -realisierungen durch und nimmt darüber hinaus eine Klassifizierung und kritische Bewertung dieser Modelle nach verschiedenen Kriterien vor.
Die einfache und deswegen weitverbreitete, allerdings sehr grobe und deswegen immer wieder kritisierte ↑*Klassifizierung nach Flynn* (1966) ordnet eine Rechnerarchitektur hinsichtlich der Anzahl der gleichzeitig verarbeiteten Befehls- und Datenströme zu. Daraus ergeben sich vier verschiedene ↑Klassen. Davon ist die ↑*SISD-Klasse* (Single Instruction Single Data) den klassischen von Neumann-Rechnern vorbehalten, bei denen pro Zeiteinheit in einem einzigen Prozessor von einem Befehl ein Datenwert bearbeitet wird und damit eine rein sequentielle Abarbeitung von Befehlsfolgen vorliegt.

Die ↑*SIMD-Klasse* (Single Instruction Multiple Data) umfaßt die *Feldrechner* (Arrays von ↑Prozessoren) und *Vektorrechner* (Pipelinerechner), bei denen pro Zeiteinheit mehrere Datenwerte entsprechend einem Befehl bearbeitet werden. Alle Prozessoren, die jeweils einen eigenen Speicher (und damit eigene Daten) besitzen, führen gleichzeitig den selben Befehl aus, der ihnen von einer zentralen Steuereinheit zugeleitet wird. Insofern ist diese Klasse besonders gut geeignet für explizit parallele Aufgabenstellungen, z.B. Matrizen- oder Vektorrechnung.
Die ↑*MISD-Klasse* (Multiple Instruction Single Data) ist eine leere Klasse und nur der formalen Vollständigkeit halber definiert. Prinzipiell wird pro Zeiteinheit ein Datenwert durch mehrere Befehle bearbeitet. Für eine solche Anordnung von mehreren Prozessoren, die gleichzeitig verschiedene Befehle auf den Daten eines einzigen Datenstromes ausführen, sind praktische Anwendungen kaum bekannt.
Die ↑*MIMD-Klasse* (Multiple Instruction Multiple Data) umfaßt sämtliche *Multiprozessorsysteme*, *Datenflußrechner* und *Reduktionsmaschinen*, bei denen mehrere Prozessoren aus einem oder mehreren Speichern unabhängig voneinander eigene Datenwerte und Befehle erhalten, d.h. eine Vielzahl von Prozessoren gleichzeitig verschiedene Befehle auf den Daten mehrerer Datenströme ausführt (homogenes Multiprozessorsystem, wenn alle Prozessoren hardwaremäßig gleich sind, andernfalls inhomogenes Multiprozessorsystem). Bearbeiten alle Prozessoren eine Aufgabe, so ist die Anordnung symmetrisch, anderenfalls asymmetrisch. Die sog. *Datenflußrechner* stellen eine weitere wichtige Gruppe dieser Klasse dar. Jeder Prozessor dieses Rechnertyps bearbeitet alle Befehle datengetrieben (*Data Driven*), d.h. die Reihenfolge der Abarbeitung der Befehle wird nicht von der Befehlsanordnung im Programm bestimmt, sondern von der Verfügbarkeit der durch einen Befehl angesprochenen Daten. Im Unterschied dazu löst bei Reduktionsmaschinen erst die Forderung eines Resultats die Ausführung desjenigen Befehls aus, welcher den angeforderten Wert erzeugt (Demand Driven).

Besonders die MIMD-Klasse gab Anlaß zu Kritik am ↑Flynn'schen Klassifikationsschema, weil in ihr die Mehrzahl der wichtigen innovativen Multiprozessorsysteme ohne ausreichende Trennung einzuordnen ist. So wurden weitere umfassende Klassifikationsmethoden entwickelt, z.B. von Händler (1974), Giloi (1981), Treleaven (1981) oder - speziell für den Bereich der Multiprozessorsysteme - z.B. von Hockney (1987) oder Mähle (1989).

Literatur: Bode, A., Händler, W.: Rechnerarchitektur, Berlin, 1980. *Bode, A., Händler, W.*: Rechnerarchitektur II, Berlin, 1983. *Giloi, W.*: Rechnerarchitektur, Berlin, 1993. *Jungmann, D., Stange, H.*: Einführung in die Rechnerarchitektur, München, 1992. *Ungerer, T.*: Innovative Rechnerarchitekturen - Bestandsaufnahme, Trends, Möglichkeiten, Hamburg, 1989.

Prof. Dr.-Ing. H. Ch. Zeidler, Hamburg

Systeme, objektorientierte

Ein *S.* (*Object Oriented System*) ist eine Anwendung, die mit Mitteln der objektorientierten Programmierung realisiert wurde und dabei die Möglichkeiten der objektorientierten Konzepte voll ausschöpft. Das Beispiel zeigt die damit verbundenen wesentlichen Vorteile.

Charakterisierung und Vorzüge von S.

↑Objekte sind hervorragend zur Modellierung von komplexen Systemen geeignet. Ein softwaretechnisch zu lösendes Problem kann zunächst als eine Menge von Objekten konzipiert werden, die sich beeinflussen. Diese Zusammenhänge lassen sich in graphischen *S.* CASE-Tools gut darstellen und direkt zur Code-Generierung nutzen. Beispiel:

In einer Produktionssimulation kann ein Objekt eine Steuereinheit S darstellen, die ein Fräsmaschinen-Objekt F steuert. Ein von S zugeteiltes Motorblock-Objekt M wird von diesem bearbeitet.

Modularität von Software ist ein wesentliches Qualitätsmerkmal bei der Bewertung der Handhabbarkeit von Systemen. In *S.* bedeutet dies: Objekte kapseln die auf ihnen ausführbaren Operationen (sog. Methoden) und die zur Durchführung dieser Operationen notwendigen Informationen. Die allgemein zur Verfügung gestellten Methoden werden in einem sog. Protokoll beschrieben. Die objektspezifischen Informationen werden in Attributen des Objekts festgehalten. Ihre aktuellen Werte bilden den Zustand des Objekts. Es können Objekte erzeugt werden, die durch Nachrichten miteinander kommunizieren und die Ausführung von Methoden veranlassen. Nur dadurch werden Manipulationen des Zustands der Objekte vorgenommen. Beispiel:

Das Fräsmaschinen-Objekt F bietet u.a. die Methoden „starten“ und „bearbeiten“ (ein Werkstück) in ihrem Protokoll an. Die Steuereinheit S schickt zunächst die Nachricht „starten2 an F, was dieses in einen aktivierten Zustand versetzt. Danach wird die "bearbeite"-Nachricht mit dem Motorblock-Objekt M als Parameterwert von Werkstück versendet, was zur Folge hat, das F wiederum verschiedene zustandsändernde Methoden von M aufruft.

In Klassendefinitionen werden die Beschreibungen der Methoden, des Protokolls und der Konstruktionsvorschriften entsprechend der Attributstruktur für Objekte dieser Klasse festgelegt. Solche Klassendefinitionen können bei der Erstellung neuer Klassen (sog. abgeleiteter Klassen) genutzt werden - eine Möglichkeit zur Wiederverwendung von Software. Beispiel: Die Klasse Feinschliffmaschine ist eine Spezialisierung der Fräsmaschine mit alternativer Implementierung der Methode „bearbeite“. Das Protokoll bleibt dabei erhalten.

Herausragender Vorteil von *S.* ist die Möglichkeit ihrer leichten Erweiterbarkeit. Neue Anforderungen machen ständig das Zufügen neuer Softwareteile in Form von anwendungsspezifischeren Daten mit ihren Operationen notwendig. Wesentliche Voraussetzung für die Erweiterbarkeit von *S.* ist die Fähigkeit, Identifikatoren, die Objekte als Werte aufnehmen (z.B. Variablen, Parameter, ↑Attribute), zur Laufzeit Objekte aus verschiedenen Klassen als Wert zuzuweisen (Polymorphie bzw. Vielgestaltigkeit der Objektvariablen etc.). Damit kann die konkrete Zuordnung einer ↑Methode zu einer ↑Nachricht an einen Objekt-Identifikator erst zur Laufzeit - entsprechend der aktuellen Klassenzugehörigkeit des Objektwertes - vorgenommen werden (sog. dynamisches Binden). Eine notwendige Voraussetzung für diese Eigenschaft ist die Möglichkeit, gleichbenannte Methoden in verschiedenen Klassen verschieden zu implementieren. Beispiel:

Die ↑Simulation der Produktion macht die Erweiterung um neue Feinschliffmaschinen notwendig. Ein Objekt dieser Klasse, z.B. FS, kann ohne Weiteres die von der Steuereinheit S ausgesandten Nachrichten bearbeiten - das Protokoll wurde übernommen. FS kann also an einer anderen Stelle als Wert dem Identifikator, der S bekannt ist, zugewiesen werden. Damit muß der alte ↑Code nicht verändert werden. Mit der selben ↑Nachricht an den gleichen Identifikator wird durch das dynamische Binden in diesem Fall die „bearbeite"-Methode der neuen Klasse Feinschliffmaschinen aufgerufen.

Durchgehende S.-Methodik in Analyse und Entwurf

Problemlose Wiederverwendbarkeit von Klassen bzw. Erweiterbarkeit um neue Klassen setzt allerdings eine konsequente *S.*-Analyse und Entwurf des Systems voraus. Eine gute *S.*-Analyse und Entwurf ist also von zentraler Bedeutung für die Nutzung der genannten Vorteile in *S.* Fehler, z.B. durch zu große Abhängigkeiten zwischen ↑Klassen oder durch zu spezifische Protokolle, können später bei der Wiederverwendung und Erweiterung in Sackgassen führen. Beispiel:

Die Steuerung von Fräsmaschinen erfolgt durch viele verschiedene Nachrichten. Alle Erweiterungen um Spezialmaschinen müssen diese Nachrichten ebenfalls anbieten (Einschränkung der Freiheiten bei der Erweiterbarkeit). Bei der Steuerung wird auf Parameter-Objekte zurückgegriffen, die nur in der Steuereinheit S bekannt sind (hier: der Motorblock wird von der Steuereinheit als Parameter von „bearbeite" zugeteilt). Damit können die Maschinenklassen nur zusammen mit der Steuereinheit wiederverwendet werden (Einschränkung der Wiederverwendbarkeit beliebiger Klassen).

Abgrenzungen

Die Mechanismen der Modularisierung von ↑Software durch Kapselung von Datenstrukturen und erlaubten ↑Operationen ist lange bekannt und ein Standardverfahren des Software Engineering. Solche Module werden Abstrakte Datentypen (ADT) genannt und lassen sich auch mit konventionellen höheren Programmiersprachen wie ↑PASCAL, MODULA oder ↑C realisieren. Wenn ausschließlich diese Mechanismen verwendet werden können (also nicht Klassenableitung und Polymorphie), dann wird von objektbasierten Systemen - eine Einschränkung des Begriffs *S.* - gesprochen.

Häufig wird ein *S.* auch mit einer Anwendung gleichgesetzt, die über eine Benutzungsschnittstelle verfügt, in der graphische Elemente z.B. mit Hilfe der ↑Maus direkt manipuliert werden können (verschieben, anklicken etc.). Dies suggeriert ein *S.*, da für den Nutzer die graphischen Elemente Objekte seiner Anwendungswelt symbolisieren, die er mit der Maus aktivieren kann. Über die Art der Realisierung des Systems - ausschlaggebend für die Nutzbarkeit der o.g. Vorzüge - wird aber nichts ausgesagt. Ein *S.* muß daher nicht vorliegen.

Hauptanwendungen und ihr Einfluß auf Sprachentwicklungen

S. eignen sich hervorragend zur Simulation von komplexen Zusammenhängen in Problemstellungen der Natur- oder Wirtschaftswissenschaften und der Technik. ↑SIMULA-67 wurde speziell für diesen Themenkreis als erste *S.*-Programmiersprache 1967 vorgestellt. Die Verwendung von direktmanipulativen graphischen Benutzungsschnittstellen - einer weiteren Hauptanwendung - trug zur Entwicklung der ersten "reinen" *S.*-Programmiersprache ↑SMALLTALK bei.

Seit den 80er Jahren werden *S.*-Datenbankmanagementsysteme (*S.*-DBMS) entwickelt, die es ermöglichen, komplexe ↑Objekte und ihre ↑Methoden auch über das Ende einer Anwendung hinaus permanent zu speichern. Dabei werden drei Abstufungen unterschieden: strukturell *S.*-DBMS unterstützen die effiziente Verwaltung von komplex strukturierten Objekten und bieten DBMS-Standardoperationen darauf an. Verhaltensmäßige *S.*-DBMS ermöglichen die Verwaltung von Objektmethoden und volle *S.*-DBMS bieten beide Mechanismen an. Objektorientierte Einflüsse finden sich bereits in den Weiterentwicklungen der Standard-Datenbanksprache ↑SQL wieder (SQL3 und Object SQL).

Literatur: Eirund: Objektorientierte Programmierung, 1993. *Heuer*: Objektorientierte Datenbanken - Konzepte, Modelle, Systeme, 1992. *Khoshafian, A.*: Object Orientation: Concepts, Languages, Databases, User Interfaces, 1990.

Prof. Dr. H. Eirund, Wernigerode

Systementwicklung

Gesamtheit der planenden, analysierenden, entwerfenden, ausführenden und prüfenden Tätigkeiten, die der Schaffung eines neuen Systems oder der technischen Veränderung eines bestehenden Systems dienen.

Systemforschung
Begriffserklärung
Während unter ↑Software Engineering der informatikspezifische Softwareentwicklungsprozeß, also der strukturelle Entwurf (Programm-, Software- und informatische ↑Systementwicklung) für ein DV-Anwendungssystem zu verstehen ist, beinhaltet die *S. (↑Systems Research, ↑Systems Engineering)* das dem Software Engineering vorgelagerte ganzheitliche Systemherangehen im Systemgestaltungsprozeß, d.h. die umfassende Analyse und Gestaltung eines komplizierten Systems ist unabhängig davon, ob dessen Informationsbedarf durch ein Informationssystem unterstützt werden soll oder nicht.
Aufgabenstellung
Die von der ↑Wirtschaftsinformatik zu gestaltenden Systeme werden durch das Ineinanderwachsen und durch die Verknüpfung unterschiedlicher Systeme immer komplexer. Kennzeichnend sind zunehmend vielfach vernetzte und ineinander verschachtelte Rückkopplungssysteme anstelle von isolierten Teilsystemen (Inseln). Kleine Änderungen in einem Teilsystem bewirken unerwartete Auswirkungen in scheinbar unabhängigen anderen Teilsystemen bzw. wirken auf die ursprüngliche Änderung zurück (intuitionswidriges Verhalten). Anstelle eines traditionell linear logisch aufeinander folgenden Ablaufs, auf den z.B. der Wirtschaftswissenschaftler noch vielfach geschult ist, wird vom Wirtschaftsinformatiker bei der Systemgestaltung und -einführung komplexes, vernetztes, ganzheitliches Denken erwartet. Insb. der Wirtschaftsinformatiker hat in der Wirtschaftspraxis als Systemingenieur bzw. -ökonom zu wirken.
Ziel: ganzheitliches Denken
Die ↑Wirtschaftsinformatik, die sich bei der Lösung betrieblicher Aufgabenstellungen der angewandten Automatisierung einer modellhaften Abbildung der zunehmend komplexen Untersuchungsobjekte bedient, benötigt für den Systemgestaltungsprozeß eine ganzheitliche Methodik zur Komplexitätsbewältigung. Unter ganzheitlicher Betrachtung ist das Zusammenwirken verschiedener Disziplinen unter unterschiedlichen Sichten in einem aufeinander abgestimmten Rahmen zu verstehen. Ganzheitliches Denken heißt dementsprechend ein problemorientiertes Denken in Systemen als interdisziplinäre Arbeit u.a. von Technologen, Informatikern, Betriebswirtschaftlern, Psychologen und Automatisierungstechnikern zur Sicherung einer betrieblichen Automatisierungsaufgabe.
Problemstellung
Die historisch übernommene mechanistische Herangehensweise, die auf dem Glauben beruht, daß alle relevanten Einflußfaktoren, Ziele und Alternativen identifiziert, analysiert und komplexe Probleme auf komplizierte reduziert und durch entsprechend analytisches Vorgehen (*analytisches Systemdenken*) gelöst werden können, führte zu Anwendungssystemen, die vielfach am mündigen Nutzer vorbei entwickelt wurden. Die weitgehend bekannten Probleme, die sich aus dem derzeitigen Informatikeinsatz insb. in der Wirtschaftspraxis ergeben, sind weniger vom eigentlichen informatikspezifischen Softwareentwicklungsprozeß verursacht, als vielmehr vom fehlenden ganzheitlichen Herangehen. Dieses beinhaltet (Vetter, 1990)

- ein systemisches, den Menschen und die Auswirkungen seines Handelns mit einschließendes Denken;
- ein Denken in Wirkungszusammenhängen, mit welchem Auswirkungen von Eingriffen in Gleichgewichtssystemen zu erklären sind;
- ein strukturiertes Denken, das zwar im Sinne des analytischen Systemdenkens ein Zerlegen vom Groben zum Detail vorsieht, die resultierenden Objekte aber nicht getrennt, sondern als Komponenten noch umfassenderer Systeme (*synthetisches Systemdenken*) betrachtet.

Aus dem Informatik-Einsatz resultierende Probleme:
Software Krise trotz CASE Tools

- Ursache: ungenügende Anforderungsanalyse und -definition; vorzeitiges Daten- und Prozeßdesign;
- Ursache: ungenügende Systemanalyse, Leistungsbewertung; zu hohe Kosten in letzten Entwicklungsetappen;

- Ursache: unzureichende methodische Unterstützung der Anfangsphasen; Jahrhundertproblem der Informatik (Datenchaos);
- Ursache: fehlende unternehmensweite Datenmodellierung; unzulängliche Anwendungssysteme, fehlende Nutzung;
- Ursache: Systementwicklung ohne Einbeziehung mündiger Nutzer; Denkfehler des Problemlösens in komplexen Situationen;
- Ursache: kein vernetztes Denken, Vernachlässigung der Dynamik, kein Systemherangehen.

Dabei gilt: ohne das Instrumentarium der ↑Informatik ist die *S.* denkbehindert, ohne systemtheoretische Konzeption ist die Informatik bei der Steuerung zweckbehindert (sichtbehindert).

Die Qualität, mit der DV-Anwendungssysteme ihre Zweckbestimmung erfüllen, kann auf der Ebene des Informationssystemdesign nicht mehr entscheidend beeinflußt werden. Hier sind die im Sinne der formalwissenschaftlichen Untersuchungsziele der Informatik relevanten Aspekte ihrer effektiven Gestaltung wichtig. Ist das zugrundeliegende Modell des betrieblichen Untersuchungsobjektes der Aufgabenstellung nicht adäquat, ist auch bei Nutzung leistungsfähigster Informationstechnik und komfortabelster Informationsrepräsentation die erhaltene Information bestenfalls unbrauchbar, schlimmstenfalls für das Unternehmen existenzgefährdend.

Bei der Entwicklung betrieblicher Anwendungssysteme kommt der analytischen (modellgestützten) *S.* eine große Bedeutung zu (Hanssmann, 1987). Mathematische Modelle orientieren sich an der Gestaltung effektiver (optimaler) Prozeßabläufe. Erfolgreiche ↑Operations Research-Anwendungen entstehen überall da, wo die methodologischen Grundlagen der Modellierung, die Gegenstand solcher Disziplinen wie Kybernetik, ↑Systems Research u.a. sind, nicht in Vergessenheit geraten. Bei der Untersuchung komplizierter Systeme, wie sie für die Wirtschaftswissenschaften kennzeichnend sind, werden jedoch die folgenden Probleme offensichtlich:

- Entwicklung von Modellstrukturen losgelöst von der informationellen Basis;
- fehlende materiell-technische Basis (Rechentechnik), die für die Lösung praxisrelevanter Problemstellungen erforderlich ist;
- Unterschätzung der ↑Systemanalyse bzw. der frühen Etappen der Systemanalyse (Verfahrensorientierung im Operations Research in Form eines Schubkastendenkens);
- isolierte Untersuchung jener Teilsysteme, die einer mathematischen Formalisierung zugänglich sind;
- Grenzen der ↑mathematischen Modellierung, d.h. der Makel, daß mit mathematischer Modellierung einerseits stets entkompliziert wird, aber andererseits anstelle Vagheit und Unschärfe die Details genau erfaßt werden müssen.

Inhalte

Die Gesamtheit der ↑Methoden zur Strukturierung und Entwicklung komplizierter Systeme geht auf die Konzeption des ↑Systems Engineering (Bell Labors, 1950) zurück. Das Systems Engineering lieferte eine Methodik für die Gestaltung von Informations- und Kommunikationssysteme, sowie von Anwendungssystemen und deren Projektmanagement. Der erforderliche Systemgestaltungsprozeß stellt eine äußerst komplizierte Aufgabe dar, die ein ganzheitliches Herangehen erfordert. Nur durch interdisziplinäre Arbeit von Ingenieuren, Mathematikern, Informatikern und Wirtschaftspraktikern gelingt es,

- betriebliche Informationsaufgaben bis hin zu logisch zusammenhängenden Aufgaben und Funktionskomplexen;
- den betrieblichen Ablauf der Aufgabenerfüllung (Informationsprozesse);
- die betrieblichen Träger einzelner Informationsverarbeitungsaufgaben

herauszuarbeiten. Neben der synthetischen (architektonischen) *S.* (Hanssmann, 1987) erlangen insb. die Methoden der analytischen *S.* Bedeutung. Vom Systems Engineering und solchen Disziplinen, wie Systems Analysis, ↑Operations Research, System Dynamics, Graphen-, Automatentheorie u.a. wurden vielfältige ↑Tools zur Analyse und Synthese von Systemen bereitgestellt, deren Anwendung beim Systementwurf äußerst vorteilhaft und notwendig ist. Ihre Gemeinsamkeit besteht in der mathematisch-quantitativen Mo-

dellierung der Untersuchungsobjekte unter Anwendung wissenschaftlicher Erkenntnismethoden (induktive Methode: experimentelle Systemanalyse; hypothetisch-deduktive Methode: theoretische Systemanalyse).
Diese Herangehensweisen ermöglichen den untersuchten Prozeß als Ganzes zu strukturieren mit dem Ziel, den Grad der Komplexität der Systeme durch geeignete Modellbildung, durch geeignete Architekturprinzipien zu reduzieren. Sie begegnen dem Wirtschaftsinformatiker bei der Strukturierten Programmierung, beim Strukturierten Systementwurf und bei der Strukturierten Systemanalyse.

Visualisierung
Zur Lösung all dieser Probleme kann es keine allgemein akzeptierte, wissenschaftlich begründete, leistungsfähige und praktisch anwendbare Methode geben, sondern lediglich gewisse methodologische Ansätze. In Anbetracht der Unterschiedlichkeit der Untersuchungsobjekte und des teilweise grundlegenden unterschiedlichen Kontexts, in dem sich die ↑*Systemanalyse* vollzieht, ist verschiedenartigen Herangehensweisen der Systemanalyse der Vorzug zu geben. Dabei werden unterschiedliche Sichten (wirkungs- und strukturbezogene Systembetrachtung, ist- und sollzustandsorientierter Ansatz, Objekt-, Daten-, Funktions-, Beziehungs- und Prozeßmodellierung) und Zerlegungstechniken (Outside in- bzw. Inside out-Ansatz, Top down- bzw. Bottom up-Ansatz, essentielle Zerlegung u.a.) zu einer systematischen Vorgehensweise verknüpft. Sie begründen die Unterschiede der im ↑Software Engineering nicht mehr überschaubaren Vielfalt von Basistechniken, die bei der Projektierung im Rahmen der ↑Wirtschaftsinformatik Anwendung finden. Anstelle der im Software Engineering zur Visualisierung bereitgestellten eklektizistischen Aneinanderreihung verschiedener Basistechniken bzw. Darstellungstechniken betrachtet die *S.* das Allgemeine und das Grundsätzliche.

Soft Systems Thinking
Bislang begründete sich die Systemgestaltung auf das klassische Systemherangehen *(↑Hard Systems Thinking)* der Ingenieurwissenschaften. Kennzeichnend dafür ist das Paradigma, daß Systeme objektiv existieren und die objektive Realität Systemcharakter besitzt. Das Verhalten dieser Systeme kann dementsprechend mit Hilfe der von diesen Disziplinen bereitgestellten Systemkonzepte und Methodologien objektiv verstanden und das ↑Wissen über diese mit Hilfe empirischer Mittel validiert (auf Adäquatheit überprüft) werden. Gemäß diesem Systemherangehen (Hard Systems Thinking) ist eine Modellierung der Untersuchungsobjekte möglich. Die Systemzusammenhänge können mit Hilfe von Modellen gut beherrscht werden. Die Modelle ergeben Problemlösungen, deren Implementierung zur Problemänderung führt. Demgemäß kommt im Rahmen dieses Herangehens der Modellierung und Modellvalidierung - wie auch der Modellmethode - eine Schlüsselstellung zu. Dieses analytische und reduktionistische Herangehen ist "hard and technical" und nur für einfache Probleme geeignet.
Mit der Gestaltung komplexer Systeme (Ill Defined Systems, Large Scale Systems) wurden jedoch die Grenzen dieses Hard Systems Thinking und der Modellierung offensichtlich. Neben den bereits erwähnten signifikanten Schwierigkeiten bei der Beherrschung der Komplexität (Beobachtbarkeit, Zufälligkeit, Evolution, Anwesenheit des Menschen) begründen die Subjektivität, mit der das Individuum eine gegebene Situation erfaßt und versteht ("the interests, capabilities and notions which individuals bring to bear upon a situation influence their understanding of that situation" (Keys, 1991) und die dahinter stehenden Machtverhältnisse ein neues Systemherangehen (↑Soft Systems Thinking), das den Anforderungen der Wirtschaftsinformatiker besser entspricht.

Gemäß diesem Herangehen ist die objektive Realität nicht vollständig erkennbar, es existieren keine Fakten, sondern subjektive Meinungen über diese. Modelle erfassen lediglich die Logik der Welt. Art und Umfang der Modelle sind jedoch vom Betrachter abhängig, das Modell dementsprechend ein Ausschnitt aus der Realität, der sich durch die jeweilige Sicht auf das ↑Objekt ergibt. Modelle sind demnach Konstruktionen, die bei der

Betrachtung der objektiven Realität hilfreich sind, indem sie den Grad der Komplexität durch geeignete Strukturierung im Hinblick auf abgrenzbare Teile der Prozesse oder überschaubare Teile der ↑Informationsverarbeitung reduzieren. Modelle sind aber keine direkten Reprä-Repräsentanten der objektiven Realität, mit ihrer Hilfe ermittelte Lösungen (optimale) werden dementsprechend bedeutungslos. Über die Modelle kann die objektive Realität besser verstanden und durch dieses Verständnis Wege ermittelt werden, um zu gewünschten Ergebnissen zu kommen.

Systemanalyse (Vernetztes Denken)

Im Unterschied zum technokratisch-konstruktivistischen Denkansatz wurden in den letzten Jahren mit solchen Bausteinen, wie Ganzheit und Teil, Vernetztheit, Offenheit, Komplexität, Ordnung, Lenkung, Entwicklung systemisch-evolutionäre Herangehensweisen an die ↑Systemanalyse entwickelt und in der Wirtschaftspraxis erfolgreich angewendet. Dazu gehört das *Sensitivitätsmodell* (Vester, 1993) oder das *Vernetzte Denken* (Probst, Gomez, 1989), die eine hilfreiche Methodik zum schrittweisen ganzheitlichen Problemlösen liefern.

Folgende methodischen Schritte sind erforderlich und werden teilweise bereits durch entsprechende Software (GAMMA, SM-Tools) unterstützt:

Methodischer Schritt	Unterstützung durch GAMMA
Problemfeld abgrenzen, d.h. Situation beschreiben, Untersuchungsfeld begrenzen und Aufgabenstellung definieren	ohne
Zielsetzung formulieren	ohne
Einflußfaktoren ermitteln, d.h. Zielgrößen und Einflußgrößen ermitteln, relevante Faktoren auswählen und beschreiben	Erfassung der Einflußgrößen in Masterliste mit Kommentarfenster
Kausaldiagramm (Wirkungsnetz) abbilden, d.h. Zielgrößen und Einflußgrößen in kausale Beziehung bringen	freie Plazierung der relevanten Einflußgrößen als Elemente eines Wirkungsnetzes, verbinden durch Pfeile
Wirkungsarten (Intensität, Richtung, Art, Zeitverhalten) beschreiben Zuordnung von +,-, Wahl von Strichstärken	farbige Kennzeichnung der Einflußgrößen, Verbindungspfeile
Auswertung (Einflußanalyse)	Einflußanalyse mit Hilfe einer farbigen Einflußmatrix, Untersuchung der Wirkungsausbreitung
Bestimmung der Lenkungsmöglichkeiten und Gestaltung der Lenkungseingriffe	ohne

Modellierung und Simulation

Die ↑mathematische Modellierung ist ein Hilfsmittel der angewandten *S.* Die Entwicklung und Untersuchung der Modelle wird objektiv notwendig, einerseits aufgrund der Komplexität der ↑Objekte und andererseits, da über die mathematischen Modelle zu quantitativen Aussagen über die Realität. Während sich viele wirtschaftliche Entscheidungssituationen in den Grenzen formalisieren lassen, die den mathematischen Modellen gesetzt sind, entstehen aufgrund der auftretenden Vielzahl von Faktoren, der Kompliziertheit der Zusammenhänge, sowie durch das Auftreten stochastischer Einflußfaktoren in der Regel derart komplizierte mathematische Strukturen, für die keine spezielle mathematische Theorie existiert oder sich der lösende Algorithmus aus den vorhandenen Theorien nicht ableiten läßt. Zur Realisierung der Modellexperimente wird i.a. die Rechentechnik verwendet (Computersimulation), d.h. bei bestimmten vorgegebenen Parametern und Eingangsvariablen, sowie bei festen Anfangswerten wird das Funktionieren des Prozesses für den konkreten Fall, der den Vorgabewerten entspricht, auf einem Rechner durchgespielt.

Scenario Writing (Szenarientechnik)

Das ganzheitliche Systemherangehen erfordert dabei die Einheit von quantitativer und qualitativer Analyse, also mathematischer Modellierung und einzelwissenschaftlicher, politischer, ideologischer und sozialer Analyse. Diesem Anliegen kommt die *Szenarientechnik* entgegen, bei der die Einheit zwischen formalisierbaren und nichtformalisierbaren Aspekten der Modellierung hergestellt wird. Über den Mensch-Modell-Dialog wird dabei ein ständiger Informationsaustausch zwischen formalisierten und nichtformalisierten Modellbestandteilen realisiert, der die Verbindung von nicht-formalisierten Hypothesen, Szenarienelementen, qualitativen Bewertungen, die Auswertung der Ergebnisse, die Berechnung und ihre Interpretation ermöglicht.

Weitere Verfahren

Entsprechend dem von Ashby and Beer formulierten Prinzip der Adäquatheit des zu beschreibenden Systems mit seiner mathematischen Beschreibung ergibt sich die Notwendigkeit, für ökonomische, ökologische und andere komplizierte Systeme eine Beschreibungsform zu finden, die der vorliegenden Unbestimmtheit der Untersuchungsobjekte entspricht, zumindest jedoch die Beschreibung mit einer weniger detaillierten Sprache als der traditionellen Sprache der Mathematik vorzunehmen. Für die weitere Entwicklung der Wirtschaftsinformatik kommt der *Soft Systems Methodology* auch im Zusammenhang mit qualitativer Modellierung und ↑Simulation, Fuzzy-Modellierung, Selbstorganisation mathematischer Modelle, Evolutionsstrategien u.a. im Rahmen von Beratungssystemen zunehmende Bedeutung zu.

Software

Neben umfangreichen kommerziellen Softwarepaketen zur ↑Simulation, Datenanalyse, ↑Neuronalen Netzen, Fuzzy-Ansätzen, sowie den bereits erwähnten ↑Tools zum vernetzten Denken, sei hier lediglich auf parametrische und nicht-parametrische Auswahlalgorithmen im Rahmen der Selbstorganisation mathematischer Modelle verwiesen (Ivachnenko, Müller, 92), die Anwendung finden zur ↑mathematischen Modellierung komplizierter Systeme.

Literatur: Hanssmann, F.: Einführung in die Systemforschung, München, 1987. *Ivachnenko, A.G., Müller, J.-A.*: Parametric and Nonparametric Selection Procedures, in: Experimental Systems Analysis. SAMS 9, 1992. *Keys, P.*: Operational Research and Systems, NY, 1991. *Probst, G., Gomez, P.*: Vernetztes Denken, Wiesbaden, 1989. *Vester, F.*: Das Sensitivitätsmodell, in: Simulationstechnik, 1993. *Vetter, M.*: Strategie der Anwendersoftwareentwicklung, Stuttgart, 1990.

Prof. Dr.-Ing. J.-A. Müller, Dresden

Systemlebenszyklus

Software Life Cycle; Gesamtlebensperiode der Software, beginnend mit der Entwicklung und endend mit dem Ablauf der Nutzung.

Systemsoftware

↑Programme, die Leistungen der Datenverarbeitungsanlage den Anwendungsprogrammen und den menschlichen Benutzern verfügbar machen (↑Betriebssystem) und die Entwicklung von neuen Programmen ermöglichen (Programmentwicklungssystem).

Szenarientechnik

Methode, bei der die Einheit zwischen formalisierbaren und nicht-formalisierbaren Aspekten der Modellierung hergestellt wird. Über den Mensch/Modell-Dialog wird dabei ein ständiger Informationsaustausch zwischen formalisierten und nicht-formalisierten Modellbestandteilen realisiert, der die Verbindung von nicht-formalisierten Hypothesen, Szenarienelementen, qualitativen Bewertungen, Auswertung der Ergebnisse und ihrer Interpretation ermöglicht.

Szenenanalyse (Scene Analysis)

Bei der *S.* steht im Zentrum des Interesses der Zusammenhang zwischen erkannten Objekten und der daraus ableitbaren Bedeutung für den Benutzer. Beispiel: automatische Navigation autonomer Fahrzeuge.

T

Target Costing
Aus Japan stammende Methodik eines modernen Kostenmanagements. Für jedes Produkt wird ein Kostenziel festgelegt. Kernpunkt der Betrachtung ist der Kunde bzw. seine Zahlungsbereitschaft für das Produkt. Aus dem so ermittelten Marktpreis wird auf Selbst- und Herstellkosten geschlossen.

Task Management
Interne Steuerung der Betriebsüberwachung durch das ↑Betriebssystem; Management der unabhängigen Programmschritte im Rahmen der Behandlung von Programmunterbrechungen.

TCP/IP
Transmission Control Protocol/Internet Protocol; Protokoll zur Vernetzung unterschiedlicher Rechnersysteme zum Austausch von Dateien zwischen verschiedenen Rechnerfamilien von ↑PC über die ↑Workstations bis zu ↑Mainframes auf den OSI-Schichten 3 und 4.

Tear off- und Push pin-Menüs
Über mehrere Operationen hinweg am Bildschirm präsente Menüs.

Teilhaberbetrieb
↑Betriebsart, in der der Benutzer mit Hilfe eines vorgegebenen Kommandovorrats (↑Transaktionscodes) vorgefertigte Anwendungsprogramme anstößt.

Telefax
Dienst zum Abtasten von Text- und Graphikvorlagen; überträgt die ↑Information in pixelcodierter Form und gibt am entfernten Teilnehmerendgerät wieder aus.

Telekommunikation
Austausch von ↑Nachrichten zwischen Partnern, die außerhalb der durch die Umgebung begrenzten Hör- und Sichtweite sind. Der Austauschvorgang wird durch nachrichtentechnische Systeme unterstützt.

Testen
Stichprobenartige Ausführung des Prüfgegenstandes (ein Modul, ein Teilsystem oder ein Programmsystem) unter spezifizierten Bedingungen; jede Überprüfung des Prüfgegenstandes durch geeignete Verfahren.

Threads
Prozesse mit gemeinsamem Adreßraum.

Timesharing
Zuordnungsmethode der Arbeitszeit der ↑CPU.

Tokenring
Netzstruktur; eine ringförmige Struktur, die mit Hilfe von im Ring umlaufenden Marken (Token) den Informationsfluß steuert.

Top down-Verfahren
Vorgehensweise im Entwicklungsprozeß von DV-Projekten; schrittweise Verfeinerung; in der die Entwicklungsaufgabe von oben nach unten in einzelne bis zur untersten Ebene gehende Teilaufgaben zerlegt wird.

Tourenplanung (Tourendisposition)
Innerhalb der Marketinglogistik kommt der operativen *T.*, die wegen der Kurzfristigkeit der Aufgabenstellung präziser als *Tourendisposition* bezeichnet werden sollte, die Aufgabe zu, unter den beiden konkurrierenden Zielvorgaben Lieferkosten und Lieferservice eine optimale Belieferung der Kunden mit Hilfe eines vorgegebenen Fuhrparkes sicherzustellen. Die *T.* erweist sich dabei als eine komplexe Dispositionsaufgabe mit einem hohen Rationalisierungs- und Optimierungspotential für eine Rechnerunterstützung. Die weite Verbreitung dieser Problemstellung in vielen Branchen führte folgerichtig schon früh zur Entwicklung von *Tourenplanungssystemen*. Trotzdem trifft die rechnergestützte *T.* bislang auf nur geringe Akzeptanz in der Praxis (Bargl, 1992). Die Gründe für diese Diskrepanz liegen dabei in der häufig zu geringen Flexibilität der existierenden ↑Standardsoftware für die Anwendung in der meist instabilen und unstrukturierten Problemdomäne und in einem Informationsdefizit der Anwender über die Leistungsfähigkeit moderner Tourenplanungssysteme.

Problemstellung
Das *klassische (statische) T.-Problem*, das in der angelsächsischen Literatur als *Vehicle Routing Problem* bezeichnet wird, läßt sich wie folgt beschreiben: "Bestimme eine Zuordnung (Tour) einer

vorgegebenen Menge von Kundenorten (Lieferaufträgen) zu einer vorgegebenen Menge von Fahrzeugen, so daß Kapazitätsbeschränkungen der Fahrzeuge eingehalten werden, und bilde für jede Tour eine Reihenfolge (Route), nach der die Fahrzeuge die Kundenorte von einem Depot ausgehend anfahren sollen, so daß die gesamte Fahrstrecke bzw. Fahrzeit minimiert wird."

Dieses Problem kann auf kanonischer Weise durch ein Mathematisches Optimierungsmodell repräsentiert werden, das die beiden wesentlichen Module der Problemstellung - Zuordnung der Kunden auf Touren (*Clustering*) und Bestimmung von Reihenfolgen (*Routing*) - in den 0-1-Entscheidungsvariablen verknüpft (Derigs, Grabenbauer, 1994). Bei fast allen praktischen Problemstellungen treten jedoch zusätzliche Bedingungen an die Gestaltung von Touren und Routen auf, wie Bedienzeitvorgaben, Verträglichkeit von Aufträgen und Fahrzeugen, mehrere Depots, kombinierte Sammel- und Auslieferungstouren etc. Sie sind teilweise durch zusätzliche Restriktionen im Modell erfaßt, teilweise jedoch der mathematischen Modellierung kaum zugänglich. Daher können sie entweder nur durch andere Formen der Wissensrepräsentation und Anwendung von Inferenzmechanismen oder in der Interaktion mit dem Disponenten kontrolliert werden.

Die konzeptionell wohl bedeutsamste Veränderung der Problemstellung besteht im Übergang zur *dynamischen T.*, bei der Problemstellung und Problemlösung zeitlich simultan erfolgen. Zum Facettenreichtum der unter dem Etikett *T.* zusammengefaßten Klasse von Anwendungsproblemen und zur Effektivität von Standard-Optimierungssoftware auf diesem Sektor führt Rousseau, 1988 aus: "We believe that each problem tends to be different and requires particular attention. ... We suggest that no single algorithm is appropriate in all situations, or even in a large number of them."

Klassische Verfahren; DV-Programme

Die ersten DV-Programme basierten auf einfachen, in den 60er Jahren entwickelten Heuristiken für die Konstruktion und die Verbesserung von Routen. Bekannte Ansätze, die in erste Standardsoftwareprodukte Eingang fanden, sind das SAVINGS-, das SWEEP-Verfahren, sowie die K-OPT-Methode (Bodin, 1983; Domschke, 1982). Die mit Hilfe dieser Batch-Programmsysteme ermittelten Lösungen waren jedoch häufig unzulässig oder offensichtlich nicht optimal für die praktische Problemstellung, häufig sogar schlechter als manuell gefundene Lösungen. Auch in den heutigen, interaktiv arbeitenden Programmen stellen diese klassischen Heuristiken noch die verbreitetste methodische Basis dar.

In den 70er und 80er Jahren wurde eine zweite Generation von ebenfalls nicht exakten Lösungsmethoden entwickelt, die auf mathematischen Optimierungsmodellen für Approximationen des (Standard-) *T.*-Modells basieren. Bekannte Ansätze hierzu sind der *Generalized Assignment-Ansatz*, sowie der *Set Partitioning-Ansatz* (Bodin, 1983). Bei den auf dieser methodischen Basis entwickelten Programmsystemen handelt es sich um interaktive ↑Individualsoftware, die sich zwar als zuverlässig für die spezifische Problemdomäne, jedoch weiterhin als inflexibel erwiesen. Anpassungen durch weitere Spezialisierung erhöhen die Komplexität der ↑Systeme und reduzieren den Robustheitgrad.

Zur Zeit werden auf dem deutschen Markt etwa ein Dutzend dieser Programme vertrieben. Die Auswahl eines Standardprogramms erweist sich dabei angesichts der Vielzahl relevanter Kriterien als komplexes Entscheidungsproblem. Eine ↑Nutzwertanalyse und Bewertung wurde von (Schürmann 1992) durchgeführt. In der folgenden Tabelle sind die vier am häufigsten eingesetzten Produkte anhand ausgewählter Kriterien gegenübergestellt.

Neuere Entwicklungen

In den letzten Jahren sind - ausgelöst durch neue Informationsverabeitungs- und Kommunikationstechniken - eine Vielzahl neuer Ansätze entwickelt bzw. auf die Tourenplanungsproblematik übertragen worden. Diese haben zu teilweise noch prototypischen Systementwicklungen geführt. Veränderte Randbedingungen und neue Potentiale für den Einsatz von Tourenplanungssystemen sind dabei höhere Rechenleistung zu geringeren Ko-

Produkt-Merkmal	INTER-TOUR	REALTOUR	TOPAS	OPTI-TOUR
Ziel der Optimierung				
min Σ Fahrtstrecken	Ja	Ja	Ja	Ja
min Σ Fahrzeiten	Ja	Ja	Ja	
min Fahrzeuganzahl		Ja		
Grenzen				
Depot-Anzahl	10	2	dyn.	1
Zahl der Aufträge	1.000	1.000		1.800
Zahl der Zeitfenster	2	2	2	2
Tourenanzahl je Fahrzeug	dyn.	dyn.		1
Optimierungsverfahren	Savings	k.A.	k.A.	Savings
Planungsablauf				
Automatische Optimierung	Ja	Ja	Ja	Ja
Planung im Dialog	Ja	Ja	Ja	Ja
Dialoggestaltung				
Graphische Touren-Anzeige	Ja	Ja	Ja	Ja
Planung im Graphikmodus			Ja	
Betriebssystem	MS-DOS, UNIX	MS-DOS	MS-DOS	MS-DOS
Zahl der Installationen (ca.)	110	35	60	30

Anbieter	
INTERTOUR	PTV GmbH, Karlsruhe
REALTOUR	LOG-Dienst GmbH, Düsseldorf
TOPAS	Dr. Waldmann GmbH, Bad Homburg
OPTITOUR	Dr. Städtler GmbH,Nürnberg

sten, bessere Datenversorgung durch geographische Informationssysteme, Fahrzeugortung und Datenkommunikation zwischen Depot und Fahrzeugen, sowie die Möglichkeit der Vernetzung von geographisch ↑verteilten Systemen.

Neue methodische Konzepte für die Tourenplanung sind sowohl in der *Mathematischem Optimierung* als auch in der *Künstlichen Intelligenz* entwickelt worden. ↑Expertensysteme leisten Unterstützung bei der Auswahlentscheidung des "besten" Algorithmus und beim Tuning des eingesetzten Algorithmus. Intelligente Suchverfahren, wie Simulated Annealing, Tabu-Suche und Genetische Algorithmen haben sich teilweise den klassischen Heuristiken in bezug auf die Lösungsqualität als überlegen erwiesen und sind in der Lage, komplexe Restriktionen mit zu erfassen.

Neue Ansätze der Mathematischen Optimierung, wie Lagrange Relaxation, Branch and Cut-Verfahren etc. erlauben, komplexe, d.h. alle Restriktionen umfassende Modelle exakt zu lösen, bzw. zu

berechnen, bis eine gewünschte Lösungsqualität erreicht ist.
Das Konzept des *Verteilten Problemlösens* wurde insb. zur Behandlung komplexer und zeitkritischer Problemstellungen umgesetzt. Die *Simulated Trading Heuristic* (Bachem., 1993) stellt eine Erweiterung der traditionellen Dekompositionsverfahren der Mathematischen Optimierung und des Konzeptes der pretialen Lenkung dar, indem nunmehr Austausch- bzw. Marktmechanismen simuliert werden. Motivation ist die Möglichkeit der Verteilung des Lösungsverfahrens und damit des Lösungsaufwandes auf mehrere parallel arbeitende Prozessoren. Das prototypische System TRAMPAS (Falk, 1993) ist KI-basiert und geht von einem dynamischen, in Realzeit zu lösenden Tourenplanungsproblem aus, das geographisch verteilt vorliegt und nicht durch ein geschlossenes Modell beschrieben und algorithmisch gelöst werden kann. Durch die geographische Verteilung des Fuhrparks definierte teilintelligente Agenten lösen das Tourenplanungsproblem kooperativ, indem sie auf der Basis des Contract Net-Protokolls neue Aufträge sukzessive einplanen.

Literatur: Bachem, A. et al.: Simulated Trading, Arbeitsbericht, Universität zu Köln, 1992. *Bargl, M.:* Tourenplanung in der Transportwirtschaft, Logistik im Unternehmen, Nr.6, 1992. *Bodin, L.D. et al.:* Routing and Scheduling of Vehicles and Crews, Special Issue, Vol. 10, Nr. 2, 1983. *Derigs, U., Grabenbauer, G.:* Rechnergestützte Vertriebstourenplanung, HMD 173, 1993. *Falk, J. et al.:* Unterstützung der Lager- und Transportlogistik durch teilintelligente Agenten, Information Management 8, 1993. *Schürmann, M.:* Bewertung und Auswahl von Tourenplanungssoftware. Dipl. -Arbeit, Kiel, 1992.

Prof. Dr. U. Derigs, Köln

Transaktion
Bezeichnung für mit einer Dateneinheit (↑Nachricht) vorgenommene Übertragungs- oder Verarbeitungsmaßnahme.

Transaktion Processing
Ausführung einer konsistenten Folge von logisch zusammenhängenden Arbeits- und Ablaufeinheiten, die aus mehreren Arbeitsschritten bestehen.

Trigger
Prozeduren, um Werteinträge zu berechnen, zu verändern und zu löschen.

Trojanische Pferde
Starten ihre Aktivitäten vom ↑Betriebssystem aus.

Tutorielle Systeme, Intelligente
T. unterscheiden mehrere Arten des computergestützten Lernens:
Erstes Klassifikationskriterium ist die Lernstufe, d.h. das Niveau der vermittelten Kenntnisse und Fähigkeiten. *Konventionelle Lernprogramme* vermitteln vor allem Reproduktionswissen, während ↑*wissensbasierte Systeme* auch andere Stufen der Lerntaxonomie, insb. die Problemlösungsfähigkeiten fördern. *Programmierumgebungen* lösen sich von bestimmten Curricula und stimulieren durch motivierende Inhalte die Selbsttätigkeit des Lernenden. Dabei hoffen sie, daß der Schüler allgemeine Problemlösungsfähigkeiten und -einstellungen erwirbt, die er auf andere Lerngegenstände übertragen kann. Die drei Kategorien von Lernsystemen unterscheiden sich außerdem durch die Fähigkeit, Probleme aus dem Lehrbereich eigenständig zu lösen (*Fachkompetenz*) und die ↑Mensch-Maschine-Interaktion flexibel zu gestalten (*Interaktionskompetenz*). Ein letztes Klassifikationsmerkmal ist das eingesetzte Entwicklungswerkzeug: Konventionelle Autorensprachen und -systeme erlauben auch ungeübten Programmierern die Entwicklung konventioneller CAL-Lektionen. *Wissensbasierte Lernprogramme* erfordern hingegen mächtigere und flexiblere Werkzeuge, wie sie für wissensbasierte Anwendungen (↑Künstliche Intelligenz) eingesetzt werden.
Ein ↑Programm, das seinen Fachbereich so gut kennt, daß es in eigener Kompetenz Aufgaben stellen und lösen kann, kommt einem idealen CAL-System näher als ein Programm, dessen Aufgaben und Lösungen fest vorgegeben sind. Je mehr Lösungsalternativen, Erklärungsschritte und Hilfen es anbietet, desto höher ist seine Erklärungskompetenz. Die Interaktionskompetenz hängt von der Fähigkeit ab, auf Benutzeräußerungen einzugehen.

Klassifikations-kriterium	1. Konventionelles CAL	2. Programmierum-gebungen	3. Wissensbasiertes CAL
Lernstufe	vor allem Reproduktionswissen	allgemeines Problemlösungswissen	vor allem spezielles Problemlösungswissen
Fachkompetenz	„konserven"kompetent	syntaktisch kompetent	eigenkompetent
Interaktions-kompetenz	systemzentriert	benutzerzentriert	flexibel
Entwicklungs-werkzeuge	Autorensprachen (z.B. Authorware Professional von Macromedia)	z.B. LOGO	KI-Werkzeuge (z.B. KI-Toolkits,, Lisp,, Prolog)

Während sie den Reaktionsspielraum von Lernsystem und Benutzer bestimmt, beeinflußt die Sprachkompetenz die Kommunikationsform. Menü- und Befehlsschnittstellen beschränken z.B. die Form des Dialogs stärker als natürlichsprachliche ↑Schnittstellen.
Ein ideales *T.* läßt sich durch zwei Teilmodelle beschreiben. Das *Aufbaumodell* beschreibt die statische Architektur eines ITS und versucht, Teilkompetenzen eines menschlichen Lehrers auf ein Lernprogramm abzubilden. Das *Ablaufmodell* beschreibt die Dynamik einer typischen Programmsitzung.

Das *Expertenmodul* versucht, die Fachkompetenz eines Lehrers abzubilden. Das Fachwissen befähigt ein ideales *T.* insb. Aufgaben selbst zu stellen und zu lösen. Ein durchsichtiger Experte kann außerdem die gefundenen Lösungen begründen. Er kennt also nicht nur eines oder mehrere Lösungsverfahren, sondern er ist auch in der Lage, die Lösungswege der Argumentationsweise des Benutzers angepaßt zu erklären. Das Expertenmodul arbeitet in diesem Punkt analog zum typischen ↑Expertensystem, das neben einer Problemlösungs- eine Erklärungskomponente enthält.

Die Methoden der Darstellung eigenkompetenter Expertenmodule sind vielfältig. Einige *T.* stellen ihr Fachwissen vorwiegend deklarativ dar, während die einen es z.B. als Frames darstellen, verwenden andere Produktionsregeln oder logische Klauseln. ↑Wissen läßt sich auch prozedural darstellen. SOPHIE I, ein Tutor für das Debugging von elektronischen Schaltkreisen, baut z.B. auf einem

Modul	Hauptaufgaben
Expertenmodul	modelliert einen Fachexperten: a) bietet Information an b) löst Aufgaben c) begründet Lösungen
Studentenmodul	modelliert einen Benutzer: a) eruiert Fähigkeits- und Motivationsstand b) erkennt Interaktions- und Lernstil c) stellt Fehler fest d) analysiert Fehler (Diagnose)
Unterrichtsmodul	modelliert einen didaktisch-methodischen Experten: a) wählt Inhalt und Ordnung der Information und bestimmt Fragen b) wählt Interaktionsstil (z.B. Interventionshäufigkeit und -zeitpunkt)
Kommunikationsmodul	modelliert einen Kommunikationsexperten: wählt Kommunikationsform (z.B. natürlichsprachlich oder menügesteuert)

(nicht durchsichtigen) Simulationsmodell auf (Brown, 1982).
Die Auswahl von Aufgaben und die Begründung von Lösungen hängen vom Fähigkeitsstand und nicht-kognitiven Merkmalen des Lernenden ab. Das *Studentenmodul* beobachtet das Problemlösungsverhalten des Benutzers und führt Buch über Stand und Veränderung dieser

Merkmale. Das Ergebnis des Studentenmoduls, die computergerechte Darstellung des jeweiligen Benutzers, heißt Studentenmodell. Schwerpunkt vieler Studentenmodule ist die Fehlerdiagnose. Durch Vergleich mit den Ergebnissen des Expertenmodells identifiziert das Studentenmodul Fehler. Dann versucht es, die systematischen von den zufälligen Fehlern zu trennen und schreibt das Verhalten des Benutzers den verantwortlichen Merkmalen zu.

Das *Unterrichtsmodul* entscheidet, welche ↑Informationen und Fragen das Kommunikationsmodul wann anbietet. Wichtig ist vor allem die Entscheidung, wann und wie oft der Tutor den Lernenden unterbricht. Während es so die Interaktionsinhalte bestimmt, wählt das *Kommunikationsmodul* die passende Interaktionsform. Der Übergang zwischen den beiden Modulen ist fließend: Ein ideales *T.* wird sich nämlich nicht nur grammatikalisch korrekt, sondern auch rhetorisch und pädagogisch wirksam ausdrücken.

Die Module eines idealen *T.* kommunizieren miteinander. Im Gegensatz zum Ablauf einer konventionellen CAL-Lektion (vor allem, wenn sie nach dem Skinner'schen Modell des linearen programmierten Unterrichts abläuft) ist der Ablauf der ↑Kommunikation zwischen den Modulen und der Ablauf einer *T.*-Sitzung insgesamt nur schwer darstellbar. Er ist um so komplexer, je enger die Kommunikation zwischen den Modulen ist.

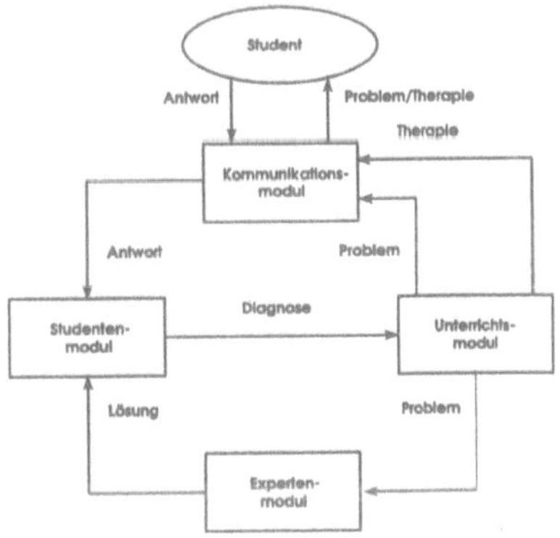

Die Probleme wissensbasierter Lernsysteme sind komplex. Viele Arbeiten beschränken sich deshalb auf Teilaspekte der vier Module und setzen sich so dem Vorwurf aus, die praktische Anwendung zu vernachlässigen.

Oft steht das theoretische Interesse so sehr im Vordergrund, daß der Lehrgegenstand so ausgewählt wird, daß sich das theoretische Ziel möglichst rein verfolgen läßt. Ein anderes Spannungsfeld entsteht aus dem Zusammentreffen der ingenieurwissenschaftlichen Forschungsinteressen der ↑Informatik und den empirischen Ansätzen der Unterrichtspsychologie und der Cognitive Science. Hauptziel der einen ist die Entwicklung eines praktisch einsetzbaren ↑Systems, das den Kriterien der ↑Softwarequalität genügt. Für die andern ist ein *T.* in erster Linie ein Vehikel, um kognitions- und unterrichtspsychologische Theorien zu testen.

Bestehende *T.* legen den Schwerpunkt meist auf Einzelaspekte des intelligenten computergestützten Lernens und sind in der Mehrzahl experimentell geblieben. Grund dürften nicht nur der hohe Entwicklungsaufwand und die theoriegerichtete Spezialisierung auf Einzelaspekte sein, sondern auch konzeptionelle Mängel: Unterrichts- und Studentenmodule entstehen meist ad hoc, das Expertenmodul kennt nur einen Teil der möglichen Lösungswege und das Kommunikationsmodul schränkt die Bewegungsfreiheit des Lernenden ein. Außerdem sind dem Streben nach Gegenstandsunabhängigkeit Grenzen gesetzt. Expertenmodule sind per definitionem domänenabhängig. Studenten-, Unterrichts- und Kommunikationsmodule legen zwar eine möglichst gegenstandsunabhängige Formulierung nahe; Expertenmodule - oft wegen ihrer Beschränkung auf einen eng definierten Gegenstandsbereich - hingegen greifen auf formalisierte oder empirisch getestete Theorien ihres Fachs zurück. Studenten- und Unterrichtsmodule gehen im besten Fall von Einzelergebnissen der Psychologie aus. Mangels formalisierter und ausgetesteter psychologischer Theorien werden diese Module ad hoc und gegenstandsabhängiger als beabsichtigt. Das Hauptkriterium erfolgreicher Expertensysteme, ein enger Gegenstandsbereich mit intersubjektiv nachprüfbarem und übereinstimmendem Wis-

Tutorielle Systeme, Intelligente

sen zu sein, wird von Studenten- und Unterrichtsmodulen in der Regel nicht erfüllt.

Literatur: Brown, J.S. et al: Pedagogical, Natural Language and Knowledge Engineering Techniques, in: SOPHIE I, II and III, in: Sleeman, 1982. *Lusti, M.*: Intelligente tutorielle Systeme. Bd. 15.4 des Handbuchs der Informatik, München, 1992. *Wenger, E.*: Artifical Intelligence and Tutoring Systems. Computational and Cognitive Approaches to the Communication of Knowledge, Los Altos, 1987. *Cognitive Science*: A Multidisciplinary Journal of Artificial Intelligence, Psychology and Language, Ablex, ab 1977. *Instructional Science*: An International Journal, Kluwer Academic, Amsterdam, ab 1971. *Intelligent Tutoring* Media, Learned Information, Oxford, ab 1990. *International Journal of Man-Machine Studies*, London, ab 1969. *Journal of Artificial Intelligence and Education*, Norwood, ab 1989.

Prof. Dr. M. Lusti, Basel

Übersetzungsprogramm
↑Programm, das in einer ↑Programmiersprache A (Quellsprache) abgefaßte Anweisungen ohne Veränderung der Arbeitsvorschriften in Anweisungen einer Programmiersprache B (Zielsprache) umwandelt.

UIL
User Interface Language

UIMS
User Interface Management System

ULSI
Ultra Large Scale Integration; ↑Chips mit bis zu 1 Milliarde Bauelementen.

Umweltinformationssysteme, betriebliche
Begriffserklärung
Ein *Betriebliches Umweltinformationssystem* (BUIS) ist eine Menge von aufeinander abgestimmten, in die Organisation eines Betriebes eingebetteten Verfahren zur Ermittlung und Darstellung betrieblicher Umweltwirkungen. Darunter sind relevante Veränderungen und Belastungen der natürlichen Umwelt zu verstehen, die von der Tätigkeit des Betriebes direkt oder indirekt verursacht werden. *U.* werden unter der Zielsetzung entwickelt, negative betriebliche Umweltwirkungen zu erkennen, zu kontrollieren und zu verringern.
Ein *U.* ist nicht notwendigerweise ein informationstechnisches ↑System, allerdings sind die benötigten Verfahren ohne durchgängige informationstechnische Unterstützung nicht wirtschaftlich zu realisieren. Aus diesem Grunde definieren einige Autoren *U.* spezieller als DV-Systeme, die die o.g. Funktionen erfüllen. Andere Autoren sprechen dagegen explizit von computerunterstützten *U.* (Wicke et al., 1992).
U. dienen nicht nur der Erfassung von Umweltdaten und der Unterstützung von Maßnahmen zur Vermeidung, Begrenzung oder Beseitigung von Umweltschäden, sondern sind auch in das Umfeld der betrieblichen ↑Anwendungssysteme eingebettet. Die Anforderungen an *U.* sind daher nicht ausschließlich ökologischer Natur, vielmehr sind ökonomische und technologische Anforderungen aus dem Anwendungsfeld bei ihrer Implementierung zu beachten.
Funktionen
Üblicherweise wird zwischen der externen Funktion (Unterstützung des umweltbezogenen Dialogs zwischen dem Unternehmen und seinem Umfeld) und der internen Funktion (Unterstützung der umweltorientierten Planung, Entwicklung, ↑Steuerung und Kontrolle der betrieblichen Abläufe) von *U.* unterschieden. Die von *U.* bereitgestellten Informationen haben die folgenden externen Adressaten (Wicke et al., 1992):

- Kunden und Verbraucher berücksichtigen ökologische Kriterien insb. bei der Wahl von Produkten und Dienstleistungen; daraus ergibt sich ein steigender Bedarf an produkt- und unternehmensbezogenen Umweltinformationen.
- Lieferanten und Abnehmer benötigen aufgrund ihrer Erwartungen über die Dauerhaftigkeit der Geschäftsverbindungen Umweltdaten ihres Marktpartners. Der Abnehmer, der seine Umweltbelastungen verringern möchte, braucht insb. umweltrelevante Angaben über die bezogenen Roh-, Hilfs- und Betriebsstoffe.
- Investoren (Anteilseigner und Kreditgeber) berücksichtigen vermehrt auch Umweltaspekte. Bspw. achten Banken bei der Beleihung von Grundstücken auf potentielle Altlasten. Umweltbewußte Anleger entscheiden sich bei gleichen Renditeerwartungen für das am wenigsten umweltbelastende Unternehmen.
- Versicherungen stehen heute vor der Aufgabe, die wachsenden Haftungsrisiken im Umweltbereich zu identifizieren und zu bewerten.
- Gegenüber Behörden haben Unternehmen Informations- und Auskunftspflichten in bezug auf betriebliche Umweltdaten, speziell im Bereich Immissionsschutz.

Die interne *Funktion eines U.* umfaßt die Planung, Entwicklung, ↑Steuerung und Kontrolle der betrieblichen Abläufe mit dem Ziel der Vermeidung, Verringerung oder Beseitigung produktionsbedingter Umweltschädigungen. Neben privaten Haushalten und Landwirtschaft ist die industrielle Produktion maßgeblich an der Beeinträchtigung der natürlichen Umwelt

Umweltinformationssysteme, betriebliche

beteiligt. Diese Beeinträchtigungen werden sowohl durch die Input-, als auch durch die Outputseite von Produktionsprozessen verursacht: Auf der Inputseite führt der hohe Verbrauch von Rohstoffen, auf der Outputseite die Entsorgung unerwünschter Kuppelprodukte, insb. Schadstoffemissionen und feste oder flüssige Produktionsrückstände zu Umweltbelastungen. Weiterhin können Produkte auch während und nach dem Gebrauchsprozeß z.B. durch Schadstoffemissionen und Verbrauch von Deponieraum die Umwelt belasten.

Ökobilanzen, Ökocontrolling, Öko-Audit
Das Instrument, das bisher am häufigsten für die externe (und zunehmend auch für die interne) Dokumentation von Umweltwirkungen eingesetzt wird, ist die *Ökobilanzierung*. Eine wichtige Gruppe bilden Ökobilanzen für Produkte, genauer als Lebenswegbilanzen (Life Cycle Assessment, LCA) bezeichnet, die alle relevanten Umweltwirkungen eines Produktes, von der Rohstoffgewinnung über die Produktion bis hin zur Entsorgung, dokumentieren und bewerten. Eine solche Bilanz kann als Spezialisierung einer Produktlinienanalyse (PLA) aufgefaßt werden, wobei eine PLA neben ökologischen auch soziale und nutzenbezogene Kriterien berücksichtigt. Allerdings hat die Ökobilanz, anders als die PLA, eine vergleichende Funktion, indem sie mehrere Untersuchungsobjekte (oder Ist- und Sollzustand des gleichen Objekts) einander gegenüberstellt (UBA, 1992).
Eine zweite Gruppe von Ökobilanzen hat einen Betrieb oder ein Unternehmen zum Gegenstand. Hier kann von einer Spezialisierung des früheren Konzepts der Sozialbilanz gesprochen werden, die das generelle Ziel hat, die in der traditionellen Finanzbuchhaltung und Bilanzierung nicht enthaltenen gesellschaftlichen Wirkungen der Unternehmenstätigkeit abzubilden. Während der Ansatz der Sozialbilanz wegen seines umfassenden Anspruchs heute als gescheitert gilt, erscheint die systematische Bilanzierung der Umweltwirkungen eher realisierbar. Ein vielbeachtetes, methodisch geschlossenes Konzept wurde in Form der *ökologischen Buchhaltung* bereits in den 70er Jahren vom Schweizer Unternehmensberater Müller-Wenk vorgelegt. Es wurde später zu der vom schweizerischen Bundesamt für Umwelt, Wald und Landschaft (BUWAL) empfohlenen Methodik für Ökobilanzen weiterentwickelt. In der Bundesrepublik gibt es eine Vielzahl von Ansätzen zur ökologischen Bilanzierung von Unternehmen. Kleinster gemeinsamer Nenner ist die Input/Output-Bilanz eines Betriebes, die alle Stoffe und Energieformen dokumentiert, die in den Betrieb eingehen und ihn (in Form von Produkten, Abfällen und Emissionen) wieder verlassen. Dabei wird der Betrieb als Black Box betrachtet. Aus Gründen der Massen- und Energieerhaltung kann die Ausgeglichenheit dieses Typs von Ökobilanzen gefordert werden, so daß es sich um eine Bilanz im ursprünglichen Wortsinne handelt.

Zur Aufdeckung von Schwachstellen und Optimierungspotentialen ist in der Regel eine detailliertere Betrachtung notwendig; hier werden einzelne Produktionsverfahren (Prozeßbilanz) oder Produkte untersucht (Produktbilanz). Die *Produktbilanzen* werden teilweise als Untermengen der betrieblichen Stoff- und Energieströme verstanden. Teilweise werden aber auch die dem Betrieb vor- und nachgelagerten Stufen berücksichtigt, so daß die (betriebliche) Produktbilanz im Grenzfall zu einer Lebenswegbilanz im oben erläuterten Sinne wird. Zusätzlich zu Prozeß- und Produktbilanzen wird häufig auch eine sog. *Substanzbilanz* zur Erfassung dauerhafter betrieblicher Umweltnutzungen (z.B. Flächennutzungen) erstellt. Zur Einordnung verschiedener Konzepte zur Softwareunterstützung werden hier die folgenden drei *Schritte der Ökobilanzierung* (angelehnt an UBA 1992) unterschieden:

- *Sachbilanz* (Inventory): Auswahl und Erfassung der vom Untersuchungsgegenstand ausgehenden Umweltbelastungen;
- *Wirkungsbilanz* (Environmental Impact Analysis/Assessment): Beschreibung und Quantifizierung der von den erfaßten Umweltbelastungen ausgehenden Wirkungen auf die natürliche Umwelt;
- *Bilanzbewertung* (Valuation): Aggregation der Ergebnisse von Sach- und Wirkungsbilanz zur Gewinnung entscheidungsrelevanter ↑Informationen.

Umweltinformationssysteme, betriebliche

Die bisher verfügbaren ↑Systeme legen ihren Schwerpunkt in der Regel auf einen der drei Schritte; danach werden sach-, wirkungs- und bewertungsorientierte Systeme unterschieden (Pederson, Weidema, 1993; Umweltinformatik, 1994):

- Eine zentrale Aufgabe bei der Erstellung der *Sachbilanz* für Betriebe, Prozesse oder Produkte ist die Abbildung der relevanten Stoff- und Energieflüsse in einem mathematischen Modell.

Eines der ersten Programme ist das LCA Inventory Tool (Chalmers Industrieteknik, Schweden), das die Modellierung von Produktlebenszyklen mit Hilfe gerichteter ↑Graphen unterstützt, wobei eine Datenbasis mit Emissionsdaten über die wichtigsten Materialien, Transportprozesse und Energieträger zur Verfügung steht. Das System EcoNet (Institut für UmweltinformatikHamburg/Institut für Energie- und Umweltforschung Heidelberg) unterstützt die Modellierung von Stoff- und Energieflußsystemen auf der Basis der sog. Stoffstromnetze, einer Interpretation von Petrinetzen. Betriebs- und Produktökobilanzen auf unterschiedlichen Betrachtungsebenen lassen sich einheitlich behandeln, wobei eine erweiterbare Bibliothek mit Bausteinen für die Bereiche Energie, Transport und Entsorgung zur Verfügung steht. Weitere sachorientierte Systeme sind TEA (Tools for Ecological Analysis, Ecobilan, Frankreich), IDEA (International Database for Ecoprofile Analysis, Technical Centre of Finland) und GEMIS/TEMIS (Gesamtemissionsmodell für integrierte Systeme, Öko-Institut Darmstadt/ Hessisches Ministerium für Wirtschaft und Technik).

- Bei der Abschätzung von Umweltwirkungen werden primär Daten über chemische Stoffe und ihr Verhalten in der Umwelt benötigt (*wirkungsorientierte Systeme*). Das Programm SimaPro 2 (PRe, Niederlande) ist zur Unterstützung der ökologischen Produktentwicklung konzipiert. Anhand einer ↑Datenbank über Materialien und Produktionsprozesse werden die direkten und indirekten Umweltwirkungen (z.B. Eutrophierung, Treibhauseffekt, Ökotoxizität) einer vorgeschlagenen Produktvariante abgeschätzt. Daneben gibt es eine Reihe von international angebotenen online-Stoffdatenbanken, die Umweltwirkungen chemischer Substanzen dokumentieren, z.B. ECDIN (Environmental Chemical Data and Information Network; DIMDI, Köln), oder IRPTC (International Register of Potentially Toxic Chemicals; Health and Welfare, Canada).

- Das Programm EPS (Environmental Priority Strategies, Swedish Environmental Research Institute) unterstützt die Bewertung von Ressourcenverbrauch und Emissionen auf Basis der Monetarisierung von Umweltbelastungen. Andere *Bewertungskonzepte* (wie ökologische Knappheit) können ebenfalls berücksichtigt werden. Das Institut für ökologische Wirtschaftsforschung (IÖW, Berlin) hat zusammen mit der PSI GmbH ein Programm zur Visualisierung von Bewertungen entwickelt, die der Benutzer anhand eines ökologischen Kriterienkatalogs mit dem sogenannten ABC-Rasterverfahren vornimmt. EXCEPT (IBM Deutschland/-TU Hamburg-Harburg) ist ein ↑wissensbasiertes System, das komplexe, regelbasierte ökologische Bewertungsverfahren unterstützt. Im Vordergrund stehen hier die Dokumentation und die Erklärung der Bewertungsvorgänge, sowie der Vergleich von Bewertungsalternativen.

Als *Ökocontrolling* oder *Umweltcontrolling* wird ein ↑Informationssystem bezeichnet, das zur Analyse, Planung, Steuerung und Kontrolle aller ökologisch relevanten Aktivitäten eines Unternehmens dient (Hallay/Pfriem, 1992). Ökocontrolling kann daher als ein umfassendes *U.* betrachtet werden. Einige Autoren heben besonders die vorausschauende Funktion des Ökocontrolling als Frühwarnsystem zur Identifizierung von Umweltrisiken und Umweltmärkten hervor (Wicke et al., 1992). Ökobilanzen können als wichtige Instrumente im Rahmen eines Ökocontrollingkonzepts dienen und erfüllen dann eine primär interne Funktion (Schwachstellenanalyse, Kontrolle der Zielerreichung). Hinsichtlich Softwareunterstützung stellen sich beim Ökocontrolling besonders Probleme der Integration neuer, umweltorientierter Komponenten in die vorhandenen betrieblichen ↑Anwendungssysteme.

Die von der EU am 29. Juni 1993 verabschiedete Öko-Audit-Verordnung, die ab

Umweltinformationssysteme, betriebliche

April 1995 direkt im nationalen Recht anzuwenden ist, definiert ein freiwilliges Verfahren zur Überprüfung betrieblicher (standortbezogener) *Umweltmanagementsysteme von Unternehmen*. Mit dem Öko-Audit wird eine Brücke zwischen interner und externer Funktion eines *U.* geschlagen: Durch Überprüfung und Zertifizierung unternehmensinterner Maßnahmen, die für die Reduzierung von Umweltbelastungen entscheidend sind, werden diese für die Öffentlichkeit sichtbar gemacht. Ein zertifiziertes Unternehmen ist berechtigt, ein solches Zeichen zu führen, darf damit jedoch keine Produktwerbung betreiben.

Das Öko-Audit-Schema sieht regelmäßige, mindestens alle drei Jahre zu wiederholende Umweltbetriebsprüfungen durch unternehmenseigene oder externe Gutachter vor. Dabei wird erstens die Einhaltung aller rechtlichen und technischen Vorschriften und zweitens ein als freiwillige Zusatzleistung zu installierendes Umweltmanagementsystem überprüft. Ergebnis der Prüfung ist eine für die Öffentlichkeit bestimmte Umwelterklärung. Ein zweiter, in jedem Falle externer und unabhängiger Gutachter muß dann das gesamte Verfahren überprüfen und für gültig erklären, damit der Standort das Zertifikat erhält.

Die Öko-Audit-Verordnung verweist auf eigenstaatliche Normen zum Umweltschutz. In dem Maße, in dem nationale und internationale Normungsbestrebungen im Bereich Umweltmanagement zu Ergebnissen führen werden (DIN-Normenausschuß Grundlagen Umweltschutzsysteme, sowie ISO 14000), wird auch die softwaretechnische Unterstützung eines umfassenden Umweltmanagements bzw. Ökocontrolling auf einer sicheren Grundlage aufbauen können.

Produktionsnahe U.

U. für interne Funktionen sind durch eine enge Kopplung mit bestehenden Systemen im Produktionsbereich gekennzeichnet, die unter dem ↑CIM (Computer Integrated Manufacturing) -Konzept zusammengefaßt sind. Die Entsorgungssicherung, zu der sowohl die Abfallbeseitigung als auch das Recycling gehören, ist dabei eine Querschnittsfunktion, die sich über alle Funktionsbereiche des CIM-Konzepts erstreckt. Ein umfassendes Fachkonzept zur Entsorgungssicherung von Industriebetrieben ist am Institut für Wirtschaftsinformatik der Universität des Saarlandes entwickelt worden (Umweltinformatik, 1994).

Werden die CIM-Komponenten im einzelnen betrachtet, so kristallisieren sich Erweiterungen bestehender Systeme vor allem in den Bereichen Konstruktion (↑CAD - Computer Aided Design), sowie Produktionsplanung und -steuerung (↑PPS) heraus.

Bei der Konstruktion neuer Produkte werden nicht nur die wesentlichen Parameter für die Produktion, sondern auch für Entsorgung, Demontage und Recycling festgelegt. Die recycling- und entsorgungsgerechte Konstruktion umfaßt dabei folgende Bereiche:

- der Einsatz von Primärstoffen soll minimiert werden;
- bei der Werkstoffauswahl sollten möglichst homogene und recyclingfähige Stoffe ausgewählt werden;
- es sollten demontagefreundliche Verbindungen berücksichtigt werden;
- die Bewertung von Konstruktionen im Hinblick auf Demontagegerechtheit muß unterstützt werden.

Insb. auf die informationstechnische Unterstützung des letzten Punkts sind aktuelle Forschungsarbeiten der Universität Erlangen-Nürnberg gerichtet. Die Forschungsarbeiten im PPS-Bereich lassen sich grob in zwei Bereiche einteilen: PPS-Systeme müssen neben den bekannten Zielgrößen (Minimierung von Lagerbeständen und Durchlaufzeiten, Sicherung der Termintreue und Maximierung der Kapazitätsauslastung) auch die Emissions- bzw. Abfallvermeidung bzw. -reduzierung, sowie die Reststoffverwertung berücksichtigen. Der hierfür am IIP (Institut für industrielle Produktion) der Universität Karlsruhe entwickelte Umwelt-PPS-Ansatz ist ein erster Schritt in diese Richtung. Weitere Forschungsansätze beschäftigen sich mit der Planung und ↑Steuerung von Recyclingprozessen. Da das (Produkt-) Recycling technischer Güter wie Maschinen, Automobile, Haushaltsgeräte oder Produkte der Unterhaltungselektronik ähnlich aufwendig wie deren Produktion ist, ist eine Planung und Steuerung von Recyclingprozessen mit einem ähnlichen methodischen Instrumentarium erforderlich, wie es in der ↑PPS angewendet wird. Am Betriebswirtschaftlichen Institut der Universität Erlangen-Nürnberg wird zur Zeit ein ↑Informationssystem zur Unterstützung von Demontageprozessen entwickelt. Dieses Vorhaben zielt auf die Unterstützung des Massenrecycling durch eine weitgehend automatisierte Umsetzung von Stücklisten- und Arbeitsplandaten aus dem Produktions- in den Recyclingbereich ab. Weiterhin ist die Bereitstellung aller für die Recyclingplanung relevanten ↑Informationen, sowie deren Gewinnung aus PPS-Datenbasen in Form eines Recyclinginformationssystems Gegenstand eines Forschungsprojekts am Institut für Wirtschaftsinformatik der Westfälischen Wilhelms-Universität in Münster.

Ein weitergehender Ansatz, der am gleichen Institut entwickelt wird, ist die integrierte Produktions- und Recyclingplanung und -steuerung: Eine effiziente Recyclingplanung und -steuerung wird hier durch die Integration des Recycling in die PPS erreicht, indem Produktions- und Recyclingprozesse ineinandergreifen und auf Basis einer integrierten Funktionen- und Datenbasis geplant werden.

Literatur: Haasis, H.-D.: Planung und Steuerung emissionsarm zu betreibender industrieller Produktionssysteme, Heidelberg, 1994. *Hallay, H., Pfriem, R.*: Öko-Controlling. Umweltschutz in mittelständischen Unternehmen, Frankfurt, 1992. *Pedersen Weidema, B.* (Hrsg.): Environmental Assessment of Products, Helsinki, 1993. *UBA*: Ökobilanzen für Produkte. UBA-Texte 38/92, Berlin, 1992. Umweltinformatik: *Hilty, L.M. et al.* (Hrsg.): Informatik für den Umweltschutz, 8. Symposium, Hamburg, 1994, Marburg, 1994. *Wicke, L., Haasis, H.-D. et al.*: Betriebliche Umweltökonomie, München, 1992.

Dr. L. M. Hilty, Dr. C. Rautenstrauch, Hamburg, Münster

Umweltschutzinformationssysteme und Umwelt-PPS, betriebliche

Im Zusammenhang mit zunehmender Bedeutung eines integrierten betrieblichen Umweltschutzes für Industrie, Handel und Handwerk (Wicke, 1992; Enquete-Kommission, 1993; Haasis, 1994) sind derzeit computergestützte betriebliche Umweltschutzinformations- und -managementsysteme *(BUIS)* in der Entwicklung. Ziele dieser Systeme sind die computerunterstützte Erfassung, Verwaltung und entscheidungsorientierte Aufarbeitung von ↑Informationen zur Planung, Umsetzung und Kontrolle emissions- und abfallarm zu betreibender Produktionssysteme. Ihre Auslöser finden sie u.a. in der ständig wachsenden Zahl gesetzlicher Vorschriften und Verordnungen und damit in den steigenden Anforderungen an das Berichtswesen und in der Revisionsfähigkeit, sowie in der Notwendigkeit, für Entscheidungen zur Realisierung eines integrierten Umweltschutzes, Informationen abteilungsübergreifend und konsistent zur Verfügung zu haben (Haasis, 1994).

Informationsbedarf besteht hierbei nach

- Daten über betriebliche Stoffströme;
- Daten über deren Zusammensetzung und Eigenschaften;
- Daten über Anlagen und Maschinen bzgl. deren Energieverbrauch, Wirkungsgrad und Emissions-/Abfallanfall, - Daten über einsetzbare Alternativstoffe bzw. -teile und -anlagen;
- Daten - soweit möglich - über Umweltbelastungen und -wirkungen eingesetzter Stoffe.

Diesem Bedarf steht zunächst ein nur mageres konsistentes Informationsangebot gegenüber. Dennoch ist in Industriebetrieben oftmals festzustellen, daß durchaus eine brauchbare Ausgangsdatenbasis (etwa Sicherheitsdatenblätter, Entsorgungsnachweise, Emissionserklärungen, etc.) bereits vorhanden ist, diese sich jedoch zerstückelt in verschiedenen Abteilungen wiederfindet. Durch ein abteilungsübergreifend konzipiertes *BUIS* sind im wesentlichen zwei Aufgabengruppen abzudecken:

- eine Planung, Steuerung und Kontrolle einzelner Maßnahmen zur Realisierung eines integrierten Umweltschutzes, sowie
- eine Informationsbereitstellung zur Intensivierung des Dialogs zwischen Betrieb und Kunden, Lieferanten, Investoren, Versicherungsgesellschaften, Behörden und Öffentlichkeit.

Der bisherige Entwicklungsstand dieser Systeme geht jedoch i.a. über Dokumentationsaufgaben (etwa im Zusammenhang mit einer Erstellung und Verwaltung von DIN-Sicherheitsdatenblättern, Emissionserklärungen, Entsorgungsnachweisen, Begleitscheinen und Ökobilanzen) nicht hinaus. Für eine betriebliche Schwachstellenanalyse und eine anschließende Maßnahmengenerierung ist sowohl im strategischen als auch im operativen Bereich über bisher diskutierte Ansätze, etwa Ökobilanzen oder Kennzahlensysteme, hinauszugehen (Haasis, 1994). Eine wesentliche Rolle spielen weit mehr Methoden zur Abbildung und Bewertung der jeweiligen Minderungspotentiale und möglicher Auswirkungen betrieblicher Umweltschutzmaßnahmen auf den Produktionsprozeß im Zeitablauf. Zur Entscheidungsunterstützung sind daher künftig *BUIS* um Module zur

- Planung (z.B. Verwendung methodischer Ansätze) ↑Simulation und Optimierung von Material- und Energieflußsystemen, sowie zur Maßnahmengenerierung; Steuerung (bspw. durch Umsetzungsvorgaben) an Fertigungs- bzw. Prozeßleitstände und Überwachung, (Schwachstellenanalysen, Soll-/ Ist-Vergleiche);
- um eine informationswirtschaftliche Kopplung mit bereits eingesetzten Informationssystemen zu erweitern. Insb. für Planungsansätze sind sowohl operative als auch strategische Elemente mit einzubeziehen.

Da ebenfalls herkömmliche PPS-Systeme Aufgaben der Planung, Steuerung, aber auch der Überwachung und Kontrolle übernehmen, ist es naheliegend, sich bei einem *BUIS* zumindest zunächst für den operativen Bereich an der Konzeption von PPS-Systemen zu orientieren. Dieses *Umwelt-PPS-System* müßte jedoch im Gegensatz zu PPS-Systemen abteilungsübergreifend angelegt, oder zumindest mit ↑Schnittstellen zu weiteren betrieblichen ↑Informationssystemen ausgestattet werden. Unterschiedliche Produktionsstrukturen und Emissions- bzw. Abfall-/Anfallprofile von Industriebetrieben bedingen, hierfür notwendige ↑Datenmodelle branchen- und/oder betriebstypisch anzulegen. Eine Auswertung der operativen Datenbestände im Sinne einer Informationsverdichtung könnte dann als Basis für Planungsmodule auch im strategischen Bereich herangezogen werden.

So sind etwa zur Realisierung eines *BUIS* für die Fertigungsindustrie u.a. folgende Dateien zu erweitern bzw. neu anzulegen:

- *Teilestammdatei* (zusätzliche Beschreibung einsetzbarer Teile bez. Aufarbeitbarkeit bzw. Recyclierbarkeit);
- *Hilfsstoffdatei* (zusätzliche Beschreibung einsetzbarer Hilfsstoffe mittels Attributen, wie Zugehörigkeit zu Gefahrstoffklassen, Stoffzusammensetzung);
- *Lagerdatei* (Erfassung potentieller Lagerorte für Rest- und Abfallstoffe, Gefahrstoffe);
- *Arbeitsplandatei* (Erweiterung um optionale Fertigungs- und Montagearbeitspläne, aber auch Aufarbeitungsarbeitspläne und Demontagearbeitspläne).

Des weiteren sind Reststoff- und Abfallbestandsdateien, sowie Entsorgungsdateien zu integrieren. Diese enthalten u.a. Angaben über Art, Menge, Zusammensetzung, Anfallort und -zeitpunkt. Die Verknüpfung dieser Datenbestände ist in Abhängigkeit ausgewählter Aufgaben bzw. Funktionalitäten zu betrachten. Diese können sich an umweltschutzorientiert erweiterten Kernaufgaben der betrieblichen Produktionsplanung und -steuerung ausrichten, also an einer Produktionsprogrammplanung, einer Mengenplanung und einer Termin- und Kapazitätsplanung. Darüber hinaus sind sie auf Rest- und Abfallstoffe zu übertragen: Entsorgungsplanung und -steuerung.

So sind bspw. zur Unterstützung einer Funktion *Entsorgungsplanung* einerseits ↑Informationen über relevante gesetzliche Auflagen, Stoffcharakteristika, sowie inner- und überbetriebliche Recyclingmöglichkeiten erforderlich; andererseits werden Daten über potentielle *Entsorger*, sowie Abfall-/Anfallmengen benötigt. Durch eine entsprechende funktionale Ausrichtung auch anderer Aufgaben ergäben sich damit vielfältige Möglichkeiten einer informationswirtschaftlichen Unterstützung eines integrierten Umweltschutzes im Betrieb (Haasis, 1994).

Eine objektive Bewertung ökologischer Auswirkungen betrieblicher Unternehmensaktivitäten ist bis heute jedoch auch mit *BUIS* nicht realisierbar. Erst dann,

wenn derzeit noch fehlende Ursache-Wirkungszusammenhänge ermittelbar bzw. kontrovers diskutierte Bewertungsansätze erfolgreich harmonisiert werden, könnte diese Lücke geschlossen werden.
Die marktfähige Realisierung eines derartigen computergestützten Systems ist i.w. jedoch davon abhängig, inwieweit es gelingt, entsprechende branchentypische und aufgabenspezifische ↑Datenmodelle für eine möglichst breite Anwendergruppe zu entwickeln. Gelingt dies, so bilden diese Systeme einen wesentlichen Baustein zur Unterstützung von Planung, Steuerung und Kontrolle eines integrierten Umweltschutzkonzeptes im Industriebetrieb. Ihr Einsatz kommt in einigen Jahren - entsprechend der Weise, wie derzeit PPS-Systeme den Eingang in den betrieblichen Alltag gefunden haben.
Literatur: Enquete Kommission „Schutz des Menschen und der Umwelt" des Deutschen Bundestages *(Hrsg.)*: Wege zum nachhaltigen Umgang mit Stoff- und Materialströmen, Bonn, 1993. *Haasis, H.-D.*: Ökologische Bilanzierung, in: *Junkernheinrich, M. et al. (Hrsg.)*: Handbuch zur Umweltökonomie, Berlin, 1994. *Haasis, H.-D.*: Planung und Steuerung emissionsarm zu betreibender industrieller Produktionssysteme, Heidelberg, 1994. *Haasis, H.-D.*: PPS-Systeme und betrieblicher Umweltschutz, in: Zeitschrift für wirtschaftliche Fertigung und Automatisierung, Heft 3, 1994. *Wicke, L. et al.*: Betriebliche Umweltökonomie, München, 1992.

Prof. Dr. H.-D. Haasis, Bremen

UNIX

UNIX ist ein eingetragenes Warenzeichen dessen Besitzer heute die X/OPEN und davor Novell, die USL, AT&T und zuerst die Bell Laboratories waren. Die Väter von UNIX, Ken Thompson und Dennis Ritchie, entwickelten das System Ende der 60er Jahre in den Bell Labs. Der Name UNIX entstand als scherzhafter Bezug auf ein fehlgeschlagenes Projekt mit dem Namen MULTICS.
Was ist UNIX?
Zuerst ein ↑Betriebssystem, d.h. ein großes Softwareprodukt, welches unmittelbar auf der ↑Hardware läuft. Ein Betriebssystem hat als Vermittler zwischen der Hardware und dem Nutzer (in Form eines Menschen oder eines Anwendungsprogrammes) die Aufgabe, die Nutzung der Ressourcen des ↑Computers mit seiner Peripherie zu sichern.
Was ist das Besondere an UNIX?
UNIX ist - trotz aller Unkenrufe - das ↑Offene System, d.h. es ist firmenunabhängig im Gegensatz zu den proprietären Systemen. Bereits Mitte der 70er Jahre entwickelten sich an den amerikanischen Universitäten Fangruppen, die Entwicklungen am System bzw. unter Nutzung des Systems vornahmen. Dies war möglich, da die Quelltexte des Systems bis Ende der 70er Jahre praktisch kostenlos zur Verfügung standen. Heute gibt es im Umfeld von UNIX eine riesige Menge frei verfügbarer ↑Software - sog. ↑Public Domain-Software. Dies betrifft z.B. auch ein neu entwickeltes UNIX-System, das System LINUX, welches inzwischen sehr stark von Studenten genutzt wird. An dieser Stelle wird bereits deutlich, UNIX steht nicht für ein System, sondern für eine Systemklasse oder besser für eine Betriebssystemphilosophie.

Eng verbunden mit UNIX ist auch die freie ↑Kommunikation via ↑*Internet*. Internet steht hier für den weltweiten Verbund von Millionen von Rechnern auf dem eine Vielzahl von Diensten angeboten werden (Übertragung von ↑Dateien - ↑FTP, Nutzung von Informationsdiensten - News, ↑Gopher, ↑WWW, Nutzung von verteilten Ressourcen - ↑telnet und Kommunikation - mail). Ein weiterer Pluspunkt von UNIX ist die enge Verflechtung mit der erfolgreichen ↑Programmiersprache *C*. Hier zwingt sich der Vergleich mit der Frage auf, ob die Henne oder das Ei zuerst da war.
Da C „die Systementwicklungsplattform" geworden ist, steht C auf jedem neu entwickelten ↑Prozessor zur Verfügung und damit auch unmittelbar UNIX, da UNIX in C geschrieben ist. Das Ergebnis: Es gibt praktisch kein Computersystem, für welches es kein UNIX gibt. Aufgrund der Offenheit und der breiten Entwicklung entstanden sehr schnell eine Vielzahl von UNIX-Systemen. Es entwickelte sich deshalb für dieses System, schneller als in anderen Bereichen, das Bedürfnis nach Vereinbarungen (Standards). Beispiele sind:

- SVID - System V Interface Definition von AT&T;
- X/OPEN Portability Guide - Initiative europäischer Hersteller;
- ↑POSIX - amerikanisches Standardisierungskomitee;
- ↑OSF - Herstellervereinigung zur Entwicklung von Technologien und Standards;
- COSE - jüngste Herstellervereinigung, mit dem Ziel, dem Nutzer einen einheitlichen Zugang zu den verschiedenen UNIX-Systemen anzubieten.

Schlußfolgerung aus diesen jahrelangen Bemühungen - es wird nie 'ein UNIX' geben. Was sicher auch nicht vernünftig wäre, da es Stagnation bedeutete. Die Standards sichern aber in der Praxis eine immer bessere Portabilität, Kompatibilität und Interoperabilität von Anwendungen, ↑Daten und der Kenntnisse der Nutzer. Nach der Posixdefinition charakterisiert dies ein ↑offenes System.

Was sind die Charakteristika?

Um ↑Objekte zu charakterisieren, ist es angebracht, eine Klassifikation vorzunehmen. ↑Betriebssysteme lassen sich grob wie folgt einteilen:

- nach der *Anzahl der gleichzeitigen Nutzer:* Einzelnutzersysteme (Single User), z.B. ↑DOS, ↑OS/2, ↑Windows NT und Mehrnutzersysteme (Multi User), z.B. ↑UNIX;
- nach der *Anzahl der gleichzeitig zu bearbeitenden Aufgaben* (Task, Process): Einprozeß-Systeme (Single Process), z.B. DOS und Mehrprozeß-Systeme, z.B. OS/2, Windows NT, UNIX;
- nach der *Form der ↑Kommunikation:* Stapelsysteme (früher Closed Job, heute Hintergrundjobs), ↑Dialogsysteme (Interactive, Vordergrundjobs) und Echtzeitsysteme (Realtime);
- nach dem *Einsatzgebiet:* Serversysteme, z.B. UNIX (OS/2, Windows NT mit Einschränkung, da nicht Multi User) und Desktopsysteme, z.B. DOS, OS/2 (NT, UNIX mit Einschränkung, Ressourcenbedarf);
- nach der *Anzahl der ↑Prozessoren* (CPU, Zentraleinheit).

Im letzteren Fall werden aber nur Einprozessormaschinen betrachtet (heute der 'normale' ↑Computer, ↑von Neumann-Maschine). Für UNIX (Multi User/Multi Process) bedeutet dies, daß sich die Aufgaben um die eine CPU bewerben müssen. Durch die extrem höhere Verarbeitungsgeschwindigkeit der CPU gegenüber der Peripherie oder gar des Menschen wird ein quasi paralleler Betrieb realisiert, der sich dem Nutzer als zeitgleich darstellt. Die parallel laufenden Aufgaben (Programme in der Ausführung) werden in UNIX 'Prozesse' und der Teil des Betriebssystems, der die Steuerung durchführt 'Prozeßverwaltung' genannt. Der Wechsel zwischen den Prozessen wird nicht nur durch die CPU bestimmt. Ein Prozeß, der z.B. auf die Eingabe eines Nutzers wartet, benötigt natürlich in dieser Zeit die CPU nicht. Ein Prozeß durchläuft also in seiner Bearbeitung (seinem Leben) verschiedene Zustände (zyklisch), die durch die Zuordnung bzw. das Warten auf bestimmte Ressourcen (Betriebsmittel) charakterisiert sind. Diese Zustände sind in der Tabelle zusammengestellt.

aktiv	Alle Ressourcen sind zugeordnet, Operationen werden ausgeführt.
bereit	Nur die CPU ist nicht zugeordnet.
wartend	Weitere Ressourcen stehen nicht zur Verfügung, der Prozeß steht aber noch im Hauptspeicher.
ausgelagert	Der Prozeß ist auf einen externen Speicher ausgelagert (meist Platten).

Zusätzlich werden im UNIX zwei weitere ↑Betriebsarten Nutzermodus und Systemmodus unterschieden, d.h. bestimmte Aufgaben/Befehle können nur vom Betriebssystem selbst (Kernel) ausgeführt werden. Die Komponenten der Prozeßverwaltung, die einzelne Wechsel der Prozeßzustände steuern, sind die Prozessorverwaltung, die Speicherverwaltung und die Prozeßkommunikation. Auf einer ↑Workstation laufen typischerweise mehr als 60 Prozesse, die in einem Netz integriert sind.

Die vorrangigste Aufgabe eines Betriebssystems ist, dem Nutzer eine bequeme

Nutzung des Computers zu ermöglichen. Dies betrifft insb. die Ein- und Ausgabe der ↑Daten (↑Informationen) und damit verbunden die ↑Steuerung der E/A-Geräte, der Peripherie.
Dazu bietet UNIX durch sein hierarchisches Dateisystem (welches das Modell für alle heutigen ↑Betriebssysteme darstellt) und seiner Einbindung des E/A-Systems in dieses Dateisystem ein hohes Maß an Flexibilität und Einfachheit. Dies drückt sich etwa in der Geräteunabhängigkeit aus, d.h. den Nutzer interessiert nicht, auf welchen konkreten Gerät seine ↑Datei liegt. Er spricht sie nur mit einem logischen Namen an. Selbst die Gerätebeschreibungen werden als Gerätedateien (Special Files) in das Dateisystem aufgenommen und wie normale Dateien behandelt.

Ausgewählte Informationen zum Einstieg in die UNIX-Nutzung

Als sich UNIX entwickelte, waren die Terminals noch Schreibmaschinen (Teletypes). Erst später kamen die zeichenorientierten Bildschirme, die heute durch die graphikfähigen Bildschirme abgelöst werden. Für die Nutzung von UNIX gibt es deshalb zwei Zugänge:

- den Kommandoline-Modus und
- den Graphik-Modus, in den verschiedensten Ausbaustufen je nach Leistungsfähigkeit der Nutzeroberfläche *(↑GUI, Graphisches User Interface)*.

Grundlage der GUI sind meist das *↑X-Windowsystem* und *↑OSF/Motif*. Beides sind Industriestandards und liefern die unterste Plattform für die Nutzung und für die Entwicklung von GUI. Leistungsfähige GUI ermöglichen z.B. eine vollständige Nutzung des Systems über graphische Symbole (Ikonen), ohne ein Kommando eingeben zu müssen. Hier wird aber bewußt auf den Kommandozugang orientiert und unterstellt, daß die Fragen der GUI an anderer Stelle behandelt werden.

Die ersten Schritte

Als Multiusersystem muß sich UNIX vor unberechtigten Nutzern schützen. Dies geschieht durch die *Authentisierung des Nutzers*. Im UNIX besteht dieser Vorgang aus zwei Schritten. Auf dem Bildschirm erscheint (nachdem das System 'gestartet' oder der Bildschirm 'zugeschaltet ist') die Aufforderung, ein login-Kennzeichen einzugeben. Dies ist eine vom Systemverantwortlichen (Administrator) für den Nutzer im System eingetragene Kennung (zumeist der Name, die Matrikelnummer). Nach Eingabe des login-Kennzeichens erfolgt die nächste Eingabeanforderung, mit der nachgewiesen werden soll, wer Nutzer ist, für den die Logineingabe erfolgte. Dieses Paßwort ist deshalb ein persönliches, geheimes Kennzeichen (für das erste Mal vom Administrator vergeben). Die Eingabe ist nicht sichtbar und im ↑System wird das Paßwort verschlüsselt (Encryption). Da dieses Paßwort die Grundlage aller Schutzmechanismen im UNIX darstellt, sollte es vom Nutzer wirklich geheim gehalten werden und einen entsprechenden Aufbau haben. Nach erfolgreichem 'einloggen' meldet sich das System meist mit einer Reihe von Systemhinweisen und letztlich mit einem Prompt (häufig $ oder %), der die Arbeitsbereitschaft des Systems signalisiert. Dies bedeutet, das System akzeptiert den Nutzer, er kann die Kommandos (Anforderungen an das System) eingeben.
Das Systemprogramm, welches die Eingaben (Kommandos) entgegennimmt, analysiert und entsprechend verarbeitet, heißt Kommandointerpreter und im UNIX konkret Shell. Es gibt in den heutigen UNIX-Systemen verschiedene *Shells*. Die verbreitetsten Standards sind - die Bourne-Shell (erste UNIX-Shell), die C-Shell (C ähnlich und einige Erweiterungen für die Nutzung), Korn-Shell (kurz K-Shell, kompatibel zur Bourne-Shell mit Erweiterungen der C-Shell). Der Aufbau der Kommandos (Syntax) ist sehr einfach:
kommando optionen argumente <CR>
Das besondere an dieser Kommandozeile sind die Optionen (manchmal auch Flags genannt). Diese beginnen mit - (Bindestrich) und dienen zur ↑Steuerung der Kommandofunktionen. Einige einfache Beispiele sind in der Tabelle.

Für die Beschreibung der einzelnen Kommandos gibt es im UNIX eine *online-Hilfe* (Manual). Der Aufruf erfolgt durch
$ man kommandoname.
Dateien, d.h. eine logisch zusammenhängende Datenmenge, sind in UNIX-

$ date	liefert Datum und Uhrzeit
$ cal 6 1994	liefert gemäß der Argumente den Kalender 6/94
$ ps -e	liefert Informationen über die Prozeßzustände, durch die Option „-e" von allen aktiven Prozessen

Systemen einfach eine Folge von ↑Bytes. Jeder solchen Datei muß ein eindeutiger Name zugeordnet sein und sie muß, in den dadurch aufgespannten Namensraum, schnell gefunden werden. Die Struktur des *Dateisystems* ist hierarchisch (umgedreht baumartig). Die oberste Ebene (der Ausgangspunkt) ist die Wurzel (Root) und wird mit einem „/" bezeichnet. Die anderen Bezeichnungen (Namen) sind frei, wobei sich Standardbezeichnungen eingebürgert haben. Es gibt keine Begrenzung der Strukturtiefe. Ein Beispiel für einen vollständigen Dateinamen ist etwa /u/prak/pr2/t.c.

Die ersten Namen bezeichnen keine Dateien, es sind Katalogeintragungen. Es können vier *Dateiarten* unterschieden werden:

- normale Dateien (Text, ↑Code),
- Verzeichnisse (Datenkataloge),
- Gerätedateien (Geräte),
- Pipes (FIFO für Kommandoketten).

Während der gesamten Sitzung ist dem Nutzer zu jedem Zeitpunkt genau ein *Verzeichnis* zugeordnet - das sog. aktuelle Verzeichnis (Working Directory).

Zur *Anzeige* dient

$ pwd und es erscheint im Beispiel

/u/pra/pr2

Um sich den Inhalt dieses Verzeichnisses anzuzeigen, gibt der Nutzer

$ ls und es erscheint etwa

a.out t.c

Die Anzeige einer Textdatei erfolgt mit

$ cat t.c.

Dieses Beispiel zeigt auch, daß es nicht erforderlich ist, den vollständigen Dateinamen anzugeben (Angabe ab aktuellem Verzeichnis). Soll das zugeordnete Verzeichnis gewechselt werden (Sprechweise: 'Auf einen anderen Knoten setzen'), folgt im Beispiel etwa

$ cd /u/prak

Es sind anzugeben

$ cd

das automatisch das sog. Homedirectory zuordnet. Dies ist das bei login zugeordnete Verzeichnis. Im Beispiel:

/u/prak/pr2.

Der Schutz der ↑Dateien erfolgt über eine Prüfung der Zugriffsberechtigung (Autorisierung) zu den Dateien. Diese Berechtigung kann abgestuft erfolgen als Schreibberechtigung (Write), Leseberechtigung (Read), Ausführung (Execute) und ohne Zugriff. Darüber hinaus werden diese Rechte differenziert für den Besitzer der Datei (Owner, User), für die Gruppe (Group) oder für alle Nutzer (Others) vergeben. Diese Zugriffsrechte stehen in den Verzeichnissen und können mit Kommando ls -l angezeigt werden.

Besonderheiten der Shellnutzung

UNIX eröffnet bei jeder Kommandoausführung drei Standarddateien - Standardeingabe (stdin), -ausgabe (stdout) und -fehlerausgabe (stderr). Dies bedeutet, daß nach Aufruf des Kommandos cat ein Datenstrom (eine ↑Datei) über Tastatur eingegeben werden können, der einfach auf dem Bildschirm als Datenstrom wieder ausgegeben wird. Der wesentliche Vorteil der UNIX-Shell besteht aber nun darin, daß die E/A-Ströme umgelenkt werden können. Die folgende Eingabe

$ cat>staedte

Leipzig

Dresden

<CTRL-d>

bewirkt, daß die Städtenamen in die Datei staedte geschrieben werden. Für die Dateiumlenkung stehen die Zeichen

>, <, >> (Anfügen).

Um Kommandos (Prozesse) im Hintergrund abzuarbeiten, dient das Zeichen &. Z.B. $ sort staedte>neu &, sortiert die Datei staedte als Hintergrundprozeß und schreibt das Ergebnis in die Datei neu. Eine weitere Möglichkeit ist die Verbindung von E/A-Strömen über Pipes, ohne zusätzliche Hilfsdateien angeben zu müssen. Das Pipezeichen ist |. Z.B. die Kommandofolge

$ ls | fgrep '.c' | sort

liefert die sortierte Folge aller C-Quelltexte im aktuellen Verzeichnis (fgrep ist ein Kommando zur Mustersuche, Pattern Matching).

Kommandofolgen können in Dateien als Script zusammengefaßt werden und durch Aufruf der Datei zur Ausführung gebracht werden. Die Shell bietet aber nicht nur die Möglichkeit einer sequentiellen Kommandofolge, sondern ermöglicht auch eine vollständige Ablaufsteuerung in Form einer höheren ↑Programmiersprache.

Literatur: Herold, H., UNIX-Grundlagen: UNIX seine Werkzeuge, Kommandos und Konzepte, Bonn, 1991. *Mansfield, N.*, Das Benutzerhandbuch zum X Window-System, Bonn, 1990. *Rosenblatt, B.*, Learning the Korn Shell, Sebastopol, CA, 1993. *Tanenbaum, A.S.*, Moderne Betriebssysteme, München, 1994.

Prof. Dr. L. Koch, Dresden

Unternehmensmodell
Aufteilung des Unternehmens in betriebliche Basissysteme und betriebliche (Teil-) ↑Informationssysteme, die gegeneinander und gegenüber der Umwelt des Unternehmens abgegrenzt sind. Dem Informationssystem werden dabei alle Planungs-, Steuerungs- sowie Kontrollaufgaben und dem Basissystem alle Aufgaben der betrieblichen Leistungserstellung zugeordnet.

Updates
Neue Version eines ↑Programms.

Upsizing
↑Migration von kleinen auf größere Systeme. Upsizing wird meist im Zusammenhang mit PC-LAN-Systemen verwendet und zeigt die Möglichkeit auf, daß Unternehmen bei steigendem Transaktionsvolumen ihre LAN-Server durch leistungsfähige Datenbank- oder Kommunikationsserver ergänzen.

User Exit
Eine oder mehrere definierte Stellen im Programm für den Übergang in ein anderes ↑Programm.

User Interface Toolkits
Hilfsmittel zur Erstellung von Interaktionelementen, aus denen die graphischen Benutzungs-oberflächen zusammengesetzt werden, und deren Verbindungen zur Anwendung.

VAN
Value Added Network; Mehrwertdienst mit den Leistungen Datenübertragung (Trägerdienst), Speicherung und Verteilung von ↑Nachrichten (Mailing), sowie deren inhaltliche Prüfung und Bearbeitung (Clearing).

VBN
Vermittelndes Breitbandnetz; Hochgeschwindigkeitsnetz auf der Basis von Glasfasern; in der Regel in Städten mit mehr als 100.000 Einwohnern vorgesehen; ursprünglich als Infrastruktur für Videokonferenzen geplant. Installiert werden bei jedem VBN-Anwender ein Videokanal mit ca. 135 MBits/s, ein Datenkanal mit ca. 2 MBits/s, zwei Kanäle 64 KBits/s und ein Kanal 16 KBits/s.

VDI
Verband Deutscher Ingenieure

Verarbeitung, parallele
Zerlegung eines Problems in Teilprobleme, die weitgehend unabhängig voneinander sind und daher gleichzeitig (parallel) gelöst werden können. Je nachdem, welche Kriterien die Problemaufteilung bestimmen, werden Datenparallelität (Partition der Datenbasis in unabhängige Segmente, die parallel verarbeitet werden) und Funktionsparallelität (Aufteilung einer komplexen Berechnung in unabhängige Phasen, die parallel oder zumindest verzahnt durchgeführt werden) unterschieden.

Verarbeitung, verteilte
Oberbegriff für die Vorgänge in einer verteilten Anwendung; Menge von Softwarekomponenten, die räumlich verteilt auf verschiedenen Knoten eines Rechnernetzes ablaufen und koordiniert kooperieren.

Vererbung
Übernahme der Eigenschaften von einfachen, allgemeinen ↑Datentypen, wobei der neu entstehende Objekttyp als Nachkomme und der vererbende Objekttyp als Vorfahre bezeichnet werden. Wird ein ↑Objekt als Nachfahre eines anderen deklariert, erhält er automatisch sämtliche Felder und ↑Methoden des Vorfahrens, ohne daß eine erneute Definition notwendig ist.

Versicherungsunternehmen, Informations- und Kommunikationstechnik in
Die Versicherungsschutzproduktion
Versicherungsunternehmen, auch als Versicherer bezeichnet, stellen Dienstleistungen her. Ihre Leistung ist das abstrakte Schutzversprechen, beim Eintritt eines Versicherungsfalles eine Geldleistung zu zahlen - die Gewährleistung von Versicherungsschutz. Die Produktion von Versicherungsschutz erfolgt - wie in der Sachgüterproduktion - durch Kombination von Produktionsfaktoren. Grundlegende Produktionsfaktoren eines Versicherungsunternehmens sind die Arbeits- und Dienstleistungen seiner Mitarbeiter, die sachlichen Betriebsleistungen, Sicherheitsmittel zur Erfüllung unerwarteter Verpflichtungen und Rückversicherungsschutz (Farny 1989).
Betriebswirtschaftliche Funktionen
Die Produktion von Versicherungsschutz konkretisiert sich im Versicherungsunternehmen unter funktionalem Aspekt in einer Reihe zielgerichteter Tätigkeitsgruppen (Funktionen). *Kernfunktionen* sind hierbei:

- der *Absatz* mit den Teilarbeitsgebieten Marktforschung, Werbung, Beratung und Akquisition (Abschluß von Versicherungsverträgen);
- die *Leistungserstellung* mit den Teilarbeitsgebieten Vertrags-, Schaden-, Leistungs-, Rückversicherungsbearbeitung.

Weitere wichtige Funktionen sind die *Beschaffung* von Produktionsfaktoren, die *Finanzierung* (Ein-, Auszahlungen und Bewirtschaftung von Geldbeständen und Geldverpflichtungen), sowie die *Verwaltung* von Personal, Betriebsmitteln und Informationen (einschl. Rechnungswesen; Farny, 1989, Koch, 1991).

Organisationsstruktur
In der Praxis wird überwiegend eine funktionsorientierte Organisationsstruktur vorgefunden. Die Leistungserstellung und teilweise der Absatz ist weiter nach Produkten (Versicherungszweigen) untergliedert. Da Versicherungsprodukte als Dienstleistungen Kundennähe erfordern, ist vor allem der Absatz räumlich dezentralisiert (Koch, 1991). Im Hinblick auf die räumliche Funktionsverteilung ergibt sich folgende *Organisationsstruktur*:

- Zentrale (Hauptverwaltung, Generaldirektion);
- Filialen (Filial-, Bezirksdirektionen, Geschäftsstellen, Zweigniederlassungen);
- Inspektorate (festangestellter Außendienst);
- Agenturen (selbständige, versicherergebundene Vermittlungsbetriebe bzw. Versicherungsvertreter).

Zentrale und Filialen werden zusammen als Innendienst bezeichnet, Inspektorate und Agenturen als Außendienst.

Einsatz von IuK
Die gewaltigen Fortschritte der letzten vier Jahrzehnte auf dem Gebiet der ↑*Informations- und Kommunikationstechnik* haben die Informationsverarbeitung in Versicherungsunternehmen grundlegend verändert (HMD, 1990). Bis Ende der 60er Jahre führten der Einsatz immer leistungsfähiger werdender programmgesteuerter Großrechner, Magnetband- und Magnetplatteneinheiten und die Entwicklung von Stapelverarbeitungsprogrammen zu einer starken räumlichen Zentralisierung von Datenverarbeitungsaufgaben. In den 70er Jahren bewirkten dann die Einsatzmöglichkeiten von Bildschirmterminals, Datenübertragungsleitungen, ↑Datenbank- und Datenkommunikationssoftware eine Trendumkehr. Datenerfassung und Datenausgabe im ↑Dialogbetrieb am Arbeitsplatz machten es möglich, die Vorteile des zentralen ↑Rechenzentrums zu nutzen und gleichzeitig die Rechnerleistung einer begrenzten Anzahl von Endbenutzern in der Zentrale und in den Filialen zugänglich zu machen.

Die 80er Jahre lassen sich durch eine zusätzliche Dezentralisierung von Verarbeitungs- und Speicherkapazität kennzeichnen. Mitarbeiter dezentraler Organisationseinheiten und Agenturen wurden, ebenso wie Mitarbeiter in den zentralen Abteilungen, mit ↑PC bzw. ↑Arbeitsplatzrechnern ausgestattet und insb. mit Textverarbeitungs-, Tabellenkalkulations-, Datenbank- und Graphiksoftware versorgt. Die inzwischen weitgehend abgeschlossene online-Anbindung dieser Satellitenrechner ermöglicht zusätzlich den Abruf und die Aktualisierung der vom Zentralrechner geführten Datenbestände.

Herausforderungen, Ziele
In den 90er Jahren wird die IuK immer mehr zu einem kritischen Erfolgsfaktor im Wettbewerb. Das Ziel "wirtschaftliche Aufgabenerfüllung" wird zunehmend durch das Ziel "wettbewerbswirksame Aufgabenerfüllung" ergänzt. Die Errichtung des europäischen Binnenmarktes und das Vordringen von Allfinanz-Konzernen verschärfen den Wettbewerb. Kunden, die nicht mehr an einen "Hausversicherer" gebunden und neuen Technologien gegenüber aufgeschlossen sind, verlangen maßgeschneiderte Produkte.
Eine erhöhte Marktdynamik erfordert ein schnelleres Reaktionsvermögen. Viele aktuelle ↑Systementwicklungen haben deshalb das Ziel, Flexibilität in die Informatikinfrastruktur zu bringen. Auf der operativen Ebene sollen leicht anpaßbare Lösungen, bei denen Präsentations-, Anwendungs- und Datenbankdienste voneinander getrennt sind, die Beratungs- und Servicequalität verbessern. Auf der Managementebene sollen flexible Entscheidungsunterstützungssysteme schnelle Aktionen und Reaktionen bei Planung, Steuerung und Kontrolle ermöglichen (HMD, 1990, IBM-Nachrichten, 1991).

Lösungen im Absatz
Die ↑Kommunikation zwischen Kunden, Außendienst, Filialen, Zentrale und anderen Geschäftspartnern einerseits, sowie deren bedarfsgerechte Informationsversorgung andererseits bilden den Schwerpunkt von Lösungen zum Technikeinsatz im Absatzbereich:

- *Daten- und Textkommunikation*: Einsatz von stationären Arbeitsplatzrechnern und mobilen Laptops mit Angebots- und Beratungssoftware, sowie mit der Möglichkeit einer Zentralrechneranbindung bei den Agenturen, Einsatz von Electronic Mail, zukünftig auch Installation von Versicherungsautomaten mit Zentralrechneranbindung für standardisierbare Versicherungsprodukte, Einsatz von Expertensystemen zur Außendienstunterstützung.
- *Sprachkommunikation*: Einsatz von Computer Integrated Telephony auf der Basis von ↑ISDN (Anrufverteilungsfunktion zur Gesprächsweiterleitung an Ansprechpartner, automatische Anzeige von Kundeninformationen bei Telefonanruf, Help Desk-Funktionen usw.), Nutzung

der Mobilfunknetze (z.B. Modacom) im Außendienst.

• *Bildkommunikation*: Integration von ↑Telefax und Nutzung des mobilen Datenkommunikationsnetzes.

Lösungen in der Leistungserstellung

Die funktionsorientierte Arbeitsteilung wird im Rahmen eines grundlegenden *Business Process Reengineering* durch eine kundenorientierte Rundum-Sachbearbeitung abgelöst, die sich an Geschäftsprozessen (wie z.B. Versicherungsantrag, Schadenmeldung) orientiert. Folgende Schwerpunkte kennzeichnen die Lösungen zum Technikeinsatz in der Leistungserstellung:

• Daten- und *Geschäftsprozeßmodellierung*: unternehmensweites Datenmodell und fachliches Funktionsmodell als Basis, sowie geschäftsvorfallorientierte Prozeßmodelle;

• ↑*Client/Server-Architektur*: mehrstufige Verknüpfung von zentralem Service (↑Server) und lokaler Intelligenz (↑Clients) zur zentralen Datenhaltung und dezentralen Verarbeitung über eine Netzhierarchie (Backbone-Hochgeschwindigkeitsnetz, langsamere ↑LAN und ↑WAN);

• Multimediale ↑*Bürokommunikation*: elektronische ↑Dokumentenverarbeitung (Image Processing) durch Scannen des Posteingangs und elektronische Weiterleitung und Vorgangssteuerung (Workflow-Konzept), zukünftig auch Integration von Bewegtbildern und Sprache;

• standardiserte ↑*zwischenbetriebliche Kommunikation*: Elektronischer Geschäftsdatenaustausch zwischen Versicherungsunternehmen, Agenturen, Banken, Großkunden und Behörden (gemäß ISO-Norm ↑EDI), zwischen Erst- und Rückversicherern (RINET; IBM-Nachrichten, 1991).

Literatur: Farny, D.: Versicherungsbetriebslehre, Karlsruhe, 1989. *Koch, P.*: Versicherungswirtschaft, 3. Aufl., Karlsruhe, 1991. *IBM-Nachrichten*: SPECIAL Versicherungswirtschaft, 41. Jg., Juli-Heft, 1991. *HMD:*. Theorie und Praxis der Wirtschaftsinformatik. Branchenlösungen Banken und Versicherung. 27. Jg., Heft 153; 1990. Fachzeitschriften *Versicherungswirtschaft* und *Versicherungsbetriebe*.

Prof. Dr. J. Scherff, Furtwangen

verteilte Informationssysteme

↑Informationssysteme, verteilte

Vertriebscontrolling

Planung, Steuerung und Überwachung des Vertriebs mit Hilfe von Kennzahlen, um Abweichungen - möglichst im vorhinein - zu erkennen, zu analysieren und Maßnahmen zur Gegensteuerung vorzuschlagen. Dabei stellen Aufbau und Pflege einer entsprechenden, entscheidungsorientierten Datenbasis das Kernproblem dar.

Vertriebscontrolling, Softwaredesign für das

Begriffserklärung

Das *softwaregestützte Vertriebscontrolling* liegt unterhalb des generellen Marketingcontrolling und fokussiert im wesentlichen drei Entscheidungsbereiche:

• logistische Maßnahmen von Vertriebsentscheidungen (z.B. spezifische Logistikkosten innerhalb verschiedener Distributionswege);

• marketingnahe Vertriebssteuerung (so Außendienststeuerung in bezug auf Einsatzfrequenz, Einhaltung von Dekkungsbeitrags-, Erlös- und Preiszielen);

• Effizienzbeurteilung von Marketingaktivitäten innerhalb von Vertriebskanälen und/oder Marktsegmenten bzw. Kundengruppen.

Da die unternehmerische Querschnittsfunktion *Logistik* derzeit bereits durch umfassende Werkzeuge des eigenständigen Logistikcontrolling abgedeckt ist, stehen im folgenden die beiden anderen vertriebsnahen Entscheidungsbereiche - also unter Ausklammerung der Logistikkomponente - im Vordergrund.

Zielsetzung

Die wesentliche Aufgabe des *V.* besteht darin, mit Hilfe von Kennzahlen (potentielle) Abweichungen - möglichst im vorhinein - zu erkennen, zu analysieren und Maßnahmen zur Gegensteuerung vorzuschlagen. Dabei stellen Aufbau und Pflege einer entsprechenden, entscheidungsorientierten Datenbasis das Kernproblem dar. Wird von der - nur aus traditionell überkommenen Blickwinkeln noch dominanten - Artikel-, Produkt-, bzw. Produktlinienperspektive gelöst, so muß die Grundrechnung für das *V.* einen Datenzusammenhang zwischen Kundenverhalten, unternehmensinternen Abläufen - die sich vorwiegend mittels Prozeßkosten quantifizieren lassen - sowie dem Sortiment bzw. der Auftragsebene (insb. bei Auftragsfertigern) herstellen. Dies bedeutet, daß entsprechende Kontierungsmöglichkeiten vorgesehen und - zumindest für ausgewählte Entscheidungsfelder (Beispiel: Schlüsselkunden) - tatsächlich auch kontinuierlich genutzt werden, damit überhaupt zeitaktuelle Sonderrechnungen als Baustein von Vertriebsinformationssystemen möglich sind.

Lösungstechniken, Verfahren, Methoden
Der Bereich der Außendienststeuerung bildet einen wesentlichen Schwerpunkt innerhalb des *V.* Die hier spezifisch einzusetzenden Controllingfunktionalitäten beziehen sich bislang im wesentlichen auf zwei Lösungsbereiche, nämlich auf

- das Anreizsystem für Außendienstler, das hinsichtlich seiner Effizienz controlled werden muß. Dabei wiederum muß der Vertriebscontroller konkrete Hilfestellung bei der Gratwanderung zwischen der Auftragserlangung (die zumeist nur durch wesentliche Preis- und Konditionenzugeständnisse des Außendienstes erreicht wird, der nämlich traditionell umsatz- und damit auftragsabhängig provisioniert wird) einerseits, sowie dem Dekkungsziel andererseits (Kostendeckung, Erwirtschaftung eines positiven Auftragsdeckungsbeitrags u.ä.) geben und es nicht zu einseitigen Zieldominanzen kommen lassen. Eine umfassende ↑Software für das *V.* muß daher die in der Abbildung veranschaulichten Anreizmöglichkeiten hinsichtlich ihrer alternativen Zielerreichung (Auftrags- vs. Deckungsziel) abbilden können;

Bezugsgröße / Konkretisierungsgrad	Input (Aktivitäten)	Output (Ergebnis)
Mengenvorgaben	Detaillierte Besuchsvorgaben	Umsatz-Soll-Vorgaben
Finanzielle Anreize (Preise)	Prämien pro Besuch oder Merchandising-Aktivität	Provisionssätze, bezogen auf den Umsatz

Mengensteuerung vorteilhaft, wenn:	*Preissteuerung* vorteilhaft, wenn:
1. das Verkaufsmanagement bessere Informationen über Marktpotentiale sowie Konkurrenzintensitäten besitzt und deshalb realistischere Werte festlegen kann. 2. der Außendienstler nicht dazu in der Lage ist, auf der Basis der Preisinformationen (z.B. Provisionssätze) eine optimale eigene Besuchspolitik zu entwerfen.	1. der Außendienstler intensiven Kundenkontakt besitzt und deshalb besser abschätzen kann, welche Aktivitäten notwendig sind. 2. das Verkaufsmanagement von taktischen Planungsaufgaben frei wird und sich eher der Lösung strategischer Planungsprobleme widmen kann. 3. der Außendienstler bei veränderten Verkaufsbedingungen flexibler reagieren kann.

Inputsteuerung vorteilhaft, wenn:	*Outputsteuerung* vorteilhaft, wenn:
1. der Umsatz durch andere Instrumente stark beeinflußt wird. 2. die Verkaufsanstrengungen des Außendienstlers exakt beobachtet werden können.	1. der Außendienstler nur durch seine Aktivitäten für den Umsatz verantwortlich ist. 2. die Verkaufsanstrengungen des Außendienstlers sich nur sehr schwer kontrollieren lassen.

- die für eine Außendienstbeurteilung - mit entsprechenden Zielvorgaben - notwendige Umsatz- bzw. Erlösplanung. Zunächst können verschiedene Erlöseinflußgrößen aufgelistet werden (Witt, 1991), wie dies die Abbildung verdeutlicht. Darauf aufsetzend ist ein Erlös-Expertensystem in der Lage, eine Erlösprognose vorzunehmen. Die Schwierigkeiten, sinnvolle Regeln zu entwickeln und insofern eine - über übliche statistische und zeitreihenorientierte Verfahren hinausgehen-

Leistung darstellende, vom Außendienstler *beeinflußbare* Einflußfaktoren	*Marktchancen* darstellende, vom Außendienstler *nicht beeinflußbare* Einflußfaktoren
1. Anstrengungen des Außendienstlers – Anzahl Verkaufsgespräche – Anzahl Gesprächspersonen 2. Charakteristika des Außendienstlers – Erfahrung (Beschäftigungszeit) – Einstellungen – Verkaufskönnen (subjektives Urteil) – Anzahl gewonnener Verkaufsvertreter	1. Einfluß des Verkaufsmanagements – Kontrollspanne – Erfahrung der Manager 2. Marketing-Anstrengungen des Unternehmens – Werbebudget, Werbeerinnerung – Goodwill gegenüber Unternehmen 3. Chancen der Verkaufsgebiete – Marktpotentialindikatoren – Realisierbarkeitsindikatoren – Konzentration (Kunden) – Dispersion (Fläche in km^2) – Arbeitslast (Anzahl der Kunden) 4. Konkurrenzintensität

de - Prognosegüte zu erlangen, sind bislang indes nicht überwunden.

Softwaregestützte Lösungen

Ergänzend zu den Außendienststeuerungsproblemen, die bislang - von unternehmensindividuellen Lösungen einmal abgesehen - nicht standardmäßig softwaregestützt sind, gibt es indes für andere Fragestellungen des *V.* erste Standardisierungsansätze und dementsprechend auch bereits verfügbare oder zumindest konzipierte Software - selbst, wenn hierbei i.d.R. die Keimzelle bei hausinternen Lösungen liegt. Drei *softwaregestützte Controllingbereiche* sind zu nennen:

• die *Verknüpfung* zwischen Prozeß- und Kundencontrolling: Hierbei soll - namentlich im Bereich von Massenmarkenartikeln und im Handel - ein Zusammenhang zwischen den kosten- und erlöstreibenden Effekten eines Kunden bzw. dessen Kaufaktes, sowie den in einem „Bündel“ (Warenkorb) erworbenen Gütern hergestellt werden, um auf diese Weise den Artikel- und speziell den Kunden- (-gruppen)erfolg besser durch Integration zusätzlicher Prozeßkosten beurteilen zu können (z.B. Selektion von kostenintensiven Vertriebskanälen mit beratungsinduzierten Prozeßkosten). Nachfolgende Abbildung gibt ein Menübeispiel einer entsprechenden ↑Datenbank mit den wesentlichen controllingrelevanten Inhalten (Witt, 1993);

• die *kostenorientierte Preisfindung*: Da sich - nicht zuletzt auch im Zuge des Target Costing bzw. des Design to Cost and Market - eine situativ-flexible Preisgestaltung empfiehlt, müssen verschiedene Deckungsziele (Deckung alternativer Kostengrößen) durch das Kalkulationsschema ermöglicht werden. Der Vertriebscontroller muß daher in Abhängigkeit vom fokussierten Vertriebsweg, Kunden bzw. Kundenauftrag unterschiedliche Kostenkategorien ein- und ausblenden können. Nachfolgende Abbildung veranschaulicht eine solche Softwarelösung, die dies - auf Basis üblicher Tabellenkalkulationsprogramme mit eingeschobenen Templates - ermöglicht (Witt, Witt, 1993);

• das *Erlöscontrolling*: Neben „üblichen“, symptomorientierten Controllinganalysen (z.B. Preis- und Mengeneinfluß, regionale Strukturunterschiede, ABC-Kunden und -Produkte), die von der gängigen Controllingsoftware im Rahmen des Controllingleitstandes mit abgedeckt werden, kommt der Offenlegung von Erlösabweichungsursachen eine hohe inhaltliche Bedeutung zu; mit einer solchen Ursachenanalyse kann insofern auch die Vertriebs- bzw. Marketinginstrumenteneffizienz - etwa in bezug auf einen Vertriebskanal, ein Marktsegment oder eine Produktlinie - abgeschätzt werden. Die Erlös-Ursachenanalyse spaltet die Erlöse in Teilabweichungen auf, die durch die unternehmensoriginäre Marketingpolitik, sowie durch generelle, unternehmensexterne Branchen- und Marktlageneffekte bedingt sind (Witt, 1993).

Ausblick

Trotz der „an sich“ richtigen Empfehlung

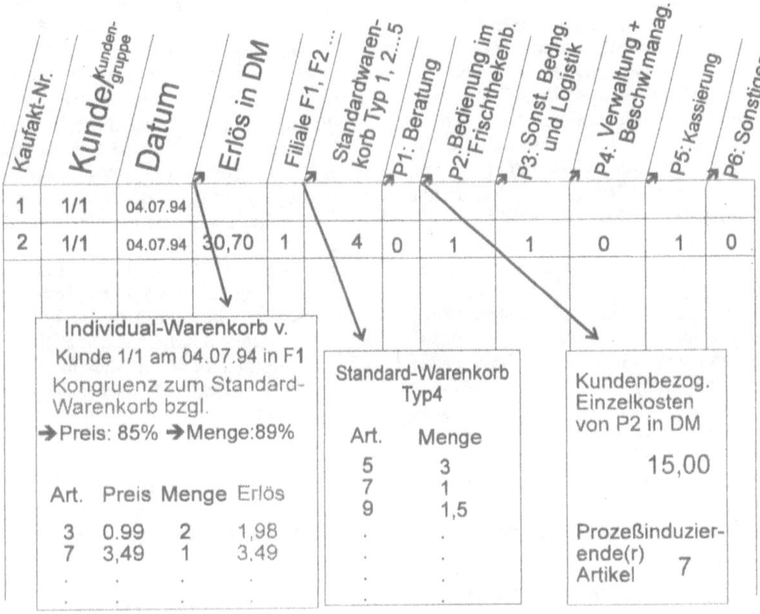

Kostenart	Normalkalkulation	Einzelkosten	Einzelauszahlung	Deckungsziel
Material 1	4 m² à 10 DM = 40 DM	4 m² à 10 DM = 40 DM	4 m² à 0 DM = 0 DM	30 DM
Material 2	3 kg à 20 DM = 60 DM	2 kg à 5 DM = 10 DM	2 kg à 5 DM = 10 DM	15 DM
Fertigungslohn 1	1 h à 50 DM = 50 DM	1 h à 50 DM = 50 DM	1 h à 50 DM = 50 DM	50 DM
Fertigungslohn 2	2 h à 40 DM = 80 DM	2 h à 40 DM = 80 DM	2 h à 0 DM = 0 DM	25 DM
Risikokosten	40 DM pauschal	0 DM	0 DM	30 DM
Summe	270 DM	180 DM	60 DM	150 DM

——— = 70,5 % Bedeutung
= 12,4 % Bedeutung
-------- = 12,4 % Bedeutung
—·—·— = 4,7 % Bedeutung

zu spezialisierter (Vertriebs-) Controllingsoftware zeigt sich in der Marketingpraxis die Tendenz, Tabellenkalkulationsprogramme als Basis für eine darauf aufsetzende Controllingoberfläche heranzuziehen - nicht zuletzt aufgrund der relativ und überproportional steigenden Leistungsfähigkeit solcher Spreadsheets (steigende Informatikfunktionalität), sowie der vertriebsspezifischen, trotz ververbesserter allgemeiner Grunddatenhaltung weiterhin (noch) Sonderanalysen, die z. T. auch qualitativen, durch eine zentrale Grundrechnung nicht abdeckbaren Charakter aufweisen (controllingbedingte Mindestfunktionalitäten). Die vorstehend vorgestellten Controllingwerkzeuge sind realisiert bzw. lassen sich überwiegend auch mit Spreadsheets realisieren. Dabei tritt im Zuge einer Marketer's Workbench die modulare Perspektive in den Vordergrund und erweitert sich zum Marketingcontrolling. Das *V.* greift in diesem integrierten Konzept auf spezifische Kundendaten zurück.

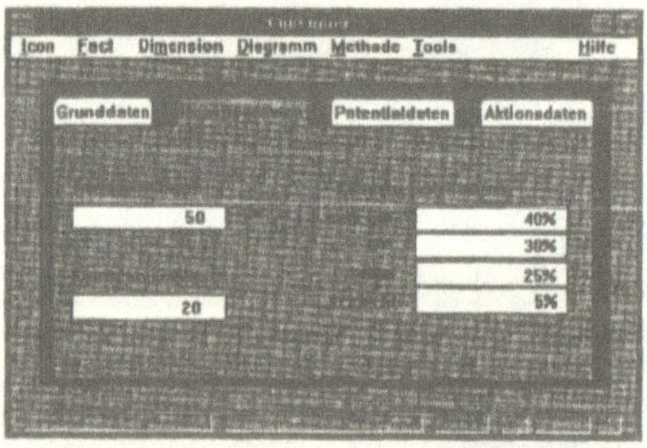

Literatur: Becker, J.: Strategisches Vertriebscontrolling, München, 1994. *Bruckner, S.*: Vertriebscontrolling mit Informationssystemen, in: *Witt, F.-J.* (Hrsg), Controllingprofile, München, 1994. *Rick-Lenze, R.*: Erfahrungen mit einem Führungsinformationssystem zum Vertriebs-Controlling in einem Unternehmen der Elektroindustrie, in: *Reichmann, Th.* (Hrsg.), DV-gestütztes Unternehmens-Controlling, München, 1993. *Witt, F.-J.*: Deckungsbeitragsmanagement, München, 1991. *Witt, F.-J., Witt, K.*: Controlling für Mittel- und Kleinbetriebe, München, 1993.

Prof.Dr.F.-J. Witt, Kenzingen b.Freiburg

Verwaltung, integrierte Anwendungssysteme in der

In den 10 letzten Jahren hat sich ein starker Wandel der Arbeitsabläufe in der Verwaltung vollzogen: Wurden bspw. 1985 noch etwa 70% der Textverarbeitung mit Hilfe von Schreibmaschinen durchgeführt, so wird dieselbe Aufgabe heutzutage in ca. 90% aller Fälle mit Hilfe von ↑Computern und Textverarbeitungsprogrammen erledigt. Aber nicht nur in diesem Bereich ist der Einsatz von Computern mittlerweile zum Standard geworden. Fast sämtliche Aufgaben im Office-Bereich werden mittlerweile mit Hilfe von Computern gelöst oder erfahren zumindest Unterstützung durch sie. Schätzungen besagen, daß in naher Zukunft zwischen 70% und 90% aller berufstätigen Menschen in irgendeiner Form mit der Arbeit am ↑PC konfrontiert werden. Unter ↑*Anwendungssystemen* werden Programme subsumiert, deren Aufgabe in der Unterstützung der Erledigung von spezifischen Büroaufgaben besteht.

Die Aufgaben in einer *V.* sind mannigfaltig und dürfen nicht isoliert voneinander betrachtet werden. Gerade die Zusammenarbeit von unterschiedlichen Abteilungen oder verschiedenen Mitarbeitern im Team macht aus Gründen der Spezialisierung den Erfolg aus. Aus diesem Grund muß die Möglichkeit bestehen, Daten und Ergebnisse von Arbeitsprozessen unter den einzelnen Anwendungen und unter verschiedenen Mitarbeitern auszutauschen, um den Ablauf der *V.* im ganzen erfolgreich gestalten zu können. ↑*Integrierte Anwendungssysteme* bilden ein Paket aus den oben angeführten Einzelanwendungen. Die Programme arbeiten zusammen und unterstützen sich, ohne etwas von ihrer Funktionenvielfalt einzubüßen.

In der *V.* werden zumeist *PC-Netze* eingesetzt, so daß zusätzlich zur eigentlichen Funktionalität der Programme noch die *Datei- und Druckservices* der Netzwerkbetriebssysteme, aber auch *Mailing-Services* hinzukommen. Durch den Einsatz dieser Services kann die Effizienz eines Computersystems erheblich gesteigert werden, da das Verschicken von Dokumenten zur Weiterverarbeitung an einen anderen Arbeitsplatz ebenso problemlos möglich ist, wie ihre zentrale Speicherung. Außerdem können Hardwareressourcen durch gemeinsam nutzbare Speichermedien eingespart werden, denn Programme können somit zentral gespeichert und verwaltet werden, so daß der von ihnen benötigte Speicherplatz nicht mehr auf jedem einzelnen Arbeitsplatz vorhanden sein muß. Durch Einsatz von Druckservices wird die Anzahl der benötigten Drucker reduziert. Der Mitarbeiter kann seine Dokumente auf einem der Netzwerkdrucker ausgeben und benötigt daher nicht mehr einen eigenen Arbeitsplatzdrucker. Die Auslastung der eingesetzten Geräte steigt, die Qualität der angeschafften Geräte kann bei gleichem oder sogar geringerem Budget erhöht werden. Da immer häufiger ↑Windows als Benutzeroberfläche gewählt wird, werden die eingesetzten Programme ↑*OLE* (Object Linking and Embedding), zumindest jedoch ↑*DDE* (Dynamic Data Exchange) unterstützen müssen. Unter *OLE* wird die Fähigkeit von Applikationen, ↑Daten als ↑Objekte zu betrachten, verstanden. Diese Objekte werden von einer Server-Anwendung erstellt und in eine Client-Anwendung eingebettet. Soll das Objekt später geändert werden, so wird automatisch die Server-Anwendung mit dem Objekt als Verbunddokument gestartet. *DDE* stellt sicher, daß Anwendungen unter ↑Windows miteinander Daten austauschen können. Wird bspw. eine DDE-Verbindung zwischen einer Microsoft EXCEL-Tabelle und einem Microsoft WORD-Dokument aufgebaut, wobei EXCEL die Server-Anwendung und Word die Client-Anwendung sei, so werden bei jeder Modifikation der Excel-Tabelle automatisch die geänderten Werte in Word angezeigt.

Nicht nur im Bereich der Produktion, sondern auch im Rahmen der *V.* nimmt die Erledigung der Aufgaben in der Arbeitsgruppe einen immer höheren Stellenwert ein. Aufgaben werden in Teilaufgaben zerlegt und bearbeitet. Ein Schlagwort, das in diesem Zusammenhang immer häufiger genannt wird, ist *Workgroup Computing*, die Nutzung des Computers in der Arbeitsgruppe. Hierbei wird zumeist nach dem ↑Client/Server-Prinzip verfahren, wobei die ↑PC der zu einer Arbeitsgruppe gehörigen Mitarbeiter in einem ↑LAN vernetzt sind. Eine Arbeitsgruppe definiert sich aus gemeinsamen Aufgabenstellungen und zu erreichenden Zielen. Sie kann - je nach Aufgabengebiet - einige wenige, aber auch sehr viele Personen umfassen. Im Normalfall sind die zu einem Team gehörenden Mitarbeiter räumlich nicht allzuweit voneinander entfernt. Ist dies doch der Fall, so kann auch mit Hilfe von Datenfernübertragung ein Informationsaustausch stattfinden. Die ↑Software, die koordiniertes Workgroup Computing unterstützt, wird mit ↑*Groupware* bezeichnet. Die Unterstützung des Anwenders durch Anwendungssysteme kann sich auf Aufgaben beziehen, die am gleichen Ort zur gleichen Zeit bearbeitet werden, oder die Differenzen in räumlicher bzw. zeitlicher Hinsicht überwinden müssen. Basierend auf diesen beiden Merkmalen werden vier *Kategorien von Groupware* unterschieden, wobei die Aufgaben

- am gleichen Ort zur gleichen Zeit,
- am gleichen Ort zu unterschiedlichen Zeiten,
- an unterschiedlichen Orten zur gleichen Zeit,
- an unterschiedlichen Orten zu unterschiedlichen Zeiten bearbeitet werden.

Zu den Anforderungen, die an ein integriertes ↑Anwendungssystem gestellt werden, zählen ↑Benutzerfreundlichkeit und geringer Lernaufwand durch einfache Bedienung, optimale Ausnutzung der vorhandenen Ressourcen, schließlich die Sicherstellung der Einhaltung üblicher Standards. Ein weiterer sehr wichtiger Punkt sind Datenschutz und Datensicherheit. Da selbst heute noch viele Menschen mit den Mitteln der ↑Datenverarbeitung nicht allzuviel anzufangen wissen, ja sogar teilweise eine gewisse Scheu vor Computern festzustellen ist, sind gerade die *Benutzerfreundlichkeit* und die schnelle *Erlernbarkeit* eines Systems wichtige Kriterien für die Akzeptanz der Mitarbeiter, die mit der Arbeit am Rechner betraut werden sollen. Ohne Akzeptanz in diesen Kreisen ist jedes System - und sei es noch so gut - zum Scheitern verurteilt. Leichte Bedienbarkeit wird u.a. durch Maus- bzw. Menüun-

terstützung und objektorientierte Verarbeitung erreicht. Die einzelnen Komponenten des integrierten Anwendungssystems sollten sich in ihrer Handhabung ähneln, so daß der Benutzer durch Erlernen eines Programms gleichzeitig die Fähigkeit bekommt, weitere Systeme zu bedienen. Gleiche oder ähnliche Vorgänge und Befehle in unterschiedlichen Programmen bspw. sollten durch die selben Tastenkombinationen aufgerufen und unter den selben Menüpunkten gefunden werden können.
Von der optimalen Ausnutzung der bestehenden Ressourcen kann die ↑*Wirtschaftlichkeit* eines Systems in entscheidendem Maße abhängen: fordert ein System bspw. sehr viel Plattenspeicherplatz, so müssen große Festplattenkapazitäten angeschafft werden. Durch hohe Kommunikationsfähigkeiten innerhalb des Systems können die benötigten Ressourcen reduziert werden, indem Nachrichten und Dokumente an den nächsten Bearbeiter weitergeleitet werden.

Durch Einhaltung üblicher Standards wird es den Anwendern ermöglicht, auch Standardsoftware neben dem ↑integrierten Anwendungssystem zu betreiben und ↑DDE zwischen den beiden Anwendungsarten zu vollziehen. Der Einsatz von Standardsoftware ist an sich allein schon aus Kostengründen interessant. Mittlerweile sind sehr leistungsfähige integrierte Standardsoftwarepakete auf den Markt gekommen.
Aus den oben beschriebenen Vorteilen der integrierten Anwendungssysteme entstehen jedoch auch Gefahren. Vertrauliche Mitteilungen und Dokumente müssen vor unberechtigtem Zugriff geschützt werden. Aus diesem Grunde ist es unerläßlich, eine Möglichkeit zu schaffen, unberechtigten Zugriff zu vermeiden. Dies kann zum einen durch die Vergabe von Rechten im Netzwerk geschehen, zum anderen durch den Schutz von Dokumenten und Mitteilungen mit Hilfe von Paßwörtern. Als Beispiele für integrierte Anwendungspakete sollen hier zwei modular aufgebaute Systeme angeführt werden, die beide unter MS ↑Windows lauffähig sind und die Möglichkeiten dieser Oberfläche in bezug auf den Datenaustausch nutzen können:

ComfoWare von Siemens mit den Komponenten
- ComfoTex (Texte, Graphiken),
- ComfoTalk (Electronic Mail),
- ComfoBridge(Softwareentwicklung),
- ComfoBase (Datenbank),
- ComfoDesk (Oberfläche).

Microsoft Office mit den Komponenten:
- Word for Windows (Textverarb.),
- Excel (Tabellenkalkulation),
- Powerpoint (Präsentation),
- Access (Datenbank),
- Microsoft Mail (Electronic Mail).

Literatur: Ferstl, O.K., Sinz, E.J.: Grundlagen der Wirtschaftsinformatik, Bd. 1, München, 1993. *Hallauer, R.*: Das Büro auf dem Bildschirm, in: Office Management, Heft 9, 1990. *Hansen, H.R.*: Wirtschaftsinformatik I, 6. Aufl., Stuttgart, Jena, 1992. *Kauffels, F.-J.*: PC-Netze und Workgroup Computing, Bergheim, 1993. *Nippa, M., Schönecker, H.G.*: Methodische Unterstützung bei der Gestaltung der Bürokommunikation, in: Office Management, Heft 7-8, 1987. *Stahlknecht, P.*: Einführung in die Wirtschaftsinformatik, 4. Aufl., Berlin, 1989.

Prof. Dr. H. Locarek-Junge, Essen

Verwaltungsinformatik

V. ist die Wissenschaft von der computergestützten Gestaltung des Verwaltungshandelns auf allen Ebenen des öffentlichen Sektors. *V.* zielt auf Synergieeffekte durch die gewachsene Verwaltungskultur mit der Sprach- und Denkwelt der Informatik (Hinrich, Bonin, 1992).
V. ist eine interdisziplinäre Wissenschaft, die einerseits Wurzeln in der Politik-, Rechts-, Verwaltungs- und Arbeitswissenschaft hat und andererseits wesentlicher Bestandteil der ↑Informatik ist. *V.* befaßt sich mit Entwurf, Implementation, Betrieb und Weiterentwicklung von computergestützten ↑Informationssystemen. Als Vordenker und kritischer Begleiter der Verwaltungspraxis hat sie mitgewirkt, um viele Büroarbeitsplätze z. B. in Bundes- und Landesministerien, Bezirksregierungen, Fachbehörden, Landkreisen und Gemeinden mit Rechnerleistungen zu unterstützen. Bisher ist sie daher geprägt von Schlüsselbegriffen wie *Automation der Wesensverwaltung* (Finanz-, Einwohner-, Bau-, oder Personalwesen), *Bürokommunikation, Informationsma-*

nagement und *Entscheidungsunterstützungssysteme* (Garstka et al., 1980). Zunehmend rückt die Gestaltung transnationaler Netzwerke im Sinne einer Infrastruktur für europäische Verwaltungsaufgaben in den Mittelpunkt (Elektronischer Föderalismus; Reinermann, 1987). Da ihre Probleme und Lösungen in der ↑Wirtschaftsinformatik, der ↑Rechtsinformatik und im Themenbereich Informatik und Gesellschaft bedeutsam sind, wird die *V.* gelegentlich auch als Teilgebiet dieser Disziplinen betrachtet. Nicht jedes Fachgebiet begründet eine eigenständige Informatikdisziplin. Eine "Feuerwehrinformatik" oder eine "Forstinformatik" wäre wenig hilfreich im Anwendungsgebiet öffentlicher Verwaltung. Erst die Größe eines Anwendungsgebietes erzwingt eine Fachinformatik. Die Zahl der Betroffenen und der Grad der in ↑Software gegossenen Arbeitsprozesse sind notwendige, aber nicht hinreichende Voraussetzungen. Andernfalls müßte z.B. ADAC eine "Autofahrerinformatik" postulieren. Zusätzliche Bedingung ist eine charakteristische Sprach-, Denk- und Lebenswelt. Die Aufgaben und die jahrhundertelange Verwaltungstradition haben eine Gesamtheit von Normen, Wertvorstellungen und Denkhaltungen geprägt. Diese *Verwaltungskultur* wird üblicherweise mit den folgenden Punkten skizziert:

- ein System genau definierter Vorgehensweisen für die Aufgabenerfüllung;
- eine präzise geregelte Arbeitsteilung, die auf Spezialisierung beruht;
- ein starres Dienstwegesystem (vorgegebene Kommunikationskanäle), das zwingend eingehalten werden muß;
- eine exakt festgelegte Autoritätshierarchie, kombiniert mit einem Regelwerk, das die Rechte und Pflichten der Organisationsmitglieder vorschreibt.

Starre Strukturen, Autoritätshierarchien und fixierte Spezialisierungen sind stets Kennzeichen großer Organisationen. Sie sind keine spezifische Eigenheit der öffentlichen Verwaltung, sondern entwickeln sich zwangsläufig mit der Größe der Organisationseinheit. Wie in der Privatwirtschaft, wird auch im öffentlichen Sektor versucht, mit der ↑Informations- und Kommunikationstechnik klassische Ziele zu verwirklichen:

- Qualitäts- und Effiziensverbesserung der Aufgabenerfüllung (Produktivitätssteigerung);
- Förderung von mehr Bürgereinfluß (Kunden-, Bürgernähe);
- Anhebung der Qualität des Arbeitslebens in der Verwaltung;
- Stärkung der Steuerbarkeit der Organisationen (Führungsfähigkeit).

Es geht daher im Kontext *V.* um die Legitimation öffentlichen Handelns, die Wirtschaftlichkeit, Flexibilität, Geschwindigkeit und Ablaufsicherheit des Handelns einschließt (Lenk, Reinermann, Traunmüller). Die Verwaltungskultur im öffentlichen Sektor unterscheidet sich signifikant von der in privatwirtschaftlichen Organisationen. Exemplarisch sei auf dominierende Sprach- und Handlungsmuster verwiesen. Sie sind von Juristen und nicht von Betriebswirten geprägt worden. Die Synthese der Verwaltungskultur mit der Denkwelt der ↑Informatik läßt sich daher nicht nur als das gleichartige Problem von Very Large Scale Application of Logic betrachten.

V. geht über die Zusammenarbeit von Anwendern und Informatikern hinaus. Neben der Teamarbeit von Spezialisten dieser beiden Denkwelten bedarf es der Verschmelzung zu einem eigenständigen Erfahrungs-, Arbeits- und Wissenschaftsfeld. Erst dann entsteht das synergetische Plus gegenüber einer simplen Addition einzelner Disziplinen. *V.* zielt auf dieses Plus; sie ist daher nicht durch eine zweckmäßige Arbeitsteilung zwischen Verwaltungswissenschaft und Informatik ersetzbar. *V.* ist keine Abgrenzungsworthülse gegenüber einer Büroinformatik oder einer ↑Rechtsinformatik; sie ist vielmehr das griffige Schlagwort für die Thematisierung dieser Synthese.

Ein Studium *V.*, dessen Abschluß Voraussetzung für die Übernahme höherer Verwaltungsämter ist, konnte sich noch nicht etablieren. Die *V.* hat, wie auch die Wirtschaftsinformatik, bisher keine Berücksichtigung in der Laufbahnverordnung gefunden.

Literatur: Garstka, H.-J. et al. (Hrsg.): Verwaltungsinformatik, Darmstadt,1980. *Hinrich, E.G., Bonin* (Hrsg.): Verwaltungsinformatik, Mannheim, 1992. *Lenk, K. et al.* (Hrsg.): Schriftenreihe Verwaltungsinformatik, Bonn. Berichte der KGSt, Köln. Schriftenreihe der KBSt, Der Bundesminister des Innern, Bonn. *Reinermann, H.*: Verwaltungsinnovation und Informationsmanagement, Heidelberg, 1987.

Prof. Dr. H. E. G. Bonin, Lüneburg

Verweilzeit

Antwortzeit bei Kommunikationssystemen; Gesamtbearbeitungszeit bei Fertigungssystemen. Sie ist die Summe aller Bearbeitungszeiten in den Komponenten und Wartezeiten vor den Komponenten vom Beginn der Bearbeitung bis zur endgültigen Fertigstellung, Übertragung.

VHLL

Very High Level Language; Hochsprachen, wie die logische ↑Programmiersprache Prolog, die Lisp-Variante Scheme oder die objektorientierte Sprache Smalltalk; werden oft zum Bau von Prototypen verwendet.

Videos, digitalisierte

V. bestehen aus einer Folge von digitalisierten Bildern, die bspw. im PAL-Format mit 25 Bildern/s abgespielt werden.

Virenscanner

↑Programme, die hauptsächlich ↑Dateien und Laufwerke nach ↑Computerviren absuchen und diese entfernen.

Virtual Environments/Virtual Reality

Begriffe

Virtual Reality, *Artificial Reality*, *Virtual Environments*, *Telepresence*, *Cyberspace*, *Tele-Existence* oder *Tele-Symbiosis* (virtuelle Realität, virtuelle Welten/-Räume, künstliche Wirklichkeit) - mit diesen Schlagwörtern wird häufig dieselbe Sache bezeichnet, eine neue Dimension der graphischen ↑Simulation. Der Begriff *Cyberspace* (entnommen dem Roman 'The Neuromancer' von Gibson, 1984) hat aufgrund der Prägung durch die Science Fiction-Faszination eher einen bedrohlichen Beigeschmack, und zwar insofern, daß künftige, zwischenmenschliche Kommunikation in kybernetischen Räumen (rechnergeneriert und -kontrolliert) stattfindet. Der Begriff der künstlichen Welt oder auch der virtuellen Welt ist demgegenüber zu weitreichend, um das wenige, was mit heutiger (hochleistungsfähiger) Rechnertechnik an Illusionen zu erzeugen ist, als Welt zu bezeichnen. (Krueger, 1991) verwendet seit ca. 1984 den Begriff der *Artificial Reality*; Lanier subsumiert seit ca. 1988 verschiedene, innovative Geräteentwicklungen und Forschungsarbeiten im Bereich der 4D-Computer Graphik und der Mensch-Maschine-Schnittstelle unter dem Begriff *Virtual Reality*.

Bevorzugt wird in diesem Zusammenhang der Begriff der *Virtuellen Realität*, der historisch von den ernstzunehmenden Entwicklungen neuartiger Geräte geprägt wurde. Besser und treffender ist es, in diesem Zusammenhang von *Virtuellen Umgebungen* zu reden, womit eine vom Rechner generierte und kontrollierte Umgebung für die ↑Mensch-Maschine-Kommunikation gemeint ist. Diese entspricht dem intuitiven Verständnis des Menschen wesentlich mehr als abstrakte, über ↑Menüs und ↑Windows erstellte Desktop-Schnittstellen.

Intention

Unter *Virtual Reality* wird eine neue Epoche in der ↑Mensch-Maschine-Kommunikation verstanden, die mit dem Einsatz neuer (innovativer) Endgeräte den Benutzer in vier- und mehrdimensionale rechnerinterne Modelle einbezieht. Bezogen auf die menschliche Sensorik wird mit *V.* der Einsatz multimedialer Präsentationsformen (wie visuelle Darstellung, akustische Präsentation und haptische Information), sowie die Einbeziehung neuer, multidimensionaler Interaktionstechniken (wie Kopf-, Hand- und Körpergesten) bezeichnet.

Unverkennbare Charakteristik der *Virtuellen Umgebungen* sind dreidimensionale Präsentations- und Interaktionstechniken. Diese zielen darauf hin, dem Benutzer den Eindruck zu vermitteln, er befände sich innerhalb eines dargestellten (rechnerinternen) Szenariums. Virtuelle Umgebungen sind in der Graphischen ↑Datenverarbeitung begründet. Sie sind als eine Weiterentwicklung der herkömmlichen Visualisierung bzw. Animation zu sehen, wobei allerdings die zusätzlichen Herausforderungen der Präsentation visueller Information in Echtzeit und Manipulation dieser Information mittels Gesten oder Körperbewegungen zu bewältigen sind.

In virtuellen Umgebungen wird über die ↑Computergraphik hinaus mehr als nur der visuelle Sinn beansprucht und genutzt. Durch Aktionsmechanismen ist es möglich, auf Objekte der virtuellen Welt einzuwirken, durch Reaktionsmechanismen werden Objekte dreidimensional gesehen, räumlich gehört und auch gefühlt. Die Verfahren und Geräte ermöglichen neben dem Einsatz in der virtuellen Welt auch die sog. Fern-Gegenwärtigkeit (*Telepresence*). Hierbei ist nicht die Umgebung künstlich, sondern der Benutzer. So kann ein menschlicher Benutzer z.B. durch die Augen eines Roboters sehen, der sich innerhalb eines verstrahlten Bereichs eines Kernkraftwerks bewegt.

V. muß heute als eine der künftigen Mensch-Maschine-Schnittstellen gesehen werden. Ebenso wie sich heute die Fenstertechnik und Graphik in nahezu allen Anwendungsbereichen etabliert haben, werden künftig *V.*-Techniken und -geräte die ↑Kommunikation zwischen dem Menschen und der Maschine tragen. In vielen Anwendungen, in denen bereits heute der Einsatz der Rechnertechnik möglich wäre, aber aufgrund unzulänglicher (meist benutzerunfreundlicher) Benutzerschnittstellen und Präsentationsformen abgelehnt wird, beginnt *V.* überzeugend zu wirken (z.B. im künstlerischen, gestalterischen Bereich, Hilfe für Behinderte).

Zur Zeit wird *V.*-Technologie in technisch-wissenschaftlichen Einsatzgebieten, in der Sichtsimulation und im Unterhaltungs- und Freizeitbereich erprobt. Die Systeme für die virtuelle Realität verfügen - der passiven Plot-Graphik der Vergangenheit und der derzeitigen interaktiven 3D-Farbgraphik folgend - über ein noch nicht vollständig überschaubares Einsatzpotential in allen interaktiven Anwendungen mit Anspruch auf eine benutzerfreundliche Mensch-Maschine-Schnittstellen. Die nächste Generation der *V.*-Geräte wird in vielen wissenschaftlichen und technischen Disziplinen *V.*-Techniken erprobt und evaluiert werden. Es werden sich dabei sicherlich eine Fülle von Anwendungsbereichen herauskristallisieren, in denen *V.* als ein geeignetes Werkzeug für kosteneffektive Produkt-/Verfahrensgestaltung gesehen wird.

V.-Kategorien
Virtuelle Realität läßt sich in zwei Kategorien sehen, die den Benutzer auf verschiedene Weisen einbeziehen und integrieren:

- Als ↑*Desktop Applications* werden *V.*-Anwendungen bezeichnet, in denen der Mensch über ein Fenster in eine virtuelle Welt schauen und mit den in der Welt enthaltenen Objekten interagieren kann. Der Betrachter kann seinen Blick jederzeit vom Fenster abwenden. Der für die Präsentation der Welt benötigte Beobachterstandpunkt (Kameraposition) wird durch ein beliebiges Eingabegerät (↑Maus, ↑Datenhandschuh/Dataglove, Steuerkugel oder Spaceball) kontrolliert.
- Anders ist es in sog. *Immersive Virtual Environments*, virtuellen Umgebungen, in die der Benutzer "eintauchen" kann. Hier ist der Benutzer unmittelbar an die virtuelle Welt gekoppelt. Dies äußert sich darin, daß dem Benutzer für seine audiovisuelle Wahrnehmung ausschließlich die rechnergenerierte Welt angeboten wird, der er sich nur durch Schließen der Augen entziehen kann. Der Beobachterstandpunkt wird i.a. durch Head-Tracking (Erfassen der Kopfposition und -orientierung) ermittelt; dies bedeutet, daß jede Kopfbewegung des Benutzers ihm eine neue Ansicht der virtuellen Welt verschafft. Interaktion mit Objekten kann jetzt nur noch mit Eingabegeräten erfolgen, die der Benutzer in der Ankopplung bereits hatte. Ein nachträgliches Suchen und Fassen der Geräte kann nicht mehr über den Sicht- und Hörsinn erfolgen, da diese von der realen Welt abgeschottet werden.

V.-Geräte
Kennzeichnend für virtuelle Umgebungen sind Hochleistungsgraphiksysteme, die eine stereoskope Bildpräsentation ermöglichen, Auralisierungsgeräte, Raumortungssysteme und Interaktionsgeräte, die Bewegungen und Gesten detektieren.

- *Großbildprojektionen* wurden bisher in vielen Simulatoranwendungen eingesetzt. Durch horizontales Aneinanderfügen mehrerer Sichten (mehrerer Projektoren) entstanden Weitwinkel- oder Panoramadarstellungen, die dem Betrachter den Eindruck vermitteln, er befinde sich innerhalb eines 3D-Ablaufgeschehens und könne seine Sicht darauf beliebig variieren (das 180 Grad Kino oder das Planetarium sind Beispiele). Zur Präsentation stereoskopischer Bilder werden zum einen in eine Brille integrierte elektro-optische Verschlußsysteme (Shutter) eingesetzt, die beide Stereohalbbilder alternierend auf linkes und rechtes Auge geben. Eine alternative Technik verwendet polarisiertes Licht zur Übertragung der stereoskopischen Bildinformation.

• ↑*Monitorbrillen* (Head Mounted Displays) verfügen allgemein über zwei Monitore, jeweils ein Monitor für ein Auge. Ein Monitor ist mit einer Weitwinkeloptik (ca. 100 Grad horizontaler Blick) ausgestattet, hat eine Bildschirmdiagonale von ca. 10 cm (4 inch) und befindet sich im montierten Zustand etwa 3-5 cm von dem Auge entfernt. HMD sind verfügbar in LCD- (Flüssigkristall) und CRT-Technik (Kathodenstrahlröhre). Zwei unterschiedliche Gerätetypen sind verfügbar: Geräte, die direkt auf dem Kopf getragen werden (Helme und Brillen) und Geräte, die wegen ihres Eigengewichtes in einer separaten Halterung montiert sind (z.B. der BOOM, Fake Space Labs) und nur vor den Kopf gehalten werden.

• Als ↑*Tracking* wird das Verfolgen eines Sensors im vierdimensionalen Raum bezeichnet, d.h. die zyklisch wiederholte Feststellung von Positionen und Orientierung eines Sensors relativ zu einem Bezugssystem mit Referenzpunkt. Tracking-Einheiten werden verwendet, um die Kopfbewegung festzustellen und anschließend die Beobachterposition in der Bildgenerierung entsprechend einzustellen. Ebenso werden diese Einheiten für die Handposition in Verbindung mit dem Dataglove oder für die Positionsermittlung verschiedener, markanter Körperpunkte (Datenanzug oder Datasuit) eingesetzt. Es werden derzeit drei unterschiedliche Technologien angeboten: orthogonale elektromagnetische Felder (z. B. Polhemus oder Ascension Trackers), Ultraschall-Tracker (z.B. Logitec Flying Mouse, Mattel Power Glove) und mechanische Tracking-Systeme. Es finden weiterhin Versuche statt, das Tracking über die Auswertung von Videoaufnahmen räumlich zu erweitern.

• Die Aufgabe des ↑*Datenhandschuhs* (Dataglove) besteht in der möglichst genauen Erfassung der Hand- und Fingerbewegungen des Benutzers. Der Dataglove muß auf die Hand der Benutzer kalibriert werden. Er dient in Verbindung mit entsprechender Software in erster Linie der Gestenerkennung. Es können alternativ andere 3D-Eingabegeräte wie Spaceball oder SpaceMouse eingesetzt werden. Über diese Standardgeräte hinaus existieren eine Reihe meist einzigartiger, unkonventioneller Aktoren und Sensoren, die zur Erfassung von Umgebungsdaten bzw. zur Steuerung externer Geräte eingesetzt werden (z.B. modifiziertes Fahrrad zum Cycle-Through).

Interaktion

Der Akzeptanz von *V.*-Anwendungen auf den verschiedensten Gebieten hängt entscheidend von der Qualität der Interaktionen ab, die in der 3dimensionalen virtuellen Umgebung ausgeführt werden können.

Eine der grundlegendsten Interaktionen in *V.*-Umgebungen ist die Navigation, oft auch als *Walk Through* bezeichnet. Sie bedeutet das interaktive Verändern des Blickpunktes, z.B. Rotieren des Blickpunktes, um sich umzusehen; oder Translieren des Blickpunktes, um sich an eine andere Stelle in der Szene zu bewegen. Verschiedene Metaphern wurden hierzu geprägt: "Kamera in der Hand", "Szene in der Hand" und "Flugzeugkontrolle". Die Steuerung der Navigation erfolgt in vielen Systemen durch Handgesten. Diese werden mit dem Eingabegerät Dataglove aufgenommen und durch geeignete Algorithmen (z.B. künstliche ↑Neuronale Netze) erkannt. So existiert in der Regel eine Geste, mit der sich der Benutzer nach vorne bewegt und eine, mit der er sich rückwärts bewegt. Die Geschwindigkeit der Bewegung wird meist mit dem Daumen gesteuert. Die Steuerung der Navigation kann aber auch durch andere Eingabegeräte wie Spaceball oder Flying Joystick erfolgen. Objekte können mittels einer besonderen Pose gegriffen und manipuliert werden. Die Fingerkrümmung dient bspw. zur Werteeingabe. Mit der Hand lassen sich ebenfalls ein virtuelles Kontrollpanel bedienen, sowie Modellieraufgaben steuern. *V.*-Systeme müssen überprüfen, ob der Benutzer mit der Umgebung kollidiert. Diese Kollisionsüberprüfung ist ein zentraler Punkt bei der Realisierung von Interaktionen, wie Steuerung eines ↑Cursors, Greifen von Objekten oder Werfen von Objekten.

Echtzeitbildgenerierung
Herkömmliche Darstellungsverfahren der ↑Computergraphik projizieren die Geometrie einer gegebenen Szene auf einen Bildschirm in Richtung eines virtuellen Beobachters (Scan-Konvertierung). Dort werden die einzelnen Flächen der Reihe nach ausgefüllt und mit Hilfe eines z-Buffer-Algorithmus nur die vordersten Flächen dargestellt. Zur Steigerung des Realitätseindrucks werden oft mit einem Textur Mapping-Verfahren Oberflächenstrukturen aus vorliegenden Photographien auf die einzelnen Objekte aufgetragen. Für eine grobe ↑Simulation der Beleuchtungsverhältnisse in einer Szene werden für jede darzustellende Fläche außerdem die Winkel zwischen der Flächennormalen und den in der Szene definierten Lichteinfallsrichtungen berücksichtigt. Ein Objekt scheint bei senkrechtem Lichteinfall heller als bei einem waagerechten. Eine Interpolation der Farbverläufe innerhalb eines Objekts hilft ebenfalls, den Realitätseindruck der erzeugten Bilder zu steigern. All diese Verfahren werden heutzutage von einer Vielzahl computergraphischer Hardware-Architekturen unterstützt.
1984 wurde ein neues Beleuchtungsverfahren, das sog. *Radiosity-Verfahren* vorgeschlagen. Hierbei wird die Beleuchtung ein einziges Mal für eine Szene vorab simuliert. Die berechneten Daten werden dann in beide Darstellungsverfahren integriert und erlauben eine sehr viel realistischere Darstellung bei bis zu einem Zehntel der Darstellungszeit. Außerdem können mit Hilfe des Radiosity-Verfahrens erstmals flächige Lichtquellen und die Beleuchtung der Objekte untereinander simuliert werden. Radiosity ist damit eine unabdingbare Komponente für heutige *V.*-Systeme geworden.
Die Verwendung von *Objekthierarchien* ist eines der fundamentalen Werkzeuge, um selbst bei komplexen Datenmengen eine hohe Bildrate zu erhalten. Innerhalb dieser Hierarchie werden die Objekte gruppiert. So besteht ein Dorf aus mehreren Häusern und Bäumen, wobei jedes Einzelobjekt sich aus einer Liste von Primitiven zusammensetzt. Diese Objekthierarchien werden vom Benutzer selbst definiert oder teilweise vom System automatisch generiert.
Die Wahrnehmung graphischer Darstellungen ist nur ein Teil der von *V.*-Anwendungen erzeugten Erlebniswelt. Um den Anspruch von *V.* zu erfüllen, einen Menschen unmittelbar in eine virtuelle Welt zu versetzen, müssen zusätzliche Sinne angesprochen werden. Nach dem Gesichtssinn trägt der Austausch akustischer Informationen zwischen Mensch und Maschine zu einem deutlich gesteigerten Erleben virtueller Welten bei.

Aus den gleichen geometrischen Modelldaten können sowohl visuelle, als auch akustische ↑Simulationen sicht- bzw. hörbare Ergebnisse berechnen. Die Erweiterung bestehender Rendering-Systeme um akustische ↑Objekte, ↑Attribute und Simulationen bietet die Visualisierung und Sonifikation in einem einzigen, integrierten ↑System. Akustische Rendering-Verfahren berechnen aus der geometrischen und akustischen Spezifikation einer Szene positionsabhängige Kenngrößen, die die Ausbreitung des Schalls beschreiben. Wie bei den visuellen Rendering-Verfahren werden lokale (Reflexion, Brechung, Absorption des Schalls bzgl. einer Fläche) und globale Modelle (Ausbreitung des Schalls) unterschieden.

Anwendungsszenarien
Im Architektur- und CAD-Bereich können Planungsmodelle jeglicher Art in *V.*-Systeme übernommen werden und in diesen mit bereitstehenden *V.*-Interaktionstechniken begangen, betrachtet oder sogar manipuliert oder modifiziert werden. Sichtsimulatoren werden nicht nur für Flugtraining, sondern ebenso zur LKW- oder PKW-Fahrschulausbildung eingesetzt. Reaktionen in kritischen Situationen können damit getestet und antrainiert werden. Low Cost-Simulatoren (mit Standard *V.*-Hardware) sind für vielfältige Ausbildungszwecke zu erstellen. Mikro-/Makrokosmischen Phänomene aus der Physik, Chemie, Astronomie, etc. werden erst durch Projektion in die vir-

tuelle Welt "offensichtlich" und damit begreifbar.
Eignung und Auswirkung von Bau- und Planungsmaßnahmen auf die Umwelt lassen sich mit *V.*-Techniken feststellen. Hier sind besonders die kommenden Großprojekte, wie Straßen und neue Bahntrassen im Osten, Freizeit- und Erholungsgebiete, Flughäfen und Bahnstationen sowie Produktionsstätten zu erwähnen. Zur Fernsteuerung von Robotern oder Apparaturen in kontaminierten oder nicht erreichbaren Umgebungen (KKW, Kläranlagen, Kanalisation, Unterwassererkundung, Seismik, Weltraum) sind *V.*-Techniken des räumlichen Sehens und der manuellen räumlichen Steuerung notwendig. Im Bereich der Unterhaltung, Werbung und Präsentation werden gerade in Verbindung mit der Einführung des HDTV neue Wege gegangen. Produktionen mit virtuellen Welten statt Kulissen werden im Zuge des immensen Bedarfs an HDTV-Neuproduktionen Kostenvorteile haben.

Bewertung und Ausblick
Die erste Generation der *V.*-Geräte und -Techniken ist entwickelt. Damit realisierte Anwendungen sind eher prototypischer Natur, während produktreife Anwendungen heute lediglich ansatzweise vorhanden und generelle Lösungen erst in näherer Zukunft zu erwarten sind. Aber auch im Bereich der *V.*-Software sind viele Fragen offen und daher Gegenstand derzeitiger *V.*-Forschung. Wie bei jeder neuen Technologie stellen sich auch hier ethische Fragen, die heute allerdings noch bei sehr wenigen in das Bewußtsein gerückt sind.

Literatur: Encarnaçao, J.L., Foley, J.D., Multimedia, Berlin, 1994. *Encarnaçao, J.L. et al.*, Computer-Aided-Design Fundamentals and System Architectures, Berlin, 1990. *Encarnaçao, J.L., Straßer, W.*, Computer Graphics, München, 1986. *Fellner, W.D.*, Computergraphik, Mannheim, 1992. *Foley, J.D. et al.*, Computer-Graphics, 1990. *Gibson, W.*: The Neuromancer, ACE Books, 1984. *Groß, M.*: Visual Computing, Berlin, 1994. *Hofmann, G.R.*: Imaging, Berlin, 1994. *Krueger, M.W.*: Artificial Reality, 1991.
Prof.Dr.J.L.Encarnaçao, et al., Darmstadt

Virtuelle Umgebungen
Virtual Environments; vom Rechner generierte und kontrollierte Umgebung für die ↑Mensch-Maschine-Kommunikation.

Visualisierung ökonomischer Daten
↑Informationen werden als zweckorientiertes ↑Wissen definiert. ↑Daten sind Nachrichten, die so dargestellt sind, daß sie durch ↑Informationstechnik erkannt, verarbeitet und gespeichert, sowie übertragen werden können. Sie können auch als technische Repräsentation von Informationen charakterisiert werden. Ökonomische Daten dienen betriebs- oder volkswirtschaftlichen Zwecken. Sie stellen insb. die Grundlage unternehmerischer Entscheidungen dar. Im hier behandelten Zusammenhang geht es um quantitative Daten, die vor allem in Form von Tabellen und Graphiken dargestellt werden können.
In den 60er Jahren stand bei der ↑Datenverarbeitung lediglich die Verarbeitung von Zahlen im Mittelpunkt. Erst Ende der 70er Jahre wurde es möglich, mit Hilfe von ↑Computern aus diesen Zahlen Graphiken zu erstellen und auf Bildschirmen wiederzugeben. Seit einiger Zeit ist der Trend zur graphischen Darstellung von ↑Informationen unverkennbar.
Im Rahmen des betrieblichen Entscheidungsprozesses müssen Informationen ausgewählt, bewertet und aggregiert oder disaggregiert werden. Visuelle Informationen weisen tabellarischen Informationen gegenüber einige Vorteile auf. Sie bieten stärkere Reizwirkungen als Zahlen, da sie zunächst auf das Gefühl und dann auf den Verstand wirken. Darüber hinaus können mit Hilfe von graphischen Darstellungen Ähnlichkeits-, Ordnungs- und Proportionalitätsbeziehungen zwischen vorgegebenen Gesamtheiten von ↑Informationen besser sichtbar gemacht werden.
Die aufgeführten Vorteile gewinnen insb. vor dem Hintergrund der zunehmenden Informationsüberlastung an Bedeutung. Mit Hilfe visueller Informationen kann die Informationsüberlastung wesentlich reduziert werden. Dieser Aspekt ist speziell bei der Gestaltung von ↑Führungsinformationssystemen, deren Anspruchsniveau an die Darstellung von Informationen außerordentlich hoch ist, von her-

ausragender Bedeutung.

Eine Betrachtung der Gedächtnisorganisation des Menschen veranschaulicht die eben getroffenen Aussagen. Die Verarbeitung extern gewonnener Informationen im menschlichen Gedächtnis erfolgt in zwei Stufen: Zunächst wird die Information in das Arbeitsgedächtnis aufgenommen und mit langfristig gespeicherten Strukturen verglichen. In der zweiten Stufe erfolgt die Integration in die langfristig gespeicherten Strukturen, die in das Langzeitgedächtnis aufgenommen werden. Die Bearbeitung von Aufgaben oder die Lösung von Problemen kann nur im Arbeitsgedächtnis stattfinden, das den aktiven Teil des menschlichen Gedächtnisses darstellt. Es ist allerdings in seiner Informationsaufnahmekapazität begrenzt. Werden jedoch voneinander unabhängige Informationselemente in eine visuelle Darstellung integriert, so erhöht sich die Aufnahmekapazität des Gedächtnisses. Dies wird damit begründet, daß Bilder als Gesamtstruktur gespeichert werden, unabhängig von der Anzahl der integrierten Informationsobjekte.
Der Einsatz der graphischen ↑Datenverarbeitung zur übersichtlichen Präsentation ökonomischer Daten wird auch als *Business Graphics* bezeichnet. Mit Hilfe von ↑Business Graphics soll die Entscheidungsfindung erleichtert werden, indem die hierfür benötigten ↑Daten fehlerfrei und innerhalb kurzer Zeit anschaulich zur Verfügung gestellt werden. Im Unterschied zu den hohen Anforderungen an naturwissenschaftlich-technische Darstellungen genügen zur Visualisierung ökonomischer Daten einfachere Verfahren. Verschiedene, allgemein verwendete Darstellungsformen sind Linien-, Säulen-, Balken- oder Kreisdiagramme. Zur Generierung solcher Diagramme existieren zahlreiche DV-Programme, die in der Lage sind, automatisch aus Tabellen Graphiken zu erstellen.
Um jedoch die Potentiale der visuellen Informationsdarstellung besser ausnutzen zu können, erscheint die Beschränkung auf die Generierung bestimmter, fest definierter Diagrammformen aus ökonomischer Sicht nicht befriedigend. Graphische Darstellungen sollten vielmehr um flexible Elemente erweitert werden, die die Kreativität des Betrachters anregen und die Erinnerungskraft an das Dargestellte erhöhen. So ist es bspw. bei Soll/Ist-Vergleichen sinnvoll, durch farbige Warn- und Kontrollzonen oder durch die Integration von Metaphern auf Abweichungen von zuvor definierten Planwerten hinzuweisen.

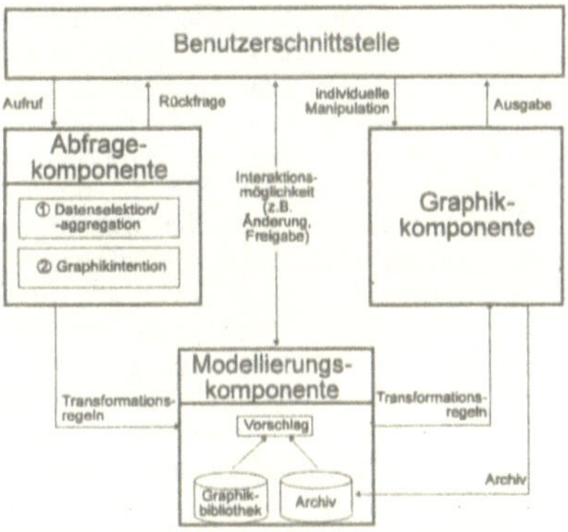

Im folgenden soll kurz ein Konzept für ein *Visualisierungssystem für ökonomische Daten* dargestellt werden. Wenn ein Benutzer eine Graphik erstellen möchte, wird über die Benutzerschnittstelle die Abfragekomponente aufgerufen. Innerhalb dieser wird zunächst eine Selektion der zu visualisierenden Daten vorgenommen. Das kann etwa durch eine Auswahl von Daten aus simultan ablaufenden Anwendungsprogrammen oder durch Referenz auf eine zentrale ↑Datenbank geschehen. Die Abfragekomponente fragt dann den Benutzer nach der Intention der zu erstellenden Graphik. Die Intention beinhaltet die aufgaben- oder personenbezogenen Ziele der Graphik. In Abhängigkeit von diesen Zielen wird das Spektrum möglicher Graphiken von vornherein eingeschränkt. So ist etwa zur Veranschaulichung von Extremwerten der Einsatz von Kreisdiagrammen nicht sinnvoll. Mit Hilfe von Transformationsregeln erstellt die Modellierungskomponente automatisch einen Vorschlag für die Gestaltung einer Graphik. Dieser Vorschlag kann mittels Zugriff auf eine systemseitig definierte, Standardgraphiken enthaltene Bibliothek oder auf das benutzerseitig gespeiste Archiv erfolgen.

Der Vorschlag des Systems kann akzeptiert werden, es besteht aber auch die Möglichkeit der interaktiven Einflußnahme durch den Benutzer. Nach Freigabe des Modellierungsvorschlages durch den Benutzer wird dieser mittels Transformationsregeln an die Graphikkomponente weitergegeben, die automatisch eine Graphik erstellt. Auch dieses Endprodukt kann vom Benutzer individuell manipuliert werden. Zu denken ist etwa an die Veränderung von Planungswerten in einem Balkendiagramm durch Ziehen der ↑Maus oder das Anbringen von Notizen zur Weitergabe der Graphik an Mitarbeiter. Die Ausgabe kann am Bildschirm oder auf anderen Ausgabemedien erfolgen. Die fertiggestellte Graphik wird schließlich in das Archiv der Modellierungskomponente eingestellt.

Das vorgestellte Konzept weist somit gegenüber den am Markt verfügbaren ↑Business Graphics, bei denen lediglich die Präsentation von ↑Informationen im Vordergrund steht, zwei weitere, aus ökonomischer Sicht bedeutsame Wesensmerkmale auf: Es bietet zum einen die eben beschriebene Möglichkeit zur Manipulation von Daten, sowie zum anderen die oben erläuterte Flexibilität, die insb. vor dem Hintergrund der Planungsunterstützung eine wichtige Rolle spielt.

Literatur: Jahnke, B.: Konzeption und Entwicklung eines Führungsinformationssystems, in: *Bartmann, D.* (Hrsg.): Lösungsansätze der Wirtschaftsinformatik im Lichte der praktischen Bewährung, Berlin, 1991. *Jahnke, B.*: Entscheidungsunterstützung der oberen Führungsebene durch Führungsinformationssysteme, in: *Preßmar, D.B.* (Hrsg.): Informationsmanagement, Bd. 49, Schriften zur Unternehmensführung, Wiesbaden, 1993. *Krcek, H.*: Visuelles Management, Frankfurt, 1985. *Rohr, G.*: Grundlagen menschlicher Informationsverarbeitung, in: *Balzert, H. et al.*, Einführung in die Softwareergonomie, Berlin, New York, 1988. *Wittmann, W.*: Unternehmung und unvollkommene Information, Köln, 1959.

Prof. Dr. B. Jahnke, Tübingen

VLAN

Very Local Area Network; die vernetzten Komponenten stehen wenige Meter voneinander.

VLSI

Very Large Scale Integration; höchstintegrierte Chips mit bis zu 10 Millionen Bauelementen.

VTX

Videotex; Übertragung der Informationen über das Telefonnetz mittels eines Modems, wobei die digitalen Signale analog über das Telefonsystem übertragen und so Daten aus einem zentralen ↑Computer auf dem (Fernseh-) Bildschirm des Teilnehmers angezeigt werden. Da das Telefon als Zweiwegkommunikationseinrichtung die Übertragung von Daten und Signalen in beide Richtungen ermöglicht, ist eine interaktive Nutzung (Abfrage, Antwort) möglich.

WAIS
Wide Area Information System; Dienste im ↑Internet; Sammlung von im ganzen Netz verteilten Datenbanken, in denen über Schlüsselwörter nach Dokumenten oder Dateien gesucht werden kann. Die gelieferten ↑Daten werden aufbereitet und angezeigt.

Walkthrough
Durchgehen eines ↑Programmes mit Testfällen.

WAN
Wide Area Network

Warenwirtschaftsmanagement, computergestütztes (CWWS)
Begriff und Komponenten
Im Rahmen der Konsumgüterdistribution ist eine Vielzahl von Tätigkeiten direkt auf die zu beschaffende und abzusetzende Ware gerichtet. Diese Tätigkeiten werden als Warenwirtschaft bezeichnet und müssen im Tagesgeschäft eines Handels- oder auch Industrieunternehmens untereinander und mit den weiteren Tätigkeitsbereichen abgestimmt und gesteuert werden. Diese Aufgabe kommt dem *Warenwirtschaftsmanagement* zu. Der Begriff Warenwirtschaftsmanagement umschreibt einen weiten Bereich. Er umfaßt alle Managementfunktionen im Rahmen von Willensbildung (Planung/Entscheidung), Willensdurchsetzung (Steuerung/Personalführung) und Kontrolle einschl. der damit zusammenhängenden Informations- und Kommunikationsfunktionen, die sich auf die Struktur- und Prozeßgestaltung im Bereich der Warenwirtschaft beziehen. Gegenstand des Warenwirtschaftsmanagements sind Entscheidungen, die von der Gestaltung der Dispositions- und Informationssysteme selbst (z.B. der zu implementierenden Technologien, der Vernetzung zwischen den Teilsystemen und der Integration mit der Systemumwelt) bis hin zu den das Tagesgeschäft betreffenden (operativen) Entscheidungen über die Waren-, Geld- und Informationsströme im Rahmen vorgegebener Systemstrukturen reichen.

Die *Warenwirtschaft* innerhalb eines betrachteten Systems - das kann der einzelne Handelsbetrieb, eine Mehrzahl von Handelsbetrieben (Handelssystem) oder ein mehrstufiges Distributionssystem sein - umfaßt stets zwei Komponenten (Ahlert, 1994):

- die ausführenden Tätigkeiten im Zusammenhang mit der Ware *(Warenprozeßsystem)* und
- die mit dem Warenprozeß zusammenhängenden Informations- und Managementtätigkeiten *(Warenwirtschaftssystem)*.

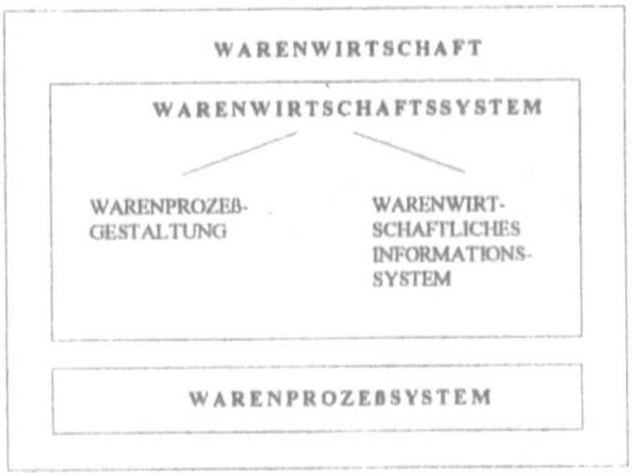

Um den besonderen Stellenwert des Mediums Information hervorzuheben, kann das Warenwirtschaftssystem noch einmal - dies ist allerdings nur gedanklich möglich - untergliedert werden in eine Menge von Tätigkeiten der aktiven Gestaltung des Warenprozesses, die in der älteren deutschsprachigen Literatur auch Warenbewirtschaftung genannt wird und eine Menge von Tätigkeiten, die mit der Gewinnung, Verarbeitung, Speicherung und Weitergabe von Informationen zusammenhängen (*Warenwirtschaftliches Informationssystem*). Daß die letztgenannte Aufspaltung nur gedanklich möglich ist und ein hohes Maß an Abstraktionsleistung voraussetzt, wird dadurch deutlich, daß die Information auch das Medium ist, in dem sich die einzelnen Teilphasen der Warenprozeßgestaltung (Planung, Steuerung etc.), sowie die Beziehungen zwischen diesen Teilphasen abspielen und mit dem die Komponenten der Warenwirtschaft untereinander verbunden sind. In der nachfolgenden Abbildung wird für diese besondere Rolle der Information in der Warenwirtschaft das Symbol des Treibriemens verwendet.

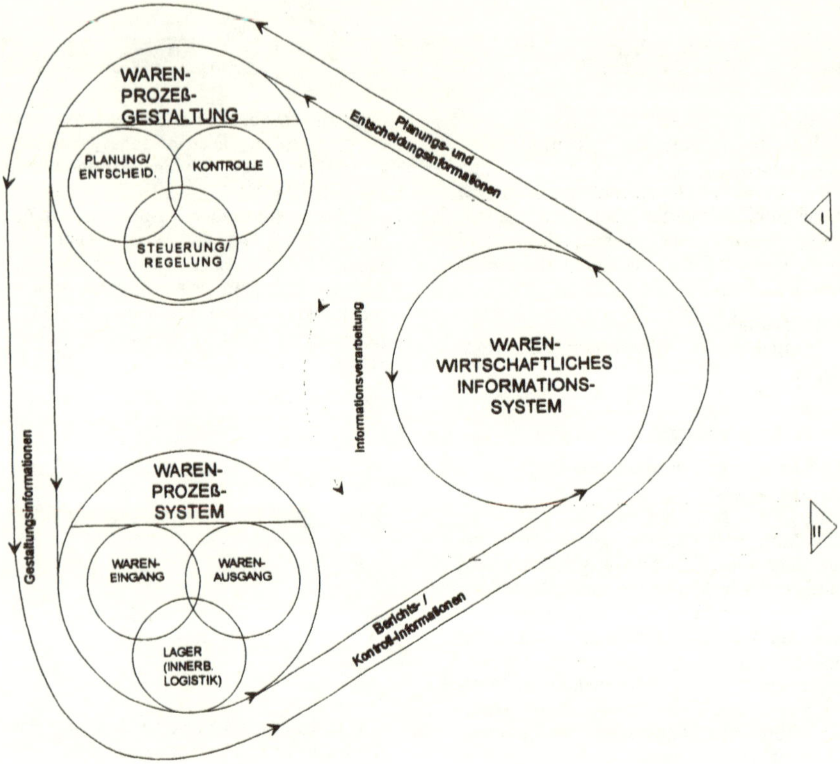

Die Abbildung soll mit den beiden Pfeilen I und II ferner verdeutlichen, daß die Warenwirtschaft

- einerseits durch eine Vielzahl von Informationen von außerhalb (des engeren warenwirtschaftlichen Bereichs) gespeist wird und
- andererseits die Aufgabe hat, Informationen nach außen abzugeben.

Mit außen sind dabei sowohl andere Teilbereiche innerhalb des Systems (z.B. das Personalwesen, das Beschaffungs- und Absatzmarketing oder das Finanzwesen desselben Handelsbetriebes) als auch das externe Systemumfeld (z.B. Lieferanten, Kunden, andere Handelsbetriebe, Distributionshelfer) gemeint.

Gestaltungsobjekte des Warenwirtschaftsmanagements

Das wichtigste Gestaltungsobjekt des Warenwirtschaftsmanagements stellt das *Warenwirtschaftssystem* dar (Ahlert, Olbrich, 1994). Hierbei steht die Perspektive des Handels nur auf den ersten Blick im Vordergrund; denn für die Industrie ist die Entwicklung auf dem Gebiet der Warenwirtschaftssysteme ebenso von sehr großem Interesse. Es ergeben sich für die Industrie bereits gegenwärtig erhebliche Konsequenzen aus der zunehmenden Durchdringung des Handels mit neuen Informationstechnologien. Zum einen wird die Industrie über die Beobachtung ihrer Produkte im Handel beurteilt und kann darüber hinaus selbst ein reger Nutzer der gewonnenen Informationen sein; zum anderen ergeben sich im Zuge der Integration der Informationssysteme von Handel und Industrie vielfältige Möglichkeiten zur Ökonomisierung der Distribution (Ahlert, Olbrich, 1993). Auch, wenn die Rechnerunterstützung nicht zwingendes Merkmal von Warenwirtschaftssystemen ist, so wird sie doch zunehmend zu einer Selbstverständlichkeit, sofern in Praxis und Literatur heute von Warenwirtschaftssystemen die Rede ist (*W.*). Zu einer Begriffsverwirrung ist es dadurch gekommen, daß mitunter auch bestimmte Softwarepakete als *W.* bezeichnet werden. Dies muß als unzweckmäßig bezeichnet werden, da ein Warenwirtschaftssystem zwar durch ein derartiges Softwarepaket unterstützt werden kann, aber in seinen Komponenten darüber hinausreicht.

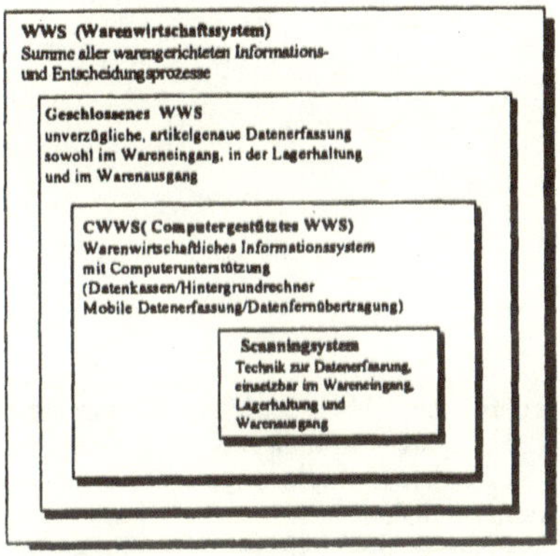

Computerunterstützung bedeutet nicht zwingend, daß ↑Scanner eingesetzt werden. Es sind z.Z. durchaus noch Datenkassensysteme im Einsatz, bei denen die Artikelnummern manuell eingegeben werden. Dies ist insb. in jenen Nonfood-Bereichen der Fall, in denen die Artikelnumerierung durch den ↑*EAN-Code* noch nicht so weit verbreitet ist, wie im Lebensmittelhandel. *Scanning* ist also zunächst nichts anderes als eine unter mehreren denkbaren Registriermethoden, bei der durch Lesestifte oder stationäre Systeme eine automatische Erfassung der Artikelnummern erfolgt. Scanning wird nicht nur im Warenausgangsbereich, sondern auch im Wareneingang und bei Inventuren (als technische Variante der mobilen Datenerfassung) angewendet. Eine Begriffsverwirrung ist dadurch aufgetreten, daß zunehmend von Scanning-Systemen nicht mehr im Sinne einer spezifischen Technik zur Datenerfassung, sondern einer Metapher für geschlossene *W.* mit Datenkassen gesprochen wird.

Integration W.
Von *integrierten Warenwirtschaftssystemen* (Olbrich, 1994) kann einerseits gesprochen werden, wenn eine interne Integration verschiedener Warenwirtschaftssysteme innerhalb eines Handelssystems, also zwischen den Filialen und der Zentrale eines Handelsunternehmens, oder den Mitgliedsbetrieben und der Zentrale einer kooperierenden Handelsgruppe, stattfindet.

Von weitreichender Bedeutung für die Informationsversorgung des Marketing von Handel und Industrie ist die Entwicklung dezentraler↑*W.* Handelssysteme (Filialsysteme, kooperierende Gruppen) setzen diese nunmehr in ihren Geschäftsstätten, also in den Filialen und bei kooperierenden Einzelhändlern (Mitgliedsbetrieben) ein (Olbrich, 1992). Dezentrale *W.* basieren auf einem Hard- und Softwarepaket, welches sich dadurch auszeichnet, daß es in den Geschäftsstätten Teilfunktionen der dezentralen Warenwirtschaft unterstützt. Durch die Einführung dezentraler *W.* wird in Handelssystemen erstmalig die Möglichkeit eröffnet, den Warenfluß vom Wareneingang der Systemzentrale bis zum Warenausgang der Geschäftsstätten zu verfolgen und so in wichtigen Entscheidungstatbeständen informatorisch zu unterstützen. Die Abverkaufsdatenerfassung in den Einzelhandelsgeschäften geschieht dabei zunehmend durch Scanningsysteme. Durch Vernetzung der zentralen und dezentralen *W.* entsteht eine stufenübergreifende Verbindung computergestützter Teilsysteme der räumlich getrennten Organisationseinheiten. Die im Wege der internen Integration erzielbaren Kostendegressions- und Synergievorteile können ein gewaltiges Ausmaß annehmen, sofern die Vernetzung auf der Basis eines systemweit einheitlichen Datenmodells erfolgt (Bekker, 1994). Die bei nicht kompatiblen Insellösungen zwangsläufig auftretenden mehrfachen Datenerfassungsarbeiten, die erheblichen Redundanzen in der Hardwareausstattung, Doppelarbeiten bei der Softwareproduktion usw. können weitgehend vermieden werden, wenn im Rahmen eines das gesamte Handelssystem umfassenden integrierten, jedoch arbeitsteilig strukturierten Warenwirtschaftssy-

Warenwirtschaftsmanagement

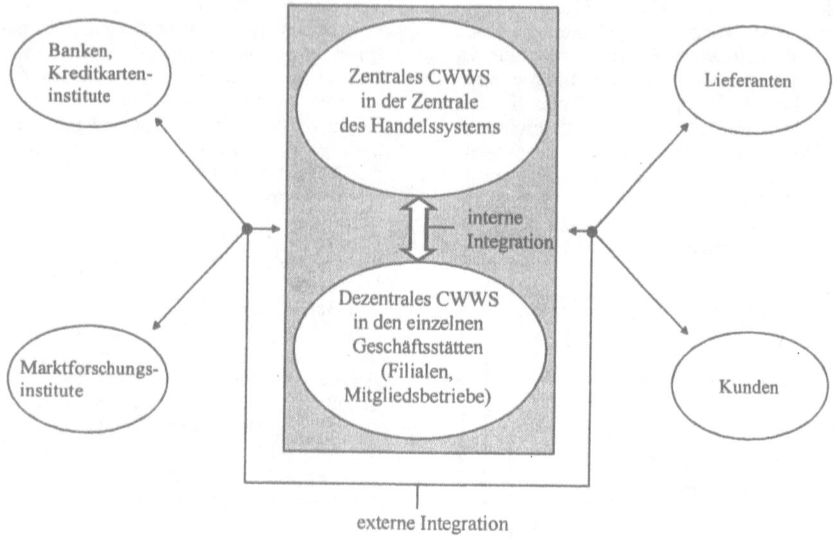

stems (ggf. in Verbindung mit einem System der verteilten Datenverarbeitung) Zentrale und Anschlußbetriebe jeweils jene *warenwirtschaftlichen Funktionen* übernehmen, zu deren Ausübung sie prädestiniert sind (Zentes, 1988):

- Die *Zentrale* kann neben der Datensicherung die sehr aufwendige Stammdatenerfassung und -pflege, die Programmpflege (Softwarewartung) und bestimmte, nur auf betriebsübergreifender Ebene mögliche Datenauswertungen (interne Erfolgsfaktorenforschung, Betriebsvergleiche, Lieferantenauswahl) übernehmen.
- Die *Filialen* bzw. *Mitgliedsbetriebe* wickeln die Verkaufsdatenerfassung, die Kassenabrechnung, die dezentrale Bestandsführung und die Dispositionsunterstützung autonom ab, führen die standortspezifischen Datenauswertungen selbständig durch und bereiten die zentralseitig durchzuführende Informationsverarbeitungsprozesse durch geeignete Datenaufbereitung vor.

Nutzenpotentiale durch interne Vernetzung können auch auf der Ebene des einzelnen Handelsbetriebes (oder innerhalb der Zentrale) erschlossen werden, wenn die Grenzen zwischen dem Warenwirtschaftssystem und den anderen Teilbereichen des Handelsinformationssystems (z.B. dem Kunden-, Konkurrenz- und Personal-Informationssystem) überwunden werden.

Weitere Rationalisierungsvorteile können erschlossen werden, wenn eine externe Integration der Warenwirtschaftssysteme im Distributionssystem stattfindet. Die externe Vernetzung der *W.* sorgt für eine Verbindung der Informationsgrundlagen des Handels mit den Informationen seiner wichtigsten Transaktionspartner. Die derzeit wichtigsten *Integrationsrichtungen* lauten:

- Integration mit Lieferanten durch Bestell-, Liefer- und Rechnungs-, Stamm- und Marktdatenaustausch;
- Integration mit Kunden mittels Kundenkartensysteme;
- Integration mit Banken und Kreditkarteninstituten durch Cashmanagement-Systeme (CMS), POS-Banking (Kreditkarten-, Scheckkartensysteme);
- Integration mit Marktforschungsinstituten und ihren Teilnehmern an Konsumentenpanels durch Scanningpanel im Einzelhandel (POS-Scanning), Scanningpanel im Einzelhandel in Verbindung mit ID-Karten (Identifikationskarten), modernes Konsumentenpanel auf der Basis des Inhome Scanning.

Die gravierenden Probleme auf dem Gebiet der externen Integration *W.* liegen - was die *Business to Business Kommunikation* angeht - im Bereich der Akzeptanz von Standards (z.B. SEDAS bzw. ↑EDIFACT). Im Hinblick auf den Konsumenten ergeben sich ähnliche Probleme bei der Akzeptanz von Kunden- und Kreditkarten bzw. der Teilnahme an Konsumentenpanels (Olbrich, 1994).

Entwicklungsperspektiven
Sowohl die interne als auch die externe Integration befinden sich erst in einem Anfangsstadium. Es zeigen sich allerdings erste Weichenstellungen, die einen deutlichen Hinweis auf zukünftige Entwicklungen im Bereich integrierter Warenwirtschaftssysteme geben. So ist schon gegenwärtig zu beobachten, daß

- auf elektronischem Wege die notwendigen Daten für *Finanztransaktionen mit Banken und Kreditkarteninstituten* ausgetauscht werden;
- im Hinblick auf die Lieferanten die traditionellen Informationswege im Rahmen routinisierbarer Geschäftsprozesse (z.B. Nachbestellungen) durch einen wechselseitigen, *elektronischen Datenaustausch* substituiert werden;
- durch Ausgabe von *Identifikationskarten* an die Kunden von Einzelhandelsgeschäften neue Informationsgrundlagen erlangt werden;
- die mittels *Scanning* erfaßten Abverkaufsinformationen, mitunter ergänzt z.B. um Informationen über die Kunden und die Verkaufsanstrengungen am POS, an Dritte (insb. an die kommerzielle Marktforschung) zur weiteren Aufbereitung übermittelt werden.

Mit Blick auf die weitere Entwicklung sind folgende Punkte hervorzuheben:

- Sowohl die interne als auch die externe Integration wird voranschreiten, d.h. die Integrationsgrade erhöhen sich. Der *wechselseitige Zugriff* auf Datenbestände wird auf vielen Gebieten erleichtert.
- Die fortschreitende Konzentration im Konsumgüterhandel wird dafür sorgen, daß eine Vielzahl von Lieferanten, die derzeit *Standards* und *Normen* für den Austausch von Transaktionsdaten noch nicht übernehmen, ihr zögerliches Verhalten aufgeben müssen.
- Im Zuge der fortschreitenden Akzeptanz von Standards und Normen für den Datenaustausch wird eine zunehmende *Internationalisierung* des Informationsaustausches zwischen den Transaktionspartnern der Konsumgüterdistribution eintreten.
- Ob der Austausch von Marktdaten intensiviert wird, hängt bei fortschreitender Konzentration im Konsumgüterhandel um so mehr von der Kooperationsbereitschaft einzelner Handelskonzerne ab. Neben einem wechselseitigen Entgegenkommen bei der Integration der warenwirtschaftlichen Informationssysteme werden die Machtverhältnisse in der Konsumgüterdistribution für die weitere Entwicklung entscheidend sein.

Literatur: Ahlert, D., Olbrich, R.: Erfolgspotentiale im Marketing durch Computer integrated Merchandising, in: HMD, Theorie und Praxis der Wirtschaftsinformatik, 30. Jg., Heft 173, 1993. *Ahlert, D., Olbrich, R.* (Hrsg.): Integrierte Warenwirtschaftssysteme und Handelscontrolling, Stuttgart, 1994. *Olbrich, R.*: Informationsmanagement in mehrstufigen Handelssystemen, in: *Ahlert, D.*, (Hrsg.), Schriften zu Distribution und Handel, Bd. 8, Frankfurt, 1992. *Zentes, J.*: Warenwirtschaftssysteme, Auf dem Weg zum Scientific Management im Handel, in: Marketing ZFP, Heft 3, 1988.

Prof. Dr. D. Ahlert, R. Olbrich, Münster

Wartung
beschreibt die Gesamtheit aller Tätigkeiten, die auf Veränderung der durch die Software implementierten Applikationen nach deren Inbetriebnahme erforderlich werden. Sie findet mithin in jener Phase ab Inbetriebnahme bis zur Außerbetriebsetzung statt, d.h. am Schluß des Lebenszyklusses. Da je nach Länge dieser Betriebsphase der Lebenszyklus sehr lang sein kann, sind im Rahmen der Wartung sehr unterschiedliche Aufgaben zu lösen.

Werbung, computergestützte
Problemstellung
Die Werbung ist unter Problemdruck gekommen. Härtere Konkurrenz mit Preiswettbewerb, ausgereifte Produkte mit (meist) austauschbarer Qualität, Nachfragesättigung und Informationsüberflutung der Konsumenten sind nur einige der Pro-

Werbung, computergestützte

bleme, die die derzeitige Situation kennzeichnen. Die Ergebnisse der Werbeforschung zeigen, daß Werbung folgende Anforderungen erfüllen muß, um den heutigen Kommunikations- und Marktbedingungen gerecht - und damit wirksam - zu werden (Kroeber-Riel, 1993; Esch, 1990):

- aufmerksamkeitsstarker Auftritt des Angebots, um dieses in der wachsenden Informationsflut sichtbar zu machen;
- klare Positionierung des Angebots durch langfristig wirksame Produktvorteile oder Positionierung durch ein langfristig wirksames Erlebnisprofil;
- Anpassung der Werbung an den veränderten Medienstil, insb. durch bildliche und unterhaltsame Gestaltung der Werbebotschaft.

Diese Anforderungen aus der Werbeforschung liegen vor; trotzdem sind Defizite in der Werbegestaltung weit verbreitet. Beispiel: Ergebnisse der Werbeforschung belegen, daß der Einsatz wirksamer Bilder in der Werbung wichtig ist: Bilder aktivieren bspw. stärker als Texte und vermitteln die Werbebotschaft schnell, einprägsam und verhaltenswirksam (Kroeber-Riel, 1993). Bei aktuellen Werbeanzeigen finden sich dennoch viele Mängel bei der Bildgestaltung: zu kleine Bilder, zu abstrakte Bildmotive, austauschbare Bilder (vgl. Werbung von konkurrierenden Sektmarken).

Folgende Probleme müssen daher gelöst werden: Wie kann Personen, die in den Agenturen und Unternehmen für Werbegestaltung zuständig sind, das umfangreiche und hinreichend abgesicherte Wissen zur wirksamen Werbegestaltung vermitteln? Wie kann es einfach genutzt werden? Und: Wie kann auf die Folgen einer wenig wirksamen Werbung aufmerksam gemacht werden?

Problemlösung durch Expertensysteme

↑Expertensysteme können diese Leistungen erbringen. Sie ermöglichen es, den Benutzer bei der Lösung von verschiedenen Problemen zu unterstützen: vom Finden eines neuartigen Bildes bis zur Werbewirkungsanalyse.

Das erste Expertensystem, das für die Werbung entwickelt wurde, war MORE (1985). Es unterstützte den Benutzer bei der Auswahl der Empfänger für Direktwerbung. Dieses System ist jedoch nur unzureichend dokumentiert. Die Übersicht von Wierenga (1990) führt für den Bereich Werbung lediglich fünf Expertensysteme auf. Noch nicht aufgenommen in diese Übersicht ist das CAAS-System, über das erst 1990 die erste Dokumentation vorgelegt wurde. Auch aus den folgenden Jahren sind uns nur wenige Systeme bekannt, die sich schon im Einsatz befinden. Viele Systeme kommen über das Stadium des Prototypen nicht hinaus: Entwicklungskosten werden unterschätzt oder die Systeme wurden von Anfang an nicht für den Praxiseinsatz konzipiert. Insgesamt wurden also nur sehr wenige ↑Expertensysteme für die Werbung entwickelt. Diese zögernde Entwicklung kann auf die restriktive Haltung der Werbeagenturen zurückgeführt werden.

Einen guten Überblick über die Entwicklung von Expertensystemen für die Werbung bietet der Sammelband von Esch und Kroeber-Riel (1994). Bei Decker und Gaul (1990) findet sich eine umfassende Übersicht über Expertensysteme für das Marketing, allerdings ohne Berücksichtigung gewisser Mindestanforderungen. Im folgenden werden zwei bekannte Expertensysteme aus dem Bereich Werbung genauer beschrieben.

ADCAD (Advertising Communication Approach Design) ist das bekannteste System im englischsprachigem Raum. Es wurde von Burke und Rangaswamy entwickelt, um Entscheidungen bei der Werbegestaltung zu verbessern. Die Wissensbasis des Systems enthält Wissen aus verschiedenen Quellen: aus Werbewirkungstheorien und -modellen, aus empirischen Studien, aus Werbebüchern und -magazinen und von Praktikern. Der Benutzer wird vom System aufgefordert, sein Ziel bei der Werbegestaltung und ↑Daten zu seiner speziellen Situation einzugeben. Nach der Verarbeitung der eingegebenen Daten erhält der Benutzer vom System Gestaltungsempfehlungen zu den folgenden Problemen der Anzeigengestaltung:

- Auswahl eines USP (Unique Selling Proposition),
- Auswahl einer Werbestory,
- Auswahl eines Präsentertyps,

- Argumentation und Form des Textes,
- Festlegung der emotionalen Färbung.

Die Validierung des Systems ergab, daß das größte Problem von ADCAD in der Vernachlässigung der Konkurrenzwerbung besteht: Die Kreativen einer Werbeagentur testeten das System zwei Wochen lang und kamen zu dem Schluß, daß das System gute Ratschläge gibt, solange kein anderer Wettbewerber mit der gleichen Produktart auf dem Markt wirbt.

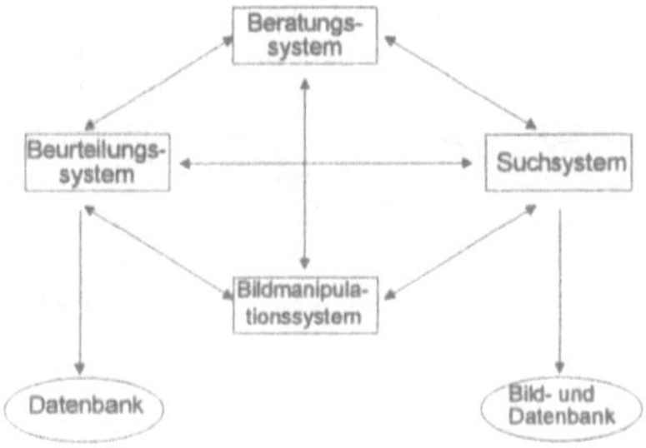

CAAS (Computer Aided Advertising System) ist ein komplexes Computersystem, das mehrere Expertensystemprogramme umfaßt, die den Benutzer von der Entwicklung einer ersten Werbeidee bis zur Beurteilung des fertigen Werbemittels unterstützen. Die Komponenten des Systems sind die folgenden:

- Das *Diagnosesystem* soll den Benutzer bei der strategischen und sozialtechnischen Überprüfung von Werbung unterstützen. In die Wissensbasis wurden dazu empirisch fundiertes ↑Wissen aufgenommen, das so umfangreich und komplex war, daß Reduktionsmaßnahmen notwendig wurden. Der Umfang des Wissens wurde reduziert, indem getrennte Systeme für Zeitschriften- und Zeitungswerbung, sowie für Radio- und TV-Werbung entwickelt wurden. Das Werbewirkungswissen wurde in ein hierarchisches Werbewirkungsmodell eingeordnet, um die Komplexität der Beziehungen zwischen den Größen zu reduzieren. Durch die ↑Strukturierung wurde es möglich, die Wirkungen der zahlreichen Größen auf den Werbeerfolg für jede Hierarchiestufe einzeln zu berechnen. Der Gesamterfolg wird durch eine weitere stufenweise Aggregation berechnet. Der Benutzer bekommt während einer Sitzung vom System geschlossene Fragen zu dem zu testendem Werbemittel gestellt. Das System verarbeitet die Antworten des Benutzers zu einem Urteil über die Wirksamkeit des Werbemittels und stellt ihm dieses Urteil in Form einer Expertise zur Verfügung.

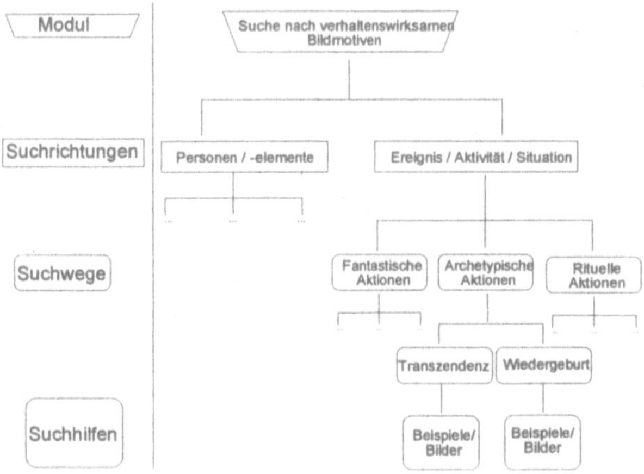

- Das *Suchsystem* ist eine Neuerung, da der Kreativbereich der Werbung normalerweise bei der Entwicklung wissensbasierter Systeme vernachlässigt wird. Das Suchsystem soll die kreativen und gestalterischen Leistungen eines Benut-

zers anregen, um neue und wirksame Bilder für die Werbung zu finden. Austauschbare Bildideen und Bilder sollen unter allen Umständen vermieden werden - daher lautet die Philosophie des Suchsystems: Keine fertigen Lösungen bieten, sondern Lösungswege und professionelle Hilfen für die Entwicklung von wirksamen Bildern. Der Benutzer soll - nach dieser Philosophie - beim Generieren von Bildideen und Bildkonzepten für die Werbung, bei der Abstimmung der Ideen und Konzepte auf die Werbeziele und beim Umsetzen der Konzepte in wirksame Bilder unterstützt werden. Entsprechend der Aufgabenstellung wird das gesamte Wissen in mehrere Wissensbereiche (Module) eingeteilt, die jeweils mehrere Suchrichtungen enthalten. Die Suchrichtungen sind weiter in Suchwege aufgeteilt, die Alternativen zur Lösung der Aufgaben einer Suchrichtung entsprechen (Mildenberger, 1994). Zudem erhält der Benutzer Suchhilfen: Das sind u.a. Bilder, die mustergültige Einzelbeispiele für den jeweiligen Suchweg darstellen. Beispiel: Das Modul "Suche nach verhaltenswirksamen Bildmotiven" dient der Abstimmung der Ideen auf die psychologischen Werbeziele. Eine Suchrichtung ist die psychologisch wirksame Darstellung von Ereignissen. Dazu gehört ein Suchweg, der den Benutzer anregt, das Ereignis als eine fantastische Aktion darzustellen: "Dabei stehen Dir folgende Wege offen: 1. Verwandlungsmotive (Frosch wird Königssohn, Werwolf,...) und 2. Übernatürliche Fähigkeiten (Zauberkräfte, Verstehen der Tiersprache..)."
Als *Wissensrepräsentationsform* wurde

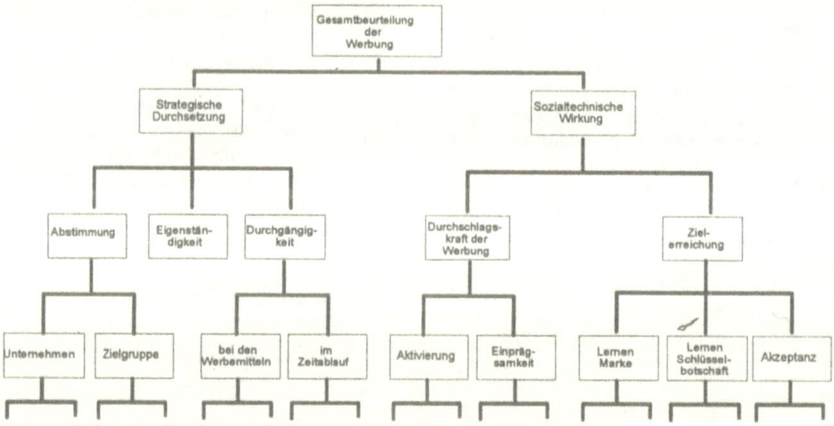

↑Hypermedia gewählt, um die weitverzweigte Struktur des ↑Wissens darstellen zu können: Informationseinheiten werden mit Hypermediamethoden zu Netzwerkstrukturen verknüpft, die ein Hin- und Herspringen zwischen den Informationseinheiten ermöglichen und so das für den kreativen Denkprozeß typische "nichtlineare" Vorgehen unterstützen (Kroeber-Riel, 1993). Die unterschiedlichen Informationsinhalte können mit Hypermedia leicht den Informationseinheiten zugeordnet werden. Dazu gehören vage Texte, logisch strukturierte Texte, Bilder, Videoclips.

- Dieses System befindet sich im Entwicklungsstadium. Es soll den Anwender bei der formalen Gestaltung von Bildern beraten (*Beratungssystem*), indem es Gestaltungsalternativen mit ihren Vor- und Nachteilen aufzeigt und Wirkungsinkonsistenzen aufdeckt, die bei der Wahl von Teilalternativen durch den Benutzer entstehen können. Der Benutzer trifft die Entscheidung, welche Kombination von Gestaltungsalternativen benutzt wird.

Perspektiven

Die ersten Erfahrungen mit Expertensystemen für die Werbung von der Praxis sind positiv. Verbesserungen sind insb. in bezug auf die ↑Benutzerfreundlichkeit und auf die Erklärungskomponenten zu sehen. Spezielle Probleme für Expertensysteme für die Werbung ergeben sich in folgender Hinsicht:

- Die subjektive Verzerrung der Angaben, die der Benutzer zu einem Werbemittel macht und die als Fakten im System verarbeitet werden, sind stärker als in anderen Bereichen (z.B. Medizin).
- Die existierenden Systeme berücksichtigen zu wenig die Besonderheiten der verschiedenen Branchen. Durch branchenspezifische Ergänzungen könnte die Leistungsfähigkeit und die Akzeptanz der Systeme verbessert werden.

Optimisten rechnen mit einer starken Verbreitung von Expertensystemen im Bereich der Werbung, "welche die Werbeindustrie radikal verändern wird" (Clancy, 1990). Wegen des heute noch weitverbreiteten Selbstverständnisses der Werbeleute (z.B. Werbung ist Kunst; Schirner, 1988) und der damit verbundenen Ablehnung rationaler Entscheidungen, ist damit zu rechnen, daß sich die Entwicklung nur langsam vollziehen wird.

Literatur: Decker, R., Gaul, W.: Einige Bemerkungen über Expertensysteme für Marketing und Marktforschung, in: Marketing ZFP, 12. Jg., 1990, H. 4. *Esch, F.-R.*: Expertensystem zur Beurteilung von Anzeigenwerbung, Konsum und Verhalten, Bd. 28, Heidelberg, 1990. *Esch, F.-R., Kroeber-Riel, W.* (Hrsg.). Expertensysteme in der Werbung, München 1994. *Kroeber-Riel, W.*: Bildkommunikation, München 19993. *Mildenberger, F.*: Implementierung des CAAS-Suchsystems, in: *Esch, Kroeber-Riel*, 1994. *Wirenga, B.*: The Fist Generation of Marketing Expert Systems, Arbeitspapier No. 90-009, Wharton School, University of Pennsylvania 1990.

Dipl. Wi.-Inf. Ivonne Behle, Saarbrücken

Wertanalyse

↑Methode zum Lösen komplexer Probleme; Zweck der Wertanalyse ist, den Wert des Objektes zu steigern, d.h. Kosten zu senken, den Nutzen, die Funktion, die Leistung usw. zu verbessern.

Windowtechnik

Aufteilung eines Bildschirms in mehrere Fenster zur gleichzeitigen Abwicklung mehrerer Programme.

WIP

Work in Process; Anzahl der Aufträge im System.

Wirtschaftsgut Software

Unter *Software* werden alle von Rechnern interpretierbaren oder ausführbaren Formen von Algorithmen und Datenbeschreibungen incl. der dazu benötigten Dokumentation verstanden. Software wird sehr oft mit ↑Programmen gleichgesetzt, und zwar immer dann, wenn der Blickwinkel auf den algorithmischen Teilaspekten liegt, d.h. von deklarativen und prozeduralen Teilen eines Programms. Ein und dasselbe Programm kann in verschiedenen Ausprägungsformen existieren. Liegt das Programm in einer höheren ↑Programmiersprache vor, so handelt es sich um Quellcode. Dieser kann entweder maschinell interpretiert, also direkt ausgeführt, oder aber mittels eines Übersetzers in eine maschinennahe Form, auch ↑Objektcode genannt, überführt werden. Die Ausführung in Objektcodeform ist in der Regel effizienter als die Quellcode-Interpretation. Auch werden die meisten kommerziellen Produkte nur in Objektcodeform angeboten und verteilt (Duden Informatik, 1993).

Nach der zu erfüllenden Aufgabe wird Software in ↑Systemsoftware, Entwicklungswerkzeuge und Anwendungssoftware eingeteilt. *Systemsoftware* steuert den Rechner und die angeschlossenen Geräte. Wichtige Beispiele sind Betriebssysteme und Datenfernübertragungskomponenten. *Entwicklungswerkzeuge* unterstützen die Erstellung und Modifikation von Programmen. Typische Beispiele sind Übersetzer, ↑Datenbanksysteme und graphische ↑Editoren. *Anwendungssoftware* löst schließlich die konkreten Probleme des Nutzers, sei es die Aufbereitung eines Textes oder die Lagersteuerung eines Industriebetriebs. Entwicklungswerkzeuge und Anwendungssoftware setzen bestimmte Systemsoftwarekomponenten voraus, um ausführbar zu sein.

Die meisten Systemprogramme und Entwicklungswerkzeuge werden als *Standardsoftware* angeboten, d.h. das jeweilige Programm ist so konzipiert, daß es

auf vielen Rechnern und Rechnertypen eingesetzt werden kann. Anwendungsprogramme sind sehr oft Spezialanfertigungen für einen einzelnen Betrieb. Es zeichnet sich aber auch hier ein Trend zu Standardlösungen ab. Eine Spezialanfertigung ist immer dann gerechtfertigt, wenn damit unternehmensspezifische Geschäftsprozesse unterstützt werden, oder wenn damit eine Differenzierung des Produkt- oder Dienstleistungsangebots erreicht wird. Dieser Fall tritt in zunehmendem Maße bei einer Vielzahl technischer Produkte auf, etwa bei Fahrzeugen oder Telekommunikationseinrichtungen, bei denen die bestimmenden Steuerfunktionen durch eingebettete Softwarekomponenten realisiert wurden. Aus erfolgreichen Einzelanwendungen entpuppen sich nicht selten spätere Standardprogramme (Weber, 1992).
In der Zeit bis etwa 1970 wurde ↑Software von fast allen *DV-Herstellern* als kostenlose Zugabe zur ↑Hardware angeboten. Ihre Erstellungskosten wurden, ähnlich wie bei Werbematerial, über die Gerätepreise mitabgegolten. Neben den DV-Herstellern entstanden aber schon früh Firmen, sog. *Softwarehäuser*, die sich auf die Entwicklung und Vermarktung von Software und die damit zusammenhängenden Dienstleistungen konzentrierten. Inzwischen haben auch bei DV-Herstellern Softwareprodukte einen eigenständigen Marktwert. Der weltweite Umsatz für Softwareprodukte betrug 100 Mrd. DM im Jahre 1992. Davon entfielen etwa 40% auf Systemsoftware, 30% auf Werkzeuge und 30% auf Anwendungen. Zusätzlich dazu gibt es den softwarebezogenen *Dienstleistungsmarkt*, in dem weitere 100 Mrd. DM umgesetzt wurden. Hierzu gehören Beratungs-, Schulungs-, Installations- und Wartungsaktivitäten, aber auch das Bereitstellen vom qualifizierten Personal für die Entwicklung von kundenspezifischer Software als Projektauftrag (European Information Technology, 1994).

Während sich bei Dienstleistungen die *Preise* an den für den jeweiligen Wirtschaftsraum geltenden Lohnkosten orientieren, sind die Preise von Softwareprodukten sehr stark von der jeweiligen Marktposition des Produkts bzw. des Anbieters bestimmt. Da die Reproduktionskosten von ↑Software im Vergleich zu anderen technischen Produkten vernachlässigbar sind, sind *Entwicklungs- und Marketingkosten* allein ausschlaggebend. Die Entwicklungskosten schlagen sich um so weniger im Preis nieder, je mehr Kopien desselben Produkts verkauft werden können. Hat ein Hersteller für ein bestimmtes Produkt die Entwicklungskosten eingespielt, so bleiben nur noch die Vertriebskosten übrig. Er kann daher dieses Produkt zu sehr niedrigen Preisen anbieten. Auf der anderen Seite wird versucht, den höchstmöglichen Preis zu erzielen, den der Markt hergibt. Diese Obergrenze wird davon bestimmt, welchen Nutzen das Produkt für den Käufer hat und welche Alternativangebote es gibt. Alternativen können sich dabei auch auf andere funktionelle Lösungen beziehen, d.h. ein ↑Programm, das nur einen Teil der Leistung erbringt, oder das einen höheren Lern- oder Betreuungsaufwand verursacht. Preise für Softwareprodukte, die im Massenmarkt angeboten werden, schwanken daher zwischen 50 DM und mehreren Tausend DM. Als Massenprodukt sei dabei ein Softwareprodukt verstanden, daß primär an DV-Laien, d.h. nicht an professionelle Anwender verkauft wird. Solche Produkte erzielen oft Stückzahlen von bis zu Millionen. Die Entwicklungskosten für ein derartiges Massenprodukt, aber auch für ein individuelles ↑Anwendungssystem, können 3stellige Millionen DM-Beträge umfassen. Für ein solches Projekt ist daher nicht nur eine sorgfältige Markt- oder Kosten-/Nutzenanalyse erforderlich, es muß auch das benötigte Investitionskapital bereitgestellt und das Entwicklungsprojekt nach anerkannten Ingenieur- und Managementgrundsätzen abgewickelt werden.

Da die *Reproduktionskosten* einen sehr geringen Teil der Kosten eines Softwareprodukts darstellen, entsteht für Hersteller und Verteiler das Problem, sich gegen Raubkopien zu schützen. Hierfür wird in fast allen Industrieländern auf die entsprechenden *Urheberrechtsbestimmungen* zurückgegriffen. Softwarekauf überträgt, ähnlich wie bei Filmen und Büchern ein Nutzungsrecht, d.h. eine Lizenz

zum zweckgemäßen Gebrauch des Produkts. Die Weitergabe von Kopien an Dritte, oder die inhaltliche Veränderung des Produkts werden dabei ausgeschlossen, oder müssen auf spezieller vertragsrechtlicher Basis geregelt werden.
Aus bilanztechnischer Sicht (Falterbaum, Beckmann, 1993) zählen Computerprogramme zu den *immateriellen Wirtschaftsgütern*, da der Wert des Programminhalts den Materialwert des Trägermediums wesentlich übersteigt. Wie bei allen immateriellen Wirtschaftsgütern kann ↑Software nur dann in der Bilanz erscheinen, wenn durch den entgeltlichen Erwerb der Verkehrswert eindeutig festgestellt wurde. Käuflich erworbene Software kann daher mit den vollen Anschaffungskosten aktiviert werden; Eigenentwicklungen jedoch nicht. Allerdings ist es nicht unüblich, bei größeren Projekten - und vor allem bei Standardprodukten - die späten Phasen der Entwicklung (Testen, Verteilung, Installation) als Herstellungskosten anzusehen und als solche zu aktivieren.
Der Markt für ↑Systemsoftware wird heute sehr stark von amerikanischen Herstellern dominiert (z.B. Microsoft). Aber auch bei Werkzeugen (Übersetzer, ↑Datenbanken, ↑CASE-Systeme) ist der US-Anteil sehr hoch, obwohl einige deutsche Hersteller eine gute Position erreicht haben (z.B. Software AG, Softlab und CAP/Debis). Der Markt der Anwendungssoftware ist relativ stark durch nationale und branchenbezogene Bedürfnisse fragmentiert. Dennoch gibt es im Bereich der Textverarbeitung eine Vielzahl international verbreiteter Produkte und eine zunehmende Anzahl von modular aufgebauten Standardanwendungssystemen. In dieser letzten Kategorie ist die deutsche Softwarebranche recht gut vertreten (z.B. SAP).

Außer den Herstellern nehmen am Softwaremarkt auch ein ganzes *Netz von Verteilern* und Dienstleistern teil. Als Softwaredistributoren treten sowohl computerbezogene Ladenketten oder Versandhändler auf, aber auch normale Warenhausketten oder der Buchhandel. Es gibt in Deutschland mehrere Nachweiskataloge bzw. Nachweisdatenbanken, in denen die im Markt verfügbare ↑Software aufgeführt wird, so der *ISIS-Katalog* (ISIS, 1993), bzw. die ISIS-Datenbank der Firma Nomina München, sowie die SISY-Datenbank der Akademischen Software-Kooperation (ASK), Karlsruhe (ASK, 1993). In der zuletzt genannten ↑Datenbank wird primär kostenlos verfügbare (↑Public Domain) Software ausgewiesen.

Literatur: Akademische Software Kooperation: Software-Führer '93/'94 Lehre und Forschung, Ingenieurwissenschaften, Heidelberg, 1993. *Duden Informatik*, Mannheim, 1993. *European Information Technology Observatory:* EUROBIT 1994, Frankfurt, 1994. *Falterbaum, H., Beckmann, H.*: Buchführung und Bilanz, 1993. *ISIS*: Software-Report, PC, Unix, Minicomputer, Engineering, München, 1993. *Weber, H.*: Die Software-Krise und ihre Macher, Heidelberg, 1992.

Prof. Dr. A. Endres, München

Wirtschaftsinformatik
Eigenständige sozial- und wirtschaftswissenschaftliche Disziplin mit den Erkenntnisobjekten Mensch, Aufgabe, Technik und ↑System; Wissenschaft, die sich mit der Gestaltung rechnergestützter Informationssysteme in der Wirtschaft und Verwaltung befaßt. Tabelle Seite 608.

Wirtschaftsinformatik, Berufsfelder der
↑Berufsfelder der Wirtschaftsinformatik

Wirtschaftsinformatik, Hochschulausbildung in der
↑Ausbildung in der Wirtschaftsinformatik an Hochschulen

Wirtschaftsinformatik, Operations Research und
↑Operations Research und Wirtschaftsinformatik

Wirtschaftspraxis, Multimediasysteme in der
↑Multimediasysteme in der Wirtschaftspraxis

Wissen
Gesicherter Bestand an Modellen über Sachverhalte und ↑Objekte bzw. Objektbereiche, die partiell bei einem Menschen in Form seines Gedächtnisses, in einer gesellschaftlichen Gruppe, aber auch in einer Organisation, in einem ganzen Kulturkreis oder in der Menschheit insgesamt als kognitive Struktur vorhanden sind.

<table>
<tr><td rowspan="5">Wirtschaftsinformatik</td><td>technische Anwendungen</td><td colspan="2">Prozeßautomatisierung
computergestützte Fertigung
(CAM = Computer Aided Manufacturing)
computergestütztes Entwerfen, Konstruieren
(CAD = Computer Aided Design)
computergestützte Planung
(CAP = Computer Aided Planning)
numerisch gesteuerte Werkzeugmaschinen
(NC = Numerical Control)
Qualitätssicherung
(CAQ = Computer Aided Quality Ensurance)</td></tr>
<tr><td>technische und betriebswirtschaftliche Anwendungen</td><td colspan="2">integrierte Informationsver-arbeitung im Industriebetrieb
(CIM = Computer Integrated Manufacturing)</td></tr>
<tr><td rowspan="3">betriebswirtschaftliche Anwendungen</td><td>branchenneu-trale Administra-tions-, Kontroll- und Dispositionssysteme</td><td>Finanzwesen
Rechnungswesen
Personalwesen
Vertrieb
Büroautomation</td></tr>
<tr><td>branchenspezifische Systeme</td><td>Fertigungsindustrie
.
.
Landwirtschaft</td></tr>
<tr><td colspan="2">Planungssysteme
Informations-Management
Informationssysteme, Daten-banken
Neuronale Netze
wissensbasierte Systeme</td></tr>
</table>

Wissensbasierte Systeme

↑Systeme zur Anwendung von Computern, die auf der Grundlage ihres gespeicherten ↑Wissens und ihrer Schlußfolgerungsfähigkeiten Nutzer bei der Lösung ihrer Probleme durch entsprechende Handlungsempfehlungen und Hinweise unterstützen.

Wissensbasierte Systeme in der Beratung

Begriffserklärung

Wissensbasierte ↑Systeme in der Beratung, kurz *wissensbasierte Beratungssysteme* genannt, sind Systeme zur Anwendung von ↑Computern, die auf der Grundlage ihres gespeicherten ↑Wissens und ihrer Schlußfolgerungsfähigkeiten Nutzer bei der Lösung ihrer Probleme durch entsprechende Handlungsempfehlungen und Hinweise unterstützen.

Zielsetzung und Aufgabe

Der Einsatz derartiger Systeme macht fachspezifisches ↑Wissen zur Lösung von Problemen eines abgegrenzten Bereiches (Problembereich oder -domäne), das von Spezialisten, Erfahrungsträgern, oder allgemein von Experten stammt, anderen Personen (Nutzer, Ratsuchende) in einer spezifisch aufbereiteten Form zugänglich. Dies geschieht oft an mehreren Orten gleichzeitig, um einen Multiplikatoreffekt zu erzielen. Expertenwissen kann in dieser Form zeitlich unbegrenzt, z.B. rund um die Uhr, verfügbar sein, oder über Entfernungen hinweg, wenn vor Ort kein Berater existiert. Rationalierungseffekte entstehen dadurch, daß Experten

Wissensbasierte Systeme in der Beratung

durch *W.* unterstützt und/oder von zeitaufwendigen, routinemäßigen Aufgaben entlastet werden. Zeitkritische Entscheidungen (z.B. bei Havarien in der Produktion oder bei Naturkatastrophen) erfolgen fundierter, da gespeichertes Fachwissen von einem oder von mehreren Experten herangezogen wird.

Problemstellung
Die Beratung eines Nutzers durch ein *W.* ist vergleichbar mit der durch einen Menschen. Auch sie beginnt vielfach mit der Identifikation des anstehenden Problems, zu dessen Lösung möglichst konkrete Empfehlungen, Hinweise, Anleitungen zum Handeln oder Vorschläge vom Nutzer erwartet werden. Diese Identifikation dient dazu, hinter den verschiedenen Erscheinungsbildern eines Problems die tieferliegenden Ursachen zu erkennen, die einer Lösung, Bearbeitung bzw. Behandlung durch den Ratsuchenden bedürfen. Dieses analysierende Vorgehen erfordert domänspezifisches Wissen, das mittels entsprechender Schlußweisen verarbeitet wird. Das Ergebnis dieses ersten Schrittes ist in der Regel eine Charakteristik des Problems, um es systemintern einer bestimmten Problemklasse zuzuordnen. Anschließend wird spezifisches Wissen dieser betreffenden Klasse, sofern im *W.* verfügbar, zur Problemlösung eingesetzt.
Zumindest der erstgenannte Schritt erfolgt in einem sog. interaktiven ↑*Mensch-Maschine-Dialog*. Das *W.* erfragt vom Nutzer all die ↑Informationen, die es jeweils für seine Problemidentifikation benötigt. Bei diesem Dialog werden problembezogen gestaltete Auswahlmenüs, Fragen mit vorgegebenen Antworten zur Auswahl, strukturierte Stichwortlisten und andere Hilfsmittel benutzt. Der Nutzer erwartet von einem *W.*, daß es seine Kenntnisse (über die Problemdomäne), Fähigkeiten (bei der Problemlösung) und Fertigkeiten (im Umgang mit dem Computer) angemessen berücksichtigt. Dies kann auf einer Einteilung der Nutzer in sog. *Nutzerklassen* (z.B. Anfänger, Fortgeschrittene, erfahrene Nutzer) basieren und erfordert ein entsprechend differenziertes Vorgehen des Systems in Abhängigkeit von diesen Klassen. Der Nutzer kann sich selbst einer dieser Klassen (z. B. vor Beratungsbeginn) zuordnen oder dies dem System überlassen. Da der Mensch sowohl lernt als auch vergißt, ist es wünschenswert, während des Dialoges, wenn erforderlich, automatisch von der Arbeitsweise einer Nutzerklasse in die einer anderen zu wechseln, um den Nutzer weder zu über- noch zu unterfordern. Die Grundlage dafür bilden sog. Modelle der Nutzer, die im *W.* implementiert sind. In diesem Zusammenhang sind auch Strategien zu entwickeln, die Nutzer einer entsprechenden Klasse zuordnen, bzw. prüfen, ob sie noch länger in der zugewiesenen Klasse verbleiben sollen.

W. sind gegenüber anderen Klassen von ↑Anwendungssystemen abzugrenzen, zunächst gegenüber *Auskunftssystemen*. Bei diesen werden spezialisierte, in der Regel in ↑Datenbanken gespeicherte ↑Daten mittels wahlfreiem Zugriff den Nutzern zwecks ↑Information zugänglich gemacht. Ihre Anfragen sind in einer Abfragesprache formuliert oder in letzter Zeit auch als natürlichsprachliche Dialoge gestaltet. Beispiele dafür sind Literaturrecherchesysteme, Auskunftssysteme über die Ankunfts- bzw. Abfahrtzeiten öffentlicher Verkehrsmittel und elektronische, multimediale Produktkataloge in Waren- oder Versandhäusern. Um auf fernaufgestellte Auskunftssysteme zuzugreifen, bedient sich der Mensch oft auch vorhandener Daten- und Computernetze und/oder (öffentlicher) Telekommunikationssysteme (z.B. ↑Btx). Durch eine wissensbasierte Komponente kann vor allem der Zugriff zu den gespeicherten Daten unterstützt werden.
Eine weitere Abgrenzung bezieht sich auf ↑*Diagnosesysteme*. Aus Angaben über auftretende Störsymptome, erkennbares Fehlverhalten, aus Meßdaten und sonstigen relevanten ↑Informationen erzeugen sie eine Diagnose bzgl. der Ursachen des gegenwärtigen Zustandes (z.B. Diagnose von Getriebeschäden bei Kraftfahrzeugen). Ein charakteristisches Merkmal dieser ↑Systeme ist vielfach neben einer großen Anzahl von Meßdaten der Umstand, daß die aktuellen Eingangsgrößen mit Unsicherheiten bzw. Unschärfe behaftet sind. Dies erfordert Mechanismen, mit denen diese Unsicherheiten, sowie deren Fortpflanzung bei den logischen Schlußweisen dargestellt und implemen-

tiert werden können. Die Theorie der sog. unscharfen Systeme (Fuzzy-Systeme) liefert dafür entsprechende Voraussetzungen (Mayer et al., 1993).
Der Übergang von einer dieser genannten Systemklassen zu einer anderen ist fließend. In der Regel können Beratungssysteme auch Auskünfte erteilen. Aber auch von ↑Diagnosesystemen her bekannte Ansätze können bei Beratungssystemen festgestellt werden.

Inhalte
W. können in verschiedenen Bereichen der Wirtschaft, der Technik, der Wissenschaft und des Alltags eingesetzt werden, vorausgesetzt, daß dafür Wissensträger existieren, die über eine entsprechende Problemlösungskompetenz verfügen, bereit und fähig sind, mit Wissensingenieuren zu kooperieren, dafür die notwendige Zeit besitzen und erforderlichenfalls auch durch das zuständige Management unterstützt werden. Als Beispiele für Problembereiche, wofür bereits wissensbasierte Beratungssysteme im Einsatz sind, oder zumindest funktionsfähige Prototypen existieren, werden genannt:

- instandhaltungsgerechte Konstruktion von Apparaten und Anlagen der chemischen Industrie;
- zweckmäßiges Einspannen von Werkstücken auf Bearbeitungsmaschinen, um mit einer möglichst geringen Anzahl von Einspannvorgängen zu produzieren (Stuchlik, Krogel, 1993);
- Lösung logistischer Probleme beim Transport von Stück- und Schüttgut unter bestimmten Randbedingungen;
- Beratung der Bürger einer Stadt bei der Lösung ihrer Probleme mit Behörden, Dienststellen und der Öffentlichen Verwaltung (Stuchlik et al, 1993).

Systeme des erstgenannten Anwendungsbereiches unterstützen zum einen Konstrukteure bei der Gestaltung neuer technischer Objekte, um aus der Sicht der Instandhaltung alle Anforderungen (z.B. uneingeschränkter Zugang des Wartungspersonals mit den benötigten Vorrichtungen und Werkzeugen zu schadhaften Teilen einer Anlage) sowohl technischer als auch wirtschaftlicher Art zu berücksichtigen und zum anderen auch potentielle Käufer, die z.B. ein entsprechendes Angebot für eine neue technische Anlage unter dem genannten Aspekt prüfen. Wenn der Konstrukteur bei seiner Arbeit ein ↑CAD-System nutzt, empfiehlt sich eine Einbettung des *W.* oder zumindest die Bereitstellung entsprechender ↑Schnittstellen zu diesem ↑CAD-System. Für immer wiederkehrende Angebotsprüfungen kann ein eigenständiges *W.* zweckmäßig sein.
Die folgende Abbildung zeigt die Kopie einer Bildschirmoberfläche, die in einem wissensbasierten Beratungssystem zum Einspannen von Werkstücken bei der Eingabe der Gewichtsklasse eines Werkstückes benutzt wird. Jede Oberfläche enthält rechts im Bild Schaltflächen, die Eingaben des Nutzers bestätigen, ein Protokoll aller Eingabedaten auslösen, Korrekturen von Eingabedaten gestatten, eine kontextsensitive Hilfe aktivieren.

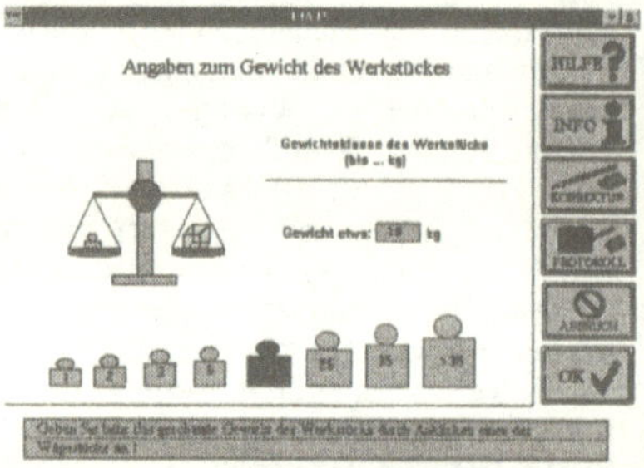

Das *wissensbasierte Logistik-Beratungssystem* ist von vornherein ausgelegt für eine effiziente Zusammenarbeit mit einer ↑Datenbank, die Beschreibungen, Zeichnungen und technische bzw. betriebswirtschaftliche Daten von verschiedenen Klassen von Fördermitteln verwaltet, damit die Zusammenarbeit von Mensch und System durch vielseitige Darstellungen unterstützt wird.

Beim *Bürgerberatungssystem* ist davon auszugehen, daß z.B. die sonst üblichen Schulungen der potentiellen Nutzer nicht möglich sind. Deshalb werden besonders hohe Anforderungen an die Führung der Nutzer durch das ↑System, an die Gestaltung der Nutzerschnittstelle, an ein kontextsensitives ↑Hilfesystem und an die benutzte Sprache gestellt. In den Texten auftretende, nicht ersetzbare Begriffe, die nicht zur Umgangssprache der Bürger

Wissensbasierte Systeme in der Beratung

gehören, sind auf deren Wunsch zu erklären. Die Problemdomäne eines jeden *W.*, so auch des Bürgerberatungssystems, ist sorgfältig abzugrenzen, da gesetzliche Restriktionen zu beachten sind, wie z.B. die medizinische oder juristische Beratung (Stuchlik et al, 1993).

Lösungstechniken, Verfahren, Methoden
↑Wissensbasierte Systeme unterscheiden sich in ihrem Aufbau und ihrer Architektur von klassischen ↑Softwaresystemen, die entwickelt wurden z.B. für betriebswirtschaftliche, wissenschaftliche und technische Berechnungen, oder für die Verwaltung und intensive Nutzung großer formatierter Datenbestände. Bei Berechnungssystemen bilden vor allem numerische Algorithmen die Grundlagen für die einzelnen ↑Programme, aus denen solche Systeme zusammengesetzt sind. Die Reaktion auf eine sinnvolle Folge von Eingabedaten ist im Regelfall eine entsprechende Folge von Ausgabedaten.
Ein charakteristisches Merkmal der Architektur ↑wissensbasierter Systeme sind die beiden wesentlichen Bestandteile Wissensbasis und Problemlösungskomponente. Erstere umfaßt das gesamte gespeicherte spezifische ↑Wissen zur Lösung der Probleme eines Bereiches (↑Domäne), das die Basis für die Arbeit der zweiten Komponente bildet. In dieser ist das allgemeine Problemlösungswissen, das unabhängig vom jeweiligen Anwendungsbereich existiert, in geeigneter Form implementiert.
Der Begriff wissensbasiertes System wird in der Literatur sowohl als Synonym zu dem Begriff ↑*Expertensystem* (Altenkrüger, Büttner, 1992) als auch als Oberbegriff (Lusti, 1990) verwendet. Von einem ↑wissensbasierten System wird zumindest gefordert, daß es aus gespeichertem Wissen Schlußfolgerungen ziehen kann. An ein Expertensystem werden zusätzliche Anforderungen gestellt. So wird verlangt, daß es an Nutzer Fragen stellt und aus dem so erworbenen Wissen neues Wissen ableitet. Die Erklärungskomponente begründet, weshalb das Expertensystem zu einem bestimmten Schluß gelangt ist, bzw. weshalb ein Ziel nicht erreicht wurde, weshalb eine bestimmte Frage gestellt wird, bzw. was wäre, wenn andere Fakten in der Wissensbasis existierten. Eine weitere eigenständige Komponente, die sich nicht nur bei Expertensystemen findet, ist die das Hilfesystem. Es unterstützt den Nutzer, wenn ihm angebotene Symbole, Kommandos oder Zustände nicht hinreichend bekannt sind. Zunehmend werden Hypertext- oder Hypermediakomponenten in *W.* integriert. Ein *W.* kann deshalb auch ein Expertensystem sein. Da die *W.* in der Regel als ↑Dialogsysteme gestaltet sind, werden ihre Nutzerschnittstellen so entworfen, daß sie die Nutzer wirksam unterstützen. In diesem Zusammenhang gelangen deshalb immer mehr fensterorientierte, ↑graphische Oberflächen zum Einsatz. Wenn erforderlich, werden berührungssensitive, colorfähige Bildschirme genutzt, wenn eine Tastatur nicht zweckmäßig ist.

DV-Programme
Die Entwicklung von ↑Expertensystemen i.a. und in ↑wissensbasierten Systemen i.b. ist in der Regel mit einem nicht zu unterschätzenden Aufwand an Arbeitszeit verbunden. Deshalb wurden schon relativ frühzeitig neben ↑Programmiersprachen wie ↑LISP, ↑PROLOG auch spezielle Werkzeuge zur Reduzierung dieses Aufwandes geschaffen. Dies betrifft vor allem *Expertensystemshells*, ferner Werkzeuge zur Unterstützung der Wissensakquisition und -darstellung und Hilfsmittel zu Gestaltung von graphischen und multimediafähigen Nutzeroberflächen. Zunehmend werden immer mehr *Brückenprogramme* zu kommerziell verfügbaren ↑Datenbanksystemen (INGRES, ORACLE) entwickelt, um die Zusammenarbeit von ↑wissensbasierten Systemen mit Systemen zur Verwaltung großer Mengen formatierter ↑Daten zu unterstützen.
↑*Expertensystemshells* sind spezielle Softwaresysteme, die in ihrer Problemlösungskomponente nur allgemeines Problemlösungswissen z.B. in Gestalt von Schlußweisen und speziellen Lösungsstrategien besitzen und dafür vorbereitet sind, in ihrer Wissensbasis domänenspezifisches Fachwissen aufzunehmen. Letzteres ist vom *Wissensingenieur* in enger Zusammenarbeit mit Fachexperten zu erfassen, aufzubereiten und in Gestalt von Fakten, Regeln, ↑Objektklassen u.a.m. in die Wissensbasis einzuspeichern, damit es von der Problemlösungskomponente

genutzt werden kann. Die zunehmende Entwicklung und Nutzung von *W.* ist eng damit verbunden, daß Expertensystemshells für verschiedene Klassen von Computerplattformen (↑PC, ↑Workstation, ↑Mainframe) verfügbar sind. Eine auf einem PC entwickelte Wissensbasis kann auf eine Workstation oder einen Mainframe übertragen werden, wenn dies die Speicherkapazität oder die Rechenleistung erfordern.

Ein typischer Vertreter dieser Shells ist SMART ELEMENTS, das nicht nur eine flexible Wissensrepräsentation unterstützt, sondern auch eine entsprechende Gestaltung der Nutzeroberfläche und Schnittstellen zu prozeduralen Sprachen und ↑Datenbanksystemen bietet. Das NEXTRA genannte Werkzeug derselben Firma unterstützt vor allem die Klassifikation von ↑Wissen auf der Basis entsprechender ↑Methoden (Clusteranalyse u.a.) und liefert im Ergebnis einer Auswertung nicht nur graphische Resultatsdarstellungen, sondern auch Regeln, die in der genannten Schale genutzt werden können.

Literatur: Altenkrüger, D., Büttner, W.: Wissensbasierte Systeme, Braunschweig, 1992. *Lusti, M.*: Wissensbasierte Systeme, Mannheim, 1990. *Mayer, A. et al*: Fuzzy Logic, Bonn, 1993. *Stuchlik, F., Krogel, M.*: A Knowledge Based System for Solving Problems with the Clamping of Prismatic Workpieces, in: *Bazewicz, M.* (ed.): Proc. of the ISAT School/IFIP TC 8/WG 8.5 - Workshop 1993. *Stuchlik, F. et al*: Modellierung, Implementation und Validierung eines Bürgerberatungssystems, in: Informations- und Kommunikationstechnologie für das neue Europa, ADV Arbeitsgemeinschaft für Datenverarbeitung, Bd.I, Wien, 1993.

Prof. Dr. F. Stuchlik, Magdeburg

Wissensbasis
Im Rahmen von ↑Expertensystemen der Bereich, in dem das notwendige Sach- und Fachwissen abgebildet ist.

Wissenserwerbskomponente
Komponente eines ↑Expertensystems, mit deren Hilfe die dynamische Anpassung an Veränderungen des Wissensbestandes erfolgt.

Wissensverarbeitung
Schlußfolgerungskomponente eines Expertensystems.

WKWI
Wissenschaftliche Kommission Wirtschaftsinformatik im Verband der Hochschullehrer für Betriebswirtschaft

Workflow Management Systeme
Verbindung von Organisation und Informationsverarbeitung; in ihnen wird sowohl die Aufbauorganisation mit Befugnissen und Dienstwegen als auch die Ablauforganisation der Vorgänge i.d.R. über mehrere Arbeitsplätze hinweg modelliert. *W.* erlauben Termin- und Fristenüberwachungen und greifen aktiv in die Vorgangsbearbeitung ein.

Workstations
W. sind ↑Arbeitsplatzrechensysteme, die zunehmend eine hohe Rechenleistung und einen großen Datendurchsatz mit hochauflösender Graphik kombinieren und dem Benutzer vor Ort für eine Vielzahl von Datenverarbeitungsanwendungen zur Verfügung stehen. Darüber hinaus besitzen die *W.* meistens einen Zugang zu Kommunikationsnetzwerken, mit deren Hilfe sie auch auf weltweit verfügbare Informationsquellen zugreifen können. Damit ist eine Workstation auch eine Einrichtung zur Kommunikation und zum Datenaustausch mit anderen Benutzern (Müller-Schloer, Schmitter, 1991; Tanenbaum, 1989; Tavangarian, Bähring, 1993). Die Basisenrichtung einer *W.* umfaßt eine Zentraleinheit zur Verarbeitung von Daten, eine Hauptspeichereinheit zur Speicherung von ↑Programmen und ↑Daten, mehrere Ein- und Ausgabegeräte, mit einer Tastatur zur Eingabe von Daten, einen Bildschirm zur Darstellung von alphanumerischen oder graphischen ↑Informationen, einer ↑Maus zur Eingabe von Informationen, z.B. über virtuelle Tasten am Bildschirm, Massenspeicher (Festplatten, Diskettenlaufwerke, CD-Roms etc.), Drucker zur Erstellung von Ausdrucken und mindestens einer Einheit zur Anbindung der *W.* an ein Netzwerk.

Neuere Systeme verfügen weiterhin über audiovisuelle Ein- und Ausgabemöglichkeiten für eine Bearbeitung von Multimediadaten, für einen Austausch von Stand-

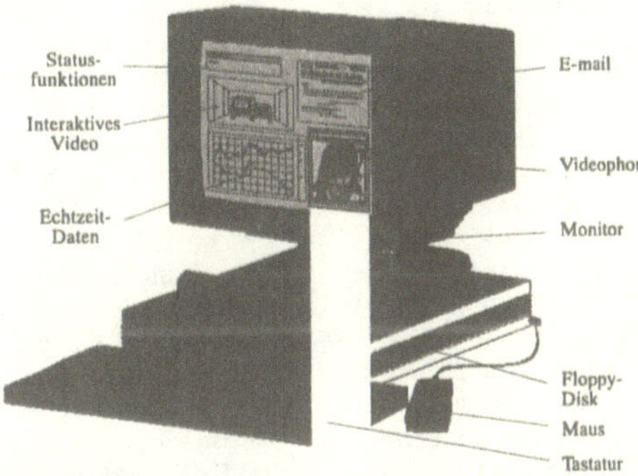

und Bewegtbildern, ebenso wie für die Übertragung akustischer Informationen. Die Ein-/Ausgabeeinheiten und die Zentraleinheit werden über spezielle oder normierte Bussysteme in Form von Leitungsbündeln miteinander verbunden.
Heute verfügbare *W.* können mit ihren Verarbeitungseinheiten teilweise mehr als 100 Millionen Instruktionen pro Sekunde (↑MIPS) ausführen. Für diese enorme Leistungsfähigkeit sind rapide Technologie- und Architekturfortschritte verantwortlich, wie z.B. moderne Prozessor-Architekturen mit hohen Taktfrequenzen (teilweise über 300 MHz), Multiprozessorsysteme usw.
Die Palette der *W.* reicht von einfachen festplattenlosen Systemen, die nur in einem Rechnerverbund - meist in lokalen Netzwerken - eingesetzt werden können, über Systeme, die mit genügend Peripheriegeräten, z.B. Drucker, Massenspeicher versehen auch als ↑Stand Alone-Computer Verwendung finden, bis zu den Super-/Hochleistungs-*W.* mit einer Rechenleistung, die bis vor kurzem nur von konventionellen Großrechnern (↑Mainframes) erreicht wurde. Zu den *W.* können aber auch die modernen ↑PC der höchsten Leistungsklasse gezählt werden.

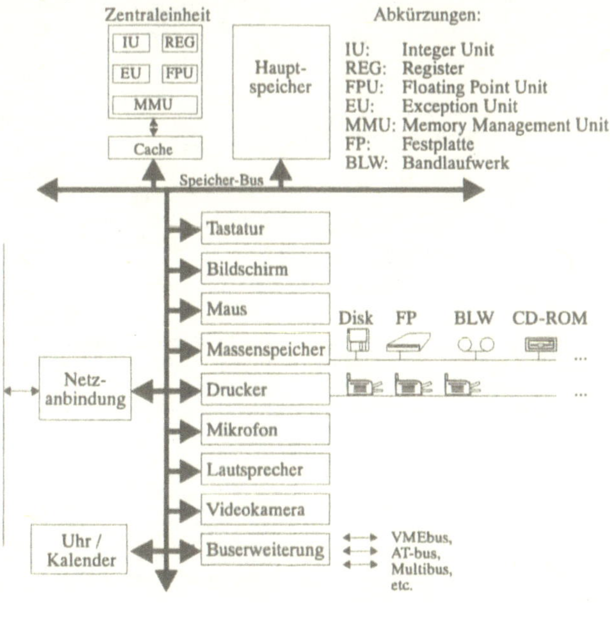

Die *W.*, die in der Vergangenheit vor allem zur Durchführung von technisch-wissenschaftlichen Aufgaben eingesetzt wurden, entwickeln sich zu Werkzeugen, die in unterschiedlichsten Bereichen der Technik, Produktion, Verwaltung und Wissenschaft verwendet werden. Ihre Akzeptanz und die zunehmende Verbreitung in den neuen Bereichen kann auf die Qualität der Benutzer- und Bedienschnittstellen zurückgeführt werden.
Auch bei technisch-wissenschaftlichen *W.* werden die alphanumerischen Benutzerparadigmen durch graphische Benutzerschnittstellen und Fenster-Techniken (z.B. ↑X-Windows, ↑OSF/MOTIF) abgelöst bzw. erweitert.
Die *W.* haben die Entwicklung von lokalen Netzwerktechnologien in hohem Maße begünstigt. Andererseits sind die Netzwerke ein integrierter Bestandteil der *W.*-Technologien geworden. Mehrere *W.*, die in einem relativ engen Raum durch ein lokales Netzwerk (↑LAN) miteinander verbunden sind und logisch zusammengehören, bilden einen *Cluster*. Die Stationen in einem Cluster können über das Netz direkt miteinander kommunizieren und Daten austauschen. Die hierfür am häufigsten eingesetzten Netzwerktopologien sind das ↑*Ethernet* und der ↑*Tokenring*. Während ein Ethernet eine zentrale busförmige Struktur mit einem zufallsbasierten Zugriffsmechanismus darstellt, bildet der Tokenring eine ringförmige Struktur, die mit Hilfe von im Ring umlaufenden Marken (Token) den Informationsfluß steuert (Walke, 1987; Tanenbaum, 1989).

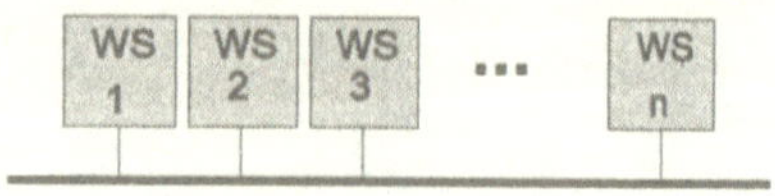

Ethernet-Struktur

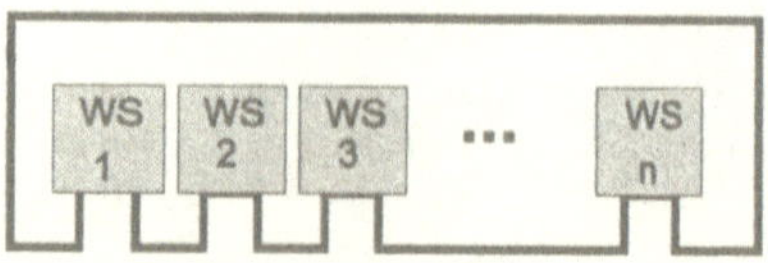

Tokenring-Struktur

Das die *W.* verbindende Netzwerk beeinflußt mit seiner Kommunikationsbandbreite die Leistung des Gesamtsystems. Der Bereich der heute üblichen Bandbreiten reicht von ca. 10 MBits/s (Ethernet) über 100 MBits/s (bei Fast-Ethernet oder ↑FDDI: Fiber Distributed Data Interface) bis zu 155 MBits/s (bei ATM: Asynchronus Transfer Mode; Walke, 1987; Tanenbaum, 1989). Zukünftige Systeme werden bis zu 1 GBits/s übertragen.
Die Verbindungen zwischen den *W.* über die lokalen Grenzen hinaus werden mit Hilfe von Netzwerken der Kategorie ↑MAN (Metropolitan Area Network) für mittlere Entfernungen und mit ↑WAN (Wide Area Networks) für große Entfernungen vorgenommen. Die Netzwerke der MAN-Kategorie werden meist durch schnelle optische Glasfaser-Verbindungen (↑FDDI) realisiert. Durch die Vernetzung der *W.* wird eine dezentrale Organisation der Datenverarbeitung möglich, so daß Programme, Applikationen und Daten im Netz verteilt zur Verfügung gestellt werden können.

In einem Netzwerk werden neben Peripheriegeräten zwei Arten von unterschiedlichen Rechnern eingesetzt. *W.* bzw. Arbeitsstationen (↑*Clients*), die Aufträge vergeben und Stationen (↑*Server*), die Aufträge annehmen, sie bearbeiten und - falls notwendig - die Resultate an die Clients zurücksenden und somit Dienste erbringen. Während die Clients von Benutzern zur Durchführung ihrer Aufgaben eingesetzt werden, stellen Server im Vergleich zu Clients leistungsfähigere *W.* meist ohne Bildschirm und Tastatur dar. Eine Arbeitsstation kann aber auch gleichzeitig die Funktion eines Servers übernehmen, so daß sie sowohl Client als auch Server ist. Beispiele für Server sind: Drucker-Server, File-Server, Nachrichten- (Mail-) und Kommunikationsserver, Datenbankserver, Computerserver u.ä.
Das Zusammenspiel zwischen den Stationen in einem Netzwerk wird mit Hilfe eines ↑*Client/Server-Modells* organisiert. Es ermöglicht ein kooperatives Arbeiten *(Cooperative Processing)* zwischen den Stationen im Netzwerk. Dabei können Aufgaben in einem Cluster, wie bspw. Empfang von Nachrichten, Dateizugriffe,

Druckaufträge etc. zur besseren Auslastung der *W.* auf verschiedene Stationen im Netz verteilt werden. Das Client /Server-Modell setzt i.a. eine Multitasking-Fähigkeit des ↑Betriebssystems voraus. Dabei können mehrere Programme (Prozesse) gleichzeitig aktiv und quasi parallel bearbeitet werden. So sind die Serverprozesse Hintergrundprozesse, die von Clientprozessen über das Netzwerk gestartet und ausgeführt werden können. Ein Betriebssystem, das diese Anforderungen besonders gut erfüllt, ist das U-NIX-System, das am häufigsten in *W.* und deren Clustern eingesetzt wird.
↑*UNIX* ist ein ↑offenes System und kann auf einer breiten Palette von unterschiedlichen Rechnersystemen mit unterschiedlichen Leistungsmerkmalen und Architekturen eingesetzt werden. Weitere entscheidende Eigenschaften des UNIX-Systems sind seine Mehrbenutzerfähigkeit (Multiuser), d.h. mehrere Benutzer können gleichzeitig an einem Rechensystem arbeiten, sowie seine Modularität, die die Anbindung unterschiedlicher Dateisysteme oder externer Geräte in einfacher Weise erlaubt. Das UNIX-System stellt umfangreiche, teilweise mächtige Dienstprogramme (Utilities) zur Verfügung. Zudem unterstützt UNIX die Programmerstellung in der Programmiersprache C mit umfangreichen standardisierten Bibliotheken (Libaries), so daß es als eine gute Basis zur Implementierung portabler Applikationsprogramme gilt.

W.-Benutzer können über weltumspannende *Netze* umfangreiche Dienste, insb. Kommunikations- und Informationsdienste, in Anspruch nehmen. Das ↑Internet, welches sich aus einem Projekt des amerikanischen Verteidigungsministeriums gegen Ende der 60er Jahre entwickelt hat (↑ARPANET), ist ein Beispiel für ein solches Netz. Weiterentwicklungen auf diesem Gebiet sollen zu ↑Datenautobahnen *(Data Highways)* für eine extrem schnelle Übertragung von Informationen führen.
Ein wichtiger *Kommunikationsdienst* ist die elektronische Post (↑Electronic Mail: E-Mail), wodurch der Benutzer in der Lage ist, Texte und - im zunehmenden Maße - auch Sprache und Bilder an einen anderen Anwender in wenigen Minuten zu senden. Dabei muß sich der Adressat der ↑Nachricht nicht unbedingt zur selben Zeit an seiner *W.* befinden.
Um Informationen zu den verschiedensten Themen zu erhalten, eignen sich *Informationsdienste*, wie z.B. Newsgroups, in denen Neuigkeiten zu spezifischen Themengebieten ausgetauscht werden, oder das World Wide Web (↑WWW). Bei diesem Informationsdienst kann der Benutzer die interessierenden Daten sehr komfortabel abrufen, welche dann in ansprechender Art und Weise (z.B. Texte, Graphiken) präsentiert werden. Alle diese Dienste ermöglichen es dem Benutzer, viele der Aufgaben (z.B. Literaturrecherchen) direkt an seinem Arbeitsplatz in relativ kurzer Zeit durchzuführen.
Ein weiterer, neuer Einsatzbereich der *W.* ist die Nutzung des Leistungspotentials mehrerer *W.* durch *Parallelarbeit* innerhalb eines Clusters. Dabei werden mehrere *W.* mit Hilfe einer speziellen ↑Software (Geist, 1994) simultan zur Bearbeitung von Aufgaben eingesetzt. Die spezielle Software umfaßt i.w. eine Partitionierung von Aufgaben in Teilaufgaben, eine Verteilung von Teilaufgaben auf mehrere *W.* und eine Synchronisation des Datenaustausches zwischen den Teilaufgaben im Netz. Diese Nutzungsart führt zu erheblichen Leistungssteigerungen einer Datenverarbeitungsanlage, die bei der Erschließung neuer Aufgabengebiete und bei der Bearbeitung rechenintensiver Applikationen aus den Bereichen der numerischen ↑Datenverarbeitung oder ↑Simulation eine wichtige Rolle spielen werden.
Literatur: Geist, G.A. et al.: PVM 3 User's Guide and Reference Manual, Oak Ridge, 1994. *Müller-Schloer, Ch., Schmitter, E.* (Hrsg.): RISC-Workstation Architekturen, 1991. *Tanenbaum, A.S.*: Computer Netzwerke, 1989. *Tavangarian, D., Bähring, H.*: Workstation-Architekturen, Anwendungen und Entwicklungstrends, Tagungsband des 2. Workshops Wirtschaftsinformatik, FernUniversität Hagen, 1993. *Walke, B.*: Datenkommunikation I und II, Heidelberg, 1987.
Prof. Dr. D. Tavangarian, Hagen

WORM
Write Once Read Multiple; Speicherplatten auf der Basis der Bildplatten.

Würmer
↑Programme; vermehren sich über Rechnernetze; übernehmen dort gewisse Kontrollfunktionen.

WWW
World Wide Web; transparente Bereitstellung der verschiedensten ↑Internet Ressourcen.

X

X-Windowsystem
Industriestandard; liefert die unterste Plattform für die Nutzung und die Entwicklung von GUI's.

X/Open
Europäische Interessengemeinschaft; ein Kreis von Computerherstellern zur Standardisierung.

XDSS
Extended Decision Support Systems; Integration von ↑Experten- und traditionellen ↑Decision Support Systemen.

XPG
X/Open Portability Guide; Spezifikationen um Systemschnittstellen, Utilities, Schutzmechanismen, verteilte ↑Datenverarbeitung und ↑Benutzeroberflächen.

XT-Technologie
eXtended Technology

Zero Knowledge-Protokoll
Austausch von Nachrichten; basiert auf einem Zero Knowledge-Beweis.

Zugangsschutz
Synonym: Zugangskontrolle; im Bundesdatenschutzgesetz (Anlage zum § 6) vorgeschriebene Verfahren zum Datenschutz, die verhindern sollen, daß unberechtigte Personen Zugang zu personenbezogenen Daten erhalten bzw. sich welche verschaffen.

Zukunft der (Wirtschafts-) Informatik
↑ (Wirtschafts-) Informatik, Zukunft der

Zuse, Konrad
Ingenieur des ersten programmgesteuerten Rechengeräts in den 30er Jahren. 1941 baute er den ersten funktionsfähigen, programmgesteuerten Rechenautomaten mit logischen Schaltungen (Und, Oder, Nicht; 2600 Relais), mit einer Speicherkapazität von 64 Zahlen zu je 22 Dualstellen und mit einer Rechengeschwindigkeit von bis zu 20 arithmetische Grundoperationen pro Sekunde.

Zustandsautomat
Z. modelliert Zustände, Transitionen; fester Bestandteil der Real Time Analysis.

Zuverlässigkeit und Fehlertoleranz von Rechensystemen
Die Zuverlässigkeit ist ein Qualitätsmerkmal einer vorgegebenen Rechnerkonfiguration, das vor allem die Fähigkeit zur Erfüllung der vorgesehenen Anforderungen beschreibt und daher deren Spezifikation, die Betriebs- und Umgebungsbedingungen sowie den betrachteten Funktionszeitraum einbeziehen muß.
Einfache technische Produkte erreichen ihre Zuverlässigkeit durch sorgfältig überwachte Fertigungsprozesse und eine fehlerfreie Endkontrolle und stellen damit bei Betriebsbeginn auch ihre Funktionsfähigkeit bereit. Bei komplexen Systemen ist dies nicht mehr ausreichend. Bei ihnen sind vielmehr Angaben erforderlich, wie während der gesamten vorgesehenen Lebensdauer des Systems dessen Zuverlässigkeit gewährleistet werden kann. Einerseits ist die Instandhaltbarkeit wesentlich, da Ausfälle einzelner Systemelemente niemals auszuschließen sind, andererseits ergibt sich durch die Forderung nach einer Betriebsfortsetzung trotz einzelner Ausfälle die Aufgabe der Fehlertoleranz des gegebenen Systems. Eventuell kann die Betriebsfortsetzung unter Verzicht auf Teilfunktionen erfolgen, so daß die Gesamtleistung vermindert erscheint. Fehlertoleranz bildet somit einen Weg zu einer Erhöhung der Zuverlässigkeit, indem mehr Funktionalität als notwendig bereitgestellt wird. Dies ist ein wohlbekanntes Prinzip, das in Form mehrfach vorhandener Organe bereits von biologischen Organismen ausgenutzt wird und auch bei technischen Systemen eine verbreitete Anwendung gefunden hat (z.B. mehrere Triebwerke in Flugzeugen). Dieses überflüssige Vorhandensein von Funktionselementen wird als nützliche Redundanz bezeichnet, die damit als Grundlage jeder Fehlertoleranz gilt.

Da mit jeder Art von Redundanz auch höhere Kosten verbunden sind, ist für die Bewertung des Nutzens eine quantitative Angabe der Zuverlässigkeit erforderlich. Dies gelingt nur mit Hilfe stochastischer Beziehungen, da kausale Beeinflussungen der Funktionsfähigkeit eines Rechensystems im Prinzip beherrschbar und damit vermeidbar sind. So ist es Aufgabe von Entwurf und Herstellung, Fehler sowohl bei den technischen Komponenten – der Hardware – als auch bei den Betriebs- und Anwendungsprogrammen – der Software – zu vermeiden. Gelingt dies, bleiben nichtkausale physikalisch-chemische Materialbeeinflussungen infolge der Betriebsbelastung (z.B. elektrische Spannungen, Temperatur) oder der Umwelteinflüsse (z.B. kosmische Strahlungspartikel) als Ursache für den möglichen Ausfall (permanent oder vorübergehend) übrig. Ähnlich wie für Organismen (Bevölkerungsstatistik) läßt sich für technische Komponenten ein nichtvorhersehbares Ausfallverhalten aufgrund dieser Ursachen beschreiben, das in Wahrscheinlichkeitsverteilungen für die Ausfälle resultiert. Aus ihnen lassen sich Zuverlässigkeitskenngrößen herleiten, z.B. Ausfallrate, Überlebenswahrscheinlichkeit, Ausfallwahrscheinlichkeit, Erwartungswert für die Zeit zwischen zwei

Zuverlässigkeit und Fehlertoleranz

Ausfällen, unter Rückgriff auf Modelle der Instandhaltung auch Reparaturrate und Verfügbarkeit, jeweils für Komponenten, Sub- oder ganze Rechensysteme. Dieser Ansatz einer Zuverlässigkeitstheorie erweist sich für das Hardwareverhalten als recht erfolgreich. Geeignete Redundanzverfahren können deshalb viele zufällig auftretende Ausfälle tolerieren, indem sie die dadurch erzeugten Fehler des Systemzustands kompensieren. Bei Fehlern in der Software versagt der Ansatz jedoch meist, denn Softwarefehler haben andere Eigenschaften: sie sind eine Folge fehlerhaften Entwurfs und verletzen damit die erforderliche Qualität des Systems, sie verändern sich nicht, d.h. einmal vorhanden – immer vorhanden, und sie sind nicht durch Redundanz als weitere Kopie der Software maskierbar, da alle Kopien bei gleichen Eingangsgrößen die gleichen Fehler aufweisen.

Andererseits sind sie praktisch unvermeidbar, vor allem wegen der heute üblichen Komplexität der Software, die weit über diejenige der Hardware hinausgeht, sowie wegen der Unzulänglichkeit des Menschen bei Spezifikation, Entwurf, Implementierung, Systemeingliederung und Prüfung. Daher sind Verfahren zur Softwarefehlertoleranz dringend erforderlich, bisher aber nur rudimentär in Form von diversitären Softwarekomponenten versucht worden. Hierbei werden getrennte Entwicklungsgruppen mit einem Entwurf nach gleicher Spezifikation beauftragt, so daß unterschiedliche Lösungen der gleichen Aufgabe vergleichbar oder auswählbar sind. Da es bisher nicht gelang, auf diese Weise völlig unabhängige Versionen zu erzeugen, hat sich durch diesen Ansatz nur eine unwesentliche Verbesserung der Gesamtzuverlässigkeit erreichen lassen. Daher muß wegen der hohen Kosten eine Anwendung auf Sonderfälle beschränkt bleiben.
Während im bisher behandelten Sinn Zuverlässigkeit und Fehlertoleranz vorwiegend auf die Funktionsfähigkeit des Systems ausgerichtet sind, etwa das Erbringen einer bestimmten Steuerungsfunktion in Echtzeit, z.B. bei der industriellen Prozeßsteuerung, Robotersteuerung u.ä., finden Rechensysteme rasch neue Anwendungsbereiche, wodurch auch Zuverlässigkeit und Fehlertoleranz in anderem Bezug erscheinen. Wichtig ist dabei z.B. die technische Sicherheit als weitere Anforderung, die sich vor allem durch Fehlertoleranz verbessern läßt. Sie ist dann erreicht, wenn bestimmte Systemzustände unbedingt vermieden werden, die eine Gefährdung von Leib und Leben oder der Umwelt nach sich ziehen können. Sicherheitsgerichtete Ausfälle (fail-safe) sowie Vermeidung gefährlicher Betriebszustände durch Rückgriff auf Ersatzfunktionen sind Ansätze hierzu, wobei der Betriebsstillstand bei vielen Verkehrssystemen als Fehlerfolge eines sicherheitsgerichteten Ausfalls akzeptiert werden kann. Die Fortsetzung des Betriebs erfolgt zur Gewährleistung der Sicherheit, z.B. mit reduzierter Geschwindigkeit, bis der Ausfall behoben ist.

In neuerer Zeit zeichnet sich in Anbetracht dieser neuen Anwendungsbereiche, bei denen oft auch die Speicherung großer Datenbestände notwendig ist, eine Erweiterung des Zuverlässigkeitsbegriffs ab: Zuverlässigkeit ist in diesem Sinn das Vertrauen in Leistung und Funktionsfähigkeit eines Rechensystems nach der Beobachtung durch den Benutzer, der mit ihm zusammenwirkt. Zuverlässigkeit ist damit eher Verläßlichkeit bezüglich der Funktion insgesamt als bezüglich eines Ausfalls der Hardwarekomponenten allein. Einige unterschiedliche Eigenschaften lassen sich dabei durch entsprechende Attribute kennzeichnen: das System ist

- verfügbar, also stets bereit für den erwarteten Gebrauch;
- funktionsfähig, wenn es kontinuierlich seine Leistung erbringt;
- sicher, wenn keine katastrophalen Auswirkungen auf die Umgebung möglich sind;
- geschützt, wenn es gegen einen nichtautorisierten Zugriff gesperrt ist, also auch keine Kenntnisnahme fremder Daten erlaubt.

Wie schon erwähnt, wird die Spezifikation der Leistung vorausgesetzt, so daß der Systemausfall oder das Systemversagen vorliegen, wenn die spezifizierte Leistung nicht mehr erbracht wird. Hierzu ist eine Fehlerursache identifizierbar, die zu einem Fehler im System führt. Fehlerhafte Systemzustände führen über die Wir-

Zuverlässigkeit und Fehlertoleranz

kungskette Ausfall - Fehler schließlich zu einem Systemversagen, wenn sie nicht durch geeignete Maßnahmen verhindert werden. Diese Maßnahmen beruhen auf den Methoden zur Entwicklung zuverlässiger Rechensysteme:

- Fehlervermeidung, d.h. Verhindern des Auftretens oder der Erzeugung von Fehlern;
- Fehlertoleranz, bei der die Leistung trotz des Auftretens einzelner Fehler erbracht wird;
- Fehlerbehebung, d.h. der Reduktion der Anzahl oder der Auswirkung von Fehlern;
- Fehlerplanung, d.h. der Abschätzung des Systemverhaltens im Hinblick auf mögliche Fehler.

Zu letzteren gehört auch eine Aufzeichnung aufgetretener Fehler zwecks späterer Reparatur oder automatischer Auslösung eines Instandhaltungseingriffs, insbesondere solange die vorher genannten Methoden versagen.

Sicherheits- und Schutzaspekte werden vor allem im Zusammenhang mit dem Bereich Sicherheit der Informationstechnik deutlich. Dabei wird davon ausgegangen, daß Rechensysteme nicht nur Aufgaben der industriellen Prozeßsteuerung sondern solche von Informationssystemen erfüllen, z.B. verteilte Auskunfts-, Buchungs- oder Transaktionssysteme, die über langfristig akkumulierte Datenbestände verfügen. Ausfälle oder Fehler sollen hier nicht nur bezüglich der Verfügbarkeit toleriert werden, sondern auch bezüglich der Integrität der Datenbestände. Das kann nur gelingen, wenn einerseits Redundanz bei der Speicherung, andererseits Schutz und Sicherheit bei der Zugriffsmöglichkeit implementiert werden. Wesentlich ist hierzu ein hinreichender Zugangsschutz sowie Toleranz gegen beabsichtigte (bösartige) Fehler oder Sabotage, die von unberechtigten Benutzern ausgehen. Jeder autorisierte Benutzer darf nur solche Operationen oder Veränderungen an Datenbeständen auslösen, zu denen er berechtigt ist. Es darf nicht möglich sein, unberechtigt fremde Datenbestände zu manipulieren oder darüber Kenntnisse zu erlangen. Damit ist die Vertraulichkeit eine weitere Systemeigenschaft, die auch durch beabsichtigte Fehler nichtautorisierter Benutzer nicht verletzt werden darf. Verschlüsselungsverfahren, Kennwörter, Transaktionsnummern, Abfragealgorithmen nach vereinbarten Geheimnissen sind hierzu methodische Ansätze, doch ist die Informationssicherheit besonders bei verteilten, offenen Systemen wie Rechnernetzen derzeit noch nicht zufriedenstellend gewährleistet.

Fehlertolerante Datenbanken müssen neben unbeabsichtigten Kommunikationsfehlern der Hardware vor allem den beabsichtigten Abbruch der Transaktion wegen eines Irrtums des Benutzers ermöglichen, ohne daß dadurch die Datenintegrität berührt wird. Hilfsmittel dazu ist das Konzept der Unteilbarkeit der Aktion (Atomizität) sowie mehrphasige Protokolle mit Festlegung, die eine Transaktion entweder erfolgreich beenden und damit eine konsistente Änderung aller beteiligten Datensätze bewirken oder bei beliebigem Fehler abbrechen und alle Daten so rücksetzen, als wäre sie gar nicht begonnen worden.

In engerem Sinn beruht Fehlertoleranz auf einer Ausnutzung der unterschiedlichen Redundanzarten (strukturelle, funktionelle, Informations- und Zeitredundanz) sowie ihrer Aktivierung (statische, dynamische oder hybride). Erstere liefern Merkmale bezüglich der redundanten Mittel, z.B. mehrfach vorhandene Komponenten im Parallelbetrieb, alternative (diversitäre) Funktionen, Prüfmöglichkeiten der Informationsdarstellung durch Prüfziffern, Quersummen, Längenangaben usw., zeitliche Intervalle für den Ablauf redundanter Operationen. Dagegen bestimmt die Aktivierung die Mechanismen zur Fehlertoleranz, z.B. Fehlermaskierung durch eine (2 von 3)-Entscheidung, Wiederholung des Ablaufs von einem Rücksetzpunkt aus, der unbeeinflußbar gespeichert wurde, sowie Systemrücksetzen oder Abbruch des Verarbeitungszyklus mit einer Unterdrückung eventuell falscher Ausgabedaten und mit anschließend neuer Verarbeitung der Eingabedaten. Wichtig ist dabei ein Modell der tolerierbaren Fehler sowie deren Diagnose durch eine Fehleranzeige oder einen Test von Zwischenergebnissen auf Plausibilität des Werts oder Abweichun-

gen untereinander.
Je nach Aufwand ist ein stärkerer oder schwächerer Grad von Fehlertoleranz erreichbar. Ein perfekter Betrieb ohne jeden Ausfall oder Fehler ist nur im Grenzfall erreichbar: praktische Gegebenheiten wie zulässige Kosten, den Anforderungen entsprechende Reaktionszeiten usw. sorgen stets dafür, daß eine absolute Zuverlässigkeit, Sicherheit, Verläßlichkeit unerreichbar bleiben wird.

Literatur: Birolini, A., Qualität und Zuverlässigkeit technischer Systeme (3. Aufl.), Berlin/Heidelberg 1991. *Echtle*, K., Fehlertoleranzverfahren, Berlin/Heidelberg 1990 *Görke*, W., Fehlertolerante Rechensysteme, München 1989 *Laprie*, J.C., (ed.)Dependability: basic concepts and terminology, Wien/New York 1992 Schneeweiß, W., Zuverlässigkeitstechnik - von den Komponenten zum System, Köln 1993

Prof. Dr.-Ing. W. Görke, Karlsruhe

ZVEI
Zentralverband Elektrotechnik- und Elektroindustrie

Zwischenbetriebliche Integration in der Informationsverarbeitung

Begriff und Ziele
Unter *zwischenbetrieblicher Integration* von ↑*Informationssystemen* soll das betriebsübergreifende Zusammenwirken von deren Komponenten verstanden werden, um die negativen Wirkungen nicht abgestimmter Datenverarbeitungsprozesse und Datenbestände zu vermeiden (Mertens, 1985). Im Rahmen der Z. wird der elektronische Datenaustausch zwischen Unternehmen *(Electronic Data Interchange - ↑EDI)* genutzt, jedoch zusätzlich das Anliegen verfolgt, die Struktur der Geschäftsprozesse zwischen Betrieben zu verändern.

Administrationsintegration bezeichnet die zwischenbetriebliche Verkettung von Administrationssystemen in der Wertschöpfungskette, um die Anzahl der für einen Geschäftsprozeß notwendigen Transaktionen zu reduzieren (Scheer, 1987). Z. ermöglicht es, die Transaktionen im Wertschöpfungsfluß auf die durch Güter- und Geldbewegungen oder rechtliche Vorschriften erforderlichen Vorgänge zu reduzieren. Ziel der Dispositionsintegration ist es, Entscheidungen betriebsübergreifend miteinander zu verketten. So kann traditionell der Auftraggeber einer Leistung deren zeitlichen Fortschritt nur verfolgen, wenn ihm der Lieferant eine entsprechende ↑Nachricht übermittelt (z.B. ein Lieferavis) oder er explizit nachfragt. Z. will dies vermeiden und einen jederzeit aktuellen Informationsstand bei allen Disponenten in einem Geschäftsprozeß sicherstellen. Bei der *Informationsintegration* sollen die ↑Systeme und die Managementebenen des Unternehmens einer Wertschöpfungskette über die rechtlichen und wirtschaftlichen Grenzen hinweg automatisiert die erforderlichen Mengen- und Wertinformationen erhalten.

Integrationsgrade
Die Z. kann unterschiedlich intensiv gestaltet werden (Schumann, 1990): Bei der elektronischen Datenübertragung (EDI) streben die Unternehmen nach einem beschleunigten Austausch definierter Nachrichten; dazu werden Nachrichtenformate vereinheitlicht (Beispiele: ↑EDIFACT, ODETTE) und Transportnetze und -dienste vereinbart. Bei der Datenintegration greifen mehrere Unternehmen auf gemeinsame Datenbestände zu. Beispiele sind gemeinsame Produktstammdatenbestände zwischen Herstellern und Handel (Projekt SYNFOSS der CCG, Köln) oder PKW-Bestandsdatenbanken bei Autohändlern einer Marke. Bei einer Funktionsübertragung übernimmt ein Unternehmen von anderen die dv-technische und/oder organisatorische Abwicklung bestimmter Vorgänge. Bspw. führt ein Jeanshersteller die Lagerbestände seiner Vertriebspartner und sorgt für die rechtzeitige und nachfragegerechte Sortimentsdisposition. Bei der Funktionsintegration werden die Systeme der Partner so gekoppelt, daß Vorgänge automatisiert (ohne menschliche Eingriffe) zwischen den Unternehmen abgewickelt werden. Es wird eine Ausgangsrechnung über EDI an einen Kunden versendet und dort automatisiert in eine Eingangsrechnung transformiert, die in einem integrierten DV-System dann gleichzeitig für die Kostenrechnung verwendet wird. Dazu muß die Eingangsrechnung eine Kontierungsinformation besitzen, die z.B.

Form	Kennzeichen	Beispiele	Vorteile
Datenübertragung (EDI)	Unternehmen tauschen Geschäftsnachrichten per Datenfernübertragung aus	Bestellkette (Anfrage, Angebot, Bestellung, Bestätigung, Lieferavis) Rechnungskette (Rechnung, Zahlungsavis)	Beschleunigung Fehlersenkung weniger manuelle Bearbeitung
Dateninte-gration	Unternehmen nutzen gemeinsam Datenbestände	Produktstammdaten	aktuellere Datenbestände;gemeinsame Datenstrukturen
Funktions-über-tragung	Lieferant / Kunde übernimmt Funktionen des Unternehmens	Lagerbestandsführung durch Lieferanten	keine Doppelarbeiten Beschleunigung
Funktions-integration	Kommunikationspartner stoßen automatisch Funktionen beim Partner an	Integriertes Bestellsystem fordert automatisch Angebote an und entscheidet dann	weniger Routinebearbeitung; integrierte Wertschöpfungskette

schon in der Bestellung hinterlegt wurde. Diese durchläuft alle Prozeßstationen des Lieferanten und wird von ihm danach in die Ausgangsrechnung eingestellt (Kagermann, 1993).

Integrationsfelder
Die ↑Kommunikation zwischen Unternehmen bewegt sich auf drei *Informationsfeldern*:

• *Marktinformationen*: Die Unternehmen liefern an ihre Marktpartner Informationen über ihr Leistungsangebot (z.B. Produkte) und beziehen von diesen Daten über deren Marktverhalten (Marktforschung). Häufig findet ein koordinierter Informationsaustausch zwischen den Vertriebsstufen nicht statt, z.B. werden Scannerdaten zwar in der Warenwirtschaft des Einzelhandels genutzt, nur selten aber für die Marktforschung dem Handel oder der Industrie verfügbar gemacht. Durch Z. wird dieser Informationsfluß nicht nur beschleunigt und qualitativ verbessert, sondern es entstehen zweiseitige Kommunikationskanäle (Beispiele: Point of Sale-Informationssysteme, Kundendatenbanken).

• *Geschäftsverkehrinformationen*: Im Geschäftsverkehr werden ↑Informationen zur Initialisierung, ↑Steuerung und Abrechnung des Leistungsflusses zwischen den Unternehmen ausgetauscht. Die Inhalte sind juristisch weitgehend normiert und lassen sich datentechnisch gut abbilden. ↑EDI kann den Nachrichtenaustausch erheblich beschleunigen, Mehrfacherfassungen und Fehler vermeiden und damit rationalisieren. Für Geschäftsverkehrnachrichten wurde im Rahmen der UN das weltweite und branchenübergreifende Austauschformat ↑EDIFACT entwickelt. Z. wird die traditionellen Kommunikationsabläufe nicht nur beschleunigen, sondern auch anders strukturieren, um die Zeit- und Kostenvorteile zu verstärken und, um zu zweiseitigen Informationskanälen zu kommen.

• *Technologieinformationen*: Als drittes tauschen die Marktpartner ↑Informationen über die Technologie der Produkte und deren Nutzung für sämtliche Phasen von der Produktauswahl über die Installation bis zur Demontage aus. Neben Produkt- werden in CIM-Fertigungsprozessen zunehmend auch Verfahrensinformationen benötigt. Oft werden verbale Beschreibungen um graphische ↑Informationen ergänzt.

Integrationsorganisation
Die traditionelle *zwischenbetriebliche Kommunikation* verläuft gerichtet nach eindeutigen Strukturen: Auf eine Anfrage folgt ein darauf abgestelltes Angebot, dann der Auftrag etc. Auf einer derartigen Kommunikationsorganisation basieren auch die heute realisierten Konzepte von ↑EDI. Der elektronische Datenaustausch existiert seit vielen Jahren, wird als Schlüsseltechnologie der Europäischen Union entsprechend gefördert und zunehmend wichtiger. EDI ist bei Geschäftsdaten immer dann verwendbar, wenn die Geschäftsbeziehung etabliert und die auszutauschende Leistung gut de-

 Zwischenbetriebliche Integration

	Markt-informationen	Geschäftsverkehrsin-formationen	Technologieinforma-tionen
Traditioneller Nachrichten-austausch	Broschüren Marktberichte Produktkataloge	Formulare	Kataloge Zeichnungen Anleitungen
Daten-übertragung	Point of Sale Markt-datenaustausch	EDIFACT-Geschäfts-nachrichten	Ausschreibungstexte Produktinformationen
Daten-integration	Produktbilddaten-banken	Produktstammdaten-banken	CAD-Zeichnungsda-tenbanken
Funktions-übertragung	Verkaufs-/ Marktda-tenintegration	Bestandsdatenintegra-tion	
Funktions-integration	Multimediale Bera-tungssysteme	Interaktive Auskunfts-/ Dispositionssysteme	Multimediale Konfigura-tions-/ Diagnosesysteme

finiert ist. Für Markt- und Technologieinformationen wird EDI bisher kaum verwendet; allerdings wird für Technologieinformationen an entsprechenden Normen gearbeitet (z.B. STEP).
In einem zweiten Schritt bauen viele Branchen eine gemeinsame *Z.-Infrastruktur* aus Datenbeständen und Kommunikationsschnittstellen auf. Es werden Kataloginformationen in einheitlich strukturierten Produktdatenbanken den Interessenten bereitgestellt. In zweiseitigen Kommunikationsbeziehungen stellt z.B. der Handel Marktdaten in einheitlichen Datenstrukturen für vorgelagerte Produktionsstufen zur Verfügung. Mit weiterem Z.-Fortschritt werden Unternehmen auch Informationen liefern, die sie selbst nicht benötigen, die jedoch für vor- oder nachgelagerte Produktionsstufen nützlich sind (etwa für Marktforschung oder für die Produktionsdisposition). Z.B. benötigen in der Textilindustrie die Garn-, Bekleidungs- und Accessoirehersteller Informationen, die für die Disposition im Handel weitgehend ohne Belang sind, doch von ihm über die Auswertung des Abverkaufs einfach gewonnen werden können. Eine Z.-Infrastruktur besteht aus konzeptionell einheitlichen Datenstrukturen und Kommunikationsschnittstellen, die in allen Teilnehmern zugänglichen Data Dictionaries dokumentiert sind. Eine solche Infrastruktur kann durch gemeinsame technische Einrichtungen (Datenbankserver, Clearing-Zentralen) unterstützt werden.
In einem dritten Schritt wird der *Arbeitsfluß* der Organisationseinheiten elektronisch integriert. In einer Z.-gestützten Teamorganisation kooperieren Einheiten verschiedener Unternehmen für definierte Aufgaben (bspw. ein Bauvorhaben oder ein Entwicklungsprojekt) für eine bestimmte Zeit. Es wird eine flexible Daten- und Kommunikationsinfrastruktur aufge-

	Beschreibung	Kennzeichen	Beispiele
Datenüber-tragung (EDI)	Unternehmen tauschen elektronisch definierte Nachrichtentypen aus	definierte Nachrichtentypen; definierte Kommunikations-partner	EDIFACT-Geschäfts-nachrichten
Z. - Infra-struktur	Unternehmen stellen sich gegenseitig Informationsbestände bereit	definierte Datenstrukturen und Kommunikationsschnittstellen; definierte Kommunikationsdo-mänen zwischen Unternehmen	Stammdaten-Server Scannerdaten-Server
Z.-Teamor-ganisation	Organisationseinheiten verschiedener Unter-nehmen koordinieren ihre Arbeiten per EDI	definierte Datenstrukturen und Kommunikationsschnittstellen; definierte Kommunikationsdo-mänen zwischen Teams	Simultaneous Engi-neering; Projekt-Arbeitsge-meinschaften

Zwischenbetriebliche Integration

baut, die es den Teams erlaubt, ihre Arbeit gegenüber den beteiligten Unternehmen autonom zu koordinieren, zu dokumentieren und abzurechnen. In einem solchen Z.-gestützten Arbeitsfluß (Workflow) entstehen "virtuelle Unternehmen", die selbständig im Rahmen ihrer Aufgabe technisch und wirtschaftlich handeln. Virtuelle Unternehmen sind überbetriebliche Kooperationen, zu deren rascher Etablierung auf zeitraubende Operationen, bspw. bei Vertragsverhandlungen, Gesellschaftsgründungen etc. verzichtet wird (Mertens, 1994).

Technologien zwischenbetrieblicher Integration

Z. setzt Vereinbarungen über die syntaktische Struktur von Nachrichten zwischen den Unternehmen voraus. Für Geschäftsverkehrs-Informationen ist ↑EDIFACT ein sehr mächtiges Nachrichtenaustauschformat. Es wird diskutiert, dessen Eignung für die zwischenbetriebliche Integration zu erhöhen (interaktive Prozesse und Datenbankabfragen). Für Technologieinformationen wird an der Norm STEP gearbeitet. Z. nutzt Kommunikations- und Datenservices:

- Zur Leistung eines *Kommunikationsservices* können neben der Datenübertragung (Trägerdienst) über weite Entfernungen (mittels ↑WAN) die Speicherung und Verteilung von Nachrichten (Mailing Service), sowie deren inhaltliche Prüfung und Bearbeitung (Clearing Service) gehören, es handelt sich um einen Mehrwertdienst ↑*VAN* (Value Added Network).

	Kommunikations-Services			Daten-Services	
	Träger (= WAN)	Mehrwert (= VAN)		Datenbank	Teilhaber
Funktionen	Carrier	Mailing	Clearing		
Dienste	Übertragung Datensicherung	Puffer Speicher Verteiler	Prüfung, Konsolidierung, Archivierung	Datenspeicherung, Informationsversorgung	Informationsversorgung
Öffentliche Dienste (Beispiele)	ISDN DATEX-P DATEX-L	TELEBOX X.400 DATEX-J (BTX)		DATEX-J (BTX)	
Private Dienste (Beispiele)	SNA (IBM) DNA (DEC) MEGANET	GEIS (General Electric) IBM IIN DEBIS		Compuserve	

- *Datenservices* stellen je nach Integrationsfeld gemeinsame Datenbestände bereit, mit deren Hilfe die ↑Informationssysteme ihr Zusammenwirken koordinieren. Es kann sich dabei um gemeinsam genutzte Datenbanken oder um Teilhaberkomponenten (Access Systems) an den DV-Systemen von Leistungs- oder Informationsanbietern handeln. Die erste Konstruktion strebt die BAUDATENBANK (Bertelsmann), sowie SYNFOSS (CCG) für Artikelstammdaten an, die zweite Konstruktion wird z.B. bei den Flug- und Reisereservierungssystemen SABRE (American Airlines) und AMADEUS (Lufthansa u.a.) verwendet.

Literatur: Fischer, J.: Unternehmensübergreifende Datenmodellierung, 35. Jg., Heft 3, 1993, *Kagermann, H.*: Verteilung integrierter Anwendungen, in: Wirtschaftsinformatik 35. Jg., Heft 5, 1993. *Mertens, P.*: Virtuelle Unternehmen, in: Wirtschaftsinformatik 36. Jg., Heft 2, 1994. *Mertens, P.*, Zwischenbetriebliche Integration der EDV, in: Informatik-Spektrum 8. Jg., Heft 2, 1985. *Scheer, A. W.*: Betriebsübergreifende Vorgangsketten durch Vernetzung der Informationsverarbeitung, in: Information Management 2. Jg., Heft 3, 1987. *Schumann, M.*: Abschätzung von Nutzeffekten zwischenbetrieblicher Informationsverarbeitung, in: Wirtschaftsinformatik 32. Jg., Heft 4, 1990.

Prof. Dr. J. Fischer, Paderborn

Zwischenbetriebliche Kommunikation
↑Kommunikation, zwischenbetriebliche

www.ingramcontent.com/pod-product-compliance
Lightning Source LLC
LaVergne TN
LVHW091040021026
849161LV00002BA/205